流体力学

（第二版）

吴望一　编著

北京大学出版社

PEKING UNIVERSITY PRESS

图书在版编目(CIP)数据

流体力学 / 吴望一编著. —2 版. —北京：北京大学出版社，2021.10

北京大学力学学科规划教材

ISBN 978-7-301-31057-1

Ⅰ．①流…　Ⅱ．①吴…　Ⅲ．①流体力学 – 高等学校 – 教材　Ⅳ．①O35

中国版本图书馆 CIP 数据核字(2020)第 015641 号

书　　　　名	流体力学(第二版)	
	LIUTI LIXUE（DI-ER BAN）	
著作责任者	吴望一　编著	
责 任 编 辑	王剑飞	
标 准 书 号	ISBN 978-7-301-31057-1	
出 版 发 行	北京大学出版社	
地　　　　址	北京市海淀区成府路 205 号　　100871	
网　　　　址	http://www.pup.cn　　新浪微博：@北京大学出版社	
电 子 信 箱	zpup@pup.cn	
电　　　　话	邮购部 010-62752015　发行部 010-62750672　编辑部 010-62754271	
印 刷 者	北京鑫海金澳胶印有限公司	
经 销 者	新华书店	
	730 毫米×980 毫米　16 开本　38.5 印张　740 千字	
	1982 年 8 月第 1 版(上册)　1983 年 3 月第 1 版(下册)	
	2021 年 10 月第 2 版　2024 年 5 月第 4 次印刷	
定　　　　价	96.00 元	

内 容 简 介

本书叙述深入浅出,思路清晰细致;既阐明物理概念,又有严格的数学处理.可作为高等学校力学及相关专业的专业基础课教材.

主要内容有:场论和张量初步,流体力学的基本概念,流体力学基本方程组,流体的涡旋运动,流体静力学,伯努利积分和动量定理,理想不可压缩流体无旋运动,理想不可压缩流体波浪运动,黏性不可压缩流体运动,以及气体动力学基础.每章附有习题,书末附有部分习题答案.

本书可供大学力学、航空、水利、造船、机械、化工、应用数学等专业师生以及有关科技人员参考.

第二版序

吴望一教授所著的《流体力学》在力学界颇负盛名,在海峡两岸被广泛地用作教材或参考书,问世三十七年来,已重印近二十次,深受读者欢迎.北京大学出版社审时度势,决定推出该书的第二版,这是学界的一大盛事.

流体力学是一个古老而又永葆青春活力的学科,在各行各业中的应用无处不在.近百年来,全世界的流体力学教材和有关著作汗牛充栋,其中不乏经典名著,中文专著和译著也为数不少.吴望一教授这一篇幅不大的著作为何能脱颖而出产生重大影响?根据我自己三十余年研读和使用此书的体会,可归结出如下几条原因:其一,此书是作者在北京大学教授"流体力学"二十余年的经验结晶;其二,作者深谙流体力学精髓,总能言简意赅、深入浅出地阐释有关原理及应用;其三,作者深知初学者入门时数学储备可能不足,不仅开宗明义地做了数学铺垫,而且在各章节中注重讲明研究方法;其四,强调练习和应用,恰到好处地配以习题,并给出答案.正因为如此,此书特别受莘莘学子欢迎,也为专业工作者所欣赏.

遗憾的是,吴望一先生已经辞世,没能亲历此书的修订.幸运的是,北京大学出版社为此书找到了最合适的修订者——温功碧教授.她在"流体力学"教学与研究中也摸爬滚打了几十年,而且最懂得吴望一教授.她以年过八旬的高龄,不辞辛苦、非常细致地对全书做了字斟句酌的修订,改正了印刷错误和不妥之处,还特地增补了索引,使得该书的可读性更强了.年轻朋友在捧读此书时真该好好感谢这位修订者.

戴世强 上海大学终身教授
2019 年 7 月

第一版自序

作者曾多次为北京大学数学力学系力学专业的学生讲授流体力学课程,并于 1965 年编写了一本流体力学讲义,1979 年该讲义再次铅印.本书是在流体力学讲义的基础上根据作者多年来的教学实践以及近年来国内外同行们的先进经验修改补充而成的.

本书并不企图详尽无遗地向读者介绍流体力学的所有内容,而只是在专业基础课教学大纲规定的范围内选择一些最基本的内容,力求深入浅出地讲深讲透,使读者比较容易地跨进流体力学这门学科的门槛,从而为学习黏性流体、气体力学、计算流体力学等专门化课程,并为今后的工作创造良好的条件.

在本书中作者试图建立一个比较严密、比较完整的体系,并努力阐明流体力学中的基本规律、基本概念、基本物理现象以及处理问题的基本方法.全书内容共分四大部分.第一部分讲场论及张量初步.考虑到在流体力学中广泛地采用场论和张量的工具,而有些读者在学习流体力学之前并没有系统地学过这方面的知识,因此作者认为在流体力学中集中地讲授场论和张量是十分必要的.多年的教学实践证明,凡是这样做的都取得了事半功倍的好效果.正因为如此,我们愿意把这一部分纯属数学的内容放在正文中.第二部分的中心问题是建立流体力学基本方程组,使读者一开始就对反映流体运动基本规律的方程组有一个全面完整的了解.立足于一般形式的方程组考虑具体问题,就能够站得高、看得远,做到心中有数和条理清楚.这部分内容很基本,将长期起作用.无论是研究计算流体力学或是其他与流体接壤的交叉性学科,流体力学方程组始终是最基本的出发点之一.当然,在课程初始阶段建立复杂的流体力学方程组会遇到难点较集中致使读者不易接受的困难,但是这些困难比起这样做带来的好处还是第二位的,而且也是不难克服或减轻的.第三部分介绍流体力学中经常遇到的涡旋运动的产生、发展和消亡的规律,以及在理论研究和解决实际问题中都非常有用的伯努利积分和动量定理.第四部分介绍流体力学各个具体领域.我们不采取有些书采用的先讲黏性流体后讲理想流体,不可压缩流体和可压缩流体混合在一起讲解的做法,而是根据由浅入深、由简到繁的原则,按照先静止后运动,先理想后黏性,先不可压缩后可压缩,先定常后非定常的顺序介绍具体内容.我们认为这样做比较符合人们的认识规律和流体力学发展历史,因而也易于为读者所接受.

在教学方法上,我们力求既讲清直观的物理概念,又不忽略严格的数学处理,把物理概念和数学方法有机地结合起来. 作者认为,偏废任何一方面都会影响学生分析问题和解决问题能力的培养. 为了便于自学,我们在引进一个概念、介绍一种方法时,力求讲清楚来龙去脉,说明要解决什么问题,采用什么方法,方法的要点是什么等等,尽可能采用启发式的方法引导读者逐步深入,自然而然地找到正确的答案. 在阐述上我们力求细致深入,多为读者着想.

迄今为止,国内外已出版不少流体力学教科书,其中有些写得很好,很有特色,但是作者认为它们都不很适宜于当作专业基础课的教材使用. 作者希望本书的出版能有助于上述问题的解决.

本书承蒙吴林襄教授审阅原稿并提出宝贵意见,作者愿意趁此机会向他表示衷心的感谢. 作者还要感谢丁霭丽、鲍慧云、钮珍南、温功碧等同志,他们在精选习题、绘制插图、校阅清样上给予了很大的帮助. 作者特别要感谢北京大学出版社邱淑清同志,她严肃认真和过细的工作极大地减少了书中的错误和疏漏之处.

由于作者学识有限,谬误和不妥之处在所难免,恳请读者批评指正,以便再版时修正.

吴望一

1981 年 11 月 5 日于北京大学

目　　录

第一章 场论和张量初步

（A）场 论

1.1 场的定义及分类

设在空间中的某个区域内定义标量函数或矢量函数,则称定义在此空间区域内的函数为**场**. 如果研究的是标量函数,则称此场为**标量场**;如果研究的是矢量函数,则称之为**矢量场**. 在场内定义的函数可以随时间改变,此时时间作为参数出现. 设 r 是空间点的径矢,x,y,z 是 r 的直角坐标,t 是时间,则标量场和矢量场内的函数 φ 或 a 在数学上可表为

$$\varphi = \varphi(r,t) = \varphi(x,y,z,t),$$
$$a = a(r,t) = a(x,y,z,t).$$

在物理及力学中我们经常碰到各种不同的标量场及矢量场. 温度场、压强场、密度场等都是标量场,而速度场、力场、电磁场等都是矢量场. 流体力学中研究的对象就是这些标量和矢量场. 因此,场论的知识对于学习流体力学是必不可少的工具.

如果同一时刻场内各点函数的值都相等,则称此场为**均匀场**,反之称为**非均匀场**. 如果场内函数值不依赖于时间,即不随时间 t 改变,则称此场为**定常场**,反之称为**非定常场**. 均匀场和定常场在数学上可表为

$$\varphi(t), a(t)$$

和

$$\varphi(r), a(r).$$

场论是研究标量场及矢量场数学性质的一门数学分支. 本章只研究场的部分性质.

1.2 场的几何表示

用几何方法即用图形表示一个场有助于直观理解问题,并且具有实用意义.

我们先来研究如何用几何方法表示一个标量场 $\varphi(r,t)$. 如果在每一个时刻,场的几何表示都已知道,则整个场的几何表示也就知道(如果所研究的场是

定常的,那么只需研究场 $\varphi(\boldsymbol{r})$ 本身即可). 因此,只需取任一固定时刻 t_0 研究场 $\varphi(\boldsymbol{r},t_0)$ 的几何表示. 令

$$\varphi(\boldsymbol{r},t_0) = 常数 = \varphi_0$$

时,得到与之对应的曲面称为**等势面**. 在等势面上 φ 的值都相等. 取一系列不同的 φ_0 值,我们得到空间中一组与之对应的等势面,于是整个标量场被等势面分成很多区域(参阅图 1.2.1).

做出等势面后,我们可以从等势面的相互位置,它的疏密程度看出标量函数的变化状况. 例如等势面靠得近的地方函数变化得快,靠得远的地方,变化得慢;函数值的改变主要在等势面的法线方向发生,沿等势面切线方向移动时,函数值并不改变等等.

等势面在气象学上有重要应用,例如气候图上的等压线、等温线等都是标量场的等势面.

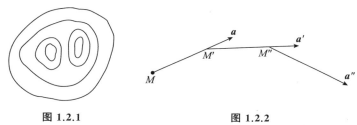

图 1.2.1   图 1.2.2

现在研究矢量场的几何表示. 矢量场的几何表示较标量场复杂,因为矢量是一个有大小及方向的量,须要分别对大小及方向作几何表示. 由于矢量的大小是一个标量,所以可以用上述等势面的概念来几何地表示它. 至于矢量的方向,则采用矢量线来几何地表示它. 所谓**矢量线**就是这样的线,线上每一点的切线方向与该点的矢量方向重合. 我们可以用下面的方法做出同一时刻通过场内任一点 M 的矢量线. 如图 1.2.2 所示,过 M 点作该点的矢量 $\boldsymbol{a}$,在 $\boldsymbol{a}$ 上取一与 M 邻近的点 M',过 M' 作其上的矢量 $\boldsymbol{a}'$,然后再在 $\boldsymbol{a}'$ 上取一与 M' 邻近的 M'',如此继续下去,我们就得到一条折线 $MM'M''\cdots$,折线上每一小段的方向与该段起点上矢量的方向重合. 令 MM',$M'M''$,$\cdots$ 趋于零,可得一条极限曲线,显然极限曲线上每一点的切线方向与该点的矢量方向重合. 按照定义,它就是矢量线. 下面我们写出确定矢量线的方程. 设 $\mathrm{d}\boldsymbol{r}$ 是矢量线的切向元素,则根据矢量线的定义有

$$\boldsymbol{a} \times \mathrm{d}\boldsymbol{r} = \boldsymbol{0},$$

写成直角坐标分量形式则为

$$\frac{\mathrm{d}x}{a_x(x,y,z,t)} = \frac{\mathrm{d}y}{a_y(x,y,z,t)} = \frac{\mathrm{d}z}{a_z(x,y,z,t)},$$

其中 t 是一个参数. a_x,a_y,a_z 是矢量 $\boldsymbol{a}$ 在坐标轴上的三个分量. 这就是确定矢量

线的微分方程. 积分此微分方程,在积分时将 t 看成参数,即得矢量线的解析表达式.

有了矢量线后,场内每一点的矢量方向可由矢量线的切线方向定出.

在场内取任一非矢量线的封闭曲线 C,通过 C 上每一点作矢量线,则这些矢量线所包围的区域称为**矢量管**.

上面我们研究了标量场和矢量场的几何表示. 下面我们将讲述如何表征任一时刻场内每一点邻域内的函数变化状况. 换句话说,研究每一点上由于场的不均匀性而引起的函数变化. 我们先讲标量场的情形.

1.3 梯度——标量场不均匀性的量度

给定一标量场 $\varphi(\boldsymbol{r},t)$(以后为了讲述方便,将场内的函数简称为场). 我们的任务是在任一时刻描写标量场中每点邻域内的函数变化.

和以往一样,我们在某一固定时刻 $t=t_0$ 研究标量场 $\varphi(\boldsymbol{r},t_0)$(为了方便起见今后将 t_0 省略). 在场内任取一点 M,过 M 点作曲线 s. 我们用下列极限值

$$\lim_{MM'\to 0}\frac{\varphi(M')-\varphi(M)}{MM'} \tag{1.3.1}$$

表征标量函数 φ 在 M 点上沿曲线 s 方向的函数变化,其中 M' 是在 s 上与 M 无限邻近的点,$\varphi(M')$ 是 M' 点上的函数值(参看图 1.3.1). 以符号 $\dfrac{\partial\varphi}{\partial s}$ 表示 (1.3.1) 式中的极限值,称为函数在 M 点上沿曲线 s 方向的**方向导数**. 于是

$$\frac{\partial\varphi}{\partial s}=\lim_{MM'\to 0}\frac{\varphi(M')-\varphi(M)}{MM'}. \tag{1.3.2}$$

过 M 点可以作无穷多个方向,每个方向都有对应的方向导数. 如果所有方向上的方向导数都已知道,那么函数 φ 在 M 点邻域内的变化状况便完全清楚了. 研究表明,各个方向上的方向导数并不是相互独立的. 事实上只要知道过 M 点的等势面法线方向单位矢量 $\boldsymbol{n}$ 上的方向导数 $\dfrac{\partial\varphi}{\partial n}$ 后,所有其他方向 s 上的方向导数都可以通过 $\dfrac{\partial\varphi}{\partial n}$ 及方

图 1.3.1

向 $\boldsymbol{n}$,s 表示出来,这样矢量 $\dfrac{\partial\varphi}{\partial n}\boldsymbol{n}$ 已完全描写了 M 点邻域内函数 φ 的变化状况. 现在我们来证明上述事实.

过 M 点作等势面

$$\varphi(\boldsymbol{r})=\varphi(M)=C$$

及等势面的法线方向 $\boldsymbol{n}$,$\boldsymbol{n}$ 指向 φ 增长的方向. 在法线 $\boldsymbol{n}$ 上取一与 M 点无限邻近的点 M_1,过 M_1 点作等势面

$$\varphi(\boldsymbol{r})=\varphi(M_1)=C_1.$$

现在我们过 M 点作任一方向 s，它和等势面 $\varphi = C_1$ 交于 M' 点. 显然

$$\varphi(M') = \varphi(M_1).$$

根据方向导数的定义，n 方向和曲线 s 方向的方向导数是

$$\frac{\partial \varphi}{\partial n} = \lim_{MM_1 \to 0} \frac{\varphi(M_1) - \varphi(M)}{MM_1}, \qquad (1.3.3)$$

$$\frac{\partial \varphi}{\partial s} = \lim_{MM' \to 0} \frac{\varphi(M') - \varphi(M)}{MM'}. \qquad (1.3.4)$$

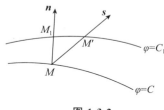

图 1.3.2

从图 1.3.2 上可以看出，MM' 和 MM_1 之间存在着下列关系

$$MM_1 = MM' \cos(\boldsymbol{n}, \boldsymbol{s}). \qquad (1.3.5)$$

将 (1.3.5) 式代入 (1.3.4) 式，并考虑到 (1.3.3) 式及

$$\varphi(M') = \varphi(M_1),$$

我们有

$$
\begin{aligned}
\frac{\partial \varphi}{\partial s} &= \lim_{MM' \to 0} \frac{\varphi(M') - \varphi(M)}{MM'} \\
&= \cos(\boldsymbol{n}, \boldsymbol{s}) \lim_{MM_1 \to 0} \frac{\varphi(M_1) - \varphi(M)}{MM_1} \\
&= \frac{\partial \varphi}{\partial n} \cos(\boldsymbol{n}, \boldsymbol{s}).
\end{aligned}
\qquad (1.3.6)
$$

(1.3.6) 式表明，s 方向上的方向导数可以通过 $\dfrac{\partial \varphi}{\partial n}$ 及 s 与 n 两方向之间夹角的余弦表示出来. 也就是说，知道等势面中 $\varphi = C$ 的法线方向 n 及其上的方向导数 $\dfrac{\partial \varphi}{\partial n}$ 后，则任一方向 s 上的方向导数即可按 (1.3.6) 式求出.

大小为 $\dfrac{\partial \varphi}{\partial n}$，方向为 n 的矢量称为标量函数 φ 的**梯度**，以

$$\operatorname{grad} \varphi = \frac{\partial \varphi}{\partial n} \boldsymbol{n} \qquad (1.3.7)$$

表之，它描写了 M 点邻域内函数 φ 的变化状况，是标量场不均匀性的量度. 考虑到 (1.3.7) 式，(1.3.6) 式可改写为

$$\frac{\partial \varphi}{\partial s} = |\operatorname{grad} \varphi| \cos(\boldsymbol{n}, \boldsymbol{s}) = \boldsymbol{s}_0 \cdot \operatorname{grad} \varphi, \qquad (1.3.8)$$

其中 s_0 是 s 方向的单位矢量. 于是 s 方向的方向导数等于梯度矢量在 s 方向的投影. 此外，无论从 (1.3.6) 式或图 1.3.2 中都可以看出

$$\left| \frac{\partial \varphi}{\partial s} \right| \leqslant \left| \frac{\partial \varphi}{\partial n} \right|, \qquad (1.3.9)$$

即函数 φ 在 n 方向的方向导数值最大，φ 在 n 方向变化最快. 而在等势面切线方向的方向导数等于零，因此沿等势面方向 φ 全然不改变.

我们现在求梯度在直角坐标系中的表达式. 根据(1.3.8)式，梯度 $\mathrm{grad}\,\varphi$ 在 x，y，z 轴方向上的投影分别等于 x，y，z 轴上的方向导数

$$\frac{\partial \varphi}{\partial x}, \frac{\partial \varphi}{\partial y}, \frac{\partial \varphi}{\partial z},$$

于是梯度 $\mathrm{grad}\,\varphi$ 在直角坐标系中的表达式为

$$\mathrm{grad}\,\varphi = \frac{\partial \varphi}{\partial x}\boldsymbol{i} + \frac{\partial \varphi}{\partial y}\boldsymbol{j} + \frac{\partial \varphi}{\partial z}\boldsymbol{k}, \tag{1.3.10}$$

其中 $\boldsymbol{i}$，$\boldsymbol{j}$，$\boldsymbol{k}$ 分别是 x，y，z 轴上的单位矢量.

总结起来，梯度的主要性质如下：

(1) 梯度 $\mathrm{grad}\,\varphi$ 描写了场内任一点 M 邻域内函数 φ 的变化状况，它是标量场不均匀性的量度；

(2) 梯度 $\mathrm{grad}\,\varphi$ 的方向与等势面的法线重合，且指向 φ 增长的方向，大小是 n 方向上的方向导数 $\dfrac{\partial \varphi}{\partial n}$；

(3) 梯度矢量 $\mathrm{grad}\,\varphi$ 在任一方向 s 上的投影等于该方向的方向导数；

(4) 梯度 $\mathrm{grad}\,\varphi$ 的方向，即等势面的法线方向是函数 φ 变化最快的方向；

(5) 梯度 $\mathrm{grad}\,\varphi$ 在直角坐标系中的表达式是(1.3.10)式.

下面我们证明两个实际上常常采用的梯度 $\mathrm{grad}\,\varphi$ 的性质.

定理 1 梯度 $\mathrm{grad}\,\varphi$ 满足关系式

$$\mathrm{d}\varphi = \mathrm{d}\boldsymbol{r} \cdot \mathrm{grad}\,\varphi.$$

反之，若 $\mathrm{d}\varphi = \mathrm{d}\boldsymbol{r} \cdot \boldsymbol{a}$，则 $\boldsymbol{a}$ 必为 $\mathrm{grad}\,\varphi$.

证 标量函数 φ 的全微分是

$$\mathrm{d}\varphi = \frac{\partial \varphi}{\partial x}\mathrm{d}x + \frac{\partial \varphi}{\partial y}\mathrm{d}y + \frac{\partial \varphi}{\partial z}\mathrm{d}z.$$

考虑到

$$\mathrm{grad}\,\varphi = \frac{\partial \varphi}{\partial x}\boldsymbol{i} + \frac{\partial \varphi}{\partial y}\boldsymbol{j} + \frac{\partial \varphi}{\partial z}\boldsymbol{k},$$

$$\mathrm{d}\boldsymbol{r} = \mathrm{d}x\boldsymbol{i} + \mathrm{d}y\boldsymbol{j} + \mathrm{d}z\boldsymbol{k},$$

我们得到

$$\mathrm{d}\varphi = \mathrm{d}\boldsymbol{r} \cdot \mathrm{grad}\,\varphi,$$

即 $\mathrm{grad}\,\varphi$ 满足关系式 $\mathrm{d}\varphi = \mathrm{d}\boldsymbol{r} \cdot \mathrm{grad}\,\varphi$. 反之，若 $\mathrm{d}\varphi = \mathrm{d}\boldsymbol{r} \cdot \boldsymbol{a}$，另一方面 $\mathrm{d}\varphi = \mathrm{d}\boldsymbol{r} \cdot \mathrm{grad}\,\varphi$，两式相减后得

$$\mathrm{d}\boldsymbol{r} \cdot (\boldsymbol{a} - \mathrm{grad}\,\varphi) = 0.$$

但因 $\mathrm{d}\boldsymbol{r}$ 是任意选取的方向，故有

$$a = \operatorname{grad}\varphi,$$

即得证明.

定理 2 若 $a = \operatorname{grad}\varphi$，且 φ 是径矢 r 的单值函数，则沿任一封闭曲线 L 的曲线积分

$$\int_L a \cdot \mathrm{d}r$$

等于零. 反之，若矢量 a 沿任一封闭曲线 L 的曲线积分

$$\int_L a \cdot \mathrm{d}r = 0,$$

则矢量 a 必为某一标量函数 φ 的梯度，即 $a = \operatorname{grad}\varphi$.

证 若 $a = \operatorname{grad}\varphi$，则

$$\int_L a \cdot \mathrm{d}r = \int_L \operatorname{grad}\varphi \cdot \mathrm{d}r.$$

由定理 1 知

$$\mathrm{d}\varphi = \mathrm{d}r \cdot \operatorname{grad}\varphi,$$

于是

$$\int_L a \cdot \mathrm{d}r = \int_L \mathrm{d}\varphi.$$

因 φ 是 r 的单值函数，L 是封闭曲线，故

$$\int_L \mathrm{d}\varphi = 0.$$

这样我们得到

$$\int_L a \cdot \mathrm{d}r = 0.$$

现证，若矢量 a 沿任一封闭曲线 L 的曲线积分

$$\int_L a \cdot \mathrm{d}r = 0,$$

则 a 必为 $\operatorname{grad}\varphi$.

图 1.3.3

首先证明，从某一定点 M_0 到任一变动点 $M(r)$ 的曲线积分与积分路线无关. 为此任取两条从 M_0 到 M 的曲线 L_1 及 L_2 组成一封闭曲线，如图 1.3.3 所示. 根据假定，沿此封闭曲线的曲线积分为零，

$$\int_{M_0(L_1)}^{M} a \cdot \mathrm{d}r + \int_{M(L_2)}^{M_0} a \cdot \mathrm{d}r = 0,$$

即

$$\int_{M_0(L_1)}^{M} \boldsymbol{a} \cdot \mathrm{d}\boldsymbol{r} = \int_{M_0(L_2)}^{M} \boldsymbol{a} \cdot \mathrm{d}\boldsymbol{r}^{①}.$$

因为从 M_0 到 $M(\boldsymbol{r})$ 的曲线积分与积分路线无关,所以积分值只是 $\boldsymbol{r}$ 的函数,以 $\varphi(\boldsymbol{r})$ 表之,于是

$$\varphi(\boldsymbol{r}) = \int_{M_0}^{M} \boldsymbol{a} \cdot \mathrm{d}\boldsymbol{r},$$

由此得

$$\mathrm{d}\varphi = \boldsymbol{a} \cdot \mathrm{d}\boldsymbol{r}.$$

根据定理 1 的结果推出

$$\boldsymbol{a} = \operatorname{grad}\varphi,$$

定理证毕.

  定理 1 及定理 2 反映了梯度的同一个性质,定理 1 是微分形式,而定理 2 是积分形式.

  定理 1 和定理 2 将单值函数 φ 的梯度和 φ 的全微分以及曲线积分联系了起来,而全微分及曲线积分的运算和性质我们是熟悉的,因此就有可能利用定理 1 和定理 2,通过全微分和曲线积分求函数 φ 的梯度及研究梯度的某些性质.

  下面我们举一个例子说明如何利用梯度的性质求某给定函数的梯度.

  例   计算仅与径矢大小 r 有关的标量函数 $\varphi(r)$ 的梯度 $\operatorname{grad}\varphi$.

  现在我们利用梯度的不同性质求 $\varphi(r)$ 的梯度.

  i) 利用性质(2). 标量函数 $\varphi = \varphi(r)$ 的等势面是以坐标原点为心的球面,而球面的法线方向,即径矢 $\boldsymbol{r}$ 的方向,故 $\operatorname{grad}\varphi$ 的方向就是径矢 $\boldsymbol{r}$ 的方向;其次,$\operatorname{grad}\varphi$ 的大小是

$$\frac{\partial\varphi}{\partial r} = \varphi'(r),$$

于是

$$\operatorname{grad}\varphi = \varphi'(r)\frac{\boldsymbol{r}}{r}.$$

  ii) 利用性质(5). 显然

$$\frac{\partial\varphi}{\partial x} = \frac{\mathrm{d}\varphi}{\mathrm{d}r}\frac{\partial r}{\partial x}, \quad \frac{\partial\varphi}{\partial y} = \frac{\mathrm{d}\varphi}{\mathrm{d}r}\frac{\partial r}{\partial y}, \quad \frac{\partial\varphi}{\partial z} = \frac{\mathrm{d}\varphi}{\mathrm{d}r}\frac{\partial r}{\partial z}.$$

因

$$r = \sqrt{x^2 + y^2 + z^2},$$

---

①   另外一种更直观的证法是
$$\int_{M_0(L_1)}^{M} = \int_{M_0(L_1)}^{M} + \int_{M(L_2)}^{M_0} + \int_{M_0(L_2)}^{M} = \int_{M_0(L_2)}^{M}.$$

故

$$\frac{\partial r}{\partial x} = \frac{x}{r}, \ \frac{\partial r}{\partial y} = \frac{y}{r}, \ \frac{\partial r}{\partial z} = \frac{z}{r}.$$

于是

$$\frac{\partial \varphi}{\partial x} = \frac{x}{r} \frac{\mathrm{d}\varphi}{\mathrm{d}r}, \ \frac{\partial \varphi}{\partial y} = \frac{y}{r} \frac{\mathrm{d}\varphi}{\mathrm{d}r}, \ \frac{\partial \varphi}{\partial z} = \frac{z}{r} \frac{\mathrm{d}\varphi}{\mathrm{d}r},$$

进而

$$\mathrm{grad}\, \varphi = \boldsymbol{i}\, \frac{\partial \varphi}{\partial x} + \boldsymbol{j}\, \frac{\partial \varphi}{\partial y} + \boldsymbol{k}\, \frac{\partial \varphi}{\partial z} = \frac{x\boldsymbol{i} + y\boldsymbol{j} + z\boldsymbol{k}}{r} \frac{\mathrm{d}\varphi}{\mathrm{d}r} = \varphi'(r)\, \frac{\boldsymbol{r}}{r}.$$

iii) 利用定理 1.

$$\mathrm{d}\varphi(r) = \varphi'(r)\mathrm{d}r = \frac{\varphi'(r)}{r} r\, \mathrm{d}r.$$

因

$$\boldsymbol{r} \cdot \boldsymbol{r} = r^2,$$

微分之得

$$2\boldsymbol{r} \cdot \mathrm{d}\boldsymbol{r} = 2r\, \mathrm{d}r,$$

即

$$\boldsymbol{r} \cdot \mathrm{d}\boldsymbol{r} = r\, \mathrm{d}r,$$

于是

$$\mathrm{d}\varphi = \frac{\varphi'(r)}{r} \boldsymbol{r} \cdot \mathrm{d}\boldsymbol{r}.$$

根据定理 1 推出

$$\mathrm{grad}\, \varphi = \varphi'(r)\, \frac{\boldsymbol{r}}{r}.$$

最后我们指出,写成 $\boldsymbol{a} = \mathrm{grad}\, \varphi$ 的矢量场亦称为**位势场**,φ 称为**位势**;当速度场是位势场时,位势 φ 称为**速度势**.

1.4 矢量 $\boldsymbol{a}$ 通过 S 面的通量 矢量 $\boldsymbol{a}$ 的散度 奥-高定理

给定一矢量场 $\boldsymbol{a}(\boldsymbol{r}, t)$. 在场内取一曲面 S(见图 1.4.1),它可以是封闭的也可以是不封闭的. 在 S 面上取一面积元 $\mathrm{d}S$,在 $\mathrm{d}S$ 上任取一点 M,作 S 面在 M 点的法线. 若曲面是封闭的,则通常取外法线为正方向. 若曲面不封闭,则可约定取某一方向为法线正方向. 令 $\boldsymbol{n}$ 表示 S 面上法线方向的单位矢量,$\boldsymbol{a}$ 表示 M 点上的矢量函数的值,x, y, z 轴方向的单位矢量分别为 $\boldsymbol{i}, \boldsymbol{j}, \boldsymbol{k}$,则

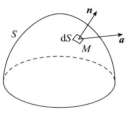
图 1.4.1

$$a_n = \boldsymbol{a} \cdot \boldsymbol{n}$$

$$= a_x \cos(\boldsymbol{n},\boldsymbol{i}) + a_y \cos(\boldsymbol{n},\boldsymbol{j}) + a_z \cos(\boldsymbol{n},\boldsymbol{k}) \tag{1.4.1}$$

代表矢量 $\boldsymbol{a}$ 在法线方向的投影. 定义

$$a_n \mathrm{d}S$$

为矢量 $\boldsymbol{a}$ 通过面积元 $\mathrm{d}S$ 的通量. 将其沿曲面 S 积分, 得

$$\int_S a_n \mathrm{d}S, \tag{1.4.2}$$

称之为矢量 $\boldsymbol{a}$ 通过 S 面的**通量**. 定义面积元矢量 $\mathrm{d}\boldsymbol{S}$ 是大小为 $\mathrm{d}S$, 方向为法线正方向的量, 即

$$\mathrm{d}\boldsymbol{S} = \mathrm{d}S\,\boldsymbol{n}.$$

考虑到

$$\mathrm{d}S\cos(\boldsymbol{n},\boldsymbol{i}) = \mathrm{d}y\,\mathrm{d}z,$$
$$\mathrm{d}S\cos(\boldsymbol{n},\boldsymbol{j}) = \mathrm{d}z\,\mathrm{d}x,$$
$$\mathrm{d}S\cos(\boldsymbol{n},\boldsymbol{k}) = \mathrm{d}x\,\mathrm{d}y$$

及 (1.4.1) 式, 矢量 $\boldsymbol{a}$ 通过 S 面的通量还可以写成下列几种形式

$$\int_S a_n \mathrm{d}S = \int_S \boldsymbol{a}\cdot\boldsymbol{n}\,\mathrm{d}S = \int_S \boldsymbol{a}\cdot\mathrm{d}\boldsymbol{S}$$
$$= \int_S [a_x \cos(\boldsymbol{n},\boldsymbol{i}) + a_y \cos(\boldsymbol{n},\boldsymbol{j}) + a_z \cos(\boldsymbol{n},\boldsymbol{k})]\mathrm{d}S$$
$$= \int_S (a_x \,\mathrm{d}y\,\mathrm{d}z + a_y \,\mathrm{d}z\,\mathrm{d}x + a_z \,\mathrm{d}x\,\mathrm{d}y). \tag{1.4.3}$$

当 S 面是封闭曲面时, 我们采用积分号上加一小圆圈的方法表示矢量 $\boldsymbol{a}$ 通过 S 面的通量, 即

$$\oint_S a_n \mathrm{d}S.$$

今在场内任取一点 M, 以体积 V 包之. 若 V 的界面为 S, 作矢量 $\boldsymbol{a}$ 通过 S 面的通量, 然后用体积 V 除之. 令体积 V 向 M 点无限收缩, 得极限

$$\lim_{V\to 0} \frac{\oint_S a_n \mathrm{d}S}{V}.$$

设此极限值存在, 定义它为矢量 $\boldsymbol{a}$ 的**散度**, 以 $\operatorname{div}\boldsymbol{a}$ 表示, 于是

$$\operatorname{div}\boldsymbol{a} = \lim_{V\to 0} \frac{\oint_S a_n \mathrm{d}S}{V}. \tag{1.4.4}$$

由此可见, 矢量 $\boldsymbol{a}$ 的散度是对单位体积而言矢量 $\boldsymbol{a}$ 通过体积元 V 的界面 S 的通量. 从散度的定义 (1.4.4) 可以看出, 它是一个不依赖于坐标系选取的数值, 因此是一个标量. 这样, 散度 $\operatorname{div}\boldsymbol{a}$ 组成一标量场.

设矢量函数 $\boldsymbol{a}$ 的三个分量函数 a_x, a_y, a_z 具有连续的一阶偏导数, 现证此时

由(1.4.4)式决定的极限值是存在的. 在证明的过程中我们还能得到散度 $\mathrm{div}\,\boldsymbol{a}$ 在直角坐标系中的具体表达式.

利用数学分析中的奥-高公式,我们有

$$\oint_S a_n \mathrm{d}S = \oint_S [a_x \cos(\boldsymbol{n},\boldsymbol{i}) + a_y \cos(\boldsymbol{n},\boldsymbol{j}) + a_z \cos(\boldsymbol{n},\boldsymbol{k})]\mathrm{d}S$$

$$= \int_V \left(\frac{\partial a_x}{\partial x} + \frac{\partial a_y}{\partial y} + \frac{\partial a_z}{\partial z}\right)\mathrm{d}V. \tag{1.4.5}$$

因体积分中的被积函数是连续的,根据中值公式,(1.4.5)式可改写为

$$\oint_S a_n \mathrm{d}S = V\left(\frac{\partial a_x}{\partial x} + \frac{\partial a_y}{\partial y} + \frac{\partial a_z}{\partial z}\right)_Q,$$

Q 是体积 V 中某一个点,下标 Q 表示函数在该点取值. 将上式代入(1.4.4)式中可得

$$\mathrm{div}\,\boldsymbol{a} = \lim_{V\to 0}\frac{\oint_S a_n \mathrm{d}S}{V} = \lim_{V\to 0}\left(\frac{\partial a_x}{\partial x} + \frac{\partial a_y}{\partial y} + \frac{\partial a_z}{\partial z}\right)_Q$$

当 V 向 M 点收缩时,Q 点最后与 M 重合,故由 $\dfrac{\partial a_x}{\partial x}$,$\dfrac{\partial a_y}{\partial y}$,$\dfrac{\partial a_z}{\partial z}$ 的连续假定得

$$\mathrm{div}\,\boldsymbol{a} = \frac{\partial a_x}{\partial x} + \frac{\partial a_y}{\partial y} + \frac{\partial a_z}{\partial z}. \tag{1.4.6}$$

这样我们便证明了由(1.4.4)式所决定的极限值的确存在,并且它在直角坐标系中具有(1.4.6)式的形式.

将 $\mathrm{div}\,\boldsymbol{a}$ 在直角坐标系中的表达式(1.4.6)代入(1.4.5)式,得到下列不依赖于坐标系选择的奥-高定理

$$\oint_S a_n \mathrm{d}S = \int_V \mathrm{div}\,\boldsymbol{a}\,\mathrm{d}V. \tag{1.4.7}$$

(1.4.4)式和(1.4.7)式可看成奥-高定理的微分和积分形式.

1.5　无源场及其性质

$\mathrm{div}\,\boldsymbol{a} = 0$ 的矢量场称为**无源场**或管式场.

无源场具有下列几个主要的性质:

(1) 无源矢量 $\boldsymbol{a}$ 通过矢量管任一横截面上的通量保持同一数值.

给定一矢量管,如图 1.5.1 所示,任取此矢量管的两横截面 Σ 及 Σ_1,考虑由横截面 Σ,Σ_1 及 Σ,Σ_1 之间矢量管的侧面 Σ' 所组成的封闭曲面 S,以 V 表示曲面 S 内的体积. 对 S 及 V 写出奥-高定理,有

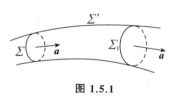

图 1.5.1

$$\oint_S a_n \mathrm{d}S = \int_V \mathrm{div}\,\boldsymbol{a}\,\mathrm{d}V.$$

因矢量场无源,故

$$\operatorname{div}\boldsymbol{a}=0,$$

由此得

$$\oint_S a_n \mathrm{d}S=0,$$

亦即

$$-\int_\Sigma a_n \mathrm{d}S+\int_{\Sigma'} a_n \mathrm{d}S+\int_{\Sigma_1} a_n \mathrm{d}S=0,$$

式中 Σ 面上取的是内法线方向,其他面上取的都是外法线方向. 在矢量管侧面 Σ' 上 $a_n=0$,于是

$$\int_{\Sigma'} a_n \mathrm{d}S=0,$$

上式变为

$$\int_\Sigma a_n \mathrm{d}S=\int_{\Sigma_1} a_n \mathrm{d}S.$$

可见,矢量 $\boldsymbol{a}$ 通过矢量管任一截面的通量保持同一数值.

(2) 通量非零的矢量管不能在场内发生或终止. 一般说来它只可能伸延至无穷,靠在区域的边界上或自成封闭管路.

这个性质是上一性质的推论. 因为若矢量管在场内发生或终止,则容易证明第一个性质不能保持.

(3) 无源矢量 $\boldsymbol{a}$ 通过张于一已知周线 L 的所有曲面 S 的通量均相同,亦即此通量只依赖于周线 L 而与所张曲面 S 的形状无关.

设 S 及 S_1 是任意两个张于周线 L 上的曲面,则 S,S_1 组成一封闭曲面. 设此封闭曲面所包围的体积为 V. 对 S 及 V 应用奥-高定理有

$$\int_V \operatorname{div}\boldsymbol{a} \,\mathrm{d}V=\int_{S_1} a_n \mathrm{d}S-\int_S a_n \mathrm{d}S=0,$$

推出

$$\int_{S_1} a_n \mathrm{d}S=\int_S a_n \mathrm{d}S,$$

式中对 S_1 面而言取的是外法线,对 S 面而言则取的是内法线.

应该指出,上述性质只在这样的区域内成立,在此区域内,任一球面形曲面能不超出此区域而缩成一点.

1.6 矢量 $\boldsymbol{a}$ 沿回线的环量 矢量 $\boldsymbol{a}$ 的旋度 斯托克斯定理

给定一矢量场 $\boldsymbol{a}(\boldsymbol{r},t)$,在场内取任意一曲线 L,作曲线积分

$$\int_L \boldsymbol{a}\cdot\mathrm{d}\boldsymbol{r}=\int_L (a_x \mathrm{d}x+a_y \mathrm{d}y+a_z \mathrm{d}z), \tag{1.6.1}$$

称之为矢量 a 沿曲线 L 的环量. 若 L 是一封闭曲线, 我们在积分号中加一小圆圈 $\left(\oint\right)$, 并称之为矢量 a 沿封闭回线 L 的环量.

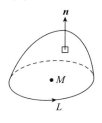

图 1.6.1

设 M 是场内一点, 在 M 点附近取无限小封闭回线 L, 取定某一方向为 L 的正方向. 设张于周线 L 上的曲面是 S, 作 S 的法线方向 n_0. 选取这样的方向为法线的正方向, 它在右手坐标系中与回线 L 的正方向形成右手螺旋系统. 参看图 1.6.1. 作矢量 a 沿曲线 L 的环量并除以曲面面积 S. 令 L 这样地向 M 点收缩, 使张于周线 L 的曲面矢量 $S = Sn_0$, 其大小趋于零, 方向趋于某固定的方向 n. 于是得到下列极限

$$\lim_{S \to 0} \frac{\oint_L a \cdot \mathrm{d}r}{S}, \tag{1.6.2}$$

定义其为矢量 a 的**旋度**矢量 $\mathrm{rot}\, a$ 在 n 方向的投影, 即

$$\mathrm{rot}_n a = \lim_{S \to 0} \frac{\oint_L a \cdot \mathrm{d}r}{S}. \tag{1.6.3}$$

这里也存在这样的问题, 即 (1.6.2) 式的极限是否存在? 如果存在, 它是否一定是某一矢量在 n 方向的投影? 下面我们证明, 如果矢量 a 的三个分量具有连续一阶偏导数, 则 (1.6.2) 式决定的极限值是存在的, 而且它的确是某矢量在 n 方向的投影. 在证明中还得到旋度 $\mathrm{rot}\, a$ 在直角坐标系中的表达式.

利用**斯托克斯**(Stokes) **公式**, 我们有

$$\begin{aligned}
\oint_L a \cdot \mathrm{d}r &= \oint_L (a_x \mathrm{d}x + a_y \mathrm{d}y + a_z \mathrm{d}z) \\
&= \int_S \left[\left(\frac{\partial a_z}{\partial y} - \frac{\partial a_y}{\partial z} \right) \cos(n, i) \right. \\
&\quad + \left(\frac{\partial a_x}{\partial z} - \frac{\partial a_z}{\partial x} \right) \cos(n, j) \\
&\quad + \left. \left(\frac{\partial a_y}{\partial x} - \frac{\partial a_x}{\partial y} \right) \cos(n, k) \right] \mathrm{d}S. \tag{1.6.4}
\end{aligned}$$

利用中值公式后有

$$\oint_L a \cdot \mathrm{d}r = S \left[\left(\frac{\partial a_z}{\partial y} - \frac{\partial a_y}{\partial z} \right) \cos(n, i) + \left(\frac{\partial a_x}{\partial z} - \frac{\partial a_z}{\partial x} \right) \cos(n, j) \right.$$
$$\left. + \left(\frac{\partial a_y}{\partial x} - \frac{\partial a_x}{\partial y} \right) \cos(n, k) \right]_Q,$$

其中 Q 是曲面 S 上的某点. 将上式代入 (1.6.4) 式, 得

$$\text{rot}_n \boldsymbol{a} = \lim_{S \to 0} \frac{\oint_L \boldsymbol{a} \cdot \mathrm{d}r}{S} = \left(\frac{\partial a_z}{\partial y} - \frac{\partial a_y}{\partial z}\right)\cos(\boldsymbol{n},\boldsymbol{i})$$

$$+ \left(\frac{\partial a_x}{\partial z} - \frac{\partial a_z}{\partial x}\right)\cos(\boldsymbol{n},\boldsymbol{i}) + \left(\frac{\partial a_y}{\partial z} - \frac{\partial a_x}{\partial y}\right)\cos(\boldsymbol{n},\boldsymbol{k}),$$

即

$$(\text{rot}\,\boldsymbol{a})_x\cos(\boldsymbol{n},\boldsymbol{i}) + (\text{rot}\,\boldsymbol{a})_y\cos(\boldsymbol{n},\boldsymbol{j}) + (\text{rot}\,\boldsymbol{a})_z\cos(\boldsymbol{n},\boldsymbol{k})$$

$$= \left(\frac{\partial a_z}{\partial y} - \frac{\partial a_y}{\partial z}\right)\cos(\boldsymbol{n},\boldsymbol{i}) + \left(\frac{\partial a_x}{\partial z} - \frac{\partial a_z}{\partial x}\right)\cos(\boldsymbol{n},\boldsymbol{j})$$

$$+ \left(\frac{\partial a_y}{\partial x} - \frac{\partial a_x}{\partial y}\right)\cos(\boldsymbol{n},\boldsymbol{k}).$$

因方向 $\boldsymbol{n}$ 是任意的,由此推出

$$\begin{cases} \text{rot}_x \boldsymbol{a} = \dfrac{\partial a_z}{\partial y} - \dfrac{\partial a_y}{\partial z}, \\[2mm] \text{rot}_y \boldsymbol{a} = \dfrac{\partial a_x}{\partial z} - \dfrac{\partial a_z}{\partial x}, \\[2mm] \text{rot}_z \boldsymbol{a} = \dfrac{\partial a_y}{\partial x} - \dfrac{\partial a_x}{\partial y}, \end{cases} \tag{1.6.5}$$

或写成

$$\text{rot}\,\boldsymbol{a} = \begin{vmatrix} \boldsymbol{i} & \boldsymbol{j} & \boldsymbol{k} \\ \dfrac{\partial}{\partial x} & \dfrac{\partial}{\partial y} & \dfrac{\partial}{\partial z} \\ a_x & a_y & a_z \end{vmatrix}.$$

由此我们看到,如果 $\boldsymbol{a}$ 具有连续一阶偏导数,则(1.6.2)式的极限值是存在的,而且它是矢量 $\text{rot}\,\boldsymbol{a}$ 在 $\boldsymbol{n}$ 方向的投影,矢量 $\text{rot}\,\boldsymbol{a}$ 在直角坐标系的投影由(1.6.5)式确定.

(1.6.3)式给出矢量 $\text{rot}\,\boldsymbol{a}$ 在任意方向投影的定义,而且这个定义和坐标系的选择无关.

将 $\text{rot}_n\boldsymbol{a}$ 的直角坐标系中表达式代入(1.6.4)式,得到下列不依赖坐标系选择的**斯托克斯定理**

$$\oint_L \boldsymbol{a} \cdot \mathrm{d}r = \int_S \text{rot}_n\boldsymbol{a}\,\mathrm{d}S = \int_S \text{rot}\,\boldsymbol{a} \cdot \mathrm{d}\boldsymbol{S}. \tag{1.6.6}$$

(1.6.3)式和(1.6.6)式可以看成是斯托克斯公式的微分和积分形式.

1.7　无旋场及其性质

$\text{rot}\,\boldsymbol{a} = \boldsymbol{0}$ 的矢量场称为**无旋场**.

无旋场最主要的性质是无旋场和位势场的等价性,即若 $\boldsymbol{a}$ 是位势场,

$$a = \operatorname{grad} \varphi,$$

则 a 必为无旋场

$$\operatorname{rot} a = \mathbf{0}.$$

反之, 若矢量 a 是无旋场,

$$\operatorname{rot} a = \mathbf{0},$$

则 a 必为位势场

$$a = \operatorname{grad} \varphi.$$

现证明之.

设 $a = \operatorname{grad} \varphi$. 直接微分, 易证

$$\operatorname{rot} a = \operatorname{rot} \operatorname{grad} \varphi = \mathbf{0}.$$

反之, 设 $\operatorname{rot} a = \mathbf{0}$, 则由斯托克斯公式有

$$\oint_L a \cdot \mathrm{d}r = \int_S \operatorname{rot} a \cdot \mathrm{d}S = 0,$$

其中 L 是任意周界, 于是矢量 a 沿任意封闭回线 L 的曲线积分为零. 根据 1.3 节中定理 2 推出

$$a = \operatorname{grad} \varphi.$$

等价性证毕.

1.8   基本运算公式

（1）微分公式

① $\operatorname{grad}(\varphi + \psi) = \operatorname{grad} \varphi + \operatorname{grad} \psi.$

② $\operatorname{grad}(\varphi\psi) = \varphi \operatorname{grad} \psi + \psi \operatorname{grad} \varphi.$

③ $\operatorname{grad} F(\varphi) = F'(\varphi) \operatorname{grad} \varphi, \operatorname{grad} \varphi(r) = \varphi'(r) \dfrac{r}{r}.$

④ $\operatorname{div}(a + b) = \operatorname{div} a + \operatorname{div} b.$

⑤ $\operatorname{div}(\varphi a) = \varphi \operatorname{div} a + \operatorname{grad} \varphi \cdot a.$

⑥ $\operatorname{div}(a \times b) = b \cdot \operatorname{rot} a - a \cdot \operatorname{rot} b.$

⑦ $\operatorname{rot}(a + b) = \operatorname{rot} a + \operatorname{rot} b.$

⑧ $\operatorname{rot}(\varphi a) = \varphi \operatorname{rot} a + \operatorname{grad} \varphi \times a.$

⑨ $\operatorname{rot}(a \times b) = (b \cdot \nabla)a - (a \cdot \nabla)b + a \operatorname{div} b - b \operatorname{div} a.$

⑩ $\operatorname{grad}(a \cdot b) = (b \cdot \nabla)a + (a \cdot \nabla)b + b \times \operatorname{rot} a + a \times \operatorname{rot} b.$

⑪ $\operatorname{grad} \dfrac{a^2}{2} = (a \cdot \nabla)a + a \times \operatorname{rot} a,$

或 $(a \cdot \nabla)a = \operatorname{grad} \dfrac{a^2}{2} - a \times \operatorname{rot} a.$

⑫ $\operatorname{div} \operatorname{grad} \varphi = \Delta \varphi.$

⑬ div rot $\boldsymbol{a} = 0$.

⑭ rot grad $\varphi = \boldsymbol{0}$.

⑮ rot rot $\boldsymbol{a}$ = grad div $\boldsymbol{a} - \Delta\boldsymbol{a}$.

⑯ div$(\varphi\,\mathrm{grad}\,\psi) = \varphi\Delta\psi + \mathrm{grad}\,\varphi \cdot \mathrm{grad}\,\psi$.

⑰ $\Delta(\varphi\psi) = \psi\Delta\varphi + \varphi\Delta\psi + 2\mathrm{grad}\,\varphi \cdot \mathrm{grad}\,\psi$.

（2）积分公式

⑱ $\displaystyle\int_V \mathrm{grad}\,\varphi\,\mathrm{d}V = \int_S \boldsymbol{n}\varphi\,\mathrm{d}S$.

⑲ $\displaystyle\int_V \mathrm{div}\,\boldsymbol{a}\,\mathrm{d}V = \int_S \boldsymbol{n} \cdot \boldsymbol{a}\,\mathrm{d}S$（此式即奥-高定理）.

⑳ $\displaystyle\int_V \mathrm{rot}\,\boldsymbol{a}\,\mathrm{d}V = \int_S \boldsymbol{n} \times \boldsymbol{a}\,\mathrm{d}S$.

㉑ $\displaystyle\int_V (\boldsymbol{v} \cdot \nabla)\boldsymbol{a}\,\mathrm{d}V = \int_S (\boldsymbol{v} \cdot \boldsymbol{n})\boldsymbol{a}\,\mathrm{d}S$，其中$\boldsymbol{v}$ 是常矢量.

㉒ $\displaystyle\int_V \Delta\varphi\,\mathrm{d}V = \int_S \frac{\partial\varphi}{\partial n}\mathrm{d}S = \int_S \boldsymbol{n} \cdot \nabla\varphi\,\mathrm{d}S$.

㉓ $\displaystyle\int_V \Delta\boldsymbol{a}\,\mathrm{d}V = \int_S \frac{\partial\boldsymbol{a}}{\partial n}\mathrm{d}S = \int_S (\boldsymbol{n} \cdot \nabla)\boldsymbol{a}\,\mathrm{d}S$.

㉔ **格林第一公式**

$$\int_V (\varphi\Delta\psi + \mathrm{grad}\,\varphi \cdot \mathrm{grad}\,\psi)\mathrm{d}V = \int_S \varphi\frac{\partial\psi}{\partial n}\mathrm{d}S.$$

$$\int_V (\psi\Delta\varphi + \mathrm{grad}\,\psi \cdot \mathrm{grad}\,\varphi)\mathrm{d}V = \int_S \psi\frac{\partial\varphi}{\partial n}\mathrm{d}S.$$

㉕ **格林第二公式**

$$\int_V (\varphi\Delta\psi - \psi\Delta\varphi)\mathrm{d}V = \int_S \left(\varphi\frac{\partial\psi}{\partial n} - \psi\frac{\partial\varphi}{\partial n}\right)\mathrm{d}S.$$

㉖ $\displaystyle\int_V (\mathrm{grad}\,\varphi)^2\,\mathrm{d}V = \int_S \varphi\frac{\partial\varphi}{\partial n}\mathrm{d}S$，其中 φ 满足 $\Delta\varphi = 0$.

㉔ — ㉖ 式中 V 是单连通区域.

在上述公式中出现的符号 Δ 称为**拉普拉斯算子**，它在直角坐标系中的表达式是

$$\Delta = \frac{\partial^2}{\partial x^2} + \frac{\partial^2}{\partial y^2} + \frac{\partial^2}{\partial z^2}.$$

符号"∇"称为哈密顿算子，它在直角坐标系中的表达式是

$$\nabla = \boldsymbol{i}\frac{\partial}{\partial x} + \boldsymbol{j}\frac{\partial}{\partial y} + \boldsymbol{k}\frac{\partial}{\partial z}.$$

微分公式的正确性可以通过直接微分的方法逐一检验，读者可作为练习自

行验证. 现在我们来证明上述积分公式的正确性.

⑱ $\displaystyle\int_V \operatorname{grad}\varphi\,\mathrm{d}V = \int_S \boldsymbol{n}\varphi\,\mathrm{d}S.$

证 $\displaystyle\int_V \operatorname{grad}\varphi\,\mathrm{d}V = \int_V\left(\frac{\partial\varphi}{\partial x}\boldsymbol{i} + \frac{\partial\varphi}{\partial y}\boldsymbol{j} + \frac{\partial\varphi}{\partial z}\boldsymbol{k}\right)\mathrm{d}V$

$$= \int_S \varphi\left[\cos(\boldsymbol{n},\boldsymbol{i})\boldsymbol{i} + \cos(\boldsymbol{n},\boldsymbol{j})\boldsymbol{j} + \cos(\boldsymbol{n},\boldsymbol{k})\boldsymbol{k}\right]\mathrm{d}S$$

$$= \int_S \varphi\boldsymbol{n}\,\mathrm{d}S.$$

⑳ $\displaystyle\int_V \operatorname{rot}\boldsymbol{a}\,\mathrm{d}V = \int_S \boldsymbol{n}\times\boldsymbol{a}\,\mathrm{d}S.$

证 以 x 轴方向分量为例加以证明：

$$\int_V \operatorname{rot}_x\boldsymbol{a}\,\mathrm{d}V = \int_V\left(\frac{\partial a_z}{\partial y} - \frac{\partial a_y}{\partial z}\right)\mathrm{d}V$$

$$= \int_S\left[a_z\cos(\boldsymbol{n},\boldsymbol{j}) - a_y\cos(\boldsymbol{n},\boldsymbol{k})\right]\mathrm{d}S$$

$$= \int_S (\boldsymbol{n}\times\boldsymbol{a})_x\,\mathrm{d}S.$$

同样地,对 y 轴方向, z 轴方向亦可以证明上式的正确性.

㉑ $\displaystyle\int_V (\boldsymbol{v}\cdot\nabla)\boldsymbol{a}\,\mathrm{d}V = \int_S (\boldsymbol{v}\cdot\boldsymbol{n})\boldsymbol{a}\,\mathrm{d}S, \boldsymbol{v}$ 是常矢量.

证 $\displaystyle\int_V (\boldsymbol{v}\cdot\nabla)\boldsymbol{a}\,\mathrm{d}V = \int_V\left(v_x\frac{\partial\boldsymbol{a}}{\partial x} + v_y\frac{\partial\boldsymbol{a}}{\partial y} + v_z\frac{\partial\boldsymbol{a}}{\partial z}\right)\mathrm{d}V$

$$= \int_V\left[\frac{\partial(v_x\boldsymbol{a})}{\partial x} + \frac{\partial(v_y\boldsymbol{a})}{\partial y} + \frac{\partial(v_z\boldsymbol{a})}{\partial z}\right]\mathrm{d}V$$

$$= \int_S\left[v_x\cos(\boldsymbol{n},\boldsymbol{i}) + v_y\cos(\boldsymbol{n},\boldsymbol{j}) + v_z\cos(\boldsymbol{n},\boldsymbol{k})\right]\boldsymbol{a}\,\mathrm{d}S$$

$$= \int_S (\boldsymbol{v}\cdot\boldsymbol{n})\boldsymbol{a}\,\mathrm{d}S.$$

㉒ $\displaystyle\int_V \Delta\varphi\,\mathrm{d}V = \int_S \frac{\partial\varphi}{\partial n}\mathrm{d}S.$

证 在 ⑲ 式中令 $\boldsymbol{a}=\operatorname{grad}\varphi$,即得此式.

㉓ $\displaystyle\int_V \Delta\boldsymbol{a}\,\mathrm{d}V = \int_S \frac{\partial\boldsymbol{a}}{\partial n}\mathrm{d}S.$

证 对此式左边的三个分量运用 ㉒ 式,即得此式.

㉔ $\displaystyle\int_V (\varphi\Delta\psi + \operatorname{grad}\varphi\cdot\operatorname{grad}\psi)\mathrm{d}V = \int_S \varphi\frac{\partial\psi}{\partial n}\mathrm{d}S.$

证 在 ⑲ 式中令 $\boldsymbol{a}=\varphi\operatorname{grad}\psi$,并考虑到 ⑯ 式,即得此式. 将 φ 与 ψ 易位得

$$\int_V (\psi \Delta \varphi + \mathrm{grad}\,\psi \cdot \mathrm{grad}\,\varphi)\mathrm{d}V = \int_S \psi \frac{\partial \varphi}{\partial n}\mathrm{d}S.$$

㉕ $\displaystyle\int_V (\varphi \Delta \psi - \psi \Delta \varphi)\mathrm{d}V = \int_S \left(\varphi \frac{\partial \psi}{\partial n} - \psi \frac{\partial \varphi}{\partial n}\right)\mathrm{d}S.$

证　将格林第一公式的两种不同形式相减即得上式.

㉖ $\displaystyle\int_V (\mathrm{grad}\,\varphi)^2 \mathrm{d}V = \int_S \varphi \frac{\partial \varphi}{\partial n}\mathrm{d}S.$

证　在 ㉔ 式中令 $\varphi = \psi$,并考虑到 $\Delta \varphi = 0$,即得此式.

1.9　哈密顿算子

现在我们介绍矢量分析中一个非常重要的微分算子,称为**哈密顿算子**,它的表达式是

$$\nabla = \boldsymbol{i}\,\frac{\partial}{\partial x} + \boldsymbol{j}\,\frac{\partial}{\partial y} + \boldsymbol{k}\,\frac{\partial}{\partial z}. \tag{1.9.1}$$

这是一个具有矢量和微分双重性质的符号. 一方面它相当于一个矢量,因此在运算时可以利用矢量代数和矢量分析中的所有法则;另一方面它又是一个微分算子,因此可以按微分法则进行运算,但是必须注意,它只对位于算子∇右边的量发生微分作用,至于位于算子左边的量,算子∇对它不起作用.

下面我们将 $\mathrm{grad}\,\varphi$,$\mathrm{div}\,\boldsymbol{a}$,$\mathrm{rot}\,\boldsymbol{a}$,$\Delta \varphi$ 及 $\dfrac{\partial \boldsymbol{a}}{\partial s}$ 写成哈密顿算子形式,并利用哈密顿算子来证明 1.8 节中几个较复杂的微分公式:

$$\nabla \varphi = \left(\boldsymbol{i}\,\frac{\partial}{\partial x} + \boldsymbol{j}\,\frac{\partial}{\partial y} + \boldsymbol{k}\,\frac{\partial}{\partial z}\right)\varphi = \boldsymbol{i}\,\frac{\partial \varphi}{\partial x} + \boldsymbol{j}\,\frac{\partial \varphi}{\partial y} + \boldsymbol{k}\,\frac{\partial \varphi}{\partial z} = \mathrm{grad}\,\varphi,$$

$$\nabla \cdot \boldsymbol{a} = \left(\boldsymbol{i}\,\frac{\partial}{\partial x} + \boldsymbol{j}\,\frac{\partial}{\partial y} + \boldsymbol{k}\,\frac{\partial}{\partial z}\right)\cdot (i a_x + j a_y + k a_z)$$

$$= \frac{\partial a_x}{\partial x} + \frac{\partial a_y}{\partial y} + \frac{\partial a_z}{\partial z} = \mathrm{div}\,\boldsymbol{a},$$

$$\nabla \times \boldsymbol{a} = \left(\boldsymbol{i}\,\frac{\partial}{\partial x} + \boldsymbol{j}\,\frac{\partial}{\partial y} + \boldsymbol{k}\,\frac{\partial}{\partial z}\right)\times (i a_x + j a_y + k a_z)$$

$$= \boldsymbol{i}\left(\frac{\partial a_z}{\partial y} - \frac{\partial a_y}{\partial z}\right) + \boldsymbol{j}\left(\frac{\partial a_x}{\partial z} - \frac{\partial a_z}{\partial x}\right) + \boldsymbol{k}\left(\frac{\partial a_y}{\partial x} - \frac{\partial a_x}{\partial y}\right) = \mathrm{rot}\,\boldsymbol{a},$$

$$(\boldsymbol{s}_0 \cdot \nabla)\boldsymbol{a} = \Bigg[(\boldsymbol{i}\cos(\boldsymbol{s},\boldsymbol{i}) + \boldsymbol{j}\cos(\boldsymbol{s},\boldsymbol{j}) + \boldsymbol{k}\cos(\boldsymbol{s},\boldsymbol{k}))$$

$$\cdot \left(\boldsymbol{i}\,\frac{\partial}{\partial x} + \boldsymbol{j}\,\frac{\partial}{\partial y} + \boldsymbol{k}\,\frac{\partial}{\partial z}\right)\Bigg]\boldsymbol{a}$$

$$= \left[\cos(\boldsymbol{s},\boldsymbol{i})\,\frac{\partial}{\partial x} + \cos(\boldsymbol{s},\boldsymbol{j})\,\frac{\partial}{\partial y} + \cos(\boldsymbol{s},\boldsymbol{k})\,\frac{\partial}{\partial z}\right]\boldsymbol{a}$$

$$= \cos(\boldsymbol{s},\boldsymbol{i})\,\frac{\partial \boldsymbol{a}}{\partial x} + \cos(\boldsymbol{s},\boldsymbol{j})\,\frac{\partial \boldsymbol{a}}{\partial y} + \cos(\boldsymbol{s},\boldsymbol{k})\,\frac{\partial \boldsymbol{a}}{\partial z} = \frac{\partial \boldsymbol{a}}{\partial s},$$

其中 $\boldsymbol{s}_0$ 是矢量 $\boldsymbol{s}$ 的单位矢量.

$$\nabla^2 \varphi = (\nabla \cdot \nabla)\varphi = \left(\boldsymbol{i}\,\frac{\partial}{\partial x} + \boldsymbol{j}\,\frac{\partial}{\partial y} + \boldsymbol{k}\,\frac{\partial}{\partial z}\right) \cdot \left(\boldsymbol{i}\,\frac{\partial}{\partial x} + \boldsymbol{j}\,\frac{\partial}{\partial y} + \boldsymbol{k}\,\frac{\partial}{\partial z}\right)\varphi$$

$$= \frac{\partial^2 \varphi}{\partial x^2} + \frac{\partial^2 \varphi}{\partial y^2} + \frac{\partial^2 \varphi}{\partial z^2} = \Delta\varphi.$$

以 $\nabla\varphi$, $\nabla \cdot \boldsymbol{a}$ 为例说明哈密顿算子是如何使用的. 一方面, $\nabla\varphi$ 相当于矢量

$$\boldsymbol{i}\,\frac{\partial}{\partial x} + \boldsymbol{j}\,\frac{\partial}{\partial y} + \boldsymbol{k}\,\frac{\partial}{\partial z}$$

与标量 φ 的乘积, 按矢量代数法则它是一个矢量, 其分量是

$$\frac{\partial}{\partial x}\ \text{与}\ \varphi,\quad \frac{\partial}{\partial y}\ \text{与}\ \varphi,\quad \frac{\partial}{\partial z}\ \text{与}\ \varphi$$

的乘积；另一方面, ∇ 是微分算子, 它应该对 φ 起微分作用, 这样 $\nabla\varphi$ 的三个分量必然是

$$\frac{\partial \varphi}{\partial x},\quad \frac{\partial \varphi}{\partial y},\quad \frac{\partial \varphi}{\partial z},$$

即

$$\nabla\varphi = \boldsymbol{i}\,\frac{\partial \varphi}{\partial x} + \boldsymbol{j}\,\frac{\partial \varphi}{\partial y} + \boldsymbol{k}\,\frac{\partial \varphi}{\partial z} = \operatorname{grad}\varphi.$$

我们现在对 $\nabla \cdot \boldsymbol{a}$ 进行同样的讨论. $\nabla \cdot \boldsymbol{a}$ 是矢量 $\boldsymbol{i}\,\dfrac{\partial}{\partial x} + \boldsymbol{j}\,\dfrac{\partial}{\partial y} + \boldsymbol{k}\,\dfrac{\partial}{\partial z}$ 和矢量 $\boldsymbol{a} = \boldsymbol{i}a_x + \boldsymbol{j}a_y + \boldsymbol{k}a_z$ 的内积, 同时 ∇ 应对 $\boldsymbol{a}$ 起微分作用, 于是按内积法则得标量

$$\nabla \cdot \boldsymbol{a} = \frac{\partial a_x}{\partial x} + \frac{\partial a_y}{\partial y} + \frac{\partial a_z}{\partial z} = \operatorname{div}\boldsymbol{a}.$$

完全相似地可以对 $\nabla \times \boldsymbol{a}$, $(\boldsymbol{s}_0 \cdot \nabla)\boldsymbol{a}$, $(\nabla \cdot \nabla)\varphi$ 进行同样的说明.

现在我们利用哈密顿算子的符号法来证明 1.8 中的几个较复杂的微分公式：

公式 ⑤ $\operatorname{div}(\varphi\boldsymbol{a}) = \varphi\operatorname{div}\boldsymbol{a} + \operatorname{grad}\varphi \cdot \boldsymbol{a}$.

证   等式左边可写成

$$\operatorname{div}(\varphi\boldsymbol{a}) = \nabla \cdot (\varphi\boldsymbol{a}).$$

根据两函数乘积的微分法则, $\nabla \cdot (\varphi\boldsymbol{a})$ 等于 φ 看成常数微分 $\boldsymbol{a}$ 和 $\boldsymbol{a}$ 看成常数微分 φ 二项之和, 于是有

$$\operatorname{div}(\varphi\boldsymbol{a}) = \nabla \cdot (\varphi_c\boldsymbol{a}) + \nabla \cdot (\varphi\boldsymbol{a}_c),$$

其中 φ_c, $\boldsymbol{a}_c$ 代表暂时看作是常数的符号, 这符号以后经常使用, 在使用时我们不再加以说明. 先考虑 $\nabla \cdot (\varphi_c\boldsymbol{a})$, 既然 φ_c 是常数, ∇ 对它不起微分作用, 因此应该提

出放在微分符号 ∇ 之前,于是有

$$\nabla \cdot (\varphi_c \boldsymbol{a}) = \varphi_c \nabla \cdot \boldsymbol{a} = \varphi_c \operatorname{div} \boldsymbol{a}.$$

其次考虑 $\nabla \cdot (\varphi \boldsymbol{a}_c)$,此时 $\boldsymbol{a}_c$ 是常数应提到符号 ∇ 之前,但它作为一矢量还应和矢量 ∇ 起点乘作用,于是有

$$\nabla \cdot (\varphi \boldsymbol{a}_c) = \boldsymbol{a}_c \cdot \nabla \varphi = \boldsymbol{a}_c \cdot \operatorname{grad} \varphi.$$

既然 $\varphi_c, \boldsymbol{a}_c$ 都在微分号外便可去掉指标 c,这样最终得

$$\operatorname{div}(\varphi \boldsymbol{a}) = \varphi \operatorname{div} \boldsymbol{a} + \operatorname{grad} \varphi \cdot \boldsymbol{a}.$$

公式 ⑥ $\operatorname{div}(\boldsymbol{a} \times \boldsymbol{b}) = \boldsymbol{b} \cdot \operatorname{rot} \boldsymbol{a} - \boldsymbol{a} \cdot \operatorname{rot} \boldsymbol{b}$,

$$\operatorname{div}(\boldsymbol{a} \times \boldsymbol{b}) = \nabla \cdot (\boldsymbol{a} \times \boldsymbol{b}) = \nabla \cdot (\boldsymbol{a}_c \times \boldsymbol{b}) + \nabla \cdot (\boldsymbol{a} \times \boldsymbol{b}_c).$$

证 先考虑右边第二项,现设法将常矢量 $\boldsymbol{b}_c$ 放在 ∇ 之前,而变矢量 $\boldsymbol{a}$ 仍在算子 ∇ 之右. 利用三矢量混合乘积的法则,我们有

$$\nabla \cdot (\boldsymbol{a} \times \boldsymbol{b}_c) = \boldsymbol{b}_c \cdot (\nabla \times \boldsymbol{a}) = \boldsymbol{b}_c \cdot \operatorname{rot} \boldsymbol{a}.$$

同样地,对第一项进行变换,有

$$\nabla \cdot (\boldsymbol{a}_c \times \boldsymbol{b}) = -\nabla \cdot (\boldsymbol{b} \times \boldsymbol{a}_c) = -\boldsymbol{a}_c \cdot (\nabla \times \boldsymbol{b})$$
$$= -\boldsymbol{a}_c \cdot \operatorname{rot} \boldsymbol{b}.$$

舍去指标 c 后,最后我们得到

$$\operatorname{div}(\boldsymbol{a} \times \boldsymbol{b}) = \boldsymbol{b} \cdot \operatorname{rot} \boldsymbol{a} - \boldsymbol{a} \cdot \operatorname{rot} \boldsymbol{b}.$$

公式 ⑧ $\operatorname{rot}(\varphi \boldsymbol{a}) = \varphi \operatorname{rot} \boldsymbol{a} + \operatorname{grad} \varphi \times \boldsymbol{a}$.

证 $\operatorname{rot}(\varphi \boldsymbol{a}) = \nabla \times (\varphi \boldsymbol{a}) = \nabla \times (\varphi_c \boldsymbol{a}) + \nabla \times (\varphi \boldsymbol{a}_c)$
$$= \varphi_c \nabla \times \boldsymbol{a} - \boldsymbol{a}_c \times \nabla \varphi = \varphi_c \operatorname{rot} \boldsymbol{a} - \boldsymbol{a}_c \times \operatorname{grad} \varphi$$
$$= \varphi \operatorname{rot} \boldsymbol{a} + \operatorname{grad} \varphi \times \boldsymbol{a}.$$

公式 ⑨ $\operatorname{rot}(\boldsymbol{a} \times \boldsymbol{b}) = (\boldsymbol{b} \cdot \nabla)\boldsymbol{a} - (\boldsymbol{a} \cdot \nabla)\boldsymbol{b} + \boldsymbol{a} \operatorname{div} \boldsymbol{b} - \boldsymbol{b} \operatorname{div} \boldsymbol{a}$.

证 $\operatorname{rot}(\boldsymbol{a} \times \boldsymbol{b}) = \nabla \times (\boldsymbol{a} \times \boldsymbol{b}) = \nabla \times (\boldsymbol{a}_c \times \boldsymbol{b}) + \nabla \times (\boldsymbol{a} \times \boldsymbol{b}_c)$
$$= \boldsymbol{a}_c (\nabla \cdot \boldsymbol{b}) - (\boldsymbol{a}_c \cdot \nabla)\boldsymbol{b} + (\boldsymbol{b}_c \cdot \nabla)\boldsymbol{a} - \boldsymbol{b}_c (\nabla \cdot \boldsymbol{a})$$
$$= (\boldsymbol{b} \cdot \nabla)\boldsymbol{a} - (\boldsymbol{a} \cdot \nabla)\boldsymbol{b} + \boldsymbol{a} \operatorname{div} \boldsymbol{b} - \boldsymbol{b} \operatorname{div} \boldsymbol{a}.$$

公式 ⑩ $\operatorname{grad}(\boldsymbol{a} \cdot \boldsymbol{b}) = (\boldsymbol{b} \cdot \nabla)\boldsymbol{a} + (\boldsymbol{a} \cdot \nabla)\boldsymbol{b} + \boldsymbol{b} \times \operatorname{rot} \boldsymbol{a} + \boldsymbol{a} \times \operatorname{rot} \boldsymbol{b}$.

证 $\operatorname{grad}(\boldsymbol{a} \cdot \boldsymbol{b}) = \nabla(\boldsymbol{a} \cdot \boldsymbol{b}) = \nabla(\boldsymbol{a}_c \cdot \boldsymbol{b}) + \nabla(\boldsymbol{a} \cdot \boldsymbol{b}_c)$
$$= (\boldsymbol{a}_c \cdot \nabla)\boldsymbol{b} + \boldsymbol{a}_c \times (\nabla \times \boldsymbol{b}) + (\boldsymbol{b}_c \cdot \nabla)\boldsymbol{a} + \boldsymbol{b}_c \times (\nabla \times \boldsymbol{a})$$
$$= (\boldsymbol{b} \cdot \nabla)\boldsymbol{a} + (\boldsymbol{a} \cdot \nabla)\boldsymbol{b} + \boldsymbol{b} \times \operatorname{rot} \boldsymbol{a} + \boldsymbol{a} \times \operatorname{rot} \boldsymbol{b}.$$

公式 ⑪ 在上式中当 $\boldsymbol{a} = \boldsymbol{b}$ 时得

$$\operatorname{grad} \frac{a^2}{2} = (\boldsymbol{a} \cdot \nabla)\boldsymbol{a} + \boldsymbol{a} \times \operatorname{rot} \boldsymbol{a}.$$

或

$$(\boldsymbol{a} \cdot \nabla)\boldsymbol{a} = \operatorname{grad} \frac{a^2}{2} - \boldsymbol{a} \times \operatorname{rot} \boldsymbol{a}.$$

公式 ⑫ div grad $\varphi = \Delta\varphi$.

证 $$\text{div grad } \varphi = \nabla \cdot \nabla \varphi = \nabla^2 \varphi = \Delta\varphi.$$

公式 ⑬ div rot $\boldsymbol{a} = 0$.

证 $$\text{div rot } \boldsymbol{a} = \nabla \cdot \nabla \times \boldsymbol{a}.$$

在混合乘积中既然有两个矢量相同,必然为零,于是

$$\text{div rot } \boldsymbol{a} = 0.$$

公式 ⑭ rot grad $\varphi = \boldsymbol{0}$.

证 $$\text{rot grad } \varphi = \nabla \times \nabla \varphi = \boldsymbol{0}.$$

公式 ⑮ rot rot $\boldsymbol{a} = \text{grad div } \boldsymbol{a} - \Delta\boldsymbol{a}$.

证 $$\text{rot rot } \boldsymbol{a} = \nabla \times (\nabla \times \boldsymbol{a}) = \nabla(\nabla \cdot \boldsymbol{a}) - (\nabla \cdot \nabla)\boldsymbol{a}$$
$$= \text{grad div } \boldsymbol{a} - \Delta\boldsymbol{a}.$$

建议读者利用哈密顿算子的符号法证明 1.8 中其余几个微分公式.

现在我们利用哈密顿算子将 ⑱,⑲,⑳,㉒ 的几个积分公式改写成下列形式:

公式 ⑱′ $\displaystyle\int_V \nabla\varphi\,\mathrm{d}V = \int_S \boldsymbol{n}\varphi\,\mathrm{d}S$.

公式 ⑲′ $\displaystyle\int_V \nabla \cdot \boldsymbol{a}\,\mathrm{d}V = \int_S \boldsymbol{n} \cdot \boldsymbol{a}\,\mathrm{d}S$.

公式 ⑳′ $\displaystyle\int_V \nabla \times \boldsymbol{a}\,\mathrm{d}V = \int_S \boldsymbol{n} \times \boldsymbol{a}\,\mathrm{d}S$.

公式 ㉒′ $\displaystyle\int_V \nabla \cdot \nabla\varphi\,\mathrm{d}V = \int_S (\boldsymbol{n} \cdot \nabla\varphi)\mathrm{d}S$.

细心考察一下这几个公式以及公式 ㉑

$$\int_V (\boldsymbol{v} \cdot \nabla)\boldsymbol{a}\,\mathrm{d}V = \int_S (\boldsymbol{v} \cdot \boldsymbol{n})\boldsymbol{a}\,\mathrm{d}S, \boldsymbol{v} \text{ 是常矢量}.$$

我们发现一件有趣的事实,就是体积分中被积函数和面积分中的被积函数存在着这样一个简单关系,即只要将体积分中的哈密顿算子换成法向单位矢量 $\boldsymbol{n}$ 就得到面积分中的被积函数. 为了普遍起见,我们将体积分中的被积函数看成是矢量∇或矢量 $\boldsymbol{n}$ 的函数 $L(\nabla)$ 或 $L(\boldsymbol{n})$,一般地可写成 $L(\boldsymbol{A})$,其中 $\boldsymbol{A}$ 可以是 $\nabla,\boldsymbol{n}$ 或其他矢量. 例如 ⑱′,⑲′ 及 ㉑ 三式中的 $L(\boldsymbol{A})$ 分别是 $A\varphi,\boldsymbol{A} \cdot \boldsymbol{a},(\boldsymbol{v} \cdot \boldsymbol{A})\boldsymbol{a}$; 其次,我们假定函数 $L(\nabla)$ 中位于哈密顿算子之前的量都是常量,例如当

$$L(\nabla) = (\boldsymbol{v} \cdot \nabla)\boldsymbol{a}$$

时,∇前的$\boldsymbol{v}$应该认为是常矢量. 我们看到 ⑱′,⑲′,⑳′,㉑,㉒′ 各式中的被积函数 $L(\boldsymbol{A})$ 都具有下列两个性质:

$$L(\boldsymbol{A} + \boldsymbol{B}) = L(\boldsymbol{A}) + L(\boldsymbol{B}),$$
$$L(\lambda\boldsymbol{A}) = \lambda L(\boldsymbol{A}).$$

对 ⑱′,⑲′ 及 ㉑ 三式中的 $L(\boldsymbol{A})$ 分别进行验证:

$$(\boldsymbol{A}+\boldsymbol{B})\varphi = \boldsymbol{A}\varphi + \boldsymbol{B}\varphi, \quad (\lambda\boldsymbol{A})\varphi = \lambda(\boldsymbol{A}\varphi),$$

$$(\boldsymbol{A}+\boldsymbol{B})\cdot\boldsymbol{a} = \boldsymbol{A}\cdot\boldsymbol{a} + \boldsymbol{B}\cdot\boldsymbol{a}, \quad (\lambda\boldsymbol{A})\cdot\boldsymbol{a} = \lambda(\boldsymbol{A}\cdot\boldsymbol{a}),$$

$$[\boldsymbol{v}\cdot(\boldsymbol{A}+\boldsymbol{B})]\boldsymbol{a} = [\boldsymbol{v}\cdot\boldsymbol{A}]\boldsymbol{a} + [\boldsymbol{v}\cdot\boldsymbol{B}]\boldsymbol{a}, \quad [\boldsymbol{v}\cdot\lambda\boldsymbol{A}]\boldsymbol{a} = \lambda[\boldsymbol{v}\cdot\boldsymbol{A}]\boldsymbol{a}.$$

考虑到上面所说的各点,公式 ⑱′ ～ ⑳′,㉑,㉒′ 可推广为下列普遍公式:设函数 $L(\boldsymbol{A})$ 满足

$$L(\boldsymbol{A}+\boldsymbol{B}) = L(\boldsymbol{A}) + L(\boldsymbol{B}), \quad L(\lambda\boldsymbol{A}) = \lambda L(\boldsymbol{A}),$$

则推广奥-高定理

$$\int_V L(\nabla)\mathrm{d}V = \int_S L(\boldsymbol{n})\mathrm{d}S \tag{1.9.2}$$

成立,其中 $L(\nabla)$ 中,∇ 前的量假定是常数. 现证明之.

反复利用 $L(\boldsymbol{A})$ 的两个性质及奥-高定理得:

$$\int_V L(\nabla)\mathrm{d}V = \int_V L\left(\boldsymbol{i}\,\frac{\partial}{\partial x} + \boldsymbol{j}\,\frac{\partial}{\partial y} + \boldsymbol{k}\,\frac{\partial}{\partial z}\right)\mathrm{d}V$$

$$= \int_V L\left(\boldsymbol{i}\,\frac{\partial}{\partial x}\right)\mathrm{d}V + \int_V L\left(\boldsymbol{j}\,\frac{\partial}{\partial y}\right)\mathrm{d}V + \int_V L\left(\boldsymbol{k}\,\frac{\partial}{\partial z}\right)\mathrm{d}V$$

$$= \int_V \frac{\partial}{\partial x}L(\boldsymbol{i})\mathrm{d}V + \int_V \frac{\partial}{\partial y}L(\boldsymbol{j})\mathrm{d}V + \int_V \frac{\partial}{\partial z}L(\boldsymbol{k})\mathrm{d}V$$

$$= \int_S [\cos(\boldsymbol{n},\boldsymbol{i})L(\boldsymbol{i}) + \cos(\boldsymbol{n},\boldsymbol{j})L(\boldsymbol{j}) + \cos(\boldsymbol{n},\boldsymbol{k})L(\boldsymbol{k})]\mathrm{d}S$$

$$= \int_S \{L[\cos(\boldsymbol{n},\boldsymbol{i})\boldsymbol{i}] + L[\cos(\boldsymbol{n},\boldsymbol{j})\boldsymbol{j}] + L[\cos(\boldsymbol{n},\boldsymbol{k})\boldsymbol{k}]\}\mathrm{d}S$$

$$= \int_S \{L[\cos(\boldsymbol{n},\boldsymbol{i})\boldsymbol{i} + \cos(\boldsymbol{n},\boldsymbol{j})\boldsymbol{j} + \cos(\boldsymbol{n},\boldsymbol{k})\boldsymbol{k}]\}\mathrm{d}S$$

$$= \int_S L(\boldsymbol{n})\mathrm{d}S.$$

应该指出,从第二步到第三步时已经利用了 $L(\nabla)$ 中 ∇ 前的量是常数的假定. 容易看出,若 $L(\nabla)$ 分别是 $\nabla\varphi$,$\nabla\cdot\boldsymbol{a}$,$\nabla\times\boldsymbol{a}$,$(\boldsymbol{s}_0\cdot\nabla)\boldsymbol{a}$ 及 $\nabla\cdot\nabla\varphi$,则利用推广奥-高定理再一次地得到 ⑱′ ～ ⑳′,㉑,㉒′ 各式.

现在我们利用推广奥-高定理来推导哈密顿算子另一与坐标无关的表达式. 为此首先写出推广奥-高定理的微分形式.

设 V 是向 M 点收缩的体积元,则

$$\int_V L(\nabla)\mathrm{d}V = \int_V \{[L(\nabla)]_M + \varepsilon\}\mathrm{d}V = \{L(\nabla)\}_M V + \eta V,$$

其中 ε,η 都是无穷小量. 由上式及推广奥-高定理得

$$\frac{\oint_S L(\boldsymbol{n})\mathrm{d}S}{V} = \frac{\int_V L(\nabla)\mathrm{d}V}{V} = \{L(\nabla)\}_M + \eta.$$

当 V 趋于 M 点时

$$L(\nabla) = \lim_{V \to 0} \frac{\oint_s L(\boldsymbol{n}) \, \mathrm{d}S}{V}. \tag{1.9.3}$$

令 $L(\nabla) = \nabla$，则得哈密顿算子与坐标无关的表达式

$$\nabla = \lim_{V \to 0} \frac{\oint_s \boldsymbol{n} \, \mathrm{d}S}{V}. \tag{1.9.4}$$

若 $L(\nabla) = \nabla \varphi, \nabla \cdot \boldsymbol{a}$ 或 $\nabla \times \boldsymbol{a}$，则由 (1.9.3) 式分别得到 $\nabla \varphi, \nabla \cdot \boldsymbol{a}$ 及 $\nabla \times \boldsymbol{a}$ 与坐标无关的表达式.

通过上述讨论可以清楚地看到引进哈密顿算子的优越性. 它不仅书写简便, 便于记忆, 而且可以按照普通的矢量法则及微分法则进行计算, 大大地简化了计算工作, 克服了公式难于记忆的缺点, 同时也将矢量分析中各种运算融合成一个统一的封闭系统. 从哈密顿算子的角度看来, 引进 $\mathrm{grad}\,\varphi, \mathrm{div}\,\boldsymbol{a}, \mathrm{rot}\,\boldsymbol{a}$ 对矢量分析来说原是十分自然的, 因为它们只不过是微分算子矢量 ∇ 与标量 φ 的乘积, 与矢量 $\boldsymbol{a}$ 的内积及矢量积而已. 而这些矢量运算在矢量分析中将会不可避免地大量出现, 因此引进它们是自然的. 当然引进它们还有更重要的物理上的考虑, 因为这些量在物理和力学中各自具有重要的物理含义.

1.10　张量表示法

在近代理论流体力学和计算流体力学中越来越广泛地使用张量表示法. 和哈密顿算子法一样, 张量表示法具有书写简洁, 运算方便的优点. 特别是当表达基本规律的方程中同时出现张量和矢量时, 张量表示法更加显示其优越性. 在今后的课程中将同时采用哈密顿算子和张量表示法.

在张量表示法中我们将坐标改写为 x_1, x_2, x_3, 并引进以下几种符号.

(1) a_i 表示一个矢量, i 是自由指标, 可取 $1, 2, 3$. 符号 a 可任取, 例如可不用 a 而用 b.

例如 $\mathrm{grad}\,\varphi$ 的张量表示法为 $\dfrac{\partial \varphi}{\partial x_i}$.

(2) 约定求和法则. 为书写简便, 我们约定在同一项中如有两个自由指标相同时, 就表示要对这个指标从 1 到 3 求和, 例如:

$$a_i b_i = a_1 b_1 + a_2 b_2 + a_3 b_3,$$

$$\frac{\partial a_i}{\partial x_i} = \frac{\partial a_1}{\partial x_1} + \frac{\partial a_2}{\partial x_2} + \frac{\partial a_3}{\partial x_3} = \mathrm{div}\,\boldsymbol{a},$$

$$(\boldsymbol{a} \cdot \nabla)\boldsymbol{b} = a_j \frac{\partial b_i}{\partial x_j},$$

$$\Delta \boldsymbol{a} = \nabla^2 \boldsymbol{a} = \nabla \cdot \nabla \boldsymbol{a} = \frac{\partial}{\partial x_i}\left(\frac{\partial a_j}{\partial x_i}\right) = \frac{\partial^2 a_j}{\partial x_i \partial x_i}.$$

（3）符号 δ_{ij} 定义为

$$\delta_{ij} = \begin{cases} 0, & \text{当 } i \neq j \text{ 时}, \\ 1, & \text{当 } i = j \text{ 时}. \end{cases}$$

例如 $e_i \cdot e_j = \delta_{ij}$，其中 e_i 是正交坐标轴 q_i 的单位矢量. δ_{ij} 常称为克罗内克尔（Kronecker）δ.

（4）置换符号 ε_{ijk} 定义为

$$\varepsilon_{ijk} = \begin{cases} 0, & i,j,k \text{ 中有两个以上指标相同}, \\ 1, & i,j,k \text{ 为偶排列}（\text{如 } \varepsilon_{123}, \varepsilon_{231}, \varepsilon_{312}）, \\ -1, & i,j,k \text{ 为奇排列}（\text{如 } \varepsilon_{213}, \varepsilon_{321}, \varepsilon_{132}）. \end{cases}$$

例如

$$a \times b = \varepsilon_{ijk} a_j b_k, \qquad \mathrm{rot}\, a = \varepsilon_{ijk} \frac{\partial a_k}{\partial x_j},$$

$$\Delta = \begin{vmatrix} a_{11} & a_{12} & a_{13} \\ a_{21} & a_{22} & a_{23} \\ a_{31} & a_{32} & a_{33} \end{vmatrix} = \varepsilon_{ijk} a_{i1} a_{j2} a_{k3}.$$

$\delta_{ij}, \varepsilon_{ijk}$ 是很有用的量，它们将经常在张量表示法中出现，两者之间存在着下列重要的恒等式.

（5）ε-δ 恒等式

$$\varepsilon_{ijk} \varepsilon_{ist} = \delta_{js} \delta_{kt} - \delta_{jt} \delta_{ks}. \tag{1.10.1}$$

证 j,k,s,t 中每一个指标都只能取 $1,2,3$，所以它们之中最多只能有三个互不相同的. 现区别以下三种情形证明 ε-δ 恒等式为真.

（i）j,k,s,t 中所有指标都相同，也就是 $j=k=s=t$，此时（1.9.1）式两边皆为 0.

（ii）j,k,s,t 中有二个不同的指标，又可分为：（a）$j=s \neq k=t$，两边皆为 1；（b）$j=t \neq k=s$，两边皆为 -1；（c）$j=k \neq s=t$，两边皆为 0.

（iii）j,k,s,t 中有三个不同的指标，有

$$j=k \neq s \neq t, \quad j=s \neq k \neq t$$

等六种可能，不管哪种情形，恒等式两边皆为 0.

使用张量表示法证明 1.8 节中基本运算公式时可以使用所有代数运算法则和微积分运算法则. 作为例子，我们证明：

⑤ $\mathrm{div}(\varphi a) = \dfrac{\partial(\varphi a_i)}{\partial x_i} = \varphi \dfrac{\partial a_i}{\partial x_i} + a_i \dfrac{\partial \varphi}{\partial x_i} = \varphi \,\mathrm{div}\, a + \mathrm{grad}\, \varphi \cdot a.$

⑥ $\mathrm{div}(a \times b) = \dfrac{\partial}{\partial x_i}(\varepsilon_{ijk} a_j b_k) = \varepsilon_{ijk} \dfrac{\partial a_j}{\partial x_i} b_k + \varepsilon_{ijk} a_j \dfrac{\partial b_k}{\partial x_i}$

$\qquad = \varepsilon_{ijk} \dfrac{\partial a_j}{\partial x_i} b_k - \varepsilon_{jik} \dfrac{\partial b_k}{\partial x_i} a_j = b \cdot \mathrm{rot}\, a - a \cdot \mathrm{rot}\, b.$

⑧ $\operatorname{rot}(\varphi\boldsymbol{a}) = \varepsilon_{ijk}\dfrac{\partial(\varphi a_k)}{\partial x_j} = \varepsilon_{ijk}\varphi\dfrac{\partial a_k}{\partial x_j} + \varepsilon_{ijk}\dfrac{\partial\varphi}{\partial x_j}a_k = \varphi\operatorname{rot}\boldsymbol{a} + (\nabla\varphi)\times\boldsymbol{a}.$

⑨ $\operatorname{rot}(\boldsymbol{a}\times\boldsymbol{b}) = \varepsilon_{ijk}\dfrac{\partial\varepsilon_{klm}a_l b_m}{\partial x_j} = \varepsilon_{kij}\varepsilon_{klm}\dfrac{\partial a_l b_m}{\partial x_j}$

$$= (\delta_{il}\delta_{jm} - \delta_{im}\delta_{jl})\left(a_l\dfrac{\partial b_m}{\partial x_j} + b_m\dfrac{\partial a_l}{\partial x_j}\right)$$

$$= a_i\dfrac{\partial b_j}{\partial x_j} - a_j\dfrac{\partial b_i}{\partial x_j} + b_j\dfrac{\partial a_i}{\partial x_j} - b_i\dfrac{\partial a_j}{\partial x_j}$$

$$= (\boldsymbol{b}\cdot\nabla)\boldsymbol{a} - (\boldsymbol{a}\cdot\nabla)\boldsymbol{b} + \boldsymbol{a}\operatorname{div}\boldsymbol{b} - \boldsymbol{b}\operatorname{div}\boldsymbol{a}.$$

⑩ $(\boldsymbol{b}\cdot\nabla)\boldsymbol{a} + (\boldsymbol{a}\cdot\nabla)\boldsymbol{b} + \boldsymbol{b}\times\operatorname{rot}\boldsymbol{a} + \boldsymbol{a}\times\operatorname{rot}\boldsymbol{b}$

$$= b_j\dfrac{\partial a_i}{\partial x_j} + a_j\dfrac{\partial b_i}{\partial x_j} + \varepsilon_{ijk}b_j\varepsilon_{klm}\dfrac{\partial a_m}{\partial x_l} + \varepsilon_{ijk}a_j\varepsilon_{klm}\dfrac{\partial b_m}{\partial x_l}$$

$$= b_j\dfrac{\partial a_i}{\partial x_j} + a_j\dfrac{\partial b_i}{\partial x_j} + (\delta_{il}\delta_{jm} - \delta_{im}\delta_{jl})\left(b_j\dfrac{\partial a_m}{\partial x_l} + a_j\dfrac{\partial b_m}{\partial a_l}\right)$$

$$= b_j\dfrac{\partial a_i}{\partial x_j} + a_j\dfrac{\partial b_i}{\partial x_j} + a_j\dfrac{\partial b_j}{\partial x_i} - a_j\dfrac{\partial b_i}{\partial x_j} + b_j\dfrac{\partial a_j}{\partial x_i} - b_j\dfrac{\partial a_i}{\partial x_j}$$

$$= a_j\dfrac{\partial b_j}{\partial x_i} + b_j\dfrac{\partial a_j}{\partial x_i} = \dfrac{\partial a_j b_j}{\partial x_i} = \operatorname{grad}(\boldsymbol{a}\cdot\boldsymbol{b}).$$

⑮ $\operatorname{rot}\operatorname{rot}\boldsymbol{a} = \varepsilon_{ijk}\dfrac{\partial}{\partial x_j}\left(\varepsilon_{klm}\dfrac{\partial a_m}{\partial x_l}\right) = (\delta_{il}\delta_{jm} - \delta_{im}\delta_{jl})\dfrac{\partial^2 a_m}{\partial x_j\partial x_l}$

$$= \dfrac{\partial^2 a_j}{\partial x_j\partial x_i} - \dfrac{\partial^2 a_i}{\partial x_j\partial x_j} = \operatorname{grad}\operatorname{div}\boldsymbol{a} - \Delta\boldsymbol{a}.$$

⑳ $\displaystyle\int_V \nabla\times\boldsymbol{a}\,\mathrm{d}V = \int_V \varepsilon_{ijk}\dfrac{\partial a_k}{\partial x_j}\mathrm{d}V = \int_S \varepsilon_{ijk}a_k n_j\,\mathrm{d}S = \int_S \boldsymbol{n}\times\boldsymbol{a}\,\mathrm{d}S.$

1.11　梯度　散度　旋度　拉普拉斯算子在曲线坐标系中的表达式

　　在许多实际问题中,利用曲线坐标,例如柱面坐标、球面坐标,比利用直角坐标更为方便. 这一节将推导梯度、散度、旋度及拉普拉斯算子在曲线坐标系中的表达式.

　　a) 曲线坐标的引进,柱面坐标及球面坐标

　　空间中任一点 M 在直角坐标系中是由 (x,y,z) 三个数唯一决定的.此时径矢 $\boldsymbol{r}$ 的表达式是

$$\boldsymbol{r} = x\boldsymbol{i} + y\boldsymbol{j} + z\boldsymbol{k}$$

但是我们也可以用另外三个数 (q_1,q_2,q_3) 唯一地决定 M 点(参看图 1.11.1). q_1,q_2,q_3 称为曲线坐标. 显然曲线坐标 q_1,q_2,q_3 和直角坐标 x,y,z 之间存在着函数关系. 一方面,因 q_1,q_2,q_3 随 M 点的不同而改变其值,即它们是径矢 $\boldsymbol{r}$ 或

x, y, z 的函数：

$$q_1 = q_1(x, y, z), \quad q_2 = q_2(x, y, z), \quad q_3 = q_3(x, y, z). \quad (1.11.1)$$

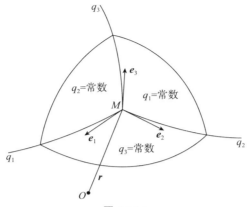

图 1.11.1

另一方面，根据同样的考虑，可得 x, y, z，也是 q_1, q_2, q_3 的函数：

$$x = x(q_1, q_2, q_3), \quad y = y(q_1, q_2, q_3), \quad z = z(q_1, q_2, q_3). \quad (1.11.2)$$

显然，函数(1.11.2)是(1.11.1)的反函数. 反函数(1.11.2)在区域 R 内唯一存在的条件是：

(1) 函数 q_i 在区域 R 内单值连续且具有连续一阶偏导数；

(2) 雅可比行列式 $\partial(q_1, q_2, q_3)/\partial(x, y, z)$ 在区域 R 内处处不为零.

在直角坐标系中做曲面

$$q_1 = 常数, \quad q_2 = 常数, \quad q_3 = 常数,$$

称为曲线坐标系 (q_1, q_2, q_3) 中的坐标面. 两个不同坐标面的交线称为坐标线，以 q_1, q_2, q_3 表之. 例如坐标面 $q_1 = 常数$ 和 $q_2 = 常数$ 的交线以 q_3 表之，坐标面 $q_2 = 常数$ 和 $q_3 = 常数$ 的交线以 q_1 表之等等. 显然，在坐标线 q_1 上只有 q_1 改变，q_2 与 q_3 维持不变；在坐标线 q_3 上只有 q_3 变，q_1 和 q_2 不变等等.

在坐标线 q_1, q_2, q_3 上作单位矢量 e_1, e_2, e_3. 若 e_1, e_2, e_3 相互正交，则坐标系称为正交曲线坐标系；反之，称为斜交曲线坐标系. 下面我们只研究正交曲线坐标系的情形. 在曲线坐标中一矢量 a 可写成

$$a = a_1 e_1 + a_2 e_2 + a_3 e_3, \quad (1.11.3)$$

a_1, a_2, a_3 称为矢量 a 在曲线坐标系中的分量或投影.

曲线坐标系和直角坐标系的根本区别在于曲线坐标系中的单位矢量 e_1, e_2, e_3 的方向是随着 M 点的不同而改变的.

最常用的正交曲线坐标是柱面坐标及球面坐标(见图 1.11.2).

在柱面坐标系中，$q_1 = r, q_2 = \theta, q_3 = z, r$ 由 0 变到 ∞, θ 由 0 变到 $2\pi, z$ 由 $-\infty$ 变到 $+\infty$. 此时函数关系(1.11.1)是

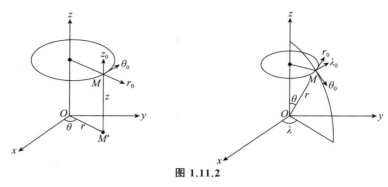

图 1.11.2

$$x = r\cos\theta, \quad y = r\sin\theta, \quad z = z.$$

坐标面和坐标线分别是:

坐标面	坐标线
$r =$ 常数 —— 以 MM' 为母线的圆柱面,	r 坐标线 —— 由 z 轴出发且垂直 z 轴的射线,
$\theta =$ 常数 —— 过 Oz 轴的半平面,	θ 坐标线 —— 圆心在 z 轴且平行 xy 平面的圆周,
$z =$ 常数 —— 垂直于 Oz 轴的平面.	z 坐标线 —— 平行 Oz 轴的诸直线.

在球面坐标系中,$q_1 = r, q_2 = \theta, q_3 = \lambda$,$r$ 由 0 变到 ∞,θ 由 0 变到 π,λ 由 0 变到 2π. 此时函数关系(1.11.1)是

$$x = r\sin\theta\cos\lambda, \quad y = r\sin\theta\sin\lambda, \quad z = r\cos\theta.$$

坐标面和坐标线分别是:

坐标面	坐标线
$r =$ 常数 —— 以 O 点为心的球面,	r 坐标线 —— 由 O 点出发的射线,
$\theta =$ 常数 —— 以 Oz 轴为轴的圆锥面,	θ 坐标线 —— 经线,
$\lambda =$ 常数 —— 过 Oz 轴的半平面.	λ 坐标线 —— 纬线.

b) 弧元在曲线坐标系中的表达式

给定曲线 $\boldsymbol{r} = \boldsymbol{r}(q_1, q_2, q_3)$(见图 1.11.3),欲求弧元矢量 $\mathrm{d}\boldsymbol{r}$ 在曲线坐标系中的表达式. 显然

$$\mathrm{d}\boldsymbol{r} = \frac{\partial \boldsymbol{r}}{\partial q_1}\mathrm{d}q_1 + \frac{\partial \boldsymbol{r}}{\partial q_2}\mathrm{d}q_2 + \frac{\partial \boldsymbol{r}}{\partial q_3}\mathrm{d}q_3. \quad (1.11.4)$$

现在我们来研究矢量 $\dfrac{\partial \boldsymbol{r}}{\partial q_1}, \dfrac{\partial \boldsymbol{r}}{\partial q_2}, \dfrac{\partial \boldsymbol{r}}{\partial q_3}$ 的大小及方向. 以 $\dfrac{\partial \boldsymbol{r}}{\partial q_1}$ 为例,$\dfrac{\partial \boldsymbol{r}}{\partial q_1}$ 是 q_2, q_3 不变,只变 q_1 时 $\boldsymbol{r}$ 的偏导数,

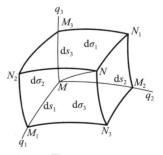

图 1.11.3

故 $\dfrac{\partial \boldsymbol{r}}{\partial q_1}$ 的方向显然是坐标线 q_1 的方向(其单位矢量为 $\boldsymbol{e}_1$). 同理, $\dfrac{\partial \boldsymbol{r}}{\partial q_2}, \dfrac{\partial \boldsymbol{r}}{\partial q_3}$ 的方向

分别是坐标线 q_2 和 q_3 的方向. $\dfrac{\partial \boldsymbol{r}}{\partial q_i}(i=1,2,3)$ 的大小是:

$$\begin{cases} \left|\dfrac{\partial \boldsymbol{r}}{\partial q_1}\right| = \sqrt{\left(\dfrac{\partial x}{\partial q_1}\right)^2 + \left(\dfrac{\partial y}{\partial q_1}\right)^2 + \left(\dfrac{\partial z}{\partial q_1}\right)^2} = H_1, \\[2mm] \left|\dfrac{\partial \boldsymbol{r}}{\partial q_2}\right| = \sqrt{\left(\dfrac{\partial x}{\partial q_2}\right)^2 + \left(\dfrac{\partial y}{\partial q_2}\right)^2 + \left(\dfrac{\partial z}{\partial q_2}\right)^2} = H_2, \\[2mm] \left|\dfrac{\partial \boldsymbol{r}}{\partial q_3}\right| = \sqrt{\left(\dfrac{\partial x}{\partial q_3}\right)^2 + \left(\dfrac{\partial y}{\partial q_3}\right)^2 + \left(\dfrac{\partial z}{\partial q_3}\right)^2} = H_3, \end{cases} \tag{1.11.5}$$

H_1, H_2, H_3 称为拉梅系数. 它们是 q_1, q_2, q_3 的已知函数.

考虑到 $\dfrac{\partial \boldsymbol{r}}{\partial q_i}$ 的大小及方向后, (1.11.4) 式可改写为

$$\mathrm{d}\boldsymbol{r} = H_1 \mathrm{d}q_1 \boldsymbol{e}_1 + H_2 \mathrm{d}q_2 \boldsymbol{e}_2 + H_3 \mathrm{d}q_3 \boldsymbol{e}_3 \tag{1.11.6}$$

这就是弧元矢量在曲线坐标系中的表达式, 它们在坐标轴上的投影 $\mathrm{d}s_1, \mathrm{d}s_2, \mathrm{d}s_3$ 分别是

$$\mathrm{d}s_1 = H_1 \mathrm{d}q_1, \quad \mathrm{d}s_2 = H_2 \mathrm{d}q_2, \quad \mathrm{d}s_3 = H_3 \mathrm{d}q_3, \tag{1.11.7}$$

而 $\mathrm{d}\boldsymbol{r}$ 的大小 $\mathrm{d}s$ 是

$$(\mathrm{d}s)^2 = H_1^2 (\mathrm{d}q_1)^2 + H_2^2 (\mathrm{d}q_2)^2 + H_3^2 (\mathrm{d}q_3)^2. \tag{1.11.8}$$

以 $\mathrm{d}s_1, \mathrm{d}s_2, \mathrm{d}s_3$ 为边作一平行六面体 $M_1 M_2 M_3 N_1 N_2 N_3$, 则其体积为

$$\mathrm{d}V = H_1 H_2 H_3 \mathrm{d}q_1 \mathrm{d}q_2 \mathrm{d}q_3, \tag{1.11.9}$$

而各面的面积则为

$$\begin{cases} \mathrm{d}\sigma_1 = H_2 H_3 \mathrm{d}q_2 \mathrm{d}q_3, \\ \mathrm{d}\sigma_2 = H_3 H_1 \mathrm{d}q_3 \mathrm{d}q_1, \\ \mathrm{d}\sigma_3 = H_1 H_2 \mathrm{d}q_1 \mathrm{d}q_2. \end{cases} \tag{1.11.10}$$

在柱面坐标系中

$$H_1 = 1, \quad H_2 = r, \quad H_3 = 1,$$

于是

$$(\mathrm{d}s)^2 = (\mathrm{d}r)^2 + r^2 (\mathrm{d}\theta)^2 + (\mathrm{d}z)^2, \tag{1.11.11}$$

$$\mathrm{d}V = r \mathrm{d}r \mathrm{d}\theta \mathrm{d}z.$$

在球面坐标系中

$$H_1 = 1, \quad H_2 = r, \quad H_3 = r\sin\theta,$$

于是

$$(\mathrm{d}s)^2 = (\mathrm{d}r)^2 + r^2 (\mathrm{d}\theta)^2 + r^2 \sin^2\theta (\mathrm{d}\lambda)^2, \tag{1.11.12}$$

$$\mathrm{d}V = r^2 \sin\theta \mathrm{d}r \mathrm{d}\theta \mathrm{d}\lambda.$$

c) 梯度 $\operatorname{grad}\varphi$ 在曲线坐标系中的表达式

根据梯度的性质,$\operatorname{grad}\varphi$ 在曲线坐标轴上的投影分别是该方向的方向导数 $\dfrac{\partial\varphi}{\partial s_1},\dfrac{\partial\varphi}{\partial s_2},\dfrac{\partial\varphi}{\partial s_3}$,将(1.11.7)式中的 $\mathrm{d}s_1,\mathrm{d}s_2,\mathrm{d}s_3$ 的表达式代入,即得

$$(\operatorname{grad}\varphi)_1 = \frac{1}{H_1}\frac{\partial\varphi}{\partial q_1},$$

$$(\operatorname{grad}\varphi)_2 = \frac{1}{H_2}\frac{\partial\varphi}{\partial q_2},$$

$$(\operatorname{grad}\varphi)_3 = \frac{1}{H_3}\frac{\partial\varphi}{\partial q_3}$$

或

$$\operatorname{grad}\varphi = \frac{1}{H_1}\frac{\partial\varphi}{\partial q_1}\boldsymbol{e}_1 + \frac{1}{H_2}\frac{\partial\varphi}{\partial q_2}\boldsymbol{e}_2 + \frac{1}{H_3}\frac{\partial\varphi}{\partial q_3}\boldsymbol{e}_3, \tag{1.11.13}$$

这就是梯度 $\operatorname{grad}\varphi$ 在曲线坐标系中的表达式.

在柱面坐标及球面坐标系中(1.11.13)式的形式是

$$\operatorname{grad}\varphi = \frac{\partial\varphi}{\partial r}\boldsymbol{e}_r + \frac{1}{r}\frac{\partial\varphi}{\partial\theta}\boldsymbol{e}_\theta + \frac{\partial\varphi}{\partial z}\boldsymbol{e}_z, \tag{1.11.14}$$

$$\operatorname{grad}\varphi = \frac{\partial\varphi}{\partial r}\boldsymbol{e}_r + \frac{1}{r}\frac{\partial\varphi}{\partial\theta}\boldsymbol{e}_\theta + \frac{1}{r\sin\theta}\frac{\partial\varphi}{\partial\lambda}\boldsymbol{e}_\lambda. \tag{1.11.15}$$

d) 散度 $\operatorname{div}\boldsymbol{a}$ 在曲线坐标中的表达式

$\operatorname{div}\boldsymbol{a}$ 的定义为

$$\operatorname{div}\boldsymbol{a} = \lim_{V\to 0}\frac{\oint_s a_n\mathrm{d}S}{V}, \tag{1.11.16}$$

这个定义与坐标系的选取无关. 现在我们利用它来求散度 $\operatorname{div}\boldsymbol{a}$ 在曲线坐标系中的表达式. 在场内任取一点 M,作 M 点的体积元 $\mathrm{d}V$,$\mathrm{d}V$ 是一个以 $\mathrm{d}s_1,\mathrm{d}s_2,\mathrm{d}s_3$ 为边的平行六面体,现在相当于(1.11.16)式中的 V 是 $\mathrm{d}V$,而 S 则相当于平行六面体的六个面. 我们计算矢量 $\boldsymbol{a}$ 经过这六个面的通量.

经过曲面 $MM_2N_1M_3$ 的通量为

$$-a_1\mathrm{d}S_2\mathrm{d}S_3 = -a_1H_2H_3\mathrm{d}q_2\mathrm{d}q_3,$$

因为此面的外法线方向是 q_1 的负方向,故取负号.

经过曲面 $M_1N_3NN_2$ 的通量为

$$\left[a_1H_2H_3 + \frac{\partial(a_1H_2H_3)}{\partial q_1}\mathrm{d}q_1\right]\mathrm{d}q_2\mathrm{d}q_3,$$

于是经过这两个面的总通量是

$$\frac{\partial(a_1H_2H_3)}{\partial q_1}\mathrm{d}q_1\mathrm{d}q_2\mathrm{d}q_3. \tag{1.11.17}$$

同理,经过 $MM_1N_2M_3$ 和 $M_2N_3NN_1$ 两面的总通量是

$$\frac{\partial(a_2H_3H_1)}{\partial q_2}\mathrm{d}q_1\mathrm{d}q_2\mathrm{d}q_3,\tag{1.11.18}$$

经过 $MM_1N_3M_2$ 和 $M_3N_2NN_1$ 两面的总通量为

$$\frac{\partial(a_3H_1H_2)}{\partial q_3}\mathrm{d}q_1\mathrm{d}q_2\mathrm{d}q_3\tag{1.11.19}$$

将(1.11.17),(1.11.18)与(1.11.19)三式相加,得经过六个面的总通量为

$$\oint_S a_n\mathrm{d}S=\left[\frac{\partial(a_1H_2H_3)}{\partial q_1}+\frac{\partial(a_2H_3H_1)}{\partial q_2}+\frac{\partial(a_3H_1H_2)}{\partial q_3}\right]\mathrm{d}q_1\mathrm{d}q_2\mathrm{d}q_3.$$

根据(1.11.9)式

$$\mathrm{d}V=H_1H_2H_3\mathrm{d}q_1\mathrm{d}q_2\mathrm{d}q_3,$$

两式相除得 $\mathrm{div}\,\boldsymbol{a}$ 在曲线坐标系中的表达式为

$$\mathrm{div}\,\boldsymbol{a}=\frac{1}{H_1H_2H_3}\left[\frac{\partial(a_1H_2H_3)}{\partial q_1}+\frac{\partial(a_2H_3H_1)}{\partial q_2}+\frac{\partial(a_3H_1H_2)}{\partial q_3}\right].\tag{1.11.20}$$

在柱面坐标和球面坐标中,$\mathrm{div}\,\boldsymbol{a}$ 的表达式分别为

$$\mathrm{div}\,\boldsymbol{a}=\frac{1}{r}\frac{\partial(ra_r)}{\partial r}+\frac{1}{r}\frac{\partial a_\theta}{\partial\theta}+\frac{\partial a_z}{\partial z},\tag{1.11.21}$$

$$\mathrm{div}\,\boldsymbol{a}=\frac{1}{r^2}\frac{\partial(r^2a_r)}{\partial r}+\frac{1}{r\sin\theta}\frac{\partial(\sin\theta a_\theta)}{\partial\theta}+\frac{1}{r\sin\theta}\frac{\partial a_\lambda}{\partial\lambda}.\tag{1.11.22}$$

e) 旋度 $\mathrm{rot}\,\boldsymbol{a}$ 在曲线坐标系中的表达式

$\mathrm{rot}_n\boldsymbol{a}$ 的定义是

$$\mathrm{rot}_n\boldsymbol{a}=\lim_{S\to0}\frac{\oint_L\boldsymbol{a}\cdot\mathrm{d}\boldsymbol{r}}{S},\tag{1.11.23}$$

此定义与坐标系的选取无关. 现在我们利用它来求 $\mathrm{rot}\,\boldsymbol{a}$ 在曲线坐标系中的表达式. 作为一个例子,我们求 $\mathrm{rot}\,\boldsymbol{a}$ 在 q_1 轴上的投影. 此时取 $\boldsymbol{n}$ 为 q_1 的正方向;S 面是 $q_1=$ 常数,即曲面 $\mathrm{d}\sigma_1$;(1.11.23)式中的曲线 L,现为 $MM_2N_1M_3$,设其正方向为逆时针方向. 现在我们计算矢量 $\boldsymbol{a}$ 沿 $MM_2N_1M_3$ 的环量:

$$\int_{MM_2}\boldsymbol{a}\cdot\mathrm{d}\boldsymbol{r}=a_2\mathrm{d}s_2=a_2H_2\mathrm{d}q_2,$$

$$\int_{M_3N_1}\boldsymbol{a}\cdot\mathrm{d}\boldsymbol{r}=\left[a_2H_2+\frac{\partial(a_2H_2)}{\partial q_3}\mathrm{d}q_3\right]\mathrm{d}q_2,$$

$$\int_{MM_3}\boldsymbol{a}\cdot\mathrm{d}\boldsymbol{r}=a_3H_3\mathrm{d}q_3,$$

$$\int_{M_2N_1}\boldsymbol{a}\cdot\mathrm{d}\boldsymbol{r}=\left[a_3H_3+\frac{\partial(a_3H_3)}{\partial q_2}\mathrm{d}q_2\right]\mathrm{d}q_3,$$

因此

$$\oint_{MM_2N_1M_3} \boldsymbol{a} \cdot \mathrm{d}\boldsymbol{r} = \int_{MM_2} + \int_{M_2N_1} - \int_{M_3N_1} - \int_{MM_3}$$

$$= \left[\frac{\partial(a_3H_3)}{\partial q_2} - \frac{\partial(a_2H_2)}{\partial q_3} \right] \mathrm{d}q_2\mathrm{d}q_3.$$

另一方面,根据(1.11.10)式

$$\mathrm{d}\sigma_1 = H_2H_3\mathrm{d}q_2\mathrm{d}q_3,$$

两式相除得

$$(\mathrm{rot}\,\boldsymbol{a})_1 = \frac{1}{H_2H_3} \left[\frac{\partial(a_3H_3)}{\partial q_2} - \frac{\partial(a_2H_2)}{\partial q_3} \right].$$

同样地可得$(\mathrm{rot}\,\boldsymbol{a})_2$,$(\mathrm{rot}\,\boldsymbol{a})_3$的表达式,它们是

$$(\mathrm{rot}\,\boldsymbol{a})_2 = \frac{1}{H_3H_1} \left[\frac{\partial(a_1H_1)}{\partial q_3} - \frac{\partial(a_3H_3)}{\partial q_1} \right],$$

$$(\mathrm{rot}\,\boldsymbol{a})_3 = \frac{1}{H_1H_2} \left[\frac{\partial(a_2H_2)}{\partial q_1} - \frac{\partial(a_1H_1)}{\partial q_2} \right],$$

或写成

$$\mathrm{rot}\,\boldsymbol{a} = \frac{1}{H_1H_2H_3} \begin{vmatrix} H_1\boldsymbol{e}_1 & H_2\boldsymbol{e}_2 & H_3\boldsymbol{e}_3 \\ \dfrac{\partial}{\partial q_1} & \dfrac{\partial}{\partial q_2} & \dfrac{\partial}{\partial q_3} \\ H_1a_1 & H_2a_2 & H_3a_3 \end{vmatrix}. \tag{1.11.24}$$

在柱面坐标和球面坐标情形,$\mathrm{rot}\,\boldsymbol{a}$的表达式分别是

$$\begin{cases} \mathrm{rot}_r\boldsymbol{a} = \dfrac{1}{r}\dfrac{\partial a_z}{\partial \theta} - \dfrac{\partial a_\theta}{\partial z}, \\[2mm] \mathrm{rot}_\theta\boldsymbol{a} = \dfrac{\partial a_r}{\partial z} - \dfrac{\partial a_z}{\partial r}, \\[2mm] \mathrm{rot}_z\boldsymbol{a} = \dfrac{1}{r}\dfrac{\partial(ra_\theta)}{\partial r} - \dfrac{1}{r}\dfrac{\partial a_r}{\partial \theta} \end{cases} \tag{1.11.25}$$

和

$$\begin{cases} \mathrm{rot}_r\boldsymbol{a} = \dfrac{1}{r\sin\theta}\dfrac{\partial(a_\lambda\sin\theta)}{\partial \theta} - \dfrac{1}{r\sin\theta}\dfrac{\partial a_\theta}{\partial \lambda}, \\[2mm] \mathrm{rot}_\theta\boldsymbol{a} = \dfrac{1}{r\sin\theta}\dfrac{\partial a_r}{\partial \lambda} - \dfrac{1}{r}\dfrac{\partial(ra_\lambda)}{\partial r}, \\[2mm] \mathrm{rot}_\lambda\boldsymbol{a} = \dfrac{1}{r}\dfrac{\partial(ra_\theta)}{\partial r} - \dfrac{1}{r}\dfrac{\partial a_r}{\partial \theta}. \end{cases} \tag{1.11.26}$$

　　f) 拉普拉斯算子 $\Delta\varphi$ 在曲线坐标系中的表达式

　　令 $\boldsymbol{a} = \mathrm{grad}\,\varphi$,代入 $\mathrm{div}\,\boldsymbol{a}$ 的曲线坐标表达式(1.11.20),并考虑到(1.11.13)式,我们有 $\Delta\varphi$ 在曲线坐标系中的表达式

$$\Delta\varphi = \frac{1}{H_1 H_2 H_3}\left[\frac{\partial}{\partial q_1}\left(\frac{H_2 H_3}{H_1}\frac{\partial\varphi}{\partial q_1}\right)+\frac{\partial}{\partial q_2}\left(\frac{H_3 H_1}{H_2}\frac{\partial\varphi}{\partial q_2}\right)+\frac{\partial}{\partial q_3}\left(\frac{H_1 H_2}{H_3}\frac{\partial\varphi}{\partial q_3}\right)\right].$$

$$(1.11.27)$$

在柱面坐标和球面坐标系中,分别有

$$\Delta\varphi = \frac{1}{r}\frac{\partial}{\partial r}\left(r\frac{\partial\varphi}{\partial r}\right)+\frac{1}{r^2}\frac{\partial^2\varphi}{\partial\theta^2}+\frac{\partial^2\varphi}{\partial z^2} \qquad (1.11.28)$$

和

$$\Delta\varphi = \frac{1}{r^2}\frac{\partial}{\partial r}\left(r^2\frac{\partial\varphi}{\partial r}\right)+\frac{1}{r^2\sin\theta}\cdot\frac{\partial}{\partial\theta}\left(\sin\theta\frac{\partial\varphi}{\partial\theta}\right)+\frac{1}{r^2\sin^2\theta}\frac{\partial^2\varphi}{\partial\lambda^2} \qquad (1.11.29)$$

1.12 曲线坐标系中单位矢量对坐标的偏导数及其应用

在物理及力学问题中常常须要计算矢量对曲线坐标的偏导数,在计算这些偏导数时具有基本意义的是单位矢量 $\boldsymbol{e}_i$ 对曲线坐标 q_j 的九个偏导数,它们分别满足下列公式

$$\begin{cases}\dfrac{\partial\boldsymbol{e}_1}{\partial q_1}=-\dfrac{1}{H_2}\dfrac{\partial H_1}{\partial q_2}\boldsymbol{e}_2-\dfrac{1}{H_3}\dfrac{\partial H_1}{\partial q_3}\boldsymbol{e}_3,\\[2mm]\dfrac{\partial\boldsymbol{e}_2}{\partial q_1}=\dfrac{1}{H_2}\dfrac{\partial H_1}{\partial q_2}\boldsymbol{e}_1,\\[2mm]\dfrac{\partial\boldsymbol{e}_1}{\partial q_2}=\dfrac{1}{H_1}\dfrac{\partial H_2}{\partial q_1}\boldsymbol{e}_2,\end{cases} \qquad (1.12.1)$$

$$\begin{cases}\dfrac{\partial\boldsymbol{e}_2}{\partial q_2}=-\dfrac{1}{H_3}\dfrac{\partial H_2}{\partial q_3}\boldsymbol{e}_3-\dfrac{1}{H_1}\dfrac{\partial H_2}{\partial q_1}\boldsymbol{e}_1,\\[2mm]\dfrac{\partial\boldsymbol{e}_3}{\partial q_2}=\dfrac{1}{H_3}\dfrac{\partial H_2}{\partial q_3}\boldsymbol{e}_2,\\[2mm]\dfrac{\partial\boldsymbol{e}_2}{\partial q_3}=\dfrac{1}{H_2}\dfrac{\partial H_3}{\partial q_2}\boldsymbol{e}_3,\end{cases} \qquad (1.12.2)$$

$$\begin{cases}\dfrac{\partial\boldsymbol{e}_3}{\partial q_3}=-\dfrac{1}{H_1}\dfrac{\partial H_3}{\partial q_1}\boldsymbol{e}_1-\dfrac{1}{H_2}\dfrac{\partial H_3}{\partial q_2}\boldsymbol{e}_2,\\[2mm]\dfrac{\partial\boldsymbol{e}_1}{\partial q_3}=\dfrac{1}{H_1}\dfrac{\partial H_3}{\partial q_1}\boldsymbol{e}_3,\\[2mm]\dfrac{\partial\boldsymbol{e}_3}{\partial q_1}=\dfrac{1}{H_3}\dfrac{\partial H_1}{\partial q_3}\boldsymbol{e}_1,\end{cases} \qquad (1.12.3)$$

或简写为

$$\frac{\partial\boldsymbol{e}_i}{\partial q_i}=-\frac{1}{H_j}\frac{\partial H_i}{\partial q_j}\boldsymbol{e}_j-\frac{1}{H_k}\frac{\partial H_i}{\partial q_k}\boldsymbol{e}_k \quad (i,j,k\ \text{置换}), \qquad (1.12.4)$$

$$\frac{\partial\boldsymbol{e}_i}{\partial q_j}=\frac{1}{H_i}\frac{\partial H_j}{\partial q_i}\boldsymbol{e}_j \quad (i\neq j\ \text{时}). \qquad (1.12.5)$$

这里对 i,j 不求和. 现证明之. 先推导方程组(1.12.1)中的后两式.

因

$$\frac{\partial \boldsymbol{e}_i}{\partial q_j} \cdot \boldsymbol{e}_i = \frac{\partial (1/2)}{\partial q_j} = 0 \tag{1.12.6}$$

所以

$$\frac{\partial \boldsymbol{e}_1}{\partial q_2} \perp \boldsymbol{e}_1, \quad \frac{\partial \boldsymbol{e}_2}{\partial q_1} \perp \boldsymbol{e}_2.$$

其次,由

$$\frac{\partial \boldsymbol{r}}{\partial q_1} \cdot \frac{\partial \boldsymbol{r}}{\partial q_2} = H_1\boldsymbol{e}_1 \cdot (H_2\boldsymbol{e}_2) = 0$$

两边对 q_3 微分后得

$$\frac{\partial}{\partial q_3}\left(\frac{\partial \boldsymbol{r}}{\partial q_1} \cdot \frac{\partial \boldsymbol{r}}{\partial q_2}\right) = \frac{\partial \boldsymbol{r}}{\partial q_1} \cdot \frac{\partial^2 \boldsymbol{r}}{\partial q_2 \partial q_3} + \frac{\partial \boldsymbol{r}}{\partial q_2} \cdot \frac{\partial^2 \boldsymbol{r}}{\partial q_3 \partial q_1} = 0. \tag{1.12.7}$$

将上式中的 q_1, q_2, q_3 作指标轮换可得类似的两个式子,然后将此两式和(1.12.7)式相加得

$$\frac{\partial \boldsymbol{r}}{\partial q_1} \cdot \frac{\partial^2 \boldsymbol{r}}{\partial q_2 \partial q_3} + \frac{\partial \boldsymbol{r}}{\partial q_2} \cdot \frac{\partial^2 \boldsymbol{r}}{\partial q_3 \partial q_1} + \frac{\partial \boldsymbol{r}}{\partial q_3} \cdot \frac{\partial^2 \boldsymbol{r}}{\partial q_1 \partial q_2} = 0, \tag{1.12.8}$$

(1.12.8)式减(1.12.7)式得

$$\frac{\partial \boldsymbol{r}}{\partial q_3} \cdot \frac{\partial^2 \boldsymbol{r}}{\partial q_1 \partial q_2} = 0. \tag{1.12.9}$$

因

$$\frac{\partial^2 \boldsymbol{r}}{\partial q_1 \partial q_2} = \frac{\partial (H_1\boldsymbol{e}_1)}{\partial q_2} = \frac{\partial (H_2\boldsymbol{e}_2)}{\partial q_1}, \tag{1.12.10}$$

由(1.12.9)式,易见

$$H_3\boldsymbol{e}_3 \cdot \frac{\partial (H_1\boldsymbol{e}_1)}{\partial q_2} = H_3 H_1 \boldsymbol{e}_3 \cdot \frac{\partial \boldsymbol{e}_1}{\partial q_2} = 0$$

及

$$H_3\boldsymbol{e}_3 \cdot \frac{\partial (H_2\boldsymbol{e}_2)}{\partial q_1} = H_3 H_2 \boldsymbol{e}_3 \cdot \frac{\partial \boldsymbol{e}_2}{\partial q_1} = 0.$$

这就证明了

$$\frac{\partial \boldsymbol{e}_1}{\partial q_2} \perp \boldsymbol{e}_3, \quad \frac{\partial \boldsymbol{e}_2}{\partial q_1} \perp \boldsymbol{e}_3. \tag{1.12.11}$$

考虑到(1.12.6)和(1.12.11)式得

$$\frac{\partial \boldsymbol{e}_1}{\partial q_2} /\!/ \boldsymbol{e}_2, \quad \frac{\partial \boldsymbol{e}_2}{\partial q_1} /\!/ \boldsymbol{e}_1. \tag{1.12.12}$$

根据(1.12.10)式,我们有

$$H_2 \frac{\partial \boldsymbol{e}_2}{\partial q_1} + \frac{\partial H_2}{\partial q_1} \boldsymbol{e}_2 = \frac{\partial H_1}{\partial q_2} \boldsymbol{e}_1 + H_1 \frac{\partial \boldsymbol{e}_1}{\partial q_2}.$$

考虑到(1.12.12)式及 $\boldsymbol{e}_1, \boldsymbol{e}_2$ 线性无关,得

$$\frac{\partial \boldsymbol{e}_2}{\partial q_1} = \frac{1}{H_2} \frac{\partial H_1}{\partial q_2} \boldsymbol{e}_1, \qquad \frac{\partial \boldsymbol{e}_1}{\partial q_2} = \frac{1}{H_1} \frac{\partial H_2}{\partial q_1} \boldsymbol{e}_2.$$

同理可证方程组(1.12.2)与(1.12.3)中后两式成立.

容易看出

$$\frac{\partial \boldsymbol{e}_1}{\partial q_1} = \frac{\partial (\boldsymbol{e}_2 \times \boldsymbol{e}_3)}{\partial q_1} = \frac{1}{H_2} \frac{\partial H_1}{\partial q_2} \boldsymbol{e}_1 \times \boldsymbol{e}_3 + \frac{1}{H_3} \frac{\partial H_1}{\partial q_3} \boldsymbol{e}_2 \times \boldsymbol{e}_1$$

$$= -\frac{1}{H_2} \frac{\partial H_1}{\partial q_2} \boldsymbol{e}_2 - \frac{1}{H_3} \frac{\partial H_1}{\partial q_3} \boldsymbol{e}_3.$$

同理可证方程组(1.12.2)与(1.12.3)中第一式成立.

在流体力学基本方程中会出现带有 $\operatorname{grad}\varphi, \operatorname{div}\boldsymbol{a}, \operatorname{rot}\boldsymbol{a}, \Delta\varphi, (\boldsymbol{a} \cdot \nabla)\boldsymbol{b}, \Delta\boldsymbol{a}$ 等算子的项,这些算子在曲线坐标系中的表达式可以利用公式组(1.12.1) — (1.12.3)经过运算得到. 上节我们利用算子的定义已导出 $\operatorname{grad}\varphi, \operatorname{div}\boldsymbol{a}, \operatorname{rot}\boldsymbol{a}, \Delta\varphi$ 在曲线坐标系中的表达式(1.11.13),(1.11.20),(1.11.24),(1.11.27),现利用公式组(1.12.1) — (1.12.3)也可以导出它们,这项工作留给读者完成(见习题). 下面我们推导其他两个算子在曲线坐标系中的表达式.

(1) $(\boldsymbol{a} \cdot \nabla)\boldsymbol{b}$

$$\begin{aligned}
(\boldsymbol{a} \cdot \nabla)\boldsymbol{b} &= \boldsymbol{a} \cdot \nabla (b_1 \boldsymbol{e}_1 + b_2 \boldsymbol{e}_2 + b_3 \boldsymbol{e}_3) \\
&= \boldsymbol{e}_1 (\boldsymbol{a} \cdot \nabla b_1) + \boldsymbol{e}_2 (\boldsymbol{a} \cdot \nabla b_2) + \boldsymbol{e}_3 (\boldsymbol{a} \cdot \nabla b_3) \\
&\quad + b_1 (\boldsymbol{a} \cdot \nabla \boldsymbol{e}_1) + b_2 (\boldsymbol{a} \cdot \nabla \boldsymbol{e}_2) + b_3 (\boldsymbol{a} \cdot \nabla \boldsymbol{e}_3) \\
&= \boldsymbol{e}_1 (\boldsymbol{a} \cdot \nabla b_1) + \boldsymbol{e}_2 (\boldsymbol{a} \cdot \nabla b_2) + \boldsymbol{e}_3 (\boldsymbol{a} \cdot \nabla b_3) \\
&\quad - \frac{a_1 b_1}{H_1 H_2} \frac{\partial H_1}{\partial q_2} \boldsymbol{e}_2 - \frac{a_1 b_1}{H_3 H_1} \frac{\partial H_1}{\partial q_3} \boldsymbol{e}_3 + \frac{a_2 b_1}{H_1 H_2} \frac{\partial H_2}{\partial q_1} \boldsymbol{e}_2 \\
&\quad + \frac{a_3 b_1}{H_3 H_1} \frac{\partial H_3}{\partial q_1} \boldsymbol{e}_3 - \frac{a_2 b_2}{H_2 H_3} \frac{\partial H_2}{\partial q_3} \boldsymbol{e}_3 - \frac{a_2 b_2}{H_1 H_2} \frac{\partial H_2}{\partial q_1} \boldsymbol{e}_1 \\
&\quad + \frac{a_3 b_2}{H_2 H_3} \frac{\partial H_3}{\partial q_2} \boldsymbol{e}_3 + \frac{a_1 b_2}{H_1 H_2} \frac{\partial H_1}{\partial q_2} \boldsymbol{e}_1 - \frac{a_3 b_3}{H_3 H_1} \frac{\partial H_3}{\partial q_1} \boldsymbol{e}_1 \\
&\quad - \frac{a_3 b_3}{H_2 H_3} \frac{\partial H_3}{\partial q_2} \boldsymbol{e}_2 + \frac{a_1 b_3}{H_3 H_1} \frac{\partial H_1}{\partial q_3} \boldsymbol{e}_1 + \frac{a_2 b_3}{H_2 H_3} \frac{\partial H_2}{\partial q_3} \boldsymbol{e}_2,
\end{aligned}$$

于是

$$(\boldsymbol{a} \cdot \nabla)\boldsymbol{b} = \boldsymbol{e}_1 \left\{ \boldsymbol{a} \cdot \nabla b_1 + \frac{b_2}{H_1 H_2} \left(a_1 \frac{\partial H_1}{\partial q_2} - a_2 \frac{\partial H_2}{\partial q_1} \right) \right.$$
$$\left. + \frac{b_3}{H_3 H_1} \left(a_1 \frac{\partial H_1}{\partial q_3} - a_3 \frac{\partial H_3}{\partial q_1} \right) \right\} + \boldsymbol{e}_2 \left\{ \boldsymbol{a} \cdot \nabla b_2 \right.$$

$$+ \frac{b_3}{H_2 H_3}\Big(a_2 \frac{\partial H_2}{\partial q_3} - a_3 \frac{\partial H_3}{\partial q_2}\Big) + \frac{b_1}{H_1 H_2}\Big(a_2 \frac{\partial H_2}{\partial q_1}$$

$$- a_1 \frac{\partial H_1}{\partial q_2}\Big)\Big\} + e_3\Big\{a \cdot \nabla b_3 + \frac{b_1}{H_3 H_1}\Big(a_3 \frac{\partial H_3}{\partial q_1}$$

$$- a_1 \frac{\partial H_1}{\partial q_3}\Big) + \frac{b_2}{H_2 H_3}\Big(a_3 \frac{\partial H_3}{\partial q_2} - a_2 \frac{\partial H_2}{\partial q_3}\Big)\Big\}, \qquad (1.12.13)$$

其中

$$a \cdot \nabla = \frac{a_1}{H_1}\frac{\partial}{\partial q_1} + \frac{a_2}{H_2}\frac{\partial}{\partial q_2} + \frac{a_3}{H_3}\frac{\partial}{\partial q_3}.$$

（2）Δa

由基本运算公式 ⑮，我们有

$$\Delta a = \nabla(\nabla \cdot a) - \nabla \times (\nabla \times a).$$

先推导 Δa 在 q_1 轴上的投影 $(\Delta a)_1$. 利用 $(1.11.20)$，$(1.11.13)$ 及 $(1.11.24)$ 式我们有

$$(\Delta a)_1 = \frac{1}{H_1}\frac{\partial}{\partial q_1}\Big\{\frac{1}{H_1 H_2 H_3}\Big[\frac{\partial(H_2 H_3 a_1)}{\partial q_1} + \frac{\partial(H_3 H_1 a_2)}{\partial q_2}$$

$$+ \frac{\partial(H_1 H_2 a_3)}{\partial q_3}\Big]\Big\} - \frac{1}{H_2 H_3}\frac{\partial}{\partial q_2}\Big\{\frac{H_3}{H_1 H_2}\Big[\frac{\partial(H_2 a_2)}{\partial q_1}$$

$$- \frac{\partial(H_1 a_1)}{\partial q_2}\Big]\Big\} + \frac{1}{H_2 H_3}\frac{\partial}{\partial q_3}\Big\{\frac{H_2}{H_3 H_1}\Big[\frac{\partial(H_1 a_1)}{\partial q_3} - \frac{\partial(H_3 a_3)}{\partial q_1}\Big]\Big\}$$

$$= \Delta a_1 + \frac{2}{H_1^2 H_2}\frac{\partial H_1}{\partial q_2}\frac{\partial a_2}{\partial q_1} - \frac{2}{H_1 H_2^2}\frac{\partial H_2}{\partial q_1}\frac{\partial a_2}{\partial q_2}$$

$$+ \frac{2}{H_1^2 H_3}\frac{\partial H_1}{\partial q_3}\frac{\partial a_3}{\partial q_1} - \frac{2}{H_1 H_3^2}\frac{\partial H_3}{\partial q_1}\frac{\partial a_3}{\partial q_3}$$

$$+ \Big\{\frac{1}{H_1}\frac{\partial}{\partial q_1}\Big[\frac{1}{H_1 H_2 H_3}\frac{\partial(H_2 H_3)}{\partial q_1}\Big] + \frac{1}{H_2 H_3}$$

$$\times \frac{\partial}{\partial q_2}\Big[\frac{H_3}{H_1 H_2}\frac{\partial H_1}{\partial q_2}\Big] + \frac{1}{H_2 H_3}\frac{\partial}{\partial q_3}\Big[\frac{H_2}{H_1 H_3}\frac{\partial H_1}{\partial q_3}\Big]\Big\}a_1$$

$$+ \Big\{\frac{1}{H_1}\frac{\partial}{\partial q_1}\Big[\frac{1}{H_1 H_2 H_3}\frac{\partial(H_3 H_1)}{\partial q_2}\Big]$$

$$- \frac{1}{H_2 H_3}\frac{\partial}{\partial q_2}\Big[\frac{H_3}{H_1 H_2}\frac{\partial H_2}{\partial q_1}\Big]\Big\}a_2 + \Big\{\frac{1}{H_1}\frac{\partial}{\partial q_1}\Big[\frac{1}{H_1 H_2 H_3}$$

$$\times \frac{\partial(H_1 H_2)}{\partial q_3}\Big] - \frac{1}{H_2 H_3}\frac{\partial}{\partial q_3}\Big[\frac{H_2}{H_3 H_1}\frac{\partial H_3}{\partial q_1}\Big]\Big\}a_3. \qquad (1.12.14)$$

同理可得

$$(\Delta a)_2 = \Delta a_2 + \frac{2}{H_2^2 H_3}\frac{\partial H_2}{\partial q_3}\frac{\partial a_3}{\partial q_2} - \frac{2}{H_2 H_3^2}\frac{\partial H_3}{\partial q_2}\frac{\partial a_3}{\partial q_3}$$

$$+ \frac{2}{H_2^2 H_1} \frac{\partial H_2}{\partial q_1} \frac{\partial a_1}{\partial q_2} - \frac{2}{H_2 H_1^2} \frac{\partial H_1}{\partial q_2} \frac{\partial a_1}{\partial q_1}$$

$$+ \left\{ \frac{1}{H_2} \frac{\partial}{\partial q_2} \left[\frac{1}{H_1 H_2 H_3} \frac{\partial(H_3 H_1)}{\partial q_2} \right] + \frac{1}{H_3 H_1} \right.$$

$$\times \frac{\partial}{\partial q_3} \left[\frac{H_1}{H_2 H_3} \frac{\partial H_2}{\partial q_3} \right] + \frac{1}{H_3 H_1} \frac{\partial}{\partial q_1} \left[\frac{H_3}{H_2 H_1} \frac{\partial H_2}{\partial q_1} \right] \right\} a_2$$

$$+ \left\{ \frac{1}{H_2} \frac{\partial}{\partial q_2} \left[\frac{1}{H_1 H_2 H_3} \frac{\partial(H_1 H_2)}{\partial q_3} \right] - \frac{1}{H_3 H_1} \frac{\partial}{\partial q_3} \left[\frac{H_1}{H_2 H_3} \right. \right.$$

$$\left. \left. \times \frac{\partial H_3}{\partial q_2} \right] \right\} a_3 + \left\{ \frac{1}{H_2} \frac{\partial}{\partial q_2} \left[\frac{1}{H_1 H_2 H_3} \frac{\partial(H_2 H_3)}{\partial q_1} \right] \right.$$

$$\left. - \frac{1}{H_3 H_1} \frac{\partial}{\partial q_1} \left[\frac{H_3}{H_1 H_2} \frac{\partial H_1}{\partial q_2} \right] \right\} a_1, \qquad (1.12.15)$$

$$(\Delta \boldsymbol{a})_3 = \Delta a_3 + \frac{2}{H_3^2 H_1} \frac{\partial H_3}{\partial q_1} \frac{\partial a_1}{\partial q_3} - \frac{2}{H_3 H_1^2} \frac{\partial H_1}{\partial q_3} \frac{\partial a_1}{\partial q_1}$$

$$+ \frac{2}{H_3^2 H_2} \frac{\partial H_3}{\partial q_2} \frac{\partial a_2}{\partial q_3} - \frac{2}{H_3 H_2^2} \frac{\partial H_2}{\partial q_3} \frac{\partial a_2}{\partial q_2}$$

$$+ \left\{ \frac{1}{H_3} \frac{\partial}{\partial q_3} \left[\frac{1}{H_1 H_2 H_3} \frac{\partial(H_1 H_2)}{\partial q_3} \right] \right.$$

$$+ \frac{1}{H_1 H_2} \frac{\partial}{\partial q_1} \left[\frac{H_2}{H_3 H_1} \frac{\partial H_3}{\partial q_1} \right] + \frac{1}{H_1 H_2} \frac{\partial}{\partial q_2} \left[\frac{H_1}{H_3 H_2} \right.$$

$$\left. \left. \times \frac{\partial H_3}{\partial q_2} \right] \right\} a_3 + \left\{ \frac{1}{H_3} \frac{\partial}{\partial q_3} \left[\frac{1}{H_1 H_2 H_3} \frac{\partial(H_2 H_3)}{\partial q_1} \right] \right.$$

$$\left. - \frac{1}{H_1 H_2} \frac{\partial}{\partial q_1} \left[\frac{H_2}{H_3 H_1} \frac{\partial H_1}{\partial q_3} \right] \right\} a_1$$

$$+ \left\{ \frac{1}{H_3} \frac{\partial}{\partial q_3} \left[\frac{1}{H_1 H_2 H_3} \left(\frac{\partial(H_3 H_1)}{\partial q_3} \right) \right] \right.$$

$$\left. - \frac{1}{H_1 H_2} \frac{\partial}{\partial q_2} \left[\frac{H_1}{H_2 H_3} \frac{\partial H_2}{\partial q_3} \right] \right\} a_2. \qquad (1.12.16)$$

习　　题　　一

1. 证明下列各式

（1）$\operatorname{grad}(\varphi + \psi) = \operatorname{grad} \varphi + \operatorname{grad} \psi$,

$\quad \operatorname{grad}(\varphi\psi) = \varphi \operatorname{grad} \psi + \psi \operatorname{grad} \varphi$,

$\quad \operatorname{grad} F(\varphi) = F'(\varphi) \operatorname{grad} \varphi$;

（2）$\operatorname{grad} \dfrac{1}{r} = -\dfrac{\boldsymbol{r}}{r^3}$, $\operatorname{grad} r^n = n r^{n-2} \boldsymbol{r}$;

(3) $\operatorname{grad}(\boldsymbol{c} \cdot \boldsymbol{r}) = \boldsymbol{c}$;

(4) $\operatorname{grad}\varphi(u(\boldsymbol{r}), v(\boldsymbol{r})) = \dfrac{\partial \varphi}{\partial u}\operatorname{grad} u + \dfrac{\partial \varphi}{\partial v}\operatorname{grad} v$;

(5) $\operatorname{grad} |\boldsymbol{c} \times \boldsymbol{r}|^2 = 2\boldsymbol{r}(\boldsymbol{c} \cdot \boldsymbol{c}) - 2\boldsymbol{c}(\boldsymbol{r} \cdot \boldsymbol{c})$;

2. 若 $\operatorname{grad}y = \dfrac{m}{n}\operatorname{grad}x$,求 $\operatorname{grad}(x^m y^n)$ 的值.

3. 若在 xy 平面上

$$\frac{\partial \varphi}{\partial x}\frac{\partial \psi}{\partial x} + \frac{\partial \varphi}{\partial y}\frac{\partial \psi}{\partial y} = 0,$$

求证等势线 $\varphi = $ 常数和 $\psi = $ 常数相互正交.

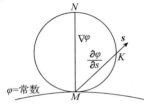

题 4

4. 设 $\varphi = $ 常数为一等势面,在其上取一点 M,过 M 在 φ 的增长方向上作法线 MN,在 MN 上取矢量 $\operatorname{grad}\varphi$,以 $\operatorname{grad}\varphi$ 为直径作一球面. 自 M 任作一方向 $\boldsymbol{s}$ 与球面交于 K 点,试证

$$MK = \frac{\partial \varphi}{\partial s}.$$

5. 已知椭圆 $r_1 + r_2 = 2a$ 是函数 $\varphi = r_1 + r_2$ 的一条等势线,此处 r_1 及 r_2 为动点至两焦点的距离. 证明在椭圆上所做的法线平分两向径间的夹角.

6. 求作卵形线 $r_1 r_2 = a^2$ 的法线的几何方法,其中 r_1, r_2 为动点至两焦点 A 及 B 的距离.

7. 给定平面标量场 φ. 设在 M 点上已知两个方向的方向导数 $\dfrac{\partial \varphi}{\partial s_1}, \dfrac{\partial \varphi}{\partial s_2}$,试用几何方法求 M 点上的 $\operatorname{grad}\varphi$.

8. 证明下列各式:

(1) $\operatorname{div}(\boldsymbol{a}_1 + \boldsymbol{a}_2) = \operatorname{div}\boldsymbol{a}_1 + \operatorname{div}\boldsymbol{a}_2$;

(2) $\operatorname{div}(\varphi\boldsymbol{a}) = \varphi\operatorname{div}\boldsymbol{a} + \operatorname{grad}\varphi \cdot \boldsymbol{a}$;

(3) $\operatorname{div}(\boldsymbol{a} \times \boldsymbol{b}) = \boldsymbol{b} \cdot \operatorname{rot}\boldsymbol{a} - \boldsymbol{a} \cdot \operatorname{rot}\boldsymbol{b}$;

(4) $\operatorname{div}\boldsymbol{r} = 3$;

(5) $\operatorname{div}(r\boldsymbol{c}) = \dfrac{\boldsymbol{c} \cdot \boldsymbol{r}}{r}$,$\operatorname{div}(r^2\boldsymbol{c}) = 2\boldsymbol{c} \cdot \boldsymbol{r}$,其中 $\boldsymbol{c}$ 为一常矢量;

(6) $\operatorname{div}(a\boldsymbol{r}) = 3a$,$a$ 为一常数标量;

(7) $\operatorname{div}\dfrac{\boldsymbol{r}}{r} = \dfrac{2}{r}$;

(8) $\operatorname{div}[\boldsymbol{b}(\boldsymbol{r} \cdot \boldsymbol{a})] = \boldsymbol{a} \cdot \boldsymbol{b}$,$\operatorname{div}[\boldsymbol{r}(\boldsymbol{r} \cdot \boldsymbol{a})] = 4\boldsymbol{r} \cdot \boldsymbol{a}$,$\operatorname{div}(\boldsymbol{a} \times \boldsymbol{r}) = 0$,其中 $\boldsymbol{a}$ 及 $\boldsymbol{b}$ 为常矢量;

(9) $\mathrm{div}(r^4\mathbf{r})=7r^4$;

(10) $\mathrm{div}[r(\boldsymbol{\omega}\times\mathbf{r})]=0$,此处 $\boldsymbol{\omega}$ 为常矢量;

(11) $\mathrm{div}[\mathbf{a}\times(\mathbf{r}\times\mathbf{b})]=2\mathbf{a}\cdot\mathbf{b}$,其中 $\mathbf{a}$ 及 $\mathbf{b}$ 为常矢量;

(12) 若 $\mathbf{v}=\mathbf{v}_0+\boldsymbol{\omega}\times\mathbf{r}$,则 $\mathrm{div}\,\mathbf{v}=0$,其中 $\mathbf{v}_0,\boldsymbol{\omega}$ 为常矢量.

9. 证明下列各式:

(1) $\mathrm{rot}(\mathbf{a}_1+\mathbf{a}_2)=\mathrm{rot}\,\mathbf{a}_1+\mathrm{rot}\,\mathbf{a}_2$;

(2) $\mathrm{rot}(\varphi\mathbf{a})=\varphi\,\mathrm{rot}\,\mathbf{a}+\mathrm{grad}\,\varphi\times\mathbf{a}$;

(3) $\mathrm{rot}[f(r)\mathbf{r}]=0$;

(4) $\mathrm{rot}[\mathbf{b}(\mathbf{r}\cdot\mathbf{a})]=\mathbf{a}\times\mathbf{b}$,其中 $\mathbf{a},\mathbf{b}$ 是常矢量;

(5) $\mathrm{rot}(r\mathbf{a})=\dfrac{\mathbf{r}\times\mathbf{a}}{r}$,其中 $\mathbf{a}$ 是常矢量;

(6) 若 $\mathbf{v}=\mathbf{v}_0+\boldsymbol{\omega}\times\mathbf{r}$,则 $\mathrm{rot}\,\mathbf{v}=2\boldsymbol{\omega}$,其中 $\mathbf{v}_0,\boldsymbol{\omega}$ 为常矢量.

10. 利用哈密顿符号法和张量表示法证明下列公式:

(1) $(\mathbf{v}\cdot\nabla)(\varphi\mathbf{a})=\mathbf{a}(\mathbf{v}\cdot\mathrm{grad}\,\varphi)+\varphi(\mathbf{v}\cdot\nabla)\mathbf{a}$;

(2) $(\mathbf{c}\cdot\nabla)(\mathbf{a}\times\mathbf{b})=\mathbf{a}\times(\mathbf{c}\cdot\nabla)\mathbf{b}-\mathbf{b}\times(\mathbf{c}\cdot\nabla)\mathbf{a}$;

(3) $(\mathbf{a}\times\mathbf{b})\cdot\mathrm{rot}\,\mathbf{c}=\mathbf{b}\cdot(\mathbf{a}\cdot\nabla)\mathbf{c}-\mathbf{a}\cdot(\mathbf{b}\cdot\nabla)\mathbf{c}$;

(4) $(\mathbf{a}\times\nabla)\times\mathbf{b}=(\mathbf{a}\cdot\nabla)\mathbf{b}+\mathbf{a}\times\mathrm{rot}\,\mathbf{b}-\mathbf{a}\,\mathrm{div}\,\mathbf{b}$;

(5) $(\mathbf{a}\times\nabla)\times\mathbf{r}=-2\mathbf{a}$.

11. 证明:

(1) $(\mathbf{n}\cdot\nabla)\mathbf{n}=\mathrm{rot}\,\mathbf{n}\times\mathbf{n}$,其中 $\mathbf{n}$ 是大小相等方向可变的矢量;

(2) $\mathbf{n}\cdot[\mathrm{grad}(\mathbf{a}\cdot\mathbf{n})-\mathrm{rot}(\mathbf{a}\times\mathbf{n})]=\mathrm{div}\,\mathbf{a}$,其中 $\mathbf{a}$ 是变矢量, $\mathbf{n}$ 是单位常矢量;

(3) $(\nabla\cdot\mathbf{v})\mathbf{a}=(\mathbf{v}\cdot\nabla)\mathbf{a}+\mathbf{a}\,\mathrm{div}\,\mathbf{v}$.

12. 证明下列各积分公式(V 是 S 面所包含的体积, C 是 S 面的边界):

(1) $\displaystyle\int_V[(\mathbf{v}\cdot\nabla)\mathbf{a}+\mathbf{a}\,\mathrm{div}\,\mathbf{v}\,]\mathrm{d}V=\int_S\mathbf{a}\,v_n\mathrm{d}S$,当 $\mathbf{a}=\mathbf{v}$ 时有

$$\int_V[(\mathbf{v}\cdot\nabla)\,\mathbf{v}+\mathbf{v}\,\mathrm{div}\,\mathbf{v}\,]\mathrm{d}V=\int_S v_n\,\mathbf{v}\,\mathrm{d}S.$$

(2) $\displaystyle\oint r(\mathbf{a}\cdot\mathbf{n})\mathrm{d}S=\mathbf{a}V$,其中 $\mathbf{a}$ 为常矢量, $\mathbf{r}$ 为径矢;

(3) $\displaystyle\oint_S(\mathbf{r}\cdot\mathbf{a})\mathbf{n}\,\mathrm{d}S=\mathbf{a}V$,符号意义同上;

(4) $\displaystyle\int_S\varphi a_n\mathrm{d}S=\int_V(\varphi\,\mathrm{div}\,\mathbf{a}+\mathbf{a}\cdot\mathrm{grad}\,\varphi)\mathrm{d}V$;

(5) $\displaystyle\int_S(\mathbf{a}\times\mathbf{b})_n\mathrm{d}S=\int_V(\mathbf{b}\cdot\mathrm{rot}\,\mathbf{a}-\mathbf{a}\cdot\mathrm{rot}\,\mathbf{b})\mathrm{d}V$;

(6) $\displaystyle\int_S\varphi\psi\frac{\partial\chi}{\partial n}\mathrm{d}S=\int_V[\varphi\,\mathrm{div}(\psi\,\mathrm{grad}\,\chi)+\psi\,\mathrm{grad}\,\varphi\cdot\mathrm{grad}\,\chi]\mathrm{d}V$;

(7) $\int_S \Delta\varphi \dfrac{\partial\varphi}{\partial n}\mathrm{d}S = \int_V [(\Delta\varphi)^2 + (\mathrm{grad}\,\varphi \cdot \mathrm{grad}\Delta\varphi)]\mathrm{d}V;$

(8) $\int_S (\boldsymbol{a} \times \mathrm{grad}\,\varphi)_n \mathrm{d}S = \int_V \mathrm{grad}\,\varphi \cdot \mathrm{rot}\,\boldsymbol{a}\,\mathrm{d}V;$

(9) $\int_S \boldsymbol{n} \cdot (\mathrm{rot}\,\boldsymbol{a} \times \Delta\boldsymbol{a})\mathrm{d}S = -\int_V [(\Delta\boldsymbol{a})^2 + \mathrm{rot}\,\boldsymbol{a} \cdot \Delta\mathrm{rot}\,\boldsymbol{a}]\mathrm{d}V,$ 其中 $\mathrm{div}\,\boldsymbol{a} = 0;$

(10) $\int_C \varphi\,\mathrm{d}\boldsymbol{r} = \int_S \boldsymbol{n} \times \mathrm{grad}\,\varphi\,\mathrm{d}S,$

$\int_C \varphi\boldsymbol{a} \cdot \mathrm{d}\boldsymbol{r} = \int_S [\varphi\,\mathrm{rot}_n\boldsymbol{a} + (\mathrm{grad}\,\varphi \times \boldsymbol{a})_n]\mathrm{d}S;$

(11) $\int_C u\,\mathrm{d}v = \int_S (\mathrm{grad}\,u \times \mathrm{grad}\,v) \cdot \boldsymbol{n}\,\mathrm{d}S.$

13. 试利用 $\mathrm{div}\,\boldsymbol{a},\mathrm{rot}\,\boldsymbol{a}$ 的定义推导它们在柱面坐标和球面坐标下的表达式.

14. 求 $\dfrac{1}{2}\mathrm{grad}\,v^2 - \boldsymbol{v} \times \mathrm{rot}\,\boldsymbol{v}$ 在曲线坐标、柱面坐标及球面坐标下的表达式.

15. 证明

$$\mathrm{grad}\,q_i = \frac{1}{H_i}\boldsymbol{e}_i,$$

并利用 $\mathrm{rot}\,\mathrm{grad}\,q_i = 0$ 证明

$$\mathrm{rot}\,\boldsymbol{e}_i = \frac{1}{H_i}\mathrm{grad}\,H_i \times \boldsymbol{e}_i.$$

16. 由公式

$$\mathrm{div}(\boldsymbol{e}_2 \times \boldsymbol{e}_3) = \boldsymbol{e}_3 \cdot \mathrm{rot}\,\boldsymbol{e}_2 - \boldsymbol{e}_2 \cdot \mathrm{rot}\,\boldsymbol{e}_3$$

及 15 题的结果求 $\mathrm{div}\,\boldsymbol{e}_1$ 的表达式,写出 $\mathrm{div}\,\boldsymbol{e}_2$ 及 $\mathrm{div}\,\boldsymbol{e}_3$ 的表达式.

17. 利用 15 题和 16 题的结果推导 $\mathrm{div}\,\boldsymbol{a}$ 及 $\mathrm{rot}\,\boldsymbol{a}$ 在曲线坐标系中的表达式.

18. 若

$$a_r = \frac{2k\cos\theta}{r^3}, \quad a_\theta = \frac{k\sin\theta}{r^3}, \quad a_\varphi = 0,$$

其中 k 为一常数,验证矢量 $\boldsymbol{a}$ 是否是位势矢量,若是则 ψ 等于什么,并求矢量场 $\boldsymbol{a}$ 的矢量线及矢量 $\boldsymbol{a}$ 经过球面 $r = R$ 及半球面 $r = R, 0 \leqslant \theta \leqslant \dfrac{\pi}{2}$ 的通量.

19. 利用公式组 $(1.12.1)-(1.12.3)$ 推导 $\mathrm{div}\,\boldsymbol{a},\mathrm{rot}\,\boldsymbol{a},\Delta\varphi$ 在曲线坐标系中的表达式.

（B）张 量 初 步

近代连续介质力学和理论物理中广泛采用张量,这不仅因为采用张量表示

基本方程书写高度简练,物理意义鲜明,更重要的是因为连续介质力学中出现的一些重要物理量如应力、应变等本身就是张量. 因此将张量的共同特性抽象出来加以定义,并对张量的性质加以数学上的探讨,对于更好地研究连续介质力学无疑是十分必要的.

在笛卡儿直角坐标系中定义的张量称为笛卡儿张量,而在任意曲线坐标系中定义的张量则称为普遍张量. 本章只限于研究笛卡儿张量,因为有了笛卡儿张量方面的知识对于研究基础流体力学而言已经够用了.

在这一部分中我们介绍笛卡儿张量的定义、运算及性质.

我们从大家熟知的标量和矢量的概念出发自然地引进张量的定义.

在选定的测量单位下,只需用一个不依赖于坐标系的数字表征其性质的量称为**标量**. 例如数学上的无名数,物理上的质量、密度、温度、能量等都是标量.

在选定的测量单位下,需要用不依赖于坐标系的数字及方向表征其性质的量称为**矢量**. 例如数学上的有向线段,物理上的位移、速度、加速度及力等都是矢量.

在上述标量和矢量的定义中强调客观存在的物理量(例如标量、矢量)具有不依赖于坐标系而存在的不变量,例如质量的大小,速度的方向和大小等,这种定义方式比较直观易于理解. 但是顺着这条线索要给更复杂的张量下一个定义就不是那么容易的了. 因此我们想变换一下形式,引进标量和矢量另一种形式的定义,这种形式虽然不那么直观,但能很自然很容易地推广到张量中去.

大家知道,在自然科学中,为了能在数量上表示出某物理量并对其进行计算,常常需要选定参考的坐标系. 在不同的坐标系下将得到不同的数量表征,但由于它们描写了客观存在的同一个物理量,因此不同坐标系下不同的数量表征之间必有确定的变换律. 这种坐标变换的规律正是客观存在的物理量独立于坐标系的反映. 我们把它当作标量或矢量的另一种形式的定义.

1.13　张量的定义

首先复习一下笛卡儿坐标变换. 我们知道,任何一个笛卡儿坐标变换都由平动、转动和反射组成. 如果新旧坐标系都是右手系,则只有平动和转动. 下面为了简单起见只限于考虑旋转变换.

设 $Ox_1x_2x_3$ 和 $Ox'_1x'_2x'_3$ 分别是旧的和新的直角坐标系,e_1, e_2, e_3；e'_1, e'_2, e'_3 分别是旧新坐标系中坐标轴上的单位矢量,则

$$e_i \cdot e_j = e'_i \cdot e'_j = \delta_{ij}. \qquad (1.13.1)$$

此外,新旧单位矢量之间存在着下列关系

	e_1	e_2	e_4
e'_1	α_{11}	α_{12}	α_{13}
e'_2	α_{21}	α_{22}	α_{23}
e'_3	α_{31}	α_{32}	α_{33}

附图

$$\begin{cases} \boldsymbol{e}'_1 = \alpha_{11}\boldsymbol{e}_1 + \alpha_{12}\boldsymbol{e}_2 + \alpha_{13}\boldsymbol{e}_3, \\ \boldsymbol{e}'_2 = \alpha_{21}\boldsymbol{e}_1 + \alpha_{22}\boldsymbol{e}_2 + \alpha_{23}\boldsymbol{e}_3, \\ \boldsymbol{e}'_3 = \alpha_{31}\boldsymbol{e}_1 + \alpha_{32}\boldsymbol{e}_2 + \alpha_{33}\boldsymbol{e}_3, \end{cases} \tag{1.13.2}$$

其中 $\alpha_{ij} = \boldsymbol{e}'_i \cdot \boldsymbol{e}_j (i,j=1,2,3)$ 是二坐标系中不同坐标轴夹角的余弦. (1.13.2) 式也可以直观地以附图表之,图中 α_{ij} 代表所在行的单位矢量和所在列单位矢量之间的夹角的余弦. 采用张量表示法,(1.13.2) 式可简写为

$$\boldsymbol{e}'_i = \alpha_{ij}\boldsymbol{e}_j, \quad \boldsymbol{e}_i = \alpha_{ji}\boldsymbol{e}'_j. \tag{1.13.3}$$

由于 $\boldsymbol{e}_1, \boldsymbol{e}_2, \boldsymbol{e}_3$ 相互正交,而对自身来说却是相互平行的,即 $\boldsymbol{e}_i \cdot \boldsymbol{e}_j = \delta_{ij}$,因此我们有

$$\begin{cases} \alpha_{11}\alpha_{12} + \alpha_{21}\alpha_{22} + \alpha_{31}\alpha_{32} = 0, \\ \alpha_{12}\alpha_{13} + \alpha_{22}\alpha_{23} + \alpha_{32}\alpha_{33} = 0, \\ \alpha_{13}\alpha_{11} + \alpha_{23}\alpha_{21} + \alpha_{33}\alpha_{31} = 0, \\ \alpha_{11}^2 + \alpha_{21}^2 + \alpha_{31}^2 = 1, \\ \alpha_{12}^2 + \alpha_{22}^2 + \alpha_{32}^2 = 1, \\ \alpha_{13}^2 + \alpha_{23}^2 + \alpha_{33}^2 = 1, \end{cases} \tag{1.13.4}$$

或简写为

$$\alpha_{ij}\alpha_{ik} = \delta_{jk}. \tag{1.13.5}$$

同样地,由 $\boldsymbol{e}'_i \cdot \boldsymbol{e}'_j = \delta_{ij}$ 可推出

$$\alpha_{ji}\alpha_{ki} = \delta_{jk}. \tag{1.13.6}$$

现在我们来研究标量和矢量在坐标变换时的性质. 以 $\varphi(x_1, x_2, x_3)$ 及 $\varphi'(x'_1, x'_2, x'_3)$ 分别表示标量在新旧坐标系中的数值. 由于标量的数值不依赖于坐标系,于是有

$$\varphi(x_1, x_2, x_3) = \varphi'(x'_1, x'_2, x'_3). \tag{1.13.7}$$

此公式给出标量的另一定义:若对每一个直角坐标系 $Ox_1x_2x_3$ 都有一个量,它在坐标系变换时满足(1.13.7) 式,即保持其值不变,则 φ 定义一个标量.

现在考虑矢量. 以 $\boldsymbol{a}$ 表示某一矢量,a_1, a_2, a_3 和 a'_1, a'_2, a'_3 分别是 $\boldsymbol{a}$ 在旧坐标轴上和新坐标轴上的投影. 显然,a'_1, a'_2, a'_3 和 a_1, a_2, a_3 之间具有下列关系:

$$\begin{aligned} a'_1 &= \boldsymbol{a} \cdot \boldsymbol{e}'_1 = \alpha_{11}a_1 + \alpha_{12}a_2 + \alpha_{13}a_3, \\ a'_2 &= \boldsymbol{a} \cdot \boldsymbol{e}'_2 = \alpha_{21}a_1 + \alpha_{22}a_2 + \alpha_{23}a_3, \\ a'_3 &= \boldsymbol{a} \cdot \boldsymbol{e}'_3 = \alpha_{31}a_1 + \alpha_{32}a_2 + \alpha_{33}a_3, \end{aligned}$$

或简写为

$$a'_i = \alpha_{ij}a_j \quad (a_i = \alpha_{ji}a'_j). \tag{1.13.8}$$

(1.13.8) 式给出矢量的另一种定义:若对于每一个直角坐标系 $Ox_1x_2x_3$ 来说有三个量 a_1, a_2, a_3,它们根据(1.13.8) 式变换到另一坐标系 $Ox'_1x'_2x'_3$ 中的三个

量 a'_1, a'_2, a'_3，则此三个量定义一新的量 $\boldsymbol{a}$，称为矢量.

将矢量的以坐标变换为基础的定义 (1.13.8) 加以推广，可得张量的定义. 如果对每一个直角坐标系 $Ox_1x_2x_3$ 来说有九个量 p_{lm}，它按照下列公式

$$p'_{ij} = \alpha_{il}\alpha_{jm}p_{lm} \tag{1.13.9}$$

转换为另一个直角坐标系 $Ox'_1x'_2x'_3$ 中的九个量 p'_{ij}，则此九个量定义一新的量 $\boldsymbol{P}$，称为二阶笛卡儿张量，简称**二阶张量**，通常用下列几种符号表示：

$$\boldsymbol{P} = \{p_{ij}\} = p_{ij} = \begin{pmatrix} p_{11} & p_{12} & p_{13} \\ p_{21} & p_{22} & p_{23} \\ p_{31} & p_{32} & p_{33} \end{pmatrix},$$

p_{ij} 称为二阶张量的分量. 为了简单起见，$\{p_{ij}\}$ 中的 $\{\}$ 常省去，这样张量和其分量都用同一符号 p_{ij}. 读者在阅读时要注意区分.

二阶张量的定义可继续推广到 n 阶张量.

设在每一个坐标系内给出 3^n 个数 $p_{j_1j_2\cdots j_n}$，当坐标变换时，这些数按公式

$$p'_{i_1i_2\cdots i_n} = \alpha_{i_1j_1}\alpha_{i_2j_2}\cdots\alpha_{i_nj_n}p_{j_1j_2\cdots j_n} \tag{1.13.10}$$

转换，则此 3^n 个数定义一个 n 阶张量.

从 n 阶张量的定义可以看出，当 $n=0$ 时，张量的分量只有一个，且满足

$$p' = p$$

的关系，因此是一个标量. 由此可见，标量可视为零阶张量. 当 $n=1$ 时，张量有三个分量，且满足

$$p'_{l_1} = \alpha_{l_1m_1}p_{m_1}$$

的关系，因此它是一个矢量. 由此可见，矢量可视为一阶张量.

在任意直角坐标系中各分量皆为零的量显然满足 (1.13.10) 式，因此它组成一个 n 阶张量，称为零张量，以 $\boldsymbol{0}$ 表之.

1.14 张量的代数运算

本节讲述张量加减、张量并乘和张量收缩等代数运算.

a) 张量的加减

设

$$\boldsymbol{P} = p_{i_1i_2\cdots i_n}, \quad \boldsymbol{Q} = q_{i_1i_2\cdots i_n}$$

是两个 n 阶张量，在每一个坐标系内作这两个张量的分量之和或差，得

$$p_{i_1i_2\cdots i_n} \pm q_{i_1i_2\cdots i_n}, \tag{1.14.1}$$

并以 $t_{i_1i_2\cdots i_n}$ 表之. 现在我们证明 $t_{i_1i_2\cdots i_n}$ 也是一个 n 阶张量. 因为 $\boldsymbol{P}, \boldsymbol{Q}$ 是 n 阶张量，根据定义有

$$p'_{i_1i_2\cdots i_n} = \alpha_{i_1j_1}\alpha_{i_2j_2}\cdots\alpha_{i_nj_n}p_{j_1j_2\cdots j_n},$$

$$q'_{i_1i_2\cdots i_n} = \alpha_{i_1j_1}\alpha_{i_2j_2}\cdots\alpha_{i_nj_n}q_{j_1j_2\cdots j_n}.$$

将两式相加或相减,得

$$p'_{i_1 i_2 \cdots i_n} \pm q'_{i_1 i_2 \cdots i_n} = \alpha_{i_1 j_1} \alpha_{i_2 j_2} \cdots \alpha_{i_n j_n} (p_{j_1 j_2 \cdots j_n} \pm q_{j_1 j_2 \cdots j_n}),$$

即

$$t'_{i_1 i_2 \cdots i_n} = \alpha_{i_1 j_1} \alpha_{i_2 j_2} \cdots \alpha_{j_n j_n} t_{j_1 j_2 \cdots j_n}.$$

于是根据定义,$t_{i_1 i_2 \cdots i_n}$ 是 n 阶张量. 张量

$$T = t_{i_1 i_2 \cdots i_n}$$

定义为 P, Q 之和或差,而运算 (1.14.1) 则称为张量的加法或减法,以

$$T = P \pm Q \quad \text{或} \quad t_{i_1 i_2 \cdots i_n} = p_{i_1 i_2 \cdots i_n} \pm q_{i_1 i_2 \cdots i_n}$$

表之.

推论 若两同阶张量 P 和 Q 在某一直角坐标系内相等,即 $P = Q$,则它们在任一直角坐标系中相等.

设在某一直角坐标系内 $P = Q$,则有 $P - Q = 0$. 于是在任一直角坐标内 $P - Q$ 仍为零张量,即 $P = Q$ 在任一直角坐标系成立.

b) 张量的并乘

设 $P = p_{i_1 i_2 \cdots i_m}$ 是 m 阶张量,$Q = q_{j_1 j_2 \cdots j_n}$ 是 n 阶张量,作分量乘积

$$p_{i_1 i_2 \cdots i_m} q_{j_1 j_2 \cdots j_n}. \tag{1.14.2}$$

现证 (1.14.2) 式是 $m + n$ 阶张量. 因

$$p'_{i_1 i_2 \cdots i_m} q'_{j_1 j_2 \cdots j_n} = \alpha_{i_1 k_1} \alpha_{i_2 k_2} \cdots \alpha_{i_m k_m} \alpha_{j_1 s_1} \alpha_{j_2 s_2} \cdots \alpha_{j_n s_n} p_{k_1 k_2 \cdots k_m} q_{s_1 s_2 \cdots s_n},$$

故 $p_{i_1 i_2 \cdots i_m} q_{j_1 j_2 \cdots j_n}$ 是 $m + n$ 阶张量,以 PQ 表之,该运算称为张量的并乘,其结果称为并积. 两个张量的并乘可以很容易地推广到 n 个张量的并乘.

例 1 设 λ 是标量(零阶张量),P 为 n 阶张量,则标量和张量的乘积 λP 为 n 阶张量.

例 2 两矢量 a 和 b 的并积 $ab = a_i b_j$ 是二阶张量,常称为并矢. 并矢可推广到 n 个矢量连乘.

例 3 n 阶张量 P 可写成下列并矢形式

$$P = p_{i_1 i_2 \cdots i_n} e_{i_1} e_{i_2} \cdots e_{i_n}.$$

c) 张量的收缩

设 $P = p_{i_1 i_2 \cdots i_n}$ 中有两个下标相同. 根据约定求和法则,则得具有 $n - 2$ 个下标的量 Q. 现证此量为 $n - 2$ 阶张量. 为确定起见设最后两个下标相同,于是

$$\begin{aligned}
p'_{i_1 i_2 \cdots i_{n-2} kk} &= \alpha_{i_1 j_1} \alpha_{i_2 j_2} \cdots \alpha_{i_{n-2} j_{n-2}} \alpha_{kr} \alpha_{ks} p_{j_1 j_2 \cdots j_{n-2} rs} \\
&= \alpha_{i_1 j_1} \alpha_{i_2 j_2} \cdots \alpha_{i_{n-2} j_{n-2}} \delta_{rs} p_{j_1 j_2 \cdots j_{n-2} rs} \\
&= \alpha_{i_1 j_1} \alpha_{i_2 j_2} \cdots \alpha_{i_{n-2} j_{n-2}} p_{j_1 j_2 \cdots j_{n-2} rr},
\end{aligned}$$

可见 $Q = p_{i_1 i_2 \cdots i_{n-2} kk}$ 确为 $n - 2$ 阶张量,称之为张量 P 的收缩.

例 1 并矢 $ab = a_i b_j$ 收缩后得标量 $a_i b_i$,此即矢量 a 和 b 的内积 $a \cdot b$.

d) 张量的内积

张量并积 PQ 中,m 阶张量 P 和 n 阶张量 Q 中各取出一下标收缩一次后得 $m+n-2$ 阶张量,称为 P 和 Q 的内积,以 $P \cdot Q$ 表之.

例 1　$P \cdot a = p_{ij}a_j$ 是二阶张量和矢量的内积,$a \cdot P = a_i p_{ij}$ 是矢量和二阶张量的内积. 一般来说,

$$P \cdot a \neq a \cdot P.$$

只有在 P 是二阶对称张量时 $P \cdot a$ 才等于 $a \cdot P$.

例 2　$P \cdot Q = p_{ik}q_{kj}$ 是二阶张量 P 和二阶张量 Q 的内积. 它是二阶张量.

例 3　$P : Q = p_{ij}q_{ji}$ 是由二阶张量 P 和 Q 二次收缩得来,以 : 表之.

1.15　张量识别定理

定理 1　若 $p_{i_1 i_2 \cdots i_m j_1 j_2 \cdots j_n}$ 和任意 n 阶张量 $q_{j_1 j_2 \cdots j_n}$ 的内积

$$p_{i_1 i_2 \cdots i_m j_1 j_2 \cdots j_n} q_{j_1 j_2 \cdots j_n} = t_{i_1 i_2 \cdots i_m}$$

恒为 m 阶张量,则 $p_{i_1 i_2 \cdots i_m j_1 j_2 \cdots j_n}$ 必为 $m+n$ 阶张量.

证　$p'_{i_1 i_2 \cdots i_m j_1 j_2 \cdots j_n} q'_{j_1 j_2 \cdots j_n} = t'_{i_1 i_2 \cdots i_m} = \alpha_{i_1 r_1} \alpha_{i_2 r_2} \cdots \alpha_{i_m r_m} t_{r_1 r_2 \cdots r_m}$

$= p_{r_1 r_2 \cdots r_m s_1 s_2 \cdots s_n} \alpha_{i_1 r_1} \alpha_{i_2 r_2} \cdots \alpha_{i_m r_m} q_{s_1 s_2 \cdots s_n}$

$= p_{r_1 r_2 \cdots r_m s_1 s_2 \cdots s_n} \alpha_{i_1 r_1} \alpha_{i_2 r_2} \cdots \alpha_{i_m r_m} \alpha_{j_1 s_1} \alpha_{j_2 s_2} \cdots \alpha_{j_n s_n} q'_{j_1 j_2 \cdots j_n},$

由此得

$$(p'_{i_1 i_2 \cdots i_m j_1 j_2 \cdots j_n} - \alpha_{i_1 r_1} \alpha_{i_2 r_2} \cdots \alpha_{i_m r_m} \alpha_{j_1 s_1} \alpha_{j_2 s_2} \cdots \alpha_{j_n s_n}$$
$$\times p_{r_1 r_2 \cdots r_m s_1 s_2 \cdots s_n}) q'_{j_1 j_2 \cdots j_n} = 0.$$

因 $q'_{j_1 j_2 \cdots j_n}$ 是任意的,由此推出

$$p'_{i_1 i_2 \cdots i_m j_1 j_2 \cdots j_n} = \alpha_{i_1 r_1} \alpha_{i_2 r_2} \cdots \alpha_{i_m r_m} \alpha_{j_1 s_1} \alpha_{j_2 s_2} \cdots \alpha_{j_n s_n} p_{r_1 r_2 \cdots r_m s_1 s_2 \cdots s_n},$$

即 $p_{i_1 i_2 \cdots i_m j_1 j_2 \cdots j_n}$ 是 $m+n$ 阶张量.

定理 2　若 $p_{i_1 i_2 \cdots i_m}$ 和任意 n 阶张量 $q_{j_1 j_2 \cdots j_n}$ 的乘积

$$p_{i_1 i_2 \cdots i_m} q_{j_1 j_2 \cdots j_n} = t_{i_1 i_2 \cdots i_m j_1 j_2 \cdots j_n} \tag{1.15.1}$$

恒为 $m+n$ 阶张量,则 $p_{i_1 i_2 \cdots i_m}$ 必为 m 阶张量.

证　(1.15.1) 式两边乘 $q_{j_1 j_2 \cdots j_n}$,得

$$p_{i_1 i_2 \cdots i_m} q_{j_1 j_2 \cdots j_n} q_{j_1 j_2 \cdots j_n} = t_{i_1 i_2 \cdots i_m j_1 j_2 \cdots j_n} q_{j_1 j_2 \cdots j_n}. \tag{1.15.2}$$

(1.15.2) 式右边是 m 阶张量,左边 $q_{j_1 j_2 \cdots j_n} q_{j_1 j_2 \cdots j_n}$ 是一标量 λ,总可选出这样的 $q_{j_1 j_2 \cdots j_n}$ 使 λ 不为零. 由此立即推出 $p_{i_1 i_2 \cdots i_m}$ 是一个 m 阶张量.

张量识别定理很有用,它常常为识别张量提供一种简单易行的方法,而不必去直接验证麻烦的变换公式 (1.13.10) 是否满足.

例 1　因 $a_i = \delta_{ij}a_j$ 对任意矢量 a_i 恒成立,根据张量识别定理立知克罗内克尔符号 δ_{ij} 是二阶张量.

例 2　因 $a \times b = \varepsilon_{ijk} a_j b_k$ 对任意二阶张量 $a_j b_k$ 恒成立,$a \times b$ 是矢量,由张量

识别定理推出置换符号 ε_{ijk} 是三阶张量.

例 3 若 p_{ij} 和任意矢量 a_j 的内积 $p_{ij}a_j = b_i$ 恒为一矢量,则根据定理 1 知, p_{ij} 必为二阶张量.

1.16 二阶张量

a) 二阶张量的主值、主轴及不变量

设 $\boldsymbol{P}$ 为二阶张量,对空间中任意非零矢量 $\boldsymbol{a}$ 作张量和矢量的内积

$$\boldsymbol{P} \cdot \boldsymbol{a} = \boldsymbol{b}, \tag{1.16.1}$$

则得空间中另一矢量 $\boldsymbol{b}$. 若矢量 $\boldsymbol{b}$ 和矢量 $\boldsymbol{a}$ 共线,即

$$\boldsymbol{b} = \lambda \boldsymbol{a}, \tag{1.16.2}$$

则称矢量 $\boldsymbol{a}$ 的方向为张量 $\boldsymbol{P}$ 的主轴方向, λ 称为张量的主值. 根据 $\lambda = \boldsymbol{a} \cdot \boldsymbol{b} / |\boldsymbol{a}|^2$ 推出 λ 是一个标量.

现求张量的主值及主轴方向. 将 (1.16.2) 式代入 (1.16.1) 式,得确定 λ 的下列方程

$$\boldsymbol{P} \cdot \boldsymbol{a} = \lambda \boldsymbol{a},$$

展开得

$$\begin{cases} p_{11}a_1 + p_{12}a_2 + p_{13}a_3 = \lambda a_1, \\ p_{21}a_1 + p_{22}a_2 + p_{23}a_3 = \lambda a_2, \\ p_{31}a_1 + p_{32}a_2 + p_{33}a_3 = \lambda a_3, \end{cases} \tag{1.16.3}$$

这是确定 a_1, a_2, a_3 的线性齐次代数方程. 要使此方程有不全为零的解,必须

$$\begin{vmatrix} p_{11} - \lambda & p_{12} & p_{13} \\ p_{21} & p_{22} - \lambda & p_{23} \\ p_{31} & p_{32} & p_{33} - \lambda \end{vmatrix} = 0.$$

对 λ 展开上述行列式,得

$$\lambda^3 - \lambda^2(p_{11} + p_{22} + p_{33}) + \lambda \left(\begin{vmatrix} p_{22} & p_{32} \\ p_{23} & p_{33} \end{vmatrix} + \begin{vmatrix} p_{11} & p_{31} \\ p_{13} & p_{33} \end{vmatrix} \right.$$

$$\left. + \begin{vmatrix} p_{11} & p_{21} \\ p_{12} & p_{22} \end{vmatrix} \right) - \begin{vmatrix} p_{11} & p_{21} & p_{31} \\ p_{12} & p_{22} & p_{32} \\ p_{13} & p_{23} & p_{33} \end{vmatrix} = 0, \tag{1.16.4}$$

这就是确定 λ 的三次代数方程. 它有三个根,可以是三个实根,也可以是一个实根,两个共轭复根.

求出主值 λ 后,代入 (1.16.3) 式即可求出 $a_1 : a_2 : a_3$,由此得对应于 λ 值的主轴方向.

不随坐标轴的转换而改变其数值的量称为不变量. 例如标量、矢量的大小

及方向皆为不变量. 不变量常常具有重要的几何及物理意义, 因此研究不变量具有重要意义. 现根据(1.16.4)式研究张量的不变量. 从确定 λ 的三次方程推出根与系数之间存在着下列关系:

$$
\begin{cases}
I_1 = p_{11} + p_{22} + p_{33} = \lambda_1 + \lambda_2 + \lambda_3, \\[2mm]
I_2 = \begin{vmatrix} p_{22} & p_{32} \\ p_{23} & p_{33} \end{vmatrix} + \begin{vmatrix} p_{11} & p_{31} \\ p_{13} & p_{33} \end{vmatrix} + \begin{vmatrix} p_{11} & p_{21} \\ p_{12} & p_{22} \end{vmatrix} \\[2mm]
\quad = \lambda_1\lambda_2 + \lambda_1\lambda_3 + \lambda_2\lambda_3, \\[2mm]
I_3 = \begin{vmatrix} p_{11} & p_{12} & p_{13} \\ p_{21} & p_{22} & p_{23} \\ p_{31} & p_{32} & p_{33} \end{vmatrix} = \lambda_1\lambda_2\lambda_3.
\end{cases}
\tag{1.16.5}
$$

因为 λ 是标量, 即不变量, 由此推出张量分量的组合 I_1, I_2, I_3 亦是不变量, 称为二阶张量 $\boldsymbol{P}$ 的第一、第二和第三不变量. 十分明显, 从这三个基本不变量出发可以作出无穷多个不变量, 例如 $I_1^2 - 2I_2$ 等等.

b) 共轭张量、对称张量和反对称张量

(1) **共轭张量** 设 $\boldsymbol{P} = p_{ij}$ 是一个二阶张量, 则 $\boldsymbol{P}_c = p_{ji}$ 也为一个二阶张量, 称为 $\boldsymbol{P}$ 的共轭张量.

证 因 p_{ij} 是一个二阶张量, 故有

$$p'_{ij} = \alpha_{il}\alpha_{jm}p_{lm}.$$

将 l 和 m 对换, i 和 j 对换得

$$p'_{ji} = \alpha_{jm}\alpha_{il}p_{ml},$$

即 p_{ji} 组成一二阶张量.

$\boldsymbol{P}_c$ 可表为

$$
\boldsymbol{P}_c = p_{ji} = \begin{pmatrix} p_{11} & p_{21} & p_{31} \\ p_{12} & p_{22} & p_{32} \\ p_{13} & p_{23} & p_{33} \end{pmatrix}.
$$

(2) **对称张量** 设 p_{ij} 是一二阶张量. 若分量之间满足

$$p_{ij} = p_{ji}$$

的关系, 则称此张量为对称张量, 以

$$
\boldsymbol{S} = s_{ij} = \begin{pmatrix} s_{11} & s_{12} & s_{31} \\ s_{12} & s_{22} & s_{23} \\ s_{31} & s_{23} & s_{33} \end{pmatrix}
$$

表之.

容易证明, 若在某一坐标系中

$$p_{ij} = p_{ji}$$

成立,则在任一坐标系中

$$p'_{ij} = p'_{ji}$$

亦成立,因此张量的对称性是一个不变的性质. 一个对称张量只有六个不同的分量,且满足

$$S = S_c$$

的关系.

(3) **反对称张量** 设 p_{ij} 是一二阶张量. 若分量之间满足

$$p_{ij} = -p_{ji}$$

的关系,则称此张量为反对称张量,以

$$A = a_{ij} = \begin{pmatrix} 0 & a_{12} & -a_{31} \\ -a_{12} & 0 & a_{23} \\ a_{31} & -a_{23} & 0 \end{pmatrix}$$

表之.

容易证明,若在某一坐标系中

$$p_{ij} = -p_{ji}$$

成立,则在任一坐标系中

$$p'_{ij} = -p'_{ji}$$

亦成立. 因此张量的反对称性也是一个不变的性质,一个反对张量只有三个不同的分量,且满足

$$A = -A_c$$

的关系.

c) 张量的分解

张量分解定理 二阶张量可以唯一地分解为一个对称张量与一个反对称张量之和.

证 存在性:将张量 P 写成

$$P = \frac{1}{2}(P + P_c) + \frac{1}{2}(P - P_c). \tag{1.16.6}$$

显然,右边第一项是对称张量,第二项是反对称张量. 于是我们证明了存在性,同时找到了对称张量和反对称张量的具体表达式.

唯一性:设二阶张量 P 已分解成对称张量 S 与反对称张量 A 之和. 今证,S,A 必具(1.16.6)式所确定的表达. 因

$$P = S + A,$$

对上式取共轭得

$$P_c = S_c + A_c = S - A.$$

两式相加,相减得

$$S = \frac{1}{2}(P + P_c), \quad A = \frac{1}{2}(P - P_c).$$

由此可见张量的这种分解方式是唯一的.

张量分解定理告诉我们,研究任意二阶张量的问题可归结为研究与之对应的二阶对称张量和反对称张量问题.

1.17 二阶反对称张量的性质

二阶反对称张量 A 的形式为

$$A = a_{ij} = \begin{pmatrix} 0 & a_{12} & -a_{31} \\ -a_{12} & 0 & a_{23} \\ a_{31} & -a_{23} & 0 \end{pmatrix} = \begin{pmatrix} 0 & -\omega_3 & \omega_2 \\ \omega_3 & 0 & -\omega_1 \\ -\omega_2 & \omega_1 & 0 \end{pmatrix},$$

其中 $\omega_1 = -a_{23}, \omega_2 = -a_{31}, \omega_3 = -a_{12}$. 于是

$$a_{ij} = -\varepsilon_{ijk}\omega_k. \tag{1.17.1}$$

二阶反对称张量具有下列几个主要性质:

(1) A 的反对称性不因坐标转换而改变;

(2) 反对称张量的三个分量 $\omega_1, \omega_2, \omega_3$ 组成一矢量 $\boldsymbol{\omega}$;

(3) 反对称张量 A 与矢量 $\boldsymbol{b}$ 的内积等于矢量 $\boldsymbol{\omega}$ 与 $\boldsymbol{b}$ 的矢积,即

$$A \cdot b = \boldsymbol{\omega} \times \boldsymbol{b}. \tag{1.17.2}$$

证 $\quad A \cdot b = a_{ij}b_j = -\varepsilon_{ijk}b_j\omega_k = \boldsymbol{\omega} \times \boldsymbol{b}.$

1.18 二阶对称张量的性质

二阶对称张量 S 的形式为

$$S = s_{ij} = \begin{pmatrix} s_{11} & s_{12} & s_{31} \\ s_{12} & s_{22} & s_{23} \\ s_{31} & s_{23} & s_{33} \end{pmatrix}.$$

二阶对称张量的主要性质如下:

(1) S 的对称性不因坐标转换而改变.

(2) 二阶对称张量的三个主值都是实数,而且一定存在三个互相垂直的主轴.

先证三个主值皆为实数. 设 λ 是 S 的任一主值,a 是与 λ 对应的非零矢量,则

$$s_{ij}a_j = \lambda a_i.$$

两边乘 a_i 的共轭 $\bar{a}_i$ 得

$$\bar{a}_i s_{ij} a_j = \lambda a^2, \tag{1.18.1}$$

其中 a 是矢量 a 的大小. (1.18.1) 式两边取共轭并考虑到 s_{ij} 是实数得

$$a_i s_{ij} \bar{a}_j = \bar{\lambda} a^2. \tag{1.18.2}$$

因 s_{ij} 是对称张量,故有

$$a_i s_{ij} \bar{a}_j = a_j s_{ji} \bar{a}_i = \bar{a}_i s_{ij} a_j.$$

于是由(1.18.1)和(1.18.2)式得

$$(\lambda - \bar{\lambda}) a^2 = 0.$$

因 $a^2 \neq 0$,由此推出 $\lambda = \bar{\lambda}$,即 λ 为实数.

为了证明一定存在三个互相垂直的主轴,先证和 S 不同主值相对应的两主轴方向必定互相垂直. 设主值 $\lambda \neq \mu$,与之对应的特征矢量为 $\boldsymbol{a}$ 及 $\boldsymbol{b}$,于是有

$$\boldsymbol{S} \cdot \boldsymbol{a} = \lambda \boldsymbol{a}, \quad \boldsymbol{S} \cdot \boldsymbol{b} = \mu \boldsymbol{b}.$$

左式两边左乘 $\boldsymbol{b}$,右式两边左乘 $\boldsymbol{a}$,然后两式相减得

$$(\lambda - \mu) \boldsymbol{a} \cdot \boldsymbol{b} = 0. \tag{1.18.3}$$

这里已考虑到当 S 是对称张量时 $\boldsymbol{b} \cdot \boldsymbol{S} \cdot \boldsymbol{a} = \boldsymbol{a} \cdot \boldsymbol{S} \cdot \boldsymbol{b}$ 的事实. 因

$$\lambda - \mu \neq 0,$$

由(1.18.3)式立即得出

$$\boldsymbol{a} \cdot \boldsymbol{b} = 0,$$

即主轴方向 $\boldsymbol{a}$ 和 $\boldsymbol{b}$ 正交.

下面分三种情形证明一定存在三个互相垂直的主轴.

(i) 三个主值 $\lambda_1, \lambda_2, \lambda_3$ 互不相同

此时,由上述事立即推出与 $\lambda_1, \lambda_2, \lambda_3$ 相对应的三个不同的主轴方向是互相垂直的. 设主轴方向的单位向量分别是 $\boldsymbol{e}_1, \boldsymbol{e}_2, \boldsymbol{e}_3$,以主轴为坐标轴的主轴坐标系中 S 的分量为 s_{ij}. 由于 $\boldsymbol{e}_1, \boldsymbol{e}_2, \boldsymbol{e}_3$ 是特征向量,于是

$$\boldsymbol{S} \cdot \boldsymbol{e}_1 = s_{11} \boldsymbol{e}_1 + s_{12} \boldsymbol{e}_2 + s_{31} \boldsymbol{e}_3 = \lambda_1 \boldsymbol{e}_1,$$

由此推出

$$s_{12} = s_{31} = 0, \quad s_{11} = \lambda_1;$$

$$\boldsymbol{S} \cdot \boldsymbol{e}_2 = s_{12} \boldsymbol{e}_1 + s_{22} \boldsymbol{e}_2 + s_{23} \boldsymbol{e}_3 = \lambda_2 \boldsymbol{e}_2,$$

由此推出

$$s_{12} = s_{23} = 0, \quad s_{22} = \lambda_2;$$

$$\boldsymbol{S} \cdot \boldsymbol{e}_3 = s_{31} \boldsymbol{e}_1 + s_{23} \boldsymbol{e}_2 + s_{33} \boldsymbol{e}_3 = \lambda_3 \boldsymbol{e}_3,$$

由此推出

$$s_{31} = s_{23} = 0, \quad s_{33} = \lambda_3.$$

因此,在主轴坐标系中,对称张量 S 的形式为

$$\boldsymbol{S} = \begin{pmatrix} \lambda_1 & 0 & 0 \\ 0 & \lambda_2 & 0 \\ 0 & 0 & \lambda_3 \end{pmatrix}. \tag{1.18.4}$$

(ii) 两个主值相同,另一不同,即 $\lambda_1 = \lambda_2 = \lambda, \lambda_3 = \mu \neq \lambda$.

设 e_1 和 e_2 分别为对应于 μ 和 λ 的单位特征矢量. 于是 $e_1 \perp e_2$. 令

$$e_3 = e_1 \times e_2,$$

则 e_1, e_2, e_3 形成相互垂直的右手直角坐标系. 现证 e_3 也是 S 的特征矢量. 设此坐标系内 S 的分量为 s_{ij}. 由于 e_1, e_2 是特征矢量,于是

$$S \cdot e_1 = s_{11} e_1 + s_{12} e_2 + s_{31} e_3 = \mu e_1,$$

由此推出

$$s_{12} = s_{31} = 0, \quad s_{11} = \mu; \tag{1.18.5}$$

$$S \cdot e_2 = s_{12} e_1 + s_{22} e_2 + s_{23} e_3 = \lambda e_2,$$

由此推出

$$s_{12} = s_{23} = 0, \quad s_{22} = \lambda. \tag{1.18.6}$$

考虑到 (1.18.5) 及 (1.18.6) 式,我们有

$$S \cdot e_3 = s_{31} e_1 + s_{23} e_2 + s_{33} e_3 = s_{33} e_3. \tag{1.18.7}$$

因 $I_1 = \mu + \lambda + s_{33} = \mu + 2\lambda$,故 $s_{33} = \lambda$. 这就证明了 e_3 也是 S 的特征矢量. 于是 e_1, e_2, e_3 就是 S 的三个互相垂直的主轴方向.

事实上与 e_1 垂直的平面 S_1 上任一方向都是 S 的主轴方向. 这是因为对 e_2, e_3 的任一线性组合 $\alpha e_2 + \beta e_3$ 有

$$S \cdot (\alpha e_2 + \beta e_3) = \alpha S \cdot e_2 + \beta S \cdot e_3 = \alpha \lambda e_2 + \beta \lambda e_3 = \lambda (\alpha e_2 + \beta e_3).$$

由此可见,平面 S_1 中任意两个互相垂直的方向都可取作为主轴方向 e_2 和 e_3. 在主轴坐标系中,S 具有下列形式

$$S = \begin{pmatrix} \mu & 0 & 0 \\ 0 & \lambda & 0 \\ 0 & 0 & \lambda \end{pmatrix}. \tag{1.18.8}$$

(iii) 三个主值都相同,此时 $\lambda_1 = \lambda_2 = \lambda_3 = \lambda$.

设 e_1 为对应于主值 λ 的单位特征矢量. 在与 e_1 垂直的平面内任取两垂直的矢量 e_2 和 e_3,使 e_1, e_2, e_3 形成右手直角坐标系,现证 e_2, e_3 也是 S 的主方向. 设 S 在此坐标系内的分量为 s_{ij}. 由于 e_1 是特征矢量,于是

$$S \cdot e_1 = s_{11} e_1 + s_{12} e_2 + s_{31} e_3 = \lambda e_1,$$

由此推出

$$s_{12} = s_{31} = 0, \quad s_{11} = \lambda. \tag{1.18.9}$$

根据 (1.16.5) 式,三个不变量给出下列三个关系式:

$$I_1 = 3\lambda = \lambda + s_{22} + s_{33},$$
$$I_2 = 3\lambda^2 = 2\lambda^2 + (s_{22} s_{33} - s_{23}^2),$$
$$I_3 = \lambda^3 = \lambda (s_{22} s_{33} - s_{23}^2),$$

由此得

$$s_{23} = 0, \quad s_{22} = s_{33} = \lambda. \tag{1.18.10}$$

考虑到(1.18.9)及(1.18.10)式,有

$$\boldsymbol{S} \cdot \boldsymbol{e}_2 = s_{12}\boldsymbol{e}_1 + s_{22}\boldsymbol{e}_2 + s_{23}\boldsymbol{e}_3 = \lambda \boldsymbol{e}_2,$$

$$\boldsymbol{S} \cdot \boldsymbol{e}_3 = s_{31}\boldsymbol{e}_1 + s_{23}\boldsymbol{e}_2 + s_{33}\boldsymbol{e}_3 = \lambda \boldsymbol{e}_3,$$

可见 $\boldsymbol{e}_2, \boldsymbol{e}_3$ 确是 $\boldsymbol{S}$ 的特征矢量. 于是 $\boldsymbol{e}_1, \boldsymbol{e}_2, \boldsymbol{e}_3$ 形成 $\boldsymbol{S}$ 的三个互相垂直的主轴方向.

事实上任一矢量 $\boldsymbol{a} = a_i \boldsymbol{e}_i$ 都是主方向,因为

$$\boldsymbol{S} \cdot \boldsymbol{a} = \boldsymbol{S} \cdot (a_i \boldsymbol{e}_i) = a_i \lambda \boldsymbol{e}_i = \lambda \boldsymbol{a},$$

所以可取任意三个互相垂直的方向为主轴方向. 在主轴坐标系中

$$\boldsymbol{S} = \lambda \delta_{ij} = \begin{pmatrix} \lambda & 0 & 0 \\ 0 & \lambda & 0 \\ 0 & 0 & \lambda \end{pmatrix}. \tag{1.18.11}$$

(3) 二阶对称张量在主轴坐标系中具有最简单的标准形式

$$\boldsymbol{S} = \begin{pmatrix} \lambda_1 & 0 & 0 \\ 0 & \lambda_2 & 0 \\ 0 & 0 & \lambda_3 \end{pmatrix}, \tag{1.18.12}$$

可见二阶对称张量可以由三个主值 $\lambda_1, \lambda_2, \lambda_3$ 表征. 根据所有不变量可通过三个主值表出的性质可知, $\boldsymbol{S}$ 的独立不变量 $\leqslant 3$. 当 $\lambda_1, \lambda_2, \lambda_3$ 中有三个不同、两个不同与一个不同时,独立不变量分别有三个、两个与一个.

(4) 二阶对称张量和二次有心曲面一一对应,因此二次有心曲面可作为二阶对称张量的几何表示.

我们知道,矢量和几何上的有向线段一一对应,因此有向线段可作为矢量的几何表示. 同样地,我们可以在二阶对称张量和二次有心曲面

$$F = s_{11}x_1^2 + s_{22}x_2^2 + s_{33}x_3^2 + 2s_{12}x_1x_2 + 2s_{23}x_2x_3 + 2s_{31}x_3x_1 = 常数 \tag{1.18.13}$$

之间建立一一对应关系. 设给定一个二阶对称张量 $\boldsymbol{S} = s_{ij}$,作

$$\boldsymbol{r} \cdot (\boldsymbol{S} \cdot \boldsymbol{r}) = 1,$$

展开后得(1.18.13)式,或简写为

$$s_{ij}x_i x_j = 常数, \tag{1.18.14}$$

其中 $s_{ij} = s_{ji}$. 这就是说,有一个由(1.18.13)式确定的二次曲面与 $\boldsymbol{S}$ 对应. 反之,若给定一个二次曲面(1.18.14),则因 x_i, x_j 是矢量,右边常数是标量,根据张量识别定理知,二次曲面方程中的系数 s_{ij} 组成二阶张量. 考虑到条件 $s_{ij} = s_{ji}$ 后, s_{ij} 还是一个二阶对称张量. 这就是说给定二次曲面(1.18.13),存在一二阶对称张量 s_{ij} 与之对应.

这样一来,我们证明了对称张量和二次有心曲面之间存在着一一对应关系. 因此可以用二次有心曲面作为二阶对称张量的几何表示.

在连续介质力学中出现的二阶对称张量,其三个主值 $\lambda_1,\lambda_2,\lambda_3$ 多为同号,同号时称 S 为恒定的(都是正号称正定,都是负号称负定). 恒定的二阶对称张量 S,其对应的二次有心曲面(1.18.13)为椭球面

$$F = s_{ij}x_i x_j = \pm 1, \tag{1.18.15}$$

式中正定取 $+1$,负定取 -1. 因此椭球面是恒定二阶对称张量的几何表示.

设椭球面中心为 O 点;P 为椭球面上任一点,其径矢为 r,则下式成立:

$$S \cdot r = \frac{1}{2}\operatorname{grad} F. \tag{1.18.16}$$

证 根据(1.18.13)式有

$$\frac{1}{2}\frac{\partial F}{\partial x_1} = s_{11}x_1 + s_{12}x_2 + s_{13}x_3,$$

$$\frac{1}{2}\frac{\partial F}{\partial x_2} = s_{21}x_1 + s_{22}x_2 + s_{23}x_3,$$

$$\frac{1}{2}\frac{\partial F}{\partial x_3} = s_{31}x_1 + s_{32}x_2 + s_{33}x_3,$$

此即(1.18.16)式.

(1.18.16)式说明 $S \cdot r$ 的方向恰与张量椭球面在 P 点的法线方向一致. 考虑到 $r \cdot (S \cdot r) = \pm 1$,有

$$|S \cdot r| = \frac{1}{ON},$$

ON 为 r 在 n 方向投影(见图 1.18.1). 利用这个性质,我们看到张量主轴方向 $S \cdot r = \lambda r$ 恰好是椭球面法线方向和径矢方向重合时 OP 的方向,也就是椭球面的主轴方向.

在主轴坐标系中,张量椭球面的方程(1.18.15)化为标准型

$$\lambda_1 x_1'^2 + \lambda_2 x_2'^2 + \lambda_3 x_3'^2 = \pm 1, \tag{1.18.17}$$

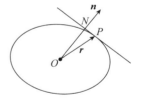

图 1.18.1

由此式亦可看到张量的主轴方向正好是椭球面的主轴方向. 而 $\dfrac{1}{\sqrt{|\lambda_i|}}$ 正是椭球面的对应半主轴的长度. 当 $\lambda_1 \neq \lambda_2 \neq \lambda_3$ 时得半主轴长度不等的一般椭球,此时只有三个相互垂直的主轴. 当 $\lambda_1 = \lambda_2 \neq \lambda_3$ 时得两个半主轴长度不等的旋转椭球,且在与对称轴垂直的平面上,所有径矢方向皆为主轴方向(那里的所有点上椭球面法线方向与径矢方向恒重合). 当 $\lambda_1 = \lambda_2 = \lambda_3$ 时则得球面,此时任意径矢皆为主轴.

1.19 张量的微分运算

a) 张量的梯度

n 阶张量 $\boldsymbol{P} = p_{i_1 i \cdots i_n}$ 的梯度 $\nabla \boldsymbol{P}$ 定义为

$$\nabla \boldsymbol{P} = \operatorname{grad} \boldsymbol{P} = \frac{\partial}{\partial x_k} p_{i_1 i_2 \cdots i_n}, \qquad (1.19.1)$$

简记为 $p_{i_1 i_2 \cdots i_k, k}$.

现证 $\nabla \boldsymbol{P}$ 为 $n+1$ 阶张量. 由微分法则

$$\mathrm{d} p_{i_1 i_2 \cdots i_n} = \left(\frac{\partial}{\partial x_k} p_{i_1 i_2 \cdots i_n} \right) \mathrm{d} x_k = p_{i_1 i_2 \cdots i_n, k} \mathrm{d} x_k$$

因 $\mathrm{d} p_{i_1 i_2 \cdots i_n}$ 是 n 阶张量, $\mathrm{d} x_k$ 是一阶张量, 由张量识别定理推出 $\nabla \boldsymbol{P} = p_{i_1 i_2 \cdots i_n, k}$ 是 $n+1$ 阶张量.

b) 张量的散度

设 $\boldsymbol{P}$ 为 n 阶张量, $\boldsymbol{P}$ 的散度 $\nabla \cdot \boldsymbol{P}$ 定义为

$$\nabla \cdot \boldsymbol{P} = \operatorname{div} \boldsymbol{P} = \frac{\partial}{\partial x_k} p_{k i_2 \cdots i_n},$$

它是由 $\nabla \boldsymbol{P}$ 收缩一次所得的 $n-1$ 阶张量. 例如

$$\operatorname{div} \boldsymbol{a} = \nabla \cdot \boldsymbol{a} = \frac{\partial a_i}{\partial x_i}$$

是由梯度 $\nabla \boldsymbol{a} = \dfrac{\partial a_i}{\partial x_j}$ (二阶张量) 收缩而得的标量.

c) 奥-高定理

场论中的奥-高定理可推广到张量情形. 设 $\boldsymbol{P}$ 是 n 阶张量, 则张量情形下的奥-高定理可写为

$$\int_S \boldsymbol{n} \cdot \boldsymbol{P} \mathrm{d} S = \int_V \operatorname{div} \boldsymbol{P} \mathrm{d} V. \qquad (1.19.2)$$

证 设 $p_{i_1 \cdots i_n}$ 为张量 $\boldsymbol{P}$ 中任一分量, 则有

$$\int_S n_i p_{i_1 i_2 \cdots i_n} \mathrm{d} S = \int_V \frac{\partial}{\partial x_i} p_{i_1 i_2 \cdots i_n} \mathrm{d} V. \qquad (1.19.3)$$

在 (1.19.3) 式中取 $i = i_1 = 1$ 或 2 或 3 时, (1.19.3) 式都成立, 故有

$$\int_S n_k p_{k, i_2 \cdots i_n} \mathrm{d} S = \int_V \frac{\partial}{\partial x_k} p_{k, i_2 \cdots i_n} \mathrm{d} V,$$

此即 (1.19.2) 式.

例 1 证明 $\nabla \cdot (\varphi \delta_{ij}) = \nabla \varphi$.

证 $\nabla \cdot (\varphi \delta_{ij}) = \dfrac{\partial (\varphi \delta_{ij})}{\partial x_i} = \delta_{ij} \dfrac{\partial \varphi}{\partial x_i} = \dfrac{\partial \varphi}{\partial x_j} = \nabla \varphi.$

例 2 证明 $\nabla \cdot (\varphi p_{ij}) = \varphi \nabla \cdot p_{ij} + (\nabla \varphi) \cdot \boldsymbol{P}$.

证 $\quad \nabla \cdot (\varphi p_{ij}) = \dfrac{\partial (\varphi p_{ij})}{\partial x_i} = \varphi \dfrac{\partial p_{ij}}{\partial x_i} + \dfrac{\partial \varphi}{\partial x_i} p_{ij}$

$$= \varphi \nabla \cdot p_{ij} + (\nabla \varphi) \cdot \boldsymbol{P}.$$

例 3 证明 $\operatorname{div}(\boldsymbol{a}\boldsymbol{a}) = (\nabla \cdot \boldsymbol{a})\boldsymbol{a} + (\boldsymbol{a} \cdot \nabla)\boldsymbol{a}$.

证 $\quad \operatorname{div}(\boldsymbol{a}\boldsymbol{a}) = \dfrac{\partial a_i a_j}{\partial x_i} = a_i \dfrac{\partial a_j}{\partial x_i} + a_j \dfrac{\partial a_i}{\partial x_i} = (\nabla \cdot \boldsymbol{a})\boldsymbol{a} + (\boldsymbol{a} \cdot \nabla)\boldsymbol{a}$.

例 4 证明 $\nabla \cdot (\boldsymbol{a} \cdot \nabla \boldsymbol{a}) = \nabla \boldsymbol{a} : \nabla \boldsymbol{a} + \boldsymbol{a} \cdot \nabla(\nabla \cdot \boldsymbol{a})$.

证 $\quad \nabla \cdot (\boldsymbol{a} \cdot \nabla \boldsymbol{a}) = \dfrac{\partial}{\partial x_j} \left(a_i \dfrac{\partial a_j}{\partial x_i} \right) = a_i \dfrac{\partial^2 a_j}{\partial x_j \partial x_i} + \dfrac{\partial a_i}{\partial x_j} \dfrac{\partial a_j}{\partial x_i}$

$$= \nabla \boldsymbol{a} : \nabla \boldsymbol{a} + \boldsymbol{a} \cdot \nabla(\nabla \cdot \boldsymbol{a}).$$

*1.20 各向同性张量

a) 各向同性张量的定义

绝大多数张量的分量经过旋转坐标变换后将改变其值. 例如若矢量 $\boldsymbol{a}$ 在 $Ox_1 x_2 x_3$ 坐标系中的分量为 $(a_1, 0, 0)$，则经过旋转变换变到新坐标系 $x'_1 = -x_1, x'_2 = -x_2, x'_3 = x_3$ 后其分量变为 $(-a_1, 0, 0)$，显然只要 $\boldsymbol{a}$ 不是零矢量，则恒有 $a_1 \neq -a_1$，即新旧坐标系中的分量值不等，这类张量称为**各向异性张量**. 但也有个别一类张量，其每一分量经过旋转坐标变换后不改变其值，这类张量称为**各向同性张量**. 例如标量，克罗内克尔 δ_{ij}，置换张量 ε_{ijk} 都是这类张量. 各向同性的名词来源于物理. 物理中的某些物理常数常常用张量表征. 例如张量 c_{ijkl} 中第一个分量 c_{1111} 可以表示 x_1 轴方向的拉伸弹性系数. 当坐标系变换到任意直角坐标系 $Ox'_1 x'_2 x'_3$ 时，如果 $c'_{1111} = c_{1111}$ 即任意 x'_1 轴方向上的拉伸弹性系数维持 x_1 轴方向上的值不变，那么这样的弹性体对拉伸来说就是各向同性的了. 各向同性张量的名词就是借用上述物理概念.

现在，我们给出各向同性张量的一个严格的定义：若 n 阶张量 $H_{i_1 i_2 \cdots i_n}$ 的每一分量都是旋转坐标变换下的不变量，即

$$H'_{i_1 i_2 \cdots i_n} = H_{i_1 i_2 \cdots i_n}, \tag{1.20.1}$$

则称它为 n 阶各向同性张量.

b) 置换定理

为了明确起见，以二阶各向同性张量的 H_{12} 分量为例进行论证. 设 $Ox_1 x_2 x_3$ 为原坐标系，旋转变换后的新坐标系 $Ox'_1 x'_2 x'_3$ 要和原坐标系完全重合，只有两种可能，即

(1) $x'_1 = x_2$，$x'_2 = x_3$，$x'_3 = x_1$（图 1.20.1）；

(2) $x'_1 = x_3$，$x'_2 = x_1$，$x'_3 = x_2$.

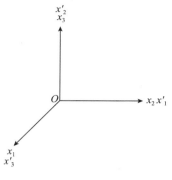

图 1.20.1

因为张量是各向同性的,于是根据(1.20.1)式有 $H'_{12}=H_{12}$,但新坐标系中的 H'_{12} 就是原坐标系的 H_{23}(情形(1)),或 H_{31}(情形(2)),由此推出

$$H_{12}=H_{23}=H_{31}. \qquad (1.20.2)$$

同样的推理得

$$H_{21}=H_{32}=H_{13}, \qquad (1.20.3)$$

$$H_{11}=H_{22}=H_{33}. \qquad (1.20.4)$$

完全类似地,对于三阶各向同性张量 H_{ijk} 我们有

$$H_{111}=H_{222}=H_{333}, \qquad (1.20.5)$$

$$H_{112}=H_{223}=H_{331}, \quad H_{113}=H_{221}=H_{332},$$

$$(1.20.6)$$

$$H_{213}=H_{321}=H_{132}, \qquad (1.20.7)$$

$$H_{123}=H_{231}=H_{312}. \qquad (1.20.8)$$

以上叙述的就是置换定理的主要内容.

置换定理可一般地叙述为:$H_{i_1 i_2 \cdots i_n}$ 是 n 阶张量的任一分量,将此分量的每一个下标值作相同的循环置换

$$1 \to 2, \ 2 \to 3, \ 3 \to 1, \quad \text{或} \quad 1 \to 3, \ 2 \to 1, \ 3 \to 2,$$

则得 **H** 的另一个分量. 如果 **H** 是各向同性张量,则此两个分量相等.

c) 零到四阶张量各向同性性质的讨论

1°. 零阶张量(标量)都是各向同性的.

2°. 一阶张量(矢量)除零矢量外,都是各向异性的.

3°. 二阶各向同性张量的形式必为 $\lambda \delta_{ij}$,其中 λ 为一标量,即

$$H_{ij}=\lambda \delta_{ij}.$$

证 即欲证

$$H_{ij}=\begin{cases} 0, & \text{当 } i \neq j \text{ 时,} & (1.20.9) \\ \lambda, & \text{当 } i=j \text{ 时.} & (1.20.10) \end{cases}$$

先证(1.20.9)式. 根据(1.20.2)及(1.20.3)式,独立的 $i \neq j$ 的分量只有 H_{23} 及 H_{32} 两项. 将原坐标系 x_3 轴旋转 $180°$ 得新坐标系. 于是

$$x'_1=-x_1, \quad x'_2=-x_2, \quad x'_3=x_3,$$

对应的

$$\beta_{ij}=\begin{pmatrix} -1 & 0 & 0 \\ 0 & -1 & 0 \\ 0 & 0 & 1 \end{pmatrix}. \qquad (1.20.11)$$

因 **H** 是各向同性的,于是

$$H_{23} = H'_{23} = \beta_{2m}\beta_{3n}H_{mn} = \beta_{22}\beta_{33}H_{23} = -H_{23},$$
$$H_{32} = H'_{32} = \beta_{3m}\beta_{2n}H_{mn} = \beta_{33}\beta_{22}H_{32} = -H_{32},$$

由此得

$$H_{23} = 0, \quad H_{32} = 0.$$

再考虑到(1.20.2)及(1.20.3)式,(1.20.9)式得证. 又由(1.20.4)式

$$H_{11} = H_{22} = H_{33} = \lambda,$$

故(1.20.10)式得证.

最后,因 H_{11} 是坐标转换下的不变量,故 λ 是标量.

4°. 三阶各向同性张量的形式必为 $\lambda\varepsilon_{ijk}$,其中 λ 为标量,即

$$H_{ijk} = \lambda\varepsilon_{ijk},$$

即欲证

$$H_{ijk} = \begin{cases} 0, & \text{当 } i = j = k \text{ 时}, & (1.20.12) \\ 0, & \text{当 } i,j,k \text{ 中有两个相同时}, & (1.20.13) \\ \lambda, & \text{当 } i \neq j \neq k, \text{但为偶排列时}, & (1.20.14) \\ -\lambda, & \text{当 } i \neq j \neq k, \text{但为奇排列时}. & (1.20.15) \end{cases}$$

(i) 将原坐标系统绕 x_3 轴旋转 180° 得新坐标系,β_{ij} 取(1.20.11)式,于是

$$H_{111} = H'_{111} = \beta_{1l}\beta_{1m}\beta_{1n}H_{lmn} = -H_{111}.$$

由此推出 $H_{111} = 0$,由(1.20.5)式,(1.20.12)式得证.

当 i,j,k 中有两个是 3,一个不是 3 时有

$$H_{ijk} = H'_{ijk} = \beta_{il}\beta_{jm}\beta_{kn}H_{lmn} = -H_{ijk}.$$

由此推出 $H_{ijk} = 0$. 再根据置换定理得(1.20.13)式.

(ii) 将原坐标系统绕 x_3 轴旋转 90° 得新坐标系,此时

$$x'_1 = x_2, \quad x'_2 = -x_1, \quad x'_3 = x_3,$$

于是

$$\beta_{ij} = \begin{pmatrix} 0 & 1 & 0 \\ -1 & 0 & 0 \\ 0 & 0 & 1 \end{pmatrix}. \quad (1.20.16)$$

易见

$$H_{123} = H'_{123} = \beta_{1l}\beta_{2m}\beta_{3n}H_{lmn} = -H_{213}.$$

根据(1.20.7)及(1.20.8)式,再考虑到上式有

$$H_{123} = H_{231} = H_{312} = \lambda, \quad H_{213} = H_{321} = H_{132} = -\lambda,$$

(1.20.14)和(1.20.15)式得证.

最后因 H_{123} 是坐标转换下的不变量,故 λ 是一标量.

5°. 四阶各向同性张量的形式必为

$$H_{ijkl} = \nu\delta_{ij}\delta_{kl} + \alpha\delta_{ik}\delta_{jl} + \beta\delta_{il}\delta_{jk}, \quad (1.20.17)$$

其中 ν,α,β 为标量.

证　即欲证

$$H_{ijkl}=\begin{cases}\nu+\alpha+\beta,& \text{当 }i=j=k=l\text{ 时,} & (1.20.18)\\ \nu,& \text{当 }i=j\neq k=l\text{ 时,} & (1.20.19)\\ \alpha,& \text{当 }i=k\neq j=l\text{ 时,} & (1.20.20)\\ \beta,& \text{当 }i=l\neq j=k\text{ 时,} & (1.20.21)\\ 0,& \text{其他情形.} & (1.20.22)\end{cases}$$

因 H_{ijkl} 是各向同性张量,故有

$$H_{ijkl}=H'_{ijkl}=\beta_{im}\beta_{jn}\beta_{kp}\beta_{lq}H_{mnpq}. \tag{1.20.23}$$

（i）原坐标系 x_3 轴转 $180°$,此时 β_{ij} 取（1.20.11）式,于是,当 i,j,k,l 中有单数个 3 时,根据（1.20.23）式有

$$H_{ijkl}=H'_{ijkl}=-H_{ijkl},$$

即 $H_{ijkl}=0$. 再根据置换定理可知,只要 1 或 2 或 3 在 i,j,k,l 中出现单数次,就有

$$H_{ijkl}=0,$$

（1.20.22）式得证.

（ii）原坐标系 x_3 轴转 $90°$,此时 β_{ij} 取（1.20.16）式,于是根据（1.20.23）式有

$$H_{1122}=H'_{1122}=\beta_{12}^2\beta_{21}^2 H_{2211}=H_{2211}.$$

同理有

$$H_{1212}=H_{2121},\quad H_{1221}=H_{2112},$$

再根据置换定理可知（1.20.19）,（1.20.20）与（1.20.21）式成立.

（iii）根据置换定理有

$$H_{1111}=H_{2222}=H_{3333}. \tag{1.20.24}$$

原坐标系绕 x_3 轴转 $45°$（图 1.20.2）,此时

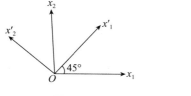

$$\beta_{ij}=\begin{pmatrix}\dfrac{1}{\sqrt{2}} & \dfrac{1}{\sqrt{2}} & 0\\[2mm] -\dfrac{1}{\sqrt{2}} & \dfrac{1}{\sqrt{2}} & 0\\[2mm] 0 & 0 & 1\end{pmatrix}. \tag{1.20.25}$$

图 1.20.2　　根据（1.20.23）式有

$$H_{1111}=H'_{1111}=\beta_{1m}\beta_{1n}\beta_{1p}\beta_{1q}H_{mnpq}.$$

考虑到（1.20.22）及（1.20.25）式,m,n,p,q 只需取 1 或 2,而且只需取偶数个 1 和偶数个 2,其他情形皆为零,于是

$$H_{1111}=\frac{1}{4}(H_{1111}+H_{2222}+H_{1122}+H_{2211}+H_{1212}+H_{2121}+H_{1221}+H_{2112}).$$

根据(1.20.19),(1.20.20),(1.20.21)及(1.20.24)式有

$$H_{1111}=H_{2222}=H_{3333}=\nu+\alpha+\beta,$$

(1.20.18)式得证.

最后,由于各向同性张量的各分量都是旋转坐标变换下的不变量,故根据(1.20.19),(1.20.20)及(1.20.21)式推出ν,α,β都是标量.下面我们推导H_{ijkl}当i,j两指标对称时(1.20.17)式的特殊形式.为此首先将(1.20.17)式改写成另一形式,令

$$\alpha=\mu+\lambda,\quad\beta=\mu-\lambda,$$

代入(1.20.17)式得

$$H_{ijkl}=\nu\delta_{ij}\delta_{kl}+\mu(\delta_{ik}\delta_{jl}+\delta_{il}\delta_{jk})+\lambda(\delta_{ik}\delta_{jl}-\delta_{il}\delta_{jk}).\quad(1.20.26)$$

因为H_{ijkl}对i,j对称,故有

$$H_{ijkl}=H_{jikl}=\frac{1}{2}(H_{ijkl}+H_{jikl}).\quad(1.20.27)$$

将(1.20.26)式中的下标i,j对换有

$$H_{jikl}=\nu\delta_{ji}\delta_{kl}+\mu(\delta_{jk}\delta_{il}+\delta_{jl}\delta_{ik})+\lambda(\delta_{jk}\delta_{il}-\delta_{jl}\delta_{ik}).\quad(1.20.28)$$

将(1.20.26)和(1.20.28)式相加,并考虑到(1.20.27)式及$\delta_{ij}=\delta_{ji}$,得

$$H_{ijkl}=\nu\delta_{ij}\delta_{kl}+\mu(\delta_{ik}\delta_{jl}+\delta_{il}\delta_{jk}).\quad(1.20.29)$$

可见(1.20.29)式比(1.20.26)式又简化了,这里只出现两个标量常数ν及μ.由(1.20.29)式易见H_{ijkl}对后两个指标k,l也是对称的.

习　　题　　二

1. 在任意直角坐标系$Ox_1x_2x_3$中有三个量b_i,若对任一矢量a_i作a_ib_i,且在坐标变换时满足下列条件

$$a'_ib'_i=a_ib_i.$$

试证:b_i是一矢量.

2. 若a_ib_j是一张量,a_i是矢量,求证b_j必为矢量.

3. 求证:$(1)\boldsymbol{ab}=(\boldsymbol{ba})_c$;$(2)\boldsymbol{a}\cdot\boldsymbol{P}=\boldsymbol{P}_c\cdot\boldsymbol{a}$.

4. 若$\boldsymbol{P}$为对称张量,证:

$(1)\boldsymbol{P}=\boldsymbol{P}_c$;

$(2)\boldsymbol{b}\cdot(\boldsymbol{P}\cdot\boldsymbol{a})=\boldsymbol{a}\cdot(\boldsymbol{P}\cdot\boldsymbol{b})$,其中$\boldsymbol{a},\boldsymbol{b}$为两矢量.

5. 若$\boldsymbol{P}$为反对称张量,证:

$(1)\boldsymbol{P}=-\boldsymbol{P}_c$;

$(2)\boldsymbol{b}\cdot(\boldsymbol{P}\cdot\boldsymbol{a})+\boldsymbol{a}\cdot(\boldsymbol{P}\cdot\boldsymbol{b})=0$,其中$\boldsymbol{a},\boldsymbol{b}$为两矢量.

6. 若$\boldsymbol{P}=\boldsymbol{e}_i\boldsymbol{p}_i$,求证$\boldsymbol{P}_c=\boldsymbol{p}_i\boldsymbol{e}_i$,并利用$\boldsymbol{P}$及$\boldsymbol{P}_c$的并矢形式证明

$$\boldsymbol{a}\cdot\boldsymbol{P}=\boldsymbol{P}_c\cdot\boldsymbol{a}=a_i\boldsymbol{p}_i.$$

7. 定义张量 P 和矢量 a 的右向矢乘和左向矢乘分别为
$$P \times a = e_i(p_i \times a), \quad a \times P = (a \times e_i)p_i.$$
求证：(1) $bc \times a = b(c \times a)$；(2) $(\boldsymbol{\omega} \times I) \cdot a = \boldsymbol{\omega} \times a$；(3) $(a \times P)_c = -(P_c \times a)$.

8. 证明：(1) PP_c 是对称张量；(2) $(PQ) \cdot a = P(Q \cdot a)$.

9. 利用张量 P, Q 的并矢形式 $P = e_i p_i$ 及 $Q = q_i e_i$，证明：
$$P \cdot Q = p_{ik} q_{kj}.$$

10. 将张量 p_{ij} 分解成对称部分与反对称部分之和. 证明：与反对称部分相当的矢量 $\boldsymbol{\omega}$ 具有下列表达式
$$\boldsymbol{\omega} = -\frac{1}{2}(e_i \times p_i).$$

11. 将并矢张量 ab 分解为对称部分与反对称部分之和. 证明：与反对称部分相当的矢量 $\boldsymbol{\omega}$ 是
$$\boldsymbol{\omega} = \frac{1}{2} b \times a.$$

12. 将张量
$$\frac{\partial a_i}{\partial x_j} = \begin{pmatrix} \dfrac{\partial a_1}{\partial x_1} & \dfrac{\partial a_1}{\partial x_2} & \dfrac{\partial a_1}{\partial x_3} \\ \dfrac{\partial a_2}{\partial x_1} & \dfrac{\partial a_2}{\partial x_2} & \dfrac{\partial a_2}{\partial x_3} \\ \dfrac{\partial a_3}{\partial x_1} & \dfrac{\partial a_3}{\partial x_2} & \dfrac{\partial a_3}{\partial x_3} \end{pmatrix}$$
分解为对称部分与反对称部分之和. 证明：反对称部分相当于矢量
$$\boldsymbol{\omega} = \frac{1}{2}\operatorname{rot} a.$$
若
$$\mathrm{d}a_i = \frac{\partial a_i}{\partial x_j}\mathrm{d}x_j,$$
试证：
$$\mathrm{d}a = S \cdot \mathrm{d}r + \frac{1}{2}\operatorname{rot} a \times \mathrm{d}r,$$
其中 S 是 $\dfrac{\partial a_i}{\partial x_j}$ 的对称部分.

13. 有一张量 P，将其分解为对称的与反对称的两部分之和，并以 $\boldsymbol{\omega}$ 表示相当于反对称部分的矢量. 试证：
$$u \cdot (P \cdot v) - v \cdot (P \cdot u) = -2\boldsymbol{\omega} \cdot (u \times v),$$
其中 u 及 v 为任意矢量.

14. 张量 $\boldsymbol{P}$ 为反对称张量的充分必要条件是:等式
$$\boldsymbol{a} \cdot (\boldsymbol{P} \cdot \boldsymbol{a}) = 0$$
对于任意矢量 $\boldsymbol{a}$ 均成立.

15. 计算并矢张量 $\boldsymbol{ab}$ 的不变量.

16. 计算相当于矢量 $\boldsymbol{\omega}$ 的反对称张量的不变量.

17. 若 $\boldsymbol{P} = \boldsymbol{e}_i \boldsymbol{p}_i$,证:
$$I_1 = \boldsymbol{e}_1 \cdot \boldsymbol{p}_1 + \boldsymbol{e}_2 \cdot \boldsymbol{p}_2 + \boldsymbol{e}_3 \cdot \boldsymbol{p}_3,$$
$$I_2 = \boldsymbol{e}_1 \cdot (\boldsymbol{p}_2 \times \boldsymbol{p}_3) + \boldsymbol{e}_2 \cdot (\boldsymbol{p}_3 \times \boldsymbol{p}_1) + \boldsymbol{e}_3 \cdot (\boldsymbol{p}_1 \times \boldsymbol{p}_2),$$
$$I_3 = \boldsymbol{p}_1 \cdot (\boldsymbol{p}_2 \times \boldsymbol{p}_3).$$

18. 若 $\boldsymbol{a}, \boldsymbol{b}, \boldsymbol{c}$ 为三个不共平面的矢量,且
$$\boldsymbol{P} \cdot \boldsymbol{a} = \boldsymbol{a}', \quad \boldsymbol{P} \cdot \boldsymbol{b} = \boldsymbol{b}', \quad \boldsymbol{P} \cdot \boldsymbol{c} = \boldsymbol{c}',$$
证:
$$I_1 = \frac{\boldsymbol{a}' \cdot (\boldsymbol{b} \times \boldsymbol{c}) + \boldsymbol{b}' \cdot (\boldsymbol{c} \times \boldsymbol{a}) + \boldsymbol{c}' \cdot (\boldsymbol{a} \times \boldsymbol{b})}{\boldsymbol{a} \cdot (\boldsymbol{b} \times \boldsymbol{c})},$$
$$I_2 = \frac{\boldsymbol{a} \cdot (\boldsymbol{b}' \times \boldsymbol{c}') + \boldsymbol{b} \cdot (\boldsymbol{c}' \times \boldsymbol{a}') + \boldsymbol{c} \cdot (\boldsymbol{a}' \times \boldsymbol{b}')}{\boldsymbol{a} \cdot (\boldsymbol{b} \times \boldsymbol{c})},$$
$$I_3 = \frac{\boldsymbol{a}' \cdot (\boldsymbol{b}' \times \boldsymbol{c}')}{\boldsymbol{a} \cdot (\boldsymbol{b} \times \boldsymbol{c})}.$$

19. 设 $\boldsymbol{P}$ 为对称张量,且 $\boldsymbol{p}_n = \boldsymbol{n} \cdot \boldsymbol{P}$. 证:

(1) $\displaystyle\int_S \boldsymbol{p}_n \cdot \boldsymbol{v} \mathrm{d}S = \int_V \mathrm{div}(\boldsymbol{P} \cdot \boldsymbol{v}) \mathrm{d}V$;

(2) $\mathrm{div}(\boldsymbol{P} \cdot \boldsymbol{v}) = \boldsymbol{v} \cdot \mathrm{div}\boldsymbol{P} + \boldsymbol{P} : \boldsymbol{S}$,

其中 $\boldsymbol{S}$ 是题 13 中 $\dfrac{\partial a_i}{\partial x_j}$ 的对称张量部分,现在 $\boldsymbol{a}$ 应以 $\boldsymbol{v}$ 替代之.

20. 设 $\boldsymbol{P}$ 为对称张量,试证 $\mathrm{div}\boldsymbol{P}$ 在曲线坐标系中的表达式为
$$(\mathrm{div}\boldsymbol{P})_1 = \frac{1}{H_1 H_2 H_3}\left[\frac{\partial}{\partial q_1}(H_2 H_3 p_{11}) + \frac{\partial}{\partial q_2}(H_3 H_1 p_{12}) + \frac{\partial}{\partial q_3}(H_1 H_2 p_{31})\right]$$
$$+ \frac{p_{12}}{H_1 H_2}\frac{\partial H_1}{\partial q_2} + \frac{p_{13}}{H_1 H_3}\frac{\partial H_1}{\partial q_3} - \frac{p_{22}}{H_1 H_2}\frac{\partial H_2}{\partial q_1} - \frac{p_{33}}{H_3 H_1}\frac{\partial H_3}{\partial q_1},$$
$$(\mathrm{div}\boldsymbol{P})_2 = \frac{1}{H_1 H_2 H_3}\left[\frac{\partial}{\partial q_1}(H_2 H_3 p_{12}) + \frac{\partial}{\partial q_2}(H_3 H_1 p_{22}) + \frac{\partial}{\partial q_3}(H_1 H_2 p_{32})\right]$$
$$+ \frac{p_{12}}{H_1 H_2}\frac{\partial H_2}{\partial q_1} + \frac{p_{23}}{H_2 H_3}\frac{\partial H_2}{\partial q_3} - \frac{p_{33}}{H_2 H_3}\frac{\partial H_3}{\partial q_2} - \frac{p_{11}}{H_1 H_2}\frac{\partial H_1}{\partial q_2},$$
$$(\mathrm{div}\boldsymbol{P})_3 = \frac{1}{H_1 H_2 H_3}\left[\frac{\partial}{\partial q_1}(H_2 H_3 p_{31}) + \frac{\partial}{\partial q_2}(H_3 H_1 p_{23}) + \frac{\partial}{\partial q_3}(H_1 H_2 p_{33})\right]$$
$$+ \frac{p_{31}}{H_1 H_3}\frac{\partial H_3}{\partial q_1} + \frac{p_{23}}{H_2 H_3}\frac{\partial H_3}{\partial q_2} - \frac{p_{11}}{H_3 H_1}\frac{\partial H_1}{\partial q_3} - \frac{p_{22}}{H_3 H_2}\frac{\partial H_2}{\partial q_3}.$$

第二章　流体力学的基本概念

2.1　流体力学的研究对象、研究方法及其应用

　　力学是研究机械运动以及它与其他运动形态相互作用的科学. 为了有效地解决实际问题,在力学中广泛地采用了抽象的理论模型,例如质点、质点组、刚体、连续介质等. 理论力学研究力学的普遍运动规律,一般性的原理以及质点、质点组和刚体这些理论模型的运动规律. 连续介质力学研究连续介质的运动规律. 它包括弹塑性力学和流体力学两个分支. 由此可见流体力学是力学的一个分支,它研究的是流体(包括液体及气体)这样的连续介质的宏观运动规律以及它与其他运动形态之间的相互作用.

　　流体力学的研究方法和物理学中其他领域一样,有理论、计算和实验三种. 三种方法取长补短、相互促进、彼此影响,从而促使流体力学得到飞速的发展.

　　理论研究方法一般说来包括下列几个主要步骤:(1) 通过实验和观察对流体的物理性质及运动的特性进行分析研究,根据不同问题分析哪些是主要因素,哪些是次要因素,然后抓住主要因素忽略次要因素对流体或运动进行简化和近似,设计出合理的理论模型. 在这一步骤中,一方面要善于根据不同问题分清主次,抓住决定该问题中流体运动的主导方面;另一方面也要使得简化后的理论模型便于理论处理. (2) 对于上述理论模型,根据物理上已经总结出来的普遍定律(例如牛顿定律、热力学定律等)以及有关流体性质的实验公式,建立描写流体运动规律的封闭方程组(积分形式或微分形式)以及与之相应的初始条件和边界条件. (3) 利用各种数学工具(在流体力学中主要是偏微分方程、常微分方程、复变函数、近似计算等)准确或近似地解出方程组. 对于某些较复杂的流动问题还常常需要进一步考虑流动的物理特性将方程组做进一步的简化. (4) 求出方程组的解答后,必须对它进行分析,揭示由解表示出来的物理量的变化规律,并且将它和实验或观察资料进行比较,确定解的准确度及适用范围.

　　理论研究方法的特点在于科学的抽象(近似),从而能够利用数学方法求出理论结果,清晰地、普遍地揭示出物质运动的内在规律. 列宁在《哲学笔记》中写道:"思维从具体的东西上升到抽象的东西,不是离开 —— 如果它是正确的 ——

真理,而是接近真理①.

由于数学发展水平的局限,理论研究方法往往只能局限于比较简单的理论模型,因此不能满足生产技术日益提高的要求 —— 研究更复杂更符合实际的流体运动. 20世纪40年代以来出现了快速电子计算机并发展了一系列有效的近似计算方法,如有限差分法、有限元法、有限基本解方法等等,使数值计算在流体力学研究方法中的作用和地位不断提高,并已成为与理论分析、实验方法并列的具有同等重要意义的研究方法. 目前,应用各种有效的数值计算方法和电子计算机已能迅速且准确地确定出飞机外形、喷气发动机喷嘴、汽轮机叶片的最优形式,并且在气象预报、油田开发的动态模拟、水利工程各种水流问题、环境污染预报、人工脏器的流体力学问题等各个工程领域内发挥着越来越大的作用.

数值方法的优点是能够解决理论研究无法解决的复杂流动问题. 和实验相比,所需的费用和时间都比较少,而且有较高的精度. 有些问题,例如星云演化过程、可控热核聚变中的高温等离子流动等在实验室里无法进行实验,但是采用数值计算方法却可以对它们进行研究. 当然数值方法也有其局限性,它要求对问题的物理特性有足够的了解,从而能够提炼出较精确的数学方程. 正是在这些方面,实验方法和理论分析起到数值方法所不能起的作用.

实验研究方法在流体力学中有着广泛的应用. 流体力学的实验研究主要是在风洞、激波管、水洞、水槽、水电比拟等实验设备中进行模型实验或实物实验. 它的主要特点,也就是它的优点在于它能在与所研究的问题完全相同或大体相同的条件下进行观测. 因此通过实验得出的结果一般说来是可靠的. 但是实验方法往往要受模型尺寸的限制,此外还有边界影响、相似准则不能全部满足等问题. 应该指出,有些问题,例如宇宙气体力学、碳酸岩油田的渗流等,目前还没有方法在实验室里进行实验研究.

理论、计算和实验这三种方法各有利弊,相互促进. 实验用来检验理论结果和计算结果的正确性与可靠性,并提供建立运动规律及理论模型的依据. 这样的作用不管理论和计算发展得多么完善都是不可替代的. 而理论则能指导实验和计算,使它进行得富于成效. 并且可以把部分实验结果推广到一整类没有做过实验的现象中去. 计算可以弥补理论和实验的不足,对一系列复杂流动进行既快又省的研究工作. 理论、计算和实验这样不断的相互作用是流体力学方法的威力所在,也是流体力学得到飞速发展的原因之一.

流体力学在生产部门中有着非常广泛的应用. 可以这样说,目前已很难找出一个技术部门,它与流体力学没有或多或少的联系. 航空工程和造船工业中的基本问题,如飞机及船的外形设计、操控性、稳定性等向流体力学提出了广泛

---

① 列宁:《列宁全集》第55卷,人民出版社,1990年12月第2版,第142页.

的研究课题,并促使流体力学得到了很大的发展.在水利工程中,如大型水利枢纽、水库、水力发电站的设计和建造,洪峰的预报工作,河流泥沙等问题都是与流体力学紧密地联系在一起的.流体力学的研究对于动力机械制造工业也具有重要意义,如提高水力及蒸汽涡轮、喷气发动机、压缩机和水泵等动力机械的性能与正确地设计叶片、导流片及其他零件的形状有关.近代热工学在研究如何加速涡轮机和发动机中的燃烧过程,使灼热的表面冷却等问题中广泛地利用了流体力学的知识.此外,现代气象科学中的基本问题——天气预报的解决也是绝对离不开流体力学的.甚至在天文学上也有着流体力学广阔的研究天地,例如研究星系螺旋结构,研究组成星云的气状物质的运动,研究气云的膨胀及其相互作用等问题都是宇宙流体力学的内容.近年来,由于科学技术的飞速发展,流体力学和其他学科相互渗透,形成了一系列交叉学科,例如电磁流体力学、化学流体力学、高温气体力学、爆炸力学、生物流体力学、地球流体力学、非牛顿流、多相流等等.这些学科的出现使得流体力学这一古老学科更加欣欣向荣、充满朝气.

从上面粗略不全的介绍中可以看出,流体力学有着广泛用途,它在祖国社会主义建设及国防建设事业中有着重要的地位.

2.2　　连续介质假设

流体由大量分子组成.气体分子间的真空区的尺度远大于分子本身.每个分子无休止地进行不规则的运动,相互间经常碰撞,交换着动量和能量.因此,流体的微观结构和运动无论在时间或空间上都充满着不均匀性、离散性和随机性.另一方面人们用仪器测量到的或用肉眼观察到的流体宏观结构及运动却又明显地呈现出均匀性、连续性和确定性.微观运动的不均匀性、离散性、随机性和宏观运动的均匀性、连续性、确定性是如此之不同却又和谐地统一在流体这一物质之中,从而形成了流体运动的两个重要侧面.

流体力学研究流体的宏观运动.研究流体的宏观运动存在着两种不同的途径.一种是统计物理的办法.从分子和原子的运动出发,采用统计平均的方法建立宏观物理量满足的方程,并确定流体的性质.大家知道,采用统计物理的方法可以导出热力学三大定律,在气体动理学方面,对分子碰撞作某些简化假设后可导出正确的宏观方程,但某些分子输运系数的值还不能准确地得出.至于液体输运过程的理论,迄今为止还不完善.由此可见,统计物理的办法虽然自然直接,但还不能为流体力学提供充分的理论根据.第二种办法以连续介质假设为基础,认为流体质点连续地充满了流体所在的整个空间,流体质点所具有的宏观物理量(如质量、速度、压强、温度等)满足一切应该遵循的物理定律及物理性质,例如牛顿定律、质量守恒定律、能量守恒定律、热力学定律以及扩散、黏性、热传导等输运性质.但流体的某些物理常数和关系还必须由实验确定.这种方法已被流体力学所广泛采用并获得了很大的成功. 虽然如此,统计物理处理问题的方法和结果对于理解流体力学中很多基本性质和概念十分有用,因它力图从微观导出宏观,从而深刻地揭示了微观和宏观之间的内在联系.

现在较仔细地讨论一下后一种做法的基础 —— 连续介质假设. 由于宏观问题的特征尺度和特征时间,例如机翼的翼弦、机翼的振动周期和分子间的距离及碰撞时间相比大得不可比拟,个别分子的行为几乎不影响大量分子统计平均后的宏观物理量,因此在考虑流体的宏观运动时可不必直接考虑流体的分子结构,而采用连续介质这一近似的理论模型. **连续介质假设**认为真实流体所占有的空间可近似地看作是由"流体质点"连续地无空隙地充满着的. 所谓**流体质点**指的是微观上充分大,宏观上充分小的分子团. 一方面,分子团的尺度 L_2 和分子运动的尺度 L_1 相比应足够地大,使得其中包含大量的分子. 对分子团进行统计平均后能得到稳定的数值,少数分子出入分子团不影响稳定的平均值. 另一方面又要求分子团的尺寸 L_2 和所研究问题的特征尺度 L_3 相比要充分地小,使得分子团内平均物理量可看成是均匀不变的,从而可以把它近似地看成是几何上没有维度的一个点. 为了对微观充分大、宏观充分小的流体质点的概念有一个更直观形象的认识,让我们考察平均物理量(例如密度)和分子团尺寸的关系. 图 2.2.1 画出了两者依赖关系的示意图. 当分子团的尺寸取得太小,小到和分子运动的尺度 L_1 同数量级时,分子团中只有几个分子,密度值出现很大的随机脉动. 因为当分子团尺度变化时,分子数目的增减对密度平均值将产生很大的影响. 图 2.2.1 还清楚地显示当分子团的尺寸取得太大,大到和问题的特征尺度 L_3 同数量级时,密度空间分布的不均匀性将如何影响密度值的变化. 上述两种极端情形都不能得到密度的稳定值. 只有当分子团尺度 L_2 取 $L_1 \ll L_2 \ll L_3$,即微观充分大、宏观充分小时,密度值才是稳定不变的,而且可近似地看成是一个几何点上的局部值.

在进行统计平均时除了分子团的尺寸必须满足上述要求外,还应对进行统计平均的时间 t 做出规定,即要求它必须是微观充分长、宏观充分短的. 也就是说,一方面进行统计平均的时间应选得足够长,使得在这段时间内,微观的性质,例如分子间的碰撞已进行了许多次,在这段时间内进行统计平均能够得到稳定的数值. 另一方面,

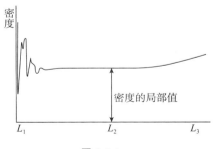

图 2.2.1

进行统计平均的时间从宏观上来说也应选得比特征时间小得多,使得我们可以把进行平均的时间看成是一个瞬间. 平均物理量与时间 t 的关系和图 2.2.1 类似,不再说明.

　　有了连续介质假设,在研究流体的宏观运动时,就可以把一个本来是大量的离散分子或原子的运动问题近似为连续充满整个空间的流体质点的运动问题. 而且每个空间点和每个时刻都有确定的物理量,它们都是空间坐标和时间的连续函数,从而可以利用强有力的数学分析工具. 正因为这样,连续介质假设是流体力学中第一个带根本性的假设.

　　在一般情况下,流体的连续介质假设是合理的. 事实上,在通常遇到的问题中,从体积来说宏观小、微观大,从时间来说宏观短、微观长的条件是可以办到的. 例如在冰点温度和一个大气压下,1cm^3 体积中所含气体分子数约为 2.7×10^{19},即使在 10^{-9} cm^3 这样一个宏观上说来很小的体积里,也还有 2.7×10^{10} 个分子,从微观方面看来这样的体积还是非常大. 另一方面,在冰点温度和一个大气压下,1cm^3 的气体分子在1s内要碰撞 10^{29} 次,因此在 10^{-6} s 宏观说来很短的时间内,即使在很小的体积 10^{-9} cm^3 内的分子仍然在碰撞 10^{14} 次,这个时间从微观看来是够长的了.

　　但是,在某些特殊问题中,连续介质假设也可以不成立. 例如在研究导弹和卫星在高空中飞行的稀薄气体力学中,分子间的距离很大,它能和物体的特征尺度比拟,这样虽然获得稳定平均值的分子团还是存在的,但是不能将它看成一个质点. 又如考虑激波内的气体运动. 激波的尺寸与分子自由程同阶,激波内的流体只能看成分子而不能当作连续介质来处理了.

　　由此可见,除了个别情形外,流体的连续介质假设是合理的. 根据连续介质假设得到的理论结果在很多情形下与实验很好地符合.

　　在结束本节时我们愿意强调指出以下几点:(1)当流体力学中引进连续介质假设,并将流体近似地看成是由流体质点连续地无空隙地组成后,我们将不再考虑流体的分子结构. 也就是说,从连续介质力学看来,流体的形象是宏观的均匀连续体,而不是微观的包含大量分子的离散体.(2)在流体力学中谈到流体质点的位移,不是指个别分子的位移,而是指包含大量分子,在流体力学中看成是几何点的分子团的位移. 特别地,当我们说流体质点处于静止状态时,那就是说它将永远留在原地不动,虽然那里的分子由于热运动将不断移动位置.(3)当我们在连续介质内某点 A 上取极限时,不管离点 A 多近的地方都有流体质点存在,并有确定的物理值,而不能认为,似乎在取极限时会出现序列点陷入分子间真空区的现象,因为我们已经将流体看成是宏观连续体,不再认为其中有分子结构了.

2.3　流体的性质及分类

　　从这一节开始,我们将对流体运动的三大要素,即流体、运动与力分别地进行研究. 随后在下一章中根据力学及热力学的普遍规律再将这三个因素联系起来,从而建立起理论研究赖以出发的基本方程组.

这一节我们讲述流体的宏观性质. 由于宏观性质是微观性质的统计平均,所以在叙述宏观性质的时候,将常常从微观的角度加以说明.

流体的宏观性质主要是易流动性、黏性及压缩性. 现分别说明之.

a）**易流动性**

大家知道,固体在静止时可以承受切向应力. 当固体受到切向作用力时,在一般情形下沿切线方向将发生微小的变形,而后达到平衡状态,在它的截面上承受切线方向的应力. 因此,固体在静止时,既有法向应力也有切向应力. 与此相反,流体在静止时不能承受切向应力,不管多小的切向应力,只要持续地施加,都能使流体流动,从而发生任意大的变形. 因此流体在静止时只有法向应力而没有切向应力. 流体的这个宏观性质称为易流动性.

流体和固体的区别不是绝对的. 有些物质介乎固体和流体之间,具有固体和流体双重的性质. 例如胶状物和油漆这类触变物质放置一段时间后,它们的性质看起来像弹性固体,但是在摇动和刷漆时却失去弹性,发生很大的变形,其行为完全像流体. 沥青在正常条件下像固体,用锤子锤它会发生碎裂,但是放在地面上在重力作用下经过相当长的时间之后会逐渐向四外铺开,它的行为又像流体. 浓缩的聚合物溶液甚至同时存在类固体和类流体的性质.

本课程主要研究水或空气这类"纯粹"的流体.

流体的宏观性质和分子的结构以及分子间作用力的性质直接相关. 图 2.3.1 画出了不形成化学键的两孤立分子间的相互作用力和分子间距离 d 的曲线图. 当 d 与 $d_0 = 3 \sim 4 \times 10^{-8}$ cm 同量级时,分子间存在着量子型强作用力;当 d 的量级变为约 10^{-7} cm 或 10^{-6} cm 时存在着经典型弱吸引力,其大小约为 d^{-7} 或 d^{-8}. 现在我们利用图 2.3.1 说明固、液、气的区

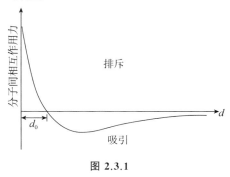

图 2.3.1

别. 当温度较低时,分子运动不甚剧烈,分子间的距离是 d_0 的数量级,分子间的作用力是量子型强作用力,数值很大,因此分子只能在各自的平衡位置进行微小的振动,此时物质表现为固体的状态. 固体具有一定的形状和体积. 当温度升高时,分子运动变得剧烈了,分子间距离增大,分子间作用力变为量子型和经典型混合的中等作用力. 到达某一温度时,分子间的作用力已不能维持分子在固定的平衡位置附近做微小的振动,但还能维持分子不分散远离,此时便表现为液体状态. 液态时分子无固定的平衡位置,因而整个物体的形状不能维持不变,但仍然有一定的体积. 当温度再升高时,分子运动的激烈程度愈甚. 分子间距离达

$10d_0$左右,只有非常弱的弱作用力作用在它们上面.此时分子相互分散远离,分子运动接近于自由运动.这时,物质便表现为气体状态.气体既然能自由运动,便没有固定的形状和大小.

从上面叙述可以看出,固体中分子的作用力较强,有固定的平衡位置,因而不仅具有一定的体积,而且具有一定的形状,当外界有力作用在固体时,它可以做微小的变形,然后承受住切应力不再变形.而在液体和气体中,分子间的作用力较弱或很弱,很小的切应力,都可使它们产生任意大的变形.

b) 黏性,理想流体和黏性流体

流体在静止时虽不能承受切应力,但在运动时,对相邻两层流体间的相对运动,即相对滑动速度却是有抵抗的,这种抵抗力由**黏性应力**描述.流体所具有的这种抵抗两层流体相对滑动速度,或普遍说来抵抗变形的性质称为**黏性**.黏性大小依赖于流体的性质,并随温度发生显著变化.实验表明,黏性应力的大小与黏性及相对速度成正比.当流体的黏性较小(实用上最重要的流体如空气、水等的黏性都是很小的),运动的相对速度也不大时,所产生的黏性应力比起其他类型的力如惯性力常可忽略不计.此时,我们可以近似地把流体看成是无黏性的,这样的流体称为**理想流体**.十分明显,理想流体对于切向变形没有任何抗拒能力.这样,依据有无黏性,我们可以将流体分成理想流体和**黏性流体**两大类.应该强调指出,真正的理想流体在客观实际中是不存在的.它只是实际流体在某种条件下的一种近似模型.

除了黏性外,流体还有热传导及扩散等性质.当流体中存在着温度差时,温度高的地方将向温度低的地方传送热量,这种现象称为**热传导**.同样地,当流体混合物中存在着混合物某组元的浓度差时,浓度高的地方将向浓度低的地方输送该组元的物质,这种现象称为**扩散**.

流体的宏观性质,如扩散、黏性、热传导等是分子输运性质的统计平均.由于分子的不规则运动,在各层流体间将交换着质量、动量和能量,使不同流体层内的平均物理量均匀化,这种性质称为分子运动的输运性质.质量输运在宏观上表现为扩散现象,动量输运表现为黏性现象,能量输运则表现为热传导现象.

理想流体忽略了黏性,即忽略了分子运动的动量输运性质,因此在理想流体中经常也不考虑质量和能量输运性质 —— 扩散和热传导,因为它们具有相同的微观机制.

c) 压缩性,不可压缩流体和可压缩流体

在流体的运动过程中,由于压强、温度等因素的改变,流体质点的体积(或密度,若质点的质量一定)或多或少有所改变.流体质点的体积或密度在压强或温度发生变化的条件下可以改变的这个性质称为**压缩性**.真实流体都是可以压缩的.它的压缩程度依赖于流体的性质及外界的条件.液体在通常的压强或温度下,压缩性很小. 例如水在 100 个大气压下,体积缩小 0.5%,温度从 20℃ 变化到 100℃,体积增加 4%. 因此,在一般情形下液体可以近似地看成是不可压缩的. 但是在某些特殊问题中,例如水中爆炸或水击等问题,则必须把液体看作是可压缩的. 气体的压缩性比液体大得多,所以在一般情形下应该当作可压缩流体处理. 但是如果压强差较小,并且没有很大的温度差,则实际上气体所产生的体积变化也不大. 此时,也经常近似地将气体视为不可压缩的.

通过上面的讨论可以看出,流体都是可压缩的,但对液体或在一定条件下低速运动而温度差又不大的气体而言,在一般情形下可近似地视为不可压缩的. 这样,我们便可按压缩性将流体分成**不可压缩流体**和**可压缩流体**两大类. 应该特别强调,不可压缩流体在实际上是不存在的,它只是真实流体在某种条件下的近似模型.

液体和气体具有不同的压缩性可以从微观中得到说明. 如上所述,在液体中分子间存在着一定的作用力,它使分子不分散远离,保持一定的体积. 因此,要使液体的体积改变是较难的. 对气体而言,分子间的作用力十分微小,它不能保持固定的形状及大小,因此在同样的外界作用下,可以较大地改变它的体积.

2.4 描写流体运动的两种方法——拉格朗日方法和欧拉方法

从这一节开始我们将在不考虑外力作用的前提下研究已经发生的流体运动. 首先阐明如何用分析的方法和几何的方法描绘流体的运动,随后在每一点的邻域内对复杂的流体运动进行分析,找出流体运动的三种基本方式,即平动、转动和变形. 最后,在运动分析的基础上对运动进行分类.

这一节中我们将叙述描写流体运动的方法及其分析表达.

设流体质点在空间中运动,我们的任务是确定描写流体运动的方法并且将它用数学式子表达出来. 在流体力学中描写运动的观点和方法共有两种,即拉格朗日方法和欧拉方法. 先介绍拉格朗日方法. **拉格朗日方法**着眼于流体质点,设法描述出每个流体质点自始至终的运动过程,即它们的位置随时间变化的规律. 如果知道了所有流体质点的运动规律,那么整个流体运动的状况也就清楚了. 打个比方说,每个流体质点好比一架敌机,我们通过雷达跟踪把每架敌机的来龙去脉都搞清楚,就掌握了整个敌机群的动向. 拉格朗日方法也是我们在理论力学中研究质点和质点组运动时所经常采用的,只不过现在把它推广到连续介质中去而已.

现在我们将上述描写运动的观点和方法用数学式子表达出来,为此首先必须用某种数学方法区别不同的流体质点. 通常利用初始时刻流体质点的坐标作为区分不同流体质点的标志. 设初始时刻 $t = t_0$ 时,流体质点的坐标是 (a, b, c), 它可以是曲线坐标,也可以是直角坐标 (x_0, y_0, z_0),重要的是给流体质点以标号而不在于采取什么具体的方式. 我们约定采用 a,b,c 三个数的组合来区别流体质点,不同的 a,b,c 代表不同的质点. 于是流体质点的运动规律数学上可表为下列矢量形式:

$$\boldsymbol{r}=\boldsymbol{r}(a,b,c,t), \tag{2.4.1}$$

其中 $\boldsymbol{r}$ 是流体质点的径矢. 在直角坐标系中,有

$$\begin{aligned} x &= x(a,b,c,t), \\ y &= y(a,b,c,t), \\ z &= z(a,b,c,t). \end{aligned} \tag{2.4.2}$$

变量 a,b,c,t 称为**拉格朗日变量**. 在(2.4.1)式中,如果固定 a,b,c 而令 t 改变,则得某一流体质点的运动规律. 如果固定时间 t 而令 a,b,c 改变,则得同一时刻不同流体质点的位置分布. 应该指出,在拉格朗日观点中,径矢函数 $\boldsymbol{r}$ 的定义区域不是场,因为它不是空间坐标的函数,而是质点标号的函数.

现在我们从(2.4.1)式出发求流体质点的速度和加速度. 假设由(2.4.1)式确定的函数具有二阶连续偏导数. 速度和加速度是对于同一质点而言的单位时间内位移变化率及速度变化率,设 $\boldsymbol{v},\dot{\boldsymbol{v}}$ 分别表示速度矢量和加速度矢量,则

$$\begin{aligned} \boldsymbol{v} &= \frac{\partial \boldsymbol{r}(a,b,c,t)}{\partial t}, \\ \dot{\boldsymbol{v}} &= \frac{\partial^2 \boldsymbol{r}(a,b,c,t)}{\partial t^2}. \end{aligned} \tag{2.4.3}$$

既然对同一质点而言,a,b,c 不变,因此上式写的是对时间 t 的偏导数. 在直角坐标系中,速度和加速度的表达式是

$$\begin{aligned} u &= \frac{\partial x(a,b,c,t)}{\partial t}, \\ v &= \frac{\partial y(a,b,c,t)}{\partial t}, \\ w &= \frac{\partial z(a,b,c,t)}{\partial t} \end{aligned} \tag{2.4.4}$$

及

$$\begin{aligned} \dot{u} &= \frac{\partial^2 x(a,b,c,t)}{\partial t^2}, \\ \dot{v} &= \frac{\partial^2 y(a,b,c,t)}{\partial t^2}, \\ \dot{w} &= \frac{\partial^2 z(a,b,c,t)}{\partial t^2}. \end{aligned} \tag{2.4.5}$$

现在我们来介绍描写流体运动的另一种观点和方法,即欧拉方法. 和拉格朗日方法不同,**欧拉方法**的着眼点不是流体质点,而是空间点. 设法在空间中的

每一点上描述出流体运动随时间的变化状况. 如果每一点的流体运动都已知, 则整个流体的运动状况也就清楚了. 那么应该用什么物理量来表现空间点上流体运动的变化情况呢? 因为不同时刻将有不同流体质点经过空间某固定点, 所以站在固定点上就无法观测和记录掠过的流体质点以前和以后的详细历史. 也就是说我们无法像拉格朗日方法那样直接测量出每个质点的位置随时间的变化情况. 虽然如此, 不同时刻经过固定点的流体质点的速度是可以测出的, 这样采用速度矢量来描写固定点上流体运动的变化状况就是十分自然的了. 考虑到上面所说的情形, 欧拉方法中流体质点的运动规律数学上可表为下列矢量形式:

$$\boldsymbol{v} = \boldsymbol{v}(\boldsymbol{r}, t), \tag{2.4.6}$$

在直角坐标系中有:

$$
\begin{aligned}
u &= u(x, y, z, t), \\
v &= v(x, y, z, t), \\
w &= w(x, y, z, t).
\end{aligned}
\tag{2.4.7}
$$

要完全描写运动流体的状况, 还需要给定状态函数的压强、密度、温度等, 即

$$p = p(x, y, z, t), \quad \rho = \rho(x, y, z, t); \quad T = T(x, y, z, t),$$

变量 x, y, z, t 称为**欧拉变量**. 以后除了个别的线、面外都假设 $\boldsymbol{v}$ 具有连续的一阶偏导数. 当 x, y, z 固定, t 改变时, (2.4.7) 式中的函数代表空间中某固定点上速度随时间的变化规律. 当 t 固定, x, y, z 改变时, 它代表的是某一时刻中速度在空间中的分布规律. 应该指出, 由 (2.4.7) 式确定的速度函数是定义在空间点上的, 它们是空间点的坐标 x, y, z 的函数, 所以我们研究的是场, 如速度场、压强场、密度场等. 因此当我们采用欧拉观点描述运动时, 就可以广泛地利用场论的知识. 若场内函数不依赖于径矢 $\boldsymbol{r}$, 则称之为均匀场, 反之称为非均匀场. 若场内函数不依赖于时间 t, 则称之为定常场, 反之称为非定常场.

在气象观测中广泛使用欧拉方法. 在世界各地 (相当于空间点) 设立星罗棋布的气象站. 各气象站把同一时间观测到的气象要素迅速报到规定的通信中心, 然后发至世界各地, 绘制成同一时刻的气象图, 据此做出天气预报.

我们假定速度函数 (2.4.6) 具有一阶连续偏导数, 现在从 (2.4.6) 式出发求质点的加速度 $\dfrac{\mathrm{d}\boldsymbol{v}}{\mathrm{d}t}$. 设某质点在场内运动, 其运动轨迹为 L. 在 t 时刻, 该质点位于 M 点, 速度为 $\boldsymbol{v}(M, t)$, 过了 Δt 时刻后, 该质点运动至 M' 点, 速度为 $\boldsymbol{v}(M', t + \Delta t)$ (参看图 2.4.1). 根据定义, 加速度的表达式为

图 2.4.1

$$\frac{\mathrm{d}\boldsymbol{v}}{\mathrm{d}t} = \lim_{\Delta t \to 0} \frac{\boldsymbol{v}(M', t + \Delta t) - \boldsymbol{v}(M, t)}{\Delta t} \tag{2.4.8}$$

从 (2.4.8) 式可以看到, 速度的变化亦即加速度的获得主要是下面两个原因引起

的. 一方面,当质点由 M 点运动至 M' 点时,时间过去了 Δt,由于场的非定常性,速度将发生变化. 另一方面,与此同时 M 点在场内沿迹线移动了 MM' 距离,由于场的非均匀性亦将引起速度的变化. 根据这样的考虑,我们将(2.4.8)式的右边分成两部分

$$
\frac{\mathrm{d}\,\boldsymbol{v}}{\mathrm{d}t} = \lim_{\Delta t \to 0} \frac{\boldsymbol{v}\,(M',t+\Delta t) - \boldsymbol{v}\,(M',t)}{\Delta t} + \lim_{\Delta t \to 0} \frac{\boldsymbol{v}\,(M',t) - \boldsymbol{v}\,(M,t)}{\Delta t}
$$

$$
= \lim_{\Delta t \to 0} \frac{\boldsymbol{v}\,(M',t+\Delta t) - \boldsymbol{v}\,(M',t)}{\Delta t}
$$

$$
+ \lim_{\Delta t \to 0} \frac{MM'}{\Delta t} \lim_{MM' \to 0} \frac{\boldsymbol{v}\,(M',t) - \boldsymbol{v}\,(M,t)}{MM'}.
$$

对于上式右边第一项,当 $\Delta t \to 0$ 时,$M' \to M$,因此它是 $\dfrac{\partial\,\boldsymbol{v}\,(M,t)}{\partial t}$,这一项代表由于场的非定常性引起的速度变化,称为**局部导数**或**就地导数**;右边第二项是 $V\dfrac{\partial\,\boldsymbol{v}\,(M,t)}{\partial s}$,它代表由于场的非均匀性引起的速度变化,称为**位变导数**或**对流导数**,其中 $\dfrac{\partial\,\boldsymbol{v}}{\partial s}$ 代表沿 s 方向移动单位长度引起的速度变化,而如今在单位时间内移动了距离 V,因此 s 方向上的速度变化是 $V\dfrac{\partial\,\boldsymbol{v}}{\partial s}$. 这样总的速度变化即加速度就是局部导数和位变导数之和,称之为**随体导数**. 于是我们有

$$
\frac{\mathrm{d}\,\boldsymbol{v}}{\mathrm{d}t} = \frac{\partial\,\boldsymbol{v}}{\partial t} + V\frac{\partial\,\boldsymbol{v}}{\partial s}.
$$

从场论中得知

$$
\frac{\partial\,\boldsymbol{v}}{\partial s} = (\boldsymbol{s}_0 \cdot \nabla)\,\boldsymbol{v},
$$

其中 $\boldsymbol{s}_0$ 是曲线 L 上的单位切向矢量. 考虑到 $V\boldsymbol{s}_0 = \boldsymbol{v}$,得

$$
\frac{\mathrm{d}\,\boldsymbol{v}}{\mathrm{d}t} = \frac{\partial\,\boldsymbol{v}}{\partial t} + (\boldsymbol{v} \cdot \nabla)\,\boldsymbol{v}, \tag{2.4.9}
$$

这就是矢量形式的加速度表达式.

在直角坐标系中(2.4.9)式采取下列形式

$$
\begin{cases}
\dfrac{\mathrm{d}u}{\mathrm{d}t} = \dfrac{\partial u}{\partial t} + u\dfrac{\partial u}{\partial x} + v\dfrac{\partial u}{\partial y} + w\dfrac{\partial u}{\partial z}, \\[2mm]
\dfrac{\mathrm{d}v}{\mathrm{d}t} = \dfrac{\partial v}{\partial t} + u\dfrac{\partial v}{\partial x} + v\dfrac{\partial v}{\partial y} + w\dfrac{\partial v}{\partial z}, \\[2mm]
\dfrac{dw}{\mathrm{d}t} = \dfrac{\partial w}{\partial t} + u\dfrac{\partial w}{\partial x} + v\dfrac{\partial w}{\partial y} + w\dfrac{\partial w}{\partial z},
\end{cases} \tag{2.4.10}
$$

(2.4.9)式也可以通过直接微分的方式得到. 设与轨迹 L 相对应的运动方程是

$$\boldsymbol{r} = \boldsymbol{r}(t)$$

或

$$x = x(t), \quad y = y(t), \quad z = z(t),$$

于是速度函数可写成

$$\boldsymbol{v} = \boldsymbol{v}(x(t), y(t), z(t), t).$$

对 $\boldsymbol{v}$ 作复合函数微分,并考虑到

$$\frac{\mathrm{d}\boldsymbol{r}}{\mathrm{d}t} = \boldsymbol{v},$$

即

$$\frac{\mathrm{d}x}{\mathrm{d}t} = u, \quad \frac{\mathrm{d}y}{\mathrm{d}t} = v, \quad \frac{\mathrm{d}z}{\mathrm{d}t} = w,$$

于是得

$$\frac{\mathrm{d}\boldsymbol{v}}{\mathrm{d}t} = \frac{\partial \boldsymbol{v}}{\partial t} + \frac{\partial \boldsymbol{v}}{\partial x}\frac{\mathrm{d}x}{\mathrm{d}t} + \frac{\partial \boldsymbol{v}}{\partial y}\frac{\mathrm{d}y}{\mathrm{d}t} + \frac{\partial \boldsymbol{v}}{\partial z}\frac{\mathrm{d}z}{\mathrm{d}t}$$

$$= \frac{\partial \boldsymbol{v}}{\partial t} + u\frac{\partial \boldsymbol{v}}{\partial x} + v\frac{\partial \boldsymbol{v}}{\partial y} + w\frac{\partial \boldsymbol{v}}{\partial z} = \frac{\partial \boldsymbol{v}}{\partial t} + (\boldsymbol{v} \cdot \nabla)\boldsymbol{v},$$

这就是(2.4.9)式.

上述将随体导数分解为局部导数和位变导数之和的方法对于任何矢量 $\boldsymbol{a}$ 和任何标量 φ 都是成立的,此时有

$$\frac{\mathrm{d}\boldsymbol{a}}{\mathrm{d}t} = \frac{\partial \boldsymbol{a}}{\partial t} + (\boldsymbol{v} \cdot \nabla)\boldsymbol{a}, \tag{2.4.11}$$

$$\frac{\mathrm{d}\varphi}{\mathrm{d}t} = \frac{\partial \varphi}{\partial t} + \boldsymbol{v} \cdot \operatorname{grad}\varphi. \tag{2.4.12}$$

例 试讨论不可压缩流体的数学表示.

根据定义,质点的密度在运动过程中不变的流体称为不可压缩流体. 换言之,对于不可压缩流体而言,密度的随体导数为零,即

$$\frac{\mathrm{d}\rho}{\mathrm{d}t} = 0, \tag{2.4.13}$$

此为不可压缩流体的数学表示. 应该特别指出,不可压缩流体的数学表示 $\frac{\mathrm{d}\rho}{\mathrm{d}t} = 0$ 和不可压缩均质流体的数学表示 $\rho =$ 常数是不同的,不能把它们混为一谈. $\frac{\mathrm{d}\rho}{\mathrm{d}t} = 0$ 表示每个质点的密度在它运动的全过程中不变. 但是这个质点的密度和那个质点的密度可以不同,因此不可压缩流体的密度并不一定处处都是常数,只有既为不可压缩流体同时又是均质时密度才处处时时都是同一常数. 这个事实也可推导如下:由 $\frac{\mathrm{d}\rho}{\mathrm{d}t} = 0$(不可压缩), $\nabla\rho = 0$(均质),根据(2.4.12)式有 $\frac{\partial \rho}{\partial t} = 0$,于

是 $\rho = $ 常数.

　　因为拉格朗日方法和欧拉方法从不同观点出发描绘了同一流体的运动,所以它们之间可以互相转换.

　　设拉格朗日方法中的运动规律

$$\boldsymbol{r} = \boldsymbol{r}(a, b, c, t) \tag{2.4.14}$$

为已知,则速度函数是

$$\boldsymbol{v} = \boldsymbol{v}^*(a, b, c, t) = \frac{\partial \boldsymbol{r}(a, b, c, t)}{\partial t}. \tag{2.4.15}$$

反解 (2.4.14) 式代表的三个标量方程,得

$$a = a(\boldsymbol{r}, t), \quad b = b(\boldsymbol{r}, t), \quad c = c(\boldsymbol{r}, t),$$

将之代入 (2.4.15) 式得

$$\boldsymbol{v} = \boldsymbol{v}^*(a(\boldsymbol{r}, t), b(\boldsymbol{r}, t), c(\boldsymbol{r}, t), t) = \boldsymbol{v}(\boldsymbol{r}, t),$$

这就是欧拉变数中的速度函数.

　　设欧拉方法中的速度函数

$$\boldsymbol{v} = \boldsymbol{v}(\boldsymbol{r}, t)$$

为已知,将之写成

$$\frac{\mathrm{d}\boldsymbol{r}}{\mathrm{d}t} = \boldsymbol{v}(\boldsymbol{r}, t),$$

这是一个由三个方程组成的确定 $\boldsymbol{r}(t)$ 的常微分方程组,其通解为

$$\boldsymbol{r} = \boldsymbol{r}(C_1, C_2, C_3, t), \tag{2.4.16}$$

其中 C_1, C_2, C_3 是三个积分常数,由 $t = 0$ 时 $\boldsymbol{r} = \boldsymbol{r}_0$ 的初始条件确定. 于是

$$C_1 = C_1(\boldsymbol{r}_0), \quad C_2 = C_2(\boldsymbol{r}_0), \quad C_3 = C_3(\boldsymbol{r}_0),$$

将之代入 (2.4.16) 式,并注意到 $\boldsymbol{r}_0$ 的三个坐标 x_0, y_0, z_0 就是拉格朗日变数 a, b, c,我们有

$$r = r(a, b, c, t),$$

这就是拉格朗日变数下的运动规律.

　　采用欧拉方法描写流体运动常常比采用拉格朗日方法优越,因为利用欧拉变数所得的是场,而利用拉格朗日变数得到的不是场,所以在欧拉变数中我们能广泛地利用已经研究得很多的场论知识,使理论研究具有强有力的工具,而在拉格朗日变数中却没有这样的优点. 另一方面,采用拉格朗日方法,加速度 $\frac{\partial^2 \boldsymbol{r}}{\partial r^2}$ 是二阶导数,运动方程将是二阶偏微分方程组;而在欧拉方法中,加速度 $\frac{\mathrm{d}\boldsymbol{v}}{\mathrm{d}t}$ 是一阶导数,因此所得的运动方程将是一阶偏微分方程组. 显然一阶偏微分方程组在数学上要比二阶偏微方程组容易求解. 当然采用拉格朗日方法所得的结果比

较多,例如可以直接得到质点的运动规律,而欧拉方法却不能直接得到它. 但是要解决实际问题常常并无必要知道每一个质点的详细历史. 比如,飞机在空中飞行,要计算飞机上的空气动力特性. 解决这一问题并不需要知道流体质点是从哪里来,又到什么地方去. 只要知道飞机上的速度和压强就可以求出空气动力学特性. 由于以上所说的几种原因,在流体力学研究中将广泛地采用欧拉方法,并且着重探讨和欧拉方法联系在一起的各种问题. 当然这并不意味着可以忽视拉格朗日方法,因为在点爆炸、计算流体力学的某些问题中,采用拉格朗日方法是方便的. 不仅如此,拉格朗日观点在流体力学中还有着广泛的应用. 例如随体导数的概念本质上就是拉格朗日观点,而在流体力学中经常需要在欧拉场中考虑由质点组成的体、面、线的随体导数.

2.5 轨迹和流线

本节讨论流体运动的几何表示. 它对于直观形象地分析流体运动很有帮助.

在拉格朗日方法中,我们是通过描写不同流体质点运动规律的途径来描写整个运动的. 数学上流体质点的运动规律可表为

$$\boldsymbol{r} = \boldsymbol{r}(a, b, c, t). \tag{2.5.1}$$

流体质点运动规律的几何表示,亦即函数(2.5.1)的几何表示是轨迹. 所谓**轨迹**或**迹线**,就是流体质点在空间中运动时所描绘出来的曲线. 它给出同一质点在不同时刻的速度方向. 从(2.5.1)式消去时间 t 后即得轨迹的方程.

如流体运动是以欧拉变数形式给出的,即给定

$$\boldsymbol{v} = \boldsymbol{v}(\boldsymbol{r}, t),$$

此时要得到轨迹的方程,必须将欧拉变数转换到拉格朗日变数中去,亦即解下列微分方程组

$$\frac{\mathrm{d}x}{\mathrm{d}t} = u(x, y, z, t),$$

$$\frac{\mathrm{d}y}{\mathrm{d}t} = v(x, y, z, t),$$

$$\frac{\mathrm{d}z}{\mathrm{d}t} = w(x, y, z, t)$$

或

$$\frac{\mathrm{d}x}{u(x, y, z, t)} = \frac{\mathrm{d}y}{v(x, y, z, t)} = \frac{\mathrm{d}z}{w(x, y, z, t)} = \mathrm{d}t, \tag{2.5.2}$$

其中 t 是自变量,x, y, z 是 t 的函数. 积分后在所得的表达式中消去时间 t 后即得轨迹的方程.

给出欧拉变数下的速度函数后,也可以采用下述几何直观的方法做出流体质点

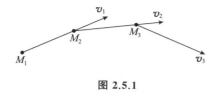

图 2.5.1

的轨迹. 如图 2.5.1 所示, 设 $t=t_1$ 时, 流体质点位于 M_1 点, 速度为 v_1; 过了很短的时间 Δt 后, 流体质点沿 v_1 的方向移动到 M_2 点, M_2 点上的速度为 v_2; 再过 Δt 时间后, 流体质点将沿 v_2 的方向移动至 M_3 点, M_3 点上的速度为 v_3, 如此继续地做下去, 得到一折线 $M_1 M_2 M_3 \cdots$. 令 $\Delta t \to 0$, 则折线 $M_1 M_2 M_3 \cdots$ 趋于轨迹.

总结上面所说我们可以看到, 轨迹的概念是和拉格朗日观点相联系的, 它是同一流体质点运动规律的几何表示.

下面我们介绍与欧拉方法相联系的流线的概念. 在欧拉方法中我们以速度场描写流体运动, 此时

$$v = v(r, t), \qquad (2.5.3)$$

速度场是矢量场. 从场论的知识中得知, 可以利用矢量线的概念几何地表示一个矢量场. 在我们这个情况下矢量线就是流线. 所谓**流线**, 就是这样的曲线, 对于某一固定时刻而言, 曲线上任一点的速度方向和曲线在该点的切线方向重合. 应该特别指出, 流线是同一时刻不同质点所组成的曲线. 它给出该时刻不同流体质点的运动方向. 现在我们来求确定流线的方程. 设 dr 是流线的弧元, 则根据流线的定义, 有

$$dr \times v = 0$$

或

$$\frac{dx}{u(x, y, z, t)} = \frac{dy}{v(x, y, z, t)} = \frac{dz}{w(x, y, z, t)}. \qquad (2.5.4)$$

此即流线应该满足的微分方程, 它是由两个常微分方程组成的方程组, 其中 t 是参数, 在积分时当作常数处理.

流线也可以采用几何直观的方法做出. 考虑某一固定时刻的速度场, 在场内取一点 M_1. 作 M_1 点的速度矢量 v_1; 在 v_1 上取一与 M_1 邻近的点 M_2, 作 M_2 点上速度矢量 v_2; 在 v_2 上取一与 M_2 邻近的点 M_3, 作 M_3 点上速度矢量 v_3, 如此继续下去, 我们就得到一条折线 $M_1 M_2 M_3 \cdots$. 令折线节点间的距离趋于零即得流线.

知道每一时刻的流线族后, 速度的方向可由流线的切线方向给出.

综上所述, 流线是与欧拉方法相联系的概念, 它是速度场的几何表示.

现分析轨迹和流线的联系和区别. 轨迹和流线是两种具有不同内容和意义的曲线. 轨迹是同一质点在不同时刻形成的曲线, 它与拉格朗日观点相联系, 而流线则是同一时刻不同质点所组成的曲线, 它是与欧拉观点相联系的, 因此这两种曲线内容是不同的. 形式上来说人们发现, 在非定常运动时, 流线和轨迹一般说来是不重合的, 而在定常运动时, 二者必然重合. 下面先用几何直观的方法加以证明, 然后再从微分方程出发, 重证一次.

设我们已经做出 $t = t_1$ 时刻通过 M_1 点的流线 $M_1M_2M_3\cdots$（见图 2.5.2），现在做通过 M_1 点的轨迹. 处于 M_1 点的质点经过 Δt 时刻后运动至 M_2 点. 如果运动是非定常的, 则 $t = t_1 + \Delta t$ 时刻在 M_2 点上的速度 $\boldsymbol{v}$ 一般说来

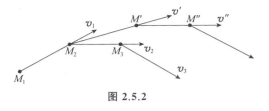

图 2.5.2

不同于 $t = t_1$ 时刻的速度 $\boldsymbol{v}_1$, 于是流体质点在下一时刻将沿 $\boldsymbol{v}'$ 方向运动, 这样得到轨迹 $M_1M_2M'M''\cdots$. 显然它的形状与流线 $M_1M_2M_3\cdots$ 不同. 如果运动是定常的, 则 $t = t_1 + \Delta t$ 时刻在 M_2 点上的速度 $\boldsymbol{v}'$ 将和 $t = t_1$ 时刻在 M_2 点上的速度相同, 于是质点将沿着流线在 M_2 点上的方向 $\boldsymbol{v}_2$ 运动, 如此继续下去可以确信, 定常运动的轨迹和流线是重合的.

上述事实也可以从微分方程组 (2.5.2) 和 (2.5.4) 出发加以证明. 虽然流线应该满足的方程 (2.5.4) 和轨线应该满足的方程 (2.5.2) 形式相同. 但是在 (2.5.2) 式中, 时间 t 是自变数, 而 (2.5.4) 式中的 t 却是参数, 因此在非定常运动时, 一般说来方程组 (2.5.2) 和 (2.5.4) 是不相同的, 因此流线和轨迹也不相同. 如果运动是定常的, 此时 (2.5.2) 式和 (2.5.4) 式中的时间 t 不复出现, 而 (2.5.2) 式中的 $\mathrm{d}t$ 在消去时间求轨迹时亦可抹去, 于是方程组 (2.5.2) 和 (2.5.4) 完全一样, 流线和轨迹也就重合.

下面通过机翼运动具体地了解轨迹和流线在非定常运动和定常运动中的关系.

机翼在静止空气中以等速 V_∞ 向左飞行（参考系取在静止空气中）. 引起的流体运动显然是非定常的, 考虑流线和轨迹. 机翼在运动时, 前缘把空气挤向上下两边, 而后缘又把空气吸引回来, 形成如图 2.5.3(a) 所示的流线图. 而轨迹则与此不同. 考虑机翼表面 A 处的流体质点. 当机翼运动时, 该质点被挤向斜上方, 到达最高位置 B 处后, 机翼后面出现的空气稀疏区又把它吸引回斜下方 C 点来填补空档. 此时 ABC 就是流体质点的轨迹（见图 2.5.3(b)）. 由此可见, 非定常运动时, 轨迹和流线是很不相同的. 现在让机翼静止不动, 由无穷远处来的流体以等速 V_∞ 向它绕流过来（参考系取在物体上）. 这是一个定常运动, 轨迹和流线重合, 具体形状见图 2.5.3(c). 比较图 2.5.3(a) 和 (c), 可以看出, 如果参考系取得不一样, 则同一问题的流线图案可以截然不同.

下面举例说明如何由微分方程求轨迹和流线以及二者的关系.

例   设流体运动由下列欧拉变数下的速度函数

$$u = x + t, \quad v = -y + t, \quad w = 0$$

给出. 求 $t = 0$ 时过 $M(-1, -1)$ 点的流线及轨迹.

流线的微分方程是

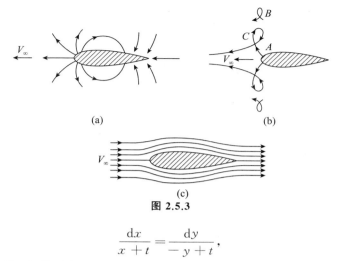

(a)　　　　　　　　(b)

(c)

图 2.5.3

$$\frac{\mathrm{d}x}{x+t}=\frac{\mathrm{d}y}{-y+t},$$

其中 t 是参数. 积分后得

$$(x+t)(-y+t)=C,$$

其中 C 是积分常数. 以 $t=0,x=-1,y=-1$ 代入得 $C=-1$. 于是 $t=0$ 时, 过 $M(-1,-1)$ 点的流线是

$$xy=1,$$

这是双曲线的方程.

轨迹应满足的微分方程是

$$\frac{\mathrm{d}x}{\mathrm{d}t}=x+t,\quad \frac{\mathrm{d}y}{\mathrm{d}t}=-y+t,$$

这是两个非齐次常系数的线性常微分方程, 它们的解是

$$x=C_1\mathrm{e}^t-t-1,\quad y=C_2\mathrm{e}^{-t}+t-1.$$

以 $t=0,x=-1,y=-1$ 代入得 $C_1=C_2=0$. 于是过 $M(-1,-1)$ 点的轨迹是

$$x=-t-1,\quad y=t-1.$$

消去 t 后得

$$x+y=-2,$$

这是直线方程.

由此可见, 在非定常运动时, 轨迹和流线一般说来不相重合.

如果我们考虑的是定常运动, 速度函数是

$$u=x,\quad v=-y,\quad w=0,$$

则轨迹应满足的微分方程变为

$$\frac{\mathrm{d}x}{\mathrm{d}t}=x,\quad \frac{\mathrm{d}y}{\mathrm{d}t}=-y.$$

消去 t 得

$$\frac{\mathrm{d}x}{x} = -\frac{\mathrm{d}y}{y},$$

积分之,并考虑到 $t=0$ 时应通过 M 点的条件,得

$$xy = 1.$$

由此可见,在定常运动时,轨迹和流线的确重合.

最后我们讲述射流和流管的概念. 在流体中取一非轨迹且不自相交的封闭曲线 C,如图 2.5.4 所示. 通过 C 上每一点做轨迹,则这些轨迹组成的曲面称为**射流面**,射流面所包围的流体称为**射流**. 若曲线 C 无限小则称射流

图 2.5.4

元,若曲线 C 有限则称有限射流. 若曲线 C 不自相交且不是流线,则在同一时刻过 C 上每一点作流线,这些流线所组成的曲面称为**流面**,而当 C 是封闭曲线时,相应流面所包围的流体称为**流管**. 若曲线 C 无限小,则称之为流管元,否则称为有限流管.

在非定常运动时,过曲线 C 的流管和射流一般说来互不重合. 在定常运动时,两者重合.

轨迹、射流、流线、流管的概念对于直观理解问题,以及理论上处理某些问题具有重要的意义.

2.6 速度分解定理

从理论力学教程中得知,任何一个刚体运动可以分解为平动和转动之和. 因此平动和转动是刚体的基本运动形式,以公式表之有

$$\boldsymbol{v} = \boldsymbol{v}_0 + \boldsymbol{\omega} \times \boldsymbol{r}, \tag{2.6.1}$$

其中 $\boldsymbol{v}_0$ 是刚体中选定一点 O 上的平动速度,$\boldsymbol{\omega}$ 是刚体绕 O 点旋转的瞬时角速度矢量,$\boldsymbol{r}$ 是要确定速度那一点到 O 点的径矢. 从(2.6.1)式可见,刻画平动的特征量是平动速度 $\boldsymbol{v}_0$,刻画转动的特征量是角速度 $\boldsymbol{\omega}$. 角速度矢量还可以通过 $\boldsymbol{v}$ 表示出来,为此,在(2.6.1)式两边取旋度,考虑到 $\boldsymbol{\omega}$ 在同一时刻是常矢量得

$$\boldsymbol{\omega} = \frac{1}{2}\mathrm{rot}\,\boldsymbol{v}, \tag{2.6.2}$$

将之代入(2.6.1)式,得

$$\boldsymbol{v} = \boldsymbol{v}_0 + \frac{1}{2}\mathrm{rot}\,\boldsymbol{v} \times \boldsymbol{r}, \tag{2.6.3}$$

这就是刚体的速度分解定理.

流体运动要比刚体运动复杂,因为它除了平动和转动外,还要发生变形. 例如研究均匀剪切流动 $u=ay$,$v=0$,$w=0$,其中 a 是常数(速度分布在图 2.6.1(a) 中画出). 在流体中取如图所示的正方形 1234,它过了一段时间后运动到

$1'2'3'4'$,变成菱形. 从 1234 变到 $1'2'3'4'$ 可以看成是三种运动的复合:① 平动. 把 1234 向右平移使 3 与 $3'$,4 与 $4'$ 重合(图 2.6.1(b)). ② 转动. 让正方形绕轴 3 转动,使对角线 23 与 $2'3'$ 重合(图 2.6.1(c)). ③ 变形. 剪切 1234,使对角线 23 伸长直至与 $2'3'$ 重合(图 2.6.1(d)). 由此可见,如此简单的流动(流线都是直线)也还是由平动、转动、变形这三种运动形式复合而成的.

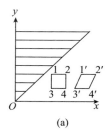 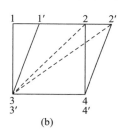 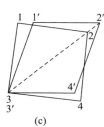 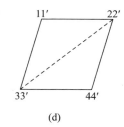

(a)　　　　　　　(b)　　　　　　　(c)　　　　　　　(d)

图 2.6.1

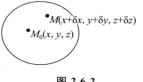

图 2.6.2

现在我们对 M_0 点邻域内的流体微团运动进行分解. 证明它们是由平动、转动和变形三部分组成的,并由此找出表征它们的特征量. 设 $M_0(x,y,z)$ 点处的速度为 $\boldsymbol{v}_0$,微团内任一点 $M(x+\delta x,y+\delta y,z+\delta z)$ 处的速度为 $\boldsymbol{v}$(图 2.6.2),δ 表示对坐标的微分,$\delta x,\delta y,\delta z$ 都是一阶无穷小量. 将 $\boldsymbol{v}$ 在 M_0 点邻域内展成泰勒级数并略去二阶无穷小量以上的项,我们得到

$$\boldsymbol{v}=\boldsymbol{v}_0+\frac{\partial \boldsymbol{v}}{\partial x}\delta x+\frac{\partial \boldsymbol{v}}{\partial y}\delta y+\frac{\partial \boldsymbol{v}}{\partial z}\delta z,$$

或缩写为

$$v_i=v_{0i}+\frac{\partial v_i}{\partial x_j}\delta x_j. \tag{2.6.4}$$

因 v_i-v_{0i},δx_j 都是任取的矢量,根据张量识别定理,$\dfrac{\partial v_i}{\partial x_j}$ 是二阶张量. 其次,张量分解定理告诉我们,任一个二阶张量可分解为反对称张量 $\boldsymbol{A}$ 和对称张量 $\boldsymbol{S}$ 之和,于是

$$\frac{\partial v_i}{\partial x_j}=\frac{1}{2}\left(\frac{\partial v_i}{\partial x_j}-\frac{\partial v_j}{\partial x_i}\right)+\frac{1}{2}\left(\frac{\partial v_i}{\partial x_j}+\frac{\partial v_j}{\partial x_i}\right)=a_{ij}+s_{ij}=\boldsymbol{A}+\boldsymbol{S}, \tag{2.6.5}$$

其中

$$\boldsymbol{S} = s_{ij} = \begin{pmatrix} \dfrac{\partial u}{\partial x} & \dfrac{1}{2}\left(\dfrac{\partial v}{\partial x} + \dfrac{\partial u}{\partial y}\right) & \dfrac{1}{2}\left(\dfrac{\partial u}{\partial z} + \dfrac{\partial w}{\partial x}\right) \\ \dfrac{1}{2}\left(\dfrac{\partial v}{\partial x} + \dfrac{\partial u}{\partial y}\right) & \dfrac{\partial v}{\partial y} & \dfrac{1}{2}\left(\dfrac{\partial w}{\partial y} + \dfrac{\partial v}{\partial z}\right) \\ \dfrac{1}{2}\left(\dfrac{\partial u}{\partial z} + \dfrac{\partial w}{\partial x}\right) & \dfrac{1}{2}\left(\dfrac{\partial w}{\partial y} + \dfrac{\partial v}{\partial z}\right) & \dfrac{\partial w}{\partial z} \end{pmatrix}$$

$$= \begin{pmatrix} \varepsilon_1 & \dfrac{1}{2}\theta_3 & \dfrac{1}{2}\theta_2 \\ \dfrac{1}{2}\theta_3 & \varepsilon_2 & \dfrac{1}{2}\theta_1 \\ \dfrac{1}{2}\theta_2 & \dfrac{1}{2}\theta_1 & \varepsilon_3 \end{pmatrix}, \tag{2.6.6}$$

这里

$$\varepsilon_1 = \frac{\partial u}{\partial x}, \quad \varepsilon_2 = \frac{\partial v}{\partial y}, \quad \varepsilon_3 = \frac{\partial w}{\partial z},$$

$$\theta_1 = \frac{\partial w}{\partial y} + \frac{\partial v}{\partial z}, \quad \theta_2 = \frac{\partial u}{\partial z} + \frac{\partial w}{\partial x}, \quad \theta_3 = \frac{\partial v}{\partial x} + \frac{\partial u}{\partial y}. \tag{2.6.7}$$

与反对称张量 a_{ij} 对应的矢量 $\boldsymbol{\omega}$，其分量为

$$\omega_1 = \frac{1}{2}\left(\frac{\partial w}{\partial y} - \frac{\partial v}{\partial z}\right), \quad \omega_2 = \frac{1}{2}\left(\frac{\partial u}{\partial z} - \frac{\partial w}{\partial x}\right), \quad \omega_3 = \frac{1}{2}\left(\frac{\partial v}{\partial x} - \frac{\partial u}{\partial y}\right),$$

即

$$\boldsymbol{\omega} = \frac{1}{2}\text{rot}\,\boldsymbol{v}. \tag{2.6.8}$$

将(2.6.5)式代入(2.6.4)式，并考虑到(2.6.7)与(2.6.8)式，以及反对称张量和对称张量的性质，我们有

$$v_i = v_{0_i} + a_{ij}\delta x_j + s_{ij}\delta x_j,$$

即

$$\boldsymbol{v} = \boldsymbol{v}_1 + \boldsymbol{v}_2 + \boldsymbol{v}_3 = \boldsymbol{v}_0 + \frac{1}{2}\text{rot}\,\boldsymbol{v} \times \delta\boldsymbol{r} + \boldsymbol{S} \cdot \delta\boldsymbol{r}$$

$$= \boldsymbol{v}_0 + \frac{1}{2}\text{rot}\,\boldsymbol{v} \times \delta\boldsymbol{r} + \text{grad}\,\phi, \tag{2.6.9}$$

其中

$$\phi = \frac{1}{2}(\varepsilon_1\delta x^2 + \varepsilon_2\delta y^2 + \varepsilon_3\delta z^2 + \theta_1\delta y\delta z + \theta_2\delta z\delta x + \theta_3\delta x\delta y). \tag{2.6.10}$$

(2.6.9)式表明，M_0 点邻域内流体微团的速度由三部分组成：

(1) 平动速度 $\boldsymbol{v}_1$，它是流体微团平动引起的. 刻画平动的特征量是平动速度 $\boldsymbol{v}_0$.

（2）转动速度

$$\boldsymbol{v}_2 = \frac{1}{2} \mathrm{rot}\, \boldsymbol{v} \times \delta \boldsymbol{r},$$

它是由于流体微团绕通过 M_0 点的瞬时转动轴线旋转而产生的. 刻画转动的特征量是 $\mathrm{rot}\, \boldsymbol{v}$. 知道 $\mathrm{rot}\, \boldsymbol{v}$ 后, 流体微团中任一点 M（与 M_0 点的距离是 $\delta \boldsymbol{r}$）的转动速度皆可按 $\frac{1}{2} \mathrm{rot}\, \boldsymbol{v} \times \delta \boldsymbol{r}$ 求出.

（3）变形速度 $\boldsymbol{v}_3 = \mathrm{grad}\, \phi$, 它是由于流体微团变形引起的. 刻画变形的特征量是二阶对称张量 $\boldsymbol{S}$, 知道 $\boldsymbol{S}$ 后, M_0 点邻域内任一点的变形速度皆可按公式 $\boldsymbol{S} \cdot \delta \boldsymbol{r}$ 或 $\mathrm{grad}\, \phi$ 求出. 正因为这样 $\boldsymbol{S}$ 亦称为**变形速度张量**或**应变率张量**.

于是我们得到**亥姆霍兹（Helmholtz）速度分解定理**：流体微团的运动可以分解为平动、转动和变形三部分之和.

比较（2.6.3）式和（2.6.9）式, 我们看到刚体运动和流体微团运动的主要差别在于流体微团运动多了变形速度部分.

刚体速度分解定理和流体速度分解定理还有一个重要的差别. 刚体速度分解定理对整个刚体成立, 因此它是整体性的定理, 而流体速度分解定理只是在流体微团内成立, 因此它是局部性的定理. 例如, 刚体的角速度 $\boldsymbol{\omega}$ 是刻画整个刚体转动的一个整体性特征量, 而流体的速度旋度 $\mathrm{rot}\, \boldsymbol{v}$ 却是刻画流体微团转动的一个局部性特征量. 因此虽然表达式的形式完全相同, 但它们却存在着上述重要差别. 不注意这个差别, 有时就会对于不符合直观感觉的正确结论感到迷惑不解（参看 2.8 节）.

2.7 变形速度张量

先阐明变形速度张量各分量的物理意义. 我们采用两种方法. 第一种方法直观但不严格；第二种方法严格但不直观. 我们之所以不厌其烦地讲述两种方法, 是希望通过这样的取长补短的处理, 使读者对变形速度张量各分量的物理意义有一个既直观形象而又严格的了解.

写出变形速度 $\boldsymbol{v}_3$ 的表达式

$$\begin{pmatrix} u_3 \\ v_3 \\ w_3 \end{pmatrix} = \begin{pmatrix} \varepsilon_1 & \frac{1}{2}\theta_3 & \frac{1}{2}\theta_2 \\ \frac{1}{2}\theta_3 & \varepsilon_2 & \frac{1}{2}\theta_1 \\ \frac{1}{2}\theta_2 & \frac{1}{2}\theta_1 & \varepsilon_3 \end{pmatrix} \begin{pmatrix} \delta x \\ \delta y \\ \delta z \end{pmatrix}. \tag{2.7.1}$$

考虑 $\varepsilon_1 \neq 0, \varepsilon_2 = \varepsilon_3 = \theta_1 = \theta_2 = \theta_3 = 0$ 的特殊情形, 于是（2.7.1）式简化为

$$u_3 = \varepsilon_1 \delta x, \quad v_3 = w_3 = 0. \tag{2.7.2}$$

根据(2.7.2)式可画出 u_3 的分布图 2.7.1,此图非常清楚地显示这是 x 轴方向的拉伸(或压缩).

因

$$u_3 = \frac{\mathrm{d}(\delta x)}{\mathrm{d}t},$$

由(2.7.2)第一式得

$$\varepsilon_1 = \frac{1}{\delta x}\frac{\mathrm{d}(\delta x)}{\mathrm{d}t},$$

这说明 ε_1 的物理意义是 x 轴线上线段元 δx 的相对拉伸速度或相对压缩速度. 同理可说明 $\varepsilon_2, \varepsilon_3$ 分别是 y, z 轴线上线段元 $\delta y, \delta z$ 的相对拉伸速度和相对压缩速度.

现在考虑 $\theta_3 \neq 0, \varepsilon_1 = \varepsilon_2 = \varepsilon_3 = \theta_1 = \theta_2 = 0$ 的特殊情形,此时(2.7.1)式简化为

$$u_3 = \frac{1}{2}\theta_3\delta y, \quad v_3 = \frac{1}{2}\theta_3\delta x, \quad w_3 = 0. \tag{2.7.3}$$

图 2.7.2 画出了 Oxy 平面上的速度分布图,此图很直观地说明这是 x 与 y 轴之间的剪切运动. 因

$$\frac{u_3}{\delta y} = \frac{v_3}{\delta x} = \alpha \text{ (见图 2.7.2)},$$

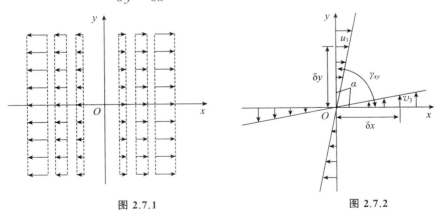

图 2.7.1   图 2.7.2

由(2.7.3)式得

$$\theta_3 = \frac{u_3}{\delta y} + \frac{v_3}{\delta x} = 2\alpha = -\frac{\mathrm{d}\gamma_{xy}}{\mathrm{d}t},$$

其中 γ_{xy} 是 x 与 y 轴之间的夹角. 由于剪切运动 γ_{xy} 单位时间内减少了 2α,故

$$-\frac{\mathrm{d}\gamma_{xy}}{\mathrm{d}t} = 2\alpha. \text{ (参看图 2.7.2)}$$

由此可见 θ_3 的物理意义是 x 与 y 轴之间夹角的剪切速度的负值. 同理可说明, θ_1,θ_2 的物理意义分别是 y 与 z 轴, z 与 x 轴之间夹角的剪切速度的负值.

上述方法直观但不严格. 因为实际变形运动中, S 的六个分量都可以同时取非零值. 下面给出上述结论的严格证明.

如图 2.7.3 所示, 取一由流体质点组成的线段元 δr, 考虑它的随体导数 $\dfrac{\mathrm{d}}{\mathrm{d}t}\delta r$. 由于

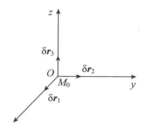

图 2.7.3

$$\delta r = r - r_0,$$

于是

$$\frac{\mathrm{d}}{\mathrm{d}t}\delta r = \frac{\mathrm{d}}{\mathrm{d}t}(r - r_0) = v - v_0 = \delta v, \tag{2.7.4}$$

上式表明微分号 $\dfrac{\mathrm{d}}{\mathrm{d}t}$ 与 δ 可以对换. 由此可见, 线段元 δr 的随体导数等于同一时刻内 M_0 与 M 两点间速度差. 将 v 视为 x,y,z 的函数, (2.7.4) 式亦可写为

$$\frac{\mathrm{d}}{\mathrm{d}t}\delta r = \frac{\partial v}{\partial x}\delta x + \frac{\partial v}{\partial y}\delta y + \frac{\partial v}{\partial z}\delta z. \tag{2.7.5}$$

现在我们通过场内某点 M_0 作直角坐标系 $Oxyz$, 在坐标轴上分别取流体质点组成的线段元 $\delta r_1 = (\delta x,0,0)$, $\delta r_2 = (0,\delta y,0)$ 及 $\delta r_3 = (0,0,\delta z)$, 它们亦可写成

$$\delta r_1 = \delta x i, \quad \delta r_2 = \delta y j, \quad \delta r_3 = \delta z k. \tag{2.7.6}$$

研究由流体质点组成的线段元 δr_1 与 δr_2 的随体导数 $\dfrac{\mathrm{d}}{\mathrm{d}t}\delta r_1$ 与 $\dfrac{\mathrm{d}}{\mathrm{d}t}\delta r_2$. 根据 (2.7.5) 式并考虑到 (2.7.6) 式, 我们有

$$\begin{aligned}
\frac{\mathrm{d}}{\mathrm{d}t}\delta r_1 &= \frac{\partial v}{\partial x}\delta x = \frac{\partial u}{\partial x}\delta x i + \frac{\partial v}{\partial x}\delta x j + \frac{\partial w}{\partial x}\delta x k,\\
\frac{\mathrm{d}}{\mathrm{d}t}\delta r_2 &= \frac{\partial v}{\partial y}\delta y = \frac{\partial u}{\partial y}\delta y i + \frac{\partial v}{\partial y}\delta y j + \frac{\partial w}{\partial y}\delta y k.
\end{aligned} \tag{2.7.7}$$

取 (2.7.6) 公式组中的第一式和 (2.7.7) 公式组中的第一式的内积, 得

$$\frac{\partial u}{\partial x}\delta x^2 = \delta r_1 \cdot \frac{\mathrm{d}}{\mathrm{d}t}\delta r_1 = \delta x\,\frac{\mathrm{d}}{\mathrm{d}t}\delta x,$$

即

$$\varepsilon_1 = \frac{\partial u}{\partial x} = \frac{1}{\delta x}\frac{\mathrm{d}}{\mathrm{d}t}\delta x,$$

同理得

$$\left.\begin{aligned}
\varepsilon_2 &= \frac{\partial v}{\partial y} = \frac{1}{\delta y}\frac{\mathrm{d}}{\mathrm{d}t}\delta y, \\
\varepsilon_3 &= \frac{\partial w}{\partial z} = \frac{1}{\delta z}\frac{\mathrm{d}}{\mathrm{d}t}\delta z.
\end{aligned}\right\} \qquad (2.7.8)$$

由此可见变形速度张量对角线分量 $\varepsilon_1, \varepsilon_2, \varepsilon_3$ 的物理意义分别是 x, y, z 轴线上线段元 $\delta x, \delta y, \delta z$ 的相对拉伸速度或相对压缩速度.

将公式组(2.7.6)中的第一式和第二式分别和公式组(2.7.7)中的第二式和第一式点乘,得

$$\delta \boldsymbol{r}_1 \cdot \frac{\mathrm{d}\delta \boldsymbol{r}_2}{\mathrm{d}t} = \frac{\partial u}{\partial y}\delta x\,\delta y, \quad \delta \boldsymbol{r}_2 \cdot \frac{\mathrm{d}\delta \boldsymbol{r}_1}{\mathrm{d}t} = \frac{\partial v}{\partial x}\delta x\,\delta y.$$

两式相加得

$$\begin{aligned}
\left(\frac{\partial v}{\partial x} + \frac{\partial u}{\partial y}\right)\delta x\,\delta y &= \frac{\mathrm{d}}{\mathrm{d}t}(\delta \boldsymbol{r}_1 \cdot \delta \boldsymbol{r}_2) = \frac{\mathrm{d}}{\mathrm{d}t}(\delta x\,\delta y\cos\gamma_{xy}) \\
&= \cos\gamma_{xy}\frac{\mathrm{d}}{\mathrm{d}t}(\delta x\,\delta y) - \delta x\,\delta y\sin\gamma_{xy}\frac{\mathrm{d}\gamma_{xy}}{\mathrm{d}t} \\
&= -\delta x\,\delta y\frac{\mathrm{d}\gamma_{xy}}{\mathrm{d}t},
\end{aligned}$$

这里 γ_{xy} 是 x 与 y 轴之间的夹角. 在推导过程中已考虑到

$$\cos\gamma_{xy} = 0, \quad \sin\gamma_{xy} = 1.$$

从上式立即推出

$$\theta_1 = \frac{\partial w}{\partial y} + \frac{\partial v}{\partial z} = -\frac{\mathrm{d}\gamma_{yz}}{\mathrm{d}t},$$

同理得

$$\theta_2 = \frac{\partial u}{\partial z} + \frac{\partial w}{\partial x} = -\frac{\mathrm{d}\gamma_{zx}}{\mathrm{d}t},$$

$$\theta_z = \frac{\partial v}{\partial x} + \frac{\partial u}{\partial y} = -\frac{\mathrm{d}\gamma_{xy}}{\mathrm{d}t}.$$

由此可见,变形速度张量非对角线分量的两倍 $\theta_1, \theta_2, \theta_3$ 的物理意义分别是 y 与 z 轴, z 与 x 轴, x 与 y 轴之间夹角的剪切速度的负值.

现在我们采用以上的推理过程导出变形速度张量各分量在曲线坐标系的表达式. 先推导 s_{11}, s_{12} 的表达式. 过 M_0 点作正交曲线坐标系 (q_1, q_2, q_3). 在坐标轴上取流体质点组成的线段元 $\delta \boldsymbol{r}_1 = (\delta s_1, 0, 0), \delta \boldsymbol{r}_2 = (0, \delta s_2, 0), \delta \boldsymbol{r}_3 = (0, 0, \delta s_3)$,于是

$$\frac{\mathrm{d}}{\mathrm{d}t}\delta\boldsymbol{r}_1 = \frac{\partial\boldsymbol{v}}{\partial s_1}\delta s_1 = \left[\frac{1}{H_1}\frac{\partial}{\partial q_1}(v_1\boldsymbol{e}_1 + v_2\boldsymbol{e}_2 + v_3\boldsymbol{e}_3)\right]\delta s_1.$$

考虑到第一章公式(1.12.1)—(1.12.3)有

$$\frac{\mathrm{d}}{\mathrm{d}t}\delta\boldsymbol{r}_1 = \left(\frac{1}{H_1}\frac{\partial v_1}{\partial q_1} + \frac{v_2}{H_1 H_2}\frac{\partial H_1}{\partial q_2} + \frac{v_3}{H_1 H_3}\frac{\partial H_1}{\partial q_3}\right)\delta s_1\boldsymbol{e}_1$$

$$+ \left(\frac{1}{H_1}\frac{\partial v_2}{\partial q_1} - \frac{v_1}{H_1 H_2}\frac{\partial H_1}{\partial q_2}\right)\delta s_1\boldsymbol{e}_2$$

$$+ \left(\frac{1}{H_1}\frac{\partial v_3}{\partial q_1} - \frac{v_1}{H_3 H_1}\frac{\partial H_1}{\partial q_3}\right)\delta s_1\boldsymbol{e}_3,$$

由此推出

$$\delta s_1 \frac{\mathrm{d}}{\mathrm{d}t}\delta s_1 = \delta\boldsymbol{r}_1 \cdot \frac{\mathrm{d}}{\mathrm{d}t}\delta\boldsymbol{r}_1$$

$$= \left(\frac{1}{H_1}\frac{\partial v_1}{\partial q_1} + \frac{v_2}{H_1 H_2}\frac{\partial H_1}{\partial q_2} + \frac{v_3}{H_1 H_3}\frac{\partial H_1}{\partial q_3}\right)\delta s_1^2,$$

于是

$$s_{11} = \frac{1}{\delta s_1}\frac{\mathrm{d}}{\mathrm{d}t}(\delta s_1) = \frac{1}{H_1}\frac{\partial v_1}{\partial q_1} + \frac{v_2}{H_1 H_2}\frac{\partial H_1}{\partial q_2} + \frac{v_3}{H_1 H_3}\frac{\partial H_1}{\partial q_3}.$$

其次我们有

$$\delta\boldsymbol{r}_2 \cdot \frac{\mathrm{d}}{\mathrm{d}t}\delta\boldsymbol{r}_1 = \left(\frac{1}{H_1}\frac{\partial v_2}{\partial q_1} - \frac{v_1}{H_1 H_2}\frac{\partial H_1}{\partial q_2}\right)\delta s_1\delta s_2,$$

下标 1 和 2 轮换得

$$\delta\boldsymbol{r}_1 \cdot \frac{\mathrm{d}}{\mathrm{d}t}\delta\boldsymbol{r}_2 = \left(\frac{1}{H_2}\frac{\partial v_1}{\partial q_2} - \frac{v_2}{H_2 H_1}\frac{\partial H_2}{\partial q_1}\right)\delta s_1\delta s_2.$$

两式相加得

$$-\frac{\mathrm{d}\gamma_{12}}{\mathrm{d}t}\delta s_1\delta s_2 = \frac{\mathrm{d}}{\mathrm{d}t}(\delta\boldsymbol{r}_1 \cdot \delta\boldsymbol{r}_2)$$

$$= \left(\frac{1}{H_1}\frac{\partial v_2}{\partial q_1} + \frac{1}{H_2}\frac{\partial v_1}{\partial q_2} - \frac{v_1}{H_1 H_2}\frac{\partial H_1}{\partial q_2} - \frac{v_2}{H_1 H_2}\frac{\partial H_2}{\partial q_1}\right)\delta s_1\delta s_2,$$

由此

$$2s_{12} = -\frac{\mathrm{d}\gamma_{12}}{\mathrm{d}t} = \frac{1}{H_1}\frac{\partial v_2}{\partial q_1} + \frac{1}{H_2}\frac{\partial v_1}{\partial q_2} - \frac{v_1}{H_1 H_2}\frac{\partial H_1}{\partial q_2} - \frac{v_2}{H_1 H_2}\frac{\partial H_2}{\partial q_1}.$$

采取下标轮换的方法可得 s_{22}, s_{33} 及 s_{23}, s_{31}. 综合起来, 变形速度张量各分量在曲线坐标系中的表达式为

$$
\begin{cases}
s_{11} = \dfrac{1}{H_1} \dfrac{\partial v_1}{\partial q_1} + \dfrac{v_2}{H_1 H_2} \dfrac{\partial H_1}{\partial q_2} + \dfrac{v_3}{H_1 H_3} \dfrac{\partial H_1}{\partial q_3}, \\[2mm]
s_{22} = \dfrac{1}{H_2} \dfrac{\partial v_2}{\partial q_2} + \dfrac{v_3}{H_2 H_3} \dfrac{\partial H_2}{\partial q_3} + \dfrac{v_1}{H_2 H_1} \dfrac{\partial H_2}{\partial q_1}, \\[2mm]
s_{33} = \dfrac{1}{H_3} \dfrac{\partial v_3}{\partial q_3} + \dfrac{v_1}{H_3 H_1} \dfrac{\partial H_3}{\partial q_1} + \dfrac{v_2}{H_3 H_2} \dfrac{\partial H_3}{\partial q_2}, \\[2mm]
2s_{12} = \dfrac{1}{H_2} \dfrac{\partial v_1}{\partial q_2} + \dfrac{1}{H_1} \dfrac{\partial v_2}{\partial q_1} - \dfrac{v_1}{H_1 H_2} \dfrac{\partial H_1}{\partial q_2} - \dfrac{v_2}{H_1 H_2} \dfrac{\partial H_2}{\partial q_1}, \\[2mm]
2s_{23} = \dfrac{1}{H_3} \dfrac{\partial v_2}{\partial q_3} + \dfrac{1}{H_2} \dfrac{\partial v_3}{\partial q_2} - \dfrac{v_2}{H_2 H_3} \dfrac{\partial H_2}{\partial q_3} - \dfrac{v_3}{H_2 H_3} \dfrac{\partial H_3}{\partial q_2}, \\[2mm]
2s_{31} = \dfrac{1}{H_1} \dfrac{\partial v_3}{\partial q_1} + \dfrac{1}{H_3} \dfrac{\partial v_1}{\partial q_3} - \dfrac{v_3}{H_3 H_1} \dfrac{\partial H_3}{\partial q_1} - \dfrac{v_1}{H_3 H_1} \dfrac{\partial H_1}{\partial q_3}.
\end{cases}
\tag{2.7.9}
$$

变形速度张量是二阶对称张量,因此具有二阶对称张量所有的性质.

（1）变形速度张量和变形二次曲面

$$
\begin{aligned}
2\phi = \delta \boldsymbol{r} \cdot (\boldsymbol{S} \cdot \delta \boldsymbol{r}) &= \varepsilon_1 \delta x^2 + \varepsilon_2 \delta y^2 + \varepsilon_3 \delta z^2 \\
&+ \theta_3 \delta x \delta y + \theta_1 \delta y \delta z + \theta_2 \delta z \delta x = 1
\end{aligned}
\tag{2.7.10}
$$

之间存在着一一对应关系,因此变形二次曲面(2.7.10)式可作为变形速度张量的几何描述. 利用变形二次曲面可几何地做出 M 点上的变形速度

$$
\boldsymbol{v}_3 = \boldsymbol{S} \cdot \delta \boldsymbol{r} = \operatorname{grad} \phi.
$$

显然

$$
\boldsymbol{v}_3 = \frac{1}{ON} \boldsymbol{n} \quad (\text{见图 } 2.7.4),
$$

其中 $\boldsymbol{n}$ 是变形二次曲面在 M 点上的法向单位矢量, ON 是 $\delta \boldsymbol{r}$ 在 $\boldsymbol{n}$ 上的投影.

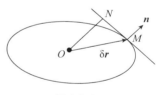

图 2.7.4

由此可见,有了变形二次曲面后,流体微团中任一点上的变形速度都可以通过上述方法几何地做出. 于是我们从几何角度又一次证明了二阶对称张量 $\boldsymbol{S}$ 的确刻画了一点邻域内流体微团的变形状况.

（2）变形速度张量恒有三个互相垂直的主轴,以这三个主轴为正交直角坐标系,变形速度张量 $\boldsymbol{S}$ 可写成下列标准形式

$$
\boldsymbol{S} = \begin{pmatrix} \varepsilon'_1 & 0 & 0 \\ 0 & \varepsilon'_2 & 0 \\ 0 & 0 & \varepsilon'_3, \end{pmatrix},
\tag{2.7.11}
$$

$\varepsilon'_1, \varepsilon'_2, \varepsilon'_3$ 称为主相对拉伸速度. 与之对应的变形二次曲面为

$$
\varepsilon'_1 \delta x'^2 + \varepsilon'_2 \delta y'^2 + \varepsilon'_3 \delta z'^2 = 1.
$$

由此可见变形速度张量完全由三个主相对拉伸速度 ε'_i 决定. 因为(2.7.11)式中非对角线分量皆为零. 所以主轴之间的夹角在变形过程中不承受剪切,也就是

说流体微团在主轴上的质点线段元以 ε_i' 的相对拉伸速度变形,变形后仍在主轴方向.这个性质利用变形二次曲面也可得出.

（3）变形速度张量有三个基本不变量.

$$\begin{cases} I_1 = \varepsilon_1 + \varepsilon_2 + \varepsilon_3 = \varepsilon_1' + \varepsilon_2' + \varepsilon_3' = \dfrac{\partial u}{\partial x} + \dfrac{\partial v}{\partial y} + \dfrac{\partial w}{\partial z} = \operatorname{div} \boldsymbol{v} , \\[2mm] I_2 = \varepsilon_2\varepsilon_3 + \varepsilon_3\varepsilon_1 + \varepsilon_1\varepsilon_2 - \dfrac{1}{4}(\theta_1^2 + \theta_2^2 + \theta_3^2), \\[2mm] I_3 = \varepsilon_1\varepsilon_2\varepsilon_3 + \dfrac{1}{4}\theta_1\theta_2\theta_3 - \dfrac{1}{4}(\theta_1^2\varepsilon_1 + \theta_2^2\varepsilon_2 + \theta_3^2\varepsilon_3). \end{cases} \quad (2.7.12)$$

现考察 I_1 的物理意义.根据散度的定义我们有

$$\operatorname{div} \boldsymbol{v} = \lim_{\delta V \to 0} \frac{\oint_s v_n \mathrm{d}S}{\delta V},$$

通过封闭曲面 S 的速度通量 $\oint_s v_n \mathrm{d}S$ 等于体积 δV 的变化率,于是

$$\operatorname{div} \boldsymbol{v} = \frac{1}{\delta V} \frac{\mathrm{d}}{\mathrm{d}t} \delta V. \quad (2.7.13)$$

由此可见不变量 I_1,即散度 $\operatorname{div}\boldsymbol{v}$ 的物理意义是相对体积膨胀率.利用(2.7.8)式也可证明(2.7.13)式,为此分别沿主轴方向取 $\delta x, \delta y, \delta z$ 为边的长方体体积元

$$\delta V = \delta x \delta y \delta z,$$

于是

$$\begin{aligned} \frac{1}{\delta V} \frac{\mathrm{d}}{\mathrm{d}t} \delta V &= \frac{1}{\delta x} \frac{\mathrm{d}}{\mathrm{d}t} \delta x + \frac{1}{\delta y} \frac{\mathrm{d}}{\mathrm{d}t} \delta y + \frac{1}{\delta z} \frac{\mathrm{d}}{\mathrm{d}t} \delta z \\ &= \frac{\partial u}{\partial x} + \frac{\partial v}{\partial y} + \frac{\partial w}{\partial z} = \operatorname{div} \boldsymbol{v} . \end{aligned}$$

例 1　若 $\operatorname{div}\boldsymbol{v} \neq 0$,则一般变形运动 s_{ij} 可以看作均匀膨胀 $\dfrac{1}{3}\dfrac{\partial v_i}{\partial x_i}\delta_{kl}$ 和无体积变化的变形运动 $s_{kl} - \dfrac{1}{3}\dfrac{\partial v_i}{\partial x_i}\delta_{kl}$ 之和,即

$$s_{kl} = \frac{1}{3}\frac{\partial v_i}{\partial x_i}\delta_{kl} + s_{kl} - \frac{1}{3}\frac{\partial v_i}{\partial x_i}\delta_{kl}. \quad (2.7.14)$$

例 2　设平面均匀剪切运动的速度分布为 $u = ay, v = w = 0$. 试求:①$\operatorname{rot}\boldsymbol{v}$, ϕ 及旋转速度 $\boldsymbol{v}_2$ 和变形速度 $\boldsymbol{v}_3$;② 主值及主轴方向,变形速度张量的标准形式.

解　根据(2.6.8),(2.6.10)和(2.6.9)式,有

$$\operatorname{rot}\boldsymbol{v} = (0, 0, -a), \qquad \phi = \frac{1}{2}a\delta x \delta y,$$

$$\boldsymbol{v}_2 = \left(\frac{a}{2}\delta y, -\frac{a}{2}\delta x, 0\right), \qquad \boldsymbol{v}_3 = \left(\frac{a}{2}\delta y, \frac{a}{2}\delta x, 0\right).$$

按 (2.7.12) 式三个不变量为

$$I_1 = 0, \quad I_2 = -\frac{1}{4}a^2, \quad I_3 = 0,$$

于是确定主值的特征方程为

$$-\lambda^3 + \frac{1}{4}a^2\lambda = 0,$$

由此得

$$\lambda_1 = \frac{a}{2}, \quad \lambda_2 = -\frac{a}{2}, \quad \lambda_3 = 0,$$

对应的主轴方向分别为

$$\left(\frac{1}{\sqrt{2}}, \frac{1}{\sqrt{2}}, 0\right), \quad \left(-\frac{1}{\sqrt{2}}, \frac{1}{\sqrt{2}}, 0\right), \quad (0,0,1).$$

在主轴坐标系中变形速度张量的标准形式为

$$\boldsymbol{S} = \begin{pmatrix} a/2 & 0 & 0 \\ 0 & -a/2 & 0 \\ 0 & 0 & 0 \end{pmatrix},$$

对应的二次曲面为

$$\frac{a}{2}\delta x^2 - \frac{a}{2}\delta y^2 = 1,$$

显然是双曲面.

图 2.7.5 画出了 x, y 轴上和主轴上旋转运动、变形运动及其复合.

例 3　试证任一平面变形运动可分解为一个均匀膨胀运动、一个均匀剪切运动和一个旋转运动.

证　在主轴坐标系中,变形运动的 ϕ 为

$$\phi = \frac{1}{2}(\varepsilon_1'\delta x'^2 + \varepsilon_2'\delta y'^2),$$

将之改写为

$$\phi = \frac{1}{4}(\varepsilon_1' + \varepsilon_2')\delta r^2 + \frac{1}{4}(\varepsilon_1' - \varepsilon_2')(\delta x'^2 - \delta y'^2),$$

这里 $\delta r^2 = \delta x'^2 + \delta y'^2$. 将坐标轴进一步旋转 45°,得

$$\phi = \frac{1}{4}(\varepsilon_1' + \varepsilon_2')\delta r'^2 - \frac{1}{2}(\varepsilon_1' - \varepsilon_2')\delta x''\delta y''.$$

显然,第一项代表均匀膨胀,速率为

$$\frac{1}{2}(\varepsilon_1' + \varepsilon_2') = \frac{1}{2}\mathrm{div}\,\boldsymbol{v}.$$

根据例 2,第二项代表一个均匀剪切运动和一个旋转运动之和,由此得证.

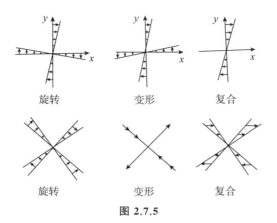

图 2.7.5

例 4   试证任一个三维变形运动可分解为一个均匀膨胀运动、两个纯剪切运动和一个旋转运动.

证   在主轴坐标系中变形运动的 ϕ 为

$$\phi = \frac{1}{2}(\varepsilon'_1 \delta x'^2 + \varepsilon'_2 \delta y'^2 + \varepsilon'_3 \delta z'^2)$$

$$= \frac{1}{6}(\varepsilon'_1 + \varepsilon'_2 + \varepsilon'_3)\delta r^2 + \frac{1}{2}\left(\varepsilon'_1 - \frac{1}{3}\frac{\partial v_i}{\partial x_i}\right)(\delta x'^2 - \delta z'^2)$$

$$+ \frac{1}{2}\left(\varepsilon'_2 - \frac{1}{3}\frac{\partial v_i}{\partial x_i}\right)(\delta y'^2 - \delta z'^2),$$

由此式立即可推出所需结论.

2.8   涡旋运动的基本概念

a）涡旋的概念

从速度分解定理我们知道, $\mathrm{rot}\,\boldsymbol{v}$ 刻画了流体微团的转动部分, 其方向和大小分别代表微团的瞬时转动轴和两倍的角速度. 要问流动是有旋或无旋, 只要检验 $\mathrm{rot}\,\boldsymbol{v}$ 是否等于零就行了. 下面考虑两个例子:

（1）**剪切流动**

速度场为

$$u = ay, \quad v = w = 0,$$

其中 a 是常数, 流线是平行 x 轴的直线（参看图 2.8.1）.

（2）**点涡流动**

速度场为

$$v_r = 0, \quad v_\theta = \frac{b}{r},$$

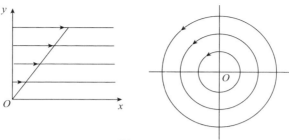

图 2.8.1

其中 b 是常数,流线是以原点为中心的同心圆.

试问这两个流动是有旋的还是无旋的? 有些读者可能会这样想,剪切流动质点做直线运动,应该是无旋,而点涡流动每个质点都绕圆心做圆周运动,肯定是处处有旋的. 事实果真如此吗? 请看:

剪切流动　$(\mathrm{rot}\,\boldsymbol{v})_z = -a$,处处有旋.

点涡流动　当 $r \neq 0$ 时 $(\mathrm{rot}\,\boldsymbol{v})_z = \dfrac{1}{r}\dfrac{\partial(rv_\theta)}{\partial r} - \dfrac{1}{r}\dfrac{\partial v_r}{\partial \theta} = 0.$

除原点处有旋外,处处无旋,与直观判断刚好相反.

为什么直观感觉到的东西和事实如此矛盾呢? 问题就出在用老眼光看新事物. 我们看惯了刚体绕轴的旋转运动,只要看到刚体绕轴旋转,质点作圆周运动,那么就处处有旋. 如果做直线运动,那么就处处无旋. 而忘掉了判断流体运动在该点是否有旋必须看流体微团是不是在自转,而不是看它有没有绕中心作圆周运动. 这就是局部性和整体性的差别. 圆心一点有旋,则点点有旋,一点可以代表全体,这是刚体具有整体性质的标志. 与此相反,圆心一点有旋,其他点不一定有旋,一点不能代表全体,必须逐点检验,这是流体具有局部性质的体现. 因此,对于刚体可以谈论整个刚体是否有旋(即旋转了没有),而对于流体则必须指明哪一点或哪个区域有旋.

直观地分析剪切流动和点涡流动的微团运动,也可以得出上述正确结论. 图(2.6.1)已经分析了剪切流动是点点有旋的. 下面再来分析点涡流动除原点外处处无旋的事实.

在距原点 r 处任取正交的两流体线元 $\mathrm{d}r$,$\mathrm{d}s$(图 2.8.2(a)). 经过 $\mathrm{d}t$ 时刻后,$\mathrm{d}s$ 由于圆周运动,逆时针方向转过了角度

$$\mathrm{d}\theta = \frac{\mathrm{d}R}{r} = \frac{v_\theta \mathrm{d}t}{r} = \frac{b}{r^2}\mathrm{d}t \quad (\text{见图 } 2.8.2(\mathrm{b})).$$

再看 $\mathrm{d}r$,由于 $v_\theta = \dfrac{b}{r}$,所以 d 点的 v_θ 比 d' 点的大,过了 $\mathrm{d}t$ 时刻后,多走了 $\dfrac{\partial v_\theta}{\partial r}\mathrm{d}r\mathrm{d}t$ 距离,于是 $\mathrm{d}r$ 顺时针方向转了角度

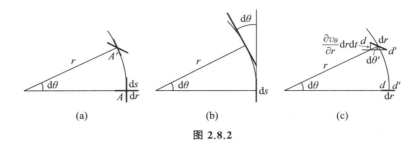

图 2.8.2

$$\mathrm{d}\theta' = \frac{\partial v_\theta}{\partial r}\mathrm{d}t = -\frac{b}{r^2}\mathrm{d}t ,$$

负号代表顺时针方向. 可见 $\mathrm{d}r$ 与 $\mathrm{d}s$ 夹角的二等分线是主轴方向,流体微团有没有旋转,主要看主轴有没有改向. 显然在点涡流动中主轴方向始终不变. 所以除原点外,流动无旋.

b) 涡线、涡面、涡管

设所考虑的流动区域是有旋的. 按照欧拉法,任意固定一个时刻 t,则流动区域内各点均有一个确定的向量 $\mathrm{rot}\,\boldsymbol{v}$,从而组成一矢量场,称为**涡旋场**,记作

$$\boldsymbol{\Omega} = \mathrm{rot}\,\boldsymbol{v} .$$

$\boldsymbol{\Omega}$ 称为**涡量**,它不仅依赖于点的空间位置 $\boldsymbol{r}$,而且也依赖于时间 t,即一般说来是坐标与时间的函数,

$$\boldsymbol{\Omega} = \boldsymbol{\Omega}(\boldsymbol{r}, t) .$$

既然涡旋场是矢量场,我们照样可引进几何上表征矢量场的一些概念(见图 2.8.3).

涡线   涡线为一条曲线,此曲线上每一点的切线方向和该点的涡量方向重合. 它是由同一时刻不同流体质点所组成的. 显见,涡线上各流体微团将绕涡线的切线方向旋转. 确定涡线的方程为

$$\frac{\mathrm{d}x}{\Omega_x(x,y,z,t)} = \frac{\mathrm{d}y}{\Omega_y(x,y,z,t)} = \frac{\mathrm{d}z}{\Omega_z(x,y,z,t)} , \tag{2.8.1}$$

其中 $\Omega_x, \Omega_y, \Omega_z$ 为 $\boldsymbol{\Omega}$ 在直角坐标系的三个分量.

涡面   在涡旋场内取一非涡线的曲线,过曲线每一点作涡线,这些涡线组成的曲面,称作涡面.

涡管   如所取的非涡线的曲线 L 封闭,且不自交,则过曲线上每一点作涡线,组成一管状曲面,称作涡管. 若曲线 L 无限小,则称为涡管元. 如果在涡管的周围,流体的涡量皆为零,则称此涡管为孤立涡管.

c) 涡通量和速度环量

曲面积分

$$\int_S \boldsymbol{\Omega} \cdot \mathrm{d}\boldsymbol{S}$$

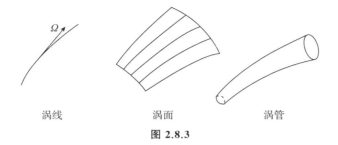

涡线　　　　涡面　　　　涡管

图 2.8.3

称为 $\boldsymbol{\Omega}$ 通过任一截面的**涡通量**.

速度环量是一个与涡通量紧密地联系在一起的物理量,它是流体力学重要概念之一.

曲线积分

$$\Gamma = \int_L \boldsymbol{v} \cdot \mathrm{d}\boldsymbol{r}$$

称为速度矢量沿封闭曲线 L 的环量,简称**速度环量**,以 Γ 表之,其中 $\boldsymbol{v}$ 和 $\mathrm{d}\boldsymbol{r}$ 分别是封闭曲线 L 上的速度矢量和弧元矢量,并规定逆时针方向为 L 的正方向.速度环量表征流体质点沿封闭曲线 L 方向运动的总的趋势的大小.

速度环量和涡通量之间的紧密联系由斯托克斯公式给出:

$$\int_L \boldsymbol{v} \cdot \mathrm{d}\boldsymbol{r} = \int_S \boldsymbol{\Omega} \cdot \mathrm{d}\boldsymbol{S} \tag{2.8.2}$$

其中 S 面张于 L 上,法向单位矢量 $\boldsymbol{n}$ 的正方向与 L 的正方向组成右手螺旋系统(图 2.8.4).(2.8.2) 式写成直角坐标的投影式,有

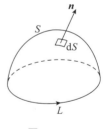

$$\int_L u\,\mathrm{d}x + v\,\mathrm{d}y + w\,\mathrm{d}z$$

$$= \int_S \left[\left(\frac{\partial w}{\partial y} - \frac{\partial v}{\partial z} \right) \cos(\boldsymbol{n}, \boldsymbol{i}) + \left(\frac{\partial u}{\partial z} - \frac{\partial w}{\partial x} \right) \cos(\boldsymbol{n}, \boldsymbol{j}) \right.$$

$$\left. + \left(\frac{\partial v}{\partial x} - \frac{\partial u}{\partial y} \right) \cos(\boldsymbol{n}, \boldsymbol{k}) \right] \mathrm{d}S. \tag{2.8.3}$$

图 2.8.4

(2.8.2) 与 (2.83) 式表明,速度向量 $\boldsymbol{v}$ 沿封闭曲线 L 的环量等于涡量 $\boldsymbol{\Omega}$ 通过张于 L 上的曲面 S 的通量.

涡通量和速度环量虽然都能表征涡旋强度,但是,在某些情况下,利用速度环量来研究涡旋运动有很多方便之处.因为速度环量是曲线积分,被积函数是速度本身,而涡通量则是曲面积分,被积函数是速度的偏导数,所以无论是实验还是理论,利用速度环量常常比利用涡通量简单些.除此之外,在有些情况下我们只能利用速度环量的概念来描写涡旋的强度.

d）涡旋的物理意义

现在我们严格地阐明涡量 $\boldsymbol{\Omega}=\mathrm{rot}\,\boldsymbol{v}$ 的物理意义. 在 M 点邻域取一与 $\boldsymbol{\Omega}$ 垂直的无限小圆,其半径为 a（图 2.8.5）. 写出斯托克斯公式

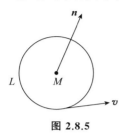

图 2.8.5

$$\int_S \boldsymbol{\Omega}\cdot\mathrm{d}\boldsymbol{S}=\int_L \boldsymbol{v}\cdot\mathrm{d}\boldsymbol{r},$$

其中 L 和 S 分别是小圆的周界及面积. 忽略高阶小量并引进平均切向速度

$$\bar{v}=\frac{\int_L \boldsymbol{v}\cdot\mathrm{d}\boldsymbol{r}}{2\pi a}$$

及平均角速度

$$\bar{\omega}=\frac{\bar{v}}{a}$$

的概念,我们有

$$|\Omega|=\frac{\int_L \boldsymbol{v}\cdot\mathrm{d}\boldsymbol{r}}{\pi a^2}=2\,\frac{\bar{v}}{a}=2\bar{\omega}.$$

由此可见,M 点涡量的大小是流体微团绕该点旋转的平均角速度的两倍,方向与微团的瞬时转动轴线重合.

2.9   流体运动的分类

一般形式的流体运动常常是很复杂的. 在进行具体研究之前,需要将流体运动加以分类. 而后从简单的运动形式着手,研究流体运动及其与固体间相互作用的规律,并在流动规律和处理方法方面积累必要的知识,在这样的基础上再进一步处理更复杂的流体运动. 这种处理问题的过程符合从简单到复杂这一客观规律,是科学发展必经之途. 分类后所得的许多简单形式并不都是丝毫不差地存在于客观实际中,但是它们常常是实际流体运动某种程度的近似. 因此将运动进行分类也具有实际意义.

设流体运动以欧拉方法给出,此时

$$\boldsymbol{v}=\boldsymbol{v}\,(q_1,q_2,q_3,t),$$

其中 q_1,q_2,q_3 是曲线坐标,此外还应在欧拉变数下给出其他有关的物理量. 通常按下述三种方式对流体运动进行分类.

（1）以运动形式为标准:设在整个流场中 $\mathrm{rot}\,\boldsymbol{v}=\boldsymbol{0}$,则称此运动为**无旋运动**;反之称为**有旋运动**. 于是流体运动可以分为无旋运动和有旋运动两种. 因为绝大部分流体运动都是有平动和变形的,因此对于平动及变形这两种运动形式不加分类.

（2）以时间为标准：设速度函数及所有有关物理量皆不依赖于时间 t，即

$$\frac{\partial}{\partial t} = 0,$$

则称此运动为**定常运动**；反之称为**非定常运动**. 于是流体运动亦可以分为定常运动和非定常运动两种.

（3）以空间为标准：设所有有关物理量只依赖于一个曲线坐标，则称此运动为**一维运动**；依赖于两个曲线坐标的运动称为**二维运动**；依赖于三个曲线坐标的运动则称为**三维运动**. 于是流体运动以空间为标准又可分为一维运动、二维运动、三维运动三种. 如果同一时刻，所有相关物理量在空间各点为常值，则称此流动为**均匀流动**；否则称为**非均匀流动**.

2.10 质量力和面力 应力张量

本节研究流体所受的力及其性质.

首先引入密度的概念. 在连续介质中，一点 M 的密度是这样定义的：在流体中取一点 M，围绕 M 点作体积元 $\Delta\tau$，它的质量为 Δm. 作比值 $\frac{\Delta m}{\Delta\tau}$，并令 $\Delta\tau$ 向 M 点无限收缩. 若极限值

$$\rho = \lim_{\Delta\tau \to 0} \frac{\Delta m}{\Delta\tau} = \frac{dm}{d\tau} \tag{2.10.1}$$

存在，则称此极限为流体在 M 点的密度，以 ρ 表之. 一般说来，ρ 是坐标 x，y，z 和时间 t 的函数，即

$$\rho = \rho(x, y, z, t),$$

由此可见密度的物理意义就是单位体积内流体的质量. 密度大，说明单位体积内质量多；反之就比较少.

由（2.10.1）式推出

$$dm = \rho d\tau. \tag{2.10.2}$$

在工程中还广泛采用比重 γ 的概念. 它定义为单位体积内流体的重量，即

$$\gamma = \rho g, \tag{2.10.3}$$

其中 g 为重力加速度，等于 9.81 m/s^2.

在国际单位制中，ρ 和 γ 的单位分别为 kg/m^3 和 N/m^3.

在标准状况下，即气温为 0℃，压强为一个标准大气压时，空气的密度 $\rho = 1.29$ kg/m^3，液态水的密度 $\rho = 1.00 \times 10^3$ kg/m^3.

在流体中取一以封闭曲面 S 为界面的体积 τ，则作用在流体上的力可以分为两类，即质量力和面力.

作用在 τ 内各个流体微团上的力称为**质量力**或**体力**. 例如重力、引力、惯性

力等都是质量力. 与界面 S 接触的流体或固体作用于表面 S 上的力称为**面力**. 例如压力、摩擦力都是面力.

质量力用空间中的分布密度来表示. 在 τ 内任取一点 M, 围绕 M 点作体积元 $\Delta\tau$, 设它的质量为 Δm, 作用在它上面的质量力为 $\Delta \boldsymbol{f}$, 作比值 $\dfrac{\Delta \boldsymbol{f}}{\Delta m}$, 并令 $\Delta\tau$ 向 M 点收缩. 若极限值

$$\boldsymbol{F} = \lim_{\Delta m \to 0} \frac{\Delta \boldsymbol{f}}{\Delta m} = \frac{\mathrm{d}\boldsymbol{f}}{\mathrm{d}m} = \frac{1}{\rho}\frac{\mathrm{d}\boldsymbol{f}}{\mathrm{d}\tau} \tag{2.10.4}$$

存在, 则此极限值代表 M 点上单位质量流体所受到的质量力. $\boldsymbol{F}$ 是空间坐标 x, y, z 和时间 t 的函数, 称为质量力在空间中的分布密度.

由 (2.10.4) 式, 作用在体积元 $\mathrm{d}\tau$ 上的质量力是

$$\mathrm{d}\boldsymbol{f} = \rho \boldsymbol{F} \mathrm{d}\tau, \tag{2.10.5}$$

而作用在有限体积 τ 上的质量力则是

$$\int_\tau \rho \boldsymbol{F} \mathrm{d}\tau. \tag{2.10.6}$$

容易看出, 质量力和体积成正比. 若 $\mathrm{d}\tau$ 是体积元, $\boldsymbol{F}$ 的大小有限, 则作用在 $\mathrm{d}\tau$ 上的质量力 $\mathrm{d}\boldsymbol{f}$ 是三阶无穷小量.

面力用表面上的分布密度来表示. 在 S 上任取一点 M, 作面积元 ΔS 包住 M 点. 设 ΔS 的法线方向为 $\boldsymbol{n}$, $\boldsymbol{n}$ 所指向的流体或固体作用在 ΔS 面上的面力为 $\Delta \boldsymbol{P}$. 作 $\dfrac{\Delta \boldsymbol{P}}{\Delta S}$, 令 ΔS 向 M 点收缩. 若极限值

$$\boldsymbol{p}_n = \lim_{\Delta S \to 0} \frac{\Delta \boldsymbol{P}}{\Delta S} = \frac{\mathrm{d}\boldsymbol{P}}{\mathrm{d}S} \tag{2.10.7}$$

存在, 则它代表 M 点上以 $\boldsymbol{n}$ 为法线的单位面积上所受的面力. 必须指出, $\boldsymbol{p}_n$ 不仅是 x, y, z, t 的函数, 而且还依赖于作用面的方向, 作用面方向不同, 一般说来, $\boldsymbol{p}_n$ 也不同. $\boldsymbol{p}_n$ 称为面力在 S 面上的分布密度, 或称**应力**. 由 (2.10.7) 式, 作用在 $\mathrm{d}S$ 面上的面力为

$$\mathrm{d}\boldsymbol{P} = \boldsymbol{p}_n \mathrm{d}S, \tag{2.10.8}$$

而作用在有限面积 S 上的面力是

$$\int_S \boldsymbol{p}_n \mathrm{d}S. \tag{2.10.9}$$

显然面力是和面积成正比的. 若作用面是面积元 $\mathrm{d}S$, 而应力 $\boldsymbol{p}_n$ 有限, 则作用在 $\mathrm{d}S$ 面上的面力 $\mathrm{d}\boldsymbol{P}$ 是二阶无穷小量.

$\boldsymbol{F}$ 和 $\boldsymbol{p}_n$ 的量纲分别是 $\dfrac{\mathrm{L}}{\mathrm{T}^2}$ 和 $\dfrac{\mathrm{M}}{\mathrm{L}\mathrm{T}^2}$.

过任一点 M 可以作无数个不同方向的面元, 作用在这些不同面元上的面力

一般说来是互不相等的,因此要描写一点的应力,需要知道所有通过 M 点的面上所受的应力. 换句话说,$\boldsymbol{p}_n$ 是径矢 $\boldsymbol{r}$ 和面元法向单位矢量 $\boldsymbol{n}$ 这两个矢量的函数. 但是,过同一点不同面上所受的应力并不是互不相关的. 事实上,只要知道三个坐标面上的应力,则任一以 $\boldsymbol{n}$ 为法线方向的面元上的应力都可通过它们及 $\boldsymbol{n}$ 表示出来. 也就是说三个矢量或九个分量完全地描写了一点的应力状况. 现在我们来证明这一事实.

在证明之前,我们引进一些符号和名词. 先谈谈 $\mathrm{d}S$ 面的法线方向. 如果 $\mathrm{d}S$ 是封闭曲面的一部分,则取外法线方向为 $\mathrm{d}S$ 的正方向. 如果 $\mathrm{d}S$ 所在的曲面不封闭,则约定取一方向为法线的正方向,法线 $\boldsymbol{n}$ 指向的那一边流体作用在 $\mathrm{d}S$ 面上的应力以 $\boldsymbol{p}_n$ 表之,而位于 $-\boldsymbol{n}$ 方向的流体质点作用于 $\mathrm{d}S$ 面上的应力则以 $\boldsymbol{p}_{-n}$ 表之. 根据牛顿的作用和反作用定律,在运动连续时有(图 2.10.1)

$$\boldsymbol{p}_{-n} = -\boldsymbol{p}_n. \tag{2.10.10}$$

应力矢量 $\boldsymbol{p}_n$ 在直角坐标轴上的投影分别以 p_{nx},p_{ny},p_{nz} 表之. 这样应力分量的符号具有两个下标. 第一个下标表示作用面的法线方向;第二个下标表示应力的投影方向. 由于黏性的作用,应力 $\boldsymbol{p}_n$ 一般说来不垂直于作用面,所以它在法线方向和切线方向都有投影. 法线方向的投影 p_{nn} 称为法向应力,切线方向的投影 $p_{n\tau}$ 称为切向应力.

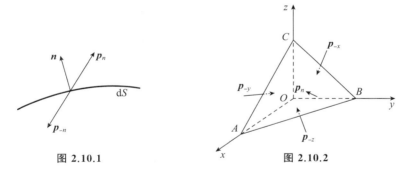

图 2.10.1　　　　　　　　　　图 2.10.2

在流体中取四面体元 $OABC$(图 2.10.2),其侧面 OBC,OAC,OAB 分别垂直于 x 轴,y 轴和 z 轴,而底面 ABC 的法线方向 $\boldsymbol{n}$ 是任意的. 设 OBC,OAC,OAB,ABC 的面积分别为 $\mathrm{d}S_x$,$\mathrm{d}S_y$,$\mathrm{d}S_z$ 和 $\mathrm{d}S$,现在考虑四面体元 $OABC$ 所受的力及力矩. 作用于四面体上的力有外力、惯性力和面力三种. 根据达朗贝尔原理,这三种力及其力矩应该平衡. 由于外力和惯性力都是质量力,它们是三阶无穷小量,而面力则是二阶无穷小量,因此当体积元趋于零时可以不考虑外力和惯性力及其力矩的作用. 于是当体积元趋于零时作用于四面体各面上的合力和合力矩等于零. 这个事实说明,在流体运动时,作用在微元面上的合力和合力矩永远为零. 因为四面体各面 OBC,OCA,OAB,ABC 的外法线方向分别是 $-x$,$-y$,

$-z, n$，所以作用于这些面上的应力是 $p_{-x}, p_{-y}, p_{-z}, p_n$，而总的面力则为：$p_{-x}dS_x, p_{-y}dS_y, p_{-z}dS_z, p_ndS$. 写出这些面力的平衡条件，我们得

$$p_n dS + p_{-x}dS_x + p_{-y}dS_y + p_{-z}dS_z = \mathbf{0}. \qquad (2.10.11)$$

根据（2.10.10）式，有

$$p_{-x} = -p_x, \quad p_{-y} = -p_y, \quad p_{-z} = -p_z. \qquad (2.10.12)$$

其次

$$dS_x = \cos(\mathbf{n}, \mathbf{i})dS = \alpha\, dS,$$
$$dS_y = \cos(\mathbf{n}, \mathbf{j})dS = \beta\, dS,$$
$$dS_z = \cos(\mathbf{n}, \mathbf{k})dS = \gamma\, dS.$$

于是（2.10.11）式可写成

$$p_n = p_x\alpha + p_y\beta + p_x\gamma, \qquad (2.10.13)$$

在直角坐标系中则有

$$\begin{cases} p_{nx} = p_{xx}\alpha + p_{yx}\beta + p_{zx}\gamma, \\ p_{ny} = p_{xy}\alpha + p_{yy}\beta + p_{zy}\gamma, \\ p_{nz} = p_{xz}\alpha + p_{yz}\beta + p_{zz}\gamma. \end{cases} \qquad (2.10.14)$$

上式表明，若三个坐标面的应力矢量 p_x, p_y, p_z 为已知，则任一法向为 $\mathbf{n}$ 的面上的应力 p_n 可按（2.10.13）式求出. 因此三个矢量 p_x, p_y, p_z 或九个量

$$\mathbf{P} = \begin{pmatrix} p_{xx} & p_{xy} & p_{xz} \\ p_{yx} & p_{yy} & p_{yz} \\ p_{zx} & p_{zy} & p_{zz} \end{pmatrix} \qquad (2.10.15)$$

的组合完全地描写了一点的应力状况. 利用符号（2.10.15），（2,10.14）式可改写为

$$p_n = \mathbf{n} \cdot \mathbf{P}. \qquad (2.10.16)$$

根据张量识别定理，$\mathbf{P}$ 是二阶张量，称之为**应力张量**.

现在证明应力张量的对称性. 在流体内任取体积元 V，其界面为 S，在 V 内取一点 O 为力矩参考点. 利用作用在 S 面上的合面力矩等于零这一事实，并利用（2.10.14）式我们有

$$0 = \int_S \mathbf{r} \times p_n\, dS = \int_S \varepsilon_{ijk} x_j p_k\, dS = \int_S \varepsilon_{ijk} x_j p_{lk} n_l\, dS$$
$$= \int_V \varepsilon_{ijk} \frac{\partial(x_j p_{lk})}{\partial x_l}\, dV = \int_V \varepsilon_{ijk}\left(p_{jk} + x_j \frac{\partial p_{lk}}{\partial x_l}\right)dV, \qquad (2.10.17)$$

这里已用到曲面积分转换为体积分的奥-高定理. 因 O 点在 V 内，V 是体积元，所以 x_j 是一阶无穷小量. （2.10.17）式中被积函数的第二项和第一项相比是高阶无穷小量，可忽略不计，于是得

$$\int_V \varepsilon_{ijk} p_{jk}\, dV = 0. \qquad (2.10.18)$$

由 V 的任意性推出

$$\varepsilon_{ijk}p_{jk}=0,$$

即

$$\varepsilon_{ijk}(p_{kj}-p_{jk})=0 \ (i,j,k \ 各不相同,指标不求和)$$

或

$$p_{jk}=p_{kj}.$$

此式表明应力张量是一个二阶对称张量,且只有六个不同的分量,其对角线分量 p_{xx},p_{yy},p_{zz} 是法向应力,非对角线分量 p_{xy},p_{yz},p_{zx} 是切向应力.

既然应力张量是一个二阶对称张量,因此它具有对称张量所有的性质.

(1)应力张量的几何表示是应力二次曲面

$$\boldsymbol{r}\cdot(\boldsymbol{P}\cdot\boldsymbol{r})=p_{xx}x^2+p_{yy}y^2+p_{zz}z^2+2p_{xy}xy+2p_{yz}yz+2p_{zx}zx=1,$$

任一方向 $\boldsymbol{n}$ 上的应力 $\boldsymbol{p}_n$ 可由应力二次曲面上径矢方向为 $\boldsymbol{n}$ 的那一点处的法线方向给出.

(2)应力张量具有三个互相垂直的主轴方向. 在主轴坐标系中,应力张量可写成下列对角线形式

$$\boldsymbol{P}=\begin{pmatrix} p'_{11} & 0 & 0 \\ 0 & p'_{22} & 0 \\ 0 & 0 & p'_{33} \end{pmatrix}, \tag{2.10.19}$$

其中 p'_{11},p'_{22},p'_{33} 称为法向主应力. 于是在与主轴方向垂直的面上,只有法向应力,切向应力等于零.

(3)应力张量的三个基本不变量为

$$\begin{cases} I_1=p_{11}+p_{22}+p_{33}, \\ I_2=p_{22}p_{33}+p_{33}p_{11}+p_{11}p_{22}-p_{23}^2-p_{31}^2-p_{12}^2, \\ I_3=p_{11}p_{22}p_{33}+2p_{12}p_{23}p_{31}-p_{22}p_{31}^2-p_{33}p_{12}^2-p_{11}p_{23}^2. \end{cases} \tag{2.10.20}$$

2.11 理想流体和静止流体的应力张量

根据定义,理想流体对于切向变形没有任何抗拒能力,因此作用在任一面元 $\mathrm{d}S$ 上的应力 $\boldsymbol{p}_n$ 只有法向分量 p_{nn},切向分量等于零. 由此得出结论,在理想流体内部,应力到处与它所作用的面垂直. 因为流体通常不能承受拉力,所以法向应力必为向着面元 $\mathrm{d}S$ 的压力(图 2.11.1). 现在我们进一步证明,同一点的各个不同方向上,法向应力是相等的.

根据 $\boldsymbol{p}_n$ 的方向与法线方向 $\boldsymbol{n}$ 重合的性质,易见直角坐标系三个坐标面上的应力 $\boldsymbol{p}_x$,$\boldsymbol{p}_y$,$\boldsymbol{p}_z$,其法向应力 p_{xx},p_{yy},p_{zz} 不等于零,而切向应力皆为零,即

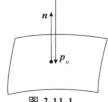

图 2.11.1

$$p_{xy} = p_{yz} = p_{zx} = 0.$$

于是根据（2.10.14）式我们有

$$p_{nx} = p_{xx}\alpha, \quad p_{ny} = p_{yy}\beta, \quad p_{nz} = p_{zz}\gamma,$$

考虑到

$$p_{nx} = p_{nn}\alpha, \quad p_{ny} = p_{nn}\beta, \quad p_{nz} = p_{nn}\gamma,$$

得

$$p_{xx} = p_{yy} = p_{zz} = p_{nn}.$$

由于 n 是任意选取的，这便证明了同一点上各个不同方向上的法向应力是相等的. 令法向应力的共同值以 $-p$ 表示，则

$$p_{xx} = p_{yy} = p_{zz} = p_{nn} = -p,$$

p 称为理想流体的压强，它是 x, y, z, t 的函数

$$p = p(x, y, z, t).$$

取 $-p$ 的原因是强调压力与作用面的法线方向恰好相反. 由此可见，在理想流体中，只要用一个标量函数即压强函数 p 便完全地刻画了任一点的应力状态. 此时应力张量（2.10.15）变为

$$\boldsymbol{P} = -p\delta_{ij}.$$

我们还可以采用下述直观的方法证明理想流体同一点上各个不同方向上的法向应力是相等的. 设想在流体内取出一个无穷小的三棱柱体，两端面与棱边垂直（参看图2.11.2(a)）. 如前所述，作用在三棱柱体上的面力处于平衡状态. 两端面上的作用力彼此平衡无须讨论. 现研究侧面各力的平衡. 由于各侧面的作用力都与该面垂直，因此它们必定在棱柱体的截面上（图 2.11.2(b)）. 为了能平衡，这些力必须形成如图2.11.2(c) 所示的三角形. 易见图 2.11.2(b) 与(c) 两三角形相似（对应边正交），于是

$$\frac{P_1}{AB} = \frac{P_2}{BC} = \frac{P_3}{CA},$$

即

$$\frac{P_1}{AB \cdot L} = \frac{P_2}{BC \cdot L} = \frac{P_3}{CA \cdot L},$$

也就是说，棱柱体所有三个侧面上的压强都是相同的. 由于棱柱体是任意选取的，这就证明了同一点各个不同方向上的压强是相等的.

现考虑静止流体情形. 此时流体可以是理想的，也可以是黏性的. 根据流体的易流动性，流体在静止时不能承受切向应力，因此任一面上的切向应力和理想流体一样亦必然为零. 于是，重复上述对理想流体应力张量的讨论，我们同样地得出 $\boldsymbol{P} = -p\boldsymbol{I}$ 的结论. 此时，p 代表的已是静力学压强函数，它表征流体在静止时每一点的应力状态.

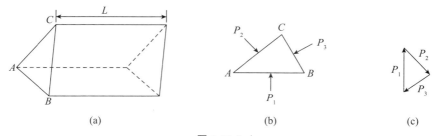

图 2.11.2

2.12   物质积分的随体导数

考虑由流体质点组成的物质线、物质面和物质体. 我们知道, 流体质点具有速度、动量、能量等物理属性. 设在这些物质线、面和体上定义物理量, 例如在物质线上定义速度环量 $\oint_L \boldsymbol{v} \cdot \mathrm{d}\boldsymbol{r}$, 在物质面上考虑涡通量 $\int_S \boldsymbol{\Omega} \cdot \mathrm{d}\boldsymbol{S}$, 在物质体上研究质量 $\int_\tau \rho \, \mathrm{d}\tau$, 动量 $\int_\tau \rho \boldsymbol{v} \, \mathrm{d}\tau$, 动能 $\int_\tau \frac{1}{2} \rho V^2 \mathrm{d}\tau$ 等等. 随着时间的推延, 连续的物质线、面、体不断改变自己的位置和形状, 并维持其连续性(证明见附录一), 因而定义在这些运动几何形体上的物理量也在不断改变数值. 这两种因素都将使速度环量、涡通量、质量、动量、能量等物理量随时间不断改变其值. 刻画上述变化的量是这些曲线积分、曲面积分、体积分的随体导数. 在建立流体力学基本方程组和研究涡旋的动力学性质时将经常遇到它们, 因此很有必要集中起来对它们进行研究, 这就是本节要解决的问题.

a) 线段元、面积元和体积元的随体导数

根据(2.7.4)和(2.7.13)式我们有

$$\frac{\mathrm{d}}{\mathrm{d}t}\delta\boldsymbol{r} = \delta\,\boldsymbol{v} = \delta\boldsymbol{r} \cdot \nabla\boldsymbol{v} \ , \tag{2.12.1}$$

$$\frac{\mathrm{d}}{\mathrm{d}t}\delta\tau = \nabla \cdot \boldsymbol{v}\,\delta\tau . \tag{2.12.2}$$

现利用(2.12.1)和(2.12.2)式推导面积元的随体导数 $\frac{\mathrm{d}}{\mathrm{d}t}\delta\boldsymbol{S}$. 给定 $\delta\boldsymbol{S}$ 后, 任选不与 $\delta\boldsymbol{S}$ 垂直的物质线元 $\delta\boldsymbol{r}$ 为母线, 并与 $\delta\boldsymbol{S}$ 组成柱体, 其体积为 $\delta\tau$, 于是

$$\delta\tau = \delta\boldsymbol{r} \cdot \delta\boldsymbol{S} , \tag{2.12.3}$$

两边取随体导数后得

$$\frac{\mathrm{d}\delta\tau}{\mathrm{d}t} = \frac{\mathrm{d}\delta\boldsymbol{r}}{\mathrm{d}t} \cdot \delta\boldsymbol{S} + \delta\boldsymbol{r} \cdot \frac{\mathrm{d}\delta\boldsymbol{S}}{\mathrm{d}t} .$$

利用(2.12.1), (2.12.2)和(2.12.3)式后上式变为

$$\delta r_i \left(\delta S_j \frac{\partial v_j}{\partial x_i} + \frac{\mathrm{d}\delta S_i}{\mathrm{d}t} - \delta S_i \frac{\partial v_j}{\partial x_j} \right) = 0.$$

由于 $\delta \boldsymbol{r}$ 是任取的, 由此推出

$$\frac{\mathrm{d}}{\mathrm{d}t}\delta S_i = \delta S_i \frac{\partial v_j}{\partial x_j} - \delta S_j \frac{\partial v_j}{\partial x_i}. \qquad (2.12.4)$$

b) 线积分、面积分和体积分的随体导数

考虑物质线积分的随体导数

$$\frac{\mathrm{d}}{\mathrm{d}t} \oint_L \boldsymbol{v} \cdot \delta \boldsymbol{r},$$

其中 L 是一条由流体质点组成的流动封闭曲线 L, $\boldsymbol{v}$ 是速度矢量, δ 是对空间的微分(为了和随体符号 d 区分). 线积分的随体变化主要由两方面的原因引起:一方面, 当时间改变时, 速度矢量 $\boldsymbol{v}$ 将发生变化;另一方面, 由流体质点组成的流动封闭回线在运动过程中也不断地改变其形状. 于是

$$\begin{aligned}
\frac{\mathrm{d}}{\mathrm{d}t}\oint_L \boldsymbol{v} \cdot \delta \boldsymbol{r} &= \oint_L \frac{\mathrm{d}}{\mathrm{d}t}(\boldsymbol{v} \cdot \delta \boldsymbol{r}) \\
&= \oint_L \frac{\mathrm{d}\boldsymbol{v}}{\mathrm{d}t} \cdot \delta \boldsymbol{r} + \oint_L \boldsymbol{v} \cdot \frac{\mathrm{d}\delta \boldsymbol{r}}{\mathrm{d}t} \\
&= \oint_L \frac{\mathrm{d}\boldsymbol{v}}{\mathrm{d}t} \cdot \delta \boldsymbol{r} + \oint_L \boldsymbol{v} \cdot \delta \boldsymbol{v} \\
&= \oint_L \frac{\mathrm{d}\boldsymbol{v}}{\mathrm{d}t} \cdot \delta \boldsymbol{r} + \oint_L \delta \frac{V^2}{2} = \oint_L \frac{\mathrm{d}\boldsymbol{v}}{\mathrm{d}t} \cdot \delta \boldsymbol{r},
\end{aligned}$$

这里已考虑到速度是单值函数, 即

$$\oint_L \delta \frac{V^2}{2} = 0$$

的事实.

考虑物质面积分的随体导数

$$\frac{\mathrm{d}}{\mathrm{d}t} \int_S \boldsymbol{\Omega} \cdot \delta \boldsymbol{S},$$

其中 $\boldsymbol{\Omega}$ 为涡量. 于是采用完全类似的做法, 并考虑到(2.12.4)式后得

$$\begin{aligned}
\frac{\mathrm{d}}{\mathrm{d}t}\int_S \boldsymbol{\Omega} \cdot \delta \boldsymbol{S} &= \int_S \frac{\mathrm{d}\boldsymbol{\Omega}}{\mathrm{d}t} \cdot \delta \boldsymbol{S} + \int_S \boldsymbol{\Omega} \cdot \frac{\mathrm{d}}{\mathrm{d}t}\delta \boldsymbol{S} \\
&= \int_S \frac{\mathrm{d}\boldsymbol{\Omega}}{\mathrm{d}t} \cdot \delta \boldsymbol{S} + \int_S (\mathrm{div}\,\boldsymbol{v})\boldsymbol{\Omega} \cdot \delta \boldsymbol{S} - \int_S \Omega_i \frac{\partial v_j}{\partial x_i}\delta S_j \\
&= \int_S \left(\frac{\mathrm{d}\boldsymbol{\Omega}}{\mathrm{d}t} + \boldsymbol{\Omega}\,\mathrm{div}\,\boldsymbol{v} - \boldsymbol{\Omega} \cdot \nabla \boldsymbol{v} \right) \cdot \delta \boldsymbol{S}.
\end{aligned}$$

同理, 对物质体积分的随体导数有

$$\frac{\mathrm{d}}{\mathrm{d}t}\int_{\tau}\varphi\delta\tau = \int_{\tau}\frac{\mathrm{d}\varphi}{\mathrm{d}t}\delta\tau + \int_{\tau}\varphi\frac{\mathrm{d}}{\mathrm{d}t}\delta\tau = \int_{\tau}\left(\frac{\mathrm{d}\varphi}{\mathrm{d}t}+\varphi\,\mathrm{div}\,\boldsymbol{v}\right)\delta\tau.$$

考虑到

$$\frac{\mathrm{d}\varphi}{\mathrm{d}t}+\varphi\,\nabla\cdot\boldsymbol{v} = \frac{\partial\varphi}{\partial t}+\boldsymbol{v}\cdot\nabla\varphi+\varphi\,\nabla\cdot\boldsymbol{v} = \frac{\partial\varphi}{\partial t}+\mathrm{div}(\varphi\,\boldsymbol{v})$$

及奥-高定理,上式亦可写成

$$\frac{\mathrm{d}}{\mathrm{d}t}\int_{\tau}\varphi\delta\tau = \int_{\tau}\left[\frac{\partial\varphi}{\partial t}+\mathrm{div}(\varphi\,\boldsymbol{v})\right]\partial\tau = \int_{\tau}\frac{\partial\varphi}{\partial t}\delta\tau + \int_{S}\varphi v_{n}\delta S.$$

对于矢量 $\boldsymbol{a}$ 的体积分的随体导数,我们有

$$\frac{\mathrm{d}}{\mathrm{d}t}\int_{\tau}\boldsymbol{a}\delta\tau = \int\left(\frac{\mathrm{d}\boldsymbol{a}}{\mathrm{d}t}+\boldsymbol{a}\,\mathrm{div}\,\boldsymbol{v}\right)\delta\tau = \int_{\tau}\frac{\partial\boldsymbol{a}}{\partial t}\delta\tau + \int_{S}v_{n}\boldsymbol{a}\delta S,$$

其中 φ 和 $\boldsymbol{a}$ 分别为任一标量和任一矢量.

将上述结果集合起来,我们有

$$\frac{\mathrm{d}}{\mathrm{d}t}\oint_{L}\boldsymbol{v}\cdot\delta\boldsymbol{r} = \oint_{L}\frac{\mathrm{d}\boldsymbol{v}}{\mathrm{d}t}\cdot\delta\boldsymbol{r}, \tag{2.12.5}$$

$$\frac{\mathrm{d}}{\mathrm{d}t}\int_{S}\boldsymbol{\Omega}\cdot\mathrm{d}\boldsymbol{S} = \int_{S}\left(\frac{\mathrm{d}\boldsymbol{\Omega}}{\mathrm{d}t}+\boldsymbol{\Omega}\,\mathrm{div}\,\boldsymbol{v}-(\boldsymbol{\Omega}\cdot\nabla)\,\boldsymbol{v}\right)\cdot\delta\boldsymbol{S}, \tag{2.12.6}$$

$$\frac{\mathrm{d}}{\mathrm{d}t}\int_{\tau}\varphi\delta\tau = \int_{\tau}\left(\frac{\mathrm{d}\varphi}{\mathrm{d}t}+\varphi\,\mathrm{div}\,\boldsymbol{v}\right)\delta\tau = \int_{\tau}\left[\frac{\partial\varphi}{\partial t}+\mathrm{div}(\varphi\,\boldsymbol{v})\right]\delta\tau$$
$$= \int_{\tau}\frac{\partial\varphi}{\partial t}\delta\tau + \int_{S}\varphi v_{n}\delta S, \tag{2.12.7}$$

$$\frac{\mathrm{d}}{\mathrm{d}t}\int_{\tau}\boldsymbol{a}\delta\tau = \int_{\tau}\left(\frac{\mathrm{d}\boldsymbol{a}}{\mathrm{d}t}+\boldsymbol{a}\,\mathrm{div}\,\boldsymbol{v}\right)\delta\tau = \int_{\tau}\frac{\partial\boldsymbol{a}}{\partial t}\delta\tau + \int_{S}v_{n}\boldsymbol{a}\delta S. \tag{2.12.8}$$

(2.12.5)—(2.12.8) 式还可以从定义出发更严格地导出(参看附录二).

习　　　　题

一、基本概念

1. 能把流体看作连续介质的条件是什么?

2. 设稀薄气体的分子自由程是几米的数量级,问下列两种情况下连续介质假设是否成立?

(1) 人造卫星在飞离大气层进入稀薄气体层时;

(2) 假想地球在这样的稀薄气体中运动.

3. 大气层的空气密度随着离地面高度的增加而减小,能否从密度变化这件事推断大气是可压缩的?

4. 黏性流体在静止时有没有切向应力? 理想流体在运动时有没有切向应

力？若流体静止时没有切向应力,那么它们是不是都没有黏性?

5. 设 $v \neq 0$,说明

$$\frac{\mathrm{d}\,v}{\mathrm{d}t}=0,\quad \frac{\partial\,v}{\partial t}=0,\quad (v\cdot\nabla)v=0$$

的物理意义.

6. 试写出不可压缩流体在欧拉观点和拉格朗日观点下的数学表达式.

7. 用欧拉观点写出下列各情况下密度的数学表达式:(1) 均质流体;(2) 不可压缩均质流体;(3) 定常运动.

8. 在欧拉观点中用加速度场 $\dot{v}(x,y,z,t)$ 能否描绘流体运动?

9. 设已知在拉氏观点和欧拉观点下分别有速度函数:

$$v=a^2+b^2+t^2,$$
$$v=x^2+y^2+t^2,$$

试说明它们分别表示的物理意义及它们之间的异同.

10. 给定速度场 $v(x,y,z,t)$,设 s 是:(1) 场内任一曲线;(2) 轨迹;(3) 流线.试求 v 沿 s 方向的方向导数,并说明它们的区别.

11. 设流体运动以欧拉观点给出

$$u=ax+t^2,\quad v=by-t^2,\quad w=0\quad (a+b=0),$$

将此转换到拉格朗日观点,并用两种观点分别求加速度.

12. 陨星下坠时在天空划过的白线是什么线?烟囱里冒出的烟是什么线?

13. 看完电影,从大门相继疏散出去的人流,在刚出门的不同时刻,他们的相对位置可以连成不同形状的曲线,试问这类曲线相当于流体运动中的什么线(流线,迹线,或两者皆是,或两者皆不是)? 为什么?

14. 在同一时刻,刚体上每点的角速度一样吗?流体呢?试考虑流体运动

$$u=ay^2,\quad v=w=0$$

的旋度,又其角速度点点一样吗?由此体会局部和整体的关系.

二、流线与迹线,加速度

1. 对下列各种不同的速度分布,完成各题.

(1) $v=C_1\cos\omega t+C_2\sin\omega t$,其中 C_1,C_2 是常矢量,ω 是常数,试比较流线与迹线;

(2) $u=\dfrac{cx}{x^2+y^2}$,$\quad v=\dfrac{cy}{x^2+y^2}$,$\quad w=0$,$\quad c$ 是常数,试画出流线族;

(3) $u=-\dfrac{cy}{x^2+y^2}$,$\quad v=\dfrac{cx}{x^2+y^2}$,$\quad w=0$,$\quad c$ 是常数,试画出流线族;

(4) $v_r=\dfrac{\cos\theta}{r^2}$,$\quad v_\theta=\dfrac{\sin\theta}{r^2}$,$\quad v_z=0$(柱面坐标),试画出流线族;

(5) $\boldsymbol{v}=\dfrac{\boldsymbol{r}}{r^3}$，其中 $r^2=x^2+y^2+z^2$，试画出流线族；

(6) $v_r=\dfrac{2k\cos\theta}{r^3}$，$v_\theta=\dfrac{k\sin\theta}{r^3}$，$v_\varphi=0$（球面坐标），其中 k 为常数，试画出流线族；

(7) $u=y$，$v=-a^2x$，$w=0$，a 为常数，试画出流线族；

(8) $u=x^2-y^2$，$v=-2xy$，求通过 $x=1$，$y=1$ 的流线；

(9) $v_r=V_\infty\left(1-\dfrac{a^2}{r^2}\right)\cos\theta$，$v_\theta=-V_\infty\left(1+\dfrac{a^2}{r^2}\right)\sin\theta$，$v_z=0$，其中 V_∞ 和 a 为常数，试证 $r=a$ 是一条流线；

(10) $v_r=V_\infty\left(1-\dfrac{a^3}{r^3}\right)\cos\theta$，$v_\theta=-V_\infty\left(1+\dfrac{a^3}{2r^3}\right)\sin\theta$，$v_\varphi=0$，试证球面 $r=a$ 是流面；

(11) 设 $u=x+t$，$v=-y+t$，$w=0$，求通过 $x=-1$，$y=-1$ 的流线及 $t=0$ 时通过 $x=-1$，$y=-1$ 的迹线；

(12) $u=ax+t^2$，$v=-ay-t^2$，$w=0$，求流线、迹线族；

(13) 已知 $u=x+t$，$v=y+t$，$w=0$. 若令 $t=0$ 时流体质点的坐标值为 a，b，求用拉格朗日变数表示的速度分布.

2. 考虑空间点源运动，设流体由点源 O 辐射流出. 又设速度大小为

$$|\boldsymbol{v}|=\frac{\theta(t)}{4\pi}\frac{1}{r^2},$$

其中 r 为 O 点到要求速度那点的距离，方向为径矢 $\boldsymbol{r}$ 的方向.

(1) 证明在此特殊情形下流线与迹线是重合的；

(2) 试问，在一般情况下，有没有流线与迹线重合的充分必要条件？

3. 在不可压缩流动中，若流线是 $f_1=c_1$，$f_2=c_2$ 两曲面的交线，试证

$$\boldsymbol{v}=F(f_1,f_2)(\nabla f_1\times\nabla f_2),$$

其中 F 是由 f_1,f_2 所决定的函数.

4. (1) 已知一流体质点，迹线由下列方程给出：

$$x=2+0.01\sqrt{t^5}，\quad y=2+0.01\sqrt{t^5}，\quad z=2，$$

问此质点运动到横坐标 $x=8$ 时，它的加速度是多少？

(2) 已知速度场分布为

$$u=yzt，\quad v=zxt，\quad w=0，$$

问当 $t=10$ 时质点在点 $(2,5,3)$ 处的加速度是多少？

5. 对第 1 题的(1)—(12)问求加速度，并讨论什么情况下只有局部加速度，什么情况下只有迁移加速度？

三、运动类型的判别

1. 对以下流场

(1) $u = cy, v = w = 0$；

(2) $u = c, v = w = 0$；

(3) $u = -cy, v = cx, w = 0$；

(4) $u = \dfrac{cy}{x^2 + y^2}, \quad v = \dfrac{cx}{x^2 + y^2}, \quad w = 0$

进行分析，哪些是有旋运动？哪些是无旋运动？求出它们的流线形状，其中 c 是常数.

2. 从空间、时间及运动形式来判别下列运动是什么类型的（对空间而论，只在直角坐标、柱面坐标、球面坐标系的范围内划分）：

(1) $u = cy, v = w = 0$；

(2) $u = cx, v = -cy, w = cxy$；

(3) $u = yzt, v = zxt, w = 0$；

(4) $u = -\dfrac{2xyz}{(x^2 + y^2)^2}, \quad v = \dfrac{(x^2 - y^2)z}{(x^2 + y^2)^2}, \quad w = \dfrac{y}{x^2 + y^2}$；

(5) $u = \dfrac{x}{(x^2 + y^2 + z^2)^{3/2}}, \quad v = \dfrac{y}{(x^2 + y^2 + z^2)^{3/2}}$,

$\qquad w = \dfrac{z}{(x^2 + y^2 + z^2)^{3/2}}$；

(6) $v_r = V_\infty(t)\left(1 - \dfrac{a^3}{r^3}\right)\cos\theta, \quad v_\theta = -V_\infty(t)\left(1 + \dfrac{a^3}{2r^3}\right)\sin\theta, \quad v_\varphi = 0$；

(7) $v_r = \dfrac{2k(t)\cos\theta}{r^3}, \quad v_\theta = \dfrac{k(t)\sin\theta}{r^3}, \quad v_\varphi = 0$.

3. 以拉格朗日变数 (a, b, c) 给出流场

(1) $x = a\mathrm{e}^{-2t/k}, y = b\mathrm{e}^{t/k}, z = c\mathrm{e}^{t/k}$；

(2) $x = a\mathrm{e}^{-2t/k}, y = b(1 + t/k)^2, z = c\mathrm{e}^{2t/k}(1 + t/k)^{-2}$,

式中 k 为非零常数，请判断：

(a) 速度场是否定常？

(b) 流场是否是可压缩的？

(c) 是否是有旋流场？

4. 设一圆球在静止的流体中作匀速直线运动.

(1) 从固定在空间的坐标系来看；

(2) 从固定在圆球上的坐标系来看，

运动是定常的还是非定常的？由此得出什么结论？并试设想出它们的流线形状.

四、速度分解定理，应力张量

1. 过 M 点作正六面体，利用正六面体各面上的应力证明应力张量的对称

性. 用取任一体积元的方法再证一次.

2. 试证在任一点, 应力满足

$$p_{nm} = p_{mn},$$

说明 p_{nm}, p_{mn} 所代表的物理意义.

3. 在只有法向应力存在的情况下, 试证在均匀重力场作用下的匀速流场中, 压强(即法向应力)沿铅直方向的变化规律为

$$p(z_2) - p(z_1) = \rho g(z_1 - z_2),$$

其中 z 为铅垂方向的坐标, 向上为正. (提示: 考虑一个其轴沿铅直方向, 截面任意小的柱体的平衡.)

4. 过任意点, 如果在某一个面上只有法向应力 δ 作用, 没有切向应力, 则称 δ 为主应力, 试证:

(1) 对任意一点, 有三个主应力 $\delta_1, \delta_2, \delta_3$. 若 $\delta_1, \delta_2, \delta_3$ 各不同, 则它们作用的面互相垂直;

(2) 若 $|\delta_1| \geqslant |\delta_2| \geqslant |\delta_3|$, 则 $|\delta_1| \geqslant |\boldsymbol{p}_n| \geqslant |\delta_3|$, 即过一点的各个不同面上作用的应力的大小的最大与最小值是主应力;

(3) 若 $\delta_1 \geqslant \delta_2 \geqslant \delta_3$, 则 $\delta_1 \geqslant p_{nn} \geqslant \delta_3$, 即作用在过一点的各个不同面上的法向应力的最大和最小值是主应力.

5. 试证, 最大切向应力 $p_\tau (p_n^2 = p_{nn}^2 + p_\tau^2)$ 等于最大及最小主应力之差的一半, 即

$$(p_\tau)_{\max} = \frac{\delta_1 - \delta_3}{2} (\delta_1 \geqslant \delta_2 \geqslant \delta_3).$$

五、其他

1. 试证在流管中存在与流线垂直的横截面的充分必要条件为:

$$\boldsymbol{v} \cdot \operatorname{rot} \boldsymbol{v} = 0.$$

2. 速度场给定如下:

(1) $\boldsymbol{v} = \dfrac{\boldsymbol{r}}{r^3}$, 其中 $r = \sqrt{x^2 + y^2 + z^2}$;

(2) $\boldsymbol{v} = \dfrac{c}{r} \boldsymbol{\theta}_0$, 其中 $\boldsymbol{\theta}_0$ 为球面坐标中 θ 方向的单位矢量. 试求通过以原点为中心, 半径为 R 的球面 S 的流体体积流量.

3. 规定一个标准大气压为在温度为 0℃ 时海平面上的压强值, 如果它与 760 mmHg 的高度相对应, 试以 N/cm^2 为单位计算一个标准大气压的大小, 并换算成以 lb/in^2(英制磅 / 英寸^2)为单位的表示.

4. 在通常条件下, 空气的密度取 1.225 kg/m^3, 而水的密度为 999.1 kg/m^3, 试求 1 m^3 空气和水的重量, 并与自己平常的印象做比较.

第三章　　流体力学基本方程组

一切客观事物都是互相联系的,具有其自身的特殊规律.流体运动固然千变万化,但也有其内在规律.这些规律就是自然科学中通过大量实践和实验归纳出来的质量守恒定律、动量定理、能量守恒定律、热力学定律以及流体的物性.它们在流体力学中有其独特的表达形式,组成了制约流体运动的基本方程.

本章将根据上述基本定律及流体的性质推导流体力学的基本方程组,并讨论其初始条件和边界条件.

3.1　连续性方程

无数生产实践和科学实验都证明,质量是不生不灭的.无论经过什么形式的运动,机械的、物理的、化学的,物质的总质量总是不变的,这个普遍规律就叫作"质量守恒定律".当然,质量守恒定律也有局限性.当物体的运动速度接近光速和在微观的原子核反应中,质量和能量互相转化,质量不再守恒.流体力学研究宏观运动而且速度和光速不可比拟,所以质量守恒定律完全成立.

现在我们从质量守恒定律出发推导连续性方程.

质量守恒定律告诉我们,同一流体的质量在运动过程中不生不灭.

在流体中取由一定流体质点组成的物质体,其体积为 τ,质量为 m,则

$$m = \int_\tau \rho\, \delta\tau.$$

根据质量守恒定律,下式在任一时刻都成立

$$\frac{\mathrm{d}m}{\mathrm{d}t} = \frac{\mathrm{d}}{\mathrm{d}t}\int_\tau \rho\, \delta\tau = 0. \tag{3.1.1}$$

根据(2.12.7)式有

$$\int_\tau \frac{\partial \rho}{\partial t}\delta\tau + \int_S \rho v_n \delta S = 0, \tag{3.1.2}$$

这就是积分形式的连续性方程.

其次,由(2.12.7)式我们还有

$$\int_\tau \left(\frac{\mathrm{d}\rho}{\mathrm{d}t} + \rho\, \mathrm{div}\, \boldsymbol{v}\right)\delta\tau = \int_\tau \left[\frac{\partial \rho}{\partial t} + \mathrm{div}(\rho\, \boldsymbol{v})\right]\delta\tau = 0.$$

假定被积函数连续,而且体积 τ 是任意选取的,由此推出被积函数必须恒等于零,于是有

$$\frac{\mathrm{d}\rho}{\mathrm{d}t} + \rho\,\mathrm{div}\,\boldsymbol{v} = 0 \quad \left(\frac{\mathrm{d}\rho}{\mathrm{d}t} + \rho\,\frac{\partial v_i}{\partial x_i} = 0\right) \tag{3.1.3}$$

及

$$\frac{\partial\rho}{\partial t} + \mathrm{div}(\rho\,\boldsymbol{v}) = 0 \quad \left(\frac{\partial\rho}{\partial t} + \frac{\partial(\rho v_i)}{\partial x_i} = 0\right), \tag{3.1.4}$$

(3.1.3)或(3.1.4)式称为微分形式的**连续性方程**.

在直角坐标系中连续性方程(3.1.4)采取下列形式

$$\frac{\partial\rho}{\partial t} + \frac{\partial(\rho u)}{\partial x} + \frac{\partial(\rho v)}{\partial y} + \frac{\partial(\rho w)}{\partial z} = 0. \tag{3.1.5}$$

上面我们对有限体积内的质量运用拉格朗日观点推导出了连续性方程. 下面我们利用另外三种方法来推导上述结果.

考虑质量为 δm 的体积元 $\delta\tau$, 对 δm 运用拉格朗日观点, 根据质量守恒定律有

$$\frac{\mathrm{d}}{\mathrm{d}t}\delta m = 0.$$

因

$$\delta m = \rho\,\delta\tau,$$

于是

$$\frac{\mathrm{d}}{\mathrm{d}t}(\rho\,\delta\tau) = 0,$$

$$\rho\,\frac{\mathrm{d}}{\mathrm{d}t}\delta\tau + \delta\tau\,\frac{\mathrm{d}\rho}{\mathrm{d}t} = 0,$$

或写成

$$\frac{1}{\rho}\frac{\mathrm{d}\rho}{\mathrm{d}t} + \frac{1}{\delta\tau}\frac{\mathrm{d}}{\mathrm{d}t}\delta\tau = 0.$$

相对体积膨胀速度

$$\frac{1}{\delta\tau}\frac{\mathrm{d}}{\mathrm{d}t}\delta\tau,$$

即为速度 $\boldsymbol{v}$ 的散度 $\mathrm{div}\,\boldsymbol{v}$, 由此得

$$\frac{1}{\rho}\frac{\mathrm{d}\rho}{\mathrm{d}t} + \mathrm{div}\,\boldsymbol{v} = 0,$$

此即(3.1.3)式的连续性方程. 从这个推导方法可以很清楚地看出(3.1.3)式各项的物理意义: $\dfrac{1}{\rho}\dfrac{\mathrm{d}\rho}{\mathrm{d}t}$ 是相对密度变化率, $\mathrm{div}\,\boldsymbol{v}$ 是相对体积变化率. 为了要维持体积元内质量守恒, 必须要求相对密度变化率等于负的相对体积变化率, 因此(3.1.3)式必须成立.

现在应用欧拉观点推导连续性方程. 在空间中取一以 S 面为界的有限体积 τ, 该体积是由空间点组成的, 因此它将固定在空间中而不随时间改变. 在流体力学中固定在空间中的 S 面常称为**控制面**. 取外法线方向为法线的正方向, $\boldsymbol{n}$ 为外法线的单位矢量. 考虑体积 τ 内流体质量的变化. τ 内流体质量的变化主要由下面两个原因产生: 第一, 通过表面 S 有流体流出或流入, 单位时间内流出的流体和流入的流体总和是

$$\int_S \rho v_n \delta S, \tag{3.1.6}$$

正号表示总的说来流体是流出表面 S 之外的; 第二, 由于密度场的非定常性, 单位时间内体积 τ 的质量将减少, 减少的数量是

$$-\int_\tau \frac{\partial \rho}{\partial t} \delta \tau, \tag{3.1.7}$$

负号表示质量的减少. 根据质量守恒定律, (3.1.6) 式必须等于 (3.1.7) 式, 由此得到

$$\int_S \rho v_n \delta S = -\int_\tau \frac{\partial \rho}{\partial t} \delta \tau,$$

即

$$\int_\tau \frac{\partial \rho}{\partial t} \delta \tau + \int_S \rho v_n \delta S = 0.$$

运用奥-高定理, 将上式中的曲面积分化为体积分即得

$$\int_\tau \left[\frac{\partial \rho}{\partial t} + \mathrm{div}(\rho \boldsymbol{v}) \right] \delta \tau = 0,$$

由于体积 τ 是任意的, 且被积函数连续, 于是

$$\frac{\partial \rho}{\partial t} + \mathrm{div}(\rho \boldsymbol{v}) = 0,$$

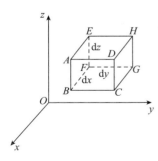

图 3.1.1

这就是 (3.1.4) 式的连续性方程. 从推导过程看出, 第一项 $\frac{\partial \rho}{\partial t}$ 代表单位体积内由于密度场非定常性引起的质量变化; 第二项 $\mathrm{div}(\rho\boldsymbol{v})$ 代表流出单位体积表面的流体质量.

现在我们叙述最后一种推导连续性方程的方法. 在直角坐标系中取一由空间点组成的固定不动的平行六面体元, 其棱边 $\mathrm{d}x, \mathrm{d}y, \mathrm{d}z$ 分别平行于坐标轴 (图 3.1.1). 现在应用欧拉观点对上述控制面推导连续性方程. 考虑六面体内流体质量的变化, 首先计算通过六面体表面的流体质量. 在 x 轴方向, 单位时间内通过表面 $EFGH$ 的通量是

$$\rho u \,\mathrm{d}y\,\mathrm{d}z,$$

而通过表面 $ABCD$ 的通量则是

$$\left[\rho u + \frac{\partial(\rho u)}{\partial x}\mathrm{d}x\right]\mathrm{d}y\,\mathrm{d}z.$$

这样在 x 轴方向上单位时间内通过 $EFGH$ 和 $ABCD$ 的总的流体质量是

$$\frac{\partial(\rho u)}{\partial x}\mathrm{d}x\,\mathrm{d}y\,\mathrm{d}z.$$

同理,可得 y 轴方向和 z 轴方向上单位时间内通过表面的流体总质量分别是

$$\frac{\partial(\rho v)}{\partial y}\mathrm{d}x\,\mathrm{d}y\,\mathrm{d}z$$

及

$$\frac{\partial(\rho w)}{\partial z}\mathrm{d}x\,\mathrm{d}y\,\mathrm{d}z.$$

将这三式相加得单位时间内通过六面体六个表面的总质量为

$$\left[\frac{\partial(\rho u)}{\partial x} + \frac{\partial(\rho v)}{\partial y} + \frac{\partial(\rho w)}{\partial z}\right]\mathrm{d}x\,\mathrm{d}y\,\mathrm{d}z. \tag{3.1.8}$$

其次,由于密度的变化,六面体中单位时间内流体质量将减少

$$-\frac{\partial \rho}{\partial t}\mathrm{d}x\,\mathrm{d}y\,\mathrm{d}z. \tag{3.1.9}$$

根据质量守恒定律,流出六面体的流体质量应该等于六面体内质量的减少,由此得

$$\frac{\partial \rho}{\partial t} + \frac{\partial(\rho u)}{\partial x} + \frac{\partial(\rho v)}{\partial y} + \frac{\partial(\rho w)}{\partial z} = 0,$$

这就是直角坐标系内的连续性方程 (3.1.5) 式,将之写成矢量形式即得 (3.1.4) 式,

$$\frac{\partial \rho}{\partial t} + \mathrm{div}(\rho\, \boldsymbol{v}) = 0.$$

现推导几种特殊情形下的连续性方程.

在定常运动时,$\dfrac{\partial \rho}{\partial t} = 0$,于是连续性方程 (3.1.4) 变成

$$\mathrm{div}(\rho\, \boldsymbol{v}) = 0$$

或

$$\frac{\partial(\rho u)}{\partial x} + \frac{\partial(\rho v)}{\partial y} + \frac{\partial(\rho w)}{\partial z} = 0, \tag{3.1.10}$$

此式说明定常运动时单位体积流进和流出的质量应相等.

对于不可压缩流体,$\dfrac{\mathrm{d}\rho}{\mathrm{d}t} = 0$,于是由 (3.1.3) 式得不可压缩流体的连续性方

程为

$$\mathrm{div}\ \boldsymbol{v} = 0 \qquad (3.1.11)$$

或

$$\frac{\partial u}{\partial x} + \frac{\partial v}{\partial y} + \frac{\partial w}{\partial z} = 0.$$

这就是说,由于流体微团的密度、质量在随体运动中都不变,所以流体微团的体积在随体运动中也不变.(3.1.11) 式还说明,不可压缩流体的速度场是无源场.

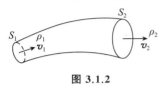

图 3.1.2

最后我们推导流管中平均运动的连续性方程,它在工程计算中很有用. 在流体中取一流管,设其中两个横截面为 S_1, S_2;平均速度和密度分别为 v_1, ρ_1; v_2, ρ_2(图 3.1.2). 根据质量守恒定律,对于定常流动有

$$\rho_1 v_1 S_1 = \rho_2 v_2 S_2 \qquad (3.1.12)$$

或

$$\rho v S = 常数.$$

这是因为如果流过任何两个截面的流体质量不相等,则流管中这两个截面间的质量就势必要不断增加或减少,这就与定常运动的假设相矛盾(根据(3.1.10) 式亦可导出(3.1.12) 式).

对于不可压缩均质流体,应用(3.1.11) 式有

$$S_1 v_1 = S_2 v_2 \qquad (3.1.13)$$

或

$$S v = 常数.$$

它表明,低速气流或水流中,流速与流管截面积成反比. 截面积小的地方流速大,截面积大的地方流速小. 风洞试验段速度最大,低速机翼上表面速度较大,其原因都在于此(图 3.1.3).

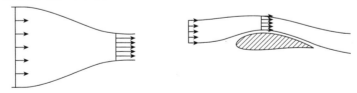

图 3.1.3

最后我们推导以下两节要用的两个公式. 利用质量守恒定律有

$$\frac{\mathrm{d}}{\mathrm{d}t} \int_\tau \rho\varphi\,\delta\tau = \frac{\mathrm{d}}{\mathrm{d}t} \int_\tau \varphi\,\delta m = \int_\tau \frac{\mathrm{d}\varphi}{\mathrm{d}t}\delta m + \int_\tau \varphi\,\frac{\mathrm{d}}{\mathrm{d}t}\delta m = \int_\tau \rho\,\frac{\mathrm{d}\varphi}{\mathrm{d}t}\delta\tau, \quad (3.1.14)$$

$$\frac{\mathrm{d}}{\mathrm{d}t} \int_\tau \rho\boldsymbol{a}\,\delta\tau = \int_\tau \rho\,\frac{\mathrm{d}\boldsymbol{a}}{\mathrm{d}t}\delta\tau. \qquad (3.1.15)$$

3.2 运动方程

现在我们从动量定理出发导出运动方程.

任取一体积为 τ 的流体,它的边界为控制面 S. 在流体力学中,推导守恒定律时,经常采用控制面方法. 根据动量定理,体积 τ 中流体动量的变化率等于作用在该体积上的质量力和面力之和. 以 $\boldsymbol{F}$ 表示作用在单位质量上的质量力,而 $\boldsymbol{p}_n$ 为作用在单位面积上的面力(图 3.2.1),则作用在 τ 上和 S 上的总质量力和面力为 $\int_\tau \rho \boldsymbol{F} \delta\tau$ 及 $\int_S \boldsymbol{p}_n \delta S$.

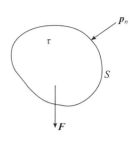

图 3.2.1

又体积 τ 内的动量是 $\int_\tau \rho \boldsymbol{v} \delta\tau$,于是,**动量定理**可写成下列表达式:

$$\frac{\mathrm{d}}{\mathrm{d}t}\int_\tau \rho \, \boldsymbol{v} \, \delta\tau = \int_\tau \rho \boldsymbol{F} \delta\tau + \int_S \boldsymbol{p}_n \delta S. \qquad (3.2.1)$$

对上式左边应用(2.12.8)式得

$$\int_\tau \frac{\partial(\rho \, \boldsymbol{v})}{\partial t} \delta\tau + \int_S \rho v_n \, \boldsymbol{v} \, \delta S = \int_\tau \rho \boldsymbol{F} \delta\tau + \int_S \boldsymbol{p}_n \delta S, \qquad (3.2.2)$$

这就是积分形式的动量方程.

其次,根据(3.1.15)式得

$$\frac{\mathrm{d}}{\mathrm{d}t}\int_\tau \rho \, \boldsymbol{v} \, \delta\tau = \int_\tau \rho \, \frac{\mathrm{d}\boldsymbol{v}}{\mathrm{d}t} \delta\tau.$$

应用奥-高定理有

$$\int_S \boldsymbol{p}_n \delta S = \int_S \boldsymbol{n} \cdot \boldsymbol{P} \delta S = \int_\tau \mathrm{div}\boldsymbol{P} \delta\tau,$$

其中 $\boldsymbol{P}$ 是应力张量. 于是(3.2.1)式变为

$$\int_\tau \left(\rho \, \frac{\mathrm{d}\boldsymbol{v}}{\mathrm{d}t} - \rho\boldsymbol{F} - \mathrm{div}\boldsymbol{P} \right) \delta\tau = 0,$$

因 τ 任意,且假定被积函数连续,由此推出,被积函数恒为零,即

$$\rho \, \frac{\mathrm{d}\boldsymbol{v}}{\mathrm{d}t} = \rho\boldsymbol{F} + \mathrm{div}\boldsymbol{P}. \qquad (3.2.3)$$

用张量表示法则为

$$\rho \, \frac{\mathrm{d}v_i}{\mathrm{d}t} = \rho F_i + \frac{\partial p_{ji}}{\partial x_j}, \qquad (3.2.4)$$

这就是微分形式的动量方程,即**运动方程**,其中 $\rho \, \dfrac{\mathrm{d}\boldsymbol{v}}{\mathrm{d}t}$ 表示单位体积上的惯性力;$\rho\boldsymbol{F}$ 表示单位体积上的质量力;而 $\mathrm{div}\boldsymbol{P}$ 则表示单位体积上应力张量的散度,

它是与面力等效的体力分布函数. 于是运动方程(3.2.3)表明单位体积上的惯性力等于单位体积上的质量力加上单位体积上应力张量的散度.

在直角坐标系中运动方程(3.2.3)式采取下列形式

$$\begin{cases} \rho\left(\dfrac{\partial u}{\partial t}+u\,\dfrac{\partial u}{\partial x}+v\,\dfrac{\partial u}{\partial y}+w\,\dfrac{\partial u}{\partial z}\right)=\rho F_x+\dfrac{\partial p_{xx}}{\partial x}+\dfrac{\partial p_{yx}}{\partial y}+\dfrac{\partial p_{zx}}{\partial z}, \\[2mm] \rho\left(\dfrac{\partial v}{\partial t}+u\,\dfrac{\partial v}{\partial x}+v\,\dfrac{\partial v}{\partial y}+w\,\dfrac{\partial v}{\partial z}\right)=\rho F_y+\dfrac{\partial p_{xy}}{\partial x}+\dfrac{\partial p_{yy}}{\partial y}+\dfrac{\partial p_{zy}}{\partial z}, \\[2mm] \rho\left(\dfrac{\partial w}{\partial t}+u\,\dfrac{\partial w}{\partial x}+v\,\dfrac{\partial w}{\partial y}+w\,\dfrac{\partial w}{\partial z}\right)=\rho F_z+\dfrac{\partial p_{xz}}{\partial x}+\dfrac{\partial p_{yz}}{\partial y}+\dfrac{\partial p_{zz}}{\partial z}. \end{cases} \quad (3.2.5)$$

下面对体积 τ 应用动量矩定理. 任取一点为力矩参考点, $\boldsymbol{r}$ 为流体质点到参考点的径矢, 则动量矩定理可写成

$$\frac{\mathrm{d}}{\mathrm{d}t}\int_\tau \boldsymbol{r}\times\rho\,\boldsymbol{v}\,\delta\tau=\int_\tau \boldsymbol{r}\times\rho\boldsymbol{F}\delta\tau+\int_S \boldsymbol{r}\times\boldsymbol{p}_n\delta S. \quad (3.2.6)$$

应用(2.12.8)式, (3.2.6)式变为

$$\int_\tau\left[\boldsymbol{r}\times\frac{\partial(\rho\,\boldsymbol{v})}{\partial t}\right]\delta\tau+\int_S(\boldsymbol{r}\times\rho v_n\boldsymbol{v})\delta S=\int_\tau \boldsymbol{r}\times\rho\boldsymbol{F}\delta\tau+\int_S \boldsymbol{r}\times\boldsymbol{p}_n\delta S,$$

$$(3.2.7)$$

这就是积分形式的**动量矩定理**.

现在我们考察微分形式的动量矩定理给出什么方程. 应用(3.1.15)及(2.10.17)式

$$\frac{\mathrm{d}}{\mathrm{d}t}\int_\tau \boldsymbol{r}\times\rho\,\boldsymbol{v}\,\delta\tau=\int_\tau\rho\,\frac{\mathrm{d}}{\mathrm{d}t}(\boldsymbol{r}\times\boldsymbol{v})\delta\tau=\int_\tau\left(\boldsymbol{r}\times\rho\,\frac{\mathrm{d}\boldsymbol{v}}{\mathrm{d}t}\right)\delta\tau,$$

$$\int_S\boldsymbol{r}\times\boldsymbol{p}_n\delta S=\int_\tau\varepsilon_{ijk}\left(p_{kj}+x_j\,\frac{\partial p_{lk}}{\partial x_l}\right)\delta\tau=\int_\tau(\boldsymbol{r}\times\operatorname{div}\boldsymbol{P})\delta\tau+\int_\tau\varepsilon_{ijk}\,p_{kj}\delta\tau.$$

(3.2.6)式可写为

$$\int_\tau\varepsilon_{ijk}p_{kj}\delta\tau=\int_\tau\left[\boldsymbol{r}\times\left(\rho\,\frac{\mathrm{d}\boldsymbol{v}}{\mathrm{d}t}-\rho\boldsymbol{F}-\operatorname{div}\boldsymbol{P}\right)\right]\delta\tau,$$

考虑到运动方程(3.2.3)我们有

$$\int_\tau\varepsilon_{ijk}p_{kj}\delta\tau=0,$$

由此推出

$$p_{jk}=p_{kj}.$$

上式表明微分形式的动量矩定理只给出应力张量是对称的这个已经知道了的结论, 它并不给出新的方程.

最后我们写出运动方程(3.2.3)的另一种形式以及它在运动坐标系中的表达形式.

将加速度 $\dfrac{\mathrm{d}\,\boldsymbol{v}}{\mathrm{d}t}$ 写成

$$\frac{\mathrm{d}\,\boldsymbol{v}}{\mathrm{d}t} = \frac{\partial\,\boldsymbol{v}}{\partial t} + \boldsymbol{v}\cdot\nabla\boldsymbol{v},$$

考虑到场论中基本运算公式 ⑪,我们有

$$\frac{\mathrm{d}\,\boldsymbol{v}}{\mathrm{d}t} = \frac{\partial\,\boldsymbol{v}}{\partial t} + \mathrm{grad}\,\frac{V^2}{2} + \mathrm{rot}\,\boldsymbol{v}\times\boldsymbol{v}. \tag{3.2.8}$$

将加速度写成上述形式的优点在于它将 $\boldsymbol{v}\cdot\nabla\boldsymbol{v}$ 中的位势部分和涡旋部分分开,这样做在解决具体问题时常常是方便的. 将(3.2.8)代入(3.2.3)式得

$$\rho\left(\frac{\partial\,\boldsymbol{v}}{\partial t} + \mathrm{grad}\,\frac{V^2}{2} + \mathrm{rot}\,\boldsymbol{v}\times\boldsymbol{v}\right) = \rho\boldsymbol{F} + \mathrm{div}\boldsymbol{P}, \tag{3.2.9}$$

这就是所谓的**兰姆-葛罗麦卡**(Lamb-Громека)**运动方程**.

在某些问题例如气象学中常常把固定在地面上的坐标系看作和地球一起运动,因此有时需要写出流体在运动坐标系中的运动方程. 从理论力学得知,**绝对速度**$\boldsymbol{v}_{\mathrm{a}}$和相对速度$\boldsymbol{v}_{\mathrm{r}}$之间的关系是

$$\boldsymbol{v}_{\mathrm{a}} = \boldsymbol{v}_{\mathrm{r}} + \boldsymbol{v}_{\mathrm{e}},$$

其中$\boldsymbol{v}_{\mathrm{e}}$是**牵连速度**,它由下列公式确定:

$$\boldsymbol{v}_{\mathrm{e}} = \boldsymbol{v}_{\mathrm{o}} + \boldsymbol{\omega}\times\boldsymbol{r},$$

这里$\boldsymbol{r}$是质点的径矢,$\boldsymbol{v}_{\mathrm{o}}$是运动系某点的平动速度,$\boldsymbol{\omega}$是相对该点的转动角速度. 其次,**绝对加速度** $\boldsymbol{w}_{\mathrm{a}}$ 和相对加速度 $\boldsymbol{w}_{\mathrm{r}}$ 之间有下列公式:

$$\boldsymbol{w}_{\mathrm{a}} = \boldsymbol{w}_{\mathrm{r}} + \boldsymbol{w}_{\mathrm{e}} + \boldsymbol{w}_{\mathrm{c}} \tag{3.2.10}$$

其中 $\boldsymbol{w}_{\mathrm{e}}$,$\boldsymbol{w}_{\mathrm{c}}$ 分别是**牵连加速度**和**科里奥利加速度**,其表达式分别是

$$\boldsymbol{w}_{\mathrm{e}} = \frac{\mathrm{d}\,\boldsymbol{v}_{\mathrm{o}}}{\mathrm{d}t} + \frac{\mathrm{d}\boldsymbol{\omega}}{\mathrm{d}t}\times\boldsymbol{r} + \boldsymbol{\omega}\times(\boldsymbol{\omega}\times\boldsymbol{r}),$$

$$\boldsymbol{w}_{\mathrm{c}} = 2(\boldsymbol{\omega}\times\boldsymbol{v}_{\mathrm{r}}). \tag{3.2.11}$$

将(3.2.10)式及(3.2.11)式代入(3.2.3)式得

$$\frac{\mathrm{d}'\,\boldsymbol{v}_{\mathrm{r}}}{\mathrm{d}t} = \boldsymbol{F} + \frac{1}{\rho}\mathrm{div}\boldsymbol{P} - \boldsymbol{w}_{\mathrm{e}} - 2(\boldsymbol{\omega}\times\boldsymbol{v}_{\mathrm{r}}), \tag{3.2.12}$$

其中"'"表示在运动坐标系中进行微分,这就是**运动坐标系中的运动方程**. 上式亦可写成

$$\frac{\partial'\,\boldsymbol{v}_{\mathrm{r}}}{\partial t} + \mathrm{grad}\,\frac{v_{\mathrm{r}}^2}{2} + \mathrm{rot}\,\boldsymbol{v}_{\mathrm{r}}\times\boldsymbol{v}_{\mathrm{r}} = \boldsymbol{F} + \frac{1}{\rho}\mathrm{div}\boldsymbol{P} - \boldsymbol{w}_{\mathrm{e}} - 2(\boldsymbol{\omega}\times\boldsymbol{v}_{\mathrm{r}}). \tag{3.2.13}$$

由此可见,只要将外力 $\boldsymbol{F}$ 换成虚拟外力 $\boldsymbol{F} - \boldsymbol{w}_{\mathrm{e}} - 2(\boldsymbol{\omega}\times\boldsymbol{v}_{\mathrm{r}})$,则运动坐标系中的运动方程和绝对坐标系中的运动方程具有完全相同的形式.

3.3　能量方程

现在我们从能量守恒这一普遍规律出发推导能量方程.

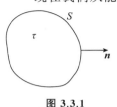

图 3.3.1

任取一界面为 S 的流体体积 τ,设 $\boldsymbol{n}$ 为界面 S 的外法线单位矢量(图 3.3.1). 能量守恒定律可表达为:体积 τ 内流体的动能和内能的改变率等于单位时间内质量力和面力所做的功加上单位时间内传入体积 τ 的热量. 容易看到,体积 τ 内,动能和内能的总和是

$$\int_\tau \rho \left(U + \frac{V^2}{2} \right) \mathrm{d}\tau,$$

其中 U 是单位质量的**内能**,而质量力和面力所做的功则是

$$\int_\tau \rho \boldsymbol{F} \cdot \boldsymbol{v} \, \mathrm{d}\tau$$

及

$$\int_S \boldsymbol{p}_n \cdot \boldsymbol{v} \, \mathrm{d}S.$$

现在我们来研究传入 τ 的热量. 传热的方式主要有热传导及辐射两种. 在能量转换中,还有化学反应(例如燃烧)和其他物理原因(凝固、蒸发等). 根据著名的**傅里叶定律**,单位时间内由于热传导通过表面 $\mathrm{d}S$ 传给 τ 内的热量是 $-\boldsymbol{f} \cdot \boldsymbol{n} \, \mathrm{d}S$,其中 $\boldsymbol{f}$ 是热流矢量,它是 ∇T 的线性函数,即

$$f_i = -k_{ij} \frac{\partial T}{\partial x_j},$$

其中 k_{ij} 是热传导系数张量,T 是温度. 由张量识别定理易知,k_{ij} 是二阶张量. 对于空气和水这类各向同性流体而言,k_{ij} 是各向同性张量. 于是根据第一章 1.20 节各向同性张量的性质有 $k_{ij} = k\delta_{ij}$,其中 k 是热导率. 因此

$$f_i = -k \frac{\partial T}{\partial x_i},$$

而单位时间内由于热传导通过表面 $\mathrm{d}S$ 传给 τ 内的热量是 $k \dfrac{\partial T}{\partial n} \mathrm{d}S$,由此单位时间内由于热传导通过 S 传入的热量为

$$\int_S k \frac{\partial T}{\partial n} \mathrm{d}S.$$

设 q 为由于辐射或其他原因在单位时间内传入单位质量的热量,定义为

$$q = \frac{\mathrm{d}Q}{\mathrm{d}m} = \lim_{\Delta m \to 0} \frac{\Delta Q}{\Delta m},$$

其中 Δm 为包围 M 点的体积 $\Delta \tau$ 内的质量,ΔQ 为其他方式传入 $\Delta \tau$ 内的热量. 于是单位时间内由于辐射或其他原因传入 τ 内的总热量为

$$\int_\tau \rho q \, \mathrm{d}\tau .$$

现在能量守恒定律可以写为

$$\frac{\mathrm{d}}{\mathrm{d}t} \int_\tau \rho \left(U + \frac{V^2}{2} \right) \mathrm{d}\tau$$

$$= \int_\tau \rho \boldsymbol{F} \cdot \boldsymbol{v} \, \mathrm{d}\tau + \int_S \boldsymbol{p}_n \cdot \boldsymbol{v} \, \mathrm{d}S + \int_S k \frac{\partial T}{\partial n} \mathrm{d}S + \int_\tau \rho q \, \mathrm{d}\tau . \tag{3.3.1}$$

根据 (2.12.7) 式, (3.3.1) 式可改写为

$$\int_\tau \frac{\partial}{\partial t} \left[\rho \left(U + \frac{V^2}{2} \right) \right] \mathrm{d}\tau + \int_S \rho v_n \left(U + \frac{V^2}{2} \right) \mathrm{d}S$$

$$= \int_\tau \rho \boldsymbol{F} \cdot \boldsymbol{v} \, \mathrm{d}\tau + \int_S \boldsymbol{p}_n \cdot \boldsymbol{v} \, \mathrm{d}S + \int_S k \frac{\partial T}{\partial n} \mathrm{d}S + \int_\tau \rho q \, \mathrm{d}\tau , \tag{3.3.2}$$

这就是积分形式的**能量方程**. 现在我们来推导微分形式的能量方程. 为此, 根据 (3.1.14) 式将 (3.3.1) 式中的体积分的随体导数写成

$$\frac{\mathrm{d}}{\mathrm{d}t} \int_\tau \rho \left(U + \frac{V^2}{2} \right) \mathrm{d}\tau = \int_\tau \rho \frac{\mathrm{d}}{\mathrm{d}t} \left(U + \frac{V^2}{2} \right) \mathrm{d}\tau .$$

此外, 根据奥–高定理将 (3.3.1) 式中的曲面积分化为体积分

$$\int_S \boldsymbol{p}_n \cdot \boldsymbol{v} \, \mathrm{d}S = \int_S (\boldsymbol{n} \cdot \boldsymbol{P}) \cdot \boldsymbol{v} \, \mathrm{d}S = \int_S \boldsymbol{n} \cdot (\boldsymbol{P} \cdot \boldsymbol{v}) \mathrm{d}S = \int_\tau \mathrm{div}(\boldsymbol{P} \cdot \boldsymbol{v}) \mathrm{d}\tau ,$$

$$\int_S k \frac{\partial T}{\partial n} \mathrm{d}S = \int_\tau \mathrm{div}(k \, \mathrm{grad} \, T) \mathrm{d}\tau .$$

于是 (3.3.1) 式可写成

$$\int_\tau \rho \frac{\mathrm{d}}{\mathrm{d}t} \left(U + \frac{V^2}{2} \right) \mathrm{d}\tau = \int_\tau \rho \boldsymbol{F} \cdot \boldsymbol{v} \, \mathrm{d}\tau + \int_\tau \mathrm{div}(\boldsymbol{P} \cdot \boldsymbol{v}) \mathrm{d}\tau$$

$$+ \int_\tau \mathrm{div}(k \, \mathrm{grad} \, T) \mathrm{d}\tau + \int_\tau \rho q \, \mathrm{d}\tau .$$

由于 τ 是任意的, 且假定被积函数连续, 由此推出

$$\rho \frac{\mathrm{d}\left(\dfrac{V^2}{2} \right)}{\mathrm{d}t} + \rho \frac{\mathrm{d}U}{\mathrm{d}t} = \rho \boldsymbol{F} \cdot \boldsymbol{v} + \mathrm{div}(\boldsymbol{P} \cdot \boldsymbol{v}) + \mathrm{div}(k \, \mathrm{grad} \, T) + \rho q , \tag{3.3.3}$$

或写成

$$\rho \frac{\mathrm{d}}{\mathrm{d}t} \left(\frac{1}{2} v_i v_i \right) + \rho \frac{\mathrm{d}U}{\mathrm{d}t} = \rho F_i v_i + \frac{\partial (p_{ij} v_j)}{\partial x_i} + \frac{\partial}{\partial x_i} \left(k \frac{\partial T}{\partial x_i} \right) + \rho q , \tag{3.3.4}$$

这就是微分形式的能量方程. 在直角坐标系中, 能量方程 (3.3.3) 的形式是

$$\rho \left(\frac{\partial}{\partial t} + u \frac{\partial}{\partial x} + v \frac{\partial}{\partial y} + w \frac{\partial}{\partial z} \right) \left[U + \frac{1}{2} (u^2 + v^2 + w^2) \right]$$

$$= \rho (u F_x + v F_y + w F_z) + \frac{\partial}{\partial x} (p_{xx} u + p_{xy} v + p_{xz} w)$$

$$+ \frac{\partial}{\partial y}(p_{yx}u + p_{yy}v + p_{yz}w) + \frac{\partial}{\partial z}(p_{zx}u + p_{zy}v + p_{zz}w)$$

$$+ \frac{\partial}{\partial x}\left(k\frac{\partial T}{\partial x}\right) + \frac{\partial}{\partial y}\left(k\frac{\partial T}{\partial y}\right) + \frac{\partial}{\partial z}\left(k\frac{\partial T}{\partial z}\right) + \rho q. \tag{3.3.5}$$

(3.3.3) 式中各项的物理意义是十分明显的. 左边第一、二项代表单位体积内动能和内能的随体导数；右边第一项是单位体积内质量力所做的功率，第二项代表单位体积表面上的面力所做的功率，第三项代表单位体积内由于热传导传入的热量，最后一项代表单位体积内由于辐射或其他物理或化学原因的贡献.

现在我们来推导微分形式能量方程的另一种形式. 易见

$$\mathrm{div}(\boldsymbol{P}\cdot\boldsymbol{v}) = \mathrm{div}(\boldsymbol{v}\cdot\boldsymbol{P}) = \frac{\partial}{\partial x_j}(v_i p_{ij}) = v_i\frac{\partial p_{ij}}{\partial x_j} + p_{ij}\frac{\partial v_i}{\partial x_j}$$

$$= v_i\frac{\partial p_{ij}}{\partial x_j} + p_{ij}a_{ij} + p_{ij}s_{ij}$$

$$= v_i\frac{\partial p_{ij}}{\partial x_j} + p_{ij}s_{ij} = \boldsymbol{v}\cdot\mathrm{div}\boldsymbol{P} + \boldsymbol{P}:\boldsymbol{S}, \tag{3.3.6}$$

在推导中我们已考虑到 (2.6.5) 式以及 $p_{ij}a_{ij} = 0$ 的事实，其中 $\boldsymbol{S}$ 是变形速度张量，$\boldsymbol{A}$ 是反对称张量. (3.3.6) 式表明面力对单位体积做的功率由两部分组成：一部分是由于面力的合力所做的功率，此部分由 $\boldsymbol{v}\cdot\mathrm{div}\,\boldsymbol{P}$ 表达；另一部分是由于流体变形后，面力所做的功率，表现在右式第二部分 $\boldsymbol{P}:\boldsymbol{S}$ 中.

将 (3.3.6) 式代入 (3.3.3) 式得

$$\rho\frac{\mathrm{d}\left(\dfrac{V^2}{2}\right)}{\mathrm{d}t} + \rho\frac{\mathrm{d}U}{\mathrm{d}t} = \rho\boldsymbol{F}\cdot\boldsymbol{v} + \boldsymbol{v}\cdot\mathrm{div}\boldsymbol{P} + \boldsymbol{P}:\boldsymbol{S}$$

$$+ \mathrm{div}(k\,\mathrm{grad}\,T) + \rho q. \tag{3.3.7}$$

现在我们证明，体力所做的功率 $\rho\boldsymbol{F}\cdot\boldsymbol{v}$ 加上面力的合力所做的功率 $\boldsymbol{v}\cdot\mathrm{div}\boldsymbol{P}$ 等于单位体积内动能的随体导数. 为此只需在 (3.2.3) 式的两边点乘速度矢量 $\boldsymbol{v}$，即得

$$\rho\boldsymbol{v}\cdot\frac{\mathrm{d}\boldsymbol{v}}{\mathrm{d}t} = \rho\boldsymbol{F}\cdot\boldsymbol{v} + \boldsymbol{v}\cdot\mathrm{div}\boldsymbol{P}$$

或

$$\rho\frac{\mathrm{d}\left(\dfrac{V^2}{2}\right)}{\mathrm{d}t} = \rho\boldsymbol{F}\cdot\boldsymbol{v} + \boldsymbol{v}\cdot\mathrm{div}\boldsymbol{P}.$$

考虑到上式，(3.3.7) 式可写成

$$\rho\frac{\mathrm{d}U}{\mathrm{d}t} = \boldsymbol{P}:\boldsymbol{S} + \mathrm{div}(k\,\mathrm{grad}\,T) + \rho q \tag{3.3.8}$$

或

$$\rho \frac{\mathrm{d}U}{\mathrm{d}t} = p_{ij} s_{ji} + \frac{\partial}{\partial x_i}\left(k \frac{\partial T}{\partial x_i}\right) + \rho q, \tag{3.3.9}$$

这就是微分形式能量方程的另一种形式. 此式的物理意义可叙述为: 单位体积内由于流体变形面力所做的功加上热传导及辐射等其他原因传入的热量恰好等于单位体积内的内能的增加. (3.3.8) 式在直角坐标系中的形式是

$$\rho\,\frac{\partial U}{\partial t} + u\,\frac{\partial U}{\partial x} + v\,\frac{\partial U}{\partial y} + w\,\frac{\partial U}{\partial z}$$

$$= p_{xx}\,\frac{\partial u}{\partial x} + p_{yy}\,\frac{\partial v}{\partial y} + p_{zz}\,\frac{\partial w}{\partial z} + p_{xy}\left(\frac{\partial v}{\partial x} + \frac{\partial u}{\partial y}\right)$$

$$+ p_{yz}\left(\frac{\partial w}{\partial y} + \frac{\partial v}{\partial z}\right) + p_{zx}\left(\frac{\partial u}{\partial z} + \frac{\partial w}{\partial x}\right)$$

$$+ \frac{\partial}{\partial x}\left(k\,\frac{\partial T}{\partial x}\right) + \frac{\partial}{\partial y}\left(k\,\frac{\partial T}{\partial y}\right) + \frac{\partial}{\partial z}\left(k\,\frac{\partial T}{\partial z}\right) + \rho q. \tag{3.3.10}$$

3.4　本构方程

真实流体都有黏性. 当相邻两层流体作相对滑动即剪切变形时, 在相反方向产生一切向应力, 阻止变形的发生. 因此, 切向应力和剪切变形速度之间存在着一定的关系, 流体的这种性质称为黏性. 由此可见, 流体的宏观性质——黏性规律将应力张量和变形速度张量以某种关系联系起来. 这一节中我们将在一定的假定下推导表达黏性规律的应力张量和变形速度张量之间的关系, 即本构方程. 将本构方程与 (3.2.5) 式联合起来可以推导出著名的 **纳维-斯托克斯** (Navier-Stokes) **方程**.

牛顿 在 1687 年第一个对最简单的剪切运动做了一个著名的实验, 并且建立了切向应力和剪切变形速度之间的关系. 现在我们简要地叙述一下牛顿的实验. 考虑两个很长的平行平板间的黏性流体运动, 平板间的距离为 h, 设下面一个平板静止不动, 而上面那个平板则在自身的平面

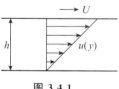

图 3.4.1

上以等速 U 运动. 实验表明, 两平板上的流体质点黏附在平板上, 随着平板一起运动. 因此, 下平板上流体速度为零, 而上平板上的流体速度则为 U. 根据测量结果, 两平板间的速度分布遵守线性规律

$$u(y) = \frac{U}{h} y.$$

显然, $\dfrac{U}{h}$ 可写成

$$\frac{U}{h} = \frac{\mathrm{d}u}{\mathrm{d}y}. \tag{3.4.1}$$

为了实现上述切向变形,必须在上平板与运动相同的方向上加上一个切向力以抵消流体抗拒变形所产生的切向阻力.实验结果表明,此力和上平板的运动速度 U 成正比,而与两平板间的距离 h 则成反比,于是

$$\tau = \mu \frac{U}{h}. \tag{3.4.2}$$

根据(3.4.1)式,(3.4.2)式可写成更普遍的形式

$$\tau = \mu \frac{\mathrm{d}u}{\mathrm{d}y}, \tag{3.4.3}$$

其中 τ 是**剪应力**,$\frac{\mathrm{d}u}{\mathrm{d}y}$ 是**剪切变形速度**,μ 是流体的一个物理常数,是流体抗拒变形的内摩擦的量度,称为**黏度**,也称为**动力黏度**.(3.4.2)式称为**牛顿黏性定律**,它表明切向应力和剪切变形速度成正比.

以后我们将常碰到另一黏度,它等于动力黏度除以密度 ρ,即

$$\nu = \frac{\mu}{\rho},$$

称为**运动黏度**.

容易看出,μ 的量纲是 $\frac{\mathrm{M}}{\mathrm{LT}}$,而 ν 的量纲则是 $\frac{\mathrm{L}^2}{\mathrm{T}}$.在国际单位制中,$\mu$ 和 ν 的单位分别是 $\mathrm{Pa \cdot s}$ 和 $\mathrm{m^2 \cdot s^{-1}}$.

黏度 μ 的数值依赖于流体的性质.对于黏性较小的流体,黏度 μ 的数值很小.例如在一个标准大气压,温度为 20℃ 的条件下,水的黏度

$$\mu = 1.0 \times 10^{-3} \ \mathrm{Pa \cdot s},$$

运动黏度

$$\nu = 1.0 \times 10^{-6} \ \mathrm{m^2 \cdot s^{-1}},$$

而对于空气

$$\mu = 1.9 \times 10^{-5} \ \mathrm{Pa \cdot s}, \ \nu = 1.5 \times 10^{-5} \ \mathrm{m^2 \cdot s^{-1}}.$$

对于黏性很大的流体,黏度可达到很高的数值.例如甘油在 3℃ 时的黏度是 $4.22 \ \mathrm{Pa \cdot s}$,比水的黏度大好几千倍.

黏度 μ 还显著地依赖于温度,但很少随压强发生变化.它与温度的关系对于液体和气体来说是截然不同的.对于液体来说,随着温度的升高,黏度 μ 下降.对于气体而言,当温度升高时,黏度反而上升.

对于气体,黏度 μ 和温度 T 的关系可表成

$$\mu = 常数 \times \frac{T^{3/2}}{T+C}, \tag{3.4.4}$$

其中 $C \approx 110.4 \ \mathrm{K}$,此式称为**萨瑟兰(Sutherland)公式**.萨瑟兰公式在相当大的范围内($T < 2000 \ \mathrm{K}$)对空气是适用的.由于(3.4.4)式较复杂,在实用上多采用

幂次公式

$$\frac{\mu}{\mu_0} = \left(\frac{T}{T_0}\right)^n \tag{3.4.5}$$

来近似给出真实的黏性关系,其中幂次 n 的变化范围是

$$\frac{1}{2} \leqslant n \leqslant 1,$$

它依赖于气体的性质及所考虑的温度范围. 在高温时,例如在 3000 K 以上,n 可近似地取为 $\frac{1}{2}$;在低温时可取 1. 对于空气而言,在 $90\,\mathrm{K} < T < 300\,\mathrm{K}$ 的温度范围内可采用公式

$$\frac{\mu}{\mu_0} = \left(\frac{T}{T_0}\right)^{8/9}, \tag{3.4.6}$$

它与萨瑟兰公式相差不超过 5%.

应该指出,牛顿黏性定律只适用于剪切流动这一最简单的情形. 但是实际遇到的流动常常是很复杂的. 要在理论上或通过实验直接导出一般运动情形下应力张量和变形速度张量之间的关系是很困难的. 下面我们采用演绎法在以下几个基本假定下推出适用于一般情形的广义牛顿黏性定律.

(1) 运动流体的应力张量在运动停止后应趋于静止流体的应力张量. 据此将应力张量 $\boldsymbol{P}$ 写成各向同性部分 $-p\boldsymbol{I}$ 和各向异性部分 $\boldsymbol{P}'$ 之和是方便的:

$$\boldsymbol{P} = -p\boldsymbol{I} + \boldsymbol{P}', \quad p_{ij} = -p\delta_{ij} + \tau_{ij}, \tag{3.4.7}$$

写成分量形式则为

$$\begin{pmatrix} p_{xx} & p_{xy} & p_{zx} \\ p_{xy} & p_{yy} & p_{yz} \\ p_{zx} & p_{yz} & p_{zz} \end{pmatrix} = \begin{pmatrix} -p & 0 & 0 \\ 0 & -p & 0 \\ 0 & 0 & -p \end{pmatrix} + \begin{pmatrix} \tau_{xx} & \tau_{xy} & \tau_{zx} \\ \tau_{xy} & \tau_{yy} & \tau_{yz} \\ \tau_{zx} & \tau_{yz} & \tau_{zz} \end{pmatrix}, \tag{3.4.8}$$

其中 p 是根据纯力学考虑定义出来的运动流体的压强函数. 它不等于静止流体的压强函数,但当运动静止时趋于静止流体的压强函数. $\boldsymbol{P}'$ 是除去 $-p\boldsymbol{I}$ 后得到的张量,称为**偏应力张量**. 当运动消失时它趋于零. 显见,偏应力张量和应力张量一样也是对称二阶张量.

(2) 偏应力张量 τ_{ij} 的各分量在速度梯度不太大时,可以认为只与 $\dfrac{\partial u_i}{\partial x_j}$ 线性相关,而且是齐次的. 因为在速度 u_i 为常量时,τ_{ij} 应为零,所以我们可以合理地假设 τ_{ij} 各分量是 $\dfrac{\partial u_i}{\partial x_j}$ 各分量的线性齐次函数.

(3) 流体是各向同性的. 各向同性的意思就是流体的所有性质如黏性、热传导等在每点的各个方向上都是相同的,即流体的性质不依赖于方向或坐标系的旋转. 所有气体都是各向同性的,大部分简单液体例如水等也是各向同性的. 包

含长链状分子的悬浮液或溶液可能呈现出某种方向性,这样的液体不在我们考虑之列.

根据假设(2),有

$$\tau_{ij} = c_{ijkl} \frac{\partial u_k}{\partial x_l},\qquad(3.4.9)$$

其中 c_{ijkl} 是表征流体黏性的常数,共 $3^4 = 81$ 个. 下面我们证明,当流体是各向同性时, c_{ijkl} 的数目由 81 个减至 2 个. 因 τ_{ij}, $\frac{\partial u_k}{\partial x_l}$ 是张量,根据张量识别定理推出 c_{ijkl} 是四阶张量,称为黏性系数张量. 其次因 τ_{ij} 是对称张量,所以 c_{ijkl} 对指标 i, j 是对称的. 根据(2.6.5)式, $\frac{\partial u_k}{\partial x_l}$ 可写成对称的变形速度张量 s_{kl} 和反对称张量 $-\varepsilon_{klm}\omega_m$(旋转部分) 之和,于是

$$\tau_{ij} = c_{ijkl} s_{kl} - c_{ijkl}\varepsilon_{klm}\omega_m.\qquad(3.4.10)$$

根据假定(3), c_{ijkl} 是各向同性张量且对指标 i, j 对称,于是由(1.20.29)式有

$$c_{ijkl} = \lambda\delta_{ij}\delta_{kl} + \mu(\delta_{ik}\delta_{jl} + \delta_{il}\delta_{jk}).\qquad(3.4.11)$$

从(3.4.11)式可见,现在的独立常数只有 λ 与 μ 两个了. 此外还可看出 c_{ijkl} 对指标 k, l 也是对称的. 这样(3.4.10)式中右边第二项为 0,从而严格证明了偏应力张量和旋转无关,它只和变形有关. 将(3.4.11)式代入(3.4.10)式得

$$\tau_{ij} = \lambda\delta_{ij}\delta_{kl}s_{kl} + \mu(\delta_{ik}\delta_{jl} + \delta_{il}\delta_{jk})s_{kl},$$
$$\tau_{ij} = \lambda s_{kk}\delta_{ij} + 2\mu s_{ij},\qquad(3.4.12)$$

代入(3.4.7)式有

$$p_{ij} = (-p + \lambda s_{kk})\delta_{ij} + 2\mu s_{ij}.\qquad(3.4.13)$$

引进

$$\mu' = \lambda + \frac{2}{3}\mu,$$

于是(3.4.13)式亦可写成

$$p_{ij} = -p\delta_{ij} + 2\mu\left(s_{ij} - \frac{1}{3}s_{kk}\delta_{ij}\right) + \mu' s_{kk}\delta_{ij},\qquad(3.4.14)$$

这就是各向同性黏性流体的**本构方程**.

现考察物性常数 μ 及 μ' 的物理意义. 考虑剪切运动

$$u = u(y),\quad v = w = 0,$$

此时本构方程为

$$p_{xy} = \mu\frac{\mathrm{d}u}{\mathrm{d}y},$$

其形式和牛顿黏性定律完全相同. 可见, μ 就是流体的动力黏度.

在一固定点 M 处考虑以不同 $\boldsymbol{n}$ 为其法向的所有面上的法向应力的平均值.

此平均值也就是以 M 为中心,以 r 为半径的无限小球面 S 上法向应力的平均值,

$$\frac{1}{4\pi r^2}\int_S \boldsymbol{n}\cdot\boldsymbol{p}_n\,\mathrm{d}S = \frac{1}{4\pi r^2}\int_S \boldsymbol{n}\cdot P\cdot\boldsymbol{n}\,\mathrm{d}S = \frac{1}{4\pi r^2}\int_S p_{ij}n_in_j\,\mathrm{d}S.$$

应力张量 p_{ij} 本应在 S 上取值,因球体无限小,可转移到 M 点上取值,应用奥-高定理后有

$$\frac{1}{4\pi r^2}\int_S p_{ij}n_in_j\,\mathrm{d}S = \frac{p_{ij}}{4\pi r^2}\int_V \frac{\partial n_i}{\partial x_j}\,\mathrm{d}V = \frac{p_{ij}}{4\pi r^3}\int_V \frac{\partial x_i}{\partial x_j}\,\mathrm{d}V$$

$$= p_{ij}\delta_{ij}\frac{1}{4\pi r^3}\frac{4\pi r^3}{3} = \frac{1}{3}p_{ij}\delta_{ij}$$

$$= \frac{1}{3}p_{ii} = \frac{1}{3}(p_{xx}+p_{yy}+p_{zz}).$$

可见 M 点处所有方向上法向应力的平均值等于 x,y,z 三个方向上法向应力的平均值,显然这是一个不随坐标系改变的不变量. 根据(3.4.14)式有

$$\frac{1}{3}(p_{xx}+p_{yy}+p_{zz}) = -p + \mu'\mathrm{div}\,\boldsymbol{v}. \tag{3.4.15}$$

对于不可压缩流体而言(通常的液体,低速定常运动的气体都是不可压缩流体)

$$\mathrm{div}\,\boldsymbol{v} = 0.$$

平均法向应力等于运动流体的压强 p,此时 μ' 自动不出现,本构方程中只出现一个常数,即动力黏度 μ.

对于可压缩流体而言(高速运动的气体是可压缩流体)

$$\mathrm{div}\,\boldsymbol{v} \neq 0.$$

流体的体积在运动过程中发生膨胀或收缩,根据(3.4.15)式,它将引起平均法向应力的值发生 $\mu'\mathrm{div}\,\boldsymbol{v}$ 的改变,μ' 称为**第二动力黏度**或**第二黏度**,亦称膨胀黏度或体积黏度. 由此可见,可压缩流体(主要是气体)一般来说有两个黏性系数 μ 及 μ'. 从微观上来看,当气体产生膨胀和收缩时,气体的体积发生变化,从一种状态进入另一种状态,于是气体处于不平衡状态,这是一个不可逆的过程,因此系统的熵将增加,从而产生了由于膨胀或收缩引起的耗散,μ' 就是量度这类耗散大小的黏性系数. 真实的气体都有耗散和膨胀黏度,只是大小不同而已. 当弛豫时间,即失去平衡后再恢复到新的平衡所需的时间,比宏观运动状态改变所需的时间短,气体便可近似地认为处于平衡状态,此时耗散比起压强值小得很多可忽略不计,第二黏度 μ' 可以不予考虑. 反之,如果弛豫时间和宏观运动状态改变所需的时间具有同等数量级,甚至前者更大,则不平衡状态引起的耗散达到相当的值. 此时就必须考虑第二黏度.

对于单原子气体来说,粒子只有平动,没有转动和振动. 当粒子从一个状态进入另一状态时,它的能量经过四五次撞击后就能和新的环境相适应. 在标准

状态下,这个时间的数量级大约是 10^{-9} s. 因此只要流动的宏观运动变化得不是太快,我们就可以认为单原子气体的运动处于平衡状态,即不必考虑第二黏度引起的耗散.

对于像空气那样的双原子气体,除平动外,还有转动和振动. 在温度不太高的情况下,振动未被激发,因而不参与能量交换. 而转动动能又几乎和平动动能一样地容易和新环境相适应. 因此对于温度不太高的双原子气体而言,在宏观运动变化得不太快的情况下也可以忽略第二黏度的影响.

当气体处于振动能被激发的高温状态,或虽在常温状态但宏观运动的周期短,如高频声波,此时气体在运动过程中处于非平衡态,滞后现象引起的耗散达到不可忽略的程度. 此时必须考虑第二黏度的影响. 对高频声波在双原子气体中的衰减的观察表明线性关系(3.4.14)是准确的,并且得到 μ' 和 μ 同数量级的结果. 频率很高时(例如标准状态下的氮气中声波频率超过 10^7 Hz 时),振动能对内能贡献很大,很长的弛豫时间使线性关系(3.4.14)不再准确,此时必须考虑运动的历史并提出另外的公式.

由此可见,除了高温和高频声波等极端情况,对一般情形下的气体运动而言,可以近似地认为

$$\mu' = 0.$$

这个在分子动理学里得到证明的事实当年只是斯托克斯提出的一个假设. 斯托克斯认为平均法向应力不仅依赖于 p,而且还和膨胀率 $\operatorname{div} \boldsymbol{v}$ 有关的事实,是不合理的,于是他提出 $\mu' = 0$ 的假设(1880). 将此代入(3.4.15)式有

$$p = -\frac{1}{3}(p_{xx} + p_{yy} + p_{zz}), \tag{3.4.16}$$

后人便称 $\mu' = 0$ 或(3.4.16)式为**斯托克斯假设**.

(3.4.16)式表明黏性流体中的压强函数 p 就是平均法向应力. 这个压强函数和热力学中的压强具有不同的含义,我们并不能证明它们是相同的,但是大量实际计算表明,在斯托克斯假设成立的大部分情形下,可以认为两者实际上是相等的.

考虑到(3.4.14)式,在做了斯托克斯假设后,应力张量和变形速度张量之间的关系可写成下列形式:

$$\begin{cases} p_{ij} = -p\delta_{ij} + 2\mu\left(s_{ij} - \dfrac{1}{3}s_{kk}\delta_{ij}\right), \\[2mm] \boldsymbol{P} = -p\boldsymbol{I} + 2\mu\left(\boldsymbol{S} - \dfrac{1}{3}\boldsymbol{I}\operatorname{div}\boldsymbol{v}\right). \end{cases} \tag{3.4.17}$$

(3.4.17)式和(3.4.14)式都称为**广义牛顿黏性定律**.

写成直角坐标系中的分量形式,则有

$$\begin{cases} p_{xx} = -p - \dfrac{2}{3}\mu \operatorname{div} \boldsymbol{v} + 2\mu\,\dfrac{\partial u}{\partial x}, \\[2mm] p_{yy} = -p - \dfrac{2}{3}\mu \operatorname{div} \boldsymbol{v} + 2\mu\,\dfrac{\partial v}{\partial y}, \\[2mm] p_{zz} = -p - \dfrac{2}{3}\mu \operatorname{div} \boldsymbol{v} + 2\mu\,\dfrac{\partial w}{\partial z}, \\[2mm] p_{xy} = p_{yx} = \mu\left(\dfrac{\partial u}{\partial y} + \dfrac{\partial v}{\partial x}\right), \\[2mm] p_{zx} = p_{xz} = \mu\left(\dfrac{\partial u}{\partial z} + \dfrac{\partial w}{\partial x}\right), \\[2mm] p_{yz} = p_{zy} = \mu\left(\dfrac{\partial v}{\partial z} + \dfrac{\partial w}{\partial y}\right). \end{cases} \tag{3.4.18}$$

当流体不可压缩时, $\operatorname{div} \boldsymbol{v} = 0$, (3.4.17) 式变为

$$\boldsymbol{P} = -p\boldsymbol{I} + 2\mu\boldsymbol{S}, \qquad p_{ij} = -p\delta_{ij} + 2\mu s_{ij}. \tag{3.4.19}$$

广义牛顿黏性定律成立的基础是假设偏应力张量各分量和速度梯度张量各分量之间存在着线性关系, 也就是说速度变化的二阶量以及二阶以上的高阶量可以忽略不计. 粗看起来这样的假设只是对速度梯度比较小的缓慢运动才是对的, 例如液体的流动及低速空气绕物体的流动就是这样的流动. 但是实践表明, 广义牛顿黏性定律的适用范围远远超出人们所能预料的. 它不仅适用于超声速气流, 甚至对于高超声速气流也是适用的. 只有在物理量变化极端剧烈的激波层内, 它的适用性才存在问题. 广义牛顿黏性定律适用范围的讨论给我们提供了一个范例, 说明只有实践而不是主观想象 (不管这样的想象是多么合乎情理) 才是检验真理的标准. 应力张量和变形速度张量之间的关系满足广义牛顿黏性定律的流体称为**牛顿流体**, 否则称为**非牛顿流体**. 常用的流体, 例如水及空气都是牛顿流体. 但是也有一些流体, 特别是化工系统中经常碰到的液体, 例如油漆、颜料、橡胶、低温润滑油、血液等等, 在通常的工作条件下呈现出明显的非牛顿特性. 这些具有复杂分子结构特别是具有长链分子结构的液体、溶液和混合物, 其本构方程已不能用广义牛顿黏性定律描写. 某些橡胶类的液体, 其偏应力甚至和应变史发生关系. 这类非牛顿流体在工业上很有用处, 但相关讨论已超出本书的范围, 感兴趣的读者可阅读有关专著.

讨论 1: 根据 (3.4.14) 式或 (3.4.17) 式可以很容易看到牛顿流体的应力张量和变形速度张量, 其主轴方向是完全重合的.

讨论 2: 现讨论理想流体的数学表示. 根据理想流体的定义, 所有切向应力分量皆为零, 由 (3.4.14) 式推出剪切变形速度等于零或黏性系数 μ 等于零. 理想流体在运动中可任意变形, 因此一般说来剪切变形速度不为零. 由此推出理想流体的数学表示应为

$$\mu = 0. \tag{3.4.20}$$

3.5 状态方程 内能及熵的表达式

从能量方程我们看到,在流体力学问题中既有力学变数 p 也有热力学变数 T,既有机械能也有内能,而且这两种能量相互转化. 因此为了全面地描绘流体的运动规律,建立封闭的方程组,必须考虑热力学基本规律. 本节将写出热力学的状态方程、第一定律和第二定律,并由此出发推导内能和熵的表达式.

a) 状态方程

考虑一个均匀的热力学体系,这样的均匀系可说就是我们所要研究的流体. 设流体处在平衡态,即在没有外界影响的条件之下,流体的各部分在长时间内不发生任何变化. 描写平衡态的物理量是几何变数体积 V,力学变数压强 p 和热力学变数温度 T,这三个变数不是相互独立的,它们之间有一个关系式联系起来,这个关系就称为**状态方程**,可写成

$$F(p,V,T)=0, \tag{3.5.1}$$

或写作

$$p = f(T,V). \tag{3.5.2}$$

满足**克拉珀龙**(Clapeyron)**方程**

$$pV = \frac{m}{M}R_0 T \tag{3.5.3}$$

的气体称为**完全气体**(在热力学中称之为理想气体,因理想这一名称已被无黏性流体所占用,故改称完全气体). 这里 m 为气体的质量,M 为摩尔质量,R_0 是普适气体常数,它是一个与气体种类及所处条件无关的普适常数,

$$R_0 = 8.31\,\mathrm{J/mol \cdot K}.$$

对于 $1\,\mathrm{mol}$ 气体,$m = M$,此时(3.5.3)式的形式变成

$$pV = R_0 T. \tag{3.5.4}$$

对于单位质量的完全气体,状态方程的形式是

$$pV = RT \tag{3.5.5}$$

或

$$p = \rho RT, \tag{3.5.6}$$

其中 V 表示单位质量气体的体积,ρ 是密度,$R = \dfrac{R_0}{M}$. 例如空气的平均摩尔质量为 $28.9\,\mathrm{g/mol}$,因此

$$R = 287\,\mathrm{J/kg \cdot K}.$$

(3.5.6)式是克拉珀龙方程在流体力学中经常采用的形式.

完全气体的状态方程在密度不太大,分子间作用力及分子所占据的体积可

以忽略时是正确的. 但是对于高度压缩的气体,就必须考虑分子间相互作用力及分子所占体积的影响,此时我们可以采用**范德瓦耳斯**(van der Waals)**方程**

$$\left(p + \frac{\alpha}{V^2}\right)(V - \beta) = RT, \tag{3.5.7}$$

式中 α/V^2 代表分子间吸引力,β 代表分子的体积. 对空气而言 α 和 β 的经验值分别约为 $3 \times 10^{-3} p_0 V_0^2$ 和 $3 \times 10^{-3} V_0$,其中 p_0, V_0 是标准状态下的值. 当气体的性质和完全气体有微小偏离时,范德瓦耳斯方程是适用的.

对均质液体而言,由于在正常条件下,密度几乎不随压强、温度而改变,因此它的状态方程为

$$\rho = 常数. \tag{3.5.8}$$

深水中的压强或水下爆炸时的压强可达几百个标准大气压甚至更高,此时必须考虑密度随压强的微小变化. **柯尔**(Cole)(1948)建议采用下列状态方程:

$$\frac{p + B}{1 + B} = \left(\frac{\rho}{\rho_0}\right)^n, \tag{3.5.9}$$

其中 ρ_0 是一个标准大气压下水的密度,若 n 及 B 取作 7 及 3000 个标准大气压,则压强一直到 10^5 个标准大气压,上述公式和实测数据相差都在百分之几的范围内.

b)**热力学第一定律**

对于单位质量流体而言,表达能量守恒规律的热力学第一定律可写成

$$\delta Q = dU + p\,dV, \tag{3.5.10}$$

其中 δQ 为传给单位质量流体的总热量,dU 为单位质量流体内能的增量,$p\,dV$ 是流体因膨胀对外界做的功.

c)**热力学第二定律**

热力学第二定律讨论过程的进行方向问题,它可表达为:对于挑选的某一不可逆过程(例如热传导或摩擦生热),它所产生的效果无论利用什么方法也不能完全恢复原状而不引起其他变化.

对于可逆循环过程有

$$\oint \frac{\delta Q}{T} = 0,$$

由此可知,$\dfrac{\delta Q}{T}$ 是某状态函数 S 的全微分,即

$$dS = \frac{\delta Q}{T}. \tag{3.5.11}$$

状态函数 S 称为**熵**,是一个判断过程方向的特性函数. 将 δQ 的表达式(3.5.10)代入得

$$T\,dS = dU + p\,dV. \tag{3.5.12}$$

利用熵函数,热力学第二定律可数学地表示为

$$\mathrm{d}S \geqslant \frac{\delta Q}{T},$$

即可以找出这样一个状态函数熵,它在可逆过程中的变化等于系统所吸收的热量与热源的绝对温度之比,在不可逆过程中,这个比值小于熵的变化. 从热力学第二定律还可推出熵增加原理:一个孤立系的熵永不减少

$$\mathrm{d}S \geqslant 0.$$

d) 比热

为了从实验上能够测量物质吸收的热量,引入比热的概念. 单位质量的物质每升高一度所吸收的能量称为**比热**,以 C 表之. 于是

$$C = \lim_{\Delta T \to 0} \frac{\delta Q}{\Delta T}. \tag{3.5.13}$$

C 的数值与过程有关. 对于气体,最重要的是等容过程和等压过程,与之相应的是**定容比热** C_V 及**定压比热** C_p,它们分别是体积或压强不变时单位质量的气体每升高一度所吸收的能量,

$$C_V = \lim_{\Delta T \to 0} \left(\frac{\delta Q}{\Delta T} \right)_V, \tag{3.5.14}$$

$$C_p = \lim_{\Delta T \to 0} \left(\frac{\delta Q}{\Delta T} \right)_p. \tag{3.5.15}$$

当体积不变时,对外界所做的功为零,即

$$\delta Q = \Delta U,$$

于是

$$C_V = \lim_{\Delta T \to 0} \left(\frac{\Delta U}{\Delta T} \right)_V = \left(\frac{\partial U}{\partial T} \right)_V. \tag{3.5.16}$$

当压强不变时

$$\delta Q = \Delta U + p\,\Delta V,$$

代入(3.5.15)式得

$$C_p = \lim_{\Delta T \to 0} \left(\frac{\Delta U + p\,\Delta V}{\Delta T} \right)_p = \left(\frac{\partial U}{\partial T} \right)_p + p \left(\frac{\partial V}{\partial T} \right)_p. \tag{3.5.17}$$

引进热力学函数**焓** i,

$$i = U + pV, \tag{3.5.18}$$

则(3.5.17)式可写成

$$C_p = \left(\frac{\partial i}{\partial T} \right)_p \tag{3.5.19}$$

e) 麦克斯韦热力学关系式

引进态函数**亥姆霍兹**(Helmholtz)**自由能** F 和**吉布斯**(Gibbs)**自由能** G,它

们定义为

$$F = U - TS, \tag{3.5.20}$$

$$G = i - TS. \tag{3.5.21}$$

于是根据(3.5.12)式我们有下列四个对称的关系式

$$dU = T dS - p dV, \tag{3.5.22}$$

$$di = dU + p dV + V dp = T dS + V dp, \tag{3.5.23}$$

$$dF = dU - T dS - S dT = - S dT - p dV, \tag{3.5.24}$$

$$dG = di - T dS - S dT = - S dT + V dp. \tag{3.5.25}$$

(3.5.22),(3.5.23) 和(3.5.24) 式表明,在等容过程中传入单位质量的热量 $\delta Q = T dS$ 等于内能的增加 dU;在等压过程中传入的热量 δQ 等于焓的增加 di;在等温过程中对外界所做的功等于亥姆霍兹自由能的减少.

由以上四式我们有

$$\left(\frac{\partial U}{\partial V}\right)_S = - p, \quad \left(\frac{\partial U}{\partial S}\right)_V = T; \quad \left(\frac{\partial i}{\partial p}\right)_S = V, \quad \left(\frac{\partial i}{\partial S}\right)_p = T;$$

$$\left(\frac{\partial F}{\partial T}\right)_V = - S, \quad \left(\frac{\partial F}{\partial V}\right)_T = - p; \quad \left(\frac{\partial G}{\partial T}\right)_p = - S, \quad \left(\frac{\partial G}{\partial p}\right)_T = V.$$

两两对 $S, V; S, p; V, T; p, T$ 交叉微分后得**麦克斯韦(Maxwell)热力学关系式**:

$$\left(\frac{\partial p}{\partial S}\right)_V = - \left(\frac{\partial T}{\partial V}\right)_S, \tag{3.5.26}$$

$$\left(\frac{\partial V}{\partial S}\right)_p = \left(\frac{\partial T}{\partial p}\right)_S, \tag{3.5.27}$$

$$\left(\frac{\partial p}{\partial T}\right)_V = \left(\frac{\partial S}{\partial V}\right)_T, \tag{3.5.28}$$

$$\left(\frac{\partial V}{\partial T}\right)_p = - \left(\frac{\partial S}{\partial p}\right)_T. \tag{3.5.29}$$

f) 内能和熵的表达式

取 T, V 作独立变量,从热力学中我们知道均匀系的热力学性质由三个基本热力学函数完全确定,这三个基本热力学函数就是由状态方程给出的压强 $p = p(T, V)$,内能 $U = U(T, V)$ 和熵 $S = S(T, V)$. 现在我们阐明如何从实验数据确定这三个基本热力学函数. 状态方程及比热是可以用实验测出的. 设通过实验,状态方程 $p(T, V)$ 及定容比热 $C_V(T, V)$ 已知,现在让我们从热力学第一定律及第二定律将内能及熵通过 $p(T, V)$ 及 $C_V(T, V)$ 表达出来. 这样我们就可以根据实验数据经过必要的计算,求出确定均匀系热力学性质的内能及熵.

根据(3.5.12)式 $T dS = dU + p dV$ 及麦克斯韦关系式易得

$$T \left(\frac{\partial S}{\partial T}\right)_V = \left(\frac{\partial U}{\partial T}\right)_V = C_V, \tag{3.5.30}$$

$$T\left(\frac{\partial S}{\partial V}\right)_T = \left(\frac{\partial U}{\partial V}\right)_T + p = T\left(\frac{\partial p}{\partial T}\right)_V, \qquad (3.5.31)$$

于是

$$dU = \left(\frac{\partial U}{\partial T}\right)_V dT + \left(\frac{\partial U}{\partial V}\right)_T dV = C_V dT + \left[T\left(\frac{\partial p}{\partial T}\right)_V - p\right]dV, \qquad (3.5.32)$$

$$dS = \left(\frac{\partial S}{\partial T}\right)_V dT + \left(\frac{\partial S}{\partial V}\right)_T dV = \frac{C_V}{T}dT + \left(\frac{\partial p}{\partial T}\right)_V dV. \qquad (3.5.33)$$

由此得内能及熵的表达式为

$$U(T,V) = \int_{T_0,V_0}^{T,V} C_V dT + \left[T\left(\frac{\partial p}{\partial T}\right)_V - p\right]dV, \qquad (3.5.34)$$

$$S(T,V) = \int_{T_0,V_0}^{T,V} \frac{C_V}{T}dT + \left(\frac{\partial p}{\partial T}\right)_V dV. \qquad (3.5.35)$$

下面推导 $C_p(T,V)$ 的表达式，其中只包含 $C_V(T,V)$ 及 $p(T,V)$. 由(3.5.17)式有

$$C_p = \left(\frac{\partial U}{\partial T}\right)_p + p\left(\frac{\partial V}{\partial T}\right)_p$$

$$= \left(\frac{\partial U}{\partial T}\right)_V + \left(\frac{\partial U}{\partial V}\right)_T\left(\frac{\partial V}{\partial T}\right)_p + p\left(\frac{\partial V}{\partial T}\right)_p$$

$$= \left(\frac{\partial U}{\partial T}\right)_V + \left[\left(\frac{\partial U}{\partial V}\right)_T + p\right]\left(\frac{\partial V}{\partial T}\right)_p,$$

将(3.5.16)式及(3.5.31)式代入得

$$C_p = C_V + T\left(\frac{\partial p}{\partial T}\right)_V\left(\frac{\partial V}{\partial T}\right)_p. \qquad (3.5.36)$$

知道 $C_V(T,V)$ 及 $p(T,V),V(T,p)$ 后即可按上式求出 $C_p(T,V)$.

这样一来，知道 $C_V(T,V)$ 与 $p(T,V)$ 后，$U(T,V),S(T,V),i(T,V)$, $F(T,V),G(T,V)$ 及 $C_p(T,V)$ 就可按 (3.5.34)， (3.5.35)， (3.5.18)， (3.5.20),(3.5.21)及(3.5.36)式计算出来. 最后我们指出，函数 $C_V(T,V)$ 及 $p(T,V)$ 不是相互独立的,它们之间存在着联系. 由(3.5.33)式推出

$$\left(\frac{\partial C_V}{\partial V}\right)_T = T\left(\frac{\partial^2 p}{\partial T^2}\right)_V,$$

积分之得

$$C_V = C_{V_0} + T\int_{V_0}^{V}\left(\frac{\partial^2 p}{\partial T^2}\right)_V dV, \qquad (3.5.37)$$

积分是在温度固定为 T 时施行的. 由这个式子看出,只要在某体积 V_0 下测得 C_{V_0},则任何体积 V 时的 C_V 均可根据状态方程所给的 $\left(\frac{\partial^2 p}{\partial T^2}\right)_V$ 按(3.3.37)式算出,也就是说实际上我们只需知道状态方程及 C_{V_0} 即可完全确定内能及熵.

g) 完全气体情形

现在我们考虑完全气体. 此时状态方程为

$$p = R\frac{T}{V},\qquad(3.5.38)$$

我们有

$$\left(\frac{\partial p}{\partial T}\right)_V = \frac{R}{V},\qquad \left(\frac{\partial^2 p}{\partial T^2}\right)_V = 0,$$

于是 (3.5.37) 式给出

$$\left(\frac{\partial C_V}{\partial V}\right)_T = 0,$$

即

$$C_V = C_V(T).$$

定容比热 C_V 只与温度 T 有关而与体积 V 无关, 这就是**焦耳**(Joule) 实验的结果.

将 (3.5.38) 式分别代入 (3.5.36),(3.5.34),(3.5.18) 与 (3.5.35) 式得完全气体情形下的 C_p, U, i 及 S 的表达式:

$$C_p - C_V = \frac{RT}{V}\frac{R}{p} = R,\qquad(3.5.39)$$

$$U = \int C_V \mathrm{d}T + \int\left(\frac{TR}{V} - p\right)\mathrm{d}V = \int C_V \mathrm{d}T,\qquad(3.5.40)$$

$$i = \int C_V \mathrm{d}T + pV = \int C_p \mathrm{d}T,\qquad(3.5.41)$$

$$S = \int \frac{C_V}{T}\mathrm{d}T + \int \frac{R}{V}\mathrm{d}V = \int C_V \mathrm{d}\ln T + (C_p - C_V)\ln V.\qquad(3.5.42)$$

根据分子动理学, 在振动态未被激发以前, 对双原子分子而言

$$C_p = \frac{7}{2}R.$$

空气主要是 O_2 和 N_2 的混合物, 它的 C_p/R 不是常数而是随温度变化的. 例如从 $T = 300\,\mathrm{K}$ 的 3.506 上升到 $T = 1000\,\mathrm{K}$ 的 3.979. 但是只要温度不是太高, C_p 与 C_V 可近似地当作常数处理, 此时 (3.5.39) — (3.5.42) 式变为

$$C_p - C_V = R,\qquad(3.5.43)$$

$$U = C_V T,\qquad(3.5.44)$$

$$i = C_p T,\qquad(3.5.45)$$

$$S = C_V \ln(TV^{\gamma-1}) + 常数 = C_V \ln\frac{p}{\rho^\gamma} + 常数,\qquad(3.5.46)$$

这里我们认为 $T = 0$ 时 $U = i = 0$; 称 $\gamma = \dfrac{C_p}{C_V}$ 为**绝热指数**.

h) 液体情形

在一般情形下,液体的密度和体积近似为不随压强和温度改变的常数,于是我们有

$$C_p = C_V = C \,(\text{实际上对水而言在 } 15℃ \text{ 时有 } C_p - C_V = 0.003C_p)$$

及

$$T\,\mathrm{d}S = \mathrm{d}U = \delta Q = C\,\mathrm{d}T,$$

即液体的内能和熵完全由温度决定,因为此时由于体积不变,压强不再做功.

i) 正压流体和斜压流体

设流体的质点在运动过程中,它的密度只是压强的函数而和其他热力学变数(例如温度)无关,则称此流体为**正压流体**,否则称为**斜压流体**.

不可压缩流体和理想绝热(**等熵**)气体因存在关系式

$$\frac{\mathrm{d}\rho}{\mathrm{d}t} = 0$$

及

$$\frac{\mathrm{d}}{\mathrm{d}t}\left(\frac{p}{\rho^{\gamma}}\right) = 0 \,(\text{由 }(3.5.46) \text{ 式可得}),$$

所以都是正压流体.

上述热力学函数公式都是对于均匀系和平衡态而言的,这些结果可以直接用于处于均匀平衡态的静止流体. 流体在运动时显然处于非平衡态和非均匀态. 由于我们对于非平衡态的热力学了解得很少,所以不得不近似地使用均匀系的平衡态公式. 为此将流体分成许多小部分,每一小部分的流体近似地看成均匀系且处于平衡态,对它应用前面推得的公式. 换句话说,我们对于流体质点使用平衡态的热力学. 当然这样是否可以,还需要从理论与实践符合与否加以检验. 大量的结果表明,对于流体力学这类非平衡非均匀系可以近似地采用平衡态的结果. 虽然运动流体可能离平衡态很远,但看来它们并不对热力学关系产生显著影响.

3.6   流体力学基本方程组

前几节我们根据质量守恒定律、动量定理、能量守恒定律、黏性规律导出了连续性方程、运动方程、能量方程及本构方程,这些方程加上状态方程、内能和熵的表达式组成了流体力学基本方程组,下面我们具体地写出它们的微分形式和积分形式.

（Ⅰ）微分形式的流体力学基本方程组

a）应力形式

$$
\begin{cases}
\dfrac{\partial \rho}{\partial t} + \mathrm{div}(\rho\, \boldsymbol{v}) = 0, & \text{连续性方程} \\[2mm]
\rho\, \dfrac{\mathrm{d}\boldsymbol{v}}{\mathrm{d}t} = \rho\boldsymbol{F} + \mathrm{div}\boldsymbol{P}, & \text{运动方程} \\[2mm]
\rho\, \dfrac{\mathrm{d}U}{\mathrm{d}t} = \boldsymbol{P} : \boldsymbol{S} + \mathrm{div}(k\,\mathrm{grad}\,T) + \rho q, & \text{能量方程} \\[2mm]
\boldsymbol{P} = -p\boldsymbol{I} + 2\mu\left(\boldsymbol{S} - \dfrac{1}{3}\boldsymbol{I}\,\mathrm{div}\,\boldsymbol{v}\right) + \mu'\boldsymbol{I}\,\mathrm{div}\,\boldsymbol{v}, & \text{本构方程} \\[2mm]
p = f(\rho, T), & \text{状态方程}
\end{cases}
\tag{3.6.1}
$$

或写成

$$
\begin{cases}
\dfrac{\partial \rho}{\partial t} + \dfrac{\partial(\rho v_i)}{\partial x_i} = 0, \\[2mm]
\rho\, \dfrac{\mathrm{d}v_i}{\mathrm{d}t} = \rho F_i + \dfrac{\partial p_{ij}}{\partial x_j}, \\[2mm]
\rho\, \dfrac{\mathrm{d}U}{\mathrm{d}t} = p_{ij}s_{ji} + \dfrac{\partial}{\partial x_i}\left(k\,\dfrac{\partial T}{\partial x_i}\right) + \rho q, \\[2mm]
p_{ij} = -p\delta_{ij} + 2\mu\left(s_{ij} - \dfrac{1}{3}s_{kk}\delta_{ij}\right) + \mu' s_{kk}\delta_{ij}, \\[2mm]
p = f(\rho, T),
\end{cases}
\tag{3.6.2}
$$

其中黏性系数 μ, μ'，以及热导率 k 与温度 T 的关系 $\mu(T), \mu'(T), k(T)$ 是给定的，U 的表达式由（3.5.34）式给出. 若所考虑的是完全气体，则 U 的表达式由（3.5.44）式给出. 而状态方程可写成

$$
p = \rho R T.
$$

方程组（3.6.1）由 12 个方程组成，用来确定 $\boldsymbol{v}$，p，ρ，T，p_{xx}，p_{yy}，p_{zz}，p_{xy}，p_{yz}，p_{zx} 等 12 个未知函数. 由此可见，方程组（3.6.1）是封闭的.

b）矢量形式

现在写出方程组（3.6.1）的另一种形式. 利用本构方程将运动方程与能量方程中的应力张量 $\boldsymbol{P}$ 消去，因为

$$
\begin{aligned}
\mathrm{div}\boldsymbol{P} &= \dfrac{\partial p_{ij}}{\partial x_j} = \dfrac{\partial}{\partial x_j}\left[-p\delta_{ij} + 2\mu\left(s_{ij} - \dfrac{1}{3}s_{kk}\delta_{ij}\right) + \mu' s_{kk}\delta_{ij}\right] \\[2mm]
&= -\dfrac{\partial p}{\partial x_i} + \dfrac{\partial}{\partial x_j}\left[2\mu\left(s_{ij} - \dfrac{1}{3}s_{kk}\delta_{ij}\right)\right] + \dfrac{\partial}{\partial x_j}(\mu' s_{kk}\delta_{ij})
\end{aligned},
$$

所以运动方程可写成

$$\rho\,\frac{\mathrm{d}\,\boldsymbol{v}}{\mathrm{d}t}=\rho\boldsymbol{F}-\operatorname{grad}p-\frac{2}{3}\operatorname{grad}(\mu\operatorname{div}\boldsymbol{v})+\operatorname{div}(2\mu\boldsymbol{S})+\operatorname{grad}(\mu'\operatorname{div}\boldsymbol{v}).$$

$$(3.6.3)$$

对某些流体而言, μ 显著地依赖于温度, 此时 μ 是径矢的函数. 但是也经常遇到流场中温差很小以至可以认为 μ 是均匀的情形, 此时

$$\frac{\partial}{\partial x_j}\left[2\mu\left(s_{ij}-\frac{1}{3}s_{kk}\delta_{ij}\right)\right]=\mu\left(\frac{\partial^2 v_i}{\partial x_j\partial x_j}+\frac{\partial^2 v_j}{\partial x_i\partial x_j}-\frac{2}{3}\frac{\partial s_{kk}}{\partial x_i}\right)$$

$$=\mu\left(\frac{\partial^2 v_i}{\partial x_j\partial x_j}+\frac{1}{3}\frac{\partial s_{kk}}{\partial x_i}\right).$$

于是当 $\mu'=$ 常数, 且 $\mu=$ 常数时, (3.6.3) 式变为

$$\rho\,\frac{\mathrm{d}\,\boldsymbol{v}}{\mathrm{d}t}=\rho\boldsymbol{F}-\operatorname{grad}p+\mu\Delta\boldsymbol{v}+\left(\mu'+\frac{1}{3}\mu\right)\operatorname{grad}\operatorname{div}\boldsymbol{v}.\qquad(3.6.4)$$

其次考虑应力所做的功的功率 $\boldsymbol{P}:\boldsymbol{S}$,

$$\boldsymbol{P}:\boldsymbol{S}=p_{ij}s_{ji}=\left[-p\delta_{ij}+2\mu\left(s_{ij}-\frac{1}{3}s_{kk}\delta_{ij}\right)+\mu's_{kk}\delta_{ij}\right]s_{ji}$$

$$=-ps_{kk}+2\mu\left(s_{ij}s_{ji}-\frac{1}{3}s_{kk}^2\right)+\mu's_{kk}^2.\qquad(3.6.5)$$

由此可见, 应力所做的功的功率由三部分组成: 第一部分是 $-p\operatorname{div}\boldsymbol{v}$, 它代表当体积有相对膨胀或压缩时压强 p 所做的功的功率; 第二部分是 $\mu'(\operatorname{div}\boldsymbol{v})^2$, 这是膨胀时黏性在单位时间内所耗散的机械能, 是一个永远大于等于零的量; 第三部分是 $2\mu\boldsymbol{S}:\boldsymbol{S}-\frac{2}{3}\mu\,(\operatorname{div}\boldsymbol{v})^2$, 它代表我们所熟知的剪切黏性在单位时间内所耗散的机械能. 由黏性所耗散的机械能全部转化为热能, 这是不可逆过程. 令

$$\Phi=\left(\mu'-\frac{2}{3}\mu\right)(\operatorname{div}\boldsymbol{v})^2+2\mu\boldsymbol{S}:\boldsymbol{S},\qquad(3.6.6)$$

Φ 称为**耗散函数**, 表征由于黏性耗散掉的机械能. 现在我们进一步分析 Φ 与变形速度张量各分量的关系, 为此将 (3.6.6) 式变换一下:

$$\Phi=2\mu\left(\varepsilon_1^2+\varepsilon_2^2+\varepsilon_3^2+\frac{1}{2}\theta_1^2+\frac{1}{2}\theta_2^2+\frac{1}{2}\theta_3^2\right)$$

$$+\left(\mu'-\frac{2}{3}\mu\right)(\varepsilon_1^2+\varepsilon_2^2+\varepsilon_3^2+2\varepsilon_1\varepsilon_2+2\varepsilon_2\varepsilon_3+2\varepsilon_3\varepsilon_1)$$

$$=\mu(\theta_1^2+\theta_2^2+\theta_3^2)+\frac{2}{3}\mu(2\varepsilon_1^2+2\varepsilon_2^2+2\varepsilon_3^2$$

$$-2\varepsilon_1\varepsilon_2-2\varepsilon_2\varepsilon_3-2\varepsilon_3\varepsilon_1)+\mu'(\varepsilon_1+\varepsilon_2+\varepsilon_3)^2$$

$$=\mu(\theta_1^2+\theta_2^2+\theta_3^2)+\frac{2}{3}\mu[(\varepsilon_1-\varepsilon_2)^2$$

$$+(\varepsilon_2-\varepsilon_3)^2+(\varepsilon_3-\varepsilon_1)^2]+\mu'(\varepsilon_1+\varepsilon_2+\varepsilon_3)^2.$$

由此可见,耗散函数 Φ 与 $\theta_1,\theta_2,\theta_3$ 及 $\varepsilon_1-\varepsilon_2,\varepsilon_2-\varepsilon_3,\varepsilon_3-\varepsilon_1,\varepsilon_1+\varepsilon_2+\varepsilon_3$ 的平方成正比. 显见当 $\varepsilon_1=\varepsilon_2=\varepsilon_3=\theta_1=\theta_2=\theta_3=0$ 时,耗散函数为零,即没有机械能的耗散. 这种情形表示没有变形的刚体运动. 将(3.6.6)式代入(3.6.5)式得

$$\boldsymbol{P} : \boldsymbol{S} = -p\,\mathrm{div}\,\boldsymbol{v} + \Phi,$$

将之代入方程组(3.6.1)中的能量方程,得

$$\rho\,\frac{\mathrm{d}U}{\mathrm{d}t} + p\,\mathrm{div}\,\boldsymbol{v} = \Phi + \mathrm{div}(k\,\mathrm{grad}\,T) + \rho q.$$

利用连续性方程,$p\,\mathrm{div}\,\boldsymbol{v}$ 可写成

$$p\,\mathrm{div}\,\boldsymbol{v} = -\frac{p}{\rho}\,\frac{\mathrm{d}\rho}{\mathrm{d}t} = \rho p\,\frac{\mathrm{d}}{\mathrm{d}t}\left(\frac{1}{\rho}\right),$$

于是

$$\rho\left[\frac{\mathrm{d}U}{\mathrm{d}t} + p\,\frac{\mathrm{d}}{\mathrm{d}t}\left(\frac{1}{\rho}\right)\right] = \Phi + \mathrm{div}(k\,\mathrm{grad}\,T) + \rho q. \tag{3.6.7}$$

由热力学中得知(为了与变形速度张量 $\boldsymbol{S}$ 区分,下面熵改为 s)

$$T\,\mathrm{d}s = \mathrm{d}U + p\,\mathrm{d}\left(\frac{1}{\rho}\right) = \mathrm{d}i - \frac{1}{\rho}\mathrm{d}p,$$

于是(3.6.7)式可写成

$$\rho\,\frac{\mathrm{d}i}{\mathrm{d}t} = \frac{\mathrm{d}p}{\mathrm{d}t} + \Phi + \mathrm{div}(k\,\mathrm{grad}\,T) + \rho q \tag{3.6.8}$$

或

$$\rho T\,\frac{\mathrm{d}s}{\mathrm{d}t} = \Phi + \mathrm{div}(k\,\mathrm{grad}\,T) + \rho q. \tag{3.6.9}$$

(3.6.9)式表明,黏性耗散掉的机械能以及由于热交换或其他原因传入的热量使流体内的熵增加.

又考虑到(3.6.3)式及(3.6.9)式后,方程组(3.6.1)可改写成下列形式:

$$\begin{cases} \dfrac{\partial \rho}{\partial t} + \mathrm{div}(\rho\,\boldsymbol{v}) = 0, \\[2mm] \rho\,\dfrac{\mathrm{d}\boldsymbol{v}}{\mathrm{d}t} = \rho\boldsymbol{F} - \mathrm{grad}\,p + 2\,\mathrm{div}(\mu\boldsymbol{S}) - \dfrac{2}{3}\,\mathrm{grad}(\mu\,\mathrm{div}\,\boldsymbol{v}) + \mathrm{grad}(\mu'\,\mathrm{div}\,\boldsymbol{v}) \\[2mm] \qquad \xrightarrow{\mu',\mu = \text{常数}} \rho\boldsymbol{F} - \mathrm{grad}\,p + \mu\,\Delta\boldsymbol{v} + \left(\mu' + \dfrac{\mu}{3}\right)\mathrm{grad}\,\mathrm{div}\,\boldsymbol{v}, \\[2mm] \rho T\,\dfrac{\mathrm{d}s}{\mathrm{d}t} = \Phi + \mathrm{div}(k\,\mathrm{grad}\,T) + \rho q, \\[2mm] p = f(\rho, T), \\[2mm] \boldsymbol{P} = -p\boldsymbol{I} + 2\mu\left(\boldsymbol{S} - \dfrac{1}{3}\boldsymbol{I}\,\mathrm{div}\,\boldsymbol{v}\right) + \mu'\boldsymbol{I}\,\mathrm{div}\,\boldsymbol{v}, \end{cases} \tag{3.6.10}$$

这就是另一种形式的流体力学基本方程组, 其中 Φ 由 (3.6.6) 式确定. 方程组 (3.6.10) 可以分开求解. 先解前六个方程, 得到 $\boldsymbol{v}$, p, ρ, T, 然后将它们代入最后一个张量方程中去即得应力张量各分量. 黏性流体的运动方程 (即方程组 (3.6.10) 中第二式) 称为**纳维-斯托克斯** (Navier-Stokes) **方程**.

c) 黏性不可压缩流体情形

流体是不可压缩均质时状态方程为 $\rho =$ 常数, 其次设 $\mu =$ 常数, 于是黏性不可压缩均质流体的基本方程组为

$$\begin{cases} \operatorname{div} \boldsymbol{v} = 0, \\ \rho \dfrac{\mathrm{d}\boldsymbol{v}}{\mathrm{d}t} = \rho \boldsymbol{F} - \operatorname{grad} p + \mu \Delta \boldsymbol{v}, \\ \rho T \dfrac{\mathrm{d}s}{\mathrm{d}t} = \Phi + \operatorname{div}(k \operatorname{grad} T) + \rho q, \\ \boldsymbol{P} = -p\boldsymbol{I} + 2\mu \boldsymbol{S}. \end{cases} \tag{3.6.11}$$

d) 理想可压缩流体情形

设气体是理想绝热而且是完全的, 此时基本方程组为

$$\begin{cases} \dfrac{\partial \rho}{\partial t} + \operatorname{div}(\rho \boldsymbol{v}) = 0, \\ \rho \dfrac{\mathrm{d}\boldsymbol{v}}{\mathrm{d}t} = \rho \boldsymbol{F} - \operatorname{grad} p, \\ \dfrac{\mathrm{d}}{\mathrm{d}t}\left(\dfrac{p}{\rho^{\gamma}} \right) = 0. \end{cases} \tag{3.6.12}$$

e) 理想不可压缩流体情形

如果流体既是理想又是不可压缩均质的, 则方程组采取如下形式:

$$\begin{cases} \operatorname{div} \boldsymbol{v} = 0, \\ \rho \dfrac{\mathrm{d}\boldsymbol{v}}{\mathrm{d}t} = \rho \boldsymbol{F} - \operatorname{grad} p. \end{cases} \tag{3.6.13}$$

理想流体的运动方程 (即方程组 (3.6.12) 和 (3.6.13) 中第二式) 称为**欧拉方程**.

f) 直角坐标系中的形式

以分量形式为例, 矢量形式读者可自行写出.

$$\begin{cases} \dfrac{\partial \rho}{\partial t} + \dfrac{\partial (\rho u)}{\partial x} + \dfrac{\partial (\rho v)}{\partial y} + \dfrac{\partial (\rho w)}{\partial z} = 0, \\[2mm] \rho \dfrac{\mathrm{d}u}{\mathrm{d}t} = \rho F_x + \dfrac{\partial p_{xx}}{\partial x} + \dfrac{\partial p_{xy}}{\partial y} + \dfrac{\partial p_{zx}}{\partial z}, \\[2mm] \rho \dfrac{\mathrm{d}v}{\mathrm{d}t} = \rho F_y + \dfrac{\partial p_{xy}}{\partial x} + \dfrac{\partial p_{yy}}{\partial y} + \dfrac{\partial p_{yz}}{\partial z}, \\[2mm] \rho \dfrac{\mathrm{d}w}{\mathrm{d}t} = \rho F_x + \dfrac{\partial p_{zx}}{\partial x} + \dfrac{\partial p_{yz}}{\partial y} + \dfrac{\partial p_{zz}}{\partial z}, \\[2mm] \rho T \dfrac{\mathrm{d}s}{\mathrm{d}t} = \Phi + \dfrac{\partial}{\partial x}\left(k \dfrac{\partial T}{\partial x}\right) + \dfrac{\partial}{\partial y}\left(k \dfrac{\partial T}{\partial y}\right) + \dfrac{\partial}{\partial z}\left(k \dfrac{\partial T}{\partial z}\right) + \rho q, \\[2mm] p = f(\rho, T), \\[2mm] p_{xx} = -p + 2\mu \dfrac{\partial u}{\partial x} + \left(\mu' - \dfrac{2}{3}\mu\right)\left(\dfrac{\partial u}{\partial x} + \dfrac{\partial v}{\partial y} + \dfrac{\partial w}{\partial z}\right), \\[2mm] p_{yy} = -p + 2\mu \dfrac{\partial v}{\partial y} + \left(\mu' - \dfrac{2}{3}\mu\right)\left(\dfrac{\partial u}{\partial x} + \dfrac{\partial v}{\partial y} + \dfrac{\partial w}{\partial z}\right), \\[2mm] p_{zz} = -p + 2\mu \dfrac{\partial w}{\partial z} + \left(\mu' - \dfrac{2}{3}\mu\right)\left(\dfrac{\partial u}{\partial x} + \dfrac{\partial v}{\partial y} + \dfrac{\partial w}{\partial z}\right), \\[2mm] p_{xy} = \mu\left(\dfrac{\partial v}{\partial x} + \dfrac{\partial u}{\partial y}\right), \\[2mm] p_{yz} = \mu\left(\dfrac{\partial w}{\partial y} + \dfrac{\partial v}{\partial z}\right), \\[2mm] p_{zx} = \mu\left(\dfrac{\partial u}{\partial z} + \dfrac{\partial w}{\partial x}\right), \end{cases} \qquad (3.6.14)$$

其中

$$\frac{\mathrm{d}}{\mathrm{d}t} = \frac{\partial}{\partial t} + u \frac{\partial}{\partial x} + v \frac{\partial}{\partial y} + w \frac{\partial}{\partial z},$$

$$\Phi = \left(\mu' - \frac{2}{3}\mu\right)\left(\frac{\partial u}{\partial x} + \frac{\partial v}{\partial y} + \frac{\partial w}{\partial z}\right)^2 + 2\mu\left[\left(\frac{\partial u}{\partial x}\right)^2 + \left(\frac{\partial v}{\partial y}\right)^2 \right.$$
$$+ \left(\frac{\partial w}{\partial z}\right)^2 + \frac{1}{2}\left(\frac{\partial w}{\partial y} + \frac{\partial v}{\partial z}\right)^2 + \frac{1}{2}\left(\frac{\partial u}{\partial z} + \frac{\partial w}{\partial x}\right)^2$$
$$\left. + \frac{1}{2}\left(\frac{\partial v}{\partial x} + \frac{\partial u}{\partial y}\right)^2\right].$$

g) 正交曲线坐标系中的形式

考虑到 (1.11.20),(1.12.13),(2.7.9) 式及第一章末的习题 20 有

$$\left\{\begin{array}{l}\dfrac{\partial \rho}{\partial t}+\dfrac{1}{H_1 H_2 H_3}\left[\dfrac{\partial (\rho H_2 H_3 v_1)}{\partial q_1}+\dfrac{\partial (\rho H_3 H_1 v_2)}{\partial q_2}+\dfrac{\partial (\rho H_1 H_2 v_3)}{\partial q_3}\right]=0,\end{array}\right.$$

$$\rho\left(\dfrac{\mathrm{d}v_1}{\mathrm{d}t}+\dfrac{v_1 v_2}{H_1 H_2}\dfrac{\partial H_1}{\partial q_2}+\dfrac{v_1 v_3}{H_1 H_3}\dfrac{\partial H_1}{\partial q_3}-\dfrac{v_2^2}{H_1 H_2}\dfrac{\partial H_2}{\partial q_1}-\dfrac{v_3^2}{H_3 H_1}\dfrac{\partial H_3}{\partial q_1}\right)$$

$$=\rho F_1+\dfrac{1}{H_1 H_2 H_3}\left[\dfrac{\partial}{\partial q_1}(H_2 H_3 p_{11})+\dfrac{\partial}{\partial q_2}(H_3 H_1 p_{12})\right.$$

$$\left.+\dfrac{\partial}{\partial q_3}(H_1 H_2 p_{31})\right]+\dfrac{p_{12}}{H_1 H_2}\dfrac{\partial H_1}{\partial q_2}+\dfrac{p_{13}}{H_1 H_3}\dfrac{\partial H_1}{\partial q_3}$$

$$-\dfrac{p_{22}}{H_1 H_2}\dfrac{\partial H_2}{\partial q_1}-\dfrac{p_{33}}{H_3 H_1}\dfrac{\partial H_3}{\partial q_1},$$

$$\rho\left(\dfrac{\mathrm{d}v_2}{\mathrm{d}t}+\dfrac{v_1 v_2}{H_1 H_2}\dfrac{\partial H_2}{\partial q_1}+\dfrac{v_2 v_3}{H_2 H_3}\dfrac{\partial H_2}{\partial q_3}-\dfrac{v_3^2}{H_2 H_3}\dfrac{\partial H_3}{\partial q_2}-\dfrac{v_1^2}{H_1 H_2}\dfrac{\partial H_1}{\partial q_2}\right)$$

$$=\rho F_2+\dfrac{1}{H_1 H_2 H_3}\left[\dfrac{\partial}{\partial q_1}(H_2 H_3 p_{12})+\dfrac{\partial}{\partial q_2}(H_3 H_1 p_{22})\right.$$

$$\left.+\dfrac{\partial}{\partial q_3}(H_1 H_2 p_{23})\right]+\dfrac{p_{12}}{H_1 H_2}\dfrac{\partial H_2}{\partial q_1}+\dfrac{p_{23}}{H_2 H_3}\dfrac{\partial H_2}{\partial q_3}$$

$$-\dfrac{p_{33}}{H_2 H_3}\dfrac{\partial H_3}{\partial q_2}-\dfrac{p_{11}}{H_1 H_2}\dfrac{\partial H_1}{\partial q_2},$$

$$\rho\left(\dfrac{\mathrm{d}v_3}{\mathrm{d}t}+\dfrac{v_3 v_1}{H_3 H_1}\dfrac{\partial H_3}{\partial q_1}+\dfrac{v_2 v_3}{H_2 H_3}\dfrac{\partial H_3}{\partial q_2}-\dfrac{v_1^2}{H_3 H_1}\dfrac{\partial H_1}{\partial q_3}-\dfrac{v_2^2}{H_3 H_2}\dfrac{\partial H_2}{\partial q_3}\right) \quad (3.6.15)$$

$$=\rho F_3+\dfrac{1}{H_1 H_2 H_3}\left[\dfrac{\partial}{\partial q_1}(H_2 H_3 p_{31})+\dfrac{\partial}{\partial q_2}(H_3 H_1 p_{23})\right.$$

$$\left.+\dfrac{\partial}{\partial q_3}(H_1 H_2 p_{33})\right]+\dfrac{p_{31}}{H_1 H_3}\dfrac{\partial H_3}{\partial q_1}+\dfrac{p_{23}}{H_2 H_3}\dfrac{\partial H_3}{\partial q_2}$$

$$-\dfrac{p_{11}}{H_3 H_1}\dfrac{\partial H_1}{\partial q_3}-\dfrac{p_{22}}{H_2 H_3}\dfrac{\partial H_2}{\partial q_3},$$

$$\rho T\dfrac{\mathrm{d}s}{\mathrm{d}t}=\Phi+\dfrac{1}{H_1 H_2 H_3}\left[\dfrac{\partial}{\partial q_1}\left(\dfrac{H_2 H_3}{H_1}k\dfrac{\partial T}{\partial q_1}\right)\right.$$

$$\left.+\dfrac{\partial}{\partial q_2}\left(\dfrac{H_3 H_1}{H_2}k\dfrac{\partial T}{\partial q_2}\right)+\dfrac{\partial}{\partial q_3}\left(\dfrac{H_1 H_2}{H_3}k\dfrac{\partial T}{\partial q_3}\right)\right]+\rho q,$$

$$p=f(\rho,T),$$

$$p_{11}=-p+2\mu\left(\dfrac{1}{H_1}\dfrac{\partial v_1}{\partial q_1}+\dfrac{v_2}{H_1 H_2}\dfrac{\partial H_1}{\partial q_2}+\dfrac{v_3}{H_1 H_3}\dfrac{\partial H_1}{\partial q_3}\right)+\left(\mu'-\dfrac{2}{3}\mu\right)\operatorname{div}\boldsymbol{v},$$

$$p_{22}=-p+2\mu\left(\dfrac{1}{H_2}\dfrac{\partial v_2}{\partial q_2}+\dfrac{v_3}{H_2 H_3}\dfrac{\partial H_2}{\partial q_3}+\dfrac{v_1}{H_1 H_2}\dfrac{\partial H_2}{\partial q_2}\right)+\left(\mu'-\dfrac{2}{3}\mu\right)\operatorname{div}\boldsymbol{v},$$

$$p_{33}=-p+2\mu\left(\dfrac{1}{H_3}\dfrac{\partial v_3}{\partial q_3}+\dfrac{v_1}{H_3 H_1}\dfrac{\partial H_3}{\partial q_1}+\dfrac{v_2}{H_2 H_3}\dfrac{\partial H_3}{\partial q_2}\right)+\left(\mu'-\dfrac{2}{3}\mu\right)\operatorname{div}\boldsymbol{v},$$

$$
\begin{cases}
p_{12} = \mu \left(\dfrac{1}{H_2} \dfrac{\partial v_1}{\partial q_2} + \dfrac{1}{H_1} \dfrac{\partial v_2}{\partial q_1} - \dfrac{v_1}{H_1 H_2} \dfrac{\partial H_1}{\partial q_2} - \dfrac{v_2}{H_1 H_2} \dfrac{\partial H_2}{\partial q_1} \right), \\
p_{23} = \mu \left(\dfrac{1}{H_3} \dfrac{\partial v_2}{\partial q_3} + \dfrac{1}{H_2} \dfrac{\partial v_3}{\partial q_2} - \dfrac{v_2}{H_2 H_3} \dfrac{\partial H_2}{\partial q_3} - \dfrac{v_3}{H_2 H_3} \dfrac{\partial H_3}{\partial q_2} \right), \\
p_{31} = \mu \left(\dfrac{1}{H_1} \dfrac{\partial v_3}{\partial q_1} + \dfrac{1}{H_3} \dfrac{\partial v_1}{\partial q_3} - \dfrac{v_3}{H_3 H_1} \dfrac{\partial H_3}{\partial q_3} - \dfrac{v_1}{H_3 H_1} \dfrac{\partial H_1}{\partial q_3} \right),
\end{cases}
$$

其中

$$
\frac{\mathrm{d}}{\mathrm{d}t} = \frac{\partial}{\partial t} + \frac{v_1}{H_1} \frac{\partial}{\partial q_1} + \frac{v_2}{H_2} \frac{\partial}{\partial q_2} + \frac{v_3}{H_3} \frac{\partial}{\partial q_3},
$$

$$
\operatorname{div} \boldsymbol{v} = \frac{1}{H_1 H_2 H_3} \left[\frac{\partial (H_2 H_3 v_1)}{\partial q_1} + \frac{\partial (H_3 H_1 v_2)}{\partial q_2} + \frac{\partial (H_1 H_2 v_3)}{\partial q_3} \right],
$$

而 Φ 则根据(3.6.6)式及(2.7.9)式决定.

h) 柱面坐标系中的形式

$$
\begin{cases}
\dfrac{\partial \rho}{\partial t} + \dfrac{1}{r} \dfrac{\partial (\rho r v_r)}{\partial r} + \dfrac{1}{r} \dfrac{\partial (\rho v_\theta)}{\partial \theta} + \dfrac{\partial (\rho v_z)}{\partial z} = 0, \\[2mm]
\rho \left(\dfrac{\mathrm{d} v_r}{\mathrm{d}t} - \dfrac{v_\theta^2}{r} \right) = \rho F_r + \dfrac{1}{r} \left[\dfrac{\partial (r p_{rr})}{\partial r} + \dfrac{\partial p_{r\theta}}{\partial \theta} + \dfrac{\partial (r p_{zr})}{\partial z} \right] - \dfrac{p_{\theta\theta}}{r}, \\[2mm]
\rho \left(\dfrac{\mathrm{d} v_\theta}{\mathrm{d}t} + \dfrac{v_r v_\theta}{r} \right) = \rho F_\theta + \dfrac{1}{r} \left[\dfrac{\partial (r p_{r\theta})}{\partial r} + \dfrac{\partial p_{\theta\theta}}{\partial \theta} + \dfrac{\partial (r p_{\theta z})}{\partial z} \right] + \dfrac{p_{r\theta}}{r}, \\[2mm]
\rho \dfrac{\mathrm{d} v_z}{\mathrm{d}t} = \rho F_z + \dfrac{1}{r} \left[\dfrac{\partial (r p_{zr})}{\partial r} + \dfrac{\partial p_{\theta z}}{\partial \theta} + \dfrac{\partial (r p_{zz})}{\partial z} \right], \\[2mm]
\rho T \dfrac{\mathrm{d}s}{\mathrm{d}t} = \Phi + \dfrac{1}{r} \left[\dfrac{\partial}{\partial r} \left(kr \dfrac{\partial T}{\partial r} \right) + \dfrac{\partial}{\partial \theta} \left(\dfrac{k}{r} \dfrac{\partial T}{\partial \theta} \right) + \dfrac{\partial}{\partial z} \left(rk \dfrac{\partial T}{\partial z} \right) \right] + \rho q, \\[2mm]
p = f(\rho, T), \\[2mm]
p_{rr} = -p + 2\mu \dfrac{\partial v_r}{\partial r} + \left(\mu' - \dfrac{2}{3}\mu \right) \operatorname{div} \boldsymbol{v}, \\[2mm]
p_{\theta\theta} = -p + 2\mu \left(\dfrac{1}{r} \dfrac{\partial v_\theta}{\partial \theta} + \dfrac{v_r}{r} \right) + \left(\mu' - \dfrac{2}{3}\mu \right) \operatorname{div} \boldsymbol{v}, \\[2mm]
p_{zz} = -p + 2\mu \dfrac{\partial v_z}{\partial z} + \left(\mu' - \dfrac{2}{3}\mu \right) \operatorname{div} \boldsymbol{v}, \\[2mm]
p_{r\theta} = \mu \left(\dfrac{\partial v_\theta}{\partial r} + \dfrac{1}{r} \dfrac{\partial v_r}{\partial \theta} - \dfrac{v_\theta}{r} \right), \\[2mm]
p_{\theta z} = \mu \left(\dfrac{1}{r} \dfrac{\partial v_z}{\partial \theta} + \dfrac{\partial v_\theta}{\partial z} \right), \\[2mm]
p_{zr} = \mu \left(\dfrac{\partial v_r}{\partial z} + \dfrac{\partial v_z}{\partial r} \right).
\end{cases} \tag{3.6.16}
$$

其中

$$\frac{\mathrm{d}}{\mathrm{d}t} = \frac{\partial}{\partial t} + v_r \frac{\partial}{\partial r} + \frac{v_\theta}{r} \frac{\partial}{\partial \theta} + v_z \frac{\partial}{\partial z},$$

$$\mathrm{div}\, \boldsymbol{v} = \frac{1}{r} \frac{\partial (rv_r)}{\partial r} + \frac{1}{r} \frac{\partial v_\theta}{\partial \theta} + \frac{\partial v_z}{\partial z},$$

而 Φ 则根据 (3.6.6) 式及 (2.7.9) 式决定.

i) 球面坐标系中的形式

$$
\begin{cases}
\dfrac{\partial \rho}{\partial t} + \dfrac{1}{r^2} \dfrac{\partial(\rho r^2 v_r)}{\partial r} + \dfrac{1}{r\sin\theta} \dfrac{\partial(\rho \sin\theta v_\theta)}{\partial \theta} + \dfrac{1}{r\sin\theta} \dfrac{\partial(\rho v_\lambda)}{\partial \lambda} = 0, \\[2mm]
\rho\left(\dfrac{\mathrm{d}v_r}{\mathrm{d}t} - \dfrac{v_\theta^2 + v_\lambda^2}{r}\right) = \rho F_r + \dfrac{1}{r^2 \sin\theta}\left[\dfrac{\partial(r^2 \sin\theta p_{rr})}{\partial r}\right. \\[2mm]
\qquad \left. + \dfrac{\partial(r\sin\theta p_{\theta r})}{\partial \theta} + \dfrac{\partial(rp_{\lambda r})}{\partial \lambda}\right] - \dfrac{p_{\theta\theta} + p_{\lambda\lambda}}{r}, \\[2mm]
\rho\left(\dfrac{\mathrm{d}v_\theta}{\mathrm{d}t} + \dfrac{v_r v_\theta}{r} - \dfrac{v_\lambda^2 \cot\theta}{r}\right) = \rho F_\theta + \dfrac{1}{r^2 \sin\theta}\left[\dfrac{\partial(r^2 \sin\theta p_{r\theta})}{\partial r}\right. \\[2mm]
\qquad \left. + \dfrac{\partial(r\sin\theta p_{\theta\theta})}{\partial \theta} + \dfrac{\partial(rp_{\theta\lambda})}{\partial \lambda}\right] + \dfrac{p_{r\theta}}{r} - \dfrac{p_{\lambda\lambda}\cot\theta}{r}, \\[2mm]
\rho\left(\dfrac{\mathrm{d}v_\lambda}{\mathrm{d}t} + \dfrac{v_r v_\lambda}{r} + \dfrac{v_\theta v_\lambda \cot\theta}{r}\right) = \rho F_\lambda + \dfrac{1}{r^2 \sin\theta}\left[\dfrac{\partial(r^2 \sin\theta p_{\lambda r})}{\partial r}\right. \\[2mm]
\qquad \left. + \dfrac{\partial(r\sin\theta p_{\theta\lambda})}{\partial \theta} + \dfrac{\partial(rp_{\lambda\lambda})}{\partial \lambda}\right] + \dfrac{p_{\lambda r}}{r} + \dfrac{p_{\theta\lambda}\cot\theta}{r}, \\[2mm]
\rho T \dfrac{\mathrm{d}s}{\mathrm{d}t} = \Phi + \dfrac{1}{r^2 \sin\theta}\left[\dfrac{\partial}{\partial r}\left(r^2 \sin\theta k \dfrac{\partial T}{\partial r}\right)\right. \\[2mm]
\qquad \left. + \dfrac{\partial}{\partial \theta}\left(\sin\theta k \dfrac{\partial T}{\partial \theta}\right) + \dfrac{\partial}{\partial \lambda}\left(\dfrac{1}{\sin\theta} k \dfrac{\partial T}{\partial \lambda}\right)\right] + \rho q, \\[2mm]
p = f(\rho, T), \\[2mm]
p_{rr} = -p + 2\mu \dfrac{\partial v_r}{\partial r} + \left(\mu' - \dfrac{2}{3}\mu\right)\mathrm{div}\,\boldsymbol{v}, \\[2mm]
p_{\theta\theta} = -p + 2\mu\left(\dfrac{1}{r}\dfrac{\partial v_\theta}{\partial \theta} + \dfrac{v_r}{r}\right) + \left(\mu' - \dfrac{2}{3}\mu\right)\mathrm{div}\,\boldsymbol{v}, \\[2mm]
p_{\lambda\lambda} = -p + 2\mu\left(\dfrac{1}{r\sin\theta}\dfrac{\partial v_\lambda}{\partial \lambda} + \dfrac{v_r}{r} + \dfrac{v_\theta \cot\theta}{r}\right) + \left(\mu' - \dfrac{2}{3}\mu\right)\mathrm{div}\,\boldsymbol{v}, \\[2mm]
p_{r\theta} = \mu\left(\dfrac{1}{r}\dfrac{\partial v_r}{\partial \theta} + \dfrac{\partial v_\theta}{\partial r} - \dfrac{v_\theta}{r}\right), \\[2mm]
p_{\theta\lambda} = \mu\left(\dfrac{1}{r\sin\theta}\dfrac{\partial v_\theta}{\partial \lambda} + \dfrac{1}{r}\dfrac{\partial v_\lambda}{\partial \theta} - \dfrac{v_\lambda \cot\theta}{r}\right), \\[2mm]
p_{\lambda r} = \mu\left(\dfrac{\partial v_\lambda}{\partial r} + \dfrac{1}{r\sin\theta}\dfrac{\partial v_r}{\partial \lambda} - \dfrac{v_\lambda}{r}\right),
\end{cases}
\tag{3.6.17}
$$

其中

$$\frac{\mathrm{d}}{\mathrm{d}t} = \frac{\partial}{\partial t} + v_r \frac{\partial}{\partial r} + \frac{v_\theta}{r} \frac{\partial}{\partial \theta} + \frac{v_\lambda}{r\sin\theta} \frac{\partial}{\partial \lambda},$$

$$\mathrm{div}\,\boldsymbol{v} = \frac{1}{r^2} \frac{\partial(r^2 v_r)}{\partial r} + \frac{1}{r\sin\theta} \frac{\partial(\sin\theta v_\theta)}{\partial \theta} + \frac{1}{r\sin\theta} \frac{\partial v_\lambda}{\partial \lambda},$$

而 Φ 则根据(3.6.6)式及(2.7.9)式决定.

(Ⅱ) 积分形式的流体力学基本方程组

将(3.1.2),(3.2.2),(3.3.2),(3.2.7),(3.4.17)式及状态方程联合起来得下列积分形式的流体力学基本方程组:

$$\begin{cases} \int_\tau \frac{\partial \rho}{\partial t} \mathrm{d}\tau + \int_S \rho v_n \mathrm{d}S = 0, \\[2mm] \int_\tau \frac{\partial(\rho\boldsymbol{v})}{\partial t} \mathrm{d}\tau + \int_S \rho v_n \boldsymbol{v}\,\mathrm{d}S = \int_\tau \rho\boldsymbol{F}\mathrm{d}\tau + \int_S \boldsymbol{p}_n \mathrm{d}S, \\[2mm] \int_\tau \frac{\partial}{\partial t}\left[\rho\left(U + \frac{V^2}{2}\right)\right]\mathrm{d}\tau + \int_S \rho v_n \left(U + \frac{V^2}{2}\right)\mathrm{d}S \\[2mm] \qquad = \int_\tau \rho\boldsymbol{F}\cdot\boldsymbol{v}\,\mathrm{d}\tau + \int_S \boldsymbol{p}_n \cdot \boldsymbol{v}\,\mathrm{d}S + \int_S k \frac{\partial T}{\partial n}\mathrm{d}S + \int_\tau \rho q\mathrm{d}\tau, \\[2mm] \int_\tau \left[r \times \frac{\partial(\rho\boldsymbol{v})}{\partial t}\right]\mathrm{d}\tau + \int_S (\boldsymbol{r} \times \rho v_n \boldsymbol{v})\mathrm{d}S \\[2mm] \qquad = \int_\tau \boldsymbol{r} \times \rho\boldsymbol{F}\mathrm{d}\tau + \int_S \boldsymbol{r} \times \boldsymbol{p}_n \mathrm{d}S, \\[2mm] \boldsymbol{P} = -p\boldsymbol{I} + 2\mu\left(\boldsymbol{S} - \frac{1}{3}\boldsymbol{I}\,\mathrm{div}\,\boldsymbol{v}\right) + \mu'\boldsymbol{I}\,\mathrm{div}\,\boldsymbol{v}, \\[2mm] p = f(\rho, T). \end{cases} \quad (3.6.18)$$

用理论方法解决流体力学问题最常采用的是微分形式流体力学基本方程组. 这些方程成立的条件是流体力学特征量具有连续的一级偏导数. 如果在流体中某局部面上出现流体力学特征量发生间断的现象, 那么在间断面上就不能采用微分形式的运动方程. 但是在间断面上积分形式的方程组(3.6.18)仍然成立, 因为间断并不影响积分的存在及方程组(3.6.18)的正确性. 此外积分形式的动量方程和动量矩方程还常被用来研究流体或流体与固体作用的某些总体性质, 关于这一点我们将在第六章中讲述.

3.7　初始条件和边界条件

所有的流体运动都要满足基本方程组, 但是满足同一方程组的流体运动仍然千差万别, 不可胜数. 在通常的条件下只有确定了初始状态和边界状态之后, 流体的运动才具有独一无二的形态. 反映在数学上这就是说基本方程组通解中包含的任意函数只有在给定初始条件和边界条件之后才具有唯一确定的解. 这就是为什么我们在建立了流体力学基本方程之后还必须着重讨论初始条件和边界条件的道理.

a) 初始条件

所谓**初始条件**, 就是初始时刻 $t = t_0$ 时, 流体运动应该满足的初始状态, 即 $t = t_0$ 时

$$\begin{cases} \boldsymbol{v}(\boldsymbol{r}, t_0) = \boldsymbol{v}_1(\boldsymbol{r}), \\ p(\boldsymbol{r}, t_0) = p_1(\boldsymbol{r}), \\ \rho(\boldsymbol{r}, t_0) = \rho_1(\boldsymbol{r}), \\ T(\boldsymbol{r}, t_0) = T_1(\boldsymbol{r}), \end{cases} \tag{3.7.1}$$

其中 $\boldsymbol{v}_1, p_1, \rho_1, T_1$ 都是给定的已知函数. 应该指出, 如果研究流体的定常运动, 则不需要给出初始条件; 如果研究不可压缩流体运动, 则不需要给出压强初始条件.

b) 边界条件

所谓边界条件, 指的是流体运动边界上方程组的解应该满足的条件. 它的形式多种多样, 需要具体问题具体分析, 下面只写出常用的几种.

1) 无穷远处

例如飞机在高空中飞行, 辽阔的天空可近似地看作是无边无际的, 于是**无穷远处**是这类问题的边界, 那里的边界条件可写为: $r \to \infty$ 时,

$$\boldsymbol{v} = \boldsymbol{v}_\infty, \quad p = p_\infty, \quad \rho = \rho_\infty, \quad T = T_\infty. \tag{3.7.2}$$

2) 两介质界面处

两介质的界面可以是气、液、固三相中任取两不同相的界面, 也可以是同一相不同组成的界面. 例如物体在空气中运动, 物面就是气、固两介质的界面, 海洋表面就是空气和水两相的界面, 河流中清水和浊水的界面就是同一水相而密度不同的界面等等.

图 3.7.1

若界面处两介质互不渗透, 而且在运动过程中, 原来是两介质界面的边界在以后时刻永远是两介质的界面, 即满足不发生分离的连续条件, 则在界面处速度的法向分量应连续, 即 (图 3.7.1, 规定 $\boldsymbol{n}$ 从介质 2 指向介质 1)

$$(v_n)_{介质1} = (v_n)_{介质2}, \tag{3.7.3}$$

因为:

(1) 如果 $(v_n)_{介质1} < (v_n)_{介质2}$, 则介质 1 将穿入介质 2, 与不可渗透条件矛盾;

(2) 如果 $(v_n)_{介质1} > (v_n)_{介质2}$, 则介质 1 将与介质 2 分离, 与连续条件矛盾.

现讨论两介质界面处切向速度分量 v_t 和温度 T 应该满足的条件. 如果两介

质在力学上处于静止状态,在热力学上处于平衡状态,则界面处的 v_t 和 T 应相等,因为如果不等则必然会破坏静止和平衡状态. 如果两介质在力学上处于运动状态,在热力学上处于不平衡状态,那么此时界面处的 v_t 和 T 应满足什么关系呢? 设想两介质的 v_t 和 T 在界面处不等,即发生了切向速度间断和温度间断,则在界面的法向产生了极大的切向速度梯度和温度梯度. 由于流体是有黏性和热传导性的,伴随着极大的切向速度梯度和温度梯度产生了极大的黏性切应力和热流,它们力图抹平两介质在切向速度和温度间的差别,而且间断愈强,这种抹平的趋势也愈加强烈. 从分子动理学的观点来看,通过两介质间分子的运动交换了动量和能量,使速度和温度趋于均匀. 因此不难想象,过了一段时间后 v_t 与 T 将变成连续的. 根据上述讨论很自然地假设在真实流体的两介质界面处,切向速度分量 v_t (考虑到 (3.7.3) 式因而也有速度矢量 $\boldsymbol{v}$) 和温度 T 是连续的,即

$$\boldsymbol{v}_{\text{介质1}} = \boldsymbol{v}_{\text{介质2}}, \qquad T_{\text{介质1}} = T_{\text{介质2}}. \tag{3.7.4}$$

现有的证据的确证实,在通常的条件下 (3.7.4) 式是成立的. 必须指出,分界面上的条件 (3.7.4) 仅仅是假设,因此并不排斥在个别的特殊情况下,$\boldsymbol{v}$ 与 T 是间断的 (见下面的讨论). 如果考虑理想流体,即忽略分子的输运过程,那么在通常条件下,v_t 和 T 可以是间断的,因为现在不存在抹平间断的机制.

不同于速度及温度,密度在两介质界面上一般是间断的. 由 (3.7.3) 式得知,介质 1 和介质 2 互不相混. 如果

$$\rho_{\text{介质1}} \neq \rho_{\text{介质2}},$$

那么在两介质界面处,密度必然是间断的.

现在讨论一类两介质界面处的边界条件. 在分界面两边分别作如图 3.7.2 所示的两柱体元 V_1 与 V_2,母线平行于界面法向单位矢量 $\boldsymbol{n}$,其长度远小于另外两个方向的尺度. 对 $V_1 + V_2$ 应用动量定理和能量守恒定律. 先考虑动量定理. 因惯性力和体力是高阶小量不予考虑,于是作用在 $V_1 + V_2$ 边界上的面力平衡;又由于母线的尺度远小于 S_1, S_2 的尺度,于是作用在侧面的面力又可不予考虑. 这就导致作用在 S_1, S_2 上的面力和表面张力 (参阅附录三) 平衡,写成式子为

$$\boldsymbol{P}^{(1)} \cdot \boldsymbol{n} - \boldsymbol{P}^{(2)} \cdot \boldsymbol{n} = -\gamma \left(\frac{1}{R_1} + \frac{1}{R_2} \right) \boldsymbol{n}, \tag{3.7.5}$$

其中 R_1 与 R_2 是任意两个包含 $\boldsymbol{n}$ 的正交平面和界面交线的曲率半径 (如曲率中心在 $\boldsymbol{n}$ 指向的那边,曲率半径取为正值);$\boldsymbol{P}^{(1)}$ 与 $\boldsymbol{P}^{(2)}$ 分别是介质 1 和介质 2 的应力张量;γ 是表面张力系数. 考虑到本构方程 (3.4.17),写出 (3.7.5) 式在界面切向和法向的分量表达式

$$\mu_1 s_{ij}^{(1)} t_i n_j = \mu_2 s_{ij}^{(2)} t_i n_j, \tag{3.7.6}$$

$$p^{(1)} - 2\mu_1 \left(s_{ij}^{(1)} n_i n_j - \frac{1}{3} s_{kk}^{(1)} \right)$$

$$= p^{(2)} - 2\mu_2 \left(s_{ij}^{(2)} n_i n_j - \frac{1}{3} s_{kk}^{(2)} \right) + \gamma \left(\frac{1}{R_1} + \frac{1}{R_2} \right), \tag{3.7.7}$$

此两式在两介质界面上任一点处成立.

图 3.7.2

现考虑能量守恒定律(3.3.1). 因为 $V_1 + V_2$ 的体积比起 S_1, S_2 是高阶小量, 所以 $V_1 + V_2$ 内的 $T\mathrm{d}s$ 及 Φ, q 皆可不计, 于是通过 $V_1 + V_2$ 表面的热流量相等, 又因侧面的热流可忽略, 于是有

$$\left(k \frac{\partial T}{\partial n} \right)_{介质1} = \left(k \frac{\partial T}{\partial n} \right)_{介质2}. \tag{3.7.8}$$

归纳所得的结果, 我们有

$$T_{介质1} = T_{介质2}, \quad \left(k \frac{\partial T}{\partial n} \right)_{介质1} = \left(k \frac{\partial T}{\partial n} \right)_{介质2} \tag{3.7.9}$$

及

$$\begin{cases} \boldsymbol{v}_{介质1} = \boldsymbol{v}_{介质2}, \\ \mu_1 s_{ij}^{(1)} t_i n_j = \mu_2 s_{ij}^{(2)} t_i n_j, \\ p^{(1)} - 2\mu_1 \left(s_{ij}^{(1)} n_i n_j - \frac{1}{3} s_{kk}^{(1)} \right) \\ \quad = p^{(2)} - 2\mu_2 \left(s_{ij}^{(2)} n_i n_j - \frac{1}{3} s_{kk}^{(2)} \right) + \gamma \left(\frac{1}{R_1} + \frac{1}{R_2} \right). \end{cases} \tag{3.7.10}$$

（3）固壁处

固壁处边界条件是两介质界面处边界条件的重要特例, 此时两介质中有一个是固体, 另一个是流体(可以是气体或液体). 由于边界条件(3.7.6)与(3.7.7)中涉及固相的那些项是未知的, 因此通常不用这两个条件. 于是固壁处的条件为

$$\boldsymbol{v}_{流} = \boldsymbol{v}_{固}, \quad T_{介质1} = T_{介质2}, \quad \left(k \frac{\partial T}{\partial n} \right)_{介质1} = \left(k \frac{\partial T}{\partial n} \right)_{介质2}. \tag{3.7.11}$$

特别地, 当固壁静止时有

$$\boldsymbol{v} = 0, \quad T_{介质1} = T_{介质2}, \quad \left(k \frac{\partial T}{\partial n} \right)_{介质1} = \left(k \frac{\partial T}{\partial n} \right)_{介质2}. \tag{3.7.12}$$

$\boldsymbol{v}_{介质1} = \boldsymbol{v}_{介质2}$ 或 $\boldsymbol{v} = 0$ 称为**黏附条件**或**无滑移条件**. 这是黏性流体重要假设之一. 19 世纪有人对固壁处黏附条件的正确性提出过怀疑. 流体和固体接触面之间的

分子动量交换是不是和流体内部某一面上的动量交换具有相同的性质？通过实验直接检验黏附条件是困难的. 因为要达到这个目的, 必须在固体表面测量流体的速度, 而离表面太近必然对仪器有干扰, 这在流动缓慢的条件下是不许可的. 近代很精细的热丝技术能测到离表面不小于 $0.01\,\mathrm{cm}$ 处的速度, 从测出的速度分布曲线的趋势来看, 无滑移假设和直接观测并不矛盾, 但这毕竟不能作为实验检验的科学根据. 黏附条件正确性的重要根据是在连续介质假设成立的条件下, 大量理论结果和实验观测一致. 最早的一个例子是黏性流体在圆管内的流动, 根据黏附条件得到的结果诸如流量、压强梯度和管道半径的关系与实验符合得很好, 这就间接地证明了黏附条件的合理性. 另一个有力的依据来自分子动理学. 当气体的密度很小, 分子自由程大于仪器的尺寸, 连续介质假设不再成立时, 分子与固体表面作用就具有方向性. 当分子在表面上反射时, 它们不完全遵守平衡规律, 这样, 气体在物体表面上出现了滑动（温度也可以间断）. **滑移速度**是分子自由程的数量级. 因此只要不考虑稀薄气体, 在连续介质假设成立的条件下, 壁面滑移速度是可以忽略的. 也就是说, 对宏观运动而言无滑移条件可以认为是足够精确的近似.

如果流体是理想的, 此时 (3.7.11) 和 (3.7.12) 式变为

$$(v_n)_{\text{流}} = (v_n)_{\text{固}} \tag{3.7.13}$$

和

$$(v_n)_{\text{流}} = 0, \tag{3.7.14}$$

称为**不穿透条件**.

4) 自由面处

另一重要特例是正常条件下气-液界面处的边界条件, 即**自由面处**的边界条件. 例如河流海洋的水面就是一例. 此时气相（如空气）不一定处于静止状态. 只要它的运动不太强于液体的运动, 则由于气体的密度和黏性远小于液体的值, 由惯性力和黏性力引起的压强及应力变化和液体相比可忽略不计. 由此我们可以近似地认为气相在界面处的应力张量为 $-p_0\delta_{ij}$, 其中 p_0 是气相的常压（例如可以是大气压强）. 于是条件 (3.7.6), (3.7.7) 变为（忽略表面张力）:

$$s_{ij}t_i n_j = 0, \tag{3.7.15}$$

$$p - 2\mu\left(s_{ij}n_i n_j - \frac{1}{3}s_{kk}\right) = p_0. \tag{3.7.16}$$

条件 $\boldsymbol{v}_{\text{介质1}} = \boldsymbol{v}_{\text{介质2}}$, 因气相中的速度未知, 故常不采用.

在理想流体特殊情况下, (3.7.15) 与 (3.7.16) 式变为条件（忽略表面张力）

$$p = p_0. \tag{3.7.17}$$

习   题

1. 分别在定常及非定常流动的流体中考虑一个由流体质点组成的流管元，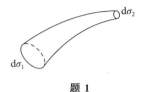两端的横截面分别为 $d\sigma_1$ 和 $d\sigma_2$（如图所示）. 设 $\varphi, \boldsymbol{a}$ 分别是定义在流管中的标量函数和矢量函数，求它们在上述体积上的体积分的随体导数.

题 1

2. 试用拉格朗日观点推导拉格朗日变数下的连续性方程.

3. 设有一流体的流动. 试用欧拉观点对下述各种坐标系求出连续性方程的一般表达式：

(1) 曲线坐标系中的连续性方程；

(2) 球面坐标系中的连续性方程；

(3) 柱面坐标系中的连续性方程；

(4) 极坐标系中的连续性方程（对平面流动情况）.

4. 试用欧拉观点对下述各种流动情况推导连续性方程：

(1) 平面辐射性流动；

(2) 空间辐射性流动；

(3) 流体质点都在通过某一直线的平面上流动；

(4) 流体质点做垂直于某固定直线的圆流动，圆心都位于该直线上；

(5) 流体质点在共轴线的圆柱面上流动；

(6) 流体质点在共轴并有共同顶点的锥面上流动.

5. 在流动的流体中取一流管，流管的两个不同横截面为 S_1 和 S_2，位于 S_1 和 S_2 间的流管的侧面为 S. 设由 S_1, S_2 与 S 三面所包围的流体体积为 V，对 V 运用质量守恒定律，求：

(1) 一般情况下的质量守恒定律的数学表达式；

(2) 可压缩流体定常流动的质量守恒定律的数学表达式；

(3) 不可压缩流体流动的质量守恒定律的数学表达式.

6. 一不可压缩流体的流动，x 轴方向的速度分量是

$$u = ax^2 + by,$$

z 轴方向的速度分量为零，求 y 轴方向的速度分量 v，其中 a, b 为常数. 已知 $y = 0$ 时 $v = 0$.

7. 二维定常不可压缩流动，x 方向的速度分量为

$$u = \mathrm{e}^{-x}\cosh y + 1,$$

求 y 轴方向的速度分量 v. 设 $y = 0$ 时，$v = 0$.

8. 试证下述不可压缩流体的运动不可能存在：

$$u = x, \quad v = y, \quad w = z.$$

9. 试证下述不可压缩流体的运动是可能存在的：

（1）$u = 2x^2 + y, \quad v = 2y^2 + z, \quad w = -4(x + y)z + xy$;

（2）$u = -\dfrac{2xyz}{(x^2 + y^2)^2}, \quad v = \dfrac{(x^2 - y^2)z}{(x^2 + y^2)^2}, \quad w = \dfrac{y}{x^2 + y^2}$;

（3）$u = yzt, \quad v = xzt, \quad w = xyt$.

10. 已知流体质点在坐标系原点上的速度为 0，且速度分量为

$$u = 5x, \quad v = -3y,$$

问能构成不可压缩流体可能运动的第三个分量 w 应该是什么？

11. 如图所示，设不可压缩流体通过圆管的定常流动的体积流量（单位：m^3/s）为 Q.

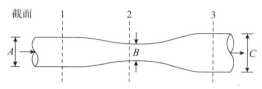

题 11

（1）假定截面 1，2 和 3 上的速度是均匀分布的，在三个截面处圆管的直径（单位：m）分别为 A，B，C，求三个截面上的速度. 当 $Q = 0.4\,\mathrm{m}^3/\mathrm{s}$，$A = 0.4\,\mathrm{m}$，$B = 0.2\,\mathrm{m}$，$C = 0.6\,\mathrm{m}$ 时计算速度值.

（2）若截面 1 处的流量为 $Q = 0.4\,\mathrm{m}^3/\mathrm{s}$，但密度按以下规律变化：

$$\rho_2 = 0.6\rho_1, \quad \rho_3 = 1.2\rho_1,$$

求三个截面上的速度值.

12. 可压缩流体通过等直径的管道流动，沿轴向的速度为

$$u = \frac{u_1 + u_2}{2} + \frac{u_2 - u_1}{2}\tanh x,$$

其中 u_1 与 u_2 分别是 x 为负无穷大和正无穷大时的速度. 若在任一点上的密度都不随时间而变，在 $x = -\infty$ 处密度 $\rho = \rho_1$，求密度沿管道的分布.

13. 求下列速度场成为不可压缩流体可能流动的条件：

（1）$u = a_1 x + b_1 y + c_1 z, \quad v = a_2 x + b_2 y + c_2 z, \quad w = a_3 x + b_3 y + c_3 z$;

（2）$u = axy, \quad v = byz, \quad w = cyz + dz^2$;

（3）$u = kxyzt, \quad v = -kxyzt^2, \quad w = k\dfrac{z^2}{2}(xt^2 - yt)$.

14. 试证在不可压缩流体的流动中，流管具有下列性质：

（1）各截面上流量相同；

（2）流管不会在流体中产生和消失.

15. 假定流管形状不随时间变化，设 A 为流管的横截面积，且在 A 截面上的

流动物理量是均匀的. 试证明连续方程具有下述形式:

$$\frac{\partial}{\partial t}(\rho A) + \frac{\partial}{\partial s}(\rho A u) = 0,$$

式中 u 是速度, $\mathrm{d}s$ 是流动方向的弧长微元.

16. 设有一流动存在, 运用拉格朗日观点采用流体体积元的方法, 推导运动方程(矢量形式).

17. 设有一流动存在, 运用欧拉观点采用取有限体积的方法, 推导运动方程(矢量形式).

18. 设有一流动存在, 运用欧拉观点分别在下述坐标系中采用体积元的方法, 推导运动方程:

(1) 直角坐标系; (2) 球面坐标系; (3) 柱面坐标系;

*(4) 曲线坐标系; *(5) 自然坐标系.

19. 用拉格朗日观点推导理想流体的拉格朗日型运动方程.

20. 对一流速为 $\boldsymbol{v}$ 的流动, 如果选用的参考系以常角速度 $\boldsymbol{\omega}$ 转动, 同时又以常速度 $\boldsymbol{u}$ 前进, 试证其运动方程为

$$\frac{\partial \boldsymbol{v}}{\partial t} + \boldsymbol{\omega} \times \boldsymbol{v} + \left(\frac{\mathrm{d}'\boldsymbol{r}'}{\mathrm{d}t} \cdot \nabla'\right)\boldsymbol{v} = \boldsymbol{F} + \frac{1}{\rho}\nabla \cdot P,$$

式中

$$\frac{\mathrm{d}'\boldsymbol{r}'}{\mathrm{d}t} = \boldsymbol{v} - \boldsymbol{u} - \boldsymbol{\omega} \times \boldsymbol{r}',$$

带 "'" 的量表示运动参考系中的量.

21. 设某一流体流动为 $u = 2y + 3z$, $v = 3z + x$, $w = 2x + 4y$. 该流体的黏度 $\mu = 0.008\,\mathrm{Pa \cdot s}$, 求其切应力.

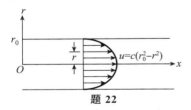

题 22

22. 已知黏性流体在圆管中做层流流动时的速度分布为

$$u = c(c_0^2 - r^2),$$

其中 c 为常数, r_0 是圆管半径, 求:

(1) 单位长度圆管对流体的阻力;

(2) 在管内 $r = r_0/2$ 处沿圆管每单位长流体的内摩擦力.

23. 一长为 l, 宽为 b 的平板, 完全浸没于黏度为 μ 的流体中, 流体以速度 u_0 沿平板平行流过. 假定流体质点在平板两面上任何一点的速度分布情况如图所示. 求:

(1) 平板上的总阻力;

(2) $y = h/2$ 处的流体内摩擦力;

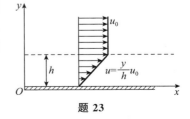

题 23

(3) $y = 3h/2$ 处的流体内摩擦力.

24. 设有一流动存在. 运用欧拉观点,分别采用取有限体积的方法和取体积元的方法,推导能量方程.

25. 两个无限的平行平板间充满不可压缩的绝热黏性流体,其黏度为 μ,密度为 ρ. 下板固定不动,上板以速度 0.15 m/s 沿水平方向移动. 设 $\mu = 1.0 \times 10^{-3}$ Pa·s,$h = 0.25$ m,求流场中每单位体积的内能增加.

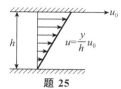

题 25

26. 证明在静止的封闭容器中不可压缩流体的能量耗散率为

$$\int_\tau \Phi \, d\tau = \mu \int_\tau (\mathrm{rot}\, \boldsymbol{v})^2 \, d\tau,$$

式中 Φ 为耗散函数.

27. 一半径为 R 的实心圆柱(无限长)在充满不可压缩黏性流体的空间中以等角速度 $\boldsymbol{\omega}$ 转动,流场的速度分布为

$$u = -R^2 \omega \frac{y}{r^2}, \quad v = R^2 \omega \frac{x}{r^2},$$

计算 $\rho \int_{V_\infty} \dfrac{dU}{dt} d\tau$,并证明它等于 $\boldsymbol{L} \cdot \boldsymbol{\omega}$(忽略热传导),其中 $\boldsymbol{L}$ 为作用在圆柱体上的力矩.

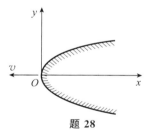

题 28

28. 在原先静止的流体中,设有一剖面 $y = kx^{1/2}$ 以常速度 U 沿水平方向运动. 若 u 与 v 表示该剖面上的速度分量,证明:

$$\frac{v}{u - U} = \frac{k^2}{2y}.$$

29. 在原先静止的流体中,设有一半径为 a 的球以速度 U, V, W 运动. 假设 u, v, w 表示流体在边界面上的速度的三个分量. U, V, W 为常数.

(1) 写出任一时刻 t 球面的数学表达式(设 $t = 0$ 时球心位于坐标原点);

(2) 证明:流体边界面上的速度分量满足方程式

$$(x - Ut)(u - U) + (y - Vt)(v - V) + (z - Wt)(w - W) = 0.$$

30. 若可变椭球

$$\frac{x^2}{a^2 k^2 t^4} + k t^2 \left(\frac{y^2}{b^2} + \frac{z^2}{c^2} \right) = 1$$

是流体在 t 时可能的边界面,设 u, v, w 是边界面上的速度分量. 试决定 u, v, w;并说明满足连续性的要求.

第四章　　流体的涡旋运动

4.1　引言

至少在一部分区域中 $\mathrm{rot}\,\boldsymbol{v} \neq 0$ 的流体运动称为有旋运动. 若在整个流动区域中 $\mathrm{rot}\,\boldsymbol{v} = 0$, 则称此流体运动为无旋运动.

自然界中的流体运动绝大多数是有旋运动. 这些有旋运动有时以明显可见的涡旋形式表现出来, 例如桥墩后的涡旋区, 船只运动时船尾后面形成的涡旋, 大气中的龙卷风等等. 但在更多的情况下, 流体运动的涡旋性并不是一眼能够看出来的. 例如当物体运动时, 在物体表面形成一层很薄的剪切层, 在此薄剪切层中每一点都是涡旋, 而这些涡旋肉眼却是观察不到的. 至于自然界中大量存在着的湍流运动更是充满着尺度不同的大小涡旋.

研究涡旋运动具有实际和理论两方面的意义.

先从实际意义谈起. 涡旋的产生和变化对于流体运动有着重要的影响, 例如在气象学中, 气旋的形成和变化常常决定了气象条件的变化. 涡旋的影响有时有利于生产实践, 有时却不利于生产实践. 当飞机与船只在流体中运动时, 尾部所产生的涡旋消耗着动能, 从而形成了飞机或船只航行时的阻力; 另一方面, 涡旋的产生也将降低旋转机械(水轮机、汽轮机等) 的功率. 这些都是不利于生产实践的. 但是, 有时流体的涡旋运动也有其有利于生产实践的一面. 例如在大型水坝建筑物中, 为了保护坝基不被急泻而下的水流冲坏, 通常采用消能设备, 人为地制造涡旋运动以消耗水流的动能. 由此可见, 研究涡旋运动具有明显的实际意义.

研究涡旋运动也具有重要的理论意义. 不用很久, 我们就会看到, 无旋运动比有旋运动容易处理, 因为它在数学上有着重要的简化. 因此我们对于在什么条件下流体运动可以近似地看成是无旋运动的问题十分感兴趣, 而这个问题的解决也有赖于涡旋运动的研究.

本章研究涡旋运动的规律, 通过涡旋的运动学性质和动力学性质的研究, 揭示涡旋的产生、发展和消亡的规律. 最后两节我们还将研究给定涡旋场和散度场求速度场的问题.

4.2　涡旋的运动学性质

因为

$$\mathrm{div}\,\boldsymbol{\Omega} = \nabla \cdot (\nabla \times \boldsymbol{v}) = 0,$$

所以涡旋场是无源场. 根据场论中无源场的性质, 涡旋的运动学性质可叙述如下:

1) 涡管中任一横截面上的涡通量保持同一常数值. 由于涡通量在涡管的每一个横截面上都相等, 因此可以用它来表征涡管内涡旋的强弱, 称之为涡管强度. 显见, $\Omega_1\sigma_1$ 是涡管元的强度, 其中 σ_1 是任一与 $\boldsymbol{\Omega}$ 垂直的涡管元的横截面的面积, Ω_1 是其上的涡旋值. 我们仅限于讨论强度非零的涡管.

2) 涡管不能在流体中产生或消失. 涡管只可能在两种情形下在流体中产生或消失. 第一种情形是涡管的截面积在流体中趋于零, 此时涡量将趋于无穷. 这在物理上显然是不可能的(图 4.2.1); 第二种情形是涡管在流体中突然中断或出现. 现在我们证明这种情形也是不可能发生的. 为此, 我们在流体中作一封闭曲面, 将涡管在流体中突然出现的管头或突然中断的管尾包在其中. 易见, 此时进入此封闭曲面的涡通量将不等于流出此封闭曲面的涡通量, 于是通过整个封闭曲面的涡通量将不为零. 这显然与涡旋场是无源场的事实矛盾. 此矛盾证明, 涡管不能突然在流体中中断或出现.

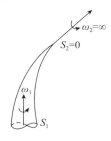

图 4.2.1

既然涡管不能在流体中产生或消失, 因此一般说来它只能在流体中自行封闭, 形成**涡环**, 或将其头尾搭在固壁或自由面上, 或延伸至无穷远处(参看图4.2.2).

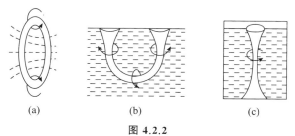

(a)   (b)   (c)

图 4.2.2

最后应该强调指出, 上述有关涡管的运动学性质不牵涉应力, 因此它们既适用于理想流体, 也适用于黏性流体.

4.3 亥姆霍兹方程

研究涡旋的动力学性质即涡旋的随体变化规律存在着两条途径. 第一条途径是直接研究涡通量的随体变化规律; 第二条途径是间接研究速度环量的随体变化规律, 然后通过斯托克斯定理再求出涡旋的随体变化规律. 这两种方法都能得到相同的结果. 为了对涡旋的动力学性质了解得更深入些, 我们同时介绍这两种方法. 第一种方法要用到速度矢量满足的运动方程, 已在 3.6 节中导出; 第二种方法则要用到涡量方程. 这个方程还未推导过, 所以需要在研究涡通量和速度环量的随体导数之前把它推导出来并阐明它的物理意义.

写出 $\mu =$ 常数, $\mu' = 0$ 时兰姆-葛罗麦卡形式的运动方程:

$$\frac{\mathrm{d}\boldsymbol{v}}{\mathrm{d}t} = \frac{\partial \boldsymbol{v}}{\partial t} + \nabla \frac{v^2}{2} + \boldsymbol{\Omega} \times \boldsymbol{v} = \boldsymbol{F} - \frac{1}{\rho}\nabla p + \nu \Delta \boldsymbol{v} + \frac{1}{3}\nu \nabla(\nabla \cdot \boldsymbol{v}). \quad (4.3.1)$$

对此式的两边取旋度, 得

$$\frac{\partial \boldsymbol{\Omega}}{\partial t} + \nabla \times (\boldsymbol{\Omega} \times \boldsymbol{v})$$

$$= \nabla \times \boldsymbol{F} - \nabla \times \left(\frac{1}{\rho}\nabla p\right) + \nabla \times (\nu \Delta \boldsymbol{v}) + \frac{1}{3}\nabla \times (\nu \nabla(\nabla \cdot \boldsymbol{v})). \quad (4.3.2)$$

利用场论中基本运算公式 ⑨, 上式左边可改写为

$$\frac{\partial \boldsymbol{\Omega}}{\partial t} + \nabla \times (\boldsymbol{\Omega} \times \boldsymbol{v}) = \frac{\partial \boldsymbol{\Omega}}{\partial t} + (\boldsymbol{v} \cdot \nabla)\boldsymbol{\Omega} - (\boldsymbol{\Omega} \cdot \nabla)\boldsymbol{v} + \boldsymbol{\Omega}(\nabla \cdot \boldsymbol{v}) - \boldsymbol{v}(\nabla \cdot \boldsymbol{\Omega})$$

$$= \frac{\mathrm{d}\boldsymbol{\Omega}}{\mathrm{d}t} - (\boldsymbol{\Omega} \cdot \nabla)\boldsymbol{v} + \boldsymbol{\Omega}(\nabla \cdot \boldsymbol{v}), \quad (4.3.3)$$

这里已考虑到 $\nabla \cdot \boldsymbol{\Omega} = 0$ 的事实. 将 (4.3.3) 式代入 (4.3.2) 式得

$$\frac{\mathrm{d}\boldsymbol{\Omega}}{\mathrm{d}t} - (\boldsymbol{\Omega} \cdot \nabla)\boldsymbol{v} + \boldsymbol{\Omega}(\nabla \cdot \boldsymbol{v})$$

$$= \nabla \times \boldsymbol{F} - \nabla \times \left(\frac{1}{\rho}\nabla p\right) + \nabla \times (\nu \Delta \boldsymbol{v}) + \frac{1}{3}\nabla \times (\nu \nabla(\nabla \cdot \boldsymbol{v})), \quad (4.3.4)$$

这就是 $\mu =$ 常数, $\mu' = 0$ 时, 涡量应该满足的微分方程, 即**涡量方程**.

若流体是理想正压的且外力有势, 则

$$\mu = 0, \quad \boldsymbol{F} = -\nabla \widetilde{V}, \quad \frac{1}{\rho}\nabla p = \nabla \Pi,$$

其中 $\widetilde{V}$ 是力势函数,

$$\Pi = \int \frac{\mathrm{d}p}{\rho}.$$

于是 (4.3.4) 式右边各项皆为零. 涡量方程变为

$$\frac{\mathrm{d}\boldsymbol{\Omega}}{\mathrm{d}t} - (\boldsymbol{\Omega} \cdot \nabla)\boldsymbol{v} + \boldsymbol{\Omega}(\nabla \cdot \boldsymbol{v}) = 0, \quad (4.3.5)$$

(4.3.5) 式称为**亥姆霍兹方程**.

均质不可压缩黏性流体在有势外力作用下, 其涡量满足下列方程:

$$\frac{\mathrm{d}\boldsymbol{\Omega}}{\mathrm{d}t} - (\boldsymbol{\Omega} \cdot \nabla)\boldsymbol{v} = \nu \Delta \boldsymbol{\Omega}. \quad (4.3.6)$$

现在考察涡量方程 (4.3.4) 各项的物理意义. 让我们首先阐明运动方程 (4.3.1) 各项的物理意义. $\boldsymbol{v}$ 可理解为速度, 也可理解为单位质量上的动量. (4.3.1) 式说

明,在随体运动过程中引起单位质量上的动量发生变化的因素一共有三种：(1) 外力 $\boldsymbol{F}$；(2) 压强梯度 $-\dfrac{1}{\rho}\nabla p$；(3) 黏性应力 $\nu\left(\Delta\boldsymbol{v}+\dfrac{1}{3}\nabla(\nabla\cdot\boldsymbol{v})\right)$. 完全类似地可以考察 (4.3.4) 式各项物理意义. 首先说明,对于 $\boldsymbol{\Omega}/2$,除了将它看成涡量一半外,还可将它理解为单位转动惯量上的动量矩. 考虑球心在 O 点,半径为 r 的无限小球形微团. 对于通过球心的任一轴线,此球形微团的动量矩为

$$\boldsymbol{L}=\int(\boldsymbol{r}\times\boldsymbol{v})\rho\,\mathrm{d}\tau.$$

利用速度分解定理,将 $\boldsymbol{v}$ 在 O 点附近分解为平动速度 v_k,转动速度 $\dfrac{1}{2}\varepsilon_{klm}\Omega_l x_m$ 及变形速度 $s_{kn}x_n$ 之和,并用 ρ 在 O 点的值 ρ_0 代替 ρ,我们有

$$L_i=\int(\boldsymbol{r}\times\boldsymbol{v})\rho\,\mathrm{d}\tau=\int\varepsilon_{ijk}x_j\left(v_k+\frac{1}{2}\varepsilon_{klm}\Omega_l x_m+s_{kn}x_n\right)\rho_0\,\mathrm{d}\tau.$$

考虑到 v_k,Ω_l,s_{kn} 都是在 O 点取值,因而是常数,故得

$$L_i=\varepsilon_{ijk}v_k\rho_0\int x_j\,\mathrm{d}\tau+\varepsilon_{ijk}\varepsilon_{klm}\frac{1}{2}\Omega_l\int x_j x_m\rho_0\,\mathrm{d}\tau$$

$$+\varepsilon_{ijk}s_{kn}\int x_j x_n\rho_0\,\mathrm{d}\tau.\tag{4.3.7}$$

由于球体的对称性,我们有

$$\int x_j\,\mathrm{d}\tau=0,$$

$$\int x_j x_m\rho_0\,\mathrm{d}\tau=0\,(j\neq m),\quad\int x_j x_m\rho_0\,\mathrm{d}\tau=\frac{J}{2}\,(j=m),$$

其中 J 是相对于通过球心的任意轴线的转动惯量. 于是 (4.3.7) 式变为

$$\boldsymbol{L}=\frac{1}{4}(\delta_{il}\delta_{jm}-\delta_{im}\delta_{jl})J\delta_{jm}\Omega_l+\frac{1}{2}\varepsilon_{ijk}s_{kn}J\delta_{jn}$$

$$=(3J-J)\frac{1}{4}\Omega_i+\frac{1}{2}\varepsilon_{ijk}s_{kj}J,$$

即

$$\boldsymbol{L}=\frac{J}{2}\boldsymbol{\Omega}.\tag{4.3.8}$$

(4.3.8) 式表明：$\boldsymbol{\Omega}/2$ 可理解为单位转动惯量上的动量矩.

和动量相比,在随体运动过程中引起动量矩发生变化的因素要复杂些. 从 (4.3.4) 式我们看到,外力、压强梯度及黏性力的旋度仍然是使动量矩发生变化的因素. 但是和动量变化不同的是,当外力有势流体正压时,外力和压强梯度对动量矩变化没有贡献,而它们在运动方程中对动量的变化却仍起作用. 除了以上共同因素外还有两项是动量方程中没有的,这就是 $-\boldsymbol{\Omega}(\nabla\cdot\boldsymbol{v})$ 和 $(\boldsymbol{\Omega}\cdot\nabla)\boldsymbol{v}$,

$-\boldsymbol{\Omega}(\nabla \cdot \boldsymbol{v})$ 的物理意义比较清楚,例如当流体被压缩时有 $\nabla \cdot \boldsymbol{v} < 0$.它将使转动惯性减少,从而使动量矩发生变化.$(\boldsymbol{\Omega} \cdot \nabla) \boldsymbol{v}$ 的物理意义不是一眼能看清的,需要作进一步分析. 写出等式

$$(\boldsymbol{\Omega} \cdot \nabla) \boldsymbol{v} = |\boldsymbol{\Omega}| \lim_{PQ \to 0} \frac{\delta \boldsymbol{v}}{PQ},$$

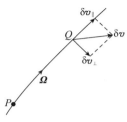

图 4.3.1

其中 P 与 Q 是涡线上的两相邻点(图 4.3.1),而 $\delta \boldsymbol{v}$ 是相对 P 点上的速度而言的 Q 点上的相对速度. 将 $\delta \boldsymbol{v}$ 分成垂直于涡线的分量 $\delta \boldsymbol{v}_\perp$ 和平行于涡线的分量 $\delta \boldsymbol{v}_\parallel$,则我们看到

$$\lim_{PQ \to 0} \frac{\delta \boldsymbol{v}_\perp}{PQ}$$

使涡线扭曲,而

$$\lim_{PQ \to 0} \frac{\delta \boldsymbol{v}_\parallel}{PQ}$$

将使涡线拉伸或压缩,结果都使转动惯量发生变化,从而引起动量矩的改变.

综上所述,影响动量矩发生变化的因素有:(1) 外力;(2) 压强梯度;(3) 黏性应力;(4) 流体的压缩或膨胀;(5) 涡线的拉伸、压缩和扭曲.

4.4　开尔文(Kelvin) 定理

设在 $t = t_0$ 时刻,在流体中取一条由流体质点组成的物质线 L,任取一个张在其上的物质面 S,于是沿物质线 L 的速度环量 Γ 和通过物质面 S 的涡通量 I 分别为

$$\Gamma = \oint_L \boldsymbol{v} \cdot \delta \boldsymbol{r}, \quad I = \int_S \boldsymbol{\Omega} \cdot \delta \boldsymbol{S}. \tag{4.4.1}$$

根据斯托克斯定理有

$$\Gamma = I. \tag{4.4.2}$$

现研究速度环量的随体导数 $\dfrac{\mathrm{d}\Gamma}{\mathrm{d}t}$ 和涡通量的随体导数 $\dfrac{\mathrm{d}I}{\mathrm{d}t}$. 根据(2.12.5)与(2.12.6)式,并考虑到(4.3.1)及(4.3.4)式,我们有

$$\frac{\mathrm{d}\Gamma}{\mathrm{d}t} = \oint_L \frac{\mathrm{d}\boldsymbol{v}}{\mathrm{d}t} \cdot \delta \boldsymbol{r} = \oint_L \boldsymbol{F} \cdot \delta \boldsymbol{r} - \oint_L \frac{1}{\rho} \nabla p \cdot \delta \boldsymbol{r}$$
$$+ \oint_L \nu \left(\Delta \boldsymbol{v} + \frac{1}{3} \nabla (\nabla \cdot \boldsymbol{v}) \right) \cdot \delta \boldsymbol{r}, \tag{4.4.3}$$

$$\frac{\mathrm{d}I}{\mathrm{d}t} = \int_S \left(\frac{\mathrm{d}\boldsymbol{\Omega}}{\mathrm{d}t} - (\boldsymbol{\Omega} \cdot \nabla) \boldsymbol{v} + \boldsymbol{\Omega}(\nabla \cdot \boldsymbol{v}) \right) \cdot \delta \boldsymbol{S}$$
$$= \int_S \nabla \times \boldsymbol{F} \cdot \delta \boldsymbol{S} - \int_S \nabla \times \left(\frac{1}{\rho} \nabla p \right) \cdot \delta \boldsymbol{S}$$

$$+ \int_S \nabla \times \left(\nu \Delta \boldsymbol{v} + \frac{1}{3} \nu \ \nabla(\nabla \cdot \boldsymbol{v}) \right) \cdot \delta \boldsymbol{S}. \qquad (4.4.4)$$

(4.4.3) 和 (4.4.4) 式表明:外力、压强梯度及黏性力沿封闭回线 L 的环量是引起 Γ 和 I 随体发生变化的三大因素.

如果我们考虑的是理想流体,则黏性力等于零. 于是黏性力沿封闭曲线的环量

$$\oint_L \nu \left(\Delta \boldsymbol{v} + \frac{1}{3} \ \nabla(\nabla \cdot \boldsymbol{v}) \right) \cdot \delta \boldsymbol{r} = \int_S \nabla \times \left(\nu \Delta \boldsymbol{v} + \frac{1}{3} \nu \ \nabla(\nabla \cdot \boldsymbol{v}) \right) \cdot \delta \boldsymbol{S}$$

亦为零,此时,导致速度环量和涡通量发生变化的黏性力的因素不起作用.

其次,如果**外力有势**[①],即

$$\boldsymbol{F} = -\operatorname{grad}\widetilde{V},$$

其中 $\widetilde{V}$ 是力势函数,则外力沿封闭曲线 L 的环量等于零,即

$$\int_S (\nabla \times \boldsymbol{F}) \cdot \delta \boldsymbol{S} = \oint_L \boldsymbol{F} \cdot \delta \boldsymbol{r} = \int_L -\operatorname{grad}\widetilde{V} \cdot \delta \boldsymbol{r} = -\oint_L \delta \widetilde{V} = 0.$$

由此可见,有势的外力亦不会引起速度环量和涡通量发生变化.

最后,如果流体是正压的,即

$$\frac{1}{\rho} \operatorname{grad} p = \operatorname{grad} \Pi,$$

其中 $\Pi = \int \dfrac{\mathrm{d}p}{\rho}$,则压力梯度沿封闭曲线 L 的环量亦为零,即

$$\int_S \nabla \times \left(\frac{1}{\rho} \ \nabla p \right) \cdot \delta \boldsymbol{S} = \oint_L \frac{1}{\rho} \operatorname{grad} p \cdot \delta \boldsymbol{r} = \oint_L \operatorname{grad} \Pi \cdot \delta \boldsymbol{r} = \oint_L \delta \Pi = 0,$$

这样正压流体亦不会引起速度环量和涡通量发生变化.

从以上的分析可以看出,黏性、斜压与外力无势是引起速度环量和涡通量发生变化的三大因素. 如果这三个因素都不存在,亦即如果我们考虑的是理想正压流体,且外力有势,则

$$\frac{\mathrm{d}\Gamma}{\mathrm{d}t} = 0, \qquad \frac{\mathrm{d}I}{\mathrm{d}t} = 0.$$

积分之得

$$\Gamma = 常数, I = 常数,$$

即沿任一封闭物质线的速度环量和通过任一物质面的涡通量在运动过程中守恒. 这样我们得到了著名的开尔文定理.

开尔文定理 如果我们考虑的是理想正压流体,且外力有势,则沿任一封闭物质线的速度环量和通过任一物质面的涡通量在运动过程中恒不变.

[①] 本书所讨论的有势外力仅限于势函数单值的情况.

现在我们利用开尔文定理来证明理想正压流体在有势外力作用下,涡旋的某些动力学性质.

4.5   涡旋不生不灭定理(拉格朗日(Lagrange)定理)

涡旋不生不灭定理(拉格朗日定理)   设流体理想、正压,且外力有势. 如果在初始时刻在某部分流体内无旋,则在以前或以后任一时刻这部分流体皆无旋. 反之,若在初始时刻该部分流体有旋,则在以前或以后的任何时刻这一部分流体皆为有旋.

证明   设在初始时刻在所考虑的那部分流体 C 中,运动无旋,则在这部分流体中有

$$\boldsymbol{\Omega} = \mathbf{0},$$

于是矢量 $\boldsymbol{\Omega}$ 通过 C 内任一物质面 S 的涡通量

$$\int_S \boldsymbol{\Omega} \cdot \mathrm{d}\boldsymbol{S} = 0.$$

根据开尔文定理,在以前或以后任一时刻,涡通量 $\int_{S'} \boldsymbol{\Omega} \cdot \mathrm{d}\boldsymbol{S}$ 皆为零,其中 S' 是组成 S 的流体质点在该时刻组成的曲面. 由于 S 面是任意的,因而 S' 面也是任意选取的,故得 $\boldsymbol{\Omega} = \mathbf{0}$,这样我们便证明了在以前或以后的任一时刻这部分流体永远是无旋的.

现在我们证明定理的后一部分. 设在初始时刻该部分流体有旋,则在以前或以后的任何时刻这部分流体皆为有旋. 今用反证法证明之. 设在初始时刻以前或以后的某一时刻这部分流体无旋,则根据刚才证明的定理的前一部分内容,立即推出,在任一时刻,特别地在初始时刻,流体是无旋的,这个结论显然与在初始时刻流体有旋的假定矛盾. 此矛盾证明了定理的后一部分内容是正确的.

上面我们证明了,在理想、正压及外力有势的三个假定下,无旋则永远无旋,有旋则永远有旋的事实. 下面我们进一步研究,如果运动是有旋的,则涡旋的随体变化规律如何. 这些规律总结起来体现在下述两个亥姆霍兹定理上.

4.6   涡线及涡管强度保持定理(亥姆霍兹定理)

a) 涡线保持定理(亥姆霍兹第一定理)

我们先证涡面保持定理.

涡面保持定理   如果理想流体是正压的,且外力有势,则在某一时刻组成涡面的流体质点在以前或以后任一时刻也永远组成涡面.

证明   设初始时刻 $t = t_0$ 时,流体中有一涡面 Σ,则根据涡面的定义,涡量 $\boldsymbol{\Omega}$ 在涡面法线单位矢量 $\boldsymbol{n}$ 上的投影等于零,即

$$\Omega_n = 0.$$

今在涡面上任取一面积 S,则通过 S 的涡通量为零

$$\int_S \Omega_n \,\mathrm{d}S = 0.$$

设在以前或以后的某一时刻,组成涡面 Σ 的流体质点组成新的曲面 Σ',而 S 面变成 Σ' 上的 S' 面. 现证 Σ' 必为涡面. 根据开尔文定理,我们有

$$\int_{S'} \Omega_n \,\mathrm{d}S = \int_S \Omega_n \,\mathrm{d}S = 0.$$

因 S' 是任意选取的,由此推出

$$\Omega_n = 0.$$

根据定义,S' 是一涡面. 定理证毕.

涡管是涡面的一种特殊情况,因此由涡面保持定理立即推得下列涡管保持定理.

涡管保持定理　如果理想流体是正压的,且外力有势,则在某时刻组成涡管的流体质点在以前或以后任一时刻也永远组成涡管.

现在证明涡线保持定理:

涡线保持定理(亥姆霍兹第一定理)　如果理想流体是正压的,且外力有势,则在某时刻组成涡线的流体质点在前一或后一时刻也永远组成涡线.

证明　设初始时刻 $t = t_0$ 时,流体中有一条由流体质点组成的涡线 L,满足

$$\delta \boldsymbol{r} \times \boldsymbol{\Omega} = \boldsymbol{0}.$$

今设在以前和以后任一时刻,这些流体质点组成曲线 L'(见图 4.6.1),现欲证 L' 也是涡线,即欲证

$$\delta \boldsymbol{r}' \times \boldsymbol{\Omega}' = \boldsymbol{0} \tag{4.6.1}$$

仍成立.

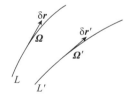

图 4.6.1

在理想正压流体且外力有势的情况下,涡量 $\boldsymbol{\Omega}$ 满足亥姆霍兹方程

$$\frac{\mathrm{d}\boldsymbol{\Omega}}{\mathrm{d}t} - (\boldsymbol{\Omega} \cdot \nabla)\boldsymbol{v} + \boldsymbol{\Omega}(\nabla \cdot \boldsymbol{v}) = \boldsymbol{0}. \tag{4.6.2}$$

显然

$$\frac{\mathrm{d}}{\mathrm{d}t}(\delta \boldsymbol{r} \times \boldsymbol{\Omega}) = \delta \boldsymbol{r} \times \frac{\mathrm{d}\boldsymbol{\Omega}}{\mathrm{d}t} + \frac{\mathrm{d}(\delta \boldsymbol{r})}{\mathrm{d}t} \times \boldsymbol{\Omega}.$$

考虑到

$$\frac{\mathrm{d}(\delta \boldsymbol{r})}{\mathrm{d}t} = \delta \boldsymbol{v} = (\delta \boldsymbol{r} \cdot \nabla)\boldsymbol{v}$$

及(4.6.2)式,上式可写为

$$\frac{\mathrm{d}}{\mathrm{d}t}(\delta r \times \boldsymbol{\Omega}) = \delta r \times [(\boldsymbol{\Omega} \cdot \nabla) v - \boldsymbol{\Omega}(\nabla \cdot v)] - \boldsymbol{\Omega} \times (\delta r \cdot \nabla) v$$

$$= \delta r \times (\boldsymbol{\Omega} \cdot \nabla v) + (\delta r \cdot \nabla v) \times \boldsymbol{\Omega} - (\delta r \times \boldsymbol{\Omega})(\nabla \cdot v)$$

$$= -\nabla v \cdot (\delta r \times \boldsymbol{\Omega}). \tag{4.6.3}$$

上式推导中利用了如下结果:对任意的矢量 a, b 和二阶张量 T,有恒等式(参见第一章习题二第 18 题)

$$a \times (b \cdot T) + (a \cdot T) \times b + T \cdot (a \times b) = \mathrm{tr}\, T(a \times b),$$

其中 $\mathrm{tr}\, T$ 是张量 T 的迹,即主对角线分量之和 T_{ii},也是 T 的第一不变量. 特别地,对于 $T = \nabla v$,有 $\mathrm{tr}\, T = \nabla \cdot v$.

注意到,对于已知的连续可微的速度场 v,(4.6.3) 式是关于 $(\delta r \times \boldsymbol{\Omega})$ 的线性方程,在给定初始条件情况下有唯一解. 由于 $t = t_0$ 时 $\delta r \times \boldsymbol{\Omega} = 0$,因而由 (4.6.3) 式解的唯一性可知,在任意时刻恒有 $\delta r' \times \boldsymbol{\Omega}' = 0$. 于是我们证明了涡线保持定理.

既然组成涡管的流体质点在任何时刻都组成涡管,因此研究涡管强度的随体变化规律是有意义的. 由于涡管强度等于通过任一横截面的涡通量,根据开尔文定理,在理想正压流体且外力有势的条件下,涡通量在运动过程中是不变的,由此推出涡管强度守恒.

b) 涡管强度保持定理(亥姆霍兹第二定理)

涡管强度保持定理　如果流体是理想正压的,且外力有势,则涡管强度在运动过程中恒不变.

上面我们证明了理想正压流体在有势外力作用下涡旋随体变化的几个主要定理,即涡旋不生不灭定理、涡线保持定理及涡管强度保持定理. 这几个定理全面地描述了在上述条件下涡旋的随体变化规律. 首先我们看到流体运动的涡旋性是保持的,即某时刻无旋则永远无旋;某时刻有旋则永远有旋. 其次对于有旋运动,涡线、涡管保持定理成立,即组成涡线、涡管的流体质点永远组成涡线、涡管. 好像流体质点冻结在涡线上随涡线一起运动. 同时在运动过程中涡管强度也保持不变. 总结上面所说的可以看到理想正压流体在有势外力作用下,涡旋随体变化的最主要性质是保持性(或称冻结性).

例 1　对于在重力场作用下的理想不可压缩流体,考察均匀来流定常绕流的涡旋性问题. 显然,理想、正压、质量力有势这三个条件现在都满足. 在不分离绕流情况下,流场中任一点的流体质点都来自无穷远处,因无穷远处运动无旋,所以根据涡旋不生不灭定理,整个流场都是无旋的.

例 2　考虑理想不可压缩流体在重力场作用下从静止状态开始的任何运动. 由于静止状态是无旋的,根据涡旋不生不灭定理,这类运动在任何时刻都是无旋的.

在自然界中可以经常观察到涡旋的产生和消失. 例如船舶运行时,船尾后面不断产生的强烈涡旋;划船时产生的涡旋随着时间的推移逐渐消失等等. 这些都是黏性引起的,它破坏了涡旋不生不灭性质. 除此之外,流体的斜压、质量力无势也可以产生环流. 下面我们举例说明黏性、不正压、外力无势是怎么破坏涡旋守恒性的.

4.7 流体不正压及外力无势时涡旋的产生

黏性、不正压、外力无势是产生涡旋运动的三个要素. 本节将通过具体例子说明流体不正压及外力无势时涡旋是如何产生的. 先讲流体不正压的情形. 设流体是理想的,且外力有势. 此时,根据公式(4.4.3)环量的随体变化公式是

$$\frac{\mathrm{d}\varGamma}{\mathrm{d}t} = -\oint_L \frac{1}{\rho}\mathrm{grad}p \cdot \delta \boldsymbol{r},$$

其中 L 是由流体质点组成的封闭回线,设逆时针方向是其正方向. 利用斯托克斯定理,上式可写成

$$\frac{\mathrm{d}\varGamma}{\mathrm{d}t} = -\int_S \mathrm{rot}\left[\frac{1}{\rho}\mathrm{grad}p\right] \cdot \mathrm{d}\boldsymbol{S}$$

$$= \int_S \frac{1}{\rho^2}(\mathrm{grad}\,\rho \times \mathrm{grad}p) \cdot \mathrm{d}\boldsymbol{S}, \qquad (4.7.1)$$

其中 $\mathrm{d}\boldsymbol{S}$ 是张于 L 上的曲面的面元矢量,其法线方向 $\boldsymbol{n}$ 与 L 的正方向构成右手螺旋系统. 如果我们考虑的流体是正压的,即密度只是压强的函数

$$\rho = \varPhi(p),$$

则

$$\mathrm{grad}\,\rho \times \mathrm{grad}\,p = \varPhi'(p)\mathrm{grad}\,p \times \mathrm{grad}\,p = 0,$$

于是

$$\frac{\mathrm{d}\varGamma}{\mathrm{d}t} = 0,$$

这就是开尔文定理的速度环量守恒的结果. 若流体是斜压的,即密度不仅仅是压强的函数,而且还和其他变数如温度、湿度等有关,则此时

$$\mathrm{grad}\,\rho \times \mathrm{grad}\,p \neq \boldsymbol{0},$$

因此一般说来

$$\frac{\mathrm{d}\varGamma}{\mathrm{d}t} \neq 0.$$

此时,随着时间的推移,速度环量将发生变化,也就是说产生或消灭了涡旋. 当 $\frac{\mathrm{d}\varGamma}{\mathrm{d}t} > 0$ 时, $\varGamma$ 增加,涡通量是增加的;当 $\frac{\mathrm{d}\varGamma}{\mathrm{d}t} < 0$ 时, $\varGamma$ 减少,涡通量减少. 现在用

几何方法研究 $\dfrac{\mathrm{d}\Gamma}{\mathrm{d}t}$ 大于或小于零的问题. $p=$ 常数和 $\rho=$ 常数的曲面分别称为等压面和等密度面. 当流体是正压时,显然此时等压面和等密度面重合,它们的法线方向 $\mathrm{grad}\,p$ 及 $\mathrm{grad}\,\rho$ 当然也重合,于是

$$\mathrm{grad}\,\rho \times \mathrm{grad}\,p = \mathbf{0}.$$

如果流体是斜压,等压面和等密度面将相交,于是

$$\mathrm{grad}\,\rho \times \mathrm{grad}\,p \neq \mathbf{0}.$$

若 S 上 $\mathrm{grad}\,\rho \times \mathrm{grad}\,p$ 的方向与 $\mathrm{d}\boldsymbol{S}$ 的方向成锐角,则 $\dfrac{\mathrm{d}\Gamma}{\mathrm{d}t}>0$. 若 $\mathrm{grad}\,\rho \times \mathrm{grad}\,p$ 与 $\mathrm{d}\boldsymbol{S}$ 成钝角,则 $\dfrac{\mathrm{d}\Gamma}{\mathrm{d}t}<0$,这样我们可以从 $\mathrm{grad}\,\rho$,$\mathrm{grad}\,p$,$\mathrm{d}\boldsymbol{S}$ 这三个矢量的相互位置来判断随着时间推移 Γ 是增加或减少的. 下面我们以气象学中赤道国家的贸易风为例说明上述几何方法的应用.

　　考虑环绕地球的大气层,设大气是干燥的. 则压强 p,密度 ρ,温度 T 以克拉珀龙方程联系起来,即

$$p = \rho R T, \tag{4.7.2}$$

其中 R 是气体常数. 假定地球是圆球,高度相同的地方压强相同,于是等压面是以地心为中心的球面. 其次作等密度面. 由于太阳照射强度不同,同一个高度,赤道要比北极温度高,因此沿球面从北极向赤道温度逐渐增高. 根据(4.7.2)式考虑到在同一高度 p 不变,我们得到密度由北极向赤道逐渐减少. 又在同一地点,高度愈大,空气愈稀薄,即密度愈小,因此随着高度的增加密度将逐渐减小.

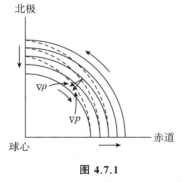

图 4.7.1

从上面的讨论不难看出等密度面将自赤道开始向上倾斜直至北极(如图 4.7.1 中虚线所示). 这样等密度面便和等压面相交. 作等压面和等密度面的法向矢量 $\mathrm{grad}\,p$ 与 $\mathrm{grad}\,\rho$,因为它们都是向着 p 和 ρ 的增加方向,所以箭头都指向球心方向(参见图 4.7.1). 于是易见 $\mathrm{grad}\,\rho \times \mathrm{grad}\,p$ 的方向将与 $\mathrm{d}\boldsymbol{S}$ 的方向一致,即

$$\frac{\mathrm{d}\Gamma}{\mathrm{d}t} > 0,$$

这点从(4.7.1)式可以立即看出. 此式表明,随着时间的推移将产生涡旋,伴随涡旋有下列形式向逆时针方向流动的环量:空气从底层由北纬流至南纬,在赤道处上升,然后再从上层流回北纬,由那里再流下来. 这种环量就是气象学中在赤道国家出现的贸易风.

　　现在我们再来考虑外力无势时涡旋的产生. 设流体理想且不正压. 还是以

地球上的大气运动为例. 假设我们考虑地球的自转, 此时在运动坐标系中流体的相对运动方程是

$$\frac{\mathrm{d}\, \boldsymbol{v}_{\mathrm{r}}}{\mathrm{d}t} = \boldsymbol{F} - \frac{1}{\rho}\mathrm{grad}p - \boldsymbol{w}_{\mathrm{e}} - 2(\boldsymbol{\omega} \times \boldsymbol{v}_{\mathrm{r}}),$$

其中 $\boldsymbol{v}_{\mathrm{r}}$ 是相对速度, $\boldsymbol{w}_{\mathrm{e}}$ 是牵连加速度, $\boldsymbol{\omega}$ 是地球的自转角速度.

设大气质点只受地心的引力, 则外力有势. 于是

$$\boldsymbol{F} = -\mathrm{grad}\widetilde{V},$$

其中 $\widetilde{V}$ 是力势函数. 其次显然有

$$\boldsymbol{w}_{\mathrm{e}} = -\omega^{2}\boldsymbol{R} = -\mathrm{grad}\left(\frac{\omega^{2}R^{2}}{2}\right),$$

其中 R 是质点到地球自转轴线的距离. 于是

$$\frac{\mathrm{d}\, \boldsymbol{v}_{\mathrm{r}}}{\mathrm{d}t} = -\mathrm{grad}\left(\widetilde{V} - \frac{\omega^{2}R^{2}}{2}\right) - \frac{1}{\rho}\mathrm{grad}p - 2(\boldsymbol{\omega} \times \boldsymbol{v}_{\mathrm{r}}),$$

将它代入 (4.4.3) 式, 得

$$\frac{\mathrm{d}\Gamma}{\mathrm{d}t} = \int_{S} \frac{1}{\rho^{2}}(\mathrm{grad}\rho \times \mathrm{grad}p) \cdot \mathrm{d}\boldsymbol{S} - 2\oint_{L}(\boldsymbol{\omega} \times \boldsymbol{v}_{\mathrm{r}}) \cdot \mathrm{d}\boldsymbol{r}. \qquad (4.7.3)$$

右边第一项对速度环量变化的影响已在上面讲过, 由于它的存在将产生贸易风. 现在我们研究科氏力对 Γ 变化的影响, 因为科氏力的出现使外力无势或不再具有单值势. 在大气层内以位于地球自转轴上某点为心作一垂直于地球自转轴线的圆. 将此圆取作 L, 令逆时针是正方向. 则由于贸易风, 在圆上每一点将有自北纬到南纬的速度, 于是从图 4.7.2 不难看出

$$(\boldsymbol{\omega} \times \boldsymbol{v}_{\mathrm{r}}) \cdot \mathrm{d}\boldsymbol{r} = (\boldsymbol{v}_{\mathrm{r}} \times \mathrm{d}\boldsymbol{r}) \cdot \boldsymbol{\omega}$$

将是正的量. 由 (4.7.3) 式得

$$\frac{\mathrm{d}\Gamma}{\mathrm{d}t} < 0,$$

即随着时间增加, Γ 将减少. 于是产生如图 4.7.2 所示顺时针方向由东向西的风. 因此贸易风将不是严格地自北向南吹, 而是自东北向西南吹. 这个结果是和实际情况相吻合的.

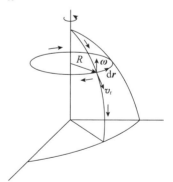

图 4.7.2

上面我们讨论了流体不正压、外力无势时涡旋的产生问题. 下一节研究黏性对涡旋影响问题.

4.8 黏性流体中涡旋的扩散性

黏性是促使涡旋产生、发展、消失的最经常也是最重要的因素. 绝大多数黏性流体运动都是有旋运动, 因此研究涡旋在黏性

流体中的运动规律具有重大意义. 涡旋在黏性流体中的运动规律与理想正压流体在有势外力作用下的情况很不相同. 如前所述,当流体是理想、正压且外力有势时,无旋则永远无旋,有旋则永远有旋. 此外,流体质点及涡量好似冻结在涡线及涡管上随之一起运动. 由此可见,在理想正压流体外力有势的假定下,涡旋变化的最主要性质是保持性(或称冻结性). 与此相反,在黏性流体中,由于黏性作用,涡旋强的地方将向涡旋弱的地方输送涡旋,直至涡旋强度相等为止. 因此保持性不复存在,出现的是涡旋扩散现象. 现在我们以不可压缩黏性流体平面运动为例,说明涡旋的扩散性.

由(4.3.6)式我们知道,不可压缩黏性流体的涡量应该满足下列方程

$$\frac{\mathrm{d}\boldsymbol{\Omega}}{\mathrm{d}t} - (\boldsymbol{\Omega} \cdot \nabla)\, \boldsymbol{v} = \nu\, \Delta\boldsymbol{\Omega}. \qquad (4.8.1)$$

因为我们考虑的是平面运动,此时

$$w = 0, \Omega_x = \Omega_y = 0.$$

令

$$\Omega = \Omega_z,$$

于是(4.8.1)式化为

$$\frac{\mathrm{d}\Omega}{\mathrm{d}t} = \nu\, \Delta\Omega. \qquad (4.8.2)$$

在场内任取一点 M,在 M 点邻域内取一小面积 S,其边界为封闭曲线 L,应用场论基本运算公式 ㉒ 得

$$\int_S \Delta\Omega\, \mathrm{d}S = \int_L \frac{\partial\Omega}{\partial n}\mathrm{d}L,$$

其中 $\boldsymbol{n}$ 是 L 的单位外法向矢量.

根据中值公式

$$\int_S \Delta\Omega\, \mathrm{d}S = (\Delta\Omega)_M \cdot S,$$

于是

$$(\Delta\Omega)_M = \frac{1}{S}\int_L \frac{\partial\Omega}{\partial n}\mathrm{d}L. \qquad (4.8.3)$$

设 M 点的涡量比周围的都大,此时

$$\frac{\partial\Omega}{\partial n} < 0.$$

由(4.8.3)式得

$$(\Delta\Omega)_M < 0,$$

于是根据(4.8.2)式我们有

$$\left(\frac{\mathrm{d}\Omega}{\mathrm{d}t}\right)_M < 0,$$

此式说明下一时刻 M 点上的涡量 Ω 将减小. 同理,若 M 点的涡量 Ω 比周围的都小,此时

$$\frac{\partial \Omega}{\partial n} > 0.$$

由(4.8.3)式得

$$(\Delta \Omega)_M > 0,$$

于是根据(4.8.2)式我们有

$$\left(\frac{\mathrm{d}\Omega}{\mathrm{d}t}\right)_M > 0,$$

此式说明下一时刻 M 点的涡量 Ω 将增加. 这样我们从涡量所满足的微分方程出发说明了平面运动中涡旋的扩散性.

4.9 涡量场和散度场所诱导的速度场

在流体力学的各种实际问题中常常在流动区域内出现涡旋,这些涡旋**诱导速度场**[①]使整个流动状态发生变化. 例如大气中出现的旋风,圆柱绕流问题中圆柱后面呈现的涡对、涡街,有限翼展后缘延伸出去的自由涡旋等等. 为了解决上述各种类型的问题,需要根据涡量场确定速度场. 另一方面,在某些绕流问题中,虽然整个流场都是无旋的,但物体对流体的扰动可用一奇点分布(例如涡层)来替代,这时亦需要根据已知的涡量场确定出诱导的速度场.

实际上涡旋多出现在一定的体积内,但有时也局限在一个薄层内,此时将它看成无限薄的**涡层**,并引进涡层强度是方便的(图 4.9.1). 设高为 l,底面积为 $\mathrm{d}\sigma$ 的体积 $\mathrm{d}\tau$ 内涡量为 $\boldsymbol{\Omega}$,则

图 **4.9.1**

$$\boldsymbol{\Omega}\,\mathrm{d}\tau = l\boldsymbol{\Omega}\,\mathrm{d}\sigma.$$

若令 $\lim\limits_{\substack{l \to 0 \\ \Omega \to \infty}} l\boldsymbol{\Omega} = \boldsymbol{\pi}$,并称 $\boldsymbol{\pi}$ 为涡层强度,则

$$\boldsymbol{\Omega}\,\mathrm{d}\tau = \boldsymbol{\pi}\,\mathrm{d}\sigma.$$

有时涡旋也可能集中在很细的一根涡管上. 此时可近似地将此涡管看成是几何上的一条线,称之为**涡丝**. 下面引进涡丝强度的概念. 考虑底面积为 σ,高为 $\mathrm{d}l$ 的体积 $\mathrm{d}\tau$,其中涡量为 $\boldsymbol{\Omega}$,则

$$\Omega\,\mathrm{d}\tau = \Omega\sigma\,\mathrm{d}l = \boldsymbol{\Omega}\sigma \cdot \mathrm{d}\boldsymbol{l},$$

其中 Ω 为涡量的大小,$\mathrm{d}\boldsymbol{l}$ 为线段元矢量,其大小为 $\mathrm{d}l$,方向为涡量的方向. 令

---

① 这里使用诱导、感生、感应等词是沿用电磁学中的习惯说法,确切含义是用涡量场和散度场反过来表示速度场,但这些场之间的联系是运动学意义上的,当然谈不上物理上的因果关系.

$$\lim_{\substack{\sigma \to 0 \\ \Omega \to \infty}} \sigma\Omega = \Gamma,$$

并称 Γ 为涡丝强度, 则得 $\boldsymbol{\Omega} \mathrm{d}\tau = \Gamma \mathrm{d}\boldsymbol{l}$.

下面我们将一般地解决体涡量分布诱导速度场的问题, 而把涡层、涡丝作为一般结果的特例导出.

为了更加普遍起见, 我们假定在涡量场内还可以有散度分布.

设在有限体积 τ 内给定涡量场和散度场, 而 τ 以外的区域内既无旋亦无散度. 于是

$$\begin{cases} \tau \text{ 内}: \operatorname{div} \boldsymbol{v} = \Theta, \operatorname{rot} \boldsymbol{v} = \boldsymbol{\Omega}, \\ \tau \text{ 外}: \operatorname{div} \boldsymbol{v} = 0, \operatorname{rot} \boldsymbol{v} = \boldsymbol{0}, \end{cases} \tag{4.9.1}$$

其中 Θ 与 $\boldsymbol{\Omega}$ 分别是已知的速度散度及涡量. 现欲求上述涡量场和散度场所诱导的速度场 $\boldsymbol{v}$.

本问题是线性的, 所以可以拆成下列两个问题. 令

$$\boldsymbol{v} = \boldsymbol{v}_1 + \boldsymbol{v}_2,$$

其中 $\boldsymbol{v}_1$ 满足

$$\begin{cases} \tau \text{ 内}: \operatorname{div} \boldsymbol{v}_1 = \Theta, \operatorname{rot} \boldsymbol{v}_1 = \boldsymbol{0}, \\ \tau \text{ 外}: \operatorname{div} \boldsymbol{v}_1 = 0, \operatorname{rot} \boldsymbol{v}_1 = \boldsymbol{0}; \end{cases} \tag{4.9.2}$$

$\boldsymbol{v}_2$ 满足

$$\begin{cases} \tau \text{ 内}: \operatorname{div} \boldsymbol{v}_2 = 0, \operatorname{rot} \boldsymbol{v}_2 = \boldsymbol{\Omega}, \\ \tau \text{ 外}: \operatorname{div} \boldsymbol{v}_2 = 0, \operatorname{rot} \boldsymbol{v}_2 = \boldsymbol{0}. \end{cases} \tag{4.9.3}$$

$\boldsymbol{v}_1$ 代表无旋散度场所诱导的速度, $\boldsymbol{v}_2$ 代表有旋无散度场所诱导的速度. 容易验证, $\boldsymbol{v}_1$ 及 $\boldsymbol{v}_2$ 的矢量和就是有旋散度场所感生的速度 $\boldsymbol{v}$. 现在先来确定 $\boldsymbol{v}_1$, 由 $\operatorname{rot} \boldsymbol{v}_1 = \boldsymbol{0}$, 根据无旋场性质推出

$$\boldsymbol{v}_1 = \operatorname{grad} \varphi, \tag{4.9.4}$$

其中 φ 是速度势函数. 将之代入 $\operatorname{div} \boldsymbol{v}_1 = \Theta$, 得

$$\operatorname{div} \operatorname{grad} \varphi = \Theta,$$

即

$$\Delta \varphi = \Theta, \tag{4.9.5}$$

这就是数理方程中著名的**泊松(Poisson) 方程**, 其解为

$$\varphi = -\frac{1}{4\pi} \int_\tau \frac{\Theta(\xi, \eta, \zeta)}{r} \mathrm{d}\tau. \tag{4.9.6}$$

(4.9.6) 式可以很容易地采用流体力学直观方法求出. 将 τ 内整个散度场分成许多个流体微团, 每个流体微团可看作点源, 其强度为 $\Theta \mathrm{d}\tau$. 由于本问题是线性的, 整个散度场诱导的速度场可以看成是所有点源诱导的速度场之和. 这样一来问题便归结为求强度为 $\Theta \mathrm{d}\tau$ 的点源所诱导的速度场. 设点源所在点 M 的坐标

为(ξ,η,ζ),其强度为$\Theta d\tau$,欲求它对点 M 外任一点 $P(x,y,z)$ 感生的速度势（见图 4.9.2）. 令

$$r = MP = \sqrt{(x-\xi)^2 + (y-\eta)^2 + (z-\zeta)^2},$$

以 M 为心,r 为半径作一圆球. 由于对称性,球上任一点上的速度 v_r 都是相等的. 根据质量守恒定律写出通过球面的流量,得

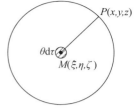

图 4.9.2

$$\frac{\partial \varphi}{\partial r} = v_r = \frac{\Theta(\xi,\eta,\zeta)d\tau}{4\pi r^2}.$$

积分之,得

$$\varphi = -\frac{\Theta(\xi,\eta,\zeta)}{4\pi r}d\tau, \tag{4.9.7}$$

这就是位于 M 点的点源对 P 点诱导的速度势. 对整个 τ 积分（(4.9.7) 式）,即得泊松方程的解（(4.9.6) 式）. 注意(4.9.6)式中 ξ,η,ζ 是变动点,它经过 τ 内所有的点. 将(4.9.6) 式代入(4.9.4) 式,得

$$\boldsymbol{v}_1 = \mathrm{grad}\left[-\frac{1}{4\pi}\int_\tau \frac{\Theta(\xi,\eta,\zeta)}{r}d\tau\right]. \tag{4.9.8}$$

现在再来确定 $\boldsymbol{v}_2$. 由 $\mathrm{div}\boldsymbol{v}_2 = 0$ 推出

$$\boldsymbol{v}_2 = \mathrm{rot}\boldsymbol{A}, \tag{4.9.9}$$

$\boldsymbol{A}$ 称为矢势,将之代入 $\mathrm{rot}\,\boldsymbol{v}_2 = \boldsymbol{\Omega}$,并利用场论中基本运算公式 ⑮ 得

$$\mathrm{rot}\,\mathrm{rot}\boldsymbol{A} = \mathrm{grad}\,\mathrm{div}\,\boldsymbol{A} - \Delta\boldsymbol{A} = \boldsymbol{\Omega}. \tag{4.9.10}$$

现在我们寻求既满足

$$\Delta\boldsymbol{A} = -\boldsymbol{\Omega} \tag{4.9.11}$$

又满足

$$\mathrm{div}\boldsymbol{A} = 0 \tag{4.9.12}$$

的解. 显然这样的解一定是(4.9.10) 式的解,但是(4.9.10) 式的解不一定能同时满足(4.9.11) 和(4.9.12) 式. 下面我们求出(4.9.11) 式的解,最后验证它同时也满足(4.9.12) 式. (4.9.11) 式是矢量方程,其三个分量方程相当于三个泊松方程,因此其解为

$$\boldsymbol{A} = \frac{1}{4\pi}\int_\tau \frac{\boldsymbol{\Omega}}{r}d\tau. \tag{4.9.13}$$

现证由(4.9.13) 式确定的 $\boldsymbol{A}$ 满足(4.9.12) 式. 显然

$$\mathrm{div}\boldsymbol{A} = \frac{1}{4\pi}\int_\tau \boldsymbol{\Omega} \cdot \mathrm{grad}\frac{1}{r}d\tau,$$

考虑到

$$r = \sqrt{(x-\xi)^2 + (y-\eta)^2 + (z-\zeta)^2},$$

而

$$\operatorname{grad} \frac{1}{r} = -\operatorname{grad}' \frac{1}{r},$$

其中"$'$"代表对 ξ, η, ζ 的微分,于是

$$\operatorname{div} \boldsymbol{A} = -\frac{1}{4\pi} \int_\tau \boldsymbol{\Omega} \cdot \operatorname{grad}' \frac{1}{r} \mathrm{d}\tau.$$

因为

$$\operatorname{div}' \frac{\boldsymbol{\Omega}(\xi, \eta, \zeta)}{r} = \frac{1}{r} \operatorname{div}' \boldsymbol{\Omega} + \boldsymbol{\Omega} \cdot \operatorname{grad}' \frac{1}{r} = \boldsymbol{\Omega} \cdot \operatorname{grad}' \frac{1}{r},$$

于是

$$\operatorname{div} \boldsymbol{A} = -\frac{1}{4\pi} \int_\tau \operatorname{div}' \frac{\boldsymbol{\Omega}}{r} \mathrm{d}\tau = \frac{1}{4\pi} \int_{S'} \frac{\Omega_n}{r} \mathrm{d}S, \qquad (4.9.14)$$

S' 是 τ 的界面. 因 S' 上 $\Omega_n = 0$(因为不然的话,它就和涡旋的运动学性质 $\operatorname{div} \boldsymbol{\Omega} = 0$ 矛盾),故

$$\operatorname{div} \boldsymbol{A} = 0,$$

即得证明. 通过上面的分析可以确信,(4.9.13) 式所确定的 $\boldsymbol{A}$ 是(4.9.10) 式的解. 将(4.9.13) 式代入(4.9.9) 式,得

$$\boldsymbol{v}_2 = \operatorname{rot}\left[\frac{1}{4\pi} \int_\tau \frac{\boldsymbol{\Omega}(\xi, \eta, \zeta)}{r} \mathrm{d}\tau\right]. \qquad (4.9.15)$$

将(4.9.8) 式与(4.9.15) 式相加即得有旋散度场(4.9.1) 式的解

$$\boldsymbol{v} = \boldsymbol{v}_1 + \boldsymbol{v}_2$$
$$= \operatorname{grad}\left[-\frac{1}{4\pi} \int_\tau \frac{\Theta(\xi, \eta, \zeta)}{r} \mathrm{d}\tau\right] + \operatorname{rot}\left[\frac{1}{4\pi} \int_\tau \frac{\boldsymbol{\Omega}(\xi, \eta, \zeta)}{r} \mathrm{d}\tau\right]. \qquad (4.9.16)$$

可以将解(4.9.16) 推广到整个无界区域 τ 中去,这只要对 Θ 与 $\boldsymbol{\Omega}$ 再作某些限制即可. 例如要求 Θ 及 $\boldsymbol{\Omega}$ 在无穷远处的阶次是 $\frac{1}{R^3}$.

如果只考虑涡量场,则(4.9.16) 式变为

$$\boldsymbol{v} = \operatorname{rot}\left[\frac{1}{4\pi} \int_\tau \frac{\boldsymbol{\Omega}(\xi, \eta, \zeta)}{r} \mathrm{d}\tau\right]. \qquad (4.9.17)$$

下面将(4.9.17) 式用于涡层和曲线涡丝两种特殊情形. 在涡层情形下有

$$\boldsymbol{\Omega} \mathrm{d}\tau = \boldsymbol{\pi} \mathrm{d}S,$$

于是(4.9.17) 式变成

$$\boldsymbol{v} = \frac{1}{4\pi} \operatorname{rot} \int_S \frac{\boldsymbol{\pi}}{r} \mathrm{d}S. \qquad (4.9.18)$$

在曲线涡丝情形下则有

$$\boldsymbol{\Omega} \mathrm{d}\tau = \Gamma \mathrm{d}\boldsymbol{l},$$

于是

$$\boldsymbol{v} = \frac{1}{4\pi}\mathrm{rot}\int_L \frac{\Gamma}{r}\mathrm{d}\boldsymbol{l}. \tag{4.9.19}$$

由于 Γ 是常量,rot 是对 x, y, z 微分的,而 $\mathrm{d}\boldsymbol{l}$ 是 ξ, η, ζ 的函数,因此

$$\boldsymbol{v} = \frac{\Gamma}{4\pi}\int_L \mathrm{grad}\left(\frac{1}{r}\right)\times\mathrm{d}\boldsymbol{l} = -\frac{\Gamma}{4\pi}\int_L \frac{\boldsymbol{r}\times\mathrm{d}\boldsymbol{l}}{r^3}. \tag{4.9.20}$$

注意这里 $\mathrm{d}\boldsymbol{l}$ 与 $\boldsymbol{\Omega}$ 同向. (4.9.20) 式代表整个曲线涡丝所诱导的速度,而 $\mathrm{d}\boldsymbol{l}$ 一段涡丝元所诱导的速度则为

$$\mathrm{d}\boldsymbol{v} = \frac{\Gamma}{4\pi}\frac{\mathrm{d}\boldsymbol{l}\times\boldsymbol{r}}{r^3}, \tag{4.9.21}$$

其大小为

$$|\mathrm{d}\boldsymbol{v}| = \frac{\Gamma}{4\pi}\frac{\sin\alpha\,\mathrm{d}l}{r^2}, \tag{4.9.22}$$

这里 α 是矢量 $\boldsymbol{r}$ 与 $\mathrm{d}\boldsymbol{l}$ 的夹角. (4.9.21) 与 (4.9.22) 式就是著名的**毕奥-萨瓦尔 (Biot-Savart) 公式**. 它告诉我们曲线涡丝元 $\mathrm{d}\boldsymbol{l}$ 所诱导的速度 $\mathrm{d}\boldsymbol{v}$,其方向是 $\mathrm{d}\boldsymbol{l}$ 与 $\boldsymbol{r}$ 这两矢量的矢量积的方向,即垂直于 $\mathrm{d}\boldsymbol{l}$ 及 $\boldsymbol{r}$;其大小则与距离 r 的平方成反比,而与 $\mathrm{d}\boldsymbol{l}$ 及 $\mathrm{d}\boldsymbol{l}$ 与 $\boldsymbol{r}$ 的夹角 α 的正弦成正比(图 4.9.3).

考虑曲线涡丝. 设 O 是涡丝上一点,现推导涡丝元 AB 对 O 点邻域内流体质点 P 的诱导速度. 取自然坐标系 $Ox_1x_2x_3$,O 点为坐标原点. $\boldsymbol{t}, \boldsymbol{n}, \boldsymbol{b}$ 分别为切线、主法线和副法线方向的单位矢量(图 4.9.4). 设 P 点在过 O 点的涡丝法平面内,则

$$\boldsymbol{r}_p = x_2\boldsymbol{n} + x_3\boldsymbol{b}.$$

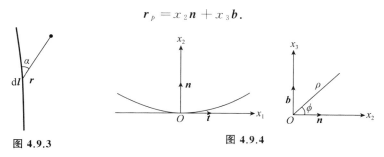

图 4.9.3   图 4.9.4

涡丝元 AB 上动点 M 的径矢近似为

$$\boldsymbol{r}_M \approx l\cos\alpha\,\boldsymbol{t} + l\sin\alpha\,\boldsymbol{n} \approx l\boldsymbol{t} + \frac{1}{2}\kappa l^2\boldsymbol{n},$$

其中 κ 是曲线涡丝在 O 点的曲率. 由此得

$$\mathrm{d}\boldsymbol{l} \approx (\boldsymbol{t} + \kappa l\boldsymbol{n})\mathrm{d}l,$$

$$\boldsymbol{r} = \boldsymbol{r}_p - \boldsymbol{r}_M = -l\boldsymbol{t} + \left(x_2 - \frac{1}{2}\kappa l^2\right)\boldsymbol{n} + x_3\boldsymbol{b},$$

代入(4.9.21)式,得

$$d\boldsymbol{v} = \frac{\Gamma}{4\pi} \frac{x_3\kappa lt - x_3\boldsymbol{n} + \left(x_2 + \dfrac{1}{2}\kappa l^2\right)\boldsymbol{b}}{\left[x_2^2 + x_3^2 + l^2(1 - x_2\kappa) + \dfrac{1}{4}\kappa^2 l^4\right]^{3/2}} dl.$$

将曲线涡丝分成两部分,一部分在 AB：$-L \leqslant l \leqslant L$ 内,另一部分在 AB 外. 令 $x_2^2 + x_3^2 = \rho^2, m = \dfrac{l}{\rho}$,并考虑到 $x_2 = \rho\cos\phi, x_3 = \rho\sin\phi$,则 AB 的贡献为

$$\boldsymbol{v} = \frac{\Gamma}{4\pi} \int_{-\frac{L}{\rho}}^{+\frac{L}{\rho}} \frac{\kappa m\sin\phi\,\boldsymbol{t} - \rho^{-1}\sin\phi\,\boldsymbol{n} + \rho^{-1}\cos\phi\,\boldsymbol{b} + \dfrac{1}{2}\kappa m^2\boldsymbol{b}}{\left[1 + m^2(1 - \kappa\rho\cos\phi) + \dfrac{1}{4}\kappa^2\rho^2 m^4\right]^{3/2}} dm.$$

当 $\rho \to 0$ 时,分母趋于 $(1+m^2)^{3/2}$. 积分之得 $\rho \to 0$ 时 $\boldsymbol{v}$ 的渐近表达式为

$$\boldsymbol{v} = \frac{\Gamma}{4\pi}\Big\{-(1+m^2)^{-1/2}\kappa\sin\phi\,\boldsymbol{t} + \rho^{-1}m(1+m^2)^{-1/2}(\boldsymbol{b}\cos\phi - \boldsymbol{n}\sin\phi)$$

$$+ \frac{1}{2}\kappa\boldsymbol{b}\Big\{-m(1+m^2)^{-1/2} + \ln\big[m + (1+m^2)^{1/2}\big]\Big\}\Big\}\Big|_{-\frac{L}{\rho}}^{+\frac{L}{\rho}}.$$

考虑到

$$\ln(m + \sqrt{1+m^2})\Big|_{-L/\rho}^{+L/\rho} \approx \ln\left(2\frac{L}{\rho}\right)^2 = 2\ln\frac{L}{\rho} + 常数,$$

有

$$\boldsymbol{v} = \frac{\Gamma}{2\pi\rho}(\boldsymbol{b}\cos\phi - \boldsymbol{n}\sin\phi) + \frac{\Gamma\kappa}{4\pi}\boldsymbol{b}\ln\frac{L}{\rho} + 常数. \qquad (4.9.23)$$

显然 AB 外涡丝段对速度的贡献总是有限的,因此比起 AB 段是次要的,可不予考虑.

　　O 点邻域内流体速度由两部分组成. 第一部分是(4.9.23)式中右边第一项,这部分是 O 点处涡旋旋转运动引起的,当 $\rho \to 0$ 时,它趋于无穷. 这是因为涡丝的强度有限,而截面积无限小,因此涡量无限大,从而导致无限大速度. 必须指出,这部分速度是绕 O 点旋转的,因此并不引起 O 点处涡丝运动. 第二部分是(4.9.23)式中右边第二项,这是由 O 点附近涡丝诱导引起的,与曲率半径有关,当 $\rho \to 0$ 时它也趋于无穷,但奇性较弱,是对数型的. 这部分速度不是使流体质点绕涡丝打转,而是使 O 点处涡丝沿副法线方向运动,且运动速度为无限大. 实际问题中涡管总是有限粗的,所以由自身诱导引起的涡管运动速度也是有限的,涡丝运动速度无限大是一种理想的极限情形. 由于第二项与曲率 κ 有关,所以对变曲率涡管而言,各点运动速度不同,因此涡管在运动过程中将发生变形. 只有在曲率相同的圆形涡管的情形下,由自身诱导引起的涡管运动速度才是到处一样的,涡管沿垂直于涡管所在平面的方向,以常速向前运动,在运动过程中涡管

不变形.其次,当 $\kappa = 0$ 时,即考虑直线涡丝情形,涡丝本身不运动.

总结起来我们看到,变曲率孤立的曲线涡丝由于自身诱导作用(与曲率有关)将在流体中运动,并在运动中不断地改变自己的形状.

4.10 直线涡丝 圆形涡丝 涡层

a) 直线涡丝

给定一无穷长直线涡丝,涡丝的强度是 Γ,方向垂直向上;涡丝外的流体皆无旋.求此直线涡丝所诱导的速度场.

取柱坐标,z 轴与涡丝方向重合,且其正方向与涡旋方向重合(图 4.10.1).

用 $M(\rho, \theta, z)$ 表涡丝外一点的坐标,则 M 点上诱导速度 $\boldsymbol{v}$ 根据毕奥-萨瓦尔公式为

$$\boldsymbol{v} = \frac{\Gamma}{4\pi} \int_L \frac{\mathrm{d}\boldsymbol{l} \times \boldsymbol{r}}{r^3},$$

这里 $\mathrm{d}\boldsymbol{l}$ 是弧元矢量,它的方向与涡旋方向重合;积分路线由下至上;r 是涡丝点上的到 M 点的距离;注意,现在 ρ, θ, z 是不变点,而涡丝上的点 $M_1(\xi, \eta, \zeta)$ 是变动点.

显然,$\boldsymbol{v}$ 的方向与 $\mathrm{d}\boldsymbol{l} \times \boldsymbol{r}$ 的方向重合,而 $\mathrm{d}\boldsymbol{l} \times \boldsymbol{r}$ 与 $\boldsymbol{\theta}_0$ 同向,于是

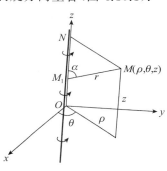

图 4.10.1

$$\boldsymbol{v} = \left[\frac{\Gamma}{4\pi} \int_{-\infty}^{+\infty} \frac{\sin\alpha}{r^2} \mathrm{d}\zeta \right] \boldsymbol{\theta}_0, \tag{4.10.1}$$

其中 α 是 $\boldsymbol{r}$ 与 $\mathrm{d}\boldsymbol{l}$ 两矢量的夹角.因为 L 是由下而上的,所以积分限应从 $-\infty$ 到 $+\infty$.

从图 4.10.1 中可见

$$r = \rho \csc\alpha, \quad M_1 N = z - \zeta = \rho \cot\alpha,$$

于是

$$-\mathrm{d}\zeta = -\rho \csc^2\alpha \, \mathrm{d}\alpha.$$

将上两式代入(4.10.1)式,我们便将变数 ζ 换成 α,得

$$\boldsymbol{v} = \left[\frac{\Gamma}{4\pi} \int_0^\pi \frac{\rho \sin\alpha \, \csc^2\alpha}{\rho^2 \, \csc^2\alpha} \mathrm{d}\alpha \right] \boldsymbol{\theta}_0 = \frac{\Gamma}{4\pi\rho} [-\cos\alpha]_0^\pi \boldsymbol{\theta}_0 = \frac{\Gamma}{2\pi\rho} \boldsymbol{\theta}_0. \tag{4.10.2}$$

若涡旋的方向由上而下,则上式"+"应换成"-"

$$\boldsymbol{v} = -\frac{\Gamma}{2\pi\rho} \boldsymbol{\theta}_0 \tag{4.10.3}$$

从(4.10.2)或(4.10.3)式都可看出,速度 $\boldsymbol{v}$ 与 z 无关,即在平行于 z 轴的直线上,各点的速度完全相同,因此无穷长直线涡丝诱导的是平面运动.我们只需考

虑一个垂直于 z 轴的平面即可,此时涡丝在此平面上表现为一个点涡. 由此可见 (4.10.3) 式也可看成平面上的点涡所诱导的速度场.

最后,我们考虑一段直线涡丝 AB 对空间任一点 M 所感应的速度. 设 A,B 点的 α 分别为 β 与 $\pi-\gamma$,则根据 (4.10.2) 式得

$$\boldsymbol{v}=\frac{\Gamma}{4\pi\rho}(\cos\beta+\cos\gamma)\boldsymbol{\theta}_0.$$

若 AB 是一根半无穷长直线涡丝,即令 B 点趋于无穷,$\alpha\to\pi,\gamma\to0$,而 A 点处的 $\beta=\dfrac{\pi}{2}$,即得

$$\boldsymbol{v}=\frac{\Gamma}{4\pi\rho}\boldsymbol{\theta}_0. \tag{4.10.4}$$

由此可见,半无穷长涡丝对 A 点诱导的速度恰好是无穷长涡丝所诱导速度的一半.

b) 圆形涡丝

考虑半径为 a 的圆形涡丝,取直角坐标系 $Oxyz$,涡丝所在的平面为 Oxy 平面,z 轴通过圆心 O,同时我们取柱面坐标系 (ρ,θ,z)(图 4.10.2). 两坐标系之间的关系为

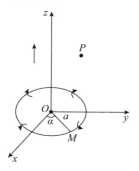

图 4.10.2

$$x=\rho\cos\theta,y=\rho\sin\theta.$$

由于轴对称性,通过 Oz 轴的所有平面上的运动都是一样的,因此不失普遍性可考察平面 $\theta=0$ 处的流体运动. 根据 (4.9.19) 式,圆形涡丝对 $\theta=0$ 平面上任一点 $(\rho,0,z)$ 所诱导的速度为

$$\boldsymbol{v}=\operatorname{rot}\boldsymbol{A},\quad \boldsymbol{A}=\frac{\Gamma}{4\pi}\int_L\frac{\mathrm{d}\boldsymbol{l}}{r}. \tag{4.10.5}$$

设涡丝上动点 M 的坐标为 ξ,η,ζ. OM 与 Ox 轴的夹角为 α,则

$$\xi=a\cos\alpha,\eta=a\sin\alpha,\zeta=0,$$

于是

$$r=\sqrt{(\rho-a\cos\alpha)^2+(-a\sin\alpha)^2+z^2}=\sqrt{\rho^2+a^2+z^2-2a\rho\cos\alpha},$$

而

$$\mathrm{d}\boldsymbol{l}=(-a\sin\alpha\,\mathrm{d}\alpha,a\cos\alpha\,\mathrm{d}\alpha,0),$$

于是 $\boldsymbol{A}$ 在直角坐标系中的三个分量为

$$A_x=\frac{\Gamma}{4\pi}\int_0^{2\pi}\frac{-a\sin\alpha\,\mathrm{d}\alpha}{r}=0,$$

$$A_y=\frac{\Gamma}{4\pi}\int_0^{2\pi}\frac{a\cos\alpha\,\mathrm{d}\alpha}{r}=A(\rho,z),$$

$$A_z = 0.$$

这里我们已考虑到 A_x 表达式中的被积函数是 α 的奇函数,因而积分为零. 现转到柱坐标中,考虑到 $\theta = 0$ 平面上有

$$A_\rho = A_x , \ A_\theta = A_y ,$$

于是有

$$\begin{cases} A_\rho = A_z = 0 , \\ A_\theta = A(\rho , z) = \dfrac{\Gamma a}{4\pi} \displaystyle\int_0^{2\pi} \dfrac{\cos \alpha \, \mathrm{d}\alpha}{\sqrt{\rho^2 + a^2 + z^2 - 2a\rho \cos \alpha}} . \end{cases} \tag{4.10.6}$$

而根据(4.10.5)式

$$v_\rho = -\frac{\partial A}{\partial z} , v_\theta = 0 , v_z = \frac{1}{\rho} \frac{\partial (\rho A)}{\partial \rho} . \tag{4.10.7}$$

下面将 A 的表达式转换一下,令 $\alpha = \pi + 2\beta$,并引进

$$k^2 = \frac{4\rho a}{z^2 + (\rho + a)^2} , \tag{4.10.8}$$

于是

$$\begin{aligned} A(\rho , z) &= \frac{\Gamma a}{4\pi} \int_{-\pi/2}^{+\pi/2} \frac{-2\cos 2\beta \, \mathrm{d}\beta}{\sqrt{a^2 + \rho^2 + z^2 + 2a\rho (1 - 2\sin^2 \beta)}} \\ &= -\frac{\Gamma a}{\pi} \int_0^{\pi/2} \frac{(1 - 2\sin^2 \beta) \mathrm{d}\beta}{\sqrt{z^2 + (a + \rho)^2} \sqrt{1 - k^2 \sin^2 \beta}} , \end{aligned}$$

即

$$A(\rho , z) = \frac{\Gamma}{2\pi} \sqrt{\frac{a}{\rho}} \left[\left(\frac{2}{k} - k \right) K(k) - \frac{2}{k} E(k) \right] , \tag{4.10.9}$$

其中

$$K(k) = \int_0^{\pi/2} \frac{\mathrm{d}\beta}{\sqrt{1 - k^2 \sin^2 \beta}} , \ E(k) = \int_0^{\pi/2} \sqrt{1 - k^2 \sin^2 \beta} \, \mathrm{d}\beta \tag{4.10.10}$$

分别是第一类和第二类完全椭圆积分,有表可查.

现在分析所得结果. 容易验证,在涡丝所在平面上 $v_\rho = 0$,其速度方向平行于 Oz 轴. 根据上节(4.9.23)式涡丝附近的质点速度以 $1/\rho$ 阶次趋于无穷,而圆形涡丝本身则以 $\ln\rho$ 阶次的无穷大速度向前运动. 根据(4.10.7)及(4.10.9)式画出的流线图如图 4.10.3 所示. 奇怪的是,虽然涡丝以无穷大速度向前运动,而涡丝附近的流线仍为封闭曲线. 这大概是因为,涡丝附近旋转运动的速度以 $1/\rho$ 阶次趋于无穷,而涡丝本身的运动速

对称轴线

图 4.10.3

度则是 $\ln\rho$ 阶次的无穷大,与 $1/\rho$ 相比是高阶小量,因此起主要作用的仍为旋转运动,流线呈封闭形.

实际遇到的涡环,其横截面都是有限的. 吸烟者从圆形嘴唇中可吹出涡环来,此涡环因涡核内充满烟气而变得明显可见,一离开嘴唇它很快以定常的速度向前运动,与圆形涡丝的结果定性地符合. 实验室中经常采用下述装置产生涡环. 做一个方形箱子,后壁做成有弹性的,前壁开一圆形孔道. 在箱子内事先盛满烟气,轻轻敲打后壁就会有涡环逸出. 半径为 ε 的有限粗涡环的前进速度可由 (4.9.23) 式略做修改得到,它为

$$\frac{\Gamma}{4\pi a}\ln\frac{a}{\varepsilon}. \tag{4.10.11}$$

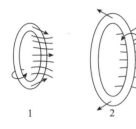

图 4.10.4

可见随着涡环半径 a 的增长,涡环前进速度减少. 利用这个性质可解释著名的两涡环穿行的游戏. 设利用前述装置产生了两个具有相同对称轴线的涡环,一前一后,后涡环产生的速度场在前涡环上产生向外的径向速度分量,使前涡环的半径不断增大(Γ 不变). 根据 (4.10.11) 式,前进速度逐渐减少. 与之同时,前涡环产生的速度场在后涡环上产生向里的径向速度分量,使后涡环的半径不断减小,从而使它的前进速度不断加快,最终穿过前涡环,于是前后涡环易位. 上述过程可以一直重复下去直到涡环能量耗散完为止. 在实验室里通常能看到一到两次穿行(图 4.10.4).

c) 涡层

在流体力学中经常遇到切向速度在很薄一层里发生剧烈变化的现象. 例如冷热空气接触面就是切向风速发生剧烈变化的地方. 平板在自己的平面里突然在流体中起动时(图 4.10.5),在平板附近形成很薄的一层,在此薄层中,速度很快从起动速度 U 降为 0. 在流体力学中这类切向速度剧烈变化的薄层经常抽象为几何上的一个面,在这个面上切向速度发生间断,这样的面称为切向速度间断面. 切向速度间断面是和涡层等价的. 切向速度间断面实际上是具有很强剪切速度的薄层,显然此层内点点有旋,因此它是涡层. 反过来,一个涡层可以看成是由无限的涡丝系列组成(图 4.10.6),涡层上下的流体在此涡丝系列综合作用下产生了如图所示的切向速度间断,所以涡层也是切向速度间断面.

图 4.10.5   图 4.10.6

现在我们从公式(4.9.18)出发证明涡层是切向速度间断面,同时建立涡层

强度和切向速度间断值之间的关系.

　　为了简单起见,考虑常强度 $\boldsymbol{\pi}$ 的无界平板涡层. 涡层外的流体处处无旋. 根据公式(4.9.18),涡层对流体内任一点 P 的诱导速度为

$$
\boldsymbol{v} = \nabla \times \left[\int_S \frac{\boldsymbol{\pi}}{4\pi r} \mathrm{d}S \right] = -\frac{1}{4\pi} \int_S \frac{\boldsymbol{r} \times \boldsymbol{\pi}}{r^3} \mathrm{d}S
$$

$$
= \frac{1}{4\pi} \boldsymbol{\pi} \times \int_S \frac{\boldsymbol{r}}{r^3} \mathrm{d}S.
$$

将 $\boldsymbol{r}$ 分成法向部分 $(\boldsymbol{n} \cdot \boldsymbol{r})\boldsymbol{n}$ 和切向部分之和,其中 $\boldsymbol{n}$ 是涡层的法向单位矢量(图 4.10.7). 切向部分由于正负成对出现,在积分后得零,故可不必考虑. 于是

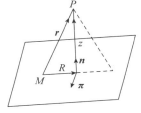

图 4.10.7

$$
\boldsymbol{v} = \frac{1}{2} \boldsymbol{\pi} \times \boldsymbol{n} \left[\frac{1}{2\pi} \int_S \frac{\boldsymbol{n} \cdot \boldsymbol{r}}{r^3} \mathrm{d}S \right].
$$

由于

$$
\frac{1}{2\pi} \int_S \frac{\boldsymbol{n} \cdot \boldsymbol{r}}{r^3} \mathrm{d}S = \frac{1}{2\pi} \int_0^\infty \int_0^{2\pi} \frac{z}{(R^2 + z^2)^{3/2}} R\, \mathrm{d}R\, \mathrm{d}\theta
$$

$$
= \frac{z}{2} \int_0^\infty \frac{\mathrm{d}(R^2 + z^2)}{(R^2 + z^2)^{3/2}} = \frac{z}{2} \left[-\frac{2}{(R^2 + z^2)^{1/2}} \right] \Big|_0^\infty = 1,
$$

所以

$$
\boldsymbol{v} = \frac{1}{2} \boldsymbol{\pi} \times \boldsymbol{n}. \tag{4.10.12}
$$

(4.10.12)式表明涡层两边的流体速度到处都是均匀的,它平行于涡层且和 $\boldsymbol{\pi}$ 垂直,但走向不同,上半平面向左而下半平面则向右. 因此涡层是切向速度间断面. 间断值 $[\boldsymbol{v}]$ 与 $\boldsymbol{\pi}$ 的关系为

$$
[\boldsymbol{v}] = \boldsymbol{\pi} \times \boldsymbol{n}. \tag{4.10.13}
$$

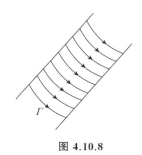

图 4.10.8

　　考虑具有任意横截面的柱形涡层, $|\boldsymbol{\pi}|$ 是常数,且 $\boldsymbol{\pi}$ 处处与柱体母线垂直. 于是所有的涡线都是具有同一形状的平面曲线(图 4.10.8). 现在(4.9.18)式给出

$$
\boldsymbol{v} = -\frac{1}{4\pi} \int_S \frac{\boldsymbol{r} \times \boldsymbol{\pi}}{r^3} \mathrm{d}S = -\frac{|\boldsymbol{\pi}|}{4\pi} \int_{-\infty}^{+\infty} \left(\oint_L \frac{\boldsymbol{r} \times \mathrm{d}\boldsymbol{l}}{r^3} \right) \mathrm{d}m,
$$

其中 $\mathrm{d}m$ 是母线的线段元, $\mathrm{d}\boldsymbol{l}$ 是涡线的弧元矢量, $\boldsymbol{r}$ 在平行母线方向上的投影由于被积函数的反对称性而对 m 的积分无贡献. 令 $\boldsymbol{r}$ 在包含 P 点的横截面上的投影为 $\boldsymbol{t}$,于是

$$
\boldsymbol{v} = -\frac{|\boldsymbol{\pi}|}{4\pi} \oint_L \boldsymbol{t} \times \mathrm{d}\boldsymbol{l} \left[\int_{-\infty}^{+\infty} \frac{\mathrm{d}m}{(t^2 + m^2)^{3/2}} \right]
$$

$$
= -\frac{|\boldsymbol{\pi}|}{4\pi} \oint_L \frac{\boldsymbol{t} \times \mathrm{d}\boldsymbol{l}}{t^2} \left(\frac{m}{\sqrt{t^2 + m^2}} \right) \Big|_{-\infty}^{+\infty}
$$

$$= -\frac{|\pi|}{2\pi}\oint_L \frac{t \times \mathrm{d}l}{t^2} = -\frac{|\pi|m_0}{2\pi}\oint_L \frac{|t \times \mathrm{d}l|}{t^2},$$

其中 m_0 是柱体母线方向的单位矢量,其正向同 $t \times \mathrm{d}l$ 方向. 易证 $\dfrac{|t \times \mathrm{d}l|}{t^2}$ 是 $\mathrm{d}l$ 在 P 点所张的平面角 $\mathrm{d}\chi$,于是

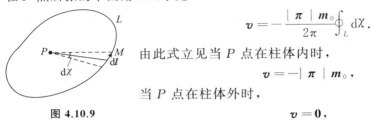

$$v = -\frac{|\pi|m_0}{2\pi}\oint_L \mathrm{d}\chi.$$

由此式立见当 P 点在柱体内时,

$$v = -|\pi|m_0,$$

当 P 点在柱体外时,

$$v = 0,$$

图 4.10.9

柱形涡层是母线方向速度分量的间断面(参看图 4.10.9).

习　　题

1. 给出下列各流场的速度分布:

(1) $u = c, v = w = 0, c$ 是常数;

(2) $u = -cy, v = cx, w = 0, c$ 是常数;

(3) $u = \dfrac{cx}{x^2 + y^2}, v = \dfrac{cy}{x^2 + y^2}, w = 0, c$ 是常数;

(4) $v_r = \dfrac{\cos\theta}{r^2}, v_\theta = \dfrac{\sin\theta}{r^2}, v_z = 0$(柱面坐标).

试求:(1) 它们的流动图案如何(流线、速度方向、$|v|$ 的分布)?

(2) 运动是有旋的还是无旋的?

(3) 用求速度环量的办法来检验(2)问的结果;

(4) 用观察面积元运动的情况来检验(2)问的结果.

2. 给定流场为

$$u = -\frac{cy}{x^2 + y^2}, v = \frac{cx}{x^2 + y^2}, w = 0(c \text{ 是常数}).$$

(1) 试用速度环量来说明运动是否有旋;

(2) 作一个围绕 Oz 轴的任意封闭曲线,试用斯托克斯定理求沿此封闭曲线的速度环量,并说明此环量值与所取封闭曲线的形状无关.

3. 给定流场 $u = -x, v = y$,判别是否有旋? 并通过流管的一个流体方形微元(其各边平行坐标轴,见图示)的运动来证明.

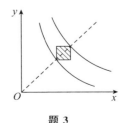

题 3

4. 假定流体理想、不可压缩、外力有势. 判断下列运动是有旋还是无旋:

(1) 无穷远处的剪切流流过一静止物体;

(2) 无穷远处的均匀来流绕一旋转的圆柱体的流动.

5. 判断下列情形会不会产生涡旋:

(1) 一桶水下面装盐水,上面装淡水,桶从静止往上做加速运动;

(2) 一长水槽下层装盐水,上层装淡水,在水槽一端放一平板,今推动平板沿水槽运动.

6. 求下列流场的涡量场及涡线:

(1) 流体质点的速度与质点到 Ox 轴的距离成正比,并与 Ox 轴平行,即 $u = c\sqrt{y^2 + z^2}$, $v = w = 0$, c 常数;

(2) $\boldsymbol{v} = xyz\boldsymbol{r}$, $\boldsymbol{r} = x\boldsymbol{i} + y\boldsymbol{i} + z\boldsymbol{k}$;

(3) 流体绕固定轴像刚体一样旋转.

7. 速度场为

$$u = y + 2z, \quad v = z + 2x, \quad w = x + 2y.$$

(1) 求涡量及涡线;

(2) 求在 $x + y + z = 1$ 平面上横截面为 $\mathrm{dS} = 0.0001\,\mathrm{m}^2$ 的涡管强度;

(3) 求在 $z = 0$ 平面上 $\mathrm{dS} = 0.0001\,\mathrm{m}^2$ 的面积上的涡通量.

8. 设不可压缩流体的速度场为

$$u = ax + by, \quad v = cx + dy, \quad w = 0,$$

其中 a, b, c, d 为常数. 在下列两种情况下求 a, b, c, d 必须满足的条件及这两种情况下流线的形状:

(1) 运动是可能存在的;

(2) 运动不仅是可能存在的,而且是无旋的.

9. 若每一个流体质点都绕一固定轴旋转,此圆周运动的角速度大小 ω 为到转轴距离的 n 次幂,证明:

(1) 当 $n + 2 = 0$ 时,运动是无旋的;

(2) 如果一个非常小的球形流体部分突然固化,则它将开始围绕小球的某一直径以 $\dfrac{n+2}{2}\omega$ 的角速度旋转.

10. 平面运动的速度分布在极坐标系中为

$$v_\theta = \frac{\Gamma_0}{2\pi r}\left(1 - \mathrm{e}^{-\frac{r^2}{4\nu t}}\right), \quad v_r = 0,$$

其中 Γ_0, ν 为常数. 求涡量 $\boldsymbol{\Omega}$ 的分布;沿任一圆周 $r = R$ 的速度环量 Γ 及通过全平面的涡通量,并分析 $\boldsymbol{\Omega}$ 和 Γ 随 r, t 的变化规律.

11. 试以流线法向、切向坐标来表示平面运动的涡量,并说明表达式中各量的含义.

12. 设不可压缩流体平面运动的流线方程是 $\theta = \theta(r)$,速度只是 r 的函数,试证涡量为

$$\Omega = -\frac{k}{r}\frac{\mathrm{d}}{\mathrm{d}r}\left(r\frac{\mathrm{d}\theta}{\mathrm{d}r}\right),$$

其中 k 为常数.

13. 已知流体通过漏斗时旋转的速度分布可表为柱面坐标形式

$$\begin{cases} v_r = 0, \ v_\theta = \dfrac{1}{2}\omega r, \ v_z = 0, \ 0 \leqslant r \leqslant a; \\[2mm] v_r = 0, \ v_\theta = \dfrac{1}{2}\omega\dfrac{a^2}{r}, \ v_z = 0, \ r \geqslant a. \end{cases}$$

试求涡量,并说明在什么区域是有旋的? 在什么区域是无旋的? 其中旋转角速度 ω 为常数.

14. 流体在平面环形区域 $a_1 < r < a_2$ 中的涡量等于一个常数,而在 $r < a_1$, $r > a_2$ 的区域中流体是静止的. 设圆 $r = a_1, r = a_2$ 是流线,且 $r = a_1$ 上流体速度为 V,$r = a_2$ 上流体速度趋于零,试证涡量值为

$$\Omega = \frac{2a_1 V}{a_1^2 - a_2^2}.$$

15. 试证在理想、正压、质量力有势的条件下,由静止开始起动的流体运动一定是无旋运动.

16. 证明在理想不可压缩流体的平面运动中,若质量力有势,那么沿轨迹有 $\dfrac{\mathrm{d}\Omega}{\mathrm{d}t} = 0$,而且在定常运动中,涡量 Ω 沿流线保持常值.

17. 如果 Γ 是沿理想流体的由一定的质点所组成的封闭回线的速度环量,试证在外力有势的条件下,有

$$\frac{\mathrm{d}\Gamma}{\mathrm{d}t} = \oint p\,\mathrm{d}\left(\frac{1}{\rho}\right).$$

18. 试由推导 $\dfrac{\mathrm{d}}{\mathrm{d}t}\oint_s \Omega_n \mathrm{d}S$(涡通量的随体导数)出发,证明拉格朗日涡旋不生不灭定理.

19. 试说明海陆风的形成及白天与黑夜的风向.

20. 取以常角速度 $\boldsymbol{\omega}$ 旋转同时以常速度 $\boldsymbol{u}$ 平移的运动坐标系,证明理想不可压缩流体在质量力有势时,涡量满足下列方程:

$$\frac{\partial'\boldsymbol{\Omega}}{\partial t} + \boldsymbol{\omega}\times\boldsymbol{\Omega} + \left(\frac{\mathrm{d}'\boldsymbol{r}'}{\mathrm{d}t}\cdot\nabla'\right)\boldsymbol{\Omega} = (\boldsymbol{\Omega}\cdot\nabla)\boldsymbol{v},$$

其中 $\dfrac{\mathrm{d}'\boldsymbol{r}'}{\mathrm{d}t} = \boldsymbol{v} - \boldsymbol{u} - \boldsymbol{\omega}\times\boldsymbol{r}'$,$\boldsymbol{v}$ 是运动的绝对速度.

21. 在一封闭圆柱内,不可压缩均质流体在外力作用下从静止开始做绕柱轴(z 轴)的旋转运动,若外力

$$\boldsymbol{F} = (\alpha x + \beta y, \gamma x + \delta y, 0),$$

试写出运动方程,并证明:

(1). $\dfrac{\mathrm{d}\omega}{\mathrm{d}t} = \dfrac{1}{2}(\gamma - \beta)$, $\alpha, \beta, \gamma, \delta$ 为常数, ω 为旋转角速度;

(2) 压强满足

$$\frac{p}{\rho} = \frac{1}{2}\omega^2 r^2 + \frac{1}{2}\left[\alpha x^2 + (\beta + \gamma)xy + \delta y^2\right],$$

其中 r 是到 z 轴的距离.

22. 设理想流体受有势力的作用,流体的密度只是压强的函数. 求在何种条件下,在所有各点任一时刻涡量具有和速度矢量相同的方向,并证明平面运动中永远不可能出现这种情况.

23. 证明以下速度场

$$u = -ky, v = kx, w = \sqrt{c - 2k^2(x^2 + y^2)}$$

所确定的运动中,涡量与速度矢量的方向相同,并求出涡量与速度之间的数量关系,其中 k, c 为常量.

24. 一不可压缩无黏性流体从静止开始运动,若流体是不均匀的,证明垂直于任一等密度面的涡量为零. 涡线位于什么面?（提示:在等密度面上取一回路,并对它应用环量的开尔文定理.）

25. 考虑下列情况下点涡怎样运动:

(1) 两个强度相等的平面点涡,其旋转方向相反;

(2) 两个强度不等的平面点涡,其旋转方向相反;

(3) 两个强度相等的平面点涡,其旋转方向相同;

(4) 两个强度不等的平面点涡,其旋转方向相同.

26. 一个二维自由涡位于无限平板上方 h 处,在无穷远处压强为 p_0,速度为 V_0,且平行于平板. 若平板的背面压强为 p_0,求单位宽度平板上受到的总的力. 设涡丝强度是 Γ,流体是理想不可压缩的. 当 h 趋向无穷大时,写出力简化后的表达式.

题 26

27. 已知半径为 a,强度为 Γ 的圆周形涡丝,试求过此圆心的对称轴线(z 轴)上的速度分布.

28. 给定柱面坐标系下的平面流动

$$v_r = V_\infty\left(1 - \frac{a^2}{r^2}\right)\cos\theta, \quad v_\theta = -V_\infty\left(1 + \frac{a^2}{r^2}\right)\sin\theta + \frac{k}{r},$$

式中 a,k,V_∞ 均为常数,试求包含 $r=a$ 的任一封闭曲线的速度环量.

29. 给定非定常运动速度场

$$u = u_0\left[1 - \frac{a}{\sqrt{\pi}}\right]\int_0^\eta \mathrm{e}^{-\eta^2}\,\mathrm{d}\eta\,,\ v=0,$$

$\eta = \dfrac{y}{(2\sqrt{\nu\,t})}$,其中 ν 是运动黏度(常数),u_0 为常数. 求涡量场.

30. 在原静止不可压缩无界流场中给定涡量分布:

$$\begin{cases}\boldsymbol{\Omega}=2\omega\boldsymbol{k}\,,r\leqslant a,\\ \boldsymbol{\Omega}=\boldsymbol{0}\,,r>a,\end{cases}$$

式中 a,ω 为常数,$\boldsymbol{k}$ 为柱面坐标系中 z 方向的单位向量. 求速度分布.

31. 试证有限长度的直线涡丝段对空间任一点的诱导速度为

$$v = \frac{\Gamma}{4\pi h}(\cos\alpha + \cos\beta),$$

其中 Γ 为涡丝的强度,h 为该点到涡丝的距离,α 和 β 为该点到涡丝两端连线与涡丝的夹角(见图示).

32. 不可压缩无界流场中有一对等强度 Γ 的涡丝,方向相反,分别放在$(0,h)$ 和$(0,-h)$点上,无穷远处有一股来流,速度为 V_∞,恰好使这两条涡丝停留不动,求流线方程.

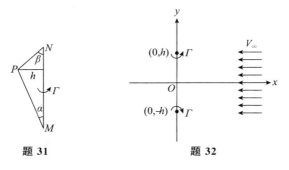

题 31　　　　　　　　　　　　　题 32

第五章   流体静力学

流体静力学是研究流体在外力作用下静止（绝对静止或相对静止）时的状态. 流体静力学可以分为液体静力学和气体静力学. 液体静力学是研究不可压缩流体（主要是水）在静止时的情形. 气体静力学是研究可压缩流体（主要是空气）在静止时的情形. 流体静力学在工程实践中有着广泛的用途, 水压机、液体压力机、虹吸管及其他许多机器及仪器就是根据流体静力学原理制造出来的. 知道静止流体的压强分布, 我们可以计算浮在液体中或沉入液体中的物体所受的浮力及浮力矩（阿基米德原理）, 也可以研究该物体的稳定性. 这方面的知识在造船学方面特别重要. 气体静力学知识有助于计算不同高度下静止大气的压强、密度和温度值, 计算处于平衡状态的气状星球的压强分布和密度分布. 它们在航空和天文中有其应用.

5.1   基本方程组   自由面的形状   外力限制条件

当流体静止时, $\boldsymbol{v}=\boldsymbol{0}$, 应力张量为 $\boldsymbol{P}=-p\boldsymbol{I}$, 其中 p 是静力学压强函数. 假设除了热传导外, 没有其他方式传入热量, 根据(3.6.1)式, 静力学的基本方程组为

$$\begin{cases} \rho\boldsymbol{F}=\operatorname{grad}p\,(\text{或}\,\rho\boldsymbol{F}-\rho\boldsymbol{\omega}\times(\boldsymbol{\omega}\times\boldsymbol{r})=\operatorname{grad}p), \\ p=f(\rho,T), \\ \rho\,\dfrac{\mathrm{d}U}{\mathrm{d}t}=\operatorname{div}(k\operatorname{grad}T), \end{cases} \tag{5.1.1}$$

其中 $\boldsymbol{\omega}$ 是运动坐标系的旋转角速度矢量. 内能 U 和 ρ,T 的关系由(3.5.34)式决定. 应该指出, 方程组(5.1.1)中 p,ρ,T 是耦合的, 它们需要一起从方程组中解出. 设流体是均质的或正压的, 状态方程变为 $\rho=$ 常数及 $\rho=\Phi(p)$, 此时压强、密度和温度可以分开求. 先由方程组(5.1.1)中前两式求出 p,ρ, 然后代入第三式即可求出 T. 如果只对 p,ρ 有兴趣, 那么在绝对静止情况下, 静力学方程组为

均质流体 $\rho\boldsymbol{F}=\operatorname{grad}p$,   (5.1.2)

正压流体 $\rho\boldsymbol{F}=\operatorname{grad}p,\rho=\Phi(p)$.   (5.1.3)

现考虑边界条件. 固壁上的条件 $\boldsymbol{v}=\boldsymbol{0}$ 自动满足, 因静止流体处处满足 $\boldsymbol{v}=\boldsymbol{0}$. 若静止流体有自由面（即液体和气体的交界面）, 则在自由面上应满足

$$p=p_0 \tag{5.1.4}$$

的条件, 其中 p_0 是给定的已知压强（例如可以是大气压）. (5.1.4)式说明自由面也是等压面. 流体静止时, 等压面的形状不能随便选取, 由(5.1.2)或(5.1.3)式

我们看到,等压面必须和 $\boldsymbol{F}$ 垂直. 当外力有势时,等压面和等势面重合. 下面我们证明,当外力有势时,在等势面上,压强、密度和温度都等于常数. 换言之,等势面同时也是等压面、等密度面与等温度面.

因为外力有势,所以 $\boldsymbol{F} = -\nabla \widetilde{V}$,其中 $\widetilde{V}$ 是力势函数,代入方程组(5.1.1)中第一式有

$$-\rho \, \nabla \widetilde{V} = \nabla p, \tag{5.1.5}$$

两边取旋度得

$$\nabla \rho \times \nabla \widetilde{V} = \boldsymbol{0}, \tag{5.1.6}$$

其次由(5.1.5)式立得

$$\nabla p \times \nabla \widetilde{V} = \boldsymbol{0}, \tag{5.1.7}$$

(5.1.6)和(5.1.7)式表明,等势面和等压面、等密度面重合. 由状态方程立即推出,等势面也和等温度面重合.

因为在自由面上 $p = p_0$,所以自由面就是等压面,根据刚才证明的事实,它一定也是等势面. 于是自由面的形状由方程 $\widetilde{V} =$ 常数确定. 当外力是重力时

$$\widetilde{V} = gz,$$

自由面的方程为 $z =$ 常数,由此可见重流体在静止时,其自由面一定是平面.

当流体静止时,外力必须满足一定的条件. 换句话说,只有外力满足一定条件,流体才可能平衡. 这样的条件称为外力限制条件.

由方程组(5.1.1)中第一式得

$$\boldsymbol{F} \cdot \mathrm{rot} \boldsymbol{F} = -\frac{1}{\rho^3} \, \nabla p \cdot (\nabla \rho \times \nabla p),$$

于是

$$\boldsymbol{F} \cdot \mathrm{rot} \boldsymbol{F} = 0, \tag{5.1.8}$$

这就是**外力限制条件**. 显然有势外力满足这个条件,由此可见流体在有势外力场作用下有可能静止. 实际问题中遇到的外力绝大部分有势. 例如在重力场中

$$\boldsymbol{F} = -\nabla(gz), \widetilde{V} = gz,$$

引力场中

$$\boldsymbol{F} = \nabla\left(\frac{GM}{r}\right), \widetilde{V} = -\frac{GM}{r}.$$

因此,在重力场或引力场中流体有可能静止.

5.2　　液体静力学定律

现在考虑均质流体情形. 设外力有势,

$$\boldsymbol{F} = -\nabla \widetilde{V},$$

则(5.1.2)式可写成

$$\nabla(p + \rho\widetilde{V}) = 0,$$

积分之得压强分布为

$$p + \rho\widetilde{V} = 常数. \tag{5.2.1}$$

当外力是重力时,取自由面为 Oxy 平面, z 轴垂直向下,则

$$\widetilde{V} = -gz, \tag{5.2.2}$$

(5.2.1) 式变为

$$p - \rho gz = 常数. \tag{5.2.3}$$

考虑到边界条件 $z = 0$ 处 $p = p_0$,得常数 $= p_0$,于是(5.2.3)式采取下列形式

$$p = p_0 + \rho gz, \tag{5.2.4}$$

这就是著名的**液体静力学定律**. 它表明液体在深度 z 处的压强等于自由面上的压强与高为 z 底为 1 的液柱的重量之和.

(5.2.4) 式还可改写为

$$p = \rho g\left(z + \frac{p_0}{\rho g}\right) = \rho gz', \tag{5.2.5}$$

其中

$$z' = z + \frac{p_0}{\rho g}.$$

$z' = 0$ 的平面称为等效自由面. 如果深度从等效自由面算起,则压强的公式采取 (5.2.5) 式这一更简单的形式.

举几个例子说明液体静力学定律的应用.

a) 帕斯卡定律

设在静止液体的某一点,例如自由面上压强有 δp_0 的改变,则对(5.2.5)式两边取微分运算 δ 后得

$$\delta p = \delta p_0,$$

即静止流体各点上的压强也发生了 δp_0 的改变, δp_0 的压强变化瞬时间传至静止流体各点. 这就是**帕斯卡**(Pascal)**定律**.

水压机就是根据帕斯卡定律制成的. 它能用较小的力将较大的物体举起来. 水压机的示意图如图 5.2.1 所示. 有两个互相联通的水槽,截面积分别为 A_1 及 A_2. 设在 A_1 面的活塞上加一力 P,则单位面积上的力即压强为

$$p = \frac{P}{A_1}.$$

根据帕斯卡定律,此压强立即传至流体各点,特别地,截面 A_2 各点上所受到的压强也为 p,于是截面 A_2 上受到的总力是

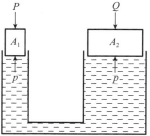

图 5.2.1

$$Q = pA_2 = P\frac{A_2}{A_1}.$$

由此可见，A_2 上所受到的力 Q 是 A_1 上所受到的力 P 的 A_2/A_1 倍，截面积之比 A_2/A_1 愈大，两截面受力之比 Q/P 也愈大，亦即在截面 A_2 上可推动更重的物体。这就是水压机的工作原理。

b）液体静力学佯谬

设有图 5.2.2 所示的四个容器。这四个容器的底面积都是 A，容器中液体的水位一般高。试问液体对哪一个容器底面的总压力最大？

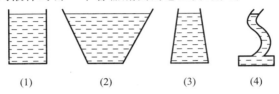

(1)   (2)   (3)   (4)

图 **5.2.2**

也许有人会说，容器（2）的底面受到的压力最大，因为它最大，液体最多。这样一个直观看来似乎有理的答案实际上是错误的。根据（5.2.5）式，底面所受到的总压力为

$$P = (p_0 + \rho g h)A,$$

此式表明总压 P 只依赖于 p_0, A, h，而和容器的形状无关。上述四个容器的 A 和 h 都相同，而大气压 p_0 也相等，因此它们的底面所受到的总压力也应该相等，这就是著名的**液体静力学佯谬**。

5.3   阿基米德定律   平面壁上和曲面壁上的压力

本节继续讨论液体静力学规律的应用。

a）阿基米德（Archimedes）定律

设物体 A 全部沉入液体中。求物体 A 所受的浮力及浮力矩（图 5.3.1）。

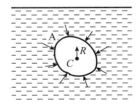

图 **5.3.1**

若物体 A 的表面为 S，体积为 τ，$\boldsymbol{n}$ 为 S 面外法向单位矢量，则物体 A 所受的总压力为

$$\begin{aligned}
\boldsymbol{R} &= -\int_S p\boldsymbol{n}\,\mathrm{d}S = -\int_\tau \nabla p\,\mathrm{d}\tau \\
&= -\left(\int_\tau \rho g\,\mathrm{d}\tau\right)\boldsymbol{k} = -\rho g\tau\boldsymbol{k} \\
&= -G\boldsymbol{k},
\end{aligned} \tag{5.3.1}$$

其中 $G = \rho g\tau$ 是被物体 A 排挤出来的液体的重量。在推导中考虑到 $\nabla p = \rho g\boldsymbol{k}$ 的事实（$\boldsymbol{k}$ 为 z 轴方向单位矢量）。（5.3.1）式说明，物体 A 所受到的浮力，其大小等于被物体 A 所排挤出来的液体的重量，而方向则与 z 轴的负方向重合。

现在我们计算浮力矩. 显然,它是

$$L = -\int_S \boldsymbol{r} \times p\boldsymbol{n}\,\mathrm{d}S = \int_S \boldsymbol{n} \times p\boldsymbol{r}\,\mathrm{d}S = \int_\tau \nabla \times (p\boldsymbol{r})\,\mathrm{d}\tau$$

$$= \int_\tau \nabla p \times \boldsymbol{r}\,\mathrm{d}\tau = -\rho g \int_\tau \boldsymbol{r} \times \boldsymbol{k}\,\mathrm{d}\tau = -\left(\frac{1}{\tau}\int_\tau \boldsymbol{r}\,\mathrm{d}\tau\right) \times G\boldsymbol{k}$$

$$= -\boldsymbol{r}_C \times G\boldsymbol{k} = \boldsymbol{r}_C \times \boldsymbol{R}, \tag{5.3.2}$$

其中

$$\boldsymbol{r}_C = \frac{1}{\tau}\int_\tau \boldsymbol{r}\,\mathrm{d}\tau$$

是被物体 A 排挤出去的液体的重心的径矢,在推导中考虑到了 $\nabla \times \boldsymbol{r}=0$ 及 $\nabla p = \rho g\boldsymbol{k}$ 的事实.

设 $\boldsymbol{r}$ 是浮力作用点的径矢,则根据理论力学中的**伐里农**(Varignon)**定理**

$$L = \boldsymbol{r} \times \boldsymbol{R}, \tag{5.3.3}$$

易证

$$\boldsymbol{R} \cdot \boldsymbol{L} = \boldsymbol{R} \cdot (\boldsymbol{r} \times \boldsymbol{R}) = 0,$$

于是整个作用力可化为一个单力(没有力偶). 比较(5.3.2)和(5.3.3)式得

$$\boldsymbol{r} = \boldsymbol{r}_C + \lambda\boldsymbol{k},$$

其中 λ 是任意常数,可见此单力通过被物体 A 排挤出去的液体的重心 C.

于是我们得到了著名的**阿基米德定律**:沉入水中的物体所受到的浮力,其大小等于被物体 A 所排挤出去的液体的重量,方向是重力的负向,而且浮力的作用线通过被 A 所排挤出去的液体的重心 C.

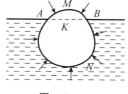

图 5.3.2

阿基米德定律也适用于半沉入水中的物体. 此时,物体所受到的浮力为(参看图 5.3.2)

$$\boldsymbol{R} = -\int_{ANB} p\boldsymbol{n}\,\mathrm{d}S - \int_{AMB} p_0\boldsymbol{n}\,\mathrm{d}S$$

$$= -\int_{ANB} p\boldsymbol{n}\,\mathrm{d}S - \int_{AKB} p_0\boldsymbol{n}\,\mathrm{d}S = -\int_{AKBN} p\boldsymbol{n}\,\mathrm{d}S.$$

此式说明,当我们求浮力时,可以想象自由面透过物体,那里的压强取自由面上的值. 重复前面对全沉入水中物体的讨论,我们得出结论,阿基米德原理同样适用于半沉入水中的物体. 实际上,设想物体所占据的空间也充满静止的流体,则立即可知阿基米德定律适用于重力场作用下一切静止流体对物体的作用.

利用阿基米德定律可以研究浮体的平衡问题.

设物体浮在水中或小部分浮在水面上. 被物体排挤出去的液体的重心是 C,而物体的重心则在 C_1 上,这两个重心一般说来是不重合的. 我们知道物体平衡的充要条件是合力及合力矩等于零,即要求:(1)浮力 $\boldsymbol{R}$ 与重力 $\boldsymbol{G}$ 相等;(2)浮力

R 的作用线与 G 的作用线重合.

若 C 的位置比 C_1 高,则平衡是稳定的,因为物体受力稍倾时,R 和 G 所构成的力偶力图恢复平衡位置. 若 C 的位置比 C_1 低,则平衡是不稳定的,因为 R 和 G 构成的力偶将物体倾翻(图 5.3.3).

平衡的稳定性问题在造船学上有着重要的应用.

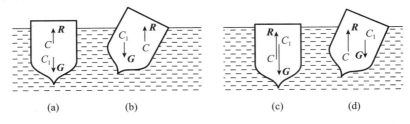

(a)　　　　(b)　　　　　　　(c)　　　　(d)

图 5.3.3

b) 平面壁上的压力

考虑面积为 S 的平面壁 W. 平面壁所在的平面 P 与等效自由面成 θ 角,其交

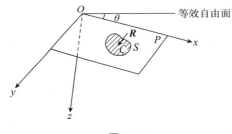

图 5.3.4

线取作 y 轴,x 轴取在 P 平面上,z 轴向下(图 5.3.4). 于是作用在 S 面的合力为

$$R = k \int_S p\,\mathrm{d}S = \left(\rho g \int_S z'\,\mathrm{d}S \right) k.$$

易知

$$z' = x \sin\theta,$$

代入上式并引进 W 的形心

$$x_C = \frac{1}{S} \int_S x\,\mathrm{d}S$$

后有

$$R = \rho g S x_C \sin\theta\, k = \rho g S z'_C k, \qquad (5.3.4)$$

其中 z'_C 是平面壁 W 的形心距等效自由面的深度. (5.3.4) 式表明,作用在平面壁 W 上的合力,其大小等于高为 z'_C 与底面积为 S 的液柱重,其方向垂直壁面向下.

现求合力作用点即压力中心 C 的位置. 合力矩为

$$L = \int_S r \times p k\,\mathrm{d}S = \left(\int_S y p\,\mathrm{d}S \right) i - \left(\int_S x p\,\mathrm{d}S \right) j, \qquad (5.3.5)$$

其中 i,j 分别为 x,y 轴方向的单位矢量. 显然

$$L \cdot R = 0,$$

整个作用力可化为一个单力. 设 r_P 是压力中心的径矢,则

$$L = r_P \times R.$$

将此式及

$$p = \rho g x \sin\theta$$

代入(5.3.5)式,并考虑到(5.3.4)式后得

$$x_P = \frac{\int_S x^2 \mathrm{d}S}{x_C S}, \quad y_P = \frac{\int_S xy\,\mathrm{d}S}{x_C S}, \quad z_P = 0,$$

由此可见压力中心的位置和所在平面的倾角 θ 无关. 式中

$$\int_S x^2\,\mathrm{d}S, \quad \int_S xy\,\mathrm{d}S$$

分别是面积 S 相对于 y 轴的惯性矩和离心矩.

c) 曲面壁上的压力

一般说来,作用在曲面壁上的压力不能归结为一个单力. 下面我们介绍一种求合力及合力矩的方法.

取等效自由面为 Oxy 平面,z 轴铅垂向下. 设 S 面在 x,y,z 坐标面上的投影分别为 S_x,S_y,S_z,投影柱体分别为 V_x,V_y,V_z(图 5.3.5). 写出液柱 V_x,V_y,V_z 分别在 x 轴方向,y 轴方向和 z 轴方向的平衡方程

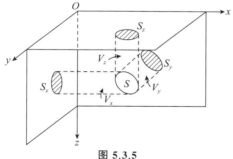

图 5.3.5

$$\begin{cases} R_x = \rho g S_x z'_C, \\ R_y = \rho g S_y z'_C, \\ R_z = \text{液柱 } V_z \text{ 的重量.} \end{cases} \tag{5.3.6}$$

方程组(5.3.6)前两式中 z'_C 分别是 S_x,S_y 的重心距等效自由面的深度. 在推导方程组(5.3.6)时已注意到 V_x,V_y 的侧面作用力及重力对 R_x 和 R_y 无贡献,V_z 的侧面作用力对 z 轴方向的力亦无贡献.

现推导 L_z 的表达式. 为此将 S 绕 Oz 轴旋转一圈. 考虑由 S,子午横截面 σ(是平面)及侧面 Σ 组成的体积 V,写出作用在液柱 V 上的力对 Oz 轴取矩的平衡方程(见图 5.3.6). 由于 V 的重力与 Oz 轴平行,所以对 Oz 轴取矩为零;其次作用在 Σ 上的力与 Oz 轴相交,对 Oz 轴取矩也等于零. 于是作用在 σ 上的力对 Oz 轴的矩 L'_z 应等于作用在 S 上的力对 Oz 轴取的矩 L_z,即

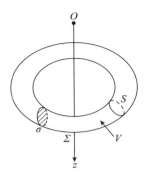

图 5.3.6

$$L_z = L'_z. \tag{5.3.7}$$

根据 b),

$$L'_z = \rho g \sigma z'_c r_P$$

其中 z'_c 是 σ 的重心距等效自由面的深度;r_P 是 σ 的压力中心到 Oz 轴的距离. 代入(5.3.7)式得

$$L_z = \rho g \sigma z'_c r_P. \tag{5.3.8}$$

5.4　气体的平衡　　国际标准大气

大气层中的压力、密度与温度随高度的变化规律和不同经纬度、季节、气候等因素有关. 对飞行器进行计算和实验时,如果各国都按当时当地的大气参数作为初始数据,那么各个国家的实验和计算结果就无法进行对比交流. 为了解决这一矛盾,根据平均纬度多年来气象观察的统计数据,国际上约定了一种统一的压力、密度与温度随高度的变化规律,这种规律被下述约定的国际标准大气所规定.

国际标准大气取海平面为基准平面($z = 0$). 基准平面上的物理量取为:

$$T_0 = 15℃ = 288\,\mathrm{K},$$

$$p_0 = 10330\,\mathrm{kgf/m^2} = 1.013 \times 10^5\,\mathrm{Pa},$$

$$\rho_0 = 0.125\,\mathrm{kgf \cdot s^2/m^4} = 1.225\,\mathrm{kg/m^3}.$$

从海平面一直到 11 km 的高空是对流层. 那里的温度随高度线性地减少,用公式表之为

$$T = T_0 - \beta z, \tag{5.4.1}$$

其中 $T_0 = 288\,\mathrm{K},\beta = 0.0065\,\mathrm{K/m}$. 根据(5.4.1)式易算出 $z = 11\,\mathrm{km}$ 处的温度为 $T_{11} = 216.5\,\mathrm{K}$. 而 11 km 以上认为是温度不变的同温层,温度处处等于 216.5 K.

下面利用静力学方程(5.1.1)分别求出对流层及同温层内压强、密度和高度的依赖关系.

对流层

设大气是完全气体,其状态方程为

$$p = \rho R T,$$

考虑到(5.4.1)式后可写成

$$\rho = \rho_0 \frac{p}{p_0} \frac{T_0}{T} = \frac{\rho_0}{p_0} \frac{p}{1 - \dfrac{\beta}{T_0} z}, \tag{5.4.2}$$

将其代入方程组(5.1.1)中第一式得

$$g\,\mathrm{d}z + \frac{p_0}{\rho_0}\left(1 - \frac{\beta}{T_0} z\right)\frac{\mathrm{d}p}{p} = 0,$$

积分之得

$$\frac{p_0}{\gamma_0}\ln p = \frac{T_0}{\beta}\ln\left(1 - \frac{\beta}{T_0}z\right) + 常数,$$

其中 $\gamma_0 = \rho_0 g$. 考虑到初始条件 $z = 0, p = p_0$ 时得

$$\frac{p}{p_0} = \left(1 - \frac{\beta}{T_0}z\right)^{\frac{T_0\gamma_0}{\beta p_0}}, \tag{5.4.3}$$

代入(5.4.2)式得

$$\frac{\rho}{\rho_0} = \left(1 - \frac{\beta}{T_0}z\right)^{\frac{T_0\gamma_0}{\beta p_0}-1}. \tag{5.4.4}$$

将 $T_0, p_0, \rho_0, \gamma_0$ 的数据代入(5.4.3)式及(5.4.4)式后,得对流层内压力分布和温度分布为

$$\frac{p}{p_0} = \left(1 - \frac{z}{44300}\right)^{5.256}, \quad \frac{\rho}{\rho_0} = \left(1 - \frac{z}{44300}\right)^{4.256}. \tag{5.4.5}$$

由(5.4.5)式可算出 $z = 11\,\text{km}$ 处的 $p_{11} = 2.26 \times 10^4\,\text{Pa}, \rho_{11} = 0.3636\,\text{kg/m}^3$.

同温层

此时状态方程为

$$\frac{p}{p_{11}} = \frac{\rho}{\rho_{11}},$$

代入静力学方程得

$$\frac{p_{11}}{\rho_{11}}\frac{\mathrm{d}p}{p} = -g\,\mathrm{d}z,$$

积分之,并考虑到 $z = 11\,\text{km}$ 处 $p = p_{11}$ 后得

$$\frac{p}{p_{11}} = \frac{\rho}{\rho_{11}} = \exp\left(-\frac{z - 11000}{6340}\right). \tag{5.4.6}$$

根据国际标准大气公式(5.4.5)与(5.4.6)计算出来的不同高度上的压强、密度、温度值已制成表格和图形(图 5.4.1).

*5.5 气状星球的平衡

考虑具有巨大质量的气体星球在自引力作用下的平衡问题. 因为引力 $\boldsymbol{F}$ 有势,所以

$$\boldsymbol{F} = -\nabla\psi,$$

其中引力势 ψ 根据引力理论满足泊松方程

$$\nabla^2\psi = 4\pi G\rho, \tag{5.5.1}$$

式中 G 是引力常数. 假设气体是正压的,满足下列形式的状态方程:

$$p = C\rho^{1+1/n} \quad (n \geqslant 0),$$

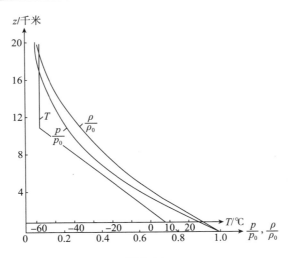

图 5.4.1

其中 C 和 n 都是常数,则

$$\frac{\nabla p}{\rho} = \nabla \Pi,$$

其中

$$\Pi = \int \frac{\mathrm{d}p}{\rho} = C(1+n)\rho^{1/n}. \tag{5.5.2}$$

现在气状星球的平衡方程

$$\boldsymbol{F} = \frac{1}{\rho}\nabla p$$

变为

$$\nabla(\psi + \Pi) = 0,$$

即

$$\psi + \Pi = 常数,$$

代入(5.5.1)式得 ρ 满足的方程

$$-\nabla^2 \rho^{1/n} = \frac{4\pi G}{C(1+n)}\rho. \tag{5.5.3}$$

下面限于考虑等势面是球面的特殊情形. 由于等势面与等密度面、等压面重合, 所以 ρ, p 都只是 r 的函数,此时(5.5.3)式简化为

$$\frac{\mathrm{d}}{\mathrm{d}r}\left(r^2 \frac{\mathrm{d}}{\mathrm{d}r}\rho^{1/n}\right) = -\frac{4\pi G}{C(1+n)}\rho r^2 \tag{5.5.4}$$

$$\left(或 \quad \frac{\mathrm{d}}{\mathrm{d}r}\left(\frac{r^2}{\rho}\frac{\mathrm{d}p}{\mathrm{d}r}\right) = -4\pi G r^2 \rho\right).$$

(5.5.4)式是非线性二阶常微分方程,不管 n 取什么值都可用数值方法求解. 但

在下列两个特殊情况下有解析解.

（1）$n \to 0, \rho = \rho_0 = $ 常数,此时（5.5.4）式采取下列形式：

$$\frac{\mathrm{d}}{\mathrm{d}r}\left(r^2 \frac{\mathrm{d}p}{\mathrm{d}r}\right) = -4\pi G \rho_0^2 r^2,$$

积分之得

$$p = \frac{2}{3}\pi G \rho_0^2 (a^2 - r^2), \tag{5.5.5}$$

其中 a 是积分常数,可视为星球的外边界.

（2）$n = 5$,容易验证此时（5.5.4）式的解为

$$p = C\rho^{6/5} = \frac{27a^3 C^{5/2}}{(2\pi G)^{3/2}(a^2 + r^2)^3}, \tag{5.5.6}$$

其中 a 是积分常数.（5.5.6）式表明,密度对所有 r 都取非零值,即气状星球无确定外边界.但星体的总质量是有限的,它等于

$$M = 4\pi \int_0^\infty \rho r^2 \mathrm{d}r = \frac{4\pi}{3a^2}\left[\frac{27a^3 C^{3/2}}{(2\pi G)^{3/2}}\right]^{5/6}.$$

于是积分常数 a 可通过总质量 M 表出.

5.6 旋转液体的平衡

在半径为 a 的柱形圆筒中盛有高为 h_0 的液体.设圆筒绕对称轴线以 ω 的常角速度旋转.试求圆柱中旋转液体自由面的形状,以及最高液面和最低液面之差与 ω 的关系.

取如图 5.6.1 所示的柱面坐标 r, θ, z；原点取在底面的轴线上.于是根据（5.1.1）式相对平衡方程为

$$\rho \boldsymbol{F} + \rho\omega^2 \boldsymbol{r} = \nabla p.$$

考虑到在重力场中

$$\boldsymbol{F} = -\nabla(gz),$$

$$\rho\omega^2 \boldsymbol{r} = \nabla\left(\frac{1}{2}\omega^2 r^2\right),$$

于是有

$$p + \rho gz - \frac{1}{2}\rho\omega^2 r^2 = 常数. \tag{5.6.1}$$

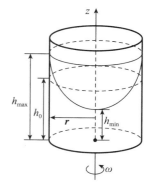

图 5.6.1

在自由面上 $p = $ 常数.于是它的形状由下式决定：

$$z - z_0 = \frac{\omega^2}{2g}r^2. \tag{5.6.2}$$

这里已考虑到 $r = 0$ 时 $z = z_0$ 的条件,z_0 是自由面与 z 轴交点的坐标.（5.6.2）式说明自由面是旋转抛物面,ω 愈大,旋转抛物面弯得越厉害.

考虑到 $r=a$ 时 $z=h_{\max}$ 及 $z_0=h_{\min}$，由(5.6.2)式得

$$h_{\max}-h_{\min}=\frac{\omega^2 a^2}{2g}.$$

借助于此式可根据液面差 $h_{\max}-h_{\min}$ 确定旋转角速度 ω. 因此盛有液体的旋转圆筒可用作测量角速度的仪器.

习　　题

1. 一个潜水员打算戴上一个连接有"通气管"的面具,只要把通气管的上端露出水面,就能在水下任一深度处得到呼吸所需的空气,这样做是否可能? 为什么?

2. 假定屋子在门关闭时是密不漏气的,而且门框没有摩擦,如果门外的压强是一个标准大气压,门内的压强比标准大气压小 1%,你能把门向外打开吗?

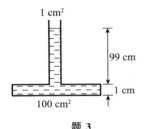

题 3

3. 如图所示,一根横截面积为 $1\,\mathrm{cm}^2$ 的管子连在一个容器的上面. 容器的高度为 $1\,\mathrm{cm}$,横截面积为 $100\,\mathrm{cm}^2$. 今把水注入,使水到容器底部的深度为 $100\,\mathrm{cm}$.

(1) 水对容器底面的作用力是多少?

(2) 系统内水的重量是多少?

(3) 解释(1)与(2)问求得的数值为何不同.

4. 设有一质量力场 $F_x=y^2+2\lambda yz+z^2$, $F_y=z^2+2\mu zx+x^2$, $F_z=x^2+2\nu xy+y^2$,其中 λ,μ,ν 均为参数. 问 λ,μ,ν 为何数值时,在上述力场作用下的流体才有可能达到平衡?

5. 设流体受到质量力 $F=-\mu r$ 的作用,其中 μ 为一常数,问该流体有无可能达到平衡?

6. 设有一与水平面倾角为 θ 的斜面,若将一盛着水的水箱以与水平面夹角为 α 的加速度 a 沿该斜面上拉,求箱中水的自由面形状.

7. 一个盛着液体的杯子,在重力作用下从一个与水平面成 α 角的板上滑下来,问杯子中液体自由面的形状.

8. 一盛有均质液体的圆桶以等角速度 ω 绕其轴转动,求液体的自由面.

9. 一个充满水的密闭容器,以等角速度 ω 绕一水平轴旋转. 证明:它的等压面为圆柱面,且该圆柱面的轴线比转动轴高 g/ω^2.

10. 均质不可压缩流体的质点遵循牛顿引力定律被吸引向一个固定中心,假如流体体积为 τ,距中心单位距离处单位质量流体所受的引力为 μ,求流体处于平衡时自由面的形状(假定流体边界外的压强为零)和 $p=1$ 的等压面的方程.

11. 设地球是由密度为 ρ 的不可压缩流体构成的半径为 R 的球体. 在地球表

面上单位质量的重力为 g，且向地心而渐减，与至地心的距离成正比例．假定地面上压强为 p_0．求地心的压强.

12. 设水深为 h，试对图示几种剖面形状的柱形水坝，计算水对单位长度水坝的作用力及合力作用点.

（1）半径为 R 的圆弧：$x^2 + z^2 = 2Rx$；

（2）抛物线：$z = ax^2$；

（3）正弦曲线：$z = a \sin bx$.

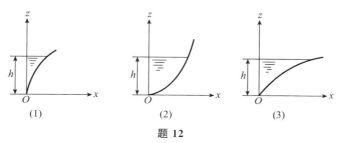

题 12

13. 如图所示，假定在静水下有一平直的墙，它与水面之间的夹角为 $\dfrac{\pi}{4}$，求水给予墙上一个半径为 r 的圆区域的静水压力．假定圆周与水面相切，水密度为 ρ，大气压为 p_0.

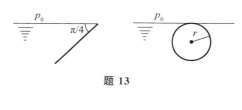

题 13

14. 如图所示，半径为 r 具有垂直轴的半球内盛满液体，自由面上压强为 0，求被两个互相正交垂直平面所切出的四分之一球面上压力的合力及作用线.

15. 图示为一圆缺形的闸门，其圆心角 $\alpha = \dfrac{\pi}{3}$，且具有一转轴位于水的自由面上，试确定作用于闸上的液体总压力及该力与水面的交角．设闸门宽度 $B = 6\,\mathrm{m}$，半径 $R = 2\,\mathrm{m}$，求液体总压力绕闸门转轴的力矩.

题 14　　　　　　　　题 15

16. 证明任意曲面在静止的重力流体中所受的总压力的水平分量等于该曲面在垂直面上的投影面积上所受的总压力.

17. 如图所示,一直径为 $2R$ 的圆孔位于一容器的斜壁(倾角 45°)上,半径为 R 的球形盖子密封住此圆孔. 试以液体比重 γ($\gamma = \rho g$,其中 ρ 为密度)分别表示出盖子在垂直于壁面方向上的液体压力和平行于壁面的液体压力,并求出总压力及其作用点.

18. 如图所示,试确定液体作用在半球形盖子上总压力. 此盖子用以封闭垂直壁上半径为 R 的圆孔,孔中心处的液体压力头为 H,求盖子上总压力的作用点.

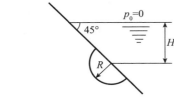

题 17

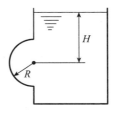

题 18

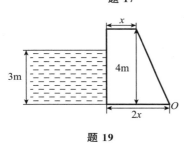

题 19

19. 图中表示一用水泥建筑的水坝的侧面剖视图. 坝长与图面垂直,长为 30 m,坝高 4 m,坝后水深 3 m. 建筑所用的水泥材料 1 m³ 重 2 t.

(1) 如果坝的重量为水对坝的水平作用力的 10 倍,求 x 的大小?

(2) 对经过 O 点的边线的倾覆转矩来说,坝是否稳固?

20. 一质量为 1500 kg 的圆柱体竖直浮在海水上,浮体的直径为 1 m,计算:

(1) 当质量为 100 kg 的人站在浮体顶上时,该浮体沉入水里的附加距离;

(2) 当人潜水而离开浮体时,求该浮体在竖直方向做简谐运动的周期.

21. 如图所示,圆柱直径为 4 m,圆柱右边都接大气,大气压为常数. 求下面两种情况下,流体在水平圆柱上作用力的水平分量和垂直分量:

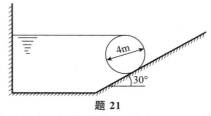

题 21

(1) 如果圆柱左边是气体,气体装在压强为 35 kPa 的密闭容器中;

(2) 若圆柱左边是水,且自由面高度与圆柱最高处一致.

22. 茹柯夫斯基佯谬. 一盛满液体的容器的垂直壁面上装有一均匀的圆柱,可以无摩擦地绕水平轴 O 旋转,圆柱的一半一直浸没在液体内. 由阿基米德原理知,似乎圆柱受到一个向上的力可以迫使圆柱旋转,这样一来似乎不要消耗能量便可以得到功,即永动机可以实现了.试说明为何圆柱不会旋转?求液体作用的合力及压力中心位置.

23. 一正方形木块,边长为 0.3 m,加上一重物后使其重心位置如图(a)所示,并且仅有一半浸入水中,当木块被转动 $45°$ 角时,如图(b)所示,求木块的恢复力矩.

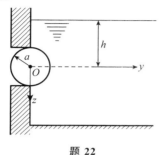

题 22

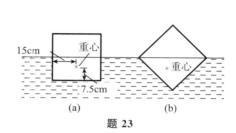

(a) 　　　　(b)

题 23

24. 设大气是均匀的,在重力场作用下,大气处于静止状态,求压强随高度变化公式.由此计算出均匀大气静止时可达到的最大高度和温度随高度变化公式.

假设 $R = 287\,\mathrm{m^2 \cdot s^{-2} \cdot K^{-1}}$,$g \doteq 9.8\,\mathrm{m/s^2}$,$T_0 = 273\mathrm{K}(0℃)$ 表示地面上的温度.

25. 假定空气层与外界无热量交换,即设空气层是绝热的,求重力场作用下空气处于静止状态时的压强公式;并由此再写出它的温度随高度的分布公式.假设地面上 ρ_0,p_0,T_0 均为已知.

26. 自引力场中的有势质量力 $\boldsymbol{F} = -\nabla \tilde{V}$,引力势满足

$$\nabla^2 \tilde{V} = 4\pi G\rho,$$

这里 G 为引力常数,ρ 为密度.现有处于自引力场中静止的一团球形气体,设

$$\rho = \rho_0(1 - \beta R^2),$$

这里 ρ_0 为球心处密度,R 为距球心的距离,β 为常数.如球体半径为 a,球面压强为零,求球心处压强 p_0.

27. 如另有一团球形气体也处于上题所述的自引力场中,球面压强为零.该团气体具有与上题相同质量和体积,但密度是均匀的,其值为上题中球形气体表面密度的两倍.证明:二者中心压强之比为 13/8.

28. 水与某一垂直平面相接触,考虑表面张力,求水表面的形状和最大高度 h.已知水与墙的接触角为 θ,表面张力系数为 σ.假定表面倾斜很小,曲率可近似表为

$$\frac{1}{r} = \frac{\mathrm{d}^2 y}{\mathrm{d}x^2}.$$

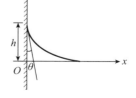

题 28

第六章　　伯努利积分和动量定理

　　本章前两节介绍运动方程在特殊条件下的两个第一积分及其应用,然后讲述动量定理及动量矩定理在流体力学中的应用.

6.1　伯努利积分和拉格朗日积分

　　理想正压流体在有势质量力作用下,其运动方程在定常及无旋两特殊情形下可以积分出来,运动方程的这两个第一积分分别称为**伯努利**(Bernoulli) **积分**和**拉格朗日**(Lagrange) **积分**.

　　写出理想流体兰姆–葛罗麦卡形式的运动方程

$$\frac{\partial \boldsymbol{v}}{\partial t} + \operatorname{grad}\frac{V^2}{2} + \operatorname{rot}\boldsymbol{v} \times \boldsymbol{v} = \boldsymbol{F} - \frac{1}{\rho}\operatorname{grad}p.$$

如果流体是正压的且质量力有势,则

$$\frac{1}{\rho}\operatorname{grad}p = \operatorname{grad}\Pi, \quad \boldsymbol{F} = -\operatorname{grad}\widetilde{V},$$

其中

$$\Pi = \int \frac{\mathrm{d}p}{\rho(p)},$$

$\widetilde{V}$ 是质量力势. 于是理想正压流体在有势外力作用下的运动方程具有下列形式:

$$\frac{\partial \boldsymbol{v}}{\partial t} + \operatorname{grad}\left(\frac{V^2}{2} + \Pi + \widetilde{V}\right) + \operatorname{rot}\boldsymbol{v} \times \boldsymbol{v} = \boldsymbol{0}. \tag{6.1.1}$$

　　a) 伯努利积分

　　除理想、正压、质量力有势这些条件外,如果运动还是定常的,则

$$\frac{\partial \boldsymbol{v}}{\partial t} = \boldsymbol{0}.$$

于是(6.1.1)式变为

$$\operatorname{grad}\left(\frac{V^2}{2} + \Pi + \widetilde{V}\right) + \operatorname{rot}\boldsymbol{v} \times \boldsymbol{v} = \boldsymbol{0}, \tag{6.1.2}$$

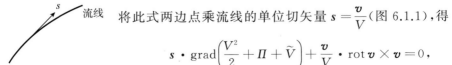 将此式两边点乘流线的单位切矢量 $\boldsymbol{s} = \dfrac{\boldsymbol{v}}{V}$(图 6.1.1),得

$$\boldsymbol{s} \cdot \operatorname{grad}\left(\frac{V^2}{2} + \Pi + \widetilde{V}\right) + \frac{\boldsymbol{v}}{V} \cdot \operatorname{rot}\boldsymbol{v} \times \boldsymbol{v} = 0,$$

图 6.1.1　　即

$$\frac{\partial}{\partial s}\left(\frac{V^2}{2}+\Pi+\widetilde{V}\right)=0.$$

积分之得

$$\frac{V^2}{2}+\widetilde{V}+\Pi=C(\psi),\qquad(6.1.3)$$

其中 C 是积分常数,它沿同一条流线取同一常数值,在不同流线上可以取不同的值.因此,一般说来,C 是流线号码 ψ 的函数,以 $C(\psi)$ 表之.

(6.1.3) 式首先由伯努利在 1738 年导出,故称为**伯努利积分**,$C(\psi)$ 称为伯努利常数.

(1) 均质不可压缩重流体情形:此时

$$\Pi=\int\frac{\mathrm{d}p}{\rho(p)}=\frac{p}{\rho},\quad\widetilde{V}=gz,$$

伯努利积分可写成

$$\frac{V^2}{2}+gz+\frac{p}{\rho}=C(\psi).\qquad(6.1.4)$$

它是水力学中最重要的关系式之一,在整个流体力学中也占据重要的地位.(6.1.4) 式实质上是机械能守恒的数学表达.左边各项分别代表单位质量内的动能、势能和压力能.于是根据伯努利积分 (6.1.4) 推出单位质量内的总机械能,即动能、势能和压力能的总和在流线上守恒.常数 $C(\psi)$ 的物理意义是不同流线上的总机械能.

以重力加速度 g 除 (6.1.4) 式中各项得

$$\frac{V^2}{2g}+z+\frac{p}{\gamma}=C_1(\psi),\qquad(6.1.5)$$

式中各项都具有长度量纲.(6.1.5) 式的几何意义是:第一项代表流体质点在真空中以初速 V 铅直向上运动能达到的高度,称为速度高度或速度头;第二项代表流体质点在流线上所在的位置,称为几何高度或位势头;第三项相当于液柱底面上压强为 p 时液柱的高度,称为压力高度或压力头.于是,按照伯努利积分,速度头、位势头和压力头之和沿流线不变.若在流场中取一流线 (图 6.1.2),它距参考水平面的高度为 z,从流线开始竖直向上截取长为 $\dfrac{p}{\gamma}$ 的线段,连接线段的上端得一曲线,称为压力线.若从压力线开始,再向上截取长为 $\dfrac{V^2}{2g}$ 的线段,将上端点连接起来,

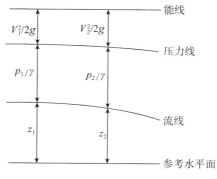

图 6.1.2

就得到能线,或称总水头线.(6.1.5)式说明总水头线是一水平直线.

如果重力可以忽略,(6.1.4)式简化为

$$\frac{V^2}{2} + \frac{p}{\rho} = C(\psi), \tag{6.1.6}$$

此式给出了速度和压强之间的关系. 流速大的地方压强小,流速小的地方压强大. 利用(6.1.6)式可以解释一些现象. 例如两船在行驶时,如果靠得太近就会互相碰撞. 这是因为靠近时两船间流道变窄,流速增大. 根据伯努利定理,压强比周围的小,压差作用使两船互相碰撞.

(6.1.6)式可以通过下述水管实验清楚地演示出来.

如图 6.1.3,A 为一大水箱,它的下端与一变截面小管 B 相连. 在大截面 1-1 和小截面 2-2 处都分别装有细玻璃管 C_1 和 C_2. 当开关 D 关闭时,管 B 内的水不流动,这时细玻璃管 C_1 与 C_2 中的水面和 A 的水面在同一高度,说明1-1 和 2-2 处的压强是一样的. 打开开关 D,并不断地向大水箱注水,使 A 的水面高度维持不变,则水箱内的水经过短时间后定常地流过 B 管,这时 C_2 的水柱高 h_2 小于 C_1 的水柱高度 h_1,说明小截面 2-2 处的压强比大截面 1-1 处的压强小. 这就清楚地演示了:这里定常运动的流体在流速快的地方的压强要比流速慢的地方的压强小.

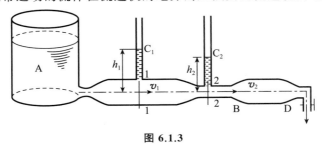

图 6.1.3

（2）理想绝热的可压缩流体情形:此时压强和密度的关系为

$$\frac{p}{\rho^\gamma} = \vartheta^\gamma(\psi),$$

于是

$$\frac{1}{\rho} = \frac{\vartheta}{p^{\frac{1}{\gamma}}},$$

压强函数为

$$\Pi = \int \frac{\mathrm{d}p}{\rho} = \int \frac{\vartheta(\psi)\mathrm{d}p}{p^{\frac{1}{\gamma}}} = \vartheta(\psi)\frac{p^{1-\frac{1}{\gamma}}}{1 - \frac{1}{\gamma}} = \frac{\gamma}{\gamma - 1}\frac{p}{\rho}.$$

将压强函数的表达式代入(6.1.3)式,得

$$\frac{V^2}{2} + \widetilde{V} + \frac{\gamma}{\gamma-1}\frac{p}{\rho} = C(\psi), \tag{6.1.7}$$

这就是绝热过程中理想可压缩流体的伯努利积分,它代表流体质点的总能量沿流线守恒.

若外力可忽略,则(6.1.7)式可写成

$$\frac{V^2}{2} + \frac{\gamma}{\gamma-1}\frac{p}{\rho} = C(\psi), \tag{6.1.8}$$

此式将压力、密度和速度联系了起来.

b) 拉格朗日积分

除理想、正压、质量力有势这些假设外,如果在整个流场中运动还是无旋的,即

$$\operatorname{rot} \boldsymbol{v} = \boldsymbol{0},$$

则根据无旋场和位势场的等价性得知,存在着速度势 φ,使得

$$\boldsymbol{v} = \operatorname{grad} \varphi. \tag{6.1.9}$$

考虑到 $\operatorname{rot} \boldsymbol{v} = \boldsymbol{0}$ 及(6.1.9)式,则(6.1.1)式变为

$$\frac{\partial \operatorname{grad} \varphi}{\partial t} + \operatorname{grad}\left(\frac{V^2}{2} + \Pi + \widetilde{V}\right) = \boldsymbol{0}. \tag{6.1.10}$$

梯度得自对空间坐标的导数,$\dfrac{\partial}{\partial t}$ 是对时间的导数,由于空间和时间是相互独立的变数,因此微分号可以对调,即

$$\frac{\partial \operatorname{grad} \varphi}{\partial t} = \operatorname{grad} \frac{\partial \varphi}{\partial t}.$$

考虑到这一点,(6.1.10)式变成

$$\operatorname{grad}\left(\frac{\partial \varphi}{\partial t} + \frac{V^2}{2} + \Pi + \widetilde{V}\right) = \boldsymbol{0},$$

此式表明,圆括号内的函数与 x,y,z 无关,因此它只是 t 的函数,积分之得

$$\frac{\partial \varphi}{\partial t} + \frac{V^2}{2} + \Pi + \widetilde{V} = f(t), \tag{6.1.11}$$

其中 $f(t)$ 是 t 的任意函数,由边界条件确定.对于某一固定时刻而言,$f(t)$ 在整个流场中取同一常数值,这和伯努利积分只是在流线上才取同一数值显然是不一样的.积分(6.1.11)称为**拉格朗日积分**.

在均质不可压缩重流体和理想绝热可压缩流体两种情形下,(6.1.11)式具有下列形式:

$$\frac{\partial \varphi}{\partial t} + \frac{V^2}{2} + gz + \frac{p}{\rho} = f(t), \tag{6.1.12}$$

$$\frac{\partial \varphi}{\partial t} + \frac{V^2}{2} + \frac{\gamma}{\gamma-1}\frac{p}{\rho} + \widetilde{V} = f(t). \tag{6.1.13}$$

c) 伯努利-拉格朗日积分

如果流体是理想、正压的、质量力有势,流体的运动是定常而且无旋的,则 (6.1.11) 式中

$$\frac{\partial \varphi}{\partial t} = 0,$$

并且 $f(t)$ 只能是常数. 于是 (6.1.11) 式变成

$$\frac{V^2}{2} + \Pi + \tilde{V} = C, \tag{6.1.14}$$

其中 C 在流场内各点和各个时刻均取同一常数值,(6.1.14) 式称为**伯努利-拉格朗日积分**. 它和伯努利积分具有相同的形式,但其中的积分常数 C 和伯努利积分中的 $C(\psi)$ 很不相同. $C(\psi)$ 只在同一根流线上取相同的值,在不同的流线上可以取不同的值,而 (6.1.14) 式中的 C 在整个流场中取同一值.

对于不可压缩重流体及可压缩均熵流体,(6.1.14) 式在外力可忽略时变成

$$\frac{V^2}{2} + \frac{p}{\rho} = C \tag{6.1.15}$$

及

$$\frac{V^2}{2} + \frac{\gamma}{\gamma - 1} \frac{p}{\rho} = C. \tag{6.1.16}$$

无论在理论力学中还是在流体力学中,第一积分总是很有用的,因为有限关系式远比微分方程容易处理. 因此当运动是定常和无旋时,人们常常采用伯努利积分或拉格朗日积分代替运动方程. 在某些特殊情况下,例如理想均质不可压缩流体在外力可忽略时做定常无旋运动,伯努利积分 (6.1.15) 将速度 V 和压强 p 以十分简单的形式联系起来. 利用它知道速度可以求出压强,或者反过来知道压强可以求出速度. 正是由于这些原因,伯努利积分及拉格朗日积分,特别是伯努利积分在实际问题中有着广泛的应用.

说明 1   伯努利积分是沿流线成立的. 在工程应用中常常对流管中的平均速度及平均压强应用伯努利积分. 这样做当然是近似的,但是如果流管的截面积沿流动方向缓变,那么采用准一维近似引进平均运动,并对平均运动应用伯努利积分及连续性方程 (3.1.13) 常常能够非常简单地得到近似程度比较好的结果.

说明 2   从 (6.1.2) 式出发可以对伯努利积分和伯努利-拉格朗日积分成立的条件做更全面的讨论.

我们在理想正压、质量力有势及定常这些条件成立的前提下讨论问题.

易见,当 $\mathrm{rot}\, \boldsymbol{v} \times \boldsymbol{v} = \boldsymbol{0}$ 时,伯努利-拉格朗日积分成立.

$$\mathrm{rot}\, \boldsymbol{v} \times \boldsymbol{v} = \boldsymbol{0}$$

只有在以下三种情形下才能满足:(1) $\mathrm{rot}\, \boldsymbol{v} = \boldsymbol{0}$;(2) $\boldsymbol{v} = \boldsymbol{0}$;(3) $\mathrm{rot}\, \boldsymbol{v} \,/\!/\, \boldsymbol{v}$,即涡线

与流线重合,流体质点沿流线运动时同时绕流线旋转,也就是说流场中点点都是螺旋运动. 静止状态已在第五章讨论过,螺旋运动太特殊了,在实际运动中很少遇到,所以真正感兴趣的情形只有无旋运动这一种.

若 rot $\boldsymbol{v} \times \boldsymbol{v} \neq \boldsymbol{0}$,已证伯努利积分沿流线成立,完全同样地从(6.1.2)式出发可以证明伯努利积分沿涡线成立. 取一条流线,通过其上所有点做涡线,则所有涡线组成兰姆(Lamb)曲面(参看图 6.1.4). 在兰姆曲面上伯努利常数(即总能量)取同一常数. 一般说来在不同兰姆曲面,伯努利常数取不同的值.

兰姆曲面

图 6.1.4

说明 3　如前所述,伯努利积分的物理意义是总能量守恒. 因此可以预料它一定能从流体运动的能量方程中导出. 下面我们从能量方程出发推导伯努利积分,以便加深对伯努利积分物理含义的理解,并且进一步认识影响总能量守恒的诸因素.

考虑总能量守恒方程(3.3.7)

$$\rho \frac{\mathrm{d}}{\mathrm{d}t}\left(\frac{V^2}{2} + U\right) = \rho \boldsymbol{F} \cdot \boldsymbol{v} + \boldsymbol{v} \cdot \mathrm{div}\boldsymbol{P} + \boldsymbol{P} : \boldsymbol{S} + \mathrm{div}(k\,\mathrm{grad}\,T) + \rho q,$$

$$(6.1.17)$$

右边前两项引起单位体积内动能的变化,右边后三项则导致单位体积内内能的变化. 假设质量力有势 $\boldsymbol{F} = -\nabla \widetilde{V}$,且势函数 $\widetilde{V}$ 与时间 t 无关,则

$$\rho \boldsymbol{F} \cdot \boldsymbol{v} = -\rho\, \boldsymbol{v} \cdot \nabla \widetilde{V} = -\rho\left(\frac{\partial \widetilde{V}}{\partial t} + \boldsymbol{v} \cdot \nabla \widetilde{V}\right) = -\rho \frac{\mathrm{d}\widetilde{V}}{\mathrm{d}t}. \quad (6.1.18)$$

考虑到(3.4.7)式

$$\boldsymbol{P} = -p\boldsymbol{I} + \boldsymbol{P}'$$

及

$$\boldsymbol{P} : \boldsymbol{S} = -p\,\mathrm{div}\,\boldsymbol{v} + \varPhi,$$

我们有

$$\boldsymbol{v} \cdot \mathrm{div}\boldsymbol{P} + \boldsymbol{P} : \boldsymbol{S} = -\boldsymbol{v} \cdot \nabla p - p\,\mathrm{div}\boldsymbol{v} + \boldsymbol{v} \cdot \mathrm{div}\boldsymbol{P}' + \varPhi$$

$$= -\frac{\mathrm{d}p}{\mathrm{d}t} + \frac{\partial p}{\partial t} + \frac{p}{\rho}\frac{\mathrm{d}\rho}{\mathrm{d}t} + \boldsymbol{v} \cdot \mathrm{div}\boldsymbol{P}' + \varPhi$$

$$= -\rho\frac{\mathrm{d}}{\mathrm{d}t}\left(\frac{p}{\rho}\right) + \frac{\partial p}{\partial t} + \boldsymbol{v} \cdot \mathrm{div}\boldsymbol{P}' + \varPhi \quad (6.1.19)$$

将(6.1.18)及(6.1.19)式代入(6.1.17)式,得

$$\rho \frac{\mathrm{d}}{\mathrm{d}t}\left(\frac{V^2}{2} + U + \frac{p}{\rho} + \widetilde{V}\right)$$

$$= \frac{\partial p}{\partial t} + \boldsymbol{v} \cdot \mathrm{div}\boldsymbol{P}' + \varPhi + \mathrm{div}(k\,\mathrm{grad}\,T) + \rho q. \quad (6.1.20)$$

(6.1.20) 式表明,引起总能量

$$E = \frac{V^2}{2} + U + \frac{p}{\rho} + \widetilde{V}$$

发生变化的因素有三:

(1) 作用在微团边界上的黏性偏应力做的功

$$\boldsymbol{v} \cdot \operatorname{div} \boldsymbol{P}' + \Phi,$$

它使微团加速的部分 $\boldsymbol{v} \cdot \operatorname{div} \boldsymbol{P}'$ 引起动能增加,使微团变形的部分 Φ 导致内能增加;

(2) 由于热传导或其他因素传入的热量 $\operatorname{div}(k \operatorname{grad} T) + \rho q$;

(3) 压强场的非定常性所对应的量 $\dfrac{\partial p}{\partial t}$.

如果考虑的是理想无热传导的流体,而且运动定常,则 (6.1.20) 式右边各项皆为 0,于是得总能量沿流线守恒的结果

$$\frac{V^2}{2} + U + \frac{p}{\rho} + \widetilde{V} = C(\psi). \tag{6.1.21}$$

当流体是不可压缩重流体时,根据 (3.5.10) 式有

$$\mathrm{d}U = \delta Q,$$

在无热传导条件下有 $\mathrm{d}U = 0$,于是得

$$\frac{V^2}{2} + \frac{p}{\rho} + gz = C(\psi). \tag{6.1.22}$$

当流体可压缩时,根据 (3.5.18) 式有

$$i = U + \frac{p}{\rho},$$

于是

$$\frac{V^2}{2} + i + \widetilde{V} = C(\psi). \tag{6.1.23}$$

当可压缩流体是完全气体时,

$$i = \frac{\gamma}{\gamma - 1} \frac{p}{\rho},$$

于是我们又一次得到伯努利积分 (6.1.3) 及其特殊形式 (6.1.7) 与 (6.1.4) 式.

6.2 伯努利积分和拉格朗日积分的应用

a) 孔口出流

有一很大的容器盛满水,在距水面 h 处的器壁上开一小孔,水从小孔流入大气,求小孔射流的流速 V_B.

如果我们从出口 B 处追溯容器中的流线,就会发现它们都通到自由面 A.

图 6.2.1 画出其中的一条. 当水外泄时自由面就慢慢下降.
如果自由面的面积 S_A 比小孔的面积 S_B 大得多,那么根据
不可压缩流体的连续性方程

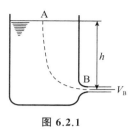

图 6.2.1

$$S_A V_A = S_B V_B,\quad \frac{V_A}{V_B} = \frac{S_B}{S_A} \ll 1,$$

即 V_A 比 V_B 小得多,可近似地认为 $V_A \approx 0$,液面 A 静止不
动(注意 V_A 与 V_B 都是平均速度). 这样,不同时刻容器内
水流的状况应该是一样的,也就是说运动是定常的. 对图 6.2.1 所示的流线应用
伯努利积分(6.1.4),并考虑到自由面 A 和射流出口 B 处的压强都是大气压 p_0,
则有

$$\frac{V_B^2}{2} + g z_B + \frac{p_0}{\rho} = g z_A + \frac{p_0}{\rho}.$$

于是

$$\frac{V_B^2}{2} = g(z_A - z_B) = gh$$

或

$$V_B = \sqrt{2gh}\,, \tag{6.2.1}$$

即孔口处流速与质点自液面 A 自由下落到达孔口时的速度相同.(6.2.1)式通常
称为**托里拆利**(Torricelli)**公式**. 注意(6.2.1) 式是按照理想流体计算的,在实际
流体中由于黏性阻力,射流的速度要小一些. 如果管嘴是圆形的,则射流速度为
理想流体射流速度的 0.98 倍左右.

　　在实际的射流中,射流截面积自孔口起不断收缩,到某距离后才形成几乎平
行的流线. 于是射流截面积 $S_j = a S_B$,a 称为收缩系数. 对于圆孔来说,a 一般取
0.61 到 0.64 间的一个数值. 考虑到收缩后,每秒流出截面积为 S_B 的孔口的流
量为

$$Q = a S_B \sqrt{2gh}\,.$$

对于非圆形的薄壁孔口,a 的数值和圆形很接近,但是射流形状相当复杂. 例如,
从方形孔口流出来的射流就变成一个窄十字形截面的射流,从长方形孔口流出
来的就变成一个垂直于较长边的扁条.

　　b) 驻点压强

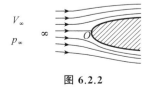

图 6.2.2

　　假如一均匀气流以等速 V_∞ 定常地绕过某物体流
动. 气流受阻后在前缘中心 O 处滞止为零,O 点叫作**驻
点**,该点压强 p_0 称为**驻点压强**. 设远前方未受扰动气流
的压强和速度分别为 p_∞ 与 V_∞(图 6.2.2). 对通过驻
点 O 的流线应用伯努利定理(忽略重力),有

$$\frac{p_0}{\rho} = \frac{p_\infty}{\rho} + \frac{1}{2}V_\infty^2 ,$$

即

$$p_0 = p_\infty + \frac{1}{2}\rho V_\infty^2 , \tag{6.2.2}$$

其中 p_∞ 称为**静压**, $\frac{1}{2}\rho V_\infty^2$ 称为动压, 驻点压强 p_0 称为**总压**. (6.2.2)式表明, 总压刚好等于静压和动压之和.

c) 风速管

用实验方法直接测量气流的速度是比较困难的, 但是气流的压强可以用测压计容易地测出. 因此通常利用伯努利积分通过测量压强的办法间接地计算出气流的速度. 这样的实验仪器叫作**风速管**或称**皮托**(Pitot)**管**. 图 6.2.3 是风速管的示意图, 它由一个圆头的双层套管组成. 在圆头中心 O 处开一与内套管相连的小孔, 连接测压计的一头, 孔的直径为 $0.3 \sim 0.6D$, D 为风速管外径. 在外套管侧表面距 O 点约 $3 \sim 8D$ 处沿周向均匀地开一排与外管壁垂直的静压孔, 连接测压计的另一头.

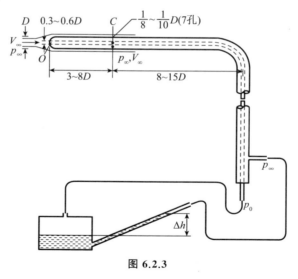

图 6.2.3

将风速管安放在欲测速度的定常气流中, 使管轴与气流的方向一致, 管头对着来流. 当气流以欲测的速度向风速管流来时, 它的速度在接近 O 点时逐渐减低, 流至 O 点便滞止为零. 所以 O 点是总压孔, 内套管测出的是总压(即驻点压强). 气流在 O 点分叉后沿管壁向下游流去, 所以管壁 OC 是一条流线. 由于管子很细, C 点处的流速和压强已经基本上恢复到与来流速度 V_∞ 和压强 p_∞ 相等的数值. 由此可见, C 点是静压孔, 外套管测出的是静压, 故又称皮托-静压管. 根据

(6.2.2) 式有

$$V_\infty^2 = \frac{2(p_0 - p_\infty)}{\rho},$$

即

$$V_\infty = \sqrt{\frac{2(p_0 - p_\infty)}{\rho}}. \tag{6.2.3}$$

总压与静压之差 $p_0 - p_\infty$ 由测压计中水银柱的高度求出,据此,就可按上式求出气流的速度.

严格说来,风速管前端总压孔所反映的总压,应该是速度为零的那一点的压强,但总压孔总有一定的面积,所以它反映的总压是这部分面积上的平均压强,比总压 p_0 稍小. 另一方面,静压孔处于半圆球头部的后面,静压还未完全恢复到和前方来流一样,会稍高于 p_∞,同时由于风速管后部支杆对气流的阻滞,会使静压 p_∞ 略有升高,这些综合因素使测得的压差不正好是 $p_0 - p_\infty$,而要乘上一个很接近 1 的修正系数 ξ(在 $0.98 \sim 1.05$ 之间),即

$$V_\infty = \sqrt{\frac{2\xi(p_0 - p_\infty)}{\rho}}. \tag{6.2.4}$$

这个 ξ 值要通过精确的校正才能求得,在一般要求不严的实验情况下可近似取 1.

d) 文丘里管

文丘里(Venturi) **管**是管流中测量流量的一种简便装置. 它是先收缩而后逐渐扩大的管道,如图 6.2.4 所示. 设最大截面 1 处和最小截面 2 处的平均速度、平均压强和截面积分别为 V_1, p_1, S_1 和 $V_2,$ p_2, S_2. 如测出压差 $p_1 - p_2$,则根据伯努利积分,即可求出体积流量 Q.

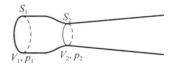

图 6.2.4

设理想不可压缩均质流体在重力场作用下在文丘里管内流动,对文丘里管内的平均运动运用伯努利积分及连续性方程,注意到平均运动的流线等高后有

$$S_1 V_1 = S_2 V_2 = Q,$$

$$\frac{V_1^2}{2} + \frac{p}{\rho} = \frac{V_2^2}{2} + \frac{p_2}{\rho},$$

由此得

$$\Delta p = p_1 - p_2 = \frac{\rho}{2}(V_2^2 - V_1^2) = \frac{\rho}{2} V_2^2 \left[1 - \left(\frac{S_2}{S_1}\right)^2\right] = \frac{\rho}{2} \frac{Q^2}{S_2^2}\left[1 - \left(\frac{S_2}{S_1}\right)^2\right],$$

于是流量 Q 的公式为

$$Q = S_2 \sqrt{\dfrac{2\Delta p}{\rho \left[1 - \left(\dfrac{S_2}{S_1}\right)^2\right]}}.\qquad(6.2.5)$$

知道 ρ, S_1, S_2 及 Δp 后, 可以根据(6.2.5)式求出流量 Q. (6.2.5)式是利用文丘里管测流量的基本计算公式.

e) 过堰水流

水利工程师常常需要知道水流过明渠时流量的大小. 估测流量最简单的方法是在明渠中放置障碍物 —— 堰, 然后让水漫过障碍物, 测量出障碍物最高点 A 到水面的距离 d_A. 利用伯努利积分, 连续性方程及 A 点处极值条件可以很容易地根据 d_A 算出流量 Q.

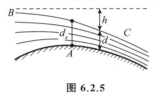

图 6.2.5

堰的形状如图 6.2.5 所示, 它有一最高点 A, 假设堰和自由面的坡度都很小, 堰上水流到处是均匀的, 其速度为 V. 若 d 为水流的深度, h 为该点水面到上游远处水面的距离, 则根据理想不可压缩重流体做定常运动时的连续性方程及自由面 B, C 两点处的伯努利积分, 我们有

$$Q = Vd,\qquad(6.2.6)$$

$$\frac{V^2}{2} - gh = 0.\qquad(6.2.7)$$

这里已考虑到 B 点的速度为 0, 高度为 0, 以及 B, C 两点压强相同的事实. 利用(6.2.6)及(6.2.7)式, 做

$$d + h = \frac{Q}{V} + \frac{V^2}{2g},$$

它是 V 的函数, 根据函数 $d + h$ 在 A 点处取极小值的特性

$$\left.\frac{\mathrm{d}(d+h)}{\mathrm{d}V}\right|_{V=V_A} = -\frac{Q}{V_A^2} + \frac{V_A}{g} = 0,$$

可求出 A 处的速度 V_A 为

$$V_A = (gQ)^{1/3},\qquad(6.2.8)$$

代入(6.2.6)式得

$$Q = \sqrt{gd_A^3}.\qquad(6.2.9)$$

测得 d_A 后可以很容易地根据(6.2.9)式求出流量 Q.

f) 关于忽略压缩性的问题

气体都是可以压缩的, 但是当定常气流的速度不大时, 利用密度 ρ 和速度 V 的关系可以证明, 实际产生的压缩即密度的变化很小. 因此处理低速定常气流时完全可以忽略压缩性效应, 将气体近似地看作是不可压缩的.

下面利用理想绝热完全气体做定常运动时的伯努利积分、能量方程及状态方程

$$\begin{cases} \dfrac{V^2}{2} + \dfrac{\gamma}{\gamma-1}\dfrac{p}{\rho} = C(\psi), & (6.2.10) \\[3mm] \dfrac{p}{\rho^\gamma} = \vartheta^\gamma(\psi), & (6.2.11) \\[3mm] p = \rho R T, & (6.2.12) \end{cases}$$

求出 ρ 和 V 的关系. 在每一条流线上取驻点处的 p_0, ρ_0, T_0 为参考值,于是由 (6.2.11) 与 (6.2.12) 式得

$$\frac{p}{p_0} = \left(\frac{\rho}{\rho_0}\right)^\gamma, \qquad \frac{p}{p_0} = \frac{\rho}{\rho_0}\frac{T}{T_0}.$$

经过简单的运算后得

$$\frac{p}{p_0} = \left(\frac{\rho}{\rho_0}\right)^\gamma = \left(\frac{T}{T_0}\right)^{\frac{\gamma}{\gamma-1}}, \qquad (6.2.13)$$

这就是热力学函数 p, ρ, T 之间的关系. 有了这样的关系式后,只要建立其中的一个函数和速度之间的关系就可以得到所有热力学函数和速度之间的关系. $\dfrac{T}{T_0}$ 和无量纲速度的关系是最容易建立的,因此我们选它作为桥梁,再利用 (6.2.13) 式求 $\dfrac{\rho}{\rho_0}$ 和 V 的关系. 在 10.3 节中我们将介绍声速 a,就是小扰动传播速度,并且 $a^2 = \left(\dfrac{\partial p}{\partial \rho}\right)_s$. 若取声速为速度参考值. 考虑到 (6.2.11) 及 (6.2.12) 式后有

$$a^2 = \frac{\mathrm{d}p}{\mathrm{d}\rho} = \vartheta^\gamma \gamma \rho^{\gamma-1} = \gamma\frac{p}{\rho} = \gamma R T.$$

于是伯努利积分 (6.2.10) 可写成

$$\frac{V^2}{2} + \frac{\gamma}{\gamma-1}RT = \frac{\gamma}{\gamma-1}RT_0,$$

用 $\dfrac{a^2}{\gamma-1}$ 除第一项,用与之相等的 $\dfrac{\gamma}{\gamma-1}RT$ 除第二、三项得

$$1 + \frac{\gamma-1}{2}\left(\frac{V}{a}\right)^2 = \frac{T_0}{T}. \qquad (6.2.14)$$

引进 $Ma = \dfrac{V}{a}$,它是可压缩流体的一个非常重要的无量纲数,称为**马赫**(Mach)**数**. 于是 (6.2.14) 式可写成

$$\frac{T}{T_0} = \left(1 + \frac{\gamma-1}{2}Ma^2\right)^{-1}, \qquad (6.2.15)$$

代入 (6.2.13) 式得

$$\frac{p}{p_0} = \left(\frac{\rho}{\rho_0}\right)^\gamma = \left(\frac{T}{T_0}\right)^{\frac{\gamma}{\gamma-1}} = \left(1 + \frac{\gamma-1}{2}Ma^2\right)^{-\frac{\gamma}{\gamma-1}}, \qquad (6.2.16)$$

这就是无量纲形式的热力学函数和马赫数之间的关系.

当 Ma 很小时,将 $\dfrac{\rho}{\rho_0}$ 和 Ma 的关系

$$\frac{\rho}{\rho_0} = \left(1 + \frac{\gamma-1}{2}Ma^2\right)^{-\frac{1}{\gamma-1}}$$

对 Ma 展开得

$$\frac{\rho}{\rho_0} = 1 - \frac{1}{2}Ma^2 + \frac{\gamma}{8}Ma^4 - \cdots.$$

经过简单计算容易看出,当 $\dfrac{\rho}{\rho_0}$ 发生 1% 的变化,即

$$\frac{1}{2}Ma^2 \approx 0.01$$

时,对应的气流速度约为

$$V \approx 0.14a = 0.14 \times 340 \text{ m/s} = 48 \text{ m/s}.$$

由此可见,当气流的速度约为 48 m/s 时实际产生的密度改变率只有 1%. 因此,处理定常低速气流(一般认为小于 100 m/s)时可以忽略压缩性效应,视气体为不可压缩的. 但是当速度接近或超过声速时,密度改变率可以达到很高的数值,例如当 $Ma = 0.8$ 时,密度改变率 $1 - \dfrac{\rho}{\rho_0} \approx 0.32$ 高达 30% 以上. 显然此时压缩性起主要作用,再也不能将气体看成是不可压缩的了.

g) *旁管的非定常出流*

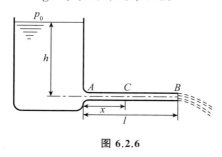

图 **6.2.6**

理想不可压缩流体在重力作用下从大容器的一个水平旁管里流出,参数如图6.2.6所示. 因为容器很大,所以大容器中水面的高度 h 可近似地认为不变. 现研究出流一开始到出现定常状态这一段时间内的速度随时间的变化. 写出理想不可压缩重流体的拉格朗日积分

$$\frac{\partial \varphi}{\partial t} + \frac{V^2}{2} + \frac{p}{\rho} + gz = f(t).$$

$$(6.2.17)$$

取水平旁管中一条流线 AB,则

$$\varphi = \varphi_0 + \int_0^x V\mathrm{d}x,$$

$$\frac{\partial \varphi}{\partial t} = \int_0^x \frac{\partial V}{\partial t} \mathrm{d}x \,,$$

x 为从旁管入口 A 到管内任一点 C 的距离. 因为除相对于 l 很短的入口段外, 旁管是等截面的直管, 所以对所有的 x, $V = V(t)$ 只是时间的函数, 于是

$$\frac{\partial \varphi}{\partial t} = \frac{\mathrm{d}V}{\mathrm{d}t} \int_0^x \mathrm{d}x = \frac{\mathrm{d}V}{\mathrm{d}t} x \,.$$

代入 (6.2.17) 式, 有

$$\frac{\mathrm{d}V}{\mathrm{d}t} x + \frac{V^2}{2} + \frac{p}{\rho} + gz = f(t) \,.$$

在同一时刻对 A, B 两点写出上式, 考虑到容器内速度 $V_A \approx 0$, 有

$$\frac{\mathrm{d}V}{\mathrm{d}t} l + \frac{V^2}{2} + \frac{p_0}{\rho} = \frac{p_0}{\rho} + gh \,,$$

其中 p_0 为大气压. 于是

$$\frac{\mathrm{d}V}{\mathrm{d}t} = \frac{1}{l} \left(gh - \frac{V^2}{2} \right) ,$$

解此微分方程, 并运用初始条件 $t = 0$ 时 $V = 0$, 得

$$V = \sqrt{2gh} \, \mathrm{th} \frac{\sqrt{2gh}}{2l} t \,.$$

当 $t \to \infty$ 时,

$$V \to \sqrt{2gh} \,,$$

运动变成定常的. 实际上, 当

$$t = t_1 = 1.5 \frac{2l}{\sqrt{2gh}}$$

时

$$V \approx 0.9 \sqrt{2gh} \,,$$

已和定常状态相差不远. 如取 $h = 70\,\mathrm{m}$, $l = 10\,\mathrm{m}$, 则 $t = 0.8\,\mathrm{s}$, 可见由开始流动到定常运动的非定常过程是极短暂的.

6.3 动量定理 动量矩定理及其应用

为了了解整个流场的情形并求出感兴趣的特征量, 对大部分流体力学问题来说需要在一定的初始条件及边界条件下解微分形式流体力学基本方程组. 但是如果我们只需要知道某些整体性特征量, 例如流体对于在其中运动着的物体的反作用力等, 那么有时可以利用积分形式方程组中的整体性定理 —— 动量定理和动量矩定理根据边界上给定的流动参数直接求出感兴趣的特征量来, 而不需要求助于解微分方程. 由于利用动量定理及动量矩定理求某些整体性的特征

量十分简便快速,而且物理意义鲜明,因此它们不仅在理论力学中占有重要的地位,而且在流体力学中也有着广泛的应用.

根据(3.6.18)式,积分形式的动量方程及动量矩方程具有下列形式:

$$\int_{\tau} \frac{\partial(\rho\,\boldsymbol{v})}{\partial t}\mathrm{d}\tau + \int_{S}\rho v_{n}\,\boldsymbol{v}\,\mathrm{d}S = \int_{\tau}\rho\boldsymbol{F}\mathrm{d}\tau + \int_{S}\boldsymbol{p}_{n}\mathrm{d}S, \qquad (6.3.1)$$

$$\int_{\tau}\left[\boldsymbol{r} \times \frac{\partial(\rho\,\boldsymbol{v})}{\partial t}\right]\mathrm{d}\tau + \int_{S}\boldsymbol{r} \times (\rho v_{n}\,\boldsymbol{v})\mathrm{d}S = \int_{\tau}\boldsymbol{r} \times \rho\boldsymbol{F}\mathrm{d}\tau + \int_{S}\boldsymbol{r} \times \boldsymbol{p}_{n}\mathrm{d}S.$$
$$(6.3.2)$$

由于外力 $\boldsymbol{F}$ 是已知的,所以(6.3.1)与(6.3.2)式中的体积分

$$\int_{\tau}\rho\boldsymbol{F}\mathrm{d}\tau \ \text{及} \int_{\tau}\boldsymbol{r} \times \rho\boldsymbol{F}\mathrm{d}\tau$$

总可以算出来. 特别地,当 $\rho =$ 常数,$\boldsymbol{F}$ 有势($\boldsymbol{F} = -\nabla\,\widetilde{V}$) 时

$$\int_{\tau}\rho\boldsymbol{F}\mathrm{d}\tau = -\rho\int_{\tau}\nabla\widetilde{V}\mathrm{d}\tau = -\rho\int_{S}\widetilde{V}\boldsymbol{n}\mathrm{d}S.$$

体积分 $\int_{\tau}\rho\boldsymbol{F}\mathrm{d}\tau$ 可以通过面积分 $-\rho\int_{S}\widetilde{V}\boldsymbol{n}\mathrm{d}S$ 更容易地计算出来. 如果外力可以忽略或并入压强梯度项中,那么(6.3.1)与(6.3.2)式右边第一项自动消失,情况就更简单了. 阻碍人们顺利地应用动量方程和动量矩方程的项主要是非定常运动时的体积分

$$\int_{\tau}\frac{\partial(\rho\,\boldsymbol{v})}{\partial t}\mathrm{d}\tau \ \text{及} \int_{\tau}\left[\boldsymbol{r} \times \frac{\partial(\rho\,\boldsymbol{v})}{\partial t}\right]\mathrm{d}\tau,$$

因为要求出这些体积分的值必须知道 τ 内流动的详细情形,而这只有在解出微分形式流体力学基本方程组后才能知道. 这就是在非定常运动时通常不直接应用动量方程和动量矩方程的原因. 当运动是定常的时候,影响动量方程和动量矩方程顺利使用的项自动消失,(6.3.1)和(6.3.2)式变为

$$\int_{S}\rho v_{n}\,\boldsymbol{v}\,\mathrm{d}S = \int_{\tau}\rho\boldsymbol{F}\mathrm{d}\tau + \int_{S}\boldsymbol{p}_{n}\mathrm{d}S, \qquad (6.3.3)$$

$$\int_{S}\boldsymbol{r} \times (\rho v_{n}\,\boldsymbol{v})\mathrm{d}S = \int_{\tau}\boldsymbol{r} \times \rho\boldsymbol{F}\mathrm{d}\tau + \int_{S}\boldsymbol{r} \times \boldsymbol{p}_{n}\mathrm{d}S, \qquad (6.3.4)$$

式中控制面 S 可自由选取. 控制面取得好,利用(6.3.3),(6.3.4)式及边界上的流动参数,常常可以得到有关整体性特征量方面意想不到的结果,这样的结果利用别的方法往往很难得出.

上面我们阐述了动量方程和动量矩方程通常只适用于定常运动的道理. 定常运动的动量方程(6.3.3)和动量矩方程(6.3.4)常被称为**动量定理**和**动量矩定理**. 它们既适用于理想流体也适用于黏性流体. 下面举例详细地说明动量定理和动量矩定理的应用.

a) 孔口出流的反推力及收缩比

继续考虑 6.2 节的第一个例子孔口出流,我们应用动量定理求射流的收缩比 α 以及液体自孔口射出后对容器的反作用力. 假设液体是均质理想不可压缩的,运动定常,外力只有重力.

写出理想流体情形下的动量定理

$$\int_S \rho v_n \boldsymbol{v}\, \mathrm{d}S = \int_\tau \rho \boldsymbol{F}\, \mathrm{d}\tau - \int_S p\boldsymbol{n}\, \mathrm{d}S, \tag{6.3.5}$$

其中 p 是理想流体的压强函数. 取图 6.3.1 中标出的封闭虚线为控制面 S. 由于流体是从水平方向自孔口射出,所以它对容器的反作用力亦将是水平的,因此我们只需考虑(6.3.5)式在水平方向上的分量. 先考虑动量流的水平分量

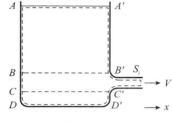

图 6.3.1

$$\left(\int_S \rho v_n \boldsymbol{v}\, \mathrm{d}S\right)_x.$$

容易看到,在整个控制面上只有射流最小截面 S_j 上才有流体流出,因此通过 S 面的动量等于通过最小截面 S_j 的动量,于是

$$\left(\int_S \rho v_n \boldsymbol{v}\, \mathrm{d}S\right)_x = \rho V^2 S_j \boldsymbol{x} = 2\alpha \rho g h S_B \boldsymbol{x}, \tag{6.3.6}$$

其中 ρ,V 分别是密度和 S_j 上的平均速度, $\boldsymbol{x}$ 是水平方向单位矢量,约定取自左向右的方向为正方向. 在上式中我们已用到托里拆利公式(6.2.1)及收缩系数的定义 $\alpha = S_j/S_B$. 其次考虑外力 $\int_\tau \rho \boldsymbol{F}\, \mathrm{d}\tau$. 由于外力只有铅直向下的重力,因此在水平方向上的分量为零. 最后考虑作用在 S 面上的面力在 x 方向的分量

$$\left(-\int_S p\boldsymbol{n}\, \mathrm{d}S\right)_x = \left(-\int_S (p-p_0)\boldsymbol{n}\, \mathrm{d}S\right)_x, \tag{6.3.7}$$

式中 p_0 是大气压. 在写出(6.3.7)式时我们利用了

$$\int_S p_0 \boldsymbol{n}\, \mathrm{d}S = \int_\tau \nabla p_0\, \mathrm{d}\tau = \boldsymbol{0}$$

的事实. 将控制面 S 分为与器壁接触的面 S' 和不与器壁接触的面 S'' 两部分. S'' 上的压强处处等于大气压 p_0,于是 S'' 对(6.3.7)式的积分无贡献. 其次 S' 中底面 DD' 上的压强积分只对垂直分量有贡献,于是

$$\left(-\int_S (p-p_0)\boldsymbol{n}\, \mathrm{d}S\right)_x = -\int_{AB+BC+CD+A'B'+C'D'} (p-p_0)\boldsymbol{n}\, \mathrm{d}S. \tag{6.3.8}$$

注意到容器侧面外有大气压 p_0 作用,侧面内有压强 p 作用,不难理解,流体对容器的反作用力为

$$\boldsymbol{R}_x = \int_{AB+BC+CD+A'B'+C'D'} (p-p_0)\boldsymbol{n}\, \mathrm{d}S. \tag{6.3.9}$$

容器中的流体除孔口附近很小区域而外,速度几乎为零,压强几乎是静压分布.

因而可以近似地认为

$$
\begin{cases}
\iint_{AB+A'B'} (p-p_0)\boldsymbol{n}\,\mathrm{d}S = \boldsymbol{0}, \\
\iint_{CD+C'D'} (p-p_0)\boldsymbol{n}\,\mathrm{d}S = \boldsymbol{0}, \\
\iint_{BC} (p-p_0)\boldsymbol{n}\,\mathrm{d}S = -\rho g h S_B\boldsymbol{x},
\end{cases}
\tag{6.3.10}
$$

其中 h 是孔口中心至水面的距离. 方程组 (6.3.10) 的准确程度与孔口的形状密切相关. 如果孔口采取**波尔达**(Borda) **喷嘴**的形状(图 6.3.2), 则 (6.3.10) 式的近似程度最好, 几乎准确地成立. 将 (6.3.6), (6.3.7), (6.3.8), (6.3.9) 与 (6.3.10) 代入 (6.3.5) 式得

$$
\boldsymbol{R}_x = -\rho g h S_B\boldsymbol{x} = -2\alpha\rho g h S_B\boldsymbol{x},
\tag{6.3.11}
$$

由此得收缩系数为

$$
\alpha = \frac{1}{2}.
\tag{6.3.12}
$$

这个结果对于波尔达喷嘴而言与实验结果基本符合(图 6.3.2), 但是对于其他形状的孔口, 就不那么准确了. 例如对于圆形孔口(图 6.3.1), 实验结果在 0.61 ～ 0.64 之间, 与理论结果约有 20% 的误差. 这是由公式 (6.3.10) 不是准确成立所引起的.

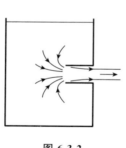

图 6.3.2

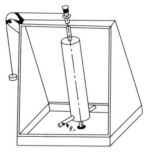

图 6.3.3

从 (6.3.11) 式还可看出, 反作用力的大小为 $\rho g h S_B$, 方向与 $\boldsymbol{x}$ 相反.

泽格纳(Segner) 水轮利用孔口出流的反作用力实现旋转(图 6.3.3), 从而它可以举起重物或作别的用途. 现在的草地喷水器边洒水边旋转就是利用这个原理.

b) 火箭发动机的工作原理

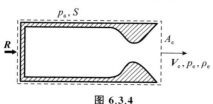

图 6.3.4

图 6.3.4 画出了火箭发动机构造简图 (剖面图). 它由圆柱形燃烧室与先收缩后扩张的尾喷管组成. 燃烧室内装有火药(固体燃料发动机)或安装有喷嘴, 分别通过管

道与燃料和氧化剂的供给系统连接(液体燃料发动机). 燃气经过尾喷管加速后以很高的速度喷出,从而产生推力推动火箭前进. 为了说明火箭发动机的工作原理,设想将发动机固定在试验台上,周围压强为大气压 p_a,尾部喷射出来的燃气在横截面上具有均匀分布的参量,相应速度、压强、密度、气流横截面积分别为 $\boldsymbol{v}_e,p_e,\rho_e,A_e$. 作如图 6.3.4 所示的控制面 S 包围发动机,将整个发动机作为一个系统运用动量定理. 因流动仅在轴向进行,所以只需在这个方向考虑问题. 设气体是理想流体、运动定常且重力可忽略. 单位时间内流出 S 面的动量为 $\rho_e V_e^2 A_e$,它的方向与 $\boldsymbol{v}_e$ 相同. 发动机在这个方向所受的力有支架的作用力 R,大气压 $p_a A_e$(与 $\boldsymbol{v}_e$ 同向)和燃气作用在 S 上的压力 $p_e A_e$(与 $\boldsymbol{v}_e$ 反向),于是由动量定理得

$$\rho V_e^2 A_e = R - A_e(p_e - p_a),$$

即

$$R = \rho_e V_e^2 A_e + A_e(p_e - p_a). \tag{6.3.13}$$

根据作用与反作用原理,发动机对支架的作用力与 R 相等,方向相反,这个力就是发动机的推力. 把发动机装在火箭上,它所产生的推力就可以推动火箭前进.

c) 作用在翼栅上的力

为了研究涡轮机或螺旋桨的叶片对流过它们的流体的反作用力,通常先考虑比较简单的等栅距直线翼栅,它由一排完全相同的互相平行的无穷多个叶片组成. 取固定在叶片上的直角坐标系 Oxy,则翼栅定常绕流图案如图 6.3.5 所示. 设速度分量为 u,v,作用在叶片上的力在 x,y 轴上的投影为 X,Y. 下标 1 和 2 分别指入流和出流. d 表示两叶片间的距离 —— 栅距.

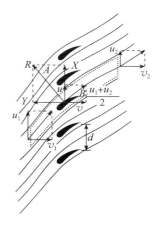

图 6.3.5

考虑理想不可压缩流体,设重力可忽略. 取如图 6.3.5 点线所示的控制面,它是由两条地位相同的流线和两条与 x 轴平行,长度为 d 的直线组成. 写出动量定理(6.3.5)在 x,y 轴方向的投影. 因为没有流体流过流线,并且由于两流线的地位完全相同,它们上面的压强分布相同,所以它们对于动量和合压力都没有贡献. 我们只要计算平行于 x 轴的两直线上的贡献就行了. 根据连续性方程,单位时间内流过这两条线的质量是

$$Q = \rho v_1 d = \rho v_2 d,$$

由此推出 $v_1 = v_2$,于是

$$\begin{cases} X = 0 + \rho v d(u_1 - u_2), \\ Y = d(p_2 - p_1) + 0. \end{cases} \tag{6.3.14}$$

翼栅的均匀绕流问题是无旋的(参看 4.6 的例 1),根据伯努利-拉格朗日积分有

$$p_1 + \frac{1}{2}\rho(u_1^2 + v_1^2) = p_2 + \frac{1}{2}\rho(u_2^2 + v_2^2),$$

或

$$p_2 - p_1 = \frac{1}{2}\rho(u_1^2 - u_2^2) = \frac{1}{2}\rho(u_1 - u_2)(u_1 + u_2). \tag{6.3.15}$$

现在我们计算沿控制面的环量. 首先, 沿两根流线作环量积分时因走向相反, 所以它们的贡献彼此抵消, 两直线段的贡献分别为 $u_1 d$ 和 $-u_2 d$, 于是

$$\Gamma = d(u_1 - u_2). \tag{6.3.16}$$

考虑到 (6.3.16) 及 (6.3.15) 式, (6.3.14) 式可写为

$$X = \rho\Gamma v, \quad Y = \rho\Gamma\frac{u_1 + u_2}{2}. \tag{6.3.17}$$

比值 $\dfrac{Y}{X}$ 等于 $\dfrac{u_1 + u_2}{2v}$, 于是三角形 A 和 B 相似 (参阅图 6.3.5). 由此推出, X 和 Y 的合力 $\boldsymbol{R}$ 与 $\dfrac{u_1 + u_2}{2}$ 和 v 的合平均速度 $\boldsymbol{V}_\mathrm{m}$ 相垂直. 设合力的大小为 R, 合平均速度的大小为

$$V_\mathrm{m} = \sqrt{\left(\frac{u_1 + u_2}{2}\right)^2 + v^2},$$

则由 (6.3.17) 式得

$$R = \rho\Gamma V_\mathrm{m}. \tag{6.3.18}$$

此式说明, 流体对叶片的作用力大小 R 和环量 Γ 成正比, 此外还和流体密度 ρ 以及合平均速度大小 V_m 成正比.

d) 射流冲击平板问题

射流冲击平板多为轴对称问题, 由于轴对称问题较难处理, 我们先研究平面问题.

一宽为 a 的平面射流以匀速 V 倾斜射向无穷长平板, 接触平板后分成两支沿平板方向流动. 相应厚度至远处变为 a_1, a_2. 设流体是理想不可压缩的, 流动是定常的, V 很大, 可忽略重力. 求射流对平板的压力及压力作用点.

设入射射流的中心轴线与平板的交点为 O, 夹角为 α. 流动在很远处速度都是均匀的, 且自由面上的压强皆为大气压 p_0. 根据 4.6 节的例 1, 流动是无旋的. 写出定常无旋运动在质量力可以忽略时的伯努利-拉格朗日积分

$$\frac{V^2}{2} + \frac{p}{\rho} = C.$$

易证远处流动的速度及压强处处取同一常数值 V 及 p_0.

取包括无穷远处三支流动横截面在内的封闭曲线 S (如图 6.3.6 所示). 现分别计算通过 S 面的流量及作用在 S 面上的压力. 通过 S 面的动量为

$$-\rho a V\boldsymbol{V} + \rho a_1 V\boldsymbol{V}_1 + \rho a_2 V\boldsymbol{V}_2, \quad (6.3.19)$$

其中 a, a_1, a_2; $\boldsymbol{V}$, $\boldsymbol{V}_1$, $\boldsymbol{V}_2$ 分别为三支流动在远处的横截面面积和速度矢量.

作用在 S 面上的力为

$$-\int_S p\boldsymbol{n}\,\mathrm{d}S = -\int_S (p-p_0)\boldsymbol{n}\,\mathrm{d}S$$

$$= -\int_{AOB} (p-p_0)\boldsymbol{n}\,\mathrm{d}S,$$

它等于负的流体作用在平板上的力 $\boldsymbol{P}$, 于是

$$-\int_S p\boldsymbol{n}\,\mathrm{d}S = -\boldsymbol{P}. \quad (6.3.20)$$

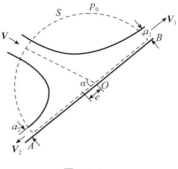

图 6.3.6

根据理想流体的动量定理(6.3.5), 令(6.3.19)及 (6.3.20)式相等, 则

$$-\boldsymbol{P} = -\rho a V\boldsymbol{V} + \rho a_1 V\boldsymbol{V}_1 + \rho a_2 V\boldsymbol{V}_2,$$

分别在垂直平板的方向及平行平板的方向投影得

$$P = \rho a V^2 \sin\alpha, \quad (6.3.21)$$

$$0 = \rho a_1 V^2 - \rho a_2 V^2 - \rho a V^2 \cos\alpha. \quad (6.3.22)$$

(6.3.21)式给出射流对平板的压力公式. 压力与 ρV^2, a, $\sin\alpha$ 成正比. 垂直冲击的作用力最大, 平行冲击的作用力为零. 由(6.3.22)式有

$$a_1 - a_2 = a\cos\alpha,$$

和连续性方程

$$a_1 + a_2 = a$$

联合起来可解出 a_1, a_2, 它们是

$$a_1 = \frac{1+\cos\alpha}{2}a, \quad a_2 = \frac{1-\cos\alpha}{2}a. \quad (6.3.23)$$

当 $\alpha = \pi/2$ 时 $a_1 = a_2 = \dfrac{a}{2}$; 当 $\alpha = 0$ 时 $a_1 = a$, $a_2 = 0$; 当 α 由 $\pi/2$ 趋于 0 时, a_1 由 $\dfrac{a}{2}$ 趋于 a, a_2 由 $\dfrac{a}{2}$ 趋于零.

现利用动量矩定理求合力作用点. 取 O 点为参考点, 由动量矩定理得

$$\rho a_1 V^2 \frac{a_1}{2} - \rho a_2 V^2 \frac{a_2}{2} = Pe,$$

其中 e 是压力作用点到 O 点的距离. 将(6.3.23)及(6.3.21)式代入上式, 得

$$e = \frac{1}{2}a\cot\alpha. \quad (6.3.24)$$

(6.3.24)式说明压力作用点的位置 e 和射流宽 a 以及射流与平板的夹角 α 有关.

当 $\alpha=\dfrac{\pi}{2}$ 时，$e=0$，压力通过 O 点；当 α 由 $\dfrac{\pi}{2}$ 减至 0 时，e 由 0 趋于 $-\infty$. 总之，射流偏离垂直方向时会产生一力矩，此力矩力图使平板沿逆时针方向绕 O 点旋转，回复到与射流垂直的位置，而且倾斜得越厉害，回复的力矩也越大.

第二次世界大战中发展起来的反坦克穿甲弹的工作原理可以用上述射流理论阐明. 典型的穿甲弹是由中空的金属锥体组成，炸药充填在锥体的外部（参看图 6.3.7(a)）. 当爆炸发生时金属锥壁由于受到极大的应力作用变成黏塑性流体. 它在巨大压力的作用下向内以 V 的速度沿锥壁的法线方向运动. 于是金属层继续保持锥体形状，但是在运动着的锥顶处有金属的积累，然后向两边流去形成两股射流. 如果在和锥顶一起运动的坐标系中考虑相对运动，那么情况变得更为清楚. 金属层以射流的形式沿锥线向锥顶流来，在顶点处形成两股圆截面的射流，然后离开锥顶沿锥轴向相反的方向流去. 这样的问题本质上是轴对称的，但是我们可以应用上面已经研究过的二维射流理论的结果定性地加以说明. 锥顶沿锥轴方向和锥体方向的运动速度 V_a，V_c 可以很容易根据三角形 ABC 求出，即

$$V_c = \text{射流速度} = V\cot\beta, \quad V_a = V\csc\beta.$$

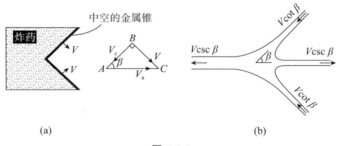

图 6.3.7

根据 (6.3.23) 式，较细那股射流的面积为

$$a_2 = \frac{1}{2}a(1-\cos\beta),$$

相对于爆炸前的穿甲弹的速度为 $V(\csc\beta+\cot\beta)$. 由于爆炸后 V 可以达到极大的数值，加上 a 很小，因此通过中空锥体以巨大速度喷射出来的细长射流具有极大的穿透性能，能钻透很厚的钢板.

e）圆管突然扩大的能量损失

截面积为 S_1 的小管逐渐扩大到截面积为 S_2 的大管（图 6.3.8）. 若流体是不可压缩的，黏性的作用很小，可忽略，流动是定常的，则根据伯努利定理，大管内平均运动的总机械能等于小管内平均运动的总机械能，即总机械能守恒. 也就是说下式成立

$$p'_2 = p_1 + \frac{1}{2}\rho(V_1^2 - V_2^2), \tag{6.3.25}$$

其中 $p_1, V_1; p'_2, V_2$ 分别为小管和大管内的压强及速度.

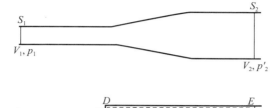

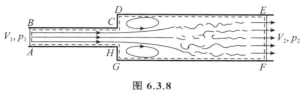

图 **6.3.8**

现在考虑截面积为 S_1 的小管突然扩大到截面积为 S_2 的大管的情形. 射流从小管中涌出, 在它的边界附近产生了不规则的涡旋, 使射流与周围的流体不断地掺混, 混合之后的流体以几乎是均匀的平均速度 V_2 继续在大管内流动. 涡旋的产生与掺混过程伴随着机械能的损失. 因为突然扩大时大管中的动能和逐渐扩大时大管中的动能相等(速度相等), 所以机械能的损失主要体现在突然扩大时大管中的压强 p_2 将小于 p'_2. 用 $p'_2 - p_2$ 表征机械能损失的程度. 一般说来, 要计算 $p'_2 - p_2$, 必须知道突然扩大区掺混过程的详细情况, 而要获得这方面的数据是非常困难的. 利用定常运动的动量定理, 我们有可能根据大小管内的流动参数求出压强损失, 而不必追究管内详细过程.

取如图 6.3.8 所示的虚线 $ABCDEFGH$ 为控制面. 通过控制面流出的动量流为

$$\rho V_2^2 S_2 - \rho V_1^2 S_1 = \rho V_2 S_2 (V_2 - V_1), \tag{6.3.26}$$

这里利用了连续性方程 $V_1 S_1 = V_2 S_2$. 我们认为 V_1 很大时壁面 $BCDE$ 和 $AHGF$ 上的黏性应力比惯性力小很多, 可以忽略不计; 其次认为 CD, HG 上的压强和 CH 上的一样, 都是 p_1. 于是作用于控制面的面力为

$$(p_1 - p_2)S_2, \tag{6.3.27}$$

根据动量定理令 (6.3.26) 和 (6.3.27) 式相等, 得

$$p_2 = p_1 - \rho V_2 (V_2 - V_1), \tag{6.3.28}$$

根据 (6.3.25) 式, 由 (6.3.28) 式得

$$p'_2 - p_2 = \frac{\rho}{2}(V_1 - V_2)^2. \tag{6.3.29}$$

这个公式和两个非弹性体碰撞后的动能损失公式完全一样, 因此突然扩大的机

械能损失常称为"碰撞损失". 考虑到连续性方程后(6.3.29)式还可写成

$$p'_2 - p_2 = \frac{1}{2}\rho V_1^2 \left(1 - \frac{S_1}{S_2}\right)^2.$$

上式说明 $\frac{S_1}{S_2}$ 越小,压强损失愈大,但压强损失有一上界,它不会超过 $\frac{1}{2}\rho V_1^2$.

f) 作用在物体栅上的力

考虑阻尼网的绕流问题. 阻尼网可简化为圆柱形物体组成的物体栅. 设来流和物体栅所在的平面垂直,则当速度为 V 的均匀来流流过物体栅时,在圆柱后面产生涡旋运动,从而耗散能量引起阻力,使远后方再度均匀的流动具有比 p_1 低的压强 p_2. 现利用理想不可压缩流体定常运动且重力可忽略时的动量定理求流体作用在物体栅上的力.

取虚线所示的曲线为控制面,它由内边界 S_1 和外边界 S_2 组成(见图6.3.9). 显然,通过 S_1,AB 及 CD 的动量流为零. 其次,根据质量守恒定律,远前方 AC 和远后方 BD 上的速度是一样的,都是 V. 于是流进 AC 的动量流等于流出 BD 的动量流. 考虑到所有这些,可以断言,通过 $S_1 + S_2$ 的动量流等于零. 现考虑作用在 $S_1 + S_2$ 上的面力

$$\int_{S_1} \boldsymbol{p}_n \mathrm{d}S + \int_{S_2} \boldsymbol{p}_n \mathrm{d}S.$$

显然

$$\int_{S_1} \boldsymbol{p}_n \mathrm{d}S = -\bar{\boldsymbol{R}},$$

其中 $\bar{\boldsymbol{R}}$ 是流体作用在 S_2 内的物体栅上的力. 其次,AC,BD 上只有压力作用. 若忽略 AB,CD 上切应力的作用(V 很大,相对于惯性力,AB,CD 上的黏性力都可忽略),则写出沿来流方向的动量定理后我们有

$$|\bar{\boldsymbol{R}}| = (p_1 - p_2)AC.$$

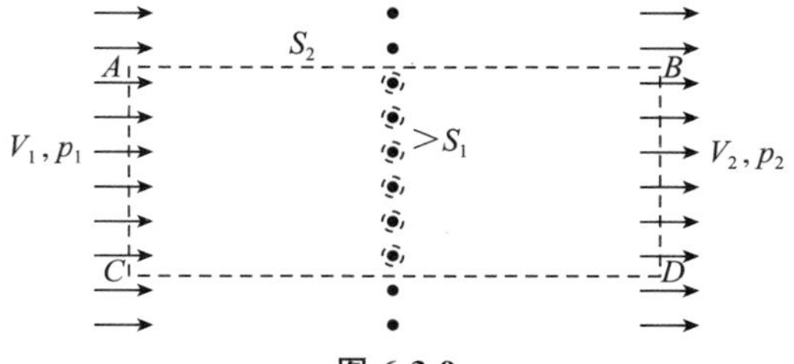

图 6.3.9

引进流体作用在单位长度物体栅上的力 $\boldsymbol{R} = \dfrac{\bar{\boldsymbol{R}}}{AC}$ 后上式可写为

$$R = |\boldsymbol{R}| = p_1 - p_2. \tag{6.3.30}$$

测出远前方和远后方的压强 p_1,p_2 后由(6.3.30)式求出 R. 由(6.3.30)式

可以看到：如果没有能量损失，即 $R=0$ 时 $p_1=p_2$；如有损失，则 p_2 一定小于 p_1，而且两者的差值就是流体作用在单位长度物体栅上的力.

习　　　题

1. 密度为 ρ 的不可压缩理想流体流经一先收缩再扩张的管道（如图示），假定流动是定常的，且质量力作用不计，试证明：此管道的流量 Q 是

$$Q = \frac{S_1 S_2}{\sqrt{S_2^2 - S_1^2}} \sqrt{\frac{2(p_2 - p_1)}{\rho}},$$

其中 S_1,S_2,p_1,p_2 分别为断面 1 和 2 处的面积和压强.

题 1

2. 一低速风洞具有开口式的试验段（如图示），其断面直径为 d，一杯式酒精压强计连接于风洞较粗段上，此处断面的直径为 D. 当重力作用下的理想不可压缩流体流过时，压强计的高度读数为 h. 如果运动是定常的，试确定试验段流体的速度. 大气压强设为 p_0.

3. 为测定输油管中的汽油流量，使输油管有一段制成先收缩再扩张的，水银压强计的两端分别连接输油管的两处（如图示）. 当汽油流过输油管时压强计高度差为 h，求汽油的流量. 假定汽油为理想不可压缩流体，流动是定常的，输油管的直径为 d_1，收缩处的直径是 d_2.

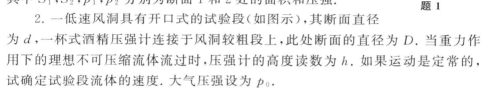

题 2　　　　　　　　　　　　　　　题 3

4. 设空气在一先收缩再扩张管道中流过（如图示），管道收缩处有一毛细管与下方一容器中的水相接，水面与收缩处的距离为 h，收缩管截面 1 和 2 处的横截面积为 S_1 和 S_2. 如果把空气看为理想不可压缩的，运动定常且只有重力作用. 试问空气在入口处的流速为多大时容器中的水能被吸到管道中来？

5. 一大容器与一先收缩再扩张管道相连，管道收缩处有一小管与下方容器中的液体相通（如图示）. 设大容器中装有同样的液体，液面距管道的高度为 l，管道收缩处和出口处的横截面积分别为 S_1 与 S_2. 问下方容器中的液面到管道收缩处的距离为何值时，下方容器中的液体能被吸上管道？ 设液体是受重力作用的理想不可压缩流体，运动是定常的.

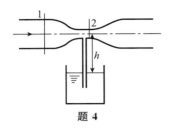

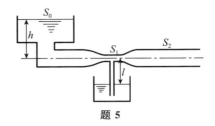

题 4　　　　　　　　　　　　　　题 5

6. 水沿着一扩张管自上方容器流向下方,扩张管是一具有圆形进口及小圆锥角扩张的导管(如图示). 设管的进口处和出口处的截面直径分别为 d_1 和 d_2,管长为 H_2. 问上方容器水位多高时,扩张管道进口处的压强为零?

7. 一虹吸管放于水桶中,其位置如图所示. 如果水桶及虹吸管的截面积分别为 A 和 B,且 $A \gg B$,试计算虹吸管的流量. 水看作是理想不可压缩的,且受重力作用,运动是定常的.

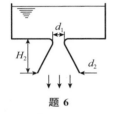

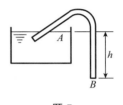

题 6　　　　　　　　　　　　　　题 7

8. 一水箱底部有一小孔(如图示),射流的截面积为 $A(x)$,在小孔处 $x = 0$,截面积为 A_0. 通过不断注水使水箱中水高 h 保持不变,水箱的横截面远大于小孔. 设流体是理想不可压缩的,求射流截面积随 x 的变化规律 $A(x)$.

9. 一水塔的蓄水箱底离地面的高度 $H_0 = 20$ m,其横截面为半径 $R = 2$ m 的圆,储水深 $h = 1$ m(如图示). 如果用装在高 $H_1 = 15$ m 处截面积为 $2\,\text{cm}^2$ 的水龙头放水,问需多久才能将水放完?

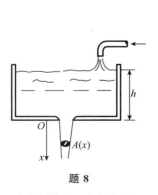

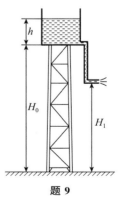

题 8　　　　　　　　　　　　　　题 9

10. 如图所示,两个宽为 $2L$ 的很长的平行平板相距为 b,上面的板以常速率

V 向下移动. 密度为 ρ 的理想不可压缩流体充满两板间的空间, 流体在板间被挤出, 从而形成对称的流动, 在中心处速度为零. 设 $b \ll L$, 平行于板的速度 u 在横截面上处处相等, 重力可忽略.

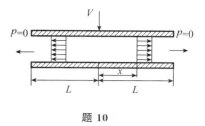

题 10

（1）证明在离中心 x 处的速度近似地等于

$$u = \frac{Vx}{b};$$

（2）注意到 b 随时间变化, 设板外压强为零, 求沿板任取一点 x 处的压强 p.

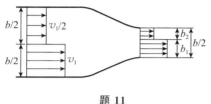

题 11

11. 如图所示二维导管入口处宽为 b, 并装有常密度 ρ 的无黏性流体, 导管一半速度为 v_1, 另一半速度为 $\frac{v_1}{2}$, 两层流线不混合.

导管出口处宽度为 $b/2$, 导管入口处和出口处流动是平行的, 因此这两个截面上压强分布是均匀的. 求通过收缩段后的压强差 $p_1 - p_2$, 以及出口截面上两层流体的宽度 b_1 和 b_2.

12. 有一大桶内装液体, 液面距离底高为 h. 问在桶侧壁什么地方开出流小孔口, 流出的液柱射得最远?

13. 证明河流拐弯处（如图示）, 内侧岸边 A 处的水流速度大于外侧岸边 B 处的水流速度, 而 A 处的水面则低于 B 处. 假设流动定常、无旋, 河水是不可压缩的.

14. 证明在不可压缩流体的平面、定常、无旋运动中, 流线的曲率 κ 由

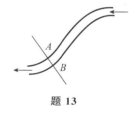

题 13

$$\kappa = \frac{1}{v^2} \frac{\mathrm{d}\left(\dfrac{p}{\rho} + \tilde{V}\right)}{\mathrm{d}n}$$

表示, 式中 p 为压强, ρ 为密度, $\tilde{V}$ 为质量力势, $\mathrm{d}n$ 为流线的法线单位元素, 其方向取离开曲率中心的方向.

15. 证明如果理想不可压缩均质流体在重力作用下做定常无旋运动, 则压强 p 满足不等式

$$\Delta p = \frac{\partial^2 p}{\partial x^2} + \frac{\partial^2 p}{\partial y^2} + \frac{\partial^2 p}{\partial z^2} < 0.$$

16. 设在圆锥形细管的气体定常出流中, 质点的迹线是汇集于圆锥顶点的直线, 且运动为等温运动, 证明任意两截面上速度之间的关系为

$$\frac{v_1}{v_2} = \frac{S_2}{S_1} e^{\frac{v_1^2 - v_2^2}{2RT_0}},$$

式中 v_1, v_2 和 S_1, S_2 分别为两个截面上的速度和面积,RT_0 是常数. 设气体是理想的,质量力作用忽略不计.

17. 对于理想不可压缩流体在重力场中的无旋运动,已知速度势为

$$\varphi = -\frac{2t}{\sqrt{x^2 + y^2 + z^2}}.$$

如果在运动过程中,点 $(1,1,1)$ 上压力总是 $p_1 = 12 \mathrm{N/cm^2}$,求运动开始 20 s 后,点 $(4,4,2)$ 的压力(令 $\rho g = 1$).

18. 求理想不可压缩流体在重力作用下,在开口曲管中的振动规律. 假定管为等截面的,管中流柱长为 l,曲管与水平线间的夹角为 α, β(如图示),运动的初始条件是由平衡位置开始振动.

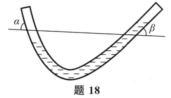

题 18

19. 有一敞口锥形容器,高为 h,底面圆的半径为 $r/2$,顶圆的半径为 r. 设容器中盛满了水,设想底面打开,则水自容器内流下来. 计算使容器内水降至 $h/2$ 高度时需要的时间.

20. 从充满空间的理想不可压缩流体中突然取出半径为 c 的球状体积,设在无穷远处各点作用着压强 p(常数),无外力作用,求流体的运动规律.

21. 当球形炸弹在不可压缩理想流体内爆炸时,如果运动是无旋的,且不考虑外力影响,求直接位于炸弹表面上的流体点的压强. 无穷远处压强为 p_0,爆炸的规律是 $r = r(t)$.

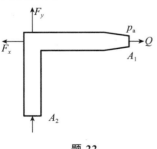

题 22

22. 如图所示,截面积为 A_2 的 90° 弯管和一截面积为 A_1 的喷管相连. 设水以流量 Q 从喷管射向压强为 p_a 的大气. 求作用在弯管上的力 F_x 和 F_y. 设流体是理想不可压缩的,重力可以忽略,流动是定常的.

23. 如图所示,水从水头为 h_1 的大容器通过小孔流出(大容器中的水位可以认为是不变的). 射流冲击在一块大平板上,它盖住了第二个大容器的小孔,该容器水平面到小孔的距离为 h_2,设两个小孔的面积都一样. 若 h_2 给定,求射流作用在平板上的力刚好与板后的力平衡时 h_1 的大小.

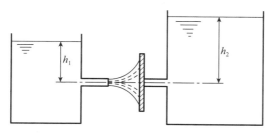

题 23

24. 有一半环形的等截面的弯曲圆管，圆截面的半径为 a，以速度大小为 V，方向垂直于截面的速度吹进压力为 p_1 的空气. 如果空气是不可压的理想流体，运动是定常的，且质量力忽略不计，求圆管所受的总压力.

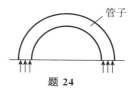

题 24

25. 宽为 b 的二维理想不可压缩流体喷注，正击于一静止的平板后，向两边分流. 设来流速度为 v，密度为 ρ. 如果不考虑重力影响，试求平板所受的冲击力.

26. 一装有喷气发动机的火箭，燃料经过燃烧后变成高压气体由尾部喷管喷出. 假若出流气体的速度是 v，密度是 ρ，喷管管口面积为 F，问火箭受到多大推力？

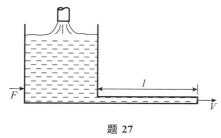

题 27

27. 如图所示不可压缩流体从一水箱流过很长的管子，管子的截面积为 A，长为 l. 控制流入水箱的水流使得出流速度可以表示为

$$V = V_0 - at,$$

其中 V_0, a 为常数，t 为出流过程中任一时刻. 管道截面上的速度认为是相等的，流量系数 $c_d = 1.0$，问要固定水箱需加多大的水平力 F？

28. 设流体是理想不可压缩的，流动是定常的. 流体深度为 h，流速为 V，在重力作用下流过闸门（如图示）. 闸门下游流体深为 l. 要固定闸门，求闸门单位宽度上所需的力 R，用 ρ, g, h 和 l 表示.

29. 如图所示一个二维物体放在宽为 h 的二维水洞中，上游远处水流速度 V_0 为常数. 当上游的压强 p_0 低于某一数值时，物体后的液体会汽化并形成一个很长的蒸汽空腔区，那里压强为 $p_V (p_V < p_0)$. 设下游远处空腔边界和洞壁之间射流速度沿截面是常数. 又设没有摩擦，

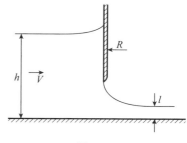

题 28

蒸汽的密度和重力影响不计,求作用在物体上(每单位厚度)的阻力.用 V_0, p_0, p_V, h 和常密度 ρ 表示.

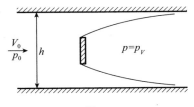

题 29

30. 如果流速为 v_1,压强为 p_1 的水流,从一圆管流到一个较粗的圆管中,那么管的突然扩大会使水流紊乱,过一段距离后水流又重新达到稳定状态,此时流速为 v_2. 求经过这一混乱后水流的压强增加,并和逐渐扩大管的情况做比较,求其压强损失. 流体是不可压缩的,水流紊乱的非定常性引起的动量变化认为是可忽略的.

31. 在不可压缩理想流体的平行流中对称地放一椭圆形柱体. 试证该柱体所受的阻力为零. 讨论:对于任意截面形状的柱体而言,结论将如何? 设流动定常.

第七章　理想不可压缩流体无旋运动

（A）方程组及其基本性质

7.1　引言　基本方程组

  本章研究流体力学中比较简单的一类问题——理想不可压缩流体无旋运动. 这是一种理想化了的近似模型, 比真实流体的运动要容易处理得多. 但是在具体研究这类问题以前, 首先必须回答这样的问题, 研究理想不可压缩流体无旋运动有没有实际意义？下面以绕流问题为例加以探讨. 所谓绕流问题通常指流体绕过物体时, 在物体外部形成的流动, 例如飞机、火车、汽车及建筑物外部的气流, 潜水艇周围的水流等都是绕流问题. 考虑一架飞机在静止空气中常速飞行, 坐在飞机上的人看到, 前方有均匀气流驶来, 掠过飞机流向后方. 这时飞机主要部件机翼和机身都存在均匀气流的绕流问题. 如果要求计算空气对飞机的作用力, 那么就需要流体力学知识来解决机翼和机身的绕流问题. 这类问题就其本来面貌而言是相当复杂的, 空气是有黏性并且可压缩的, 机翼和机身的形状又很复杂, 因此如果在理论上把这些因素通通考虑进去, 其结果必然是如堕烟海, 找不到解决问题的方法. 正确的方法应该是具体问题具体分析, 在复杂的问题中抓主要矛盾, 略去次要因素. 例如在绕流问题中, 黏性与压缩性等因素对于流动会有这样或那样的影响, 但是对某一具体问题来说, 它们不会是同等重要的. 我们在分析问题时, 可以先忽略次要因素, 只考虑主要因素, 次要因素可以作为修正因子另作考虑. 这样做了之后, 就可以将问题大大简化, 得出许多有用的结果, 同时还为今后研究更复杂的流动奠定了必不可少的基础. 这种抓主要矛盾的科学研究方法是具有普遍意义的. 实验表明, 当物体被绕流时, 在其表面附近很薄的边界层内, 空气黏性有显著影响, 而在边界层外的绝大部分区域内, 黏性的影响很小, 可以忽略不计. 所以, 如果仅研究飞机表面在不分离绕流时的压强分布和所受的升力, 而不研究与黏性有关的飞机的阻力问题, 我们就可以忽略黏性这一次要因素而把流体近似地看作是理想的. 其次, 当飞机的飞行速度小于 $100\,\mathrm{m/s}$ 时, 压缩性的影响可以忽略, 流体可以近似地看作是不可压缩的. 因此, 如果我们研究的是低速飞机（或高速飞机的起飞、着陆阶段）的压强分布和升力

问题,我们就可以采用理想不可压缩流体这一近似模型. 此时方程组和初始条件、边界条件为

$$\begin{cases} \operatorname{div} \boldsymbol{v} = 0, \\ \dfrac{\mathrm{d}\boldsymbol{v}}{\mathrm{d}t} = \boldsymbol{F} - \dfrac{1}{\rho}\,\nabla p, \end{cases} \tag{7.1.1}$$

在 $t = t_0$ 时 $\boldsymbol{v} = \boldsymbol{v}(\boldsymbol{r})$;

在机翼表面上 $v_n = 0$;在无穷远处 $\boldsymbol{v} = \boldsymbol{v}_\infty$,$p = p_\infty$.

方程组(7.1.1)是非线性的,而且 $\boldsymbol{v}$ 和 p 相互影响,需要一并求出. 因此虽然问题已有了相当大的简化,但要解出这组方程仍然是很困难的. 进一步研究表明(4.6 节的例 1)对于在重力场作用下的理想不可压缩流体而言,均匀来流的绕流运动一定是无旋的. 方程组(7.1.1)在无旋运动时将有重大的简化.

若运动是无旋的,则 $\operatorname{rot}\boldsymbol{v} = \boldsymbol{0}$,即存在**速度势** φ,使得

$$\boldsymbol{v} = \operatorname{grad}\varphi. \tag{7.1.2}$$

于是一个位势函数 $\varphi(x,y,z,t)$ 就可以代替三个速度分量函数. 将式(7.1.2)代入方程组(7.1.1)中的连续性方程后得

$$\nabla \cdot \nabla \varphi = 0,$$

即

$$\Delta \varphi = 0, \tag{7.1.3}$$

在直角坐标系中有

$$\frac{\partial^2 \varphi}{\partial x^2} + \frac{\partial^2 \varphi}{\partial y^2} + \frac{\partial^2 \varphi}{\partial z^2} = 0.$$

这是一个线性的二阶偏微分方程,称为**拉普拉斯**(Laplace)**方程**,满足拉普拉斯方程的函数称为调和函数. 线性方程的一个突出优点就是解的可叠加性,即如果 $\varphi_1, \varphi_2, \cdots, \varphi_n$ 是方程(7.1.3)的解,则这些解的任一线性组合

$$\varphi = C_1 \varphi_1 + C_2 \varphi_2 + \cdots + C_n \varphi_n$$

也是方程(7.1.3)的解,其中的 $C_1, C_2, \cdots, C_n$ 是一组不全为零的任意常数. 这样就给解决问题带来很多方便. 必须指出,对于非定常运动来说,时间 t 在方程(7.1.3)中是作为参数出现的.

因为流体是理想不可压缩的,重力有势,且运动无旋,所以方程组(7.1.1)中的运动方程可积分出来,我们得拉格朗日积分

$$\frac{\partial \varphi}{\partial t} + \frac{V^2}{2} + \frac{p}{\rho} + gz = f(t). \tag{7.1.4}$$

于是,当速度势 φ 求出后,可按(7.1.2)式求出速度 $\boldsymbol{v}$,再将它代入(7.1.4)式后就可求出压强分布 p. 至此问题全部解决.

综上所述,对于理想不可压缩流体无旋运动,方程组和初边条件化为

$$\begin{cases} \Delta\varphi = 0, \\ \dfrac{\partial\varphi}{\partial t} + \dfrac{V^2}{2} + \dfrac{p}{\rho} + \widetilde{V} = f(t); \end{cases} \tag{7.1.5}$$

$$t = t_0 \ \text{时} \quad \mathrm{grad}\,\varphi = \boldsymbol{v}_0(\boldsymbol{r}); \tag{7.1.6}$$

$$\begin{cases} \text{在静止固壁上} \quad \dfrac{\partial\varphi}{\partial n} = 0, \\ \text{在自由面上} \quad p = p_0, \\ \text{在无穷远处} \quad \nabla\varphi = \boldsymbol{v}_\infty, p = p_\infty. \end{cases} \tag{7.1.7}$$

方程组(7.1.5)由一个二阶线性偏微分方程和一个有限关系式组成,用来确定两个未知函数 $\varphi(x,y,z,t)$ 及 $p(x,y,z,t)$. 与方程组(7.1.1)相比,方程组(7.1.5)在数学上有了重大的简化. 数学简化主要体现在下列几点:(1)方程组的未知函数由四个降低到两个,方程组的数目也随之由四个降低至两个;(2)原来的四个方程是一个线性方程和三个非线性方程,现在变成了一个线性方程和一个非线性代数关系式,而且这个线性方程还是经典的拉氏方程,人们对于它的性质及解已经研究得很清楚了;(3)原来 $\boldsymbol{v}$ 与 p 相互影响,需要一起解出,现在运动学函数 $\boldsymbol{v}$ 和动力学函数 p 已可分开求出,先从 $\Delta\varphi = 0$ 解出 φ,然后再代入拉格朗日积分求出 p. 归根结底,主要的简化来自:在理想不可压缩流体无旋运动时,非线性的运动方程可以用它的第一积分,即非线性的拉格朗日积分代替;而原来确定速度矢量 $\boldsymbol{v}$ 的线性连续性方程 $\nabla\cdot\boldsymbol{v}=0$,加上了无旋条件后变成了确定调和函数 φ 的线性拉普拉斯方程. 必须指出,方程(7.1.1)中运动方程的非线性并没有消失,也没有转化为线性,因为与之等价的拉格朗日积分仍然是非线性的,只不过因为它是代数关系式较易处理罢了.

现在我们讨论理想不可压缩流体无旋运动的适用范围. 理想流体的模型主要适用于黏性力比其他类型的力小得多的流动区域,对于某些问题如机翼剖面上的压强分布、速度分布及其所受的升力等比较符合,而对于黏性起主导作用的有关摩擦阻力、传热、扩散与衰减等问题则得不到符合实际的结果. 不可压缩流体模型对于在通常条件下运动的液体以及低速定常运动的气体而言都是适用的. 对于高速运动的气体以及液体中压缩性起主导作用的某些问题如水击与水中爆炸等,不可压缩流体的假设必须抛弃. 在涡旋运动这一章中我们已看到,在理想正压流体、外力有单值势的条件下,从静止或无旋状态开始的非定常运动及无穷远处均匀来流的定常连续绕流问题都是无旋运动. 因此,对于这些运动可以采用无旋运动的假设. 通过上面的讨论可以明白,理想不可压缩流体无旋运动只适用于一定条件下的一定问题. 因此,在实际应用上述模型解决问题时必须注意分析所处的条件及所需解决的问题.

尽管理想不可压缩流体无旋运动具有一定局限性,但是它除了具有确定无疑的实际意义外,还提供了有关流动性质的许多有益的资料,积累了处理问题的各种方法,因此它在流体力学中占有重要地位,是进一步处理更复杂流动的必不可少的基础.

7.2   速度势函数及无旋运动的性质

本节研究速度势函数及无旋运动的性质. 速度势函数 φ 在非定常场中是 x, y,z,t 的函数,在定常场中是 x,y,z 的函数,它与速度矢量 $\boldsymbol{v}$ 的关系由下式决定:

$$\boldsymbol{v} = \operatorname{grad} \varphi. \qquad (7.2.1)$$

如果已知速度势 φ,根据(7.2.1)式通过微分运算可以求出速度 $\boldsymbol{v}$. 反过来,如果已知速度矢量 $\boldsymbol{v}$,我们来看,如何由(7.2.1)式求出 φ. 将(7.2.1)式两边点乘曲线 MM_0 的弧元 $\mathrm{d}\boldsymbol{r}$,得

$$\boldsymbol{v} \cdot \mathrm{d}\boldsymbol{r} = \operatorname{grad} \varphi \cdot \mathrm{d}\boldsymbol{r} = \mathrm{d}\varphi,$$

并沿曲线 MM_0 积分之,得

$$\varphi(M) = \varphi(M_0) + \int_{M_0}^{M} \boldsymbol{v} \cdot \mathrm{d}\boldsymbol{r}, \qquad (7.2.2)$$

这就是已知 $\boldsymbol{v}$ 确定 φ 的公式.

(7.2.2)式中的 $\varphi(M_0)$ 可以任意选择,因此速度势函数 φ 在不同 $\varphi(M_0)$ 的选取下可以差一常数,但是这并不对流动本质有所影响,因为当我们求流动特征量 $\boldsymbol{v}$ 等量时,常数的差别便消失不见,所得的结果完全一样.

现在讨论速度势函数单值和多值的问题,它和所考虑的区域是单连通区域或多连通区域密切相关. 首先我们回顾一下有关连通、单连通和多连通的概念. 如果区域内任两点都可用区域内一连续曲线连接,则这样的区域称为连通的. 如果区域内任一封闭曲线可以不出边界地连续地收缩到一点,则此连通区域称为**单连通区域**. 例如,球内、外区域,两同心球之间的区域等都是单连通区域. 为了定义多连通区域,必须引进分隔面的概念. 分隔面是这样的曲面,它整个地位于区域内部,而且它和区域边界的交线是一条封闭曲线. 能作一个分隔面而不破坏区域连通性的称为**双连通区域**,能作 $n-1$ 个分隔面而不破坏区域连通性的称为 n 连通区域. 例如,圆环内部区域是双连通区域,因为可以作一个分隔面 ab 而不破坏连通性(图 7.2.1(a)). 又如钻了两个圆孔的矩形板内区域是三连通区域,因为在区域内可以作二个分隔面 $abcd$ 和 $efgh$ 而不破坏区域的连通性(图 7.2.1(b)). 在双连通区域内引进分隔面后,如果将分隔面的两边看作是区域的新边界,则产生了一个新的区域,它因连通度减少一个而变成了单连通区域.

双连通区域在流体力学中经常遇到,因此具有重要意义. 例如圆柱外的流动区域,烟环外的流动区域等都是双连通的. 连通度超过 2 的多连通区域在流

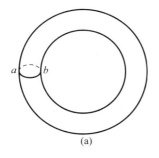 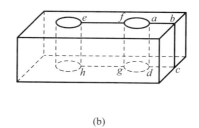

(a)　　　　　　　　　　　　(b)

图 7.2.1

体力学中不多见,而且即便出现,也可以很容易地将双连通区域的结果推广到那里去. 正因为如此,以下讨论主要是针对双连通区域而言的.

从(7.2.2)式可以很清楚地看出, φ 的单值性或多值性取决于线积分 $\displaystyle\int_{M_0}^{M} \boldsymbol{v} \cdot \mathrm{d}\boldsymbol{r}$ 是否和积分路线有关. 若所考虑的流动区域是单连通区域,则在单连通区域内沿任一封闭回线 L 的速度环量皆等于零,即

$$\oint_L \boldsymbol{v} \cdot \mathrm{d}\boldsymbol{r} = 0.$$

据此不难证明线积分 $\displaystyle\int_{M_0}^{M} \boldsymbol{v} \cdot \mathrm{d}\boldsymbol{r}$ 与积分路线无关,而只与起点 M_0 及终点 M 的位置有关. 由此可见,在单连通区域内,速度势函数 φ 是单值函数. 设流动区域是双连通区域, L 是其中一封闭回线. 若 L 能不碰边界地收缩为一点,则显然有

$$\oint_L \boldsymbol{v} \cdot \mathrm{d}\boldsymbol{r} = 0,$$

若 L 不能不碰边界地收缩为一点,则一般说来有

$$\oint_L \boldsymbol{v} \cdot \mathrm{d}\boldsymbol{r} = k_1 \Gamma, \tag{7.2.3}$$

其中 k_1 是封闭回线 L 绕某一点的圈数. Γ 称为环量(Γ 可以等于零,也可以不等于零). 积分(7.2.3)不一定等于零,这可以通过下面一个例子看出,设流动区域内有一个两头展伸至无穷远的孤立涡管,孤立涡管外的流体运动都是无旋的,显然涡管外的无旋区域是双连通区域. 若在双连通区域内围绕涡管作一封闭回线 L ,这个封闭回线 L 一定不能不碰边界地连续地收缩成一点. 沿此 L 作速度环量,根据斯托克斯定理,它显然等于孤立涡管的强度,由此可见

$$\oint_L \boldsymbol{v} \cdot \mathrm{d}\boldsymbol{r} \neq 0,$$

在这个情形下,(7.2.3)式中的 Γ 相当于涡管强度. 这样,在双连通区域内,线积分 $\displaystyle\int_{M_0}^{M} \boldsymbol{v} \cdot \mathrm{d}\boldsymbol{r}$ 与路线有关,因此速度势函数是多值函数,各值之间相差 $k_1 \Gamma$. 由此出发可以讨论更一般多连通区域内速度势的多值性问题.

下面我们证明速度势函数及无旋运动的某些性质.

1）速度势函数在流体内部不能有极大值或极小值.

我们首先证明

$$\int_S \frac{\partial \varphi}{\partial n} \mathrm{d}S = 0, \tag{7.2.4}$$

其中 S 是流体内任一封闭曲面，n 是 S 面的外法线方向. 证明是很容易. 显然，根据奥-高定理有

$$\int_S \frac{\partial \varphi}{\partial n} \mathrm{d}S = \int_\tau \mathrm{div}\ \mathrm{grad}\varphi \mathrm{d}\tau = \int_\tau \Delta\varphi \mathrm{d}\tau,$$

因 φ 满足拉氏方程，故 $\Delta\varphi = 0$. 由此推出(7.2.4)式.

现在利用(7.2.4)式以极大值情况为例证明上述结论. 设速度势 φ 在流体内某点上有极大值，围绕此点作一全部位于流体内的无穷小封闭曲面 S. 考虑 $\int_S \frac{\partial \varphi}{\partial n} \mathrm{d}S$. 因 $\frac{\partial \varphi}{\partial n} < 0$，由此推出

$$\int_S \frac{\partial \varphi}{\partial n} \mathrm{d}S < 0,$$

这显然与(7.2.4)式矛盾. 此矛盾证明上述定理的正确性.

2）速度 $\boldsymbol{v}$ 的大小在流体内不能达到极大值，也就是说速度的极大值位于流动区域的边界上.

设速度大小 V 在流动区域中某点 A 上达到极大值 V_A，现在证明这是不可能的. 取速度 $\boldsymbol{v}$ 的方向为 x 轴的方向，我们有

$$\left(\frac{\partial \varphi}{\partial x}\right)_A = V_A.$$

容易证明 $\partial\varphi/\partial x$ 满足拉普拉斯方程，亦即 $\partial\varphi/\partial x$ 是调和函数. 根据第一个性质 $(\partial\varphi/\partial x)_A$ 不是极大值，亦即在 A 点邻域内一定可以找到这样的点，使得

$$\frac{\partial \varphi}{\partial x} > \left(\frac{\partial \varphi}{\partial x}\right)_A = V_A,$$

由此有

$$\left(\frac{\partial \varphi}{\partial x}\right)^2 > V_A^2,$$

自然更有

$$\left(\frac{\partial \varphi}{\partial x}\right)^2 + \left(\frac{\partial \varphi}{\partial y}\right)^2 + \left(\frac{\partial \varphi}{\partial z}\right)^2 = V^2 > V_A^2,$$

即

$$V > V_A.$$

这显然与 V_A 是极大的假设相矛盾，此矛盾证明速度大小 V 不能在流体内达到

极大值.

上述结论并不适用于极小值. 仿照上述证明方法, 设速度大小 V 在流动区域内某点 A 上达到极小值, 取速度方向为 x 轴, 则虽然我们能证明

$$\frac{\partial \varphi}{\partial x} < V_A, \quad \left(\frac{\partial \varphi}{\partial x}\right)^2 < V_A^2,$$

但不能推出

$$\left(\frac{\partial \varphi}{\partial x}\right)^2 + \left(\frac{\partial \varphi}{\partial y}\right)^2 + \left(\frac{\partial \varphi}{\partial z}\right)^2 = V^2 < V_A^2.$$

事实上在无旋运动的流体内可以有 $V = 0$ 的点, 例如两射流对碰时出现的驻点就是一例.

3）在流体内部压强 p 不能达到极小值.

先证 $\int_S \frac{\partial p}{\partial n} \mathrm{d}S < 0$, 其中 S 是任一完全位于流动区域内的封闭曲面. 根据拉格朗日积分 (7.1.4) 易得

$$\Delta p = -\frac{1}{2} \rho \Delta V^2,$$

于是

$$\int_\tau \Delta p \, \mathrm{d}\tau = \int_S \frac{\partial p}{\partial n} \mathrm{d}S = -\frac{1}{2} \rho \int_\tau \Delta V^2 \, \mathrm{d}\tau, \tag{7.2.5}$$

易证

$$\Delta v_x^2 = 2 v_x \Delta v_x + 2(\nabla v_x)^2 = 2(\nabla v_x)^2.$$

同理

$$\Delta v_y^2 = 2(\nabla v_y)^2, \quad \Delta v_z^2 = 2(\nabla v_z)^2,$$

于是

$$\Delta V^2 = 2\{(\nabla v_x)^2 + (\nabla v_y)^2 + (\nabla v_z)^2\}.$$

将之代入 (7.2.5) 式得

$$\int_S \frac{\partial p}{\partial n} \mathrm{d}S = -\rho \int_\tau [(\nabla v_x)^2 + (\nabla v_y)^2 + (\nabla v_z)^2] \mathrm{d}\tau < 0. \tag{7.2.6}$$

若压强 p 在流体内某点 A 达到极小值, 围绕 A 点作一完全位于流体内部的封闭曲面 S, 则

$$\int_S \frac{\partial p}{\partial n} \mathrm{d}S > 0.$$

这显然与 (7.2.6) 式矛盾, 此矛盾证明压强 p 不可能在流体内部达到极小值, 即压强极小值只可能发生在边界点上.

一般说来, 压强极小点的位置和速度极大点的位置并不重合. 只有当流动定常, 重力可忽略时两者才完全相同.

4) 动能的表达式.

（1）有界单连通区域：

考虑到第一章场论中的基本运算公式（26），动能的表达式为

$$T = \frac{\rho}{2}\int_\tau V^2 d\tau = \frac{\rho}{2}\int_\tau (\nabla\varphi)^2 d\tau$$

$$= \frac{\rho}{2}\int_{S_2} \varphi\frac{\partial\varphi}{\partial n}dS + \frac{\rho}{2}\int_{S_1} \varphi\frac{\partial\varphi}{\partial n}dS,$$

其中 n 是 S_1 与 S_2 的外法线方向. 如果 S_1 取内法线方向，则上式为

$$T = \frac{\rho}{2}\int_{S_2} \varphi\frac{\partial\varphi}{\partial n}dS - \frac{\rho}{2}\int_{S_1} \varphi\frac{\partial\varphi}{\partial n}dS$$

$$= \frac{\rho}{2}\int_{S_2} \varphi v_n dS - \frac{\rho}{2}\int_{S_1} \varphi v_n dS. \tag{7.2.7}$$

容易看到，区域内的动能 T 只依赖于边界上的 φ 及 $\partial\varphi/\partial n$. 若在边界上 $v_n = 0$（固壁）或 $\varphi=$ 常数，则 $T=0, V=0$，即体积 τ 内的动能为零，流体是静止的.

（2）有界双连通区域：

作分隔面 AB，上下两面分别表为 S_3 与 S_4，则 S_1, S_2, S_3, S_4 所围的区域是单连通区域，对它可应用（7.2.7）式，于是我们有

$$T = \frac{\rho}{2}\left(\int_{S_2} \varphi v_n dS - \int_{S_1} \varphi v_n dS + \int_{S_4} \varphi_- \, v_n dS - \int_{S_3} \varphi_+ \, v_n dS\right), \tag{7.2.8}$$

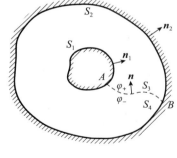

图 7.2.2

其中 S_3 与 S_4 取的法线方向都为 n，如图 7.2.2 所示. 考虑到

$$\varphi_- - \varphi_+ = \oint v \cdot dr = \Gamma,$$

（7.2.8）式可改写为

$$T = \frac{\rho}{2}\left(\int_{S_2} \varphi v_n dS - \int_{S_1} \varphi v_n dS\right.$$

$$\left. + \Gamma\int_{S_3} v_n dS\right). \tag{7.2.9}$$

（3）无界单连通区域或双连通区域：

对于 S_1 外的无界区域，我们仍然可应用（7.2.9）式，只要把 S_2 理解为半径趋于无穷大的球面就行了. 注意 $\Gamma=0$ 就得单连通区域的结果.

5) 若在边界 S 上，无旋运动和有旋运动具有相同的边界条件，则单连通区域内无旋运动的动能小于有旋运动的动能.

设有旋运动的速度矢量为 v，无旋运动的速度矢量为 $\nabla\varphi$，于是有旋运动的动能 T' 和无旋运动的动能 T 之差为

$$T' - T = \frac{\rho}{2}\int_\tau (v \cdot v - \nabla\varphi \cdot \nabla\varphi)d\tau$$

$$= \frac{\rho}{2} \int_\tau (\boldsymbol{v} - \nabla\varphi) \cdot (\boldsymbol{v} - \nabla\varphi) \mathrm{d}\tau + \rho \int_\tau (\boldsymbol{v} - \nabla\varphi) \cdot \nabla\varphi \mathrm{d}\tau.$$

$$(7.2.10)$$

因

$$\nabla \cdot [\varphi(\boldsymbol{v} - \nabla\varphi)] = \varphi \nabla \cdot (\boldsymbol{v} - \nabla\varphi) + (\boldsymbol{v} - \nabla\varphi) \cdot \nabla\varphi,$$

而

$$\nabla \cdot \boldsymbol{v} = 0, \quad \nabla \cdot \nabla\varphi = \Delta\varphi = 0,$$

于是

$$(\boldsymbol{v} - \nabla\varphi) \cdot \nabla\varphi = \nabla \cdot [\varphi(\boldsymbol{v} - \nabla\varphi)].$$

将此式代入(7.2.10)式,并利用奥-高定理得

$$T' - T = \frac{\rho}{2} \int_\tau (\boldsymbol{v} - \nabla\varphi)^2 \mathrm{d}\tau + \rho \int_S \varphi \left(v_n - \frac{\partial\varphi}{\partial n} \right) \mathrm{d}S.$$

因在边界 S 上,无旋运动和有旋运动的边界条件相同,亦即

$$v_n = \frac{\partial\varphi}{\partial n},$$

于是

$$\int_S \varphi \left(v_n - \frac{\partial\varphi}{\partial n} \right) \mathrm{d}S = 0,$$

由此得

$$T' - T = \frac{\rho}{2} \int_\tau (\boldsymbol{v} - \nabla\varphi)^2 \mathrm{d}\tau \geqslant 0.$$

等号只能在 $\boldsymbol{v} = \nabla\varphi$ 的情形下成立,而这是不可能的,因为 $\boldsymbol{v}$ 是有旋运动的速度矢量,它不应等于 $\nabla\varphi$. 由此推出 $T' - T > 0$,即无旋运动的动能 T 小于有旋运动的动能 T'.

*7.3 有界区域的唯一性定理

a) 单连通区域

在以下三种情形下,理想不可压缩流体无旋运动的解 $\nabla\varphi$ 是唯一的:(1)在边界上给定 v_n;(2)在边界上给定 φ;(3)在一部分边界上给定 v_n,在另一部分边界上给定 φ.

证 设存在满足同一边界条件的两组解 $\varphi_1, \boldsymbol{v}_1$ 及 $\varphi_2, \boldsymbol{v}_2$. 作 $\varphi_1 - \varphi_2$ 及 $\boldsymbol{v}_1 - \boldsymbol{v}_2$,对之应用公式(7.2.7),有

$$T = \frac{\rho}{2} \int_\tau |\boldsymbol{v}_1 - \boldsymbol{v}_2|^2 \mathrm{d}\tau$$

$$= \frac{\rho}{2} \left[\int_{S_2} (\varphi_1 - \varphi_2)(v_{n_1} - v_{n_2}) \mathrm{d}S - \int_{S_1} (\varphi_1 - \varphi_2)(v_{n_1} - v_{n_2}) \mathrm{d}S \right].$$

$$(7.3.1)$$

因为这两组解满足同一边界条件,容易看出,在(1),(2),(3)类边界条件下得 $T=0$. 由此推出 $\boldsymbol{v}_1=\boldsymbol{v}_2$,即解是唯一的.

　　b)双连通区域

　　为了考察在双连通区域内,除了(1),(2),(3)类边界条件外,还必须增加什么条件才能保证解是唯一的,让我们应用公式(7.2.9),并遵循处理单连通区域时的同一思路,于是

$$
\begin{aligned}
T &= \frac{\rho}{2}\int_\tau |\,\boldsymbol{v}_1-\boldsymbol{v}_2\,|^2\mathrm{d}\tau\\
&= \frac{\rho}{2}\Big[\int_{S_2}(\varphi_1-\varphi_2)(v_{n_1}-v_{n_2})\mathrm{d}S-\int_{S_1}(\varphi_1-\varphi_2)(v_{n_1}-v_{n_2})\mathrm{d}S\\
&\quad +(\varGamma_1-\varGamma_2)\int_{S_3}(v_{n_1}-v_{n_2})\mathrm{d}S\Big]
\end{aligned}
\tag{7.3.2}
$$

显然,在(1),(2),(3)类边界条件下,如果还给定环量 $\varGamma$ 或给定通过分隔面的流量 $\int_{S_3}v_n\mathrm{d}S$,则解是唯一的. 当然,在具体问题中给定环量 $\varGamma$ 比给定通过分隔面的流量更有实际背景.

*7.4　势函数 φ 在无穷远处的渐近展开式

　　为了研究无界区域的唯一性定理,必须处理半径趋于无穷时大球面上的积分 $\int_{S_2}\varphi v_n\mathrm{d}S$,这就要求我们弄清楚 φ 在无穷远处的渐近展开式及其渐近行为. 本节的目的就是解决这个问题,从而为研究无界区域内唯一性定理做好准备.

　　a)三维情形

　　考虑边界 S_1 外的无界区域,设 $r\to\infty$ 时,$\boldsymbol{v}\to 0$,且区域是单连通的. 欲求 φ 与 $\boldsymbol{v}$ 在无穷远处的渐近展开式及它们在无穷远处的渐近行为.

　　用 S_1 表示内边界,其内法线为 $\boldsymbol{n}_1$. 在流体中任取一点 $P(\boldsymbol{r})$,$\boldsymbol{r}$ 是 P 点的径矢,P 点暂时看作是固定不动的. 以 P 点为球心做一半径 R 充分大的球,使之包括所有内边界,用 S_2 表示球面,其外法线为 $\boldsymbol{n}_2$(参看图7.4.1).

　　应用场论中的基本运算公式(25),即格林第二公式,有

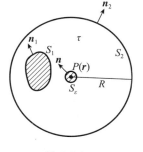

图 7.4.1

$$
\int_\tau(\varphi\Delta\psi-\psi\Delta\varphi)\mathrm{d}\tau=\int_S\Big(\varphi\frac{\partial\psi}{\partial n}-\psi\frac{\partial\varphi}{\partial n}\Big)\mathrm{d}S.
\tag{7.4.1}
$$

由公式要求,φ,ψ 及其空间导数在 $\tau+S$ 上有限、单值、连续. 取欲研究的调和函数为 $\varphi,\psi=1/r_1$,其中 $r_1=|\boldsymbol{r}-\boldsymbol{r}'|$ 是定点 $P(\boldsymbol{r})$ 和积分元所在的动点 $\boldsymbol{r}'$ 之间的

距离,φ 满足所要求的有限、单值、连续的条件. $1/r_1$ 除 P 点外也满足上述条件. 为了能够采用(7.4.1)式,我们必须作半径 R_ε 任意小的球 τ_ε,将 P 点包在其中. 从 τ 中除去体积 τ_ε,并将球面 S_ε 取成内边界的一部分,其内法线为 $\boldsymbol{n}$.

对以 S_1, S_2, S_ε 为界的区域 $\tau - \tau_\varepsilon$ 应用(7.4.1)式,并考虑到

$$\Delta\varphi = 0, \ \Delta\left(\frac{1}{r_1}\right) = 0$$

后,我们有

$$\int_{S_2}\left[\varphi' \nabla'\left(\frac{1}{r_1}\right) - \frac{1}{r_1}\nabla'\varphi'\right] \cdot \boldsymbol{n}_2 \mathrm{d}S - \int_{S_1}\left[\varphi' \nabla'\left(\frac{1}{r_1}\right) - \frac{1}{r_1}\nabla'\varphi'\right] \cdot \boldsymbol{n}_1 \mathrm{d}S$$

$$- \int_{S_\varepsilon}\left[\varphi' \frac{\partial}{\partial r}\left(\frac{1}{r_1}\right) - \frac{1}{r_1}\frac{\partial\varphi'}{\partial r_1}\right]_{r=R_\varepsilon} \mathrm{d}S = 0, \tag{7.4.2}$$

其中 $\varphi' = \varphi(\boldsymbol{r}')$,$\nabla'$ 表示对动点 $\boldsymbol{r}'$ 的导数. 易见

$$-\int_{S_\varepsilon}\left[\varphi' \frac{\partial}{\partial r}\left(\frac{1}{r_1}\right) - \frac{1}{r_1}\frac{\partial\varphi'}{\partial r_1}\right]_{r=R_\varepsilon} \mathrm{d}S = -\int_{S_\varepsilon}\left(-\frac{\varphi'}{r_1^2} - \frac{1}{r_1}\frac{\partial\varphi'}{\partial r_1}\right)_{r=R_\varepsilon} R_\varepsilon^2 \mathrm{d}\Omega$$

$$= 4\pi\varphi(\boldsymbol{r}) + O(R_\varepsilon),$$

这里 $\mathrm{d}\Omega$ 是张在 P 点上的立体角元. 于是

$$\varphi(\boldsymbol{r}) = \frac{1}{4\pi}\int_{S_1}\left[\varphi' \nabla'\left(\frac{1}{r_1}\right) - \frac{1}{r_1}\nabla'\varphi'\right] \cdot \boldsymbol{n}_1 \mathrm{d}S$$

$$- \frac{1}{4\pi}\int_{S_2}\left[\varphi' \nabla'\left(\frac{1}{r_1}\right) - \frac{1}{r_1}\nabla'\varphi'\right] \cdot \boldsymbol{n}_2 \mathrm{d}S$$

$$= I_1 + I_2, \tag{7.4.3}$$

容易得到

$$I_2 = \frac{1}{4\pi R^2}\int_{S_2}\varphi' \mathrm{d}S + \frac{1}{4\pi R}\int_{S_2}\boldsymbol{n}_2 \cdot \nabla'\varphi' \mathrm{d}S. \tag{7.4.4}$$

因流体是不可压缩的,所以

$$\int_{S_2}\boldsymbol{n}_2 \cdot \nabla'\varphi' \mathrm{d}S = \int_{S_1}\boldsymbol{n}_1 \cdot \nabla'\varphi' \mathrm{d}S = Q,$$

其中 Q 是通过内边界 S_1 的体积流量. 其次,引入 φ 在球面 S_2 上的平均值

$$\bar{\varphi}(\boldsymbol{r}, R) = \frac{1}{4\pi R^2}\int_{S_2}\varphi' \mathrm{d}S,$$

则(7.4.4)式可改写为

$$I_2 = \bar{\varphi}(\boldsymbol{r}, R) + \frac{Q}{4\pi R}.$$

现证 I_2 是一个既与 R 无关也与 $\boldsymbol{r}$ 无关的常数. 因

$$\frac{\partial I_2}{\partial R} = \frac{1}{4\pi}\int_{S_2}\left(\frac{\partial\varphi'}{\partial r_1}\right)_{r_1=R}\mathrm{d}\Omega - \frac{Q}{4\pi R^2}$$

$$= \frac{1}{4\pi R^2}\int_{S_2} v_n \, \mathrm{d}S - \frac{Q}{4\pi R^2} = \frac{Q}{4\pi R^2} - \frac{Q}{4\pi R^2} = 0,$$

故 I_2 与 R 无关. 同样地, 我们作 $\partial I_2/\partial x_i$, 并证明它等于零. $\partial I_2/\partial x_i$ 的意思是 R 不变, 微分 x_i, 于是

$$\frac{\partial I_2}{\partial x_i} = \frac{\partial \bar{\varphi}(r, R)}{\partial x_i} = \frac{1}{4\pi R^2} \frac{\partial}{\partial x_i} \int_{S_2} \varphi' \, \mathrm{d}S. \tag{7.4.5}$$

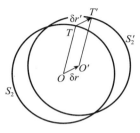

图 7.4.2

$\int_{S_2} \varphi' \, \mathrm{d}S$ 是以 O 点为球心的球面 S_2 上 φ' 的积分. 当 R 不变, 原点的坐标 r 改变时, 球心移动 δr 的距离到达 O' 点, 球面变为 S_2' (如图 7.4.2 所示), 但因 R 一样, 所以 $\mathrm{d}S = \mathrm{d}S'$. 容易看到, 当 O 移动 δr 到达 O' 点时, 球面上任一点 T 也移动 $\delta r'$ 到达 T' 点, 而且

$$\delta r' = \delta r \quad (\delta x_i' = \delta x_i).$$

考虑到这些 (7.4.5) 式可写为

$$\frac{\partial I_2}{\partial x_i} = \frac{1}{4\pi R^2}\left[\int_{S_2}\frac{\partial}{\partial x_i}\varphi' \, \mathrm{d}S + \int_{S_2}\varphi' \frac{\partial}{\partial x_i}(\mathrm{d}S)\right]$$

$$= \frac{1}{4\pi R^2}\int_{S_2}\frac{\partial \varphi'}{\partial x_i}\mathrm{d}S = \frac{1}{4\pi R^2}\int_{S_2} v_i \, \mathrm{d}S = \frac{1}{4\pi}\int_{S_2} v_i \, \mathrm{d}\Omega.$$

根据假设当 $R \to \infty$ 时 $v_i \to 0$. 于是当大球半径趋于无穷时

$$\int_{S_2} v_i \, \mathrm{d}\Omega = 0.$$

由此我们得到 $\partial I_2/\partial x_i = 0$, 即 I_2 与 r 无关. 到此我们证明了 I_2 是一个与 R, r 都无关的常数, 用 D 表示此常数. 考虑到 $I_2 = D$ 以及 $\nabla'(1/r_1) = -\nabla(1/r_1)$ 的事实, (7.4.3) 式可写成

$$\varphi(r) = D - \frac{1}{4\pi}\int_{S_1}\left[\varphi'\nabla\left(\frac{1}{r_1}\right) + \frac{1}{r_1}\nabla'\varphi'\right] \cdot n_1 \, \mathrm{d}S. \tag{7.4.6}$$

(7.4.6) 式表明, 无界区域内的 φ 可通过边界 S_1 上的 φ 与 $\partial\varphi/\partial n$ 值和一个常数表示出来, 现利用 (7.4.6) 式求出 φ 以 $1/r$ 展开的幂级数. 将

$$\frac{1}{r_1} = |r - r'|^{-1}$$

看成是 r' 的函数, 在 x_i 点上展开成 r' 的泰勒级数, 有

$$\frac{1}{r_1} = \frac{1}{r} - x_i'\frac{\partial}{\partial x_i}\left(\frac{1}{r}\right) + \frac{1}{2}x_i'x_j'\frac{\partial^2}{\partial x_i\partial x_j}\left(\frac{1}{r}\right) + \cdots, \tag{7.4.7}$$

其中 $r = |r|$. 将 (7.4.7) 式代入 (7.4.6) 式, 逐项积分后得

$$\varphi(r) = D + \frac{C}{r} + C_i\frac{\partial}{\partial x_i}\left(\frac{1}{r}\right) + C_{ij}\frac{\partial^2}{\partial x_i\partial x_j}\left(\frac{1}{r}\right) + \cdots, \tag{7.4.8}$$

其中

$$\begin{cases} C = -\dfrac{1}{4\pi}\displaystyle\int_{S_1} \boldsymbol{n}\cdot\nabla\varphi\,\mathrm{d}S = -\dfrac{Q}{4\pi}, \\[2mm] C_i = \dfrac{1}{4\pi}\displaystyle\int_{S_1}(x_i\boldsymbol{n}\cdot\nabla\varphi - n_i\varphi)\,\mathrm{d}S, \\[2mm] C_{ij} = \dfrac{1}{4\pi}\displaystyle\int_{S_1}\left(-\dfrac{1}{2}x_ix_j\boldsymbol{n}\cdot\nabla\varphi + x_in_j\varphi\right)\mathrm{d}S. \end{cases} \qquad (7.4.9)$$

积分在内边界 S_1 上进行,符号"'"现在是多余的,故省去不写.

(7.4.8)式是很有用的级数展开式. 由于 $1/r$ 及其各阶空间导数都是拉普拉斯方程的基本解,它们的流体力学意义是原点处的点源及各阶偶极子,所以 φ 的级数展开式(7.4.8)可以看成是点源和各阶偶极子的线性组合. 当流体静止时,$\varphi=$ 常数 $=D$. 当一物体在静止流体中运动时,它对流体的扰动相当于在坐标原点放置适当强度的点源及各阶偶极子(参看 7.23 节). 从(7.4.8)式可以看出,当 $r\to\infty$ 时,速度以 $1/r^2$ 的量阶趋于零. 特别地,如果物体由固壁组成,则显然有

$$Q = \int_{S_1}\boldsymbol{n}\cdot\nabla\varphi\,\mathrm{d}S = 0,$$

于是速度在无穷远处以更高的阶次 $1/r^3$ 趋于零.

无论从(7.4.6)式或(7.4.8)式都可看出,当 $r\to\infty$ 时

$$\varphi(\boldsymbol{r}) \to D. \qquad (7.4.10)$$

附注 (7.4.8)式是区域 S_1 外 φ_1 的展开式. 为了得出区域 S_1 内 φ_1 的展开式,我们考虑与基本解 $\dfrac{1}{r},\dfrac{\partial}{\partial x_i}\left(\dfrac{1}{r}\right),\dfrac{\partial^2}{\partial x_i\partial x_j}\left(\dfrac{1}{r}\right),\cdots$(亦称 $-1,-2,-3$ 阶球谐函数)对应的区域 S_1 内的 $\Delta\varphi=0$ 的基本解. 为此引进整数阶面谐函数,它的定义为

$$H_n = r^{n+1}\frac{\partial^n}{\partial x_i\partial x_j\cdots}\left(\frac{1}{r}\right) \quad (n=0,1,2\cdots), \qquad (7.4.11)$$

它只和径矢 $\boldsymbol{r}$ 的方向有关,而与其大小无关,于是

$$\frac{\partial H_n}{\partial r} = 0.$$

利用球面坐标系中拉氏方程的表达式(1.11.29)及 $\partial H_n/\partial r=0$ 和 $r^{-n-1}H_n$ 是基本解的事实,不难证明

$$\varphi(\boldsymbol{r}) = r^n H_n \qquad (7.4.12)$$

是区域 S_1 内无奇性的基本解. 利用它们可以得出 φ 在区域 S_1 中的展开式.

b)平面情形

考虑边界 S_1 外的无界区域. 设 $r\to\infty$ 时,$\boldsymbol{v}\to 0$. 现在 φ 可以是单值函数,也可以是多值函数(因区域是双连通的). 下面考虑 φ 是单值函数的情形,将单值

时的结果略加修改就可以得到多值时的结果. 平面情形下 φ 在无穷远处的渐近展开式的推导过程几乎和三维情形完全平行, 不同的是现在 ψ 应取基本解 $\ln r_1$, 球要用圆代替. 为了避免烦琐, 我们只写出推导过程中的主要步骤. 对 φ 及 $\psi = \ln r_1$ 运用(7.4.1)式后得

$$\int_{S_2} (\varphi' \, \nabla' \ln r_1 - \ln r_1 \, \nabla' \varphi') \cdot \boldsymbol{n}_2 \, \mathrm{d}S$$

$$- \int_{S_1} (\varphi' \, \nabla' \ln r_1 - \ln r_1 \, \nabla' \varphi') \cdot \boldsymbol{n}_1 \, \mathrm{d}S$$

$$- \int_{S_\varepsilon} \left[\varphi' \, \frac{\partial}{\partial r} \ln r_1 - \ln r_1 \, \frac{\partial \varphi'}{\partial r} \right]_{r=R_\varepsilon} R_\varepsilon \, \mathrm{d}\theta = 0,$$

即

$$\varphi(\boldsymbol{r}) = \frac{1}{2\pi} \int_{S_2} (\varphi' \, \nabla' \ln r_1 - \ln r_1 \, \nabla' \varphi') \cdot \boldsymbol{n}_2 \, \mathrm{d}S$$

$$- \frac{1}{2\pi} \int_{S_1} (\varphi' \, \nabla' \ln r_1 - \ln r_1 \, \nabla' \varphi') \cdot \boldsymbol{n}_1 \, \mathrm{d}S$$

$$= I_2 + I_1. \tag{7.4.13}$$

显然

$$I_2 = \bar{\varphi}(\boldsymbol{r}, R) - \frac{Q}{2\pi} \ln R,$$

其中

$$Q = \int_{S_2} \boldsymbol{n}_2 \cdot \nabla' \varphi' \, \mathrm{d}S = \int_{S_1} \boldsymbol{n}_1 \cdot \nabla' \varphi' \, \mathrm{d}S,$$

$$\bar{\varphi} = \frac{1}{2\pi R} \int_{S_2} \varphi' \, \mathrm{d}S.$$

易证

$$\frac{\partial I_2}{\partial R} = \frac{1}{2\pi} \int_{S_2} \left(\frac{\partial \varphi'}{\partial r} \right)_{r=R} \mathrm{d}\theta - \frac{Q}{2\pi R} = \frac{Q}{2\pi R} - \frac{Q}{2\pi R} = 0,$$

$$\frac{\partial I_2}{\partial x_i} = \frac{\partial \bar{\varphi}}{\partial x_i} = \frac{1}{2\pi R} \int_{S_2} \frac{\partial \varphi'}{\partial x_i} \mathrm{d}S = \frac{1}{2\pi R} \int_{S_2} v_i \, \mathrm{d}S = 0.$$

于是 I_2 是一个与 R 及 $\boldsymbol{r}$ 都无关的常数, 以 D 表之. 现在(7.4.13)式取下列形式:

$$\varphi(\boldsymbol{r}) = D + \frac{1}{2\pi} \int_{S_1} (\varphi' \, \nabla \ln r_1 + \ln r_1 \, \nabla' \varphi') \cdot \boldsymbol{n}_1 \, \mathrm{d}S. \tag{7.4.14}$$

将 $\ln r_1$ 在 x_i 点上展开成 $\boldsymbol{r}'$ 的泰勒级数, 有

$$\ln r_1 = \ln r - x'_i \frac{\partial}{\partial x_i} \ln r + \frac{1}{2} x'_i x'_j \frac{\partial^2}{\partial x_i \partial x_j} \ln r + \cdots, \tag{7.4.15}$$

代入(7.4.14)式, 并逐项积分后得

$$\varphi(\boldsymbol{r}) = D + C \ln r + C_i \frac{\partial}{\partial x_i} \ln r + C_{ij} \frac{\partial^2}{\partial x_i \partial x_j} \ln r + \cdots, \tag{7.4.16}$$

其中

$$
\begin{cases}
C = \dfrac{1}{2\pi} \displaystyle\int_{S_1} \boldsymbol{n} \cdot \nabla\varphi \, dS = \dfrac{Q}{2\pi}, \\[2mm]
C_i = \dfrac{1}{2\pi} \displaystyle\int_{S_1} (-x_i \boldsymbol{n} \cdot \nabla\varphi + n_i \varphi) \, dS, \\[2mm]
C_{ij} = \dfrac{1}{2\pi} \displaystyle\int_{S_1} \left(\dfrac{1}{2} x_i x_j \boldsymbol{n} \cdot \nabla\varphi - x_i n_j \varphi \right) dS,
\end{cases}
\tag{7.4.17}
$$

积分在内边界 S_1 上进行. 符号"'"现在已多余, 省去不写.

现在圆周谐函数

$$
\ln r, \quad \frac{\partial}{\partial x_i}(\ln r), \quad \frac{\partial^2}{\partial x_i \partial x_j}(\ln r), \quad \cdots
$$

完全代替了三维情形的球谐函数, 它们都是二维拉氏方程线性无关的基本解, 其流体力学意义是平面运动的点源和各阶偶极子(参看 7.9 节). (7.4.16)式表明, 物体在静止流体中运动时, 它对流体产生的扰动势相当于在坐标原点放置适当强度的点源及各阶偶极子的组合. 当 $r \to \infty$ 时, 速度以 $1/r$ 的量阶趋于零; 当物体由固壁组成时 $Q = 0$, 于是速度在无穷远处以 $1/r^2$ 的量阶趋于零.

无论从(7.4.14)式或(7.4.16)式都可看出, 当 $r \to \infty$ 时

$$
\varphi(\boldsymbol{r}) - C\ln r \to D
$$

这和三维情形不一样, φ 在无穷远处并不趋于常数, 而是以 $\ln r$ 的阶次增长. 这是因为三维情形的点源项 $Q/(4\pi r)$ 当 $r \to \infty$ 时趋于零. 与此相反, 平面情形下的点源项 $(Q/2\pi)\ln r$ 随着 r 的增长并不减少, 而是以 $\ln r$ 的阶次增长.

附注

$$
H_n = r^n \frac{\partial^n}{\partial x_i \partial x_j \cdots} \ln r
$$

只依赖于径矢 r 的方向而与其大小无关. 根据这个性质及 $r^{-n} H_n$ 是基本解的事实, 从极坐标系中的拉普拉斯方程出发易证 $r^n H_n$ 也是基本解. 由此可组成区域 S 内的展开式.

＊7.5 无界区域的唯一性定理

a) 三维情形

利用(7.4.10)及(7.2.7)式可以建立 $\nabla\varphi$ 的唯一性定理. 取半径趋于无穷大的球面 S_2, 写出(7.2.7)式, 并利用(7.4.10)式后, 有

$$T = \frac{\rho}{2} \int_{\tau} \boldsymbol{v} \cdot \boldsymbol{v} \mathrm{d}\tau$$

$$= \frac{\rho}{2} \left(\lim_{R \to \infty} \int_{S_2} \varphi v_n \mathrm{d}S - \int_{S_1} \varphi v_n \mathrm{d}S \right)$$

$$= \frac{\rho}{2} \left(DQ - \int_{S_1} \varphi v_n \mathrm{d}S \right). \tag{7.5.1}$$

设有两组解 $\varphi_1, \boldsymbol{v}_1, D_1, Q_1$ 及 $\varphi_2, \boldsymbol{v}_2, D_2, Q_2$. 对两组解的差应用(7.5.1)式得

$$\int_{\tau} (\boldsymbol{v}_1 - \boldsymbol{v}_2) \cdot (\boldsymbol{v}_1 - \boldsymbol{v}_2) \mathrm{d}\tau$$

$$= (D_1 - D_2)(Q_1 - Q_2) - \int_{S_1} (\varphi_1 - \varphi_2)(v_{n_1} - v_{n_2}) \mathrm{d}S. \tag{7.5.2}$$

如果两组解满足同一边界条件 $v_{n_1} = v_{n_2}$ (或 $\varphi_1 = \varphi_2$),并且具有同一流量值 $Q_1 = Q_2$ (或同一常数值 $D_1 = D_2$),则(7.5.2)式左边为零,由此推出

$$\boldsymbol{v}_1 = \boldsymbol{v}_2,$$

即解是唯一的. 这样我们证明了如下三维无界区域情形的唯一性定理.

在下列条件下方程 $\Delta\varphi = 0$ 的解对应的三维无旋运动是唯一的:(1)在边界 S_1 上给定 v_n 或 φ(或在部分边界上给定 v_n,其余边界上给定 φ);(2)给定 Q 或 D;(3)φ 是单值的.

推论   一个三维物体在原来静止的流体中运动. 由于 $Q = 0$,物体上 v_n 是已知的,于是根据上述唯一性定理,理想不可压缩流体无旋运动是唯一的.

b)二维情形

1)φ 是单值函数情形:

方程 $\Delta\varphi = 0$ 的解对应的平面无旋运动在下述条件下是唯一的:(1)在边界 S_1 上给定 v_n 或 φ(或在部分边界上给定 v_n,其余边界上给定 φ);(2)给定 Q.

证   为了建立二维情形下 $\nabla\varphi$ 的唯一性定理,我们应对函数 $\varphi - \frac{Q}{2\pi}\ln r$ 而不是 φ 重复三维情形的推导过程,因为当 $r \to \infty$ 时 φ 是以 $\ln r$ 的阶次趋于无穷大,而 $\varphi - \frac{Q}{2\pi}\ln r$ 则是趋于常数 D 的. 容易看出,$\varphi - \frac{Q}{2\pi}\ln r$ 满足拉氏方程,而且由于 φ 满足条件(1)与(2),所以 $\varphi - \frac{Q}{2\pi}\ln r$ 也满足条件(1)与(2). 重复三维情形的推导过程,我们可证

$$\nabla\left(\varphi - \frac{Q}{2\pi}\ln r \right)$$

是唯一确定的. 因 $\frac{Q}{2\pi}\nabla\ln r$ 是唯一的,由此推出 $\nabla\varphi$ 唯一确定.

2)φ 是多值函数情形(双连通区域):

除条件(1)与(2)外再加上给定环量 Γ,解 $\nabla\varphi$ 就是唯一的,证明过程同7.3节的 b)中所述.

现构造双连通区域内多值函数 φ 的展开式. 取物体内某点为原点,θ 是极角,则易证 $\Gamma\theta/(2\pi)$ 是调和函数,且环量为 Γ. 因 φ 的环量亦为 Γ,于是

$$\varphi(\boldsymbol{r}) - \frac{\Gamma}{2\pi}\theta$$

是单值函数. 展开式(7.4.16)对它成立. 由此我们得

$$\varphi(\boldsymbol{r}) = D + \frac{\Gamma}{2\pi}\theta + \frac{Q}{2\pi}\ln r + C_i\frac{\partial}{\partial x_i}\ln r + C_{ij}\frac{\partial^2}{\partial x_i \partial x_j}\ln r + \cdots, \quad (7.5.3)$$

其中

$$\begin{cases} C_i = \dfrac{1}{2\pi}\displaystyle\int_{S_1}\left[-x_i\boldsymbol{n}\cdot\nabla\left(\varphi - \dfrac{\Gamma}{2\pi}\theta\right) + n_i\left(\varphi - \dfrac{\Gamma}{2\pi}\theta\right)\right]\mathrm{d}S, \\[3mm] C_{ij} = \dfrac{1}{2\pi}\displaystyle\int_{S_1}\left[\dfrac{1}{2}x_i x_j\boldsymbol{n}\cdot\nabla\left(\varphi - \dfrac{\Gamma}{2\pi}\theta\right) - x_i n_j\left(\varphi - \dfrac{\Gamma}{2\pi}\theta\right)\right]\mathrm{d}S. \end{cases} \quad (7.5.4)$$

推论 一个二维物体在原来静止的流体中运动,只要 Γ 给定,它的 $\nabla\varphi$ 是唯一确定的($Q=0$,v_n 已知).

(B) 理想不可压缩流体平面定常无旋运动

7.6 平面运动及其流函数

在工程实践中常会碰到这样的物体,它的一个方向的尺度比另外两个方向的尺度大得多. 比如我们常见的烟囱与电线杆;又如有的铁路桥桥墩有十五六层楼那么高,高度比横向尺寸大得多;低速飞机机翼的长度与宽度之比,即展弦比可达到 8 左右. 虽然这些物体一般都有一定的锥度或尖削比(机翼根部和翼尖处宽度不同),但是都比较小,所以可以近似地看作横截面形状不变的柱体. 我们取如图7.6.1所示的坐标系,与母线垂直的某平面(横截面)取作 Oxy 平面,z 轴与母线平行. 对于这样物体的绕流问题,如来流是均匀的,并且和 z 轴垂直. 那么除了柱体两端附近的区域以外,在柱体周围的大部分区域,流体在柱体母线方向只有微弱的流动,即 z 轴方向的速度分量 w 很小,沿这个方向,其他物理量如压力、密度等也只有很小的变化. 这样我们可以近似地认为:

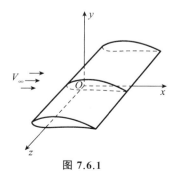

图 7.6.1

1) 流体运动只在与 Oxy 平面平行的平面内进

行,即

$$w = 0;\tag{7.6.1}$$

2) 在与 Oz 轴平行的直线上所有物理量都相等,即它们对 z 的偏导数为零

$$\frac{\partial}{\partial z} = 0.\tag{7.6.2}$$

如果这两条满足,就可得如下结论:垂直于 Oz 轴的各平面上的流体运动完全一样,我们只要考虑其中任一平面上的流体运动就可以了,通常取 Oxy 平面为这样的平面. 显然,这一平面上的运动分析清楚了,则整个柱体(两端附近除外)的绕流问题也就解决了. 但是必须指出,以后我们谈到 Oxy 平面上某一条曲线时,实际上它代表的是以该曲线为底,以高度为 1 的垂线为母线的柱面. 通过该曲线的流量实际上是通过上述柱面的流量. 满足 1) 与 2) 两条性质的流体运动称为平面运动. 当然,平面运动的理论严格说来只对无限长柱体,且毫无锥度与尖削比的情况才完全适用. 对一般的细长柱体,平面运动所得的结果只能是近似值,柱体越细长,所得的结果与实际越接近(两端附近除外).

根据性质 1) 与 2),平面运动的速度矢量 $\boldsymbol{v}$ 只有两个分量 u 与 v,而且所有的物理量都只是 x,y 的函数,和空间运动相比,数学上显然有了相当的简化.

平面流动的计算方法在工程实际中得到广泛的应用. 例如低速机翼表面的压力分布,升阻力的理论计算和实验研究就是采用平面流动近似模型. 所得结果经过一定修正就可在设计中应用.

研究平面运动还具有重要的理论意义. 通过这样的研究可以对流动的性质有更多的了解,并积累处理问题的方法. 所有这些都是解决更复杂流动问题所必需的.

现在我们研究平面无旋运动. 在平面运动中,涡量 $\boldsymbol{\Omega}$ 的三个分量为

$$\Omega_x = \frac{\partial w}{\partial y} - \frac{\partial v}{\partial z} = 0,$$

$$\Omega_y = \frac{\partial u}{\partial z} - \frac{\partial w}{\partial x} = 0,$$

$$\Omega_z = \frac{\partial v}{\partial x} - \frac{\partial u}{\partial y}.$$

可见 $\boldsymbol{\Omega}$ 只有 z 方向的分量 Ω_z. 今运动是无旋的,此时

$$\Omega_z = \frac{\partial v}{\partial x} - \frac{\partial u}{\partial y} = 0,\tag{7.6.3}$$

由此推出存在着速度势函数 $\varphi(x,y,t)$,使得

$$u = \frac{\partial \varphi}{\partial x}, \quad v = \frac{\partial \varphi}{\partial y}.\tag{7.6.4}$$

(7.6.4)式建立了速度势 φ 和速度分量 u,v 之间的关系. 设 φ 已知,按(7.6.4)式

可求得 u,v. 反之,若 u,v 已知,则 φ 由下式定出

$$\varphi(M) = \varphi(M_0) + \int_{M_0}^M u\,\mathrm{d}x + v\,\mathrm{d}y. \tag{7.6.5}$$

速度势函数具有下列性质:

1) 速度势函数可允许相差一任意常数,而不影响流体的运动;

2) $\varphi(x,y) =$ 常数是等势线,它的法线方向和速度矢量的方向重合;

3) 沿曲线 M_0M 的速度环量等于 M 点上 φ 值和 M_0 点上 φ 值之差,即

$$\overline{\Gamma} = \int_{M_0}^M u\,\mathrm{d}x + v\,\mathrm{d}y = \varphi(M) - \varphi(M_0). \tag{7.6.6}$$

4) 若我们所考虑的区域是单连通区域,则由于封闭回线的速度环量

$$\Gamma = \oint \boldsymbol{v} \cdot \mathrm{d}\boldsymbol{r} = 0,$$

因此速度势函数将是单值函数. 若我们所考虑的区域是双连通区域,则速度环量 Γ 可以不等于零,因此 φ 可以是多值函数,它们之间的关系是

$$\varphi(M) = \varphi(M_0) + k_1\Gamma + \overline{\Gamma}, \tag{7.6.7}$$

其中 k_1 是封闭回线的圈数.

在平面运动时,不可压缩流体的连续性方程为

$$\frac{\partial u}{\partial x} + \frac{\partial v}{\partial y} = 0, \tag{7.6.8}$$

将(7.6.4)式代入(7.6.8)式,得

$$\frac{\partial^2 \varphi}{\partial x^2} + \frac{\partial^2 \varphi}{\partial y^2} = 0, \tag{7.6.9}$$

此式表明速度势 φ 满足二维情形下的拉氏方程.

下面我们引进一个在流体力学中占有重要地位的新函数. 根据连续性方程(7.6.8)

$$\frac{\partial u}{\partial x} + \frac{\partial v}{\partial y} = 0$$

可推出,存在着函数 $\psi(x,y,t)$,使得

$$u = \frac{\partial \psi}{\partial y}, \quad v = -\frac{\partial \psi}{\partial x}, \tag{7.6.10}$$

ψ 称为 **流函数**. (7.6.10)式建立了流函数和 u,v 之间的关系. 设 ψ 已知,由 (7.6.10)式可求出 u,v. 反之,若 u,v 已知,则由

$$\psi(M) - \psi(M_0) = \int_{M_0}^M \mathrm{d}\psi = \int_{M_0}^M \frac{\partial \psi}{\partial x}\mathrm{d}x + \frac{\partial \psi}{\partial y}\mathrm{d}y$$

$$= \int_{M_0}^M -v\,\mathrm{d}x + u\,\mathrm{d}y$$

或

$$\psi(M) = \psi(M_0) + \int_{M_0}^{M} -v\,\mathrm{d}x + u\,\mathrm{d}y \qquad (7.6.11)$$

可求出流函数 ψ.

流函数 ψ 具有下列性质：

1）ψ 可以差一任意常数，而不影响流体的运动.

2）$\psi(x,y)=$ 常数是流线，亦即它的切线方向与速度矢量的方向重合.

现证明之. 确定流线的方程为

$$\frac{\mathrm{d}x}{u} = \frac{\mathrm{d}y}{v}$$

或

$$-v\,\mathrm{d}x + u\,\mathrm{d}y = 0,$$

将(7.6.10)式代入上式，得

$$\frac{\partial \psi}{\partial x}\mathrm{d}x + \frac{\partial \psi}{\partial y}\mathrm{d}y = 0,$$

即

$$\mathrm{d}\psi = 0.$$

积分之，得

$$\psi(x,y) = 常数,$$

这说明 $\psi(x,y)=$ 常数是流线. 不同常数对应于不同的流线. 由于函数 ψ 与流线之间有这样的关系，故称 ψ 为流函数.

3）通过曲线 M_0M 的流量等于 M 点和 M_0 点上流函数之差，以公式表示为

$$Q = \psi(M) - \psi(M_0), \qquad (7.6.12)$$

其中 Q 为通过 M_0M 的流量.

现证明之. 根据流量的定义

$$Q = \int_{M_0}^{M} v_n\,\mathrm{d}s = \int_{M_0}^{M} \left[u\cos(\boldsymbol{n},\boldsymbol{i}) + v\cos(\boldsymbol{n},\boldsymbol{j}) \right]\mathrm{d}s,$$

容易看出（参看图 7.6.2）

$$\begin{cases} \cos(\boldsymbol{n},\boldsymbol{i})\mathrm{d}s = \mathrm{d}y, \\ \cos(\boldsymbol{n},\boldsymbol{j})\mathrm{d}s = -\mathrm{d}x. \end{cases} \qquad (7.6.13)$$

代入上式得

$$Q = \int_{M_0}^{M} -v\,\mathrm{d}x + u\,\mathrm{d}y.$$

考虑到(7.6.11)式，我们有

$$Q = \psi(M) - \psi(M_0),$$

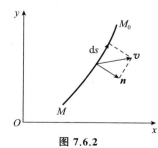

图 7.6.2

即得证明.

4) 在单连通区域内若不存在源汇,则由

$$Q = \oint v_n \, ds = 0$$

推出,流函数 ψ 是单值函数. 若单连通区域内有源汇或在双连通区域内,则一般说来

$$Q = \oint v_n \, ds \neq 0.$$

由此推出,流函数 ψ 一般说来是多值函数,且各值之间的关系为

$$\psi(M) = \psi(M_0) + k_1 Q + \overline{\Gamma}, \tag{7.6.14}$$

其中 k_1 是封闭回线的圈数.

上面我们在导出流函数时,只假定流体是不可压缩的,运动是平面的,此外没有任何其他限制,因此流函数可以存在于黏性、有旋、非定常等情形. 流函数的存在在数学上带来某些简化,因为我们可以用一个函数 ψ 来代替两个速度分量 u 和 v,从而减少未知函数的个数. 由于这个原因,流函数在流体力学中有着广泛的应用.

下面我们讨论无旋运动情形,此时

$$\Omega_z = \frac{\partial v}{\partial x} - \frac{\partial u}{\partial y} = 0,$$

将(7.6.10)式代入上式,得

$$\frac{\partial^2 \psi}{\partial x^2} + \frac{\partial^2 \psi}{\partial y^2} = 0. \tag{7.6.15}$$

我们看到,在平面无旋问题中,流函数 ψ 也满足拉氏方程.

7.7 复位势及复速度

由(7.6.4)式及(7.6.10)式,我们得到

$$\begin{cases} \dfrac{\partial \varphi}{\partial x} = \dfrac{\partial \psi}{\partial y}, \\ \dfrac{\partial \varphi}{\partial y} = -\dfrac{\partial \psi}{\partial x}. \end{cases} \tag{7.7.1}$$

这是联系 φ 和 ψ 的关系式,称为**柯西-黎曼**(Cauchy-Riemann)**条件**. 流函数和速度势函数中有一个已知,另一个就可以从(7.7.1)式求出. 从(7.7.1)式很容易证明流线和等势线正交,这是因为

$$\mathrm{grad}\,\varphi \cdot \mathrm{grad}\,\psi = \frac{\partial \varphi}{\partial x}\frac{\partial \psi}{\partial x} + \frac{\partial \varphi}{\partial y}\frac{\partial \psi}{\partial y} = 0,$$

此式表明等势线 $\varphi=$ 常数和流线 $\psi=$ 常数正交.

　　作复函数

$$w(z)=\varphi+\mathrm{i}\psi,\qquad\qquad(7.7.2)$$

它的实部是速度势函数 φ,虚部是流函数. 由于 φ 和 ψ 之间存在着柯西-黎曼条件(7.7.1),因此根据复变函数理论推出 $w(z)$ 是解析函数. 由(7.7.2)式确定的解析函数 $w(z)$ 称为**复位势**. 现在我们建立复位势 $w(z)$ 和速度矢量的关系. 作复位势的导数

$$\frac{\mathrm{d}w}{\mathrm{d}z}=\frac{\partial\varphi}{\partial x}+\mathrm{i}\frac{\partial\psi}{\partial x}=u-\mathrm{i}v,\qquad\qquad(7.7.3)$$

引进复速度

$$V=u+\mathrm{i}v=|\,V\,|\,\mathrm{e}^{\mathrm{i}\theta}$$

的概念,其中 θ 是复速度的辐角,则 $u-\mathrm{i}v$ 是复速度的共轭,以 $\bar{V}$ 表示,称为**共轭复速度**(参看图 7.7.1). 现在(7.7.3)式可写成

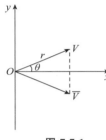

图 7.7.1

$$\frac{\mathrm{d}w}{\mathrm{d}z}=\bar{V}=|\,V\,|\,\mathrm{e}^{-\mathrm{i}\theta}.\qquad\qquad(7.7.4)$$

根据速度的物理意义,它是单值函数,因此复位势的导数 $\mathrm{d}w/\mathrm{d}z$ 亦是单值函数. (7.7.4)式建立了复位势和复速度之间的关系. 若已知 $w(z)$,则按(7.7.4)式可求出共轭复速度. 反之,若已知 $\bar{V}$,则

$$w(z)=w(z_0)+\int_{z_0}^{z}\bar{V}\mathrm{d}z$$

给出确定 $w(z)$ 的公式.下面讨论复位势的几个性质.

　　1) $w(z)$ 可以差一任意常数而不影响流体运动.

　　2) $w(z)=$ 常数等价于 $\varphi(x,y)=$ 常数,$\psi(x,y)=$ 常数. 它们分别代表等势线及流线,而且等势线和流线正交.

　　3) $\Gamma+\mathrm{i}Q=\oint_{C}\mathrm{d}\varphi+\mathrm{i}\mathrm{d}\psi=\oint_{C}\mathrm{d}w=\oint_{C}\frac{\mathrm{d}w}{\mathrm{d}z}\mathrm{d}z$. 由此可见共轭复速度沿封闭回线 C 的积分,其实部为沿该封闭回线的速度环量,而虚部则为通过封闭回线 C 的流量.

　　4) 在无源无涡的单连通区域内,$w(z)$ 是单值函数. 在双连通区域内或有源(或涡)的单连通区域内,$w(z)$ 一般说来是多值函数.

7.8　理想不可压缩流体平面定常无旋运动问题的数学提法

　　平面定常无旋运动问题的数学提法共有三种,现以绕流问题为例分别说明之.

给定一平面物体 C. 设无穷远处有一速度为 V_∞ 的均匀来流不分离地流过此物体（如图 7.8.1），求此绕流问题的解.

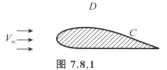

图 7.8.1

现在对于这个问题写出数学提法：

1）以速度势函数 φ 为未知函数.

寻找物体 C 外无界区域内的速度势函数 φ，它满足拉氏方程

$$\frac{\partial^2 \varphi}{\partial x^2} + \frac{\partial^2 \varphi}{\partial y^2} = 0$$

及下列两个边界条件：

（1）在物体 C 上 $\dfrac{\partial \varphi}{\partial n} = 0$；

（2）在无穷远处 $\dfrac{\partial \varphi}{\partial x} = u_\infty$，$\dfrac{\partial \varphi}{\partial y} = v_\infty$，其中 u_∞，v_∞ 是无穷远处速度的两个分量.

2）以流函数 ψ 为未知函数.

求 C 外无界区域内的流函数 ψ，它满足拉氏方程

$$\frac{\partial^2 \psi}{\partial x^2} + \frac{\partial^2 \psi}{\partial y^2} = 0$$

及下列边界条件：

（1）在物体 C 上 $\psi =$ 常数；

（2）在无穷远处 $\dfrac{\partial \psi}{\partial y} = u_\infty$，$\dfrac{\partial \psi}{\partial x} = -v_\infty$.

3）以复位势 $w(z)$ 为未知函数.

求 C 外无界区域 D 内的解析函数 $w(z)$，它在 $D+C$ 上连续且满足：

（1）在 C 上 $\operatorname{Im} w(z) = \psi =$ 常数；

（2）在无穷远处 $\dfrac{\mathrm{d}w}{\mathrm{d}z} = \bar{V}_\infty$，其中 $\bar{V}_\infty$ 是无穷远处的共轭复速度.

在上述三种数学提法中，第一种与第二种属于数理方程中解偏微分方程的范畴，第一种是拉氏方程的**诺伊曼（Neumann）问题**，第二种是拉氏方程的**狄利克雷（Dirichlet）问题**；第三种则属于复变函数论中求解析函数的范畴. 复变函数的工具要比解拉氏方程强有力得多. 解拉氏方程只是在一些边界比较简单的问题中才得到成功，而利用复变函数则可以解决比较复杂的边界问题，由于这个原因，我们在平面运动中主要利用第三种数学提法解决实际问题.

7.9 基本流动

从这一节开始，我们利用复变函数的问题提法，即复变函数方法解决平面无

旋运动问题.复变函数方法本身又包含两种方法:奇点法和保角映射方法.我们先来介绍物理概念清晰、比较直观、便于掌握的奇点法.

平面无旋运动和具有单值导数的解析函数之间存在着对应关系.对于任何一个平面无旋运动都存在着相应的速度势函数 φ 和流函数 ψ,也就是说存在着一个复位势 $w(z)=\varphi+i\psi$ 与之对应.而且根据速度本身的物理性质,复位势的导数函数即共轭复速度必须是单值函数.反过来,给定一个具有单值导数的解析函数 $w=w(z)$,将其实部 φ 和虚部 ψ 分别看成是某平面无旋运动的速度势函数和流函数,我们就可以得到一个平面无旋运动与 $w(z)$ 对应.由此可见,平面无旋运动和具有单值导数的解析函数之间的确存在着上述的一一对应关系.

奇点法的基本思想就是:首先研究某些简单的具有基本意义的解析函数以及它们所对应的基本流动,而后将这些基本的解析函数以各种方式叠加起来.根据解析函数的性质,解析函数之和仍为解析函数,这样我们便得到了许多新的解析函数.根据上述对应关系,它们分别代表各种平面无旋运动.利用这些新得到的解析函数及复合流动可以解决下面两类问题.第一类称为**正问题**,即给定物体求该物体绕流问题的复位势.为此目的,我们只要适当地选择基本流动组合,使得所得的解析函数满足给定的边界条件.如此复合的解析函数便给出正问题的解.利用奇点法解决正问题原则上虽然没有困难,但是实际上做起来并不容易.第二类称为**反问题**,指的是给出复位势,反过来研究什么样的平面无旋运动与之对应.当我们利用奇点法解决这类问题时,只需根据一定的考虑将基本流动叠加起来,然后研究并确定复合解析函数代表的是什么样的平面无旋运动就可以了.这种办法的最大优点在于它十分简便,而且也确实可以利用它得到许多有用的平面无旋运动的解.但是由于它是凑合的,不能解决正问题,所以有局限性.

通过上面的讨论可以看到,奇点法包含两个主要步骤:

(1)基本解析函数及基本流动的研究;(2)基本流动的叠加.下面我们首先研究基本流动,而后在下几节中再研究它们的叠加.

1)线性函数 $w=az$,其中 a 是一复数.

将 $w=az$ 写成

$$\varphi+i\psi=(a_1+ia_2)(x+iy),$$

其中 a_1,a_2 分别是复数 a 的实部和虚部.由此得

$$\varphi=a_1x-a_2y,$$
$$\psi=a_2x+a_1y,$$

令 $\varphi=$ 常数和 $\psi=$ 常数,我们得到等势线和流线.它们都是直线,流线的斜率为 $\tan^{-1}[-(a_2/a_1)]$,等势线的斜率为 $\tan^{-1}(a_1/a_2)$.由此推出,流线和等势线是正交的两族曲线(如图 7.9.1).由 $w=az$ 求出共轭复速度为

$$\overline{V} = \frac{\mathrm{d}w}{\mathrm{d}z} = a ,\qquad (7.9.1)$$

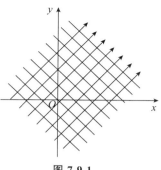

由此可见,速度处处是常数.

由流线的形状及速度分布可以确定,线性函数 $w = az$ 代表的是共轭复速度为 a 的均匀直线流动. 考虑到(7.9.1)式后,均匀直线流动的复位势 $w = az$ 亦可写成

$$w = \overline{V}_\infty z ,\qquad (7.9.2)$$

$\overline{V}_\infty = u_\infty - \mathrm{i}v_\infty$ 是无穷远处的共轭复速度(它与 $\overline{V}$ 相等). 若 $v_\infty = 0$, $w = u_\infty z$,我们得到的是平行于

图 7.9.1

x 轴的均匀直线流动;若 $u_\infty = 0$, $w = -\mathrm{i}v_\infty z$,我们得到的是平行于 y 轴的均匀直线流动.

2) 对数函数 $w = a\ln z$,其中 a 是实数.

先求 φ 及 ψ. 为此写出

$$w = \varphi + \mathrm{i}\psi = a\ln r + \mathrm{i}a\theta ,$$

于是

$$\varphi = a\ln r ,\quad \psi = a\theta .$$

流线 $a\theta =$ 常数是从原点发出的射线族. 等势线 $a\ln r =$ 常数,即 $r =$ 常数是以原点为圆心的圆周族. 显然这两族曲线是正交的(见图 7.9.2).

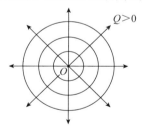
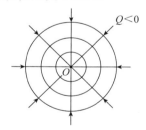

图 7.9.2

现在我们求通过围绕原点 O 的任意封闭回线 C 的流量 Q,由公式

$$\Gamma + \mathrm{i}Q = \oint_c \frac{\mathrm{d}w}{\mathrm{d}z}\mathrm{d}z = \oint_c \frac{a}{z}\mathrm{d}z = 2\pi\mathrm{i}a ,$$

得

$$\Gamma = 0 ,\quad Q = 2\pi a .\qquad (7.9.3)$$

此式表明,通过围绕 O 点的任意封闭回线 C 的流量 Q 等于 $2\pi a$. 由此可见,单位时间内从原点 O 有 $2\pi a$ 的流体体积流出. 又由(7.9.3)式得

$$a = \frac{Q}{2\pi},$$

将之代入复位势的表达式中,得

$$w = \frac{Q}{2\pi}\ln z, \tag{7.9.4}$$

其中 Q 为单位时间内自 O 点流出的流体体积.

最后求共轭复速度:

$$\bar{V} = \frac{\mathrm{d}w}{\mathrm{d}z} = \frac{Q}{2\pi z} = \frac{Q}{2\pi r}\mathrm{e}^{-i\theta},$$

其中 θ 为 z 点的辐角. 于是复速度为

$$V = \frac{Q}{2\pi r}\mathrm{e}^{i\theta}.$$

此式表明,当 $Q>0$ 时,速度矢量 $\boldsymbol{v}$ 与 $\boldsymbol{r}$ 同向,流体由原点向外流出;当 $Q<0$ 时,速度矢量 $\boldsymbol{v}$ 与 $\boldsymbol{r}$ 异向,流体由原点向内流入. 此外速度方向与所在点辐角相同,大小为

$$|V| = \left|\frac{Q}{2\pi r}\right|.$$

当 $r=0$ 时 $|V|\to\infty$. 随着 r 增加,$|V|$ 以 $1/r$ 的阶次逐渐减小,到无穷远处则趋于零.

通过上面的讨论可以肯定,当 $Q>0$ 时,复位势

$$w(z) = \frac{Q}{2\pi}\ln z$$

代表的是原点处有一流量为 Q 的**点源流动**;而当 $Q<0$ 时,复位势

$$w(z) = \frac{Q}{2\pi}\ln z$$

代表的则是原点处有一流量为 Q 的**点汇流动**.

如果点源不在坐标原点而在 z_0 点,则复位势为

$$w(z) = \frac{Q}{2\pi}\ln(z - z_0).$$

3) 对数函数 $w = ib\ln z$,其中 b 是实数.

$$w = \varphi + i\psi = -b\theta + ib\ln r,$$

于是

$$\varphi = -b\theta, \quad \psi = b\ln r.$$

流线 $r=$ 常数是以 O 点为心的圆周族,等势线 $\theta=$ 常数是从 O 点出发的射线族 (参看图 7.9.3).

现在求围绕 O 点的任意封闭回线 C 上的速度环量 Γ. 由公式

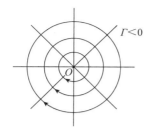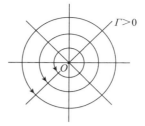

图 7.9.3

$$\Gamma + \mathrm{i}Q = \oint_c \frac{\mathrm{d}w}{\mathrm{d}z}\mathrm{d}z = \oint_c \frac{\mathrm{i}b}{z}\mathrm{d}z = 2\pi\mathrm{i}(\mathrm{i}b) = -2\pi b,$$

得

$$\Gamma = -2\pi b, \quad Q = 0. \tag{7.9.5}$$

此式表明,原点 O 处必有一强度为 Γ 的点涡.

由(7.9.5)式有

$$b = -\frac{\Gamma}{2\pi},$$

将之代入复位势表达式中有

$$w = \frac{\Gamma}{2\pi\mathrm{i}}\ln z. \tag{7.9.6}$$

现求此流动的速度分布. 由

$$\varphi = \frac{\Gamma}{2\pi}\theta,$$

得

$$v_r = \frac{\partial\varphi}{\partial r} = 0, \quad v_\theta = \frac{1}{r}\frac{\partial\varphi}{\partial\theta} = \frac{\Gamma}{2\pi r}. \tag{7.9.7}$$

由此亦可看出,速度是沿以 O 点为圆心的圆周方向. 当 $\Gamma>0$ 时 $v_\theta>0$,流动为逆时针方向;当 $\Gamma<0$ 时 $v_\theta<0$,流动则是顺时针方向. 其次,速度的大小为 $|\Gamma/(2\pi r)|$,在原点 O 处速度为无穷大,随着 r 的增大,速度的大小以 $1/r$ 的阶次逐渐减小,到达无穷远时则趋于零.

通过上面的讨论可以肯定,复位势

$$w(z) = \frac{\Gamma}{2\pi\mathrm{i}}\ln z$$

代表原点处有一强度为 Γ 的点涡流动. $\Gamma>0$ 时得到的是逆时针方向旋转的点涡运动,$\Gamma<0$ 时得到的是顺时针方向旋转的点涡运动.

如果点涡不在坐标原点而在 z_0 点,则复位势为

$$w(z) = \frac{\Gamma}{2\pi\mathrm{i}}\ln(z - z_0).$$

4）倒数函数 $w=c/z$，其中 c 为复数.

首先我们证明复位势 $w=c/z$ 代表偶极子流动.

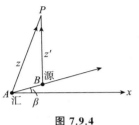

设在 B,A 处分别放置强度皆为 Q 的点源和点汇（如图 7.9.4），于是由点源和点汇所产生的复位势为

$$w(z)=\frac{Q}{2\pi}\ln z'-\frac{Q}{2\pi}\ln z$$

$$=\frac{Q}{2\pi}(z'-z)\frac{\ln z'-\ln z}{z'-z}.$$

图 7.9.4   令

$$z'-z=AB\cdot e^{i(\pi+\beta)}=-AB\cdot e^{i\beta},$$

其中 AB 是 $z'-z$ 的长度，β 是 AB 与 x 轴的夹角. 于是

$$w(z)=-\frac{Q\cdot AB}{2\pi}e^{i\beta}\frac{\ln z'-\ln z}{z'-z}. \tag{7.9.8}$$

令 B 点沿 AB 方向趋于 A（此时 β 角不变），同时要求点源和点汇的强度这样地趋于无穷大，使得

$$\lim_{\substack{AB\to 0 \\ Q\to\infty}}Q\cdot AB=m \tag{7.9.9}$$

仍为有限值，于是复位势变成

$$w(z)=-\lim_{\substack{AB\to 0 \\ Q\to\infty}}\frac{Q\cdot AB}{2\pi}e^{i\beta}\lim_{z'\to z}\frac{\ln z'-\ln z}{z'-z}=-\frac{m\,e^{i\beta}}{2\pi}\frac{1}{z}. \tag{7.9.10}$$

引进复数 M，其大小为 m，方向为由汇 A 到源 B，即

$$M=m\,e^{i\beta}.$$

这样，(7.9.10)式可写成

$$w(z)=-\frac{M}{2\pi}\frac{1}{z}. \tag{7.9.11}$$

满足条件(7.9.9)且无限邻近的一组点源和点汇称为**偶极子**，M 称为偶极子的矩. 由此可见，倒数函数 c/z 代表偶极子产生的流动，其中 $c=-M/(2\pi)$.

现在我们研究复位势(7.9.11)的流线、等势线及速度分布. 为了简单起见，令 $\beta=\pi$，偶极子轴线为 x 轴负方向. 于是(7.9.11)式采取下列形式：

$$w(z)=\frac{m}{2\pi}\frac{1}{z}, \tag{7.9.12}$$

写出实部和虚部

$$\varphi+i\psi=\frac{m}{2\pi}\frac{x}{x^2+y^2}-i\frac{m}{2\pi}\frac{y}{x^2+y^2},$$

于是

$$\varphi=\frac{m}{2\pi}\frac{x}{x^2+y^2}, \quad \psi=-\frac{m}{2\pi}\frac{y}{x^2+y^2}.$$

流线 $x^2 + y^2 + Cy = 0$ 代表圆心在 y 轴且通过原点的圆周族;等势线 $x^2 + y^2 - Cx = 0$ 代表圆心在 x 轴且通过原点的圆周族,这两个圆周族显然是正交的(参看图 7.9.5).

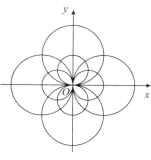

图 7.9.5

共轭复速度为

$$\bar{V} = \frac{\mathrm{d}w}{\mathrm{d}z} = -\frac{m}{2\pi}\frac{1}{z^2} = -\frac{m}{2\pi r^2}\mathrm{e}^{-2i\theta},$$

速度大小是

$$|V| = \left|\frac{m}{2\pi r^2}\right|.$$

当 $r \to 0$ 时 V 以 $1/r^2$ 的阶次趋于无穷大.随着 r 的增加,V 逐渐减小,至无穷远则趋于零.其次

$$\Gamma + iQ = \oint_c \frac{\mathrm{d}w}{\mathrm{d}z}\mathrm{d}z = \oint_c -\frac{m}{2\pi}\frac{1}{z^2}\mathrm{d}z = 0,$$

由此得 $\Gamma = 0, Q = 0$.此式表明,沿绕 O 点的任一封闭回线 C 的速度环量为零,流量亦为零.这是十分自然的,因为 C 内无涡,所以沿 C 的环量为零.此外,自点源流出的流体全部流入点汇,因此沿 C 的流量亦为零.

如果偶极子不在坐标原点 O 而在 z_0 点,则复位势为

$$w(z) = -\frac{M}{2\pi}\frac{1}{z - z_0}.$$

5) 幂次函数 $w(z) = Az^n$,其中 A 与 n 皆为实数.

令 $z = re^{i\theta}$.于是

$$\varphi = Ar^n\cos n\theta, \quad \psi = Ar^n\sin n\theta, \tag{7.9.13}$$

零流线为

$$\theta = 0 \text{ 及 } \theta = \pi/n.$$

这是两条自原点发出的射线,它们构成夹角为 π/n 的角形区域.$n = 1, n > 1,$ $n < 1$ 分别是夹角为 π,小于 π,大于 π 的角形区域,图 7.9.6 画出了六个不同 n 的区域,对应的角度在图中标出.不难看出 n 一般应大于 $1/2$,否则得到大于 2π 角的区域.为了考察在角形区域内产生的是什么样的流体运动,我们在图 7.9.6 中画出了流线图案.并根据(7.9.13)式计算出

$$v_r = \frac{\partial\varphi}{\partial r} = nAr^{n-1}\cos n\theta,$$

$$v_\theta = \frac{\partial\varphi}{r\partial\theta} = -nAr^{n-1}\sin n\theta. \tag{7.9.14}$$

显然

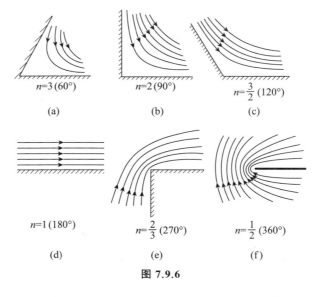

图 **7.9.6**

$$(v_r)_{\theta=\frac{\pi}{n}} = -nAr^{n-1}, \quad (v_r)_{\theta=0} = nAr^{n-1},$$
$$(v_\theta)_{\theta=\frac{\pi}{n}} = 0, \quad (v_\theta)_{\theta=0} = 0.$$

于是当 $A>0$ 时,流动方向如图 7.9.6(a)中箭头所示. 根据流线图形及流动方向可以肯定 $w(z)=Az^n$ 代表的是绕 π/n 角的流动. 当 $n>1$ 时得到的是绕小于 π 角的流动;当 $1/2 \leqslant n<1$ 时,得到的是绕大于 π 角的流动.

现在我们考察角点处的速度大小. 由(7.9.14)式得

$$V = \sqrt{v_r^2 + v_\theta^2} = n |A| r^{n-1}, \qquad (7.9.15)$$

当 $r \to 0$ 时有

$$V = \begin{cases} 0, & n>1, \\ |A|, & n=1, \\ \infty, & n<1. \end{cases} \qquad (7.9.16)$$

(7.9.16)式清楚地说明,角点处流速在 $n>1$ 和 $n<1$ 时具有截然不同的特性. 对于小于 π 角的绕流,角点处流速为零;对于大于 π 角的绕流,角点处流速趋于无穷大,根据伯努利积分,那里的压强趋于负无穷大;等于 π 角情况所对立的直线流动介乎两者之间,此时角点处速度取有限值.

根据(7.9.15)式我们看出,当 $n>1,r \to \infty$ 时 $V \to \infty$,远方的流体沿某边线以无穷大的速度流来,然后沿另一条边线以无穷大的速度流去. 这样的流动在实际上当然是不可能存在的. **绕角流动**之所以具有普遍性是因为角点附近的流动反映了物体绕流问题中角点附近的流场,因此可以用它来分析被绕流物体角点附近的流动特性.

7.10　圆柱的无环量绕流问题

基本流动的威力主要体现在联合应用上. 下面我们将基本流动按一定物理考虑叠加起来,解决平面无旋运动的反问题. 解决反问题的主要步骤是:(1)利用复合解析函数的流函数确定它代表的是什么样的平面无旋运动;(2)求出该平面无旋运动的特征量.

圆柱定常绕流问题是平面绕流问题中最简单的情形,在实际中经常遇到,例如气流绕电线的流动,河水绕圆形桥墩的流动. 此外,圆柱定常绕流问题在二维机翼理论中具有基本的重要性,因为利用它可以解决任意翼型绕流问题. 由于理论和实际的重要性,所以我们对圆柱绕流问题进行比较仔细的研究.

首先从物理直观上分析一下,为了得到圆柱绕流问题的解,需要哪些基本流动叠加起来. 设一细长物体沿长轴方向以等速 v 运动,在物体的前端,流体不断地受挤压,而在尾端让出来的空间里又汇合起来(参看图 7.10.1). 这样,物体的运动状

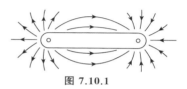

图 7.10.1

态就类似于前端有个点源,后端有个点汇. 如果取随物体一起移动的坐标系作为考察这个运动的参考系,我们便得到一个定常运动,其中物体是静止的,而流体绕着它流过. 描写它的流动应当是平行流和源与汇组合的叠加. 现在让细长体前缘的曲率中心逐渐靠近后缘的曲率中心,当两者重合时就得到圆柱体. 这时前端的点源和后端的点汇也应重合在一起变成偶极子(注意偶极子的轴线方向恰好和来流方向相反). 因此我们估计,圆柱定常绕流问题的解应当由下列两个基本流动叠加起来得到:

(1) 速度为 V_∞(实数)的平行流;

(2) 矩为 m,轴线方向与来流相对的偶极子.

取这样的坐标系,原点 O 放在偶极子处,Ox 轴沿均匀平行流方向(参见图 7.10.2). 于是,根据(7.9.2)和(7.9.12)式复合流动的复位势为

$$w = V_\infty z + \frac{m}{2\pi} \frac{1}{z}. \tag{7.10.1}$$

为了研究上述复位势代表什么平面无旋运动,由(7.10.1)式分出虚部,得到流函数

$$\psi = V_\infty y - \frac{m}{2\pi} \frac{y}{x^2 + y^2}.$$

令 $\psi =$ 常数,流线方程为

$$V_\infty y - \frac{m}{2\pi} \frac{y}{x^2 + y^2} = 常数,$$

它是一族三次方程所代表的曲线,其中的零流线为

$$\left(V_\infty - \frac{m}{2\pi} \frac{1}{x^2 + y^2}\right) y = 0.$$

它由下列两条曲线组合而成,即

$$y = 0 \ \text{及} \ x^2 + y^2 = \frac{m}{2\pi V_\infty}.$$

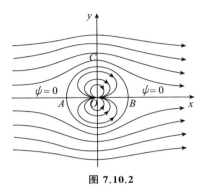

图 7.10.2

前者是 Ox 轴,后者是半径为 $a = \sqrt{m/(2\pi V_\infty)}$ 的圆周,我们把这个圆周想象为一个物面(零流线用物面代替,流动不受丝毫影响,因为物体本身就是一条流线). 由此可见,平行流和偶极子的叠加在圆内是偶极子在圆柱内的流动,在圆外就是绕圆柱的流动. 圆柱半径 a,来流速度 V_∞ 及偶极矩 m 之间存在着关系式

$$a = \sqrt{\frac{m}{2\pi V_\infty}}.$$

如果给定 V_∞ 及圆柱半径 a,则偶极矩 m 应取为 $2\pi V_\infty a^2$. 于是由(7.10.1)式可知,无穷远处速度为 V_∞ 的均匀来流沿 Ox 轴方向绕半径为 a 的圆柱流动的复位势为

$$w = V_\infty \left(z + \frac{a^2}{z}\right), \quad |z| \geqslant a. \tag{7.10.2}$$

现在我们确定圆柱上的速度分布、压强分布及圆柱所受的力.

根据(7.10.2)式共轭复速度为

$$\bar{V} = \frac{dw}{dz} = V_\infty \left(1 - \frac{a^2}{z^2}\right),$$

在圆周 $z = a e^{i\theta}$ 上有

$$\bar{V} = V_\infty (1 - e^{-2i\theta}) = V_\infty e^{-i\theta} (e^{i\theta} - e^{-i\theta}) = (2V_\infty \sin\theta) i e^{-i\theta},$$

即

$$V = -(2V_\infty \sin\theta) e^{i(\theta + \frac{\pi}{2})},$$

$$v_\theta = -2V_\infty \sin\theta, \tag{7.10.3}$$

于是圆周上的速度分布为

$$|V| = 2V_\infty \sin\theta. \tag{7.10.4}$$

此式表明,圆周上速度分布由正弦规律确定. 当流体质点处于 A 点时,$\theta = \pi$,$|V| = 0$. 而后沿圆周流动,θ 从 π 逐渐减少,$|V|$ 逐渐增加,到达 $\theta = \pi/2$ 的 C 点时达到最大值

$$|V_{\max}| = 2V_\infty, \tag{7.10.5}$$

而后又逐渐减少,到达 $\theta=0$ 的 B 点处,速度又取零值(图 7.10.3). 分支点 A 与 B 称为驻点,其中 A 点称为前驻点,B 点称为后驻点.

有了速度分布(7.10.4),根据伯努利积分可计算圆柱表面上的压强分布. 伯努利积分为

$$p + \frac{\rho V^2}{2} = p_\infty + \frac{\rho V_\infty^2}{2}. \tag{7.10.6}$$

引进无量纲的压强系数,它的定义为

$$\bar{p} = \frac{p - p_\infty}{\frac{1}{2}\rho V_\infty^2},$$

考虑到(7.10.6)及(7.10.4)式

$$\bar{p} = 1 - \left(\frac{V}{V_\infty}\right)^2 = 1 - 4\sin^2\theta. \tag{7.10.7}$$

现研究圆周上压强系数的分布情况. 当流体质点处在前驻点 A 时

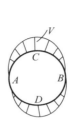
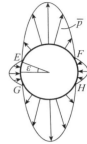

图 **7.10.3**

$$\theta = \pi, \quad \bar{p} = 1, \quad p = p_\infty + \frac{1}{2}\rho V_\infty^2,$$

此时压强为最大,它比 p_∞ 大 $\frac{1}{2}\rho V_\infty^2$.当 θ 由 π 减低至 $\pi/2$ 时,$\bar{p}$ 也按(7.10.7)式减少,到 $\theta = 5\pi/6$ 时

$$4\sin^2\theta = 1, \quad \bar{p} = 0,$$

此时 $p = p_\infty$.圆柱面上压强恰好等于无穷远处的压强. 当流体质点运动到速度

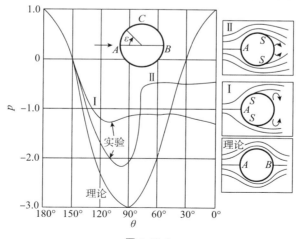

图 **7.10.4**

最大点 C 时

$$\theta = \frac{\pi}{2}, \quad \bar{p} = -3, \quad p = p_\infty - \frac{3}{2}\rho V_\infty^2.$$

此时压强最小,它比 p_∞ 小 $\frac{3}{2}\rho V_\infty^2$. 从 $\theta = \pi/2$ 到 $\theta = 0$ 的压强分布和从 $\theta = \pi$ 到 $\theta = \pi/2$ 的压强分布相同,这是因为压强分布对 y 轴是对称的. 压强分布如图 7.10.4 所示.

由于压强分布对 Ox 轴和 Oy 轴都是对称的,所以圆柱所受的合力为零,即圆柱不但不承受与气流垂直的升力,而且在气流方向也不承受阻力. 前者符合实际情况,而后者则与实际不符,这就是著名的**达朗贝尔**(d'Alembert)**佯谬**. 阻力之所以不符,主要是由于没有考虑黏性对圆柱所产生的摩擦阻力和由于边界层分离所产生的压差阻力. 事实上,黏性流体离开物体后形成的尾流,正是流体绕流或物体运动所要付出的阻力代价.

下面我们将压强分布的理论结果和实验结果进行比较. 由于条件不同,实验结果有两条曲线,对应的流动图案画在图 7.10.4 的旁边. 曲线 II 和理论曲线比较接近,但就是这条比较接近的曲线也和理论结果相差甚远,特别是在 C 点到 B 点的区域内. 这是因为圆柱是非流线型物体,圆柱表面上的边界层经受不起逆压的作用约在 $\varepsilon = \pm 84°$(第一条曲线)或在 $\varepsilon = \pm 120°$(第二条曲线)时就脱离物体,在物体后面形成尾涡区或**尾流**. 这样,实际存在的绕流图案和理论上得到的不分离绕流图案有本质差别. 这就是在压强分布上理论结果和实际结果不符合的原因. 从实验所得的压强分布曲线可看到,圆柱在流动时将受到阻力,而理论却给出阻力等于零的结果. 因此在阻力方面理论结果也和实验结果根本不符.

虽然圆柱绕流问题的结果在压强分布和阻力等方面都和实际相差较大,但是它毕竟为分析黏性流动提供了必要的数据和资料,加上它在机翼理论中的基础作用,因此它在绕流问题中仍然具有基本的重要性.

由于基本流动中不出现涡旋,速度环量处处为零,所以上述绕流问题称为圆柱的无环量绕流问题. 根据 7.5 节,当 $\Gamma = 0$ 时圆柱绕流问题的解是唯一的,因此复位势(7.10.2)就是我们所要找的唯一的解.

最后我们证明,如果无穷远处来流的速度矢量与 x 轴成 α 角,无穷远处共轭复速度为

$$\bar{V}_\infty = |V_\infty|\,\mathrm{e}^{-\mathrm{i}\alpha},$$

则圆柱无环量绕流问题的复位势为

$$w(z) = \bar{V}_\infty z + V_\infty \frac{a^2}{z}. \tag{7.10.8}$$

取辅助平面 z',原点与原平面重合,x' 轴与原平面的 x 轴夹成 α 角,则在 z'

平面上圆柱无环量绕流问题的复位势为

$$w(z') = |V_\infty|z' + |V_\infty|\frac{a^2}{z'}.$$

z' 与 z 的关系是

$$z' = z\,\mathrm{e}^{-\mathrm{i}\alpha},$$

代入上式,有

$$w(z) = |V_\infty|\,\mathrm{e}^{-\mathrm{i}\alpha}z + |V_\infty|\,\mathrm{e}^{\mathrm{i}\alpha}\frac{a^2}{z}$$

$$= \bar{V}_\infty z + V_\infty\frac{a^2}{z},$$

即得证明.

7.11 圆柱的有环量绕流问题

我们先在风洞中做一个实验. 一个半径为 a 的圆柱体在电机带动下可以绕 Oz 轴转动,该轴固定在可沿 Oy 方向运动的小车上,Ox 方向为风洞吹风的方向,如图 7.11.1 所示. 我们先开动电机,使圆柱转动,无论转动角速度方向与 Oz 轴相同或相反,小车都不动. 让圆柱停止转动,而开动风洞,小车也不动. 但当既吹风,圆柱也转动时,小车就运动了,并且转动角速度与 Oz 方向相同时,小车向负 y 方向运动;与 Oz 方向相反时,小车向正 y 方向运动. 圆柱转动得越快,风速越大,则小车运动得也越快. 这就提出一个问题:推动小车运动的升力是怎样产生的? 它和风速与转速有什么关系?

为了回答这些问题,我们来分析上面的实验. 圆柱在静止气体中等速旋转,由于黏性的缘故,带动周围的气体产生圆周运动,其速度随着到柱面的距离的增加而减小. 这样的流动可以用圆心处有一强度为 Γ 的点涡来模拟. 将旋转的圆柱放在横向的均匀平行气流中,考虑旋转圆柱的定常绕流问题(图 7.11.2). 在理想流体范畴内,上述流动可以用两个流动的叠加来模拟:(1) 圆柱的无环量绕流;(2)圆心处强度为 $-\Gamma(\Gamma>0)$ 的点涡. 复合流动的复位势为

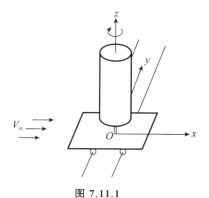

图 7.11.1

$$w(z) = V_\infty z + V_\infty\frac{a^2}{z} - \frac{\Gamma}{2\pi\mathrm{i}}\ln z. \tag{7.11.1}$$

不难看出,(7.11.1)式所表示的平面无旋运动仍然是无穷远处速度为 V_∞ 的均匀来流绕圆柱的流动. 这是因为复函数 $V_\infty z + V_\infty\dfrac{a^2}{z}$ 加上 $-\dfrac{\Gamma}{2\pi i}\ln z$ 后还是圆

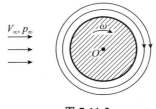

图 7.11.2

柱外的解析函数,且点涡所产生的流动,其流线皆为圆周,无穷远处的速度趋于零,因此圆柱是流线的边界条件以及无穷远处的边界条件都没有破坏. 所以(7.11.1)式还是圆柱绕流问题的解. 所不同的是现在沿任一绕原点的封闭回线的速度环量不等于零而等于 $-\Gamma$,因此这样的圆柱绕流问题称为圆柱的有环量绕流问题. 根据 7.5 节可以推出,当 Γ 给定后复位势(7.11.1)是唯一的.

推动小车前进的升力的出现和环量有极密切的关系. 图 7.11.3 画出了复合前和复合后的流线图. 从图上可看出,复合流动对 y 轴是对称的,所以圆柱将不遭受阻力,但由于环量的存在,对 x 轴不再对称,这就必然产生 y 方向的合力. 升力的产生还可更细致地分析如下:在圆柱的上表面,顺时针的环流和无环量的绕流方向相同,因而速度增加;而在下表面则方向相反,因而速度减少. 根据伯努利积分,上表面压强减少,下表面压强增大,结果就产生了向上的升力. 现在

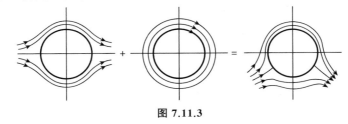

图 7.11.3

我们来计算升力的大小. 由(7.11.1)式,圆柱 $r=a$ 上的速度分布为

$$v_\theta = -2V_\infty \sin\theta - \frac{\Gamma}{2\pi a}, \tag{7.11.2}$$

根据伯努利积分

$$
\begin{aligned}
p &= C - \frac{\rho v^2}{2} = C - \frac{\rho}{2}\left(2V_\infty \sin\theta + \frac{\Gamma}{2\pi a}\right)^2 \\
&= C - \frac{\rho \Gamma^2}{8\pi^2 a^2} - 2\rho V_\infty^2 \sin^2\theta - \frac{\Gamma \rho V_\infty \sin\theta}{\pi a}, \tag{7.11.3}
\end{aligned}
$$

圆柱所受合力为

$$\boldsymbol{R} = -\oint p\boldsymbol{n}\,\mathrm{d}s,$$

于是升力为

$$R_y = -\oint p\cos(\boldsymbol{n},\boldsymbol{j})\,\mathrm{d}s = -\int_0^{2\pi} p\sin\theta \cdot a\,\mathrm{d}\theta.$$

将(7.11.3)式代入上式,并考虑到

$$\int_0^{2\pi}\sin\theta\,\mathrm{d}\theta = 0, \qquad \int_0^{2\pi}\sin^3\theta\,\mathrm{d}\theta = 0, \qquad \int_0^{2\pi}\sin^2\theta\,\mathrm{d}\theta = \pi,$$

我们得到

$$R_y = \rho V_\infty \Gamma. \tag{7.11.4}$$

(7.11.4)式揭示了升力和环量之间的一个重要关系,即升力的大小准确地和环量 Γ 成正比,此外还和来流速度 V_∞ 及流体密度 ρ 成正比. 要确定升力的方向,只要把来流速度矢量逆环量方向旋转 $90°$ 即得. 这个关系式称为**茹柯夫斯基定理**,它在绕流问题中具有普遍意义,即不仅对圆柱是正确的,而且对任意翼型都是正确的(参阅机翼理论部分).

由于真实气体有黏性,圆柱后部会有分离,这时除升力外还有阻力. 但升力基本上可用(7.11.4)式计算.

这就回答了本节开头提出的问题. 旋转圆柱绕流后会产生升力的这种现象称为**马格努斯(Magnus)效应**,曾被用来借助风力推动船舶. 用几个迅速转动的铅直圆柱体来代替风帆,试验是成功的. 但由于不经济,所以风筒船并没有被采用. 马格努斯效应还可以从一个在空气中飞着的削球(乒乓球或网球)看出来. 侧旋球、弧圈球之所以有那么大的弧度,道理就在于此.

Γ 不同时,有不同的驻点位置,从而决定了不同类型的流线图(图 7.11.4).

考虑驻点位置和 Γ 的关系. 根据(7.9.7)及(7.10.3)式,圆柱无环量绕流和纯环流的速度分布 v_θ 分别为 $-2V_\infty \sin\theta$ 和 $-\Gamma/2\pi a$,速度在上表面($0 \leqslant \theta \leqslant \pi$)相加,在下表面($\pi \leqslant \theta \leqslant 2\pi$)相减. 当 $\Gamma/2\pi a$ 等于无环量绕流最大速度 $2V_\infty$ 时,即 $\Gamma = 4\pi a V_\infty$ 时,驻点就在圆柱底部 AB 处;当 $\Gamma/2\pi a < 2V_\infty$,即 $\Gamma < 4\pi a V_\infty$ 时,圆柱下表面有两个对于 y 轴对称的点 A 与 B,在那里无环量绕流的速度刚好等于 $\Gamma/2\pi a$,因此 A 与 B 就是驻点;当 $\Gamma/(2\pi a) > 2V_\infty$,即 $\Gamma > 4\pi a V_\infty$ 时,圆柱下表面任一点上的无环量绕流速度都小于 $\Gamma/2\pi a$,所以圆柱上没有驻点,驻点出现在圆柱外的 y 轴上. 如果驻点位于圆柱上,则它的位置可由下式确定:

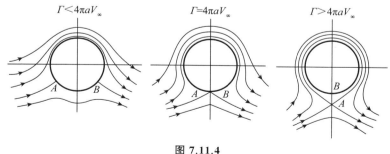

图 7.11.4

$$-2V_\infty \sin\theta_0 - \frac{\Gamma}{2\pi a} = 0,$$

从而

$$\sin\theta_0 = -\frac{\Gamma}{4\pi a V_\infty}, \qquad (7.11.5)$$

θ_0 为驻点的极坐标. (7.11.5)式将在机翼理论中用到.

7.12　虚像法　映射定理和圆周定理

前两节以圆柱绕流问题为例介绍了用奇点法解反问题的过程. 由于教材安排上的考虑, 我们将推迟到 7.18 节结合薄翼绕流问题才向读者介绍奇点法解正问题的全部细节. 本节我们向大家介绍奇点法中的另一种方法——虚像法, 这种方法在解决某些类型的具体问题时是很有用的.

考虑机翼绕流问题. 为了抓住升力这一主要特性, 有时我们可以用强度为 Γ 的点涡代替机翼. 于是机翼绕流就可以用点涡绕流代替, 它的复位势当然是知道的. 设想机翼放在圆截面风洞中吹风, 或者考虑飞机降落时地面对机翼绕流的影响, 这时我们就遇到这样的问题, 平板或圆放入气流后将对原来的复位势产生什么样的影响? 有没有一种办法能够很容易地根据原来的复位势求出扰动后的复位势? 本节介绍的虚像法很好地回答了上述两个问题. 下面分平板和圆周两种情形介绍虚像法.

设想 z_0 处有一强度为 Γ 且顺时针方向旋转的点涡, 其复位势为 $\Gamma\ln(z - z_0)/2\pi\mathrm{i}$. 今在气流中放置一无界平板 AB(为方便起见取为 x 轴). 为了使 AB 是一条流线, 虚像法告诉我们, 需要在 z_0 相对于 AB 的镜面反射处 $\bar{z}_0$ 放置一个同等性质的奇点, 即强度为 Γ 且逆时针方向旋转的点涡, 如图 7.12.1 所示. 于是

$$w(z) = \frac{\Gamma}{2\pi\mathrm{i}}\ln(z - z_0) - \frac{\Gamma}{2\pi\mathrm{i}}\ln(z - \bar{z}_0) \qquad (7.12.1)$$

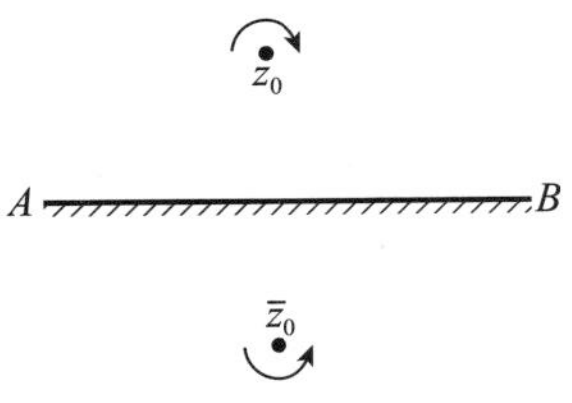

给出放置 AB 后欲求的复位势. 通过直观分析可以很容易地看出 AB 上的速度方向是沿着平板的. 令

$$f(z) = \frac{\Gamma}{2\pi\mathrm{i}}\ln(z - z_0),$$

则 (7.12.1)式可改写为

$$w(z) = f(z) + \bar{f}(z),$$

图 7.12.1

其中 $\bar{f}$ 是 f 表达式中的系数取共轭后得到的函数, 即 $\bar{f}(z) = \overline{f(\bar{z})}$. 如果将 $f(z)$ 的含意推广, 理解为全部奇点皆位于 AB 上部时给出的流动复位势, 则我们得下述映射定理.

映射定理　设 $f(z)$ 是全部奇点位于 AB 上部时给出的复位势(AB 不存在时). 今在流动中插入平板 AB, 为方便计取 AB 为 x 轴, 则

$$w(z) = f(z) + \bar{f}(z) \qquad (7.12.2)$$

给出 AB 存在时的复位势.

证 因 $f(z)$ 的奇点全部位于上半平面,所以它们的虚像点全部位于下半平面. 由此可见,在上半平面 $w(z)$ 的奇点和 $f(z)$ 的奇点完全一样,它仍然是除原奇点外的解析函数,而且不破坏原有的无穷远处条件,剩下需要证明的是 AB 即 x 轴是一条流线. 因 x 轴上的点的坐标皆为实数,故

$$z = \bar{z}. \tag{7.12.3}$$

根据(7.12.2)及(7.12.3)式,在 AB 上有

$$\varphi + \mathrm{i}\psi = f(z) + \overline{f}(\bar{z}) = f(z) + \overline{f(z)} = 实数,$$

即

$$\psi = 0,$$

所以 AB 为一流线. 定理得证.

例 设在 z_0 处有一强度为 Q 的点源,求地面(取为 x 轴)对它的影响. 根据映射定理,地面存在时的复位势为

$$w(z) = \frac{Q}{2\pi}\ln(z - z_0) + \frac{Q}{2\pi}\ln(z - \bar{z}_0),$$

相当于在 z_0 的共轭点上放置一同等强度的点源.

附注 注意只有在 AB 取作 x 轴时(7.12.2)式才是正确的. 当 AB 是任意方向时,必须按虚像法原则在镜面 AB 的反射处放置相同性质的奇点,然后写出相应的复位势.

现考虑圆周的情形.

圆周定理 考虑理想不可压缩流体平面无旋运动. 设流体中无固壁时它的复位势为 $f(z)$,$f(z)$ 的所有奇点都在圆 $|z|=a$ 外. 今在流体中放置一半径为 a 的圆周 $|z|=a$,则复位势为

$$w(z) = f(z) + \overline{f}\left(\frac{a^2}{z}\right). \tag{7.12.4}$$

证 因 $f(z)$ 的奇点全部位于圆外,故 $\overline{f}(a^2/z)$ 的奇点全部位于圆内. 于是 $w(z)$ 在圆外的奇点完全和 $f(z)$ 相同,$w(z)$ 是除原奇点外的解析函数,且满足 $f(z)$ 的无穷远处边界条件. 现证圆周 $|z|=a$ 是流线. 显然在圆周上有

$$a^2 = z\bar{z}, \tag{7.12.5}$$

于是在 $|z|=a$ 上有

$$\varphi + \mathrm{i}\psi = f(z) + \overline{f}(\bar{z}) = f(z) + \overline{f(z)} = 实数,$$

即

$$\psi = 0.$$

圆周 $|z|=a$ 是一流线,定理证毕.

例 1 考虑圆柱的无环流绕流问题. 圆柱不存在时的均匀来流其复位势为

$\overline{V}_\infty z$,根据圆周定理,圆周存在时的复位势为

$$w(z) = \overline{V}_\infty z + V_\infty \frac{a^2}{z}, \tag{7.12.6}$$

和(7.10.8)式完全相同.(7.12.6)式说明,如果将均匀来流视为无穷远处的偶极子,则为了使圆柱的表面变为流线,还需在原点处放一偶极子.

例 2 设在 $z = z_0$ 点有一强度为 Γ 的点涡,其复位势为

$$w(z) = \frac{\Gamma}{2\pi i} \ln(z - z_0).$$

插入半径为 a 的圆周 $|z| = a$ 后,其复位势应取

$$\begin{aligned}
w(z) &= \frac{\Gamma}{2\pi i} \ln(z - z_0) - \frac{\Gamma}{2\pi i} \ln\left(\frac{a^2}{z} - \overline{z}_0\right) \\
&= \frac{\Gamma}{2\pi i} \ln\left[\frac{z(z - z_0)}{a^2 - z\overline{z}_0}\right].
\end{aligned}$$

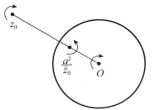

这说明为了使圆周保持为流线,在 z_0 的映射点 $a^2/\overline{z}_0$ 上应放置一强度为 $-\Gamma$ 的点涡,在原点处应放置强度为 Γ 的点涡(图 7.12.2).应该指出,原点处的点涡可放可不放,并不破坏圆周是流线的要求.

图 7.12.2

7.13 机翼的几何参数及空气动力特性曲线

以下几节将研究机翼绕流问题.本节扼要地介绍一下机翼方面的名词作为准备知识.机翼的空气动力学特性取决于机翼的几何形状和几何参数.这些几何特性可归纳如下:

a)机翼的剖面形状

翼剖面也叫**翼型**,指用平行于机翼对称面的平面去截机翼而得到的截面.翼剖面的几何形状对整个机翼的空气动力特性有很大的影响.

翼弦是连接翼型前后缘的直线段.通常后缘是一尖点,比较明确.关于前缘,习惯上有一些实际相差不大的不同说法:有的指翼型周线上离后缘最远的点,也有的定义为前端曲率半径最小的点.翼弦的长度通常用字母 c 表示.

翼型厚度是指剖面上下表面之间垂直于翼弦的直线段的长度,以 δ 表示.最大厚度就是其最大值 δ_{max},通常以它作为翼型厚度的代表.最大厚度与翼弦之比 $\overline{\delta} = \delta_{max}/c$ 称为相对厚度.翼型的最大厚度点离前缘的距离用 x_δ 表示,通常采用其相对值 $\overline{x}_\delta = x_\delta/c$(图 7.13.1).

翼型的中线是翼弦上各垂直线段的中点的连线.中线到翼弦的距离 f 叫作**翼型弯度**,其最大值 f_{max} 与翼弦之比 $\overline{f} = f_{max}/c$ 叫作最大相对弯度,简称相对弯度.翼弦上最大弯度点到前缘的距离用 x_f 表示,通常用其相对值 $\overline{x}_f = x_f/c$.有

一些翼型的中线在靠近后缘部分具有负的弯度(图 7.13.2),这样的翼型叫作 S 形翼型. 取如图 7.13.1 所示的直角坐标系,设上下剖面的方程分别是 $y = F_{上}(x)$ 及 $y = F_{下}(x)$,则

$$\delta = F_{上}(x) - F_{下}(x), \quad f = \frac{F_{上}(x) + F_{下}(x)}{2}. \tag{7.13.1}$$

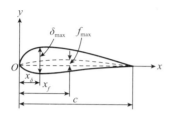

图 7.13.1 翼型的几何特征

图 7.13.2 S 形翼型

近代飞机机翼所用的翼型,其相对厚度与弯度都比较小,厚度约在 10% 左右,弯度约在 3% 以下. 但螺旋桨及各种涡轮机的叶片与导流装置所用的翼型都有很大的相对厚度与相对弯度.

b) 机翼的平面形状

机翼的平面形状是指机翼的俯视正投影形状. 按平面形状不同,机翼可分为矩形翼、梯形翼、椭圆翼和后掠翼,等等(参看图 7.13.3). 最早的飞机曾广泛采用矩形翼,因为它容易制造,但它的气动特性不好. 椭圆翼对于低速飞机来说具有最好的气动特性,但因制造复杂,未被广泛采用. 在低速飞机上用得最多的是梯形翼. 随着飞机的速度接近并超过声速,为改善机翼在高速时的气动特性,近代飞机越来越广泛地采用后掠翼与三角翼.

决定机翼平面形状的主要参数是:翼展、机翼面积、展弦比、根梢比和后掠角(参见图 7.13.4).

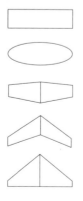

图 7.13.3 各种不同机翼的平面形状

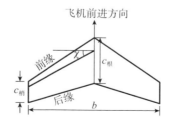

图 7.13.4 机翼根梢比与后掠角

翼展是机翼两端点之间的距离,通常用 b 表示.

机翼面积是机翼平面形状的面积,通常用 S 表示.

展弦比是指机翼的翼展与翼弦之比. 但通常机翼沿翼展各剖面上的翼弦是变化的. 我们可引进平均翼弦的概念,它是由下式定义的:

$$c_{平均} = \frac{S}{b}.$$

于是机翼的展弦比可定义为翼展与平均翼弦之比,用 λ 表示,即

$$\lambda = \frac{b}{c_{平均}} = \frac{b^2}{S}. \tag{7.13.2}$$

展弦比 λ 是机翼平面形状中影响机翼气动特性的最重要的参数. 一般在低速与远程飞机中都采用较大的展弦比,而在高速与短程使用的飞机中则采用较小的展弦比.

根梢比是翼根弦长 $c_{根}$ 与翼梢弦长 $c_{梢}$ 的比值,用 η 表示,即

$$\eta = \frac{c_{根}}{c_{梢}}.$$

后掠角是离机翼前缘四分之一弦长处的直线(该线称为机翼轴)与垂直于机翼对称平面的横向轴线之间的夹角,用 χ 表示. 机翼轴向后的,此角取正值. 在高速飞机上都采用较大的后掠角. 在近代的某些飞机上,后掠角沿翼展可以有变化;或者可以在不同的飞行速度下采用不同的后掠角,后者称为可变翼飞机.

c) 机翼的前视形状

机翼的前视形状可用机翼的上反角 ψ 表示(见图 7.13.5). 它是飞机的横向轴线与翼弦平面之间的夹角. 对高速飞机来说,为了不使横向稳定性过大,常采用负的上反角(即下反角).

机翼也有可能有所谓扭转. 也就是沿翼展不同剖面上的翼弦不在同一平面内.

设机翼以速度 V_∞ 在空气中运动. 根据伽利略相对性原理,它相当于无穷远处的均匀来流绕机翼流动. 在翼剖面平面上,来流和翼弦

图 7.13.5   机翼的上反角

的夹角 α 称为几何攻角,简称**攻角**(如图 7.13.6). 在翼剖面绕流问题中,由于下剖面压强较上剖面大,剖面将受到一个合力 $\boldsymbol{R}$. $\boldsymbol{R}$ 在垂直来流方向的投影 R_y 称为**升力**,而在平行方向的投影 R_x 则称为**阻力**,此外合力 $\boldsymbol{R}$ 对某参考点而言将有**力矩** $\boldsymbol{M}$. 在空气动力学中常常引进无量纲的空气动力学系数:升力系数 C_y,阻力系数 C_x 和力矩系数 C_m,它们的定义分别是

$$\begin{cases} C_x = \dfrac{R_x}{\dfrac{1}{2}\rho_\infty V_\infty^2 c}, \\[3mm] C_y = \dfrac{R_y}{\dfrac{1}{2}\rho_\infty V_\infty^2 c}, \\[3mm] C_m = \dfrac{M}{\dfrac{1}{2}\rho_\infty V_\infty^2 c^2}. \end{cases} \tag{7.13.3}$$

设整个机翼所受的升力、阻力、力矩记为 L,D,M,则整个机翼的升力系数 C_L,阻力系数 C_D,力矩系数 C_M 分别定义为

$$\begin{cases} C_L = \dfrac{L}{\dfrac{1}{2}\rho V_\infty^2 S}, \\[3mm] C_D = \dfrac{D}{\dfrac{1}{2}\rho V_\infty^2 S}, \\[3mm] C_M = \dfrac{M}{\dfrac{1}{2}\rho V_\infty^2 Sc}. \end{cases} \tag{7.13.4}$$

飞机(或机翼)的**空气动力特性**通常被表示成一些特性曲线,其中较重要的有下列几种:

1) C_y 与 α 的关系曲线. 它在实用范围内基本上成一直线(图 7.13.7),在较大攻角时略向下弯曲. 当攻角增大到某个 α_{cr} 时,C_y 达到其最大值 $C_{y_{\max}}$,然后则突然下降. 飞机在飞行时遇到这种情况将有坠毁的危险,这一现象称为**失速**. 它与机翼上表面的气流在前缘附近发生脱

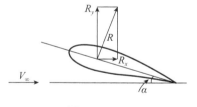

图 **7.13.6**

体(或称分离)的现象有关. 攻角 α_{cr} 称边**临界攻角**. 对于一般的机翼,这个角大约为十几度,这时的最大升力系数 $C_{y_{\max}}$ 大约为 $1.2 \sim 1.5$.飞机的起飞与降落性能就与这个值有关.

2) C_x 与 α 的关系曲线,曲线形状与抛物线有些相近. 一般在某一不大的负攻角时,取其最小值 $C_{x_{\min}}$. 飞机以此攻角飞行,可以达到最大的平飞速度. 随着攻角的增加,阻力增加得很快,在达到临界攻角以后,更加如此.

3) C_y 与 C_x 的关系曲线,亦称**极曲线**. 以 C_x 为横坐标,C_y 为纵坐标,对应于每一个攻角 α,有一对 C_x,C_y 值,在图 7.13.8 上可描一点,并在其旁标上相应的攻角,连接所有点即成极曲线. 这一条曲线就包括了上面两条曲线的全部内

容. 因为升力与阻力本是作用于飞机(或机翼)的合力在直角坐标系的 x 轴和 y 轴上的两个分量,所以从原点 O 到曲线上任一点的径矢就表示了在该对应攻角下的总气动力系数的大小和方向. 该径矢线的斜率,就是在该攻角下的升力与阻力之比 $K = C_y/C_x$,简称**升阻比**,又称气动力效率. 过原点作极曲线的切线,就得飞机(或机翼)的最大升阻比. 显然这是飞机最有利的飞行状态. 由于 C_x 的数值远小于 C_y,因此常将 C_x 的尺度放大五倍或十倍. 由于从极曲线可以得到飞机的许多性能,在使用上特别方便,所以这种画图方法被广泛地采用.

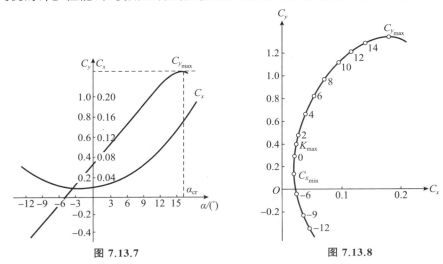

图 7.13.7　　　　　　　　　　　　　图 7.13.8

4) M_z 对 C_y 的关系曲线. 从图 7.13.9 中可以看出,它在未失速的范围内基本上是一直线. 根据此曲线可以决定压强中心(即合力作用线与翼弦交线的位置),它们与飞机飞行的稳定性密切相关.

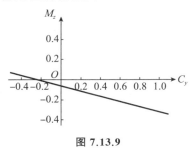

图 7.13.9

7.14　保角映射方法　任意物体绕流问题　复位势的一般表达式　环量的确定

考虑任意物体 C 的不分离绕流问题,其数学提法如下:求 C 外区域 D 内的解析函数 $w(z)$,它在 $D+C$ 上连续且满足

（1）在 C 上 $\text{Im} w(z) = \psi =$ 常数；

（2）在无穷远处 $\dfrac{\mathrm{d}w}{\mathrm{d}z} = \overline{V}_\infty$.

现在我们采用保角映射方法来解决这个问题. **保角映射方法**的基本思想可简述如下：将剖面 C 借助于解析函数变换到圆 K，C 外区域对应于圆 K 外区域（图 7.14.1）. 由于圆柱绕流问题的解是知道的，于是任意物体绕流问题的解也就可以求出来. 上述基本思想在下述定理中得到了既具体又确切的表达.

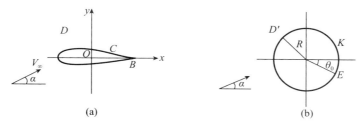

图 7.14.1

设 $z = f(\zeta)$（$\zeta = F(z)$ 是它的反函数）是一个单值解析函数，它将半径为 R 的圆 K 外的区域互为单值且保角地映射到任意剖面 C 外的区域，并且满足

（1）∞ 点对应 ∞ 点；

（2）$\left(\dfrac{\mathrm{d}z}{\mathrm{d}\zeta}\right)_\infty = k$，$k$ 是一个正的实数（根据黎曼定理，这样的函数是存在且唯一的）.

由于无穷远处速度为 kV_∞ 的圆柱绕流问题的解是

$$W(\zeta) = k\overline{V}_\infty \zeta + \frac{kV_\infty R^2}{\zeta} + \frac{\Gamma}{2\pi\mathrm{i}}\ln\zeta,$$

则

$$w(z) = k\overline{V}_\infty F(z) + \frac{kV_\infty R^2}{F(z)} + \frac{\Gamma}{2\pi\mathrm{i}}\ln F(z) \tag{7.14.1}$$

是无穷远处来流速度为 V_∞ 的任意剖面绕流问题的复位势.

现在我们就来证明这个定理. 要证明 (7.14.1) 式是来流速度为 V_∞ 的任意剖面绕流问题的解，也就是要验证：（1）$w(z)$ 是在 $D+C$ 上连续，在 D 内解析的函数；（2）$w(z)$ 的虚部 ψ 在 C 上取常数值；（3）在无穷远处 $\mathrm{d}w/\mathrm{d}z = \overline{V}_\infty$. 现分别证明之.

（1）因为 $W(\zeta)$ 是在 $K+D'$ 上连续且在 D' 内解析的函数，$\zeta = F(z)$ 是在 $C+D$ 上连续且在 D 内解析的函数，于是根据复合函数的性质，$w(z) = W(F(z))$ 仍是在 $C+D$ 上连续，在 D 内解析的函数.

（2）由 $w(z)=W(F(z))$ 推出在 ζ 平面和 z 平面的对应点上有
$$\varphi=\varPhi,\quad \psi=\varPsi,$$
其中 $\varphi,\psi;\varPhi,\varPsi$ 分别是 w 与 W 的实部（速度势函数）及虚部（流函数）.

在 K 上 $\varPsi=$ 常数，于是在 K 的对应曲线，即 C 上有
$$\psi=常数.$$

（3）将 $w(z)$ 看作是 $W(\zeta)$ 及 $\zeta=F(z)$ 的复合函数，对 z 微分，得
$$\frac{\mathrm{d}w}{\mathrm{d}z}=\frac{\mathrm{d}W}{\mathrm{d}\zeta}\frac{\mathrm{d}\zeta}{\mathrm{d}z},$$

特别地，在无穷远处有
$$\left(\frac{\mathrm{d}w}{\mathrm{d}z}\right)_\infty=\left(\frac{\mathrm{d}W}{\mathrm{d}\zeta}\right)_\infty\left(\frac{\mathrm{d}\zeta}{\mathrm{d}z}\right)_\infty.$$

考虑到 $\left(\dfrac{\mathrm{d}W}{\mathrm{d}\zeta}\right)_\infty=k\bar{V}_\infty,\left(\dfrac{\mathrm{d}z}{\mathrm{d}\zeta}\right)_\infty=k$，我们有
$$\left(\frac{\mathrm{d}w}{\mathrm{d}z}\right)_\infty=\bar{V}_\infty,$$

定理证毕.

根据这个定理可知，任意剖面 C 的不分离绕流问题归结为寻求任意剖面 C 外区域和圆外区域的保角映射函数的问题. 只要求出这个函数，代入（7.14.1）式即求得复位势 $w(z)$. 函数 $z=f(\zeta)$ 在理论上是存在且唯一的，但实际上在任意剖面或剖面较复杂的情况下具体地将它找出来是一件困难的事情.

这样看来，似乎任意剖面绕流问题在原则上已经解决了. 其实不然，原来在（7.14.1）式的第三项中包含有环量 $\varGamma$，它是圆柱绕流问题中的速度环量，也是剖面绕流问题的速度环量（因为 $\varGamma=\displaystyle\int_K\mathrm{d}\varPhi=\int_K\mathrm{d}W=\int_C\mathrm{d}w=\int_C\mathrm{d}\varphi=\varGamma'$）. 这是一个不确定的量. 我们无法在理想流体理论的范畴内将其确定出来. 于是产生了一个问题，就是究竟应该怎样来确定绕翼型的速度环量值 $\varGamma$ 呢？存在着两种克服困难的方法，一种方法是抛弃理想流体近似，采用真实流体模型；另一种方法是在理想流体近似范围内补充一个合理的经验假设，根据这个附加的补充条件将环量 $\varGamma$ 唯一地确定出来. 由于黏性流体运动的复杂性，第一种方法不是上策，还是采用第二种方法为好. 为了能够正确地提出符合实际的经验假设，应该分析不同环量下翼剖面的绕流图案，然后与观察到的实验事实进行比较，确定哪一种绕流图案是客观存在的，由此提炼出确定 $\varGamma$ 的补充条件.

考虑具有尖后缘翼型的绕流问题. 正如我们在理想流体绕圆柱流动的分析中所看到的，对于给定的圆柱与来流，理论上可以存在各种不同的速度环量值，而且不同的速度环量对应于流场中不同的驻点位置. 这对于在航空上通常采用的带有尖锐后缘的翼型来说，情况也是完全类似的. 对于给定的来流与翼型，在

理想流体范围内,理论上也可以存在三类不同的速度环量值,分别对应后驻点在上表面、尖后缘与下表面三种不同的绕流图案(图 7.14.2 中的(a),(b),(c).) 图中(a)和(c)两种情形后缘附近的流体将从翼型表面的一边绕过尖端流到另一边去,出现了大于 π 角的绕流. 这时在尖端将形成无穷大的速度与无穷大的负压(这在物理上当然是不可能的). 只有在(b)情形中,流体将从上下两边顺着翼型表面平滑地流过尖端. 在此尖端上,速度是有限的. 以上三种绕流图案,实际上存在的究竟是哪一种呢? 实验观察发现,当攻角不太大时翼型绕流问题中的流线确实是平滑地顺翼型上、下表面从后缘流出,后缘点的速度是有限的. 也就是说,在(a),(b)与(c)三种流动中只有(b)是实际存在

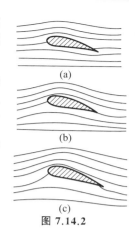

图 7.14.2

的. 据此,1909 年**茹柯夫斯基**(Жуковский)首先提出确定环量的补充条件,即后缘角点处的速度应有限的**茹柯夫斯基假设**. 此假设在数学上可表成

$$\left(\frac{\mathrm{d}w}{\mathrm{d}z}\right)_{z_B} = 常数, \tag{7.14.2}$$

其中 z_B 是后缘点的坐标.

根据这个重要假设就可以确定环量 Γ 的具体数值.

设角点 B 在 ζ 平面上对应的是圆上辐角为 θ_0 的点 E. 如果 $z = f(\zeta)$ 已知,则 θ_0 是一个已知的量. 显然解析函数 $z = f(\zeta)$ 在 E 点的保角性被破坏了,因为 E 点上夹角为 π 的曲线变到了 B 点上夹角为 $2\pi - \tau$ 的曲线(τ 是翼型在尖后缘的夹角),于是在 E 点上必须满足

$$\left(\frac{\mathrm{d}z}{\mathrm{d}\zeta}\right)_{\zeta_E} = 0. \tag{7.14.3}$$

此外,E 点的速度和 B 点的速度存在着下列关系

$$\left(\frac{\mathrm{d}W}{\mathrm{d}\zeta}\right)_{\zeta_E} = \left(\frac{\mathrm{d}w}{\mathrm{d}z}\right)_{z_B}\left(\frac{\mathrm{d}z}{\mathrm{d}\zeta}\right)_{\zeta_E}.$$

考虑到(7.14.2)式和(7.14.3)式,我们有

$$\left(\frac{\mathrm{d}W}{\mathrm{d}\zeta}\right)_{\zeta_E} = 0, \tag{7.14.4}$$

也就是说 ζ 平面上 E 点是一个驻点,根据圆柱有环量绕流问题中驻点位置和 Γ 的关系式(7.11.5),知道了驻点的位置就可以将 Γ 唯一的确定出来,驻点位置与 Γ 的关系是

$$\sin(\alpha - \theta_0) = -\frac{\Gamma}{4\pi R k\,|V_\infty|}.$$

注意现在来流的大小为 $k\,|V_\infty|$,驻点相对于来流的辐角为 $\alpha - \theta_0$,于是 Γ 的数

值为

$$\Gamma = -4\pi R k \,|V_\infty|\sin(\alpha - \theta_0),\qquad\qquad (7.14.5)$$

式中的 k,θ_0 在 $z=f(\zeta)$ 求出后全是已知的量.

Γ 确定后,$w(z)$ 便完全确定了,于是原则上说来,具有后缘角点的任意翼型的绕流问题就归结为寻求保角映射函数 $z=f(\zeta)$ 的问题了.

若物体不具有角点,则 Γ 的值须用实验测得或事先给定,而不能从理论上求出.

虽然茹柯夫斯基假设是根据实验事实提出来的合理推断,但是它并不能解释以下的疑问:既然翼型都是从静止状态起动而后达到定常状态,根据理想不可压缩重流体涡旋的守恒性,翼型引起的流体运动中速度环量应和静止流体一样处处为零,那么为什么根据茹柯夫斯基假设计算出来的速度环量是一个不等于零的有限值(7.14.5)呢? 这不是和涡旋守恒定理矛盾了吗? 这个矛盾该怎样解释呢? 其次,茹柯夫斯基假设只是如实地反映了客观存在的事实,但是它并没有讲清楚为什么实际上存在的绕流图案总是(b)而不会是别的,所有这些问题的解决都有待于我们对环量产生的本质进行更深入的研究. 在机翼理论发展的初期,由于人们对黏性流体的运动规律了解得很少,只能满足于把茹柯夫斯基假设看作一个经验规律. 随着近代边界层理论的迅速发展,我们已经搞清楚环量产生的机理并能回答上述看来似乎互相矛盾的疑问.

当翼型在流体中开始起动的最初一瞬间,流体运动到处是无旋的,因为贴近物体的边界层还来不及生成,绕翼型的环量为零. 此时后驻点不在角点而在剖面上,例如上剖面上,对应的流动图案如图 7.14.2(a)所示. 在角点附近,流体从下表面绕过尖角流动到上表面去,形成大于 π 角的流动,那里速度无穷大,压强负无穷大. 于是,上表面角点处存在很大的逆压梯度,边界层承受不住这么大的逆压梯度,几乎立刻从后缘分离并形成切向速度间断面,在后驻点急剧减速的作用下卷成一个涡旋(图 7.14.3),这个涡旋通常称为**起动涡**. 这种在尖角边缘产生涡旋的现象是在日常的生产与生活中所常见的,例如,在房屋墙角后面常见的旋风,划船时在船桨后面产生的旋涡,等等.

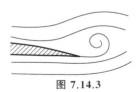

图 7.14.3

观察表明:如果翼型在起动过程中产生了一个涡旋,也就是使一部分流体发生了旋转,那么,在这同时在流体的另一部分引起了反方向的转动,其大小相等,而方向相反. 这个反方向的转动就以围绕翼型的环流的形式出现. 这个观察事实可理论上论证如下. 在静止时随意画一包围翼型的封闭物质回线(见图 7.14.4),显然这时绕此回线的速度环量为零. 翼型开始运动后,此回线随流体质点一起移动. 而且总是同时将翼型和起动涡包在其中. 此时可将绕此回线的环量看作是一个绕翼型的环量与一个绕起动涡的环量之和. 由于绕此封闭回线的速度环量总保持为零,因此绕翼型的环量总是与起动涡大小相等,符号相反. 至此我们论证了,起动涡的出现必将伴随着反向的绕翼型的速度环量,而且起动涡的强度愈大,速度环量也就愈大. 这个绕翼型的反向环流将增加上表面的气流速度,结果使后驻点的位置向后推移. 由于开始时起动涡很小,速度环量也很小,后驻点只后移了不大的距离,因此后缘处仍然是大于 π 角的流动,流动继续分离,起动涡越变越大,强度不断增加,绕翼型的环量也在不断增长. 后驻点位置不断后移,一直到后驻点移至角点处,机翼上下两边的气流在后缘平滑地相遇时才不产生绕大于 π 角流动,亦不再增加起动涡的强度,驻点的位置也不再移动,绕翼剖面的环量达到了它的最大值. 这时出现了如图7.14.2(b)所示的绕流图案,后缘点的速度是有限的. 随着时间的推移,起动涡被气流冲到下流很远的地方,它的全部能量逐渐被黏性耗散掉,而只留下绕翼型的环量一个定值. 这时流体内部仍然可以近似地看作是无旋运动.

明白了黏性和角点是产生起动涡和速度环量的主要因素,以及绕流图案从(a)演变到(b)的全过程,就不难解释环量的存在与涡旋守恒定理之间的矛盾了. 涡旋守恒性是对理想不可压缩重流体成

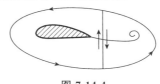

图 7.14.4

立的,翼型起动后,黏性的作用破坏了涡旋守恒性并产生了起动涡及速度环量,一直到形成绕流图案(b)后为止. 由此可见,囿于理想流体的范畴内考虑问题就有矛盾,考虑了黏性的作用就不矛盾.

根据(7.14.5)式,环量的数值正比于来流的速度,这是因为角点处速度有限是由纯环量和无环量绕流两部分的贡献加起来得到的. 当速度值改变时必然会从机翼处脱落出涡旋来. 图 7.14.5 清楚地显示了翼型从静止起动到突然停止期间所产生的"起动涡"和"停止涡",两个涡旋大小相等方向相反. 如果此后翼型继续保持静止,则这两个涡旋将沿着涡旋连线的垂直方向向下运动.

图 7.14.5

求出 $w(z)$ 后,可计算共轭复速度,特别地可求出物体表面上的速度分布,根据伯努利积分也就可以得到物体表面上的压强分布. 下节我们根据(7.14.1)及(7.14.5)式求作用在物体上的合力及合力矩等空气动力学方面的物理量.

7.15 升力和力矩公式 茹柯夫斯基定理

现在我们来推导任意物体不分离绕流问题中周围流体作用在物体上的合力与合力矩. 有了合力及合力矩,就可以推出压力中心.

a）恰普雷金公式

作用在物体上的合力及合力矩一般说来是这样求的，先求出物体表面上的速度分布，而后根据伯努利积分求出物体表面的压强分布，将应力矢量对物体剖面积分即得作用在物体上的合力；将应力矢量对坐标原点的矩沿物体剖面积分则得作用在物体上的合力矩．在理想不可压缩平面无旋绕流问题中，因为存在着复位势，它是解析函数，所以求合力和合力矩的积分公式化为解析函数的封闭回线积分公式，这样的积分是**恰普雷金**（Чаплыгин）首先导出的，所以称为恰普雷金公式．现在我们就来推导它．

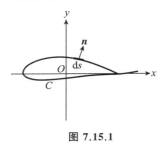

图 7.15.1

设物体的边线是 C，它的外法线单位矢量是 $\boldsymbol{n}$，边线的弧元是 $\mathrm{d}s$（见图 7.15.1），则作用在 C 上的合力是

$$\boldsymbol{R} = -\oint_C p\boldsymbol{n}\,\mathrm{d}s,$$

它在 x, y 两个方向上的分量 R_x, R_y 分别为

$$\begin{cases} R_x = -\oint_C p\cos(\boldsymbol{n},\boldsymbol{i})\,\mathrm{d}s = -\oint_C p\,\mathrm{d}y, \\ R_y = -\oint_C p\cos(\boldsymbol{n},\boldsymbol{j})\,\mathrm{d}s = \oint_C p\,\mathrm{d}x, \end{cases}$$

$$(7.15.1)$$

其中 $\boldsymbol{i}, \boldsymbol{j}$ 分别为 x, y 轴方向的单位矢量，这里用到了关系式(7.6.13)．引进复合力 $\mathscr{R} = R_x + \mathrm{i}R_y$，由(7.15.1)式推出

$$\overline{\mathscr{R}} = R_x - \mathrm{i}R_y = -\oint_C p(\mathrm{d}y + \mathrm{i}\,\mathrm{d}x) = -\mathrm{i}\oint_C p\,\mathrm{d}\,\bar{z}. \qquad (7.15.2)$$

根据伯努利积分，压强可以通过速度表示出来：

$$p = C' - \frac{\rho\,|\,V\,|^2}{2} = C' - \frac{\rho}{2}\left(\frac{\mathrm{d}w}{\mathrm{d}z}\right)\overline{\left(\frac{\mathrm{d}w}{\mathrm{d}z}\right)}, \qquad (7.15.3)$$

其中 C' 是伯努利常数．将上式代入(7.15.2)式，并考虑到

$$\oint_C \mathrm{d}\,\bar{z} = 0,$$

得

$$\overline{\mathscr{R}} = \frac{\mathrm{i}\rho}{2}\oint_C \frac{\mathrm{d}w}{\mathrm{d}z}\,\overline{\frac{\mathrm{d}w}{\mathrm{d}z}}\,\mathrm{d}\,\bar{z}. \qquad (7.15.4)$$

在 C 上流体质点的速度方向是和剖面切线方向重合的，即 $\left(\dfrac{\mathrm{d}w}{\mathrm{d}z}\right)_C$ 的辐角和 $(\mathrm{d}z)_C$ 的辐角相同，于是 $\left(\overline{\dfrac{\mathrm{d}w}{\mathrm{d}z}}\ \overline{\mathrm{d}z}\right)_C$ 是实数，在 C 上关系式

$$\overline{\frac{\mathrm{d}w}{\mathrm{d}z}}\mathrm{d}\,\overline{z} = \frac{\mathrm{d}w}{\mathrm{d}z}\mathrm{d}z \tag{7.15.5}$$

成立,将之代入(7.15.4)式得

$$\overline{\mathscr{R}} = \frac{\mathrm{i}\rho}{2}\oint_C \left(\frac{\mathrm{d}w}{\mathrm{d}z}\right)^2 \mathrm{d}z, \tag{7.15.6}$$

这就是合力公式. 现在我们来求合力矩公式,合力矩是

$$\boldsymbol{L} = -\oint_C p\,(\boldsymbol{r}\times\boldsymbol{n})\mathrm{d}s,$$

其大小为

$$L = -\oint_C p\,[x\cos(\boldsymbol{n},\boldsymbol{j}) - y\cos(\boldsymbol{n},\boldsymbol{i})]\mathrm{d}s$$

$$= \oint_C p\,(x\,\mathrm{d}x + y\,\mathrm{d}y) = \mathrm{Re}\left(\oint_C pz\,\mathrm{d}\,\overline{z}\right).$$

将(7.15.3)式代入上式,得

$$L = -\frac{\rho}{2}\,\mathrm{Re}\left(\oint_C \frac{\mathrm{d}w}{\mathrm{d}z}\overline{\frac{\mathrm{d}w}{\mathrm{d}z}}z\,\mathrm{d}\,\overline{z}\right),$$

考虑到(7.15.5)式,有

$$L = -\frac{\rho}{2}\,\mathrm{Re}\left[\oint_C \left(\frac{\mathrm{d}w}{\mathrm{d}z}\right)^2 z\,\mathrm{d}z\right], \tag{7.15.7}$$

这就是合力矩公式. (7.15.6)与(7.15.7)式合起来称为**恰普雷金公式**.

若 C 外被积函数是解析函数,则积分曲线 C 可改为 C 外任一封闭回线.

恰普雷金公式的优点在于,知道了复位势 $w(z)$ 后,只须求函数 $(\mathrm{d}w/\mathrm{d}z)^2$ 及 $z(\mathrm{d}w/\mathrm{d}z)^2$ 沿 C 的回线积分,即求它们的残数,便可按(7.15.6)与(7.15.7)式求出合力及合力矩,而无须按一般的办法求 $|V|^2$ 沿 C 的积分. 大家知道,求残数的问题要比求普通积分,特别是被积函数十分复杂的积分要方便得多. 由于恰普雷金公式将求合力及合力矩的问题化为复变函数论中求残数的问题,因而在计算方面得到很大的简化,所以在理想不可压缩平面无旋运动中我们通常采用(7.15.6)与(7.15.7)式计算合力及合力矩.

b) 升力公式,茹柯夫斯基定理

现在我们利用(7.15.6)式来推导升力公式.

设 G 是 C 外圆心在原点的圆. $\mathrm{d}w/\mathrm{d}z$ 在 G 外可展开成下列洛朗级数:

$$\frac{\mathrm{d}w}{\mathrm{d}z} = a_0 + \frac{a_1}{z} + \frac{a_2}{z^2} + \cdots, \tag{7.15.8}$$

级数中正幂次项不存在,这是因为 $\mathrm{d}w/\mathrm{d}z$ 在无穷远处取常数值的缘故. 由于

$$\left(\frac{\mathrm{d}w}{\mathrm{d}z}\right)_\infty = \overline{V}_\infty,$$

故

$$a_0 = \overline{V}_\infty,$$

而

$$a_1 = \frac{1}{2\pi i} \oint_G \frac{dw}{dz} dz = \frac{1}{2\pi i} \oint_C d\varphi + i d\psi = \frac{1}{2\pi i} \oint_C d\varphi = \frac{\Gamma}{2\pi i},$$

这里我们利用了沿 C，$\psi =$ 常数的事实. 考虑到 a_0, a_1 的表达式，(7.15.8)式可改写为

$$\frac{dw}{dz} = \overline{V}_\infty + \frac{\Gamma}{2\pi i z} + \frac{a_2}{z^2} + \cdots. \tag{7.15.9}$$

将(7.15.9)代入(7.15.6)式并计算残数，得

$$\overline{\mathcal{R}} = \frac{i\rho}{2} \oint_G \left(\overline{V}_\infty + \frac{\Gamma}{2\pi i z} + \frac{a_2}{z^2} + \cdots \right)^2 dz$$

$$= \frac{i\rho}{2} 2\pi i \cdot \frac{\Gamma \overline{V}_\infty}{\pi i} = i\rho \Gamma \overline{V}_\infty,$$

取其共轭值，得

$$\mathcal{R} = -i\rho \Gamma V_\infty. \tag{7.15.10}$$

这就是升力公式，它是由茹柯夫斯基首先发现的，称为**茹柯夫斯基定理**. 现分析这个结果，为此先将(7.15.10)式写成下列形式

$$\mathcal{R} = \rho |\Gamma| |V_\infty| e^{i(\alpha \mp \frac{\pi}{2})}, \tag{7.15.11}$$

其中 $|\Gamma|$，$|V_\infty|$ 分别是 Γ 及 V_∞ 的大小，"$\mp$"对应的是 $\pm|\Gamma|$. 由此我们看到：

（1）合力的大小是

$$P = \rho |\Gamma| |V_\infty|,$$

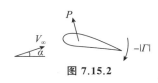

图 7.15.2

它与流体的密度、环量的大小以及来流速度的大小成正比.

（2）合力的方向与来流的方向垂直. 当 $\Gamma > 0$ 时由来流方向向右方旋转 $90°$；当 $\Gamma < 0$ 时，由来流方向向左方旋转 $90°$（见图 7.15.2）. 总之是逆着 Γ 的方向旋转 $90°$ 即得合力的方向. 因为合力是和来流方向垂直的，因此我们得到的只是升力，而阻力是等于零的，这就是著名的达朗贝尔佯谬. 它告诉我们，理想不可压缩流体绕任意剖面的不分离绕流问题中的物体不遭到任何的阻力，这当然和实际情形不符合，产生这样佯谬的根本原因是我们没有考虑黏性的作用. 由此可见，理想流体绕任意剖面不分离绕流的模型不能给出与实际符合的阻力结果. 因

$$\Gamma = 4\pi k R |V_\infty| \sin(\theta_0 - \alpha),$$

故

$$\overline{\mathcal{R}} = 4\pi \rho k R |V_\infty|^2 i e^{-i\alpha} \sin(\theta_0 - \alpha)$$

$$= 2\pi\rho k R \ |V_\infty|^2 \left[\mathrm{e}^{\mathrm{i}(\theta_0 - 2\alpha)} - \mathrm{e}^{-\mathrm{i}\theta_0} \right],$$

$$P = 4\pi\rho k R \ |V_\infty|^2 \sin(\alpha - \theta_0). \tag{7.15.12}$$

当来流方向与 θ_0 的方向重合时,即 $\alpha = \theta_0$ 时 $P = 0$,θ_0 方向称为零升力线.

c) 合力矩公式

现在我们利用(7.15.7)式求合力矩公式. 将(7.15.9)式代入(7.15.7)式并计算残数值,得

$$L = \mathrm{Re}\left[-\frac{\rho}{2} \oint_G \left(\overline{V}_\infty + \frac{\Gamma}{2\pi\mathrm{i}z} + \frac{a_2}{z^2} + \cdots \right)^2 z\,\mathrm{d}z \right]$$

$$= \mathrm{Re}\left[-\frac{\rho}{2} \cdot 2\pi\mathrm{i}\left(-\frac{\Gamma^2}{4\pi^2} + 2\overline{V}_\infty a_2 \right) \right]$$

$$= \mathrm{Re}\left(-2\pi\rho\mathrm{i}\,\overline{V}_\infty a_2 \right) = -2\pi\rho\,\mathrm{Re}\left(\mathrm{i}\overline{V}_\infty a_2 \right). \tag{7.15.13}$$

这样,知道了复速度 $\mathrm{d}w/\mathrm{d}z$ 的洛朗级数中 $1/z^2$ 项的系数 a_2 后,按(7.15.13)式即可求出合力矩的大小.

按照任意剖面连续绕流问题的一般理论,绕流问题归结为求圆外区域和任意剖面外区域保角映射函数 $z = f(\zeta)$ 的问题. 考虑到 ∞ 对应于 ∞,且

$$\left(\frac{\mathrm{d}z}{\mathrm{d}\zeta} \right)_\infty = k,$$

k 是一正的实数,于是 $z = f(\zeta)$ 可展开成

$$z = k\zeta + k_0 + \frac{k_1}{\zeta} + \frac{k_2}{\zeta^2} + \cdots. \tag{7.15.14}$$

我们很希望合力矩公式能通过 $z = f(\zeta)$ 的展开式中的系数表达出来,因此我们将由(7.15.13)式出发,将 a_2 用(7.15.14)式的系数及流动参数等表示出来. 显然

$$a_2 = \frac{1}{2\pi\mathrm{i}} \oint_G \left(\frac{\mathrm{d}w}{\mathrm{d}z} \right) z\,\mathrm{d}z,$$

亦可转到圆所在的平面 ζ 上去. 将上式改写为

$$a_2 = \frac{1}{2\pi\mathrm{i}} \oint_K \left(\frac{\mathrm{d}w}{\mathrm{d}\zeta} \right) \left(\frac{\mathrm{d}\zeta}{\mathrm{d}z} \right) \frac{\mathrm{d}z}{\mathrm{d}\zeta} z\,\mathrm{d}\zeta$$

$$= \frac{1}{2\pi\mathrm{i}} \oint_K \frac{\mathrm{d}w}{\mathrm{d}\zeta} z\,\mathrm{d}\zeta \quad (K \text{ 是圆周}).$$

考虑到(7.15.14)式及

$$\frac{\mathrm{d}w}{\mathrm{d}\zeta} = k\,\overline{V}_\infty - \frac{kV_\infty R^2}{\zeta^2} + \frac{\Gamma}{2\pi\mathrm{i}}\frac{1}{\zeta},$$

我们有

$$a_2 = \frac{1}{2\pi\mathrm{i}} \oint_K \left[\left(k\,\overline{V}_\infty - \frac{kV_\infty R^2}{\zeta^2} + \frac{\Gamma}{2\pi\mathrm{i}}\frac{1}{\zeta} \right) \times \left(k\zeta + k_0 + \frac{k_1}{\zeta} + \frac{k_2}{\zeta^2} + \cdots \right) \mathrm{d}\zeta \right]$$

$$= -k^2 V_\infty R^2 + \frac{\Gamma k_0}{2\pi\mathrm{i}} + k k_1\,\overline{V}_\infty.$$

将之代入(7.15.13)式,得

$$L = -2\pi\rho \, \mathrm{Re} \left[-\mathrm{i}V_\infty \overline{V}_\infty k^2 R^2 + \frac{\Gamma k_0 \overline{V}_\infty}{2\pi} + \mathrm{i}k k_1 \overline{V}_\infty^2 \right]$$

$$= \mathrm{Re} \left[-2\pi\mathrm{i}\rho k k_1 \overline{V}_\infty^2 - \rho\Gamma k_0 \overline{V}_\infty \right], \qquad (7.15.15)$$

因为 $V_\infty \overline{V}_\infty$,$k$,$R$ 皆为实数,故

$$\mathrm{Re} \left[-\mathrm{i}V_\infty \overline{V}_\infty k^2 R^2 \right] = 0.$$

将 Γ 的表达式 $\Gamma = 4\pi k R |V_\infty| \sin(\theta_0 - \alpha)$ 代入(7.15.15)式,得

$$L = \mathrm{Re} \left[-2\pi\mathrm{i}\rho k k_1 |V_\infty|^2 \mathrm{e}^{-2\mathrm{i}a} \right.$$

$$\left. -4\pi\rho k k_0 R |V_\infty|^2 \mathrm{e}^{-\mathrm{i}a} \frac{\mathrm{e}^{\mathrm{i}(\theta_0 - \alpha)} - \mathrm{e}^{-\mathrm{i}(\theta_0 - \alpha)}}{2\mathrm{i}} \right]$$

$$= \mathrm{Re} \left\{ -2\pi\rho k |V_\infty|^2 [\mathrm{i}(k_1 - R k_0 \mathrm{e}^{\mathrm{i}\theta_0}) \mathrm{e}^{-2\mathrm{i}a} + \mathrm{i}k_0 R \mathrm{e}^{-\mathrm{i}\theta_0}] \right\}. \qquad (7.15.16)$$

从(7.15.12)及(7.5.16)式可看出,合力及合力矩只取决于(7.15.14)展开式中的前三项系数,即 k,k_0 及 k_1,而与 $k_n (n \geq 2)$ 无关.

7.16　椭圆和平板的绕流问题

本节以椭圆及平板的绕流问题作为应用保角映射方法解决不分离绕流问题的例子.

a) 椭圆绕流问题

给定一中心在坐标原点,长短轴分别为 a 和 b 的椭圆(图 7.16.1).有一无穷远处速度大小为 $|V_\infty|$,方向为 α 的来流定常地向椭圆流来,求该椭圆绕流问题的解.

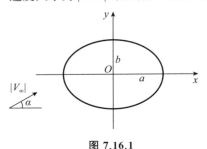

图 7.16.1

根据保角映射方法一般理论,本问题归结于寻找一个将椭圆外部区域保角地映射到圆外区域上去的解析函数的问题. 为此我们首先考虑下列解析函数

$$z = \frac{1}{2}\left(\zeta + \frac{c^2}{\zeta}\right), \qquad (7.16.1)$$

其中 c 是实常数,其逆函数为

$$\zeta = z \pm \sqrt{z^2 - c^2}. \qquad (7.16.2)$$

下面我们研究函数(7.16.1)的几个性质.

1) ζ 平面上圆心在原点,半径为 c 的圆 C 通过变换(7.16.1)变到 z 平面的割线段 $(-c, c)$ 上.

设圆 C 的方程为

$$\zeta = c \, \mathrm{e}^{\mathrm{i}\theta},$$

代入(7.16.1)式,得

$$z = \frac{1}{2}(c\,\mathrm{e}^{i\vartheta} + c\,\mathrm{e}^{-i\vartheta}) = c\cos\theta,$$

这就是 z 平面上对应曲线的方程. 当 A 沿圆弧在 ζ 的上半平面移动时,即 θ 由 0 变到 π,此时 z 由 $F(c,0)$ 变到 $F'(-c,0)$;当 A' 继续沿圆弧在 ζ 的下半平面移动时,θ 由 π 变至 2π,此时 z 由 $F'(-c,0)$ 变回至 $F(c,0)$,这就是说当我们沿圆周绕行一周时在 z 平面上已绕线段 $(-c,c)$ 来回了一次. 由此可见与圆 C 对应的是割线段 FF',圆 C 称为基本圆(参看图 7.16.2 及 7.16.3).

2) 基本圆外点 $\zeta(|\zeta|>c)$ 和基本圆内的点 $\zeta' = \dfrac{c^2}{\zeta}$ $(|\zeta'|<c)$ 在 z 平面上对应于同一点 z.

设 ζ 对应于 z 点,z 与 ζ 的关系是

$$z = \frac{1}{2}\left(\zeta + \frac{c^2}{\zeta}\right).$$

现令 $\zeta = \zeta'$,则

$$z' = \frac{1}{2}\left(\zeta' + \frac{c^2}{\zeta'}\right) = \frac{1}{2}\left(\frac{c^2}{\zeta} + \zeta\right) = z,$$

即得证明. 由此可见,基本圆内区域和基本圆外区域对应于 z 平面上同一区域.

图 7.16.2

3) 基本圆 C 外,中心在坐标原点的共心圆族变到以 F,F' 为焦点的椭圆族上.

设圆 K 在基本圆外,它的半径为 R,则圆 K 的方程为 $\zeta = R\mathrm{e}^{i\vartheta}$. 将之代入(7.16.1)式得

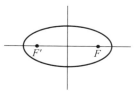

图 7.16.3

$$z = \frac{1}{2}\left(R\mathrm{e}^{i\vartheta} + \frac{c^2}{R}\mathrm{e}^{-i\vartheta}\right),$$

分别写出实部和虚部,有

$$\begin{cases} x = \dfrac{1}{2}\left(R + \dfrac{c^2}{R}\right)\cos\theta, \\[2mm] y = \dfrac{1}{2}\left(R - \dfrac{c^2}{R}\right)\sin\theta. \end{cases}$$

这就是 z 平面上对应曲线的方程,显然它是椭圆的参数方程,长短轴 a 及 b 分别为

$$a = \frac{1}{2}\left(R + \frac{c^2}{R}\right), \quad b = \frac{1}{2}\left(R - \frac{c^2}{R}\right), \tag{7.16.3}$$

由此得

$$R = a + b. \tag{7.16.4}$$

将方程组(7.16.3)中两式平方相减,得

$$a^2 - b^2 = c^2,$$

这表明(7.16.1)式中的常数 c 就是椭圆的焦距,于是割线段的两个端点 F, F' 就是椭圆的焦点. 这就证明了, ζ 平面上基本圆外的圆(中心在原点,半径为 R)经过变换(7.16.1)变到以 F, F' 为焦点,长、短轴由(7.16.3)式确定的椭圆上;反之,以 a, b 为长、短轴,中心在原点的椭圆经过变换(7.16.2)后变到半径为 R 的圆上. 此外我们看到, R 愈大, a 及 b 也愈大,由此可见基本圆外整个区域是和割线 FF' 外整个区域对应的.

从上面的讨论我们做出如下的结论:函数(7.16.1)是单值双叶函数,它将基本圆 C 外及 C 内的区域都变换到割线 FF' 外的全平面上, z 平面上两个黎曼曲面在割线 FF' 上黏合,而且,若是圆外区域与 z 平面割去 FF' 的全平面对应,则(7.16.2)式应取"$+$"号,即

$$\zeta = z + \sqrt{z^2 - c^2}. \tag{7.16.5}$$

若是基本圆内区域与 z 平面上割去 FF' 的全平面对应,则(7.16.2)式应取"$-$"号,即

$$\zeta = z - \sqrt{z^2 - c^2} = \frac{c^2}{z + \sqrt{z^2 - c^2}}$$

(当 $z \to \infty$ 时, $\zeta = 0$).

通过上面的分析我们不难看到,要将长短轴为 a, b,圆心在原点的椭圆变到圆外区域中去,变换函数应取为

$$z = \frac{1}{2}\left(\zeta + \frac{c^2}{\zeta}\right), \tag{7.16.6}$$

其中常数 c 满足 $c^2 = a^2 - b^2$ 的关系,且对应圆的半径应取成

$$R = a + b. \tag{7.16.7}$$

(7.16.1)式的逆函数为

$$\zeta = F(z) = z + \sqrt{z^2 - c^2}, \tag{7.16.8}$$

于是根据(7.16.1)式得

$$k = \frac{1}{2}, \quad k_0 = 0, \quad k_1 = \frac{c^2}{2}. \tag{7.16.9}$$

找到了保角映射函数(7.16.1)及对应圆的半径(7.16.4)后,我们可以根据保角映射方法的一般理论将椭圆绕流问题的结果全部求出.

1) 复位势:

$$w(z) = k\,\overline{V}_\infty F(z) + \frac{kV_\infty R^2}{F(z)} + \frac{\Gamma}{2\pi i}\ln F(z).$$

将(7.16.8),(7.16.7)及(7.16.9)式代入得

$$w(z) = \frac{1}{2}\,\overline{V}_\infty\,(z + \sqrt{z^2 - c^2}\,) + \frac{1}{2}V_\infty\,(a+b)^2\,\frac{1}{z + \sqrt{z^2 - c^2}}$$

$$+ \frac{\Gamma}{2\pi \mathrm{i}}\ln(z + \sqrt{z^2 - c^2}\,)$$

或

$$w(z) = \frac{1}{2}\,\overline{V}_\infty\,(z + \sqrt{z^2 - c^2}\,) + \frac{1}{2}\,\frac{(a+b)^2}{c^2}V_\infty\,(z - \sqrt{z^2 - c^2}\,)$$

$$+ \frac{\Gamma}{2\pi \mathrm{i}}\ln(z + \sqrt{z^2 - c^2}\,), \tag{7.16.10}$$

其中 Γ 未定,因椭圆无角点,故 Γ 确定不出来,需要事先给出.

对 w 微分 z 可求出共轭复速度,特别地可求出椭圆上速度分布,然后根据伯努利积分即得压强分布.

$\Gamma = 0$ 时椭圆的绕流图案如图 7.16.4 所示.

2) 合力及合力矩:

合力为

$$\mathscr{R} = -\mathrm{i}\rho\Gamma V_\infty,$$

关于合力的讨论同一般理论中进行的一样,不另述.

合力矩为

$$L = \mathrm{Re}\,[-2\pi \mathrm{i}\rho k k_1\,\overline{V}_\infty^2 - \rho\Gamma k_0\,\overline{V}_\infty],$$

将(7.16.9)式代入,得

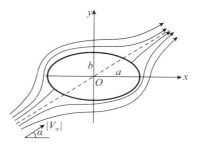

图 7.16.4

$$L = \mathrm{Re}\,\left[-2\pi \mathrm{i}\rho\,\frac{1}{2}\cdot\frac{c^2}{2}\,|V_\infty|^2\,\mathrm{e}^{-2\mathrm{i}\alpha}\right]$$

$$= -\frac{\pi}{2}\rho\,|V_\infty|^2 c^2 \sin 2\alpha.$$

考虑到 $c^2 = a^2 - b^2$,得

$$L = -\frac{\pi}{2}\rho\,|V_\infty|^2(a^2 - b^2)\sin 2\alpha. \tag{7.16.11}$$

当 $\alpha = 0, \pi/2$ 时 $L = 0$,即横向及纵向绕流对原点不产生力矩. 当 $a = b$ 时 $L = 0$,即圆柱绕流问题中圆柱不受力矩作用. 对同样的 $a, b, \alpha = 45°$ 时 L 最大,即冲角是 45°时,椭圆所受到的力矩最大. 对同一个 α,若 a 愈大,b 愈小,则 L 就愈大,这就是说平板所受到的力矩最大.

下面我们讨论椭圆绕流的一个非常重要的特例,即平板绕流问题.

b) 平板绕流问题

平板是退化的椭圆,令短轴 $b = 0$,则有 $a = c$,于是椭圆退化成长度为 $2c$ 的平板,此时我们有

$$R = c, \quad k = 1/2, \quad k_0 = 0, \quad k_1 = c^2/2, \quad \theta_0 = 0. \quad (7.16.12)$$

1）复位势，平板上速度分布.

在(7.16.10)式中令 $b = 0, a = c$，则得平板绕流问题的复位势

$$\begin{aligned}
w(z) &= \frac{1}{2}\,\overline{V}_\infty(z + \sqrt{z^2 - c^2}) + \frac{1}{2}V_\infty(z - \sqrt{z^2 - c^2}) \\
&\quad + \frac{\Gamma}{2\pi\mathrm{i}}\ln(z + \sqrt{z^2 - c^2}) \\
&= \frac{1}{2}(V_\infty + \overline{V}_\infty)z - \frac{1}{2}(V_\infty - \overline{V}_\infty)\sqrt{z^2 - c^2} \\
&\quad + \frac{\Gamma}{2\pi\mathrm{i}}\ln(z + \sqrt{z^2 - c^2}),
\end{aligned}$$

即

$$w(z) = u_\infty z - \mathrm{i}v_\infty\sqrt{z^2 - c^2} + \frac{\Gamma}{2\pi\mathrm{i}}\ln(z + \sqrt{z^2 - c^2}), \quad (7.16.13)$$

其中 u_∞, v_∞ 是无穷远处速度矢量在 x, y 轴上的分量. 因为平板是有角点的,于是 Γ 由

$$\Gamma = 4\pi k R\,|V_\infty|\sin(\theta_0 - \alpha)$$

决定. 考虑到(7.16.12)式得

$$\Gamma = -2\pi c\,|V_\infty|\sin\alpha = -2\pi c v_\infty. \quad (7.16.14)$$

平板无环量绕流和保证后缘角点速度有限的有环量绕流的绕流图案如图 7.16.5 与图 7.16.6 所示.

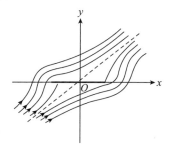

图 7.16.5

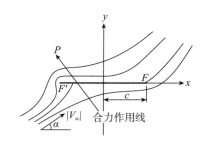

图 7.16.6

共轭复速度是

$$\begin{aligned}
\overline{V} &= \frac{\mathrm{d}w}{\mathrm{d}z} \\
&= u_\infty - \mathrm{i}v_\infty\,\frac{z}{\sqrt{z^2 - c^2}} + \frac{\Gamma}{2\pi\mathrm{i}}\,\frac{1 + \dfrac{z}{\sqrt{z^2 - c^2}}}{z + \sqrt{z^2 - c^2}}
\end{aligned}$$

$$= u_\infty - \frac{\mathrm{i} v_\infty z - \dfrac{\Gamma}{2\pi\mathrm{i}}}{\sqrt{z^2 - c^2}}.$$

由此式可见,当 $z = \pm c$ 时,即在平板的两端点,一般说来速度趋于无穷. 但当 Γ 取(7.16.14)式所确定的数值时,$\overline{V}$ 的值为

$$\overline{V} = u_\infty - \mathrm{i} v_\infty \sqrt{\frac{z-c}{z+c}}. \tag{7.16.15}$$

此时能保证平板的后缘点速度取 u_∞ 的有限值,即无穷远处速度在 x 方向的分量. 但在前缘点即 $z = -c$ 上,速度仍然为无限大.

现求平板上的速度分布,为此将(7.16.15)式改写成

$$\overline{V} = u_\infty - \mathrm{i} v_\infty \sqrt{\frac{r_1}{r_2}}\, \mathrm{e}^{\mathrm{i}(\theta_1-\theta_2)/2},$$

其中 $r_1, \theta_1, r_2, \theta_2$ 分别是 $z-c, z+c$ 的模及辐角,如图 7.16.7 所示. 当 z 由上半平面趋于平板上的点 $(x, +0)$ 时,得上剖面的速度分布

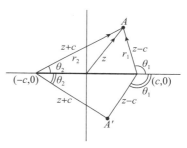

图 **7.16.7**

$$\overline{V}(x, +0) = u_\infty - \mathrm{i} v_\infty \sqrt{\frac{c-x}{c+x}}\, \mathrm{e}^{\mathrm{i}\pi/2}$$

$$= u_\infty + v_\infty \sqrt{\frac{c-x}{c+x}},$$

亦即

$$u(x, +0) = u_\infty + v_\infty \sqrt{\frac{c-x}{c+x}}, \quad v(x, +0) = 0.$$

当 z 由下半平面趋于平板上的点 $(x, -0)$ 时,则得下剖面的速度分布

$$\overline{V}(x, -0) = u_\infty - \mathrm{i} v_\infty \sqrt{\frac{c-x}{c+x}}\, \mathrm{e}^{-\mathrm{i}\pi/2}$$

$$= u_\infty - v_\infty \sqrt{\frac{c-x}{c+x}},$$

亦即

$$u(x, -0) = u_\infty - v_\infty \sqrt{\frac{c-x}{c+x}}, \quad v(x, -0) = 0.$$

因此平板上、下的速度分布为

$$u(x,+0)=u_\infty+v_\infty\sqrt{\frac{c-x}{c+x}},$$

$$u(x,-0)=u_\infty-v_\infty\sqrt{\frac{c-x}{c+x}}.$$

由此可见,在平板绕流问题中,上、下剖面的速度分布是不一样的,在同一个点 $(x,0)$ 上 $(-c\leqslant x\leqslant c)$,上剖面的切向速度分量 u 不同于下剖面的,也就是平板是切向速度间断面,其间断值为

$$u(x,-0)-u(x,+0)=-2v_\infty\sqrt{\frac{c-x}{c+x}}. \tag{7.16.16}$$

下面我们来证明,平板上的切向速度间断面和平板上连续分布着点涡的涡层是等价的,而且单位长度的涡层的强度等于间断面的间断值.

i) 平板 FF' 上的涡层即切向速度间断面.

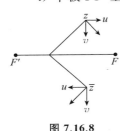

图 7.16.8

设平板 FF' 上连续分布着点涡,平板上任一点涡在共轭点对 $z(x,y)$ 及 $\bar z(x,-y)$ 所感应的速度显然满足下式(见图 7.16.8):

$$u(x,y)=-u(x,-y),\quad v(x,y)=v(x,-y).$$

于是整个涡层对 $z,\bar z$ 所感应的速度也一定满足上式,特别地当 $y\to\pm0$ 时有

$$u(x,+0)=-u(x,-0),\quad v(x,+0)=v(x,-0),$$

这说明平板是切向速度间断面,而法向速度分量则是连续的.

ii) 切向速度间断面 FF' 可看作是 FF' 上的涡层.

设 FF' 为切向速度间断面.在平板上取一线元 ds,围绕 ds 画出一矩形封闭曲线,如图 7.16.9 所示,现计算沿 $ABCD$ 的逆时针方向的环量

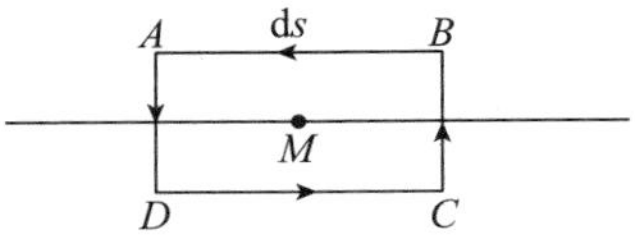

$$\Gamma=[u(x,-0)-u(x,+0)]ds\neq0,$$

图 7.16.9

这说明在 ds 上有涡层.设涡层单位长度的强度是 $\gamma(x)$,则根据斯托克斯定理有

$$\gamma ds=[u(x,-0)-u(x,+0)]ds,$$

$$\gamma(x)=u(x,-0)-u(x,+0).$$

将(7.16.16)式代入,得平板绕流问题中涡层的强度

$$\gamma(x)=-2v_\infty\sqrt{\frac{c-x}{c+x}}. \tag{7.16.17}$$

若令 $x=-c\cos\theta$,则

$$\gamma(\theta)=-2v_\infty\sqrt{\frac{1+\cos\theta}{1-\cos\theta}}=-2v_\infty\cot\frac{\theta}{2},$$

平板上 $\gamma(x)$ 的分布图(速度分布曲线的形状与此相同)如图 7.16.10 所示.

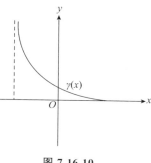

2) 合力、合力矩及压力中心.

合力为

$$\mathscr{R} = -\mathrm{i}\rho V_\infty \Gamma = 2\pi\mathrm{i}\rho c \, |V_\infty|^2 \sin\alpha(\cos\alpha + \mathrm{i}\sin\alpha),$$

其实部及虚部分别为

$$R_x = -2\pi\rho c \, |V_\infty|^2 \sin^2\alpha,$$
$$R_y = 2\pi\rho c \, |V_\infty|^2 \sin\alpha\cos\alpha,$$

图 7.16.10

相应的系数分别是

$$\begin{cases} C_x = \dfrac{R_x}{\dfrac{1}{2}\rho \, |V_\infty|^2 \cdot 2c} = -2\pi\sin^2\alpha, \\[3mm] C_y = \dfrac{R_y}{\dfrac{1}{2}\rho \, |V_\infty|^2 \cdot 2c} = 2\pi\sin\alpha\cos\alpha. \end{cases} \tag{7.16.18}$$

当 α 小时有

$$C_x = -2\pi\alpha^2, \quad C_y = 2\pi\alpha. \tag{7.16.19}$$

在 (7.16.11) 式中令 $b=0$, $a=c$, 即得合力矩

$$L = -\frac{\pi}{2}\rho \, |V_\infty|^2 c^2 \sin2\alpha,$$

相应系数为

$$C_m = \frac{L}{\dfrac{1}{2}\rho \, |V_\infty|^2 \cdot (2c)^2} = -\frac{\pi}{4}\sin2\alpha, \tag{7.16.20}$$

当 α 小时有

$$C_m = -\frac{\pi}{2}\alpha. \tag{7.16.21}$$

C_m 与 C_y 之间的关系是

$$|C_m| : |C_y| = 1 : 4, \tag{7.16.22}$$

即压力中心在离前缘 1/4 平板长度处.

在合力方面有必要指出下列两点:

i) 升力和阻力按一般的定义应该是与来流垂直和平行的力,如按此定义则根据平板绕流问题中茹柯夫斯基定理平板将不受阻力,但在平板这一特殊情形下,事情有些两样,显然此时与平板垂直的力即 R_y 应是升力,而与平板平行的力 R_x 应是阻力. 若按此新的理解,则平板受到 x 方向的力.

ii) 这个 x 方向的力是负值,因此不是阻力而是吸力,是一个推动平板前进的有利的力.

研究绕平板的流动具有很大的实际意义. 在实际生产中某些比较简陋的翼型就是一块平板,例如,一般民船上所用的舵,某些通风机的叶片等等. 通常航空用的机翼的相对厚度与相对弯度也都比较小,和平板比较接近,它们的气动特性常常可以利用平板的结果,再加上适当的厚度与弯度的修正. 并且处理平板绕流的理论方法也可以作为分析绕一般翼型流动时的借鉴.

7.17   茹柯夫斯基剖面

从本节开始研究翼型绕流问题,所采用的方法就是前几节介绍的保角映射法和奇点法. 首先应用保角映射方法解反问题,即给定变换函数 $z = f(\zeta)$,希望通过这个变换将圆变换到符合实际要求的翼型上去. 直接寻求任意翼剖面 C 外区域和圆外区域的保角映射函数是比较困难的,到 20 世纪 40 年代才找到有效的解正问题的近似方法. 本书不打算介绍这方面的各种方法,而满足于在下一节中向读者介绍一种用奇点法解正问题的格劳威尔方法.

剖面 C 外区域和圆外区域的保角映射函数可展开成

$$z = k\zeta + k_0 + \frac{k_1}{\zeta} + \frac{k_2}{\zeta^2} + \cdots,$$

通过位移可使 k_0 为零. 只取展开式前两项所得的函数

$$z = k\zeta + \frac{k_1}{\zeta}$$

是这类变换函数中最简单的一种. 取 $k = 1/2$,$k_1 = c^2/2$(c 是实数)就得到著名的**茹柯夫斯基变换**

$$z = \frac{1}{2}\left(\zeta + \frac{c^2}{\zeta}\right), \tag{7.17.1}$$

此式还可写成

$$\frac{z-c}{z+c} = \left(\frac{\zeta-c}{\zeta+c}\right)^2. \tag{7.17.2}$$

变换 (7.17.1) 的部分性质已在 7.16 节中介绍过. 需要指出的是 $\zeta = \pm c$ 时 $dz/d\zeta = 0$,于是 $\zeta = \pm c$ 是茹柯夫斯基变换的保角映射破坏点,这从 (7.17.2) 式亦可看出. A 与 A' 点上的圆弧变成了 F 与 F' 点上的割线 (见图 7.17.1). π 角变成了 2π 角,F 与 F' 成了角点. 其次,从 (7.17.1) 式容易看出 ζ 平面中与 ξ 轴或 η 轴对称的曲线经过变换后所得的 z 平面上的对应曲线仍与 x 轴和 y 轴对称.

由此可以看出,为了得到头圆尾尖符合航空要求的翼型,ζ 平面上的出发圆必须通过一个保角映射破坏点,而将另一个保角映射破坏点包在其中.

我们知道圆心在原点的基本圆变到长为 $2c$ 的平板 FF' 上去,下面我们考察

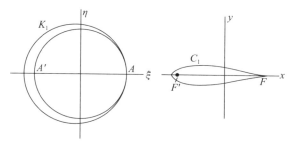

图 7.17.1

一下符合上述要求的偏心圆变到什么样的剖面上去?

1) 圆心位于 ξ 轴且通过 A 点的偏心圆族 K_1.

偏心圆族 K_1 的方程为

$$\zeta = -\lambda c + (1+\lambda)c\,e^{i\theta},$$

式中 λ 是表征 ξ 方向偏心距离的一个无量纲参数. 将之代入(7.17.1)式即得 z 平面上对应曲线 C_1 的方程. 由于 K_1 关于 ξ 轴对称,因此 C_1 亦关于 x 轴对称, 所得的曲线称为茹柯夫斯基舵面,它是一个只有厚度没有弯度的翼型(见图 7.17.1).

当 $\lambda \leqslant 1$ 时我们得到对称薄翼. 忽略 λ 二阶小量以上的项,得 C_1 的下列近似公式:

$$\begin{cases} x(\theta) = c\cos\theta + \dfrac{1}{2}\lambda c(\cos 2\theta - 1), \\[2mm] y(\theta) = c\lambda\left(\sin\theta - \dfrac{1}{2}\sin 2\theta\right). \end{cases} \tag{7.17.3}$$

易证 $\theta = 2\pi/3$ 时,y 取极大值

$$y_{\max} = \frac{3\sqrt{3}}{4}c\lambda.$$

其次,茹柯夫斯基舵面的翼弦为 $b = x(0) - x(\pi) = 2c$,于是翼型的最大相对厚度为

$$\delta = \frac{2y_{\max}}{2c} = \frac{3\sqrt{3}}{4}\lambda \approx 1.3\lambda. \tag{7.17.4}$$

由此可见,在薄翼的条件下,翼剖面的最大相对厚度 δ 与 λ 成正比. λ 越大,δ 越大;λ 越小,δ 也越小. 因此,λ 是控制翼型厚度的无量纲参数.

2) 圆心位于 η 轴且通过 A 点(也通过 A' 点)的偏心圆族 K_2.

设 K_2 的圆心在 $(0, c\tan\beta)$ 上(见图 7.17.2). 利用(7.17.2)式有

$$\mathrm{Arg}\left(\frac{z-c}{z+c}\right) = 2\,\mathrm{Arg}\left(\frac{\zeta-c}{\zeta+c}\right), \tag{7.17.5}$$

ξ 轴将圆 K_2 分成 $A'PA$ 及 $A'P'A$ 两部分. 在弧 $A'PA$ 及 $A'P'A$ 上 $\mathrm{Arg}\,(\zeta-c)$

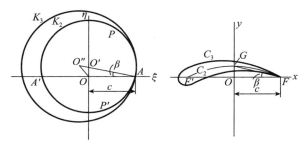

图 7.17.2

$-\operatorname{Arg}(\zeta+c)$分别为$\dfrac{\pi}{2}-\beta$及$-\dfrac{\pi}{2}-\beta$. 于是根据(7.17.5)式在 z 平面的对应曲线上 $\operatorname{Arg}(z-c)-\operatorname{Arg}(z+c)$ 分别取 $\pi-2\beta$，$-\pi-2\beta$. 两者都是常数且相差 2π，说明对应的两条曲线都是圆弧而且是重合的(图上的 $F'GF$). 因为$\angle OGF=\dfrac{\pi}{2}-\beta$, 故 $OG=c\tan\beta$. 圆弧翼剖面的最大相对弯度是

$$f=\frac{OG}{2c}=\frac{1}{2}\tan\beta, \tag{7.17.6}$$

当$\beta\ll1$, 即考虑薄翼时

$$f=0.5\beta. \tag{7.17.7}$$

于是圆心位于 η 轴上的偏心圆族对应于只有弯度没有厚度的圆弧翼剖面, 其最大相对弯度与 β 成正比, β 是一个控制弯度的无量纲参数.

3) 圆心位于第二象限且通过 A 点的偏心圆族 K_3.

如图 7.17.2 所示, 圆心 O'' 的坐标是$(-\lambda c,(\lambda+1)c\tan\beta)$, 它是由控制厚度和弯度的两个参数决定的, 因此圆 K_3 的对应曲线 C_3 是一个既有厚度也有弯度的翼剖面, 而且头圆尾尖夹角是零度. 翼型包住对应于 K_2 的圆弧 C_2, 并与其在 F 点相切, 这样得来的翼型称为**茹柯夫斯基剖面**.

以上详细地讨论了通过 A 点的不同偏心圆族通过茹柯夫斯基变换变换到什么样的曲线上去. 我们发现通过 A 点且圆心位于第二象限上的偏心圆族变到头圆尾尖的茹柯夫斯基剖面族上去, 而且通过改变 λ 和 β 的值可以控制翼型的厚度和弯度, λ 和 β 分别是刻画厚度和弯度的两个无量纲参数. 由于茹柯夫斯基剖面受两个参数的控制, 所以称为两个参数的剖面族.

为了得出茹柯夫斯基剖面的空气动力学特性曲线, 必须知道圆心在原点的圆变换到翼型 C_3 上去的映射函数. 平移 ζ 平面上的坐标系使坐标原点与 O'' 点重合, 得 ζ' 平面. 于是 ζ' 与 ζ 的变换关系为

$$\zeta=OO''+\zeta'=c-a\mathrm{e}^{-i\beta}+\zeta',$$

其中$a=c(1+\lambda)\sec\beta$. 将上式代入(7.17.1)式, 得

$$z = \frac{1}{2}\left(c - a\,\mathrm{e}^{-\mathrm{i}\beta} + \zeta' + \frac{c^2}{c - a\,\mathrm{e}^{-\mathrm{i}\beta} + \zeta'} \right)$$

$$= \frac{1}{2}\zeta' + \frac{1}{2}(c - a\,\mathrm{e}^{-\mathrm{i}\beta}) + \frac{c^2}{2\zeta'} - \frac{c^2(c - a\,\mathrm{e}^{-\mathrm{i}\beta})}{2\zeta'^2} + \cdots,$$

由此得

$$k = \frac{1}{2}, \quad k_0 = \frac{1}{2}(c - a\,\mathrm{e}^{-\mathrm{i}\beta}), \quad k_1 = \frac{c^2}{2}. \tag{7.17.8}$$

其次,由图 7.17.2 看出,保角映射破坏点 A 的辐角及圆半径分别为

$$\theta_0 = -\beta, \quad R = a. \tag{7.17.9}$$

1) 升力系数.

根据(7.15.12),(7.17.8)及(7.17.9)式,升力的大小为

$$P = 4\pi\rho k R\,|V_\infty|^2 \sin(\alpha - \theta_0)$$

$$= 2\pi\rho a\,|V_\infty|^2 \sin(\alpha + \beta),$$

于是升力系数是

$$C_y = \frac{P}{\dfrac{1}{2}\rho\,|V_\infty|^2 \cdot 2c} = 2\pi\,\frac{a}{c}\sin(\alpha + \beta),$$

即

$$C_y = 2\pi(1 + \lambda)\sec\beta\sin(\alpha + \beta). \tag{7.17.10}$$

在薄翼小攻角时,α,λ,β 皆为小量,上式可近似为

$$C_y = 2\pi(\alpha + \beta). \tag{7.17.11}$$

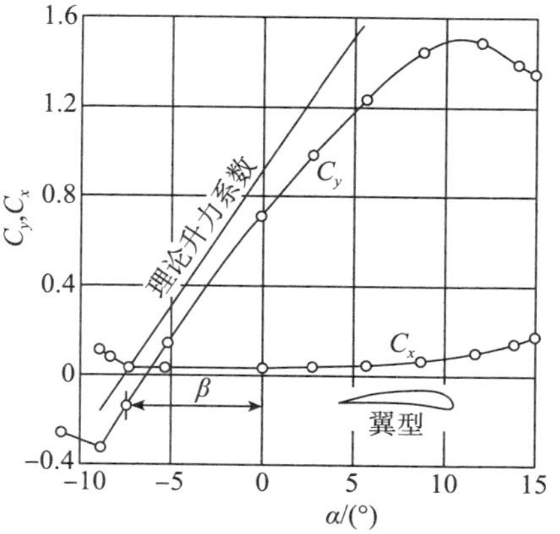

图 7.17.3

图 7.17.3 将 C_y 的理论结果和实验进行了比较,对比是在如图所示的茹柯夫斯基翼型中进行的($\beta = 8°$). 符合的程度是令人满意的. 例如 $\mathrm{d}C_y/\mathrm{d}\alpha$ 的理论值是 2π,而实验值约为 6,误差不超过 5%. 实验曲线较理论曲线整体偏低的原因部

分地是由于翼剖面上半部分边界层加厚引起的. 当攻角在 $9°$ 附近时, 升力曲线的形状有一个突然的改变, 这标志着边界层开始从翼剖面的上表面分离. 图 7.17.3 还附带地画出了实验测出的阻力系数曲线.

2) 力矩系数和压力中心.

根据 (7.15.16), (7.17.8) 及 (7.17.9) 式, 力矩为

$$L = \pi\rho \, |V_\infty|^2 \, \mathrm{Re} \left\{ \mathrm{i} \left[\frac{c^2}{2} - \frac{a}{2}(c - a\,\mathrm{e}^{-\mathrm{i}\beta})\mathrm{e}^{-\mathrm{i}\beta} \right] \mathrm{e}^{-2\mathrm{i}\alpha} \right.$$

$$\left. + \frac{\mathrm{i}}{2} a(c - a\,\mathrm{e}^{-\mathrm{i}\beta})\mathrm{e}^{\mathrm{i}\beta} \right\}$$

$$= \frac{1}{2}\pi\rho \, |V_\infty|^2 \left[c^2 \sin 2\alpha + a^2 \sin 2(\alpha + \beta) \right.$$

$$\left. - 2ac \sin(\alpha + \beta)\cos\alpha \right]. \tag{7.17.12}$$

若考虑薄翼且攻角不大的情况, α, λ, β 皆为小量, 上式可近似为

$$L = \pi\rho \, |V_\infty|^2 c^2 \alpha, \tag{7.17.13}$$

于是对应的力矩系数为

$$C_m = \frac{L}{\frac{1}{2}\rho \, |V_\infty|^2 \, (2c)^2} = \frac{1}{2}\pi\alpha. \tag{7.17.14}$$

从实用的观点来看, 对前缘取矩更方便, 若以 L_{LE} 表之, 则 L_{LE} 与 L 之间存在下列关系:

$$L_{\mathrm{LE}} = L - cP,$$

由此

$$(C_m)_{\mathrm{LE}} = C_m - \frac{1}{2}C_y.$$

利用公式 (7.17.11) 及 (7.17.14), 在薄翼小攻角时有

$$(C_m)_{\mathrm{LE}} = \frac{1}{2}\pi\alpha - \pi(\alpha + \beta) = -\frac{\pi}{2}(\alpha + 2\beta),$$

相对于前缘的压力中心用翼弦 $2c$ 相除, 得下列值:

$$-\frac{(C_m)_{\mathrm{LE}}}{C_y} = \frac{1}{4}\left(\frac{\alpha + 2\beta}{a + \beta} \right). \tag{7.17.15}$$

结构上主要承受载荷的地方应放在压力中心附近, 因此希望在通常采用的攻角范围内压力中心的位置不要改变太多. 对于对称的茹柯夫斯基剖面而言, $\beta = 0$, 压力中心固定在 1/4 翼弦处. 对于一般的弯曲薄茹柯夫斯基翼型, 压力中心随攻角移动较大.

茹柯夫斯基翼型有两个结构上的缺点: (1) 尾部角点的夹角是零度, 这不仅制造困难, 而且也不牢固; (2) 压力中心位置随攻角的改变移动较大, 因此稳定性

能较差. 有鉴于此, 在航空工程中并不采用茹柯夫斯基翼型. 尽管如此, 由于它是一个准确解, 人们常利用它来检验近似方法的准确性, 再加上它提供了解反问题的一个完整的典型例子, 在空气动力学发展史上起过历史作用, 所以仍然具有基础意义.

7.18 薄翼

上一节研究了经典的茹柯夫斯基理论剖面, 通过它揭示了翼剖面的厚度、弯度和来流的攻角对空气动力学系数的影响. 由于茹柯夫斯基剖面具有零尖角, 压力中心移动较大等缺点, 因此在工程实际中很少采用. 在剖面设计工作中通常根据空气动力学性质等方面的考虑提出某种形状的翼剖面, 要求计算给定翼剖面上的空气动力学系数. 因此我们必须解决任意给定翼型的绕流问题.

给定翼剖面 C. 将坐标原点取在前后缘连线的中点, x 轴沿翼弦方向. 设翼型 C 的方程为 $y = F(x)$. 假定无穷远处来流速度为 $|V_\infty|$, 攻角为 α (图 7.18.1). 翼型绕流可理解为翼型对均匀来流有一扰动. 设 $w(z)$ 是扰动复位势, 它和绕流复位势 $W(z)$ 的关系为

$$W(z) = \overline{V}_\infty z + w(z),$$

设 u, v 是扰动速度, 则任意翼型绕流问题的数学提法亦可表述为: 求 C 外区域内的解析函数——扰动复位势 $w = w(z)$, 它满足以下条件:

1) 在剖面 $y = F(x)$ 上满足绕流条件

$$\frac{|V_\infty| \sin\alpha + v}{|V_\infty| \cos\alpha + u} = \frac{\mathrm{d}F}{\mathrm{d}x}; \quad (7.18.1)$$

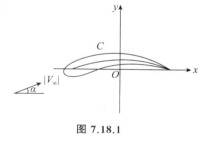

图 **7.18.1**

2) 在无穷远处满足扰动消失条件

$$u = 0, \quad v = 0. \quad (7.18.2)$$

采用保角映射方法解决任意翼型绕流问题, 早在 20 世纪 40 年代前后, 就已发展了多种有效的理论计算方法, 例如西奥道生方法、努仁方法等等. 它们相对来说都比较复杂, 我们不准备在本书中进行介绍. 在近代航空工业中所广泛采用的翼型, 一般都具有较小的相对厚度与弯度, 并且主要在小攻角下使用, 对于这种所谓的薄翼, 可以采用奇点法求解. 本节主要介绍薄翼理论中的**格劳特** (Glauert)**方法**.

小攻角薄翼绕流问题最主要的物理性质就是翼型对来流的小扰动性, 反映在数学上就是剖面上的边界条件可以线性化, 厚度、弯度与攻角的影响能分开考虑, 从而进一步简化了数学问题.

对于薄翼小攻角绕流问题我们有:

1）翼型的相对厚度和相对弯度都很小，因此 $F,\mathrm{d}F/\mathrm{d}x$ 都是一级小量；

2）来流攻角 α 很小，可认为是一级小量；

3）翼型的存在对均匀来流所产生的扰动很小，因此，扰动速度及其导数相对来流速度 $|V_\infty|$ 是一级小量.

根据上述三条，并注意到

$$\sin\alpha = \alpha - \frac{\alpha^3}{3!} + \cdots, \quad \cos\alpha = 1 - \frac{\alpha^2}{2} + \cdots,$$

在(7.18.1)式中忽略二级以上小量后得

$$v(x,F(x)) = |V_\infty|\left(\frac{\mathrm{d}F}{\mathrm{d}x} - \alpha\right). \tag{7.18.3}$$

注意，上式是在 $y=F(x)$ 上满足的，即(7.18.3)式左边的 v 是在点 $(x,F(x))$ 上取值. 现在证明准确到一级近似上式可转移到 $y=0$ 上满足，即 v 可近似地取在翼弦上. 根据泰勒公式有

$$v(x,F(x)) = v(x,0) + \left(\frac{\partial v}{\partial y}\right)_0 F(x) + \cdots,$$

因 $F(x),\left(\dfrac{\partial v}{\partial y}\right)_0$ 都是一级小量，故 $\left(\dfrac{\partial v}{\partial y}\right)_0 F(x)$ 是二级小量，略去这一项及后面更高阶的小量，得

$$v(x,F(x)) = v(x,0),$$

于是翼型表面上的值可用翼弦上的值来近似. 考虑到这一点，(7.18.3)式可改写为

$$v(x,0) = |V_\infty|\left(\frac{\mathrm{d}F}{\mathrm{d}x} - \alpha\right). \tag{7.18.4}$$

现在薄翼绕流问题一级近似的数学提法可改写为：求平板 AB（图 7.18.2）外的解析函数——扰动位势 $w(z)$，它满足

1）$v(x,0) = |V_\infty|\left(\dfrac{\mathrm{d}F}{\mathrm{d}x} - \alpha\right)$，$-\dfrac{c}{2} \leqslant x \leqslant \dfrac{c}{2}$；

2）在无穷远处 $u=0,v=0$；

3）在后缘 B 点满足茹柯夫斯基假设.

必须指出：(1)绕流条件转移到平板上满足，意味着流动区域也随之发生改变，从原来的剖面 C 外区域变到平板 AB 外区域. (2)虽然绕流条件转移到平板上满足，定义区域也变为平板 AB 外的整个区域，但是它并不是平板绕流问题. 因为在边界条件(7.18.4)中多了一项 $|V_\infty|\dfrac{\mathrm{d}F}{\mathrm{d}x}$，正是通过它将翼型形状的影响考虑进去了. (3)线性化后翼型 C 被平板 AB 替代，平板 AB 所受的合力及合力矩近似地代表了翼型 C 所受的合力及合力矩. (4)设上表面的方程为 $y=F_+(x)$，下表

面的方程为 $y=F_-(x)$，则 (7.18.4) 式包含了两个式子

$$v(x,+0)=|V_\infty|\left(\frac{\mathrm{d}F_+}{\mathrm{d}x}-\alpha\right),$$

$$v(x,-0)=|V_\infty|\left(\frac{\mathrm{d}F_-}{\mathrm{d}x}-\alpha\right),$$

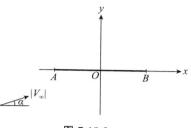

图 7.18.2

+0 与 −0 表示在平板上和平板下取值. 对于对称剖面而言

$$F_+=-F_-=F,$$

上两式可合写为

$$v(x,\pm0)=|V_\infty|\left(\pm\frac{\mathrm{d}F}{\mathrm{d}x}-a\right).$$

对于弯弧剖面而言

$$F_+=F_-=F,$$

上两式可合写为

$$v(x,\pm0)=|V_\infty|\left(\frac{\mathrm{d}F}{\mathrm{d}x}-a\right).$$

现分析边界条件 (7.18.4). 如果其右边括号中只取第二项，即

$$v=-|V_\infty|\alpha,$$

则与前面所讲的平板有攻角绕流问题中的边界条件完全一样. 如果在括号中只取第一项，即

$$v=|V_\infty|\frac{\mathrm{d}F}{\mathrm{d}x},$$

这就是零攻角 $\alpha=0$ 的来流绕薄翼流动的边界条件. 由于解析函数及线性化后边界条件都是线性的，因此小攻角绕薄翼流动可以看作上述两个简单流动的叠加. 而这后一个流动又可分解为两个更简单流动的叠加. 翼型的中线及半厚度可分别表示为

$$y=F_m(x)=\frac{1}{2}[F_+(x)+F_-(x)],$$

$$y=F_t(x)=\frac{1}{2}[F_+(x)-F_-(x)],$$

于是翼型的上、下表面也可改写为

$$y=F_\pm(x)=F_m(x)\pm F_t(x),$$

因此零攻角绕薄翼流动在上、下表面满足的边界条件可改写为

$$v(x,\pm0)=|V_\infty|\frac{\mathrm{d}F_m}{\mathrm{d}x}\pm|V_\infty|\frac{\mathrm{d}F_t}{\mathrm{d}x}.$$

显而易见,右边只取第一项时代表的是零攻角来流绕一个没有厚度的弯弧翼型的流动,这个弯弧就是原来翼型的中线;右边只取第二项时所代表的正是零攻角来流绕一个没有弯度的对称翼型的流动,这个对称翼型具有与原来的翼型相同的厚度分布.因此零攻角绕薄翼的流动又可看作弯弧和对称翼型两个流动的叠加.

总之,由于解析函数和边界条件都是线性的,因此一般的绕薄翼的小攻角流动可以分解为下列三个基本绕流问题的叠加(见图 7.18.3).

1) 零攻角绕对称翼型的流动,其扰动复位势 $w_1(z)$ 满足

$$v_1(x,\pm 0)=\pm|V_\infty|\frac{\mathrm{d}F_t}{\mathrm{d}x},$$

$$u_1(\infty)=0,\quad v_1(\infty)=0.$$

2) 零攻角绕弯弧的流动,其扰动复位势 $w_2(z)$ 满足

$$v_2(x,\pm 0)=|V_\infty|\frac{\mathrm{d}F_m}{\mathrm{d}x},$$

$$u_2(\infty)=0,\quad v_2(\infty)=0.$$

3) 小攻角绕平板流动,其扰动复位势为 $w_3(z)$ 满足

$$v_3(x,\pm 0)=-|V_\infty|\alpha,$$

$$u_3(\infty)=0,\quad v_3(\infty)=0.$$

也就是说,可以分别考虑厚度、弯度和攻角对翼型的影响.

对于零攻角绕对称翼型的流动,由于流动的对称性,不产生升力与力矩.因此从气动力计算来说,可以不必考虑它,它只在求翼型上压强分布与速度分布时有用.为便于分析我们把第二个问题与第三个问题合起来讨论,即讨论小攻角绕弧形翼型流动的问题.此时绕流条件为

$$v(x,\pm 0)=|V_\infty|\left(\frac{\mathrm{d}F_m}{\mathrm{d}x}-\alpha\right). \tag{7.18.5}$$

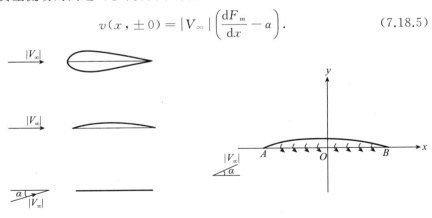

图 7.18.3   图 7.18.4

我们采用奇点法解此问题,在平板绕流问题中,平板是切向速度间断面. 容易想象,与平板一样弧形翼型也是切向速度间断面(如果是连续的,剖面将不受力). 因此我们可以用沿翼弦分布的涡层代替这个翼型(图 7.18.4). 设沿翼弦的涡旋密度分布为 $\gamma(x)$,则它感应的复位势为

$$w(z) = \frac{1}{2\pi i} \int_{-c/2}^{+c/2} \gamma(\xi) \ln(z - \xi) d\xi. \qquad (7.18.6)$$

显然,$w(z)$ 是 AB 外的解析函数,并且满足无穷远处条件. 剩下的问题是使 $w(z)$ 满足绕流条件及后缘速度有限条件,从而定出 $\gamma(\xi)$. 由(7.18.6)式得

$$u - iv = \frac{1}{2\pi i} \int_{-c/2}^{+c/2} \frac{\gamma(\xi)}{z - \xi} d\xi,$$

$$v = \frac{1}{2\pi} \int_{-c/2}^{+c/2} \gamma(\xi) \frac{x - \xi}{(x - \xi)^2 + y^2} d\xi.$$

令其满足绕流条件(7.18.5)得确定 $\gamma(\xi)$ 的积分方程

$$\frac{1}{2\pi} \int_{-c/2}^{+c/2} \frac{\gamma(\xi)}{x - \xi} d\xi = |V_\infty| \left(\frac{dF_m}{dx} - \alpha \right), \qquad (7.18.7)$$

为了求解此方程,令

$$\xi = -\frac{c}{2} \cos\theta, \quad x = -\frac{c}{2} \cos\theta_1, \qquad (7.18.8)$$

前、后缘分别对应于 $\theta = 0$ 及 $\theta = \pi$,然后将 $\gamma(\theta)$ 展开成 θ 的三角函数. 由于在后缘处要求解满足速度有限的条件,因此,那里的 $\gamma(\pi) = u(\pi - 0) - u(\pi + 0)$ 应取零值. 其次,考虑到弯弧绕流与平板绕流有相近的性质,因此在前缘尖端附近出现速度趋于无穷大的情形,对应的 $\gamma(\theta)$ 在 $\theta = 0$ 处有 $\cot(\theta/2)$ 类型的奇性[参看 (7.16.17)式]. 考虑函数

$$\gamma(\theta) - 2|V_\infty| A_0 \cot\frac{\theta}{2},$$

显然它感应的速度在前缘处有限,重复后缘的推论得它在前缘 $\theta = 0$ 处取零值. 其次由 $\gamma(\pi) = 0$ 及 $\cot(\pi/2) = 0$ 推出它在后缘 $\theta = \pi$ 处亦取零值. 这就要求 $\gamma(\theta) - 2|V_\infty| A_0 \cot(\theta/2)$ 的傅氏展开式一定是奇函数型的,即

$$\gamma(\theta) = 2|V_\infty| \left(A_0 \cot\frac{\theta}{2} + \sum_{n=1}^{\infty} A_n \sin n\theta \right). \qquad (7.18.9)$$

显然在后缘 $\theta = \pi$ 处 $\gamma(\pi) = 0$,后缘处速度有限的条件得到满足. 将(7.18.8)及 (7.18.9)式代入(7.18.7)式,得

$$\frac{1}{\pi} \int_0^\pi \frac{\left(A_0 \cot\frac{\theta}{2} + \sum_{n=1}^{\infty} A_n \sin n\theta \right) \sin\theta \, d\theta}{\cos\theta - \cos\theta_1} = \frac{dF_m}{dx} - \alpha. \qquad (7.18.10)$$

利用三角公式

$$\cot\frac{\theta}{2}\sin\theta = 1 + \cos\theta,$$

$$\sin n\theta\sin\theta = \frac{1}{2}\big[\cos(n-1)\theta - \cos(n+1)\theta\big]$$

及公式(证明见本节末附录)

$$\int_0^\pi \frac{\cos n\theta\,\mathrm{d}\theta}{\cos\theta - \cos\theta_1} = \pi\frac{\sin n\theta_1}{\sin\theta_1},$$

(7.18.10)式化为

$$A_0 + \frac{1}{2}\sum_{n=1}^\infty A_n \frac{\sin(n-1)\theta_1 - \sin(n+1)\theta_1}{\sin\theta_1} = \frac{\mathrm{d}F_m}{\mathrm{d}x} - \alpha,$$

即

$$A_0 + \alpha - \sum_{n=1}^\infty A_n \cos n\theta_1 = \frac{\mathrm{d}F_m}{\mathrm{d}x}.$$

由此得到

$$\begin{cases} A_0 = -\alpha + \dfrac{1}{\pi}\displaystyle\int_0^\pi \dfrac{\mathrm{d}F_m}{\mathrm{d}x}\,\mathrm{d}\theta_1, \\[3mm] A_n = -\dfrac{2}{\pi}\displaystyle\int_0^\pi \dfrac{\mathrm{d}F_m}{\mathrm{d}x}\cos n\theta_1\,\mathrm{d}\theta_1, \end{cases} \tag{7.18.11}$$

代入(7.18.9)式即得涡旋密度分布.

升力系数为

$$\begin{aligned} C_y &= \frac{-\rho|V_\infty|\Gamma}{\frac{1}{2}\rho|V_\infty|^2\cdot c} = -\frac{2}{|V_\infty|c}\int_{-c/2}^{+c/2}\gamma(x)\,\mathrm{d}x \\[2mm] &= -2\int_0^\pi\left(A_0\cot\frac{\theta}{2} + \sum_{n=1}^\infty A_n\sin n\theta\right)\sin\theta\,\mathrm{d}\theta \\[2mm] &= -2\pi\left(A_0 + \frac{A_1}{2}\right) \\[2mm] &= 2\pi\alpha - 2\int_0^\pi\frac{\mathrm{d}F_m}{\mathrm{d}x}(1-\cos\theta)\,\mathrm{d}\theta \\[2mm] &= 2\pi(\alpha + \varepsilon_0), \end{aligned} \tag{7.18.12}$$

其中

$$\varepsilon_0 = -\frac{1}{\pi}\int_0^\pi \frac{\mathrm{d}F_m}{\mathrm{d}x}(1-\cos\theta)\,\mathrm{d}\theta.$$

因 AB 上 $\mathrm{d}x$ 线段元受到 $-\rho|V_\infty|\gamma(x)\mathrm{d}x$ 的力,所以力矩系数为

$$C_m = \frac{\rho \, |V_\infty| \int_{-c/2}^{+c/2} \gamma(x) x \, \mathrm{d}x}{\frac{1}{2} \rho \, |V_\infty|^2 c^2}$$

$$= \frac{-1}{2|V_\infty|} \int_0^\pi \left(A_0 \cot \frac{\theta}{2} + \sum_{n=1}^\infty A_n \sin n\theta \right) \cos\theta \sin\theta \, \mathrm{d}\theta$$

$$= -\frac{\pi}{2} \left(A_0 + \frac{A_2}{2} \right).$$

对前缘而言的力矩系数$(C_m)_{\mathrm{LE}}$为

$$(C_m)_{\mathrm{LE}} = C_m - \frac{C_y}{2} = \frac{\pi}{2} \left(A_0 + A_1 - \frac{A_3}{2} \right)$$

$$= -\frac{\pi}{2} \alpha - \int_0^\pi \frac{\mathrm{d}F_m}{\mathrm{d}x} \cos\theta (1 - \cos\theta) \mathrm{d}\theta. \tag{7.18.13}$$

由此可见,为了求得升力系数和力矩系数只要用数值方法计算两个积分就行了.

从(7.18.12)式可以看出,对于薄翼来说,升力曲线$C_y(\alpha)$的斜率$\mathrm{d}C_y/\mathrm{d}\alpha$与平板一样都是$2\pi$. 这是一切薄翼的理论值. 当来流攻角$\alpha = -\varepsilon_0$时,$C_y = 0$,攻角$\alpha_0 = -\varepsilon_0$称为零升力攻角. 对于对称翼型,显然$\alpha_0 = 0$;对于一般不对称的翼型,$\alpha_0$通常为一不大的负值,弯度越大,其绝对值越大. 角度$\alpha + \varepsilon_0$称为有效攻角. 在小攻角范围内,升力系数与有效攻角成正比.

为了检验薄翼理论的精度,我们将其和茹柯夫斯基剖面的准确结果进行比较. 考虑圆弧翼型,根据(7.17.10)式,它的升力系数为

$$C_y = 2\pi \sec\beta \sin(\alpha + \beta).$$

根据薄翼理论中的(7.18.12)式经过简单计算后得$\beta \ll 1$时

$$C_y = 2\pi\alpha + 2\sin 2\beta \int_0^\pi \frac{\cos^2\theta}{(1 - \sin^2 2\beta \cos^2\theta)^{1/2}} \mathrm{d}\theta$$

$$\approx 2\pi(\alpha + \beta) + 3\pi\beta^2.$$

可见,主要项和准确结果是吻合的.

薄翼理论的优点在于能用较简便的方法计算翼型的主要气动力特性. 它的弱点是不能正确地估计前缘附近的流动情况,因为前缘速度无穷大,显然与实际不符.

附录 证明

$$I_n = \int_0^\pi \frac{\cos n\theta}{\cos\theta - \cos\varphi} \mathrm{d}\theta = \pi \frac{\sin n\varphi}{\sin\varphi}.$$

因

$$\int \frac{\mathrm{d}\theta}{\cos\theta - \cos\varphi} = \frac{1}{\sin\varphi}\ln\left|\frac{\sin\dfrac{\varphi+\theta}{2}}{\sin\dfrac{\varphi-\theta}{2}}\right|,$$

故

$$I_0 = \int_0^\pi \frac{\mathrm{d}\theta}{\cos\theta - \cos\varphi}$$

$$= \lim_{\varepsilon\to 0}\left(\int_0^{\varphi-\varepsilon} \frac{\mathrm{d}\theta}{\cos\theta - \cos\varphi} + \int_{\varphi+\varepsilon}^\pi \frac{\mathrm{d}\theta}{\cos\theta - \cos\varphi}\right)$$

$$= \lim_{\varepsilon\to 0}\frac{1}{\sin\varphi}\ln\left|\frac{\sin\left(\varphi-\dfrac{\varepsilon}{2}\right)}{\sin\left(\varphi+\dfrac{\varepsilon}{2}\right)}\right| = 0,$$

其次

$$I_1 = \int_0^\pi \frac{\cos\theta\,\mathrm{d}\theta}{\cos\theta - \cos\varphi} = \int_0^\pi \frac{\cos\theta - \cos\varphi}{\cos\theta - \cos\varphi}\mathrm{d}\theta = \pi.$$

现证下列递推公式

$$I_{n+1} + I_{n-1} = 2I_n\cos\varphi.$$

因

$$\cos(n+1)\theta + \cos(n-1)\theta$$
$$= 2\cos n\theta(\cos\theta - \cos\varphi) + 2\cos n\theta\cos\varphi,$$

故

$$I_{n+1} + I_{n-1} = \int_0^\pi \frac{\cos(n+1)\theta - \cos(n-1)\theta}{\cos\theta - \cos\varphi}\mathrm{d}\theta$$

$$= 2\int_0^\pi \cos n\theta\,\mathrm{d}\theta + 2\cos\varphi\int_0^\pi \frac{\cos n\theta}{\cos\theta - \cos\varphi}\mathrm{d}\theta$$

$$= 2I_n\cos\varphi.$$

最后，用归纳法证

$$I_n = \pi\frac{\sin n\varphi}{\sin\varphi}.$$

$n=0,1$ 时上式成立. 设 $n=k-1,k$ 时上式正确，现证 $n=k+1$ 时亦正确.

$$I_{k+1} = 2I_k\cos\varphi - I_{k-1}$$

$$= 2\pi\frac{\sin k\varphi}{\sin\varphi}\cos\varphi - \pi\frac{\sin(k-1)\varphi}{\sin\varphi}$$

$$= \pi\frac{\sin k\varphi\cos\varphi + \sin k\varphi\cos\varphi - \sin(k-1)\varphi}{\sin\varphi}$$

$$= \pi\frac{\sin k\varphi\cos\varphi + \sin\varphi\cos k\varphi}{\sin\varphi}$$

$$= \pi \frac{\sin(k+1)\varphi}{\sin\varphi},$$

证毕.

7.19 具有自由流线的绕流和射流 对数速度平面

实际问题中经常遇到具有自由流线的边值问题. 例如:

1) 孔口出流问题

射流从大容器中定常地喷出. 每秒钟的流量为 Q. 容器壁可近似地认为由两个无穷长对称平板组成, 它们与对称轴的夹角为 α, 容器出口处的宽度为 $2b$. 流体自孔口射出后在与大气交界处形成自由面并逐渐收缩到下游无穷远处的宽度(图 7.19.1).

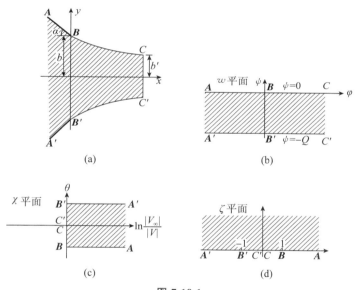

图 7.19.1

设 h 是射流的垂向尺度, 且满足 $gh \ll V^2$, 则重力的影响可忽略不计. 考虑到无穷远处流动是均匀的, 不难推出, 这是一个不可压缩流体的平面定常无旋运动问题, 因此可以应用保角映射方法求解.

图 7.19.2

2) 具有自由流线的绕流问题.

流线型物体的绕流问题当攻角在一定范围内基本上是不分离的. 对于非流线型物体(例如圆柱)而言, 流动图案就大不相同了. 图 7.19.2 显示了一颗高速弹丸穿过侧壁射进盛满水的玻璃水槽中所形成的流动图案. 从球面上某点处分

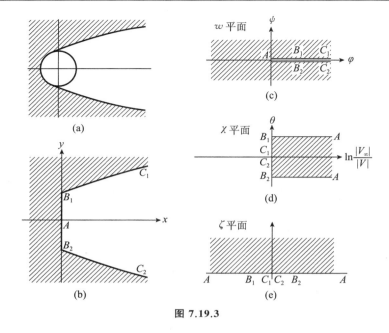

图 7.19.3

离后形成稳定的自由流线,而后一直延伸到很远的地方. 由此可见,当物体是非流线型时我们遇到的不是不分离的流动图案,而是具有自由流线的绕流图案(当然在高速水流的条件下). 以上说的是轴对称流动,对于二维问题也有类似的情形. 忽略重力并考虑到来流是均匀的,不难看出,这里遇到的仍然是不可压缩流体的平面定常无旋运动问题,因此一样可以采用保角映射方法(见图 7.19.3).

　　具有自由流线的绕流或射流问题具有以下几个特点:(1)自由流线的形状事先并不知道,必须在求解过程中求出;(2)自由流线上的压强等于死水区压强 p_∞ 或大气压强 p_0,根据伯努利积分推出自由流线上的速度等于常数 $|V_\infty|$;(3)分离点的位置除有尖角的物体外(尖角即分离点)不能在理想流体范围内解决,只能作为实验结果给出或采用黏性流体理论求出.

　　考察位势平面 w 上的对应区域. 先考虑绕流问题. 因为 $w = \varphi + \mathrm{i}\psi$ 可以允许差一常数值,所以我们总可以做到驻点 A 上的 $\varphi = 0, \psi = 0$. 由于沿流线有

$$\frac{\partial \varphi}{\partial s} = V \geqslant 0,$$

于是沿着通过驻点 A 的零流线,φ 由 $-\infty$ 变至 $+\infty$,在 w 平面上对应的是割去正 x 轴的 $\psi = 0$,而且 $\pm\infty \leftrightarrow \pm\infty$,$0 \leftrightarrow 0$,$B_1 B_2$ 对应于 $\varphi = C$,C 的值暂时还不确定. 同样的推理可证每条流线在 w 平面上对应的都是平行于 φ 轴,且两头伸至无穷远的直线. 利用通过两流线间的流量等于流函数差值这一性质,易证 $y \to \pm\infty$ 时 $\psi \to \pm\infty$. z 平面的流动区域在 w 平面上对应的是割去正 x 轴的全平面. 完全同

样地可以确定射流问题在 w 平面上对应的是如图 7.19.1(b)所示的条带区域.

在物理平面 z 上,由于自由流线的形状事先是未知的,这就产生了物理平面上流动区域不确定的困难. 按老办法求解析函数 $w=w(z)$ 将遇到克服不了的困难. 摆脱困境的办法是引进对数速度平面(利用自由流线上速度等于已知常数 $|V_\infty|$ 这一性质).

$$\chi = \chi_1 + i\chi_2 = \ln\left(|V_\infty|\frac{dz}{dw}\right) = \ln\frac{|V_\infty|}{|V|} + i\theta, \qquad (7.19.1)$$

其中 $|V|$, θ 分别为速度矢量的大小及辐角. 新变量 χ 具有下列重要的性质:其实部在每条自由流线上取常数值,即 $\chi_1=0$;其虚部在固壁的直线段上取常数值,即 $\chi_2=\theta_0$,其中 θ_0 是直线段的方向角. 因此,如果边界仅仅是由自由流线和直线固壁组成的,那么它们在对数速度平面 χ 上的对应区域便是完全确定的多角形了. 例如在射流问题中,其对应区域为如图 7.19.1(c)所示的顶点在无穷远处的三角形 $ABCC'B'A'$,各直线段的方程分别为

$$AB: \quad \chi_2 = -\alpha, \quad 0 \leqslant \chi_1 < \infty;$$
$$A'B': \quad \chi_2 = \alpha, \quad 0 \leqslant \chi_1 < \infty;$$
$$BC: \quad \chi_1 = 0, \quad -\alpha \leqslant \chi_2 \leqslant 0;$$
$$B'C': \quad \chi_1 = 0, \quad 0 \leqslant \chi_2 \leqslant \alpha.$$

又如在垂直平板的分离绕流问题中(图 7.19.3(b)),其在 χ 平面上的对应区域为顶点在无穷远处的三角形 $AB_1C_1C_2B_2A$(参看图 7.19.3(d)). 应该指出,如果固壁中包含非直线段,则由于流体质点在那里的速度大小未知,使得它在对数速度平面上的对应边界变得不确定了. 因此对于这种情形(例如圆柱脱体绕流问题)引进对数速度平面并不能解决边界不确定的矛盾,此时还须采用别的办法解决问题. 由于篇幅限制,本书只限于研究固壁只包含直线段的情形.

现在问题归结为寻求 w 和 χ 之间的对应关系了. 我们看到,χ 平面的对应区域是多角形类型的区域,利用著名的**施瓦茨-克里斯托费尔**(Schwarz-Christoffel)**公式**可以将它们变换到 ζ 的上半平面上去. 如果再在 ζ 的上半平面和 w 平面的条带区域或割去正 x 轴的全平面之间建立对应关系,则不难建立 w 和 χ 之间的函数关系. 积分后得 w 和 z 的关系,到此问题得到了解决.

引进对数速度平面不是解决困难的唯一途径,例如也可以引进速度平面使边界确定. 但是得到的不是多角形,不存在类似于施瓦茨-克里斯托费尔公式那样的普遍方法建立它和上半平面之间的对应关系. 所以从方法的普遍性来说不如引进对数速度平面为好.

下面以孔口出流和垂直平板绕流问题为例具体地求解析函数 $w=w(\chi)$.

a) 孔口出流

函数 $w=w(\zeta)$ 是

$$w = -\frac{Q}{\pi}\ln\zeta = -\frac{Q}{\pi}\ln r - \mathrm{i}\frac{Q}{\pi}\theta. \tag{7.19.2}$$

因为 ζ 平面上的射线 $\theta=0,\theta=\pi$ 分别对应于 $\psi=0$ 及 $\psi=-Q$,且 r 由 0 经过 1 变至 ∞ 时,φ 由 $+\infty$ 经过 0 变至 $-\infty$,对应点如图 7.19.1 中(b)与(d)所示.

现求 $\chi=\chi(\zeta)$. 为此写出多角形变至上半平面的施瓦茨-克里斯托费尔公式

$$\chi = A\int\left[(\zeta-\xi_1)^{\frac{\alpha_1}{\pi}-1}(\zeta-\xi_2)^{\frac{\alpha_2}{\pi}-1}\cdots\times(\zeta-\xi_n)^{\frac{\alpha_n}{\pi}-1}\right]\mathrm{d}\zeta + B, \tag{7.19.3}$$

其中 $\alpha_1,\cdots,\alpha_n$ 是 n 角形的内角,$\xi_1,\cdots,\xi_n$ 分别是 χ 平面上多角形的顶点在 ζ 平面实轴上的对应点的坐标,常数 A 与 B 可以任意选择. 在(7.19.3)式中有 $2n+3$ 个独立参数,即 n 个 ξ,n 个 α 和两个复常数 A 与 B 中的四个实常数,共 $2n+4$ 个,其中应减去一个 $\alpha_1,\cdots,\alpha_n$ 必须满足的多角形关系,即

$$\alpha_1 + \cdots + \alpha_n = (n-2)\pi,$$

所以一共是 $2n+3$ 个独立参数. 我们一共给定了 $2n$ 个参数,即多角形的 n 个顶点的位置,这样还剩下 3 个参数可任意支配,如果指定实轴上的三个 ξ 值:ξ_1,ξ_2,ξ_3,则变换函数(7.19.3)就是唯一的了.

在本问题中,三角形 $BB'A$ 的三个顶角为

$$\alpha_1 = \frac{\pi}{2}, \quad \alpha_2 = \frac{\pi}{2}, \quad \alpha_3 = 0, \tag{7.19.4}$$

而三角形顶点 B,B',A 在 ζ 平面实轴上的对应点是

$$\xi_1 = 1, \quad \xi_2 = -1, \quad \xi_3 = \infty. \tag{7.19.5}$$

现在我们写出(7.19.3)式,因为在 ξ 中有一个 ξ_n 是 ∞,因此(7.19.3)式须采取下列形式

$$\chi = A\int\left[(\zeta-\xi_1)^{\frac{\alpha_1}{\pi}-1}(\zeta-\xi_2)^{\frac{\alpha_2}{\pi}-1}\cdots\times(\zeta-\xi_{n-1})^{\frac{\alpha_{n-1}}{\pi}-1}\right]\mathrm{d}\zeta + B.$$

将(7.19.4)式和(7.19.5)式的值代入上式得

$$\chi = A\int_0^\zeta\frac{\mathrm{d}\zeta}{\sqrt{1-\zeta^2}} + B = A\,\arcsin\zeta + B. \tag{7.19.6}$$

为了确定 A 和 B,我们要求 χ 平面的 CC' 点对应于 ζ 平面原点,B 点 $\chi=-\mathrm{i}\alpha$ 对应于 $\zeta=1$,A 点 $\chi=\infty$ 对应于 $\zeta=+\infty$. 由 $0\leftrightarrow0,-\mathrm{i}\alpha\leftrightarrow1$ 定出

$$A = -\frac{2\mathrm{i}\alpha}{\pi}, \quad B = 0,$$

最终得到

$$\chi = -\frac{2\mathrm{i}\alpha}{\pi}\arcsin\zeta, \tag{7.19.7}$$

这就是我们所要求的函数 $\chi=\chi(\zeta)$. 将(7.19.2)式和(7.19.7)式联合起来,我们

便得到 $\chi = \chi(w)$ 的以 ζ 为参数的参数方程. 为了得到速度 $\mathrm{d}z/\mathrm{d}w$ 与 w 的关系, 尚须在 (7.19.2) 与 (7.19.7) 式中加上关系式 (7.19.1), 即

$$\frac{\mathrm{d}z}{\mathrm{d}w} = \frac{\mathrm{e}^\chi}{|V_\infty|},$$

于是我们有

$$\frac{\mathrm{d}z}{\mathrm{d}w} = \frac{\mathrm{e}^\chi}{|V_\infty|}, \quad \chi = -\frac{2\mathrm{i}\alpha}{\pi}\arcsin\zeta, \quad w = -\frac{Q}{\pi}\ln\zeta. \qquad (7.19.8)$$

现在求 $\mathrm{d}z/\mathrm{d}w$ 与 w 的函数关系的参数形式, 可以取 ζ 或 χ 为参数, 这里取 χ 为参数是方便的, 在 (7.19.8) 式中消去 ζ 后得

$$\begin{cases} \dfrac{\mathrm{d}z}{\mathrm{d}w} = \dfrac{1}{|V_\infty|}\mathrm{e}^\chi, \\[2mm] w = -\dfrac{Q}{\pi}\ln\left(\sin\dfrac{\mathrm{i}\pi\chi}{2\alpha}\right). \end{cases} \qquad (7.19.9)$$

为了求出 $z = z(\chi)$, 将方程组 (7.19.9) 的第一式积分一次, 即

$$\mathrm{d}z = \frac{1}{|V_\infty|}\mathrm{e}^\chi\frac{\mathrm{d}w}{\mathrm{d}\chi}\mathrm{d}\chi = -\frac{\mathrm{i}Q}{2|V_\infty|\alpha}\mathrm{e}^\chi\cot\frac{\mathrm{i}\pi\chi}{2\alpha}\mathrm{d}\chi, \qquad (7.19.10)$$

积分之得

$$z = -\frac{\mathrm{i}Q}{2|V_\infty|\alpha}\int\mathrm{e}^\chi\cot\frac{\mathrm{i}\pi\chi}{2\alpha}\mathrm{d}\chi + C, \qquad (7.19.11)$$

C 是积分常数. 将方程组 (7.19.9) 的第二式和 (7.19.11) 式联合起来, 就得到复位势 $w = w(z)$ 的参数形式的方程

$$\begin{cases} w = -\dfrac{Q}{\pi}\ln\left(\sin\dfrac{\mathrm{i}\pi\chi}{2\alpha}\right), \\[2mm] z = -\dfrac{\mathrm{i}Q}{2|V_\infty|\alpha}\displaystyle\int\mathrm{e}^\chi\cot\dfrac{\mathrm{i}\pi\chi}{2\alpha}\mathrm{d}\chi + C. \end{cases} \qquad (7.19.12)$$

现在我们求射流自由面 BC, $B'C'$ 的方程. 因对称性, 只求 BC 的方程. 在 BC 上因 $|V| = |V_\infty|$, 故

$$\chi = \ln\frac{|V_\infty|}{|V|} + \mathrm{i}\theta = \mathrm{i}\theta, \qquad (7.19.13)$$

θ 为速度的方向角. 将 (7.19.13) 式代入 (7.19.10) 式得

$$\mathrm{d}z = -\frac{Q}{2|V_\infty|\alpha}\mathrm{e}^{\mathrm{i}\theta}\cot\frac{\pi\theta}{2\alpha}\mathrm{d}\theta,$$

分成实部和虚部

$$\mathrm{d}x = -\frac{Q}{2|V_\infty|\alpha}\cos\theta\cot\frac{\pi\theta}{2\alpha}\mathrm{d}\theta,$$

$$\mathrm{d}y = -\frac{Q}{2|V_\infty|\alpha}\sin\theta\cot\frac{\pi\theta}{2\alpha}\mathrm{d}\theta,$$

积分之得

$$\begin{cases} x = -\dfrac{Q}{2\,|V_\infty|\,\alpha} \displaystyle\int_{-\alpha}^{\theta} \cos\theta \cot\dfrac{\pi\theta}{2\alpha}\,\mathrm{d}\theta, \\[3mm] y = b - \dfrac{Q}{2\,|V_\infty|\,\alpha} \displaystyle\int_{-\alpha}^{\theta} \sin\theta \cot\dfrac{\pi\theta}{2\alpha}\,\mathrm{d}\theta. \end{cases} \tag{7.19.14}$$

这里已经考虑了 B 点上的边界条件

$$\theta = -\alpha \text{ 时 } x = 0, \quad y = b.$$

(7.19.14)式是自由面 BC 以 θ 为参数的方程. 现在我们由此出发求射流在无穷远处的宽度 b', 及至今未定出的 $|V_\infty|$. 在无穷远 C 点处 $\theta = 0$, 代入 (7.19.14)式得

$$b' = b - \frac{Q}{2\,|V_\infty|\,\alpha} \int_{-\alpha}^{0} \sin\theta \cot\frac{\pi\theta}{2\alpha}\,\mathrm{d}\theta. \tag{7.19.15}$$

此外, 我们还有下列关系式联系 b' 和 $|V_\infty|$:

$$2\,|V_\infty|\,b' = Q. \tag{7.19.16}$$

从(7.19.15)式及(7.19.16)式解出 $|V_\infty|$ 和 b', 得

$$|V_\infty| = \frac{Q}{2b}\left(1 + \frac{1}{\alpha}\int_0^\alpha \sin\theta \cot\frac{\pi\theta}{2\alpha}\,\mathrm{d}\theta\right), \tag{7.19.17}$$

$$b' = \frac{b}{1 + \dfrac{1}{\alpha}\displaystyle\int_0^\alpha \sin\theta \cot\dfrac{\pi\theta}{2\alpha}\,\mathrm{d}\theta}. \tag{7.19.18}$$

将(7.19.17)式代入(7.19.12)式及(7.19.14)式便完全确定了复位势和自由面的方程. 由(7.19.18)式立即推出射流的收缩比为

$$\frac{b'}{b} = \frac{1}{1 + \dfrac{1}{\alpha}\displaystyle\int_0^\alpha \sin\theta \cot\dfrac{\pi\theta}{2\alpha}\,\mathrm{d}\theta}. \tag{7.19.19}$$

当 $\alpha = 0, \pi/2, \pi$ 时, b'/b 分别等于 $1, \pi/(2+\pi) \approx 0.61, 1/2$. (7.19.19)式所确定的理论公式及流线方程(7.19.14)基本上和实验观测到的数值相近, 说明此理论在处理射流问题上是可用的.

　　b) 分离绕流问题

　　函数

$$\zeta = -\sqrt{\frac{c}{w}} \tag{7.19.20}$$

将 w 中割去正 x 轴的全平面映射到 ζ 的上半平面, 而且对应点如图 7.19.3(c) 与 (e)所示, 其中 c 是待定常数.

　　此外, 函数 $\chi = \chi(\zeta)$ 的形式和射流情形完全一样, 唯一的差别就是 $\alpha = \pi/2$, 于是

$$\chi = -\mathrm{i}\arcsin\zeta. \tag{7.19.21}$$

考虑到

$$\frac{\mathrm{d}z}{\mathrm{d}w} = \frac{1}{|V_\infty|}\mathrm{e}^\chi$$

及

$$\arcsin\zeta = -\mathrm{i}\ln(\mathrm{i}\zeta + \sqrt{1 - \zeta^2}\,),$$

我们有

$$\frac{\mathrm{d}z}{\mathrm{d}w} = \frac{1}{|V_\infty|}\exp[-\ln(\mathrm{i}\zeta + \mathrm{i}\sqrt{\zeta^2 - 1}\,)]$$

$$= \frac{\mathrm{i}}{|V_\infty|}\frac{\sqrt{w}}{\sqrt{c} - \sqrt{c - w}},$$

即

$$\frac{\mathrm{d}z}{\mathrm{d}w} = \frac{\mathrm{i}}{|V_\infty|}\frac{\sqrt{c - w} + \sqrt{c}}{\sqrt{w}}. \tag{7.19.22}$$

对 w 积分之得

$$z = \frac{\mathrm{i}}{|V_\infty|}\int_0^w \frac{\sqrt{c - w} + \sqrt{c}}{\sqrt{w}}\mathrm{d}w$$

$$= \frac{\mathrm{i}}{|V_\infty|}\left[\int_0^w \frac{(c - w)\,\mathrm{d}w}{\sqrt{w(c - w)}} + \sqrt{c}\int_0^w \frac{\mathrm{d}w}{\sqrt{w}}\right]$$

$$= \frac{\mathrm{i}}{|V_\infty|}\left[\int_0^w \frac{\left(\dfrac{c}{2} - w\right)\mathrm{d}w}{\sqrt{w(c - w)}} + \frac{c}{2}\int_0^w \frac{\mathrm{d}w}{\sqrt{w(c - w)}} + 2\sqrt{cw}\right],$$

故

$$z = \frac{\mathrm{i}}{|V_\infty|}\left[\sqrt{w(c - w)} + \frac{c}{2}\cos^{-1}\frac{c - 2w}{c} + 2\sqrt{cw}\right]. \tag{7.19.23}$$

现在我们研究 z 与 w 两平面边界对应关系. 显然 $w = c$ 对应的是 $z = h\mathrm{i}/2$. 根据这个关系可以定出未知常数 c. 因为

$$\frac{h\mathrm{i}}{2} = \frac{\mathrm{i}}{|V_\infty|}\left(\frac{c\pi}{2} + 2c\right) = \frac{\pi + 4}{2}\frac{c\mathrm{i}}{|V_\infty|},$$

所以

$$c = \frac{h|V_\infty|}{\pi + 4}. \tag{7.19.24}$$

有了 (7.19.23) 式,其中的常数 c 由 (7.19.24) 式决定,我们就可以求出所有的感兴趣的物理量及空气动力学系数.

1) 平板上的速度分布及压强分布.

共轭复速度是

$$\overline{V} = \frac{\mathrm{d}w}{\mathrm{d}z} = \frac{|V_\infty|}{\mathrm{i}} \frac{\sqrt{w}}{\sqrt{c-w} + \sqrt{c}},$$

在垂直平板上，$\psi = 0, x = 0$. 于是 $w = \varphi, \mathrm{d}w = \mathrm{d}\varphi, \mathrm{d}z = \mathrm{i}\mathrm{d}y$.

平板上的速度分布是

$$\overline{V} = \frac{\mathrm{d}\varphi}{\mathrm{i}\mathrm{d}y} = \frac{|V_\infty|}{\mathrm{i}} \frac{\sqrt{\varphi}}{\sqrt{c-\varphi} + \sqrt{c}},$$

$$|V| = \frac{\mathrm{d}\varphi}{\mathrm{d}y} = |V_\infty| \frac{\sqrt{\varphi}}{\sqrt{c-\varphi} + \sqrt{c}}. \tag{7.19.25}$$

在 A 点 $\varphi = 0$, 于是 $|V| = 0$; 在 B_1 点 $\varphi = c$, 于是 $|V| = |V_\infty|$. 在平板其他点则按 (7.19.25) 式分布.

平板上压强系数是

$$\overline{p} = \frac{p - p_\infty}{\frac{1}{2}\rho |V_\infty|^2} = 1 - \left(\left| \frac{V}{V_\infty} \right| \right)^2 = 1 - \left(\frac{\sqrt{\varphi}}{\sqrt{c-\varphi} + \sqrt{c}} \right)^2,$$

故

$$\overline{p} = \frac{c - \varphi + \sqrt{c(c-\varphi)}}{c - \frac{\varphi}{2} + \sqrt{c(c-\varphi)}}. \tag{7.19.26}$$

在 A 点上, $\varphi = 0, \overline{p} = 1$; 在 B_1 点上 $\varphi = c, \overline{p} = 0$. 其他点按 (7.19.26) 式分布.

2) 平板所受的合力及合力系数.

平板所受的合力是

$$P = 2\int_0^{\frac{h}{2}} (p - p_\infty)\mathrm{d}y$$

$$= \rho |V_\infty|^2 \int_0^{\frac{h}{2}} \left[1 - \left(\frac{|V|}{|V_\infty|} \right)^2 \right] \mathrm{d}y,$$

将 (7.19.25) 式代入上式, 并将 $\mathrm{d}y$ 改写成 $\dfrac{\mathrm{d}y}{\mathrm{d}\varphi}\mathrm{d}\varphi, y$ 的积分上、下限换成 φ 的上、下限, 得

$$P = \rho |V_\infty|^2 \int_0^c \left\{ \frac{\sqrt{c-\varphi} + \sqrt{c}}{\sqrt{\varphi}} \times \frac{1}{|V_\infty|} \left[1 - \left(\frac{\sqrt{\varphi}}{\sqrt{c-\varphi} + \sqrt{c}} \right)^2 \right] \right\} \mathrm{d}\varphi$$

$$= \rho |V_\infty| \int_0^c \left[\frac{\sqrt{c-\varphi} + \sqrt{c}}{\sqrt{\varphi}} - \frac{\sqrt{\varphi}}{\sqrt{c-\varphi} + \sqrt{c}} \right] \mathrm{d}\varphi$$

$$= \rho |V_\infty| \int_0^c \left[\frac{\sqrt{c-\varphi} + \sqrt{c}}{\sqrt{\varphi}} + \frac{\sqrt{c-\varphi} - \sqrt{c}}{\sqrt{\varphi}} \right] \mathrm{d}\varphi$$

$$= 2\rho \, |V_\infty| \int_0^c \frac{\sqrt{c-\varphi}}{\sqrt{\varphi}} \, \mathrm{d}\varphi = 2\rho \, |V_\infty| \int_0^c \frac{(c-\varphi)\mathrm{d}\varphi}{\sqrt{\varphi(c-\varphi)}}$$

$$= 2\rho \, |V_\infty| \left[\sqrt{\varphi(c-\varphi)} + \frac{c}{2} \cos^{-1} \frac{c-2\varphi}{c} \right]_0^c$$

$$= \pi c \rho \, |V_\infty|.$$

将(7.19.24)式中的 c 的值代入得

$$P = \frac{\pi}{\pi+4} h\rho \, |V_\infty|^2,$$

合力系数(即阻力系数)

$$C_x = \frac{P}{\frac{1}{2}\rho \, |V_\infty|^2 \cdot h} = \frac{2\pi}{\pi+4} \approx 0.88. \tag{7.19.27}$$

3)自由面的形状.

将(7.19.22)式积分之得

$$z = \frac{\mathrm{i}h}{2} + \int_0^w \frac{1}{|V_\infty|} \frac{\sqrt{w-c} + \mathrm{i}\sqrt{c}}{\sqrt{w}} \, \mathrm{d}w$$

$$= \frac{\mathrm{i}h}{2} + \frac{1}{|V_\infty|} \left[\sqrt{w(w-c)} - \ln \frac{\sqrt{w} + \sqrt{w-c}}{\sqrt{c}} + 2\mathrm{i}\sqrt{cw} - 2\mathrm{i}c \right].$$

自由面以 φ 为参数的方程为

$$\begin{cases} x = \dfrac{1}{|V_\infty|} \left[\sqrt{\varphi(\varphi-c)} - \ln \dfrac{\sqrt{\varphi} + \sqrt{\varphi-c}}{\sqrt{c}} \right], \\[3mm] y = \dfrac{h}{2} + \dfrac{2\sqrt{c}}{|V_\infty|} (\sqrt{\varphi} + \sqrt{c}), \end{cases} \tag{7.19.28}$$

当 $\varphi \to \infty$ 时,x 和 y 都是趋于无穷的.

理论计算出来的自由流线的形状与平板在水中高速运行时所观察到的稳定间断面的形状十分接近,但是却和空气绕过垂直平板时的结果相差很远. 这是因为,空气之间形成的这些间断面是极不稳定的,最终破碎为大大小小的涡旋并引起间断面两边流体的掺混. 因此,"自由流线"并不真的延伸到无穷远处,而是在平板后不远处又很快重新汇合起来. 平板后的涡旋运动及掺混使那里的压强较未受扰动的压强 p_∞ 有显著减小,由此产生的"抽吸效应"使实际阻力较理论算出的结果(7.19.27)大得多. 例如对于"无限长"平板实验得到的结果约为 $c \approx 2.0$,与理论结果 0.88 相比差不多大 1.5 倍.

（C）理想不可压缩流体定常无旋轴对称运动

7.20   轴对称运动及其流函数

在实际问题中,有时要处理旋转体的绕流问题.比如炮弹、火箭、水雷、机身、风洞等都是旋转体.它们的特点是有一对称轴(取作 x 轴),和对称轴垂直的任一横截面都是圆心在对称轴上的圆,如图 7.20.1 所示.描述这样的物体采用柱面坐标 (r,θ,x) 或球面坐标 (r,λ,θ) 比较方便(参看图 7.20.1(a)与(b)).

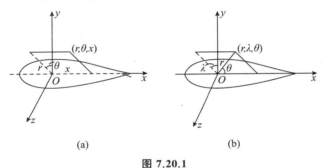

(a)   (b)

图 7.20.1

对轴对称物体,如来流平行于对称轴,那么从物理上来看整个绕流也应该是**轴对称**的,具体地来说也就是:

1) 在所有通过对称轴 Ox 的平面上流体质点的运动都是在这个平面上进行的.数学上可表达为:

$$v_\theta = 0(\text{柱面坐标}), \quad v_\lambda = 0(\text{球面坐标}). \tag{7.20.1}$$

2) 在空间中任取一点 A,将 A 点绕对称轴 Ox 旋转得一圆心在 Ox 轴上的圆,圆上各点的物理量取相等的值.数学上可表述为:对任何物理量有

$$\frac{\partial}{\partial \theta} = 0(\text{柱面坐标}), \quad \frac{\partial}{\partial \lambda} = 0(\text{球面坐标}). \tag{7.20.2}$$

这样,对轴对称运动我们只需在一个通过 Ox 的平面 I 上研究流体的运动就可以了.因为根据轴对称运动的性质,通过 Ox 的所有其他平面上的运动都和平面 I 内相同.由于这个性质,在轴对称运动中我们只满足于在某一取定的通过 Ox 的平面 I 上研究流体的运动,它代表了所有这类平面的流体运动.但是必须要记住平面 I 上任一条曲线实际上代表的是一个以它为母线的旋转面,平面 I 上任何一点代表的是一个圆.上述事实在数学上表现为:如果我们在柱面坐标或球面坐标系中研究流体的轴对称运动,则由(7.20.1)式推出未知函数减少了一个,由(7.20.2)式推出自变量也减少一个.三维问题退化为二维问题,数学上

得到简化. 这里顺便可以提一下,如果我们取直角坐标系,则自变量和未知函数的个数都不能得到减少. 由此可见,在轴对称运动中采用直角坐标系是不方便的. 对于不可压缩流体的定常轴对称运动而言,柱面坐标系统中的连续性方程是

$$\frac{\partial (rv_r)}{\partial r} + \frac{\partial (rv_x)}{\partial x} = 0,$$

由此推出存在着流函数 $\psi(x,r)$,它使

$$\frac{\partial \psi}{\partial r} = rv_x, \qquad \frac{\partial \psi}{\partial x} = -rv_r,$$

即

$$v_x = \frac{1}{r}\frac{\partial \psi}{\partial r}, \quad v_r = -\frac{1}{r}\frac{\partial \psi}{\partial x}. \tag{7.20.3}$$

球面坐标系中的连续性方程是

$$\frac{\partial (r^2\sin\theta v_r)}{\partial r} + \frac{\partial (r\sin\theta v_\theta)}{\partial \theta} = 0,$$

由此可引入流函数 $\psi(r,\theta)$,它使

$$\frac{\partial \psi}{\partial \theta} = r^2\sin\theta v_r, \qquad \frac{\partial \psi}{\partial r} = -r\sin\theta v_\theta,$$

即

$$v_r = \frac{1}{r^2\sin\theta}\frac{\partial \psi}{\partial \theta}, \quad v_\theta = -\frac{1}{r\sin\theta}\frac{\partial \psi}{\partial r}. \tag{7.20.4}$$

与平面流动一样,轴对称运动的流函数亦具有下列三个性质:

1) 流函数 ψ 可允许差一任意常数而不影响流体的运动.

2) $\psi =$ 常数是流面. 以柱面坐标为例证明这个性质,对球面坐标也可以同样地证明. 为了确定起见我们规定在 $\theta =0$ 的平面上研究流体的运动,在该平面上流线的方程是

$$\boldsymbol{v} \times \mathrm{d}\boldsymbol{r} = \boldsymbol{0},$$

即

$$\frac{\mathrm{d}x}{v_x} = \frac{\mathrm{d}r}{v_r},$$

亦即

$$v_x\,\mathrm{d}r - v_r\,\mathrm{d}x = 0.$$

将(7.20.3)式中 v_x, v_r 的表达式代入得

$$\frac{\partial \psi}{\partial r}\mathrm{d}r + \frac{\partial \psi}{\partial x}\mathrm{d}x = 0,$$

即

$$d\psi(x,r)=0.$$

由此推出

$$\psi(x,r)=常数,$$

说明 $\psi(x,r)=$ 常数是 $\theta=0$ 平面上的流线,实际上这是以 Ox 为对称轴的旋转流面.

3) 在 $\theta=0$ 的平面上取任一曲线弧 AB,它代表旋转面 $ABA'B'$,则通过 $ABA'B'$ 的体积流量 Q 等于 A 与 B 两点流函数数值之差乘以 2π,若以公式表之则有

$$Q=2\pi(\psi_B-\psi_A). \tag{7.20.5}$$

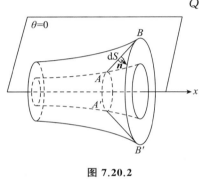

图 7.20.2

现在我们在柱面坐标中证明上述性质. 显然,通过旋转面 $ABA'B'$ 的体积流量为

$$Q=\int_S v_n\,\mathrm{d}S=\int_S \boldsymbol{v}\cdot\boldsymbol{n}\,\mathrm{d}S,$$

其中 $\mathrm{d}S$ 是旋转面上的面积元,$\boldsymbol{n}$ 是 $\mathrm{d}S$ 面上的法线单位矢量,其方向如图 7.20.2 所示. 上式可改写为

$$Q=\int_S [v_x\cos(\boldsymbol{n},\boldsymbol{i})+v_r\cos(\boldsymbol{n},\boldsymbol{r})]\,\mathrm{d}S,$$

考虑到

$$\cos(\boldsymbol{n},\boldsymbol{i})\mathrm{d}S=r\,\mathrm{d}r\,\mathrm{d}\theta,\quad \cos(\boldsymbol{n},\boldsymbol{r})\mathrm{d}S=-r\,\mathrm{d}\theta\,\mathrm{d}x,$$

其中 $\boldsymbol{i}$ 为 x 轴方向单位矢量,我们有

$$Q=\int_S [v_x r\,\mathrm{d}r\,\mathrm{d}\theta-v_r r\,\mathrm{d}\theta\,\mathrm{d}x].$$

因为 v_x 与 v_r 不依赖于 θ,于是有

$$Q=\int_0^{2\pi}\mathrm{d}\theta\int_{AB}(rv_x\,\mathrm{d}r-rv_r\,\mathrm{d}x),$$

将(7.20.3)式代入得

$$Q=2\pi\int_{AB}\frac{\partial\psi}{\partial r}\mathrm{d}r+\frac{\partial\psi}{\partial x}\mathrm{d}x=2\pi(\psi_B-\psi_A),$$

即得证明.

注意公式(7.20.5)和平面运动对应公式的差别. 平面运动中没有 2π,而轴对称运动必须添加 2π,这个系数体现了轴对称效应.

我们在引进流函数的时候,除了假定运动是定常轴对称而外没有作其他任何假定,因此在有旋运动中流函数也是存在的. 如果运动是无旋的,则我们在柱面坐标系中有

$$\frac{\partial v_x}{\partial r} - \frac{\partial v_r}{\partial x} = 0.$$

将 v_x 与 v_r 通过 φ 表示出来的表达式(7.20.3)代入得

$$\frac{\partial}{\partial r}\left(\frac{1}{r}\frac{\partial \psi}{\partial r}\right) + \frac{\partial}{\partial x}\left(\frac{1}{r}\frac{\partial \psi}{\partial x}\right) = 0,$$

即

$$\frac{\partial^2 \psi}{\partial x^2} + \frac{\partial^2 \psi}{\partial r^2} - \frac{1}{r}\frac{\partial \psi}{\partial r} = 0, \tag{7.20.6}$$

这就是 ψ 在无旋运动时应该满足的微分方程. 注意与平面情形不同, 这个方程不是拉普拉斯方程.

容易证明, 在球面坐标系中 ψ 应该满足的方程是

$$\frac{\partial^2 \psi}{\partial r^2} + \frac{1}{r^2}\frac{\partial^2 \psi}{\partial \theta^2} - \frac{\cot\theta}{r^2}\frac{\partial \psi}{\partial r} = 0. \tag{7.20.7}$$

根据(7.20.3)与(7.20.4)式及关系式

$$v_x = \frac{\partial \varphi}{\partial x}, \quad v_r = \frac{\partial \varphi}{\partial r} \quad （柱面坐标）,$$

$$v_r = \frac{\partial \varphi}{\partial r}, \quad v_\theta = \frac{1}{r}\frac{\partial \varphi}{\partial \theta} \quad （球面坐标）.$$

容易看出, 速度势 φ 和流函数 ψ 之间存在着下列关系

$$\begin{cases} \dfrac{\partial \varphi}{\partial x} = \dfrac{1}{r}\dfrac{\partial \psi}{\partial r}, \quad \dfrac{\partial \varphi}{\partial r} = -\dfrac{1}{r}\dfrac{\partial \psi}{\partial x} \quad （柱面坐标）, \\[3mm] \dfrac{\partial \varphi}{\partial r} = \dfrac{1}{r^2\sin\theta}\dfrac{\partial \psi}{\partial \theta}, \quad \dfrac{\partial \varphi}{\partial \theta} = -\dfrac{1}{\sin\theta}\dfrac{\partial \psi}{\partial r} \quad （球面坐标）. \end{cases} \tag{7.20.8}$$

由此可见, 已知 φ 由上式可求出 ψ; 反之, 已知 ψ 由上式亦可求出 φ.

7.21　轴对称流动问题的数学提法

对于定常无旋轴对称运动问题, 可以有两种数学提法. 第一种提法取速度势 φ 为未知函数; 第二种提法则取流函数 ψ 为未知函数. 现以绕流问题为例分别叙述之.

给定旋转体 C, 无穷远处有一均匀的平行气流以速度 V_∞ 无攻角地向物体 C 流来(图 7.21.1), 要求这一绕流问题的解.

a)以速度势 φ 为未知函数时问题的数学提法

求旋转体 C 外区域的速度势 φ, 它满足

$$\frac{\partial^2 \varphi}{\partial r^2} + \frac{\partial^2 \varphi}{\partial x^2} + \frac{1}{r}\frac{\partial \varphi}{\partial r} = 0 \quad （柱面坐标） \tag{7.21.1}$$

图 7.21.1

或

$$\frac{\partial}{\partial r}\left(r^2\frac{\partial\varphi}{\partial r}\right)+\frac{1}{\sin\theta}\frac{\partial}{\partial\theta}\left(\sin\theta\frac{\partial\varphi}{\partial\theta}\right)=0 \quad （球面坐标），\tag{7.21.2}$$

并满足下列两个边界条件：

1) 在 C 上 $\dfrac{\partial\varphi}{\partial n}=0$；

2) 在无穷远处 $\operatorname{grad}\varphi=\boldsymbol{V}_\infty$.

求出速度势 φ 后，速度分量由下式确定：

$$v_r=\frac{\partial\varphi}{\partial r}, \quad v_x=\frac{\partial\varphi}{\partial x} \quad （柱面坐标），\tag{7.21.3}$$

$$v_r=\frac{\partial\varphi}{\partial r}, \quad v_\theta=\frac{1}{r}\frac{\partial\varphi}{\partial\theta} \quad （球面坐标），\tag{7.21.4}$$

而压强 p 则由伯努利积分确定.

b）以流函数 ψ 为未知函数时问题的数学提法

求物体 C 外区域内的流函数 ψ，它满足方程

$$\frac{\partial^2\psi}{\partial x^2}+\frac{\partial^2\psi}{\partial r^2}-\frac{1}{r}\frac{\partial\psi}{\partial r}=0 \quad （柱面坐标）\tag{7.21.5}$$

或

$$\frac{\partial^2\psi}{\partial r^2}+\frac{1}{r^2}\frac{\partial^2\psi}{\partial\theta^2}-\frac{\cot\theta}{r^2}\frac{\partial\psi}{\partial\theta}=0 \quad （球面坐标），\tag{7.21.6}$$

并满足边界条件：

1) 在物体 C 上 $\psi=0$；

2) 在无穷远处满足均匀来流条件.

求出流函数 ψ 后速度分量可由（7.20.3)式或（7.20.4)式求出，压强由伯努利积分求出.

我们知道在平面无旋问题中数学问题的提法一共有三种. 除了 φ 与 ψ 两种而外，还可以对复位势解析函数 $w(z)=\varphi+i\psi$ 提数学问题，而且利用复变解析函数解决问题要比调和函数有利得多. 因此，在平面无旋问题中我们主要是利用复位势解决问题，亦即利用第三种数学提法. 这里自然地会提出这样的问题，在轴对称流动中速度势 φ 和流函数 ψ 能不能组成解析函数，能不能有第三种数学问题的提法呢？令人遗憾的是在轴对称流动中 φ 和 ψ 不能组成解析函数. 这是因为，虽然 φ 是调和函数但 ψ 不是调和函数，或者说由（7.20.8)式确定的 φ 和 ψ 之间的关系不满足柯西-黎曼条件，因此就不能如同平面流动那样得到解析函数 $w(z)=\varphi+i\psi$，因此也就没有类似的第三种数学问题提法. 由此可见在轴对称流动中我们只能对 φ 或 ψ 解拉氏方程或方程（7.21.5)与（7.21.6). 所以轴对称流动问题从数学上说要比平面流动问题困难一些，解题方法也要少一些.

现在我们来比较 φ 和 ψ 这两种数学提法. 对于 φ 和 ψ 而言, 我们需要解的都是二阶线性偏微分方程. 但是 φ 满足的是经典的拉氏方程, 对于它我们已经作了透彻的研究, 而 ψ 却不是拉氏方程, 对它我们还比较陌生. 因此在这种情况下利用第一种数学提法解决问题显然是有利的. 正因为如此, 在以下各节我们只利用第一种数学问题的提法来解决实际问题.

解拉氏方程 (7.21.1) 或 (7.22.2) 的方法最主要的有两种: (1) 分离变数法; (2) 源汇法. 在第三节中我们通过解圆球绕流问题讲述分离变数法. 在第四节中我们将讲述源汇法并用它来解决任意旋转体的绕流问题.

7.22 圆球绕流问题

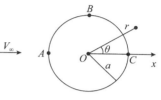

图 7.22.1

无穷远处速度为 V_∞ 的均匀来流不分离地绕半径为 a 的圆球流动. 显然这一流动具有轴对称性, 并且是无旋的. 对称轴就是圆球的一根与来流平行的直径, 我们把它取作 Ox 轴, 并作为球面坐标中 θ 角的起算轴 (图 7.22.1). 将速度势写为

$$\varphi = V_\infty r \cos\theta + \varphi',$$

其中第一项为均匀来流的速度势; φ' 为扰动速度势, 它满足拉普拉斯方程

$$\frac{\partial}{\partial r}\left(r^2 \frac{\partial \varphi'}{\partial r}\right) + \frac{1}{\sin\theta}\frac{\partial}{\partial \theta}\left(\sin\theta \frac{\partial \varphi'}{\partial \theta}\right) = 0 \qquad (7.22.1)$$

与边界条件:

1) 在 $r = a$ 处: $\dfrac{\partial \varphi'}{\partial r} = -V_\infty \cos\theta$;

2) 在无穷远处: $\dfrac{\partial \varphi'}{\partial r} = 0$.

采用数理方程中典型的分离变量法来解决这个问题. 设

$$\varphi' = P(r)Q(\theta), \qquad (7.22.2)$$

因为 φ' 要满足第一个边界条件, 所以我们有

$$P'(a)Q(\theta) = -V_\infty \cos\theta,$$

这说明如果 φ' 能分离变量, 则必有 $Q(\theta) = -\cos\theta$. 于是我们有

$$\varphi' = -P(r)\cos\theta,$$

把它代入 (7.22.1) 式及边界条件, 得 $P(r)$ 应满足的常微分方程及边界条件

$$r^2 \frac{\mathrm{d}^2 P}{\mathrm{d}r^2} + 2r \frac{\mathrm{d}P}{\mathrm{d}r} - 2P = 0, \qquad (7.22.3)$$

$$P'(a) = V_\infty, \quad P'(\infty) = 0,$$

这是常微分的欧拉方程, 它的解具有 r^k 的形式, k 由方程

$$k(k+1)-2=0$$

确定. 解此二次方程得 $k=1,-2$. 于是(7.22.3)式的通解为

$$P(r)=Ar+\frac{B}{r^2},$$

其中 A,B 是任意常数,它们由边界条件确定. 由 $P'(\infty)=0$ 推出 $A=0$. 由 $P'(a)=V_\infty$ 推出 $B=-V_\infty a^3/2$. 从而有

$$P(r)=-\frac{V_\infty a^3}{2r^2},\quad \varphi'=\frac{V_\infty a^3\cos\theta}{2r^2},$$

于是圆球绕流问题的速度势 $\varphi=V_\infty r\cos\theta+\varphi'$ 为

$$\varphi=V_\infty r\cos\theta\left(1+\frac{a^3}{2r^3}\right). \tag{7.22.4}$$

根据 φ 与 ψ 的关系,容易求出

$$\psi=\frac{1}{2}V_\infty r^2\sin^2\theta\left(1-\frac{a^3}{r^3}\right), \tag{7.22.5}$$

由此可以求出圆球表面上的速度分布、压强分布以及圆球所受的合力. 根据 (7.21.4)及(7.22.4)式有

$$\begin{cases} v_r=\dfrac{\partial\varphi}{\partial r}=V_\infty\cos\theta\left(1-\dfrac{a^3}{r^3}\right),\\[2mm] v_\theta=\dfrac{1}{r}\dfrac{\partial\varphi}{\partial\theta}=-V_\infty\sin\theta\left(1+\dfrac{a^3}{2r^3}\right),\\[2mm] v_\lambda=0. \end{cases}$$

在球面 $r=a$ 上,速度分布是

$$v_r=0,\quad v_\theta=-\frac{3}{2}V_\infty\sin\theta,\quad v_\lambda=0.$$

根据伯努利积分,圆球上压强系数分布是

$$\bar{p}=\frac{p-p_\infty}{\frac{1}{2}\rho V_\infty^2}=1-\left(\frac{V}{V_\infty}\right)^2=1-\frac{9}{4}\sin^2\theta.$$

由此可见,在 A 与 C 两点速度最小,压强最大;B 点处速度最大,取 $3V_\infty/2$ 值, 而压强系数最小取 $-5/4$. 我们看到,圆球上最大速度 $3V_\infty/2$ 比圆柱上的最大速度 $2V_\infty$ 小,这是因为圆球对气流的扰动比圆柱对气流的扰动小的原因. 整个速度分布和压强分布都呈正弦曲线. 我们还可以看到,$\bar{p}$ 对 x 轴及 y 轴都是对称的,所以合力为零,即圆球不受到任何作用力,这就是空间绕流问题的达朗贝尔佯谬在圆球情形下的特例. 这个结论当然与实际不符,产生这种矛盾的原因是因为我们没有考虑黏性的影响. 最后我们应该指出,圆球绕流问题的流动图案及圆球后部的速度分布和压强分布的理论结果与实验相差很远. 由于边界层的

作用,流体在 B 点前后已经分离了,在物体后部形成很乱的涡旋区,这就根本上改变了流动图案及圆球后部的速度分布及压强分布,导致不分离绕流的理论不能给出与实际相符的结果.

7.23 旋转体的绕流问题

因为速度势 φ 和流函数 ψ 满足的方程都是线性的,所以同样可以用基本解的叠加法解决问题. 用源汇法解决轴对称问题的基本思路和 7.9 节中平面运动情形完全一样,它也包含基本流动的研究和基本流动叠加两大部分. 通过叠加可以解决反问题也可以解决正问题. 下面先研究基本流动,而后以圆球绕流问题为例说明如何利用源汇法解反问题. 最后以旋转体绕流问题为例说明利用基本流动的叠加解决正问题的具体步骤.

a)基本流动

1)均匀平行流.

空间中有速度为 V_∞ 且平行 x 轴的均匀平行流. 显然,此流动是无旋轴对称的,因而存在着速度势函数 φ 及流函数 ψ. 根据柱面坐标系中 φ,ψ 和速度之间的关系(7.21.3)与(7.20.3)我们有

$$\frac{\partial \varphi}{\partial x}=V_\infty, \quad \frac{\partial \varphi}{\partial r}=0, \quad \frac{\partial \varphi}{\partial \theta}=0,$$

$$\frac{\partial \psi}{\partial x}=0, \quad \frac{\partial \psi}{\partial r}=rV_\infty, \quad \frac{\partial \psi}{\partial \theta}=0,$$

由此得

$$\varphi=V_\infty x, \quad \psi=\frac{1}{2}V_\infty r^2. \tag{7.23.1}$$

根据柱面坐标和球面坐标之间存在着的坐标转换关系

$$x=r_{球}\cos\theta, \quad r_{柱}=r_{球}\sin\theta,$$

从(7.23.1)式出发可以直接写出均匀直线流在球面坐标系中的表达式.(为了区别,暂时用 $r_柱$ 与 $r_球$ 代表柱面坐标和球面坐标系中的 r. 一旦转到球面坐标中去后,脚标就不再写了.)

$$\varphi=V_\infty r\cos\theta, \quad \psi=\frac{1}{2}V_\infty r^2\sin^2\theta. \tag{7.23.2}$$

2)空间点源.

设在坐标原点 O 处有一强度为 $Q>0$ 的点源. 取球坐标系,根据对称性易知 $v_\theta=v_\lambda=0$,速度只有 r 方向分量 v_r. 以 O 为球心作一半径为 r 的球(图 7.23. 1),则根据质量守恒有

$$v_r \cdot 4\pi r^2=Q,$$

由此得

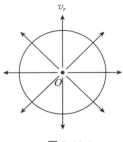

图 7.23.1

$$v_r = \frac{Q}{4\pi r^2}.$$

根据速度分布容易验证,点源产生的流动是无旋轴对称的,因此存在 φ 及 ψ. 根据(7.21.4)及(7.20.4)式,我们有

$$\frac{\partial \varphi}{\partial r} = \frac{Q}{4\pi r^2}, \quad \frac{\partial \varphi}{\partial \theta} = 0, \quad \frac{\partial \varphi}{\partial \lambda} = 0,$$

$$\frac{\partial \psi}{\partial r} = 0, \quad \frac{\partial \psi}{\partial \theta} = \frac{Q}{4\pi}\sin\theta, \quad \frac{\partial \psi}{\partial \lambda} = 0,$$

积分之并令 $\theta = 0$ 时 $\psi = 0$ 得

$$\varphi = -\frac{Q}{4\pi r}, \quad \psi = \frac{Q}{4\pi}(1 - \cos\theta). \tag{7.23.3}$$

现将(7.23.3)式转换到柱面坐标系中去. 考虑到

$$r_{\text{球}} = \sqrt{x^2 + r_{\text{柱}}^2}, \quad \cos\theta = \frac{x}{\sqrt{x^2 + r_{\text{柱}}^2}},$$

我们得

$$\varphi = -\frac{Q}{4\pi\sqrt{x^2 + r^2}}, \quad \psi = \frac{Q}{4\pi}\left(1 - \frac{x}{\sqrt{x^2 + r^2}}\right). \tag{7.23.4}$$

若点源不在原点 O 处,而在坐标为(ξ, η)点上,则 φ 与 ψ 分别为

$$\varphi = -\frac{Q}{4\pi\sqrt{(x-\xi)^2 + (r-\eta)^2}}, \tag{7.23.5}$$

$$\psi = \frac{Q}{4\pi}\left[1 - \frac{x-\xi}{\sqrt{(x-\xi)^2 + (r-\eta)^2}}\right]. \tag{7.23.6}$$

在前面的式子中用 $-Q$ 代替 $Q(Q>0)$,则得点汇流动的速度势及流函数.

3) 空间偶极子.

空间偶极子是直线 L 上两强度相同并满足 $Q \cdot OO' \to m$ 的源汇点对无限逼近时所产生的流动. 设 O 点处有一点汇,其强度为 Q, O' 点有一点源,其强度亦为 Q(图 7.23.2),则它们对任一点 M 所产生的速度势是

$$\varphi = -\frac{Q}{4\pi r'} + \frac{Q}{4\pi r} = -\frac{Q}{4\pi} \cdot OO' \frac{\dfrac{1}{r'} - \dfrac{1}{r}}{OO'}.$$

令 O' 点趋于 O 点,并要求 $Q \cdot OO' \to m$,则

$$\varphi = \lim_{\substack{O' \to O \\ Q \cdot OO' \to m}} \varphi = -\frac{m}{4\pi}\frac{\mathrm{d}}{\mathrm{d}s}\left(\frac{1}{r}\right), \tag{7.23.7}$$

$\dfrac{\mathrm{d}}{\mathrm{d}s}\left(\dfrac{1}{r}\right)$ 表示函数 $\dfrac{1}{r}$ 在 L 方向的方向导数. 考虑到

$$\frac{\mathrm{d}}{\mathrm{d}s}\left(\frac{1}{r}\right)=-\frac{1}{r^2}\frac{\mathrm{d}r}{\mathrm{d}s}=\frac{\cos\theta}{r^2},$$

θ 的意义见图 7.23.2,我们有

$$\varphi=-\frac{m\cos\theta}{4\pi r^2}. \tag{7.23.8}$$

引进偶极矩矢量 $\boldsymbol{m}$,其大小为 m,方向由汇到源,则上式亦可改写为

$$\varphi=-\frac{\boldsymbol{m}\cdot\boldsymbol{r}}{4\pi r^3}. \tag{7.23.9}$$

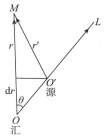

图 **7.23.2**

现在考虑偶极子方向与 x 轴正向重合时的特殊情形. 取球面坐标系,此时 (7.23.8)式中的 θ 和球面坐标系中的坐标 θ 重合. 根据 φ 和 ψ 的关系式(7.20. 8)有

$$\frac{\partial\psi}{\partial\theta}=\frac{m}{2\pi r}\sin\theta\cos\theta,\quad \frac{\partial\psi}{\partial r}=-\frac{m}{4\pi r^2}\sin^2\theta,$$

积分之得

$$\psi=\frac{m\sin^2\theta}{4\pi r}, \tag{7.23.10}$$

此时要求 $\theta=0$ 时 $\psi=0$.

将(7.23.8)和(7.23.10)式转换到柱坐标中去有

$$\varphi=-\frac{m}{4\pi}\frac{x}{(x^2+r^2)^{3/2}},\quad \psi=\frac{m}{4\pi}\frac{r^2}{(x^2+r^2)^{3/2}}, \tag{7.23.11}$$

若偶极子位于 (ξ,η) 点上则有

$$\begin{cases}\varphi=-\dfrac{m}{4\pi}\dfrac{x-\xi}{[(x-\xi)^2+(r-\eta)^2]^{3/2}},\\[3mm]\psi=\dfrac{m}{4\pi}\dfrac{(r-\eta)^2}{[(x-\xi)^2+(r-\eta)^2]^{3/2}}.\end{cases} \tag{7.23.12}$$

b) 平行流和偶极子的叠加,圆球绕流问题

将无穷远处速度为 V_∞ 且平行于 x 轴的均匀平行流与位于原点的大小为 m,偶极矩方向指向 x 轴负向的偶极子叠加起来(图 7.23.3),我们得复合流动的速度势和流函数在球面坐标系中的表达式为

$$\varphi=V_\infty r\cos\theta+\frac{m\cos\theta}{4\pi r^2}, \tag{7.23.13}$$

$$\psi=\frac{1}{2}V_\infty r^2\sin^2\theta-\frac{m\sin^2\theta}{4\pi r}. \tag{7.23.14}$$

在(7.23.14)式中令 $\psi=0$,得零流线的方程为

$$\left(\frac{1}{2}V_\infty r^2-\frac{m}{4\pi r}\right)\sin^2\theta=0,$$

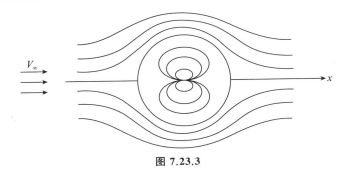

图 7.23.3

于是零流线是 $\theta = 0, \pm\pi, \cdots$ 及

$$r = \sqrt[3]{\frac{m}{2\pi V_\infty}},$$

前者为正 x 轴和负 x 轴,后者为半径等于 $\sqrt[3]{m/2\pi V_\infty}$ 的圆球. 由此可见复合流动代表的是半径为 $\sqrt[3]{m/2\pi V_\infty}$ 的圆球绕流问题. 若圆球的半径 a 已知,则 m 可通过 a 表出,即

$$m = 2\pi V_\infty a^3.$$

将其代入(7.23.13)及(7.23.14)式得圆球 $r = a$ 的绕流问题的 φ 及 ψ 分别为

$$\begin{cases} \varphi = V_\infty r \cos\theta \left[1 + \dfrac{1}{2}\left(\dfrac{a}{r}\right)^3 \right], \\ \psi = \dfrac{1}{2} V_\infty r^2 \sin^2\theta \left[1 - \left(\dfrac{a}{r}\right)^3 \right], \end{cases} \tag{7.23.15}$$

与(7.22.4)和(7.22.5)式完全一样.

c) 平行流和源汇连续分布的叠加,旋转体无攻角绕流问题

有一对称旋转体,其母线方程为 $r = R(x)$. 无穷远处有一速度为 V_∞ 的均匀来流沿对称轴线方向无攻角地流过此物体(图 7.23.4),试求此绕流问题的解. 数学上也就是要求物体外满足拉氏方程的速度势 φ,它满足:

1) 无穷远处条件;

2) 物体 $r = R(x)$ 上的绕流条件 $\dfrac{v_r}{v_x} = \dfrac{\mathrm{d}R}{\mathrm{d}x}$.

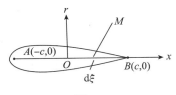

图 7.23.4

为求出上述绕流问题的解,我们将平行于 x 轴,速度为 V_∞ 的均匀平行流和 x 轴上连续分布在 AB 上的源汇叠加起来. 采用柱面坐标系,由 (7.23.1)式,均匀平行流的速度势为

$$\varphi = V_\infty x.$$

现写出源汇连续分布时的速度势函数 φ. 设单位

长度上源汇的密度分布是 $q(\xi)$,则 AB 上任一线元 $\mathrm{d}\xi$ 上的等价点源强度为 $q(\xi)\mathrm{d}\xi$. 它对空间中任一点 M 感应的速度势 φ 是

$$-\frac{1}{4\pi}\frac{q(\xi)\mathrm{d}\xi}{\sqrt{(x-\xi)^2+r^2}}.$$

由此推出,整个 AB 上源汇连续分布,对 M 点感应的速度势是

$$\varphi=-\frac{1}{4\pi}\int_{-c}^{+c}\frac{q(\xi)\mathrm{d}\xi}{\sqrt{(x-\xi)^2+r^2}},$$

叠加后复合流动的速度势是

$$\varphi=V_\infty x-\frac{1}{4\pi}\int_{-c}^{+c}\frac{q(\xi)\mathrm{d}\xi}{\sqrt{(x-\xi)^2+r^2}}. \qquad (7.23.16)$$

显见,由(7.23.16)式确定的速度势函数满足拉氏方程及无穷远处的边界条件. 现在的问题是选择适当的 $q(\xi)$ 使其满足物体上的绕流条件. 为此我们求 v_x, v_r,它们是

$$v_r=\frac{r}{4\pi}\int_{-c}^{+c}\frac{q(\xi)\mathrm{d}\xi}{[(x-\xi)^2+r^2]^{3/2}}, \qquad (7.23.17)$$

$$v_x=V_\infty+\frac{1}{4\pi}\int_{-c}^{+c}\frac{(x-\xi)q(\xi)\mathrm{d}\xi}{[(x-\xi)^2+r^2]^{3/2}},$$

代入绕流条件中去,有

$$\frac{R}{4\pi}\int_{-c}^{+c}\frac{q(\xi)\mathrm{d}\xi}{[(x-\xi)^2+R^2]^{3/2}}=\frac{\mathrm{d}R}{\mathrm{d}x}\left[V_\infty+\frac{1}{4\pi}\int_{-c}^{+c}\frac{(x-\xi)q(\xi)\mathrm{d}\xi}{[(x-\xi)^2+R^2]^{3/2}}\right],$$

或写成

$$\frac{1}{4\pi}\int_{-c}^{+c}\frac{\left[R-(x-\xi)\dfrac{\mathrm{d}R}{\mathrm{d}x}\right]q(\xi)}{[(x-\xi)^2+R^2]^{3/2}}\mathrm{d}\xi=V_\infty\frac{\mathrm{d}R}{\mathrm{d}x}, \qquad (7.23.18)$$

这是确定源汇强度分布函数 $q(\xi)$ 的积分方程. 求出 $q(\xi)$,代入(7.23.16)式就可以得到任意旋转体绕流问题的解. 据此可计算一切感兴趣的物理量.

现在的问题归结为求积分方程(7.23.18)的解. 存在着若干种近似方法求解积分方程,但计算量都很大. 近几十年来高速电子计算机及与之相关的近代计算技术得到了飞速的发展. 源汇法和近代计算技术相结合便产生了现已广泛采用的有限基本解方法,利用它已经能足够精确地求出积分方程(7.23.18)的数值解来. 关于这方面的内容将会有专门的课程讲授,下面我们只满足于向读者介绍一种在细长旋转体情形下求近似积分方程解的方法.

所谓细长旋转体指的是长比宽大得多的旋转体. 于是扰动速度 v_x,v_r 及 $\mathrm{d}R/\mathrm{d}x$ 皆为一阶小量. 仿照薄翼绕流问题中的处理方法,我们将绕流条件

$$v_r=(V_\infty+v_x)\frac{\mathrm{d}R}{\mathrm{d}x}$$

线性化. 首先忽略二阶小量 $v_x \mathrm{d}R/\mathrm{d}x$ 得

$$r = R \ \text{处}: v_r(x,r) = V_\infty \frac{\mathrm{d}R}{\mathrm{d}x}, \tag{7.23.19}$$

其次设法将边界条件(7.23.19)转移到轴 $r=0$ 上满足. 完全模仿薄翼的做法应该有

$$v_r(x,0) = V_\infty \frac{\mathrm{d}R}{\mathrm{d}x},$$

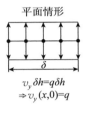

平面情形

$v_y \delta h = q \delta h$
$\Rightarrow v_y(x,0) = q$

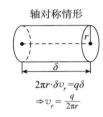

轴对称情形

$2\pi r \cdot \delta v_r = q\delta$
$\Rightarrow v_r = \dfrac{q}{2\pi r}$

图 7.23.5

但这样的转移法是不对的. 原因是平面问题中的 $v_y(x,y)$ 和轴对称问题中的 $v_r(x,r)$ 在轴上的行为方面存在着很大的差异. 试看图 7.23.5. 平面问题中, v_y 在轴上取有限值 q, 而在轴对称问题中, v_r 在轴上有 $1/r$ 的**奇性**. $(v_r)_{r=R}$ 和 $(v_r)_{r=0}$ 相差很多而不是一个可以忽略的高阶小量, 因此不能直接将 v_r 转移到轴上. 虽然如此, 我们注意到 $v_r r = q/2\pi$ 没有奇性, 因此, 如果将 (7.23.19)式改写为

$$v_r r = V_\infty R \frac{\mathrm{d}R}{\mathrm{d}x}.$$

然后再将函数 $v_r r$ 转移到轴上满足, 则情形将和薄翼问题中一样, 不产生任何麻烦. 此时我们有

$$(v_r r)_{r=0} = V_\infty R \frac{\mathrm{d}R}{\mathrm{d}x}, \tag{7.23.20}$$

将 v_r 的表达式(7.23.17)代入, 得确定 $q(\xi)$ 的近似积分方程为

$$\left[\frac{r^2}{4\pi} \int_{-c}^{+c} \frac{q(\xi)\mathrm{d}\xi}{[(x-\xi)^2 + r^2]^{3/2}} \right]_{r=0} = V_\infty R \frac{\mathrm{d}R}{\mathrm{d}x}. \tag{7.23.21}$$

$$\underset{-c}{\overset{\xi}{\vphantom{|}}} \quad \underset{(\overset{\cdot}{x})}{\overset{x-\varepsilon \ \ x+\varepsilon}{\vphantom{|}}} \quad \underset{c}{\vphantom{|}}$$

图 7.23.6

注意, 在(7.23.21)式的积分中, x 是固定点, ξ 是变动点, 它可以从 $-c$ 变到 $+c$(见图 7.23.6), 现在计算(7.23.21)式左边的积分值. 容易看到, 当 ξ 在区间 $(x-\varepsilon, x+\varepsilon)$($\varepsilon$ 是一个任意小的数)之外时, 因 $r=0$, 积分取零值. 但在区间 $(x-\varepsilon, x+\varepsilon)$ 之内时, 因分子、分母皆为零, 积分可以取有限值. 从物理上来看, 对于轴上坐标为 x 的这一点来说, 除了这点邻域内的源汇对它感应速度外, 其他地方的源汇对它都不起作用. 上述想法可用数学语言精确地表述如下:

$$(rv_r)_{r=0} = \lim_{\varepsilon\to 0} \left\{ \frac{r^2}{4\pi} \left[\int_{-c}^{x-\varepsilon} + \int_{x-\varepsilon}^{x+\varepsilon} + \int_{x+\varepsilon}^{c} \right] \right\}_{r=0}$$

$$= \lim_{\varepsilon\to 0} \left[\frac{r^2}{4\pi} \int_{x-\varepsilon}^{x+\varepsilon} \frac{q(\xi)\mathrm{d}\xi}{[(x-\xi)^2 + r^2]^{3/2}} \right]_{r=0}$$

$$
\begin{aligned}
&= \lim_{\varepsilon \to 0} \left[-\frac{q(x)}{4\pi} \int_{x-\varepsilon}^{x+\varepsilon} \frac{\mathrm{d}\left(\dfrac{x-\xi}{r}\right)}{\left[\left(\dfrac{x-\xi}{r}\right)^2 + 1 \right]^{3/2}} + O(\varepsilon) \right]_{r=0} \\
&= \lim_{\varepsilon \to 0} \left[\frac{-q(x)}{4\pi} \frac{x-\xi}{\sqrt{(x-\xi)^2 + r^2}} \bigg|_{x-\varepsilon}^{x+\varepsilon} + O(\varepsilon) \right]_{r=0} \\
&= \lim_{\varepsilon \to 0} \left[\frac{q(x)}{2\pi} \frac{\varepsilon}{\sqrt{\varepsilon^2 + r^2}} + O(\varepsilon) \right]_{r=0} = \frac{q(x)}{2\pi},
\end{aligned}
$$

将上述结果代入(7.23.21)式得

$$
q(x) = 2\pi V_\infty R \frac{\mathrm{d}R}{\mathrm{d}x} = V_\infty S'(x),
$$

其中 $S(x) = \pi R^2(x)$ 是旋转体的横截面函数. 给定旋转体母线方程 $r = R(x)$ 后, 作 $S(x)$ 及 $V_\infty S'(x)$ 即得源汇强度的分布函数 $q(x)$.

(D) 理想不可压缩流体定常空间运动

7.24 有限翼展机翼理论

在前几节中, 我们已经解决了理想不可压缩流体绕翼型的二维定常流动问题. 这是一种理想化的简化模型. 就是说, 我们把机翼看作一个无限长的剖面形状完全相同的柱体, 而且来流方向与机翼轴线垂直. 在这种情况下, 整个流场完全没有沿翼展方向的横向流动, 在每一个垂直于机翼轴线的平面内, 流动情况完全一样. 各个剖面上速度环量与升力的分布都是完全相同的. 在小攻角范围内, 由于黏性的作用产生了绕机翼的环量, 其大小恰好使后驻点推移至尖后缘从而阻止了边界层分离, 此时, 流体贴着上、下表面平滑地从后缘离开, 在翼型后面没有尾涡区, 整个流场都是连续的无旋位势流. 研究发现在理想流体的范围内, 机翼受到升力的作用但是不遭受任何阻力.

然而, 实际的机翼都是有限长的, 而且沿翼展各个截面上的翼剖面形状与飞行姿态都可以有所变化. 所以绕实际机翼的流动必定是三维的, 它比绕二维翼型的流动要复杂很多. 此时如果我们仍然认为整个流场都是连续的无旋流动, 那么根据三维流动的达朗贝尔佯谬, 机翼将不受到包括阻力和升力在内的任何类型力作用. 这当然和机翼受升力作用这一事实不符. 上述矛盾说明在流场中必定存在着涡旋. 那么三维翼型绕流究竟具有怎样的涡旋分布? 它与二维翼型绕流究竟有哪些差别? 它有哪些基本的特点呢?

a) 流动图案及其分析

为了获得对有限翼展机翼绕流的规律的认识, 我们首先做个风洞实验, 进行

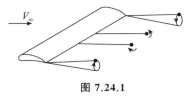

图 7.24.1

观察. 将一个有限翼展直机翼安装在试验段中,使它有一个不大的正攻角. 在机翼的上、下表面粘上几排短丝线,沿机翼后缘粘上一排末端系有小棉花球的长丝线. 在吹风时,我们发现棉花球不停地转动,左、右两侧的转动方向正好相反. 越靠近两翼尖转动越剧烈,而到机翼中间,则只是略有振动而已. 如图 7.24.1 所示. 另外在机翼上表面丝线均向中间偏斜,而在下表面,丝线则向两翼尖偏斜. 这说明流过机翼表面的流体具有横向的流动分量,上、下两边的横向流动方向相反(见图 7.24.2);在机翼后面沿整个后缘顺着气流方向向后延伸有一个旋涡区域(常称为尾涡区). 这些现象都是在绕二维翼型的流动中没有的.

那么为什么会发生这些现象呢? 其实,这是不难理解的. 我们知道,当气流以正攻角流过机翼时,机翼受到向上的升力,因此机翼的下表面压强显然大于上表面压强. 压强高的那部分气流有向压强低的那部分流去的倾向,在无限翼展的情形下,翼展两端都伸展到无穷远去,因此纵然有上述趋势气流也无法从下表面流入上表面. 但是如果机翼在翼尖这个地方被切断了形成有限翼展机翼,则在上、下压强差的作用下,流体将从下表面绕过翼尖翻转到上表面,因此在下表面产生向外的横向速度分

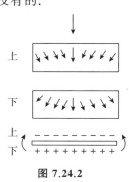

图 7.24.2

量. 而在上表面则正好相反,产生向内的横向速度分量. 与展向流动相适应,翼尖处的压强差被抹平了,环量等于零. 此外在下表面,压强将从中间最高的地方往两侧逐渐地降低;而在上表面则相反,压强从两端最高的地方向中心处连续地降低. 因而上下翼面之压强差以及升力和环量沿翼展的分布将是变化的,由中间的最大值往外面逐渐减低,到翼尖处下降到零,如图 7.24.3 所示. 这点和无限翼展环量均匀分布的情形很不相同. 由于翼剖面由中间向两端推延时,其上的环量值是不断减少的,根据旋涡不生不灭性质,在每个剖面的后缘点上必有一定数量的涡旋离开并延伸到机翼外面的流体中去,一直到无穷远处,从而组成涡带并在整个有限翼展机翼的后面形成了连续的延伸到无穷远处的涡. 尾涡区的存在还可以有另一种解释. 从机翼上、下两表面流下来的流体在尾缘后面相遇,它们保留了展向的动量,因此在分界面的上、下两侧流体具有相反的横向速度分量,也就是说这个分界面是一个切向速度间断面(图 7.24.4). 正如我们在二维机翼理论中所看到的,这样一个切向速度间断面实质上就是一个涡层. 从三维空间的角度来看,就是一个涡面. 这个涡面上的旋涡轴线的方向应与相应速度差垂直,因此也就是沿着主流的方向. 在对称平面的两边涡旋具有不同的旋转方向. 需要指出的是,这个涡面与代表薄翼的涡层有一个原则的区别,就是它不能

承受上、下的压强差,也就是说穿过这个涡面时,压强是连续的. 这种涡面是很不稳定的,最终在离开机翼后面不远的地方翻卷成两个孤立的大旋涡,如图 7.24.5所示. 根据涡守恒定理,涡旋总是附属于同一些流体质点,因此涡旋是顺着流线方向,基本上也就是顺着来流方向向后延伸,直至无穷远处. 所以尾涡面是一个流面.

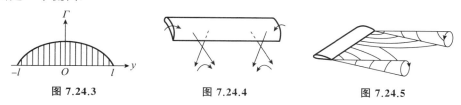

图 7.24.3 图 7.24.4 图 7.24.5

我们把这个在机翼后面可随流体一起运动的尾涡区的涡旋称为**自由涡**. 与此相对照,把固定在机翼内部不能移动的涡旋称为**附着涡**.

由于自由涡的存在,在与来流垂直的横向平面上将存在自由涡诱导的向下的流体运动——**下洗**运动. 随着机翼的前进,飞行的路程连续地增长,机翼后面的新的涡旋成分以及它所伴生的新的下洗运动不断地产生. 它们的能量必须由运动着的机翼连续地对流体做功供给,这个功就表现为机翼要克服一定的阻力. 因此,有限翼展机翼与二维翼型不同,即使在理想流体理论的范围内,也要承受一定的阻力. 这个阻力与自由涡,也就是与升力以及物体的形状密切相关,而与流体的黏性无关. 也可以说,这是为产生飞行所需要的升力所必须付出的代价. 我们把这部分阻力称为**诱导阻力**.

总结起来,有限翼展机翼绕流与二维翼型绕流有一些重大的区别,主要是:

1) 有限翼展机翼绕流必定是三维流动,在翼面上存在横向的流动,各个剖面上的上、下表面的压强差、升力、环量沿翼展的分布是不均的.

2) 除了在机翼内部有变强度的附着涡外,在机翼后面还存在一个从尾缘向后延伸的自由涡面.

3) 即使在理想流体理论的范围内,也存在一定的诱导阻力. 这个阻力和流体的黏性无关,是一个只依赖机翼平面形状和剖面形状的物理量.

b)升力线理论模型

上面我们通过实验观察获得了一些关于有限翼展机翼绕流的感性认识,并且通过基本上是直观的物理的分析、判断和推理,形成了一些基本的概念和看法. 但为了弄清事物的本质,真正掌握它的规律性,尤其是为了满足生产实践所提出的给出定量结果的要求,必须进一步建立理论模型,并把它表述成数学问题.

我们将限于讨论大展弦比的小攻角下的直机翼. 所谓直机翼,就是指机翼的横轴,即各剖面的 1/4 翼弦点的连线,是一条垂直于来流方向的直线段 AB,

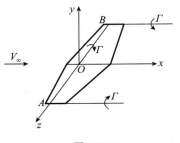

图 7.24.6

见图 7.24.6.我们对机翼的平面形状与剖面形状不作任何限制.

将坐标架固定在机翼上,机翼对称平面取作 Oxy 坐标平面,x 轴指向来流方向,z 轴与机翼的横轴重合,y 轴垂直向上.

根据上述实验观察,问题的数学提法可表述如下:要求机翼和自由涡面之外的调和函数——速度势 φ 满足无穷远处的来流条件、机翼表面上的绕流条件以及尾涡面上的间断条件.利用位势理论确定有限翼展的速度势 φ 是非常困难的.主要的困难溯源于:(1)从机翼后缘延伸出去的自由涡面,其形状和位置事先是不知道的;(2)有限翼展绕流问题是一个很复杂的三维流动.在空气动力学发展的初期,**普朗特**(Prandtl)提出了著名的处理大展弦比机翼的**升力线理论**.他仔细地分析了实验事实,准确地抓住了现象的主要方面并提出了几个大胆的简化假设,从而成功地求出了在一定条件下与实验结果符合得很好的作用在机翼上的升力和诱导阻力.这个理论在亚声速机翼的设计和计算中一直到今天仍然具有重大的现实意义.学习普朗特的升力线理论,我们应该很好地学会他重视实验,重视观察,一切从实际出发,善于分清主次,大胆创新,大胆简化的本领.在计算机和计算技术高度发展的今天,这种力学工作者所特有的能力不仅不应该削弱,而且还应该加强.因为不管是理论、实验还是计算,其共同的基础不仅是数学而且还包括对流动的力学本质的透彻了解.

对于大展弦比机翼,普朗特作了如下三个主要的简化假设:

1) 自由涡面是平行来流的半无穷平面.

首先假设尾涡是直的并且和来流平行.这样自由涡面的形状和位置完全确定,从而解决了尾涡面的形状事先不知道的困难.事实上涡线是跟随流体一起运动的,在它本身的诱导下,随着向后距离的增加将产生向下的下洗速度,使尾涡偏离来流方向,发生向下弯曲的变形,并在本身诱导速度的作用下在离开后缘一倍翼展左右的地方向后逐渐翻卷成两个孤立的大旋涡.由于上述变形主要发生在远离机翼的地方,因此在升力不大,尾涡较弱的情况下可忽略这种变形对升力和诱导阻力所产生的效应.我们可近似地假设每条尾涡仍然沿着原来的来流方向,整个**自由涡面**位于平面内并向后延伸至无穷远处.

2) 平面截面假设.

在大展弦比和小攻角的情况下,除翼尖部分以外,各个剖面上的横向速度分量 w 及各物理量沿展向的变化,比起其他方向速度分量及物理量的变化要小得多.因此,可以近似地把每一个横截面上的流动看作是均匀流绕该翼型的二维平面流动.当然在不同的横截面上的平面流动,彼此并不一样.也就是说,从局部来说,可近似地看作是二维流动,但在整体上,仍是三维流动. 就是所谓的**平面截面假设**. 展弦比 λ 愈大,这个假定愈和实际接近,当 $\lambda \to \infty$,即考虑的是无限翼展机翼时,这个假定是准确的.

有了平面截面假设,如果我们满足于求机翼的总体性特征量——升力和诱导阻力,那么就不必去求三维流动的调和函数 φ,而只要设法找出环量 Γ 沿翼展方向的分布即可. 因为若已知 Γ 沿翼展的分布,就可以利用茹柯夫斯基定理,求出每个翼剖面上所受的升力,然后沿翼展积分即得整个机翼所受的总升力.

3) 升力线模型

如果机翼后面没有自由涡,则每个截面上的流动就像二维翼型一样. 根据来流速度、攻角以及翼剖面的形状便可按二维机翼理论计算出 Γ 的分布,进而求出作用力. 而且知道,此作用力只有升力,没有阻力. 但在有限翼展情形下尾部有自由涡. 实际作用于每个翼剖面的来流,就不再简单是原来的那个均匀来流,而必须在这之上叠加一个自由涡所感生的速度场. 与之同时,来流的改变反过来也会对自由涡的强度产生影响. 这样在尾涡和来流之间便发生了相互作用,此时我们不能像二维机翼那样单纯地知道 V_∞、α 及翼剖面形状就可求出 Γ 分布,而必须考虑尾涡与来流的相互影响,在相互作用中求出 $\Gamma(z)$.

为了计算 Γ 分布我们需要进一步对机翼和自由涡面做出近似. 最简单的也是最粗糙的模型是用一根放置在离前缘 1/4 弦长处的直线附着涡丝来代替机翼(见图 7.24.7(a)). 根据亥姆霍兹第一定理,此涡丝不能在流体中发生和终止,因此必须在翼展两端沿来流方向伸展至无穷,从而形成自由涡. 用这种"马蹄形 Ⅱ 涡"来研究远处流场是足够的. 例如计算飞机下边的地面上的压强分布,或计算水翼船在原来静止的水面上所产生的水波等. 但是对于计算近处流场以及机翼所受的升力及诱导阻力,这样的模型是不够的. 因为 Γ 沿展向是不变的,而事实上 Γ 沿翼展方向是改变的,至两端趋于零. 为了逼近真实的变涡量分布,普朗特建议用无穷多个宽度连续变化强度无限小的马蹄涡的叠加来模拟机翼及自由涡. 于是,机翼用一根强度连续变化的直线涡丝代替,其环量值沿翼展向翼尖方向推进时是连续地减小的,到翼尖处趋于零. 这根直线涡通常称为升力线. 而马蹄涡系中的自由涡丝则融为一体组成了机翼后的尾涡面(见图 7.24.7(b)). 这样的模型称为**普朗特升力线模型**.

c) 下洗速度、下洗角与诱导阻力

在有限翼展情形下尾部的自由涡将对来流感生速度场. 当然,在这个平面截面上由自由涡所感生的速度场是不均匀的. 这是由于平面上各个点到自由涡面上各涡元的距离不同的缘故. 但是计算表明,当展弦比较大时,在所有远离翼尖的各个平面截面中,自由涡对翼剖面附近各点上的诱导速度的差别不大. 因此可以用自由涡面在升力线与平面的交点这一个点上所诱导的速度 V_i 来代表

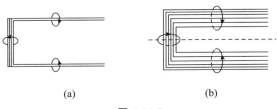

(a)   (b)

图 7.24.7

自由涡对这整个平面上来流的扰动.

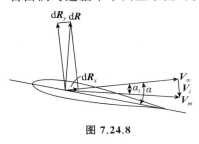

图 7.24.8

由于升力线与自由涡面位于同一面上,自由涡面在升力线的各个点上所诱导的速度 V_i 都是垂直向下的. 习惯上常把这个速度称为**下洗速度**. 如果自由涡面上的涡旋密度分布已知的话,这个下洗速度是可以算出来的. 因此,在每个平面截面内,作用于翼剖面的实际来流速度 V_m 等于机翼前无穷远处的速度 V_∞ 与由自由涡所诱导的下洗速度 V_i 二者的矢量和(见图 7.24.8)

$$V_m = V_\infty + V_i.$$

由于下洗速度的作用,实际来流的攻角减小了 α_i,称 α_i 为**下洗角**. 由速度三角形,可以看出

$$\tan\alpha_i = -\frac{V_i}{V_\infty}.$$

一般情形下 α_i 很小,只有几度,故可近似地以 α_i 代替 $\tan\alpha_i$. 于是有

$$\alpha_i = -\frac{V_i}{V_\infty}, \tag{7.24.1}$$

而实际来流速度的大小为

$$V_m = \sqrt{V_\infty^2 + V_i^2} = \sqrt{V_\infty^2\left[1 + \left(\frac{V_i}{V_\infty}\right)^2\right]} \approx V_\infty\left(1 + \frac{\alpha_i^2}{2}\right),$$

略去二阶小量后,就有

$$V_m = V_\infty.$$

所以,可以认为自由涡的作用就是使实际来流方向向下偏转了一个 α_i 角. 这个来流方向的改变,一方面直接影响绕翼剖面的环量 $\Gamma(z)$ 与升力的大小;另一方面,根据二维机翼理论,在 $\mathrm{d}z$ 宽度的机翼微元上所受的合力 $\mathrm{d}R$ 应垂直于实际来流 V_m 的方向. 因此 $\mathrm{d}R$ 也就有一个向右偏转的角度 α_i,把它投影到无穷远处来流 V_∞ 的方向,就得到一个阻力

$$\mathrm{d}R_x = \mathrm{d}R\sin\alpha_i \approx \mathrm{d}R \cdot \alpha_i,$$

这个阻力是在理想流体的二维机翼理论里所没有的. 它的出现完全是由于在有

限翼展机翼后面存在着自由涡的结果,我们把它称为诱导阻力,其中的 $\mathrm{d}R$ 可根据茹柯夫斯基升力定理得到

$$\mathrm{d}R = \rho V_m \Gamma \mathrm{d}z \approx \rho V_\infty \Gamma \mathrm{d}z,$$

因此

$$\mathrm{d}R_x = \rho V_\infty \Gamma \alpha_i \mathrm{d}z.$$

把 $\mathrm{d}R$ 投影到 $\mathbf{V}_\infty$ 的垂直方向,就得到升力

$$\mathrm{d}R_y = \mathrm{d}R \cos \alpha_i \approx \mathrm{d}R = \rho V_\infty \Gamma \mathrm{d}z.$$

如沿翼展积分,就得到整个机翼所受的升力和诱导阻力

$$R_y = \rho V_\infty \int_{-l}^{+l} \Gamma(z) \mathrm{d}z, \tag{7.24.2}$$

$$R_x = \rho V_\infty \int_{-l}^{+l} \Gamma(z) \alpha_i(z) \mathrm{d}z. \tag{7.24.3}$$

d) 确定环量分布 $\Gamma(z)$ 的积分-微分方程

根据以上简化假设,可以看出,有限翼展机翼绕流的整个问题归结为确定沿翼展的环量分布 $\Gamma(z)$. 有了 $\Gamma(z)$ 就可由(7.24.2)及(7.24.3)式直接求出升力及诱导阻力.

在二维机翼理论里,若已知来流速度的大小 V_∞,攻角 α 及翼剖面的形状,就可以完全确定环量 Γ. 而在有限翼展情形下,虽有平面截面假定,使在每个局部剖面上可以利用二维机翼理论,但问题仍不那么简单. 因为实际来流的攻角受自由涡面的影响,而自由涡面本身的强度分布又反过来取决于下洗角 α_i. 我们只能从 $\Gamma(z)$ 与来流即下洗角 α_i 的相互依赖关系中来决定 $\Gamma(z)$.

1) Γ 对于 α_i 的依赖关系.

考虑任一剖面上所受的升力. 根据平面截面假定,局部可作为二维机翼来处理. 由茹柯夫斯基升力定理,展宽为 $\mathrm{d}z$ 的机翼微元上所受的升力为

$$\mathrm{d}R = \rho V_\infty \Gamma(z) \mathrm{d}z,$$

其中 $\mathrm{d}R$ 可用无量纲的升力系数来表示

$$\mathrm{d}R = C_y \cdot \frac{1}{2} \rho V_\infty^2 b(z) \cdot \mathrm{d}z,$$

式中 $b(z)$ 是翼弦沿翼展的分布函数. 把它代入上式就得

$$\Gamma(z) = \frac{1}{2} V_\infty \cdot C_y(z) \cdot b(z). \tag{7.24.4}$$

根据二维机翼理论,C_y 与来流攻角成线性关系

$$C_y = a_0 \cdot \alpha_a,$$

其中 α_a 是从零升力线算起的攻角,称为**有效攻角**,它与几何攻角 α 的关系为

$$\alpha_a = \alpha - \alpha_0,$$

α_0 为零升力攻角,通常为一不大的负值;a_0 为一常数,也就是该翼型的升力曲线

的斜率,取决于翼型的形状(图 7.24.9),由二维机翼理论确定. 由于各个剖面的翼型形状与扭转角都可有所不同,因此,一般来说,a_0 与 α_a 都是 z 的函数.

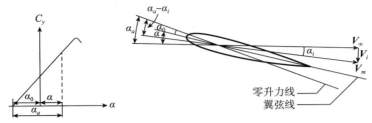

图 7.24.9

现在的来流受自由涡的影响,减少了一个下洗角,实际来流的有效攻角为

$$\alpha_a - \alpha_i,$$

因此有

$$C_y = a_0(\alpha_a - \alpha_i). \tag{7.24.5}$$

把它代入(7.24.4)式得

$$\Gamma(z) = \frac{1}{2} V_\infty a_0(z) b(z) [\alpha_a(z) - \alpha_i], \tag{7.24.6}$$

这就是 $\Gamma(z)$ 对于 α_i 的依赖关系,其中 $V_\infty, a_0(z), b(z)$ 与 $\alpha_a(z)$ 全是已知的量.

2) α_i 对 $\Gamma(z)$ 的依赖关系.

考虑自由涡面在升力线上任意一点 P 处所感生的下洗速度 V_i,P 点的坐标为 z. 在 AB 上任取两无限邻近的点 $M(\zeta)$ 与 $M'(\zeta+\mathrm{d}\zeta)$(见图 7.24.10). 这两个剖面上的环量分别为 $\Gamma(\zeta)$ 与 $\Gamma(\zeta+\mathrm{d}\zeta)=\Gamma(\zeta)+\mathrm{d}\Gamma$,两者相差 $\mathrm{d}\Gamma$. 从这两点之间向后延伸的涡带的强度必为 $\mathrm{d}\Gamma$. 此半无穷长的涡带对 P 点所诱导的速度 $\mathrm{d}V_i$ 应正好等于一根强度为 $\mathrm{d}\Gamma$ 的两端均伸向无穷远的直线涡丝在该点的诱导速度的一半,而后者就是二维点涡的诱导速度. 因此

$$\mathrm{d}V_i = -\frac{1}{4\pi} \frac{\mathrm{d}\Gamma}{\mathrm{d}\zeta} \frac{\mathrm{d}\zeta}{z-\zeta}.$$

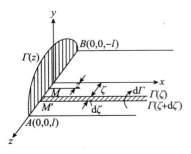

图 7.24.10

要得到整个自由涡面对点 P 的诱导速度,只需将上式对 ζ 沿整个翼展积分. 于是有

$$V_i = -\frac{1}{4\pi} \int_{-l}^{+l} \frac{\mathrm{d}\Gamma}{\mathrm{d}\zeta} \frac{\mathrm{d}\zeta}{z-\zeta}.$$

上式为奇异积分,在 $\xi=z$ 时是发散的. 所以在积分时规定取其主值,即

$$V_i = -\frac{1}{4\pi} \lim_{\varepsilon \to 0} \left[\int_{-l}^{z-\varepsilon} \frac{\mathrm{d}\Gamma}{\mathrm{d}\zeta} \frac{\mathrm{d}\zeta}{z-\zeta} + \int_{z+\varepsilon}^{l} \frac{\mathrm{d}\Gamma}{\mathrm{d}\zeta} \frac{\mathrm{d}\zeta}{z-\zeta} \right],$$

在物理上这意味着在 P 点上的涡丝对本身无诱

导速度.

于是,根据(7.24.1)式,下洗角

$$\alpha_i = -\frac{V_i}{V_\infty} = \frac{1}{4\pi V_\infty}\int_{-l}^{+l}\frac{\mathrm{d}\Gamma}{\mathrm{d}\zeta}\frac{\mathrm{d}\zeta}{z-\zeta}, \qquad (7.24.7)$$

这就是 α_i 对 $\Gamma(z)$ 的依赖关系,把它与(7.24.6)式合并,可得确定 $\Gamma(z)$ 的积分-微分方程:

$$\Gamma(z) = \frac{1}{2}V_\infty a_0(z)b(z)\left[\alpha_a(z) - \frac{1}{4\pi V_\infty}\int_{-l}^{+l}\frac{\mathrm{d}\Gamma}{\mathrm{d}\zeta}\frac{\mathrm{d}\zeta}{z-\zeta}\right], \qquad (7.24.8)$$

式中只有 $\Gamma(z)$ 是未知函数. 它在下述边界条件下求解

$$\Gamma(+l) = \Gamma(-l) = 0.$$

e) 积分-微分方程的解法

确定 $\Gamma(z)$ 的方程(7.24.8)是一个奇异线性积分-微分方程,迄今为止还没有求其精确解的一般方法,但存在着很多近似解法. 这里我们介绍一种三角级数法,它是格劳特首先建议采用的.

引进新变数 θ,它与 z 的关系为

$$z = -l\cos\theta, \qquad (7.24.9)$$

z 从 $-l$ 变到 l 时,θ 从 0 变到 π. 我们将未知函数 $\Gamma(\theta)$ 展开成三角级数

$$\Gamma(\theta) = 4V_\infty l\sum_{n=1}^{\infty}A_n\sin n\theta, \qquad (7.24.10)$$

显然它能满足边界条件 $\Gamma(0) = \Gamma(\pi) = 0$,式中 A_n 是待定的常数. 将(7.24.10)式代入(7.24.8)式便得确定 A_n 的代数方程. 为此我们首先算出方程中的积分项. 注意到

$$\frac{\mathrm{d}\Gamma}{\mathrm{d}\zeta}\mathrm{d}\zeta = \frac{\mathrm{d}\Gamma}{\mathrm{d}\theta'}\mathrm{d}\theta' = 4V_\infty l\sum_{n=1}^{\infty}nA_n\cos n\theta'\mathrm{d}\theta',$$

有

$$\alpha_i = \frac{1}{\pi}\int_0^\pi\sum_{n=1}^{\infty}nA_n\frac{\cos n\theta'\mathrm{d}\theta'}{\cos\theta'-\cos\theta} = \frac{1}{\pi}\sum_{n=1}^{\infty}nA_n\int_0^\pi\frac{\cos n\theta'\mathrm{d}\theta'}{\cos\theta'-\cos\theta},$$

考虑到

$$\int_0^\pi\frac{\cos n\theta'\mathrm{d}\theta'}{\cos\theta'-\cos\theta} = \pi\frac{\sin n\theta}{\sin\theta},$$

我们有

$$\alpha_i = \sum_{i=1}^{\infty}nA_n\frac{\sin n\theta}{\sin\theta}, \qquad (7.24.11)$$

代入(7.24.8)式得

$$\sum_{n=1}^{\infty}A_n\sin n\theta = \frac{a_0(\theta)b(\theta)}{8l}\left[\alpha_a(\theta) - \sum_{n=1}^{\infty}nA_n\frac{\sin n\theta}{\sin\theta}\right].$$

令

$$\mu(\theta) = \frac{a_0(\theta)b(\theta)}{8l},$$

有

$$\sum_{n=1}^{\infty} [n\mu(\theta) + \sin\theta]A_n \sin n\theta = \mu(\theta)\alpha_a(\theta)\sin\theta, \qquad (7.24.12)$$

这就是确定 A_n 的线性代数方程组,它是无穷阶的. 在实际计算中不可能找出它的准确解来,所以常常求它的 K 阶近似解,即在(7.24.12)式中取 K 项逼近无穷级数,然后在机翼上选取 K 个不同的剖面,即 K 个不同的 θ 值. 对每一个 θ 值,写出方程(7.24.12),得到 K 个线性代数方程,用来确定 K 个系数 $A_1,\cdots,A_K$.

如果机翼是对称的,而且做没有侧滑的平直飞行,则整个流动对 Oxy 平面对称,于是 $\Gamma(\theta)=\Gamma(\pi-\theta)$,由此易证 A_n 的偶数项皆为零,这时只需在半个机翼 $0 \leqslant \theta \leqslant \pi/2$ 的范围内选取 K 个不同剖面就可以了. 这些剖面应当选择在翼型或翼弦有显著变化的地方,计算实践表明,取级数的头四项 A_1,A_3,A_5,A_7 就已经足够精确. 为了确定这四个系数可以取下列四个 θ 值作为计算点(图7.24.11):

$$\theta = \pi/8, \pi/4, 3\pi/8, \pi/2.$$

代入(7.24.12)式我们得到下列确定 A_1,A_3,A_5,A_7 的线性代数方程组:

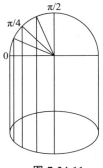

图 7.24.11

$$\begin{cases} 0.383(\mu_1 + 0.383)A_1 + 0.924(3\mu_1 + 0.383)A_3 \\ \quad + 0.924(5\mu_1 + 0.383)A_5 + 0.383(7\mu_1 + 0.383)A_7 \\ \quad = 0.383\mu_1 a_1, \\ (\mu_2 + 0.707)A_1 + (3\mu_2 + 0.707)A_3 \\ \quad - (5\mu_2 + 0.707)A_5 - (7\mu_2 + 0.707)A_7 = \mu_2 a_2, \\ 0.924(\mu_3 + 0.924)A_1 - 0.383(3\mu_3 + 0.924)A_3 \\ \quad - 0.383(5\mu_3 + 0.924)A_5 + 0.924(7\mu_3 + 0.924)A_7 \\ \quad = 0.924\mu_3 a_3, \\ (\mu_4 + 1)A_1 - (3\mu_4 + 1)A_3 + (5\mu_4 + 1)A_5 \\ \quad - (7\mu_4 + 1)A_7 = \mu_4 a_4, \end{cases}$$

其中的 $\mu_1, \mu_2, \mu_3, \mu_4; a_1, a_2, a_3, a_4$ 均为已知的量. 解此方程组就可求得 A_1, A_3, A_5, A_7.

f) 升力系数和诱导阻力系数

有了展向环量分布 $\Gamma(z)$,我们需要的一切气动特性皆可求出. 根据(7.24.2)式,计算升力的公式为

$$R_y = \rho V_\infty \int_{-l}^{+l} \Gamma(z)\,dz,$$

将(7.24.9)与(7.24.10)式代入得

$$R_y = \rho V_\infty^2 (2l)^2 \sum_{n=1}^{\infty} A_n \int_0^\pi \sin n\theta \sin \theta\,d\theta.$$

考虑到

$$\int_0^\pi \sin n\theta \ \sin m\theta\,d\theta = \begin{cases} \dfrac{\pi}{2}, & \text{当 } n = m \text{ 时}, \\[3mm] 0, & \text{当 } n \neq m \text{ 时}, \end{cases}$$

我们有

$$R_y = \frac{\rho V_\infty^2}{2}(2l)^2 \cdot \pi A_1,$$

于是升力系数是

$$C_y = \frac{R_y}{\dfrac{1}{2}\rho V_\infty^2 \cdot S} = \pi \frac{(2l)^2}{S} A_1 = \pi \lambda A_1, \tag{7.24.13}$$

式中 $\lambda = (2l)^2/S$ 是展弦比,S 是翼展的面积.

计算诱导阻力的公式为

$$R_x = \rho V_\infty \int_{-l}^{+l} \Gamma(z)\alpha_i(z)\,dz,$$

将(7.24.9),(7.24.10)及(7.24.11)式代入得

$$R_x = 4\rho V_\infty^2 l^2 \int_{-l}^{+l} \Big[\sum_{n=1}^{\infty} A_n \sin n\theta \times \sum_{m=1}^{\infty} m A_n \frac{\sin m\theta}{\sin \theta} \sin \theta\,d\theta \Big]$$

$$= \rho V_\infty^2 (2l)^2 \sum_{n=1}^{\infty} \sum_{m=1}^{\infty} \Big[m A_n A_m \times \int_0^\pi \sin n\theta \sin m\theta\,d\theta \Big]$$

$$= \frac{\rho V_\infty^2}{2}(2l)^2 \pi \sum_{n=1}^{\infty} n A_n^2.$$

于是机翼的诱导阻力系数为

$$C_{x_i} = \frac{R_x}{\dfrac{1}{2}\rho V_\infty^2 \cdot S} = \pi \frac{(2l)^2}{S} \sum_{n=1}^{\infty} n A_n^2 = \pi \lambda \sum_{n=1}^{\infty} n A_n^2, \tag{7.24.14}$$

考虑到(7.24.13)式,(7.24.14)式可改写为

$$C_{x_i} = \frac{C_y^2}{\pi \lambda} \frac{\displaystyle\sum_{n=1}^{\infty} n A_n^2}{A_1^2}.$$

令

$$\delta = \frac{\displaystyle\sum_{n=2}^{\infty} n A_n^2}{A_1^2} \geqslant 0,$$

我们得

$$C_{x_i} = \frac{C_y^2}{\pi\lambda}(1+\delta). \tag{7.24.15}$$

由此可见,诱导阻力系数是总大于 0 的正数,也就是说有限翼展机翼飞行时,不等于零的诱导阻力总是存在的. 并且,它和升力系数的平方成正比,又与展弦比成反比. 机翼平面形状的影响体现在 δ 的值上,因此,为了得到良好的升阻比和长距离的航程,最好采用很大的展弦比. 不过出于结构上的考虑,中等速度飞机采用的展弦比的实际数值则不得不限制在 8 或 10 上下. 而高速飞机的诱导阻力与其他阻力部分(主要是波阻)相比则是比较小的,主要是为了减小波阻,常采用很小的展弦比,甚至小到 $\lambda = 1.5$ 左右.

g) 具有最小诱导阻力的机翼平面形状. 椭圆机翼

当 C_y 和 λ 值给定时,什么样的机翼平面形状具有最小的诱导阻力呢? 也就是说,什么样的平面形状从空气动力学的观点来看是最有利的呢? 容易看出,当 $\delta = 0$,即当 $A_n = 0 (n > 2)$,$A_1 \neq 0$ 时,C_{xi} 将取最小值. 这时机翼的环量分布应为

$$\Gamma(\theta) = 4V_\infty l A_1 \sin\theta = \Gamma_{\max} \sin\theta,$$

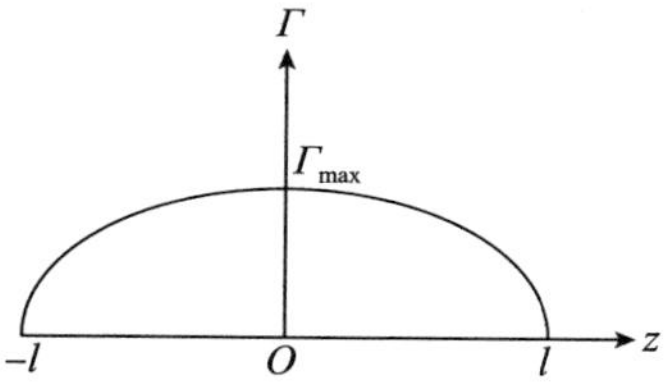

其中 $\Gamma_{\max} = \Gamma(\pi/2) = 4V_\infty l A_1$. 自变量由 θ 换回到 z 得

$$\Gamma = \Gamma_{\max}\sqrt{1 - \left(\frac{z}{l}\right)^2},$$

图 7.24.12

或

$$\left(\frac{\Gamma}{\Gamma_{\max}}\right)^2 + \left(\frac{z}{l}\right)^2 = 1,$$

由此可见,最小诱导阻力的机翼必须有椭圆形的展向环量分布(图 7.24.12).

此时,下洗角按(7.24.11)与(7.24.13)式应为

$$\alpha_i = A_1 = \frac{C_y}{\pi\lambda} = \frac{\Gamma_{\max}}{4V_\infty l}, \tag{7.24.16}$$

它与 θ 无关,即下洗角沿整个翼展都是相同的. 对于无扭转的平面机翼,如前所述有效攻角 α_a 沿翼展是常数,于是受下洗后的实际来流的有效攻角 $\alpha_a - \alpha_i$ 也是常数. 根据(7.24.6)式

$$\Gamma(z) = \frac{1}{2}V_\infty a_0(z) b(z)(\alpha_a - \alpha_i),$$

如 $a_0(z)$ 也是常数,则 $b(z)$ 应与 $\Gamma(z)$ 成正比,即沿翼展弦长也为椭圆分布. 因此,具有最小诱导阻力的机翼平面形状应是椭圆形的.

对椭圆机翼,$\delta=0$. 由(7.24.15)式推出诱导阻力系数为

$$C_{x_i} = \frac{C_y^2}{\pi\lambda},$$

可见(7.24.15)式中的 δ 为任意形状机翼的诱导阻力相对于椭圆机翼的修正值. 机翼越接近于椭圆,δ 值也越小(见表 7.24.1).

表 7.24.1

机翼平面形状	图	$(C_{x_i}/C_y^2)\lambda$
椭圆		0.318
梯形		0.318
矩形		0.335
菱形		0.363

从理论上来说,椭圆形机翼是空气动力学上最有利的机翼. 但在结构与加工上它是不太有利的. 从表 7.24.1 中可看出梯形机翼与椭圆机翼相比,在气动特性上并无明显差别,但它在结构与加工上都比较有利,故在实践中低速飞机常采用梯形机翼.

实践证明,升力线理论用在 $\lambda>3$ 的直机翼时是相当成功的. 对于小展弦比机翼来说,由于翼弦相对于翼展来说已相当大,已不能用升力线理论来计算,此时必须用升力面理论或其他更准确的理论进行计算.

（E）理想不可压缩流体非定常无旋运动

7.25 附加质量和非定常阻力

任意物体在无界流体内运动可以分成两大类:即匀速直线运动及非匀速直线运动. 对于固体在无界流体中做匀速直线运动的这种情形,可以通过将坐标系转换到与物体固定在一起的惯性系上去的方法,把问题转换成为均匀来流的

定常绕流问题. 根据伽利略相对性原理, 在两个惯性系中所有动力学特性函数都是相等的, 因此定常绕流问题中求出来的压强分布、合力、合力矩等空气动力学特性函数就是匀速直线运动中所要求的对应函数, 这样我们便将固体在无界流体中做匀速直线运动这一非定常问题转换成了定常的绕流问题. 至于如何解定常绕流问题已在前几节比较详细地讨论过了, 并且得到了物体不受任何合力的达朗贝尔佯谬. 现在让我们来讨论固体在无界流体中做非匀速直线运动这一情形. 在这种情形, 取固定在物体上的坐标系是无益的. 一方面坐标转换后所得的绕流问题本身可能就是非定常运动; 另一方面在这样一个非惯性系中求出来的空气动力学特性函数亦已不是我们所要求的. 正因为如此, 我们在这里不得不处理一个纯粹的非定常问题.

假设流体是理想均质不可压缩的, 固体从静止或无旋状态起动, 根据涡旋不生不灭定理整个流体运动是无旋的. 取与静止流体固定在一起的坐标系, 原点在物体内部, 于是速度势函数 φ 是 x, y, z, t 的函数. 将 $\boldsymbol{v} = \nabla\varphi(x, y, z, t)$ 代入连续性方程 $\operatorname{div}\boldsymbol{v} = 0$ 中, 我们得到 φ 应满足拉氏方程

$$\Delta\varphi = 0, \tag{7.25.1}$$

在此方程中时间 t 以参数形式出现. φ 除了满足拉氏方程外, 还应满足下列边界条件:

1) 在无穷远处速度趋于零; (7.25.2)

2) 在物体表面上 $\partial\varphi/\partial n = V_n$, 其中 V_n 是物体表面上固体质点的运动速度 $\boldsymbol{v}$ 在外法线方向 $\boldsymbol{n}$ 上的投影. (7.25.3)

根据 7.4 节中的公式 (7.4.8), φ 具有下列展式:

$$\varphi(\boldsymbol{r}) = D + C_i \frac{\partial}{\partial x_i}\left(\frac{1}{r}\right) + C_{ij} \frac{\partial^2}{\partial x_i \partial x_j}\left(\frac{1}{r}\right) + \cdots,$$

上式表明 φ 在无穷远处的量阶是 $1/R^2$, 而 $\partial\varphi/\partial t$ 及速度的量阶则为 $1/R^2$ 及 $1/R^3$. 于是在无穷远处我们有下列量阶估计:

$$\begin{cases} \varphi = O\left(\dfrac{1}{R^2}\right), & \dfrac{\partial\varphi}{\partial t} = O\left(\dfrac{1}{R^2}\right), \\[2mm] u, v, w = O\left(\dfrac{1}{R^3}\right), & V = O\left(\dfrac{1}{R^3}\right). \end{cases} \tag{7.25.4}$$

由理论力学知道, 刚体中任一点上的速度 $\boldsymbol{V}$ 可以分解为某一点的平动速度 $\boldsymbol{V}_0$ 和刚体绕该点转动速度之和, 用式子表出有

$$\boldsymbol{V} = \boldsymbol{V}_0 + \boldsymbol{\omega} \times \boldsymbol{r},$$

其中 $\boldsymbol{\omega}$ 为刚体的角速度矢量, $\boldsymbol{r}$ 为欲求速度那点的径矢. 于是边界条件 (7.25.3) 可写成

$$\frac{\partial\varphi}{\partial n} = V_n = \boldsymbol{V}_0 \cdot \boldsymbol{n} + (\boldsymbol{\omega} \times \boldsymbol{r}) \cdot \boldsymbol{n} = \boldsymbol{V}_0 \cdot \boldsymbol{n} + (\boldsymbol{r} \times \boldsymbol{n}) \cdot \boldsymbol{\omega}$$

$$= u_0 \alpha + v_0 \beta + w_0 \gamma + \omega_x (y\gamma - z\beta)$$
$$+ \omega_y (z\alpha - x\gamma) + \omega_z (x\beta - y\alpha). \tag{7.25.5}$$

由于方程(7.25.1)是线性的,因此可以将 φ 写成下列六个函数的线性组合:

$$\varphi = u_0 \varphi_1 + v_0 \varphi_2 + w_0 \varphi_3 + \omega_x \varphi_4 + \omega_y \varphi_5 + \omega_z \varphi_6, \tag{7.25.6}$$

其中 $\varphi_i (i=1,\cdots,6)$ 分别满足拉氏方程(7.25.1)和边界条件(7.25.2),此外在物面上还分别满足下列条件

$$\begin{cases} \dfrac{\partial \varphi_1}{\partial n} = \alpha, \quad \dfrac{\partial \varphi_2}{\partial n} = \beta, \quad \dfrac{\partial \varphi_3}{\partial n} = \gamma, \\[2mm] \dfrac{\partial \varphi_4}{\partial n} = y\gamma - z\beta, \quad \dfrac{\partial \varphi_5}{\partial n} = z\alpha - x\gamma, \\[2mm] \dfrac{\partial \varphi_6}{\partial n} = x\beta - y\alpha. \end{cases} \tag{7.25.7}$$

现在,寻求速度势函数 φ 的问题归结为寻求满足(7.25.1),(7.25.2)及(7.25.7)式的六个函数 $\varphi_i (i=1,\cdots,6)$ 的问题了. 函数 φ_i 具有下列简单的物理意义,φ_1 相当于

$$u_0 = 1, \quad v_0 = w_0 = 0, \quad \omega_x = \omega_y = \omega_z = 0$$

的情形,这就是说 φ_1 是固体在无界流体以单位速度平行于 Ox 轴运动时所产生的速度势. 同理可说明 φ_2 与 φ_3 是固体在无界流体以单位速度平行于 Oy 与 Oz 轴作正向运动时所产生的速度势. 其次我们看到 φ_4 对应于

$$u_0 = v_0 = w_0 = 0, \quad \omega_x = 1, \quad \omega_y = \omega_z = 0$$

的情形,也就是说 φ_4 是固体在无界流体以单位角速度绕 Ox 轴转动时所产生的速度势. 同理可证 φ_5 与 φ_6 是固体以单位角速度绕 Oy 与 Oz 轴转动时所产生的速度势. 为了以后叙述的方便,我们称 $\varphi_i (i=1,\cdots,6)$ 为基本速度势.

$\varphi_1, \varphi_2, \varphi_3$ 实际上就是 x,y,z 方向上的匀速直线运动,我们会求它们的解;至于 $\varphi_4, \varphi_5, \varphi_6$ 则必须解一个满足方程(7.25.1)及边界条件(7.25.2)与(7.25.7)的问题,求它的解原则上没有什么困难,因篇幅所限我们不详细介绍求解过程,认为 $\varphi_4, \varphi_5, \varphi_6$ 已经得到了. 本节将着重研究物体在流体中做非匀速直线运动时所受到的作用力.

设 φ 或 $\varphi_i (i=1,\cdots,6)$ 已经求出,欲求物体所受到的作用力. 我们首先取静止坐标系. 求作用在物体上的合力及合力矩有两种办法. 第一种办法是写出作用在物体表面 S 上的作用力公式

$$\boldsymbol{R} = -\int_S p\boldsymbol{n}\,\mathrm{d}S, \quad \boldsymbol{L} = -\int_S p\boldsymbol{r} \times \boldsymbol{n}\,\mathrm{d}S,$$

然后根据拉格朗日积分将 p 通过 φ 及其导数表出,经过计算,求出所需的结果. 第二种办法是利用动量定理和动量矩定理. 在这两种方法中后者较简单,用它来求合力及合力矩是方便的.

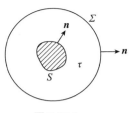

图 7.25.1

取一个球心在坐标原点,半径为 R 且包住物体的大球,球面以 Σ 表之. 设球面 Σ 及物体 S 的法线正方向都取成如图 7.25.1 所示的外法线方向. 现在我们对以 Σ 及 S 为界的流体体积 τ 应用动量定理. 以 $\boldsymbol{K}$ 表 τ 内的动量,$\boldsymbol{R}'$ 和 $\boldsymbol{R}''$ 分别表示 Σ 外流体及物体作用在 τ 上的力. 于是根据动量定理我们有

$$\boldsymbol{R}' + \boldsymbol{R}'' = \frac{\mathrm{d}\boldsymbol{K}}{\mathrm{d}t}. \tag{7.25.8}$$

根据作用等于反作用的原理,流体作用在物体上的合力 $\boldsymbol{R}$ 将等于物体作用在流体上的合力 $\boldsymbol{R}''$ 的负值,于是我们有

$$\boldsymbol{R}'' = -\boldsymbol{R}. \tag{7.25.9}$$

将(7.25.9)式代入(7.25.8)式得

$$\boldsymbol{R} = \boldsymbol{R}' - \frac{\mathrm{d}\boldsymbol{K}}{\mathrm{d}t}. \tag{7.25.10}$$

现分别计算(7.25.10)式右边的两项. 根据 $\boldsymbol{R}'$ 的定义有

$$\boldsymbol{R}' = -\int_{\Sigma} p\boldsymbol{n}\,\mathrm{d}S, \tag{7.25.11}$$

忽略外力时,拉格朗日积分具有下列形式:

$$p = \rho f(t) - \frac{\rho V^2}{2} - \rho\,\frac{\partial\varphi}{\partial t}.$$

在 ∞ 处 $V = 0,\dfrac{\partial\varphi}{\partial t} \to 0$(参看(7.25.4)式),而 $p = p_\infty$,由此定出

$$f(t) = \frac{p_\infty}{\rho},$$

于是

$$p = p_\infty - \frac{\rho V^2}{2} - \rho\,\frac{\partial\varphi}{\partial t}.$$

将之代入(7.25.11)式,并考虑到 $\displaystyle\int_{\Sigma} \boldsymbol{n}\,\mathrm{d}S = 0$ 的事实后得

$$\boldsymbol{R}' = \int_{\Sigma} \rho\,\frac{\partial\varphi}{\partial t}\boldsymbol{n}\,\mathrm{d}S + \int_{\Sigma} \rho\,\frac{V^2}{2}\boldsymbol{n}\,\mathrm{d}S. \tag{7.25.12}$$

其次对于动量 $\boldsymbol{K}$ 我们有公式

$$\boldsymbol{K} = \int_{\tau} \rho\boldsymbol{v}\,\mathrm{d}r = \int_{\tau} \rho\,\mathrm{grad}\,\varphi\,\mathrm{d}\tau,$$

利用奥-高定理

$$\boldsymbol{K} = \int_{\Sigma} \rho\varphi\boldsymbol{n}\,\mathrm{d}S - \int_{S} \rho\varphi\boldsymbol{n}\,\mathrm{d}S,$$

右边第二项之所以是负的是因为我们取指向流体内部的方向为法线的正方向. 这里必须强调指出,Σ 及 S 现在都是由流体质点组成的流动面. 将上式对时间 t 取随体导数后得

$$\frac{\mathrm{d}\boldsymbol{K}}{\mathrm{d}t} = \frac{\mathrm{d}}{\mathrm{d}t} \int_\Sigma \rho\varphi\boldsymbol{n}\,\mathrm{d}S - \frac{\mathrm{d}}{\mathrm{d}t} \int_S \rho\varphi\boldsymbol{n}\,\mathrm{d}S. \tag{7.25.13}$$

根据面积分随体导数的公式(证明见附录二)

$$\frac{\mathrm{d}}{\mathrm{d}t} \int_\Sigma \rho\varphi\boldsymbol{n}\,\mathrm{d}S = \int_\Sigma \left(\rho\,\frac{\partial\varphi}{\partial t}\boldsymbol{n} + \rho v_n\,\boldsymbol{v} \right)\mathrm{d}S,$$

(7.25.13)式可写成

$$\frac{\mathrm{d}\boldsymbol{K}}{\mathrm{d}t} = \int_\Sigma \rho\,\frac{\partial\varphi}{\partial t}\boldsymbol{n}\,\mathrm{d}S + \int_\Sigma \rho v_n\boldsymbol{v}\,\mathrm{d}S - \frac{\mathrm{d}}{\mathrm{d}t}\int_S \rho\varphi\boldsymbol{n}\,\mathrm{d}S. \tag{7.25.14}$$

将(7.25.12)及(7.25.14)式代入(7.25.10)式得

$$\boldsymbol{R} = \frac{\mathrm{d}}{\mathrm{d}t}\int_S \rho\varphi\boldsymbol{n}\,\mathrm{d}S + \int_\Sigma \rho\left(\frac{V^2}{2}\boldsymbol{n} - v_n\,\boldsymbol{v} \right)\mathrm{d}S. \tag{7.25.15}$$

现在估计(7.25.15)式右边第二个积分在无穷远处的量阶,根据(7.25.4)式,被积函数的量阶是 $O(1/R^6)$,于是这个积分在无穷远处的量阶为 $O(1/R^4)$. 令大球的半径 R 趋于无穷大,此时第二个积分趋于零,这样我们得到合力 $\boldsymbol{R}$ 的下列表达式:

$$\boldsymbol{R} = \frac{\mathrm{d}}{\mathrm{d}t}\int_S \rho\varphi\boldsymbol{n}\,\mathrm{d}S. \tag{7.25.16}$$

利用动量矩定理,完全采用和上述方法类似的过程得到下列动量矩 $\boldsymbol{L}$ 的公式:

$$\boldsymbol{L} = \frac{\mathrm{d}}{\mathrm{d}t}\int_S \rho\varphi(\boldsymbol{r} \times \boldsymbol{n})\,\mathrm{d}S. \tag{7.25.17}$$

现在我们再给(7.25.16)式及(7.25.17)式以另一物理解释. 写出物体的动量方程及动量矩方程

$$\frac{\mathrm{d}\boldsymbol{K}^*}{\mathrm{d}t} = \boldsymbol{R}^* + \boldsymbol{R}, \qquad \frac{\mathrm{d}\boldsymbol{M}^*}{\mathrm{d}t} = \boldsymbol{L}^* + \boldsymbol{L},$$

其中 $\boldsymbol{R}^*, \boldsymbol{L}^*$ 分别是外力及外力矩,$\boldsymbol{K}^*, \boldsymbol{M}^*$ 分别是物体的动量及动量矩. 将(7.25.16)及(7.25.17)式代入得

$$\frac{\mathrm{d}}{\mathrm{d}t}\left(\boldsymbol{K}^* - \int_S \rho\varphi\boldsymbol{n}\,\mathrm{d}S \right) = \boldsymbol{R}^*,$$

$$\frac{\mathrm{d}}{\mathrm{d}t}\left(\boldsymbol{M}^* - \int_S \rho\varphi(\boldsymbol{r} \times \boldsymbol{n})\,\mathrm{d}S \right) = \boldsymbol{L}^*.$$

令

$$\boldsymbol{B} = -\int_S \rho\varphi\boldsymbol{n}\,\mathrm{d}S, \tag{7.25.18}$$

$$I = -\int_S \rho\varphi(r \times n)\mathrm{d}S, \tag{7.25.19}$$

则有

$$\frac{\mathrm{d}}{\mathrm{d}t}(K^* + B) = R^*, \tag{7.25.20}$$

$$\frac{\mathrm{d}}{\mathrm{d}t}(M^* + I) = L^*. \tag{7.25.21}$$

上面两式在物理上可以这样解释:固体在流体中的非定常运动,相当于动量为 $K^* + B$,动量矩为 $M^* + I$ 的物体在真空中运动,矢量 B 及 I 分别称为**附加动量**和**附加动量矩**,因为它是在固体原有的动量 K^* 及动量矩 M^* 上附加上去的.

公式(7.25.16)与(7.25.17)中出现的是总的速度势函数 φ,而它是通过基本速度势 φ_i 表出的,因此需要将 B 与 I 通过 φ_i 表示出来.

将(7.25.18)及(7.25.19)式写成分量形式,并考虑到(7.25.7)式有

$$B_x = -\int_S \rho\varphi\alpha\,\mathrm{d}S = -\int_S \rho\varphi\frac{\partial\varphi_1}{\partial n}\mathrm{d}S,$$

$$B_y = -\int_S \rho\varphi\beta\,\mathrm{d}S = -\int_S \rho\varphi\frac{\partial\varphi_2}{\partial n}\mathrm{d}S,$$

$$B_z = -\int_S \rho\varphi\gamma\,\mathrm{d}S = -\int_S \rho\varphi\frac{\partial\varphi_3}{\partial n}\mathrm{d}S,$$

$$I_x = -\int_S \rho\varphi(y\gamma - z\beta)\,\mathrm{d}S = -\int_S \rho\varphi\frac{\partial\varphi_4}{\partial n}\mathrm{d}S,$$

$$I_y = -\int_S \rho\varphi(z\alpha - x\gamma)\,\mathrm{d}S = -\int_S \rho\varphi\frac{\partial\varphi_5}{\partial n}\mathrm{d}S,$$

$$I_z = -\int_S \rho\varphi(x\beta - y\alpha)\,\mathrm{d}S = -\int_S \rho\varphi\frac{\partial\varphi_6}{\partial n}\mathrm{d}S.$$

为了书写简单,令

$$B_x = B_1, \quad B_y = B_2, \quad B_z = B_3,$$
$$I_x = B_4, \quad I_y = B_5, \quad I_z = B_6,$$
$$u_0 = U_1, \quad v_0 = U_2, \quad w_0 = U_3,$$
$$\omega_x = U_4, \quad \omega_y = U_5, \quad \omega_z = U_6,$$

于是上式可写成下列形式

$$B_i = -\int_S \rho\varphi\frac{\partial\varphi_i}{\partial n}\mathrm{d}S \quad (i = 1, \cdots, 6), \tag{7.25.22}$$

而(7.25.6)式可写成

$$\varphi = \sum_{k=1}^{6} U_k\varphi_k, \tag{7.25.23}$$

将(7.25.23)式代入(7.25.22)式,得

$$B_i = -\int_S \rho \sum_{k=1}^{6} U_k \varphi_k \frac{\partial \varphi_i}{\partial n} dS = \sum_{k=1}^{6} U_k \left(-\int_S \frac{\partial \varphi_i}{\partial n} \varphi_k dS \right).$$

引入符号

$$\lambda_{ik} = -\int_S \rho \frac{\partial \varphi_i}{\partial n} \varphi_k dS, \qquad (7.25.24)$$

则上式可写成

$$B_i = \sum_{k=1}^{6} \lambda_{ik} U_k. \qquad (7.25.25)$$

由于 B_i 的物理意义是附加动量或附加动量矩,因此,根据(7.25.25)式,λ_{ik} 相当于质量或惯性矩,故称之为**附加质量**.

下面证明 λ_{ik} 是对称的,即 $\lambda_{ik} = \lambda_{ki}$. 对 Σ 面和 S 面内的体积 τ 应用格林第二公式:

$$\int_\tau (\varphi_i \Delta \varphi_k - \varphi_k \Delta \varphi_i) d\tau$$

$$= \int_\Sigma \left(\varphi_i \frac{\partial \varphi_k}{\partial n} - \varphi_k \frac{\partial \varphi_i}{\partial n} \right) dS - \int_S \left(\varphi_i \frac{\partial \varphi_k}{\partial n} - \varphi_k \frac{\partial \varphi_i}{\partial n} \right) dS,$$

由 $\Delta \varphi_k = 0, \Delta \varphi_i = 0$,推出左边积分等于零. 其次在无穷远处,右边第一个积分的量阶为 $1/R^3$,当 $R \to \infty$ 时,它趋于零. 于是当 $R \to \infty$ 时有

$$-\int_S \varphi_k \frac{\partial \varphi_i}{\partial n} dS = -\int_S \varphi_i \frac{\partial \varphi_k}{\partial n} dS,$$

此即

$$\lambda_{ik} = \lambda_{ki},$$

对称性得证. 有了对称性后,36 个系数 λ_{ik} 中最多只有 21 个是不相同的.

引进体积 τ 内流体的总动能 T 后,(7.25.25)式还可以写成更简单的形式. 根据 7.2 节中动能的表达式

$$T = \rho \int_\tau \frac{V^2}{2} d\tau = -\frac{\rho}{2} \int_S \varphi \frac{\partial \varphi}{\partial n} dS + \frac{\rho}{2} \int_\Sigma \varphi \frac{\partial \varphi}{\partial n} dS,$$

第二个积分在无穷远处邻域内的量阶为 $O(1/R^3)$,当 $R \to \infty$ 时,它趋于零. 于是

$$T = -\frac{\rho}{2} \int_S \varphi \frac{\partial \varphi}{\partial n} dS,$$

将(7.25.23)式代入得

$$T = -\frac{\rho}{2} \int_S \sum_{k=1}^{6} U_k \varphi_k \sum_{i=1}^{6} U_i \frac{\partial \varphi_i}{\partial n} dS$$

$$= \frac{1}{2} \sum_{i=1}^{6} \sum_{k=1}^{6} \left[-\int_S \rho \frac{\partial \varphi_i}{\partial n} \varphi_k dS \right] U_i U_k.$$

利用(7.25.24)式我们有

$$T = \frac{1}{2} \sum_{i=1}^{6} \sum_{k=1}^{6} \lambda_{ik} U_i U_k, \tag{7.25.26}$$

有了(7.25.26)式，B_i 可按下式很容易地求出

$$B_i = \frac{\partial T}{\partial U_i}. \tag{7.25.27}$$

引进动能(7.25.26)的优点在于一旦计算出 T 来，附加动量和动量矩就可以很容易地按(7.25.27)式通过微分求出，而不必求助于较麻烦的公式(7.25.25).

若物体的表面 S 具有三个相互垂直的对称轴线（例如椭球），则当我们取此三对称轴线为动坐标系中的坐标轴线时，易证

$$\lambda_{ik} = -\int_S \rho \frac{\partial \varphi_i}{\partial n} \varphi_k \mathrm{d}S = 0 \quad (i \neq k).$$

为了证明这个公式，我们在平动及转动部分中分别取 φ_1 及 φ_4 作代表. 容易看出由于我们现在所考虑的物体具有对称性，因此整个流动对 Oxz 平面是对称的，即在对称点 $P（x,y,z）$ 及 $P'(x,-y,z)$ 上（见图7.25.2）φ_1 及 φ_4 的值相

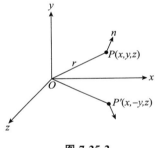

图 7.25.2

等. 另一方面

$$\frac{\partial \varphi_2}{\partial n} = \cos(\boldsymbol{n},\boldsymbol{j}), \quad \frac{\partial \varphi_3}{\partial n} = \cos(\boldsymbol{n},\boldsymbol{k})$$

在 P 点及 P' 点具有相同的绝对值，但符号相反，其中 $\boldsymbol{j},\boldsymbol{k}$ 分别为 y 轴，z 轴方向的单位矢量. 而

$$\frac{\partial \varphi_4}{\partial n} = (\boldsymbol{r} \times \boldsymbol{n})_x, \frac{\partial \varphi_5}{\partial n} = (\boldsymbol{r} \times \boldsymbol{n})_y, \frac{\partial \varphi_6}{\partial n} = (\boldsymbol{r} \times \boldsymbol{n})_z$$

在 P 点及 P' 点的值亦因为 $(\boldsymbol{r} \times \boldsymbol{n})$ 矢量在 P 点及 P' 点具有反对称性而具有相反的符号及相同的值，于是不难理解

$$\int_S \rho \frac{\partial \varphi_i}{\partial n} \varphi_1 \mathrm{d}S = 0 \quad (i \neq 1),$$

$$\int_S \rho \frac{\partial \varphi_i}{\partial n} \varphi_4 \mathrm{d}S = 0 \quad (i \neq 4)$$

成立. 同时可对 $\varphi_2, \varphi_3, \varphi_5, \varphi_6$ 证明类似的公式. 综合起来证明了

$$\lambda_{ik} = 0 \quad (i \neq k). \tag{7.25.28}$$

此时，(7.25.26)，(7.25.16)及(7.25.17)式简化为

$$\begin{cases} T = \dfrac{1}{2}(\lambda_{11}u_0^2 + \lambda_{22}v_0^2 + \lambda_{33}w_0^2 + \lambda_{44}\omega_x^2 + \lambda_{55}\omega_y^2 + \lambda_{66}\omega_x^2), \\[2mm] R_x = -\dfrac{d}{dt}(\lambda_{11}u_0), \quad R_y = -\dfrac{d}{dt}(\lambda_{22}v_0), \quad R_z = -\dfrac{d}{dt}(\lambda_{33}w_0), \\[2mm] L_x = -\dfrac{d}{dt}(\lambda_{44}\omega_x), \quad L_y = -\dfrac{d}{dt}(\lambda_{55}\omega_y), \quad L_z = -\dfrac{d}{dt}(\lambda_{66}\omega_z). \end{cases}$$

$$(7.25.29)$$

下面我们以圆球在无界流体中的非匀速直线运动作为一个例子. 设半径为 a 的圆球在无界流体中运动, 球心的平动速度是 $\boldsymbol{V}_0(t) = u_0(t)\boldsymbol{i} + v_0(t)\boldsymbol{j} + w_0(t)\boldsymbol{k}$; 没有绕球心转动的角速度. 显然

$$\varphi_4 = \varphi_5 = \varphi_6 = 0,$$

于是

$$\lambda_{44} = \lambda_{55} = \lambda_{66} = 0, \tag{7.25.30}$$

其次, 从对称性得到

$$\lambda_{11} = \lambda_{22} = \lambda_{33}. \tag{7.25.31}$$

现在我们计算 λ_{11},

$$\lambda_{11} = -\rho\int_S \varphi_1 \frac{\partial\varphi_1}{\partial n}dS, \tag{7.25.32}$$

φ_1 是圆球在无界流体中以单位速度运动时所产生的速度势, 它是时间 t 的函数. 若初始时刻坐标原点和圆球中心重合, 则根据 (7.22.4) 式该时刻的速度势为

$$\varphi_1 = -\frac{a^3\cos\theta}{2r^2}, \tag{7.25.33}$$

于是在球面 S 上有

$$\varphi_1 = -\frac{a}{2}\cos\theta, \quad \frac{\partial\varphi_1}{\partial n} = \cos\theta. \tag{7.25.34}$$

将 (7.25.34) 式代入 (7.25.32) 式得

$$\begin{aligned} \lambda_{11} &= \frac{\rho a}{2}\int_S \cos^2\theta\, dS \\ &= \frac{\rho a^3}{2}\int_0^\pi\int_0^{2\pi}\cos^2\theta\sin\theta\, d\theta\, d\lambda = \frac{2\pi\rho a^3}{3}, \end{aligned} \tag{7.25.35}$$

这是初始时刻的 λ_{11}. 根据 φ_1 的力学特性容易看出附加质量 λ_{11} 在任何时刻都具有相同的值, 于是 λ_{11} 是一个不依赖于时间 t 的常数. 考虑到 (7.25.31) 式有

$$\lambda_{22} = \lambda_{33} = \frac{2\pi\rho a^3}{3}, \tag{7.25.36}$$

将 (7.25.30), (7.25.35), (7.25.36) 式代入 (7.25.29) 式得

$$T = \frac{\pi\rho a^3}{3}(u_0^2 + v_0^2 + w_0^2),$$

$$\boldsymbol{B} = \frac{2}{3}\pi\rho a^3 \boldsymbol{V}_0, \quad \boldsymbol{I} = \boldsymbol{0}, \tag{7.25.37}$$

$$\boldsymbol{R} = -\frac{2}{3}\pi\rho a^3 \frac{\mathrm{d}\boldsymbol{V}_0}{\mathrm{d}t}, \quad \boldsymbol{L} = \boldsymbol{0}. \tag{7.25.38}$$

当球心做等速直线运动,即 $\boldsymbol{V}_0$ 与 t 无关时 $\boldsymbol{R} = 0$,这就是达朗贝尔佯谬在圆球情形下的一个特例.

圆球的运动方程按(7.25.20)式成为

$$\left(m + \frac{2}{3}\pi\rho a^3\right)\frac{\mathrm{d}\boldsymbol{V}_0}{\mathrm{d}t} = \boldsymbol{R}^*. \tag{7.25.39}$$

从(7.25.39)式我们看出,圆球在无界流体中运动时将受到反作用力

$$-\frac{2}{3}\pi\rho a^3 \frac{\mathrm{d}\boldsymbol{V}_0}{\mathrm{d}t},$$

称此力为**非定常惯性阻力**.它相当于质量 m 增加了 $(2/3)\pi\rho a^3$ 后的圆球在真空中的运动. $(2/3)\pi\rho a^3$ 就是圆球的附加质量,等于圆球所排出的流体质量的一半.

习　　题

下列前 51 题,如不作说明,均指平面均质不可压缩理想流体的流动,且质量力忽略不计.

1. 已知下列两个速度分布

$$u = \frac{cx}{x^2 + y^2}, \quad v = \frac{cy}{x^2 + y^2};$$

$$u = \frac{-cy}{x^2 + y^2}, \quad v = \frac{cx}{x^2 + y^2},$$

其中 c 为常数.

（1）求速度势 φ,流函数 ψ 和复位势 $w(z)$,并画出等势线和流线;

（2）围绕坐标原点作一封闭曲线,求沿此封闭曲线的环量 Γ 及通过此封闭曲线的流量 Q;

（3）比较两个速度场所得的结果.

2. 证明在不可压缩的平面运动中,速度分布

$$v_r = akr^n \mathrm{e}^{-k(n+1)\theta}, \quad v_\theta = ar^n \mathrm{e}^{-k(n+1)\theta}$$

是一种可能的速度分布.求流函数 ψ,并证明任何一点流速的大小为

$$\frac{-(n+1)\psi\sqrt{1+k^2}}{r}.$$

3. 证明理想不可压缩流体的定常二维运动,在忽略质量力时,流函数 ψ 和涡旋 Ω 满足

$$\frac{\partial(\Omega,\psi)}{\partial(x,y)}=0.$$

若 Ω 是常数,则压强方程为 $\frac{p}{\rho}+\frac{1}{2}V^2+\Omega\psi=$ 常数.

4. 设理想不可压缩流体定常流动,在极坐标中势函数为

$$\varphi=r^{1/2}\cos\frac{\theta}{2},$$

求速度分量与流函数,并分析流动图案.

5. 设不可压缩流体定常二维流动的流函数是 $\psi=x^2+y^2$,这一流动有速度势吗? 为什么?

6. 证明不可压缩流体二维势流中 $\varphi=$ 常数和 $\psi=$ 常数的线构成一正交网,并证明对可压缩流体二维定常势流这一结论也成立.

（提示:后一部分利用可压缩流体定常流动中的关系式

$$\rho u=\rho_0\frac{\partial\psi}{\partial y},\quad \rho v=-\rho_0\frac{\partial\psi}{\partial x},$$

其中 ρ_0 是参考密度,并为常数.）

7. 已知下列速度势函数,求相应的流函数

(1) $\varphi=xy$;　　　　　　　　　　(2) $\varphi=x^3-3xy^2$;

(3) $\varphi=x/(x^2+y^2)$;　　　　　　(4) $\varphi=(x^2-y^2)/(x^2+y^2)^2$.

8. 在不可压缩流体的平面定常运动中,若速度场只是径矢大小 r 的函数,证明在极坐标下流函数 ψ 的表达式为

$$\psi=f(r)+k\theta,$$

其中 k 为常数. 若运动无旋,证明流线是等角螺线,并求这时的速度势函数.

9. 分别用速度势 φ 和流函数 ψ 表示图中流场的物面边界条件. 在与物体相固结的坐标系中讨论流体的绝对运动,物面方程为

$$\frac{x^2}{a^2}+\frac{y^2}{b^2}=1.$$

10. 证明速度分量

$$\begin{cases}u=U\left[1-\dfrac{ay}{x^2+y^2}+\dfrac{b^2(x^2-y^2)}{(x^2+y^2)^2}\right],\\[3mm]v=U\left[\dfrac{ax}{x^2+y^2}+\dfrac{2b^2xy}{(x^2+y^2)^2}\right]\end{cases}$$

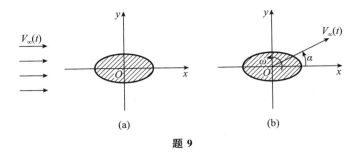

题 9

代表一个流体运动可能的速度分布,且流动是无旋的.求其复位势,并说明它是由哪几种基本流动合成的? 常数 U,a,b 代表什么物理意义?

11. 一流动的复位势为 e^z 和 $\sin z$ 时,求流场中流线形状和速度分布.

12. 设复位势为

$$w(z) = (1+i)\ln(z^2+1) + (2-3i)\ln(z^2+4) + \frac{1}{z},$$

试分析它们是由哪些基本流动组成的? 并求沿圆周 $x^2+y^2=9$ 的速度环量 Γ 及通过该圆周的流体体积流量 Q.

13. 设复位势为

$$w(z) = m\ln\left(z - \frac{1}{z}\right),$$

试问它们是由哪些基本流动组成的? 求流线和单位时间内通过 $z=i$ 和 $z=1/2$ 两点连线的流体体积.

14. 在 $(a,0),(-a,0)$ 处放置等强度点源,在 $(0,a),(0,-a)$ 处放置与点源等强度的点汇,证明通过这四点的圆周是一条流线.

15. 在 $(a,0),(-a,0)$ 放置等强度的点源,证明在圆周 $x^2+y^2=a^2$ 上的任意一点的速度都平行于 y 轴,且此速度大小与 y 成反比. 求 y 轴上速度达到最大值的点;并证明 y 轴是一条流线.

16. 在 $(a,0),(-a,0)$ 处各有强度为 $2\pi m$ 的点源,在原点有强度为 $4\pi m$ 的点汇,证明流线方程是曲线

$$(x^2+y^2)^2 = a^2(x^2-y^2) + \lambda xy,$$

λ 是可变参数.并证明在任意点上的流速为 $2ma^2/(r_1 r_2 r_3)$,其中 r_1,r_2,r_3 分别为此点到这三个奇点的距离.

17. 在正实轴上,从 $x=0$ 到 $x=a$ 有连续均匀分布的点源,它们的总强度为 $2\pi m$,求复位势. 若加一平行于 x 轴的平行流 V(沿 x 轴正向),证明有一条流线为

$$Vy + \frac{m}{a}\left[x(\theta_1 - \theta_2) + a\theta_2 + y\ln\frac{r_1}{r_2} - \pi a\right] = 0,$$

其中 r_1, r_2 分别是到 $z=0, z=a$ 的距离，θ_1, θ_2 分别是流线上任意一点到这两点的连线与 x 轴的夹角.

18. 证明沿正 x 轴的均匀流 V 加上在 $z=-a$ 处强度为 $2\pi m$ 的点源和在 $z=a$ 处强度为 $2\pi m$ 的点汇组成卵形体的绕流，求驻点及卵形体方程.

19. 证明沿正 x 轴的均匀流 V 加上 $z=0$ 处的强度为 $2\pi m$ 的点源组成了半无穷体的绕流. 求流线方程、驻点，并证明此半无穷体在 y 轴上达到其最大厚度的一半.

20. 求沿正 x 轴的均匀流 $V, z=0$ 处强度为 $2m\pi$ 的点源和从 $z=a$ 到 $z=b$ 处连续分布的总强度为 $2m\pi$ 的点汇系(a, b 为实数，且 $b>a>0$)三个流动叠加后的复位势. 求流线方程和确定驻点的方程.

21. 求图示绕流的复速度及楔面上流体速度 V_r，已知无穷远处复速度为

$$\left(\frac{\mathrm{d}w}{\mathrm{d}z}\right)_{z\to\infty} = (-az^{\beta/(\pi-\beta)})_{z\to\infty}.$$

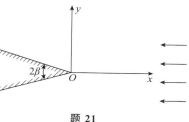

题 21

22. 设 Ox 轴和 Oy 轴为直角固壁，在 $z=1+\mathrm{i}$ 处有一强度为 $2\pi m$ 的点源，在 $z=0$ 处有一等强度的点汇(即固壁上有小孔). 求流体运动的复位势及流线方程，以及在 $z=1$ 处的速度值.

23. 同上题直角固壁，在 $z=1+\mathrm{i}$ 处放一环量为 Γ 的点涡，求复位势及流线方程.

24. 求图中所示流动的复位势，其中点涡强度为 Γ，偶极子强度为 m.

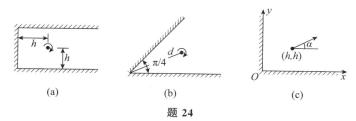

(a)　　　　　(b)　　　　　(c)

题 24

25. 设 $\theta=-\pi/4$ 和 $\theta=\pi/4$ 为固壁边界，在 $\theta=0, r=a$ 处有一强度为 $2\pi m$ 的点源；而在 $\theta=0, r=b(b>a)$ 处有一等强度的点汇. 求证流函数为

$$\psi = m\arctan\frac{r^4(a^4-b^4)\sin 4\theta}{r^8 - r^4(a^4+b^4)\cos 4\theta + a^4 b^4},$$

并验证固壁是流线.

26. 证明位于 $z=\pm na(n=0,1,2,\cdots; a$ 为实数)，强度均为 $2\pi\Gamma$ 的一列点涡的复位势为

$$w(z) = -\mathrm{i}\Gamma\ln\sin\frac{\pi z}{a},$$

且各点涡保持静止.

27. 有两个圆 $|z-\mathrm{i}|=\sqrt{2}$，$|z+\mathrm{i}|=\sqrt{2}$ 组成固壁. 若在 $z=1$ 处有一单位强度的点源，求此流动的复位势，并计算 $z=3\mathrm{i}$ 点处的速度.

28. 三个环量各为 Γ 的同向点涡，两两相距 $\sqrt{3}\,b/2\pi$，b 为实数. 证明它们沿着同一个圆周运动，并且绕行一圈需要时间为 $b^2/|\Gamma|$.

29. n 个等距离分配在半径为 R 的圆周上的点涡，它们的强度均为 Γ，方向相同. 求复位势和复速度，并证明各个点涡以 $\omega=\dfrac{\Gamma(n-1)}{4\pi R^2}$ 的角速度沿圆周转动.

30. 设 Ox 与 Oy 轴为直角固壁，证明直角中位于 z_1 处点涡的运动轨迹为

$$\frac{1}{x^2}+\frac{1}{y^2}=c,$$

其中 c 为常数.

31. 设 $|z|=a$ 为固壁边界，n 个点涡同向，强度都为 Γ，对称地排列在 $|z|=b\,(b>a)$ 上，其中有一个在 $z=b$ 处. 证明复位势为

$$w(z)=-\frac{\Gamma\mathrm{i}}{2\pi}\ln\left[\frac{z^n(z^n-b^n)}{b^nz^n-a^{2n}}\right],$$

且各点涡以下列速度绕圆周 $|z|=b$ 移动

$$v=\frac{\Gamma\left[(n-1)b^{2n}-(3n-1)a^{2n}\right]}{4\pi b(b^{2n}-a^{2n})}.$$

32. 设一圆柱半径为 a，在距圆柱中心为 $f(f>a)$ 处分别放置：

（1）强度为 $2\pi Q$ 的点源；

（2）强度为 $2\pi m$ 的偶极子；

（3）强度为 $2\pi\Gamma$ 的点涡.

分别计算以上各种情况下圆柱所受的合力. 设流体密度为 ρ.

33. 如图所示，一半径为 a 的圆木放在无穷长的平坦河床上，若河水流速为 V，压强为 p_0.

（1）计算流动复位势；

（2）证明河床上压强为

$$p_0+\frac{1}{2}\rho V^2-\frac{\rho\pi^4a^4V^2}{2x^4\sinh^4\dfrac{\pi a}{x}};$$

（3）计算圆木上受的压强；并证明圆木上最大与最小压强差为 $\pi^4\rho V^2/32$，其中 ρ 为流体密度.

34. 如图所示，在无穷长的平坦河床上有一高为 h，厚度很薄的障碍物，它离

坐标原点的距离为 a. 若河水流速为 V，压强为 p_0，密度为 ρ. 求障碍物上的压强分布；并说明当

$$y > h\,(1+m)^{1/2}\,(1+2m)^{-1/2}$$

时，此压强为负值，其中 $m = \rho V^2/(2p_0)$.

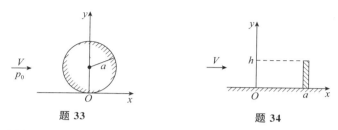

题 33　　　　　　　　　　题 34

35. 如图所示，在宽度为 $2b$ 的无穷长渠道中央放置一强度为 Q 的点源，求复位势.

36. 如图所示，流体以流量 Q 在宽度为 b 的无穷长渠道中流动，求复位势.

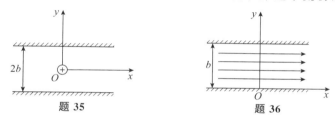

题 35　　　　　　　　　　题 36

37. 在宽度为 b 的无穷长渠道中央放置一强度为 $2\pi\Gamma$ 的点涡，方向如图所示. 证明其复位势为

$$w(z) = \mathrm{i}\Gamma\ln\frac{\mathrm{e}^{\pi z/b} - \mathrm{i}}{\mathrm{e}^{\pi z/b} + \mathrm{i}}.$$

38. 如图所示，有一宽为 l 的无限高容器，在侧壁高为 a 处有一小孔，流体以流量 Q 自小孔流出. 证明复位势为

$$w(z) = -\frac{Q}{\pi}\ln\!\left(\sin\frac{\pi}{l}z - \cosh\frac{\pi}{l}a\right).$$

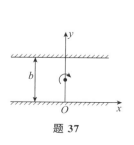

题 37

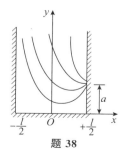

题 38

39. 如图所示,有一宽为 l 的无穷长渠道,流体以流量 Q 自渠边小孔流入渠道,求复位势.

40. 如图所示,(a,b) 处放置一强度为 Q 的点源,试证流线为

$$\cosh\frac{\pi x}{b}\cos\frac{\pi y}{b}+\cosh\frac{\pi a}{b}=c\sinh\frac{\pi x}{b}\sin\frac{\pi y}{b},$$

其中 c 为常数.

题 39　　　　　　　　题 40

41. 如图所示,设有一端封闭的半无穷长渠道,宽为 l. 今在无穷远处有一宽为 $l/2$ 的流束以速度 V 沿负 x 轴方向紧贴渠道一边流动. 试求复位势、势函数和流函数.

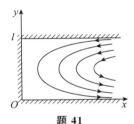

题 41

42. 如图(a)所示,有一半无穷长且宽为 $2h$ 的物体,流体自无穷远处以速度 V 沿物面流来,求复位势.

(提示:可化为图(b)所示的问题处理.)

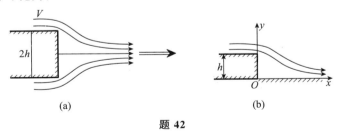

(a)　　　　　　　　(b)

题 42

43. 流体以速度 V 在如图所示的变截面渠道中自右向左流动,求复位势.

44. 一无穷长的平坦河床上有一障碍物,如图所示为一圆弧 $\overset{\frown}{Oa}$,其参数见图,求复位势.

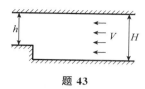

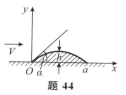

题 43　　　　　　　　　　　　　题 44

45. 自选两种不同的方法求解平板的垂直绕流问题,写出复位势、流线方程、等势线方程,并证明平板所受的合力为零.

46. 一个薄翼剖面,弦长为 a,无穷远处来流速度为 V,与翼弦夹角为 α. 以连续分布的点涡来代替翼剖面,并设每单位长涡旋强度为 $\gamma(\xi)$.

（1）证明 $\int_0^a \dfrac{\gamma(\xi)\mathrm{d}\xi}{\xi-x}=2\pi V\sin\alpha$,其中 $0<x<a$;

（2）验证 $\gamma(\xi)$ 的一个解是 $c\left(\dfrac{\xi}{a-\xi}\right)^{1/2}$,$c$ 为常数;

（3）用茹柯夫斯基公式证明:翼剖面每单位宽度的升力为 $\pi a\rho V^2\sin\alpha$,其中 ρ 为流体密度.

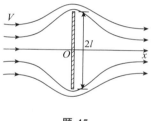

题 45

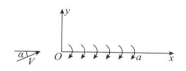

题 46

47. 考虑一对称翼剖面,弦长为 $2c$,剖面方程为 $y=F(x)(y>0)$,无穷远处来流速度为 V_∞,如图所示. 设运动是定常的,流体是理想不可压缩的. 试用源汇法求此绕流问题的复位势和复速度. 求此时薄翼所受的升力和阻力.

48. 半径分别为 r_0 和 R_0 的两个同心圆筒间充满了无黏性、不可压缩、无旋的流体. 在某一时刻,内筒有一向右(径向)的速度 V_0,外筒不动.

（1）写出内、外筒上速度所满足的条件;

（2）求流动的速度势.

题 47

49. 具有三个径向钻孔、能绕轴转动的圆柱可用作流向指示器(如图示). 当两个边孔的压强相等时,中间孔将指向流动的方向,于是中间孔的压强为驻点压强. 此装置称为导向皮托管或称圆柱偏航探头.

（1）如果导向皮托管的边孔要用来测量来流的静压 p_∞,问边孔应开在何

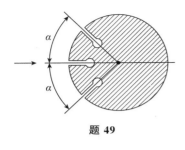

题 49

处,即 α 为多少(这里按不可压缩流体的位势流计算,在实际流动的情形,α 角应略大一些)?

(2) 按此计算而设计的导向皮托管,其测压的灵敏度如何? 设灵敏度定义为单位角的压强改变,即 $\partial p / \partial \theta$.

50. 如图所示,设一蒙古包做成半径为 a 的半圆柱形,因受正面来的速度为 V_∞ 的大风袭击,屋顶承受升力有离开基础而升起的危险. 升力产生的主要原因是入口在地面上,该处有驻点压强. 一有经验的牧民迅速地将此口堵上而在由地面算起的 α 角处重新开一通气窗,使作用在屋顶上的升力消除了. 问 α 应为什么值? 设开口尺寸远小于半径 a,又设流动是不可压缩的势流.

51. 考虑一均匀剪切流 $V_\infty = U + uy$ 绕半径为 a 的圆柱体的流动,如图所示. 求流体作用在圆柱上的合力,设流动是定常的,流体密度 ρ 为常数.

52. 试画出到达有限翼展机翼前缘的一条流线在机翼上、下面分流的趋势及其流动图案,并与二维机翼的情况进行比较.

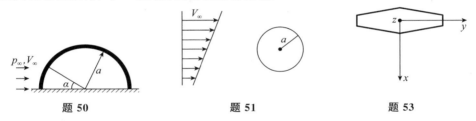

题 50　　　　　　题 51　　　　　　题 53

53. 设在一大展弦比机翼上取如图所示的坐标系,试证在机翼下游无穷远处与 Oyz 平面平行的平面内,每一点的下洗速度值为 Oyz 平面内对应点的下洗速度值的两倍,即

$$\lim_{x \to \infty} w(x, y, z) = 2w(0, y, z).$$

54. 试证对于椭圆分布载荷的有限翼展机翼,沿机翼的翼展下洗速度和下洗角为常数.

55. 已知有限翼展机翼沿翼展环量分布为

$$\Gamma = \Gamma_0 \left(1 - \frac{y^2}{S^2}\right)^{3/2},$$

其中 Γ_0 为常数,S 为半翼展长,y 为展向坐标. 利用升力线理论求:

(1) $y = S/2$ 处的诱导速度值;

(2) 翼梢处的诱导速度值.

$$\left(\text{提示:利用积分恒等式} \int_0^\pi \frac{\cos n\theta \, \mathrm{d}\theta}{\cos\theta - \cos\varphi} = \frac{\pi \sin n\varphi}{\sin\varphi}\right).$$

56. 一重为 W, 翼展长为 l 的单翼飞机, 机翼所受载荷为椭圆分布. 若用一条等价马蹄形升力线代替机翼, 计算当攻角很小、飞行速度为 v 时沿飞机轴线在机翼后面 H 处下洗角的大小.

（提示：等价马蹄形升力线所承受的总升力应与机翼承受升力相等, 但附着涡的宽度与翼展长度就不同了.）

57. 若机翼用一条马蹄形升力线代替, 附着涡长为 $2S$, 试证在机翼中央距附着涡后面 l 处下洗角为

$$\varepsilon = \frac{C_L}{2\pi\lambda}\left(\frac{\sqrt{S^2 + l^2}}{l} + 1\right),$$

其中 C_L 为升力系数, λ 为展弦比.

若二维升力曲线斜率为 2π, 设展弦比的修正是采用椭圆机翼的修正, 证明在机翼后面 l 处下洗角对攻角 α 的改变率为

$$\frac{\mathrm{d}\varepsilon}{\mathrm{d}\alpha} = \frac{1}{\lambda + 2}\left(\frac{\sqrt{S^2 + l^2}}{l} + 1\right),$$

并计算当 $\lambda = 8$, $l = 0.8S$ 时, $\mathrm{d}\varepsilon/\mathrm{d}\alpha$ 的大小.

58. 空气中有一球形水滴, 求水滴下落加速度. 设水的密度为 ρ_1, 空气密度为 ρ, 忽略黏性.

59. 设半径为 a 的无穷长的圆柱在无穷大的原来静止的理想不可压缩流体中沿 x 轴（与柱轴垂直的方向）做非定常平动, 速度为 $u(t)$, 求流体对圆柱的惯性阻力, 并写出该圆柱的运动微分方程.

如果圆柱绕自己的轴转动, 角速度为 $\omega(t)$, 这时它所受的惯性阻力是多少？

60. 淹没在不可压缩理想流体中的球面按一定规律 $R = R(t)$ 膨胀（R 是球面半径）, 试确定球面所受的流体压强. 质量力忽略不计.

第八章　理想不可压缩流体波浪运动

8.1　基本方程组　边界条件及初始条件

考虑处于重力场作用下的理想不可压缩均质流体,流体的侧面和底部以固壁为界(例如海底、岸壁等),上面则与空气接触形成自由面. 若流体在重力场作用下处于静止状态,根据静力学原理,自由面必为平面. 现在由于某种外界的作用,流体的表面离开了自己的平衡位置,则由于重力场力图使自由面恢复原来的位置,流体中便产生了运动,这种运动以波的形式在整个自由面上传播. 这样我们在自由面上就看到一种以一定速度运动的**表面波**,这种表面波称为**重力波**,因为它是在重力作用下产生的.

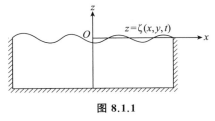

图 8.1.1

表面波的形态是多种多样的. 按振幅与波长之间的关系来分可以得到小振幅波和有限振幅波两种类型. 所谓小振幅波是指那种振幅远小于波长的波,如果振幅比波长不是小得很多就称为有限振幅波. 下面我们只限于考虑小振幅波的情形,并通过小振幅波的结果阐明重力波的主要物理特性.

取自由面的平衡位置为 Oxy 平面, z 轴垂直向上(见图 8.1.1). 设重力波波面的方程为

$$z = \zeta(x, y, t),$$

流体质点速度在三个坐标轴上的分量分别以 u, v, w 表示. 现估计小振幅波情形下波面的几何特征量和速度特征量的量阶. 以 a 表示振幅,λ 表示波长,则 λ 是一阶的量,而 a 则是一阶小量. 显然,波面的坐标 $\xi \sim a$,而

$$\frac{\partial \zeta}{\partial x}, \ \frac{\partial \zeta}{\partial y} \sim \frac{a}{\lambda}.$$

现在我们来估计速度分量 u, v, w 的量阶. 流体质点在经过周期 τ 后走了 a 数量阶的距离,因此速度大小及速度分量的量阶为

$$V \sim u \sim v \sim w \sim \frac{a}{\tau},$$

而速度对时间及坐标的偏导数分别是 a/τ^2 及 $a/\tau\lambda$ 的量阶. 总结起来,我们得到下列量阶估计:

1) $\zeta \sim a$; $\dfrac{\partial \zeta}{\partial x}, \dfrac{\partial \zeta}{\partial y} \sim \dfrac{a}{\lambda}$. (8.1.1)

2) $u, v, w \sim \dfrac{a}{\tau}$; $\dfrac{\partial}{\partial t} \sim \dfrac{1}{\tau}$; $\dfrac{\partial}{\partial x}, \dfrac{\partial}{\partial y}, \dfrac{\partial}{\partial z} \sim \dfrac{1}{\lambda}$. (8.1.2)

现在我们利用上述量阶估计证明重力波的流体运动在小振幅情形下是无旋的. 写出动量方程

$$\frac{\partial \boldsymbol{v}}{\partial t} + (\boldsymbol{v} \cdot \nabla) \boldsymbol{v} = -\nabla\left(\frac{p}{\rho} + gz\right),$$ (8.1.3)

等式左边就地导数和位变导数之比具有下列量阶:

$$\frac{(\boldsymbol{v} \cdot \nabla) \boldsymbol{v}}{\dfrac{\partial \boldsymbol{v}}{\partial t}} \sim \frac{\dfrac{a^2}{\tau^2 \lambda}}{\dfrac{a}{\tau^2}} = \frac{a}{\lambda}.$$

在小振幅波情形, a/λ 是一小量. 因此 $(\boldsymbol{v} \cdot \nabla)\boldsymbol{v}$ 相对 $\partial \boldsymbol{v}/\partial t$ 而言可以忽略不计, 这样 (8.1.3) 式变为

$$\frac{\partial \boldsymbol{v}}{\partial t} = -\nabla\left(\frac{p}{\rho} + gz\right).$$

积分之, 并考虑到初始时刻流体处于静止状态后得

$$\boldsymbol{v} = -\nabla \int_0^t \left(\frac{p}{\rho} + gz\right) \mathrm{d}t,$$ (8.1.4)

此式说明流体运动是无旋的. 令

$$\boldsymbol{v} = \operatorname{grad} \varphi,$$ (8.1.5)

将之代入连续性方程得到 φ 应满足拉氏方程

$$\Delta \varphi = 0.$$ (8.1.6)

解出 φ 后, 速度由 (8.1.5) 式确定, 而压强则由拉格朗日积分

$$\frac{p}{\rho} = -\frac{\partial \varphi}{\partial t} - gz + f(t)$$ (8.1.7)

确定, 原积分中应出现的 $V^2/2$ 现在因忽略 $(\boldsymbol{v} \cdot \nabla)\boldsymbol{v}$ 项故必须忽略, 这点从 (8.1.4) 式也可看出.

由于拉氏方程的解可以相差 t 的一个任意函数, 令

$$\varphi' = \varphi - \int_0^t f(t) \mathrm{d}t + \frac{p_0}{\rho} t,$$

则 (8.1.6) 及 (8.1.7) 式转换成下列形式:

$$\Delta \varphi' = 0,$$ (8.1.8)

$$\frac{p - p_0}{\rho} = -\frac{\partial \varphi'}{\partial t} - gz.$$ (8.1.9)

以后就采用这个形式, 为了方便起见将 φ' 中的 "'" 省略不写.

现在考虑边界条件. 在固壁上满足法向速度分量等于零的条件,即

$$\frac{\partial \varphi}{\partial n} = 0, \qquad (8.1.10)$$

在自由面 $z = \zeta(x, y, t)$ 上

$$p = p_0, \qquad (8.1.11)$$

其中 p_0 为大气压强. 将(8.1.9)式代入得

$$\frac{\partial \varphi}{\partial t}\bigg|_{z=\zeta} + g\zeta = 0. \qquad (8.1.12)$$

现在我们设法将上式中的 ζ 消去. 对于速度分量 w,有

$$w = \frac{\mathrm{d}z}{\mathrm{d}t} = \frac{\partial \zeta}{\partial t} + \frac{\partial \zeta}{\partial x}\frac{\mathrm{d}x}{\mathrm{d}t} + \frac{\partial \zeta}{\partial y}\frac{\mathrm{d}y}{\mathrm{d}t}$$

$$= \frac{\partial \zeta}{\partial t} + u\frac{\partial \zeta}{\partial x} + v\frac{\partial \zeta}{\partial y}.$$

由于 $u\dfrac{\partial \zeta}{\partial x} + v\dfrac{\partial \zeta}{\partial y}$ 的量阶为 $\dfrac{a}{\lambda}\dfrac{a}{\tau}$,而 $\dfrac{\partial \zeta}{\partial t}$ 的量阶为 $\dfrac{a}{\tau}$,于是 $u\dfrac{\partial \zeta}{\partial x} + v\dfrac{\partial \zeta}{\partial y}$ 和 $\dfrac{\partial \zeta}{\partial t}$ 相比是一个小量,可以忽略不计. 由此我们得到

$$w = \frac{\partial \varphi}{\partial z} = \frac{\partial \zeta}{\partial t}. \qquad (8.1.13)$$

联合(8.1.12)式及(8.1.13)式,并将 ζ 消去后得

$$\left(\frac{\partial \varphi}{\partial z} + \frac{1}{g}\frac{\partial^2 \varphi}{\partial t^2}\right)_{z=\zeta} = 0.$$

因为 ζ 是一阶小量,且有(8.1.1),(8.1.2)式的量阶估计,因此上式可转移到 $z=0$ 的平面上满足,于是我们有

$$\left(\frac{\partial \varphi}{\partial z} + \frac{1}{g}\frac{\partial^2 \varphi}{\partial t^2}\right)_{z=0} = 0. \qquad (8.1.14)$$

(8.1.10)式和(8.1.14)式组成全部边界条件.

现在再来考虑初始条件. 初始条件和重力波产生的原因密切相关. 重力波之所以产生,总是由于外界对流体有作用使其离开平衡位置所致. 外界作用可以分成两类:(1)作用在流体内部,例如潜水艇在水中运动,海底地震等;(2)作用在自由面上. 作用在自由面的因素也可以分成两种情形,一种因素是使自由面的初始平衡发生变化. 例如将一固体慢慢沉入水内,然后突然从水中取出,这样自由面的形状就受到一个扰动,原始位置发生变化. 这时自由面各点的初始速度都是等于零的. 另一种因素是使自由面上各个质点获得初始速度. 例如在自由面上突然吹来一阵风,风吹过后自由面各点的初始速度便不等于零. 在实际问题中,这两种作用在自由面上的因素可以同时存在,即既有初始位置变化也有初始速度变化. 下面我们只限于考虑作用在自由面的因素并写出与之相应的初

始条件.

设自由面的初始位置变化以函数 $\zeta(x,y,t)\big|_{t=0}=h(x,y)$ 表示,则由 (8.1.12)式得 $z=0$ 及 $t=0$ 时

$$\frac{\partial\varphi}{\partial t}=-gh(x,y,t).$$

令 $-gh(x,y,t)=f(x,y,t)$,得 $z=0,t=0$ 时

$$\frac{\partial\varphi}{\partial t}=f(x,y),\tag{8.1.15}$$

这就是初始位置变化所对应的初始条件. 下面考虑和初始速度变化相联系的初始条件.

设初始时刻 $t=0$ 时自由面上各点速度为零(自由面的形状不一定是平面). 现在在无穷小时间 δ 内给自由面以很大的作用力,便得整个作用在自由面上的冲量是有限值. 由于流体是不可压缩的,这个冲量作用瞬时传遍流体内各点,各点都获得冲量,各点的压强及速度都发生变化. 现在考察 δ 时刻后的速度值,写出欧拉方程:

$$\frac{\partial\boldsymbol{v}}{\partial t}+(\boldsymbol{v}\cdot\nabla)\boldsymbol{v}=\boldsymbol{F}-\frac{1}{\rho}\operatorname{grad}p.$$

将此方程对 t 从 0 到 δ 积分,并考虑到 $t=0$ 时 $\boldsymbol{v}=\boldsymbol{0}$ 的事实得

$$\boldsymbol{v}+\int_0^\delta(\boldsymbol{v}\cdot\nabla)\boldsymbol{v}\mathrm{d}t=\int_0^\delta\boldsymbol{F}\mathrm{d}t-\frac{1}{\rho}\operatorname{grad}\int_0^\delta p\mathrm{d}t,$$

其中 $\int_0^\delta p\mathrm{d}t$ 刻画流体各点所受到的冲量,注意它只是在自由面上才是已知的,等于给定的冲量值. 由于 δ 很小,$\int_0^\delta(\boldsymbol{v}\cdot\nabla)\boldsymbol{v}\mathrm{d}t$ 及 $\int_0^\delta\boldsymbol{F}\mathrm{d}t$ 都是 δ 数量阶的量(因 $\boldsymbol{F},(\boldsymbol{v}\cdot\nabla)\boldsymbol{v}$ 都是有限的),比起 $\int_0^\delta p\mathrm{d}t$ 这一有限量来说均可忽略不计,于是我们有

$$\boldsymbol{v}=\operatorname{grad}\left(-\frac{1}{\rho}\int_0^\delta p\mathrm{d}t\right).$$

令

$$\pi=\int_0^\delta p\mathrm{d}t,$$

得

$$\boldsymbol{v}=\operatorname{grad}\left(-\frac{\pi}{\rho}\right),$$

这说明 $\boldsymbol{v}$ 是有势的,且

$$\varphi=-\frac{\pi}{\rho}.$$

设初始时刻冲量 $\pi = \int_0^\delta p \, \mathrm{d}t$ 在自由面上的值是已知的

$$\pi = \pi(x, y, \zeta),$$

则在自由面 $z = \zeta(x, y, t)$ 上,在 $t = 0$ 时刻

$$\varphi = -\frac{\pi}{\rho} = F(x, y, z).$$

由于 δ 很小,ζ 也很小,我们可以认为上述条件在 $t = 0, z = 0$ 上满足,于是 $t = 0$,$z = 0$ 时有

$$\varphi = F(x, y), \tag{8.1.16}$$

这就是与初始速度变化相联系的初始条件.(8.1.15)式和(8.1.16)式组成作用在自由面上的全部初始条件.

总起来说我们有速度势函数 $\varphi(x, y, z, t)$,它满足下列方程及边界条件和初始条件:

$$\begin{cases} \Delta\varphi = 0; \\ \text{边界条件:在固壁上,} \dfrac{\partial\varphi}{\partial n} = 0, \\ \qquad\quad \text{在 } z = 0 \text{ 处,} \dfrac{\partial\varphi}{\partial z} = -\dfrac{1}{g}\dfrac{\partial^2\varphi}{\partial t^2}; \\ \text{初始条件:在 } t = 0, z = 0 \text{ 时} \\ \qquad\quad \varphi = F(x, y), \qquad \dfrac{\partial\varphi}{\partial t} = f(x, y). \end{cases} \tag{8.1.17}$$

解出 φ 后,速度、压强及自由面形状分别由下列三式决定:

$$\begin{cases} \boldsymbol{v} = \operatorname{grad}\varphi, \\ \dfrac{p}{\rho} = -\dfrac{\partial\varphi}{\partial t} - gz + \dfrac{p_0}{\rho}, \\ \zeta = \left(-\dfrac{1}{g}\dfrac{\partial\varphi}{\partial t}\right)_{z=0}. \end{cases} \tag{8.1.18}$$

8.2　平面波的周期解　驻波　进波

为了简单起见下面只考虑 Oxz 平面上的平面波情形. 根据平面运动的定义,平行于 Oxz 平面的所有平面上的流体运动都是相同的,即速度没有 y 方向分量. 此外沿 Oxz 平面的垂线方向,所有物理量都不变,也就是所有物理量与坐标 y 无关. 因此对于 Oxz 平面上的平面波浪运动而言,我们只要考虑 Oxz 平面上的流体运动即可. 但要记住,Oxz 上一条直线实际上代表以平行于 Oy 轴的直线为母线的柱面. 以后我们常在自由面柱面及固壁柱面所围成的单位高度的柱

体内考虑问题.

下面我们进一步假定流体是无界的,即底部及两边都伸展到无穷远. 无界流体的波浪运动实际上是不存在的,它只是深度和长度比波长大得多时的近似模型. 在无界流体情形,固壁上的边界条件应该被 $z=-\infty$ 时 $\partial\varphi/\partial z=0$ 及两侧速度有限的条件代替.

在无界平面波情形方程及与之相应的边界条件、初始条件可写成:

$$\frac{\partial^2\varphi}{\partial x^2}+\frac{\partial^2\varphi}{\partial z^2}=0;\tag{8.2.1}$$

边界条件:在 $z=0$ 处, $\dfrac{\partial\varphi}{\partial z}=-\dfrac{1}{g}\dfrac{\partial^2\varphi}{\partial t^2}$, $\tag{8.2.2}$

在 $z=-\infty$ 处, $\dfrac{\partial\varphi}{\partial z}=0$; $\tag{8.2.3}$

初始条件:在 $t=0,z=0$ 时,

$$\varphi=F(x),\qquad\frac{\partial\varphi}{\partial t}=f(x).\tag{8.2.4}$$

先求平面波的周期性特解及其叠加,并分析这些解所代表的波浪运动:驻波及进波.

我们寻找方程(8.2.1)下列形式的特解:

$$\varphi(x,z,t)=T(t)\Phi(x,z).\tag{8.2.5}$$

将(8.2.5)式代入(8.2.1)及(8.2.3)式,分别得 Φ 满足下列方程及边界条件:

$$\frac{\partial^2\Phi}{\partial x^2}+\frac{\partial^2\Phi}{\partial z^2}=0;\tag{8.2.6}$$

在 $z=-\infty$ 处, $\dfrac{\partial\Phi}{\partial z}=0$. $\tag{8.2.7}$

其次,将(8.2.5)式代入(8.2.2)式得 $z=0$ 时

$$T(t)\frac{\partial\Phi}{\partial z}=-\frac{1}{g}T''(t)\Phi,$$

或 $z=0$ 时

$$\frac{T''(t)}{T(t)}=-g\frac{1}{\Phi}\frac{\partial\Phi}{\partial z}.$$

等式右边只是 x 和 z 的函数,而左边却是 t 的函数,因此它们都只能等于常数. 令此常数为 $-\sigma^2$,于是有

$$\frac{T''(t)}{T(t)}=-g\frac{1}{\Phi}\frac{\partial\Phi}{\partial z}=-\sigma^2,$$

即

$$T''(t)+\sigma^2T(t)=0\tag{8.2.8}$$

及 $z=0$ 时

$$\frac{\partial\Phi}{\partial z}=\frac{\sigma^2}{g}\Phi. \tag{8.2.9}$$

(8.2.8)式确定 $T(t)$；(8.2.6)，(8.2.7)，(8.2.9)式组成确定 $\Phi(x,z)$ 的方程及边界条件. 解出(8.2.8)式后得

$$T(t)=A_1\cos\sigma t+A_2\sin\sigma t=A\cos(\sigma t+\varepsilon), \tag{8.2.10}$$

其中 A_1,A_2 及 A,ε 都是任意常数. 现在我们寻求方程(8.2.6)满足(8.2.7)，(8.2.9)式的解. 找下列形式的 $\Phi(x,z)$，

$$\Phi(x,z)=X(x)Z(z), \tag{8.2.11}$$

将之代入(8.2.6)式得

$$\frac{X''(x)}{X(x)}=-\frac{Z''(z)}{Z(z)}.$$

因等式左边和右边分别是 x 及 z 的函数，所以它们只能等于同一常数. 令其为 $-k^2$，于是得

$$X''+k^2X=0, \quad Z''-k^2Z=0,$$

解之得

$$\begin{cases} X=B_1\cos kx+B_2\sin kx=B\sin(kx+\xi), \\ Z=c_1\mathrm{e}^{kz}+c_2\mathrm{e}^{-kz}, \\ \Phi(x,z)=(c_1\mathrm{e}^{kz}+c_2\mathrm{e}^{-kz})B\sin(kx+\xi), \end{cases} \tag{8.2.12}$$

其中 B_1,B_2,B,ξ,c_1,c_2 都是任意常数. 现在利用(8.2.7)，(8.2.9)式确定这些常数. 要使(8.2.7)式满足，必须 $c_2=0$. 将(8.2.12)式代入(8.2.9)式得

$$Bc_1k\mathrm{e}^{kz}\sin(kx+\xi)=\frac{\sigma^2}{g}Bc_1\mathrm{e}^{kz}\sin(kx+\xi),$$

即

$$\sigma^2=gk. \tag{8.2.13}$$

这是公式(8.2.12)中常数 σ 及 k 之间的一个关系式，它的物理意义将在后面阐明. 将(8.2.10)，(8.2.12)式代入(8.2.5)式得到下列形式的特解：

$$\begin{aligned} \varphi(x,z,t)&=ABc_1\mathrm{e}^{kz}\sin(kx+\xi)\cos(\sigma t+\varepsilon) \\ &=C\mathrm{e}^{kz}\sin(kx+\xi)\cos(\sigma t+\varepsilon), \end{aligned} \tag{8.2.14}$$

其中 C 也是任意常数，k 及 σ 由(8.2.13)式联系. 由(8.2.14)式表达的解满足拉氏方程及所有的边界条件，但是它不满足给定的初始条件，因而仅仅是满足特殊类型初始条件的解. 由(8.2.14)式容易看出物理量 φ,v,p 在某点上与时间 t 的关系是周期性的简谐函数，因而(8.2.14)式中的 φ 称为平面波的周期性特解. 应该指出，周期性特解的线性组合仍然是拉氏方程满足所有边界条件的解. 我们正是利用这个性质求周期解的叠加及平面波的一般解.

下面分析(8.2.14)式代表的波浪运动,即研究它的自由面形状、速度、压强及轨迹. 不失普遍性,令 $\xi=0,\varepsilon=0$,于是

$$\varphi(x,z,t)=C\mathrm{e}^{kz}\sin kx\cos\sigma t. \tag{8.2.15}$$

1) 自由面形状.

由(8.1.18)式,

$$\zeta(x,t)=-\frac{1}{g}\frac{\partial\varphi(x,0,t)}{\partial t}=\frac{C\sigma}{g}\sin kx\sin\sigma t. \tag{8.2.16}$$

令

$$\frac{C\sigma}{g}=a,$$

则

$$C=\frac{ag}{\sigma}. \tag{8.2.17}$$

于是(8.2.15)及(8.2.16)式可写成

$$\varphi(x,z,t)=\frac{ag}{\sigma}\mathrm{e}^{kz}\sin kx\cos\sigma t, \tag{8.2.18}$$

$$\zeta(x,t)=a\sin\sigma t\sin kx.$$

现在分析自由面的方程组(8.2.18). 对于每一个固定时刻来说,自由面的形状是正弦曲线. 暂时令

$$A=a\sin\sigma t, \tag{8.2.19}$$

则(8.2.18)式变为

$$\zeta=A\sin kx.$$

它与 Ox 轴的交点是

$$x=\frac{n\pi}{k}(n=0,\pm1,\pm2,\cdots),$$

称为**波节**;它的极大值点 B' 和极小值点 C' 分别称为波峰和波谷(见图 8.2.1). 两节点之间的距离为 π/k,两个波峰或波谷之间的距离则为

$$\lambda=\frac{2\pi}{k}, \tag{8.2.20}$$

称为**波长**,而

$$k=\frac{2\pi}{\lambda} \tag{8.2.21}$$

则称为**波数**,它代表 2π 长度内有多少个波长. 波峰到 x 轴的距离 $A=|a\sin\sigma t|$ 在 0 和 $|a|$ 之间振动,随之整个正弦曲线在如图 8.2.1 所示的两个极限位置 Ⅰ,Ⅱ 之间上下做周期性振动. 振动的周期

$$\tau=\frac{2\pi}{\sigma} \tag{8.2.22}$$

称为波的周期,而

$$n = \frac{1}{\tau} = \frac{\sigma}{2\pi} \tag{8.2.23}$$

称为**频率**,它代表每秒钟振动的次数.

$$\sigma = 2\pi n \tag{8.2.24}$$

称为**角频率**或**圆频率**,代表 2π 秒内振动的次数. $|a|$ 称为振幅,又称**波幅**.

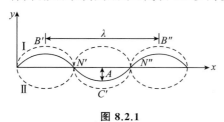

图 8.2.1

通过上面的分析可以确信,自由面是正弦曲线,它随着时间以正弦规律上下做周期性振动. 由于驻点位置不随时间变化,初始时刻的驻点永远是驻点,整个波不向左右传播,因此被称为**驻波**.

现在我们来考察(8.2.13)式

$$\sigma^2 = gk , \quad k = \frac{1}{g}\sigma^2 , \tag{8.2.25}$$

这是一个联系波数及角频率的关系式. 将(8.2.22)式与(8.2.21)式代入,得波长 λ 与周期 τ 之间的一个关系式

$$\tau = \sqrt{\frac{2\pi\lambda}{g}} , \quad \lambda = \frac{g\tau^2}{2\pi} . \tag{8.2.26}$$

(8.2.25)及(8.2.26)式告诉我们,在波数及角频率,波长及周期之间存在着紧密的联系,它们是平方正比关系. 当波数愈大时,角频率愈大;反之,当波长愈大时,周期也愈大.

2)速度.

由(8.1.18)式得

$$\begin{cases} u = \dfrac{\partial \varphi}{\partial x} = \dfrac{agk}{\sigma} \mathrm{e}^{kz} \cos kx \cos \sigma t = a\sigma \mathrm{e}^{kz} \cos kx \cos \sigma t , \\[2mm] w = \dfrac{\partial \varphi}{\partial z} = \dfrac{agk}{\sigma} \mathrm{e}^{kz} \sin kx \cos \sigma t = a\sigma \mathrm{e}^{kz} \sin kx \cos \sigma t , \end{cases} \tag{8.2.27}$$

这表明速度分量与 x,t 的关系与 φ 相同. 其次,随着 $z \to -\infty$,u,w 以 e 的指数规律极快地趋于零. 这就说明表面波所引起的流体运动主要限制在流体表面附近.

3)质点运动规律及轨迹.

由(8.2.27)式,质点运动规律的方程是

$$\begin{cases} \dfrac{\mathrm{d}x}{\mathrm{d}t} = a\sigma \mathrm{e}^{kz} \cos kx \cos \sigma t , \\[2mm] \dfrac{\mathrm{d}z}{\mathrm{d}t} = a\sigma \mathrm{e}^{kz} \sin kx \cos \sigma t , \end{cases} \tag{8.2.28}$$

这是确定 $x(t),z(t)$ 的微分方程组. 它不易求解. 但由于我们考虑的是小振幅波,流体质点在其平衡位置做微小振动,在忽略高阶小量的条件下可以用平衡位置 z_0,x_0 近似地代替(8.2.28)式右边的 z,x. 于是

$$\frac{\mathrm{d}x}{\mathrm{d}t}=a\sigma\mathrm{e}^{kz_0}\cos kx_0\cos\sigma t,$$

$$\frac{\mathrm{d}z}{\mathrm{d}t}=a\sigma\mathrm{e}^{kz_0}\sin kx_0\cos\sigma t,$$

此方程组容易积分出来. 考虑到初始条件 $t=0$ 时 $x=x_0,z=z_0$ 后我们有

$$\begin{cases} x-x_0=a\,\mathrm{e}^{kz_0}\cos kx_0\sin\sigma t, \\ z-z_0=a\,\mathrm{e}^{kz_0}\sin kx_0\sin\sigma t, \end{cases} \tag{8.2.29}$$

消去 t 后有

$$z-z_0=(x-x_0)\tan kx_0. \tag{8.2.30}$$

(8.2.29)和(8.2.30)式分别确定了质点的运动规律及轨迹. 我们看到,流体质点的轨迹是直线(见图 8.2.2),直线的倾角是 kx_0. 在节点处, $\tan kx_0=0$,流体质点在平衡位置 x_0,z_0 附近做水平方向振动,而在波峰、波谷处 $\tan kx_0=\infty$. 流体质点在垂直方向围绕平衡

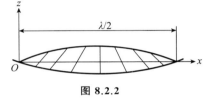

图 8.2.2

位置做振动. 其次我们看到,质点振动的振幅等于 $a\mathrm{e}^{kz_0}$,它随 z_0 的增加以指数规律迅速地减少. 例如在深度等于波长($z_0=-2\pi/k$)的地方振幅为 $a\mathrm{e}^{-2\pi}$,已是原自由面处振幅的 535 分之一. 这说明,无界流体平面波情形下的波动现象具有明显的表面性质.

上面我们考虑了初相为零的特解

$$\varphi=C\mathrm{e}^{kz}\sin kx\cos\sigma t.$$

现在再写出初相为 $\xi=\pi/2,\varepsilon=\pi/2$ 的特解

$$\begin{aligned} \varphi &=C\mathrm{e}^{kz}\sin\left(kx+\frac{\pi}{2}\right)\cos\left(\sigma t+\frac{\pi}{2}\right) \\ &=C\mathrm{e}^{kz}\sin k\left(x+\frac{\lambda}{4}\right)\cos\sigma\left(t+\frac{\tau}{4}\right) \\ &=-C\mathrm{e}^{kz}\cos kx\sin\sigma t, \end{aligned} \tag{8.2.31}$$

其中

$$\sigma^2=gk.$$

显然这个解代表的还是驻波,它与前一个解的差别仅在于坐标相位向前移动了 $\lambda/4$ 的距离,波节与波峰、波谷的位置互换. 此外时间的相位也提前了 $\tau/4$,当前一运动处于极端位置时,现在这个运动却处于平衡状况,反之亦然.

将解 (8.2.15) 及 (8.2.31) 叠加起来得

$$\varphi = C\mathrm{e}^{kz} \sin(kx - \sigma t), \tag{8.2.32}$$

其中

$$\sigma^2 = gk, \tag{8.2.33}$$

由于方程 (8.2.1)，边界条件 (8.2.2) 及 (8.2.3) 的线性性质，(8.2.32) 式将仍然是拉氏方程的满足一切边界条件的解。现在我们来研究这个解代表什么样的平面波。

1）自由面形状：

$$\zeta = -\frac{1}{g} \frac{\partial \varphi(x, 0, t)}{\partial t} = \frac{C\sigma}{g} \cos(kx - \sigma t).$$

令 $C\sigma/g = a$，得

$$\varphi = \frac{ag}{\sigma} \mathrm{e}^{kz} \sin(kx - \sigma t), \tag{8.2.34}$$

$$\zeta = a\cos(kx - \sigma t) = a\cos k\left(x - \frac{\sigma}{k}t\right). \tag{8.2.35}$$

自由面的形状是余弦曲线，振幅及波长仍为 $|a|$ 及 $\lambda = 2\pi/k$。值得注意的是振幅及波长并不随着时间改变。因此整个波面的形状亦将不随时间而改变，不同时刻的波面只相差一个位相 $\sigma t/k$，也就是说整个波面随着时间 t 将向前移动。现在来求波面移动速度。初始时刻取波面上某点 x_0，它可以是波节也可以是波峰或任何其他点，为了明确起见，取它为波节。于是不同时刻波节的位置满足关系式

$$kx - \sigma t = \left(n + \frac{1}{2}\right)\pi \quad (n = 0, \pm 1, \pm 2, \cdots),$$

亦即不同时刻波节位置为

$$x = \frac{\sigma}{k}t + \frac{\left(n + \dfrac{1}{2}\right)}{k}\pi,$$

由此不难看出整个波节也就是整个波面以速度

$$c = \frac{\sigma}{k} \tag{8.2.36}$$

向正 x 轴方向移动，速度 c 称为波的传播速度，简称**波速**，又称相速。因为

$$\sigma = \frac{2\pi}{\tau}, \quad k = \frac{2\pi}{\lambda}, \quad \sigma = \sqrt{gk}, \quad \tau = \sqrt{\frac{2\pi\lambda}{g}},$$

所以波的传播速度还可以写成下列各种形式：

$$c = \frac{\sigma}{k} = \frac{\lambda}{\tau} = \sqrt{\frac{g}{k}} = \sqrt{\frac{g\lambda}{2\pi}} = \frac{g}{\sigma} = \frac{g\tau}{2\pi}. \tag{8.2.37}$$

上式表明，传播速度 c 是角频率 σ 和波数 k 之比或波长与周期之比，并且它和波

长 λ 的平方根或周期 τ 成正比,与波数 k 的平方根或角频率 σ 成反比. 由于式(8.2.34)代表的波动,其波面随时间传播,故称为**进波**或**行波**.

应该强调指出,当整个波面以速度 c 传播时,流体质点只是围绕自己的平衡位置做微小的振动. 关于这一点,我们在下面可以看出.

2)速度:

$$u = \frac{\partial \varphi}{\partial x} = a\sigma e^{kz} \cos(kx - \sigma t), \tag{8.2.38}$$

$$w = \frac{\partial \varphi}{\partial z} = a\sigma e^{kz} \sin(kx - \sigma t). \tag{8.2.39}$$

我们看出速度的变化规律与 φ 相似,而且随着 z 的增加,u,w 迅速以 e^{kz} 的阶次趋于零,因此波动的影响主要局限在自由面附近.

3)质点的运动规律及轨迹:

根据(8.2.38),(8.2.39)式,质点运动规律的方程是

$$\frac{\mathrm{d}x}{\mathrm{d}t} = a\sigma e^{kz} \cos(kx - \sigma t),$$

$$\frac{\mathrm{d}z}{\mathrm{d}t} = a\sigma e^{kz} \sin(kx - \sigma t).$$

和驻波一样,由于我们考虑的是小振幅波,流体质点围绕平衡位置做微小振动,因此等式右边的 x,z 可以用平衡位置 x_0,z_0 代替,相差的仅是高阶小量. 于是

$$\begin{cases} \dfrac{\mathrm{d}x}{\mathrm{d}t} = a\sigma e^{kz_0} \cos(kx_0 - \sigma t), \\ \dfrac{\mathrm{d}z}{\mathrm{d}t} = a\sigma e^{kz_0} \sin(kx_0 - \sigma t), \end{cases} \tag{8.2.40}$$

积分之并考虑到初始条件 $t=0$ 时 $x=x_0,z=z_0$,得

$$\begin{cases} x = x_0 - a e^{kz_0} \sin(kx_0 - \sigma t), \\ z = z_0 + a e^{kz_0} \cos(kx_0 - \sigma t), \end{cases} \tag{8.2.41}$$

消去 t 后得

$$(x - x_0)^2 + (z - z_0)^2 = a^2 e^{2kz_0}. \tag{8.2.42}$$

(8.2.41)及(8.2.42)式确定了流体质点的运动规律及轨迹. 我们看到,流体中每一个质点近似地做圆周运动,圆的半径是 $a e^{kz_0}$,愈往下的质点半径愈小. 当深度等于波长时,圆的半径较表面上的半径小 535 倍,由此可见波动现象主要限制在表面附近.

现在我们考察一下质点绕圆周运动时速度的大小及方向. 由(8.2.40)式得

$$v = (a e^{kz_0})\sigma,$$

我们看到,质点绕圆周运动的速度取常数值,即为 $(a e^{kz_0})\sigma$,且角速度为 σ. 现在再来研究质点运行的方向. 写出圆周的参数方程

$$x - x_0 = -a\,\mathrm{e}^{kz_0}\sin\theta,$$

$$z - z_0 = a\,\mathrm{e}^{kz_0}\cos\theta,$$

其中 θ 角如图 8.2.3 所示. 将上式与(8.2.41)式比较得

$$\theta = kx_0 - \sigma t,$$

$$\frac{\mathrm{d}\theta}{\mathrm{d}t} = -\sigma,$$

由此可见,质点将沿顺时针方向运动.

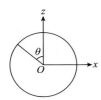

图 8.2.3

我们指出,波峰处流体质点的运动方向与波前进的方向相同,而波谷处流体质点的运动方向则与前进的方向相反. 质点运动速度与波传播速度之比

$$\frac{v}{c} \sim \frac{a\sigma}{c} = \frac{a\sigma k}{\sigma} = \frac{a}{\lambda}2\pi$$

具有 a/λ 的量级,在小振幅波情形是一个小量. 由此可见,质点运动速度 v 比起传播速度 c 小得多,是一个小量.

4)压强:

由(8.1.18)式得

$$\frac{p - p_0}{\rho} = -\frac{\partial\varphi}{\partial t} - gz = a g\,\mathrm{e}^{kz}\cos(kx - \sigma t) - gz,$$

以 z_0, x_0 代替右边第二项中的 z, x 得

$$\frac{p - p_0}{\rho} = g\big[-z + a\,\mathrm{e}^{kz_0}\cos(kx_0 - \sigma t)\big],$$

考虑到(8.2.41)式,上式变为

$$\frac{p - p_0}{\rho} = -gz_0, \quad p = p_0 - \rho g z_0.$$

上式表明,平衡时刻位于同一平面 $z = z_0$ 上的质点在以后任何时刻都组成等压面.

8.3　群速

上面我们考虑了两个波长和周期相同而初相不同的平面波的叠加. 为了解决实际问题,常常需要将几个波长不同的平面波叠加起来,即**波群**,此时自然地应该引进群速的概念. 下面我们通过一个简单例子阐明这个概念. 考虑无界流体内两个周期相差很小的进波的叠加. 根据上节公式(8.2.34),叠加后的波的速度势函数为

$$\varphi = \frac{ag}{\sigma}\mathrm{e}^{kz}\sin(kx - \sigma t) + \frac{ag}{\sigma'}\mathrm{e}^{k'z}\sin(k'x - \sigma' t), \tag{8.3.1}$$

其中

$$\sigma = \sqrt{gk}, \quad \sigma' = \sqrt{gk'}, \tag{8.3.2}$$

而 $k-k'$ 及 $\sigma-\sigma'$ 都是小量.

自由面的方程为

$$\zeta = -\frac{1}{g}\frac{\partial \varphi(x,0,t)}{\partial t} = a\left[\cos(kx-\sigma t)+\cos(k'x-\sigma' t)\right]$$

$$= 2a\cos\left(\frac{k+k'}{2}x-\frac{\sigma+\sigma'}{2}t\right)\cos\left(\frac{k-k'}{2}x-\frac{\sigma-\sigma'}{2}t\right), \tag{8.3.3}$$

现在我们来详细地分析一下自由面的形状. 考虑某一固定时刻 t. (8.3.3)式中有两个余弦因子,每一个余弦代表一个周期现象,因此这里存在着两个周期性波动过程. 第一个波动现象的波长是 $4\pi/(k+k')$,两波节间的距离为 $2\pi/(k+k')$;第二个波动现象的波长是 $4\pi/(k-k')$,两波节间的距离为 $2\pi/(k-k')$. 由于 $k-k'$ 是小量,因此第二个波长 $4\pi/(k-k')$ 较第一个波长 $4\pi/(k+k')$ 大很多. 在第二个波动现象的波长间隔内将包含许多个波长为 $4\pi/(k+k')$ 的波. 现在再让我们对这两种不同波长的周期现象进行具体的考察. 将(8.3.3)式改写成

$$\zeta = A\cos\left(\frac{k+k'}{2}x-\frac{\sigma+\sigma'}{2}t\right), \tag{8.3.4}$$

其中振幅 A 由下式确定

$$A = 2a\cos\left(\frac{k-k'}{2}x-\frac{\sigma-\sigma'}{2}t\right). \tag{8.3.5}$$

图 8.3.1

从(8.3.4)式我们看到,当 x 位置每增加 $4\pi/(k+k')$ 距离时,出现一个单个波(参阅图 8.3.1). 这些单个波的振幅由(8.3.5)式确定. 显然振幅是随 x 的变化而改变的,在单个波波长 $4\pi/(k+k')$ 这一很短的距离内,A 的变化不大,因此我们看到的波和 A 不变的波很相似. 但是随着 x 的增加,新的单个波不断出现,这些单个波的振幅则逐渐发生明显的变化,由 0 变到 $2a$,再由 $2a$ 变到 0,呈现出明显的周期性,这个周期现象的波长是 $4\pi/(k-k')$.

通过上面的分析我们可以得到如下结论:在我们所研究的情形中有两种周期现象. 第一种周期现象是单个波,波长为 $4\pi/(k+k')$,主要受第一个余弦因子

$$\cos\left(\frac{k+k'}{2}x-\frac{\sigma+\sigma'}{2}t\right)$$

的制约;第二种周期现象是单个波组成的波群,它们的振幅呈现周期性变化,波长为 $4\pi/(k-k')$,主要受第二个余弦因子

$$\cos\left(\frac{k-k'}{2}x - \frac{\sigma-\sigma'}{2}t\right)$$

的制约.

当时间 t 变化时,由于两个余弦因子的相位发生变化,无论单个波或波群的位置都将向前移动,这样我们看到两种波动现象的传播,单个波的传播及波群的传播.下面我们计算单个波的传播速度及波群的传播速度.

单个波的波节位置由下式决定

$$\frac{k+k'}{2}x - \frac{\sigma+\sigma'}{2}t = \left(n+\frac{1}{2}\right)\pi \quad (n=0,\pm 1,\pm 2,\cdots)$$

或

$$x = \frac{\sigma+\sigma'}{k+k'}t + \frac{2\pi\left(n+\frac{1}{2}\right)}{k+k'},$$

因此传播速度 c 为

$$c = \frac{\sigma+\sigma'}{k+k'}.$$

由于 σ 与 σ',k 与 k 相差很小,上式近似地等于

$$c \approx \frac{\sigma}{k}, \tag{8.3.6}$$

这个公式和(8.2.37)式相同.

波群最大振幅相当于

$$\left|\cos\left(\frac{k-k'}{2}x - \frac{\sigma-\sigma'}{2}t\right)\right| \approx 1,$$

对应的位置 x 由下式决定

$$\frac{k-k'}{2}x - \frac{\sigma-\sigma'}{2}t \approx n\pi \quad (n=0,\pm 1,\pm 2,\cdots)$$

或

$$x = \frac{\sigma-\sigma'}{k-k'}t + \frac{2n\pi}{k-k'}.$$

由此可见,最大振幅位置的传播速度即波群的传播速度 v_g 为

$$v_g = \frac{\sigma-\sigma'}{k-k'} \approx \frac{\mathrm{d}\sigma}{\mathrm{d}k}, \tag{8.3.7}$$

波群的传播速度 v_g 称为**群速**,它由(8.3.7)式确定.

现在我们来推导群速 v_g 的另一公式.因

$$\sigma = kc = \frac{2\pi c}{\lambda},$$

$$k = \frac{2\pi}{\lambda},$$

将(8.3.7)式写成

$$v_{\mathrm{g}} = \frac{\dfrac{\mathrm{d}\sigma}{\mathrm{d}\lambda}}{\dfrac{\mathrm{d}k}{\mathrm{d}\lambda}} = \frac{2\pi}{\lambda^2}\frac{\lambda\dfrac{\mathrm{d}c}{\mathrm{d}\lambda} - c}{-\dfrac{2\pi}{\lambda^2}} = c - \lambda\frac{\mathrm{d}c}{\mathrm{d}\lambda}. \tag{8.3.8}$$

(8.3.8)式表明,当波速 c 与波长 λ 无关时,群速与波速相等;若 c 依赖于波长 λ,则群速 v_{g} 和波速 c 一定不相等. c 依赖于 λ 的情形称为波的色散现象.

现在计算无限深流体进波的群速. 由公式

$$\sigma = \sqrt{gk},$$

得

$$v_{\mathrm{g}} = \frac{\mathrm{d}\sigma}{\mathrm{d}k} = \frac{1}{2}\sqrt{\frac{g}{k}}.$$

根据(8.2.37)式

$$c = \sqrt{\frac{g}{k}},$$

得

$$v_{\mathrm{g}} = \frac{c}{2}.$$

由此可见,在无界流体的进波情形,群速是波速的一半.

8.4 波能 波能转移 波阻

在这一节中,我们将研究波浪运动的能量,能量的转移以及与之相联系的波阻问题.

首先考虑波浪运动的能量. 为了简单起见,我们考虑无界流体的平面周期波作为例子. 取平衡时的水平面为 x 轴,z 轴垂直向上. 通常取一个周期长的流体体积 S,考虑它的总能量. 体积 S 是由波面 OAB,平行 Oz 轴的直线 OD,BC 以及远处平行 x 轴的直线段 CD 组成(图 8.4.1 中画斜线的区域). 总能量在重力场情形下由动能及势能组成. 现分别计算体积 S 内的动能及势能. 我们知道,在无旋运动中动能的公式是

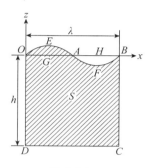

图 8.4.1

$$T = \frac{1}{2}\rho\int_L \varphi\,\frac{\partial\varphi}{\partial n}\mathrm{d}l\,, \tag{8.4.1}$$

其中 L 即 S 的界面,由波面 OAB 和线段 BC,CD,DO 组成. $\boldsymbol{n}$ 是 L 的外法线方向. 将(8.4.1)式改写成

$$T = \frac{1}{2}\rho\int_{CD}\varphi\,\frac{\partial\varphi}{\partial n}\mathrm{d}l + \frac{1}{2}\rho\int_{BC+OD}\varphi\,\frac{\partial\varphi}{\partial n}\mathrm{d}l + \frac{1}{2}\rho\int_{OAB}\varphi\,\frac{\partial\varphi}{\partial n}\mathrm{d}l\,. \tag{8.4.2}$$

因为平面无旋运动的速度势函数 φ 在无穷远处的量阶是 $1/R$,因此右边第一项积分在无穷远处的量阶是 $1/R^2$,当 $R\to\infty$ 时趋于零. 其次在 BC 及 OD 的对应点上由于运动的周期性 φ 取相同值,而 $\partial\varphi/\partial n$ 的值则由于 BC 及 OD 的外法线方向恰好相反,因而取大小相等符号相反的值,于是被积函数 $\varphi(\partial\varphi/\partial n)$ 在 BC,OD 对应点上的值两两相消,即

$$\frac{1}{2}\rho\int_{BC+OD}\varphi\,\frac{\partial\varphi}{\partial n}\mathrm{d}l = 0. \tag{8.4.3}$$

最后沿波面 OAB 的积分

$$\frac{1}{2}\rho\int_{OAB}\varphi\,\frac{\partial\varphi}{\partial n}\mathrm{d}l$$

可以用沿线段 OB 的积分

$$\frac{1}{2}\rho\int_0^\lambda \varphi\,\frac{\partial\varphi}{\partial z}\mathrm{d}x \tag{8.4.4}$$

代替,相差二阶小量. 这是因为自由面方程 $\zeta = \zeta(x,t)$ 是一阶小量,而将自由面上取值的 φ 及 $\partial\varphi/\partial n$ 转移到 $z=0$ 上取值将产生二阶小量的偏差;其次

$$\left(\frac{\partial\varphi}{\partial n}\right)_{z=0} = \left(\frac{\partial\varphi}{\partial z}\,\frac{\partial z}{\partial n}\right)_{z=0},$$

而 $\partial z/\partial n$ 与 1 亦相差二阶小量,因此可以用 $(\partial\varphi/\partial z)_{z=0}$ 代替 $(\partial\varphi/\partial n)_{z=0}$,其误差至多为二阶小量. 这样我们就可以用(8.4.4)式代替(8.4.3)式. 将上述结果代入(8.4.2)式得

$$T = \frac{1}{2}\rho\int_0^\lambda \varphi\,\frac{\partial\varphi}{\partial z}\mathrm{d}x\,, \tag{8.4.5}$$

这就是平面周期波情形下计算动能的方程,我们看到,它只和 x 轴上的 φ 值及 $\partial\varphi/\partial z$ 值有关.

　　现在计算体积 S 的势能. 这里的势能指的是波浪运动的势能和平衡时势能之差. 显然势能之差等于 $OEAG$ 体积内的势能减去 $AFBH$ 内的势能. 考虑到势能公式 $V = mgz$,我们得到势能差为

$$V = \int_0^\lambda \mathrm{d}x\int_0^\zeta \rho gz\,\mathrm{d}z = \frac{1}{2}\rho g\int_0^\lambda \xi^2\,\mathrm{d}x\,, \tag{8.4.6}$$

这就是势能公式,它与自由面的形状紧密联系. 将(8.4.5)式及(8.4.6)式合并起

来得到总能量的公式为

$$T + V = \frac{1}{2}\rho \int_0^\lambda \varphi \frac{\partial \varphi}{\partial z} \mathrm{d}x + \frac{1}{2}\rho g \int_0^\lambda \zeta^2 \mathrm{d}x. \tag{8.4.7}$$

现在我们计算驻波及进波情形下的动能及势能作为例子. 无界流体驻波的 φ 及自由面方程为

$$\varphi = \frac{ag}{\sigma} \mathrm{e}^{kz} \sin kx \cos \sigma t,$$

$$\zeta = a \sin \sigma t \sin kx,$$

而

$$\frac{\partial \varphi}{\partial z} = a\sigma \mathrm{e}^{kz} \sin kx \cos \sigma t,$$

于是

$$T = \frac{1}{2}\rho \int_0^\lambda \frac{ag}{\sigma} a\sigma \sin^2 kx \cos^2 \sigma t \mathrm{d}x = \frac{1}{4}\rho a^2 g\lambda \cos^2 \sigma t,$$

$$V = \frac{1}{2}\rho g a^2 \int_0^\lambda \sin^2 \sigma t \sin^2 kx \mathrm{d}x = \frac{1}{4}\rho a^2 g\lambda \sin^2 \sigma t,$$

而

$$T + V = \frac{1}{4}\rho a^2 g\lambda.$$

我们看到动能和势能之和是守恒的, 动能和势能相互转化.

对于无界流体的进波而言, 有

$$\varphi = \frac{ag}{\sigma} \mathrm{e}^{kz} \sin(kx - \sigma t),$$

$$\zeta = a \cos(kx - \sigma t),$$

$$\frac{\partial \varphi}{\partial z} = a\sigma \mathrm{e}^{kz} \sin(kx - \sigma t),$$

于是

$$T = \frac{1}{2}\rho a^2 g \int_0^\lambda \sin^2(kx - \sigma t) \mathrm{d}x = \frac{1}{4}\rho a^2 g\lambda,$$

$$V = \frac{1}{2}\rho a^2 g \int_0^\lambda \cos^2(kx - \sigma t) \mathrm{d}x = \frac{1}{4}\rho a^2 g\lambda,$$

$$T + V = \frac{1}{2}\rho a^2 g\lambda.$$

我们看到, 在进波情形下, 无论势能或动能, 它们的值都是不随时间改变的, 当然总能量亦是守恒的.

现以无界流体进波为例计算能量的传递. 取与 Ox 轴垂直的平面 Oyz, 计算波从负 x 轴进入正 x 轴后传递了多少能量(图 8.4.2). 为此只需计算左边流体

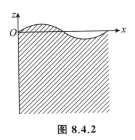

图 8.4.2

对右边流体所做的功. $\mathrm{d}t$ 时间内压强做的功是

$$W' = \int_{-\infty}^{0} pu \, \mathrm{d}z \, \mathrm{d}t.$$

将无界流体进波的公式

$$\varphi = \frac{ag}{\sigma} \mathrm{e}^{kz} \sin(kx - \sigma t),$$

$$u = \frac{\partial \varphi}{\partial x} = a\sigma \mathrm{e}^{kz} \cos(kx - \sigma t),$$

$$\frac{p - p_0}{\rho} = -\frac{\partial \varphi}{\partial t} - gz = ag \mathrm{e}^{kz} \cos(kx - \sigma t) - gz$$

代入得

$$
\begin{aligned}
W' &= \int_{-\infty}^{0} \big[a^2 g\sigma\rho \mathrm{e}^{2kz} \cos^2(kx - \sigma t) \mathrm{d}t \\
&\quad + (p_0 - \rho gz) a\sigma \mathrm{e}^{kz} \cos(kx - \sigma t) \mathrm{d}t \big] \mathrm{d}z \\
&= \frac{\rho a^2 g\sigma}{2k} \cos^2(kx - \sigma t) \mathrm{d}t \\
&\quad + \int_{-\infty}^{0} (p_0 - \rho gz) a\sigma \mathrm{e}^{kz} \cos(kx - \sigma t) \mathrm{d}t \, \mathrm{d}z.
\end{aligned}
$$

在一个周期 $\tau = 2\pi/\sigma$ 内做的功是

$$W = \frac{\pi}{\sigma} \frac{\rho a^2 g\sigma}{2k} = \frac{1}{4} \rho g a^2 \lambda,$$

于是单位时间内功的平均值是

$$W_1 = \frac{\rho g a^2}{4} \frac{\lambda}{\tau} = \frac{\rho g a^2}{4} c. \tag{8.4.8}$$

这个功就是单位时间内从负 x 轴到正 x 轴波浪所传递的平均能量. 上面我们已经计算单位长度内进波的总能量为 $\rho a^2 g/2$. 而群速 $v_g = c/2$,于是(8.4.8)式可改写为

$$W_1 = \left(\frac{1}{2} \rho g a^2 \right) v_g.$$

上式表明,波能将以群速传递而不是以波速传递. 这个结果在其他波浪运动中也成立,是群速的一个动力学特性. 从这里也可以看出引进群速概念的重要性.

波的传递和波阻紧密相关. 考虑以速度 C 运动的船只,在船的后面形成了波浪. 于是这些波的传播速度就是 C,如果以 E 表单位长度的波能,则每秒钟形成的波能是 CE. 这个能量中有一部分是先前形成的波浪传递过来的,这些先前形成的波浪每秒钟通过平面带来 $v_g E = CE/2$ 的能量,而余下的能量 $(C - v_g)E = CE/2$ 就是由船只供给的. 那就是说每秒钟内船将做 $CE/2$ 的功去形成波浪. 因为船每秒钟走 C 的距离,所以它所遭受到的阻力 R 由下式确定:

$$CR = \frac{CE}{2}, \quad R = \frac{E}{2},$$

于是船只所受到的阻力是单位长度波能的一半.

8.5　长波理论

上面几节我们研究了无限深流体内的小振幅波. 这是流体深度远大于波长的极限情形. 下面我们研究另一种极限情形, 即波长远大于流体深度的情形, 这样的波称为**长波**. 下面为了简单起见只限于研究小振幅的情形, 这时振幅 a 和流体深度 h 都是远小于波长 λ 的量. 其次认为振幅又远小于深度, 即 $\lambda \gg h \gg a$. 研究长波的运动具有实际意义, 海洋江河中发生的劲浪及潮汐波等都是长波. 例如在深度为 $5\,\mathrm{km}$ 的海洋中, 劲浪的振幅为 $50\,\mathrm{m}$ 而波长可长达 $5000\,\mathrm{km}$, 由此可见劲浪的波长远大于振幅及海洋深度, 因而是一种小振幅的长波.

和前几节一样这里只考虑平面情形, 取自由面的平衡位置为 x 轴, z 轴垂直向上. 河渠的底部可以取任意的形状. 设底部到 x 轴的距离用 h 表示, 它一般是 x 的函数. 和前面一样令 ζ 是波浪运动发生后自由面到平衡位置 x 轴的距离 (见图 8.5.1), 则一般说来它是 x, t 的函数.

容易理解, 小振幅长波既具有小振幅波的特性, 也具有长波的特性. 小振幅波的特性已在第一节中研究过, 它的几何参数 ζ 与 $\partial \zeta / \partial x$, 力学参数 u 及其偏导数皆为一阶小量. 现在我们研究长波的特性, 写出平面波的连续性方程

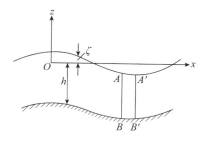

图 8.5.1

$$\frac{\partial u}{\partial x} + \frac{\partial w}{\partial z} = 0,$$

于是

$$\frac{\partial w}{\partial z} = -\frac{\partial u}{\partial x}, \quad w_2 - w_1 = \int_\zeta^{-h} \left(-\frac{\partial u}{\partial x} \right) \mathrm{d}z,$$

其中 w_2, w_1 分别是底部及自由面上的速度. 由于 $\partial u / \partial x, \zeta, h$ 皆是一阶小量, 所以右边积分是二阶小量. 于是速度在 z 方向分量 w 是二阶小量, 它比速度在 x 方向分量 u 低一阶. 归纳上面所讲的, 我们得到小振幅长波的下列性质:

1）ζ 及 $\partial \zeta / \partial x$ 是一阶小量,

2）u 及其偏导数是一阶小量, $\qquad\qquad\qquad$ (8.5.1)

3）w 及其偏导数是二阶小量.

现在根据上述性质来简化运动方程组. 写出平面运动的欧拉方程

$$\begin{cases} \dfrac{\mathrm{d}u}{\mathrm{d}t} = F_x - \dfrac{1}{\rho}\,\dfrac{\partial p}{\partial x}, \\[2mm] \dfrac{\mathrm{d}w}{\mathrm{d}t} = F_z - \dfrac{1}{\rho}\,\dfrac{\partial p}{\partial z}, \\[2mm] \dfrac{\partial u}{\partial x} + \dfrac{\partial w}{\partial z} = 0. \end{cases} \tag{8.5.2}$$

我们考虑只有重力场的情形,此时 $F_x=0,F_z=-g$. (8.5.2)式是一个由三个偏微分方程组成的方程组,用来确定三个未知函数 u,w,p. (8.5.2)式中的

$$\frac{\mathrm{d}w}{\mathrm{d}t} = \frac{\partial w}{\partial t} + u\,\frac{\partial w}{\partial x} + w\,\frac{\partial w}{\partial z}$$

是二阶小量项,与重力及压力梯度项相比可忽略不计,于是(8.5.2)式中第二个方程化为

$$\frac{\partial p}{\partial z} = -\rho g,$$

积分之得

$$p = -\rho g z + c(x,t).$$

在自由面 $z=\zeta$ 上,$p=p_0$(p_0 是大气压力). 考虑到这一点,得

$$p = p_0 + \rho g(\zeta - z), \tag{8.5.3}$$

这表明压强函数 p 和自由面形状 ζ 之间存在着一个有限关系式. (8.5.3)式实质上就是静力学的压强公式,因为在忽略惯性力 $\mathrm{d}w/\mathrm{d}t$ 后,压强梯度和重力维持平衡,而这恰恰就是静力学的情形. 根据(8.5.3)式 p 可以用函数 ζ 代替,于是我们以 u,w,ζ 代替了 u,w,p. 由于 w 和 u 由方程组(8.5.2)第三式联系,由此只要求出 u,ζ,问题也就解决了. 下面着手推导 u,ζ 应满足的方程. 将(8.5.3)式代入(8.5.2)中第一式,得

$$\frac{\partial u}{\partial t} + u\,\frac{\partial u}{\partial x} + w\,\frac{\partial u}{\partial z} = -g\,\frac{\partial \zeta}{\partial x}.$$

按性质(8.5.1),$u\dfrac{\partial u}{\partial x} + w\dfrac{\partial u}{\partial z}$ 是二阶小量以上项,略去不计后得

$$\frac{\partial u}{\partial t} = -g\,\frac{\partial \zeta}{\partial x}, \tag{8.5.4}$$

这是第一个联系 u 及 ζ 的方程. 由(8.5.4)式容易看出 u 只是 x,t 的函数而与 z 无关. 也就是说在河渠的每一个截面上速度分量 u 都是相等的,因此未知函数 u 及 ζ 都是 x,t 的函数. 现在我们来推导第二个联系 u,ζ 的方程,为此我们推导另一形式的连续性方程代替方程组(8.5.2)中第三式. 取平行于 z 轴且相距 $\mathrm{d}x$ 的两个截面 AB 及 $A'B'$,计算 $\mathrm{d}t$ 时间内 $ABA'B'$ 内的流量变化. 通过 AB 流入的流量是

$$[\rho u(h+\zeta)]_x \mathrm{d}t,$$

而通过 $A'B'$ 流出的流量则为

$$[\rho u(h+\zeta)]_{x+\mathrm{d}x} \mathrm{d}t,$$

因此 $\mathrm{d}t$ 时间内体积 $ABA'B'$ 内由于流进及流出,流体质量减少了

$$\frac{\partial[\rho u(h+\zeta)]}{\partial x}\mathrm{d}x\,\mathrm{d}t. \tag{8.5.5}$$

根据质量守恒定律,这部分流体质量的减少只能是由于自由面 $\zeta(x,t)$ 的变化所引起. 由于 $\zeta(x,t)$ 的变化,在 $\mathrm{d}t$ 时间内流量减少了

$$-\rho\frac{\partial\zeta}{\partial t}\mathrm{d}x\,\mathrm{d}t. \tag{8.5.6}$$

令(8.5.5)式与(8.5.6)式相等得

$$\frac{\partial\zeta}{\partial t}=-\frac{\partial[(h+\zeta)u]}{\partial x}=-\frac{\partial(hu)}{\partial x}-\zeta\frac{\partial u}{\partial x}-u\frac{\partial\zeta}{\partial x}.$$

由性质(8.5.1)的量阶估计,$-\zeta\dfrac{\partial u}{\partial x}-u\dfrac{\partial\zeta}{\partial x}$ 是二阶小量可略去不计,这样我们就得到联系 ζ,u 的第二个方程

$$\frac{\partial\zeta}{\partial t}=-\frac{\partial(hu)}{\partial x}. \tag{8.5.7}$$

将(8.5.4)式和(8.5.7)式联合起来,我们得到确定 $u(x,t),\zeta(x,t)$ 的基本方程组

$$\begin{cases}\dfrac{\partial u}{\partial t}=-g\dfrac{\partial\zeta}{\partial x},\\[2mm]\dfrac{\partial\zeta}{\partial t}=-\dfrac{\partial(hu)}{\partial x}.\end{cases} \tag{8.5.8}$$

求出 u,ζ 后,压强 p 及速度分量 w 分别由(8.5.3)式及方程组(8.5.2)中的第三式确定.

下面考虑深度 h 为常数的情形,此时方程组(8.5.8)化为

$$\begin{cases}\dfrac{\partial u}{\partial t}=-g\dfrac{\partial\zeta}{\partial x},\\[2mm]\dfrac{\partial\zeta}{\partial t}=-h\dfrac{\partial u}{\partial x}.\end{cases} \tag{8.5.9}$$

从这两个式子消去 ζ 后得

$$\frac{\partial^2 u}{\partial t^2}-gh\frac{\partial^2 u}{\partial x^2}=0,$$

令 $c=\sqrt{gh}$,于是

$$\frac{\partial^2 u}{\partial t^2}-c^2\frac{\partial^2 u}{\partial x^2}=0.$$

这个方程的普遍解是

$$u = c[F(x - ct) + f(x + ct)],\qquad (8.5.10)$$

由方程组(8.5.9)的第二式得

$$\zeta = h[F(x - ct) - f(x + ct)],\qquad (8.5.11)$$

其中 F, f 都是任意函数.

考虑 $f = 0$ 的情形,此时有

$$u = cF(x - ct), \quad \zeta = hF(x - ct).$$

现在我们来阐明上式的物理意义. ζ 和 u 是常数的点的坐标满足下式:

$$x = x_0 - ct.$$

由此推出,确定的 ζ 值及 u 值以速度

$$c = \sqrt{gh}$$

向右方运动, c 称为长波的传播速度,它与波长无关,只是 h 的函数.

应该指出,虽然波面以速度 c 向右传播,但是流体质点则是做微小的振动. 由

$$u = \frac{\partial \zeta}{\partial t},$$

得 $t_2 - t_1$ 时间内质点的位移是

$$\begin{aligned}
\zeta_2 - \zeta_1 &= \int_{t_1}^{t_2} u\,\mathrm{d}t = \int_{t_1}^{t_2} cF(x - ct)\,\mathrm{d}t \\
&= -\int_{t_1}^{t_2} F(x - ct)\,\mathrm{d}(x - ct) \\
&= -\int_{x - ct_1}^{x - ct_2} F(x)\,\mathrm{d}x = -\frac{1}{h}\int_{x - ct_1}^{x - ct_2} \zeta\,\mathrm{d}x.
\end{aligned}$$

右边积分等于 x 轴波面与 $x - ct_2$ 及 $x - ct_1$ 之间的面积,它的数值很小,且有时为正有时为负,说明质点在做微小的振动.

完全同样地可以说明 $F = 0$ 时 $u = cf(x + ct)$, $\zeta = -hf(x + ct)$ 的物理意义代表向左传播的长波.

一般情形下,(8.5.10)与(8.5.11)式代表的是向左传播的波和向右传播的波的叠加. (8.5.10)与(8.5.11)式中的任意函数由初始条件及边界条件确定.

习　　题

1. 求波长为 145 m 的海洋波的传播速度和振动周期.

2. 海洋波以 10 m/s 的速度移动,求波的波长和周期.

3. 在波上观察到浮标在 1 min 内上升下降 15 次,求波长及其传播速度. 假定液体很深.

4. 上下两部分液体的深度分别为 h 和 h'，密度分别为 ρ 和 $\rho'(\rho<\rho')$，上层液体和下层液体分别有一水平面界于上方和下方. 试算出由于重力作用而发生在两液体分界面上波长为 λ 的行波在每一波长中所具有的动能和势能.

5. 证明流速为 v，深度为 h 的河上稳定波的波长 λ 由

$$v^2 = \frac{g\lambda}{2\pi}\tanh\frac{2\pi h}{\lambda}$$

确定；且当流速超过 $\sqrt{gh}$ 时，这样的稳定波不可能存在.

6. 深水中的一波系由

$$\varphi = \frac{1}{2}Vh\,\mathrm{e}^{-2\pi z/h}\cos\frac{2\pi}{l}(x-Vt)$$

给出. 证明若 $(h/l)^2$ 可忽略不计，则流体质点以均匀速度绕圆周运动，其中 V，h，l 均为常数.

7. 两层无限流体有一水平分界面，上层流体密度为 ρ'，下层流体密度为 ρ，$\rho>\rho'$ 证明波长为 λ 的波沿分界面的传播速度 c 为

$$c^2 = \frac{g\lambda}{2\pi}\frac{\rho-\rho'}{\rho+\rho'};$$

并证明对任一群这样的波，群速等于波速的一半.

8. 两种流体在 $y=0$ 处有一分界面，流体被限制在 $y=-h$ 和 $y=h'$ 之间. 若上层流体密度为 ρ'，下层流体密度为 ρ，证明重力波的波速为

$$c^2 = \frac{g(\rho-\rho')}{k(\rho\coth kh + \rho'\coth kh')},$$

其中 k 为波数，g 为重力加速度，忽略表面张力效应. 进一步讨论下列三种情形时 c 的表达式：

(1) h 和 h' 趋于无穷大；

(2) h 和 h' 都有限，但波数低，即 k 小；

(3) $h'=\infty$，但 h 仍有限，波数低.

9. 设深水的自由面上初始位移为 $\zeta_0 = J_0(kr)$. 证明深水中波动的解为

$$-\varphi = g\,\frac{\sin\sigma t}{\sigma}\mathrm{e}^{kz}J_0(r),\quad \zeta=\cos\sigma t J_0(kr),\quad \sigma^2 = gk.$$

10. 利用上题结果和傅里叶-贝塞尔积分

$$f(r) = \int_0^\infty J_0(kr)k\,\mathrm{d}k\int_0^\infty f(\alpha)J_0(k\alpha)\alpha\,\mathrm{d}\alpha,$$

证明在初始条件 $\zeta_0 = f(r)$ 和 $\varphi_0 = 0$ 时，深水中波动的解为

$$-\varphi = g\int_0^\infty \frac{\sin\sigma t}{\sigma}\mathrm{e}^{kz}J_0(kr)k\,\mathrm{d}k\int_0^\infty f(\alpha)J_0(k\alpha)\alpha\,\mathrm{d}\alpha,$$

$$\zeta = \int_0^\infty J_0(kr)k\cos\sigma t\,\mathrm{d}k\int_0^\infty f(\alpha)J_0(k\alpha)\alpha\,\mathrm{d}\alpha.$$

11. 在等温大气中,密度由 $\bar{\rho}=\rho_0 e^{-2\beta z}$ 给出,其中 z 是铅垂方向的坐标. 若用 w 表示速度的铅垂分量,证明圆频率为 σ 的微波动由

$$\left[\left(1-\frac{N^2}{\sigma^2}\right)\left(\frac{\partial^2}{\partial x^2}+\frac{\partial^2}{\partial y^2}\right)+\frac{\partial^2}{\partial z^2}-2\beta\frac{\partial}{\partial z}\right]w=0$$

给出,其中

$$N^2=-\frac{g}{\bar{\rho}}\frac{\mathrm{d}\bar{\rho}}{\mathrm{d}z}=2\beta g,$$

x,y,z 是笛卡儿坐标.

12. 如果沿全渠道各个截面相等,截面面积为 S,并且水面上的截面宽度为 b,求长波在渠道中的传播速度.

13. 求在深度为 20 cm 的梯形截面渠道上长波的传播速度. 梯形的上底为 60 cm,下底为 40 cm.

14. 求长波在截面为半径 $r=1$ m 的半圆形渠道中的传播速度.

15. 试解释为什么临近岸边的波总是与岸平行或是成一很小的角度运动.

第九章　黏性不可压缩流体运动

除了退化情形,黏性流体运动总是伴随着与内摩擦及传热有关的能量耗散过程,因此黏性流体运动不可避免地将和阻力、衰减、扩散等现象紧密地联系在一起.

前面几章我们讨论了理想不可压缩流体的运动. 理想流体是真实流体的近似模型,当黏性力比惯性力小得多时,有时我们可以将真实的有黏性的流体近似地按理想的无黏性的流体来处理. 由于理想流体模型在数学上带来很多简化,因此一开始我们就对它进行了大量研究,它的结果在一定条件下对于某些物理量可以给出与实验符合的结果,但在另外一些条件下,对于另外一些物理量却给出与实际相差很大的结果. 例如,在流线型物体的不分离绕流问题中,理想流体的理论在升力、压强分布和速度分布等方面给出与实验符合的令人满意的结果,但在阻力方面却给出达朗贝尔佯谬这样与实际绝不相同的结论. 理想流体模型在阻力问题上失败的原因究其根源是因为没有考虑黏性作用的缘故. 一般说来,当我们考虑溯源于黏性及能量耗散的物理现象时,就必须毫不犹豫地抛弃理想流体的模型,而把流体看成是有黏性的. 例如研究与机械能耗散有关的阻力问题,与黏性摩擦有关的声波及重力波的衰减问题,以及涡旋因黏性作用产生和扩散等问题就是如此. 当然,如果所考虑的区域是黏性力和惯性力同阶或比惯性力大得多的时候,就是不考虑这些现象也必须计及黏性的影响.

下面我们把黏性流体运动的研究重点放在阻力问题上,它是流体力学中最重要的问题之一. 我们知道,物体在流体中运动时会遭受到阻力. 按力的性质,阻力可分成摩擦阻力和压差阻力两种. **摩擦阻力**指的是作用在物面上的切应力在运动方向的合力,它的大小取决于黏度及物体表面的面积. **压差阻力**则是垂直于物面的压力在运动方向的合力. 压差阻力中一部分是诱导阻力及非定常阻力,可以用理想流体的理论处理;另一部分称为**尾涡阻力**,它是由气流脱离物面后在下游形成尾涡区损耗动能形成压力差所产生的;19 世纪末,**基尔霍夫**(Kirchhoff),亥姆霍兹,**瑞利**(Rayleigh)等人企图用理想流体的分离模型处理尾涡阻力问题,但是因为他们没有考虑黏性的作用,因此没有得到成功. 看来,要正确解决摩擦阻力和尾涡阻力问题,离开黏性大概是没有希望的.

（A）基 本 理 论

9.1 黏性不可压缩流体的运动方程组

a）矢量形式的运动方程组

对于通常条件下的液体或低速定常运动的气体等可以采用不可压缩流体的模型. 此外, 我们还假设流体是均质的. 流体的黏性主要随温度改变. 当热量从边界传入或在流体内部因黏性耗损而产生时, 动力黏度 μ 应看作温度 T 的函数. 但是, 如果温度差足够小时我们可近似地认为 μ 对整个流体取同一常数值. 此时根据(3.6.11)式, 黏性不可压缩均质流体的基本方程组可写成:

$$\begin{cases} \operatorname{div} \boldsymbol{v} = 0, \\[2mm] \dfrac{\mathrm{d}\,\boldsymbol{v}}{\mathrm{d}t} = \boldsymbol{F} - \dfrac{1}{\rho}\operatorname{grad} p + \nu\Delta\,\boldsymbol{v}, \\[2mm] \rho C \dfrac{\mathrm{d}T}{\mathrm{d}t} = k\,\Delta T + \varPhi, \end{cases} \tag{9.1.1}$$

其中 ν, k 分别是运动黏度及热导率(假设它们是常数), $\varPhi$ 是耗散函数, 它的表达式是 $\varPhi = 2\mu \boldsymbol{S}:\boldsymbol{S}$. 上述方程组是由五个方程组成的二阶偏微分方程组, 用来确定五个未知函数 $\boldsymbol{v}, p, T$. 一般说来, 动力学变量 p 与运动学变量 $\boldsymbol{v}$ 是和热力学变量 T 相互影响的. 特别地, 流场受温度场的影响, 这种影响主要是通过运动黏度 ν 和温度有关体现出来. 当温度变化不大时, ν 可近似地取作常数, 流体运动将不受温度的影响, 流场可独立于温度场求解. 即我们可以先从连续性方程及运动方程解出 $\boldsymbol{v}$ 及 p, 而后代入能量方程再求 T. 这样运动及传热问题可以分开讨论. 下面限于研究流体运动问题, 所以只写出连续性方程及运动方程

$$\begin{cases} \operatorname{div} \boldsymbol{v} = 0, \\[2mm] \dfrac{\mathrm{d}\,\boldsymbol{v}}{\mathrm{d}t} = \boldsymbol{F} - \dfrac{1}{\rho}\operatorname{grad} p + \nu\Delta\,\boldsymbol{v}, \end{cases} \tag{9.1.2}$$

四个方程用来确定四个未知函数 $\boldsymbol{v}$ 及 p, 找到 $\boldsymbol{v}, p$ 后应力张量可按下式计算:

$$\boldsymbol{P} = -p\boldsymbol{I} + 2\mu\boldsymbol{S}, \tag{9.1.3}$$

根据(4.3.6)式, 黏性不可压缩流体的涡量满足下列方程:

$$\frac{\mathrm{d}\boldsymbol{\varOmega}}{\mathrm{d}t} - (\boldsymbol{\varOmega}\cdot\nabla)\,\boldsymbol{v} = \nu\Delta\boldsymbol{\varOmega}. \tag{9.1.4}$$

b）直角坐标系及曲线坐标系中的运动方程组

根据(1.12.13)及(1.12.14)—(1.12.16)式, 曲线坐标系中的运动方程具有下列形式:

$$\begin{cases}
\dfrac{\partial (H_2 H_3 v_1)}{\partial q_1} + \dfrac{\partial (H_3 H_1 v_2)}{\partial q_2} + \dfrac{\partial (H_1 H_2 v_3)}{\partial q_3} = 0, \\[2mm]
\dfrac{\partial v_1}{\partial t} + \boldsymbol{v} \cdot \nabla v_1 + \dfrac{v_1 v_2}{H_1 H_2} \dfrac{\partial H_1}{\partial q_2} + \dfrac{v_1 v_3}{H_1 H_3} \dfrac{\partial H_1}{\partial q_3} - \dfrac{v_2^2}{H_1 H_2} \dfrac{\partial H_2}{\partial q_1} - \dfrac{v_3^2}{H_3 H_1} \dfrac{\partial H_3}{\partial q_1} \\[2mm]
\quad = F_1 - \dfrac{1}{\rho} \dfrac{1}{H_1} \dfrac{\partial p}{\partial q_1} + \nu \left(\Delta v_1 + \dfrac{2}{H_1^2 H_2} \dfrac{\partial H_1}{\partial q_2} \dfrac{\partial v_2}{\partial q_1} - \dfrac{2}{H_1 H_2^2} \dfrac{\partial H_2}{\partial q_1} \dfrac{\partial v_2}{\partial q_2} \right. \\[2mm]
\quad + \dfrac{2}{H_1^2 H_3} \dfrac{\partial H_1}{\partial q_3} \dfrac{\partial v_3}{\partial q_1} - \dfrac{2}{H_1 H_3^2} \dfrac{\partial H_3}{\partial q_1} \dfrac{\partial v_3}{\partial q_3} \\[2mm]
\quad + \left\{ \dfrac{1}{H_1} \dfrac{\partial}{\partial q_1} \left[\dfrac{1}{H_1 H_2 H_3} \dfrac{\partial (H_2 H_3)}{\partial q_1} \right] \right. \\[2mm]
\quad + \dfrac{1}{H_2 H_3} \dfrac{\partial}{\partial q_2} \left[\dfrac{H_3}{H_1 H_2} \dfrac{\partial H_1}{\partial q_2} \right] + \dfrac{1}{H_2 H_3} \dfrac{\partial}{\partial q_3} \left[\dfrac{H_2}{H_1 H_3} \dfrac{\partial H_1}{\partial q_3} \right] \Big\} v_1 \\[2mm]
\quad + \left\{ \dfrac{1}{H_1} \dfrac{\partial}{\partial q_1} \left[\dfrac{1}{H_1 H_2 H_3} \dfrac{\partial (H_3 H_1)}{\partial q_2} \right] \right. \\[2mm]
\quad - \dfrac{1}{H_2 H_3} \dfrac{\partial}{\partial q_2} \left[\dfrac{H_3}{H_1 H_2} \dfrac{\partial H_2}{\partial q_1} \right] \Big\} v_2 \\[2mm]
\quad + \left\{ \dfrac{1}{H_1} \dfrac{\partial}{\partial q_1} \left[\dfrac{1}{H_1 H_2 H_3} \dfrac{\partial (H_1 H_2)}{\partial q_3} \right] \right. \\[2mm]
\quad - \dfrac{1}{H_2 H_3} \dfrac{\partial}{\partial q_3} \left[\dfrac{H_2}{H_3 H_1} \dfrac{\partial H_3}{\partial q_1} \right] \Big\} v_3 \Big), \\[2mm]
\dfrac{\partial v_2}{\partial t} + \boldsymbol{v} \cdot \nabla v_2 + \dfrac{v_1 v_2}{H_1 H_2} \dfrac{\partial H_2}{\partial q_1} + \dfrac{v_2 v_3}{H_2 H_3} \dfrac{\partial H_2}{\partial q_3} - \dfrac{v_3^2}{H_2 H_3} \dfrac{\partial H_3}{\partial q_2} - \dfrac{v_1^2}{H_1 H_2} \dfrac{\partial H_1}{\partial q_2} \\[2mm]
\quad = F_2 - \dfrac{1}{\rho} \dfrac{1}{H_2} \dfrac{\partial p}{\partial q_2} + \nu \left(\Delta v_2 + \dfrac{2}{H_2^2 H_3} \dfrac{\partial H_2}{\partial q_3} \dfrac{\partial v_3}{\partial q_2} - \dfrac{2}{H_2 H_3^2} \dfrac{\partial H_3}{\partial q_2} \dfrac{\partial v_3}{\partial q_3} \right. \\[2mm]
\quad + \dfrac{2}{H_2^2 H_1} \dfrac{\partial H_2}{\partial q_1} \dfrac{\partial v_1}{\partial q_2} - \dfrac{2}{H_2 H_1^2} \dfrac{\partial H_1}{\partial q_2} \dfrac{\partial v_1}{\partial q_1} \\[2mm]
\quad + \left\{ \dfrac{1}{H_2} \dfrac{\partial}{\partial q_2} \left[\dfrac{1}{H_1 H_2 H_3} \dfrac{\partial (H_3 H_1)}{\partial q_2} \right] \right. \\[2mm]
\quad + \dfrac{1}{H_3 H_1} \dfrac{\partial}{\partial q_3} \left[\dfrac{H_1}{H_2 H_3} \dfrac{\partial H_2}{\partial q_3} \right] + \dfrac{1}{H_3 H_1} \dfrac{\partial}{\partial q_1} \left[\dfrac{H_3}{H_2 H_1} \dfrac{\partial H_2}{\partial q_1} \right] \Big\} v_2 \\[2mm]
\quad + \left\{ \dfrac{1}{H_2} \dfrac{\partial}{\partial q_2} \left[\dfrac{1}{H_1 H_2 H_3} \dfrac{\partial (H_1 H_2)}{\partial q_3} \right] - \dfrac{1}{H_3 H_1} \dfrac{\partial}{\partial q_3} \left[\dfrac{H_1}{H_2 H_3} \dfrac{\partial H_2}{\partial q_2} \right] \right\} v_3 \\[2mm]
\quad + \left\{ \dfrac{1}{H_2} \dfrac{\partial}{\partial q_2} \left[\dfrac{1}{H_1 H_2 H_3} \dfrac{\partial (H_2 H_3)}{\partial q_1} \right] - \dfrac{1}{H_3 H_1} \dfrac{\partial}{\partial q_1} \left[\dfrac{H_3}{H_1 H_2} \dfrac{\partial H_1}{\partial q_2} \right] \right\} v_1 \Big),
\end{cases}$$

$$(9.1.5a)$$

$$\begin{cases}
\dfrac{\partial v_3}{\partial t}+\boldsymbol{v}\cdot\nabla v_3+\dfrac{v_3 v_1}{H_3 H_1}\dfrac{\partial H_3}{\partial q_1}+\dfrac{v_2 v_3}{H_2 H_3}\dfrac{\partial H_3}{\partial q_2}\\[2mm]
\qquad-\dfrac{v_1^2}{H_3 H_1}\dfrac{\partial H_1}{\partial q_3}-\dfrac{v_2^2}{H_3 H_2}\dfrac{\partial H_2}{\partial q_3}\\[2mm]
=F_3-\dfrac{1}{\rho}\dfrac{1}{H_3}\dfrac{\partial p}{\partial q_3}+\nu\Bigg(\Delta v_3+\dfrac{2}{H_3^2 H_1}\dfrac{\partial H_3}{\partial q_1}\dfrac{\partial v_1}{\partial q_3}\\[2mm]
\qquad-\dfrac{2}{H_3 H_1^2}\dfrac{\partial H_1}{\partial q_3}\dfrac{\partial v_1}{\partial q_1}+\dfrac{2}{H_3^2 H_2}\dfrac{\partial H_3}{\partial q_2}\dfrac{\partial v_2}{\partial q_3}\\[2mm]
\qquad-\dfrac{2}{H_2^2 H_3}\dfrac{\partial H_2}{\partial q_3}\dfrac{\partial v_2}{\partial q_2}+\Bigg\{\dfrac{1}{H_3}\dfrac{\partial}{\partial q_3}\bigg[\dfrac{1}{H_1 H_2 H_3}\dfrac{\partial(H_1 H_2)}{\partial q_3}\bigg]\\[2mm]
\qquad+\dfrac{1}{H_1 H_2}\dfrac{\partial}{\partial q_1}\bigg[\dfrac{H_2}{H_1 H_3}\dfrac{\partial H_3}{\partial q_1}\bigg]+\dfrac{1}{H_1 H_2}\dfrac{\partial}{\partial q_2}\bigg[\dfrac{H_1}{H_3 H_2}\dfrac{\partial H_3}{\partial q_2}\bigg]\Bigg\}v_3\\[2mm]
\qquad+\Bigg\{\dfrac{1}{H_3}\dfrac{\partial}{\partial q_3}\bigg[\dfrac{1}{H_1 H_2 H_3}\dfrac{\partial(H_3 H_2)}{\partial q_1}\bigg]-\dfrac{1}{H_1 H_2}\dfrac{\partial}{\partial q_1}\bigg[\dfrac{H_2}{H_3 H_1}\dfrac{\partial H_1}{\partial q_3}\bigg]\Bigg\}v_1\\[2mm]
\qquad+\Bigg\{\dfrac{1}{H_3}\dfrac{\partial}{\partial q_3}\bigg[\dfrac{1}{H_1 H_2 H_3}\dfrac{\partial(H_3 H_1)}{\partial q_2}\bigg]-\dfrac{1}{H_1 H_2}\dfrac{\partial}{\partial q_2}\bigg[\dfrac{H_1}{H_2 H_3}\dfrac{\partial H_2}{\partial q_3}\bigg]\Bigg\}v_2,
\end{cases} \tag{9.1.5b}$$

其中

$$\boldsymbol{v}\cdot\nabla=\dfrac{v_1}{H_1}\dfrac{\partial}{\partial q_1}+\dfrac{v_2}{H_2}\dfrac{\partial}{\partial q_2}+\dfrac{v_3}{H_3}\dfrac{\partial}{\partial q_3},$$

$$\Delta=\dfrac{1}{H_1 H_2 H_3}\bigg[\dfrac{\partial}{\partial q_1}\Big(\dfrac{H_2 H_3}{H_1}\dfrac{\partial}{\partial q_1}\Big)+\dfrac{\partial}{\partial q_2}\Big(\dfrac{H_3 H_1}{H_2}\dfrac{\partial}{\partial q_2}\Big)+\dfrac{\partial}{\partial q_3}\Big(\dfrac{H_1 H_2}{H_3}\dfrac{\partial}{\partial q_3}\Big)\bigg].$$

本构方程在曲线坐标系中的表达式为

$$\begin{cases}
p_{11}=-p+2\mu\Big(\dfrac{1}{H_1}\dfrac{\partial v_1}{\partial q_1}+\dfrac{v_2}{H_1 H_2}\dfrac{\partial H_1}{\partial q_2}+\dfrac{v_3}{H_1 H_3}\dfrac{\partial H_1}{\partial q_3}\Big),\\[2mm]
p_{22}=-p+2\mu\Big(\dfrac{1}{H_2}\dfrac{\partial v_2}{\partial q_2}+\dfrac{v_3}{H_2 H_3}\dfrac{\partial H_2}{\partial q_3}+\dfrac{v_1}{H_2 H_1}\dfrac{\partial H_2}{\partial q_1}\Big),\\[2mm]
p_{33}=-p+2\mu\Big(\dfrac{1}{H_3}\dfrac{\partial v_3}{\partial q_3}+\dfrac{v_1}{H_3 H_1}\dfrac{\partial H_3}{\partial q_1}+\dfrac{v_2}{H_3 H_2}\dfrac{\partial H_3}{\partial q_2}\Big),\\[2mm]
p_{23}=\mu\Big(\dfrac{1}{H_3}\dfrac{\partial v_2}{\partial q_3}+\dfrac{1}{H_2}\dfrac{\partial v_3}{\partial q_2}-\dfrac{v_2}{H_2 H_3}\dfrac{\partial H_2}{\partial q_3}-\dfrac{v_3}{H_2 H_3}\dfrac{\partial H_3}{\partial q_2}\Big),\\[2mm]
p_{31}=\mu\Big(\dfrac{1}{H_1}\dfrac{\partial v_3}{\partial q_1}+\dfrac{1}{H_3}\dfrac{\partial v_1}{\partial q_3}-\dfrac{v_3}{H_3 H_1}\dfrac{\partial H_3}{\partial q_1}-\dfrac{v_1}{H_3 H_1}\dfrac{\partial H_1}{\partial q_3}\Big),\\[2mm]
p_{12}=\mu\Big(\dfrac{1}{H_2}\dfrac{\partial v_1}{\partial q_2}+\dfrac{1}{H_1}\dfrac{\partial v_2}{\partial q_1}-\dfrac{v_1}{H_1 H_2}\dfrac{\partial H_1}{\partial q_2}-\dfrac{v_2}{H_1 H_2}\dfrac{\partial H_2}{\partial q_1}\Big).
\end{cases} \tag{9.1.6}$$

在直角坐标系中 $H_1=1,H_2=1,H_3=1$，于是有

$$\begin{cases} \dfrac{\partial u}{\partial x} + \dfrac{\partial v}{\partial y} + \dfrac{\partial w}{\partial z} = 0, \\[2mm] \dfrac{\partial u}{\partial t} + u\dfrac{\partial u}{\partial x} + v\dfrac{\partial u}{\partial y} + w\dfrac{\partial u}{\partial z} \\[2mm] \qquad = F_x - \dfrac{1}{\rho}\dfrac{\partial p}{\partial x} + \nu\left(\dfrac{\partial^2 u}{\partial x^2} + \dfrac{\partial^2 u}{\partial y^2} + \dfrac{\partial^2 u}{\partial z^2}\right), \\[2mm] \dfrac{\partial v}{\partial t} + u\dfrac{\partial v}{\partial x} + v\dfrac{\partial v}{\partial y} + w\dfrac{\partial v}{\partial z} \\[2mm] \qquad = F_y - \dfrac{1}{\rho}\dfrac{\partial p}{\partial y} + \nu\left(\dfrac{\partial^2 v}{\partial x^2} + \dfrac{\partial^2 v}{\partial y^2} + \dfrac{\partial^2 v}{\partial z^2}\right), \\[2mm] \dfrac{\partial w}{\partial t} + u\dfrac{\partial w}{\partial x} + v\dfrac{\partial w}{\partial y} + w\dfrac{\partial w}{\partial z} \\[2mm] \qquad = F_z - \dfrac{1}{\rho}\dfrac{\partial p}{\partial z} + \nu\left(\dfrac{\partial^2 w}{\partial x^2} + \dfrac{\partial^2 w}{\partial y^2} + \dfrac{\partial^2 w}{\partial z^2}\right), \end{cases} \tag{9.1.7}$$

本构方程是

$$\begin{cases} p_{xx} = -p + 2\mu\dfrac{\partial u}{\partial x}, \quad p_{yy} = -p + 2\mu\dfrac{\partial v}{\partial y}, \quad p_{zz} = -p + 2\mu\dfrac{\partial w}{\partial z}, \\[2mm] p_{xy} = \mu\left(\dfrac{\partial u}{\partial y} + \dfrac{\partial v}{\partial x}\right), \quad p_{zx} = \mu\left(\dfrac{\partial u}{\partial z} + \dfrac{\partial w}{\partial x}\right), \quad p_{yz} = \mu\left(\dfrac{\partial v}{\partial z} + \dfrac{\partial w}{\partial y}\right). \end{cases} \tag{9.1.8}$$

在柱面坐标系中 $H_1 = 1, H_2 = r, H_3 = 1$，于是有

$$\begin{cases} \dfrac{\partial v_r}{\partial t} + \boldsymbol{v}\cdot\nabla v_r - \dfrac{v_\theta^2}{r} = F_r - \dfrac{1}{\rho}\dfrac{\partial p}{\partial r} + \nu\left(\Delta v_r - \dfrac{2}{r^2}\dfrac{\partial v_\theta}{\partial \theta} - \dfrac{v_r}{r^2}\right), \\[2mm] \dfrac{\partial v_\theta}{\partial t} + \boldsymbol{v}\cdot\nabla v_\theta + \dfrac{v_r v_\theta}{r} = F_\theta - \dfrac{1}{\rho r}\dfrac{\partial p}{\partial \theta} + \nu\left(\Delta v_\theta + \dfrac{2}{r^2}\dfrac{\partial v_r}{\partial \theta} - \dfrac{v_\theta}{r^2}\right), \\[2mm] \dfrac{\partial v_z}{\partial t} + \boldsymbol{v}\cdot\nabla v_z = F_z - \dfrac{1}{\rho}\dfrac{\partial p}{\partial z} + \nu\Delta v_z, \\[2mm] \dfrac{\partial v_r}{\partial r} + \dfrac{1}{r}\dfrac{\partial v_\theta}{\partial \theta} + \dfrac{\partial v_z}{\partial z} + \dfrac{v_r}{r} = 0, \end{cases} \tag{9.1.9}$$

其中

$$\boldsymbol{v}\cdot\nabla = v_r\dfrac{\partial}{\partial r} + \dfrac{v_\theta}{r}\dfrac{\partial}{\partial \theta} + v_z\dfrac{\partial}{\partial z},$$

$$\Delta = \dfrac{1}{r}\dfrac{\partial}{\partial r}\left(r\dfrac{\partial}{\partial r}\right) + \dfrac{1}{r^2}\dfrac{\partial^2}{\partial \theta^2} + \dfrac{\partial^2}{\partial z^2}.$$

本构方程为

$$\begin{cases} p_{rr} = -p + 2\mu \dfrac{\partial v_r}{\partial r}, \\[2mm] p_{\theta\theta} = -p + 2\mu \left(\dfrac{1}{r} \dfrac{\partial v_\theta}{\partial \theta} + \dfrac{v_r}{r} \right), \\[2mm] p_{zz} = -p + 2\mu \dfrac{\partial v_z}{\partial z}, \\[2mm] p_{r\theta} = \mu \left(\dfrac{1}{r} \dfrac{\partial v_r}{\partial \theta} + \dfrac{\partial v_\theta}{\partial r} - \dfrac{v_\theta}{r} \right), \\[2mm] p_{\theta z} = \mu \left(\dfrac{\partial v_\theta}{\partial z} + \dfrac{1}{r} \dfrac{\partial v_z}{\partial \theta} \right), \\[2mm] p_{zr} = \mu \left(\dfrac{\partial v_z}{\partial r} + \dfrac{\partial v_r}{\partial z} \right). \end{cases} \tag{9.1.10}$$

在球面坐标系中 $H_1 = 1, H_2 = r, H_3 = r\sin\theta$，于是有

$$\begin{cases} \dfrac{\partial v_r}{\partial t} + \boldsymbol{v} \cdot \nabla v_r - \dfrac{v_\theta^2 + v_\lambda^2}{r} = F_r - \dfrac{1}{\rho} \dfrac{\partial p}{\partial r} \\[2mm] \qquad + \nu \left(\Delta v_r - \dfrac{2v_r}{r^2} - \dfrac{2}{r^2 \sin\theta} \dfrac{\partial (v_\theta \sin\theta)}{\partial \theta} - \dfrac{2}{r^2 \sin\theta} \dfrac{\partial v_\lambda}{\partial \lambda} \right), \\[3mm] \dfrac{\partial v_\theta}{\partial t} + \boldsymbol{v} \cdot \nabla v_\theta + \dfrac{v_r v_\theta}{r} - \dfrac{v_\lambda^2 \cot\theta}{r} = F_\theta - \dfrac{1}{\rho r} \dfrac{\partial p}{\partial \theta} \\[2mm] \qquad + \nu \left(\Delta v_\theta + \dfrac{2}{r^2} \dfrac{\partial v_r}{\partial \theta} - \dfrac{v_\theta}{r^2 \sin^2\theta} - \dfrac{2\cos\theta}{r^2 \sin^2\theta} \dfrac{\partial v_\lambda}{\partial \lambda} \right), \\[3mm] \dfrac{\partial v_\lambda}{\partial t} + \boldsymbol{v} \cdot \nabla v_\lambda + \dfrac{v_\lambda v_r}{r} + \dfrac{v_\theta v_\lambda \cot\theta}{r} = F_\lambda - \dfrac{1}{\rho r \sin\theta} \dfrac{\partial p}{\partial \lambda} \\[2mm] \qquad + \nu \left(\Delta v_\lambda + \dfrac{2}{r^2 \sin\theta} \dfrac{\partial v_r}{\partial \lambda} + \dfrac{2\cos\theta}{r^2 \sin^2\theta} \dfrac{\partial v_\theta}{\partial \lambda} - \dfrac{v_\lambda}{r^2 \sin^2\theta} \right), \\[3mm] \dfrac{\partial v_r}{\partial r} + \dfrac{1}{r} \dfrac{\partial v_\theta}{\partial \theta} + \dfrac{1}{r \sin\theta} \dfrac{\partial v_\lambda}{\partial \lambda} + \dfrac{2v_r}{r} + \dfrac{v_\theta \cot\theta}{r} = 0, \end{cases} \tag{9.1.11}$$

其中

$$\boldsymbol{v} \cdot \nabla = v_r \frac{\partial}{\partial r} + \frac{v_\theta}{r} \frac{\partial}{\partial \theta} + \frac{v_\lambda}{r\sin\theta} \frac{\partial}{\partial \lambda},$$

$$\Delta = \frac{1}{r^2} \frac{\partial}{\partial r} \left(r^2 \frac{\partial}{\partial r} \right) + \frac{1}{r^2 \sin\theta} \frac{\partial}{\partial \theta} \left(\sin\theta \frac{\partial}{\partial \theta} \right) + \frac{1}{r^2 \sin^2\theta} \frac{\partial^2}{\partial \lambda^2}.$$

本构方程为

$$
\begin{cases}
p_{rr} = -p + 2\mu \dfrac{\partial v_r}{\partial r}, \\[2mm]
p_{\theta\theta} = -p + 2\mu \left(\dfrac{1}{r} \dfrac{\partial v_\theta}{\partial \theta} + \dfrac{v_r}{r} \right), \\[2mm]
p_{\lambda\lambda} = -p + 2\mu \left(\dfrac{1}{r\sin\theta} \dfrac{\partial v_\lambda}{\partial \lambda} + \dfrac{v_r}{r} + \dfrac{v_\theta \cot\theta}{r} \right), \\[2mm]
p_{r\theta} = \mu \left(\dfrac{1}{r} \dfrac{\partial v_r}{\partial \theta} + \dfrac{\partial v_\theta}{\partial r} - \dfrac{v_\theta}{r} \right), \\[2mm]
p_{\theta\lambda} = \mu \left(\dfrac{1}{r\sin\theta} \dfrac{\partial v_\theta}{\partial \lambda} + \dfrac{1}{r} \dfrac{\partial v_\lambda}{\partial \theta} - \dfrac{v_\lambda \cot\theta}{r} \right), \\[2mm]
p_{\lambda r} = \mu \left(\dfrac{\partial v_\lambda}{\partial r} + \dfrac{1}{r\sin\theta} \dfrac{\partial v_r}{\partial \lambda} - \dfrac{v_\lambda}{r} \right).
\end{cases}
\tag{9.1.12}
$$

c) 初始条件与边界条件

1) 初始条件: $t = 0$ 时,在所考虑的流场中给出

$$ \boldsymbol{v} = \boldsymbol{v}(x, y, z). $$

2) 边界条件:边界条件的形式很多,下面我们只写出三种最常用的边界条件:

静止固壁　在固壁 c 上满足黏附条件 $\boldsymbol{v} = 0$;

运动固壁　在运动固壁 c 上满足 $\boldsymbol{v}_\text{流} = \boldsymbol{v}_\text{固}$;

自由面　在自由面上满足

$$ p_{nn} = -p_0, \quad p_{n\tau} = 0. $$

因为黏性流体的方程是二阶偏微分方程,因此物面上的边界条件需要有两个,即 $v_n = 0, v_\tau = 0$,或 $\boldsymbol{v}_\text{流} = \boldsymbol{v}_\text{固}$.

d) 关于重力项的处理

在大多数实际问题中,外力是重力,此时黏性不可压缩流体的方程组可写为

$$ \rho \frac{\mathrm{d}\boldsymbol{v}}{\mathrm{d}t} = \rho \boldsymbol{g} - \nabla p + \mu \Delta \boldsymbol{v}, \tag{9.1.13} $$

其中 $\boldsymbol{g}$ 是重力加速度(常矢量). 当 ρ 是常数时,重力这一体力等效于静力学压强函数 $p_0 + \rho \boldsymbol{g} \cdot \boldsymbol{r}$ 的梯度,这里 p_0 是一常数,即

$$ \rho \boldsymbol{g} = \nabla(p_0 + \rho \boldsymbol{g} \cdot \boldsymbol{r}). \tag{9.1.14} $$

考虑到 (9.1.14) 式,(9.1.13) 可改写为

$$ \rho \frac{\mathrm{d}\boldsymbol{v}}{\mathrm{d}t} = -\nabla(p - p_0 - \rho \boldsymbol{g} \cdot \boldsymbol{r}) + \mu \Delta \boldsymbol{v}. \tag{9.1.15} $$

由此可见,如果引进广义压强

$$ p' = p - p_0 - \rho \boldsymbol{g} \cdot \boldsymbol{r}, \tag{9.1.16} $$

则方程

$$\rho \frac{\mathrm{d}\boldsymbol{v}}{\mathrm{d}t} = -\nabla p' + \mu \Delta \boldsymbol{v} \tag{9.1.17}$$

中将不出现重力项. 物理上说也就是如果从流体压强中减去静压强分布, 得到广义压强, 则广义压强 p' 将只和流体的运动速度有关.

　　引进广义压强总可以做到方程中不出现重力, 但是这并不意味着重力在任何情况下都不再对速度 $\boldsymbol{v}$ 发生影响. 因为除方程外还必须考虑边界条件. 这里必须区别两种情形: (1)如果边界条件中只包含速度不包含压强, 那么引进变换(9.1.16)后对边界条件不发生任何影响, 此时重力同样地不出现在边界条件中. 由此可以确信在这种情形下重力项的存在除对压强发生作用产生静压强外, 不再对其他物理量(包括速度 $\boldsymbol{v}$)产生任何效应. (2)如果边界条件中出现压强, 则经过变换(9.1.16)后原来不包含 $\boldsymbol{g}$ 的边界条件中将出现 $\boldsymbol{g}$, 重力通过边界条件又重新出现了, 它仍将对速度起作用. 例如在自由面 $z = f(x, y, t)$ 上满足 $p = p_0$ 的条件, 其中 p_0 是大气压, 经过变换(9.1.16)后广义压强满足条件 $p' = -\rho \boldsymbol{g} \cdot \boldsymbol{r}$, 边界条件变得更复杂了, 其复杂程度超过了方程的简化. 在这种情况下引进广义压强并没有什么好处.

　　通过以上的讨论我们看到, 只有在边界条件中只包含速度的时候, 引进广义压强才是有效的. 今后凡是遇到这种情形, 我们就写出(9.1.17)式, 并将 p' 中的一撇省去, 但要记住现在的 p 是广义压强而不是原来的压强.

　　最后应该指出, 只有在密度是常数时引进广义压强才是许可的, 当密度可变时, (9.1.14)式不再成立.

9.2　黏性流体运动的一般性质

　　黏性流体运动的一般性质概括起来主要有以下三点: (1)运动的有旋性; (2)能量的耗散性; (3)涡旋的扩散性. 现分别加以说明.

　　a) 黏性流体运动的有旋性

　　我们知道, 在理想流体中流体运动可以是无旋的, 也可以是有旋的. 在体力有单值势, 流体正压的条件下, 如果初始时刻运动是无旋的, 则以后各个时刻运动一直保持无旋. 在定常运动的时候, 如果在某一截面上(如无穷远处)运动是无旋的, 则整个流场都是无旋的. 物体由静止开始运动或均匀来流的问题是在工程实际中大量遇到的情形, 因此理想流体无旋运动是一种经常遇到的具有重大实际意义的情形. 当体力无单值势或流体斜压的时候, 理想流体中可以产生涡旋, 此时流体运动一般说来是有旋的, 这类运动在气象学中大量存在. 由此可见, 在理想流体中无旋运动及有旋运动都是大量存在的. 但是在不可压缩黏性流体中, 情形就不同了. 除了极为个别的几种特殊情形而外, 运动都是有旋的. 这个性质的存在使我们在处理黏性流体问题时碰到了比理想流体大得多的困难,现在我们用反证法说明这个性质.

由于 $\Delta \boldsymbol{v} = \nabla(\nabla \cdot \boldsymbol{v}) - \nabla \times (\nabla \times \boldsymbol{v}) = -\mathrm{rot}\boldsymbol{\Omega}$,黏性不可压缩流体的方程组可改写为

$$\begin{cases} \mathrm{div}\, \boldsymbol{v} = 0, \\ \dfrac{\mathrm{d}\,\boldsymbol{v}}{\mathrm{d}t} = \boldsymbol{F} - \dfrac{1}{\rho}\mathrm{grad}\, p - \nu\,\mathrm{rot}\boldsymbol{\Omega}. \end{cases} \tag{9.2.1}$$

未知函数应该满足物体上、自由面上及无穷远处的边界条件以及 $t = t_0$ 时的初始条件. 大家看到,方程组(9.2.1)与理想不可压缩流体运动方程组的差别仅仅在于多了黏性力 $-\nu\,\mathrm{rot}\boldsymbol{\Omega}$ 这一项. 如果我们所考虑的黏性不可压缩流体的运动是无旋的,则 $\mathrm{rot}\boldsymbol{\Omega} = \boldsymbol{0}$. 于是黏性力等于零,方程(9.2.1)变成

$$\begin{cases} \mathrm{div}\, \boldsymbol{v} = 0, \\ \dfrac{\mathrm{d}\,\boldsymbol{v}}{\mathrm{d}t} = \boldsymbol{F} - \dfrac{1}{\rho}\mathrm{grad}\, p. \end{cases} \tag{9.2.2}$$

这样一来,不可压缩黏性流体的方程组和理想不可压缩流体运动的方程组完全一样,它们的差别只表现在固壁上的条件不同:一个满足黏附条件 $\boldsymbol{v} = \boldsymbol{0}$,另一个满足绕流条件 $v_n = 0$. 满足绕流条件的理想不可压缩流体运动的解一般说来是唯一的,而且在绝大多数情形下在固壁上不满足 $v_\tau = 0$ 的条件,也就是说流体可以沿物面流动. 例如在圆柱绕流问题中,圆柱表面上的切向速度分量是 $2V_\infty \sin\theta$,除驻点外并不等于零. 由此可见,理想不可压缩流体运动方程的满足黏附条件 $(v_n = 0, v_\tau = 0)$ 的解一般说来是不存在的,这无疑意味着在黏性不可压缩流体的情形下,无旋运动的解一般是不存在的. 这样我们就说明了不可压缩黏性流体运动一般说来不可能是无旋的. 但是在个别的情形下,不可压缩黏性流体的运动也可以是无旋的. 这里我们举一个例子. 一半径为 a 的圆柱以 $\Gamma/2\pi a^2$ 的角速度在无界黏性不可压缩流体中向逆时针方向旋转(见图 9.2.1). 被圆柱带动的黏性流体运动满足方程(9.2.2)及下列边界条件:

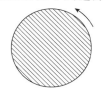
圆柱在黏性流体中的旋转

点涡在理想流体中
诱导的速度场

图 9.2.1

1）在圆柱 $r = a$ 上 $v_n = 0$, $\quad v_\tau = \dfrac{\Gamma}{2\pi a}$;

2）在无穷远处 $\boldsymbol{v} = \boldsymbol{0}$.

而我们知道在理想流体中一位于原点,强度为 Γ 的点涡所诱导的流场也满

足方程(9.2.2)及边界条件 1)与 2).由此可见,一点涡所诱导的速度场与压强场就是圆柱在黏性流体中转动时所应有的解,而这个解却是无旋的.

从上面说明的过程中可以看到,方程组(9.2.2)是允许无旋运动存在的,它之所以在多数情况下不可能存在,是因为不能满足固壁上的黏附条件,也就是说是由于表面静止固壁的存在所致.

b)机械能的耗散性

我们在第三章讲述能量方程时已经知道,在黏性不可压缩流体中由于黏性应力的存在,体力和面力所做的功只有一部分变成动能,而另外一部分则被黏性应力耗散掉,变成了热能.单位体积内耗散掉的动能由耗散函数

$$\Phi = 2\mu \boldsymbol{S}:\boldsymbol{S} = \mu(2\varepsilon_1^2 + 2\varepsilon_2^2 + 2\varepsilon_3^2 + \theta_1^2 + \theta_2^2 + \theta_3^2)$$

表征.此式表明,耗散能量和变形速度张量各分量的平方和成正比,变形速度愈大,耗散愈大.这也是十分自然的,因为变形速度大,黏性应力也大,因而耗散能量也多.当变形不存在时,即 $\varepsilon_1 = \varepsilon_2 = \varepsilon_3 = \theta_1 = \theta_2 = \theta_3 = 0$ 时,耗散为零,$\Phi = 0$.有限体积 τ 内耗散的能量为

$$E = 2\mu \int_\tau \boldsymbol{S}:\boldsymbol{S}\,\mathrm{d}\tau,$$

E 及 $\int_\tau \boldsymbol{S}:\boldsymbol{S}\,\mathrm{d}\tau$ 总是大于零的,可见黏度 μ 永远是正的值.

耗散掉的机械能转换为热能,从而使流体和相邻固壁的温度升高.例如旋转机械和飞行器的表面都会有温度升高的现象.

c)黏性流体中涡旋的扩散性

在讲述涡旋运动时,我们已经说明了在黏性流体中存在着涡旋的扩散现象.涡旋强的地方向涡旋弱的地方输送涡量,直至涡量相等为止.现在我们以一个具体的运动为例,进一步探讨涡旋进行扩散的具体规律.

有一无穷长平板,平板上面的整个空间充满了黏性不可压缩流体.设平板在某一瞬间以等速 U 在自己的平面上向右方突然起动,以后维持常速 U 不变.在起动的那一瞬间,与平板黏附在一起的流体质点突然获得了一个常速度 U,而平板外面的流体因为还来不及感受到这突如其来的变化仍然处在静止状态,这样就在平板上形成一个切向速度间断面,也就是形成了一个涡层.涡层的强度等于 U,而涡层各点上的涡量都是无穷大(因为涡层无限薄).根据涡旋扩散性,这涡层将向静止流体扩散涡量直至涡量到处相等为止.现在我们就着手将涡层扩散的具体规律找出来.我们先求出这个问题的速度场,然后根据涡量场和速度场的关系,推出涡量场的变化规律.

取直角坐标系如图 9.2.2 所示.x 轴沿平板方向,y 轴垂直于平板且指向流体内部,z 轴垂直于 x,y 轴并与之成右手系.根据问题的特点,运动将与 x,z 无关,且只有沿 x 轴方向的运动,因此 $u = u(y,t), v = w = 0$.此外我们认为压强到

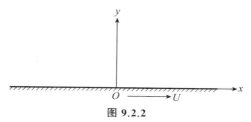

图 9.2.2

处是常数,即 $p=$ 常数,于是黏性不可压缩流体的基本方程组(9.1.7)变成:

$$\frac{\partial u}{\partial t}=\nu\frac{\partial^2 u}{\partial y^2}.\tag{9.2.3}$$

此时连续性方程自动满足,所以不需要将它写出.(9.2.3)式说明在我们这个问题中,惯性力中的局部导数和黏性力平衡.此外,可以得出下列形式的初始条件和边界条件:

$$\begin{cases}当\ t\leqslant 0, y\geqslant 0\ 时, & u=0,\\ 当\ t>0\begin{cases}y=0\ 时, & u=U,\\ y=\infty\ 时, & u=0.\end{cases}\end{cases}\tag{9.2.4}$$

现在我们的问题化为在初边条件(9.2.4)下求方程(9.2.3)的解.方程(9.2.3)是两个自变数 y,t 的热传导方程.它相当于下列热传导问题:在初始时刻 $t=0$ 时平板具有高于周围介质温度的常温.根据热量由高温必然传向低温的特性,$t>0$ 时热将向 $y>0$ 的半空间传播,传热规律亦由方程(9.2.3)及初边条件(9.2.4)表述.由此可见,热传导和涡旋扩散虽然是不同的物理问题,却遵循同一规律.现在我们解方程(9.2.3).热传导方程可以用各种方法求解,我们采用较为简单的一种.引进无量纲自变数

$$\eta=\frac{y}{2\sqrt{\nu t}}\tag{9.2.5}$$

及无量纲速度

$$u=Uf(\eta),\tag{9.2.6}$$

于是

$$\frac{\partial u}{\partial t}=-\frac{U}{2}\frac{\eta}{t}\frac{\mathrm{d}f}{\mathrm{d}\eta},$$

$$\frac{\partial u}{\partial y}=\frac{U}{2\sqrt{\nu t}}\frac{\mathrm{d}f}{\mathrm{d}\eta},\quad\frac{\partial^2 u}{\partial y^2}=\frac{U}{4\nu t}\frac{\mathrm{d}^2 f}{\mathrm{d}\eta^2}.$$

方程(9.2.3)及初边条件(9.2.4)变成

$$f''+2\eta f'=0,\tag{9.2.7}$$

$$f(0)=1,\quad f(\infty)=0,\tag{9.2.8}$$

积分(9.2.7)式得

$$f = A \int_0^\eta \mathrm{e}^{-\eta^2}\, \mathrm{d}\eta + B.$$

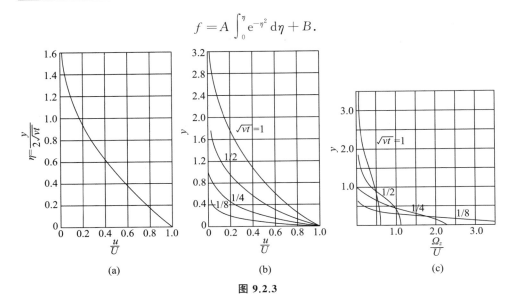

图 9.2.3

由 $f(0)=1$ 及 $f(\infty)=0$ 得

$$B = 1,\quad A = -\frac{1}{\displaystyle\int_0^\infty \mathrm{e}^{-\eta^2}\, \mathrm{d}\eta} = -\frac{2}{\sqrt{\pi}},$$

于是

$$\frac{u}{U} = 1 - \frac{2}{\sqrt{\pi}} \int_0^\eta \mathrm{e}^{-\eta^2}\, \mathrm{d}\eta = 1 - \operatorname{erf}\eta, \tag{9.2.9}$$

其中, $\operatorname{erf}\eta$ 是误差函数.

现在我们计算涡量分布函数, 根据定义

$$\Omega_z = -\frac{\partial u}{\partial y} = \frac{2U}{\sqrt{\pi}}\frac{1}{2\sqrt{\nu t}}\mathrm{e}^{-\eta^2} = \frac{U}{\sqrt{\pi \nu t}}\mathrm{e}^{-\frac{y^2}{4\nu t}}. \tag{9.2.10}$$

速度分布图及涡量分布图画在图 9.2.3 上. 图 9.2.3(a)是 u/U 和 η 的关系, 图 9.2.3(b), (c)分别是 u/U 和 Ω_z/U 在 $\sqrt{\nu t}$ 取不同值时依赖于 y 的图.

从这些图可以看出, 在起动的那一瞬时, 板面上流体质点的速度为 U, 涡量则为无穷大, 板外流体静止. 当 $t>0$ 时, 即板开始移动后, 整个流体被板带动了, 涡量向外扩散并一下传至无穷远. 但是由于速度分布或涡量分布在同一时刻随 y 的分布是以误差函数和 e^{-y^2} 规律衰减的, 因此涡量或动量的主要部分集中在板面附近. 从图上看出, 涡量及动量的主要部分是以一定的速度垂直地向外扩散的. 扩散后, 板面上涡量的极大值也随之逐渐减小. 当 $t\to\infty$ 时, 整个流体将和板一起做等速运动, 此时涡量到处均匀并趋于零. 现在我们来考察一下涡量的扩散规律. 当 $\eta=2$ 时, u/U 约为 0.01, 我们认为动量和涡量的主要部分集中在

$\eta = 2$ 以下, 即 $\eta = 2$ 是边线. 考虑到 $\eta = y/(2\sqrt{\nu t})$, 涡量及动量主要部分的扩散规律为

$$y_\delta \sim 4\sqrt{\nu t}. \qquad (9.2.11)$$

由此可见, 扩散的距离将按 $4\sqrt{\nu t}$ 的规律随时间增加, 而扩散的速率按 $2\sqrt{\nu/t}$ 的规律减少. 黏度愈低的流体, 扩散出去的距离和扩散的速率都愈小.

9.3　相似律

由于黏性不可压缩流体运动的复杂性, 黏性流体的理论研究和发展必须与实验相辅而行. 流体力学实验的手段主要是通过室内的风洞、船池、水工模型等设备模拟自然界的流体运动. 大家知道, 实物的尺寸一般说来都是较大的. 例如飞机、轮船都是庞然大物, 在实验室里要制造这样的实物需要大量经费, 有时甚至不可能. 因此通常做一个较实物小几倍的几何相似模型, 而后在模型上进行试验, 得到所需的实验数据. 这样自然就产生了模拟的运动和被模拟的运动之间的相似问题. 例如我们在风洞中模拟一个飞机在空中等速平飞, 如果飞机的几何形状、航速和高度给定, 那么模型尺寸和实验条件应如何选择才能使飞机与模型所产生的运动相似? 在实际工作中回答这样的问题是非常重要的. 这就是本节相似律所要解决的问题.

a) 力学相似

如两个流动的边界形状是几何相似的, 则称这两个流动几何相似. 现在我们对于几何相似的两个流动建立时空相似点的概念. 将时间 t 和空间坐标 $\boldsymbol{r}$ 看成是四维空间中的四个变数, 每一组 $(t, \boldsymbol{r})$ 对应于四维空间中的一个点. 选择特征长度 L 和特征时间 T, $\boldsymbol{r}$ 除以 L, t 除以 T, 得无量纲坐标 $\boldsymbol{r}/L$ 及无量纲时间 t/T. 在几何相似的两个流场中取两个四维空间的点, 如果这两个点的无量纲坐标及无量纲时间相等, 则称这两个点是时空相似点. 对于时空相似点, 我们有

$$\frac{\boldsymbol{r}_1}{L_1} = \frac{\boldsymbol{r}_2}{L_2}, \qquad \frac{t_1}{T_1} = \frac{t_2}{T_2}, \qquad (9.3.1)$$

其中指标 1 代表第一个流动, 指标 2 代表第二个流动.

现在我们对于两个性质完全相同的几何相似流动建立力学相似的概念. 以 f 代表流动中的任一力学量, 选择 F 为该力学量的特征量, 作无量纲物理量 f/F. 如果在两个几何相似流场中的所有时空相似点上, 任何一个无量纲力学量都相等, 则称此两几何相似的流动为**力学相似**. 显然对于两力学相似的流动, 我们有

$$\frac{f_1}{F_1} = \frac{f_2}{F_2}, \qquad (9.3.2)$$

其中指标 1, 2 如前一样分别代表第一个和第二个流动.

b) 两黏性不可压缩流动力学相似的充分必要条件

现在我们来推导两黏性不可压缩流动力学相似的充分必要条件. 为此,我们首先将方程组及边界条件无量纲化. 取直角坐标系,并设外力是重力,重力方向沿 z 轴的负方向,则不可压缩黏性流体运动的方程组及初边条件具有下列形式:

$$
\begin{cases}
\dfrac{\partial u}{\partial x} + \dfrac{\partial v}{\partial y} + \dfrac{\partial w}{\partial z} = 0, \\[2mm]
\dfrac{\partial u}{\partial t} + u\,\dfrac{\partial u}{\partial x} + v\,\dfrac{\partial u}{\partial y} + w\,\dfrac{\partial u}{\partial z} \\[2mm]
\qquad = -\dfrac{1}{\rho}\,\dfrac{\partial p}{\partial x} + \nu\left(\dfrac{\partial^2 u}{\partial x^2} + \dfrac{\partial^2 u}{\partial y^2} + \dfrac{\partial^2 u}{\partial z^2}\right), \\[2mm]
\dfrac{\partial v}{\partial t} + u\,\dfrac{\partial v}{\partial x} + v\,\dfrac{\partial v}{\partial y} + w\,\dfrac{\partial v}{\partial z} \\[2mm]
\qquad = -\dfrac{1}{\rho}\,\dfrac{\partial p}{\partial y} + \nu\left(\dfrac{\partial^2 v}{\partial x^2} + \dfrac{\partial^2 v}{\partial y^2} + \dfrac{\partial^2 v}{\partial z^2}\right), \\[2mm]
\dfrac{\partial w}{\partial t} + u\,\dfrac{\partial w}{\partial x} + v\,\dfrac{\partial w}{\partial y} + w\,\dfrac{\partial w}{\partial z} \\[2mm]
\qquad = -g - \dfrac{1}{\rho}\,\dfrac{\partial p}{\partial z} + \nu\left(\dfrac{\partial^2 w}{\partial x^2} + \dfrac{\partial^2 w}{\partial y^2} + \dfrac{\partial^2 w}{\partial z^2}\right).
\end{cases}
\tag{9.3.3}
$$

边界条件:

$\left.\begin{array}{l} \text{1) 在固壁 } c \text{ 上 } \boldsymbol{v} = \boldsymbol{0}; \\ \text{2) 在自由面 } D \text{ 上 } p_{nn} = -p_0,\, p_{n\tau} = 0; \\ \text{3) 在无穷远处 } \boldsymbol{v} = \boldsymbol{v}_\infty,\, p = p_\infty. \end{array}\right\}$ （9.3.4）

初始条件:在 $t = t_0$ 时,$\boldsymbol{v} = \boldsymbol{v}(x, y, z)$. （9.3.5）

引进特征时间 T,特征长度 L,特征速度 V_∞,特征压强 P. 将时间、坐标、压强 p 及速度 $\boldsymbol{v}$ 除以相应的特征量,得到无量纲的时间 t',坐标 x', y', z',压强 p' 及速度 $\boldsymbol{v}'$,有量纲量和无量纲量之间的关系如下:

$$
\begin{aligned}
&t = Tt', \quad x = Lx', \quad y = Ly', \quad z = Lz', \\
&u = V_\infty u', \quad v = V_\infty v', \quad w = V_\infty w', \quad p = Pp'.
\end{aligned}
\tag{9.3.6}
$$

将(9.3.6)式代入(9.3.3),(9.3.4)及(9.3.5)式中去,我们得到下列无量纲形式的方程组及边界条件

$$\begin{cases} \dfrac{\partial u'}{\partial x'} + \dfrac{\partial v'}{\partial y'} + \dfrac{\partial w'}{\partial z'} = 0, \\[2mm] St\dfrac{\partial u'}{\partial t'} + u'\dfrac{\partial u'}{\partial x'} + v'\dfrac{\partial u'}{\partial y'} + w'\dfrac{\partial u'}{\partial z'} \\[2mm] \qquad = -Eu\dfrac{\partial p'}{\partial x'} + \dfrac{1}{Re}\left(\dfrac{\partial^2 u'}{\partial x'^2} + \dfrac{\partial^2 u'}{\partial y'^2} + \dfrac{\partial^2 u'}{\partial z'^2}\right), \\[2mm] St\dfrac{\partial v'}{\partial t'} + u'\dfrac{\partial v'}{\partial x'} + v'\dfrac{\partial v'}{\partial y'} + w'\dfrac{\partial v'}{\partial z'} \\[2mm] \qquad = -Eu\dfrac{\partial p'}{\partial y'} + \dfrac{1}{Re}\left(\dfrac{\partial^2 v'}{\partial x'^2} + \dfrac{\partial^2 v'}{\partial y'^2} + \dfrac{\partial^2 v'}{\partial z'^2}\right), \\[2mm] St\dfrac{\partial w'}{\partial t'} + u'\dfrac{\partial w'}{\partial x'} + v'\dfrac{\partial w'}{\partial y'} + w'\dfrac{\partial w'}{\partial z'} \\[2mm] \qquad = \dfrac{1}{Fr} - Eu\dfrac{\partial p'}{\partial z'} + \dfrac{1}{Re}\left(\dfrac{\partial^2 w'}{\partial x'^2} + \dfrac{\partial^2 w'}{\partial y'^2} + \dfrac{\partial^2 w'}{\partial z'^2}\right). \end{cases} \tag{9.3.7}$$

边界条件:

1) 在无量纲化后的固壁 c' 上 $\boldsymbol{v}' = \boldsymbol{0}$;

2) 在无量纲化后的自由面 D' 上

$$p'_{nn} = -\frac{p_0}{P}, \quad p'_{n\tau} = 0; \tag{9.3.8}$$

3) 在无穷远处 $\boldsymbol{v}' = \boldsymbol{v}_\infty/V_\infty, \ p' = p_\infty/P.$

初始条件:在 $t' = t'_0$ 时

$$\boldsymbol{v}' = \boldsymbol{v}'(x, y, z), \tag{9.3.9}$$

其中 $St = \dfrac{L}{V_\infty T}$ 称为**斯特劳哈尔**(Strouhal)**数**,表征就地导数和位变导数之比;

$Eu = \dfrac{P}{\rho V_\infty^2}$ 称为**欧拉**(Euler)**数**,表征压强和惯性力之比;$Re = \dfrac{V_\infty L}{\nu}$ 称为**雷诺**

(Reynolds)**数**,表征惯性力和黏性力之比;$Fr = \dfrac{V_\infty^2}{gL}$ 称为**弗劳德**(Froude)**数**,表

征惯性力和重力之比.

现在我们利用无量纲化的方程组、边界条件及初始条件来推导两个流动力学相似的充分及必要条件. 先来推导必要条件.

设两个几何相似的流动力学相似,则由(9.3.2)式有

$$\boldsymbol{v}'_1 = \boldsymbol{v}'_2, \quad p'_1 = p'_2,$$

即两个流动的无量纲速度及无量纲压强相等. 由此可得 $\boldsymbol{v}', p'$ 应该满足的无量纲方程(9.3.7),无量纲边界条件(9.3.8)及初始条件(9.3.9)亦应相等. 于是就得到下列必要条件:

$$St_1 = St_2, \quad Eu_1 = Eu_2, \quad Re_1 = Re_2, \quad Fr_1 = Fr_2.$$

力学相似的充分条件是：

1）$St_1 = St_2, Eu_1 = Eu_2, Re_1 = Re_2, Fr_1 = Fr_2$；

2）$\alpha_1 = \alpha_2$，即来流的攻角相等；

3）$\dfrac{p_{0_1}}{P_1} = \dfrac{p_{0_2}}{P_2}$，$\dfrac{p_{\infty 1}}{P_1} = \dfrac{p_{\infty 2}}{P_2}$；

4）初始条件相等. $\qquad\qquad\qquad\qquad\qquad$ (9.3.10)

设（9.3.10）式成立则两个流动应该满足的无量纲微分方程（9.3.7），边界条件（9.3.8）及初始条件（9.3.9）完全相同. 如果方程组的解是唯一的，可推出

$$\boldsymbol{v}'_1 = \boldsymbol{v}'_2, \quad p'_1 = p'_2,$$

按定义即两流动力学相似.

以上我们推出了两几何相似的不可压缩黏性流动力学相似的充分及必要条件. 两流动相似的充分必要条件合在一起称为相似律. 无量纲数 St, Eu, Re, Fr 称为**相似性准则**.

如果在我们所考虑的问题中不存在自由面，则可取

$$P = \rho V_\infty^2,$$

此时欧拉数 $Eu = 1$，即欧拉数可以不引进来. 在定常问题中斯特劳哈尔数 St 不出现；在外力可忽略的情形下弗劳德数 Fr 不出现.

从两不可压缩黏性流体运动力学相似的充分和必要条件推出，无量纲的速度和无量纲的压强除了与无量纲的时间和无量纲的坐标有关外，只依赖于 St，Fr, Re, Eu 这些相似性准则，即

$$\boldsymbol{v}' = \boldsymbol{v}'(St, Fr, Re, Eu, x'y', z', t'),$$
$$p' = p'(St, Fr, Re, Eu, x', y', z', t'). \qquad (9.3.11)$$

对于物体所受的力，例如阻力系数，则有

$$C_x = C_x(St, Fr, Re, Eu, t'). \qquad (9.3.12)$$

现证，在相似性准则 St, Fr, Re, Eu 中只有 St, Fr, Re 三个是独立的. Eu 是 St, Fr, Re 的函数. 为此我们写出特征压强系数的表达式

$$C_p = \frac{P}{\frac{1}{2}\rho V_\infty^2} = f(St, Fr, Re, Eu, t'),$$

即

$$2Eu = f(St, Fr, Re, Eu, t'),$$

由此推出

$$Eu = g(St, Fr, Re, t').$$

这样,在充分必要条件(9.3.10)中的 $Eu_1 = Eu_2$ 可以去掉,而只要求 St, Re, Fr 相等就可以了.

c) 研究相似律的意义

有了相似律,我们就可以回答本节一开始提出的问题. 为了使实物和模型所产生的运动力学相似,模型尺寸和实验条件应如何选择呢? 相似律告诉我们,首先模型应该做得和实物几何相似,其次必须保证相似性准则相等及条件(9.3.10)的其他条件成立. 在飞机等速平飞时要求实验时模型和真飞机在气流中的相对位置应相同,即攻角 $\alpha = \alpha'$. 此外,模型试验的雷诺数应该和飞行条件下的雷诺数相等,即

$$\frac{V_模 L_模}{\nu_模} = \frac{V_实 L_实}{\nu_实}.$$

如果 $\nu_模 = \nu_实$(例如用的都是空气,μ, ρ 都相等),则当模型比实物缩小若干倍时为了保证雷诺数相等,就必须要求 $V_模$ 比 $V_实$ 大若干倍. 在低速风洞中,风速是有一定限制的,通常不可能比飞行速度大很多,而模型往往比原物体小得多. 因此,事实上 $Re_模$ 总是比 $Re_实$ 小. 例如,乘坐 50 人左右的运输机在地面起飞时,机翼的雷诺数在 10^7 左右,而在一般的风洞实验中,雷诺数只能保持在 2×10^6 左右. 可见,相似律不是严格满足的,这对空气动力特性是有影响的. 例如,对飞机来说,会使最大升力系数降低,最小阻力系数升高. 但只要 $Re_模$ 不过分小于 $Re_实$,在一定范围内($Re_模$ 在 150 万以上),可根据一些经验的办法加以修正,使实验得出的数据,仍能应用到实际中去. 如果 $Re_模$ 过分小于 $Re_实$,那么风洞实验的结果就只有参考价值了. 为此,在实验室中大家都想法建造可以得到大 Re 的风洞. 最直接的方法就是增大风洞的直径,从而可以增大模型的尺寸而得到大 Re. 此外也可以增大空气的密度,或降低空气温度,或采用其他低黏度气体,从而达到加大风洞实验模型雷诺数的目的.

除了上述作用外,相似律还可以指导我们更好地进行实验研究和整理实验数据. 以绕流或管流为例. 设 ν, ρ, L, V 分别代表流体的运动黏度、密度、特征长度(管径或物体长度)和特征速度,则物体所受的阻力或管流的阻力显然只依赖于 ν, ρ, L, V,即

$$W = f(L, V, \nu, \rho), \tag{9.3.13}$$

可见阻力 W 是四个参数的函数. 如果用实验方法求 W 和 L, V, ν, ρ 的关系,则我们必须对不同的 L, V, ν, ρ 进行大量的实验,并将实验数据整理成四个参数的图表. 过去大量的水力学实验就是这样做的. 对于不同流体,用不同管径的圆管,在不同流速下测量管路的摩擦阻力. 在此基础上编出了厚厚的水力学手册. 现在,我们如果应用相似律,情况就变得好多了. 由方程(9.3.12)我们看到,阻力系数实际上只是一个无量纲参数,即雷诺数 $Re = LV/\nu$ 的函数,于是

$$C_x = f(Re). \tag{9.3.14}$$

(9.3.14)式告诉我们,如果我们不求阻力 W,而求阻力系数,则它只是雷诺数 Re 这一个参数的函数. 也就是惯性力和黏性力之比(雷诺数)完全决定了阻力的大小. 这个简单的结论对于实验研究具有非常大的指导意义. 现在我们不必对不同的 V, L, ρ, ν 进行工作量极大的实验,而只需选取一个管径的圆管,对一种流体,在不同流速下测出摩擦阻力就可以了. 因为根据这少数的实验结果就可以画出曲线 $C_x = f(Re)$. 有了(9.3.14)式,对于任何一组其他的 L, V, ν, ρ 值都可以根据下式求出阻力 W,即

$$W = \frac{1}{2} \rho V^2 f\left(\frac{LV}{\nu}\right). \tag{9.3.15}$$

这样,厚厚一本水力学手册就变成了简单的一个公式、一条曲线. 实验的工作量大大减少,而且实验数据整理起来也方便多了.

通过相似律的应用我们看到了理论研究在指导科学实验过程中的巨大威力.

d) 雷诺数

上面已经指出,雷诺数是惯性力和黏性力之比,现在把其含义说得更清楚些. 用位变导数中的 $u\dfrac{\partial u}{\partial x}$ 代表惯性力,黏性项中的 $\mu\dfrac{\partial^2 u}{\partial y^2}$ 代表黏性力. $u, \dfrac{\partial u}{\partial x}$ 及 $\dfrac{\partial^2 u}{\partial y^2}$ 的量阶分别是 $V_\infty, \dfrac{V_\infty}{L}$ 及 $\dfrac{V_\infty}{L^2}$. 所谓量阶,就是指能代表该物理量在整个区域内平均数值的量. 于是

$$\frac{惯性力}{黏性力} = \frac{\rho u \dfrac{\partial u}{\partial x}}{\mu \dfrac{\partial^2 u}{\partial y^2}} \sim \frac{\rho \dfrac{V_\infty^2}{L}}{\mu \dfrac{V_\infty}{L^2}} = \frac{\rho V_\infty L}{\mu} = \frac{V_\infty L}{\nu} = Re. \tag{9.3.16}$$

由此可见,雷诺数的确是所研究的区域内特征的惯性力和特征的黏性力之比. 雷诺数是 1908 年**索末菲**(Sommerfeld)为纪念雷诺给参数 $V_\infty L/\nu$ 取的名字. 在此以前,甚至雷诺本人及追随他的英国科学家们都未曾给无量纲参数 $V_\infty L/\nu$ 规定过专门名称. 按照分子动理学,动力黏度 μ 与 $\rho c \lambda$ 成正比,其中 c 是分子运动的平均速度,λ 是分子的平均自由程. 这样,Re 又和下面的量相差一个比例因子

$$\frac{V_\infty}{c} \Big/ \frac{\lambda}{L},$$

分子运动的平均速度 c 和声速 a 同量阶,于是 V_∞/c 相当于马赫数 Ma;λ/L 代表分子自由程与特征长度之比,是表征气体稀薄程度的一个参数,称为**克努森**(Knudsen)**数**,以 Kn 表之. 于是

$$Re \sim \frac{Ma}{Kn}.$$

当流动是低速时,Ma 很小,Kn 很小,这两个数以组合 Ma/Kn,即雷诺数的形式出现;当流速接近声速,气体很稀薄时,Ma 及 Kn 都将以独立参数的姿态出现.

雷诺数是黏性流体运动中最重要也是最基本的一个相似准则. 在黏性流动中,一切无量纲物理量必将依赖于雷诺数 Re,因为黏性项以及惯性项或压强梯度项必定会出现在方程中,因此雷诺数不可避免地将会出现. 仅仅根据相似律而不需要解出方程组就可以知道无量纲物理量与哪些无量纲参数有关,这对于理论研究是十分重要的.

9.4 层流和湍流

雷诺数 Re 不仅是相似准则,而且还是区别黏性流体属于什么运动形态的唯一的一个参数. 实验表明,黏性流体运动有两种形态,即层流和湍流. 这两种形态的性质截然不同. **层流**的特征是流体运动规则,质点的迹线是光滑的,而且流场稳定. **湍流**的特征则完全相反,流体运动极不规则,各部分激烈掺混,质点的迹线杂乱无章,而且流场极不稳定. 这两种截然不同的运动形态在一定条件下可以相互转化.

雷诺最早对湍流现象进行了系统研究. 1883 年他对圆管内的黏性流体运动进行了实验. 为了清楚地识别管内流体的流动状况,用滴管在流体内注入有色颜料(图 9.4.1). 当流体的速度不大时,管内呈现一条条与管壁平行清晰可见的有色细丝,管内流体分层流动互不掺混,质点的迹线是与管壁平行的直线. 上述特征说明,此时流体的运动处在层流状态. 逐渐增加管内流体的速度,有色细丝变粗,开始出现波浪. 随着管内流体速度的增加,波浪的数目和振幅逐渐增加. 当速度到达某一数值时,有色细丝突然分裂成许多运动小涡旋并向外扩散,很快消失不见,整个流体蒙上一层淡薄的颜色. 这时管内流体各部分相互剧烈掺混,迹线紊乱,这说明流体的运

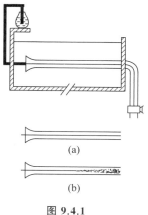

图 9.4.1

动已是湍流状态. 雷诺对不同直径的圆管及不同黏度的流体进行了大量实验,发现管内运动呈现层流或湍流主要取决于雷诺数 $Re = vd/\nu$ 的大小,其中 v 是管流的平均速度,d 是圆管的直径,ν 是运动黏度. 由层流过渡到湍流的雷诺数称为**临界雷诺数**,以 Re_{cr} 表之. 大量实验表明,临界雷诺数不是一个固定的常数,它依赖于进行实验的外部条件,如流体在进口时的扰动大小、圆管入口处的

形状及管壁粗糙度等. 如果圆管入口处扰动小,外界扰动小,则临界雷诺数较大;反之,若入口处扰动大,外界扰动亦大,则临界雷诺数较小. 但临界雷诺数有一个下界,约为 2000. 当 $Re < 2000$ 时,不管外部的扰动多大,管内流动保持稳定的层流状态. 临界雷诺数没有上界,改善实验条件,摆脱一切扰动的影响,临界雷诺数的数值可以不断提高,现在已经达到的最高临界雷诺数是 50000. 当然这样的层流状态是极不稳定的,稍有扰动便立即变为湍流.

Re 作为层流过渡到湍流去的决定参数并不奇怪,因为 Re 代表惯性力和黏性力之比. 当 Re 较小时,黏性力比惯性力大,此时流动稳定,扰动是衰减的;当 Re 变大时,惯性力比黏性力大,此时流动比较不稳定,扰动容易发展增强,形成湍流.

层流和湍流无论在现象、规律及处理方法上都有着巨大的差别,必须分别进行处理. 下面我们先研究层流运动,而后在第三部分研究湍流运动.

(B) 层 流 运 动

层流运动是一种宏观上规则的黏性流体运动,因此可以直接从纳维-斯托克斯方程出发,通过解方程求出流场. 做法和理想流体情形相同.

9.5　黏性不可压缩流体方程组的讨论　解题的几种途径

黏性不可压缩流体方程组的解的存在和唯一性问题是一个很难的课题,迄今为止还没有全面解决,只是对于某些简单的情形才得到了证明. 这个问题比较专门,是一个数学问题,所以我们在这里不打算详细地讨论它.

黏性不可压缩流体方程组是一个二阶非线性偏微分方程. 压强项及黏性项都是线性的,而惯性项却是非线性的. 这一非线性项的存在使得我们在解方程时碰到很大的困难. 在理想不可压缩流体中虽然也存在着非线性的惯性项,但是因为相当一部分实际问题都是无旋的,而对于无旋运动,问题可归结为解线性的二阶拉氏方程,且压强可由拉格朗日积分或伯努利积分求出,于是问题得到很大简化. 在黏性不可压缩流体中,如上所述,运动一般都是有旋的,不存在速度势,而且也不存在伯努利积分或拉格朗日积分,因此不能如同理想流体那样地处理问题,这时必须去解原始的二阶非线性偏微分方程组. 数学家们没有向我们提供解非线性偏微分方程的普遍有效的方法,因此我们不得不根据力学考虑近似处理,简化方程以便找出有一定精确度的解来. 在流体力学中求解上述非线性方程组通常有两种主要途径:

a) 精确解

在一些简单的问题中,由于问题的特点,非线性的惯性项等于零或者具有非常简单的形式,此时方程组或者化为线性方程,或者化为简单的非线性方程组,从而可以找出方程组的精确解来. 具有精确解的问题为数很少,而且一般说来很少能直接地用到实际问题中去.

b) 近似解

根据问题的物理特点,略去方程中某些次要项,从而得出近似方程. 在某些情形下可以得出近似方程的解. 这种途径称为近似方法. 近似方法还可以分为两种情况:

1) 低雷诺数情形. 此时黏性力比惯性力大得多,可以全部或部分地忽略惯性力,得到简化的线性方程.

2) 大雷诺数情形. 此时惯性力比黏性力大得多,似乎可以全部略去黏性项. 但是这是不允许的,因为如果将黏性力全部略去,黏性流体方程组就转化为一阶的理想流体方程组,而一阶方程组的解一般说来不可能同时满足固壁上的两个边界条件,即黏附条件 $v_n = 0, v_\tau = 0$. 但是以后我们可以看到,实际上只要在贴近物面的很薄的一层边界层中考虑黏性的影响就可以了,边界层外仍可将黏性全部忽略. 据此可以部分地略去黏性力中的某些项,从而简化原有方程. 但经过简化得到的边界层方程,仍是非线性的.

对于中等雷诺数的情形,惯性力和黏性力都必须同时保留,此时必须通过其他途径简化问题,或者利用数值计算方法求纳维斯-托克斯方程的数值解.

9.6 节中将结合圆管中黏性不可压缩流体的运动讲述精确解. 9.7 节与 9.11 节中以圆球绕流问题及润滑理论为例讲述小雷诺数情形的近似解. 然后将在 9.8 节、9.9 节与 9.10 节中以较多的篇幅讲述大雷诺数情形,即层流边界层理论.

9.6 精确解

在这一节中我们将以黏性不可压缩流体在柱形管道内的定常运动以及两同心旋转圆柱间的定常运动为例,说明在某些简单的问题中,方程中的非线性项亦即惯性项会自动地消失,黏性流体的方程组成为线性的,而且可以找到它的精确解.

现在我们考虑不可压缩黏性流体在无限长柱形管道内的定常运动. 已知管截面的形状以及某两个截面 a 和 b 上的压强,求速度分布剖面、流量及管道中的阻力系数.

我们取直角坐标系 xyz, x 轴与来流方向重合,原点取在截面 a 上(参看图 9.6.1). 在这样的坐标系中,显然有 $v = w = 0$. 于是待求的未知函数只有 $u = u(x, y, z)$ 及 $p = p(x, y, z)$. 现在让我们先从物理直观考虑得出确定 u 及 p 的方程. 先考虑动量方程在 y, z 方向的分量. 因为在 y 与 z 方向没有流体的运动,因此 y, z 方向的惯性力及黏性力皆为零. 根据动量方程推出压强在 y, z 方向的

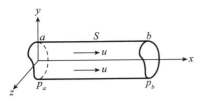

图 9.6.1

梯度为零,亦即压强不依赖于 y,z,$p=p(x)$.其次考虑动量方程在 x 方向的分量.根据不可压缩流体连续性方程容易理解,沿管道内任一平行于 x 轴的直线,速度 u 是不变的,即 u 不依赖于 x,于是 $u=u(y,z)$.既然沿 x 方向 u 不改变,这说明 x 方向没有加速度,这样 x 方向的动量方程中作为非线性项出现的惯性力就自动地消失,方程因而变为线性的,剩下的就是压强项及黏性项.这说明,不可压缩黏性流体之所以会在管道内运动,是因为 a 截面上的压强大于 b 截面上的压强,压强差 p_a-p_b 克服了黏性力,从而使流体保持着常速 $u=u(y,z)$ 的运动.写出 x 方向黏性力和压强差平衡公式,我们有

$$\frac{1}{\rho}\frac{\partial p}{\partial x}=\nu\Delta u,$$

即

$$\Delta u(y,z)=\frac{1}{\mu}\frac{\partial p}{\partial x}.$$

显然等式左边是 y,z 的函数,等式右边是 x 的函数,两边相等的唯一可能是它们都等于与 x,y,z 无关的同一常数 $-P$.于是我们得到下列确定 p 及 u 的方程:

$$\frac{1}{\mu}\frac{\partial p}{\partial x}=-P,$$

$$\Delta u=-P,$$

其中待定常数 P 可由边界条件确定.

现在我们将上面所讲的直观考虑用数学语言表达出来.

均质不可压缩黏性流体的运动方程组是

$$\begin{cases}\dfrac{\partial u}{\partial x}+\dfrac{\partial v}{\partial y}+\dfrac{\partial w}{\partial z}=0,\\[2mm]\dfrac{\partial u}{\partial t}+u\dfrac{\partial u}{\partial x}+v\dfrac{\partial u}{\partial y}+w\dfrac{\partial u}{\partial z}=-\dfrac{1}{\rho}\dfrac{\partial p}{\partial x}+\nu\Delta u,\\[2mm]\dfrac{\partial v}{\partial t}+u\dfrac{\partial v}{\partial x}+v\dfrac{\partial v}{\partial y}+w\dfrac{\partial v}{\partial z}=-\dfrac{1}{\rho}\dfrac{\partial p}{\partial y}+\nu\Delta v,\\[2mm]\dfrac{\partial w}{\partial t}+u\dfrac{\partial w}{\partial x}+v\dfrac{\partial w}{\partial y}+w\dfrac{\partial w}{\partial z}=-\dfrac{1}{\rho}\dfrac{\partial p}{\partial z}+\nu\Delta w.\end{cases}\tag{9.6.1}$$

在我们所考虑的问题中,运动是定常的,而且速度只有沿 x 方向的分量,于是

$$\frac{\partial}{\partial t}=0,\quad v=w=0.$$

考虑到上式,方程组(9.6.1)变为

$$\begin{cases} \dfrac{\partial u}{\partial x}=0, & \text{(a)} \\[2mm] 0=-\dfrac{1}{\rho}\dfrac{\partial p}{\partial x}+\nu\Delta u, & \text{(b)} \\[2mm] 0=-\dfrac{1}{\rho}\dfrac{\partial p}{\partial y}, & \text{(c)} \\[2mm] 0=-\dfrac{1}{\rho}\dfrac{\partial p}{\partial z}. & \text{(d)} \end{cases} \qquad (9.6.2)$$

边界条件:

1) 在固壁 S 上

$$u=0; \qquad (9.6.3)$$

2) 在截面 a 即 $x=0$ 处

$$p=p_a; \qquad (9.6.4)$$

在截面 b 即 $x=l$ 处 $p=p_b$,而且

$$p_a>p_b. \qquad (9.6.5)$$

此外根据问题的性质还要求:

3) 速度 u 处处是有限的.

由方程组(9.6.2)中的(a)式推出 $u=u(y,z)$,由方程组(9.6.2)中的(c)及(d)式推出 $p=p(x)$,由(b)式得

$$\frac{\partial^2 u}{\partial y^2}+\frac{\partial^2 u}{\partial z^2}=\frac{1}{\mu}\frac{\partial p}{\partial x}. \qquad (9.6.6)$$

等式左边是 y,z 的函数,等式右边则是 x 的函数,两者相等唯一的可能性是它们都等于与 x,y,z 无关的同一常数 $-P$. 于是我们得到下列确定 P 及 u 的方程:

$$\frac{1}{\mu}\frac{\partial p}{\partial x}=-P, \qquad (9.6.7)$$

$$\frac{\partial^2 u}{\partial y^2}+\frac{\partial^2 u}{\partial z^2}=-P. \qquad (9.6.8)$$

将(9.6.7)式积分出来,得出

$$p=-\mu P x+C_1, \qquad (9.6.9)$$

式中待定常数 P 及 C_1 由边界条件(9.6.4)及(9.6.5)确定. 由 $x=0,p=p_a$ 推出 $C_1=p_a$;由 $x=l,p=p_b$ 推出

$$P=-\frac{p_b-p_a}{\mu l}=\frac{p_a-p_b}{\mu l}>0. \qquad (9.6.10)$$

于是(9.6.9)式可改写为

$$p=-\frac{p_a-p_b}{l}x+p_a, \qquad (9.6.11)$$

这说明压强函数 $p=p(x)$ 是线性函数, 线性常数是 $-(p_a-p_b)/l$ 及 p_a. 随着 x 的增加, 压强将线性地减少, 每单位长度减少 $(p_a-p_b)/l$.

速度分量 u 由方程

$$\frac{\partial^2 u}{\partial y^2}+\frac{\partial^2 u}{\partial z^2}=-P \qquad (P\ \text{由}(9.6.10)\ \text{式确定})$$

确定, 这个方程是经典的泊松方程. 边界条件是: 在固壁 S 上 $u=0$, 而且 u 处处有限.

在下列两种特殊情形下, 自变数可以减少一个, 于是方程 (9.6.8) 化为常微分方程:

1) 平面流动. 即两个平行于 Oxz 坐标面的无限长平面间的黏性流体运动, 此时 $\dfrac{\partial}{\partial z}=0$.

2) 轴对称流动. 即圆心在原点的圆管中的黏性流体运动, 此时 $\partial/\partial\theta=0$.

下面我们先考虑圆管中的不可压缩黏性流体运动, 然后再研究两无限平板间的黏性流体运动.

a) **圆管内的定常流动 (泊肃叶流动)**

取柱面坐标系 x, r, θ. 圆管的方程是 $r=a$ (图 9.6.2). 将 (9.6.8) 式在极坐标 r, θ 中写出, 有

$$\frac{\partial^2 u}{\partial r^2}+\frac{1}{r}\frac{\partial u}{\partial r}+\frac{1}{r^2}\frac{\partial^2 u}{\partial\theta^2}=-P.$$

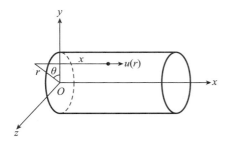

图 9.6.2

考虑到流动的轴对称性: $\dfrac{\partial}{\partial\theta}=0, u=u(r)$, 上式化为

$$\frac{1}{r}\frac{\mathrm{d}}{\mathrm{d}r}\left(r\frac{\mathrm{d}u}{\mathrm{d}r}\right)=-P.$$

积分一次得

$$r\frac{\mathrm{d}u}{\mathrm{d}r}=-P\frac{r^2}{2}+C_1 \quad \text{或} \frac{\mathrm{d}u}{\mathrm{d}r}=-P\frac{r}{2}+\frac{C_1}{r},$$

再积分一次得

$$u=-\frac{P}{4}r^2+C_1\ln r+C_2,$$

其中 C_1, C_2 是积分常数, 由边界条件 $r=a$ 时 $u=0$ 及速度处处有限的条件确定. 当 $r=0$ 时 $\ln r\to\infty$, 为了维持速度是有限的, 要求 $C_1=0$. 其次, 由 $r=a$, $u=0$ 推出

$$C_2=\frac{P}{4}a^2.$$

于是,我们最终得到下列形式的速度分布函数

$$u = \frac{P}{4}(a^2 - r^2) = \frac{p_a - p_b}{4\mu l}(a^2 - r^2). \tag{9.6.12}$$

(9.6.11)与(9.6.12)式给出本问题的解. 有了它们,我们可求出感兴趣的速度分布剖面、流量及阻力系数.

1) 速度分布剖面.

由(9.6.12)式可以看出,速度分布剖面是旋转抛物面,在管壁 $r = a$ 处速度取极小值 $u = 0$,在管轴 $r = 0$ 处取极大值(见图 9.6.3)

$$u_{\max} = \frac{p_a - p_b}{4\mu l}a^2. \tag{9.6.13}$$

2) **流量 Q 及平均速度 $u_{平}$.**

单位时间内通过圆管截面的流量 Q 根据定义显然是

$$Q = 2\pi \int_0^a ur\,\mathrm{d}r.$$

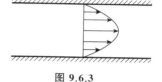

图 **9.6.3**

将(9.6.12)式的 u 的表达式代入上式,得

$$Q = 2\pi \int_0^a \frac{P}{4}r(a^2 - r^2)\mathrm{d}r = 2\pi \cdot \frac{P}{4}\left(\frac{a^2 r^2}{2} - \frac{r^4}{4}\right)\Big|_0^a$$

$$= \frac{\pi}{8}Pa^4 = \frac{\pi a^4(p_a - p_b)}{8\mu l}. \tag{9.6.14}$$

由(9.6.14)式可以看出,流量 Q 与压强差 $p_a - p_b$ 成正比,与半径 a 的四次方成正比,而与黏度 μ 及圆管长度 l 成反比.

有了流量 Q,可以求出平均速度

$$u_{平} = \frac{Q}{\pi a^2} = \frac{p_a - p_b}{8\mu l}a^2, \tag{9.6.15}$$

考虑到(9.6.13)式,有

$$u_{平} = \frac{1}{2}u_{\max}, \tag{9.6.16}$$

由此可见,圆管流动中平均速度是最大速度的一半.

3) 阻力系数.

切应力是

$$\tau = \mu\frac{\partial u}{\partial r} = -\frac{p_a - p_b}{2l}r,$$

它是 r 的线性函数. 在管轴 $r = 0$ 上 $\tau = 0$;在管壁上 τ 最大,

$$\tau_{\max} = -\frac{p_a - p_b}{2l}a.$$

利用(9.6.15)式亦可写成

$$\tau_{\max} = -\frac{4\mu}{a}u_{\mp}. \tag{9.6.17}$$

定义

$$\lambda = \frac{|\tau_{\max}|}{\frac{1}{2}\rho u_{\mp}^2}$$

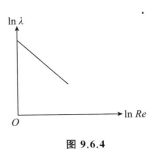

图 9.6.4

为圆管的阻力系数,将(9.6.17)式代入上式得

$$\lambda = \frac{8\mu}{\rho u_{\mp}a} = 8\frac{\nu}{u_{\mp}a} = \frac{8}{Re}, \tag{9.6.18}$$

其中 $Re = u_{\mp}a/\nu$ 是对于平均速度 $u_{\mp}$ 而言的雷诺数. 由此可见,圆管的阻力系数与雷诺数成反比,即阻力与速度的一次方成正比(见图 9.6.4).

圆管中的流量规律(9.6.14)实验上是由德国人**哈根**(Hagen,1839 年)和法国人**泊肃叶**(Poiseuille,1840 年)同时发现的. 泊肃叶是一位医生兼物理学家,他是在研究血液在血管中流动的规律时发现这个公式的,物理学家通常称黏性不可压缩流体在圆管中的流动为**泊肃叶流动**. 我们上面所讲的理论解法是首先由**魏德迈**(Wiedemann,1856 年)给出的.

上述理论结果在速度剖面、流量和阻力系数等方面都与实验结果十分符合. 下面对阻力系数 λ 画出了哈根的实验结果与理论结果的比较(图 9.6.5).从图上可以看出符合的情况是十分良好的.

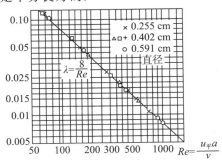

图 9.6.5

应该指出,上述结果只是在 $Re < Re_{\mathrm{cr}}$ 的层流情形才是正确的. 此外,在管长有限的情形下只是在离进口截面一定距离之后流动才遵循上述规律.

泊肃叶流动在流体力学理论发展史上有过不可磨灭的功绩. 根据广义牛顿公式写出纳维-斯托克斯方程,并认为壁面上的条件是黏附条件,这在一开始并没有被大家所公认,只是在利用这样的方程和边界条件求出了黏性不可压缩流体在圆管中流动的精确解,并验证它和实验非常符合之后,广义牛顿公式和黏附条件的正确性才得到肯定. 在实际应用方面还可以利用黏性不可压缩流体在圆管中流动的流量公式(9.6.14)来测定流体的黏度.

最后,我们不从方程出发,直接利用牛顿定律比较直观地导出上述结果,这种方法在一些简单问题中十分简便有效,且物理概念清晰.

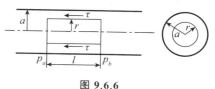

图 9.6.6

在圆管中取一半径为 r,长度为 l 的圆柱体 V(图 9.6.6). 考虑周围流体作用在此圆柱体内流体的作用力. 因为速度分量 u 沿轴向不变且运动定常,因此惯性力等于零. 此时压强梯度和黏性力平衡. 作用在 V 上的压力为 $(p_a - p_b)\pi r^2$,作用在圆柱面上的黏性切向力为 $\tau 2\pi r l$. 此两种力根据牛顿定律应相互平衡,于是

$$\tau = \frac{p_a - p_b}{l} \frac{r}{2}.$$

根据 τ 的公式,$\tau = -\mu \, \mathrm{d}u/\mathrm{d}r$,有

$$\frac{\mathrm{d}u}{\mathrm{d}r} = -\frac{p_a - p_b}{\mu l} \frac{r}{2},$$

积分之,并考虑边界条件后得

$$u = \frac{p_a - p_b}{4\mu l}(a^2 - r^2),$$

这个速度分布公式和(9.6.12)式完全一样. 以后的做法和前面相同,不再重复.

b) 两平行平板间的定常流动及库埃特流动

考虑由两个无穷长平行平板组成的二维渠道,黏性不可压缩流体在压差作用下在渠道内做定常流动,板间的距离为 $2h$. 取如图 9.6.7 所示的直角坐标系,则根据(9.6.6)式,并考虑到 $\frac{\partial}{\partial z} = 0$ 后得

$$\frac{\mathrm{d}^2 u}{\mathrm{d}y^2} = \frac{1}{\mu} \frac{\mathrm{d}p}{\mathrm{d}x}, \qquad (9.6.19)$$

边界条件为 $y = \pm h$ 时 $u = 0$. 积分两次,并令边界条件满足,很容易得到(9.6.19)式的解为

$$u = -\frac{1}{2\mu} \frac{\mathrm{d}p}{\mathrm{d}x}(h^2 - y^2). \qquad (9.6.20)$$

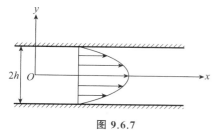

图 9.6.7

由此计算出

$$
\begin{cases}
u_{\max} = -\dfrac{1}{2\mu}\dfrac{\mathrm{d}p}{\mathrm{d}x}h^2, \\[2mm]
Q = \displaystyle\int_{-h}^{h} u\,\mathrm{d}y = -\dfrac{2}{3\mu}\dfrac{\mathrm{d}p}{\mathrm{d}x}h^3, \\[2mm]
u_{\Psi} = \dfrac{Q}{2h} = -\dfrac{1}{3\mu}\dfrac{\mathrm{d}p}{\mathrm{d}x}h^2 = \dfrac{2}{3}u_{\max}, \\[2mm]
\tau_{\max} = \dfrac{\mathrm{d}p}{\mathrm{d}x}h = -\dfrac{3\mu u_{\Psi}}{h}, \\[2mm]
\lambda = \dfrac{|\tau_{\max}|}{\frac{1}{2}\rho u_{\Psi}^2} = 6\dfrac{\mu}{\rho u_{\Psi} h} = \dfrac{6}{Re},
\end{cases}
\tag{9.6.21}
$$

其中 $Re = u_{\Psi}h/\nu$. (9.6.20) 与 (9.6.21) 式说明二维渠道内的速度剖面与阻力系数和圆管情况相似, 亦呈抛物形并和 Re 成反比. 不同的是系数, 并由此引出最大速度和平均速度之间取不同的比值: 圆管中最大速度是平均速度的二倍, 而在二维渠道内则是一倍半. 二维渠道内的平行流也称**平面泊肃叶流动**.

如将 Ox 轴移至下平板, 并将板间的距离 $2h$ 改写为 h, 则 (9.6.20) 式应取下列形式

$$
u = -\frac{h^2}{2\mu}\frac{\mathrm{d}p}{\mathrm{d}x}\frac{y}{h}\left(1 - \frac{y}{h}\right).
\tag{9.6.22}
$$

研究另一简单情形. 设想下平板不动, 上平板以常速 U 沿 x 轴方向运动. 若 $\dfrac{\mathrm{d}p}{\mathrm{d}x} = 0$, 流体在上平板拖动下因黏性而流动, 则此运动满足

$$
\frac{\mathrm{d}^2 u}{\mathrm{d}y^2} = 0
$$

以及边界条件 $y = 0, u = 0; y = h, u = U$. 解之得

$$
u = \frac{y}{h}U,
\tag{9.6.23}
$$

此即均匀剪切流的速度分布, 称为**平面库埃特 (Couette) 流动**.

将均匀剪切流动和平面泊肃叶流动叠加起来, 得到既有压差作用又有上平板拖动作用的库埃特流, 它的速度剖面为

$$
\begin{aligned}
\frac{u}{U} &= \frac{y}{h} - \frac{h^2}{2\mu U}\frac{\mathrm{d}p}{\mathrm{d}x}\frac{y}{h}\left(1 - \frac{y}{h}\right) \\
&= \frac{y}{h} + P\frac{y}{h}\left(1 - \frac{y}{h}\right),
\end{aligned}
\tag{9.6.24}
$$

其中

$$
P = -\frac{h^2}{2\mu U}\frac{\mathrm{d}p}{\mathrm{d}x},
$$

该流动称为**平面库埃特-泊肃叶流动**,无量纲速度剖面 u/U 依赖于 P 的关系画在图9.6.8中.从图上可以看出,当压强沿流动方向减少,即 $P>0$ 时,整个横截面上的速度值都是正的;当压强沿流动方向增加,即 $P<0$ 时,则可能在静止壁面附近产生倒流.这主要发生在 $P<-1$ 的情形,此时在下平板附近,上平板的拖动作用不足以克服逆压的影响,因而在部分区域内产生了倒流.此类具有压强梯度的平面库埃特-泊肃叶流在润滑理论中具有一定意义,因为轴承和轴颈之间狭缝内的黏性流体运动具有和这类平面库埃特-泊肃叶流大体相同的特性.

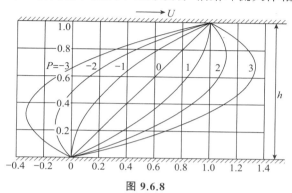

图 9.6.8

c) **两同心旋转圆柱间的定常流动**(**泰勒-库埃特流动**)

两无穷长同心圆柱之间充满着黏性不可压缩流体.内圆柱半径为 r_1,以常角速度 ω_1 旋转;外圆柱半径为 r_2,以常角速度 ω_2 旋转(见图9.6.9).取柱面坐标 (r,θ,z),z 轴与圆柱轴线重合.则根据 z 方向对称性易见,圆柱转动引起的流体定常运动,其所有的流线都是圆形的,即满足

$$\frac{\partial}{\partial z}=0, \quad v_z=0, \quad v_r=0$$

的要求,于是未知函数只有 v_θ 及 p.根据 θ 方向的对称性,它们与 θ 无关,即

$$v_\theta=v_\theta(r), \quad p=p(r).$$

考虑到这些,柱面坐标系中的运动方程组(9.1.9)或(3.6.16)简化为

$$\frac{v_\theta^2}{r}=\frac{1}{\rho}\frac{\mathrm{d}p}{\mathrm{d}r}, \tag{9.6.25}$$

$$\mu\left(\frac{\mathrm{d}^2v_\theta}{\mathrm{d}r^2}+\frac{1}{r}\frac{\mathrm{d}v_\theta}{\mathrm{d}r}-\frac{v_\theta}{r^2}\right)=\frac{1}{2\pi r^2}\frac{\mathrm{d}}{\mathrm{d}r}(2\pi r^2 p_{r\theta})=0, \tag{9.6.26}$$

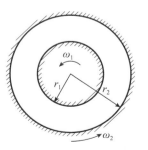

图 9.6.9

其中

$$p_{r\theta} = \mu\left(\frac{\mathrm{d}v_\theta}{\mathrm{d}r} - \frac{v_\theta}{r}\right).$$

边界条件为

$$r = r_1, v_\theta = r_1\omega_1; \quad r = r_2, v_\theta = r_2\omega_2.$$

(9.6.25)式表明惯性离心力和径向压强梯度平衡,而(9.6.26)式则表明流体内作用在柱形壳体内、外表面上的黏性应力矩处于平衡状态. 这一性质从下述论证可以很容易看出:半径为 r 的柱外流体作用在柱内流体的力矩为

$$M = 2\pi r^2 p_{r\theta} = 2\pi\mu r^2\left(\frac{\mathrm{d}v_\theta}{\mathrm{d}r} - \frac{v_\theta}{r}\right). \tag{9.6.27}$$

于是由(9.6.26)式得

$$\frac{\mathrm{d}M}{\mathrm{d}r} = 0, \quad M = 常数,$$

即作用在内、外表面上的黏性应力矩大小相等方向相反.

现在解(9.6.26)式. 为此将它改写为

$$\frac{\mathrm{d}}{\mathrm{d}r}\left[r^3\frac{\mathrm{d}}{\mathrm{d}r}(v_\theta/r)\right] = 0,$$

积分两次,得

$$v_\theta = Ar + \frac{B}{r},$$

利用边界条件可定出 A 及 B 为

$$A = \frac{\omega_2 r_2^2 - \omega_1 r_1^2}{r_2^2 - r_1^2}, \quad B = \frac{(\omega_1 - \omega_2)r_1^2 r_2^2}{r_2^2 - r_1^2}.$$

于是

$$v_\theta = \frac{1}{r_2^2 - r_1^2}\left[r(\omega_2 r_2^2 - \omega_1 r_1^2) - \frac{r_1^2 r_2^2}{r}(\omega_2 - \omega_1)\right], \tag{9.6.28}$$

而

$$M = -4\pi\mu B = 4\pi\mu\frac{(\omega_2 - \omega_1)r_1^2 r_2^2}{r_2^2 - r_1^2}. \tag{9.6.29}$$

考虑两个特例情形. 第一种情形,外圆柱静止,内圆柱以角速度 ω_1 旋转;第二种情形,内圆柱静止,外圆柱以角速度 ω_2 旋转. 令

$$\chi = r_1/r_2, \quad s = r_2 - r_1, \quad x = r/r_2,$$

则第一、第二两种情形的速度剖面可分别表为

$$\frac{v_\theta}{v_{\theta_1}} = \frac{\chi}{1 - \chi^2}\cdot\frac{1 - x^2}{x} \quad (内转外静), \tag{9.6.30}$$

$$\frac{v_\theta}{v_{\theta_2}} = \frac{\chi}{1 - \chi^2}\left(\frac{x}{\chi} - \frac{\chi}{x}\right) \quad (外转内静), \tag{9.6.31}$$

其中 $v_{\theta_1}=\omega_1 r_1, v_{\theta_2}=\omega_2 r_2$ 分别对应于内柱和外柱的周向速度. 图 9.6.10 以 $x'/s=(r-r_1)/s$ 为自变量画出了上述两种情形的速度分布. 值得指出的是,第一种情形的速度分布强烈地依赖于半径比 $\chi=r_1/r_2$,而第二种情形则很少随 χ 改变. 当 $\chi\to 1$ 时,两种情形都趋于两平板间库埃特流的线性分布. 在第二种情形中令 $r_1=0, \chi=0$,得圆柱 $r=r_2$ 内充满着黏性不可压缩流体的情形. 当圆柱以角速度 ω_2 旋转时,根据(9.6.28)式,$v_\theta=\omega_2 r, M=0$. 此时圆柱内流体像刚体一样地旋转,速度是线性分布,而且不需要外力矩来支持柱内黏性流体的运动. 由此我们看到当 $\chi=0$ 和 1 时速度都是线性分布. 这可能就是 $0<\chi<1$ 时,速度分布很少偏离直线的原因. 在第一种情形中令 $r_2\to\infty$,我们得到圆柱在无界流体中旋转的特殊情形. 此时 $v_\theta=r_1^2\omega_1/r, M=4\pi\mu r_1^2\omega_1$. 速度分布和无黏性流体中强度为 $\Gamma_1=2\pi r_1^2\omega_1$ 的点涡所诱导的一样($v_\theta=\Gamma_1/2\pi r=r_1^2\omega_1/r$). 这就是黏性流体运动具有无旋性的个别特例.

力矩公式(9.6.29)可以用来测定流体的黏度. 当内柱静止不动时,只要测出作用在内柱上的力矩值 M 以及 r_1, r_2, ω_2,按(9.6.29)式就可确定流体的 μ.

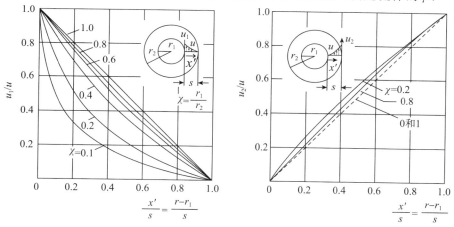

图 9.6.10

9.7 小雷诺数情形的近似解法 黏性流体绕圆球的运动

我们知道,黏性不可压缩流体方程组的复杂性在于惯性力项是非线性的,从而使整个方程组成为非线性的方程组. 而数学上要解一个非线性方程组却是非常困难的. 上面我们已经看到在一些简单的问题中,由于流动的特点,惯性项是零或得到极大的简化,因此非线性方程化为线性方程或十分简单的非线性方程,在某些情况下可得到它们的精确解. 研究精确解的重要性我们已在上一节的末尾公正地指出. 但是不可否认,具有精确解的流动问题一般说来都是十分简单的问题,而工程实际所提出来的问题却往往是比较复杂的,因此精确解常常不能满足工程的要求.为了能够解决工程实际提出来的实际问题,我们必须解决原始的非线性方程.由于上面所指出的数学上解决非线性方程组的困难性,力学工作者被迫采用近似方法去解决问题.所谓近似方法,就是根据问题的特点,抓住现象的主要方面,忽略其次要方面,从而使方程组或边界条件得到简化的一种方法.这种方法是在力学中被大量采用且行之有效的,是我们必须学会的一种基本训练.下面我们讨论在不可压缩黏性流体运动问题中根据问题所固有的特性有几个可能简化问题的途径.大家知道,对于不可压缩黏性流体,在运动方程中一共有三种力,即惯性力、压强梯度及黏性力(重力忽略不计).压强梯度是受惯性力及黏性力制约的反作用力,起平衡作用.所以实际上起主导作用的是两种力,即惯性力及黏性力.表征这两种力之间的关系的特征参数是雷诺数 $Re =VL/\nu$,它是惯性力和黏性力之比,其中 V,L 分别是所研究问题中的特征速度及特征长度,ν 是流体的运动黏度.我们看到这里存在着两种极端:一是小 Re 的情形;一是大 Re 的情形.如果在我们所研究的问题中特征速度及特征长度都比较小,流体的黏度比较大时,Re 就比较小.例如小尺度物体以低速在黏性很大的流体中运动的问题,或黏性很大的流体在细长管道中以低速流动的问题都是这种情形.Re 小意味着黏性力的量阶比惯性力的量阶大得多,即黏性力此时对流动起主导作用,而惯性力则是次要因素.作为零级近似,可以将惯性力全部略去;作为一级近似则可保留非线性惯性项中的主要部分而将次要部分略去,这样就可以将方程简化成线性方程或较简单的非线性方程.如果在我们所研究的问题中特征速度和特征长度都比较大,流体的黏度比较小的时候,Re 就比较大.例如大尺度物体以较高的速度在黏性较小的流体中运动的问题或黏性较小的流体在细长管道中以较高速度流动的问题都是这种情形.Re 大的意思就是惯性力的量阶比黏性力的量阶大得多,作为零级近似可将黏性力全部去掉.但是如将黏性力全部略去,就得到理想不可压缩流体的方程了,显然它的解一般说来不能满足黏附边界条件,因此全部忽略黏性力是不合适的.此时只能根据问题的特点忽略黏性项中的某些次要部分从而将方程组简化.上面我们讨论了小 Re 及大 Re 这两种极端情形.若 Re 不大也不小,即惯性项和黏性项同阶,它们对流动所起的作用差不多,此时就不能对方程做任何近似,而必须从其他途径出发简化问题或者直接解原来的方程.

在这节中我们将讨论小雷诺数情形下的近似解法.

假设在我们所研究的问题中 Re 小,作为零级近似我们将惯性项全部略去(通常将全部略去惯性项的流动称为**斯托克斯近似**或**斯托克斯流动**).此时运动方程组简化为下列形式:

$$\begin{cases} \operatorname{div} \boldsymbol{v} = 0, \\ \operatorname{grad} p = \mu \Delta \boldsymbol{v}. \end{cases} \tag{9.7.1}$$

这是一个线性方程组,它是小 Re 情形下零级近似的出发方程组. 现在我们以圆球在无界黏性不可压缩流体中的运动为例说明在小 Re 情形下是如何具体地解决问题的.

有一个半径为 a 的圆球在无界黏性不可压缩流体中以速度 V_∞ 做等速直线运动(参见图 9.7.1). 设本问题中的 Re 小,求速度、压强及圆球所受的阻力.

根据伽利略相对性原理,上述问题等价于无穷远处速度为 V_∞ 的黏性不可压缩流体绕圆球的定常流动. 取球面坐标系 r, θ, φ,其中 θ 的起算轴线 x 的方向取成和来流方向重合. 根据定常及圆球绕流问题的轴对称性,我们有

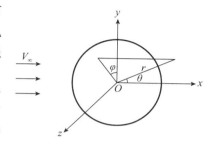

图 9.7.1

$$\frac{\partial}{\partial t} = 0, \quad \frac{\partial}{\partial \varphi} = 0, \quad v_\varphi = 0.$$

考虑到上式,方程组(9.7.1)采取下列形式:

$$\begin{cases} \dfrac{\partial v_r}{\partial r} + \dfrac{1}{r}\dfrac{\partial v_\theta}{\partial \theta} + \dfrac{2v_r}{r} + \dfrac{v_\theta \cot\theta}{r} = 0, \\[2mm] \dfrac{\partial p}{\partial r} = \mu\left(\dfrac{\partial^2 v_r}{\partial r^2} + \dfrac{1}{r^2}\dfrac{\partial^2 v_r}{\partial \theta^2} + \dfrac{2}{r}\dfrac{\partial v_r}{\partial r} + \dfrac{\cot\theta}{r^2}\dfrac{\partial v_r}{\partial \theta} \right. \\[2mm] \qquad\qquad \left. - \dfrac{2}{r^2}\dfrac{\partial v_\theta}{\partial \theta} - \dfrac{2v_r}{r^2} - \dfrac{2\cot\theta}{r^2}v_\theta \right) \\[2mm] \dfrac{1}{r}\dfrac{\partial p}{\partial \theta} = \mu\left(\dfrac{\partial^2 v_\theta}{\partial r^2} + \dfrac{1}{r^2}\dfrac{\partial^2 v_\theta}{\partial \theta^2} + \dfrac{2}{r}\dfrac{\partial v_\theta}{\partial r} \right. \\[2mm] \qquad\qquad \left. + \dfrac{\cot\theta}{r^2}\dfrac{\partial v_\theta}{\partial \theta} + \dfrac{2}{r^2}\dfrac{\partial v_r}{\partial \theta} - \dfrac{v_\theta}{r^2\sin^2\theta} \right). \end{cases} \tag{9.7.2}$$

边界条件是

1) 在圆球 $r = a$ 上

$$v_r = 0, \quad v_\theta = 0; \tag{9.7.3}$$

2) 在无穷远处

$$v_r = V_\infty \cos\theta, \quad v_\theta = -V_\infty \sin\theta. \tag{9.7.4}$$

(9.7.2)式是一个由三个偏微分方程组成的线性偏微分方程组,用来确定三个未知函数 $v_r(r, \theta), v_\theta(r, \theta)$ 及 $p(r, \theta)$. 现在我们采用数理方程中经常采用的分离变量法解此方程组,为此将未知函数表成下列形式:

$$v_r = f(r)F(\theta), \quad v_\theta = g(r)G(\theta), \quad p = \mu h(r)H(\theta) + p_\infty. \quad (9.7.5)$$

将(9.7.5)式代入(9.7.4)式,我们得到

$$V_\infty \cos\theta = f(\infty)F(\theta), \quad -V_\infty \sin\theta = g(\infty)G(\theta).$$

由此推出

$$F(\theta) = \cos\theta, \quad G(\theta) = -\sin\theta,$$
$$f(\infty) = V_\infty, \quad g(\infty) = V_\infty,$$

于是 v_r, v_θ 可改写为

$$v_r = f(r)\cos\theta, \quad v_\theta = -g(r)\sin\theta.$$

将上式及(9.7.5)式中的 p 的表达式代入(9.7.2)及(9.7.3)式,我们得到

$$\begin{cases} \left(f' - \dfrac{g}{r} + \dfrac{2f}{r} - \dfrac{g}{r}\right)\cos\theta = 0, \\[2mm] H(\theta)h'(r) = \left(f'' - \dfrac{f}{r^2} + \dfrac{2f'}{r} - \dfrac{f}{r^2} + \dfrac{2g}{r^2} - \dfrac{2f}{r^2} + \dfrac{2g}{r^2}\right)\cos\theta, \\[2mm] H'(\theta)\dfrac{h}{r} = \left(-g'' + \dfrac{g}{r^2} - \dfrac{2g'}{r} - \dfrac{g}{r^2}\cot^2\theta \right. \\[2mm] \left. \qquad\qquad -\dfrac{2f}{r^2} + \dfrac{g}{r^2}\csc^2\theta\right)\sin\theta. \end{cases} \quad (9.7.6)$$

边界条件是

$$f(a) = 0, \quad g(a) = 0, \quad f(\infty) = V_\infty, \quad g(\infty) = V_\infty.$$

从上面写出的方程组中容易看出,要将 θ 变数分离出来,$H(\theta)$ 应取成 $\cos\theta$. 于是(9.7.5)式变成

$$v_r = f(r)\cos\theta, \quad v_\theta = -g(r)\sin\theta, \quad p = \mu h(r)\cos\theta + p_\infty, \quad (9.7.7)$$

而(9.7.6)式则变为

$$\begin{cases} f' + \dfrac{2(f-g)}{r} = 0, & \text{(a)} \\[2mm] h' = f'' + \dfrac{2}{r}f' - \dfrac{4(f-g)}{r^2}, & \text{(b)} \\[2mm] \dfrac{h}{r} = g'' + \dfrac{2}{r}g' + \dfrac{2(f-g)}{r^2}. & \text{(c)} \end{cases} \quad (9.7.8)$$

边界条件是

$$f(a) = 0, \quad g(a) = 0, \quad f(\infty) = V_\infty, \quad g(\infty) = V_\infty. \quad (9.7.9)$$

现在,我们在边界条件(9.7.9)下求解方程组(9.7.8). 容易看出,由方程组(9.7.8)中的(a)式可将函数 g 通过 f 表示出来,即

$$g = \dfrac{r}{2}f' + f. \quad (9.7.10)$$

将(9.7.10)式代入方程组(9.7.8)中的(c)式,得到 h 通过 f 表示出来的下列表

达式：

$$h = \frac{1}{2}r^2 f''' + 3rf'' + 2f'. \tag{9.7.11}$$

将(9.7.10)及(9.7.11)式代入方程组(9.7.8)中的(b)式则得确定 f 的下列微分方程：

$$r^3 f'''' + 8r^2 f''' + 8rf'' - 8f' = 0. \tag{9.7.12}$$

由(9.7.12)式解出 f 后将之代入(9.7.10)与(9.7.11)式就可以分别求出函数 g 及 h. (9.7.12)式是大家熟知的欧拉方程. 解具有 r^k 的形式, k 是下列代数方程的解：

$$k(k-1)(k-2)(k-3) + 8k(k-1)(k-2) + 8k(k-1) - 8k = 0.$$

解之得 $k = 0, 2, -1, -3$. 于是(9.7.12)式的普遍解是

$$f = \frac{A}{r^3} + \frac{B}{r} + C + Dr^2. \tag{9.7.13}$$

将(9.7.13)式代入(9.7.10)及(9.7.11)式, 得 g 及 h 的表达式

$$g = -\frac{A}{2r^3} + \frac{B}{2r} + C + 2Dr^2, \tag{9.7.14}$$

$$h = \frac{B}{r^2} + 10rD. \tag{9.7.15}$$

(9.7.13), (9.7.14), (9.7.15)式的任意常数 A, B, C, D 由边界条件(9.7.9)确定. 经过一些简单运算后我们得到

$$A = \frac{1}{2}V_\infty a^3, \quad B = -\frac{3}{2}V_\infty a, \quad C = V_\infty, \quad D = 0,$$

将之代入(9.7.13), (9.7.14), (9.7.15)式中去, 得

$$\begin{cases} f = \frac{1}{2}V_\infty \frac{a^3}{r^3} - \frac{3}{2}V_\infty \frac{a}{r} + V_\infty, \\[2mm] g = -\frac{1}{4}V_\infty \frac{a^3}{r^3} - \frac{3}{4}V_\infty \frac{a}{r} + V_\infty, \\[2mm] h = -\frac{3}{2}V_\infty \frac{a}{r^2}. \end{cases}$$

将上式代入(9.7.7)式, 得到最终的结果

$$\begin{cases} v_r(r,\theta) = V_\infty \cos\theta \left(1 - \frac{3}{2}\frac{a}{r} + \frac{1}{2}\frac{a^3}{r^3}\right), \\[2mm] v_\theta(r,\theta) = -V_\infty \sin\theta \left(1 - \frac{3}{4}\frac{a}{r} - \frac{1}{4}\frac{a^3}{r^3}\right), \\[2mm] p(r,\theta) = -\frac{3}{2}\mu \frac{V_\infty a}{r^2}\cos\theta + p_\infty. \end{cases} \tag{9.7.16}$$

现在我们来求圆球所受的力,特别是圆球所受的阻力. 我们知道作用在圆球上的黏性力是 p_r,它的三个分量具有下列表达式:

$$\begin{cases} p_{rr} = -p + 2\mu \dfrac{\partial v_r}{\partial r}, \\[2mm] p_{r\theta} = \mu \left(\dfrac{1}{r} \dfrac{\partial v_r}{\partial \theta} + \dfrac{\partial v_\theta}{\partial r} - \dfrac{v_\theta}{r} \right), \\[2mm] p_{r\varphi} = \mu \left(\dfrac{\partial v_\varphi}{\partial r} + \dfrac{1}{r\sin\theta} \dfrac{\partial v_r}{\partial \varphi} - \dfrac{v_\varphi}{r} \right). \end{cases} \tag{9.7.17}$$

由对称性 $\dfrac{\partial}{\partial \varphi} = 0$ 及 $v_\varphi = 0$,我们有 $p_{r\varphi} = 0$. 现在我们求物体表面上 p_{rr} 和 $p_{r\theta}$ 的值. 为此我们需要知道 $\dfrac{\partial v_r}{\partial \theta}, \dfrac{\partial v_r}{\partial r}, \dfrac{\partial v_\theta}{\partial r}$ 及 v_θ 在物体表面上的值. 由黏附条件知在球面上 $v_r = v_\theta = 0$,于是推出在球面上有

$$\frac{\partial v_r}{\partial \theta} = 0, \qquad \frac{\partial v_\theta}{\partial \theta} = 0.$$

其次,从 (9.7.2) 式中的连续性方程推出在球面上 $\partial v_r / \partial r = 0$. 将这些结果代入 (9.7.17) 式,得

$$p_{rr} = -p, \qquad p_{r\theta} = \mu \frac{\partial v_\theta}{\partial r}, \qquad p_{r\varphi} = 0.$$

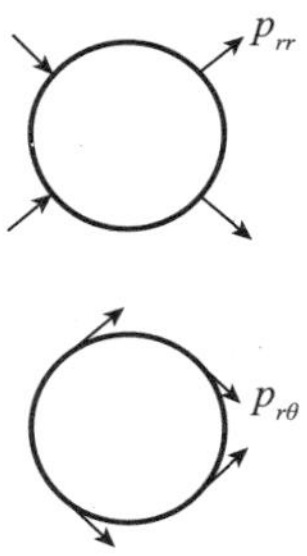

将 (9.7.16) 式的结果代入上式,并在球面上取值,得球面上的 $p_{r\theta}$, p_{rr},它们取下列值:

$$p_{rr} = \frac{3}{2} \frac{\mu V_\infty}{a} \cos\theta - p_\infty,$$

$$p_{r\theta} = -\frac{3\mu V_\infty}{2a} \sin\theta.$$

图 9.7.2

因为整个流动对 x 轴是对称的,因此与 x 轴垂直方向的合力为零. 作用在圆球上的作用力全部沿 x 轴,因此合力即阻力,且可按下列公式求出(参看图 9.7.2):

$$W = \int_S (p_{rr}\cos\theta - p_{r\theta}\sin\theta)\,\mathrm{d}S,$$

其中 S 代表整个球面. 求上式中的积分:

$$W = \int_0^\pi (p_{rr}\cos\theta - p_{r\theta}\sin\theta)2\pi a^2 \sin\theta \,\mathrm{d}\theta$$

$$= 2\pi a^2 \int_0^\pi \left(\frac{3\mu V_\infty}{2a}\cos^2\theta + \frac{3\mu V_\infty}{2a}\sin^2\theta \right)\sin\theta \,\mathrm{d}\theta \qquad (9.7.18)$$

$$\qquad - 2\pi a^2 p_\infty \int_0^\pi \sin\theta\cos\theta \,\mathrm{d}\theta$$

$$= 3\pi\mu V_\infty a \int_0^\pi \sin\theta \,\mathrm{d}\theta = 6\pi\mu V_\infty a.$$

由此可见,圆球所受的阻力与来流的速度 V_∞ 成正比,与圆球的半径 a 及黏度也成正比. 此式首先由斯托克斯得出,故称为**斯托克斯阻力公式**. 根据(9.7.18)式可计算出圆球的阻力系数:

$$C_x = \frac{W}{\dfrac{1}{2}\rho V_\infty^2 \pi a^2} = \frac{12\nu}{aV_\infty} = \frac{24}{Re},$$

其中 $Re = dV_\infty/\nu$,d 是圆球的直径. 此式说明阻力系数和雷诺数成反比.

上面我们得到了黏性不可压缩流体绕圆球流动的零级近似结果,此时我们将惯性项全部略去. 为了说明在什么区域内惯性项略去是合理的,什么区域内惯性项略去是不合适的,我们采用已求出的零级近似解(9.7.16)估计一下惯性项和黏性项的量阶. 为了方便起见,我们在对称轴 $\theta = 0$ 上估阶. 此外,因黏性项的表达式较复杂,我们以与之同阶的压强项代替. 于是

$$\left(\frac{\mathrm{d}v_r}{\mathrm{d}t}\right)_{\theta=0} = \left(v_r \frac{\partial v_r}{\partial r}\right)_{\theta=0}$$

$$= V_\infty^2\left(1 - \frac{3}{2}\frac{a}{r} + \frac{1}{2}\frac{a^3}{r^3}\right)\left(\frac{3}{2}\frac{a}{r^2} - \frac{3}{2}\frac{a^3}{r^4}\right)$$

$$= \frac{3}{2}\frac{V_\infty^2 a}{r^2}\left(1 - \frac{a^2}{r^2}\right)\left(1 - \frac{3}{2}\frac{a}{r} + \frac{1}{2}\frac{a^3}{r^3}\right),$$

$$\frac{1}{\rho}\left(\frac{\partial p}{\partial r}\right)_{\theta=0} = \frac{3\nu V_\infty a}{r^3},$$

两者之比是

$$\frac{惯性项}{压强项} = \frac{V_\infty r}{2\nu}\left(1 - \frac{a^2}{r^2}\right)\left(1 - \frac{3}{2}\frac{a}{r} + \frac{1}{2}\frac{a^3}{r^3}\right) = A.$$

我们看出,在圆球附近即当 r 接近于 a 时,A 很小,因此惯性项比压强项小得多,是可以忽略的. 但当 r 甚大时,$A \sim V_\infty r/2\nu$,此时 A 不是小量,即惯性项比起压强项来不是小量,因此忽略惯性项就显得不合理了.

为了改进上述零级近似结果中的缺点,**奥森**(Oseen)将速度写成

$$\boldsymbol{v} = \boldsymbol{v}_\infty + \boldsymbol{v}',$$

其中 $\boldsymbol{v}'$ 在无穷远处附近是一小量. 将上式代入惯性项 $(\boldsymbol{v}\cdot\nabla)\boldsymbol{v}$ 中去, 并忽略二阶小量, 得

$$(\boldsymbol{v}_\infty\cdot\nabla)\,\boldsymbol{v}=V_\infty\frac{\partial\,\boldsymbol{v}}{\partial x},$$

这就是无穷远处附近惯性力的主要线性项. 以 $V_\infty(\partial\boldsymbol{v}/\partial x)$ 代替惯性力, 可以想象在无穷远处是合适的. 而在物体附近因惯性项比黏性项小得多, 故以 $V_\infty(\partial\boldsymbol{v}/\partial x)$ 代替 $d\boldsymbol{v}/dt$ 与忽略 $d\boldsymbol{v}/dt$ 是差不多的. 这样, 我们可以预料, 不全部略去惯性项而以线性主要部分 $V_\infty(\partial\boldsymbol{v}/\partial x)$ 代替 $d\boldsymbol{v}/dt$ 将得到较好的结果. 这时方程组是

$$\begin{cases}\operatorname{div}\boldsymbol{v}=0,\\[2mm]V_\infty\dfrac{\partial\,\boldsymbol{v}}{\partial x}=-\dfrac{1}{\rho}\operatorname{grad}p+\nu\Delta\,\boldsymbol{v},\end{cases}$$

这个方程组仍然是线性的. 奥森求出了上述方程组在圆球绕流问题中的解. 据此可求出圆球所受的阻力

$$W=6\pi\mu V_\infty a\left(1+\frac{3aV_\infty}{8\nu}\right),$$

相应的阻力系数是

$$C_x=\frac{W}{\dfrac{1}{2}\rho V_\infty^2\pi a^2}=\frac{24}{Re}\left(1+\frac{3}{16}Re\right),$$

上式称为**奥森阻力公式**, 它是斯托克斯公式的修正.

下面我们将理论和实验进行比较, 结果如表 9.7.1 所示.

表 9.7.1

Re	C_x		
	斯托克斯公式	奥森公式	实验结果
0.0531	451.2	456.5	475.6
0.2437	98.5	103.1	109.6
0.7277	32.96	38.23	38.82
1.493	16.07	22.32	19.40

从图 9.7.3 和表 9.7.1 上都可看到, 斯托克斯公式在 $Re<1$ 时与实验相当符合. 奥森公式的适用范围略广, 它在 $Re\leqslant5$ 都能采用. 但是从阻力的角度来看, 奥森近似较斯托克斯近似并无特别显著的改进. 下面我们画出斯托克斯近似和奥森近似下, 圆球在黏性不可压缩静止流体中运动的流线图案.

图 9.7.4 中的两个流线图案很明显地表示出斯托克斯近似和奥森近似的差

别. 斯托克斯近似的流线对 y 轴是对称的,它很接近于点源所引起的流动,而奥森近似的流线则不同,它在虚线所示的抛物线前相当于点源所引起的流动,这点和斯托克斯近似相似. 而在抛物线后,特别是圆球后面则显著地不同于点源流动. 实验表明,奥森近似在定性方面是与实际结果符合的. 事实上圆球前涡旋强

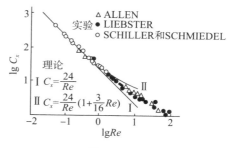

图 9.7.3

度很小,相当于势流,而在物体后面,涡旋强度很大,呈现出明显的涡旋性质,因此前后流动图案应该有所不同. 通过上面讨论可以看到,奥森近似在流动图案上较斯托克斯近似有了很大的改进,基本上反映了实际情况. 在这里顺便指出,如果我们处理二维圆柱绕流问题,那么全部忽略惯性力的斯托克斯方程的解并不存在,而保留了惯性力的线性主要项的奥森方程却是存在着解的.

最后,我们讨论一下斯托克斯公式的适用范围. 上面已经提到,斯托克斯阻力公式在 $Re<1$ 时才适用. 这也就是说,流体的黏度要很大或者物体的尺寸很小,运动得很慢. 为了具体地说明物体尺寸及速度大小,考虑一球形水滴在空气中下落的问题. 在小水滴上作用有重力、浮力和空气的阻力. 设空气阻力可按斯

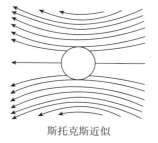

斯托克斯近似

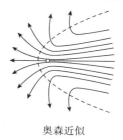

奥森近似

图 9.7.4

托克斯公式计算,且重力与浮力和阻力抵消,水滴在空气中以等速 v 下降,于是

$$\frac{4}{3}\pi a^3(\rho_1-\rho_2)g=6\pi\rho_2\nu v a,$$

其中 a 是水滴半径,ρ_1,ρ_2 分别是水及空气的密度. 因为空气的密度较水的密度小得多,我们忽略左边的第二项,于是得

$$v=\frac{2}{9}\frac{\rho_1}{\rho_2\nu}ga^2.$$

引进雷诺数

$$Re=\frac{va}{\nu},$$

上式可改写成

$$a^3 = \frac{9}{2}\,\frac{\nu^2}{g}\,\frac{\rho_2}{\rho_1}Re\,, \quad v^3 = \frac{2}{9}g\nu\,Re^2\,\frac{\rho_1}{\rho_2}.$$

将 $\nu = 0.133\,\mathrm{cm^2/s}$，$g = 981\,\mathrm{cm/s^2}$，$\rho_1/\rho_2 = 770$，$Re < 1$ 代入得

$$a < 0.0047\,\mathrm{cm}, \quad v < 28\,\mathrm{cm/s}.$$

由此可见，水滴的半径要小于 5/1000 cm，所以说是很小的，相当于雾滴的大小.

斯托克斯公式在气象学及测定电荷的密利根方法中常被采用. 此外还可应用斯托克斯公式测定流体的黏度.

9.8   普朗特边界层方程

从这一节开始，我们将讲述大 Re 情形下的近似解法，即边界层理论. 大家知道，黏性不可压缩流体运动的方程组的精确解为数甚少，远不能满足工程实际的需要. 上一节所讲述的小 Re 情形的近似解虽然包括了许多实际问题，例如气象中的雨滴降落（$Re \leqslant 1$）、轴承中的滑润理论（Re 等于几百）、生物体内的流动、渗流、微流动等等，但还有大量工程问题，如航空、宇宙飞行、水利等方面所遇到的课题，绝大部分都是大 Re 情形. 这是因为大自然中最主要的流体是水及空气，它们的动力黏度 μ 都很小，如果物体的特征尺度及特征速度不太小的话，那么 Re 就可以达到很高的数值. 例如在空气动力学的绕流问题中，若翼弦 $L = 1$ m，流速为 $V = 100\,\mathrm{m/s}$，空气的运动黏度 $\nu = 0.133\,\mathrm{cm^2/s}$，则 Re 约为七百万（$Re \sim 7 \times 10^6$），可见 Re 的确非常大. 由此可见，研究大 Re 情形具有重大的实际意义. 边界层理论建立于 1904 年，由于它的应用范围极为广泛，因此发展得异常迅速，早已成为黏性流体主要的发展方向.

边界层理论最主要的任务是计算物体在流体中运动时的摩擦阻力和热传递，同时附带地阐明理想流体所不能解释的一些现象，如分离，以及理想流体理论在压强分布、速度分布及升力等方面为什么和实验结果相当符合等问题.

若在我们所研究的问题中特征速度和特征长度大而黏性小，则由这些物理量所组成的特征雷诺数将很大. 雷诺数大的意思就是：在大部分流动区域内，惯性力远大于黏性力，惯性力起主导作用. 根据处理小雷诺数流动的经验，我们首先会很自然地想到是否可以将方程中的黏性力全部忽略，从而得到描写大雷诺数流动的零级近似方程. 这样做似乎应该得到很好的结果，但是实际情况并非如此. 将纳维-斯托克斯方程中的黏性力全部忽略，我们就得到一阶理想流体方程组，而欧拉方程一般说来不能同时有两个固壁上的边界条件，即黏附条件. 这就说明这种近似处理对于固壁附近的流动是不适合的. 勉强这样做，数学上就会得到解不存在的矛盾. 那么，为什么在大 Re 情形不能全部忽略黏性力？究竟应当怎样才能正确地处理大 Re 流动呢？要正确解决这些问题，必须根据流体

力学的观点,仔细地分析研究黏性不可压缩流体的实验结果,从客观实际理解大 Re 流动的物理实质,并由此找出正确答案. 一句话,必须贯彻"从实际中来"的原则.

　　a) 边界层的概念

　　将物体放在风洞里吹风. 假设 Re 很大,用皮托管测量各个截面上的速度分布. 根据实验测出的速度分布曲线,整个流场可以明显地分成性质很不相同的两个区域(见图 9.8.1):一个是紧贴物面非常薄的一层区域,称为**边界层**;另一个是边界层外的整个流动区域,称为外部流动区. 根据实验结果可以看到,在外部流动区中,物面对于流动的滞止作用大大地削弱,各个截面上 x 方向上的速度分量变化得很缓慢,$\partial u/\partial y$ 很小,因此黏性应力 $\tau=\mu\partial u/\partial y$ 在大 Re 情形下的确比惯性力小得多(μ 也很小),可以将黏性力全部略去,把流体近似地看成是理想的. 而且因为考虑的是均匀气流绕物体的流动,所以整个外部流动还是无旋的. 从实验测出的速度分布亦可看出,整个速度分布和理想流体绕物体的速度分布十分接近,在平板情形下就是均匀来流 U. 边界层中的情况恰好相反. 实验测出的数据表明,在边界层内速度分量 u 沿物面的法向变化非常迅速,它比沿切向的变化高一个数量阶. 这是因为,一方面流体必须黏附在物面上,它在物面上的相对速度等于零;另一方面,当流体离开物面很短一段距离到达边界层外部边界时,速度立即取外部流动的势流值. 速度从相当高的势流值连续降低到物面上的零值是在非常狭窄的边界层内完成的,因此它的变化异常急剧,坡度 $\partial u/\partial y$ 甚大. 在大 Re 情形下,即使流体的动力黏度 μ 很小,但因 $\partial u/\partial y$ 很大,黏性应力 $\tau=\mu\partial u/\partial y$ 仍然可以达到很高的数值. 此时,黏性力不是如同外部流动那样显著地小于惯性力,而是一个与惯性力同阶的量,它所起的作用与惯性力同等重要,必须一起加以考虑. 由此不难看出,在边界层内绝不能全部忽略黏性力,而必须研究黏性流体在薄边界层内的流动,否则就不符合实际情况,也难期望得到正确的结果. 此外,我们也可看到,边界层内的流动因 $\partial u/\partial y$ 很大,将是一种强烈的剪切运动,每点都有强度很大的涡旋. 这样,可以确信,边界层内的流体不仅有黏性,而且还呈现出强烈的涡旋运动. 对实验数据进行上述分析后可以肯定整个大 Re 流动可以分成理想无旋的外部流动区和黏性有旋的边界层区域,这两个区域在边界层边界上衔接起来.

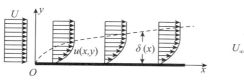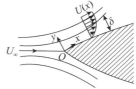

图 9.8.1

现在让我们来研究两个区域的衔接线,即边界层区域问题. 通常用边界层沿物体表面法线方向的距离即**边界层的厚度** δ 表征边界层的区域. 由于边界层内的流动趋于外部流动是渐近的而不是截然的,因此划分边界层和外部流动的边线也是不确定的,具有一定任意性. 为了唯一地定义边界层厚度,还需要做一些规定,通常人为地约定与来流速度相差 1% 的地方就是外部边界. 用这种规定计算出来的 δ 就是一个唯一确定的量了. 请特别注意,边界层边线不是流线,流线是速度矢量和切线方向重合的那种线,而边界层边线即是与来流相差 1% 的那些点的连线,两者性质不同,互不相关. 实际上,流线多和边界层边线相交,穿过它进入边界层. 现在我们再来考察一下边界层厚度 δ 随坐标 x,来流 U_∞ 和运动黏度 ν 的变化规律. 我们知道,当物体在静止流体中起动时,在物体的表面上形成了强烈的涡旋(即剪切流动). 涡量的主要部分将以一定的速度沿物面法线方向向无旋的静止流体扩散,t 秒钟后已扩散到与 $\sqrt{\nu t}$ 成正比的距离处. 现在我们将坐标系固定在物体上,考虑绕流问题. 于是,一方面,贴近物面的涡旋运动使涡量以一定速度向外扩散;另一方面,来自无穷远处的无旋流动以速度 U_∞ 绕物体流过来,这样就把有涡旋的流体裹在物面附近非常薄的一层流体内,这层流体所处的区域就是边界层,它和基本上是无旋的外部流动相接. 显然,t 秒后涡量的主要部分扩散了 $\delta \sim \sqrt{\nu t}$ 的距离. 此外,流体质点由于来流而往下游移动了 $x = U_\infty t$ 的距离. 将 t 表示成 x/U_∞,即得涡量主要部分的边界. 于是,边界层的边界满足下列关系式

$$\delta \sim \sqrt{\frac{\nu x}{U_\infty}}. \tag{9.8.1}$$

上式表明,边界层的厚度和 $\sqrt{x}$ 成正比. 在物体前缘,边界层厚度为 0 或取有限值;愈往下游,受到黏性阻滞的流体愈来愈多,边界层的厚度也就愈来愈厚. 其次,边界层厚度还和 $\sqrt{\nu}$ 成正比,这是因为当运动黏度 ν 大时,扩散速度就大,涡量分布范围即边界层厚度也就愈大. 最后,(9.8.1)式还表明,δ 和 $\sqrt{U_\infty}$ 成反比,$\sqrt{U_\infty}$ 愈大,来流就把边界层内的流体裹在更小的区域内,边界层的厚度也就愈小.

在(9.8.1)式中令 $x = L$,得物体后缘处最大的边界层厚度约为

$$\delta \sim \sqrt{\frac{\nu L}{U_\infty}},$$

即

$$\frac{\delta}{L} \sim \frac{1}{\sqrt{Re}}, \tag{9.8.2}$$

其中 $Re = LU_\infty/\nu$. 由此可见,边界层厚度和物体的特征长度之比与 $\sqrt{Re}$ 成反比. 当 Re 很大时,δ 与特征长度相比是一个非常小的量. 例如对于翼剖面而言,设翼

弦 $L = 2\,\mathrm{m}$,来流 $U_\infty = 100\,\mathrm{m/s}$,空气的 $\nu = 0.133\,\mathrm{cm^2/s}$,则边界层厚度约为几厘米. 涡轮叶片边界层厚度因特征长度小而取更小值,约为几毫米. 对于长达几百米的轮船而言,边界层厚度则可高达 $1\,\mathrm{m}$. 如果以实际尺寸画图,则边界层的边界几乎和物面重合. 上面所画的流动图都已将边界层厚度的尺寸放大了,否则我们就无法画出边界层内部的流动图案来.

现在我们可以回答上面提出的两个问题,为什么不能在整个流动区域内忽略黏性力呢? 通过上面所做的分析道理变得很清楚了. 因为在广大的外部流动区域内,黏性力的确远小于惯性力,可以忽略黏性力,但是在狭小的边界层内部必须考虑黏性影响,因为在那里黏性力和惯性力同等重要. 而且也只有考虑流体的黏性才能满足黏性流体所特有的黏附条件. 边界层所占区域虽小,但是却非常重要,物理量在物面上的分布、摩擦阻力及物面附近的流动都和边界层内流动紧密地联系在一起. 因此不能笼统地忽略黏性,而应该采用具体分析,分别对待的方法. 以为边界层很狭小,可以根本不予考虑,在边界层内忽略黏性力,就必然得不到与实际符合的结果,甚至产生上述数学矛盾. 那么究竟应该怎样做才能正确地处理大 Re 流动呢? 答案也是十分清楚的. 根据实际流动情况,应当把整个流场分成外部的理想流体运动和边界层内的黏性流体运动这两部分. 第一部分流动属于理想流体范围,它的解法已在第七章详细地讨论过,因此我们可以认为外流的解已经求出,包括求出了边界层外部边界上的压强分布和速度分布,它将作为边界层流动的外边界条件. 第二部分流动属于黏性流体范围,是本节以及以下各节的主要研究对象. 本来描写边界层内黏性流体运动的是纳维-斯托克斯方程,但是因为边界层厚度 δ 比特征长度小得多,而且 x 方向速度分量沿法向的变化比切向大得多,所以纳维-斯托克斯方程在边界层内可以得到相当大的简化. 简化后的方程被称为普朗特边界层方程,是处理边界层流动的基本方程,现在就让我们来推导它.

b) 普朗特边界层方程

实验结果告诉我们,大 Re 情形下的边界层流动有下面两个主要性质:

1) 边界层的厚度 δ 比物体的特征长度 L 小得多,即 $\delta' = \delta/L$ 是一小量;

2) 边界层内黏性力和惯性力同阶.

现把它们当作推导边界层方程的基本假定.

下面我们先对平板推导二维边界层方程. 当我们通过简单情形了解到推导的基本精神后,再简略地导出有曲率物体的二维边界层方程. 取直角坐标系 Oxy,x 轴与平板重合,y 轴垂直于平板. 在这个坐标系内写出黏性不可压缩流体的基本方程组

$$\begin{cases} \dfrac{\partial u}{\partial x} + \dfrac{\partial v}{\partial y} = 0, \\[2mm] \dfrac{\partial u}{\partial t} + u\,\dfrac{\partial u}{\partial x} + v\,\dfrac{\partial u}{\partial y} = -\dfrac{1}{\rho}\dfrac{\partial p}{\partial x} + \nu\left(\dfrac{\partial^2 u}{\partial x^2} + \dfrac{\partial^2 u}{\partial y^2}\right), \\[2mm] \dfrac{\partial v}{\partial t} + u\,\dfrac{\partial v}{\partial x} + v\,\dfrac{\partial v}{\partial y} = -\dfrac{1}{\rho}\dfrac{\partial p}{\partial y} + \nu\left(\dfrac{\partial^2 v}{\partial x^2} + \dfrac{\partial^2 v}{\partial y^2}\right). \end{cases} \tag{9.8.3}$$

引进无量纲量

$$\begin{cases} u' = \dfrac{u}{V}, \quad v' = \dfrac{v}{V}, \quad p' = \dfrac{p}{\rho V^2}, \\[2mm] x' = \dfrac{x}{L}, \quad y' = \dfrac{y}{L}, \quad t' = \dfrac{t}{T}, \end{cases} \tag{9.8.4}$$

其中 V 是特征速度, L 是特征长度, T 是特征时间. 它们可以是来流的速度、平板的长度和振动的周期. 将方程(9.8.3)无量纲化后得

$$\begin{cases} \dfrac{\partial u'}{\partial x'} + \dfrac{\partial v'}{\partial y'} = 0, \\[2mm] St\,\dfrac{\partial u'}{\partial t'} + u'\,\dfrac{\partial u'}{\partial x'} + v'\,\dfrac{\partial u'}{\partial y'} = -\dfrac{\partial p'}{\partial x'} + \dfrac{1}{Re}\left(\dfrac{\partial^2 u'}{\partial x'^2} + \dfrac{\partial^2 u'}{\partial y'^2}\right), \\[2mm] St\,\dfrac{\partial v'}{\partial t'} + u'\,\dfrac{\partial v'}{\partial x'} + v'\,\dfrac{\partial v'}{\partial y'} = -\dfrac{\partial p'}{\partial y'} + \dfrac{1}{Re}\left(\dfrac{\partial^2 v'}{\partial x'^2} + \dfrac{\partial^2 v'}{\partial y'^2}\right). \end{cases} \tag{9.8.5}$$

现在我们在边界层内估计(9.8.5)式中包含的每一项的量阶. 在估计前, 首先对量阶作几点说明:(1)估计必须有个标准, 量阶都是相对于这个标准而言的, 标准改变后, 整个物理量的量阶可以完全不同. 例如在薄翼的大雷诺数绕流问题中, 如果以相对厚度 τ 作为估计的标准, 那么, 翼剖面的坡度 dF/dx 将是 τ 的量阶, 当 $\tau \to 0$ 时, $dF/dx \to 0$. 但是如果我们以边界层的相对厚度 $\delta' = \delta/L$ 作为标准, 那么, dF/dx 却是一阶的量了, 即 $dF/dx = O(1)$, 因为当 $\delta' \to 0$ 时 dF/dx 仍然是有限的量. (2)所谓量阶不是指该物理量或几何量的具体数值, 而是指该量在整个区域内相对于标准小参数而言的平均水平. 所以允许一阶或更高阶量在个别点上或区域内取较低的值甚至等于零, 重要的是它的平均水平高. 正如同球队比赛时分甲、乙、丙等级, 甲级队总的来说比乙级队水平高. 但是不排斥甲级队中个别队员不如乙级队中某些队员技术好, 水平高. 这里, 情况不同, 但道理是一样的.

在边界层问题中, 我们取 $\delta' = \delta/L$ 为估计标准.

1) u' 及其各阶导数 $\dfrac{\partial u'}{\partial y'}, \dfrac{\partial^2 u'}{\partial y'^2}, \dfrac{\partial u'}{\partial x'}, \dfrac{\partial^2 u'}{\partial x'^2}$ 的量阶.

十分明显, 在边界层内 u 与 V 同量阶, 因此 u' 与 1 同量阶, 以 $u' \sim 1$ 表之. 其次, 当 y' 由 0 变到 δ' 时, u' 由 0 变到与 1 同阶的量, 由此可见, $\partial u'/\partial y'$ 的量阶

是 $1/\delta'$, 即

$$\frac{\partial u'}{\partial y'} \sim \frac{1}{\delta'}.$$

同样地可证

$$\frac{\partial^2 u'}{\partial y'^2} \sim \frac{1}{\delta'^2}.$$

现在考察 $\dfrac{\partial u'}{\partial x'}$ 的量阶. 当 x' 由平板端点移动到与 1 同阶的量时, u' 变化了与 1 同阶的量, 因此 $\dfrac{\partial u'}{\partial x'}$ 的量阶是 1, 即

$$\frac{\partial u'}{\partial x'} \sim 1.$$

同样地可证

$$\frac{\partial^2 u'}{\partial x'^2} \sim 1.$$

总结起来, 我们有

$$u' \sim 1, \quad \frac{\partial u'}{\partial x'} \sim 1, \quad \frac{\partial^2 u'}{\partial x'^2} \sim 1, \quad \frac{\partial u'}{\partial y'} \sim \frac{1}{\delta'}, \quad \frac{\partial^2 u'}{\partial y'^2} \sim \frac{1}{\delta'^2}.$$

2) v' 及其各阶导数 $\dfrac{\partial v'}{\partial y'}, \dfrac{\partial^2 v'}{\partial y'^2}, \dfrac{\partial v'}{\partial x'}, \dfrac{\partial^2 v'}{\partial x'^2}$ 的量阶.

根据 (9.8.5) 式中的连续性方程推出

$$\frac{\partial v'}{\partial y'} = -\frac{\partial u'}{\partial x} \sim 1,$$

于是

$$v' = \int_0^{y'} \frac{\partial v'}{\partial y'} \mathrm{d}y' \sim \delta',$$

即 v' 是 δ' 的量阶, 由此易证

$$\frac{\partial v'}{\partial x'} \sim \delta', \quad \frac{\partial^2 v'}{\partial x'^2} \sim \delta', \quad \frac{\partial v'}{\partial y'} \sim 1, \quad \frac{\partial^2 v'}{\partial y'^2} \sim \frac{1}{\delta'}.$$

通过对 u', v' 及其导数的估计, 我们看出: (1) 在边界层内 v' 比 u' 低一阶, 它是一个 δ' 量阶的小量; (2) 对速度分量 u', v' 而言, y' 方向的偏导数 $\dfrac{\partial}{\partial y'}$ 比 x' 方向的偏导数 $\dfrac{\partial}{\partial x'}$ 高一阶.

3) $St \dfrac{\partial u'}{\partial t'}$ 及 $St \dfrac{\partial v'}{\partial t'}$ 的量阶.

假设 $St \dfrac{\partial u'}{\partial t'}$ 及 $St \dfrac{\partial v'}{\partial t'}$ 分别与它们的位变导数同阶或比它们更小. 也就是说

假定在我们所研究的问题中没有很大的局部导数,即没有由局部导数引起的急剧的加速,例如突然起动、高频振荡、压缩波等,则

$$St\,\frac{\partial u'}{\partial t'} \sim u'\,\frac{\partial u'}{\partial x'} \sim 1, \quad St\,\frac{\partial v'}{\partial t'} \sim u'\,\frac{\partial v'}{\partial x'} \sim \delta'.$$

4) $\dfrac{\partial p'}{\partial x'}$ 及 $\dfrac{\partial p'}{\partial y'}$ 的量阶.

压强梯度是被动的力,起调节作用. 它们的量阶由方程中其他类型力中的最大量阶决定. 我们知道,方程中一共有两种主动力,即惯性力及黏性力,而惯性力和黏性力同阶. 因此 $\dfrac{\partial p'}{\partial x'}$ 及 $\dfrac{\partial p'}{\partial y'}$ 的量阶分别为

$$\frac{\partial p'}{\partial x'} \sim 1, \quad \frac{\partial p'}{\partial y'} \sim \delta'.$$

将上面分析出来的各项的量阶附写在方程组(9.8.5)上得

$$
\begin{cases}
\overset{1}{\frac{\partial u'}{\partial x'}} + \overset{1}{\frac{\partial v'}{\partial y'}} = 0, \\[2mm]
\overset{1}{St\,\frac{\partial u'}{\partial t'}} + \overset{1}{u'\,\frac{\partial u'}{\partial x'}} + \overset{\delta'\ \frac{1}{\delta'}}{v'\,\frac{\partial u'}{\partial y'}} = -\overset{1}{\frac{\partial p'}{\partial x'}} + \frac{1}{Re}\left(\overset{1}{\frac{\partial^2 u'}{\partial x'^2}} + \overset{\frac{1}{\delta'^2}}{\frac{\partial^2 u'}{\partial y'^2}}\right), \\[4mm]
\overset{\delta'}{St\,\frac{\partial v'}{\partial t'}} + \overset{1\ \ \delta'}{u'\,\frac{\partial v'}{\partial x'}} + \overset{\delta'\ 1}{v'\,\frac{\partial v'}{\partial y'}} = -\overset{\delta'}{\frac{\partial p'}{\partial y'}} + \frac{1}{Re}\left(\overset{\delta'}{\frac{\partial^2 v'}{\partial x'^2}} + \overset{\frac{1}{\delta'}}{\frac{\partial^2 v'}{\partial y'^2}}\right).
\end{cases}
\tag{9.8.6}
$$

根据黏性力和惯性力同阶的假定,首先推出

$$\frac{1}{Re\delta'^2} \sim 1,$$

由此得

$$\delta' \sim \frac{1}{\sqrt{Re}},$$

或

$$\delta \sim \sqrt{\frac{\nu L}{U}}.$$

上式表明边界层厚度与 $1/\sqrt{Re}$ 同阶. 在大 Re 情形下,δ 很小. 此结果和上面定性分析所得的结论完全一致.

现在我们根据方程组(9.8.6)式中各项的量阶忽略其中的高阶小量,从而简

化纳维-斯托克斯方程.

1) $\dfrac{\partial^2 u'}{\partial x'^2}$ 及 $\dfrac{\partial^2 v'}{\partial x'^2}$ 的量阶比 $\dfrac{\partial^2 u'}{\partial y'^2}$ 及 $\dfrac{\partial^2 v'}{\partial y'^2}$ 低二阶,故可略去;

2) $\dfrac{\partial p'}{\partial x'}$ 及 $\dfrac{\partial p'}{\partial y'}$ 的量阶分别为 $\dfrac{\partial p'}{\partial x'} \sim 1$,$\dfrac{\partial p'}{\partial y'} \sim \delta'$,这说明压强沿法线方向的梯度 $\dfrac{\partial p'}{\partial y'}$ 比物面方向的梯度 $\dfrac{\partial p'}{\partial x'}$ 低一阶,与 $\dfrac{\partial p'}{\partial x'}$ 相比,在一级近似范围内可认为

$$\frac{\partial p'}{\partial y'} = 0, \tag{9.8.7}$$

即压强数值穿过边界层并不改变.[1]

我们以方程(9.8.7)代替 y 方向的动量方程. 物理上这意味着 y 方向的动量方程较次要,可忽略不计.

由(9.8.7)式立即推出如下重要结论:边界层内压强沿物面法线方向不发生变化,它等于边界层外部边界上的压强. 根据理想流体理论,边界层外部边界上的压强分布是确定的,于是边界层内的压强函数 p' 变成了 x, t 的已知函数. 如果我们认为 p' 是已知函数,取外流的值,就可以不写出(9.8.7)式.

考虑到 1)与 2)这两个重要的简化,得到下列简化方程:

$$\begin{cases} \dfrac{\partial u'}{\partial x'} + \dfrac{\partial v'}{\partial y'} = 0, \\ St \dfrac{\partial u'}{\partial t'} + u' \dfrac{\partial u'}{\partial x'} + v' \dfrac{\partial u'}{\partial y'} = -\dfrac{\partial p'}{\partial x'} + \dfrac{1}{Re} \dfrac{\partial^2 u'}{\partial y'^2}, \end{cases}$$

转换到有量纲形式,我们有

$$\begin{cases} \dfrac{\partial u}{\partial x} + \dfrac{\partial v}{\partial y} = 0, \\ \dfrac{\partial u}{\partial t} + u \dfrac{\partial u}{\partial x} + v \dfrac{\partial u}{\partial y} = -\dfrac{1}{\rho} \dfrac{\partial p}{\partial x} + \nu \dfrac{\partial^2 u}{\partial y^2}. \end{cases} \tag{9.8.8}$$

现在我们讨论方程组(9.8.8)的边界条件及初始条件.

边界条件:

1) 在物面 $y=0$ 上满足黏附条件 $u=v=0$;

2) 在边界层外部边界 $y=\delta$ 上,$u=U(x)$,其中 $U(x)$ 是边界层外部边界上外流的速度分布.

根据边界层渐近地趋于外流的性质,条件 2)还可用下面的条件来代替,即

2)′ $y \to \infty$ 时 $u=U(x)$.

---

[1] 其实从 $\dfrac{\partial p'}{\partial y'} \sim \delta'$,即 $p' = p_1'(x, t) + O(\delta'^2)$,其中 p_1' 是边界层外部边界的压强,p' 是层内压强,亦可看出,层内压强 p' 和外流压强 p_1' 相差二阶小量. 在一阶近似下,可认为穿过边界层压强不变.

因方程(9.8.8)的解具有渐近性,它在 $y=\delta$ 的值与 $y=\infty$ 的值已相差很少,故在 $y=\delta$ 处或在 $y=\infty$ 处提外部条件所得的解将相差不大.关于这一点,我们在解决平板问题时可以看得很清楚.具有边界条件2)的边界层理论有时称为有限厚度理论.具有边界条件2)'的边界层理论则称为渐近理论.这两种提法以后都会用到.

初始条件:

3) 在 $t=t_0$ 时,给出速度函数 u 及 v.

边界层内的黏性流体运动和理想外流是相互影响、紧密关联的.由于边界层内黏性流体的滞止作用,流管有了扩张,流线向外移动,把外流排挤出去一段距离,所以理想外流所绕流的物体已不是原物体,而应是考虑了流线位移效应后加厚了的等效物体,而其形状只有把边界层内的解找出来之后才知道.由此可见,外流取决于边界层内流动,这是一方面;另一方面,要解边界层方程也必须知道边界层边界上外流的压强分布及速度分布,因此,边界层内的流动也取决于外流.所以说,外流和边界层内流动是相互干涉的,应该把它们联合起来求解.但是这样做是十分困难的,因为我们必须要解两组相互影响的方程组,即理想流体方程组及边界层方程组.为了克服上述困难,普朗特考虑到大 Re 时,边界层很薄的事实,认为流线的位移效应很小,等效物体和原物体相差不大.作为初步近似可以忽略边界层对外流的影响,把外流当作是边界层不存在时绕原物体的流动,这样外流就可独立于边界层之外运用解理想流体流动的方法求出.确定外流后再按方程(9.8.8)及其边界条件和初始条件求边界层内解.采用这种近似方法就可以把原来是相互影响的两个问题化成可以逐步求解的两个问题,从而简化了数学提法.一般来说用上述初步近似求出的结果已完全满足工程的要求,只是在分离点附近及边界层较厚的地方,需要考虑边界层对外流的影响.此时,我们采用逐次修正的方法,以边界层一级近似的解为基础考虑位移效应求出等效物体,然后解理想流体绕等效物体的流动,求出边界层外部边界上的修正压强分布及速度分布,然后再以此分布求边界层内的解.如此继续下去,逐次修正.计算表明,通常只需一次修正就够了.如果边界层对外流的影响太强烈,以致逐次修正的方法不很有效,那就必须用实验方法测出压强分布或速度分布作为计算边界层的基础.

根据普朗特建议的方法,边界层边线上的压强分布(边界层内的压强分布)是理想流体绕原物体流动中物面上的压强分布,而理想流体的运动方程在物面上采取下列形式:

$$\frac{\partial U}{\partial t}+U\frac{\partial U}{\partial x}=-\frac{1}{\rho}\frac{\partial p}{\partial x}.$$

于是方程组(9.8.8)亦可写成

$$
\begin{cases}
\dfrac{\partial u}{\partial x} + \dfrac{\partial v}{\partial y} = 0, \\[2mm]
\dfrac{\partial u}{\partial t} + u\,\dfrac{\partial u}{\partial x} + v\,\dfrac{\partial u}{\partial y} = \dfrac{\partial U}{\partial t} + U\,\dfrac{\partial U}{\partial x} + \nu\,\dfrac{\partial^2 u}{\partial y^2}.
\end{cases}
\tag{9.8.9}
$$

边界条件及初始条件为:

$$
\begin{cases}
\text{在物面 } y = 0 \text{ 上,} & u = v = 0, \\
\text{在 } y = \delta \text{ 或 } y \to \infty \text{ 时,} & u = U(x,t), \\
\text{当 } t = t_0 \text{ 时,} & \text{已知 } u,v \text{ 的分布,}
\end{cases}
\tag{9.8.10}
$$

其中 $U(x,t)$ 是理想流体绕物体流动问题中物面上的速度分布. 一般我们都采用(9.8.9)与(9.8.10)式解边界层问题.

(9.8.8)或(9.8.9)式是由两个非线性偏微分方程组成的方程组,用来确定两个未知函数 $u(x,y,t)$ 及 $v(x,y,t)$. 方程组(9.8.9)称为**普朗特边界层方程**. 在普朗特之前,边界层现象已有不少人认识到,但第一个对此现象进行理论分析并导出边界层内简化方程的人却是著名的德国力学家普朗特,他在 1904 年海德堡举行的第三届国际数学家大会上报告了自己的论文,可以说这是他一生中最重要的贡献之一. 从此之后,摩擦阻力就有可能在数学上进行分析,边界层理论从而成为流体力学中重要的部分,并获得了蓬勃的发展. 现在这个部分的内容已非常丰富充实,硕果累累.

上面导出的二维边界层方程仅适用于平板或楔形物体. 实际问题中,物面大多是弯曲的,因此有必要导出曲面物体上的边界层方程. 取下列正交曲线坐标系,任一点 M 的位置在这个坐标系中由 x,y 两个坐标确定,自 M 点作物面的垂线与物面交于 N 点,则坐标 x 是物面上某参考点 O 至垂足 N 的距离,坐标 y 则是 M 至 N 的距离,如图 9.8.2 所示. 换言之,我们取物面为曲线坐标轴 x,与物面垂直的坐标为

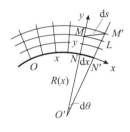

图 9.8.2

y. 这样的正交曲线坐标系通常习惯地称为**边界层坐标系**. 现求边界层坐标系的拉梅系数. 在 M 点邻近取一点 M',计算 MM' 的弧长 $\mathrm{d}s$. 显然

$$
\mathrm{d}s^2 = \overline{ML}^2 + \overline{LM'}^2,
$$

$$
\overline{ML} = (R + y)\mathrm{d}\theta,
$$

其中 R 是物面的曲率半径. 而

$$
\mathrm{d}\theta = \frac{\mathrm{d}x}{R},
$$

于是

$$
\overline{ML} = \frac{R + y}{R}\mathrm{d}x,
$$

其次

$$\overline{LM'} = \mathrm{d}y ,$$

这样

$$\mathrm{d}s^2 = (1 + y/R)^2 \mathrm{d}x^2 + \mathrm{d}y^2 .$$

另一方面

$$\mathrm{d}s^2 = H_1^2 \mathrm{d}x^2 + H_2^2 \mathrm{d}y^2 ,$$

由此推出,拉梅系数为

$$H_1 = 1 + y/R , \quad H_2 = 1 .$$

有了拉梅系数后,根据(9.1.5)式可以写出下列形式的边界层坐标系中无量纲形式的纳维-斯托克斯方程:

$$
\begin{cases}
\overset{1}{St \frac{\partial u}{\partial t}} + \overset{1}{\frac{R}{R+y} u \frac{\partial u}{\partial x}} + \overset{1}{v \frac{\partial u}{\partial y}}^{\delta} + \overset{1/\delta}{\frac{uv}{R+y}}^{\delta} \\[2mm]
\quad = -\frac{R}{R+y}\frac{\partial p}{\partial x} + \frac{1}{Re}\Big[\overset{1}{\frac{R^2}{(R+y)^2}\frac{\partial^2 u}{\partial x^2}} + \overset{1/\delta^2}{\frac{\partial^2 u}{\partial y^2}} \\[2mm]
\quad + \overset{1/\delta}{\frac{1}{R+y}\frac{\partial u}{\partial y}} - \overset{1}{\frac{u}{(R+y)^2}} + \overset{\delta}{\frac{2R}{(R+y)^2}\frac{\partial v}{\partial x}} \\[2mm]
\quad - \overset{1/\delta\ \delta}{\frac{R}{(R+y)^3}\frac{\mathrm{d}R}{\mathrm{d}x}v} + \overset{\delta\quad 1/\delta\ 1}{\frac{Ry}{(R+y)^3}\frac{\mathrm{d}R}{\mathrm{d}x}\frac{\partial u}{\partial x}} \Big], \\[4mm]
\overset{\delta}{St \frac{\partial v}{\partial t}} + \overset{\delta}{\frac{R}{R+y} u \frac{\partial v}{\partial x}} + \overset{\delta}{v \frac{\partial v}{\partial y}} - \overset{1}{\frac{u^2}{R+y}} \\[2mm]
\quad = -\frac{\partial p}{\partial y} + \frac{1}{Re}\Big[\overset{\delta}{\frac{R^2}{(R+y)^2}\frac{\partial^2 v}{\partial x^2}} + \overset{1/\delta}{\frac{\partial^2 v}{\partial y^2}} \\[2mm]
\quad - \overset{1}{\frac{2R}{(R+y)^2}\frac{\partial u}{\partial x}} + \overset{1}{\frac{1}{R+y}\frac{\partial v}{\partial y}} - \overset{\delta}{\frac{v}{(R+y)^2}} \\[2mm]
\quad + \overset{1/\delta}{\frac{R}{(R+y)^3}\frac{\mathrm{d}R}{\mathrm{d}x}u} + \overset{\delta\quad 1/\delta\ \delta}{\frac{Ry}{(R+y)^3}\frac{\mathrm{d}R}{\mathrm{d}x}\frac{\partial v}{\partial x}} \Big], \\[4mm]
\overset{1}{\frac{R}{R+y}\frac{\partial u}{\partial x}} + \overset{1}{\frac{\partial v}{\partial y}} + \overset{1}{\frac{v}{R+y}} = 0 .
\end{cases}
\tag{9.8.11}
$$

这里除了按(9.8.4)式对物理量及几何量无量纲化而外,还将曲率半径 R 除以特征长度 L. 为了简化书写,将无量纲量上的指标"$'$"全部省去.

现在我们假设物面的曲率半径 R 比边界层的厚度大得多,即 R 的量阶为

$$R \geqslant O(1). \tag{9.8.12}$$

此外还假设,曲率半径 R 随 x 的变化率 $\mathrm{d}R/\mathrm{d}x$ 不太大,其量阶为

$$\frac{\mathrm{d}R}{\mathrm{d}x} \leqslant O\left(\frac{1}{\delta}\right). \tag{9.8.13}$$

这样,方程(9.8.11)中各项的量阶分别为其上方所附写的那样(为了确定起见,在估计时,我们取 R 量阶的下界,$\frac{\mathrm{d}R}{\mathrm{d}x}$ 量阶的上界. 此外,与平板情形一样,也假设 $St\,\frac{\partial u}{\partial t} = O(1)$, $St\,\frac{\partial v}{\partial t} = O(\delta)$). 根据黏性力和惯性力同阶的假设,得到和平板情形一样的结论

$$\frac{\delta}{L} \sim \frac{1}{\sqrt{Re}}.$$

忽略 δ 以上的小量,并将其转换为有量纲形式得

$$\begin{cases} \dfrac{\partial u}{\partial t} + u\,\dfrac{\partial u}{\partial x} + v\,\dfrac{\partial u}{\partial y} = -\dfrac{1}{\rho}\,\dfrac{\partial p}{\partial x} + \nu\,\dfrac{\partial^2 u}{\partial y^2}, \\[2mm] -\dfrac{u^2}{R} = -\dfrac{1}{\rho}\,\dfrac{\partial p}{\partial y}, \\[2mm] \dfrac{\partial u}{\partial x} + \dfrac{\partial v}{\partial y} = 0. \end{cases} \tag{9.8.14}$$

由方程组(9.8.14)的第二式推出

$$p(x,y,t) - p(x,\delta,t) = -\rho \int_y^\delta \frac{u^2}{R}\,\mathrm{d}y = O(\delta).$$

可见,边界层内的压强和外部边界上外流压强相差一个 $O(\delta)$ 量阶的量,因此在一级近似下,仍然可以认为 p 穿过边界层保持不变. 于是,上面写出的方程组可改写为

$$\begin{cases} \dfrac{\partial u}{\partial t} + u\,\dfrac{\partial u}{\partial x} + v\,\dfrac{\partial u}{\partial y} = \dfrac{\partial U}{\partial t} + U\,\dfrac{\partial U}{\partial x} + \nu\,\dfrac{\partial^2 u}{\partial y^2}, \\[2mm] \dfrac{\partial u}{\partial x} + \dfrac{\partial v}{\partial y} = 0, \end{cases} \tag{9.8.15}$$

其边界条件及初始条件和条件(9.8.10)一样,不再写出.

我们发现,对于曲率半径不太小及变化不太大的曲面,边界层方程就其形式而言和平板情形完全一样. 只是平板情形的方程组是在直角坐标系中导出的,而曲面情形取的是边界层坐标系. 由此得出如下结论:(9.8.9)式的边界层方程

同时适用于平板及满足(9.8.12)式与(9.8.13)式等条件的曲面物体.

总结起来,我们在这一小节中主要做了一件事,即推导了边界层方程,同时也定性地了解了边界层内流动的特性.这些性质归纳起来如表9.8.1所列:

表 **9.8.1**

边界层厚度	$\delta' = O\left(\dfrac{1}{\sqrt{Re}}\right)$
速度及其导数	$u' = O(1) \qquad u' = O(\delta')$ $\dfrac{\partial}{\partial x'} = O(1), \quad \dfrac{\partial}{\partial y'} = O\left(\dfrac{1}{\delta'}\right), \quad \dfrac{\partial}{\partial y'} \gg \dfrac{\partial}{\partial x'}$
压强及其导数	穿过边界层压强不变 $\dfrac{\partial}{\partial y'} = O(\delta'), \quad \dfrac{\partial}{\partial x'} = O(1), \quad \dfrac{\partial}{\partial x'} \gg \dfrac{\partial}{\partial y'}$
惯性力和黏性力	同阶

c) 分离现象

利用边界层的概念及边界层内流动的特性可以阐明一些现象,这些现象应用理想流体理论不能得到解释.大家已经知道,对于翼剖面的不分离绕流问题而言,用理想流体理论求得的物面上的压强分布和实验数据符合得很好.物面紧贴着边界层,那里的压强分布理应用黏性流体理论求解,为什么理想流体的结果能这么好地反映实质上是黏性流体的结果呢?这个疑问过去用理想流体模型不能找到答案,现在利用边界层的概念可以得到明确的解释.原来压强穿过边界层是不变的,因此,物面上的压强分布和边界层外部边界上理想外流的压强分布完全一样.由于边界层很薄,边界层外部边界上压强分布和理想流体绕翼剖面流动中物面上的压强分布相差甚微.由此立即得出结论:边界层内物面的压强分布基本上等于用理想流体理论求出的物面上的压强分布.这就解答了上述疑问,理想流体绕翼剖面流动的压强分布和实际情况很符合,反过来也说明了边界层理论的重要推论:压强穿过边界层不变的事实是正确的.

现在让我们来谈谈边界层的分离现象.实验告诉我们,当流体流过非流线型物体时,边界层内流动从物面分离出来并在物体后面形成尾涡区,从而形成很大的尾涡阻力.但是如果物体是平板或流线型物体(如翼剖面),则在一定的攻角下常常观察不到分离现象,即便有亦限制在后缘附近不大的区域内,此时尾涡阻力很小,阻力主要由摩擦阻力组成,它比非流线型物体的尾涡阻力小得多.我们知道,当物体在流体中运动时,为了提高效率总是希望尽可能地减少阻力,因此研究边界层为什么会从物面分离,应该如何防止或推迟分离现象的产生,就成为十分重要的现实问题了.

以圆柱这样的非流线型物体为例定性地说明边
界层分离现象产生的原因. 如图 9.8.3 所示,当圆柱
在流体中自静止状态起动时,在圆柱面上形成边界
层. 由于刚起动时边界层还来不及生长,因此这时边
界层非常薄. 边界层外的外流和理想流体绕圆柱的
流动几乎完全一样. 在上游 DE 段,流体质点的速度
由 D 点的零值加速至 E 点的最大值,而后顺着下
游,由 E 点的最大值减速至 F 点的零值. 因此,压强

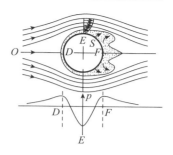

图 9.8.3

将自 D 点向 E 点递减,$\dfrac{\mathrm{d}p}{\mathrm{d}x}<0$,而后沿 EF 方向递增,$\dfrac{\mathrm{d}p}{\mathrm{d}x}>0$. 满足 $\dfrac{\mathrm{d}p}{\mathrm{d}x}<0$ 和 $\dfrac{\mathrm{d}p}{\mathrm{d}x}$
>0 的区域分别称为顺压区及逆压区. 根据压强穿过边界层不变的性质,边界层
内压强分布情况和理想外流一样,可分顺压区和逆压区两部分. 在边界层内的
顺压区,压强梯度将推动流体质点前进,使之加速,同时在运动过程中流体质点
还受到物面及流体的黏性滞止作用,它力图使流体停滞不前. 由于压强梯度的
作用强于物面及黏性滞止作用,因此流体质点还是克服了阻力加速地自 D 点向
E 点流动. 在逆压区,情形就不相同了. 压强梯度阻止流体质点前进,在物面滞
止作用和黏性作用的复合影响下,流体质点将不断地减速. 当圆柱起动不久,流
体质点的惯性力还能克服阻力减速地流至 F 点. 过了一段时间,当边界层生长
起来,变得相当厚时,惯性力便再也不能克服相反的阻力,流体质点首先在后驻
点停止下来,而后速度为零的**分离点**很快地向上游推移. 当圆柱以常速 U_∞ 稳定
地在静止流体中运动时,分离点就固定在 S 点上不再向前移动. 一旦流体在边
界层内停止下来,下游的流体在逆压的作用下将倒流过来,它们在来流的冲击下
又将顺流回来,这样就在分离点附近形成明显可见的大涡旋. 这涡旋像楔子一
样将边界层和物体分离开来(见图 9.8.4). 当边界层和固体分离后,它就像自由
射流一样注入外流中,这样在外流和物面附近的流动之间形成一条分界线,这条
分界线就是从物面离开的零流线. 在此分界线之内便是尾涡区的开始,分离的
边界层在外流的携带下将漂向下游,和物体后面的流体混合在一起形成整个尾
涡区. 由于涡旋耗散动能,因此产生了尾涡阻力,这点从图 9.8.5 中的压强分布
亦可看出. 分离后涡旋的存在使圆柱表面的压强分布和理想流体情形大不相
同,从图上可以看出尾涡区的压强偏小,那里有显著的吸力,从而使物体遭受到
尾涡阻力.

刚才我们用动量观点阐述了分离现象的成因. 同样地,分离现象也可以从
能量观点来理解. 由于边界层内摩擦力很大,流体质点在从 D 点流至 E 点的路
途中耗散了这样多的动能,以致余下的动能不足以克服从 E 点到 F 点的逆压作
用,在物面滞止作用和逆压的综合作用下,最后终于在某点 S 上滞止下来,速度

趋于零,于是产生了分离现象.

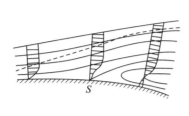

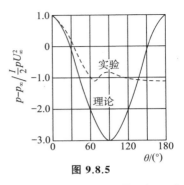

图 9.8.4   图 9.8.5

一般说来,边界层方程只适用于分离点以前.在分离点的下游,由于边界层厚度大幅度地增加,u,v 的量阶关系发生了根本的变化.因此推导边界层方程的基本假定不再适用,边界层理论失效,此时应从完整的纳维-斯托克斯方程或其他途径出发考虑问题.因此,在研究分离点以后的边界层流动时,不能采用理想流体位势绕流问题的压强分布.因为当边界层分离时,它向外排挤势流,从而大大地改变了物面上的压强分布,这一点可以清楚地从圆柱绕流问题的压强分布图中看出.此时必须考虑边界层对外流的影响.在实际解边界层问题中,则常常利用实验测出的物面上的压强分布.

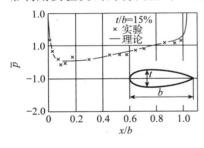

图 9.8.6

上面我们解释了为什么非流线型物体会产生边界层分离现象.很自然地我们就会接着问,为什么对于流线型物体(如翼剖面)常常不产生分离现象呢?这里不是一样有逆压区吗?为了回答这个问题,让我们比较一下,理想流体绕圆柱和翼剖面的压强分布图(图9.8.5 及图 9.8.6).从两个图很明显地看出,圆柱和翼剖面的确都有逆压区,但是圆柱上的逆压梯度比翼剖面情况大得多,因此当流体质点在翼剖面边界层内的逆压区中运动时,它受到较小的反推力.惯性力或剩余的动能能够克服逆压及黏性滞止的联合作用流至后缘点不至于在中途停步不前.有时当翼剖面后部形状较弯或攻角稍大时也可能在物面上分离,但一般都在后缘附近,因此尾涡区不大,尾涡阻力很小.由此可见,流线型物体(包括小攻角时的翼剖面)在正常情况下尾涡阻力都很小,阻力主要取决于摩阻.因此当流线型物体在流体中运动时,阻力很小.通过上面的讨论可看出,有逆压不一定都有边界层分离,还要看逆压的大小,逆压愈大,分离的危险愈大.如果逆压比较小,也可以不产生或延迟分离的产生.但是如果逆压很大,那么一般说来一定产生分离现象.例如在大于 π 角的绕流中尖角处的逆压无穷大,流动立即在那里分离.在航空、船舶等运输工程中,为了减少阻力常常采用流线型物体:物体的头部曲率较大,流动的速度很快地达到最大值.在速度最大点后,剖面形状变化得很缓慢,使逆压梯度取较小的值.

　　综合上面所讲的,我们可以确信,边界层分离是逆压和壁面附近黏性摩擦综合作用的结果,这两个重要因素缺一不可.首先,光有壁面的黏性滞止没有逆压,流体不会倒流分离.因为没有反推力,流体不会往回跑.由此可见,顺压区一定不会产生分离现象,要产生分离一定在逆压区.其次,在平板无攻角绕流问题中,因没有压力梯度 $dp/dx = 0$,所以也一定不会产生边界层分离.另一方面,如果只有逆压,而没有壁面附近的黏性滞止作用,那么也不会产生分离.例如在理想流体绕翼剖面流动的逆压区域,黏性流体绕圆柱绕流问题中零流线 OD 上(参见图 9.8.3),情况就是如此,那里都存在逆压,但没有壁面滞止作用,因此就不产生分离现象.为了更清楚地说明这个问题,我们再引用三张照片(参见图 9.8.7),照片(a)与(b)是平板绕流和流体垂直地冲击到墙面的照片.平板绕流用来代表只有壁面影响没有逆压的情形,而垂直绕流的对称轴线则代表只有逆压没有壁面摩擦影响的情形.从照片上明显地看出这两种情形都没有分离.现在如果我们在墙面垂直绕流问题的对称轴线上放置一平板,如照片(c)所示,那么立刻在平板和墙面的夹角处产生尾涡,边界层从板面分离,因为那里既有逆压亦有壁面滞止作用.应该强调指出,有了逆压和壁面滞止作用这两要素并不一定产生分离,还要看逆压大小,逆压小可以不产生分离.因此逆压和壁面存在乃是分离的必要条件而非充分条件.

　　最后来探讨一下数学上确定分离点位置的条件以及顺压区和逆压区中速度剖面的性质.在分离点前,流体质点都是向前流的,因此在物面上显然有 $\left(\dfrac{\partial u}{\partial y}\right)_{y=0} > 0$;在分离点后,发生了倒流现象,流体质点向后流,于是在物面上有 $\left(\dfrac{\partial u}{\partial y}\right)_{y=0} < 0$. 由此推出,在分离点上必须有

$$\left(\frac{\partial u}{\partial y}\right)_{y=0} = 0, \tag{9.8.16}$$

这就是确定边界层分离点位置的方程(参看图 9.8.8).解出边界层方程后,可按 (9.8.16)式确定分离点的位置.在边界层理论建立以前,只有当流体流过尖缘时,才能肯定流动分离,现在有了边界层理论,对于没有尖缘的物面也可计算分离产生的位置.

　　现在研究边界层内速度剖面的形状.从边界层方程(9.8.14)推出,在物面 $y=0$ 上有

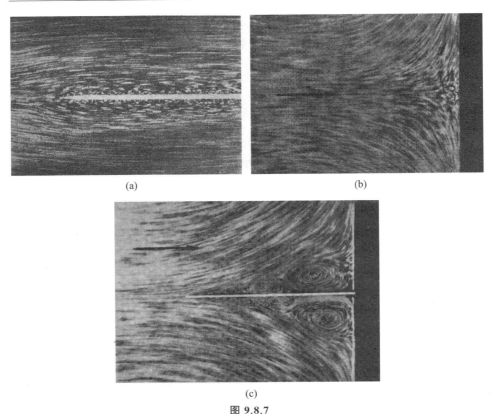

(a)　　　　　　　　　　　　(b)

(c)

图 9.8.7

（取自 Batchelor G. K. An Introduction to Fluid Dynamics. Cambridge University Press，1994）

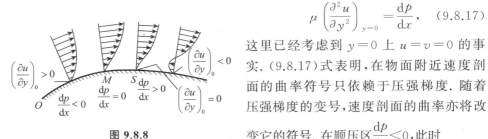

图 9.8.8

$$\mu\left(\frac{\partial^2 u}{\partial y^2}\right)_{y=0}=\frac{\mathrm{d}p}{\mathrm{d}x},\quad(9.8.17)$$

这里已经考虑到 $y=0$ 上 $u=v=0$ 的事实.（9.8.17）式表明,在物面附近速度剖面的曲率符号只依赖于压强梯度. 随着压强梯度的变号,速度剖面的曲率亦将改变它的符号. 在顺压区 $\dfrac{\mathrm{d}p}{\mathrm{d}x}<0$,此时

$$\left(\frac{\partial^2 u}{\partial y^2}\right)_{y=0}<0.$$

另一方面当流体质点趋于边界层边界时,$\partial u/\partial y$ 不断减少并趋于零,因为在外部边界上没有摩擦阻力. 因此当 $y\rightarrow\delta$ 时

$$\frac{\partial^2 u}{\partial y^2}<0.$$

由此推出,在加速区即顺压区,$\dfrac{\partial^2 u}{\partial y^2}$ 永远是负的,边界层内速度剖面是一条没有拐点的光滑曲线. 与此相反,在逆压区 $\dfrac{\mathrm{d}p}{\mathrm{d}x}>0$,此时在物面上

$$\left(\frac{\partial^2 u}{\partial y^2}\right)_{y=0}>0,$$

同时根据刚才的考虑,当 $y\to\delta$ 时

$$\frac{\partial^2 u}{\partial y^2}<0,$$

于是在 $0<y<\delta$ 的某点上 $\dfrac{\partial^2 u}{\partial y^2}$ 将等于零. 由此可见,在减速区或逆压区,边界层内的速度剖面永远有一拐点(图 9.8.9),拐点的存在对于层流的稳定性有着重要的影响. 现考虑逆压区拐点的变化. 易见,在 $\mathrm{d}p/\mathrm{d}x=0$ 的最大速度点上,速度剖面的拐点位于物面上,随着物面向下游移动,拐点向边界层外部边界上移动. 最后顺便指出下列事实:因为在分离点上有

$$\left(\frac{\partial u}{\partial y}\right)_{y=0}=0,$$

所以分离点上的速度剖面必有拐点. 由此推出,分离只可能在逆压区发生. 这个结论和上面直观考虑得出的结论完全一致.

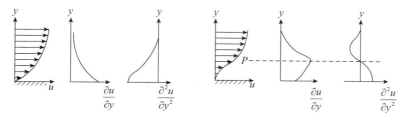

图 9.8.9

　　有了速度剖面的形状后,就可更细致地来分析分离产生的原因. 在边界层内的顺压区取一如图 9.8.10 所示的微元,考虑 x 方向的作用力. 作用在 AB,CD 上的压力分别是 $p\,\mathrm{d}y$ 及 $\left(p+\dfrac{\mathrm{d}p}{\mathrm{d}x}\mathrm{d}x\right)\mathrm{d}y$,合起来将有指向 x 轴正方向的力 $-\dfrac{\mathrm{d}p}{\mathrm{d}x}\mathrm{d}x\,\mathrm{d}y$ 作用在微元上. 其次,AC 上方的流体力图拉着微元向前跑,它体现为摩擦力 $\left(\tau+\dfrac{\partial\tau}{\partial y}\mathrm{d}y\right)\mathrm{d}x$. 而 BD 下方的流体则死劲拖住微元不肯放,这种拖后腿的力量由摩擦力 $\tau\,\mathrm{d}x$ 代表. 因为在顺压区,愈靠近物面 τ 愈大,所以拖的力量将比拉的力量大. 抵消的结果,将有阻止运动的反推力

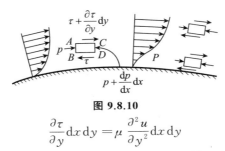

图 9.8.10

$$\frac{\partial \tau}{\partial y}\mathrm{d}x\,\mathrm{d}y = \mu\frac{\partial^2 u}{\partial y^2}\mathrm{d}x\,\mathrm{d}y$$

作用在微元上. 于是最终作用在微元上的力是(沿 x 轴正方向)

$$\left(-\frac{\mathrm{d}p}{\mathrm{d}x} + \mu\frac{\partial^2 u}{\partial y^2}\right)\mathrm{d}x\,\mathrm{d}y.$$

在同一 x 的整个截面上 $\dfrac{\mathrm{d}p}{\mathrm{d}x}$ 取同一值,而 $-\dfrac{\partial^2 u}{\partial y^2}$ 则由物面的极大值单调地向外缘递减(见图 9.8.9). 在物面上,$\dfrac{\mathrm{d}p}{\mathrm{d}x}$ 刚好等于 $\mu\dfrac{\partial^2 u}{\partial y^2}$,于是流体质点黏附在它上面不动. 离物面愈远,$-\dfrac{\partial^2 u}{\partial y^2}$ 愈小,也就有愈来愈多的力推着微元向前运动. 由此可见,流体质点除物面那点外,都将由通过驻点的零流线附近位置开始加速地向前运动,到 $\dfrac{\mathrm{d}p}{\mathrm{d}x}=0$ 的 M 点则达极大值(图 9.8.8). 只是这个极大值,愈靠近外缘愈大,且分布不均匀. 在边界层的逆压区,要分两种情形考虑. 在拐点上方,作用在微元上的力还是

$$\left(-\frac{\mathrm{d}p}{\mathrm{d}x} + \mu\frac{\partial^2 u}{\partial y^2}\right)\mathrm{d}x\,\mathrm{d}y,$$

但此时压强梯度及黏性力都阻止流体向前运动. 在拐点下方,由于拉的力量大于拖的力量,即 $\dfrac{\partial^2 u}{\partial y^2}>0$,于是黏性的作用将有利于微元向前运动,它将抵消一部分逆压的作用. 总之,不管拐点上方或下方,流体质点都将顶着反推力向前运动,因此流体质点的速度是渐减的. 此外,因流体在物面附近受壁面的滞止作用,动量较小,因此虽然受到的反推力较拐点上部为小,但还是靠近物面的质点率先停滞下来,而后 $\dfrac{\partial u}{\partial y}=0$ 的点才往物面上方移动. 这就是说,分离首先在物面上发生. 最后强调指出,分离点并不是指物面上速度为零的那一点,因为在物面上流体质点的速度都是等于零的;而是指贴近物面速度等于零的那一点,换句话说,也就是 $\left(\dfrac{\partial u}{\partial y}\right)_{y=0}=0$ 的点.

d) 边界层方程的一般性质

普朗特边界层方程和纳维-斯托克斯方程相比,有了重大的简化. 原来有三

个未知函数 u,v,p 及三个方程,现在只有两个未知函数 u,v 及两个方程(连续性方程和沿 x 方向的动量方程),此外黏性项也少了一些,这些都是简化的地方. 但是另一方面也应该看到,边界层方程依旧是一个二阶的非线性偏微分方程组,方程的非线性的性质仍然保留,这就使得数学上求它的解还是相当困难的,当然比起纳维-斯托克斯方程来说已经好多了. 由于各国科学家们的努力,目前解边界层方程的方法已经相当丰富,数量很多,这里只介绍一些最基本的也是最重要的方法,那就是求相似性精确解的方法及积分关系式的近似方法,在9.9及9.10节中将分别介绍它们.

在具体地解问题之前,先考察一下边界层方程的某些一般性质. 首先应该指出,把纳维-斯托克斯方程简化为普朗特方程,方程的类型发生了根本的变化. 大家知道,纳维-斯托克斯方程是椭圆型的,而普朗特方程则是抛物型的,从椭圆型到抛物型,解的性质也随之发生深刻的变化,这样的变化不能不人为地使边界层方程的解具有某些数学上的奇异性,而且也不能期望用边界层理论求出的结果永远和实际情况符合. 现在我们再来介绍一下边界层内的流动和雷诺数的关系. 写出二维定常情形的边界层方程及其边界条件:

$$\begin{cases} u\,\dfrac{\partial u}{\partial x} + v\,\dfrac{\partial u}{\partial y} = U\,\dfrac{\mathrm{d}U}{\mathrm{d}x} + \nu\,\dfrac{\partial^2 u}{\partial y^2}, \\ \dfrac{\partial u}{\partial x} + \dfrac{\partial v}{\partial y} = 0; \end{cases} \tag{9.8.18}$$

$$\begin{cases} y = 0\ \text{时}, & u = v = 0, \\ y \to \infty\ \text{时}, & u = U(x). \end{cases} \tag{9.8.19}$$

引进下列无量纲量:

$$x = Lx',\quad y = \frac{L}{\sqrt{Re}}y',\quad u = Vu',\quad v = \frac{V}{\sqrt{Re}}v',$$

$$U = VU',\quad Re = \frac{VL}{\nu},$$

代入(9.8.18)式及(9.8.19)式,得无量纲形式的方程组及边界条件

$$\begin{cases} u'\,\dfrac{\partial u'}{\partial x'} + v'\,\dfrac{\partial u'}{\partial y'} = U'\,\dfrac{\mathrm{d}U'}{\mathrm{d}x'} + \dfrac{\partial^2 u'}{\partial y'^2}, \\ \dfrac{\partial u'}{\partial x'} + \dfrac{\partial v'}{\partial y'} = 0, \end{cases} \tag{9.8.20}$$

$$\begin{cases} y' = 0\ \text{时}, & u' = v' = 0, \\ y' \to \infty\ \text{时}, & u = U'(x'). \end{cases} \tag{9.8.21}$$

我们看到,无量纲形式的方程组(9.8.20)及边界条件(9.8.21)不包含雷诺数,这就表明,无量纲形式的解 u',v' 将只依赖于 x',y',而和雷诺数 Re 无关. 当雷诺数变化时,边界层内的整个流动图案只发生相似性变换. 此时,纵向距离 x,纵向

速度 u 不变；而横向距离 y 和横向速度 v 则与 $\sqrt{Re}$ 成反比，$\sqrt{Re}$ 愈大，y 和 v 愈小. 如果绕体问题中有分离点存在，则显然，分离点的位置 x_s 在层流的范围内将和雷诺数无关，即不管 Re 取什么数，分离点的位置总在 x_s 处. 其次，自 x_s 发出的自由流线的坡度角在雷诺数增加时，将以 $1/\sqrt{Re}$ 的比例缩小.

9.9　半无穷长平板的层流边界层

本节考虑边界层方程的 **相似性解**. 何谓相似性解？研究相似性解有哪些好处？什么情况下解是相似性的？这些都是我们关心的重要问题，有必要逐个予以解答. 如果不同 x 截面上的速度剖面 $u(x,y)$ 只差速度 u 和坐标 y 的尺度因子，则称边界层的解是相似的. 更具体地说，如果以势流的速度分布 $U(x)$ 为速度 u 的尺度因子，边界层厚度 $\delta(x)$ 为坐标 y 的尺度因子，则在无量纲坐标 $y/\delta(x)$ 上表出的无量纲速度剖面 $u/U(x)$ 对于不同的 x 将完全相同，用式子写出来也就是

$$\frac{u\left(x_1,\dfrac{y}{\delta(x_1)}\right)}{U(x_1)} = \frac{u\left(x_2,\dfrac{y}{\delta(x_2)}\right)}{U(x_2)}, \tag{9.9.1}$$

其中 x_1, x_2 是任取的两个坐标. (9.9.1) 式表明，相似性解只依赖于一个组合变数 $y/\delta(x)$. 如果以 y/δ 为自变数，则原来的偏微分方程将化为常微分方程. 在微分方程理论中处理常微分方程是比较有办法的，总可以采用数值方法或其他分析方法求出它的解来. 由此可见，如果边界层方程的解具有相似性，就能使数学问题得到相当的简化.

什么样的物体形状或外流速度分布具有相似性解呢？根据上节对顺压区内和逆压区内速度分布的分析不难看出，如果所研究的物体形状既有加速顺压区也有减速逆压区，那么解一定不可能相似，因为逆压区的速度分布曲线和顺压区的速度分布曲线性质迥异，本来就不相似，不可能通过调整比例尺度使其重合. 由此可见，相似性解只对单一的加速型或减速型的速度分布才能存在（等速常压情形是其特例）. 可以证明，当外流的速度分布具有幂次形式 $U=cx^m$ 或指数形式 $U=ce^{mx}$ 的时候，边界层方程的解一定相似. 证明的细节限于基础课的性质不打算在这里叙述. 下面只研究半无穷长平板的层流边界层（相当于幂次形式中 $m=0$ 的情形），以此为例具体地来理解相似性解的问题. 平板边界层的解首先由德国科学家 **布拉休斯**（Blasius）进行研究. 1908 年他在哥廷根大学的博士论文中详细地讨论了这个问题. 在历史上它是第一个应用普朗特边界层理论的具体例子.

有一个既薄又长的平板在辽阔的天空中以等速 U 沿板面方向运动. 这个问题可抽象为：无限空间中一均匀气流以速度 U 沿板面方向定常地向一半无穷长

且厚度为零的平板流来. 显然, 在物面上产生了边界层. 这一薄层内的流体运动就是现在我们所要研究的对象. 取直角坐标系, 原点与平板前缘重合, x 轴沿来流方向, y 轴垂直于平板(见图 9.9.1). 因平板没有厚度, 当理想流体沿平板方向流过平板时, 平板对流动没有扰动, 因此外流的速度场是均匀的且等于常数 U. 根据伯努利积分, 压强也均匀,

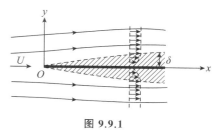

图 9.9.1

$$p = 常数, \qquad \frac{\mathrm{d}p}{\mathrm{d}x} = 0.$$

这样, 我们考虑的将是最简单的等速常压情形. 在这种情形下, 普朗特边界层方程具有下列形式:

$$\begin{cases} u\dfrac{\partial u}{\partial x} + v\dfrac{\partial u}{\partial y} = \nu\dfrac{\partial^2 u}{\partial y^2}, \\[2mm] \dfrac{\partial u}{\partial x} + \dfrac{\partial v}{\partial y} = 0. \end{cases} \qquad (9.9.2)$$

边界条件是:

$$\begin{cases} y = 0, x \geqslant 0 \text{ 时}, \quad u = v = 0, \\ y = \infty \text{ 时}, \qquad\qquad u = U. \end{cases} \qquad (9.9.3)$$

根据方程组(9.9.2)中的连续性方程, 可引进流函数 $\psi(x, y)$, 使

$$u = \frac{\partial \psi}{\partial y}, \quad v = -\frac{\partial \psi}{\partial x},$$

此时连续性方程自动满足. 此外, 方程组(9.9.2)中的动量方程变成

$$\frac{\partial \psi}{\partial y}\frac{\partial^2 \psi}{\partial x \partial y} - \frac{\partial \psi}{\partial x}\frac{\partial^2 \psi}{\partial y^2} = \nu\frac{\partial^3 \psi}{\partial y^3}, \qquad (9.9.4)$$

边界条件(9.9.3)写成

$$\begin{cases} y = 0, x \geqslant 0 \text{ 时}, \quad \psi = \dfrac{\partial \psi}{\partial y} = 0, \\[2mm] y = \infty \text{ 时}, \qquad\qquad \dfrac{\partial \psi}{\partial y} = U. \end{cases} \qquad (9.9.5)$$

引进流函数, 可以用一个函数 ψ 代替两个速度分量函数 u 及 v, 使两个偏微分方程(9.9.2)缩减为一个方程(9.9.4). 就因为以 ψ 为未知函数有这样的优点, 下面我们从(9.9.4)及(9.9.5)式出发解问题.

将方程(9.9.4)及边界条件(9.9.5)无量纲化. 为此, 令

$$\begin{cases} x = Lx', \quad y = \dfrac{L}{\sqrt{Re}}y', \quad u = Uu', \\ \\ v = \dfrac{U}{\sqrt{Re}}v', \quad \psi = \sqrt{\nu UL}\,\psi'^{①}, \end{cases} \tag{9.9.6}$$

则得

$$\frac{\partial \psi'}{\partial y'}\frac{\partial^2 \psi'}{\partial x'\partial y'} - \frac{\partial \psi'}{\partial x'}\frac{\partial^2 \psi'}{\partial y'^2} = \frac{\partial^3 \psi'}{\partial y'^3}, \tag{9.9.7}$$

$$\begin{cases} y'=0, x \geqslant 0 \text{ 时}, \quad \psi' = \dfrac{\partial \psi'}{\partial y'} = 0, \\ \\ y'=\infty \text{ 时}, \qquad \dfrac{\partial \psi'}{\partial y'} = 1. \end{cases} \tag{9.9.8}$$

对于半无穷长平板,没有特征长度,方程组(9.9.6)中的 L 暂时是任意长度.方程(9.9.7)及边界条件(9.9.8)中不出现任何参数,因此无量纲流函数只依赖于无量纲坐标 x' 和 y',即

$$\psi' = \psi'(x', y').$$

把它转换到有量纲形式中去,则有

$$\psi = \sqrt{\nu UL}\,\psi'\left(\frac{x}{L}, y\sqrt{\frac{U}{\nu L}}\right),$$

和有限长平板不一样,半无穷长平板没有特征长度,因此在最后的解中不应该出现特征长度 L,这就要求自变量以组合

$$\eta = \frac{y'}{\sqrt{x'}} = \frac{y\sqrt{\dfrac{U}{\nu L}}}{\sqrt{\dfrac{x}{L}}} = y\sqrt{\frac{U}{\nu x}}$$

的形式出现,而依赖于 η 的函数则以组合

$$\frac{\psi'}{\sqrt{x'}} = \frac{\psi}{\sqrt{\nu UL}}\frac{1}{\sqrt{\dfrac{x}{L}}} = \frac{\psi}{\sqrt{\nu Ux}}$$

的形式出现. 这样,无量纲流函数 ψ 的结构应为

$$\psi' = \sqrt{x'}f\left(\frac{y'}{\sqrt{x'}}\right),$$

---

①　令 $\psi = \Psi\psi'$,将方程组(9.9.6)及上式代入 $u = \dfrac{\partial \psi}{\partial y}$,得

$$Uu' = \frac{\Psi}{L}\sqrt{Re}\,\frac{\partial \psi'}{\partial y'},$$

考虑到 $u' = \dfrac{\partial \psi'}{\partial y'}$,于是 $\Psi = \dfrac{UL}{\sqrt{Re}} = \sqrt{\nu UL}$.

$$\psi = \sqrt{\nu U x}\, f\left(y\sqrt{\frac{U}{\nu x}}\right). \tag{9.9.9}$$

(9.9.9)式亦可写成

$$\psi = \sqrt{\nu U x}\, f(\eta), \tag{9.9.10}$$

其中

$$\eta = y\sqrt{\frac{U}{\nu x}}. \tag{9.9.11}$$

流函数具有(9.9.9)式的形式,这表明边界层的解是相似的. 为了使这个事实明朗化,对 y 微分 ψ,于是

$$u = \frac{\partial \psi}{\partial y} = \sqrt{\nu U x}\,\sqrt{\frac{U}{\nu x}}\, f' = U f'(\eta),$$

即

$$\frac{u}{U} = f'(\eta).$$

其次,根据上一节的分析

$$\delta(x) \sim \sqrt{\frac{\nu x}{U}},$$

于是

$$\frac{y}{\delta(x)} \sim y\sqrt{\frac{U}{\nu x}},$$

这样

$$\frac{u}{U} = F\left(\frac{y}{\delta(x)}\right).$$

可见,无量纲速度 u/U 只依赖于 y/δ. 根据定义(9.9.1)式,边界层的解是相似的. 这样 $\psi(x, y)$ 满足的偏微分方程(9.9.4)应该可以化成 $f(\eta)$ 满足的常微分方程. 这个常微分方程应从(9.9.4)式及(9.9.10)式推出. 计算 ψ 的各阶导数

$$
\begin{cases}
\dfrac{\partial \psi}{\partial y} = U f'(\eta), \quad \dfrac{\partial^2 \psi}{\partial y^2} = U\sqrt{\dfrac{U}{\nu x}}\, f''(\eta), \quad \dfrac{\partial^3 \psi}{\partial y^3} = \dfrac{U^2}{\nu x} f'''(\eta), \\[2mm]
\dfrac{\partial \psi}{\partial x} = \dfrac{1}{2}\sqrt{\dfrac{\nu U}{x}}\, f(\eta) - \sqrt{\nu U x}\,\dfrac{1}{2} y\sqrt{\dfrac{U}{\nu x^3}}\, f'(\eta) \\[2mm]
\qquad = \dfrac{1}{2}\sqrt{\dfrac{\nu U}{x}}\,(f(\eta) - \eta f'(\eta)), \\[2mm]
\dfrac{\partial^2 \psi}{\partial x \partial y} = U f''(\eta)\left(-\dfrac{1}{2} y\sqrt{\dfrac{U}{\nu x^3}}\right) = -\dfrac{1}{2}\dfrac{U}{x}\eta f''(\eta),
\end{cases}
\tag{9.9.12}
$$

代入方程(9.9.4)及边界条件(9.9.5),得

$$2f''' + ff'' = 0, \tag{9.9.13}$$

边界条件为

$$\begin{cases} \eta = 0 \text{ 时}, & f = f' = 0, \\ \eta = \infty \text{ 时}, & f' = 1. \end{cases} \tag{9.9.14}$$

$f(\eta)$ 所满足的方程 (9.9.13) 是一个非线性的三阶常微分方程,形式虽然十分简单,但却无法找出封闭形式的解析解来.布拉休斯当年采用了级数衔接法近似地求出了 (9.9.13) 式的解.而后**托柏弗**(Töpfer)、**戈尔茨坦**(Goldstein)、**豪沃斯**(Howarth)、**哈特里**(Hartree)等人分别用数值方法和不同精度求出了 (9.9.13) 式的解.现在我们分别介绍一下这两种方法.

a) 级数衔接法

布拉休斯将解在 $\eta = 0$ 附近展开成级数形式,并找出它在 $\eta = \infty$ 附近的渐近展开式,然后将两个解衔接起来.将 $f(\eta)$ 在 $\eta = 0$ 附近展开成泰勒级数

$$f(\eta) = \sum_{n=0}^{\infty} \frac{f^{(n)}(0)}{n!} \eta^n, \tag{9.9.15}$$

现用归纳法证明

$$\begin{cases} f^{(3k)}(0) = 0, \\ f^{(3k+1)}(0) = 0, \\ f^{(3k+2)}(0) = \left(-\frac{1}{2}\right)^k C_k \alpha^{k+1}, \end{cases} \tag{9.9.16}$$

其中

$$\alpha = f''(0), \quad C_k = \sum_{r=0}^{k-1} \binom{3k-1}{3r} C_{k-r-1} C_r. \tag{9.9.17}$$

当 $k = 0$ 时,从 (9.9.14) 式看出 (9.9.16) 式成立

$$f(0) = 0, \quad f'(0) = 0, \quad f''(0) = \alpha,$$

且 $C_0 = 1$. 设 $n \le k-1$ 时 (9.9.16) 式成立,现证 $n = k$ 时也对.对 (9.9.13) 式分别微分 $3k-3, 3k-2, 3k-1$ 次,根据莱布尼茨公式,我们有

$$f^{(3k)}(0) = -\frac{1}{2}\Bigg[f^{(3k-3)}(0) f''(0)$$
$$+ \binom{3k-3}{1} f^{(3k-4)}(0) f'''(0) + \cdots + f(0) f^{(3k-1)}(0) \Bigg],$$

$$f^{(3k+1)}(0) = -\frac{1}{2}\Bigg[f^{(3k-2)}(0) f''(0)$$
$$+ \binom{3k-2}{1} f^{(3k-3)}(0) f'''(0) + \cdots + f(0) f^{(3k)}(0) \Bigg],$$

$$f^{(3k+2)}(0) = -\frac{1}{2}\Bigg[f^{(3k-1)}(0) f''(0)$$

$$+ \binom{3k-1}{1} f^{(3k-2)}(0) f'''(0) + \cdots + f(0) f^{(3k+1)}(0) \bigg].$$

因为当 $n \leqslant k-1$ 时(9.9.16)式成立,故

$$f^{(3k)}(0) = 0, \quad f^{(3k+1)}(0) = 0,$$

而

$$f^{(3k+2)}(0) = -\frac{1}{2} \sum_{r=0}^{k-1} \binom{3k-1}{3r} f^{(3k-1-3r)}(0) f^{(3r+2)}(0)$$

$$= -\frac{1}{2} \sum_{r=0}^{k-1} \binom{3k-1}{3r} \left(-\frac{1}{2}\right)^{k-r-1} C_{k-r-1} \alpha^{k-r} \left(-\frac{1}{2}\right)^r C_r \alpha^{r+1}$$

$$= \left(-\frac{1}{2}\right)^k \alpha^{k+1} \sum_{r=0}^{k-1} \binom{3k-1}{3r} C_{k-r-1} C_r,$$

由此推出

$$f^{(3k+2)}(0) = \left(-\frac{1}{2}\right)^k C_k \alpha^{k+1},$$

且

$$C_k = \sum_{r=0}^{k-1} \binom{3k-1}{3r} C_{k-r-1} C_r.$$

将(9.9.16)式代入(9.9.15)式,$f(\eta)$ 可表成

$$f(\eta) = \sum_{k=0}^{\infty} \left(-\frac{1}{2}\right)^k \frac{C_k \alpha^{k+1}}{(3k+2)!} \eta^{3k+2}, \tag{9.9.18}$$

系数 $C_k (k \geqslant 1)$ 可以由 $C_0 = 1$ 出发根据(9.9.17)式逐次地求得,它们是

$$C_0 = 1, \quad C_1 = 1, \quad C_2 = 11, \quad C_3 = 375,$$

$$C_4 = 27897, \quad C_5 = 3817137, \quad \cdots.$$

(9.9.18)式中的系数 $\alpha = f''(0)$ 暂时还未确定,它应由 $\eta = \infty$ 时 $f' = 1$ 的条件定出. 实际计算表明,级数(9.9.18)在 $\eta < 2$ 时收敛得很快,比较适用,但当 $\eta > 2$ 时收敛得较慢,用它做计算不太准确. 若 η 大于收敛半径,则级数(9.9.18)根本不能使用. 现在我们研究一下函数 $f(\eta)$ 在大 η 时的渐近展开式. 设大 η 时 f 的渐近展开式可表成

$$f = f_1 + f_2 + \cdots, \tag{9.9.19}$$

其中 f_1 是主要项,$f_2 \ll f_1$,取均匀直线势流的解 $f_1' = u/U = 1$ 为一级近似,于是

$$f_1 = \eta - \beta, \tag{9.9.20}$$

其中 β 待定. 现求二级近似,将 $f = \eta - \beta + f_2$ 代入方程(9.9.13),并忽略二阶以上小量,得

$$2f_2''' + f_1 f_2'' = 0.$$

积分一次得

$$\ln f''_2 = -\frac{1}{4}(\eta - \beta)^2 + \ln\gamma,$$

$$f''_2 = \gamma e^{-(\eta-\beta)^2/4},$$

其中 γ 为待定的积分常数. 为了保证 $f'(\infty)=1$, 要求 $f'_2(\infty)=0$. 此外令 $f_2(\infty)=0$, 考虑到这些, 我们将 f_2 积分两次得

$$f_2 = \gamma \int_\infty^\eta d\xi \int_\infty^\xi e^{-(\zeta-\beta)^2/4} d\zeta,$$

于是二级近似的渐近展开式为

$$f = \eta - \beta + \gamma \int_\infty^\eta d\xi \int_\infty^\xi e^{-(\zeta-\beta)^2/4} d\zeta. \tag{9.9.21}$$

f_2 的性质基本上和 $e^{-\eta^2}$ 一样, 当 $\eta\to\infty$ 时, 它很快地趋于零. 因此 f' 亦将以 $e^{-\eta^2}$ 的速率趋于极限值 1.

为了得到在整个区域内成立的 $f(\eta)$, 必须将级数(9.9.18)和渐近展开式(9.9.21)衔接起来. (9.9.18)式只满足两个边界条件, 故有一个常数 α 未定, 而(9.9.21)式只满足一个边界条件, 有两个常数 β,γ 未定. 这三个常数应在衔接过程中确定出来. 可以有两种衔接方法:

1) 选出两个解都合用的某点 $\eta=\eta_1$, 在此点上令两者的 f,f' 及 f'' 相等, 由此定出 α,β,γ. 根据这种办法, 布拉休斯计算出来的结果为

$$\alpha = 0.332, \quad \beta = 1.73, \quad \gamma = 0.231;$$

2) 选出两个解都适用的三点, 在这三点上令两者的 f 相等, 由此定出 α, β,γ.

b) 数值积分法

级数衔接法比较粗糙, 为了更精确地求出方程(9.9.13)的解, 我们采用数值积分方法. 应该注意到, (9.9.13)及(9.9.14)式是边值问题. 两个边界条件给在 $\eta=0$ 上, 另一边界条件则给在 $\eta=\infty$ 上. 大家知道, 进行数值积分必须从一头开始, 为此应该在 $\eta=0$ 上给出三个初值. $f=f'=0$ 是给定的, 此外还要知道 $f''=\alpha$ 的值, 但是 α 在问题未解出前并不知道, 这就使数值积分无从开始. 为了解决这个困难, 我们先求方程 $2F'''+FF''=0$ 满足边界条件 $F=F'=0, F''=1$ 的解(相当于 $\alpha=1$ 的情形). 然后设法建立函数 f 和 F 的关系, 并由此定出 α. 有了 α 后就可以毫无困难地对方程(9.9.13)进行数值计算. 从方程(9.9.13)及(9.9.14)

的结构可确信①

$$f = \alpha^{1/3} F(\alpha^{1/3} \eta). \tag{9.9.22}$$

微分(9.9.22),得

$$f' = \alpha^{2/3} F'(\alpha^{1/3} \eta)$$

取极限

$$\lim_{\eta \to \infty} f' = \alpha^{2/3} \lim_{\eta \to \infty} F'(\alpha^{1/3} \eta) = \alpha^{2/3} \lim_{\eta \to \infty} F'(\eta) = 1,$$

于是

$$\alpha = \left[\frac{1}{\displaystyle\lim_{\eta \to \infty} F'(\eta)} \right]^{3/2}.$$

当我们用数值方法求出 $F(\eta)$ 后,自然地也求出了 $\displaystyle\lim_{\eta \to \infty} F'(\eta)$ 及 α. 在实际计算中不能一直算到 $\eta = \infty$,只能算到 F' 已变化很慢的数值,近似地取此数值为 F' 的极限值 $\displaystyle\lim_{\eta \to \infty} F'(\eta)$. 这里我们引出托柏弗的计算结果

$$\lim_{\eta \to \infty} F'(\eta) = 2.0854, \quad \alpha = 0.33206.$$

有了 α,就可以从 $\eta = 0$ 开始用各种数值方法积分方程(9.9.13)求出 f, f', f''. 下面我们给出豪沃斯计算的精度较高的数值结果(表 9.9.1).

表 9.9.1

$\eta = y\sqrt{\dfrac{U}{\nu x}}$	f	$f' = \dfrac{u}{U}$	f''	$\eta = y\sqrt{\dfrac{U}{\nu x}}$	f	f'	f''
0	0	0	0.33206	3.2	1.56911	0.87609	0.13913
0.4	0.02656	0.13277	0.33147	3.6	1.92954	0.92333	0.09809
0.8	0.10611	0.26471	0.32739	4.0	2.30576	0.95552	0.06424
1.2	0.23795	0.39378	0.31659	4.4	2.69238	0.97587	0.03897
1.6	0.42032	0.51676	0.29667	5.0	3.28329	0.99155	0.01591
2.0	0.65003	0.62977	0.26675	6.0	4.27964	0.99898	0.00240
2.4	0.92230	0.72899	0.22809	7.0	5.29926	0.99992	0.00022
2.8	1.23099	0.81152	0.18401	8.0	6.27923	1.00000	0.00001

---

① 设 F 满足 $2F''' + FF'' = 0$ 及 $F(0) = F'(0) = 0$, $F''(0) = 1$,则由(9.9.22)式得

$$f''' = \alpha^{4/3} F''', \quad ff'' = \alpha^{4/3} FF'',$$

于是

$$2f''' + ff'' = \alpha^{4/3}(2F''' + FF'') = 0.$$

其次,由 $F(0) = F'(0) = 0$ 及 $F''(0) = 1$ 得

$$f(0) = f'(0) = 0, \quad f'' = \alpha.$$

这样我们看到,由(9.9.22)式确定的 $f(\eta)$ 的确满足方程(9.9.13)及边界条件(9.9.14),因此是它的解. 也就是说,函数 $f(\eta)$ 和 $F(\eta)$ 以(9.9.22)式联系起来.

现在我们根据数值计算结果,分析平板边界层内的主要物理量.

1) 速度剖面.

根据数值计算表格,图 9.9.2 绘出了纵向速度分布 $u/U = f'(\eta)$. 这是一条光滑曲线,在板面附近曲率很小,接近于直线,而后较陡地趋近于水平直线 $u/U = 1$. 在板面上,曲线有一拐点,因为在 $y = 0$ 处 $\frac{\partial^2 u}{\partial y^2} = 0$. 其次从图上可以看出 $u/U = f'(\eta)$ 的确以指数规律很快地趋于无穷远处的渐近值. 实际上当 $\eta = 5$ 时它已非常接近于 1 了.

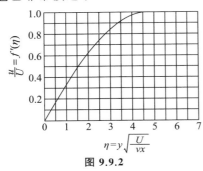

图 9.9.2

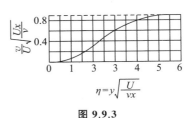

图 9.9.3

依照(9.9.12)式,横向速度由下式确定:

$$v = -\frac{\partial \psi}{\partial x} = \frac{1}{2}\sqrt{\frac{\nu U}{x}}(\eta f' - f).$$

利用上表计算了 v 在不同 η 的数值. 计算结果画在图 9.9.3 上. 横向速度从板面上的零值很慢地上升,然后较快地增加,在无穷远处趋于

$$v_\infty = 0.865 U \sqrt{\frac{\nu}{Ux}}. \tag{9.9.23}$$

这就表明,在边界层外部边界有一向外流去的流体运动,它是由于板面黏性滞止作用使边界层厚度增长从而把流体从板面附近排挤出去所造成的. 应该指出,在边界层外部边界上,横向速度并不等于外流的零值,这恰好反映了边界层对外流的影响.

因为平板边界层没有逆压

$$\left(\frac{\partial u}{\partial y}\right)_{y=0} > 0,$$

所以不存在分离现象.

2) 边界层厚度.

上面已经说过,我们规定纵向速度分量 u 和外流值 U 相差 1% 的地方为边界层厚度. 从数值计算表格看出,对应的 η 约等于 5. 于是边界层厚度为

$$\delta \approx 5.0 \sqrt{\frac{\nu x}{U}},$$

这个结果和上面引出的定性分析结果完全一致. 这里只是针对平板情形把比例因子求了出来. 边界层厚度和横坐标 x 的平方根成正比, 见图 9.9.4, 它是一抛物线关系.

3) 摩擦阻力.

板面上局部摩擦阻力为

$$\tau = \mu \left(\frac{\partial u}{\partial y} \right)_{y=0} = \mu \sqrt{\frac{U^3}{\nu x}} f''(0).$$

根据表格

$$\alpha = f''(0) = 0.332,$$

于是

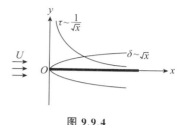

图 9.9.4

$$\tau = 0.332 \mu U \sqrt{\frac{U}{\nu x}}. \tag{9.9.24}$$

引进局部阻力系数

$$C_x = \frac{\tau}{\frac{1}{2}\rho U^2} = 0.664 \sqrt{\frac{\nu}{U x}},$$

即

$$C_x = \frac{0.664}{\sqrt{Re_x}}, \tag{9.9.25}$$

其中

$$Re_x = \frac{U x}{\nu}.$$

长为 L, 宽为 b 且两边浸润在流体中的平板, 它所遭受到的总摩擦阻力为

$$W = 2b \int_0^L \tau \, dx = 2 f''(0) b \sqrt{\mu \rho U^3} \int_0^L \frac{dx}{\sqrt{x}}$$

$$= 1.328 b \sqrt{\mu \rho U^3 L}, \tag{9.9.26}$$

于是总的阻力系数为

$$C_f = \frac{W}{\frac{1}{2}\rho U^2 \cdot 2bL} = \frac{1.328}{\sqrt{Re}}. \tag{9.9.27}$$

首先, (9.9.24)~(9.927)式表明, 摩擦阻力和 $\sqrt{Re}$ 成反比, 亦即摩擦阻力和来流速度的 3/2 次方成正比. 我们知道, 在小 Re 流动中, 摩擦阻力是和速度的一次方成正比. 因此大 Re 的摩擦阻力较大. 其次从(9.9.24)式看出板面摩擦阻力以

$1/\sqrt{x}$ 的规律沿板面衰减. 这是因为在平板下游边界层较厚, 板面的剪切力相应地较小, 因此阻力较前缘为小. 局部摩擦阻力变化曲线和边界层厚度一起画在图 9.9.4 上.

上述结果首先由布拉休斯研究, 所以常称为 **布拉休斯平板解**.

布拉休斯结果在层流范围内和实验结果符合得很好. 下面我们将 **尼库拉泽**（Nikuradse）测出的速度分布、**哈森**（Hasen）测出的边界层厚度、**李普曼**（Liepmann）**及达万**（Dhawan）测出的局部阻力系数与布拉休斯的理论结果在图 9.9.5 中进行比较.

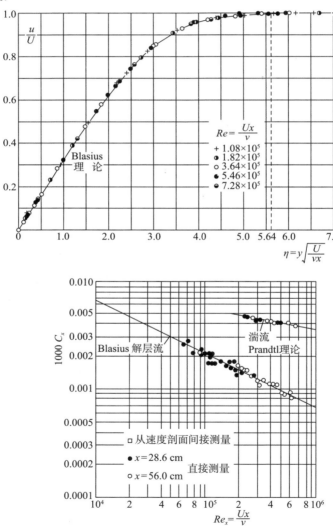

图 9.9.5

尼库拉泽测量了几个截面上的速度分布曲线,它们几乎完全落在理论曲线上,这说明平板边界层的速度剖面的确是相似的,而且理论和实验结果符合得很好.

边界层厚度及摩擦阻力的实验结果在层流范围内也和实验结果出色地符合. 当 Re 超过临界值时(约为 2×10^5 到 6×10^5),层流边界层转化为湍流边界层. 此时,边界层内空气动力学的规律完全改观,这点从图 9.9.6 上看得很清楚.

最后我们对布拉休斯解进行一些必要的讨论.

1) 当局部雷诺数 Re_x 较小,等于或小于 100 时,上述边界层理论不再适用. 例如在平板的前缘附近,情况就是如此. 因为那里 x 很小,根据 x 定义的 Re_x 也就不大. 为什么在前缘附近,布拉休斯解不能用呢? 原来在平板前缘,速度沿板面由前缘点零值很快变到来流的量阶,因此,沿 x 方向的速度变化将和沿 y 方向的速度变化同样重要,对它作边界层近似显然并不合适. 勉强用边界层方程求解,就会在解中人为地出现奇性. 考察 v 及 τ 的表达式(9.9.23),(9.9.24),我们就会看到,在平板前缘 $x=0$ 处,v 及 τ 都趋于无穷. 这奇性显然不反映实际情况,是我们做不正确近似带来的后果. 为了正确处理前缘附近小 Re 流动,有两条途径:(1)从纳维-斯托克斯方程出发考虑问题. 柯钦(Кочин)尝试了这条路,但没有做完,比较困难;(2)进一步修正边界层方程,以 $1/\sqrt{Re}$ 为小参数求纳维-斯托克斯方程的高级近似. 因为一级近似边界层方程中有奇性,所以在求高级近似时需要设法处理它们. 我国著名力学家**郭永怀**在 1952 年出色地用 PLK 方法(K 就是郭永怀)解决了这个问题. 他得到了前缘附近和实际情况符合的流动状态,并求出了修正的摩擦阻力系数公式

$$C_f = \frac{1.328}{\sqrt{Re}} + \frac{4.18}{Re}. \tag{9.9.28}$$

这个公式在大雷诺数情况下和布拉休斯解一样,因为修正项 $4.18/Re$ 起的作用很小. 但在小雷诺数时,$4.18/Re$ 起愈来愈大的作用,开始从布拉休斯阻力曲线偏离并向实验结果靠拢. 从图 9.9.7 上可见,一直到 $Re=10$,它都和实验结果符合得很好.

2) 上面我们处理的是半无穷长平板,实际的平板当然都是有限长的. 有限长平板处理起来相当困难,因为有特征长度,相似性解将不存在,不得不从原始的普朗特方程出发解决问题,这样就比较麻烦了. 对于较长的平板我们仍然可以近似地利用布拉休斯解求摩擦阻力等结果. 后缘端点存在对流场及特征量是有影响的,但是这影响对于摩擦阻力而言是 $O(\delta^2)$ 的量阶,可以忽略.

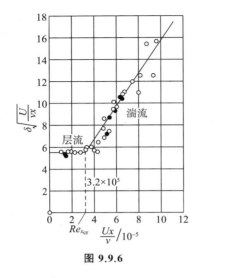

图 9.9.6

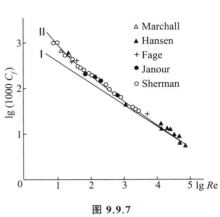

图 9.9.7

9.10　动量积分关系式方法

边界层方程虽然比纳维-斯托克斯方程简单,但是仍然是非线性的.只有在平板、楔形物体、源流等少数几种情形下才能找到相似性的精确解.这些流动都比较简单,比较特殊.工程中遇到的现实情形大多是任意翼型绕流问题,而在外流速度分布任意的情况下直接积分普朗特方程一般说来相当困难.为此人们不得不采用近似方法.这里我们只向大家介绍一种计算量较小,工程中广泛采用的动量积分关系式方法.动量积分关系式方法是**卡门**(Kármán)在 1921 年首先提出的,由**波尔豪森**(Pohlhausen)具体地加以实现.它的基本思想如下:用一个只依赖于 x 的单参数剖面族近似地代替真实剖面 $u(x,y)$,为了使近似剖面尽可能地接近真实,我们这样选择它,使其满足壁面和边界层外部边界上的主要边界条件.于是,当 x 取不同数值时,将得到各个不同截面上的速度剖面,有的描绘了加速区的情况,有的反映了减速区有拐点的速度曲线.用单参数剖面族代替真实剖面在数学上相当于用一个一元函数逼近二元函数.原来的二元函数满足偏微分方程组,现在单参数剖面族只需满足一个常微分方程就可以了.为了确定上述参数和纵向坐标 x 的关系,卡门利用了动量积分,它可以用动量定理导出,也可以通过沿边界层厚度的方向积分普朗特方程得到.这样做的意思就是不要求每个流体质点细致地满足边界层方程,而只要求平均地、总体地满足沿边界层厚度的动量积分关系.解出常微分方程后得到参数和 x 的关系,于是速度剖面也就完全知道,据此可计算各种感兴趣的物理量.根据上面所提出的基本思想,动量积分关系式方法包括如下几个主要步骤:(1)导出卡门动量积分,在这个积分中将出现两个新的量,即位移厚度及动量损失厚度,因此在推导前首先需要阐明这两个厚度的物理意义;(2)研究近似速度剖面族应该满足的边界条件.把这些准备工作做完之后,我们采用动量积分关系式方法处理平板边界层问题作为第一步,通过和布拉休斯精确解的比较,检验近似方法的精度.然后再应用这个方法处理任意物体上的边界层.

a)位移厚度及动量损失厚度

在动量积分方程中将自然地出现两个长度量纲的物理量,**位移厚度**

$$\delta^* = \int_0^{\delta,\infty} \left(1 - \frac{u}{U}\right) \mathrm{d}y \qquad (9.10.1)$$

及**动量损失厚度**

$$\delta^{**} = \int_0^{\delta,\infty} \frac{u}{U}\left(1 - \frac{u}{U}\right) \mathrm{d}y. \qquad (9.10.2)$$

δ 对应于有限厚度理论,∞ 则对应于渐近理论.这两个厚度都有明显的物理意义,分别与流量和动量有着密切的关系.下面分别比较细致地考察它们的物理含义.

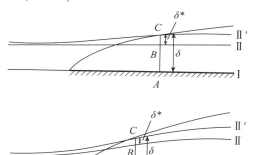

图 9.10.1

1)位移厚度.

理想流体流过曲面物体(或平板)时流线 II 如图 9.10.1 所示.如果考虑黏性流体绕曲面(或平板)的流动,则在物体附近拉起一层薄边界层.在边界层内由于壁面黏性滞止作用,流速减小,为了保证通过流管的流量相等,流线必须向外偏移.此外,由于边界层存在,流线向外偏移排挤了外流,从而对外流发生作用,于是边界层外理想流体的绕流图案已和没有边界层时有所不同,流线亦将向外偏移.只有在无穷远处,因边界层对外流的影响逐渐消失,流线仍处在原来的位置,没有变化.黏性流体情形的流线型状如 II′所示.现在我们计算边界层边界上流线偏移了多少.显然,理想流体通过流管 I II 的流量和黏性流体通过流管 I II′的流量是相等的.在流线 II′和边界层边界相交的截面上,理想流体通过 AB 的流量为

$$U(\delta - \delta^*), \qquad (9.10.3)$$

其中 δ 为边界层厚度,δ^* 为理想流线被排挤出去的距离.因 AB 非常短,理想流动的速度 U 可认为都是常数,取壁面上的值.此外,黏性流体通过 AC 的流量为

$$\int_0^\delta u\,\mathrm{d}y. \qquad (9.10.4)$$

令(9.10.3)式和(9.10.4)式相等得

$$U(\delta - \delta^*) = \int_0^\delta u \, \mathrm{d}y, \tag{9.10.5}$$

于是

$$U\delta^* = \int_0^\delta (U - u) \, \mathrm{d}y, \tag{9.10.6}$$

$$\delta^* = \int_0^\delta \left(1 - \frac{u}{U}\right) \mathrm{d}y.$$

如果黏性流体流动渐近地趋于理想流体流动,则 $\delta = \infty$. 于是边界层外部流线的偏移为

$$\delta^* = \int_0^\infty \left(1 - \frac{u}{U}\right) \mathrm{d}y,$$

由此可见,以(9.10.1)式定义的

$$\delta^* = \int_0^{\delta, \infty} \left(1 - \frac{u}{U}\right) \mathrm{d}y$$

代表理想流体的流线在边界层外部边界上由于黏性作用向外偏移的距离. 正因为 δ^* 有这样的物理意义,故取名为位移厚度(或排挤厚度).

根据(9.10.6)式位移厚度还可以作这样的解释:

$$\int_0^\delta (U - u) \, \mathrm{d}y$$

代表由于黏性滞止作用,理想流体中流量的损失. 这损失掉的流量若以理想流体的速度 U 向前流动,则需位移厚度的距离 δ^* 才能流尽. 上述事实可用图 9.10.2 直观地表示出来. 速度剖面 OL 下的面积代表积分

$$\int_0^\delta (U - u) \, \mathrm{d}y,$$

作面积 $ONMP$ 使之和 OLP 相同,则 $ONMP$ 的高就是位移厚度 δ^*.

2) 动量损失厚度.

将(9.10.2)式改写为

$$\rho U^2 \delta^{**} = \int_0^{\delta, \infty} \rho u (U - u) \, \mathrm{d}y. \tag{9.10.7}$$

首先阐明(9.10.7)式右边积分

$$\int_0^\delta \rho u (U - u) \, \mathrm{d}y$$

的物理意义. 考虑流量相同的流管中由于黏性作用理想流体动量的损失. 在流线 Ⅱ′ 和边界层外部边界相交的截面上,理想流体通过流管 Ⅰ Ⅱ 的动量为

$$\rho U^2 (\delta - \delta^*),$$

而在同一截面上,黏性流体通过流管 Ⅰ Ⅱ′(注意,它在无穷远处与流管 Ⅰ Ⅱ 重合,故两个流管的流量相等)的动量则为

$$\int_0^\delta \rho u^2 \, \mathrm{d}y.$$

于是在流量相同的流管中,由于黏性作用,动量的损失为

$$\rho U^2(\delta - \delta^*) - \int_0^\delta \rho u^2 \, \mathrm{d}y,$$

利用(9.10.5)式,亦可写成

$$\int_0^\delta \rho u U \, \mathrm{d}y - \int_0^\delta \rho u^2 \, \mathrm{d}y = \int_0^\delta \rho u (U - u) \, \mathrm{d}y.$$

这样的动量损失如果以理想流体的动量 ρU^2 向前流去,
所需要的厚度为

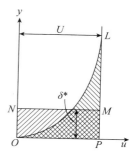

图 9.10.2

$$\frac{1}{\rho U^2} \int_0^\delta \rho u (U - u) \, \mathrm{d}y = \int_0^\delta \frac{u}{U} \left(1 - \frac{u}{U}\right) \mathrm{d}y,$$

显然这就是动量损失厚度 δ^{**}. 若 $\delta \to \infty$,则有

$$\delta^{**} = \int_0^\infty \frac{u}{U} \left(1 - \frac{u}{U}\right) \mathrm{d}y,$$

δ^*, δ^{**} 和边界层厚度具有相同的数量阶. 从(9.10.1),(9.10.5)及(9.10.2)式容易看出,$0 < \delta^*, \delta^{**} < \delta$. 为了对 δ^*, δ^{**} 有一个具体的数值概念,考虑平板边界层中的 δ^*, δ^{**},易见

$$\delta^* = \sqrt{\frac{\nu x}{U}} \int_0^\infty (1 - f') \, \mathrm{d}\eta,$$

$$\delta^{**} = \sqrt{\frac{\nu x}{U}} \int_0^\infty f'(1 - f') \, \mathrm{d}\eta.$$

利用布拉休斯解的数值结果,经过计算得

$$\delta^* = 1.72 \sqrt{\frac{\nu x}{U}}, \quad \delta^{**} = 0.664 \sqrt{\frac{\nu x}{U}},$$

与边界层厚度

$$\delta \approx 5 \sqrt{\frac{\nu x}{U}}$$

相比较,可以看出 δ^*, δ^{**} 的确和 δ 同数量阶,而且 δ^*, δ^{**} 都小于 δ,分别约为 δ 的 1/3 和 1/8.

与边界层厚度 δ 相比较,位移厚度 δ^* 及动量损失厚度 δ^{**} 具有不少优点及独特的用途. 首先,δ^*, δ^{**} 具有鲜明的物理意义;其次,在渐近理论中当速度分布 $u(x, y)$ 给定后,δ^* 和 δ^{**} 是数学上完全确定的物理量,而我们知道,边界层厚度 δ 却具有一定任意性;最后,在考虑外流和边界层相互干涉的问题中,有效物体通常取作原有物体加上位移厚度 δ^*,因此考虑边界层对外流的干扰作用时,须要用到位移厚度 δ^*. 此外,容易想象,物体所遭受的阻力则常和动量损失

厚度 δ^{**} 联系在一起.

b) 卡门动量积分方程

我们先采用比较数学的方法从普朗特边界层方程导出动量积分方程,而后再用物理概念十分清楚的动量定理又一次地把它推导出来.

写出二维定常情形的不可压缩流体边界层方程

$$\begin{cases} u\dfrac{\partial u}{\partial x}+v\dfrac{\partial u}{\partial y}=U\dfrac{\mathrm{d}U}{\mathrm{d}x}+\nu\dfrac{\partial^2 u}{\partial y^2}, \\[2mm] \dfrac{\partial u}{\partial x}+\dfrac{\partial v}{\partial y}=0. \end{cases} \tag{9.10.8}$$

将连续性方程乘以 u 并和动量方程相加,得

$$\frac{\partial u^2}{\partial x}+\frac{\partial uv}{\partial y}=U\frac{\mathrm{d}U}{\mathrm{d}x}+\nu\frac{\partial^2 u}{\partial y^2}.$$

其次,将连续性方程改写为

$$\frac{\partial(Uu)}{\partial x}+\frac{\partial(Uv)}{\partial y}=u\frac{\mathrm{d}U}{\mathrm{d}x},$$

两式相减得

$$\frac{\partial}{\partial x}[u(U-u)]+\frac{\partial}{\partial y}[v(U-u)]+(U-u)\frac{\mathrm{d}U}{\mathrm{d}x}=-\nu\frac{\partial^2 u}{\partial y^2}.$$

将上式对 y 积分,积分限为 0 及 ∞,或 0 及 δ,得

$$\int_0^{\delta,\infty}\frac{\partial}{\partial x}[u(U-u)]\mathrm{d}y+[v(U-u)]\Big|_0^{\delta,\infty}$$
$$+\frac{\mathrm{d}U}{\mathrm{d}x}\int_0^{\delta,\infty}(U-u)\mathrm{d}y=-\nu\frac{\partial u}{\partial y}\Big|_0^{\delta,\infty}. \tag{9.10.9}$$

考虑到 $y=\delta,\infty$ 时,$u=U,\dfrac{\partial u}{\partial y}=0$,以及 $y=0$ 时,$u=v=0$,得

$$[v(U-u)]\Big|_0^{\delta,\infty}=0,\qquad -\nu\frac{\partial u}{\partial y}\Big|_0^{\delta,\infty}=\nu\left(\frac{\partial u}{\partial y}\right)_{y=0}.$$

其次,因

$$\int_0^{\infty}\frac{\partial}{\partial x}[u(U-u)]\mathrm{d}y=\frac{\mathrm{d}}{\mathrm{d}x}\int_0^{\infty}u(U-u)\mathrm{d}y,$$

$$\int_0^{\delta}\frac{\partial}{\partial x}[u(U-u)]\mathrm{d}y=\frac{\mathrm{d}}{\mathrm{d}x}\int_0^{\delta}u(U-u)\mathrm{d}y-[u(U-u)]_{y=\delta}\frac{\mathrm{d}\delta}{\mathrm{d}x}$$

$$=\frac{\mathrm{d}}{\mathrm{d}x}\int_0^{\delta}u(U-u)\mathrm{d}y,$$

于是(9.10.9)式变成

$$\frac{\mathrm{d}}{\mathrm{d}x}\int_0^{\delta,\infty}u(U-u)\mathrm{d}y+\frac{\mathrm{d}U}{\mathrm{d}x}\int_0^{\delta,\infty}(U-u)\mathrm{d}y=\nu\left(\frac{\partial u}{\partial y}\right)_{y=0}. \tag{9.10.10}$$

按照位移厚度 δ^* 的定义(9.10.1)及动量损失厚度 δ^{**} 的定义(9.10.2),并令

$$\tau_w = \mu \left(\frac{\partial u}{\partial y} \right)_{y=0},$$

上式可简写为

$$\frac{\mathrm{d}}{\mathrm{d}x}(U^2 \delta^{**}) + U \frac{\mathrm{d}U}{\mathrm{d}x}\delta^* = \frac{\tau_w}{\rho},$$

展开后得

$$\frac{\mathrm{d}\delta^{**}}{\mathrm{d}x} + \frac{1}{U}\frac{\mathrm{d}U}{\mathrm{d}x}(2\delta^{**} + \delta^*) = \frac{\tau_w}{\rho U^2}. \tag{9.10.11}$$

在文献中通常习惯地令

$$H = \frac{\delta^*}{\delta^{**}},$$

这样(9.10.11)式也可具有下列形式

$$\frac{\mathrm{d}\delta^{**}}{\mathrm{d}x} + \frac{U'}{U}\delta^{**}(2+H) = \frac{\tau_w}{\rho U^2}. \tag{9.10.12}$$

(9.10.11)式和(9.10.12)式是卡门在 1921 年首先推导出来的,故称**卡门动量积分方程**.

现在利用动量定理推导有限厚度理论中的卡门动量积分方程. 取如图 9.10.3 所示固定在空间中的体积元 $ABCD$,它由 x 和 $x+\mathrm{d}x$ 处的两个无限邻近的边界层横截面 AB,CD,壁面 AD 及外部边界 BC 组成. 对 $ABCD$ 应用欧拉形式的动量定理. 大家知道,动量定理表明:在定常运动情形,通过 $ABCD$ 的动量流等于作用在 $ABCD$ 上的合力. 我们现在写出动量定理在 x 方向的投影. 首先计算通过 $ABCD$ 的动量流在 x 方向的投影. 单位时间通过 x 截面流入 $ABCD$ 的动量为

$$J = \int_0^\delta \rho u^2 \,\mathrm{d}y,$$

将 $x+\mathrm{d}x$ 截面处流出的动量减去 x 截面流入的动量,得流出的动量为

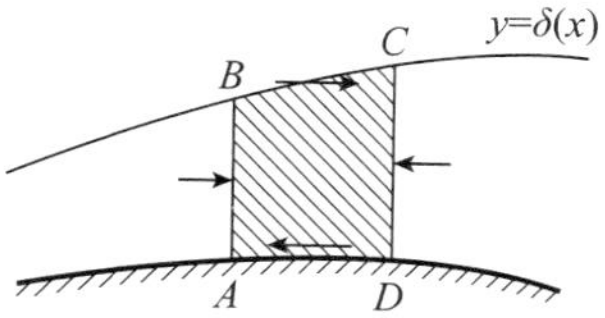

图 9.10.3

$$\frac{\partial J}{\partial x}\mathrm{d}x = \frac{\partial}{\partial x}\left(\int_0^\delta \rho u^2 \,\mathrm{d}y \right)\mathrm{d}x.$$

因 AD 是壁面,通过它没有动量流出,所以不必考虑. 最后计算通过 BC 的动量,为此必须首先明确到底有多少流体通过 BC 流入 $ABCD$. 单位时间内通过 x 截面流入的流体是

$$Q = \int_0^\delta \rho u \,\mathrm{d}y,$$

因此,将 $x+\mathrm{d}x$ 截面上流出的质量减去 x 截面流入的质量,得通过 BC 流出的

质量

$$\frac{\partial Q}{\partial x}\mathrm{d}x = \frac{\partial}{\partial x}\left(\int_0^\delta \rho u\,\mathrm{d}y\right)\mathrm{d}x.$$

根据质量守恒定理,通过 AB, CD 流出的质量显然等于通过 BC 流进来的质量. 于是通过 BC 将有流量

$$\frac{\mathrm{d}}{\mathrm{d}x}\left(\int_0^\delta \rho u\,\mathrm{d}y\right)\mathrm{d}x$$

流入. 因边界层外部边缘上 $u = U$,于是通过 BC 流入的动量为

$$U\frac{\mathrm{d}}{\mathrm{d}x}\left(\int_0^\delta \rho u\,\mathrm{d}y\right)\mathrm{d}x.$$

总起来,通过 $ABCD$ 流出的动量将是

$$\left(\frac{\mathrm{d}}{\mathrm{d}x}\int_0^\delta \rho u^2\,\mathrm{d}y - U\frac{\mathrm{d}}{\mathrm{d}x}\int_0^\delta \rho u\,\mathrm{d}y\right)\mathrm{d}x. \tag{9.10.13}$$

其次,考虑作用在 $ABCD$ 上的力在 x 方向的投影. 作用在 $ABCD$ 上的力因忽略质量力故只有面力,它由作用在 AB, BC, CD, DA 上的力组成,我们约定沿正 x 方向的力取正号,沿负 x 方向的力取负号,于是四个面力分别为:(1)作用在 AD 上的摩擦阻力 $-\tau_w\,\mathrm{d}x$;(2)作用在 BC 上的压力(因处在与理想流动相邻的边界上切应力为零)为 $p\dfrac{\mathrm{d}\delta}{\mathrm{d}x}\mathrm{d}x$;(3)作用在 AB 及 CD 上的压强 $p\delta$ 及 $-p\delta - \dfrac{\mathrm{d}(p\delta)}{\mathrm{d}x}\mathrm{d}x$,这里已考虑到黏性力为零及压强穿过边界层不变的事实. 将这些力加起来,得面力总和为

$$p\delta - p\delta - \frac{\mathrm{d}(p\delta)}{\mathrm{d}x}\mathrm{d}x + p\frac{\mathrm{d}\delta}{\mathrm{d}x}\mathrm{d}x - \tau_w\,\mathrm{d}x = \left(-\delta\frac{\mathrm{d}p}{\mathrm{d}x} - \tau_w\right)\mathrm{d}x. \tag{9.10.14}$$

根据动量定理,(9.10.13)式等于(9.10.14)式,于是

$$\frac{\mathrm{d}}{\mathrm{d}x}\int_0^\delta \rho u^2\,\mathrm{d}y - U\frac{\mathrm{d}}{\mathrm{d}x}\int_0^\delta \rho u\,\mathrm{d}y = -\delta\frac{\mathrm{d}p}{\mathrm{d}x} - \tau_w.$$

将 $\dfrac{\mathrm{d}p}{\mathrm{d}x}$ 换成 $-\rho U\dfrac{\mathrm{d}U}{\mathrm{d}x}$,并做以下变换:

$$\frac{\mathrm{d}}{\mathrm{d}x}\int_0^\delta \rho u^2\,\mathrm{d}y - \frac{\mathrm{d}}{\mathrm{d}x}\int_0^\delta \rho Uu\,\mathrm{d}y + \frac{\mathrm{d}U}{\mathrm{d}x}\int_0^\delta \rho u\,\mathrm{d}y - \frac{\mathrm{d}U}{\mathrm{d}x}\int_0^\delta \rho U\,\mathrm{d}y = -\tau_w,$$

$$\frac{\mathrm{d}}{\mathrm{d}x}\int_0^\delta \rho u(U - u)\,\mathrm{d}y + \frac{\mathrm{d}U}{\mathrm{d}x}\int_0^\delta \rho(U - u)\,\mathrm{d}y = \tau_w. \tag{9.10.15}$$

(9.10.15)式和(9.10.10)式完全一样,经过和前面一样的运算工作再一次得到卡门动量积分方程

$$\frac{\mathrm{d}\delta^{**}}{\mathrm{d}x} + \frac{U'}{U}(2 + H)\delta^{**} = \frac{\tau_w}{\rho U^2}.$$

由此可以确信(9.10.11)式或(9.10.12)式就是边界层内动量定理在 x 方向投影的数学表达.

容易看出,虽然在(9.10.11)式中有三个量 $\delta^*, \delta^{**}, \tau_w$. 但当单参数速度剖面给出后,三个量中只包含一个未知函数,而(9.10.12)式就是确定单参数的常微分方程.

c) 速度剖面在边界上应该满足的条件

在边界层外部边界上,黏性流体的速度分量 $u(x,y)$ 应该和有势外流的速度 U 相衔接,函数及各级导数都相等. 换句话说,要求当 $y=\delta,\infty$ 时

$$u=U, \quad \frac{\partial u}{\partial y}=0, \quad \frac{\partial^2 u}{\partial y^2}=0, \quad \frac{\partial^3 u}{\partial y^3}=0, \quad \cdots, \quad \frac{\partial^n u}{\partial y^n}=0, \quad \cdots,$$

$$(9.10.16)$$

这就是速度剖面在边界层外部边界上应该满足的条件. 现在进一步考察速度剖面在壁面上应该满足什么条件,为此将纵向速度分量 $u(x,y)$ 在壁面 $y=0$ 附近展开成泰勒级数

$$u(x,y)=\left(\frac{\partial u}{\partial y}\right)_{y=0} y+\frac{1}{2!}\left(\frac{\partial^2 u}{\partial y^2}\right)_{y=0} y^2+\frac{1}{3!}\left(\frac{\partial^3 u}{\partial y^3}\right)_{y=0} y^3+\cdots, \quad (9.10.17)$$

这里已考虑到壁面黏附条件 $(u)_{y=0}=0$. 将上式代入连续性方程,得横向速度 $v(x,y)$ 的泰勒展开式

$$-v(x,y)=\frac{1}{2!}\left(\frac{\partial u}{\partial y}\right)'_{y=0} y^2+\frac{1}{3!}\left(\frac{\partial^2 u}{\partial y^2}\right)'_{y=0} y^3+\frac{1}{4!}\left(\frac{\partial^3 u}{\partial y^3}\right)'_{y=0} y^4+\cdots, \quad (9.10.18)$$

式中"$'$"代表对 x 的微分. 将展开式(9.10.17)及(9.10.18)代入边界层方程的动量方程

$$u\frac{\partial u}{\partial x}+v\frac{\partial u}{\partial y}=U\frac{\mathrm{d}U}{\mathrm{d}x}+\nu\frac{\partial^2 u}{\partial y^2}, \quad (9.10.19)$$

然后令 y 的同幂次系数相等,得

$$\begin{cases}\left(\dfrac{\partial u}{\partial y}\right)_{y=0} \quad \text{可自由选择,它是一个参数,} \\[2mm] \left(\dfrac{\partial^2 u}{\partial y^2}\right)_{y=0}=-\dfrac{UU'}{\nu}, \quad\quad\quad\quad (a) \\[2mm] \left(\dfrac{\partial^3 u}{\partial y^3}\right)_{y=0}=0, \quad\quad\quad\quad\quad\quad (b) \\[2mm] \left(\dfrac{\partial^4 u}{\partial y^4}\right)_{y=0}=\dfrac{1}{\nu}\left(\dfrac{\partial u}{\partial y}\right)_{y=0}\left(\dfrac{\partial u}{\partial y}\right)'_{y=0}, \quad \text{可自由选择,亦是一个参数,} \\[2mm] \cdots\cdots\end{cases}$$

$$(9.10.20)$$

由此可见,速度剖面在壁面上必须满足方程组(9.10.20)中(a),(b)等条件(将

$y=0$ 时 $u=v=0$ 的条件代入边界层方程(9.10.19)及它对 y 微分后的方程,可以直接得到方程组(9.10.20)中条件(a),(b),其中

$$\left(\frac{\partial u}{\partial y}\right)_{y=0}, \quad \left(\frac{\partial^4 u}{\partial y^4}\right)_{y=0}, \quad \left(\frac{\partial^7 u}{\partial y^7}\right)_{y=0}, \quad \cdots$$

等都是可以自由选择的参数,其他系数则可通过它们表示.

在壁面上应满足的条件中,除黏附条件外,当推方程组(9.10.20)(a)最重要,它控制速度剖面在顺压区无拐点,在逆压区必有拐点,符合实际情况. 因此在曲面物体的绕流问题中,应该尽量使近似速度剖面满足这个条件,否则就不会有好结果. 一般说来,方程组(9.10.16)及(9.10.20)中愈靠前的边界条件愈重要,应该首先满足.

d) 平板边界层的近似解

1) 速度剖面的选取.

平板边界层具有相似性解,因此 $\dfrac{u}{U}$ 只依赖于变数组合 $\eta=\dfrac{y}{\delta}$,即

$$\frac{u}{U}=f(\eta).$$

现在我们选取 $f(\eta)$ 的逼近函数,使它尽量和真实剖面吻合,为此必须尽可能多地满足边界上的条件(9.10.16)及(9.10.20). 在平板情形($U=$常数)下这些条件可写成

$$\begin{cases} y=0 \text{ 时,} \quad u=0, \quad \dfrac{\partial^2 u}{\partial y^2}=0, \quad \dfrac{\partial^3 u}{\partial y^3}=0, \quad \cdots, \\[2mm] y=\delta \text{ 时,} \quad u=U, \quad \dfrac{\partial u}{\partial y}=0, \quad \dfrac{\partial^2 u}{\partial y^2}=0, \quad \cdots. \end{cases} \tag{9.10.21}$$

通常取多项式 $\sum_0^n a_n \eta^n$ 逼近 $f(\eta)$,其中的 n 个系数 a_n 可以这样确定:选取条件(9.10.21)中最重要的 n 个边界条件,令多项式函数满足它们,得到 n 个代数方程,把它们解出来即得 a_n. 下面以一次到四次多项式和三角函数为例写出逼近函数.

i) 线性多项式 $f(\eta)=a\eta+b$:

由 $f(0)=0, f(1)=1$ 定出 $a=1, b=0$,于是

$$f(\eta)=\eta.$$

ii) 二次多项式 $f(\eta)=a\eta^2+b\eta+c$:

由 $f(0)=0, f(1)=1, f'(1)=0$ 定出 $a=-1, b=2, c=0$,于是

$$f(\eta)=2\eta-\eta^2.$$

iii) 三次多项式 $f(\eta)=a\eta^3+b\eta^2+c\eta+d$:

由 $f(0)=0, f(1)=1, f''(0)=0, f'(1)=0$ 定出 $a=-(1/2), b=0,$

$c=3/2, d=0$, 于是

$$f(\eta) = \frac{3}{2}\eta - \frac{1}{2}\eta^3.$$

iv) 四次多项式 $f(\eta) = a\eta^4 + b\eta^3 + c\eta^2 + d\eta + e$:

由 $f(0)=0, f''(0)=0, f(1)=1, f'(1)=0, f''(1)=0$ 定出 $a=1, b=-2$, $c=0, d=2, e=0$, 于是

$$f(\eta) = 2\eta - 2\eta^3 + \eta^4.$$

v) 三角函数 $f(\eta) = \sin\frac{\pi}{2}\eta$:

显然它满足三次多项式满足的那些条件.

选定 $f(\eta)$ 的逼近函数,并不是速度剖面就完全确定了,因为在 η 中还包含边界层厚度 δ,它是 x 的函数. 当 δ 依赖于 x 的函数关系没有确定以前,我们还不知道在各个不同 x 截面上应取什么速度剖面. 由此可见,为了完全确定速度剖面,还需要求出单参数 δ 和 x 的关系.

2) 单参数 $\delta(x)$ 的确定.

确定 $\delta(x)$ 的常微分方程由卡门动量方程 (9.10.11) 提供,现在它具有下列形式 ($U=$ 常数):

$$\frac{\mathrm{d}\delta^{**}}{\mathrm{d}x} = \frac{\tau_w}{\rho U^2}, \tag{9.10.22}$$

其中

$$\delta^{**} = \int_0^\delta \frac{u}{U}\left(1 - \frac{u}{U}\right)\mathrm{d}y, \quad \tau_w = \mu\left(\frac{\partial u}{\partial y}\right)_{y=0}. \tag{9.10.23}$$

将速度剖面写成

$$\frac{u}{U} = f(\eta), \tag{9.10.24}$$

其中 $f(\eta)$ 是选定的 η 的已知函数,它的形式可以是 $\eta, 2\eta - \eta^2, \frac{3}{2}\eta - \frac{1}{2}\eta^3, 2\eta - 2\eta^3 + \eta^4$ 或 $\sin(\pi\eta/2)$ 中任一个. 将 (9.10.24) 式代入 (9.10.23) 式及 (9.10.1) 式,得

$$\delta^* = \delta\int_0^1 (1-f)\mathrm{d}\eta = \gamma\delta, \tag{9.10.25}$$

$$\delta^{**} = \delta\int_0^1 f(1-f)\mathrm{d}\eta = \alpha\delta, \tag{9.10.26}$$

$$\frac{\tau_w}{\rho} = \frac{\nu U}{\delta}\left[\frac{\partial(u/U)}{\partial(y/\delta)}\right]_{y=0} = \frac{\nu U}{\delta}f'(0) = \frac{\nu U}{\delta}\beta, \tag{9.10.27}$$

这里我们令

$$\gamma = \int_0^1 (1-f)\mathrm{d}\eta, \quad \alpha = \int_0^1 f(1-f)\mathrm{d}\eta, \quad \beta = f'(0), \qquad (9.10.28)$$

它们是完全确定的常数,当 f 的具体形式给出之后,可以根据(9.10.28)式容易地求出它们的数值来. 我们将(9.10.26)及(9.10.27)式代入(9.10.22)式,得

$$\alpha \frac{\mathrm{d}\delta}{\mathrm{d}x} = \frac{\nu}{\delta U}\beta,$$

于是确定 $\delta(x)$ 的常微分方程为

$$\delta \frac{\mathrm{d}\delta}{\mathrm{d}x} = \frac{\beta}{\alpha}\frac{\nu}{U}.$$

这个方程非常容易积分,它的解显然是

$$\delta(x) = \sqrt{\frac{2\beta}{\alpha}}\sqrt{\frac{\nu x}{U}}, \qquad (9.10.29)$$

$\delta(x)$ 的形式和准确结果完全一样,只是系数略有不同.

3)结果.

有了 δ 和 x 的关系(9.10.29),可以确定所有感兴趣的物理量. 将(9.10.29)式代入(9.10.24)式,得速度剖面

$$\frac{u}{U} = f\left(\sqrt{\frac{\alpha}{2\beta}}y\sqrt{\frac{U}{\nu x}}\right),$$

根据(9.10.27)式局部摩擦阻力为

$$\tau_w = \sqrt{\frac{\alpha\beta}{2}}\mu U\sqrt{\frac{U}{\nu x}},$$

于是作用在长为 L 宽为 b 的一段平板上的总摩擦阻力为

$$W = 2b\int_0^L \tau_w \mathrm{d}x = 2b\sqrt{2\alpha\beta}\sqrt{\mu\rho L\,U^3},$$

总摩擦阻力系数为

$$C_f = \frac{W}{2bL\cdot\frac{1}{2}\rho U^2} = \frac{2\sqrt{2\alpha\beta}}{\sqrt{Re}}. \qquad (9.10.30)$$

依照(9.10.25)及(9.10.26)式可定出排挤厚度及动量损失厚度

$$\delta^* = \gamma\sqrt{\frac{2\beta}{\alpha}}\sqrt{\frac{\nu x}{U}}, \quad \delta^{**} = \sqrt{2\alpha\beta}\sqrt{\frac{\nu x}{U}}. \qquad (9.10.31)$$

最后我们将逼近函数选为一次到四次多项式及三角函数 $\sin\frac{\pi}{2}\eta$ 时所计算出来的结果,如表 9.10.1 所列.

表 9.10.1

$f(\eta)$	α	γ	β	$\delta\sqrt{\dfrac{U}{\nu x}}$	$\delta^*\sqrt{\dfrac{U}{\nu x}}$	$\dfrac{\tau_w}{\mu U}\sqrt{\dfrac{\nu x}{U}}$	$C_f\sqrt{Re}$
η	$\dfrac{1}{6}$	$\dfrac{1}{2}$	1	3.46	1.732	0.289	1.155
$2\eta-\eta^2$	$\dfrac{2}{15}$	$\dfrac{1}{3}$	2	5.48	1.825	0.365	1.460
$\dfrac{3}{2}\eta-\dfrac{1}{2}\eta^2$	$\dfrac{39}{280}$	$\dfrac{3}{8}$	$\dfrac{3}{2}$	4.64	1.740	0.323	1.292
$2\eta-2\eta^3+\eta^4$	$\dfrac{37}{315}$	$\dfrac{3}{10}$	2	5.83	1.752	0.343	1.372
$\sin\dfrac{\pi}{2}\eta$	$\dfrac{4-\pi}{2\pi}$	$\dfrac{\pi-2}{\pi}$	$\dfrac{\pi}{2}$	4.79	1.742	0.327	1.310
精确解				5	1.729	0.332	1.328

表 9.10.1 说明,和精确解相比较,积分关系式方法一般说来能给出令人满意的结果. 除线性分布及二次函数外,阻力结果相当精确,误差与精确解相比不超过 3%.

通过平板边界层求近似解,我们了解到利用积分关系式方法求边界层方程解的主要步骤,同时也初步体会到这个方法的优点:计算简单,且具有一定的精度. 下面我们进一步利用此方法处理更复杂的曲面边界层问题.

e) 曲面物体边界层的近似解

1921 年波尔豪森利用卡门动量积分方程处理了具有压强梯度的曲面物体边界层问题. 他选取四次多项式逼近真实的速度剖面,即

$$\frac{u}{U}=f(x,\eta)=a(x)+b(x)\eta+c(x)\eta^2+d(x)\eta^3+e(x)\eta^4,$$

$$(9.10.32)$$

其中 a,b,c,d,e 是待定的系数. 由于曲面物体的边界层一般说来没有相似解,所以 u/U 不仅依赖于 η,而且还和 x 有关,因此 a,b,c,d,e 都是 x 的函数. 为了使(9.10.32)式尽量和实际剖面接近,波尔豪森令(9.10.32)式满足下列五个边界条件:

$$\begin{cases} y=0 \text{ 时}, \quad u=0, \quad \dfrac{\partial^2 u}{\partial y^2}=-\dfrac{UU'}{\nu}; \\ y=\delta \text{ 时}, \quad u=U, \quad \dfrac{\partial u}{\partial y}=0, \quad \dfrac{\partial^2 u}{\partial y^2}=0; \end{cases}$$

$$(9.10.33)$$

由此定出五个函数. 在这些条件中,当推 $y=0$ 时

$$\frac{\partial^2 u}{\partial y^2}=-\frac{UU'}{\nu}$$

最为重要. 一切有压强梯度的物体都必须满足该条件, 它反映了速度剖面在顺压区没有拐点、在逆压区必有拐点的性质. (9.10.33)式中的第二组条件说明边界层内的速度剖面和外流的速度剖面在边界层边界上二阶相切.

将(9.10.32)式代入(9.10.33)式, 经过简单运算后得到 $a, b\ c, d, e$ 满足的下列方程:

$$\begin{cases} a = 0, \\ c = -\dfrac{1}{2}\dfrac{U'\delta^2}{\nu}, \\ a + b + c + d + e = 1, \\ b + 2c + 3d + 4e = 0, \\ 2c + 6d + 12e = 0. \end{cases} \qquad (9.10.34)$$

引进无量纲参数

$$\lambda(x) = \frac{U'(x)\delta^2(x)}{\nu} = \frac{-\dfrac{\mathrm{d}p}{\mathrm{d}x}\delta}{\dfrac{\mu U}{\delta}}, \quad \delta = \sqrt{\nu\left|\frac{\lambda}{U'}\right|}. \qquad (9.10.35)$$

参数 $\lambda(x)$ 和边界层厚度 $\delta(x)$ 相互依赖, 有一个知道, 另一个就可以按(9.10.35)式定出. 它的物理意义可解释为压力和黏性力之比. 解方程组(9.10.34)得

$$a = 0, \quad b = \frac{12 + \lambda}{6}, \quad c = -\frac{\lambda}{2}, \quad d = -\frac{4 - \lambda}{2}, \quad e = \frac{6 - \lambda}{6},$$

而速度剖面可写成下列形式

$$\frac{u}{U} = f(\eta, \lambda) = F(\eta) + \lambda G(\eta) = 2\eta - 2\eta^3 + \eta^4 + \frac{1}{6}\eta(1 - \eta)^3\lambda.$$

显然这是一个以 λ 为单参数的剖面族. 当 λ 指定后, $u/U = f(\eta, \lambda)$ 的曲线形状便完全确定. 下面在图 9.10.4 中我们画出了各种不同 λ 时速度剖面的形状. $\lambda = 0$ 相当于没有压强梯度时平板情形的四次速度剖面. 由于速度剖面必须满足 $0 < u/U < 1$ 的条件, 因此从图 9.10.4 上容易看出, 当 λ 太大或过小时, 虚线所绘的剖面都是实际上不存在的. 这就是说, 对曲面边界层这个实际问题来说, λ 有一定的变化范围. 现在我们就来确定 λ 的下界和上界. 为此计算 $f'(\eta)$:

$$f'(\eta) = (1 - \eta)^2\left[2 + 4\eta + \frac{\lambda}{6}(1 - 4\eta)\right].$$

在分离点上 $\left(\dfrac{\partial u}{\partial y}\right)_{y=0} = 0$, 即

$$f'(0) = 2 + \frac{\lambda}{6} = 0.$$

于是, 对应的 $\lambda = -12$. 当 $\lambda < -12$ 时, 速度剖面已进入尾涡区, 此时边界层不适

用. 由此可见, λ 的下界应定为 -12. 其次实际存在的剖面因单调递增只是在 $\eta=1$ 或 $\eta=0$ 时才等于零, 这就必须要求, 在 $0<\eta<1$ 时 $f'(\eta)\neq 0$, 或者说

$$2+4\eta+\frac{\lambda}{6}(1-4\eta)=0$$

的解

$$\eta=\frac{2+\lambda/6}{\dfrac{2\lambda}{3}-4}$$

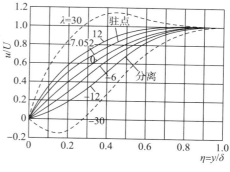

图 9.10.4

不在 $[0,1]$ 之中. 不难看出当 $\lambda\geqslant 12$ 时 $\eta\leqslant 1$, 当 $\lambda<12$ 时 $\eta>1$. 于是 λ 的上界应为 12. 这样 λ 的变化范围限制在

$$-12\leqslant\lambda\leqslant 12 \tag{9.10.36}$$

之间. 知道了单参数速度剖面的形状, 还没有最终解决问题. 因为每一个截面上究竟该取什么形状的剖面取决于对应的 λ 取什么值. 因此紧跟着的一个问题就是要确定 $\lambda(x)$. 现在我们从卡门动量积分

$$\frac{\mathrm{d}\delta^{**}}{\mathrm{d}x}+\frac{U'}{U}(2\delta^{**}+\delta^{*})=\frac{\tau_w}{\rho U^2} \tag{9.10.37}$$

导出确定 $\lambda(x)$ 的一个常微分方程. 为此首先计算 δ^{*},δ^{**} 及 τ_w, 即

$$\begin{cases} \dfrac{\delta^{*}}{\delta}=\displaystyle\int_0^1(1-f)\mathrm{d}\eta=\dfrac{1}{120}(36-\lambda)=H^{*}(\lambda), \\[2mm] \dfrac{\delta^{**}}{\delta}=\displaystyle\int_0^1 f(1-f)\mathrm{d}\eta=\dfrac{1}{315}\left(37-\dfrac{\lambda}{3}-\dfrac{5\lambda^2}{144}\right)=H^{**}(\lambda), \\[2mm] \dfrac{\tau_w}{\dfrac{\mu U}{\delta}}=\left(\dfrac{\partial f}{\partial \eta}\right)_{\eta=0}=2+\dfrac{\lambda}{6}=b(\lambda). \end{cases} \tag{9.10.38}$$

将 (9.10.38) 式代入 (9.10.37) 式, 得

$$H^{**}\frac{1}{\delta}\frac{\mathrm{d}\delta}{\mathrm{d}x}+\frac{\mathrm{d}H^{**}}{\mathrm{d}\lambda}\frac{\mathrm{d}\lambda}{\mathrm{d}x}+\frac{U'}{U}(2H^{**}+H^{*})=\frac{\nu}{U\delta^2}b(\lambda)=\frac{U'}{U}\frac{b(\lambda)}{\lambda}.$$

依照 (9.10.35) 式, 显然

$$\frac{1}{\delta}\frac{\mathrm{d}\delta}{\mathrm{d}x}=\frac{1}{2}\left(\frac{1}{\lambda}\frac{\mathrm{d}\lambda}{\mathrm{d}x}-\frac{U''}{U'}\right),$$

代入上式经过简单的运算后, 得

$$\frac{\mathrm{d}\lambda}{\mathrm{d}x}=\frac{U'}{U}g(\lambda)+\frac{U''}{U'}k(\lambda), \tag{9.10.39}$$

其中

$$g(\lambda) = \frac{b - \lambda(2H^{**} + H^{*})}{\lambda \dfrac{\mathrm{d}H^{**}}{\mathrm{d}\lambda} + \dfrac{1}{2}H^{**}} = \frac{15120 - 2784\lambda + 79\lambda^2 + \dfrac{5}{3}\lambda^3}{(12 - \lambda)\left(37 + \dfrac{25}{12}\lambda\right)},$$

$$k(\lambda) = \frac{\dfrac{1}{2}\lambda H^{**}}{\lambda \dfrac{\mathrm{d}H^{**}}{\mathrm{d}\lambda} + \dfrac{1}{2}H^{**}} = \frac{444\lambda - 4\lambda^2 - \dfrac{5}{12}\lambda^3}{(12 - \lambda)\left(37 + \dfrac{25}{12}\lambda\right)}.$$

为了后面的需要,将(9.10.39)式的形式改换一下,为此引进新的参数

$$z = \frac{\delta^2}{\nu}, \tag{9.10.40}$$

它与 λ 的关系为

$$\lambda = zU'. \tag{9.10.41}$$

于是(9.10.39)式变成

$$\frac{\mathrm{d}z}{\mathrm{d}x} = \frac{1}{U}g(\lambda) + U''h(\lambda)z^2, \tag{9.10.42}$$

其中

$$h(\lambda) = \frac{k(\lambda) - \lambda}{\lambda^2} = \frac{-\dfrac{\mathrm{d}H^{**}}{\mathrm{d}\lambda}}{\lambda \dfrac{\mathrm{d}H^{**}}{\mathrm{d}\lambda} + \dfrac{1}{2}H^{**}} = \frac{8 + \dfrac{5}{3}\lambda}{(12 - \lambda)\left(37 + \dfrac{25}{12}\lambda\right)},$$

并且 λ 是一个参数. 考虑到 $\lambda = zU' = \lambda(z, x)$,(9.10.42)式亦可写成更规则的形式

$$\frac{\mathrm{d}z}{\mathrm{d}x} = \frac{1}{U(x)}g(z, x) + U''(x)h(z, x)z^2. \tag{9.10.43}$$

对翼剖面这样的曲面边界层,我们一般从驻点开始积分(9.10.43)式,所以需要给出 $x = 0$ 处的两个初始条件. 从(9.10.39)式看出,常微分方程(9.10.39)在驻点 $U = 0$ 及压强极小点 $U' = 0$ 上有奇点. 而方程(9.10.43)只在驻点 $U(x) = 0$ 处有鞍形奇点. 因此取(9.10.43)式较为有利. 现求(9.10.43)式在 $x = 0$ 处的两个初始条件. 显然,在驻点 $U = 0$ 处 δ 及 $\mathrm{d}\delta/\mathrm{d}x$ 有限,因而 $\mathrm{d}z/\mathrm{d}x$ 也是有限的. 这就要求 $g(\lambda) = 0$,即

$$15120 - 2784\lambda_0 + 79\lambda_0^2 + \frac{5}{3}\lambda_0^3 = 0.$$

λ_0 的三个根分别是 $7.052, 17.80, -72.26$,其中 17.80 和 -72.26 都是在 λ 的变化范围(9.10.36)以外,因此驻点处的 λ_0 只能取 7.052. 于是当 $x = 0$ 时

$$z = \frac{7.052}{U'}. \tag{9.10.44}$$

λ_0 确定后,$\left(\dfrac{\mathrm{d}z}{\mathrm{d}x}\right)_{x=0}$ 的值可计算如下:

$$\left(\frac{\mathrm{d}z}{\mathrm{d}x}\right)_{x=0} = \lim_{x\to0}\left[\frac{g(\lambda)}{U} + U''h(\lambda)z^2\right]$$

$$= \lim_{x\to0}\left[\frac{g'(\lambda)\lambda'}{U'} + \frac{U''}{U'^2}h(\lambda)\lambda^2\right]$$

$$= \lim_{x\to0}\left[g'(\lambda)\left(\frac{U''}{U'^2}\lambda + \frac{\mathrm{d}z}{\mathrm{d}x}\right) + \frac{U''}{U'^2}h(\lambda)\lambda^2\right],$$

合并 $\left(\dfrac{\mathrm{d}z}{\mathrm{d}x}\right)_{x=0}$,得

$$\left(\frac{\mathrm{d}z}{\mathrm{d}x}\right)_{x=0} = \frac{1}{1-\lim_{x\to0}g'(\lambda)}\left\{\lim_{x\to0}\left[\frac{U''}{U'^2}(\lambda g'(\lambda) + h(\lambda)\lambda^2)\right]\right\}.$$

将 λ_0 的值代入,得

$$x = 0 \text{ 时},\frac{\mathrm{d}z}{\mathrm{d}x} = -5.391\frac{U''}{U'^2}. \tag{9.10.45}$$

(9.10.44)与(9.10.45)式组成常微分方程(9.10.43)的两个初始条件.波尔豪森利用斜线法求出方程(9.10.43)的数值解.当 $z(x)$ 求出后可以按下列步骤求出所有物理量:

1) 由(9.10.41)式定出 $\lambda(x)$;

2) 因而速度 $\dfrac{u}{U} = f(\lambda,\eta)$ 可求出;

3) 根据(9.10.38)式及(9.10.40)式求出 $\delta(x),\delta^{**}(x)$ 与 $\delta^*(x),\tau_w(x)$;

4) 由 $\lambda(x) = -12$ 定出分离点位置 x_s.

波尔豪森利用上述方法计算了圆柱绕流问题中的边界层,他选取**希曼茨**(Hiemenz)用实验测出的圆柱上的压力分布为外流解.计算出的分离角为 $82°$,实验结果则为 $84°$.理论和实验结果符合得较好.但是从速度剖面的观点来说,它只在顺压区与实验结果符合得很好,而在最小压强点开始的逆压区中误差就比较大,且愈靠近分离点,误差越大.由此可见,分离点的结果较好有一定偶然性.为了进一步考验波尔豪森方法,计算了长、

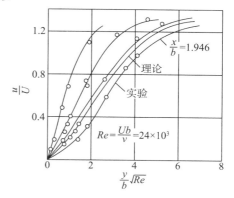

图 9.10.5

短轴为 2.96:1 的椭圆柱体的横向绕流问题.**舒鲍尔**(Schubauer)用实验测出的分离点在 $x/b = 1.99$ 的地方(b 为椭圆短轴),而计算的结果则根本没有分离点.

图9.10.5比较了椭圆柱上速度分布的理论结果(波尔豪森)和实验结果(舒鲍尔). 在顺压区它们符合得很好;但在逆压区,如在 $x/b=1.946$ 的截面上,差别就比较大. 实验观察到的速度剖面已有十分明显的拐点,而波尔豪森的剖面则在物面附近刚刚显示出拐点. 通过上述比较可以相信,波尔豪森方法在增速区给出令人满意的结果,但在减速区,特别在分离点附近给出相当差的结果. 因此采用此法计算分离位置一般说来不甚可靠,有时甚至算不出来.

波尔豪森方法可以简化,1940—1942 年间不少学者,如**霍尔斯坦**(Holstein)、**波伦**(Bohlen)、**华尔茨**(Walz)、**洛强斯基**(Лойцянский)等人发现如果用新的参数

$$\Lambda = \frac{U'\delta^{**2}}{\nu} \tag{9.10.46}$$

代替

$$\lambda = \frac{U'\delta^2}{\nu},$$

那么 Λ 满足的常微分方程数值积分起来较容易,而且可以通过近似方法积分成有限形式. 下面先导出 Λ 满足的常微分方程,然后再求出它的近似解.

写出卡门积分关系式

$$\frac{\mathrm{d}\delta^{**}}{\mathrm{d}x} + \frac{U'}{U}(2+H)\delta^{**} = \frac{\tau_w}{\rho U^2}, \tag{9.10.47}$$

显然

$$\Lambda = \frac{U'\delta^2}{\nu}\frac{\delta^{**2}}{\delta^2} = \lambda H^{**2},$$

而 H^{**} 根据(9.10.38)式是 λ 的函数,于是 $\Lambda = \Lambda(\lambda)$. 反解之有 $\lambda = \lambda(\Lambda)$. 这样在卡门动量积分中,

$$H = \frac{H^*(\lambda)}{H^{**}(\lambda)} = H(\lambda) = H(\Lambda),$$

$$S = \frac{\partial(u/U)}{\partial(y/\delta^{**})} = \frac{\delta^{**}}{\delta}\left(\frac{\delta u/U}{\partial y/\delta}\right) = H^{**}(\lambda)b(\lambda) = S(\Lambda),$$

$$\frac{\tau_w}{\rho U^2} = \frac{\nu}{U\delta^{**}}\frac{\partial u/U}{\partial y/\delta^{**}} = \frac{\nu}{U\delta^{**}}S(\Lambda).$$

将(9.10.47)式改写为

$$\frac{\mathrm{d}\delta^{**}}{\mathrm{d}x} + \frac{U'}{U}(2+H(\Lambda))\delta^{**} = \frac{\nu}{U\delta^{**}}S(\Lambda),$$

上式两边乘以 $U\delta^{**}/\nu$,得

$$U\frac{\mathrm{d}}{\mathrm{d}x}\left(\frac{\delta^{**2}}{\nu}\right) = 2[S(\Lambda) - \Lambda(2+H(\Lambda))].$$

与(9.10.40)式类似,令

$$Z^{**} = \frac{\delta^{**2}}{\nu},$$

此外令

$$F(\Lambda) = 2[S(\Lambda) - \Lambda(2 + H(\Lambda))] \quad （图 9.10.6(a) 中曲线 ①），$$

于是

$$\frac{dZ^{**}}{dx} = \frac{F(\Lambda)}{U}. \tag{9.10.48}$$

因

$$\Lambda = Z^{**} U',$$

于是

$$\frac{dZ^{**}}{dx} = \frac{1}{U'} \frac{d\Lambda}{dx} - \frac{U''}{U'^2} \Lambda,$$

代入(9.10.48)式,得

$$\frac{d\Lambda}{dx} = \frac{U'}{U} F(\Lambda) + \frac{U''}{U'} \Lambda. \tag{9.10.49}$$

(9.10.48)式和(9.10.42)式相比有如下优点:(1)事先需要求出的函数由 $h(\lambda)$, $g(\lambda)$ 两个减少到一个 $F(\Lambda)$;(2)积分(9.10.48)式只需外流速度函数 U 及其一阶导数 U',而不需要二阶导数 U'',但积分(9.10.42)式则必须要 U''. 我们知道,外流速度分布常常以数值形式给出,用数值微分法求 U'' 很不精确. 因此从数值解法的观点来看,(9.10.48)式比(9.10.42)式更便于使用. 最后我们发现,函数 $F(\Lambda)$ 几乎和直线一样,完全可以用线性关系

$$F(\Lambda) = a - b\Lambda \tag{9.10.50}$$

取代它,其中 $a = 0.45, b = 6$(见图 9.10.6(a)中曲线②)(请注意(9.10.42)式中的函数 $g(\lambda), h(\lambda)$ 不能用线性函数替代). 将(9.10.50)式代入(9.10.49)式,得

$$\frac{d\Lambda}{dx} = a \frac{U'}{U} + \left(\frac{U''}{U'} - b \frac{U'}{U} \right) \Lambda,$$

积分之,有

$$\Lambda(x) = \frac{aU'(x)}{[U(x)]^b} \int_0^x [U(\xi)]^{b-1} d\xi, \tag{9.10.51}$$

这里已利用 $x = 0$ 时 $U = 0$ 的条件.(9.10.51)式就是(9.10.48)式的近似解. 求出 $\Lambda(x)$,即可求出任何其他物理量.

斯危茨(Thwaites)曾利用(9.10.51)式对外流 $U = \beta_0 - \beta_1 x$ 的情形进行了计算. 和豪沃斯的精确解相比较,除分离点稍有误差而外,一般都很接近(见图 9.10.6(b)).

自从(卡门-波尔豪森)动量积分方法出现以来,在航空航天事业蓬勃发展的

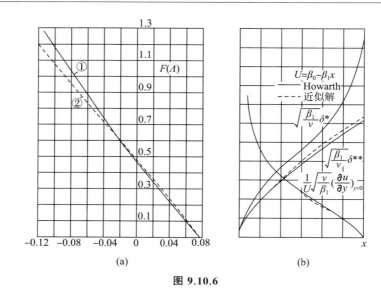

图 9.10.6

推动下,它得到了很大的进展.目前已有许多改进的方法,主要的途径是选取更好的剖面,满足更多的方程.例如在单参数剖面的范围内,选用较四次更高的多项式、三角函数或某特殊问题中的速度剖面等等,或将波尔豪森参数转变成另外一些更能控制剖面形状的参数.由于边界层内的速度剖面变化多端,用一个参数往往难以把握,为此有人建议进一步选用双参数剖面或多参数剖面来逼近真实情形,同时用动量与能量两个方程或动量矩方程确定它们随 x 的变化.这样做较精确,但工作量大. **多罗德尼岑**(Дородницын)发展了波尔豪森的方法,用多罗德尼岑积分关系式方法数值地解边界层方程.应用计算机,这种方法原则上可十分精确地解边界层方程.

*9.11　润滑理论

　　研究轴颈和轴承之间润滑油的运动具有重要的工程意义.设想轴颈和轴承之间的狭缝中充满了润滑油.当轴颈以高速旋转时产生了巨大的压差,轴颈被油层托起,形成偏心圆环,使轴颈和轴承之间避免直接接触,从而起到润滑的作用.润滑理论属于黏性力起主要作用的小雷诺数流动,理应放在 9.7 节中讲述,但考虑到润滑油在狭缝内的流动在很多方面都和边界层内流动十分相似,因此放在边界层理论之后立即介绍可能更为妥当.

　　将狭缝分成如图 9.11.1 所示的 I 与 II 两部分.第 I 部分是轴颈表面向最小间距方向运动,第 II 部分则是向最大间距方向运动.理论和实验都告诉我们,A 与 C 处的压强是相等的,不妨用 p_0 表示.由于轴承的半径比狭缝的宽度大得多,所以作为一级近似可以把 AB 与 CD 近似地用平板来代替.这样润滑油在轴颈和轴承之间薄层内的流动可近似为下述倾斜平板之间的黏性流体运动.

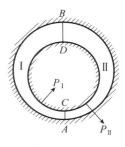

令无界的导板平面 Oxz 在 x 轴方向上以常速 U 运动. 距此平板不远处有一有限长的固定不动的平板,它与 Oxz 平面倾斜成很小的 α 角,在两平板间充满了润滑油,两端压强都取常数值 p_0. 取如图 9.11.2 所示的坐标系 $Oxyz$. 设两平板间的高度为 $h(x)$,它在平板两端分别取 h_1 和 h_2 值. 其次设固定平板在 Ox 轴上的投影为 l,则

$$h(x) = h_1 - mx, \tag{9.11.1}$$

其中

$$m = \tan\alpha = \frac{h_1 - h_2}{l}. \tag{9.11.2}$$

图 9.11.1

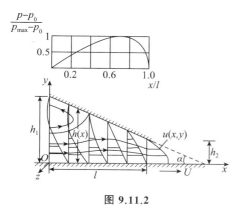

图 9.11.2

我们假设 $h(x)$ 远小于 l,即 $\varepsilon = h_1/l$ 或 h_2/l 是小量. 此外,固定平板在 z 轴方向两头都伸展到无穷远处,因此运动可以认为是二维平面的. 考虑到 $h_1 \ll l$,我们有和边界层中量阶估计完全一样的结果:

1) $\dfrac{\partial^2 u}{\partial x^2} \Big/ \dfrac{\partial^2 u}{\partial y^2} = O(\varepsilon^2)$;

2) $\dfrac{\partial p}{\partial y} \Big/ \dfrac{\partial p}{\partial x} = O(\varepsilon)$. 可近似地认为 $\dfrac{\partial p}{\partial y} = 0$,即认为压强穿过薄层不变,$p = p(x)$.

于是润滑油在两倾斜平面薄层间的平面定常运动的方程组(9.1.7)可简化为

$$\rho \left(u \frac{\partial u}{\partial x} + v \frac{\partial u}{\partial y} \right) = -\frac{\mathrm{d}p}{\mathrm{d}x} + \mu \frac{\partial^2 u}{\partial y^2}, \tag{9.11.3}$$

$$\frac{\partial u}{\partial x} + \frac{\partial v}{\partial y} = 0. \tag{9.11.4}$$

现在估计惯性力和黏性力之比的量阶

$$\frac{惯性力}{黏性力} = \frac{\rho u \dfrac{\partial u}{\partial x}}{\mu \dfrac{\partial^2 u}{\partial y^2}} = \frac{\dfrac{\rho U^2}{l}}{\dfrac{\mu U}{h_1^2}} = \frac{\rho U l}{\mu} \left(\frac{h_1}{l} \right)^2 = Re\,\varepsilon^2,$$

其中 $Re = \rho U/\nu$. 为了对 $Re\,\varepsilon^2$ 的大小有一个具体的了解,取以下反映实际情况的数据:

$$U = 12.2 \, \text{m/s}, \quad l = 0.1 \, \text{m}, \quad \nu = 0.37 \times 10^{-4} \, \text{m}^2/\text{s},$$

$$h_1 = 0.0002 \, \text{m}, \quad h_2 = 0.0001 \, \text{m}.$$

计算后得 $Re = 25000, \varepsilon = 0.002, Re \, \varepsilon^2 = 0.1$. 可见惯性力的确比黏性力小得多, 可忽略不计. 忽略惯性力后, (9.11.3)式可写为

$$\frac{\mathrm{d}p}{\mathrm{d}x} = \mu \frac{\partial^2 u}{\partial y^2}. \tag{9.11.5}$$

连续性方程(9.11.4)可用每一个横截面上流量等于常数的条件代替

$$Q = \int_0^{h(x)} u \, \mathrm{d}y = 常数, \tag{9.11.6}$$

边界条件为

$$y = 0 : u = U; \quad y = h : u = 0; \tag{9.11.7}$$

$$x = 0 : p = p_0; \quad x = l : p = p_0. \tag{9.11.8}$$

和两平行平板间库埃特流不同的是, 现在 $\dfrac{\mathrm{d}p}{\mathrm{d}x}$ 不再是常数, 而是 x 的函数. 对方程 (9.11.5)积分两次, 并考虑到边界条件(9.11.7)后, 我们得到

$$u = U\left(1 - \frac{y}{h}\right) - \frac{h^2}{2\mu} \frac{\mathrm{d}p}{\mathrm{d}x} \frac{y}{h}\left(1 - \frac{y}{h}\right). \tag{9.11.9}$$

现在我们利用方程(9.11.6)及边界条件(9.11.8)确定 $\dfrac{\mathrm{d}p}{\mathrm{d}x}$. 为此将(9.11.9)式代入 (9.11.6)式, 得

$$Q = \frac{Uh}{2} - \frac{h^3}{12\mu} \frac{\mathrm{d}p}{\mathrm{d}x},$$

即

$$\frac{\mathrm{d}p}{\mathrm{d}x} = 12\mu\left(\frac{U}{2h^2} - \frac{Q}{h^3}\right). \tag{9.11.10}$$

设 $\dfrac{\mathrm{d}p}{\mathrm{d}x} = 0$ 处的 h 用 h^* 表示, 则容易得到下列 Q 与 h^* 的关系:

$$Q = \frac{U}{2} h^*. \tag{9.11.11}$$

将之代入(9.11.10)式, 并考虑到 $\dfrac{\mathrm{d}h}{\mathrm{d}x} = -m$ 后有

$$\frac{\mathrm{d}p}{\mathrm{d}x} = -\frac{6\mu U}{m}\left(\frac{1}{h^2} - \frac{h^*}{h^3}\right),$$

积分之, 得

$$p = \frac{6\mu U}{m}\left(\frac{1}{h} - \frac{h^*}{2h^2}\right) + C.$$

积分常数 C 及 h^* 可根据边界条件(9.11.8)定出, 于是

$$h^* = \frac{2h_1 h_2}{h_1 + h_2}, \tag{9.11.12}$$

$$p = p_0 + \frac{6\mu U}{m}\left[\frac{1}{h} - \frac{1}{h_1} - \frac{h_1 h_2}{h_1 + h_2}\left(\frac{1}{h^2} - \frac{1}{h_1^2}\right)\right]$$

$$= p_0 + 6\mu Ul\,\frac{(h_1 - h)(h - h_2)}{h^2(h_1^2 - h_2^2)}, \tag{9.11.13}$$

运动壁面上的黏性切应力为

$$\tau_0 = \mu\left(\frac{\partial u}{\partial y}\right)_0 = -\frac{\mu}{h}U - \frac{1}{2}h\,\frac{\mathrm{d}p}{\mathrm{d}x} = -\frac{\mu U}{h}\left(4 - \frac{3h^*}{h}\right). \tag{9.11.14}$$

有了(9.11.13)及(9.11.14)式很容易计算出作用在长为 l 的运动板面上的合压力、合黏性作用力及两者的比值,合力矩,合压力作用点的位置 x_c,它们分别为

$$\begin{cases}
P = \displaystyle\int_0^l (p - p_0)\,\mathrm{d}x = \frac{6\mu Ul^2}{(k-1)^2 h_2^2}\left[\ln k - \frac{2(k-1)}{k+1}\right], \\[3mm]
F = -\displaystyle\int_0^l \tau_0\,\mathrm{d}x = \frac{\mu Ul}{(k-1)h_2}\left[4\ln k - \frac{6(k-1)}{k+1}\right], \\[3mm]
\dfrac{|F|}{|P|} = \dfrac{\left|2\ln k - 3\dfrac{k-1}{k+1}\right|(k-1)}{\left|\ln k - 2\dfrac{k-1}{k+1}\right|}\,\dfrac{h_2}{l}, \\[5mm]
L = \displaystyle\int_0^l (p - p_0)x\,\mathrm{d}x \\[3mm]
\quad = \dfrac{h_1}{m}P + \dfrac{6\mu Uh_2}{m^3}\left[\dfrac{1}{2}(1-k) + \dfrac{k}{k+1}\ln k\right], \\[3mm]
x_c = \dfrac{L}{P} = \dfrac{l}{2}\left[\dfrac{2k}{k-1} - \dfrac{k^2 - 1 - 2k\ln k}{(k^2 - 1)\ln k - 2(k-1)^2}\right],
\end{cases} \tag{9.11.15}$$

其中 $k = h_1/h_2$.

合压力 P 的大小依赖于 k 的数值. 当 $k = 1$ 及 ∞ 时, $P = 0$. 因此在这个区间中一定有 P 的极值. 取导数后易得取极值的 k 应满足下列超越方程:

$$k^3 + 5k^2 - 5k - 1 - 2k(k+1)^2\ln k = 0,$$

其近似的数值解为 $k = 2.2$. 易检验此时 P 取极大值. 将 $k = 2.2$ 代入方程组 (9.11.15)得 P 取极大值时各物理量的大小为

$$\begin{cases}
P = 0.16\,\dfrac{\mu Ul^2}{h_2^2}, \quad F = 0.75\,\dfrac{\mu Ul}{h_2}, \\[3mm]
\dfrac{|F|}{|P|} = 4.7\,\dfrac{h_2}{l}, \quad x_c = 0.57l.
\end{cases} \tag{9.11.16}$$

为了画出压强分布我们求 p_{max},将 $h = h^*$ 代入(9.11.13)式得

$$p_{\max} - p_0 = 6\mu U l \frac{h_1 - h_2}{4h_1 h_2(h_1 + h_2)}, \tag{9.11.17}$$

于是

$$\frac{p - p_0}{p_{\max} - p_0} = \frac{4h_1 h_2(h_1 - h)(h - h_2)}{h^2(h_1 - h_2)^2}, \tag{9.11.18}$$

其次易证

$$\frac{h^*}{\dfrac{h_1 + h_2}{2}} = \frac{4h_1 h_2}{(h_1 + h_2)^2} < 1. \tag{9.11.19}$$

图 9.11.2 画出了速度分布、压强分布和流线谱. 从图上可以看出倒流发生在静止固壁附近压强升高的区域. 这一点和图 9.6.8 中库埃特流的情形类似.

根据(9.11.15),(9.11.16),(9.11.17),(9.11.19)式及图 9.11.2,我们可以看出:

1) 取前述数据可得

$$p_{\max} - p_0 = 10^6\,\mathrm{N/m^2},$$

远大于空气绕圆球的小雷诺数流动中的最大压强(9.7.16)

$$p_{\max} - p_\infty = \frac{3}{2}\frac{\mu U}{a} \approx 8\mathrm{N/m^2}.$$

在缓慢的变薄层黏性流动中产生高压是润滑型流动的显著特点之一.

2) 根据(9.11.19)式,最大压力作用点靠近最小截面处.

3) $|F|/|P|$ 正比于小量 h_2/l,即变厚度薄层中的黏性流体运动能产生远大于总摩擦阻力的支撑力. 支撑力 $|P|$ 的量阶为 $(l/h_2)^2$,是一个很大的量.

4) 当 P 取极大值时,合压力作用点在 $(0, l)$ 的中点附近,略向最窄的右端靠拢.

应该指出,如果平面不是朝着窄口方向,而是朝着宽口方向运动,则所有公式中的 U 都应改为 $-U$,结果得到的不是力图推开平板的支撑力,而是将平板压向平面的反向力.

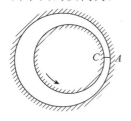

图 9.11.3

上述近似结果可用来解释轴颈在轴承中运动时,润滑油的作用. 如图 9.11.1 所示,Ⅰ 与 Ⅱ 两部分分别受到垂直于壁面的合压力 P_I 及 P_II,而且 P_I 与 P_II 反向. 这两个力和载荷不能平衡,于是轴承在它们的作用下将向右移动,一直到 AC 近似地处于水平位置,合压力和外载荷平衡时为止(图 9.11.3).

在上述理论计算中我们假设是二维运动. 事实上轴承在 z 方向的尺度是有限的,由于压强在 z 方向上的减少人们发现支撑力较二维情形将有显著的减少. 其次在计算中假设黏性系数是常数,这显然是一种近似.

由于摩擦生热,润滑油的温度是在升高的,随之油的黏度和支撑力将急剧地减低.

随着高速和高温(低黏度)的出现,$Re\,\varepsilon^2$ 可以接近甚至超过 1,这就意味着惯性力变得和黏性力可以比拟,一级近似即完全忽略惯性力的做法须要进行修正. 可以采用类似于求奥森解的逐次逼近法来改进它. 根据一级近似计算出被忽略的惯性力,然后放入二级近似的方程作为外力,再找出二级近似的解. **卡兰尔特**(Kahlert)完成了这样的计算,他发现一直到 $Re\,\varepsilon^2 = 5$,惯性修正不超过 10%.

上述理论可推广到两偏心圆柱间的黏性流体运动和有 z 方向速度分量的三维流动中去.

（C）湍 流 运 动

9.12 雷诺方程

前面已经说过,黏性流体运动有层流和湍流这两种性质决然不同的运动形态,它们在一定条件下可以相互转化. 雷诺对圆管内的黏性流体运动进行实验,发现层流转化为湍流的条件是雷诺数达到临界值. 这是一个从量变过渡到质变的飞跃过程,而且临界值不是固定不变的,它依赖于外部扰动条件. 实验证明,临界值有一下界约为 2000,当 $Re < 2000$ 时,不管外部扰动多大,管内的流动保持稳定的层流状态. 但是上界却是没有限制的,改善实验条件可以不断地予以提高.

除圆管外,在边界层内也存在两种不同运动形态及其转化. 参照圆管情形定义雷诺数 $Re_\delta = \delta U / \nu$,其中 U 是边界层外部势流的速度,相当于圆管的流速;δ 是边界层的厚度,相当于圆管的直径;ν 是流体的运动黏度. 对平板边界层进行的大量实验发现,在平板的前部即 Re_δ 不大时,边界层的厚度及阻力系数与层流边界层理论计算出来的结果相符合,说明边界层处在层流状态. 从某一截面开始 Re_δ 到达某一数值,实验测量出来的边界层的厚度及阻力突然增加,此时边界层内的流动显然已不是层流而是湍流了. 从层流过渡到湍流的雷诺数称为**临界雷诺数**,对应于临界雷诺数的坐标点 x 称为**转捩点**. 由此可见,平板边界层中,转捩点前是层流边界层,转捩点后则是湍流边界层,而在转捩点附近有一段很短的过渡区. 和圆管情形相似,临界雷诺数不是一个固定的常数值,它依赖于实验的外部扰动条件. 最小的临界雷诺数约为 3500. 当 $Re_\delta < 3500$ 时,边界层处在稳定的层流形态,外部扰动不管多大均不能促使其转化为湍流运动. 临界雷诺数没有上界,当外部扰动尽量减少时可以到达很高的数值,在现有实验水平下已达到 9300.

　　湍流运动中每一点的速度有一平均值. 不同时刻的速度在平均速度附近作不大的但急促的跳跃. 真实速度和平均速度之差称为**脉动速度**或称速度涨落. 从频率分析知道, 脉动的频率在每秒 10^2 到 10^5 次之间, 振幅小于平均速度的 10%. 脉动能量虽小, 但对流动却起决定性作用. 在湍流运动中, 宏观的流体质点团之间通过脉动相互剧烈地交换着质量、动量和能量, 从而产生了湍流扩散、湍流摩擦阻力和湍流热传导, 它们的强度比起分子运动所引起的扩散、摩擦阻力和热传导要大得多. 由于上述特性, 湍流一旦发生, 其运动性质就和层流不大相同. 对管流来说, 当运动处于层流状态时, 速度分布是抛物线型, 平均速度是最大速度的一半, 而维持这种运动的压强梯度与平均速度一次方成正比. 当运动过渡到湍流状态时, 由于激烈掺混的结果, 管内速度几乎是一常数, 只有在管壁附近才出现极大的速度梯度 (见图 9.12.1), 形成对数型曲线, 这时平均速度约为最大速度的 80%, 90% 左右, 而压强梯度几乎与速度平方成正比. 这是由于湍流摩擦阻力额外耗散大量动能所致. 从速度剖面的斜率比层流为大也可看出, 对于边界层来说, 湍流的特征也表现在速度在板面附近的迅速上升, 这就意味着阻力加大; 而且由于湍流边界层内的流体与外流相互掺混, 使层内受阻流体增多, 所以边界层的厚度也要比层流大.

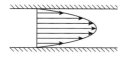
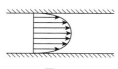

　　利用湍流的性质也可以解释圆球阻力突然下降的原因. 实验表明, 当 $Re = Ud/\nu = 3 \times 10^5$ 左右时 (U 是来流速度, d 是圆球直径), 圆球的阻力会突然下降, 如图 9.12.2 所示, 这个反常现象可这样解释:

　　当 $Re < 3 \times 10^5$ 时, 边界层是层流状态, 分离点在 $80°$ 左右; 当 $Re > 3 \times 10^5$ 时, 转捩点前移到分离点之前, 这时在分离点附近已是湍流边界层. 由于层内和层外流体通过脉动

图 9.12.1

发生强烈的动量交换, 所以动量较大的边界层外部流体将有力地帮助层内流体克服逆压和黏性滞止作用而向前运动, 这样就可以推迟分离现象产生, 使分离点后移至 $116°$ 左右的地方, 从而缩小了尾涡区, 使压差阻力大大减小. 虽然湍流边界层的摩擦阻力较层流大, 但压差阻力的减小大大超过摩擦阻力的增大, 因此总阻力仍急剧下降.

　　湍流是自然界和工程中最普遍存在的流体运动. 无论是江河海洋的水流或是天空中的气流, 无论是管渠流动或是边界层内的流动, 多半都是湍流运动. 因此研究湍流运动的重要性是十分清楚的.

　　湍流理论研究主要有两方面的问题: (1) 研究湍流产生的原因; (2) 研究已经形成的湍流运动的规律. 下面我们先讨论第二类问题.

　　我们知道, 湍流运动极不规则, 极不稳定, 每一点的速度随时间和空间随机地变化着. 对于这类随机现象, 人们对每点的真实速度并不感兴趣, 而把注意力

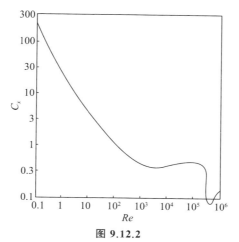

图 9.12.2

集中在平均运动上. 我们把流场中任一点的瞬时物理量看作是平均值和脉动值之和,然后应用统计平均的方法从纳维-斯托克斯方程出发,研究平均运动的变化规律. 工程中感兴趣的和实验测量出来的物理量(如速度、摩阻等)也都是平均意义下的数值,因此这样的处理方法完全能满足实际的需要.

下面我们对物理量的平均值下定义,研究平均运算的法则,在此基础上推导平均运动满足的方程组.

对物理量作平均化运算时,既可以取对时间的平均,也可以取对空间体积的平均,还可以对两者一起取平均. 对时间的平均值比较容易通过实验测量,因此下面我们采用**时间平均法**. 设 $f(x,y,z,t)$ 代表任一物理量,定义函数 $\bar{f}$ 为物理量 f 对时间的平均值

$$\bar{f}(x,y,z,t)=\frac{1}{T}\int_{t-(T/2)}^{t+(T/2)} f(x,y,z,\tau)\mathrm{d}\tau, \tag{9.12.1}$$

其中 T 称为平均周期,它是一个常数,并且一方面应比湍流的脉动周期大得多,以便得到稳定的平均值,另一方面又要比流动做非定常运动时的特征时间小得多. 引进平均物理量 $\bar{f}$ 后,f 可表示成

$$f=\bar{f}+f', \tag{9.12.2}$$

f' 称为物理量相对平均值而言的脉动(或涨落).

平均化运算具有下列法则:

1) $\bar{\bar{f}}=\bar{f}$. $\tag{9.12.3}$

若平均值 $\bar{f}$ 与时间无关,即平均运动是定常的,则上式显然正确. 若 $\bar{f}$ 依赖于时间,则由于平均周期 T 比特征时间小得多,因此在这段时间内可以近似地认为 $\bar{f}$ 不变. 这样我们有 $\bar{\bar{f}}=\bar{f}$.

2) $\overline{\bar{f}\cdot g}=\bar{f}\cdot\bar{g}$. $\tag{9.12.4}$

$$\overline{\overline{f} \cdot g} = \frac{1}{T} \int_{t-(T/2)}^{t+(T/2)} \overline{f} \cdot g \, d\tau,$$

因为 $\overline{f}$ 在平均周期 T 内可认为不变,于是

$$\overline{\overline{f} \cdot g} = \overline{f} \frac{1}{T} \int_{t-(T/2)}^{t+(T/2)} g \, d\tau = \overline{f} \cdot \overline{g}.$$

3) $\overline{f+g} = \overline{f} + \overline{g}$　　　　　　　　　　　　　　　　　(9.12.5)

$$\overline{f+g} = \frac{1}{T} \int_{t-(T/2)}^{t+(T/2)} (f+g) \, d\tau$$

$$= \frac{1}{T} \int_{t-(T/2)}^{t+(T/2)} f \, d\tau + \frac{1}{T} \int_{t-(T/2)}^{t+(T/2)} g \, d\tau = \overline{f} + \overline{g}.$$

4) $\overline{f'} = 0.$　　　　　　　　　　　　　　　　　　　　　　　(9.12.6)

由(9.12.2)式,$f' = f - \overline{f}$,于是由(9.12.5)式及(9.12.3)式有

$$\overline{f'} = \overline{f - \overline{f}} = \overline{f} - \overline{\overline{f}} = \overline{f} - \overline{f} = 0.$$

5) $\overline{f \cdot g} = \overline{f} \cdot \overline{g} + \overline{f'g'}.$　　　　　　　　　　　　　　　(9.12.7)

$$\overline{f \cdot g} = \overline{(\overline{f} + f')(\overline{g} + g')} = \overline{\overline{f}\overline{g} + f'\overline{g} + \overline{f}g' + f'g'}$$

$$= \overline{\overline{f} \cdot \overline{g}} + \overline{f' \cdot \overline{g}} + \overline{\overline{f} \cdot g'} + \overline{f' \cdot g'}$$

$$= \overline{f} \cdot \overline{g} + \overline{f' \cdot g'}.$$

6) $\overline{\dfrac{\partial f}{\partial x}} = \dfrac{\partial \overline{f}}{\partial x}, \quad \overline{\dfrac{\partial f}{\partial y}} = \dfrac{\partial \overline{f}}{\partial y}, \quad \overline{\dfrac{\partial f}{\partial z}} = \dfrac{\partial \overline{f}}{\partial z}.$　　(9.12.8)

$$\overline{\frac{\partial f}{\partial x}} = \frac{1}{T} \int_{t-(T/2)}^{t+(T/2)} \frac{\partial f}{\partial x} \, d\tau = \frac{\partial}{\partial x} \left[\frac{1}{T} \int_{t-(T/2)}^{t+(T/2)} f \, d\tau \right] = \frac{\partial \overline{f}}{\partial x}.$$

同理,可以证明后面两个式子.

7) $\overline{\dfrac{\partial f}{\partial t}} = \dfrac{\partial \overline{f}}{\partial t}.$　　　　　　　　　　　　　　　　　(9.12.9)

$$\frac{\partial \overline{f}}{\partial t} = \frac{\partial}{\partial t} \left[\frac{1}{T} \int_{t-(T/2)}^{t+(T/2)} f(x, y, z, \tau) \, d\tau \right]$$

$$= \frac{1}{T} \left[f\left(x, y, z, t + \frac{T}{2}\right) - f\left(x, y, z, t - \frac{T}{2}\right) \right]$$

$$= \frac{1}{T} \int_{t-(T/2)}^{t+(T/2)} \frac{\partial f}{\partial \tau} \, d\tau = \overline{\frac{\partial f}{\partial t}}.$$

现在我们从纳维-斯托克斯方程出发,利用平均化运算法则推导平均物理量满足的方程组.

我们只考虑不可压缩流体情形,假设体力可以忽略,此时纳维-斯托克斯方程具有下列形式:

$$\begin{cases} \dfrac{\partial u}{\partial t} + u\,\dfrac{\partial u}{\partial x} + v\,\dfrac{\partial u}{\partial y} + w\,\dfrac{\partial u}{\partial z} = -\dfrac{1}{\rho}\,\dfrac{\partial p}{\partial x} + \nu\Delta u, \\[2mm] \dfrac{\partial v}{\partial z} + u\,\dfrac{\partial v}{\partial x} + v\,\dfrac{\partial v}{\partial y} + w\,\dfrac{\partial v}{\partial z} = -\dfrac{1}{\rho}\,\dfrac{\partial p}{\partial y} + \nu\Delta v, \\[2mm] \dfrac{\partial w}{\partial t} + u\,\dfrac{\partial w}{\partial x} + v\,\dfrac{\partial w}{\partial y} + w\,\dfrac{\partial w}{\partial z} = -\dfrac{1}{\rho}\,\dfrac{\partial p}{\partial z} + \nu\Delta w, \\[2mm] \dfrac{\partial u}{\partial x} + \dfrac{\partial v}{\partial y} + \dfrac{\partial w}{\partial z} = 0. \end{cases} \tag{9.12.10}$$

利用(9.12.10)式中的连续性方程,运动方程可改写为

$$\begin{cases} \dfrac{\partial u}{\partial t} + \dfrac{\partial u^2}{\partial x} + \dfrac{\partial uv}{\partial y} + \dfrac{\partial uw}{\partial z} = -\dfrac{1}{\rho}\,\dfrac{\partial p}{\partial x} + \nu\Delta u, \\[2mm] \dfrac{\partial v}{\partial t} + \dfrac{\partial uv}{\partial x} + \dfrac{\partial v^2}{\partial y} + \dfrac{\partial wv}{\partial z} = -\dfrac{1}{\rho}\,\dfrac{\partial p}{\partial y} + \nu\Delta v, \\[2mm] \dfrac{\partial w}{\partial t} + \dfrac{\partial uw}{\partial x} + \dfrac{\partial vw}{\partial y} + \dfrac{\partial w^2}{\partial z} = -\dfrac{1}{\rho}\,\dfrac{\partial p}{\partial z} + \nu\Delta w, \\[2mm] \dfrac{\partial u}{\partial x} + \dfrac{\partial v}{\partial y} + \dfrac{\partial w}{\partial z} = 0. \end{cases} \tag{9.12.11}$$

对方程组(9.12.11)中各式的两边进行平均化运算,并且利用(9.12.5),(9.12.7),(9.12.8)及(9.12.9)等式,我们得到

$$\begin{cases} \dfrac{\partial \bar u}{\partial t} + \dfrac{\partial \bar u^2}{\partial x} + \dfrac{\partial \bar u\,\bar v}{\partial y} + \dfrac{\partial \bar u\,\overline w}{\partial z} + \dfrac{\partial \overline{u'^2}}{\partial x} + \dfrac{\partial \overline{u'v'}}{\partial y} + \dfrac{\partial \overline{u'w'}}{\partial z} \\[2mm] \qquad = -\dfrac{1}{\rho}\,\dfrac{\partial \bar p}{\partial x} + \nu\Delta\bar u, \\[2mm] \dfrac{\partial \bar v}{\partial t} + \dfrac{\partial \bar u\,\bar v}{\partial x} + \dfrac{\partial \bar v^2}{\partial y} + \dfrac{\partial \overline w\,\bar v}{\partial z} + \dfrac{\partial \overline{u'v'}}{\partial x} + \dfrac{\partial \overline{v'^2}}{\partial y} + \dfrac{\partial \overline{w'v'}}{\partial z} \\[2mm] \qquad = -\dfrac{1}{\rho}\,\dfrac{\partial \bar p}{\partial y} + \nu\Delta\bar v, \\[2mm] \dfrac{\partial \overline w}{\partial t} + \dfrac{\partial \bar u\,\overline w}{\partial x} + \dfrac{\partial \bar v\,\overline w}{\partial y} + \dfrac{\partial \overline w^2}{\partial z} + \dfrac{\partial \overline{u'w'}}{\partial x} + \dfrac{\partial \overline{v'w'}}{\partial y} + \dfrac{\partial \overline{w'^2}}{\partial z} \\[2mm] \qquad = -\dfrac{1}{\rho}\,\dfrac{\partial \bar p}{\partial z} + \nu\Delta\overline w, \\[2mm] \dfrac{\partial \bar u}{\partial x} + \dfrac{\partial \bar v}{\partial y} + \dfrac{\partial \overline w}{\partial z} = 0. \end{cases} \tag{9.12.12}$$

考虑到方程组(9.12.12)的第四式,方程组(9.12.12)中的头三个方程可改写成另一种形式.把脉动项移至右边,最后我们得到

$$\begin{cases} \rho\left(\dfrac{\partial \bar{u}}{\partial t}+\bar{u}\dfrac{\partial \bar{u}}{\partial x}+\bar{v}\dfrac{\partial \bar{u}}{\partial y}+\bar{w}\dfrac{\partial \bar{u}}{\partial z}\right) \\ \qquad =-\dfrac{\partial \bar{p}}{\partial x}+\mu\Delta\bar{u}+\dfrac{\partial(-\rho\overline{u'^2})}{\partial x}+\dfrac{\partial(-\rho\overline{u'v'})}{\partial y}+\dfrac{\partial(-\rho\overline{u'w'})}{\partial z}, \\[4pt] \rho\left(\dfrac{\partial \bar{v}}{\partial t}+\bar{u}\dfrac{\partial \bar{v}}{\partial x}+\bar{v}\dfrac{\partial \bar{v}}{\partial y}+\bar{w}\dfrac{\partial \bar{v}}{\partial z}\right) \\ \qquad =-\dfrac{\partial \bar{p}}{\partial y}+\mu\Delta\bar{v}+\dfrac{\partial(-\rho\overline{u'v'})}{\partial x}+\dfrac{\partial(-\rho\overline{v'^2})}{\partial y}+\dfrac{\partial(-\rho\overline{v'w'})}{\partial z}, \\[4pt] \rho\left(\dfrac{\partial \overline{w}}{\partial t}+\bar{u}\dfrac{\partial \overline{w}}{\partial x}+\bar{v}\dfrac{\partial \overline{w}}{\partial y}+\bar{w}\dfrac{\partial \overline{w}}{\partial z}\right) \\ \qquad =-\dfrac{\partial \bar{p}}{\partial z}+\mu\Delta\overline{w}+\dfrac{\partial(-\rho\overline{u'w'})}{\partial x}+\dfrac{\partial(-\rho\overline{v'w'})}{\partial y}+\dfrac{\partial(-\rho\overline{w'^2})}{\partial z}, \\[4pt] \dfrac{\partial \bar{u}}{\partial x}+\dfrac{\partial \bar{v}}{\partial y}+\dfrac{\partial \overline{w}}{\partial z}=0. \end{cases} \tag{9.12.13}$$

如果我们将上式和应力形式的运动方程

$$\rho\frac{\mathrm{d}\boldsymbol{v}}{\mathrm{d}t}=\mathrm{div}\overline{\boldsymbol{P}}$$

对比，其中 $\overline{\boldsymbol{P}}$ 是平均运动的应力张量，则我们发现

$$\overline{\boldsymbol{P}}=-\bar{p}\boldsymbol{I}+2\mu\overline{\boldsymbol{S}}+\boldsymbol{P}',$$

其中 $\boldsymbol{I}$ 是单位张量；$\overline{\boldsymbol{S}}$ 是平均运动的变形速度张量；$\boldsymbol{P}'$ 是对称的二阶张量，称为**雷诺应力张量**，它的表达式如下：

$$\boldsymbol{P}'=\begin{bmatrix} \tau'_{xx} & \tau'_{xy} & \tau'_{xz} \\ \tau'_{yx} & \tau'_{yy} & \tau'_{yz} \\ \tau'_{zx} & \tau'_{zy} & \tau'_{zz} \end{bmatrix}=\begin{bmatrix} -\rho\overline{u'^2} & -\rho\overline{u'v'} & -\rho\overline{u'w'} \\ -\rho\overline{u'v'} & -\rho\overline{v'^2} & -\rho\overline{v'w'} \\ -\rho\overline{u'w'} & -\rho\overline{v'w'} & -\rho\overline{w'^2} \end{bmatrix}. \tag{9.12.14}$$

我们看出，在湍流运动中除了平均运动的黏性应力而外，还多了一项由于脉动所引起的应力，这种新型应力称为**湍应力**或**雷诺应力**.

这样可以得到下列结论：如果我们在黏性应力之外还加上补充的湍应力，则平均流动所满足的运动方程可以写成和黏性流体运动方程组相同的形式. 平均流动所满足的方程 (9.12.13) 称为**雷诺方程**.

应该强调指出，方程组 (9.12.13) 是不封闭的. 方程的个数只有四个，而未知函数却有十个，即 $\bar{v}$，$\bar{p}$ 及六个湍应力分量. 为了使方程组封闭，必须在湍应力及平均速度之间建立补充关系式，这方面的理论工作主要沿着两个方向进行. 一个方向是湍流统计理论，试图利用统计数学的方法及概念来描绘流场，探讨脉动的变化规律，研究湍流内部的结构，从而建立湍流运动的封闭方程组. 迄今为止只是在均匀各向同性湍流理论方面获得了一些比较满意的结果，但距离应用于

实际问题还相差甚远. 另一个方向是湍流的半经验理论,它是根据一些假设及实验结果建立湍应力和平均速度之间的关系,从而建立起封闭方程组. 半经验理论在理论上具有很大的局限性及缺陷,但在一定条件下往往能够得出与实际符合的较满意的结果,因此在工程技术中得到广泛的应用. 下面我们只讲半经验理论,关于湍流的统计理论读者可以阅读相应的专著.

9.13 普朗特混合长理论　无界固壁上的湍流运动

这一节我们介绍一个最古老也最重要的半经验理论,它是 1925 年普朗特提出的,称为**普朗特混合长理论**.

现在中心问题是建立雷诺应力和平均速度之间的关系,从而得到封闭的运动方程组. 湍应力是由于宏观流体微团的脉动引起的,它和分子微观运动引起黏性应力的情况十分相似. 因此,自然地会联想到是否可以借用分子运动论中建立黏性应力和速度梯度之间关系的方法来研究湍流中雷诺应力和平均速度之间的关系. 下面让我们遵循这条思路介绍混合长理论.

为了简单起见,我们只限于考虑湍流的平均运动是平面平行定常运动的情形,此时

$$\bar{u} = \bar{u}(y), \quad \bar{v} = \bar{w} = 0.$$

在湍流运动中普朗特引进了一个与分子平均自由程相当的长度 $l'/2$,并假设在 $l'/2$ 距离内流体微团将不和其他流体微团相碰,因而保持自己的物理属性(例如保持动量不变),只是在移动了 $l'/2$ 距离后才和那里的流体微团掺混,其动量才发生变化.

在流体中取两个平行于 x 轴的流体层,其边界分别为 $\left(y+\dfrac{l'}{2}, y\right)$, $\left(y, y-\dfrac{l'}{2}\right)$ (见图 9.13.1). 由于 y 方向存在脉动速度分量 v', y 截面上、下两层流体 1 与 2 之间将交换动量因而产生湍应力. 这里 y 方向的脉动速度 v' 相当于分子动理学中的平均速度 c. 设 1 层的流体团,由于脉动的结果,以 $v'<0$ 的速度沿 y 轴向下移动了距离 $l'/2$ 后落到 2 层,此时它和 2 层内

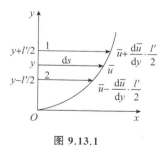

图 9.13.1

的流体微团相碰并传递了动量,使 2 层得到 $\rho v'\left(\bar{u}+\dfrac{\mathrm{d}\bar{u}}{\mathrm{d}y}\cdot\dfrac{l'}{2}\right)$ 的动量;另一方面,2 层内的流体微团由于脉动速度 $v'>0$,移动了 $l'/2$ 后落入 1 层,使其失去了 $\rho v'\left(\bar{u}-\dfrac{\mathrm{d}\bar{u}}{\mathrm{d}y}\cdot\dfrac{l'}{2}\right)$ 的动量. 这样,单位时间内和单位面积上流体层 2 内动量改变对时间的平均值为

$$\overline{\rho v'\left(\bar{u} + \frac{\mathrm{d}\,\bar{u}}{\mathrm{d}y} \cdot \frac{l'}{2}\right)} - \overline{\rho v'\left(\bar{u} - \frac{\mathrm{d}\,\bar{u}}{\mathrm{d}y} \cdot \frac{l'}{2}\right)} = \overline{\rho v' l'}\, \frac{\mathrm{d}\,\bar{u}}{\mathrm{d}y},$$

于是

$$\tau'_{xy} = -\rho\,\overline{u'v'} = \overline{\rho v' l'\, \frac{\mathrm{d}\,\bar{u}}{\mathrm{d}y}} = \rho\,\overline{v' l'}\, \frac{\mathrm{d}\,\bar{u}}{\mathrm{d}y}. \tag{9.13.1}$$

这里利用了性质(9.12.4),由此得

$$u' = l'\, \frac{\mathrm{d}\,\bar{u}}{\mathrm{d}y}. \tag{9.13.2}$$

和黏性应力情形一样,令

$$\mu_{\mathrm{t}} = \rho\,\overline{v' l'}, \quad \nu_{\mathrm{t}} = \overline{v' l'}, \tag{9.13.3}$$

于是

$$\tau'_{xy} = \mu_{\mathrm{t}}\, \frac{\mathrm{d}\,\bar{u}}{\mathrm{d}y} = \rho \nu_{\mathrm{t}}\, \frac{\mathrm{d}\,\bar{u}}{\mathrm{d}y}. \tag{9.13.4}$$

其中 μ_{t} 形式上与层流黏度 μ 相似,但 μ 是流体本身的性质,而 μ_{t} 是人为引进的一个系数,不反映流体的特性,依赖于流体的运动,称为湍流黏度. ν_{t} 称为**运动湍流黏度**. 实验表明,除了固壁附近外,湍流黏度 ν_{t} 比层流黏度大到上万倍. 因此,在一般情形下湍应力起主导作用.

为了将脉动速度 v' 也和平均速度联系起来,普朗特进一步假定 u' 和 v' 同阶,即

$$u' \sim v'. \tag{9.13.5}$$

由(9.13.2)式有

$$v' \sim l'\, \frac{\mathrm{d}\,\bar{u}}{\mathrm{d}y}. \tag{9.13.6}$$

这个假定的合理性可以从下述直观考虑加以理解. 设两个流体微团由于横向脉动速度 v' 的作用分别从 $y+l'$, $y-l'$ 进入 y 层. $y+l'$ 层内流体微团的速度是 $\bar{u} + \frac{\mathrm{d}\,\bar{u}}{\mathrm{d}y} l'$,该微团进入 y 层后,使 y 层内流体产生沿 x 轴正方向的脉动速度

$$u' = \frac{\mathrm{d}\,\bar{u}}{\mathrm{d}y} l'.$$

同样地,$y-l'$ 层内流体微团在进入 y 层后使 y 层流体产生沿 x 轴负方向的脉动速度

$$u' = \frac{\mathrm{d}\,\bar{u}}{\mathrm{d}y} l'.$$

这样,这两个流体微团就以相对速度 $2u'$ 向相反的方向运动. 远离的结果就使得一部分空间空了出来. 为了填补这个空间,四周流体纷纷流来,于是便产生了脉动速度 v'. 从刚才叙述的脉动速度分量 v' 的产生过程容易理解 v' 是和 u' 成正比

的,因为 u' 愈大,空出来的空间愈大,填空的过程进行的速度也愈快,即 v' 愈大.

将(9.13.5)式代入(9.13.1)式得

$$\tau'_{xy} \sim \rho \overline{l'^{2}} \left(\frac{\mathrm{d}\bar{u}}{\mathrm{d}y} \right)^{2},$$

或写成

$$\tau'_{xy} = \rho\beta \overline{l'^{2}} \left(\frac{\mathrm{d}\bar{u}}{\mathrm{d}y} \right)^{2},$$

其中 β 是比例常数. 令 $l^{2} = \beta \overline{l'^{2}}$, l 称为**混合长**,则有

$$\tau'_{xy} = \rho l^{2} \left(\frac{\mathrm{d}\bar{u}}{\mathrm{d}y} \right)^{2}. \tag{9.13.7}$$

因为 τ'_{xy} 与 $\dfrac{\mathrm{d}\bar{u}}{\mathrm{d}y}$ 同号,为了使得等式两边符号一致,上式应改写为

$$\tau'_{xy} = \rho l^{2} \left| \frac{\mathrm{d}\bar{u}}{\mathrm{d}y} \right| \frac{\mathrm{d}\bar{u}}{\mathrm{d}y}, \tag{9.13.8}$$

其中混合长 l 目前还是不确定的量,它将在不同的具体问题中通过新的假定及实验结果再来决定.

下面利用普朗特的混合长理论处理无界固壁附近的湍流运动.

设无界平板 AB 上方充满着不可压缩黏性流体,流体在等压条件下沿板面方向做定常湍流运动. 若板面上的切应力 τ_w 已知,求湍流运动的速度分布.

取板上任一点为坐标原点,x 轴与平板重合,y 轴垂直于平板且指向流体内部,如图 9.13.2 所示,显然平均运动与 x 无关,即 $\bar{u} = \bar{u}(y)$. 动量传递仅在 y 方向进行. 此时雷诺方程简化为

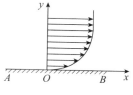

图 9.13.2

$$\mu \frac{\mathrm{d}^{2}u}{\mathrm{d}y^{2}} + \frac{\mathrm{d}\tau'_{xy}}{\mathrm{d}y} = 0,$$

这里为了方便起见已将平均物理量上的横线"—"省略,其中

$$\tau'_{xy} = -\rho \overline{u'v'}. \tag{9.13.9}$$

积分后得

$$\mu \frac{\mathrm{d}u}{\mathrm{d}y} + \tau'_{xy} = C,$$

其中 C 是积分常数. 在板面 $y=0$ 上 $u'=v'=0$,且

$$\tau = \mu \frac{\mathrm{d}u}{\mathrm{d}y} = \tau_w,$$

于是 $C = \tau_w$,代入上式后有

$$\mu \frac{\mathrm{d}u}{\mathrm{d}y} + \tau'_{xy} = \tau_w. \tag{9.13.10}$$

下面应区分两种不同区域求方程(9.13.10)的解.

1) 在固壁附近的区域内,那里 τ'_{xy} 很小(在固壁上等于零),而 $\mu\dfrac{\mathrm{d}u}{\mathrm{d}y}$ 取较大的值. 因此黏性应力起主导作用,可以忽略 τ'_{xy}. 这个区域称为**黏性底层**,其尺度非常小.

2) 在黏性底层外部区域内,τ'_{xy} 比 $\mu\dfrac{\mathrm{d}u}{\mathrm{d}y}$ 大几万倍,因此可以完全忽略黏性应力的作用,流动处于完全的湍流状态. 这个区域称为**湍流核心区**.

在黏性底层及湍流核心区之间有一个过渡区,这里黏性应力和湍应力起同等重要的作用. 当雷诺数很大时,过渡区的尺寸很小,暂且忽略不计,此时可认为黏性底层和湍流核心区在边界上直接相连. 下面分别求黏性底层和湍流核心区内的解.

1) 黏性底层.

方程(9.13.10)简化为

$$\mu\frac{\mathrm{d}u}{\mathrm{d}y}=\tau_w,$$

积分之,得

$$u=\frac{\tau_w}{\mu}y+C_1.$$

考虑到边界条件 $y=0,u=0$ 后得积分常数 $C_1=0$,于是

$$u=\frac{\tau_w}{\mu}y. \tag{9.13.11}$$

为了方便将(9.13.11)式写成无量纲形式. 为此引进特征速度 U_* 及特征长度 l_*. 它们由下式确定:

$$U_*=\sqrt{\frac{\tau_w}{\rho}},\quad l_*=\frac{\nu}{U_*}=\frac{\nu}{\sqrt{\tau_w/\rho}}, \tag{9.13.12}$$

这样(9.13.11)式可改写为

$$\frac{u}{U_*}=\frac{y}{l_*}. \tag{9.13.13}$$

设 δ_e 是黏性底层与湍流核心区的边界,其上的速度是 u_e,则由(9.13.13)式有

$$\frac{u_e}{U_*}=\frac{\delta_e}{l_*}=\alpha,\quad u_e=U_*\alpha,\quad \delta_e=l_*\alpha, \tag{9.13.14}$$

此式说明 u_e,δ_e 中只有一个待定的未知量 α.

2) 湍流核心区.

方程(9.13.10)简化为

$$\tau'_{xy}=\tau_w.$$

利用普朗特混合长理论的结果,即(9.13.7)式我们有

$$\rho l^2 \left(\frac{\mathrm{d}u}{\mathrm{d}y}\right)^2 = \tau_w,$$

由(9.13.12)式得

$$l \frac{\mathrm{d}u}{\mathrm{d}y} = U_*. \tag{9.13.15}$$

现在需要根据问题的特点对混合长 l 作假设. 根据观察,普朗特假设 l 不受黏性影响,则唯一有长度量纲的量是 y,于是十分自然地假设

$$l = \chi y, \tag{9.13.16}$$

其中 χ 是待定的比例常数. 当 $y = 0$ 时得 $l = 0$,即 $\tau'_{xy} = 0$. 这是和固壁上雷诺应力等于零的物理事实吻合的.

将(9.13.16)式代入(9.13.15)式,得

$$\frac{\mathrm{d}u}{\mathrm{d}y} = \frac{U_*}{\chi} \frac{1}{y},$$

积分之,得

$$u = \frac{U_*}{\chi} \ln y + C_2.$$

在湍流核心区与黏性底层相连的边界 $y = \delta_e$ 上,$u = u_e$. 由此可定出 C_2,它等于

$$C_2 = u_e - \frac{U_*}{\chi} \ln \delta_e,$$

代入上式,得

$$u - u_e = \frac{U_*}{\chi} \ln \frac{y}{\delta_e}.$$

将(9.13.14)式中 u_e, δ_e 的表达式代入,得

$$u - \alpha U_* = \frac{U_*}{\chi} \ln \frac{y}{l_* \alpha},$$

或改写为

$$\frac{u}{U_*} = \frac{1}{\chi} \ln \frac{y U_*}{\nu} + \alpha - \frac{1}{\chi} \ln \alpha, \tag{9.13.17}$$

上式包含两个待定常数 χ 及 α,它们将由实验确定.

(9.13.17)式表明,湍流核心区内速度剖面是对数曲线,这样的速度剖面称为对数速度剖面,而黏性底层流动中速度剖面是直线,它们在结构上有很大的不同.

上面研究的无界固壁附近的湍流运动是一种理想化了的情形,实际上并不存在,它只是固壁附近流动的一种近似表示(其他壁面的影响可忽略). 虽然如此,它所揭示出来的湍流区域中"对数速度分布"却具有普遍意义. 大量实验证

明,不仅管、槽$\left(\dfrac{\mathrm{d}p}{\mathrm{d}x}\neq0\right)$内的速度分布满足这个规律,而且二维湍流边界层内的速度分布也大体具有这种形式.

9.14   圆管内的湍流运动

在工程中遇到的不同湍流运动中,圆管内的流动具有特别重大的实际意义,这不仅因为它在工程中应用得非常广泛,而且也因为它所揭示的规律对于理解更复杂条件下的湍流运动也很有帮助.

现在考虑离进口截面较远,速度剖面已经稳定不变的圆管内的湍流运动. 圆管直径 d,流体的密度 ρ,运动黏度 ν 都是已知的,此外还知道流量 Q. 现在要求速度剖面形状和阻力系数.

取如图 9.14.1 所示的直角坐标系.

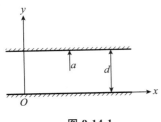

图 9.14.1

分两步讨论. 先研究光滑圆管中的湍流运动,然后再研究粗糙度的影响.

a) 光滑圆管中的湍流运动

1) 速度剖面.

尼库拉泽对不可压缩黏性流体在细长光滑圆管内的湍流运动进行了大量的实验研究. 实验结果表明,圆管中湍流核心区的速度分布和无界固壁附近的速度分布(9.13.17)完全一样,也是对数形式的速度剖面. 如果取 $\chi=0.4,\alpha=11.5$,并将自然对数换成以 10 为底的对数,则(9.13.17)式取下列形式:

$$\frac{u}{U_*}=5.75\lg\frac{yU_*}{\nu}+5.5, \tag{9.14.1}$$

这时,上式和实验结果几乎完全重合. 只是在

$$\lg\frac{yU_*}{\nu}=1$$

附近对数剖面与实验结果相差较远,说明那里已是过渡区与黏性底层了(见图 9.14.2). 图 9.14.2 中曲线①是黏性底层线性律((9.13.11)式);②是过渡区;③是对数律区((9.14.1)式);④是 1/7 幂次律拟合((9.14.9)式);⑤是 1/10 幂次律拟合.

必须强调指出,(9.14.1)式是通用的速度剖面,它对所有的雷诺数都是适用的. 此时黏性和雷诺数的影响已经完全包含在 U_* 与 l_* 中去了.

(9.14.1)式中的 $U_*=\sqrt{\tau_w/\rho}$ 目前是未知的量,它需要通过已知量 $u_平$(即 Q)表示出来.

2) $u_平$ 与 U_* 的关系.

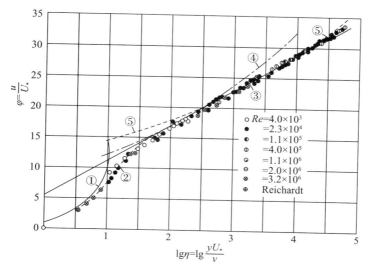

图 **9.14.2**

根据平均速度的定义,我们有

$$u_{\text{平}} = \frac{1}{\pi a^2} \int_0^a u \cdot 2\pi(a-y)\mathrm{d}y = \int_0^a 2u\left(1-\frac{y}{a}\right)\mathrm{d}\left(\frac{y}{a}\right).$$

因为黏性底层和过渡区非常小,所以在求 $u_{\text{平}}$ 时可以用对数剖面(9.14.1)代替真实剖面,产生的误差可忽略不计.

将(9.14.1)式代入,得

$$\frac{u_{\text{平}}}{U_*} = \frac{2}{\chi}\int_0^a \left(\lg \frac{yU_*}{\nu}\right)\left(1-\frac{y}{a}\right)\mathrm{d}\left(\frac{y}{a}\right) + 5.5$$

$$= \frac{1}{\chi}\lg\frac{aU_*}{\nu} + 5.5 + \frac{2}{\chi}\int_0^a \left(\lg\frac{y}{a}\right)\left(1-\frac{y}{a}\right)\mathrm{d}\left(\frac{y}{a}\right)$$

$$= 5.75\lg\frac{aU_*}{\nu} + 5.5 - 3.75,$$

即

$$\frac{u_{\text{平}}}{U_*} = 5.75\lg\frac{aU_*}{\nu} + 1.75, \tag{9.14.2}$$

这就是 $u_{\text{平}}$ 与 U_* 的关系. 此外,由(9.14.1)式求出管轴上的最大速度 $u_{\max}$ 为

$$\frac{u_{\max}}{U_*} = 5.75\lg\frac{aU_*}{\nu} + 5.5,$$

将它与(9.14.2)式相减得

$$\frac{u_{\max} - u_{\text{平}}}{U_*} = 3.75, \tag{9.14.3}$$

这个最大速度和平均速度之间的关系与实验结果符合得很好(见图 9.14.3).

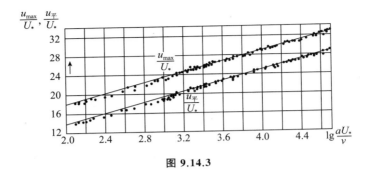

图 9.14.3

在 9.6 节中我们看到,在层流中 $u_{max}/u_平 = 2$. 而在湍流中,这个比值随着雷诺数的增加而减小,由小雷诺数时的 $1.3(Re \sim 5000)$ 到较大雷诺数时的 1.15 $(Re \sim 3\,000\,000)$. 因此湍流情况下的速度剖面比层流时要饱满得多,而且饱满的程度随雷诺数的增加而增加,这可以从图 9.14.4 中十分清楚地看出来.

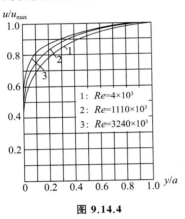

1: $Re = 4 \times 10^3$
2: $Re = 1110 \times 10^3$
3: $Re = 3240 \times 10^3$

图 9.14.4

3) 阻力公式.

与 9.6 节类似地,我们引进过圆管的阻力系数

$$\lambda = \frac{\Delta p}{l} \frac{2d}{\rho u_平^2}.$$

根据 x 方向力的平衡,Δp 和 τ_w 之间存在着下列关系

$$\Delta p \cdot \pi a^2 = 2\pi al\tau_w,$$

即

$$\frac{\Delta p}{l} = \frac{2\tau_w}{a},$$

所以

$$\lambda = \frac{8\tau_w}{\rho u_平^2} = 8\frac{U_*^2}{u_平^2}$$

或

$$\frac{u_平}{U_*} = \frac{2\sqrt{2}}{\sqrt{\lambda}}. \tag{9.14.4}$$

将 (9.14.2) 式代入,经过简化后得

$$\frac{1}{\sqrt{\lambda}} = 2.035\lg(Re\sqrt{\lambda}) - 0.91, \tag{9.14.5}$$

其中 $Re = du_平/\nu$. 实验结果给出

$$\frac{1}{\sqrt{\lambda}} = 2\lg(Re\sqrt{\lambda}) - 0.8, \tag{9.14.6}$$

可见两者相当符合. (9.14.6)式通常称为**普朗特公式**,它用隐函数形式给出λ. 为了能将λ表示成Re的显式,尼库拉泽建议下列经验公式:

$$\lambda = 0.0032 + \frac{0.221}{Re^{0.237}}, \tag{9.14.7}$$

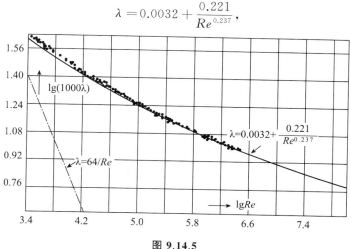

图 9.14.5

它和实验结果很符合(参看图9.14.5). 在$Re < 10^5$的范围内,此式和水力学中广泛使用的公式

$$\lambda = \frac{0.3164}{Re^{0.25}} \tag{9.14.8}$$

很接近.

4) 计算步骤.

(1) 根据所给体积流量Q,定出$u_\mp$,计算雷诺数

$$Re = \frac{u_\mp d}{\nu};$$

(2) 由(9.14.5)式或(9.14.7)式求出阻力系数λ;

(3) 知道$u_\mp$及λ后,利用(9.14.4)式求出U_*,于是速度剖面(9.14.1)就可求出;

(4) 管长为l的压降可用下式算出:

$$\Delta p = \lambda \frac{l}{d} \frac{\rho u_\mp^2}{2}.$$

在圆管流动中,除了应用上述对数速度剖面外,还常常利用纯经验的幂次剖面. 例如当$Re < 1\,000\,000$时,下述很方便的1/7幂次公式

$$\frac{u}{U_*} = 8.74 \left(\frac{yU_*}{\nu}\right)^{1/7} \tag{9.14.9}$$

和实验结果符合得很好. 随着雷诺数的增大,速度 u 与 yU_*/ν 的 $1/8,1/9,1/10$ 次幂成正比. 幂次剖面的优点在于它使用起来很方便,它的缺点主要是不通用,随着雷诺数的变化要选用不同的幂次.

下面推导与 $1/7$ 幂次剖面 $(9.14.9)$ 相对应的阻力公式. 利用 $(9.14.9)$ 式我们有

$$\tau_w = \rho U_*^2 = (8.74)^{-7/4} \rho u^{7/4} \left(\frac{\nu}{y}\right)^{1/4} = 0.0225 \rho u^2 \left(\frac{\nu}{uy}\right)^{1/4}.$$

把这个公式用到管轴处,那里 $y=a$,$u=u_{\max}$. 于是

$$\frac{\tau_w}{\rho u_{\max}^2} = 0.0225 \, Re_{\max}^{-1/4}, \tag{9.14.10}$$

其中 $Re_{\max} = u_{\max}a/\nu$. 上式称为布拉修斯阻力公式,它在 $Re < 1\,000\,000$ 时与实验很符合.

完全同样地可推出与 $1/8,1/9$ 幂次剖面相对应的阻力公式,式中的幂次分别为 $-2/9,-1/5$.

b) 粗糙圆管中的湍流运动

上面讨论了光滑圆管中的湍流运动. 实际圆管的管壁不会是绝对光滑的,或多或少都有些粗糙度. 因此有必要研究一下粗糙度对圆管中湍流运动的影响. 为了讨论方便起见,我们把粗糙度的概念加以理想化,认为粗糙壁面由差不多同一尺寸的颗粒组成. 用 k(以毫米计)表示粗糙峰的平均高度,称为绝对粗糙度;而把 k 与管径 a 之比 k/a 称为相对粗糙度. 尼库拉泽对内表面由沙粒组成的粗糙管进行了大量细致的实验,对于相对粗糙度从 0.2% 到 5% 的各种情形测出了阻力系数和速度剖面. 图 9.14.6 画出了以相对粗糙度的倒数 a/k 为参数的阻力曲线图. 从图上可以看出:

1)在层流区,粗糙圆管和光滑圆管的阻力系数相同;

2) 在转捩区,临界雷诺数(约为 2000 左右)与粗糙度无关,过渡状态也几乎和相对粗糙度无关;

3) 在湍流区,对于每一个相对粗糙度,都有一个区域(对应较小雷诺数),在那里粗糙圆管的阻力系数和光滑圆管一样,即阻力系数只和雷诺数有关. 当雷诺数增大到某一数值时,两者开始不同,粗糙圆管的阻力系数大于光滑圆管. 此时阻力系数既和 Re 有关,也和 k/a 有关. 相对粗糙度越大,这种偏离发生得越早,即发生偏离的雷诺数越小. 当雷诺数超过某一数值后,阻力系数变成某一常数(平方阻力规律),此时 λ 只和 k/a 有关,而与 Re 无关.

根据阻力系数的上述特点可以看出,粗糙度对层流和过渡区几乎没有任何影响,因此当我们考虑圆管内的层流运动和过渡区流动时可以不必区分光滑管和粗糙度. 但是对于圆管内的湍流运动就必须加以区分,因为此时粗糙度严重

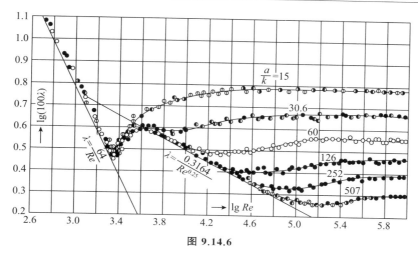

图 9.14.6

地影响阻力系数的数值.

　　不同的粗糙度呈现出不同的湍流运动,其阻力规律是和绝对粗糙度 k 及黏性底层的高度 δ_e 之间的比值密切相关,正因为如此引进 k/δ_e 是合适的. 根据 (9.13.14)式

$$\frac{k}{\delta_e} = \frac{kU_*}{11.5\nu},$$

k/δ_e 可以用 kU_*/ν 代替.

　　现在我们可以根据湍流区阻力系数和粗糙度的关系将粗糙圆管分成三种不同类型,分别对应于管内的三种不同的湍流运动状态.

　　1) 流体动力光滑圆管,对应于粗糙度不显示状态. 此时

$$0 \leqslant \frac{kU_*}{\nu} \leqslant 5, \quad \lambda = \lambda(Re),$$

粗糙峰全部埋在黏性底层内,对湍流核心区的流动不发生影响,所以阻力系数和光滑圆管完全一样. 在这种管子中,阻力系数只和 Re 有关,而和粗糙度无关.

　　2) 完全粗糙圆管,对应于粗糙度完全显示状态. 此时

$$\frac{kU_*}{\nu} > 70, \quad \lambda = \lambda\left(\frac{k}{a}\right),$$

所有粗糙峰几乎全部高出黏性底层,它突出在湍流核心区形成许多小涡旋,阻力完全由粗糙峰的形阻组成,所以阻力是平方规律. 在这种管道中,阻力系数只和粗糙度有关,而和 Re 无关.

　　3) 过渡型圆管,对应于过渡状态. 此时

$$5 \leqslant \frac{kU_*}{\nu} \leqslant 70, \quad \lambda = \lambda\left(\frac{k}{a}, Re\right),$$

部分粗糙峰高出黏性底层. 阻力由光滑圆管的阻力和部分粗糙峰的形阻组成. 在这种管道中,阻力系数既和 Re 有关,也和粗糙度有关.

下面我们研究一下这三种状态的速度剖面和阻力系数.

因为粗糙度并不影响混合长理论的使用,所以对数形式的速度剖面仍然有效:

$$\frac{u}{U_*} = \frac{1}{\chi}\ln y + C, \tag{9.14.11}$$

其中 $\chi = 0.4$. 为了将粗糙度考虑进去,我们将上式改写为

$$\frac{u}{U^*} = \frac{1}{\chi}\ln\frac{y}{k} + B. \tag{9.14.12}$$

对流体动力光滑管,上式应和光滑管的速度剖面(9.14,1)一样,比较这两式后得

$$B = 5.5 + 5.75\lg\frac{U_* k}{\nu},$$

此时速度剖面和阻力规律与光滑圆管情形完全一样.

对于完全粗糙管, B 应取 8.5(图 9.14.7),此时

$$\frac{u}{U_*} = 2.5\ln\frac{y}{k} + 8.5,$$

下面计算阻力系数. 不难验证,速度剖面取(9.14.11)式,下式仍成立:

$$\frac{u_{\max}}{U_*} - \frac{u_{平}}{U_*} = 3.75.$$

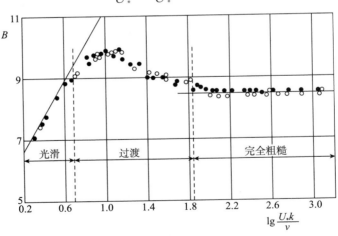

图 9.14.7

其次,由(9.14.12)式得

$$\frac{u_{\max}}{U_*} = 2.5\ln\frac{a}{k} + 8.5,$$

代入上式,得

$$\frac{u_{\text{平}}}{U_*} = 2.5\ln\frac{a}{k} + 4.75.$$

根据阻力系数定义,有

$$\lambda = 8\left(\frac{U_*}{u_{\text{平}}}\right)^2 = \left(2\lg\frac{a}{k} + 1.68\right)^{-2},$$

如果将上式的系数 1.68 换成 1.74,有

$$\lambda = \left(2\lg\frac{a}{k} + 1.74\right)^{-2}, \tag{9.14.13}$$

则与实验结果符合得很好(图 9.14.8).

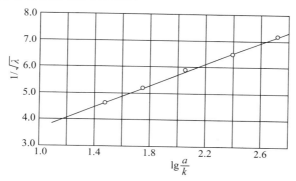

图 **9.14.8**

过渡区比较复杂,这里只列出阻力系数的经验公式:

$$\frac{1}{\sqrt{\lambda}} = 1.74 - 2\lg\left(\frac{k}{a} + \frac{18.7}{Re\sqrt{\lambda}}\right).$$

对于工程实际中遇到的粗糙表面,粗糙颗粒的尺寸十分不同,而且形状也极不规则,因此通常不可能从表面的形状推得粗糙度 k 的可靠数值. 不过可以由实验确定(9.14.11)式中的常数 C,再由关系式

$$\frac{u}{U_*} = 2.5\ln\frac{y}{k} + 8.5 = 5.75\lg y + C,$$

即 $C = 8.5 - 5.75\lg k_s$,算出"等效粗糙度"k_s.

9.15　平板湍流边界层

平板纵向绕流是湍流边界层中最简单也是最重要的情形. 只要不发生显著的分离现象,曲面情形的摩擦阻力和平板情形相差不多. 因此平板湍流边界层的结果在计算船体、机翼、机身和旋转叶片的摩擦阻力时仍然是很有用的.

考虑不可压缩黏性流体以匀速 U 从远前方沿平板方向流来. 假设湍流边界

层是从平板前缘开始的. 和层流情形一样, 可以推导出平板湍流边界层中平均运动应满足的边界层方程组

$$\begin{cases} \dfrac{\partial u}{\partial x} + \dfrac{\partial v}{\partial y} = 0, \\[2mm] \rho u \dfrac{\partial u}{\partial x} + \rho v \dfrac{\partial u}{\partial y} = \dfrac{\partial \tau}{\partial y}, \\[2mm] \tau = (\mu + \mu_{\mathrm{t}}) \dfrac{\partial u}{\partial y}. \end{cases} \tag{9.15.1}$$

和层流情形相比, 方程组的形式完全一样, 只是黏性应力中多了一项湍应力. 直接解此方程组有很大困难, 因为我们对湍流区和黏性底层的衔接, 以及过渡区的性质都不很清楚, 另外在混合长 l 的确定上也存在着困难. 这就迫使我们采取层流边界层中已经采用过的近似方法, 即动量积分关系式方法. 和 9.10 节中的推导完全一样, 我们可以得到平板湍流边界层的动量积分关系式

$$\frac{\mathrm{d}\delta^{**}}{\mathrm{d}x} = \frac{\tau_w}{\rho U^2}, \tag{9.15.2}$$

其中

$$\delta^{**} = \int_0^\delta \frac{u}{U}\left(1 - \frac{u}{U}\right)\mathrm{d}y, \tag{9.15.3}$$

$$\tau_w = \mu\left(\frac{\partial u}{\partial y}\right)_{y=0}.$$

和层流情形一样, 现在我们需要选取和真实情形尽可能接近的单参数速度剖面, 然后利用方程 (9.15.2) 确定此参数与 x 的关系. 这里有两点和层流不同: (1) 湍流边界层的速度剖面和层流不一样; (2) τ_w 不能通过直接微分平均运动的速度剖面求出, 因为 τ_w 在黏性底层中计算, 而速度剖面则是湍流区的. 这时需要采用经验的或半经验的阻力公式.

湍流边界层内的速度剖面应选什么样子? 这个问题的解决只有依靠实验. 图 9.15.1 画出了实验测出的速度剖面

$$\frac{u}{U_*} = f\left(\frac{yU_*}{\nu}\right).$$

从图上可以看出, 在板面附近确有黏性底层, 速度分布是线性的 ($y/\delta < 0.01$); 而后有一个很小的过渡区; 紧接着就是湍流核心区. 在核心区的内侧 ($0.01 < y/\delta < 0.20$) 速度满足 "对数律"

$$\frac{u}{U_*} = 5.6\lg \frac{yU_*}{\nu} + 4.9. \tag{9.15.4}$$

这里的常数和圆管速度分布中的相应常数略有不同. 当 $y/\delta > 0.20$ 时, 速度剖面开始和对数律偏离. 由此可见, 如果我们选用对数剖面作为真实剖面的近似

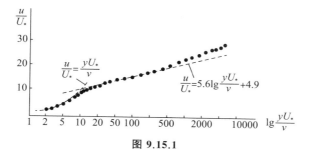

图 9.15.1

还是有一定根据的. 虽然在 80% 的湍流核心区和很小的底层区与对数律有偏离,但是由于我们要求的是总体量(例如 δ^{**}),所以适当选取(9.15.4)式中的两个常数,总体量和真实值的偏差将不会很大. 基于这样的考虑,下面我们就选对数剖面作为我们的近似剖面.

从圆管流动我们知道,当 $Re < 1\,000\,000$ 时,$1/7$ 幂次剖面以及布拉修斯阻力公式

$$\begin{cases} \dfrac{u}{U_*} = 8.74 \left(\dfrac{yU_*}{\nu} \right)^{1/7}, \\ \dfrac{\tau_w}{\rho u_{\max}^2} = 0.0225 \left(\dfrac{\nu}{u_{\max}a} \right)^{1/4}, \end{cases} \tag{9.15.5}$$

与实验结果很符合. 这里也有类似情况,当 $Re = Ul/\nu < 10^6$ 时,$1/7$ 幂次公式和对应的阻力公式与平板湍流边界层的结果也很符合. 只是圆管中的 $u_{\max}, a$ 应代之以外流速度 U 和边界层厚度 δ,于是(9.15.5)式应改写为

$$\frac{u}{U} = \left(\frac{y}{\delta} \right)^{1/7}, \qquad \frac{\tau_w}{\rho U^2} = 0.0225 \left(\frac{\nu}{U\delta} \right)^{1/4}. \tag{9.15.6}$$

下面我们先利用 $1/7$ 幂次的速度剖面计算平板的阻力,然后再利用通用的对数剖面求适用范围更广泛的平板阻力公式.

将方程组(9.15.6)中的第一式代入(9.15.3)式,得

$$\delta^{**} = \frac{7}{72}\delta,$$

代入(9.15.2)式,并考虑到方程组(9.15.6)中的第二式,有

$$\frac{7}{72} \frac{\mathrm{d}\delta}{\mathrm{d}x} = 0.0225 \left(\frac{\nu}{U\delta} \right)^{1/4}.$$

引进

$$Re_\delta = \frac{U\delta}{\nu}, \qquad Re_x = \frac{Ux}{\nu},$$

有

$$\frac{\mathrm{d}Re_\delta}{\mathrm{d}Re_x} = 0.231\,Re_\delta^{-1/4}.$$

积分后得

$$Re_\delta = 0.37\,Re_x^{4/5}, \tag{9.15.7}$$

此式说明边界层厚度 δ 和 x 的 4/5 次方成正比, 而层流中边界层厚度则与 x 的 1/2 次方成正比. 这说明湍流边界层比层流边界层厚得多.

将(9.15.7)式代入方程组(9.15.6)中的第二式, 得

$$C_f = \frac{\tau_w}{\frac{1}{2}\rho U^2} = 0.045\,Re_\delta^{-1/4} = 0.045\,(0.37)^{-1/4}\,Re_x^{-1/5},$$

即

$$C_f = 0.0578\,Re_x^{-1/5}. \tag{9.15.8}$$

长为 L, 宽为 1 的平板所受的总阻力系数为

$$C_F = \frac{1}{L}\int_0^L C_f\,\mathrm{d}x = 0.072\,Re_L^{-1/5}. \tag{9.15.9}$$

同实验数据相比, 如果(9.15.9)式中的 0.072 改为 0.074, 这个关系式可以一直适用到 $5\times10^5 < Re_L < 10^7$ (见图 9.15.2). (9.15.9)式表明, 阻力和速度的 1.8 次方成正比, 而层流则与速度的 1.5 次方成正比. 所以说, 湍流边界层的摩擦阻力要比层流的大.

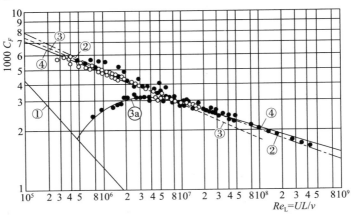

① 层流 $C_F = \dfrac{1.328}{\sqrt{Re_L}},$ ② 湍流 $C_F = 0.427(\lg Re_L - 0.407)^{-2.64},$

③ 湍流 $C_F = 0.074(Re_L)^{\frac{1}{5}},$ ③a $C_F = \dfrac{0.455}{(\lg Re_L)^{2.58}} - \dfrac{A}{Re_L},$

④ 湍流 $C_F = \dfrac{0.455}{(\lg Re_L)^{2.58}}$

图 9.15.2

当 $Re > 10^7$ 时,(9.15.9)式就不太准确了. 这是因为 1/7 幂次速度剖面只适用于一定的雷诺数范围. 为了在湍流情况下能得到各种雷诺数都适用的阻力公式,我们利用不依赖于雷诺数的通用的对数速度剖面

$$\frac{u_*}{U_*} = \frac{1}{\chi} \ln \frac{yU_*}{\nu} + C, \qquad (9.15.10)$$

式中 $1/\chi, C$ 分别取修正了的常数 2.54 和 5.56. 将 $y = \delta, u = U$ 代入(9.15.10)式有

$$\frac{U}{U_*} = \frac{1}{\chi} \ln \frac{\delta U_*}{\nu} + C, \qquad (9.15.11)$$

两式相减得

$$\frac{U - u}{U_*} = -\frac{1}{\chi} \ln \frac{y}{\delta}.$$

其次,C_f 和 U_* 还存在下列关系

$$C_f = \frac{\tau_w}{\frac{1}{2}\rho U^2} = 2\frac{U_*^2}{U^2},$$

即

$$\frac{U}{U_*} = \sqrt{\frac{2}{C_f}}. \qquad (9.15.12)$$

现在我们从(9.15.2)式和(9.15.3)式求出确定 δ^{**} 与 τ_w 或 $Re_{\delta^{**}}$ 与 C_f 的两个方程. 从(9.15.2)式有

$$\frac{\mathrm{d}\,Re_{\delta^{**}}}{\mathrm{d}\,Re_x} = \frac{1}{2}C_f, \qquad (9.15.13)$$

从(9.15.3)式有

$$\begin{aligned}
\frac{Re_{\delta^{**}}}{Re_\delta} &= \int_0^1 \frac{u}{U}\left(1 - \frac{u}{U}\right)\mathrm{d}\left(\frac{y}{\delta}\right) = \frac{U_*^2}{U^2}\int_0^1 \frac{u}{U_*}\left(\frac{U - u}{U_*}\right)\mathrm{d}\left(\frac{y}{\delta}\right) \\
&= -\frac{1}{\chi}\frac{U_*^2}{U^2}\int_0^1 \left(\frac{U}{U_*} + \frac{1}{\chi}\ln\frac{y}{\delta}\right)\ln\frac{y}{\delta}\,\mathrm{d}\left(\frac{y}{\delta}\right) \\
&= \frac{1}{\chi}\frac{U_*}{U} - \frac{2}{\chi^2}\left(\frac{U_*}{U}\right)^2 \\
&= 2.54\sqrt{\frac{C_f}{2}} - 12.9\frac{C_f}{2}.
\end{aligned} \qquad (9.15.14)$$

另一方面由(9.15.12)与(9.15.11)式,有

$$\sqrt{\frac{2}{C_f}} = 2.54 \ln\left(Re_\delta\sqrt{\frac{C_f}{2}}\right) + 5.56,$$

将(9.15.14)式代入上式,得

$$\sqrt{\frac{2}{C_f}} = 2.54 \ln Re_{\delta**} - 2.54 \ln \left(1 - 5.08 \sqrt{\frac{C_f}{2}}\right) + 3.19. \quad (9.15.15)$$

(9.15.13)和(9.15.15)式组成了决定$Re_{\delta**}$,C_f的两个方程.一个是微分方程,一个是超越方程.利用边界条件$Re_x = 0$时$Re_{\delta**} \rightarrow 0$,可对此方程组进行数值积分.容易理解,数值积分的结果使用起来很不方便,为此有人将数值计算结果近似地用下式表示出来:

$$C_F = \frac{0.455}{(\lg Re_L)^{2.58}}. \quad (9.15.16)$$

根据大量的实验结果,有人建议采用经验公式

$$\frac{1}{2} C_f = 0.00655 \, Re_{\delta**}^{-1/6} \quad (9.15.17)$$

代替复杂的超越方程(9.15.15).此时方程(9.15.13)可以很容易地积分出来.利用边界条件$Re_x = 0$时$Re_{\delta**} = 0$,可得到

$$Re_{\delta**} = 0.0153 \, Re_x^{6/7}. \quad (9.15.18)$$

将(9.15.18)式代入(9.15.17)式,有

$$C_f = 0.0263 \, Re_x^{-1/7}, \quad (9.15.19)$$

总阻力系数为

$$C_F = \frac{1}{L} \int_0^L C_f \, \mathrm{d}x = 0.0307 \, Re_L^{-1/7}. \quad (9.15.20)$$

(9.15.16)和(9.15.20)式算出的结果都和实验符合得很好,在很大范围内,两者实际上是重合的.它们比(9.15.9)式适用的雷诺数范围要广得多(见图9.15.2).

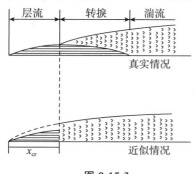

图 9.15.3

在上面所有的计算中,我们都假定湍流边界层是从平板前缘开始的.但是,实际上在平板前部总存在一段层流边界层,只是在转捩点后才变成湍流(见图9.15.3).层流段的存在减少了总阻力.为了估计这部分减少的阻力,我们近似地认为转捩点后的湍流边界层和从平板前缘开始的湍流边界层一样,这样减去前缘到转捩点这一段的湍流阻力,同时加上这一段的层流阻力就可以得到差值.经过计算,此差值可表成

$$\frac{A}{Re_L}, \quad (9.15.21)$$

式中

$$A = 0.074 \, Re_{x_{cr}}^{4/5} - 1.328 \, Re_{x_{cr}}^{1/2}.$$

对不同的临界雷诺数, A 应取的数值见表 9.15.1.

表 9.15.1

$Re_{x_{cr}}$	3×10^5	5×10^5	10^6	3×10^6
A	1050	1700	3300	8700

9.16 层流向湍流的转捩

本节扼要地介绍边界层中层流向湍流转捩的问题. 先谈谈实验结果, 而后简略地介绍理论处理方法.

由于目前理论还不能完全解决问题, 所以在大多数情况下必须用实验方法确定**转捩区**(图 9.16.1)的位置.

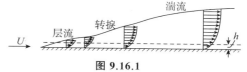

图 9.16.1

实验确定转捩区的位置主要通过测量速度的方法进行. 在层流型速度剖面和湍流型速度剖面差别最大的地方放置皮托管(见图 9.16.2), 然后让它从前缘开始平行于壁面向下游移动. 当皮托管处于层流区时, 随着 x 的增加, 速度是减少的, 但是一旦进入转捩区, 由于那里的速度剖面较饱满, 速度值突然变大. 当皮托管进入湍流区后由于边界层增厚, 随着 x 的变大, 速度值又逐渐减小. 图 9.16.3 中标出的速度递增的区间就是转捩区.

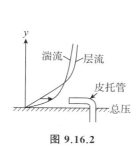

图 9.16.2

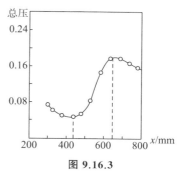

图 9.16.3

转捩区的流动形态呈现出相当复杂的状况. 为了搞清楚转捩区中流动的细节, 在实验中广泛采用了人工产生周期性扰动的振动条带技术. 穿过气流放置一薄金属条带, 在壁面的另一侧产生一磁场, 当交流电通过金属条带时, 它在磁场中开始振动, 从而产生了扰动, 并沿着来流方向向下游传播. 当外流的湍流强度较低时, 我们发现转捩区内的流动沿下游方向经历以下几个阶段(图 9.16.4):

1) 当频率在一定范围内时, 周期性扰动首先发展成类似波浪的二维运动. 这种运动无论在空间或时间上都是周期性的, 人们称它为**托尔明-许列赫丁**

(Tollmien-Schlichting)**波**.

2）当托尔明–许列赫丁波的振幅增大到某极限值时,二维波变为三维的并形成了旋涡. 在平板展向方向上,此三维波的振幅不断改变,它们和主流相互作用,结果使速度剖面也具有三维的性质.

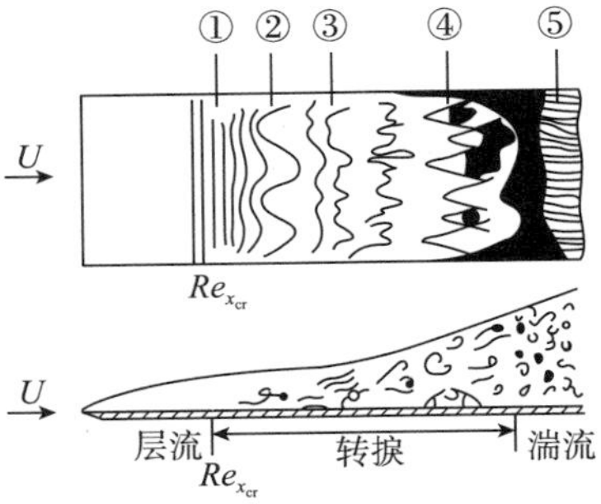

3）随着上述三维波的继续增长,在局部区域内瞬时间产生了非常高的剪切区即涡旋区,在这些地方发生了湍流的猝发现象.

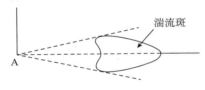

图 9.16.4

4）在脉动速度大的地方形成了一小块一小块称之为**湍流斑**的湍流区. 湍流斑的形状是不规则的,它们随机地出现在不同时刻不同位置上. 湍流斑被脉动很弱的层流流体所围绕,斑内的流动类似于完全发展的湍流边界层. 当我们在转捩区某固定点测速时,如果有湍流斑通过就出现脉动,如果没有便是稳定的. 当这些湍流斑向下游方向移动时,它们不断地将周围的层流流体卷入其中,并在图 9.16.5 所示的楔形区域内迅速地增长.

5）当这些湍流斑扩大到相当大的时候,它们互相交错而没有留下层流的空隙,层流便过渡到完全的湍流,转捩区到此结束.

图 9.16.5

自然产生的边界层转捩,其基本过程和人工产生的边界层转捩相似. 但是自然转捩时,托尔明–许列赫丁波不总是可以观察到的;其次,不同时刻湍流斑的出现显得更随机些.

必须指出,上面描绘的情况只发生在边界层中,即只发生在和固体边界相邻的剪切流中. 当我们考虑没有固壁存在的自由剪切流（例如射流）时,转捩区的情况就和固壁剪切流存在着根本的差别. 转捩区的早期基本相似,但是到了后期,就不同了,固壁剪切流有湍流斑,先在局部出现而后影响到全体,而自由剪切流中却没有湍流斑,在整个转捩区中湍流的随机特征几乎在同一时刻以同一速率出现.

翼型上转捩点的位置依赖于来流的雷诺数、湍流度和壁面粗糙度,同时也和外流的压强梯度有关. 一般说来,顺压和光滑壁使流动更稳定. 而逆压和粗糙壁则相反使流动趋于不稳定,这两个因素使临界雷诺数降低,从而使转捩点的位置靠前. 下面我们着重介绍转捩点和雷诺数及湍流度的关系.

现介绍湍流度的概念. 定义

$$\varepsilon = \frac{1}{U}\sqrt{\frac{1}{3}\left(\overline{u'^2} + \overline{v'^2} + \overline{w'^2}\right)}$$

为**湍流度**,式中 u', v', w' 分别代表来流中扰动速度的三个分量. 湍流度可理解为扰动速度的均方根与来流平均速度的比值,用以衡量脉动的大小.现有的风洞湍流度可低达 0.02%,对一般的风洞来说,湍流度约为 1%.

图 9.16.6 画出了临界雷诺数依赖于湍流度 ε 的实验曲线.从图上可以看出,当外流的湍流度不超过 0.1% 时,层流和湍流区的边界与湍流度无关,转捩区约从 $Re_x = 3 \times 10^6$ 开始到 $Re_x = 4 \times 10^6$ 终止.但是当湍流度超过 0.1% 时,临界雷诺数随湍流度的增加显著地降低.例如在 ε = 0.36% 时,层流区的大小可以缩小近一半.所以,当飞机在湍流度甚小的静止空气中飞行时,层

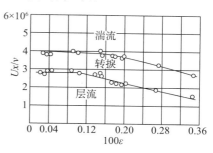

图 9.16.6

流段可以较长.相反地,在涡轮或压缩机叶片绕流问题中,由于湍流度很大,层流段的长度就显得微不足道.

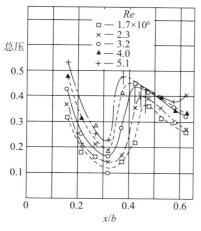

图 9.16.7

将雷诺数对翼剖面转捩点位置的影响画在图 9.16.7 上.从图上可看出,随着雷诺数增长,转捩点的位置从分离点不断地朝压强极小点的方向向前移动,雷诺数相当大时就进入加速区.

关于层流向湍流转捩的理论处理,目前比较成熟的有采用小扰动方法的稳定性理论.这种理论认为层流突变为湍流是由于小扰动发展增强最后失去稳定所造成的.设想由于入口干扰,壁面粗糙或外流的湍流度引起管流或边界层内流动产生了某种小的扰动.如果扰动随着时间增长是衰减的,那么主流是稳定的,层流不会向湍流转捩;如果扰动随时间是增长的,那么主流就是不稳定的,存在着转捩为湍流的可能性.这就是稳定性理论的主要想法.它的中心课题是在主流给定的情况下确定临界雷诺数的数值.

作为例子我们只限于考虑两平行平板间的平面平行剪切流以及二维边界层流动,而且认为扰动也是二维的.引进流函数 ψ,它与速度分量的关系为

$$u = \frac{\partial \psi}{\partial y}, \quad v = -\frac{\partial \psi}{\partial x}. \tag{9.16.1}$$

代入涡量表达式

$$\Omega_z = \frac{\partial v}{\partial x} - \frac{\partial u}{\partial y}, \quad \Omega_x = \Omega_y = 0,$$

得

$$\Omega_z = -\Delta \psi.$$

于是(9.1.4)式变为

$$\frac{\partial}{\partial t}\Delta\psi + \frac{\partial\psi}{\partial y}\frac{\partial\Delta\psi}{\partial x} - \frac{\partial\psi}{\partial x}\frac{\partial\Delta\psi}{\partial y} - \nu\Delta\Delta\psi = 0, \tag{9.16.2}$$

这是流函数 ψ 应满足的方程.

假设由于某种原因产生了小扰动,流函数可分解为不依赖于时间的基本流流函数 Ψ 和扰动流函数 ψ'(因扰动是二维的)之和

$$\psi(x,y,t) = \Psi(x,y) + \psi'(x,y,t), \tag{9.16.3}$$

其中 ψ' 和 Ψ 相比是一个小量,而且 $\Psi(x,y)$ 和 $\psi(x,y,t)$ 都满足方程(9.16.2).将(9.16.3)式代入(9.16.2)式,忽略二阶小微量,并考虑到 $\Psi(x,y)$ 满足(9.16.2)式后得

$$\frac{\partial\Delta\psi'}{\partial t} + \frac{\partial\Psi}{\partial y}\frac{\partial\Delta\psi'}{\partial x} + \frac{\partial\psi'}{\partial y}\frac{\partial\Delta\Psi}{\partial x} - \frac{\partial\Psi}{\partial x}\frac{\partial\Delta\psi'}{\partial y}$$
$$- \frac{\partial\psi'}{\partial x}\frac{\partial\Delta\Psi}{\partial y} - \nu\Delta\Delta\psi' = 0. \tag{9.16.4}$$

对于平行剪切流,Ψ 只是 y 的函数,

$$\frac{\partial\Psi}{\partial x} = 0;$$

对于边界层流动,$\dfrac{\partial\Psi}{\partial x}$ 比 $\dfrac{\partial\Psi}{\partial y}$ 低一个数量阶,故可近似地认为

$$\frac{\partial\Psi}{\partial x} = 0.$$

由此可见,不管是哪种情形都有

$$\frac{\partial\Psi}{\partial x} = 0.$$

考虑到这点(9.16.4)式可简化为

$$\frac{\partial\Delta\psi'}{\partial t} + \frac{\partial\Psi}{\partial y}\frac{\partial\Delta\psi'}{\partial x} - \frac{\partial^3\Psi}{\partial y^3}\frac{\partial\psi'}{\partial x} - \nu\Delta\Delta\psi' = 0. \tag{9.16.5}$$

设 ψ' 可表成下列形式

$$\psi'(x,y,t) = \phi(y)e^{i(\alpha x - \beta t)}, \tag{9.16.6}$$

这是简单振动.任意的二维扰动可展开成傅氏级数,级数中每一项都是(9.16.6)式的形式.(9.16.6)式中 α 是一实数,代表波数;$\lambda = 2\pi/\alpha$ 是扰动的波长;而 β 则是复数,可写成

$$\beta = \beta_r + i\beta_i, \tag{9.16.7}$$

其中 β_r 是简单振动的圆频率；β_i 是放大因子，决定放大和衰减的程度. 如果 $\beta_i < 0$，则扰动是衰减的，主流稳定；如果 $\beta_i > 0$，则主流是不稳定的. 除了 α 与 β 之外，引进它们的比值（复数）

$$c = \beta/\alpha = c_r + ic_i \tag{9.16.8}$$

是方便的，这里 c_r 表示扰动在 x 方向的传播速度（相速度），c_i 表示放大或衰减的程度. 振幅 ϕ 只是 y 的函数，因为基本流只依赖或主要依赖于 y. 将 (9.16.6) 式代入 (9.16.5) 式，经过整理后得

$$(U-c)(\phi'' - \alpha^2 \phi) - U'' \phi = -\frac{i\nu}{\alpha}(\phi''' - 2\alpha^2 \phi'' + \alpha^4 \phi), \tag{9.16.9}$$

其中 U 是某 $x = x_0$ 处基本流的速度

$$U = \frac{\partial \Psi(x_0, y)}{\partial y}.$$

引进特征长度 h（平行剪切流为板间距离 b，边界层为边界层厚度 δ），特征速度 U_m（平行剪切流为最大速度，边界层为边界上外流速度），则 (9.16.9) 式可写为下列无量纲形式（为了简单起见已将无量纲物理量上的"'"省去）：

$$(U-c)(\phi'' - \alpha^2 \phi) - U'' \phi = -\frac{i}{\alpha Re}(\phi''' - 2\alpha^2 \phi'' + \alpha^4 \phi), \tag{9.16.10}$$

其中 $Re = U_m h/\nu$，这就是层流稳定性理论赖以出发的小扰动满足的微分方程，通常称之为**奥尔-索末菲（Orr-Sommerfeld）方程**. 边界条件为：

平行剪切流

$$\phi(0) = \phi'(0) = \phi(h) = \phi'(h) = 0. \tag{9.16.11}$$

边界层流动

$$\begin{cases} \text{渐近理论} \quad \phi(0) = \phi'(0) = \phi(\infty) = \phi'(\infty) = 0; \\ \text{有限厚度理论} \begin{cases} \phi(0) = \phi'(0) = 0, \quad \phi(\infty) < \infty, \\ \phi'(h) + \alpha \phi(h) = 0. \end{cases} \end{cases} \tag{9.16.12}$$

边界条件 (9.16.12) 中最后一式是这样得来的：在边界层外的理想流体中 $\nu = 0$，且 $U'' = 0$，于是 (9.16.10) 式变为 $\phi'' - \alpha^2 \phi = 0$，其解为

$$\phi = \text{常数} \times e^{\pm \alpha y},$$

因我们要求 $\phi(\infty) < \infty$，故 $e^{\alpha y}$ 应抛弃. 于是有

$$\phi = \text{常数} \times e^{-\alpha y},$$

即 ϕ 满足 $\phi'(h) + \alpha \phi(h) = 0$.

现在稳定性的问题归结为在边界条件 (9.16.11) 或 (9.16.12) 式下求方程 (9.16.10) 的特征值的问题. 当基本流的 $U(y)$ 给定后方程 (9.16.10) 中包含三个

参数 α,Re 和 c,其中 α 和 Re 是实数,分别代表小扰动的波数及基本流动的雷诺数,c 一般说来是复数. 在平行剪切流及边界层的渐近理论中,方程(9.16.10)的四个线性无关解应满足四个齐次边界条件(9.16.11),从而得到四个用来确定任意常数的齐次线性代数方程组. 要使方程有不恒为零的解,其系数行列式应等于零,由此得到一个联系 α,Re 和 c 的方程

$$F(\alpha,Re,c)=0. \tag{9.16.13}$$

在有限厚度边界层理论中,可以证明方程(9.16.10)只有三个在无穷远处有界的线性无关解,它们要满足边界条件(9.16.12)中的三个齐次边界条件,由此也可得到 α,Re,c 之间的一个关系式. 可见不管是什么情形(9.16.13)式总是成立的. 对 c 解出(9.16.13)式后得

$$c=c(\alpha,Re).$$

分出实部得 $c_r=c_r(\alpha,Re)$;分出虚部得 $c_i=c_i(\alpha,Re)$. c_r 代表小扰动传播的相速度,c_i 确定扰动是增长($c_i>0$)还是衰减($c_i<0$). 对于每一个雷诺数 Re 及扰动波数 α,根据 $c_i=c_i(\alpha,Re)$ 可得 α-Re 平面上的一个点. 当 $c_i<0$ 时层流是稳定的,当 $c_i>0$ 时层流是不稳定的,曲线 $c_i=c_i(\alpha,Re)=0$ 是稳定区和不稳定区的分界线,称为中性稳定曲线. 在这条曲线上雷诺数取最小值的点具有重大的意义. 因为它说明小于此数时,所有小扰动都是衰减的,层流决不会变为湍流;高于此数时,小扰动在一定的波长范围内是增长的. 上述最小雷诺数称为稳定性极限. 应该指出,稳定性极限不等于层流转换为湍流的临界雷诺数,因为当流动失稳时,它还要过一段时间或距离才能完全变成湍流. 所以临界雷诺数往往比稳定性极限大.

　　稳定性理论中的特征值问题是一个非常困难的数学问题. 奥尔、索末菲以及其后很多著名流体力学家研究了泊肃叶流的稳定性,得到了不会失稳的结论. 一直到 1945 年,**林家翘**才首次严格地证明了两平板间的泊肃叶流在某些 Re 下是可以不稳定的. 他指出并纠正了以往工作中的错误,正是这些错误使以前所有从事过此问题研究的学者们得不到正确的结果.

　　最早研究边界层不稳定性问题的是普朗特及**铁琴**(Tietjens). 假设基本流速度剖面是由直线组成的,他们得到边界层是永远不稳定的这一与实际矛盾的结论. 稍后**托尔明**(Tollmien)证明了如果速度剖面的曲率不是处处为零,则上述矛盾将消除. 他具体地研究了基本流速度剖面是由直线段与抛物线组成的情形,也研究了基本流速度剖面取任意形状时的稳定性问题. 在 1945 年和 1946 年的论文中林家翘在 U 的任意分布情况下再一次重新计算了边界层中的稳定性问题.

　　由于篇幅所限,我们不打算介绍林家翘工作的详细内容,而是只满足于援引他文章中的最后结果.

图 9.16.8 给出了两静止平行平板间的泊肃叶流的中性稳定曲线,这里 $U = 2y - y^2$,得到

$$Re_{\min} \approx 5314.$$

图 9.16.9 给出了布拉休斯解情形下的中性稳定曲线,林家翘取 $U = 2y - 3y^4$,他得到的稳定性极限为

$$Re_{\min} = 420.$$

同图还画出了舒鲍尔及**斯克拉姆斯塔德**(Skramstad)的实验结果.应该承认,理论和实验是符合得很好的.

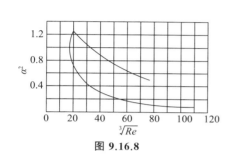

图 9.16.8

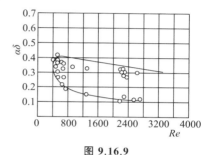

图 9.16.9

习　　题

以下各题均假定流体为均质的.

1. 考虑两个无穷大平行板之间的黏性不可压缩流体的运动.设两板间距为 h,上板不动,下板以常速 U_1 沿板向运动,如图所示.设板向压强梯度为常数,运动定常,流体所受外力不计.

(1) 研究流体的运动规律,即求速度分布、流量、平均速度、最大速度、内摩擦力分布及作用在运动板上的摩擦力.

(2) 若沿板向没有压强梯度,流体的速度分布如何?

(3) 若沿板向的压强梯度为常数,但两板均不动,流体的速度分布又怎样?

2. 带有自由面的不可压缩黏性流体在倾斜板上由于重力作用发生流动.设斜板为无穷大平面,它与水平面的倾角为 α,如图所示.设流动是定常的平行直线运动,流体深为 h.求流体速度分布、流量、平均速度、最大速度及作用在板上的摩擦力.

题 1

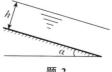

题 2

3. 黏性不可压缩流体在一管轴与竖直方向夹角为 α 的圆管中流动,圆管半径为 R,长为 L,两端压强分别为 p_0 和 p_L. 设运动是定常的,管端效应可忽略. 求速度剖面和体积流量.

题 4

4. 考虑两个同轴圆柱面间的黏性不可压缩流体由于压强梯度而产生的运动. 设两圆柱的半径分别为 a 和 b,长度为无穷大,如图所示. 试求该流动的速度分布和管壁上所受的黏性摩擦力. 设运动定常,不计外力,沿管轴方向的压强梯度为常数.

5. 设黏性不可压缩流体在椭圆形截面的长直管道中由于轴向压力而运动. 设椭圆的长短轴分别为 a 和 b,运动是定常的,外力不计,轴向的压强梯度保持不变. 求该流动的速度分布和平均速度.

6. 考虑处在两个共轴的长直圆柱面间的黏性不可压流体由于柱体的旋转而产生的流动. 设两圆柱的半径分别为 a 和 b,旋转角速度分别为 ω_1 与 ω_2,如图所示. 求流动的速度分布及圆柱面受到的摩擦力矩. 设运动是定常的,外力不计,压强沿轨迹保持不变.

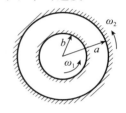

题 6

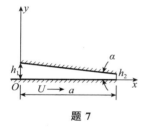

题 7

7. 研究非常靠近的两倾斜板之间的缝隙中的黏性不可压缩流体由于板的运动而引起的流动. 设上板宽有限,长无限,与下板倾角为 α,它在下板上投影宽为 a,两端通道的距离为 h_1 和 h_2,并在运动过程中保持固定不动. 下板为无穷大平面,以较小的常速 U 沿正 x 轴方向运动,如图所示. 若通道进出口处流体压强相等,求速度分布、压强分布、流量和流体作用在运动板上(处于静止板下的面积上)的总压力. 外力不计.

8. 一半径为 a 的球沉没在很黏的不可压缩流体中,球绕其本身的直径以很小的常角速度 ω 旋转,于是流体发生运动. 设外力不计,压强在运动过程中保持不变,求作用在球上的总摩擦力矩.

9. 考虑两个相交平板间的不可压缩流体辐射运动,如图所示. 设两平板均为无穷大平板,交角 $2\varphi_0$ 很小,其间的流体是很黏的. 若流体缓慢流动,单位宽度截面上通过的流量为常数 Q,外力不计,试求流动的速度分布和压强分布.

10. 一无穷大平板的上半空间充满黏性不可压缩流体,原处于静止状态,从某时刻开始板沿自身方向做周期性的振动,如图所示. 设运动规律为 $u = u_0 \cos(nt)$,且在运动过程中压强保持不变,求由板运动而引起的流动.

题 9　　　　　　　　　　　　　　　　　　　题 10

11. 设在某一时刻放一强度为 Γ 的直涡丝于布满整个空间的黏性不可压缩流体中,若外力作用不计,试求涡旋的扩散规律.

12. 证明:对于黏性不可压缩流体的定常运动,若外力有势 $\widetilde{V}$,则有

$$\left(\nabla^2 - \frac{1}{\nu}V\frac{\partial}{\partial s}\right)\left(\frac{p}{\rho} + \widetilde{V} + \frac{1}{2}V^2\right) = \zeta^2$$

成立,其中 s 为沿流线的弧元,ζ 为涡量大小,ν 为运动黏度,V 为流体运动速度,p 为压强,ρ 为密度.

13. 证明:对于不可压缩黏性流体的二维运动,在不计外力的情况下,流函数 ψ 满足下列方程:

$$\frac{\partial}{\partial t}\nabla^2\psi - \frac{\partial(\psi, \nabla^2\psi)}{\partial(x, y)} = \nu\nabla^4\psi,$$

其中

$$\frac{\partial(\psi, \nabla^2\psi)}{\partial(x, y)} = \begin{vmatrix} \dfrac{\partial\psi}{\partial x} & \dfrac{\partial\psi}{\partial y} \\[2mm] \dfrac{\partial}{\partial x}\nabla^2\psi & \dfrac{\partial}{\partial y}\nabla^2\psi \end{vmatrix}.$$

14. 试证在绕流物体的驻点附近的边界层厚度是有限的.

15. 设一半径充分大的平面圆盘绕与它垂直的轴线在黏性不可压缩流体内做等角速度旋转,试证沿圆盘面边界层厚度是常数.

16. 黏性不可压缩流体以速度 U 流进一个很细的圆直管,边界层自管口开始生长.取管轴为 x 轴,原点在管口.设在离管口 l 处才能实现圆管的泊肃叶层流流动,问 l 为多少? 并画出 $x<0, 0<x<l, x>l$ 三种不同位置的截面的速度剖面图.

17. 试推导轴对称流动的边界层方程组,并写出边界条件.

提示:(1)取"边界层坐标"(如图),设物面方程为 $r_0(x)$;(2)设边界层很薄,故边界层内任一点到对称轴的距离 r 可近似认为是 r_0;(3)设 k 为曲率,δ 为边界层厚度,当 $k\delta$ 和 $\delta^2\dfrac{\mathrm{d}k}{\mathrm{d}x}$ 很小时,边界层方程与普朗特方程一致,只是连续性方

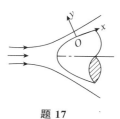

题 17

程不再相同了.

18. 利用给定控制面 $ABCD$,试推导平板边界层的动量积分关系式. 设半无穷长平板自 O 点开始沿 AD 方向延伸至无穷远. $ABCD$ 是矩形,高 $h>\delta$,$OD=x$,如图(a)所示.

设板上有连续分布的小孔,通过小孔吸气,使流体以速度 $U(x)$ 沿小孔垂直于板面流出,如图(b)所示. 设 $U(x)$ 不超过边界层内横向速度的量阶,试问这时动量积分关系式有何变化?

如果无穷远来流是随时间变化的,变化规律为

$$U_\infty = U_0 \cos \omega t,$$

试问动量积分关系式有何改变?

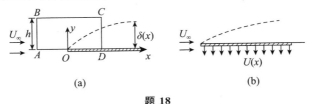

题 18

19. 已知定常流绕过一个半无穷长平板(沿 z 轴位置)的边界层内速度分布为

$$u = U \sin \frac{\pi y}{2h},$$

其中 U 为无穷远来流,y 为垂直于板面的坐标,而 h 为待定的边界层厚度. 试用动量积分关系式求边界层厚度分布 $h(z)$ 和平板的局部摩擦阻力系数 C_f.

20. 同上题,设边界层内速度分布为

$$u = U \frac{3h^2 y - y^3}{2h^3},$$

试证 $h(z) \sim \sqrt{z}$,且在板两侧每单位宽度,长为 l 的板的阻力大约为 $1.3 \sqrt{U^3 l \mu \rho}$.

第十章　气体动力学基础

气体动力学(更广泛地说可压缩流体动力学)研究压缩性起重要作用时气体(或流体)的运动规律. 若流体质点在运动过程中显著地改变自己的密度,则必须考虑压缩性的影响. 根据公式

$$\frac{\mathrm{d}\rho}{\mathrm{d}t} = \frac{\partial \rho}{\partial t} + V \frac{\partial \rho}{\partial s} (s \text{ 是轨迹方向})$$

可以看出,在高速或者密度梯度、密度的局部导数很大时,$\mathrm{d}\rho/\mathrm{d}t$ 取很大的数值,此时气体是可压缩的. 密度梯度大,密度的局部导数大相当于温度或压强的梯度较大,温度或压强的局部导数较大. 因为密度、压强、温度的变化趋势是一致的. 例如在绝热过程中

$$\frac{\mathrm{d}p}{p} = \gamma \frac{\mathrm{d}\rho}{\rho} = \frac{\gamma}{\gamma - 1} \frac{\mathrm{d}T}{T}.$$

由此不难理解,可压缩流体动力学亦即气体动力学包括下列几个主要部分:(1)高速空气动力学. 气体以高速绕飞行器流动或在管道内流动. 物体和管道的尺寸都不大,因此高速空气动力学的特征尺度较小. 经典高速空气动力学包括高速飞机动力学与内空气动力学. 近来由于宇宙飞行和火箭技术的发展,又从高速空气动力学中分出化学流体力学、稀薄气体力学及电磁流体力学等新兴学科. (2)气体波动力学. 研究气体介质中各种类型波的传播规律. 这里物理量的梯度及局部导数有较大的变化. (3)小范围内的大气动力学. 由于温度梯度较大,或着眼于研究大气中波的传播现象,必须把流体当作可压缩介质处理. (4)高温气体力学. 有较大的温度差. 在一般的气体动力学课程中只研究经典的高速空气动力学及气体波动力学这两部分内容,至于小范围内的大气动力学及高温气体力学则另有动力气象、高温气体力学等专门课程加以研究. 气体动力学既研究理想气体的运动也研究黏性气体的运动,但一般的气体动力学课程中习惯于只考虑理想气体的动力学,而把黏性气体运动放在高速边界层理论中去讲授.

根据设计工程师的要求,气体动力学最主要的任务是计算气流吹过物体(飞机或管道)时物面上的压强分布和摩擦阻力以及温度分布与热流矢量,确定各种类型波的传播规律等. 为了要解决这些问题,须要对于给定时间间隔内的每一时刻求出指定空间中的速度分布、压强分布、密度分布及其他物理量的分布.

本章将向读者介绍理想气体动力学最基本的知识(气体力学方程组,声速及

马赫数,激波的产生及性质,一维管流等),作为进一步研究这门学科的基础.

10.1 气体动力学基本方程组

根据(3.6.10)式,一般形式的流体力学基本方程组为

$$
\begin{cases}
\dfrac{\partial \rho}{\partial t} + \mathrm{div}(\rho\,\boldsymbol{v}) = 0, \\[2mm]
\rho\,\dfrac{\mathrm{d}\boldsymbol{v}}{\mathrm{d}t} = \rho\boldsymbol{F} - \mathrm{grad}\,p - \dfrac{2}{3}\mathrm{grad}\,(\mu\,\mathrm{div}\,\boldsymbol{v}) + 2\mathrm{div}(\mu\boldsymbol{S}), \\[2mm]
\rho T\,\dfrac{\mathrm{d}s}{\mathrm{d}t} = \Phi + \mathrm{div}(k\,\mathrm{grad}\,T) = \rho\,\dfrac{\mathrm{d}i}{\mathrm{d}t} - \dfrac{\mathrm{d}p}{\mathrm{d}t}, \\[2mm]
p = f(\rho, T).
\end{cases}
\tag{10.1.1}
$$

这里假设除热传导外没有其他热量的来源,暂不考虑第二黏度,式中 μ 及 k 都是 T 的已知函数,Φ 的表达式为

$$
\Phi = -\frac{2}{3}\mu\,(\mathrm{div}\,\boldsymbol{v})^2 + 2\mu\boldsymbol{S}:\boldsymbol{S}.
$$

气体动力学主要研究高速空气动力学及气体波动力学. 下面对高速空气动力学做些假定并导出它的基本方程组,稍后声速一节中将证明这样的方程组也适用于气体波动力学的情形.

高速空气动力学具有高速和特征尺度小的特点. 据此可以对方程组(10.1.1)做以下几个假设:

1) 忽略黏性作用,将流体看成是理想的.

动量方程中的惯性力 $\rho\,\dfrac{\mathrm{d}\boldsymbol{v}}{\mathrm{d}t}$ 和黏性力 $-\dfrac{2}{3}\,\mathrm{grad}\,(\mu\,\mathrm{div}\boldsymbol{v}) - 2\mathrm{div}(\mu S)$ 的量阶分别为 $\rho V^2/L$ 及 $\mu V/L^2$,于是

$$
\frac{\text{惯性力}}{\text{黏性力}} \sim \frac{\rho\,\dfrac{V^2}{L}}{\dfrac{\mu V}{L^2}} = \frac{\rho VL}{\mu} = Re.
$$

在通常条件下高速气流的雷诺数都很大,可达几十万、几百万,因此除去边界层区域以及研究某些和耗散、衰减、扩散相联系的现象而外,都可以忽略黏性力的影响而将流体看成是理想的.

2) 忽略热传导的作用,将过程看成是绝热的,即流体各部分之间以及流体与相邻物体之间没有热交换.

能量方程中,质点在单位时间内热量的变化 $\rho\,\dfrac{\mathrm{d}i}{\mathrm{d}t} \sim \rho C_p\boldsymbol{v}\cdot\mathrm{grad}\,T$,其量阶为 $\rho C_p\dfrac{VT}{L}$,而由热传导引起的能量变化 $\mathrm{div}(k\,\mathrm{grad}\,T)$ 具有量阶 $k\dfrac{T}{L^2}$,于是

$$\frac{能量变化}{传导热} \sim \frac{\rho C_p \dfrac{VT}{L}}{k \dfrac{T}{L^2}} = \frac{\rho VL}{\mu} \frac{\mu C_p}{k} = Re \cdot Pr,$$

其中 $Pr = \mu C_p / k$ 称为**普朗特数**,它是 1 的数量阶,对空气而言 $Pr \sim 0.737$. 当雷诺数很大时,$Re \cdot Pr$ 取很大的值. 于是相对于能量变化而言,传导热可忽略不计,故流动过程可看成是**绝热**的.

3) 忽略重力的作用.

重力 $\boldsymbol{g}$ 和惯性力 $\dfrac{\mathrm{d}\boldsymbol{v}}{\mathrm{d}t}$ 之比为

$$\frac{惯性力}{重力} \sim \frac{\dfrac{V^2}{L}}{\dfrac{g}{}} = \frac{V^2}{Lg} = Fr.$$

在高速空气动力学中,V 大 L 小,因此 Fr 很大. 于是重力比惯性力小很多,可忽略不计.

4) 假设气体是完全的,且比热是常数.

完全气体满足克拉珀龙状态方程

$$p = \rho RT. \tag{10.1.2}$$

在 3.5 节中根据热力学第一及第二定律已经证明:完全气体的内能以及定容比热 C_v,定压比热 C_p 只是温度 T 的函数,即

$$E = E(T), \quad C_p = C_p(T), \quad C_v = C_v(T).$$

在通常的条件下我们可以将气体当作完全气体处理,和实际情形相差不大. 但是如果气体处在低温高压状态,距液化状态很近,那么完全气体中所没有考虑的分子间的吸引力及分子本身所占据的体积将起重要作用,完全气体的假设不再适用,此时必须采用更接近于实际的近似模型. 1873 年荷兰科学家范德瓦耳斯考虑了分子吸引力及分子本身的体积将气体状态方程初步地修正为范德瓦耳斯方程

$$\left(p + \frac{a}{V^2}\right)(V - \beta) = RT,$$

这方程在低温高压时更接近于实际. 其次,如果气体处在高温低压状态,发生了离解和电离现象,则状态方程(10.1.2)也必须修正,因为那时离解和电离增加了组元的个数. 综上所述可以做出如下结论:当气体距液化及离解、电离状态不很接近的时候,也就是说,压强和温度不是太大或太小的时候,我们可以近似地将气体看成是完全的. 对于空气而言,在下列温度和压强范围内可以用完全气体假设:

$$240\,\mathrm{K} < T < 2000\,\mathrm{K}, \quad p < 10\,\mathrm{atm}.$$

在完全气体假设的范围内,如果温度不是太高的话,定压比热 C_p 和定容比热 C_v 随温度的变化很微弱,可以近似地当作常数来处理. 例如对于空气而言,在 $T<1000$ K 时,C_p/R 及 $\gamma=C_p/C_v$ 随温度变化情形见表 10.1.1.

表 10.1.1

T/K	300	500	700	900	1000
C_p/R	3.5059	3.5882	3.7455	3.906	3.976
$\gamma=C_p/C_v$	1.4017	1.3871	1.3646	1.345	1.336

可见,虽然 C_p/R 及 $\gamma=C_p/C_v$ 随温度有所变化,但是变化很缓慢. 例如,温度从 300 K 上升到 1000 K 时,C_p/R 的数值只从 3.5059 微增至 3.976. 在一般的计算中,这样的变化是可以忽略不计的. 当然当温度再升高,在 1000 K$<T<$ 2000 K 之间,就应当考虑 C_p 和 C_v 随温度的变化了.

根据上述四个假定,流体力学基本方程组(10.1.1)可简化为

$$\begin{cases} \dfrac{\partial \rho}{\partial t} + \mathrm{div}(\rho \boldsymbol{v}) = 0, \\[2mm] \rho \dfrac{\mathrm{d} \boldsymbol{v}}{\mathrm{d}t} = -\,\mathrm{grad}\,p, \\[2mm] \dfrac{\mathrm{d}s}{\mathrm{d}t} = 0, \\[2mm] p = \rho R T. \end{cases}$$

利用完全气体熵的表达式 $s=s_0+\ln\dfrac{p/p_0}{(\rho/\rho_0)^\gamma}$,上式还可写成

$$\begin{cases} \dfrac{\partial \rho}{\partial t} + \mathrm{div}(\rho \boldsymbol{v}) = 0, \\[2mm] \dfrac{\mathrm{d} \boldsymbol{v}}{\mathrm{d}t} = -\dfrac{1}{\rho}\,\mathrm{grad}\,p, \\[2mm] \dfrac{\mathrm{d}}{\mathrm{d}t}\left(\dfrac{p}{\rho^\gamma}\right) = 0, \end{cases} \qquad (10.1.3)$$

这就是经典的理想气体动力学的基本方程组. 五个方程用来确定五个未知函数 u,v,w,p,ρ. 当 u,v,w,p,ρ 确定后,温度 T 可由状态方程定出.

应该特别指出,既然气体动力学是研究可压缩流体的运动规律,因此这里绝不应该采用不可压缩流体的假定 $\mathrm{d}\rho/\mathrm{d}t=0$,当然更不能采用不可压缩均质流体的假定 $\rho=$ 常数.

在直角坐标系、柱面坐标系、球面坐标系和曲线坐标系中气体动力学方程组分别采取下列形式:

直角坐标系

$$\begin{cases} \dfrac{\partial \rho}{\partial t} + \dfrac{\partial (\rho u)}{\partial x} + \dfrac{\partial (\rho v)}{\partial y} + \dfrac{\partial (\rho w)}{\partial z} = 0, \\[2mm] \dfrac{\partial u}{\partial t} + u\,\dfrac{\partial u}{\partial x} + v\,\dfrac{\partial u}{\partial y} + w\,\dfrac{\partial u}{\partial z} = -\dfrac{1}{\rho}\dfrac{\partial p}{\partial x}, \\[2mm] \dfrac{\partial v}{\partial t} + u\,\dfrac{\partial v}{\partial x} + v\,\dfrac{\partial v}{\partial y} + w\,\dfrac{\partial v}{\partial z} = -\dfrac{1}{\rho}\dfrac{\partial p}{\partial y}, \\[2mm] \dfrac{\partial w}{\partial t} + u\,\dfrac{\partial w}{\partial x} + v\,\dfrac{\partial w}{\partial y} + w\,\dfrac{\partial w}{\partial z} = -\dfrac{1}{\rho}\dfrac{\partial p}{\partial z}, \\[2mm] \dfrac{\partial}{\partial t}\left(\dfrac{p}{\rho^{\gamma}}\right) + u\,\dfrac{\partial}{\partial x}\left(\dfrac{p}{\rho^{\gamma}}\right) + v\,\dfrac{\partial}{\partial y}\left(\dfrac{p}{\rho^{\gamma}}\right) + w\,\dfrac{\partial}{\partial z}\left(\dfrac{p}{\rho^{\gamma}}\right) = 0; \end{cases} \tag{10.1.4}$$

柱面坐标系

$$\begin{cases} \dfrac{\partial \rho}{\partial t} + \dfrac{\partial (\rho v_r)}{\partial r} + \dfrac{1}{r}\dfrac{\partial (\rho v_\theta)}{\partial \theta} + \dfrac{\partial (\rho v_z)}{\partial z} + \dfrac{\rho v_r}{r} = 0, \\[2mm] \dfrac{\partial v_r}{\partial t} + v_r\,\dfrac{\partial v_r}{\partial r} + \dfrac{v_\theta}{r}\dfrac{\partial v_r}{\partial \theta} + v_z\,\dfrac{\partial v_r}{\partial z} - \dfrac{v_\theta^2}{r} = -\dfrac{1}{\rho}\dfrac{\partial p}{\partial r}, \\[2mm] \dfrac{\partial v_\theta}{\partial t} + v_r\,\dfrac{\partial v_\theta}{\partial r} + \dfrac{v_\theta}{r}\dfrac{\partial v_\theta}{\partial \theta} + v_z\,\dfrac{\partial v_\theta}{\partial z} + \dfrac{v_r v_\theta}{r} = -\dfrac{1}{\rho r}\dfrac{\partial p}{\partial \theta}, \\[2mm] \dfrac{\partial v_z}{\partial t} + v_r\,\dfrac{\partial v_z}{\partial r} + \dfrac{v_\theta}{r}\dfrac{\partial v_z}{\partial \theta} + v_z\,\dfrac{\partial v_z}{\partial z} = -\dfrac{1}{\rho}\dfrac{\partial p}{\partial z}, \\[2mm] \dfrac{\partial}{\partial t}\left(\dfrac{p}{\rho^{\gamma}}\right) + v_r\,\dfrac{\partial}{\partial r}\left(\dfrac{p}{\rho^{\gamma}}\right) + \dfrac{v_\theta}{r}\dfrac{\partial}{\partial \theta}\left(\dfrac{p}{\rho^{\gamma}}\right) + v_z\,\dfrac{\partial}{\partial z}\left(\dfrac{p}{\rho^{\gamma}}\right) = 0; \end{cases} \tag{10.1.5}$$

球面坐标系

$$\begin{cases} \dfrac{\partial \rho}{\partial t} + \dfrac{\partial (\rho v_r)}{\partial r} + \dfrac{1}{r}\dfrac{\partial (\rho v_\theta)}{\partial \theta} + \dfrac{1}{r\sin\theta}\dfrac{\partial (\rho v_\lambda)}{\partial \lambda} + \dfrac{2\rho v_r}{r} + \dfrac{\rho v_\theta \cot\theta}{r} = 0, \\[2mm] \dfrac{\partial v_r}{\partial t} + v_r\,\dfrac{\partial v_r}{\partial r} + \dfrac{v_\theta}{r}\dfrac{\partial v_r}{\partial \theta} + \dfrac{v_\lambda}{r\sin\theta}\dfrac{\partial v_r}{\partial \lambda} - \dfrac{v_\theta^2 + v_\lambda^2}{r} = -\dfrac{1}{\rho}\dfrac{\partial p}{\partial r}, \\[2mm] \dfrac{\partial v_\theta}{\partial t} + v_r\,\dfrac{\partial v_\theta}{\partial r} + \dfrac{v_\theta}{r}\dfrac{\partial v_\theta}{\partial \theta} + \dfrac{v_\lambda}{r\sin\theta}\dfrac{\partial v_\theta}{\partial \lambda} \\[2mm] \qquad + \dfrac{v_r v_\theta}{r} - \dfrac{v_\lambda^2 \cot\theta}{r} = -\dfrac{1}{\rho r}\dfrac{\partial p}{\partial \theta}, \\[2mm] \dfrac{\partial v_\lambda}{\partial t} + v_r\,\dfrac{\partial v_\lambda}{\partial r} + \dfrac{v_\theta}{r}\dfrac{\partial v_\lambda}{\partial \theta} + \dfrac{v_\lambda}{r\sin\theta}\dfrac{\partial v_\lambda}{\partial \lambda} + \dfrac{v_r v_\lambda}{r} + \dfrac{v_\theta v_\lambda \cot\theta}{r} \\[2mm] \qquad = -\dfrac{1}{\rho r\sin\theta}\dfrac{\partial p}{\partial \lambda}, \\[2mm] \dfrac{\partial}{\partial t}\left(\dfrac{p}{\rho^{\gamma}}\right) + v_r\,\dfrac{\partial}{\partial r}\left(\dfrac{p}{\rho^{\gamma}}\right) + \dfrac{v_\theta}{r}\dfrac{\partial}{\partial \theta}\left(\dfrac{p}{\rho^{\gamma}}\right) + \dfrac{v_\lambda}{r\sin\theta}\dfrac{\partial}{\partial \lambda}\left(\dfrac{p}{\rho^{\gamma}}\right) = 0; \end{cases} \tag{10.1.6}$$

曲线坐标系

$$
\begin{cases}
\dfrac{\partial \rho}{\partial t} + \dfrac{1}{H_1 H_2 H_3}\left[\dfrac{\partial(\rho H_2 H_3 v_1)}{\partial q_1} \right. \\
\qquad \left. + \dfrac{\partial(\rho H_3 H_1 v_2)}{\partial q_2} + \dfrac{\partial(\rho H_1 H_2 v_3)}{\partial q_3} \right] = 0, \\[2mm]
\dfrac{\partial v_1}{\partial t} + \dfrac{v_1}{H_1}\dfrac{\partial v_1}{\partial q_1} + \dfrac{v_2}{H_2}\dfrac{\partial v_1}{\partial q_2} + \dfrac{v_3}{H_3}\dfrac{\partial v_1}{\partial q_3} \\[2mm]
\qquad + \dfrac{v_1 v_2}{H_1 H_2}\dfrac{\partial H_1}{\partial q_2} + \dfrac{v_1 v_3}{H_1 H_3}\dfrac{\partial H_1}{\partial q_3} - \dfrac{v_2^2}{H_1 H_2}\dfrac{\partial H_2}{\partial q_1} \\[2mm]
\qquad - \dfrac{v_3^2}{H_3 H_1}\dfrac{\partial H_3}{\partial q_1} = -\dfrac{1}{\rho H_1}\dfrac{\partial p}{\partial q_1}, \\[2mm]
\dfrac{\partial v_2}{\partial t} + \dfrac{v_1}{H_1}\dfrac{\partial v_2}{\partial q_1} + \dfrac{v_2}{H_2}\dfrac{\partial v_2}{\partial q_2} + \dfrac{v_3}{H_3}\dfrac{\partial v_2}{\partial q_3} + \dfrac{v_1 v_2}{H_1 H_2}\dfrac{\partial H_2}{\partial q_1} \\[2mm]
\qquad + \dfrac{v_2 v_3}{H_2 H_3}\dfrac{\partial H_2}{\partial q_3} - \dfrac{v_3^2}{H_2 H_3}\dfrac{\partial H_3}{\partial q_2} - \dfrac{v_1^2}{H_1 H_2}\dfrac{\partial H_1}{\partial q_2} \\[2mm]
\qquad = -\dfrac{1}{\rho H_2}\dfrac{\partial p}{\partial q_2}, \\[2mm]
\dfrac{\partial v_3}{\partial t} + \dfrac{v_1}{H_1}\dfrac{\partial v_3}{\partial q_1} + \dfrac{v_2}{H_2}\dfrac{\partial v_3}{\partial q_2} + \dfrac{v_3}{H_3}\dfrac{\partial v_3}{\partial q_3} \\[2mm]
\qquad + \dfrac{v_3 v_1}{H_3 H_1}\dfrac{\partial H_3}{\partial q_1} + \dfrac{v_2 v_3}{H_2 H_3}\dfrac{\partial H_3}{\partial q_2} - \dfrac{v_1^2}{H_3 H_1}\dfrac{\partial H_1}{\partial q_3} \\[2mm]
\qquad - \dfrac{v_2^2}{H_2 H_3}\dfrac{\partial H_2}{\partial q_3} = -\dfrac{1}{\rho H_3}\dfrac{\partial p}{\partial q_3}, \\[2mm]
\dfrac{\partial}{\partial t}\left(\dfrac{p}{\rho^\gamma}\right) + \dfrac{v_1}{H_1}\dfrac{\partial}{\partial q_1}\left(\dfrac{p}{\rho^\gamma}\right) + \dfrac{v_2}{H_2}\dfrac{\partial}{\partial q_2}\left(\dfrac{p}{\rho^\gamma}\right) + \dfrac{v_3}{H}\dfrac{\partial}{\partial q_3}\left(\dfrac{p}{\rho^\gamma}\right) = 0.
\end{cases}
\tag{10.1.7}
$$

下面我们将气体动力学方程组(10.1.1)无量纲化. 令

$$
t = T t', \quad \boldsymbol{r} = L\boldsymbol{r}', \quad \boldsymbol{v} = V_\infty \boldsymbol{v}', \quad p = p_\infty p', \quad \rho = \rho_\infty \rho', \tag{10.1.8}
$$

其中, T, L 是特征时间及特征长度, $V_\infty, p_\infty, \rho_\infty$ 是流动的特征速度、特征压强和特征密度(例如可以是无穷远处的来流速度、压强及密度). 将(10.1.8)式代入(10.1.3)式,经过无量纲化后得

$$
\begin{cases}
St\,\dfrac{\partial \rho'}{\partial t'} + \operatorname{div}(\rho'\,\boldsymbol{v}') = 0, \\[2mm]
St\,\dfrac{\partial \boldsymbol{v}'}{\partial t} + (\boldsymbol{v}'\cdot\nabla)\,\boldsymbol{v}' = -\dfrac{1}{\gamma Ma_\infty^2}\,\dfrac{1}{\rho'}\operatorname{grad} p', \\[2mm]
St\,\dfrac{\partial}{\partial t'}\left(\dfrac{p'}{\rho'^\gamma}\right) + \boldsymbol{v}'\cdot\operatorname{grad}\left(\dfrac{p'}{\rho'^\gamma}\right) = 0.
\end{cases}
\tag{10.1.9}
$$

由此可见,无量纲的物理量将都和 Ma 有关,这是气体力学最重要的相似性准则. 在可压缩流体中它和黏性流体中的 Re 具有同样重要的地位. 第三节我们将着重研究声速与马赫数的物理意义及其特性.

10.2 无量纲热力学参量和无量纲速度之间的关系

本节考虑定常运动,假设流动是绝热等熵的,流体中没有激波存在.

在定常运动情形下,动量方程具有伯努利第一积分. 对于不可压缩流体情形,伯努利积分

$$\frac{V^2}{2} + \frac{p}{\rho} = C(\Psi)$$

建立了压强和速度的关系,此时压强可以通过速度表示出来. 对于可压缩流体,情况就不同了. 伯努利积分

$$\frac{V^2}{2} + \frac{\gamma}{\gamma-1}\frac{p}{\rho} = \left[\frac{V^2}{2} + \frac{a^2}{\gamma-1} = \frac{V^2}{2} + i = \frac{V^2}{2} + C_p T\right] = C(\Psi) \quad (10.2.1)$$

中出现了三个未知函数 V, p, ρ. 要确定热力学参量 p, ρ, T 和速度 V 之间的关系,只有(10.2.1)式显然是不够的,还须要添加绝热方程

$$\frac{p}{\rho^\gamma} = \vartheta(\Psi) \qquad (10.2.2)$$

和状态方程

$$p = \rho R T. \qquad (10.2.3)$$

(10.2.1),(10.2.2),(10.2.3)三个方程联立起来就可以建立热力学参量 p, ρ, T (因而也有 a 与 i)和运动学变量 V 之间的关系. 本节的主要任务就是具体地找出这些关系并加以分析.

伯努利积分(10.2.1)和绝热方程(10.2.2)的右边出现了依赖于流线号码的积分常数 $C(\Psi), \vartheta(\Psi)$,它们分别代表每一条流线所包含的总焓及熵. 不同流线,总焓及熵可以不同. 为了确定这些常数,必须给出流线上某参考点的焓及熵. 也就是说,必须给出流线上某参考点的速度、压强及密度. 由此可见,要确定热力学参量和速度之间的关系还应该知道某参考点上的物理量. 换句话说,我们现在所要建立的关系实质上是相对某些参考量而言的无量纲热力学参量和无量纲速度之间的关系. 下面我们首先介绍几种常用的特征参考量及相应的无量纲物理量,然后再着手建立无量纲热力学参量和无量纲速度之间的关系.

a) 常用的几种特征参考量

伯努利积分(10.2.1)式告诉我们,流体的动能和焓的总和即流体的总焓沿流线守恒. 当动能增加时,焓必然减小,焓转化为动能;反之,当动能减少时焓必然增加,动能转化为焓. 由于沿流线的总焓总是有限的,因此速度只能从 0 变到

某有限的最大值. 现在我们考察一下, 在速度的变化范围 $(0,V_{\max})$ 内有哪几种特征参考量.

1) 驻点参考量 (滞止参考量、总参考量).

在每一条流线上取速度等于零的点上的物理量, 即 $V=0$ 时的 p_0,ρ_0,T_0,i_0,a_0 为参考量, 分别称它们为**驻点压强**、**驻点密度**、**驻点温度**、**驻点焓**和**驻点声速**, 统称为驻点参考量, 因为绕流物体前驻点处 $V=0$, 那里的热力学参量就是 p_0,ρ_0,T_0,i_0,a_0. 有时也称为滞止参考量, 因为它们相当于每条流线上的流体绝热等熵地滞止为零时所得的数值. 例如气体从大容器中流出, 大容器中的气体速度可近似地认为已滞止为零, 此时容器中对应的物理量即为滞止参考量. 最后, $V=0$ 处的参考量还可以称为总参考量, 因为当 $V=0$ 时 p_0,ρ_0,T_0,a_0,i_0 取最大值, "总"的名称即由此而来. (i_0,a_0,T_0 是最大值可以很容易地从伯努利积分中看出, 至于 p_0,ρ_0 为什么是最大值则需要在本节末尾才能说明.)

将 $V=0$ 时 $p=p_0,\rho=\rho_0,T=T_0,i=i_0,a=a_0$ 代入伯努利积分 (10.2.1) 即得伯努利常数 C 和驻点参考量之间的关系

$$C=\frac{\gamma}{\gamma-1}\frac{p_0}{\rho_0}=i_0=C_p T_0=\frac{a_0^2}{\gamma-1}. \tag{10.2.4}$$

驻点处动能等于零, 焓取最大值 i_0, 称为**总焓**、**驻点焓**或**滞止焓**. 考虑到 (10.2.4) 式, 伯努利积分可写成

$$\frac{V^2}{2}+i=i_0. \tag{10.2.5}$$

滞止压强 p_0 (即驻点压强或**总压**) 和**滞止温度** T_0 (即驻点温度或**总温**) 以下列形式出现在伯努利积分中:

$$T+\frac{V^2}{2C_p}=T_0,$$

$$p+\frac{\gamma-1}{2\gamma}\rho V^2=p_0\frac{\rho}{\rho_0}.$$

为了区别于 p_0,T_0, 式中压强 p 及温度 T 称为静压与静温. 不难看出, 总压或总温等于静压或静温加上速度降低为零使动能全部为零时所增加的压强值或温度值. 例如远方空气原有温度为 $T_\infty=288\,\mathrm{K}$, 飞行速度为 $V_\infty=450\,\mathrm{m/s}$, 则

$$T_0=\left(288+\frac{450^2}{2010}\right)\mathrm{K}=388\,\mathrm{K}$$

2) 最大速度参考量.

上面我们考虑了速度等于零, 热力学参量取极大值的极端情形, 此时动能等于零. 现在我们再考虑另一极端情形, 即焓等于零而速度取最大值 $V=V_{\max}$. 此时, 全部能量变成了动能. 由于 $i=0$, 所以 $T=0,a=0$. 再根据状态方程 $p=\rho RT$ 及绝热方程 $p=\vartheta\rho^\gamma$ 推出 $p=0,\rho=0$. 于是与**最大速度** $V_{\max}$ 相对应的热力

学参量都等于零,而且都取极小值. 不言而喻,$\rho = 0$,$T = 0$ 的状态只是一种假想的状态,分子的微观运动已停止下来. 现在我们就取

$$V = V_{\max}, \quad p = 0, \quad \rho = 0, \quad T = 0, \quad a = 0, \quad i = 0$$

为特征参考量,并称之为最大速度参考量. 显然,由(10.2.1)式得

$$\begin{cases} C = i_0 = \dfrac{V_{\max}^2}{2}, \\ V_{\max} = \sqrt{2i_0}. \end{cases} \tag{10.2.6}$$

此式说明最大速度只和总焓 i_0 有关,总焓愈多,转化的动能也愈多,最大速度也就取愈大的数值. 而且由于总焓可以取任意的数值,因此最大速度的数值虽然是有限的,但却是没有限制的. 下面为了使读者对 $V_{\max}$ 的大小有直观了解,我们举出一个数据:当空气的 $T_0 = 288\,\mathrm{K}$ 时,对应的 $V_{\max} = 756\,\mathrm{m/s}$.

3) 临界参考量.

将伯努利积分写成下列形式:

$$\frac{V^2}{2} + \frac{a^2}{\gamma - 1} = C(\Psi) = \frac{V_{\max}^2}{2} = \frac{a_0^2}{\gamma - 1}.$$

等式两边分别除以积分常数 C,左边第一项用动能最大值 $V_{\max}^2/2$ 代替 C,左边第二项则用焓的最大值 $a_0^2/(\gamma - 1)$ 代替 C,经过简单运算得

$$\frac{V^2}{V_{\max}^2} + \frac{a^2}{a_0^2} = 1.$$

在 Va 平面上,它代表第一象限中的四分之一椭圆(因为 $v > 0$,$a > 0$,所以其余的四分之三椭圆实际上是不存在的). 无论从图 10.2.1 或方程都可以看出,当速度从零连续地增加到 $V_{\max}$ 时,声速从最大值不断地降低到 0,因此,中间必有一个流速 V 等于声速 a 的地方,它相当于图上第一象限角的二等分线 OT 和椭圆的交

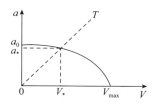

图 10.2.1

点. 这一具有特征意义的速度及声速分别称为**临界速度**和**临界声速**,并记以 V_*,a_*. 显然

$$V_* = a_*.$$

与之对应的其他热力学参量以 p_*,ρ_*,T_*,i_* 表之,并相应地称之为**临界压强**、**临界密度**、**临界温度**和**临界焓**. 在气体力学中我们常常采用 $V_*(=a_*)$,p_*,ρ_*,T_*,i_* 为参考量,并称之为临界参考量. 显然,临界声速 a_* 和伯努利常数 C 的关系为

$$C = \frac{\gamma + 1}{2(\gamma - 1)} a_*^2, \tag{10.2.7}$$

它也只决定于总焓 C.

4）指定特征参考量.

除了上面指出的三种常用的参考量之外，有时在某些具体问题中还会出现一些具有特殊意义的参考量. 例如在绕流问题中无穷远处的物理量就常常被用作特征量. 这类参考量我们统一地用下标 1 表示，于是我们有指定特征参考量 $V_1, p_1, \rho_1, T_1, a_1, i_1$（特别地有 $V_\infty, p_\infty, \rho_\infty, T_\infty, a_\infty$ 及 i_∞）. 伯努利积分 C 和指定特征量的关系为

$$C = \frac{V_1^2}{2} + \frac{\gamma R T_1}{\gamma - 1}. \tag{10.2.8}$$

为了便于记忆和查考，我们将上述四种特征参考量列于表 10.2.1 中.

表 **10.2.1**

	V	p	ρ	T	a	i	与 C 的关系
驻点	0	p_0	ρ_0	T_0	a_0	i_0	$C = \dfrac{\gamma}{\gamma-1}\dfrac{p_0}{\rho_0} = \dfrac{a_0^2}{\gamma-1}$ $= i_0 = C_p T_0$
临界	V_*	p_*	ρ_*	T_*	a_*	i_*	$C = \dfrac{\gamma+1}{2(\gamma-1)} a_*^2$
最大	$V_{\max}$	0	0	0	0	0	$C = \dfrac{V_{\max}^2}{2}$
指定	V_1	p_1	ρ_1	T_1	a_1	i_1	$C = \dfrac{V_1^2}{2} + \dfrac{\gamma R T_1}{\gamma-1}$

下面对特征量做几点说明：

1）特征点（例如驻点、最大速度点、临界点等等）可以实际存在，也可以实际不存在，纯粹是虚拟的. 例如在所研究的流场中没有速度等于零的驻点，没有临界速度（亚声速流动）等等. 但是这并不影响它们被选为特征参考量，也不影响最后结果.

2）上面提出的所有特征量一般说来都依赖于流线号码 Ψ，不同流线取不同值. 只有在匀总焓流动中（即所有流线上的总焓都相等的流动），这些特征量才真正是一个常数，在整个流场上取同一个数值.

最后我们将（10.2.4），（10.2.6），（10.2.7）及（10.2.8）式代入（10.2.1）式，得

$$\frac{V^2}{2} + \frac{\gamma}{\gamma-1}\frac{p}{\rho} = \frac{V^2}{2} + \frac{a^2}{\gamma-1} = \frac{V^2}{2} + i = \frac{V^2}{2} + C_p T$$

$$= \frac{\gamma}{\gamma-1}\frac{p_0}{\rho_0} = \frac{a_0^2}{\gamma-1} = i_0 = C_p T_0 = \frac{V_{\max}^2}{2}$$

$$= \frac{\gamma+1}{2(\gamma-1)} a_*^2 = \frac{V_1^2}{2} + \frac{\gamma R T_1}{\gamma-1}. \tag{10.2.9}$$

b) 无量纲物理量

现在针对上一小节提出的特征量,提出相应的无量纲速度和无量纲热力学参量.

1) 无量纲速度.

从表 10.2.1 中可以看出,能够取作速度参考量的有当地声速 a,临界声速 a_*,最大速度 V_{max},指定特征速度 V_1,以及驻点声速 a_0,指定声速 a_1 等(驻点速度因等于零不能取作参考量). 在这些速度参考量中通常采用的是前四种,现分别引出之.

i) 用当地声速作参考量得 V/a,用 Ma 表示并称之为马赫数,于是

$$Ma = \frac{V}{a}. \tag{10.2.10}$$

$Ma > 1$,$Ma = 1$ 和 $Ma < 1$ 情况分别称为超声速、声速和亚声速. 当流体静止 $V = 0 (a \neq 0)$ 或流体不可压缩 $a = \infty (V \neq 0)$ 时 $Ma = 0$,这是 Ma 的下界. 其次,如果速度达到最大值 $V = V_{max}$,$a = 0$,则相应的 $Ma = \infty$,这是 Ma 的上界. 注意,这里 Ma 之所以趋于无穷大不是由于流速等于无穷大,而是因为声速为零. 由此可见,马赫数 Ma 的变化范围是 $[0, \infty]$.

ii) 引进马赫数 Ma 十分自然,而且物理意义明确,但是有时也并不方便. 由于每一点的参考量 a 都不相同,因此如果需要根据流速计算流场各点的 Ma,或根据 Ma 计算流速,或者检验流体质点的速度是超声速或亚声速时,就需要首先算出该点的声速,而且每一点都需要重新计算一次,大量这类运算很麻烦. 其次在作图时,如果选用 Ma 为横坐标,则 V_{max} 附近的情况就不容易反映出来,因为 $Ma = \infty$ 是在无穷远处. 正因为这些原因,我们除了选当地声速为参考量引进 Ma 外,还采用临界声速 a_* 为参考量,并定义

$$\lambda = \frac{V}{a_*} \tag{10.2.11}$$

称为**速度系数**. 显然,当 $\lambda = 1$ 时,V 等于声速;其次,从图 10.2.1 中容易看出

$$V > V_* = a_* \text{ 时 } V > a, \quad V < V_* = a_* \text{ 时 } V < a.$$

因此当 $\lambda > 1$ 时必有 $Ma > 1$,气流是超声速的. 反过来,如果 $\lambda < 1$,必有 $Ma < 1$,这时气流是亚声速的. 由此可以确信,$\lambda > 1$,$\lambda = 1$ 或 $\lambda < 1$ 情况乃是流速是否为超声速、声速或亚声速的检验标准,当 $V = V_{max}$ 时,

$$\lambda_{max} = \frac{V_{max}}{a_*}.$$

根据 (10.2.9) 式

$$\frac{V_{max}^2}{2} = \frac{\gamma + 1}{2(\gamma - 1)} a_*^2,$$

得

$$\frac{V_{\max}}{a_*} = \sqrt{\frac{\gamma+1}{\gamma-1}},$$

于是

$$\lambda_{\max} = \sqrt{\frac{\gamma+1}{\gamma-1}},$$

这样,λ 的变化范围为 $\left[0, \sqrt{\dfrac{\gamma+1}{\gamma-1}}\right]$. 如果以 λ 为横坐标画图,则由于 $\lambda_{\max}$ 是有限值,$V_{\max}$ 附近的情况可以充分地反映出来. 这正是 Ma 所不具有的,可以说是 λ 数的第一个优点.

λ 和 Ma 不同之处在于分母用的是临界声速而不是当地声速. 当地声速是坐标点的函数,而临界声速只依赖于流线号码,在同一条流线上取相同的值. 在匀总焓流动中则更为简单,整个流场取同一常数. 当我们须在 λ 和 V 之间进行换算或检验流速是超声速、声速或亚声速($\lambda > 1, \lambda = 1$ 或 $\lambda < 1$)时,只需算出流线号码的函数 $a_*(\Psi)$,一条流线只需算一次. 在匀总焓流动中甚至整个流场只需算一次就行了. 这是 λ 数的第二个优点.

iii) 取最大速度 $V_{\max}$ 为参考量,

$$\tau = \frac{V}{V_{\max}}. \tag{10.2.12}$$

当 $V = a_*$ 或 $V_{\max}$ 时,

$$\tau = \sqrt{\frac{\gamma-1}{\gamma+1}} \text{ 或 } 1,$$

于是 τ 的变化范围为 $[0, 1]$.

Ma, τ, λ 这三个无量纲数之间存在着一定关系,相互之间可以转换,根据伯努利积分(10.2.9)得

$$Ma^2 = \frac{V^2}{a^2} = \frac{V^2}{\dfrac{\gamma+1}{2}a_*^2 + (\gamma-1)\dfrac{V^2}{2}}$$

$$= \frac{\lambda^2}{\dfrac{\gamma+1}{2} - \dfrac{\gamma-1}{2}\lambda^2} = \frac{\dfrac{2}{\gamma+1}\lambda^2}{1 - \dfrac{\gamma-1}{\gamma+1}\lambda^2},$$

$$\lambda^2 = \frac{V^2}{a_*^2} = \frac{V^2}{2\dfrac{\gamma-1}{\gamma+1}\left(\dfrac{V^2}{2} + \dfrac{a^2}{\gamma-1}\right)}$$

$$= \frac{Ma^2}{\dfrac{\gamma-1}{\gamma+1}Ma^2 + \dfrac{2}{\gamma+1}} = \frac{\dfrac{\gamma+1}{2}Ma^2}{1+\dfrac{\gamma-1}{2}Ma^2},$$

$$\lambda^2 = \frac{V^2}{a_*^2} = \frac{V^2}{\dfrac{\gamma-1}{\gamma+1}V_{\max}^2} = \frac{\gamma+1}{\gamma-1}\tau^2,$$

$$\tau^2 = \frac{\gamma-1}{\gamma+1}\lambda^2,$$

于是

$$\frac{\gamma+1}{\gamma-1}\tau^2 = \lambda^2 = \frac{\dfrac{\gamma+1}{2}Ma^2}{1+\dfrac{\gamma-1}{2}Ma^2}, \qquad (10.2.13)$$

$$Ma^2 = \frac{\dfrac{2}{\gamma+1}\lambda^2}{1-\dfrac{\gamma-1}{\gamma+1}\lambda^2} = \frac{\dfrac{2}{\gamma-1}\tau^2}{1-\tau^2}. \qquad (10.2.14)$$

$\lambda(Ma)$最常用,已做成表格,读者在需要时可查阅有关书籍. 它的图形如图 10.2.2 所示,从图上明显地看出:

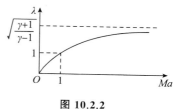

图 10.2.2

(1) $\lambda < 1$ 时 $Ma < 1$,而且在亚声速范围内有 $\lambda > Ma$;

(2) $\lambda > 1$ 时 $Ma > 1$,而且在超声速范围内有 $\lambda < Ma$;

(3) $Ma = 0$ 时 $\lambda = 0$,$Ma \to \infty$时

$$\lambda = \sqrt{\frac{\gamma+1}{\gamma-1}}.$$

最后,我们将 Ma ,τ ,λ 的变化范围及声速值列于表 10.2.2.

表 **10.2.2**

	最小	声速	最大
Ma	0	1	∞
λ	0	1	$\sqrt{\dfrac{\gamma+1}{\gamma-1}}$
τ	0	$\sqrt{\dfrac{\gamma-1}{\gamma+1}}$	1

iv) 以 V_1 为参考量得 V/V_1.

2) 无量纲热力学参量.

从表中看出,驻点值、临界值和指定值可作为热力学参量的参考量,于是有

$$驻点参考量:\frac{p}{p_0},\frac{\rho}{\rho_0},\frac{T}{T_0},\frac{a}{a_0},\frac{i}{i_0}. \tag{10.2.15}$$

$$临界参考量:\frac{p}{p_*},\frac{\rho}{\rho_*},\frac{T}{T_*},\frac{a}{a_*},\frac{i}{i_*}. \tag{10.2.16}$$

$$指定参考量:\frac{p}{p_1},\frac{\rho}{\rho_1},\frac{T}{T_1},\frac{a}{a_1},\frac{i}{i_1}. \tag{10.2.17}$$

c) 无量纲速度和无量纲热力学参量之间的关系

现在我们着手寻求无量纲热力学参量(10.2.15),(10.2.16),(10.2.17)式和无量纲速度 Ma,λ,τ 的关系. 首先,导出 $p/p_0,\rho/\rho_0,T/T_0,a/a_0,i/i_0$ 依赖于 Ma,λ,τ 的公式,因为它最简单也最常用;其次,再由此出发导出(10.2.16)式,(10.2.17)式和无量纲速度的关系. 为了建立(10.2.15)式和 Ma,λ,τ 的关系,先设法找出无量纲热力学参量之间的一个联系公式,然后再选择 T/T_0 和 Ma,λ,τ 建立关系,从而最后解决问题.

将驻点值代入(10.2.2)与(10.2.3)式得

$$\frac{p}{p_0}=\left(\frac{\rho}{\rho_0}\right)^{\gamma}, \tag{10.2.18}$$

$$\frac{p}{p_0}=\frac{\rho}{\rho_0}\frac{T}{T_0}.$$

令两式相等得

$$\left(\frac{\rho}{\rho_0}\right)^{\gamma-1}=\frac{T}{T_0},$$

于是

$$\frac{\rho}{\rho_0}=\left(\frac{T}{T_0}\right)^{\frac{1}{\gamma-1}}=\left(\frac{i}{i_0}\right)^{\frac{1}{\gamma-1}}=\left(\frac{a}{a_0}\right)^{\frac{2}{\gamma-1}}.$$

将之代入(10.2.18)式有

$$\frac{p}{p_0}=\left(\frac{\rho}{\rho_0}\right)^{\gamma}=\left(\frac{T}{T_0}\right)^{\frac{\gamma}{\gamma-1}}=\left(\frac{i}{i_0}\right)^{\frac{\gamma}{\gamma-1}}=\left(\frac{a}{a_0}\right)^{\frac{2\gamma}{\gamma-1}}. \tag{10.2.19}$$

这就是无量纲热力学参量之间的一个内部关系式,只要有一个函数知道,其他函数就可以根据(10.2.19)式确定. 现在要研究一下它们的变化趋势,为此对(10.2.19)式取对数并微分之得

$$\frac{\mathrm{d}p}{p}=\gamma\frac{\mathrm{d}\rho}{\rho}=\frac{\gamma}{\gamma-1}\frac{\mathrm{d}T}{T}=\frac{\gamma}{\gamma-1}\frac{\mathrm{d}i}{i}=\frac{2\gamma}{\gamma-1}\frac{\mathrm{d}a}{a}. \tag{10.2.20}$$

因为 $p,\rho,T,a,i,\gamma,\gamma-1$ 都是正的量,所以所有热力学参量的变化趋势是一致

的,要增加大家一起增加,要减少大家一起减少,取极值一起取极值. 其次,在这些量中变化得最快的是 p,次之是 ρ,T 及 a.

现在建立(10.2.19)式中热力学参量 T/T_0 和无量纲速度 Ma,λ,τ 之间的关系. 写出(10.2.9)式

$$\overbrace{\frac{V^2}{2}+\frac{a^2}{\gamma-1}}^{1}=\overbrace{\frac{V^2}{2}+\frac{\gamma RT}{\gamma-1}}^{2}=\overbrace{\frac{V_{\max}^2}{2}}^{3}=\overbrace{\frac{\gamma RT_0}{\gamma-1}}^{4}=\overbrace{\frac{\gamma+1}{2(\gamma-1)}a_*^2}^{5},\qquad(10.2.21)$$

以 $\dfrac{a^2}{\gamma-1}$ 除表达式 1,以与之相等的 $\dfrac{\gamma RT}{\gamma-1}$ 除表达式 4 得

$$\begin{cases}\dfrac{\gamma-1}{2}\dfrac{V^2}{a^2}+1=\dfrac{T_0}{T}\\[2mm]\dfrac{T}{T_0}=\left(1+\dfrac{\gamma-1}{2}Ma^2\right)^{-1},\\[2mm]\dfrac{\mathrm{d}T}{T}=-\dfrac{(\gamma-1)Ma}{1+\dfrac{\gamma-1}{2}Ma^2}\mathrm{d}Ma.\end{cases}\qquad(10.2.22)$$

以 $\dfrac{\gamma+1}{2(\gamma-1)}a_*^2$ 除表达式 5 及表达式 2 中第一项,以与之相等的 $\dfrac{\gamma RT_0}{\gamma-1}$ 除表达式 2 中第二项,得

$$\begin{cases}\dfrac{\gamma-1}{\gamma+1}\dfrac{V^2}{a_*^2}+\dfrac{T}{T_0}=1,\\[2mm]\dfrac{T}{T_0}=1-\dfrac{\gamma-1}{\gamma+1}\lambda^2,\\[2mm]\dfrac{\mathrm{d}T}{T}=-\dfrac{2\dfrac{\gamma-1}{\gamma+1}\lambda}{1-\dfrac{\gamma-1}{\gamma+1}\lambda^2}\mathrm{d}\lambda.\end{cases}\qquad(10.2.23)$$

以 $\dfrac{V_{\max}^2}{2}$ 除表达式 3 及 2 中第一项,以与之相等的 $\dfrac{\gamma RT_0}{\gamma-1}$ 除表达式 2 中第二项得

$$\frac{V^2}{V_{\max}^2}+\frac{T}{T_0}=1,\qquad\frac{T}{T_0}=1-\tau^2,\qquad\frac{\mathrm{d}T}{T}=-\frac{2\tau}{1-\tau^2}\mathrm{d}\tau.\qquad(10.2.24)$$

将(10.2.22),(10.2.23),(10.2.24)式分别代入(10.2.19)及(10.2.20)式,得

$$\frac{p}{p_0}=\left(\frac{\rho}{\rho_0}\right)^{\gamma}=\left(\frac{T}{T_0}\right)^{\frac{\gamma}{\gamma-1}}=\left(\frac{i}{i_0}\right)^{\frac{\gamma}{\gamma-1}}$$

$$=\left(\frac{a}{a_0}\right)^{\frac{2\gamma}{\gamma-1}}=\left(1+\frac{\gamma-1}{2}Ma^2\right)^{-\frac{\gamma}{\gamma-1}}$$

$$= \left(1 - \frac{\gamma-1}{\gamma+1}\lambda^2\right)^{\frac{\gamma}{\gamma-1}} = (1-\tau^2)^{\frac{\gamma}{\gamma-1}}, \tag{10.2.25}$$

$$\frac{\mathrm{d}p}{p} = \gamma\frac{\mathrm{d}\rho}{\rho} = \frac{\gamma}{\gamma-1}\frac{\mathrm{d}T}{T} = \frac{\gamma}{\gamma-1}\frac{\mathrm{d}i}{i} = \frac{2\gamma}{\gamma-1}\frac{\mathrm{d}a}{a}$$

$$= -\frac{\gamma Ma^2}{1+\dfrac{\gamma-1}{2}Ma^2}\frac{\mathrm{d}Ma}{Ma} = -\frac{\dfrac{2\gamma}{\gamma+1}\lambda^2}{1-\dfrac{\gamma-1}{\gamma+1}\lambda^2}\frac{\mathrm{d}\lambda}{\lambda}$$

$$= -\frac{\dfrac{2\gamma}{\gamma-1}\tau^2}{1-\tau^2}\frac{\mathrm{d}\tau}{\tau}. \tag{10.2.26}$$

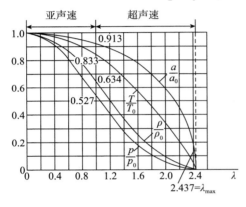

图 10.2.3

这就是无量纲热力学参量和无量纲速度之间的两套关系式,非常重要,建议读者熟记. 应特别注意,因子 $1+\dfrac{\gamma-1}{2}Ma^2$ 的幂次是负的,而 $1-\dfrac{\gamma-1}{\gamma+1}\lambda^2$ 及 $1-\tau^2$ 的幂次则是正的,不要记成一样.

图 10.2.3 中画出了 $\dfrac{p}{p_0}(\lambda)$,$\dfrac{\rho}{\rho_0}(\lambda)$,$\dfrac{T}{T_0}(\lambda)$ 和 $\dfrac{a}{a_0}(\lambda)$ 的图形.

由图 10.2.3 或(10.2.26)式可知,速度的变化趋势和热力学参量的变化趋势恰好相反(注意 $1+\dfrac{\gamma-1}{2}Ma^2$,$1-\dfrac{\gamma-1}{\gamma+1}\lambda^2$,$1-\tau^2 \geqslant 0$). 当 Ma,λ,τ 增加或减少时,$\dfrac{p}{p_0}$,$\dfrac{\rho}{\rho_0}$,$\dfrac{a}{a_0}$,$\dfrac{T}{T_0}$ 减少或增加. 因为当速度增加时,动能增加,随之焓减少,即温度减少. 根据热力学参量变化一致的性质,所有热力学参量都减少. 于是,当速度增加时气体发生膨胀,温度与压强相应减少;而当速度减少时,气体则被压缩,温度与压力的数值相应地得到提高.

以上我们得到了(10.2.15)式和 Ma,λ,τ 的关系,由此不难求出(10.2.16),(10.2.17)式与 Ma,λ,τ 的关系. 在(10.2.25)式中取指定参考值或临界参考值,得

$$\frac{p_1}{p_0} = \left(\frac{\rho_1}{\rho_0}\right)^\gamma = \left(\frac{T_1}{T_0}\right)^{\frac{\gamma}{\gamma-1}} = \left(\frac{a_1}{a_0}\right)^{\frac{2\gamma}{\gamma-1}}$$

$$= \left(1 + \frac{\gamma-1}{2}Ma_1^2\right)^{-\frac{\gamma}{\gamma-1}} = \left(1 - \frac{\gamma-1}{\gamma+1}\lambda_1^2\right)^{\frac{\gamma}{\gamma-1}}$$

$$= (1 - \tau_1^2)^{\frac{\gamma}{(\gamma-1)}}, \tag{10.2.27}$$

$$\frac{p_*}{p_0} = \left(\frac{\rho_*}{\rho_0}\right)^{\gamma} = \left(\frac{T_*}{T_0}\right)^{\frac{\gamma}{\gamma-1}} = \left(\frac{a_*}{a_0}\right)^{\frac{2\gamma}{\gamma-1}} = \left(\frac{\gamma+1}{2}\right)^{-\frac{\gamma}{\gamma-1}}. \tag{10.2.28}$$

当 $\gamma = 1.4$ 时有

$$p_* = 0.528p_0, \quad \rho_* = 0.634\rho_0, \quad T_* = 0.833T_0, \quad a_* = 0.913a_0. \tag{10.2.29}$$

(10.2.29)式很重要,请读者注意. 将(10.2.25)式除以(10.2.27)及(10.2.28)式得

$$\frac{p}{p_1} = \left(\frac{\rho}{\rho_1}\right)^{\gamma} = \left(\frac{T}{T_1}\right)^{\frac{\gamma}{\gamma-1}} = \left(\frac{a}{a_1}\right)^{\frac{2\gamma}{\gamma-1}}$$

$$= \left(\frac{1 + \dfrac{\gamma-1}{2}Ma^2}{1 + \dfrac{\gamma-1}{2}Ma_1^2}\right)^{-\frac{\gamma}{\gamma-1}} = \left(\frac{1 - \dfrac{\gamma-1}{\gamma+1}\lambda^2}{1 - \dfrac{\gamma-1}{\gamma+1}\lambda_1^2}\right)^{\frac{\gamma}{\gamma-1}}$$

$$= \left(\frac{1-\tau^2}{1-\tau_1^2}\right)^{\frac{\gamma}{\gamma-1}} = \left\{1 + \frac{\gamma-1}{2}Ma_1^2\left[1 - \left(\frac{V}{V_1}\right)^2\right]\right\}^{\frac{\gamma}{\gamma-1}}, \text{①} \tag{10.2.30}$$

$$\frac{p}{p_*} = \left(\frac{\rho}{\rho^*}\right)^{\gamma} = \left(\frac{T}{T_*}\right)^{\frac{\gamma}{\gamma-1}} = \left(\frac{a}{a_*}\right)^{\frac{2\gamma}{\gamma-1}} = \left[\frac{2}{\gamma+1}\left(1 + \frac{\gamma-1}{2}Ma^2\right)\right]^{-\frac{\gamma}{\gamma-1}}$$

$$= \left[\frac{\gamma+1}{2}\left(1 - \frac{\gamma-1}{\gamma+1}\lambda^2\right)\right]^{\frac{\gamma}{\gamma-1}} = \left[\frac{\gamma+1}{2}(1-\tau^2)\right]^{\frac{\gamma}{\gamma-1}}. \tag{10.2.31}$$

这就是我们所要求的公式,至此本节的任务全部完成.

最后顺便指出,从(10.2.25)式容易推出 Ma, λ, τ 之间的关系

$$\left(1 + \frac{\gamma-1}{2}Ma^2\right)^{-1} = 1 - \tau^2 = 1 - \frac{\gamma-1}{\gamma+1}\lambda^2,$$

---

① 将 $\dfrac{V^2}{2} + \dfrac{\gamma RT}{\gamma-1} = \dfrac{V_1^2}{2} + \dfrac{\gamma RT_1}{\gamma-1}$ 两边除以 $\dfrac{\gamma RT_1}{\gamma-1}$ 得

$$\frac{T}{T_1} + \left(\frac{V}{V_1}\right)^2\frac{\dfrac{V_1^2}{2}}{\dfrac{a_1^2}{\gamma-1}} = \frac{\dfrac{V_1^2}{2}}{\dfrac{a_1^2}{\gamma-1}} + 1,$$

即

$$\frac{T}{T_1} = 1 + \frac{\gamma-1}{2}Ma_1^2\left[1 - \left(\frac{V}{V_1}\right)^2\right].$$

$$\frac{\gamma+1}{\gamma-1}\tau^2 = \lambda^2 = \frac{\dfrac{\gamma+1}{2}Ma^2}{1+\dfrac{\gamma-1}{2}Ma^2}.$$

由于因子 $\left(1+\dfrac{\gamma-1}{2}Ma^2\right)^{-1}, 1-\tau^2, 1-\dfrac{\gamma-1}{\gamma+1}\lambda^2$ 已为读者熟知,因此 τ,λ,Ma 之间的关系宜于从(10.2.25)式出发间接推出,不必采用上面叙述的从伯努利方程出发的直接办法.

10.3　小扰动在可压缩流体中的传播　声速

先直观地探讨一下小扰动传播过程的物理机理.考虑活塞在一维管道中的非定常运动.活塞未推动前,管内气体处于静止状态,压强、密度、温度分别为 p_0,ρ_0,T_0. 图 10.3.1 上的空白表示密度到处均匀.现在向右推动活塞,使活塞的速度从零迅速地加速到一定数值,之后便维持等速运动.假设活塞的扰动速度很小,于是紧贴着活塞的气体不断地受到小的压缩直到活塞的加速过程结束为止.当活塞进入等速运动阶段,活塞前面的气体不再受到扰动.紧贴活塞的气体质点的速度及压强随 x 的变化规律分别如图(d)及(c)所示. x 处的速度及压强代表活塞运动到那里时,紧贴活塞的气体质点的速度及压强.显然 $[0,x_1]$ 是活塞对气体发生扰动的部分.现在研究小扰动是如何在气体中传播的.当活塞从原点推动到 x_1 处时,活塞前 $[x_1,x_2]$ 中的气体首先受到压缩,密度、压强稍有提高.此外,由于密度增加,体积变小,流体质点被活塞推动向右运动,这样就产生了向右运动的扰动速度 u'. 图(e)用点的密集程度表示密度大小,图(f)表示压强波的形状.当活塞附近 $[x_1,x_2]$ 区域中的气体被压缩后,其压强升高,造成它和紧邻气体的压强差,于是紧邻气体接着被压缩,压强、密度提高,且产生纵向速度 u'. 与此同时,活塞继续以等速向前运动,高压区内的气体不受扰动,压强、密度、温度及速度维持原值 p_1,ρ_1,T_1 及 u' 不变.压缩过程逐层进行下去,扰动便从活塞附近的气体以相当大的速度迅速地传播到右方去,而流体质点只是在扰动传到它那里时稍稍地向右动了一下,速度很小.图(g)和(h)分别表示下一时刻密度分布和压强分布图.必须指出,扰动传播速度和气体质点的速度是性质不同的两回事,一个是扰动信号(或能量)在介质中的传播速度,另一个则是质点本身的运动速度.它们分别属于两种不同运动形态——波动及质点的机械运动.打一个比方,一队士兵传接力棒,人们可以看到,红白色的接力棒以较快的速度从排头迅速地传至排尾,而每个士兵还是站立在原地,只是稍稍地挥动了一下胳臂而已.上面我们考虑的是右行压缩波.所谓**压缩波**指这样的波,波形所到之处,气体被压缩,密度增加.完全同样地可以考虑左行压缩波,为此只需向左推动活塞压缩左方处于静止状态的气体. 不管右行压缩波或左行压缩波都有一个共同的特点: 流体质点的运动方向和波的运动方向相同, 它们都朝着同一个方向, 正 x 轴方向或负 x 轴方向.

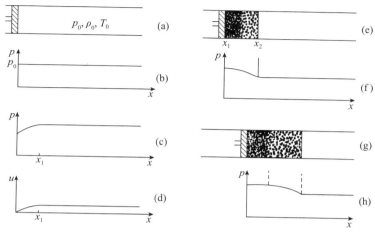

图 10.3.1

现在我们在图 10.3.2(a) 中向左推动活塞, 速度从 0 加速到某一个小值, 然后维持等速运动. 于是活塞附近 $[x_1, x_2]$ 中的气体不断膨胀, 密度、压强减小, 同时气体为了占据活塞向左移动后所腾出的空间必然向左膨胀, 从而产生了向左的扰动速度 u'. 当活塞附近的气体发生膨胀后, 压强从 p_0 降下来, 这样就自动地造成了一个比紧邻气体压强 p_0 稍低的压强区, 使附近的气体又发生膨胀. 同时, 由于活塞开始以等速向左运动, 低压区的气体不再受到扰动, 维持原状态. 膨胀过程逐层进行下去, 产生了以一定速度向右方传播的**膨胀波**. 膨胀波所到之处气体质点都向左移动一下. 同时, 由于活塞在加速后维持等速运动, 膨胀后的气体维持不变的状态 (图 10.3.2 中的 (b)、(c)、(d) 及 (e) 表示两个不同时刻的密度及压强分布图). 刚才考虑的是右行膨胀

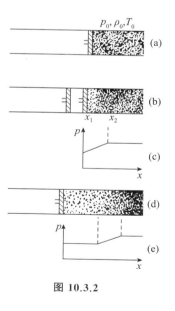

图 10.3.2

波, 完全同样地可以考虑左行膨胀波. 膨胀波的特点是流体质点的运动方向恰好和波的传播方向相反, 波形经过之处, 气体膨胀, 密度减少.

刚才分别考虑了单纯是压缩和单纯是膨胀的波. 现在我们研究既有压缩也有膨胀的波形. 设活塞先从静止不断加速到极大值 (小量), 而后又从极大值逐渐减速到零回复到静止状态. 于是先有一段压缩波过去, 使流体质点向右稍稍移动一下, 接着又有一段膨胀波尾随而至, 它反过来使流体质点向左移动. 两者相互抵消, 逐渐地使气体质点的速度减慢下来最后趋于零. 等整个波形过去后, 气体恢复静止状态 p_0, ρ_0, T_0 (参看图 10.3.3).

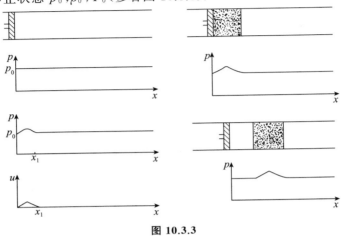

图 10.3.3

　　从小扰动传播的物理机理容易理解小扰动的传播速度和流体的可压缩性(或谓弹性)有关. 愈易压缩的流体, 小扰动的传播速度愈小, 愈不易压缩的流体, 传播的速度愈大, 因为压缩气体需要时间. 在不可压缩流体的极限情形, 小扰动的传播速度趋于无穷大. 由此很容易理解为什么小扰动在水中的传播速度比空气中的大.

　　综上所述, 可以得出如下结论:

　　1) 小扰动通过波动形式以远大于流体质点速度的传播速度在可压缩流体中传播;

　　2) 小扰动的传播速度依赖于流体的性质, 愈易压缩的流体, 传播速度愈小, 反之愈大;

　　3) 压缩波传播方向和流体质点运动方向相同, 膨胀波传播方向则和流体质点运动方向相反.

　　上面我们根据流体的性质, 定性地分析了小扰动的传播过程, 得到了许多重要的结论, 为理论分析提供了感性材料. 但是为了得到小扰动传播速度的定量公式, 研究更复杂的扰动过程, 单是直观分析就显得不够了, 还必须从反映普遍运动规律的气体力学方程组出发研究小扰动的传播规律. 下面我们就来进行理论分析工作.

　　设在静止流体中由于某种原因, 物理量 v, p, ρ 产生了小的变化, 即所谓的小扰动. 现在我们研究小扰动在可压缩流体中的传播速度.

设静止流体的压强及密度为常数 p_0, ρ_0，今在静止状态 $\boldsymbol{v} = \boldsymbol{0}$，$p_0, \rho_0$ 的基础上产生了小扰动 $\boldsymbol{v}', p', \rho'$，它们都是一阶小量，于是新的 $\boldsymbol{v}, p, \rho$ 为

$$\boldsymbol{v} = \boldsymbol{v}', \quad p = p_0 + p', \quad \rho = \rho_0 + \rho'. \tag{10.3.1}$$

现在我们的任务是确定 $\boldsymbol{v}', p', \rho'$ 所应具有的函数形式，由此研究小扰动 $\boldsymbol{v}', p', \rho'$ 的传播速度. $\boldsymbol{v}, p, \rho$ 满足理想绝热完全气体的基本方程组

$$\begin{cases} \dfrac{\partial \rho}{\partial t} + \operatorname{div}(\rho \boldsymbol{v}) = 0, \\[2mm] \dfrac{\partial \boldsymbol{v}}{\partial t} + (\boldsymbol{v} \cdot \nabla) \boldsymbol{v} = -\dfrac{1}{\rho} \operatorname{grad} p, \\[2mm] \dfrac{\mathrm{d}}{\mathrm{d}t} \left(\dfrac{p}{\rho^\gamma} \right) = 0, \end{cases} \tag{10.3.2}$$

这是非线性方程组. 将(10.3.1)式代入(10.3.2)式，并忽略二阶小量，可得 $\boldsymbol{v}', p', \rho'$ 满足的线性方程组. 现在我们把方程组(10.3.2)中每个方程逐个地线性化.

1) $\dfrac{\partial(\rho_0 + \rho')}{\partial t} + \operatorname{div}[(\rho_0 + \rho')\boldsymbol{v}'] = 0$，其中 $\rho'\boldsymbol{v}'$ 是二阶小量可忽略不计. 其次因 $\dfrac{\partial \rho_0}{\partial t} = 0$，于是

$$\frac{\partial \rho'}{\partial t} + \rho_0 \operatorname{div} \boldsymbol{v}' = 0. \tag{10.3.3}$$

2) $\dfrac{\partial \boldsymbol{v}'}{\partial t} + (\boldsymbol{v}' \cdot \nabla)\boldsymbol{v}' = -\dfrac{1}{\rho_0 + \rho'} \operatorname{grad}(p_0 + p')$

$$= -\frac{1}{\rho_0} \left(1 - \frac{\rho'}{\rho_0} + \cdots \right) \operatorname{grad} p',$$

式中 $(\boldsymbol{v}' \cdot \nabla)\boldsymbol{v}'$ 及 $\left(-\dfrac{\rho'}{\rho_0} + \cdots \right) \operatorname{grad} p'$ 都是二阶小量可略而不计，于是

$$\frac{\partial \boldsymbol{v}'}{\partial t} = -\frac{1}{\rho_0} \operatorname{grad} p'. \tag{10.3.4}$$

3) $s = s_0 + C_v \ln \dfrac{p/p_0}{(\rho/\rho_0)^\gamma}$，故 p 可写成 $p = p(\rho, s)$. 因 ρ 发生小扰动 ρ' 是在绝热过程中出现的，故 s 不变. 将函数 $p = p(\rho, s)$ 在 p_0, ρ_0 附近展开成泰勒级数，并忽略二级微量以上项有

$$p = p_0 + \left[\left(\frac{\partial p}{\partial \rho} \right)_s \right]_0 (\rho - \rho_0) + \cdots,$$

亦即

$$p' = \left[\left(\frac{\partial p}{\partial \rho} \right)_s \right]_0 \rho'. \tag{10.3.5}$$

$\left[\left(\dfrac{\partial p}{\partial \rho}\right)_s\right]_0$ 的具体形式由方程 $\dfrac{\mathrm{d}}{\mathrm{d}t}\left(\dfrac{p}{\rho^\gamma}\right)=0$ 确定. 为书写简便起见, 令

$$a^2=\left[\left(\frac{\partial p}{\partial \rho}\right)_s\right]_0,$$

显然 a 是常数, 于是

$$p'=a^2\rho'. \tag{10.3.6}$$

将(10.3.3), (10.3.4), (10.3.6)三式集合起来得到确定 $\boldsymbol{v}'$, p', ρ' 的微分方程组

$$\begin{cases} \dfrac{\partial \rho'}{\partial t}+\rho_0\,\mathrm{div}\,\boldsymbol{v}'=0, \\[2mm] \dfrac{\partial \boldsymbol{v}'}{\partial t}+\dfrac{1}{\rho_0}\mathrm{grad}\,p'=\boldsymbol{0}, \\[2mm] p'=a^2\rho'. \end{cases} \tag{10.3.7}$$

现在设法解出上述线性方程. 首先证明扰动运动 $\boldsymbol{v}'$ 是无旋的, 为此对方程组 (10.3.7)第二式取旋度得

$$\frac{\partial\,\mathrm{rot}\,\boldsymbol{v}'}{\partial t}=\boldsymbol{0}.$$

利用 $t=0$ 时流体静止, 因而是无旋的事实得 $\mathrm{rot}\,\boldsymbol{v}'=\boldsymbol{0}$, 于是 $\boldsymbol{v}'=\mathrm{grad}\,\varphi''$, 可用一个速度势函数 φ'' 代替 $\boldsymbol{v}'$ 的三个速度分量. 将 $\boldsymbol{v}'=\mathrm{grad}\,\varphi''$ 代入(10.3.7)式得

$$\begin{cases} \dfrac{\partial \rho'}{\partial t}+\rho_0\Delta\varphi''=0, \\[2mm] \mathrm{grad}\left(\dfrac{\partial \varphi''}{\partial t}+\dfrac{p'}{\rho_0}\right)=\boldsymbol{0}, \\[2mm] p'=a^2\rho', \\[2mm] \boldsymbol{v}'=\mathrm{grad}\,\varphi''. \end{cases}$$

积分第二式得 $\dfrac{\partial \varphi''}{\partial t}+\dfrac{p'}{\rho_0}=f(t)$, 取 $\varphi'=\varphi''-\displaystyle\int_0^t f(t)\mathrm{d}t$, 得

$$\begin{cases} \dfrac{\partial \rho'}{\partial t}+\rho_0\Delta\varphi'=0, & \text{(a)} \\[2mm] \dfrac{\partial \varphi'}{\partial t}+\dfrac{p'}{\rho_0}=0, & \text{(b)} \\[2mm] p'=a^2\rho', & \text{(c)} \\[2mm] \boldsymbol{v}'=\mathrm{grad}\,\varphi'. & \text{(d)} \end{cases} \tag{10.3.8}$$

由(a)及(c)式消去 ρ' 得

$$\frac{1}{a^2}\frac{\partial p'}{\partial t}+\rho_0\Delta\varphi'=0. \tag{10.3.9}$$

由(10.3.9)式及方程组(10.3.8)的(b)式消去 p', 得

$$\frac{\partial^2 \varphi'}{\partial t^2} - a^2 \Delta \varphi' = 0. \tag{10.3.10}$$

可见速度势应满足经典的波动方程. 求出 φ' 后，$\boldsymbol{v}'$，p'，ρ' 由 (d)，(c)，(a) 式确定. 显然，它们亦满足波动方程

$$\frac{\partial^2 \boldsymbol{v}'}{\partial t^2} - a^2 \Delta \boldsymbol{v}' = 0, \quad \frac{\partial^2 p'}{\partial t^2} - a^2 \Delta p' = 0, \quad \frac{\partial^2 \rho'}{\partial t^2} - a^2 \Delta \rho' = 0.$$

令 g' 代表 φ'，$\boldsymbol{v}'$，p' 或 ρ' 则

$$\frac{\partial^2 g'}{\partial t^2} - a^2 \Delta g' = 0. \tag{10.3.11}$$

下面为了简单起见，只限于考虑一维运动的小扰动传播. 设 u'，p'，ρ' 皆为 x，t 的函数，于是 (10.3.11) 式具有下列形式：

$$\frac{\partial^2 g'}{\partial t^2} - a^2 \frac{\partial^2 g'}{\partial x^2} = 0. \tag{10.3.12}$$

引进新的自变数 ξ，η 代替 x，t，它们和 x，t 的关系为

$$\xi = x - at, \quad \eta = x + at.$$

将自变数由 x，t 转为 ξ，η 后，(10.3.12) 式变成

$$\frac{\partial^2 g'}{\partial \xi \partial \eta} = 0,$$

积分一次，得

$$\frac{\partial g'}{\partial \eta} = F(\eta),$$

式中 $F(\eta)$ 是 η 的任意函数. 再积分一次，得

$$g' = f_1(\xi) + f_2(\eta),$$

其中 f_1，f_2 分别是 ξ，η 的任意函数，具体形式根据边界条件及初始条件确定. 回到原变数 x，t，有

$$g' = f_1(x - at) + f_2(x + at). \tag{10.3.13}$$

应该特别指出，当 g' 分别取 u'，p'，ρ' 时，函数 f_1，f_2 的具体形式是不相同的.

现在我们对解进行分析，先孤立地分析单个函数 f_1 与 f_2 的作用. 为此首先令 $f_2 = 0$，于是

$$g' = f_1(x - at),$$

在任何一个 $x = $ 常数的平面上扰动物理量随时间 t 变化；其次对于任一给定时刻，扰动物理量在不同 x 处取不同值. 只有在 x，t 满足关系式

$$x = 常数 + at$$

时，扰动物理量才是相同的. 由此可见，如果在静止流体中，当 $t = 0$ 时在某点 x 上物理量发生小扰动 g'，则经过一段时间 t 后，同样的压强扰动在距初始位置 at 处发生. 这也就是说，小扰动在可压缩流体中以常速度 a 沿正 x 轴方向运动.

整个扰动图案亦以常速 a 沿正 x 轴方向运动.

上面我们指出函数 $f_1(x-at)$ 代表右行的平面行波,完全同样地可以分析 $f_2(x+at)$ 代表左行平面行波,这两种波都是在一个方向上传播的,常称为**简单波**.

上述结果还可以用几何图形的方法直观地表示出来.设 xt 平面上 $t=0$ 的初始扰动曲线是正弦分布,则 $f_1(x-at)$ 这一项表示正弦曲线沿斜率为 a 的特征线向右方传播,如图 10.3.4(a)所示.而 $f_2(x+at)$ 这一项则说明正弦曲线沿斜率为 $-a$ 的另一族特征线向左方传播,如图 10.3.4(b)所示.它们的传播速度皆为 a.

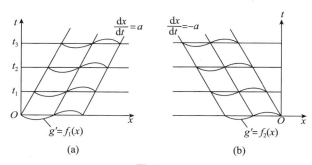

图 10.3.4

上面我们分析了 f_1,f_2 的物理意义,显然函数 f_1 与 f_2 之和代表两种简单波的叠加.

应该指出,这里所研究的波属于纵波之列,因为波的传播和质点的运动方向重合.

小扰动的传播速度

$$a = \sqrt{\left[\left(\frac{\partial p}{\partial \rho}\right)_s\right]_0} \tag{10.3.14}$$

称为**声速**,这是因为声音也是一种小振幅的振动,相应的波称为**声波**,它在空气中以(10.3.14)式确定的速度传播.这是一种用个别代表一般的说法.因为在小扰动的前提下,(10.3.14)式对任何运动气体而言都是对的,因此以后我们省去下标 0,将 a 理解为小扰动相对于运动气体而言的局部声速

$$a = \sqrt{\left(\frac{\partial p}{\partial \rho}\right)_s}. \tag{10.3.15}$$

(10.3.15)式告诉我们,声速大小和扰动过程中压强变化与密度变化的比值有关.介质愈易压缩,相应的声速愈小;反之愈大.对于不可压缩流体 $a=\infty$.也就是说,小扰动在不可压缩流体中以无穷大的速度传播,流体中任一点的扰动一瞬间传至流体中任何一点.

因为小扰动传播过程是绝热等熵的,于是

$$p = \vartheta \rho^{\gamma}, \qquad \frac{\mathrm{d}p}{p} = \gamma \frac{\mathrm{d}\rho}{\rho},$$

即

$$\left(\frac{\partial p}{\partial \rho} \right)_s = \gamma \frac{p}{\rho},$$

代入(10.3.15)式得

$$a = \sqrt{\gamma \frac{p}{\rho}}. \tag{10.3.16}$$

利用完全气体的状态方程 $p = \rho RT$,上式亦可写成

$$a = \sqrt{\gamma RT}. \tag{10.3.17}$$

由此可见,小扰动在气体中的传播速度一方面取决于气体的物理属性,体现在不同的气体常数中;另一方面也取决于气体在当时当地所具有的绝对温度 T. 对于 $T = 273\,\mathrm{K}$ 的空气而言

$$\gamma = 1.4, \ R = \frac{R_0}{M}, \ R_0 = 8.314\,\mathrm{J/mol \cdot K}, \ M = 0.02896\,\mathrm{kg/mol},$$

故

$$a = 331\,\mathrm{m/s},$$

和实际相符.

最早计算声音传播速度的人是牛顿. 他采用等温过程

$$p = c\rho, \qquad \frac{\mathrm{d}p}{\mathrm{d}\rho} = \frac{p}{\rho}$$

计算出声速为 $a = \sqrt{p/\rho}$,由此求出空气中的声速约为 $280\,\mathrm{m/s}$. 为了比较,牛顿在伦敦附近一个射击场测量过声速. 他从远处观察了放炮时的闪光和听到炮声的相差时间,并认为光速和声速相比是无穷大. 从测出的相差时间,牛顿确定声速为 $330\,\mathrm{m/s}$. 实验和理论数值不同,相差 17%. 当时牛顿用一些理由来说明这一差别. 首先,他埋怨空气不干净,认为其中永远有若干浮悬的灰尘颗粒,所以把 10% 的错误归结为这些灰尘的影响;其次,他认为空气中含有水分,阻碍了空气压缩. 于是他说那总共 17% 的相差可能就是这两种原因共同造成的. 当然牛顿这些想法十分天真可笑,但是我们也应该原谅他,任何人都难免会发生错误,何况那时热力学还没有形成一门科学呢.

拉普拉斯改正了牛顿的错误,他认为声速传播过程是绝热的,从而得到了声速公式(10.3.17),解决了牛顿实验和理论数据相差约 17% 的问题.

现在考察流体质点的速度大小. 以右行和左行的简单波为例:

$$u' = \frac{\partial \varphi'}{\partial x} = f'(x \mp at).$$

因

$$\rho' = \frac{1}{a^2}p' = -\frac{\rho_0}{a^2}\frac{\partial \varphi'}{\partial t} = \pm\frac{\rho_0}{a}f'(x \mp at),$$

得

$$\frac{u'}{a} = \pm\frac{\rho'}{\rho_0}, \tag{10.3.18}$$

"＋"号对应右行简单波；"－"号对应左行简单波．(10.3.18)式说明：1)流体质点的速度和小扰动传播速度——声速相比是一阶小量．这里体现了波动现象的重要特性：物理量的扰动以及流体能量以很大的速度(本例是声速)在介质中传播，另一方面介质中质点的速度相对于声速而言很小，只是相对原有位置稍微扰动了一下．2)对右行的简单波而言，压缩波 $\rho'>0$ 使流体质点向右运动($u'>0$)，膨胀波 $\rho'<0$ 使流体质点向左运动($u'<0$)．对左行简单波来说，压缩波 $\rho'>0$ 对应于流体质点向左运动的情形($u'<0$)，而膨胀波 $\rho'<0$ 则对应于流体质点向右运动的情形($u'>0$)．将这两种情形合在一起，再一次得到本节开始定性分析时已经明确的结论：压缩波传播方向和流体质点的运动方向相同，而膨胀波的传播方向则和流体质点的运动方向相反．

图 10.3.5

例　在一维管道中用薄膜隔开两个压强不同的区域(1)及(4)，如图 10.3.5 所示，设(1)是低压区，压强为 p_1，(4)是高压区，压强是 p_4，压强差 $\tilde{p} = p_4 - p_1$ 比起 p_1 和 p_4 来说是一小量．两部分气体都处在静止状态．设想薄膜突然去除(或破裂)，研究由此产生的小扰动的传播．当薄膜去除时，区域(1)的气体通过和薄膜贴近的气体的接触感受到区域(4)内气体的压强．贴近薄膜区域(1)内的气体发生压缩，同时区域(4)内的气体则发生膨胀．于是管内将有两种波在传播：一个是区域(1)中向左传播的压缩波，另一个是区域(4)中向右传播的膨胀波．这两个波的波后压强由于对称性都将为 $p_0 + \tilde{p}/2$．但是因为这两种波都是小扰动，所以传播速度皆为声速 a．压缩波所到之处，流体的压强、密度和温度升高，气体质点向左运动．膨胀波所到之处，流体的压强、密度和温度下降，质点亦向左运动．t_1 时刻的压强及速度分布如图 10.3.6 所示．

下面我们利用声波方程的通解求出本问题的结果．

设压强扰动的一般形式解为

$$p' = F(x - at) + G(x + at),$$

则由(10.3.18)式及方程组(10.3.8)中的(c)式得

$$u' = \frac{1}{a\rho_0}[F(x - at) - G(x + at)].$$

利用初始条件 $t=0$ 时

$$p'=F(x)+G(x)=H(x)=\begin{cases}\widetilde{p}, & x>0,\\ 0, & x<0,\end{cases}$$

$$u'=\frac{1}{a\rho_0}[F(x)-G(x)]=0,$$

得

$$F(x)=G(x)=\frac{1}{2}H(x)=\begin{cases}\dfrac{1}{2}\widetilde{p}, & x>0,\\ 0, & x<0.\end{cases}$$

于是扰动压强及扰动速度为

$$p'(x,t)=\frac{1}{2}H(x-at)+\frac{1}{2}H(x+at)$$

$$=\begin{cases}\widetilde{p}, & x>at,\\ \dfrac{1}{2}\widetilde{p}, & -at<x<at,\\ 0, & x<-at,\end{cases}$$

$$u'(x,t)=\frac{1}{2a\rho_0}[H(x-at)-H(x+at)]$$

$$=\begin{cases}0, & x>at,\\ -\dfrac{\widetilde{p}}{2a\rho_0}, & -at<x<at,\\ 0, & x<at.\end{cases}$$

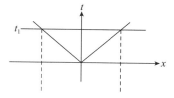

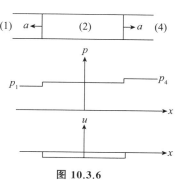

图 10.3.6

图 10.3.6 画了 $t=t_1$ 时压强分布图及速度分布图. 我们看到,有一压缩波向低压区传播,另有一膨胀波向高压区传播,两种波强度相等. 压缩波和膨胀波未到之处,气体继续处在低压或高压的静止状态. 当它们扫过后,压强变成高压和低压的平均值,气体质点获得微小的向左运动的速度,见区域(2).

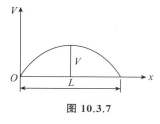

图 10.3.7

附注 研究小扰动在可压缩气体中传播时,我们利用了理想绝热气体的基本方程. 对于高速空气动力学,我们已经说明在一定的前提下可以假设气体是理想绝热的. 但是对于质点运动速度很小的扰动波的传播问题而言是不是可以采用理想绝热的假定呢? 这还是一个不清楚的问题,有必要着重加以探讨. 为了明确起见,我们以正弦分布的速度扰动为例加以证明. 取最大扰动速度 V 为特征速度,波长 L 为特征长度(图 10.3.7),于是黏性力的量阶为 $\mu V/L^2$. 惯性力

$$\rho \frac{\mathrm{d} \boldsymbol{v}}{\mathrm{d} t} = \rho \frac{\partial \boldsymbol{v}}{\partial t} + \rho (\boldsymbol{v} \cdot \nabla) \boldsymbol{v}$$

有两项,首先局部导数 $\rho \dfrac{\partial \boldsymbol{v}}{\partial t}$ 取很大的数值,因为当扰动波扫过某点时,其上的速度值在很短的时间间隔 $t = L/a$ 内由 0 变到 V 量阶的值. 于是

$$\rho \frac{\partial \boldsymbol{v}}{\partial t} \sim \frac{\rho V}{\dfrac{L}{a}} = \frac{\rho V a}{L}.$$

其次位变导数 $\rho (\boldsymbol{v} \cdot \nabla) \boldsymbol{v}$ 的量阶为 $\rho V^2/L$. 由此可见,局部导数大大地超过了位变导数的数值(因为 $a \gg V$). 惯性力中主要项是局部导数,应以它为代表和黏性力比较,于是

$$\frac{\text{惯性力}}{\text{黏性力}} = \frac{\dfrac{\rho V a}{L}}{\dfrac{\mu V}{L^2}} = \frac{\rho a L}{\mu} = Re_a,$$

其中 Re_a 是以声速为特征速度的雷诺数. 显然 Re_a 很大,因此在边界层外可忽略黏性力影响而将流体看成是理想的.

同样地,我们可以用以下方程估计单位时间内能量变化:

$$\rho \frac{\mathrm{d} i}{\mathrm{d} t} = \rho C_p \frac{\partial T}{\partial t} + \rho C_p \boldsymbol{v} \cdot \operatorname{grad} T$$

以便与传导热 $\operatorname{div}(k \operatorname{grad} T)$ 的量阶进行比较. 在这个方程中,$\rho C_p \dfrac{\partial T}{\partial t}$ 是主要项,其量阶为 $\rho C_p \dfrac{a T}{L}$,而 $\operatorname{div}(k \operatorname{grad} T)$ 的量阶为 $k \dfrac{T}{L^2}$,于是

$$\frac{\text{能量变化}}{\text{传导热}} \sim \frac{\rho C_p \dfrac{a T}{L}}{k \dfrac{T}{L^2}} = \frac{\rho a L}{\mu} \frac{C_p \mu}{k} = Re_a \cdot Pr.$$

因 $Re_a \cdot Pr$ 很大,所以传导热比能量变化小很多可忽略不计,小扰动过程可视为绝热的.

10.4　马赫数　亚声速和超声速的原则差别

我们引进新的无量纲量——气体质点的速度和当地声速之比 V/a,用符号 Ma 表示,并取名为马赫数,于是

$$Ma = \frac{V}{a}.$$

马赫(Mach)是奥地利的一位物理学教授,他在 1887 年提出 Ma 并指出其重要

性,以后在科学文献中也经常使用它,但是没有取过名,一直到**阿克莱特**(Ackeret)才正式使用马赫数的名称. Ma 是可压缩流体中最重要的相似参数,它控制可压缩流动的特性,所有无量纲物理量都依赖于它.

马赫数标志着气体的压缩程度,根据(6.2.16)式

$$\frac{\rho}{\rho_0} = 1 - \frac{1}{2}Ma^2 + \cdots,$$

我们得到

$$\frac{\rho'}{\rho_0} \sim -\frac{1}{2}Ma^2, \tag{10.4.1}$$

其中 $\rho' = \rho - \rho_0$,显然相对密度变化 ρ'/ρ_0 表征气体的压缩程度,而 ρ'/ρ_0 和 Ma 直接由(10.4.1)式联系起来. 由此可见,Ma 是定常过程中气体压缩程度的标志. Ma 愈小,气体定常运动引起的压缩也愈小,当 Ma 很小时就可以近似地采用不可压缩流体模型;Ma 愈大,气体被压缩得愈严重,一般应按可压缩流体处理.

马赫数还代表气体的动能和内能之比

$$\frac{\text{动能}}{\text{内能}} = \frac{\dfrac{V^2}{2}}{C_v T} = \frac{\dfrac{V^2}{2}}{\dfrac{1}{\gamma-1}\dfrac{p}{\rho}} = \frac{\gamma(\gamma-1)}{2}Ma^2.$$

Ma 很小说明相对于内能而言,动能很小,速度的变化不会引起显著的温度变化. 因此在不可压缩流体中,我们常常认为温度是常数,不必考虑能量方程. 另一方面,如果 Ma 很大,此时动能相对于内能来说很大,微小的速度变化都可以引起温度、压强、密度等热力学参量的显著变化,当然这个时候就必须考虑热力学关系及能量方程了.

当 $Ma<1$,即流体质点的速度 V 小于声速 $a(V<a)$ 时,我们称之为亚声速;当 $Ma>1$,即流体质点的速度大于声速 $a(V>a)$ 时,称为超声速. 如果整个流动都是亚声速的称为**亚声速流动**;如果整个流动都是超声速的,称为**超声速流动**.

亚声速流动和超声速流动有许多深刻的原则差别,这里我们讲它们之间最重要的一个:即扰动影响区域不同的问题. 高速空气动力学和气体波动力学中主要考虑气体绕飞行器和管道的流动,以及各种波在气体中的传播. 飞行器、管道以及压力冲量都可以看成对气流发生影响的扰动源,它们连续不断地对气流发出扰动. 现在我们研究在不同声速范围内扰动的影响区域问题. 为了简单起见,我们把扰动源抽象成没有维度的几何点,它连续不断地对气流发出小扰动(这样做无损于问题的本质). 先假设气流是静止的($Ma=0$),扰动源 O 发生的小扰动信号以声速向四外对称地传播. t 时刻后传播到球面 $r=ta$ 的地方(图10.4.1 上标出 $t=1,2,3,4$ s 的位置),球面内的整个区域都已接受到扰动信号,而球面外则还没有感觉到扰动源的存在. 当时间 t 无限制地增加时,扰动信号可

以对称地传播到 O 点外的整个空间中去. 现在逐渐增加气流的速度, 使扰动源处在亚声速气流中, 于是扰动源发出的信号一方面以声速向外传播, 另一方面被气流以 V 的速度带向下游. 这样, 图 10.4.1(a) 所示的球面整个地向下游移动了 Vt 的距离. 结果, 扰动信号向下游传播得更远些, 直到 $(a+V)t$ 处, 而上游则传播得近些, 仅到达 $(a-V)t$ 的地方, 从而形成了不对称的图案 (见图 10.4.1(b)). 由于来流速度 V 小于声速, 所以扰动信号还是逆流向前方传播了 $(a-V)t$ 的距离. 当时间无限增大时, 扰动信号可以传播到 O 点外整个空间中去, 整个气流感觉到扰动源的存在. 当然, 随着速度 V 的增加, 向前方传播的速度愈来愈慢, 但是只要是亚声速的, 时间足够长, 总可以达到流场中任何一点. 当 $V=a$, $Ma=1$, 即考虑声速流时, 信号不再向前传播, 此时, O 点前方整个半无穷大空间感觉不到扰动源的存在, 信号发不到那里去. 由此可见, 声速流动的扰动信号只能传播到 O 点下游的半无穷大空间内, 而不能传到扰动源上游中去. 再增加气流速度, 我们得到超声速气流 $(Ma>1)$, 此时, 由于来流速度大于声速, 扰动波的球面被来流整个地带向 O 点的下游, 球心移动了 Vt 距离, 最远传至下游 $(V+a)t$ 处, 最近点在下游 $(V-a)t$ 处, 于是扰动信号不可能传到扰动源 O 点的前方. 不仅如此, 它还只能传到图 10.4.1(c) 所示的球面的包络面内. 显然球面的包络是圆锥, 因为自 O 点向圆球作圆锥切面, 所有这些切面半顶角

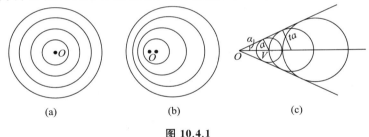

(a)　　　　　　　　(b)　　　　　　　　(c)

图 10.4.1

$$\alpha = \sin^{-1}\frac{at}{Vt} = \sin^{-1}\frac{a}{V}$$

都是相同的. 所以以 O 点为顶点, 半顶角为 $\alpha = \sin^{-1}(a/V)$ 的圆锥是球面族的包络. 这样的圆锥称为**马赫锥**, 锥的半顶角 α 称为**马赫角**. 马赫锥有这样的特性: 锥的内部是扰动信号所及的作用区域, 而外部则是扰动信号不能到达的寂静区域. 随着扰动源向前运动, 马赫锥也作为一波阵面向前传播, 称为**马赫波**. 现在我们来考察马赫角和马赫数的关系

$$\sin\alpha = \frac{1}{Ma}, \quad \alpha = \sin^{-1}\frac{1}{Ma}.$$

当 $Ma=1$ 时, $\alpha=90°$, 马赫锥退化为通过 O 点且垂直于来流的平面, 扰动只能

传至右半无穷大空间内. 设 Ma 从 1 逐渐增加,则马赫角 α 逐渐减少,马赫锥包含的面积即扰动所及的区域也愈来愈小. 当 $Ma \to \infty$ 时,圆锥退化为通过 O 点与来流方向重合的半无穷长直线,扰动只局限在这条直线上. 由此不难看出,超声速气流的速度愈大,马赫锥愈小,扰动的影响区域也就愈窄;反过来,从马赫锥的大小也可以判断出气流速度的大小. 对于二维流动,马赫锥退化为**马赫线**.

说到这里,我们看到了亚声速流动和超声速流动在扰动影响区域方面的根本差别:在亚声速流动中,小扰动可以达到空间中任何一点,气流没有到达扰动源之前,已经受到了它的扰动. 而在超声速流动中,小扰动只能传播到马赫锥的内部,它绝对不会传播到扰动源的上游中去. 因此气流在没有到达扰动源之前,没有感受到任何扰动,也不知道有扰动源的存在.

刚才我们考虑扰动源发出的扰动在均匀气流中的传播问题. 同样地,如果气流静止不动,扰动源以 V 的速度向前运动,那么小扰动在不同声速范围时的传播情况和上面描述的一样,因为两者只是惯性系不同而已.

我们在日常生活中也常常看到一些现象符合上面所说的根本差别. 亚声速飞机的嗡嗡声我们在老远的地方就已经听到,而速度飞快的超声速飞机只有在掠过你的头顶之后才听得见它的声音. 陆地运输的交通工具幸亏都是亚声速的,要是超声速的话,车祸一定特别多,情况不堪设想,因为走在路上,都不知道后面来了车子,按喇叭也无济于事,等你感觉到车来了的时候,也许已经出事了.

上述亚声速气流和超声速气流的原则性差别在数学上表现为:亚声速气流对应的是椭圆型方程. 椭圆型方程的特点是任何一点的影响都可以传播到空间中任何一点上去. 超声速气流对应的是双曲型方程. 双曲型方程的特点是任何一点的影响只限制在相应的特征锥内部.

10.5　有限振幅波的传播　激波的产生

若初始扰动具有不是很小的有限振幅,则我们不能利用 10.3 节中的小扰动方法将方程组线性化,而必须求解非线性方程(10.3.2). 本节介绍一维非定常情形下解方程(10.3.2)的特征线方法,通过它阐明有限振幅波的传播规律及其特性,以及它和小振幅波的区别.

写出一维非定常运动的气体力学方程组

$$\frac{\partial \rho}{\partial t} + \rho \frac{\partial u}{\partial x} + u \frac{\partial \rho}{\partial x} = 0, \tag{10.5.1}$$

$$\frac{\partial u}{\partial t} + u \frac{\partial u}{\partial x} + \frac{1}{\rho} \frac{\partial p}{\partial x} = 0. \tag{10.5.2}$$

除此之外,还应有能量方程和状态方程. 这里我们采用与之等价的(10.2.19)及(10.2.20)式

$$\frac{p}{p_0} = \left(\frac{\rho}{\rho_0}\right)^\gamma = \left(\frac{a}{a_0}\right)^{2\gamma/(\gamma-1)}, \tag{10.5.3}$$

$$\frac{\mathrm{d}p}{p} = \gamma \frac{\mathrm{d}\rho}{\rho} = \frac{2\gamma}{\gamma-1} \frac{\mathrm{d}a}{a}. \tag{10.5.4}$$

为了将(10.5.1)和(10.5.2)式改写成便于研究的形式,我们引进函数 $\tilde{\Pi}$,它的定义为

$$\tilde{\Pi} = \int_{p_0}^{p} \frac{\mathrm{d}p}{\rho a}. \tag{10.5.5}$$

利用(10.5.4)式及 $\dfrac{\mathrm{d}p}{\mathrm{d}\rho} = a^2$,很容易得到

$$\mathrm{d}\tilde{\Pi} = \frac{\mathrm{d}p}{\rho a} = \frac{a}{\rho} \mathrm{d}\rho = \frac{2}{\gamma-1} \mathrm{d}a, \tag{10.5.6}$$

于是

$$\tilde{\Pi} = \frac{2}{\gamma-1}(a - a_0). \tag{10.5.7}$$

(10.5.1)式两边乘以 a/ρ,并利用(10.5.6)式可将(10.5.1)和(10.5.2)式改写为下列形式:

$$\frac{\partial \tilde{\Pi}}{\partial t} + a \frac{\partial u}{\partial x} + u \frac{\partial \tilde{\Pi}}{\partial x} = 0, \tag{10.5.8}$$

$$\frac{\partial u}{\partial t} + u \frac{\partial u}{\partial x} + a \frac{\partial \tilde{\Pi}}{\partial x} = 0. \tag{10.5.9}$$

以上两式相加和相减后得

$$\frac{\partial}{\partial t}(\tilde{\Pi} + u) + (u + a) \frac{\partial}{\partial x}(\tilde{\Pi} + u) = 0, \tag{10.5.10}$$

$$\frac{\partial}{\partial t}(\tilde{\Pi} - u) + (u - a) \frac{\partial}{\partial x}(\tilde{\Pi} - u) = 0. \tag{10.5.11}$$

设 $\tilde{\Pi} + u$ 取同一值的点,其坐标随时间的变化规律为 $x = x(t)$,则该点的运动速度为 $\mathrm{d}x/\mathrm{d}t$. 根据

$$\frac{\mathrm{d}}{\mathrm{d}t}(\tilde{\Pi} + u) = \frac{\partial}{\partial t}(\tilde{\Pi} + u) + \frac{\mathrm{d}x}{\mathrm{d}t} \frac{\partial}{\partial x}(\tilde{\Pi} + u) = 0,$$

并考虑到(10.5.10)式后得

$$\frac{\mathrm{d}x}{\mathrm{d}t} = u + a. \tag{10.5.12}$$

由此可见,以速度 $u+a$ 运动的点,其上的

$$\tilde{\Pi} + u = 常数. \tag{10.5.13}$$

同理,根据(10.5.11)式可以证明,以速度

$$\frac{\mathrm{d}x}{\mathrm{d}t} = u - a \tag{10.5.14}$$

运动的点,其上的

$$\widetilde{\Pi} - u = 常数.$$ (10.5.15)

由(10.5.12)和(10.5.14)式确定的曲线分别称为第一族和第二族**特征线**,(10.5.13)和(10.5.15)式是第一族和第二族特征线上的关系式,$\widetilde{\Pi} + u$ 和 $\widetilde{\Pi} - u$ 称为**黎曼不变量**.

有限振幅波和小扰动波相比存在着以下两点区别:

1)小扰动波相对于气体的传播速度是未受扰动气体中的声速 a_0,它是一个常数;而有限振幅波相对于气体的传播速度是当地声速 a,它是一个变数,依赖于扰动强度.

2)在小扰动波的传播过程中,u,p,ρ,a 都是不变的;而在有限振幅波的传播过程中,u,p,ρ,a 等可以改变,但必须保持黎曼不变量 $\widetilde{\Pi} + u,\widetilde{\Pi} - u$ 取常数值.

利用第一族和第二族特征线及其上的关系式,通过半图解半分析的**特征线方法**可以解决各种一维有限振幅波的传播问题.下面通过一个具体例子加以说明.

设想由于活塞突然运动或其他原因,在一维管道的 AB 区域里产生了有限振幅的扰动,此扰动将同时在右方和左方的静止气体中传播.通过 A 与 B 两点作一、二两族特征线(具体的作法见下文),它们将 $x-t$ 平面分成 Ⅰ,Ⅱ,Ⅲ,Ⅳ,Ⅲ′,Ⅱ′六个区域(见图10.5.1).为了求出这些区域内的解,我们首先介绍以下基本运算.

基本运算 已知 1 与 2 两点在 xt 平面上的坐标以及其上的 u 及 $\widetilde{\Pi}$,求从 1 与 2 两点发出的不同族特征线的交点 3(见图10.5.2)上的 u 及 $\widetilde{\Pi}$.

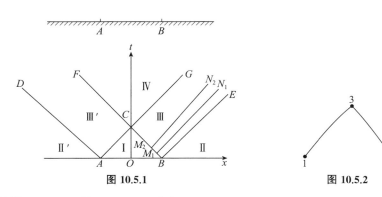

图 10.5.1   图 10.5.2

根据(10.5.12)及(10.5.14)式有

$$\begin{cases} x_3 - x_1 = (u_1 + a_1)(t_3 - t_1), \\ x_3 - x_2 = (u_2 - a_2)(t_3 - t_2), \end{cases}$$ (10.5.16)

其中 a_1, a_2 可根据(10.5.7)式通过 $\widetilde{\varPi}_1$, $\widetilde{\varPi}_2$ 求出. 解上述代数方程得 x_3 与 t_3.

交点 3 上的 u 及 $\widetilde{\varPi}$ 可根据特征线上的关系式(10.5.13)及(10.5.15)

$$\begin{cases} \widetilde{\varPi}_3 + u_3 = \widetilde{\varPi}_1 + u_1, \\ \widetilde{\varPi}_3 - u_3 = \widetilde{\varPi}_2 - u_2 \end{cases} \tag{10.5.17}$$

求出. 解上式得

$$u_3 = \frac{1}{2}(\widetilde{\varPi}_1 + u_1 - \widetilde{\varPi}_2 + u_2), \quad \widetilde{\varPi}_3 = \frac{1}{2}(\widetilde{\varPi}_1 + u_1 + \widetilde{\varPi}_2 - u_2). \tag{10.5.18}$$

有了 $\widetilde{\varPi}_3$, 根据(10.5.7)式可求出 a_3, 再根据(10.5.3)式可求出 p_3 及 ρ_3.

注 若 1 与 2 两点都处于未受扰动的状态, 即

$$u_1 = u_2 = \widetilde{\varPi}_1 = \widetilde{\varPi}_2 = 0,$$

则根据(10.5.18)式得 $u_3 = \widetilde{\varPi}_3 = 0$, 说明点 3 也未受扰动.

反复运用基本运算可以解决下述两个边值问题.

a) 第一边值问题(**柯西问题**)

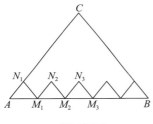

图 10.5.3

设在非特征线线段 AB 上给定 u 及 $\widetilde{\varPi}_3$, 求自 A 点出发的第一族特征线 AC, 自 B 点出发的第二族特征线 BC 和线段 AB 所组成的三角形 ABC 内的气体运动(见图 10.5.3).

在 AB 上取密集点列 $M_1, M_2, \cdots$, 对每两个相邻点完成基本运算, 这样我们就得到点列 $N_1, N_2, \cdots$ 上的 u 及 $\widetilde{\varPi}$. 重复刚才叙述的步骤, 我们就能求出整个曲线三角形 ABC 内的气体运动, 并在求解过程中得到 AC 和 BC 的形状.

b) 第二边值问题(**古尔萨**(Goursat)**问题**)

在两条不同族的特征线段 AB 与 AC 上给定 u 及 $\widetilde{\varPi}$, 求自 B 点出发的第二族特征线 BD, 自 C 点出发的第一族特征线 CD 和 AB, AC 所组成的曲线四边形 $ABCD$ 内的气体运动(见图 10.5.4).

在 AB 上取密集点列 $M_1, M_2, M_3 \cdots$, 在 AC 上取密集点列 $P_1, P_2, P_3, \cdots$. 对 M_1, P_1 完成基本运算, 得 N_1 点上的 u 与 $\widetilde{\varPi}$; 对 M_2, N_1 完成基本运算, 得 N_2 点上的 u 与 $\widetilde{\varPi}$. 如此继续下去, 我们得到点列 $N_1, N_2, \cdots$ 上的 u 与 $\widetilde{\varPi}$. 重复刚才叙述的步骤, 我们能够得到四边形 $ABCD$ 内的气体运动, 并且在解题过程中做出特征线 BD 和 CD.

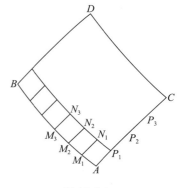

图 10.5.4

注意,四边形的边界 CD 原则上可以延伸到无穷远处.

利用第一及第二边值问题和基本运算可以求出 xt 平面内六个区域内的解. 首先对区域 I 解第一边值问题,得到 I 内的解,同时求出 AC 和 BC 的形状以及其上的物理量. 根据基本运算中的注解容易看出,整个 II 与 II′ 内气流未受扰动, $u = \widetilde{II} = 0$,而且 AD, BE 是斜率为 $\mp a_0$ 的直线. 现在可以对区域 III 及 III′ 解第二边值问题,得到 III 与 III′ 内的解,特别地,可以得到特征线 CF, CG 上的 u 与 $\widetilde{II}$ 及其形状. 对区域 IV 解第二边界问题,就得到所有区域内的解.

应该指出,由于直线特征线 BE, AD 上的气流是未受扰动的,区域 III 与 III′ 内的解具有一些很好的性质,因此在这些区域内我们完全可以采用下述处理代替上述较麻烦的方法.

以区域 III 为例. 因为 BE 上 $u = \widetilde{II} = 0$,所以在所有从 BE 发出的第二族特征线上都有

$$u = \widetilde{II}. \tag{10.5.19}$$

我们知道从 BC 发出的第一族特征线满足关系式(10.5.13),将(10.5.19)式代入,得

$$u = 常数, \quad \widetilde{II} = 常数.$$

于是根据(10.5.7)及(10.5.3)式,a, p, ρ 也保持不变. 由于沿第一族特征线传播时,u 和 a 都不改变,因此在第一族特征线的各点上,特征线的斜率 $u+a$ 取同一数值,由此可见所有第一族特征线都必须是直线. 这样在区域 III 里情况和小扰动波有些类似:波的传播速度是常数(对应于第一族特征线是直线),在波的传播过程中所有物理量保持不变. 这样的波,我们称之为简单波. 根据简单波的特点,区域 III 内可求解如下:在 BC 上取 M_1, M_2, $\cdots$ 各点,根据其上的 u 及 a 做出第一族直线特征线 $M_1 N_1$, $M_2 N_2$, $\cdots$,$M_1 N_1$, $M_2 N_2$, $\cdots$ 上所有点上的 u, p, ρ, a 都取 M_1, M_2, $\cdots$ 上的值. 于是 III 内的解全部求出,比刚才叙述的方法要省事得多.

完全同样地可以讨论区域 III′ 内左行简单波. 那里

$$u = -\widetilde{II}, \tag{10.5.20}$$

且沿第二族直线特征线传播时,所有物理量都不改变.

虽然有限振幅简单波和小扰动波有许多类似之处,但是它们有一个重要的差别:小扰动传播时波形是不变的,而有限振幅简单波传播时波形是不断改变的. 为了揭示这个差别,我们仍以区域 III 中右行简单波为例. 考虑到(10.5.7)式,(10.5.19)式可写成

$$a = a_0 + \frac{\gamma - 1}{2} u, \quad \mathrm{d}a = \frac{\gamma - 1}{2} \mathrm{d}u, \tag{10.5.21}$$

于是

$$a + u = a_0 + \frac{\gamma + 1}{2}u, \quad \mathrm{d}(u + a) = \frac{\gamma + 1}{2}\mathrm{d}u. \qquad (10.5.22)$$

根据这两个式子以及公式(10.5.4),我们可以得到如下结论:

1) 当扰动速度相对于右方而言增加时,

$$\mathrm{d}u > 0, \quad \mathrm{d}a > 0, \quad \mathrm{d}p > 0, \quad \mathrm{d}\rho > 0.$$

我们得到右行压缩波.对于右行压缩波而言,扰动速度的增加值 $\mathrm{d}u$ 越大,相对波速和绝对波速增加得越快.

2) 当扰动速度相对于右方而言减少时,

$$\mathrm{d}u < 0, \quad \mathrm{d}a < 0, \quad \mathrm{d}p < 0, \quad \mathrm{d}\rho < 0.$$

我们得到右行膨胀波.对于右行膨胀波而言,扰动速度的减少值 $\mathrm{d}u$ 越大,相对波速和绝对波速减少得越快.

完全同样地可以对区域 Ⅲ′ 中的左行简单波进行讨论,此时有

$$a = a_0 - \frac{\gamma - 1}{2}u, \quad \mathrm{d}a = -\frac{\gamma - 1}{2}\mathrm{d}u \qquad (10.5.23)$$

及

$$a - u = a_0 - \frac{\gamma + 1}{2}u, \quad \mathrm{d}(a - u) = -\frac{\gamma + 1}{2}\mathrm{d}u. \qquad (10.5.24)$$

由此有:

1) 当扰动速度相对于右方而言增加时,

$$\mathrm{d}u > 0, \quad \mathrm{d}a < 0, \quad \mathrm{d}p < 0, \quad \mathrm{d}\rho < 0,$$

对应的是左行膨胀波,而且 $\mathrm{d}u$ 越大,相对和绝对波速减少得越快.

2) 当扰动速度相对于右方而言减少时,

$$\mathrm{d}u < 0, \quad \mathrm{d}a > 0, \quad \mathrm{d}p > 0, \quad \mathrm{d}\rho > 0,$$

对应的是左行压缩波,而且 $\mathrm{d}u$ 越大,相对和绝对波速增加得越快.

通过刚才的讨论我们看到,对于右方是压缩波,对于左方则为膨胀波.当管道中有右行压缩波在右方传播时,必定有一左行膨胀波同时在左方传播.其次,不管是右行的或是左行的简单波,凡是压缩波,压缩得越厉害,波速增加得越快;凡是膨胀波,膨胀得越厉害,波速减少得越快.这就证明了有限振幅简单波传播时波形是不断改变的这一重要事实,而且导致气体力学中一个重要的物理现象——激波的产生.

设想在 $t = t_1$ 时在区域 Ⅲ 内有一如图 10.5.5 所示的扰动速度波形.对于右行简单波而言,BC 是压缩波段,AB 与 CD 是膨胀波段.于是在压缩波段产生了后面的扰动波赶上并超过前面的扰动波的现象(参看图 10.5.5 中的(b)及(c)).在图 10.5.5(c)中出现了速度取三个不同值的现象,这在物理上显然是不可能的.这个时候实际上在气体中产生了速度间断面,即**激波**.在膨胀波段,后面的扰动波比前面的传得慢,它永远赶不上前面的,因此在膨胀波段不会产生激波.

顺便指出,对于小扰动波而言,由于波形不变,因此也不会产生激波.

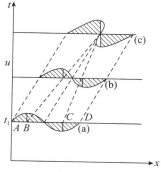

图 10.5.5

在日常生活中也常常遇到类似于激波的现象. 如在车水马龙的繁华街道中,当十字路口亮出红灯时,前面的车辆率先停下,然后后面的车辆一个紧挨着一个停下,从而形成车辆高度密集的"激波层".

10.6　正激波理论

在超声速绕流和管流以及间断传播(爆炸、爆震)等问题中都会出现激波. 激波产生之后,机械能大量耗散并转化为热能,因此出现了新类型的阻力——波阻,从而使传热问题变得严重起来. 激波可分成正激波和斜激波两种. 气流方向和激波面正交的,我们称为**正激波**,如一维管道中产生的激波,对称钝体绕流问题中对称轴附近的激波等. 若气流方向和激波面斜交,则称为**斜激波**,如尖头体绕流问题中的附体激波,钝体绕流问题中脱体激波的后面部分等(参看图 10.6.1).

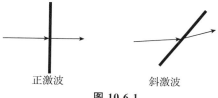

正激波　　　　　斜激波

图 10.6.1

激波并不是数学上没有厚度的间断面. 从激波的折光照片中可以看到,实际上激波是一个有厚度的薄层,只是厚度非常小,以分子自由程计算,所以只要不是在非常稀薄的气流中,激波的厚度常常可以忽略不计. 在这薄层中的物理量(如速度、温度)非常迅速地从激波前的数值连续地变到激波后的数值. 速度梯度和温度梯度很大使摩擦和热传导变得十分严重,因此在激波层内必须要考虑黏性和热传导的作用. 容易理解,通过激波后,机械能被摩擦力大量地耗散并转化为热能,由此产生高温到低温的不可逆热传导过程,因此熵将增加. 现在我们从力学观点考察一下物理量通过激波后的变化情况. 显然,因为机械能通过激波后大量损失并转化为热能,所以速度将减小,而温度将升高. 既然激波后速度减低,根据质量守恒定律,为维持质量在激波前后不变,必须使激波后的密度增加. 其次,我们知道,激波后的动量小于激波前的动量,因此根据动量定理,压强通过激波后将升高. 由此可见, 运动学变量速度 V 通过激波将减少, 而热力学参量 p, ρ, T, i, s 通过激波都将增加. 这个结论将在下面的理论分析中再一次得到证实.

由于激波的厚度以分子自由程计, 因此, 严格说来, 激波内的流体已不能采用连续介质的模型, 而必须当作稀薄气体处理. 只有在研究了激波内稀薄气体的流动后才能了解物理量的变化情况.

在实际问题中, 我们对激波内的流动状态不感兴趣, 而只需要知道物理量通过激波后最终变成什么样子就行了. 在这种情形下, 我们可以建立激波的如下简化理论模型: 忽略激波厚度, 将激波看成是数学上的间断面, 物理量通过它发生跳跃. 激波前后的气体仍然是理想绝热完全气体且比热为常数. 为了使采用这个模型后所得出的结果符合实际情况, 我们让激波前后的气流满足基本物理规律, 即质量、动量、能量守恒和状态方程及热力学一、第二定律. 当然由于现在物理量发生了间断, 我们不能采用微分形式的基本方程而只能采用积分形式的方程. 可以理解, 由于激波厚度非常薄, 而且我们又用基本规律控制了流动, 因此利用这个理论模型求出来的激波后的物理量的数值将基本上符合实际情况. 事实证明我们的猜想是对的, 无论是实验结果, 或者是用黏性热传导的连续介质模型解出激波内流动的理论结果都和采用上述理论模型后得到的结果甚相符合.

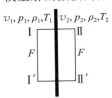

v_1, p_1, ρ_1, T_1　v_2, p_2, ρ_2, T_2

图 10.6.2

先研究正激波. 一般说来激波在气体中以一定速度向前运动. 为了方便起见, 我们把坐标系取在激波上, 将激波看成是静止的. 于是激波前气流以 v_1 流来, 状态函数为 p_1, ρ_1, T_1, 通过激波后速度变成 v_2, 状态为 p_2, ρ_2, T_2. 如果激波前后整个区域内流动状态都是均匀的, 那么, v_1, p_1, ρ_1, T_1 及 v_2, p_2, ρ_2, T_2 分别代表激波前后整个区域内的物理量. 如果不是均匀的, 那么指标为 1 的物理量代表左边紧贴激波的函数值, 指标为 2 的物理量则代表右边紧贴激波的函数值. 激波前后的流动可以是定常的, 也可以是非定常的. 现在我们的任务是: 已知激波前的物理量 v_1, p_1, ρ_1, T_1, 求激波后的物理量 v_2, p_2, ρ_2, T_2.

取如图 10.6.2 所示的控制面 I I' II II', 它将激波前后的区域联系起来. 底面 I I', II II' 的长度有限, 它们平行于激波面且无限地接近于它, 于是 I I', II II' 上的物理量就是 v_1, p_1, ρ_1, T_1 及 v_2, p_2, ρ_2, T_2. 此外, 控制面中的 I II 垂直于激波面, 距离为一无穷小量. 显然控制面的体积 τ 是小量, 而底面积 F 则是有限量

$$\tau = O(\varepsilon), \quad F = O(1).$$

对控制面 I I' II II' 写出积分形式的流体力学方程组

$$
\begin{cases}
\displaystyle\int_\tau \frac{\partial \rho}{\partial t}\mathrm{d}\tau + \int_S \rho v_n \mathrm{d}S = 0, \\[2mm]
\displaystyle\int_\tau \frac{\partial(\rho v)}{\partial t}\mathrm{d}\tau + \int_S \rho v_n v \mathrm{d}S = -\int_S p_n \mathrm{d}S, \\[2mm]
\displaystyle\int_\tau \frac{\partial}{\partial t}\left[\rho\left(C_v T + \frac{v^2}{2}\right)\right]\mathrm{d}\tau + \int_S \rho v_n\left(C_v T + \frac{v^2}{2}\right)\mathrm{d}S \\[2mm]
\qquad = -\displaystyle\int_S p v_n \mathrm{d}S \\[2mm]
\text{或} \quad \displaystyle\int_\tau \frac{\partial}{\partial t}\left[\rho\left(C_v T + \frac{v^2}{2}\right)\right]\mathrm{d}\tau + \int_S \rho v_n\left(C_p T + \frac{v^2}{2}\right)\mathrm{d}S = 0, \\[2mm]
p = \rho RT,
\end{cases}
\tag{10.6.1}
$$

其中 τ 及 S 分别是控制面的体积及界面. 由于 $\tau = O(\varepsilon)$ 及被积函数有限, 所以方程组(10.6.1)中所有的体积分都是 $O(\varepsilon)$ 的量, 而面积分则是 $O(1)$ 的量. 于是体积分相对于面积分而言可以忽略不计. 将(10.6.1)式具体地用到控制面 $\mathrm{I\,I}'\,\mathrm{II\,II}'$ 上去得

$$
\begin{cases}
\rho_1 v_1 = \rho_2 v_2, \\[1mm]
p_1 + \rho_1 v_1^2 = p_2 + \rho_2 v_2^2, \\[1mm]
\dfrac{v_1^2}{2} + C_p T_1 = \dfrac{v_2^2}{2} + C_p T_2, \\[1mm]
p_2 - p_1 = R(\rho_2 T_2 - \rho_1 T_1).
\end{cases}
\tag{10.6.2}
$$

方程组(10.6.2)称为**正激波的相容性条件**, 四个式子用来确定四个未知量 v_2, p_2, ρ_2, T_2. 为了方便起见, 将未知量换成

$$
\begin{aligned}
\Delta v &= v_1 - v_2, \\
\Delta p &= p_2 - p_1, \\
\Delta \rho &= \rho_2 - \rho_1, \\
\Delta T &= T_2 - T_1,
\end{aligned}
$$

并且将方程组(10.6.2)改写成

$$
\begin{cases}
\Delta \rho = \dfrac{\rho_1 \Delta v}{v_1 - \Delta v}, & \text{(a)} \\[2mm]
\Delta p = \rho_1 v_1 \Delta v, & \text{(b)} \\[2mm]
\Delta T = \dfrac{\Delta v}{C_p}\left(v_1 - \dfrac{\Delta v}{2}\right), & \text{(c)} \\[2mm]
\Delta p = R(T_1 \Delta \rho + \rho_1 \Delta T + \Delta \rho \Delta T). & \text{(d)}
\end{cases}
\tag{10.6.3}
$$

将方程组(10.6.3)中的(a), (b), (c)式代入(d)式, 得确定 Δv 的方程

$$
\rho_1 v_1 \Delta v = R\left[\frac{\rho_1 T_1 \Delta v}{v_1 - \Delta v} + \rho_1 \frac{\Delta v}{C_p}\left(v_1 - \frac{\Delta v}{2}\right) + \frac{\rho_1 \Delta v}{v_1 - \Delta v}\frac{\Delta v}{C_p}\left(v_1 - \frac{\Delta v}{2}\right)\right].
$$

求解后得 Δv,并将结果分别代入方程组(10.6.3)的(a),(b),(c)式,得

$$\begin{cases} \dfrac{\Delta v}{v_1} = \dfrac{2}{\gamma+1}\dfrac{1}{Ma_1^2}(Ma_1^2-1), \\[3mm] \dfrac{\Delta p}{p_1} = \dfrac{2\gamma}{\gamma+1}(Ma_1^2-1), \\[3mm] \dfrac{\Delta \rho}{\rho_1} = \dfrac{Ma_1^2-1}{1+\dfrac{\gamma-1}{2}Ma_1^2}, \\[3mm] \dfrac{\Delta T}{T_1} = \dfrac{2(\gamma-1)}{(\gamma+1)^2}\dfrac{1}{Ma_1^2}(Ma_1^2-1)(\gamma Ma_1^2+1). \end{cases} \tag{10.6.4}$$

将 $\Delta u,\Delta p,\Delta \rho,\Delta T$ 转回到 v_2,p_2,ρ_2,T_2 中去,得

$$\begin{cases} \dfrac{v_2}{v_1} = \dfrac{\gamma-1}{\gamma+1}+\dfrac{2}{(\gamma+1)Ma_1^2}, \\[3mm] \dfrac{p_2}{p_1} = \dfrac{2\gamma}{\gamma+1}Ma_1^2-\dfrac{\gamma-1}{\gamma+1}, \\[3mm] \dfrac{\rho_2}{\rho_1} = \dfrac{\dfrac{\gamma+1}{2}Ma_1^2}{1+\dfrac{\gamma-1}{2}Ma_1^2}, \\[5mm] \dfrac{T_2}{T_1} = \dfrac{2}{(\gamma+1)Ma_1^2}\left(\dfrac{2\gamma}{\gamma+1}Ma_1^2-\dfrac{\gamma-1}{\gamma+1}\right)\left(1+\dfrac{\gamma-1}{2}Ma_1^2\right). \end{cases} \tag{10.6.5}$$

下面再求几个物理量的跳跃:(1)熵 s;(2)无量纲速度 $\lambda=v/a_*$ 及 $Ma=v/a$. 显然

$$\Delta s = s_2-s_1 = C_v \ln \frac{p_2/p_1}{(\rho_2/\rho_1)^\gamma},$$

将方程组(10.6.5)代入,得

$$\Delta s = R\ln\left\{\left[1+\frac{2\gamma}{\gamma+1}(Ma_1^2-1)\right]^{\frac{1}{\gamma-1}}\left(\frac{\dfrac{\gamma+1}{2}Ma_1^2}{1+\dfrac{\gamma-1}{2}Ma_1^2}\right)^{-\frac{\gamma}{\gamma-1}}\right\}. \tag{10.6.6}$$

此外

$$\frac{\lambda_1}{\lambda_2} = \frac{v_1}{v_2} = \frac{\rho_2}{\rho_1} = \frac{\dfrac{\gamma+1}{2}Ma_1^2}{1+\dfrac{\gamma-1}{2}Ma_1^2} = \lambda_1^2,$$

于是

$$\lambda_1\lambda_2 = 1. \tag{10.6.7}$$

激波前后速度的这个关系特别简单,容易记忆,称为**普朗特关系式**. 它告诉我们激

波前后的速度若有一个是超声速,则另一个必然是亚声速. 有了(10.6.7)式后,根据 λ 和 Ma 的关系

$$\lambda^2 = \frac{\frac{\gamma+1}{2}Ma^2}{1+\frac{\gamma-1}{2}Ma^2}, \tag{10.6.8}$$

很容易推出 Ma_1,Ma_2 的关系如下:

$$Ma_2^2 = \frac{1+\frac{\gamma-1}{2}Ma_1^2}{\gamma Ma_1^2-\frac{\gamma-1}{2}}. \tag{10.6.9}$$

最后我们推出 p_2/p_1 和 ρ_2/ρ_1 的关系. 从(10.6.5)式 $\frac{p_2}{p_1}(Ma_1)$ 和 $\frac{\rho_2}{\rho_1}(Ma_1)$ 中消去 Ma_1,得

$$\frac{p_2}{p_1} = \frac{(\gamma+1)\frac{\rho_2}{\rho_1}-(\gamma-1)}{(\gamma+1)-(\gamma-1)\frac{\rho_2}{\rho_1}}, \tag{10.6.10}$$

相应曲线称为**激波绝热曲线**,相当于连续运动情形的绝热线 $\frac{p_2}{p_1}=\left(\frac{\rho_2}{\rho_1}\right)^\gamma$.

将(10.6.4),(10.6.5),(10.6.6),(10.6.7),(10.6.9),(10.6.10)式集合在一起得

$$\begin{cases} \dfrac{\Delta v}{v_1} = \dfrac{2}{\gamma+1}\dfrac{1}{Ma_1^2}(Ma_1^2-1), \\[2mm] \dfrac{\Delta p}{p_1} = \dfrac{2\gamma}{\gamma+1}(Ma_1^2-1), \\[2mm] \dfrac{\Delta\rho}{\rho_1} = \dfrac{Ma_1^2-1}{1+\dfrac{\gamma-1}{2}Ma_1^2}, \\[4mm] \dfrac{\Delta T}{T_1} = \dfrac{\Delta i}{i_1} = \dfrac{\Delta a^2}{a_1^2} = \dfrac{2(\gamma-1)}{(\gamma+1)^2}\dfrac{1}{Ma_1^2}(Ma_1^2-1)(\gamma Ma_1^2+1), \\[4mm] \dfrac{\Delta s}{R} = \ln\left\{\left[1+\dfrac{2\gamma}{\gamma+1}(Ma_1^2-1)\right]^{\frac{1}{\gamma-1}}\times\left(\dfrac{\dfrac{\gamma+1}{2}Ma_1^2}{1+\dfrac{\gamma-1}{2}Ma_1^2}\right)^{-\frac{\gamma}{\gamma-1}}\right\}. \end{cases} \tag{10.6.11}$$

$$\begin{cases} \lambda_1 \lambda_2 = 1, \\[2mm] Ma_2^2 = \dfrac{1 + \dfrac{\gamma-1}{2} Ma_1^2}{\gamma Ma_1^2 - \dfrac{\gamma-1}{2}}, \\[4mm] \dfrac{v_2}{v_1} = \dfrac{\gamma-1}{\gamma+1} + \dfrac{2}{(\gamma+1) Ma_1^2}, \\[4mm] \dfrac{p_2}{p_1} = \dfrac{2\gamma}{\gamma+1} Ma_1^2 - \dfrac{\gamma-1}{\gamma+1}, \\[4mm] \dfrac{\rho_2}{\rho_1} = \dfrac{\dfrac{\gamma+1}{2} Ma_1^2}{1 + \dfrac{\gamma-1}{2} Ma_1^2}, \\[4mm] \dfrac{T_2}{T_1} = \dfrac{i_2}{i_1} = \dfrac{a_2^2}{a_1^2} = \dfrac{2}{(\gamma+1) Ma_1^2}\left(\dfrac{2\gamma}{\gamma+1} Ma_1^2 - \dfrac{\gamma-1}{\gamma+1}\right)\left(1 + \dfrac{\gamma-1}{2} Ma_1^2\right), \\[4mm] \dfrac{p_2}{p_1} = \dfrac{(\gamma+1)\dfrac{\rho_2}{\rho_1} - (\gamma-1)}{(\gamma+1) - (\gamma-1)\dfrac{\rho_2}{\rho_1}}. \end{cases} \tag{10.6.12}$$

在定常情形，从(10.6.2)式中的能量方程推出

$$i_{0_1} = i_{0_2},$$

此式表明 i_0 通过激波不变，它反映了总能量通过激波守恒的事实. 由 $i_{0_1} = i_{0_2}$ 也可推出

$$T_{0_1} = T_{0_2}, \quad a_{0_1} = a_{0_2}, \quad a_{*_1} = a_{*_2}. \tag{10.6.13}$$

现在我们研究驻点压强 p_0 及密度 ρ_0 通过激波的变化. 由状态方程及 $T_{0_1} = T_{0_2}$ 得

$$\frac{p_{0_2}}{p_{0_1}} = \frac{\rho_{0_2}}{\rho_{0_1}}. \tag{10.6.14}$$

其次，根据激波前、后熵沿流线不变的事实有

$$\Delta s = s_2 - s_1 = s_{0_2} - s_{0_1} = C_v \ln\left[\frac{p_{0_2}}{p_{0_1}}\left(\frac{\rho_{0_2}}{\rho_{0_1}}\right)^{-\gamma}\right].$$

考虑到(10.6.14)式及方程组(10.6.11)中最后一式得

$$\begin{aligned} \frac{\Delta s}{R} &= \ln \frac{p_{0_1}}{p_{0_2}} \\ &= \ln\left\{\left[1 + \frac{2\gamma}{\gamma+1}(Ma_1^2 - 1)\right]^{\frac{1}{\gamma-1}} \times \left(\frac{\dfrac{\gamma+1}{2} Ma_1^2}{1 + \dfrac{\gamma-1}{2} Ma_1^2}\right)^{-\frac{\gamma}{\gamma-1}}\right\}. \end{aligned} \tag{10.6.15}$$

现在我们分析正激波的结果:

1) 从普朗特关系式 $\lambda_1 \lambda_2 = 1$ 看出有两种流动状况可能存在. 第一, 激波前是超声速流, 激波后变成亚声速流, 同时, 压强、密度、温度通过激波后都增加, 这种情形称为突跃压缩. 第二, 激波前是亚声速流, 激波后变成超声速流, 压强、密度、温度通过激波后都减少, 这种情形称为突跃膨胀. 这两种流动状况到底哪一种是客观存在着的呢? 从本节开始对激波内流动情况的分析容易确信实际上存在的只能是突跃压缩. 因为通过激波时由于机械能的耗散, 速度应减少, 由超声速变成亚声速. 下面我们再根据间断面前、后绝热流体必须满足热力学第二定律 (孤立系熵不减少 $(\Delta s \geqslant 0)$) 的事实, 证明突跃膨胀是不可能的, 也就是说实际上存在着的是突跃压缩. 根据 (10.6.11) 式中 Δs 和 Ma_1 的关系画图, 得图 10.6.3. 从图上看出, 如果激波前是亚声速的

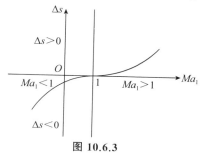

图 10.6.3

$(Ma_1 < 1)$, 那么熵将减少, $\Delta s < 0$, 这显然违反热力学第二定律, 因此突跃膨胀不可能产生. 这个结论和实际观测到的结果是符合的. 世界上没有任何一个人看到过通过正激波密度减少, 速度增加的现象. 如果激波前是超声速的 $(Ma_1 > 1)$, 也就是说发生突跃压缩的情形, 那么从图上看出熵将增加, $\Delta s > 0$, 这和热力学第二定律符合, 因此突跃压缩是客观上存在着的流动状态 (图 10.6.4). 这里顺便提一下: 激波一旦产生熵一定增加, 不可能有熵保持不变的情形, 即 $\Delta s = 0$. 因为从图上看出 $\Delta s = 0$ 只有在 $Ma_1 = 1$ (对应的 $Ma_2 = 1$), 即不发生间断时才存在. 这一点现在看来十分显然, 但是当初德国数学家黎曼 (Riemann) 在计算激波前后关系式时, 却认为激波是等熵过程, 即经过激波, 熵保持不变. 这个错误后来由英国工程师**兰金** (Rankine) 和法国著名弹道学家**于戈尼奥** (Hugoniot) 各自独立地加以纠正, 所以激波前后的关系式常称为**兰金-于戈尼奥条件**.

超声速	亚声速
$v_1 > a_1$	$v_2 < a_2$

图 10.6.4

表 10.6.1

定常和非定常情形										
v	Ma	λ	p	ρ	T	a	i	U	s
↘	↘	↘	↗	↗	↗	↗	↗	↗	↗

定常情形					
T_0	a_0	i_0	a_*	p_0	ρ_0
→	→	→	→	↘	↘

通过激波熵增加的事实表明有部分机械能转化为热能. 在绕流问题中物体

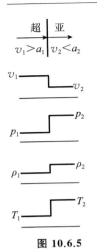

图 10.6.5

顶着激波后的高压前进,因此必须做一定的功.这种和运动方向相反的力称为**波阻**.

2) 根据(10.6.11)式及突跃压缩的结论,物理量穿过激波后定性的变化情形如表 10.6.1 和图 10.6.5 所示.

我们看到,运动学变量 v,Ma,λ 经过激波后数值减少,所有热力学参量 p,ρ,T,a,i,U,s 经过激波后数值增加.而定常情形的驻点值 T_0,a_0,i_0 及 a_* 经过激波后保持不变,但是 p_0,ρ_0 则是减少的.

间断值和波前 M_1 的定量关系已做成详细的表格,读者需要的时候可以查阅有关的气体力学教科书.这里我们只引用其中一部分数据(见表 10.6.2).

由这些数据我们可画出 $\dfrac{p_2}{p_1}(Ma_1),\dfrac{\rho_2}{\rho_1}(Ma_1),\dfrac{T_2}{T_1}(Ma_1),$

$\dfrac{p_{02}}{p_{01}}(Ma_1),Ma_2(Ma_1)$ 等图形(图 10.6.6).

无论是图 10.6.6 或表 10.6.2 都告诉我们随着波前气流 Ma_1 数的增加,波后速度 Ma_2 及 p_{02}/p_{01} 不断减少,而压强、密度、温度、熵则不断地增加.这个事实也是十分自然的.因为如果波前速度愈大,则机械能的耗散也愈大,因此速度减小得愈快,而压强、密度、温度等则提得愈高.所以随着 Ma_1 升高物理量变化的单调性是容易理解的.由此不难理解,我们可以用 Ma_1^2-1 作为**激波强度**的标志,Ma_1^2-1 愈大激波愈强;反之愈弱.当然这种标志不是唯一的,例如还可以采用 p_2/p_1 作为激波强度的标志.下面研究 $Ma_1\to\infty$ 时,$Ma_2,p_2/p_1,\rho_2/\rho_1,$ $T_2/T_1,\Delta s$ 的渐近行为.

表 10.6.2

Ma_1	Ma_2	$\dfrac{p_2}{p_1}$	$\dfrac{\rho_2}{\rho_1}$	$\dfrac{T_2}{T_1}$	$\dfrac{a_2}{a_1}$	$\dfrac{p_{02}}{p_{01}}$
1	1	1	1	1	1	1
2	0.5773	4.500	2.667	1.688	1.299	0.7209
3	0.4752	10.33	3.857	2.679	1.637	0.3283
4	0.4350	18.50	4.571	4.047	2.012	0.1388
5	0.4152	29.00	5.0000	5.800	2.408	0.06172
6	0.4042	41.83	5.268	7.941	2.818	0.02965
7	0.3974	57.00	5.444	10.47	3.236	0.01535
8	0.3929	74.50	5.565	13.39	3.659	8.488×10^{-3}
9	0.3898	94.33	5.651	16.69	4.086	4.964×10^{-3}
10	0.3876	116.5	5.714	20.39	4.515	3.045×10^{-3}
100	0.3781	11666.5	5.997	1945.4	44.11	3.593×10^{-3}
∞	0.3780	∞	6	∞	∞	0

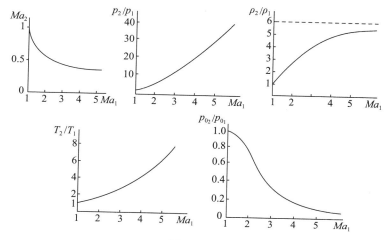

图 10.6.6

从方程组(10.6.12)我们得到:当 $\gamma = 1.4$,且 $Ma_1 \to \infty$ 时

$$Ma_2 \sim \sqrt{\frac{\gamma - 1}{2\gamma}} = 0.378, \qquad \frac{p_2}{p_1} \sim \frac{2\gamma}{\gamma + 1}Ma_1^2,$$

$$\frac{\rho_2}{\rho_1} \sim \frac{\gamma + 1}{\gamma - 1} = 6, \qquad \frac{T_2}{T_1} \sim \frac{2(\gamma - 1)\gamma}{(\gamma + 1)^2}Ma_1^2,$$

$$\frac{\Delta s}{R} = -\ln\left(\frac{p_{0_2}}{p_{0_1}}\right) \sim \frac{2}{\gamma - 1}\ln Ma_1.$$

由此可见,当 $Ma_1 \to \infty$ 时,p_2/p_1,T_2/T_1 以 Ma_1^2 的阶次趋于 ∞,而 ρ_2/ρ_1 及 Ma_2 则为有限值. 在 $\gamma = 1.4$ 时,最大的压缩不超过 6 倍,而最小的马赫数不能小于 0.378. $Ma_1 \to \infty$ 时速度有限和密度有限的事实是由质量守恒定律相互联系着的.

为了使大家对正激波后的流动参数有一个数值上的了解,我们考虑 $Ma_1 = 10$ 的情况,表 10.6.2 中指出

$$\frac{\rho_2}{\rho_1} = 5.714, \qquad \frac{T_2}{T_1} = 20.39, \qquad \frac{p_2}{p_1} = 116.5, \qquad Ma_2 = 0.3876.$$

如果该正激波是飞行器在 16000 m 高空中飞行时产生的,则

$$p_1 = 0.1014\,\text{atm}, \qquad \rho_1 = 0.166\,\text{kg/m}^3, \qquad T_1 = 216.5\,\text{K},$$

于是

$$p_2 = 11.813\,\text{atm}, \qquad T_2 = 4400\,\text{K}, \qquad \rho_2 = 0.949\,\text{kg/m}^3.$$

可见此时正激波后的压强及温度都很高,分别达到 12 atm 和 4000 K 左右的数值. 在这样高的温度下,完全气体的假定已不适用,必须考虑离解和电离的影响.

上面得出的正激波理论是将坐标系取在激波上,即激波不动的情形下取得

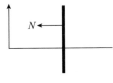

图 10.6.7

的. 如果另取一静止坐标系, 激波相对此坐标系以 N 的速度向左运动(如图 10.6.7 所示), 则激波前、后的绝对速度将为 $v_1 - N$ 和 $v_2 - N$. 正值代表向右运动, 负值代表向左运动. 而激波前、后压强、密度、温度等热力学参量的比值仍然和原坐标系一样, 因为这些物理量不因坐标系改变而改变其数值. 当 $N = v_1$ 时, 激波前的速度为零, 激波后的速度则为 $v_2 - v_1 < 0$, 气体质点向左运动. 此时激波以超声速 v_1 在静止气体中向左运动. 激波扫过之后, 气体质点向左以 $v_1 - v_2$ 的速度运动, 密度、温度、压强都升高. 这和压缩波的情形很类似, 因为激波是一种强烈压缩的情形, 两种情形定性方面是一致的, 但是数量关系并不相同. 例如, 小扰动压缩波以声速传播, 而激波相对于激波前速度则以超声速传播. 顺便指出, 激波相对于波后运动质点而言是以亚声速 $v_1 - (v_1 - v_2) = v_2$ 运动的.

最后考察一下当激波强度趋于零时, 激波运动速度和波后流体质点的速度趋于什么数值? 由方程组(10.6.2)的前两式得

$$\rho_1 v_{激} = \rho_2 (v_{激} - v_{气}), \tag{10.6.16}$$

$$p_2 - p_1 = \rho_1^2 v_{激}^2 \left(\frac{1}{\rho_1} - \frac{1}{\rho_2} \right) = \frac{\rho_1 v_{激}^2}{\rho_2} (\rho_2 - \rho_1). \tag{10.6.17}$$

(10.6.17)式表明

$$v_{激} = \sqrt{\frac{\rho_2}{\rho_1} \frac{p_2 - p_1}{\rho_2 - \rho_1}},$$

当 $p_2 \to p_1, \rho_2 \to \rho_1$ 时

$$v_{1激} = \sqrt{\left(\frac{\partial p}{\partial \rho} \right)_s}. \tag{10.6.18}$$

其次, (10.6.16)式告诉我们

$$\frac{v_{气}}{v_{激}} = \frac{\rho_2 - \rho_1}{\rho_2},$$

当 $\rho_2 \to \rho_1$ 时

$$\frac{v'}{a} = \frac{\rho'}{\rho_1}. \tag{10.6.19}$$

(10.6.18)与(10.6.19)式说明当激波强度趋于零时, 激波退化成小扰动波, 因此声波可以看作强度无限小的激波.

例 1　上节我们讲到有限振幅的压缩波一定产生激波. 现在我们研究一下, 激波产生后将以什么速度向前运动, 以及激波扫过后物理量将发生什么变化? 设波前的状态为 p_1, ρ_1, T_1, 产生激波时的压强间断已知, 即 p_2 / p_1 的数值是给定的(见图 10.6.8). 于是由方程组(10.6.12)的第四式推出

$$Ma_1 = \sqrt{\frac{\gamma-1}{2\gamma} + \frac{\gamma+1}{2\gamma}\frac{p_2}{p_1}},$$

图 10.6.8

这样

$$v_激 = Ma_1 a_1 = \sqrt{\frac{\gamma-1}{2\gamma} + \frac{\gamma+1}{2\gamma}\frac{p_2}{p_1}}\, a_1.$$

其次,由方程组(10.6.12)的第三式推出

$$\frac{v_激 - v_气}{v_激} = \frac{\gamma-1}{\gamma+1} + \frac{2}{(\gamma+1)Ma_1^2},$$

即

$$v_气 = \sqrt{\frac{2}{\gamma}} \cdot \frac{\frac{p_2}{p_1}-1}{\sqrt{(\gamma-1)+(\gamma+1)\frac{p_2}{p_1}}}.$$

知道 Ma_1 后,激波后其他物理量 ρ_2,T_2 等可由方程组(10.6.12)的五、六两式求出.

表 10.6.3 给出不同 $\frac{\Delta p}{p_1}$ 值所对应的 Ma_1,$v_激$,$v_气$,$\frac{\Delta\rho}{\rho_1}$,$\Delta T$ 的数据. 设静止空气的 $\gamma=1.4$,$p_1=1\,\mathrm{atm}$,$T_1=288\,\mathrm{K}$.

表 10.6.3

Ma_1	$\Delta p/p_1$	ρ/ρ_1	$\Delta T/\mathrm{K}$	$v_激/(\mathrm{m\cdot s^{-1}})$	$v_气/(\mathrm{m\cdot s^{-1}})$
1	0	0	0	340	0
1.47	1.39	0.81	87	500	224
2.94	9.20	2.77	465	1000	734
5.90	40.3	4.20	1925	2000	1611
8.80	92.3	4.58	5940	3000	2880
11.80	165	4.72	7750	4000	3300

为了维持激波以不变的强度向右传播,活塞必须以 $v_气$ 的速度向右跟随,这样活塞和与之相接触的气体质点具有完全相同的速度,对波后气体不产生任何扰动,可使激波以等强度及等速度继续向前传播. 从能量观点来说,活塞顶着高压以 $v_气$ 的速度运动,对气体做了功,这个功就给激波扫过后气体质点能量的增加提供了来源. 现在设想活塞以大于 $v_气$ 的速度加速向右推,则激波扫过后的气体将继续不断地受到压缩. 压缩波相对于激波后运动的流体质点而言以声速传播,因此它的传播速度大于激波传播速度. 因为激波相对于波后运动气体是以亚声速传播的,于是过了一段时刻后压缩波将一个个追上激波,从而加强了激波的强度,这样激波将以更快的速度在右方静止气体中传播. 现在设想活塞以小

于 $v_{气}$ 的速度减速地运动,则激波后的气体不断膨胀,膨胀波相对于运动气体而言亦以声速传播,因此亦将赶上激波,削弱激波强度,使激波在静止气体中的传播速度减慢下来. 根据这样的考虑不难理解,如果活塞自 $v_{气}$ 减速下来然后停止运动,那么由于一系列膨胀波不断的削弱作用,激波终将完全消灭.

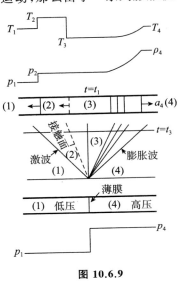

图 10.6.9

例 2 在一维等截面管道中,一薄膜隔开高压区 p_4,T_4 及低压区 p_1,T_1,如图 10.6.9 所示. 设想薄膜突然破裂,在薄膜处造成一间断面,于是一方面总压强差中将有一部分 p_2/p_1 以间断面形式向左方低压区传播. 激波过后压强、温度升高,同时流体质点向左以速度 u_2 运动. 另一方面,余下一部分压强差造成了右方气流膨胀的条件,于是从薄膜破裂处将发生一系列传播速度一个慢如一个的膨胀波,使压强从 p_2 逐渐削弱到某值 p_3,一系列膨胀波过后,温度及密度都降了下来,同时流体质点向左运动. 现在我们考虑激波和膨胀波过后的区域. 容易理解,在这个区域内,激波使压强升高,而膨胀波使压强降低,压强最终保持连续. 此外,气体质点的速度不管激波后区域或膨胀波后区域都朝左方运动,因此速度也可以连续. 但是,温度及密度一般说来常常是间断的. 例如,两区域初始温度相等,$T_1 = T_4$. 激波使波前温度由 T_1 上升到波后 T_2,而膨胀波则使静止气体温度从 T_4 降低到 T_3. 于是 T_3 一定不等于 T_2,即 $T_3 \neq T_2$,从而有 $\rho_2 \neq \rho_1$($p_2 = p_1$). 这样就在激波和膨胀波之间的区域内形成了温度和密度间断面,称为**接触间断**. 这种间断有一特点,就是间断前后的气体互不相混,压强相等(因为 $v_2 = v_3$),接触间断的名称即由此而来. 接触间断一旦形成,亦将以一定速度传播. 通过上面分析,在 xt 平面上流动图案将如图 10.6.9 所示,在 t 时刻出现了下列现象:激波及膨胀波分别向左方及右方传播,当它们扫过之后,两部分气体在接触面上联接起来.

上面我们讲的就是**激波管**简单的工作原理. 激波管是产生短时间超声速气流的实验工具. 它所费的能量较小,因此在高速实验中常常采用. 当薄膜破裂,激波向左运动时,在它后面就可以产生均匀的超声速气流,模型就放在左方. 于是当激波完全扫过模型后就发生了超声速气流绕过模型的流动. 通过特殊的测试设备可以测出感兴趣的流动参数及特征量.

10.7 管道中的准一维定常运动

a) 管道中准一维定常运动的基本方程组

在等截面的柱形管道中,可压缩流动是真正一维的,速度只有 x 方向的分量,所有物理量仅依赖于 x. 它们满足的基本方程从偏微分方程组退化为常微分方程组. 这个时候求解比较容易.

如果管道不是柱形而是弯曲的,截面亦不相等,那么管内发生的可压缩流动一般说来是三维的(至少是二维). 此时要准确地求解非线性偏微分方程组乃是十分困难的一件事. 但是如果变截面的弯曲管道和等截面的柱形管道相差不远,也就是说,如果母线的曲率半径很大,曲率的变化缓慢,那么我们可以近似地将管内缓变的定常流动看成是一维定常运动. 这样的管道内的定常流动就称为准一维定常运动. 容易想象,对于上述流动我们有

$$
\begin{cases}
u(x,y,z) = \bar{u}(x) + u'(x,y,z), \\
\rho(x,y,z) = \bar{\rho}(x) + \rho'(x,y,z), \\
p(x,y,z) = \bar{p}(x) + p'(x,y,z),
\end{cases}
\tag{10.7.1}
$$

其中 $\bar{u}, \bar{p}, \bar{\rho}$ 为横截面上的平均速度、平均压强和平均密度, u', p', ρ' 是平均量基础上的微小扰动,它们都是小量. 现在我们忽略 u', p', ρ',即不考虑横截面上的细微流动情况,而只研究平均运动的变化规律,这样就可以把偏微分方程组化成常微分方程组,从而显著地简化了数学问题. 下面我们从气体力学方程组出发,并考虑到缓变运动的特点(10.7.1)式来推导平均运动应该满足的近似方程.

取如图 10.7.1 所示的控制面 $ABCD$,它由两个相距 $\mathrm{d}x$ 的横截面 F_1, F_2 和两个侧壁 AD, BC 组成. 对 $ABCD$ 应用积分形式的气体力学方程组.

根据质量守恒定律得

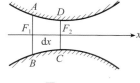

图 10.7.1

$$
\int_{F_2} \rho u \,\mathrm{d}F - \int_{F_1} \rho u \,\mathrm{d}F = 0,
$$

即

$$
\frac{\mathrm{d}}{\mathrm{d}x} \int_F \rho u \,\mathrm{d}F = 0.
$$

将(10.7.1)式代入,并忽略一阶小量,有

$$
\frac{\mathrm{d}}{\mathrm{d}x}(\bar{\rho}\,\bar{u}F) = 0.
\tag{10.7.2}
$$

再根据 x 方向的动量方程,我们有

$$
\int_{F_2} \rho u^2 \,\mathrm{d}F - \int_{F_1} \rho u^2 \,\mathrm{d}F = -\int_{F_2} p \,\mathrm{d}F + \int_{F_1} p \,\mathrm{d}F,
$$

即

$$\frac{\mathrm{d}}{\mathrm{d}x}\int_F \rho u^2 \,\mathrm{d}F = -\frac{\mathrm{d}}{\mathrm{d}x}\int_F p \,\mathrm{d}F + p\,\frac{\mathrm{d}F}{\mathrm{d}x}.$$

将(10.7.1)式代入,并忽略一阶小量,得

$$\frac{\mathrm{d}}{\mathrm{d}x}(\bar{\rho}\,\bar{u}^2 F) = -\frac{\mathrm{d}}{\mathrm{d}x}(\bar{p}F) + \bar{p}\,\frac{\mathrm{d}F}{\mathrm{d}x} = -F\,\frac{\mathrm{d}\bar{p}}{\mathrm{d}x},$$

考虑到(10.7.2)式,最终得

$$\bar{\rho}\,\bar{u}\,\frac{\mathrm{d}\bar{u}}{\mathrm{d}x} = -\frac{\mathrm{d}\bar{p}}{\mathrm{d}x}. \tag{10.7.3}$$

最后,能量方程告诉我们

$$\int_{F_2}\rho u\left(\frac{p}{\rho^\gamma}\right)\mathrm{d}F - \int_{F_1}\rho u\left(\frac{p}{\rho^\gamma}\right)\mathrm{d}F = 0,$$

$$\frac{\mathrm{d}}{\mathrm{d}x}\int_F \rho u\left(\frac{p}{\rho^\gamma}\right)\mathrm{d}F = 0.$$

将(10.7.1)式代入,并只保留主要项得

$$\frac{\mathrm{d}}{\mathrm{d}x}\left[\bar{\rho}\,\bar{u}\left(\frac{\bar{p}}{\bar{\rho}^\gamma}\right)F\right] = 0,$$

考虑到(10.7.2)式有

$$\frac{\mathrm{d}}{\mathrm{d}x}\left(\frac{\bar{p}}{\bar{\rho}^\gamma}\right) = 0. \tag{10.7.4}$$

将(10.7.2),(10.7.3)及(10.7.4)式集合起来,我们得到准一维定常运动的基本方程组

$$\begin{cases} \bar{\rho}\,\bar{u}F = \text{常数}, \\[2mm] \bar{\rho}\,\bar{u}\,\dfrac{\mathrm{d}\bar{u}}{\mathrm{d}x} = -\dfrac{\mathrm{d}\bar{p}}{\mathrm{d}x}, \\[2mm] \dfrac{\mathrm{d}}{\mathrm{d}x}\left(\dfrac{\bar{p}}{\bar{\rho}^\gamma}\right) = 0. \end{cases} \tag{10.7.5}$$

三个方程用来确定三个未知函数 $\bar{u}$,$\bar{p}$,$\bar{\rho}$,其中截面积随 x 的变化规律 $F(x)$ 是已知的.

今后为了方便起见,将平均物理量上方的"—"省略. 但是我们不应该忘记,准一维定常运动中所研究的物理量都是平均值而不是真实值.

b) 速度变化和截面积变化的关系

我们知道,对于低速的不可压缩流体而言,当截面积收缩时速度增加,截面积扩大时则速度减小. 现增加管流速度使管内维持亚声速的定常可压缩流动,可以估计情况将和不可压缩流体类似,因为不可压缩流动是亚声速流动的下界,两种情况应当能够衔接起来. 再增加管流速度,使管内出现超声速流动,这个时

候截面积变化和速度变化的定性规律是否变得不同? 是维持亚声速时的情形呢? 还是另有一种截然不同的规律?

本小节就是要研究上面提出来的亚声速和超声速时速度变化和截面积变化的关系,也就是说要研究不同声速范围下 $\mathrm{d}u/u$ 和 $\mathrm{d}F/F$ 的关系.

在不可压缩流体情形,连续性方程为

$$uF = 常数,\qquad (10.7.6)$$

两边取对数并微分之得

$$\frac{\mathrm{d}u}{u} = -\frac{\mathrm{d}F}{F}.\qquad (10.7.7)$$

此式说明截面积变化规律是和速度变化规律相反的,当截面积增加即管道扩张时速度减小;反之,当截面积减小即管道收缩时速度增大. 这个变化规律我们非常熟悉,而且容易理解. 现在我们研究可压缩流体的情形,此时连续性方程为

$$\rho uF = 常数,\qquad (10.7.8)$$

和不可压缩流体情形的连续性方程(10.7.6)相比,多一个密度因子,因此情形变得复杂些. 令

$$j = \rho u,\qquad (10.7.9)$$

它的物理意义显然是单位时间内通过单位面积的质量流量,常称为**流量强度**. 于是(10.7.8)式可改写为

$$jF = 常数,$$

j 的地位和不可压缩流体中 u 的地位相当. 两边取对数并微分之得

$$\frac{\mathrm{d}j}{j} = -\frac{\mathrm{d}F}{F}.\qquad (10.7.10)$$

由此看出,当截面积减小时,分配到单位面积上的流量强度就大些,反之则小些. 现在我们从(10.7.10)式出发建立 $\mathrm{d}u/u$ 和 $\mathrm{d}F/F$ 的关系,为此需要进一步找出 $\mathrm{d}j/j$ 和 $\mathrm{d}u/u$ 的关系. 显然,

$$\frac{\mathrm{d}j}{j} = \frac{\mathrm{d}\rho}{\rho} + \frac{\mathrm{d}u}{u}.\qquad (10.7.11)$$

现在问题的关键集中在寻求 $\mathrm{d}\rho/\rho$ 和 $\mathrm{d}u/u$ 的关系上. 根据(10.7.5)式中的动量方程

$$\rho u\,\mathrm{d}u = -\mathrm{d}p = -a^2\,\mathrm{d}\rho,$$

有

$$\frac{\mathrm{d}\rho}{\rho} = -Ma^2\,\frac{\mathrm{d}u}{u}.\qquad (10.7.12)$$

将(10.7.12)式代入(10.7.11)式,并考虑到(10.7.10)式后得

$$(1 - Ma^2)\,\frac{\mathrm{d}u}{u} = -\frac{\mathrm{d}F}{F},\qquad (10.7.13)$$

或写成

$$\frac{\mathrm{d}u}{u} = -\frac{1}{1-Ma^2}\frac{\mathrm{d}F}{F}. \tag{10.7.14}$$

这就是可压缩流体情形相当于(10.7.7)式的速度相对变化 $\mathrm{d}u/u$ 和截面积相对变化 $\mathrm{d}F/F$ 的关系. 现在我们着重分析该式所包含的几个重要物理事实.

1) 当 $Ma=0$ 时(相当于 $a=\infty$，即不可压缩流体情形)，面积减小或增大将导致速度增加或减小，且减小和增大的数值相等. 这个结论在上面已经提到过一次.

2) 当 $0<Ma<1$，即气流是亚声速时，$\mathrm{d}u/u$ 和 $\mathrm{d}F/F$ 有相反的符号，面积减小或增大将导致速度的增加或减小. 也就是说从定性方面说来，亚声速情形下速度变化和截面积变化的关系与不可压缩流体情形相同，但是在定量关系上是有差别的，相同的截面积变化在亚声速情形将引起较大的速度变化，因为(10.7.14)式中的分母在 $0<Ma<1$ 时小于 1. 当压缩性表现得愈强烈的时候(相当于较高的 Ma)，速度的相对变化也就显得愈厉害. 如果 Ma 在亚声速区域内很接近于 1，气流将对面积变化异常敏感. 微小的相对截面积变化都可以引起相当大的相对速度变化，因为(10.7.14)式中的分母现在非常之小.

3) 在 $Ma>1$ 的超声速情形，$\mathrm{d}u/u$ 和 $\mathrm{d}F/F$ 具有相同的符号. 这时，面积减小将引起速度减小，面积增加将引起速度增加. 速度和面积具有相同的变化规律，Ma 愈大，速度对面积变化的反应愈迟钝.

表 10.7.1

	面 积 F	速度 u	压强p,密度ρ,温度T
$Ma<1$		↗	↘
		↗	↘
$Ma>1$		↗	↘
		↘	↗

上面我们已经看到，亚声速气流和超声速气流在截面积变化和速度变化的关系上有着原则性的差别(见表 10.7.1). 很自然地我们会进一步地追问，为什么亚声速流和超声速流存在着这样的根本性的差别，从流体力学观点应该怎样理解它呢?

(10.7.10)式告诉我们，不管是亚声速情形或超声速情形，面积相对变化和流量强度相对变化的关系是相同的. 当面积增加时，通过单位面积流走的流体将减少;反之将增加. 由此可见，亚声速气流和超声速气流之所以在截面积变化和速度关系上有着原则性差别，主要的原因体现在流量强度和速度的关系上. 我们看到，流量强度发生变化主要由两个因素引起:一个是密度变化;一个是速度变化. 速度变化和密度变化具有相反的符号，速度增加密度减小，速度减小密度增加. 当气流是亚声速的时候，从(10.7.12)式可以看出，速度的相对变化将比密度的相对变化大，也就是说，从流量强度变化的角度上来说，速度的相对变化起主导作用，速度的相对增加或减小就决定了流量强度的增加或减小. 由此不

难理解,在亚声速情形下有

$$\mathrm{d}F > 0, \quad \mathrm{d}j < 0, \quad \mathrm{d}u < 0,$$
$$\mathrm{d}F < 0, \quad \mathrm{d}j > 0, \quad \mathrm{d}u > 0.$$

反过来,当气流是超声速的时候,(10.7.12)式表明,密度相对变化将比速度相对变化大,此时密度的相对变化对流量强度的相对变化起主导作用. 只要控制 $\mathrm{d}\rho/\rho$ 的增加或减小就决定了 $\mathrm{d}j/j$ 的增加或减少. 由此可见,在超声速情形一定有

$$\mathrm{d}F > 0, \quad \mathrm{d}j < 0, \quad \mathrm{d}\rho < 0, \quad \mathrm{d}u > 0,$$
$$\mathrm{d}F < 0, \quad \mathrm{d}j > 0, \quad \mathrm{d}\rho > 0, \quad \mathrm{d}u < 0.$$

根据公式

$$\frac{\mathrm{d}j}{j} = (1 - Ma^2)\frac{\mathrm{d}u}{u}$$

或

$$\frac{\mathrm{d}j}{\mathrm{d}u} = \rho(1 - Ma^2),$$

画出 $j/j_{\max}$ 依赖于 Ma 的图形(见图 10.7.2). 从图上亦可明显地看出 $\mathrm{d}j/j$ 和 $\mathrm{d}u/u$ 的关系在亚声速和超声速情形有着根本性的差别. 当 $Ma < 1$ 时曲线上升,速度增加,对应于流量强度增加. 而当 $Ma > 1$ 时曲线下降,速度增加,对应于流量强度的减小.

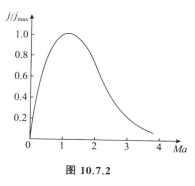

图 10.7.2

4) 若 $Ma = 1$,从(10.7.13)式推出 $\mathrm{d}F = 0$. 此式说明声速只能在管道的最大或最小截面(称为**临界截面**)处达到. 显然在最大截面上是不能获得声速的,因为不管进入管道的气流是亚声速的或是超声速的,管道的不断扩大将使速度变得愈来愈小或愈来愈大,都不可能在最大截面上得到声速. 采用同样的推论可以证明在最小截面上有可能达到声速. 由此可以确信:声速只能在管道的最小截面处达到.

必须指出,逆命题不一定成立. 设 $\mathrm{d}F = 0$,根据(10.7.13)式推出 $Ma = 1$ 或 $\mathrm{d}u = 0$,可见在临界截面上可以是声速也可以是速度取极值的地方. 图 10.7.3 画出速度取极值的四种可能情形.

通过上面的讨论大家有能力回答这样一个问题,为了得到超声速气流,管道的形状应该做成什么样子? 显然应该做成先收缩后扩大的形式. 这样的管道称为拉瓦尔管,是瑞典蒸汽轮机设计师**拉瓦尔**(Laval)首先设计出来的.

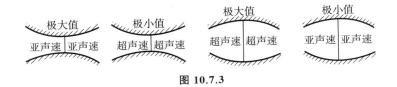

图 10.7.3

c) 任意形状管道内的等熵流动

设缓变管道的形状 $F(x)$ 已知,且给出某一截面 F_1 上的物理量 $Ma_1, u_1,$ p_1, ρ_1. 假设管道中不产生激波,整个流动是等熵的,试求此缓变管道内准一维定常运动的解.

现在我们的任务在于求出 $Ma(F), p(F), \rho(F)$ 和 $T(F)$ 的函数关系. 研究发现,寻找以 Ma 为参数的对应关系式 $F(Ma), p(Ma), \rho(Ma), T(Ma)$ 比较容易. 因为

$$\frac{p}{p_1} = \left(\frac{\rho}{\rho_1}\right)^\gamma = \left(\frac{T}{T_1}\right)^{\frac{\gamma}{\gamma-1}} = \left(\frac{1 + \frac{\gamma-1}{2}Ma^2}{1 + \frac{\gamma-1}{2}Ma_1^2}\right)^{-\frac{\gamma}{\gamma-1}}, \tag{10.7.15}$$

而

$$\frac{F}{F_1} = \frac{\rho_1 u_1}{\rho u} = \frac{\rho_1}{\rho} \frac{Ma_1}{Ma} \frac{a_1}{a}$$

$$= \frac{Ma_1}{Ma} \left(\frac{1 + \frac{\gamma-1}{2}Ma^2}{1 + \frac{\gamma-1}{2}Ma_1^2}\right)^{\frac{1}{\gamma-1}+\frac{1}{2}}$$

$$= \frac{Ma_1}{Ma} \left(\frac{1 + \frac{\gamma-1}{2}Ma^2}{1 + \frac{\gamma-1}{2}Ma_1^2}\right)^{\frac{\gamma+1}{2(\gamma-1)}}. \tag{10.7.16}$$

有了(10.7.15)式及(10.7.16)式后,为了求出任意截面 F 上的物理量,可根据(10.7.16)式求出 F 上的马赫数 Ma,再据(10.7.15)式求出 F 上的 p, ρ, T.

如果在管道的最小截面上产生了声速,那么通常取临界截面 F_* 上的 $Ma_* = 1$, p_*, ρ_*, T_* 为参考量. 此时(10.7.15),(10.7.16)式可改写为

$$\begin{cases} \dfrac{p}{p_*} = \left(\dfrac{\rho}{\rho_*}\right)^{\gamma} = \left(\dfrac{T}{T_*}\right)^{\frac{\gamma}{\gamma-1}} \\ \qquad = \left(\dfrac{2}{\gamma+1}\right)^{-\frac{\gamma}{\gamma-1}} \left(1 + \dfrac{\gamma-1}{2}Ma^2\right)^{-\frac{\gamma}{\gamma-1}}, \\ \dfrac{F}{F_*} = \dfrac{j_*}{j} = \left(\dfrac{2}{\gamma+1}\right)^{\frac{\gamma+1}{2(\gamma-1)}} \dfrac{1}{Ma}\left(1 + \dfrac{\gamma-1}{2}Ma^2\right)^{\frac{\gamma+1}{2(\gamma-1)}}. \end{cases} \tag{10.7.17}$$

图 10.7.4 画出了 $\dfrac{F}{F_*}(Ma)$，$\dfrac{j}{j_*}(Ma)$ 和 $\dfrac{p}{p_*}(Ma)$ 的曲线图.

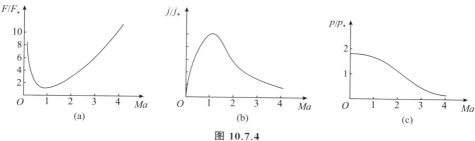

图 10.7.4

细致地考察上面画出的图形我们可以得到下列重要结论：

1）图 10.7.4(a) 说明在 $Ma<1$ 时截面收缩将引起速度增大，截面扩大将引起速度减小，但是在 $Ma>1$ 时情况恰好相反. 截面收缩导致速度减小，截面扩大则引起速度增加. 这个结论和上节所说的完全吻合.

2）每一个 F/F_* 对应于两个速度值：一个在亚声速区域内，对应较大的 p/p_*；另一个在超声速区域内，对应较小的 p/p_*. 在具体问题中，到底应该取哪一个，要看压力的数值而定.

3）流量强度在临界截面上达到最大值，此时 $j=j_*=j_{\max}$. 在超声速和亚声速区域，流量强度随速度变化规律是不同的，这点已在上一小节中指出.

d）孔口出流

可压缩气体自大容器内经收缩管道流出. 设给出截面积变化规律 $F(x)$，大容器内 $v=0,\, p=p_0,\, \rho=\rho_0,\, T=T_0$，出口截面 F_1 上的压强为 p_1. 求出口截面上的速度、压强、密度、温度、流量以及收缩管道中每一个截面上的物理量（参看图 10.7.5）.

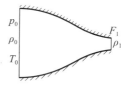

图 10.7.5

由

$$\frac{p_1}{p_0} = \left(1 + \frac{\gamma-1}{2}Ma_1^2\right)^{-\frac{\gamma}{\gamma-1}},$$

得

$$Ma_1 = \sqrt{\frac{2}{\gamma-1}\left[\left(\frac{p_1}{p_0}\right)^{-\frac{\gamma-1}{\gamma}} - 1\right]}. \tag{10.7.18}$$

知道 Ma_1 后,出口截面处的 ρ_1,T_1 由下式定出:

$$\frac{\rho_1}{\rho_0} = \left(1+\frac{\gamma-1}{2}Ma_1^2\right)^{-\frac{1}{\gamma-1}}, \qquad \frac{T_1}{T_0} = \left(1+\frac{\gamma-1}{2}Ma_1^2\right)^{-1}. \tag{10.7.19}$$

这样,出口截面上所有物理量都已求出. 采用出口截面上的物理量为参考值,再利用(10.7.15)及(10.7.16)式就可以求出收缩管道内任一截面上的物理量.

最后我们求流量 m,

$$m = \rho_1 u_1 F_1 = \rho_1 Ma_1 a_1 F_1 = \rho_0 a_0 F_1 \frac{\rho_1}{\rho_0}\frac{a_1}{a_0}Ma_1,$$

即

$$m = \rho_0 a_0 F_1 \sqrt{\frac{2}{\gamma-1}\left[\left(\frac{p_1}{p_0}\right)^{-\frac{\gamma-1}{\gamma}} - 1\right]\left(\frac{p_1}{p_0}\right)^{\frac{\gamma+1}{\gamma}}}. \tag{10.7.20}$$

现在分析流量 m 和逆压比 $\dfrac{p_1}{p_0}$ 的关系. 为此先求最大流量 $m_{\max}$,令 $\dfrac{p_1}{p_0}=P$,由 $\dfrac{\mathrm{d}m}{\mathrm{d}P}=0$ 得

$$P = \frac{p_1}{p_0} = \left(\frac{\gamma+1}{2}\right)^{-\frac{\gamma}{\gamma-1}}.$$

易证 $\dfrac{\mathrm{d}^2 m}{\mathrm{d}P^2}<0$,故 $\dfrac{p_1}{p_0}$ 是极大值. 根据公式

$$\frac{p_*}{p_0} = \left(\frac{\gamma+1}{2}\right)^{-\frac{\gamma}{\gamma-1}}$$

容易看出,对应于最大流量的出口压强刚好是临界压强 $p_1 = p_*$,出口处达到声速. 于是

$$m_{\max} = \sqrt{\gamma p_0 \rho_0}\, F_1 \left(\frac{\gamma+1}{2}\right)^{-\frac{\gamma+1}{2(\gamma-1)}}. \tag{10.7.21}$$

将流量表达式改写成下列无量纲形式

$$\frac{m}{m_{\max}} = \sqrt{\frac{2}{\gamma-1}\left(\frac{\gamma+1}{2}\right)^{\frac{\gamma+1}{\gamma-1}}\left(\frac{p_1}{p_0}\right)^{\frac{2}{\gamma}}\left[1-\left(\frac{p_1}{p_0}\right)^{\frac{\gamma-1}{\gamma}}\right]}, \tag{10.7.22}$$

$\dfrac{m}{m_{\max}}$ 依赖于 $\dfrac{p_1}{p_0}$ 的曲线图如图 10.7.6 所示. 当 $\dfrac{p_1}{p_0}=1$ 时,管内无流动,$\dfrac{m}{m_{\max}}=0$;当 $\dfrac{p_1}{p_0}$ 由 1 逐渐减少时,$\dfrac{m}{m_{\max}}$ 增加至 $\dfrac{p_1}{p_0}=0.528$,即 $p_1 = p_*$ 时达到极大值,$m=m_{\max}$;

当 $\dfrac{p_1}{p_0}$ 继续减小时,按理论计算来说应该是图 10.7.6 中
的虚线所示的曲线,也就是说流量应进一步减少,但是
这和实际观测不相符. 实验结果表明,当 $p_1 < p_*$ 时
流量不再改变,这点从流体力学观点来说也是容易理解
的. 当 p_1 进一步从 p_* 降低时,管外变成超声速流,它对
上游管内流动包括流量在内不再有影响. 因此在 $\dfrac{p_1}{p_0} <$

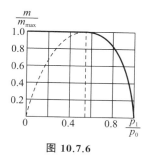

图 10.7.6

$\dfrac{p_*}{p_0}$ 时原曲线不适用,应取如图 10.7.6 所示的直线段.

e) 拉瓦尔管内流动

拉瓦尔管在喷气发动机及超声速风洞等问题中有着广泛的应用. 下面以超
声速风洞为例说明拉瓦尔管内流动的数学问题是怎样提出的. 图 10.7.7 画出了
回路式超声速风洞的示意图. 气流经压缩机将压强从 p_0' 提高到 p_0,加热了的气
体经冷却器冷却恢复到原来温度 T_0,然后状态为 p_0, T_0 的气体进入供给截面,
那里气流速度很小,可近似认为是静止的. 紧随着供给截面就是拉瓦尔管,它由
收缩段与喷管组成,气流经收缩段加速到最小截面喉管处的声速,再经过喷管扩
张作用变成超声速流,然后进入试验段. 在试验段放置试验模型,可以进行超声
速流动的各种试验. 气流经试验段后进入扩散段将部分动能转化为焓以提高出
口压强 p_0',节省压缩机的功率. 通过上面描述可以看出,在什么反压比 p_0'/p_0
下可以在试验段中得到超声流是超声速风洞很感兴趣的问题. 为了完满地解决
这个问题,我们首先研究一下各种不同反压比 p_0'/p_0 下流动的状态.

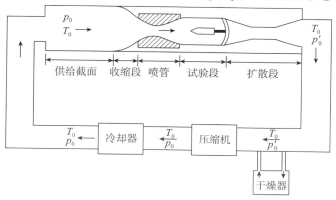

图 10.7.7

数学问题的提法是这样的:给定拉瓦尔管横截面随 x 的变化规律,大容器
内的状态 p_0, T_0, ρ_0,以及出口截面的压强 p_E. 求不同 p_E/p_0 时管内的流动状

况,以及不同流动状况下管内流动的解.

　　设 p_0 固定不变,调节反压 p_E 使之从 p_0 降到 0. p_E 在 $[p_0,0]$ 间隔内有如下几个特征压强:

　　1)p_0,此时管内无流动,流体静止;

　　2)0,这是出口处能达到的最低压强;

　　3)不断降低 p_E 使管喉部出现声速,喉部处的 p_*,ρ_*,T_* 按公式

$$\frac{p_*}{p_0}=\left(\frac{\rho_*}{\rho_0}\right)^{\gamma}=\left(\frac{T_*}{T_0}\right)^{\frac{\gamma}{\gamma-1}}=\left(\frac{\gamma+1}{2}\right)^{\frac{-\gamma}{\gamma-1}}$$

求出,这样临界截面 F_* 上的物理量都是已知的.

　　以 p_*,ρ_*,T_*,F_* 为参考值,根据 c)中(10.7.17)式可求出拉瓦尔管内每一截面上等熵流动的解. 容易想象,收缩段内的气流一定是亚声速的,因为它是从大容器内静止气体逐渐加速得来的. 所以对应的是图 10.7.8 上的曲线段 0. 气流

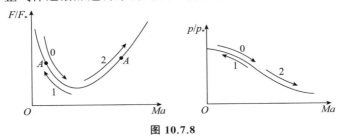

图 10.7.8

通过喉部进入喷管后存在着两种可能的等熵流动:一种是亚声速流动,对应于曲线 1,出口处的压强 p_1 较高;另一种是超声速流动,对应于曲线 2,出口处的压强 p_3 较低. p_1,p_3 都是特征压强,它们分别代表最小截面处达到声速后喷管中出现亚声速等熵气流或超声速等熵气流时的出口压强. $p_E=p_1$ 及 $p_E=p_3$ 时沿喷管的马赫数分布及压强分布见图 10.7.9 中的曲线 b,g.

　　下面我们分 $p_0\geqslant p_E\geqslant p_1$、$p_1>p_E\geqslant p_3$ 及 $p_3>p_E\geqslant 0$ 三种情形讨论拉瓦尔管内流动图案及求解方法.

　　1)$p_0\geqslant p_E\geqslant p_1$.

　　整条管道内全是亚声速流动. 求解方法和上一小节类似,按(10.7.18)式和(10.7.19)式求出出口截面处的 Ma_E,ρ_E,T_E. 然后以出口截面上的物理量为参考值,根据(10.7.15)及(10.7.16)式求出任意截面上的物理量. 图 10.7.9(a)画出了马赫数和压强沿喷管的分布曲线. 容易理解,当反压 p_E 从 p_0 向 p_1 连续不断地降低时,管内速度整个地提高,压强随之整个地降低,同时流量增加. 由于亚声速流动的特点,管口反压一有改变立刻影响到管内整个流场,速度场和压强场全部改变. 当 $p_E=p_1$ 时,管喉部出现声速,管内流量达到最大值. 出现图(a)中曲线 b 和图(b)所示的情形.

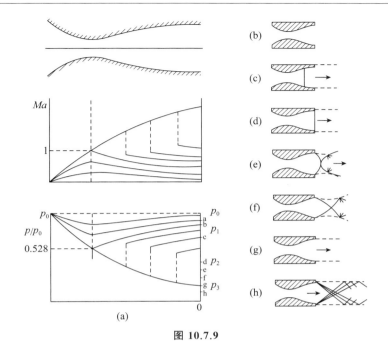

图 10.7.9

2）$p_1 > p_E \geqslant p_3$．

当 p_E 由 p_1 继续往下降的时候，收缩段内的气流总是维持 p_1 时的状态不变．因为喉部中出现声速的时候，拉瓦尔管内的流量已达到极大值，根据孔口出流中同样的考虑，就是再降低反压也不可能增大流量使收缩段内流动状态改变，这是一方面．另一方面喷管内将出现非等熵流动．为什么呢？因为如果气流是等熵的话，那么它只能沿曲线 b 或 g 流向管口，达到压强 p_1 或 p_3 值，而不能和反压衔接．由此可见管内将出现非等熵流动，也就是说在某一截面上将产生激波（参见图（c））．激波前后的流动还是等熵的．现在我们进一步分析一下，声速截面后，激波截面前的气流是沿亚声速的曲线段 b 走呢还是沿超声速的曲线段 g 走？显然只能是沿超音速的曲线段 g 走，因为在亚声速气流中不可能产生激波．于是喷管内将出现这样的流动图案：过喉部气流变成超声速，为了适应管口反压的需要，在管内某处产生激波，超声速气流经过激波变成亚声速气流，压强突跃升高，而后沿扩散管道流动，速度继续减小，压强不断增加．现在我们简单介绍一下喷管内出现激波后如何求解：先设激波所在截面 F_s 已知，欲求出口压强 p_E．激波前的超声速段可按 $p_E = p_3$ 时的方案计算，一直算到激波前 F_s 截面上为止，知道了 F_s 上的物理量之后，根据正激波理论可以把激波后的物理量全部求出．以波后 F_s 上的物理量为参考，按公式（10.7.15），（10.7.16），并取亚声速值可算出每一截面上的物理量，特别是出口处的反压 p_E．根据这样的计算得出

的 Ma 及 p/p_0 的曲线绘制在图 10.7.9 上. 在管内给出不同位置的激波,重复上述计算可以得到一族对应的马赫数分布和压强分布图,并得到管口的压强 p_E 依赖于 F_s 的曲线图. 将这些结果画在图上(见图 10.7.9),从曲线族的变化趋势不难看出下列重要事实:当反压 p_E 由 p_1 连续地下降时,激波由管喉部不断地向管口移动,当压强达到 p_2 时,激波位于出口截面处(参见图(d)),波前的压强是 p_3,波后增至 p_2. p_2 也是一个特征压强,它的数值可由上述一维管流和正激波理论相结合的办法很容易地求出. 综上所述,我们看到当 $p_1 > p_E \geqslant p_2$ 时,管口出现如曲线 c 所示的喷管内的非等熵流动:最小截面后有一段等熵超声速气流,经过激波变成等熵亚声速气流. 必须指出,在求管内分析解时,通常给出的不是激波的位置 F_s 而是反压 p_E,为此必须先根据 p_E 依赖于 F_s 的曲线图求出激波位置 F_s,然后再按上面说明的方法求出整个管道内的解.

上面我们讨论了 $p_1 > p_E \geqslant p_2$ 的情形,现在继续降低压强 p_E,考虑 $p_2 > p_E \geqslant p_3$ 的情形. 首先我们指出,当 $p < p_2$ 后,由于管外的影响传不到管内去,拉瓦尔管内的流动维持曲线 g 所代表的状态不变. 与此同时,管外出现如图(e),(f)所示的正激波斜激波系统. 压强再下降,斜激波部分逐渐增加,到一定程度后完全变成斜激波. 当压强继续降低时,斜激波的坡度愈来愈小,压强升高也愈来愈少,终于到 $p_E = p_3$ 时,气流均匀地不受扰动地从管内喷射出来,如图(g)所示.

3) $p_3 > p_E \geqslant 0$.

此时,气流沿曲线 g 流至管口,到达压强 p_3. 为了继续降低压强,从管口开始发生膨胀,p_E 愈和 0 接近,膨胀的程度愈厉害(图(h)).

习　　题

1. 设在一个无限长的一维管道中,气体以速度 u 进行定常运动. 如果在某一瞬时某一截面 A 处,出现一个均匀分布的小扰动,使得速度、压强、密度各有一增量(见表). 若取随分界面 A 一起运动的坐标系,试用微元的连续性方程和动量定理证明小扰动相对于流动传播的速度为声速.

u	$u+\Delta u$	u			p_1	$p_2 > p_1$
p	$p+\Delta p$	p				
ρ	$\rho+\Delta \rho$	ρ				
	题 1				题 2	

2. 设一维无限长管道被薄膜隔开为两个区域(见图),其中的压强为 p_2, p_1 ($p_2 > p_1$),但 $p_2 - p_1 = \tilde{p}$ 很小. 试证当薄膜破裂后气体的运动为

$$p' = \begin{cases} \widetilde{p}, & x > at, \\ \dfrac{1}{2}\widetilde{p}, & -at < x < at, \\ 0, & x < -at. \end{cases}$$

$$u' = \begin{cases} 0, & x > at, \\ -\dfrac{p}{2a\rho_0}, & -at < x < at, \\ 0, & x < -at, \end{cases}$$

其中 a 为声速，ρ_0 为气体密度.

3. 试在下列两组初始条件下解一维波动方程

$$\frac{\partial^2 u}{\partial t^2} - a^2 \frac{\partial^2 u}{\partial x^2} = 0,$$

并说明其物理意义：

(1) $t = 0$, $\begin{cases} u = c = 常数, |x| < x_0, \\ u = 0, \quad\quad\quad |x| > x_0, \end{cases}$ $\dfrac{\partial u}{\partial t} = 0$;

(2) $t = 0$, $\begin{cases} u = 0 \quad\quad\quad\quad |x| < x_0, \\ u = U\cos x, \quad |x| > x_0, \end{cases}$ $\dfrac{\partial u}{\partial t} = 0$.

4. 试推导柱面坐标和球面坐标下小扰动所满足的一维波动方程. 设在两种坐标下只有径向速度分量，且所有的物理量都是径向坐标和时间的函数. 写出球面坐标系中一维波动方程的一般解.

5. 试推导伯努利积分的几种形式. 设流体是理想的，考虑定常、绝热与质量力忽略的情形.

$$\begin{cases} (1)\ \left(\dfrac{a}{a_0}\right)^2 = \dfrac{T}{T_0} = \left(\dfrac{p}{p_0}\right)^{\frac{\gamma-1}{\gamma}} = \left(\dfrac{\rho}{\rho_0}\right)^{\gamma-1} = \left(1 + \dfrac{\gamma-1}{2}Ma^2\right)^{-1}; \\[3mm] (2)\ \left(\dfrac{a}{a_*}\right)^2 = \dfrac{T}{T_*} = \left(\dfrac{p}{p_*}\right)^{\frac{\gamma-1}{\gamma}} = \left(\dfrac{\rho}{\rho_*}\right)^{\gamma-1} = \dfrac{\gamma+1}{2}\left(1 + \dfrac{\gamma-1}{2}Ma^2\right)^{-1}; \\[3mm] (3)\ \left(\dfrac{a}{a_0}\right)^2 = \dfrac{T}{T_0} = \left(\dfrac{p}{p_0}\right)^{\frac{\gamma-1}{\gamma}} = \left(\dfrac{\rho}{\rho_0}\right)^{\gamma-1} = 1 - \dfrac{\gamma-1}{\gamma+1}\lambda^2, \quad \lambda = \dfrac{v}{a_*}; \\[3mm] (4)\ \left(\dfrac{a}{a_*}\right)^2 = \dfrac{T}{T_*} = \left(\dfrac{p}{p_*}\right)^{\frac{\gamma-1}{\gamma}} = \left(\dfrac{\rho}{\rho_*}\right)^{\gamma-1} = \dfrac{\gamma+1}{2} - \dfrac{\gamma-1}{2}\lambda^2; \\[3mm] (5)\ \left(\dfrac{a}{a_0}\right)^2 = \dfrac{T}{T_0} = \left(\dfrac{p}{p_0}\right)^{\frac{\gamma-1}{\gamma}} = \left(\dfrac{\rho}{\rho_0}\right)^{\gamma-1} = 1 - \tau, \quad \tau = \dfrac{v^2}{v_{\max}^2}; \\[3mm] (6)\ \left(\dfrac{a}{a_*}\right)^2 = \dfrac{T}{T_*} = \left(\dfrac{p}{p_*}\right)^{\frac{\gamma-1}{\gamma}} = \left(\dfrac{\rho}{\rho_*}\right)^{\gamma-1} = \dfrac{\gamma+1}{2}(1 - \tau); \end{cases}$$

其中"0"代表驻点物理量,"＊"代表临界物理量.

6. 若取 $\gamma = \dfrac{7}{5}$,证明在一个机翼上当最大速度首先达到局部声速时,最大负压系数为

$$C_p = \frac{p - p_\infty}{\frac{1}{2} p_\infty V_\infty^2} = \frac{10}{7Ma_\infty^2} \left[\left(\frac{5 + Ma_\infty^2}{6} \right)^{7/2} - 1 \right].$$

7. 试画出定常理想绝热流动沿流线上速度 v 与压强 p 的关系图.并证明当 $v = a$(局部声速)时,曲线上对应这一点的是一个扭转点.

8. 考虑气体的一维定常管道流动(近似提法),试证比流量 $\dfrac{\rho v}{\rho_* a_*}$ 可写为

$$\frac{\rho v}{\rho_* a_*} = Ma_* \left[\frac{1}{2}(\gamma + 1) - \frac{1}{2}(\gamma - 1)Ma_*^2 \right]^{\frac{1}{\gamma - 1}}, \quad Ma_* = \frac{v}{a_*} = \lambda,$$

并论证:当 $\lambda < 1$ 时,ρv 为 λ 的单调增函数;当 $\lambda > 1$ 时,ρv 为 λ 的单调减函数;当 $\lambda = 1$ 时,ρv 取极大值.

9. 试求等温过程中拉瓦尔管中速度与横截面积 F 的关系.

10. 试用气体的一维定常流动理论分析超声速风洞(见图)的流动情况.

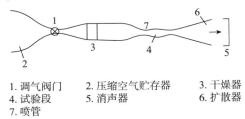

1. 调气阀门　　2. 压缩空气贮存器　　3. 干燥器
4. 试验段　　5. 消声器　　6. 扩散器
7. 喷管

题 10

11. 试推导以 $\dfrac{p_2}{p_1}$ 为参数形式的正激波前、后关系式:

$$\frac{\rho_2}{\rho_1} = \frac{u_1}{u_2} = \frac{p_2}{p_1} \frac{T_1}{T_2} = \frac{1 + \dfrac{\gamma + 1}{\gamma - 1} \dfrac{p_2}{p_1}}{\dfrac{\gamma + 1}{\gamma - 1} + \dfrac{p_2}{p_1}},$$

12. 如果通过一正激波密度增加了一倍,求来流速度和压强突跃的百分数.设来流声速为 $330 \, \mathrm{m/s}$.

13. 如果圆头的皮托管前面产生一个脱体激波,试计算当来流 $Ma = 2$ 时管口的压强.已知来流压强为 p_∞.

14. 超声速气流的 Ma 可以用下列方法测量.把风速管(皮托管)放置在平行气流的方向,因为超声速气流流经风速管时,风速管前形成脱体激波(见图

(a)),所以风速管的总压强孔所承受的压强为正激波后面的气流驻点压强 p_{2_0}.
为了测定气流的静压强可采用图(b)所示的装置,楔形物体的一个平面和气流
方向平行,该平面上有静压孔,因超声速气流经此平面时不受扰动,故可测得气
流的静压强 p_1.

证明在分别测得 p_{2_0} 和 p_1 后,气流的 Ma 可由下面公式给出:

$$\frac{p_{2_0}}{p_1} = \frac{\left(\frac{\gamma+1}{2}Ma_1^2\right)^{\frac{\gamma}{\gamma-1}}}{\left(\frac{2\gamma}{\gamma+1}Ma_1^2 - \frac{\gamma-1}{\gamma+1}\right)^{\frac{1}{\gamma-1}}}.$$

(a)　　　　　　　　　　　　　　(b)

题 14

15. 试推导坐标系取在正激波前气流中与流体一起运动时的激波前、后相
容性条件. 设激波传播速度为 θ,波后流体质点速度为 V.

16. 试用气体的一维定常流理论分析气体流过下列管道的各种可能情况
(分别讨论 $A_1 < A_2$, $A_1 = A_2$, $A_1 > A_2$ 等三情况).

题 16

附 录

附 录 一

设流体的运动由拉格朗日方法给定,则

$$r = r(a, b, c, t), \tag{1}$$

其中 r 是流体质点的径矢,a, b, c 是初始时刻流体质点的曲线坐标. 假设函数 r 是 a, b, c 及 t 的单值连续函数.

如果采用欧拉方法描写流体的运动,则假设转换到拉格朗日观点上去的描写流体质点运动规律的函数(1)是 a, b, c 及 t 的单值连续函数. 在这样的条件下,初始时刻组成某连续曲线(曲面或体积)的流体质点在以后或以前任一时刻必然组成连续的曲线(曲面或体积). 现在以曲线为例证明上述结论. 设初始时刻流体质点组成连续曲线 L_0,其参数形式的方程为

$$a = f_1(\lambda), \quad b = f_2(\lambda), \quad c = f_3(\lambda), \tag{2}$$

其中 f_1, f_2, f_3 显然是 λ 的连续函数. 过一时刻,这些流体质点移动到新的位置 x, y, z,现证这些位置亦必组成一连续曲线 L. 为此将(2)式代入(1)式中,得

$$\begin{cases} x = x[f_1(\lambda), f_2(\lambda), f_3(\lambda), t] = F_1(\lambda, t), \\ y = y[f_1(\lambda), f_2(\lambda), f_3(\lambda), t] = F_2(\lambda, t), \\ z = z[f_1(\lambda), f_2(\lambda), f_3(\lambda), t] = F_3(\lambda, t). \end{cases} \tag{3}$$

由于 f_1, f_2, f_3 是连续函数,根据假定,x, y, z 又是 a, b, c, t 的连续函数,于是复合函数 $F_1(\lambda, t), F_2(\lambda, t), F_2(\lambda, t)$ 亦必将是 λ, t 连续函数,这就是说流体质点在 t 时刻所占据的位置亦必是连续曲线.

如果初始时刻曲线 L_0 是闭合的,即

$$f_1(\lambda_1) = f_1(\lambda_2), \quad f_2(\lambda_1) = f_2(\lambda_2), \quad f_3(\lambda_1) = f_3(\lambda_2),$$

其中 λ_1 和 λ_2 相当于曲线 L_0 两端点的 λ 值,则由 x, y, z 的连续性推出

$$x(\lambda_1, t) = x(\lambda_2, t), \quad y(\lambda_1, t) = y(\lambda_2, t), \quad z(\lambda_1, t) = z(\lambda_2, t),$$

这说明流体质点在 t 时刻组成的曲线亦将是闭合的.

完全同样地可以在上述条件下证明组成某连续曲面(或体积)的流体质点在其他任一时刻亦将组成连续的曲面(或体积).

附　录　二

1）体积分的随体导数

考虑一个由流体质点组成的以 S 面为界的流动体积 τ（见图 1），设 $\varphi(\boldsymbol{r},t)$ 是 τ 内定义的标量函数，作体积分

$$\int_{\tau}\varphi\mathrm{d}\tau. \tag{1}$$

在运动过程中，组成体积 τ 的流体质点不断地改变它的位置，因此流体质点所在的流动体积 τ 也不断地改变着它的大小和形状. 此外，在 τ 上取值的标量函数 φ 在运动过程中也改变了它的数值，因此可见，积分（1）在不同时刻将具有不同的值. 现在我们来研究当流体质点运动时，体积分（1）的变化状况，即研究体积分（1）的随体导数

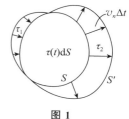

图 1

$$\frac{\mathrm{d}}{\mathrm{d}t}\int_{\tau}\varphi\mathrm{d}\tau. \tag{2}$$

设流体质点在 t 时刻的流动体积为 τ，其界面为 S，过了 Δt 后，即在 $t+\Delta t$ 时刻，S 面上的流体质点由于存在着速度的法向分量而在法线方向移动了 $v_n\Delta t$ 距离，从而组成了新的曲面 S'. 曲面 S' 所围的体积是 $\tau(t+\Delta t)$，于是根据随体导数的定义我们有

$$\frac{\mathrm{d}}{\mathrm{d}t}\int_{\tau}\varphi\mathrm{d}\tau=\lim_{\Delta t\to 0}\left\{\frac{1}{\Delta t}\left[\int_{\tau(t+\Delta t)}\varphi(\boldsymbol{r},t+\Delta t)\mathrm{d}\tau-\int_{\tau(t)}\varphi(\boldsymbol{r},t)\mathrm{d}\tau\right]\right\}.$$

令

$$\tau(t+\Delta t)=\tau+\Delta\tau,$$

显然 $\Delta\tau$ 是由 τ_2 及 $-\tau_1$ 组成的，于是

$$\frac{\mathrm{d}}{\mathrm{d}t}\int_{\tau}\varphi\mathrm{d}\tau=\lim_{\Delta t\to 0}\frac{1}{\Delta t}\left\{\int_{\tau(t)}\left[\varphi(\boldsymbol{r},t+\Delta t)-\varphi(\boldsymbol{r},t)\right]\mathrm{d}\tau\right.$$

$$\left.+\int_{\Delta\tau}\varphi(\boldsymbol{r},t+\Delta t)\mathrm{d}\tau\right\}. \tag{3}$$

上式表明，体积分（1）的变化是由两种原因引起的. 右式第一项代表由于标量函数 φ 随时间 t 改变所引起的变化；第二项代表由于流动体积改变了 $\Delta\tau$ 后所引起的变化. 显然，右式第一项为

$$\int_{\tau}\frac{\partial\varphi}{\partial t}\mathrm{d}\tau. \tag{4}$$

现在我们考虑右式第二项，从图 1 上容易看出

$$\mathrm{d}\tau=v_n\Delta t\mathrm{d}S,$$

其中 dS 是 S 面的面积元. 于是

$$\lim_{\Delta t \to 0} \frac{1}{\Delta t} \int_{\Delta \tau} \varphi(\boldsymbol{r}, t + \Delta t) d\tau = \lim_{\Delta t \to 0} \int_S \varphi(\boldsymbol{r}, t + \Delta t) v_n dS$$

$$= \int_S \varphi(\boldsymbol{r}, t) v_n dS. \tag{5}$$

将(4)式和(5)式代入(3)式,得

$$\frac{d}{dt} \int_\tau \varphi d\tau = \int_\tau \frac{\partial \varphi}{\partial t} d\tau + \int_S \varphi v_n dS. \tag{6}$$

于是我们得到下列重要结果:体积分(1)的随体导数由两项组成,第一项是函数 φ 对时间的偏导数 $\dfrac{\partial \varphi}{\partial t}$ 沿体积 τ 的积分,即为

$$\int_\tau \frac{\partial \varphi}{\partial t} d\tau,$$

它是由于标量场非定常性所引起的;第二项是函数 $\varphi \boldsymbol{v}$ 通过表面 S 的通量

$$\int_S \varphi v_n dS,$$

它是由于体积 τ 的改变所引起的.

利用奥-高公式,(6)式亦可写成

$$\frac{d}{dt} \int_\tau \varphi d\tau = \int_\tau \left[\frac{\partial \varphi}{\partial t} + \mathrm{div}(\varphi \boldsymbol{v}) \right] d\tau = \int_\tau \left(\frac{d\varphi}{dt} + \varphi \,\mathrm{div}\, \boldsymbol{v} \right) d\tau. \tag{7}$$

2) 面积分的随体导数

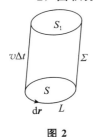

图 2

（a）在流体中考虑一个由流体质点组成的流动曲面 S（参见图 2). 设

$$I = \int_S \boldsymbol{\Omega}(\boldsymbol{r}, t) \cdot d\boldsymbol{S} \tag{8}$$

为通过曲面 S 的涡通量,其中 $\boldsymbol{\Omega}$ 为涡量. 过了 Δt 时间后,曲面上每一个流体质点移动了 $v \Delta t$ 的距离到达新的位置,并组成新的曲面 S_1. S_1 的面积分为

$$I' = \int_{S_1} \boldsymbol{\Omega}(\boldsymbol{r}, t + \Delta t) \cdot d\boldsymbol{S}. \tag{9}$$

我们研究面积分的随体导数,即研究下列极限值

$$\frac{dI}{dt} = \lim_{\Delta t \to 0} \frac{I' - I}{\Delta t}.$$

将(8)式及(9)式代入,得

$$\frac{dI}{dt} = \lim_{\Delta t \to 0} \frac{1}{\Delta t} \left[\int_{S_1} \boldsymbol{\Omega}(\boldsymbol{r}, t + \Delta t) \cdot d\boldsymbol{S} - \int_S \boldsymbol{\Omega}(\boldsymbol{r}, t) \cdot d\boldsymbol{S} \right]$$

$$= \lim_{\Delta t \to 0} \frac{1}{\Delta t} \left\{ \iint_{S_1} [\boldsymbol{\Omega}(\boldsymbol{r}, t + \Delta t) - \boldsymbol{\Omega}(\boldsymbol{r}, t)] \cdot \mathrm{d}\boldsymbol{S} \right\}$$

$$+ \lim_{\Delta t \to 0} \frac{1}{\Delta t} \left[\int_{S_1} \boldsymbol{\Omega}(\boldsymbol{r}, t) \cdot \mathrm{d}\boldsymbol{S} - \int_S \boldsymbol{\Omega}(\boldsymbol{r}, t) \cdot \mathrm{d}\boldsymbol{S} \right], \tag{10}$$

显然

$$\lim_{\Delta t \to 0} \frac{1}{\Delta t} \left\{ \iint_{S_1} [\boldsymbol{\Omega}(\boldsymbol{r}, t + \Delta t) - \boldsymbol{\Omega}(\boldsymbol{r}, t)] \cdot \mathrm{d}\boldsymbol{S} \right\} = \int_S \frac{\partial \boldsymbol{\Omega}}{\partial t} \cdot \mathrm{d}\boldsymbol{S}. \tag{11}$$

现在我们求(10)式右边第二项的值. 设曲面 S, S_1 和侧面 Σ 所组成的封闭曲面为 σ, 它所包围的体积为 τ. 对 τ 及 σ 应用奥-高定理, 得

$$\int_\tau \mathrm{div}\, \boldsymbol{\Omega} \mathrm{d}\tau = \int_{S_1} \boldsymbol{\Omega} \cdot \mathrm{d}\boldsymbol{S} - \int_S \boldsymbol{\Omega} \cdot \mathrm{d}\boldsymbol{S} + \int_\Sigma \boldsymbol{\Omega} \cdot \mathrm{d}\boldsymbol{\Sigma}, \tag{12}$$

其中 S_1 面上的 $\Omega_n = \boldsymbol{\Omega} \cdot \mathrm{d}\boldsymbol{S}$ 是涡量 $\boldsymbol{\Omega}$ 在外法线单位矢量上的投影, 而 S 面上的 $\Omega_n = \boldsymbol{\Omega} \cdot \mathrm{d}\boldsymbol{S}$ 则是涡量 $\boldsymbol{\Omega}$ 在内法线单位矢量上的投影.

考虑到

$$\mathrm{div}\, \boldsymbol{\Omega} = 0, \quad \mathrm{d}\boldsymbol{\Sigma} = \mathrm{d}\boldsymbol{r} \times \boldsymbol{v} \Delta t,$$

(10) 式可改写为

$$\int_{S_1} \boldsymbol{\Omega} \cdot \mathrm{d}\boldsymbol{S} - \int_S \boldsymbol{\Omega} \cdot \mathrm{d}\boldsymbol{S} = -\int_L \boldsymbol{\Omega} \cdot (\mathrm{d}\boldsymbol{r} \times \boldsymbol{v} \Delta t) = \int_L (\boldsymbol{\Omega} \times \boldsymbol{v}) \cdot \mathrm{d}\boldsymbol{r} \Delta t,$$

其中 L 是 S 面上所张的封闭回线. 应用斯托克斯公式, 有

$$\int_{S_1} \boldsymbol{\Omega} \cdot \mathrm{d}\boldsymbol{S} - \int_S \boldsymbol{\Omega} \cdot \mathrm{d}\boldsymbol{S} = \Delta t \int_S \mathrm{rot}\, (\boldsymbol{\Omega} \times \boldsymbol{v}) \cdot \mathrm{d}\boldsymbol{S}, \tag{13}$$

将(11)式及(13)式代入(10)式中得

$$\frac{\mathrm{d}I}{\mathrm{d}t} = \int_S \left[\frac{\partial \boldsymbol{\Omega}}{\partial t} + \mathrm{rot}\, (\boldsymbol{\Omega} \times \boldsymbol{v}) \right] \cdot \mathrm{d}\boldsymbol{S}, \tag{14}$$

将被积函数变换一下, 有

$$\frac{\partial \boldsymbol{\Omega}}{\partial t} + \mathrm{rot}\, (\boldsymbol{\Omega} \times \boldsymbol{v}) = \frac{\partial \boldsymbol{\Omega}}{\partial t} + (\boldsymbol{v} \cdot \nabla) \boldsymbol{\Omega} - (\boldsymbol{\Omega} \cdot \nabla) \boldsymbol{v} + \boldsymbol{\Omega} \mathrm{div}\, \boldsymbol{v} - \boldsymbol{v}\, \mathrm{div}\, \boldsymbol{\Omega}$$

$$= \frac{\mathrm{d}\boldsymbol{\Omega}}{\mathrm{d}t} - (\boldsymbol{\Omega} \cdot \nabla) \boldsymbol{v} + \boldsymbol{\Omega} \mathrm{div}\, \boldsymbol{v}, \tag{15}$$

于是(14)式可写为

$$\frac{\mathrm{d}I}{\mathrm{d}t} = \int_S \left[\frac{\mathrm{d}\boldsymbol{\Omega}}{\mathrm{d}t} - (\boldsymbol{\Omega} \cdot \nabla) \boldsymbol{v} + \boldsymbol{\Omega} \mathrm{div}\, \boldsymbol{v} \right] \cdot \mathrm{d}\boldsymbol{S}. \tag{16}$$

(b) 若流动曲面 S 是封闭的, 试证

$$\frac{\mathrm{d}}{\mathrm{d}t} \int_S \rho \varphi \boldsymbol{n} \mathrm{d}S = \int_S \left(\rho \frac{\partial \varphi}{\partial t} \boldsymbol{n} + \rho v_n \boldsymbol{v} \right) \mathrm{d}S, \tag{17}$$

其中 φ 是速度势函数, ρ 为常数.

重复(a)的做法, 得

$$\frac{\mathrm{d}}{\mathrm{d}t}\int_S \rho\varphi\boldsymbol{n}\,\mathrm{d}S = \int_S \rho\,\frac{\partial\varphi}{\partial t}\boldsymbol{n}\,\mathrm{d}S + \lim_{\Delta t\to 0}\frac{1}{\Delta t}\left[\int_{S_1}\rho\varphi\boldsymbol{n}\,\mathrm{d}S - \int_S \rho\varphi\boldsymbol{n}\,\mathrm{d}S\right]. \tag{18}$$

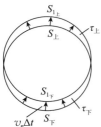

图 3

显然

$$\int_{S_1} - \int_S = \int_{S_{1\pm}}^{\pm} + \int_{S_{\mp}}^{\mp} - \int_{S_{1\mp}}^{\pm} - \int_{S_{\mp}}^{\mp}$$

$$= \int_{\tau_\pm}\rho\,\nabla\varphi\,\mathrm{d}\tau - \int_{\tau_\mp}\rho\,\nabla\varphi\,\mathrm{d}\tau$$

$$= \int_S \rho v_n\boldsymbol{v}\Delta t\,\mathrm{d}S.$$

注意积分上面的"上"与"下"标明法线是朝上还是朝下的(参看图 3).将之代入(18)式,即得(17)式.

3)线积分的随体导数

设 $t=t_0$ 时刻,在流体中取出一条由流体质点组成的流动封闭曲线 L(见图 4),沿此曲线的速度环量为

$$\Gamma = \oint_L \boldsymbol{v}\,(\boldsymbol{r},t)\cdot\delta\boldsymbol{r}. \tag{19}$$

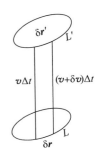

图 4

过了 Δt 时间后,组成封闭曲线 L 的流体质点移动到新的位置,并组成新的封闭曲线 L',L' 上的速度矢量也发生了变化,这时沿封闭曲线 L' 的速度环量为

$$\Gamma' = \oint_{L'}\boldsymbol{v}\,(\boldsymbol{r},t+\Delta t)\cdot\delta\boldsymbol{r}. \tag{20}$$

现研究线积分的随体导数,即研究下列极限值

$$\frac{\mathrm{d}\Gamma}{\mathrm{d}t} = \lim_{\Delta t\to 0}\frac{\Gamma'-\Gamma}{\Delta t}. \tag{21}$$

将(19)及(20)式代入,得

$$\frac{\mathrm{d}\Gamma}{\mathrm{d}t} = \lim_{\Delta t\to 0}\frac{1}{\Delta t}\left[\oint_{L'}\boldsymbol{v}\,(\boldsymbol{r},t+\Delta t)\cdot\delta\boldsymbol{r} - \oint_L\boldsymbol{v}\,(\boldsymbol{r},t)\cdot\delta\boldsymbol{r}\right]$$

$$= \lim_{\Delta t\to 0}\frac{1}{\Delta t}\left\{\oint_{L'}\left[\boldsymbol{v}\,(\boldsymbol{r},t+\Delta t) - \boldsymbol{v}\,(\boldsymbol{r},t)\right]\cdot\delta\boldsymbol{r}\right\}$$

$$+ \lim_{\Delta t\to 0}\frac{1}{\Delta t}\left\{\oint_{L'}\boldsymbol{v}\,(\boldsymbol{r},t)\cdot\delta\boldsymbol{r} - \oint_L\boldsymbol{v}\,(\boldsymbol{r},t)\cdot\delta\boldsymbol{r}\right\},$$

即

$$\frac{\mathrm{d}\Gamma}{\mathrm{d}t} = \oint_L\frac{\mathrm{d}\boldsymbol{v}}{\mathrm{d}t}\cdot\delta\boldsymbol{r} + \lim_{\Delta t\to 0}\frac{1}{\Delta t}\oint_L\boldsymbol{v}\Delta t\cdot\delta\boldsymbol{v} = \oint_L\frac{\mathrm{d}\boldsymbol{v}}{\mathrm{d}t}\cdot\delta\boldsymbol{r}. \tag{22}$$

附　录　三

　　若液体表面是曲面,M 是曲面上一点,做两个垂直于切平面且相互正交的平面,它们和曲面的交线为 AB 和 CD. 以 M 点为中心做一矩形元,其对边分别平行于 AB 和 CD,长分别为 $\mathrm{d}S_1$ 和 $\mathrm{d}S_2$. 设 AB,CD 的曲率分别为 R_1,R_2. 曲面上的流体和曲面下的流体作用在曲面 M 点上的压强分别为 p_1 和 p_2,作用在矩形元四边的表面张力分别为 $T\mathrm{d}S_1$ 和 $T\mathrm{d}S_2$,并且沿着 AB,CD 的切线方向,参看图 5. 作用在 $\mathrm{d}S_2$ 两边上的两个 $T\mathrm{d}S_2$,其合力在过 M 的法线方向上且垂直向上,它的大小为

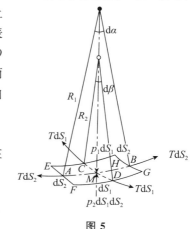

$$T\mathrm{d}S_2 \cdot \mathrm{d}\alpha = T\mathrm{d}S_2\mathrm{d}S_1/R_1.$$

同理,作用在 $\mathrm{d}S_1$ 两边上的两个 $T\mathrm{d}S_1$,其合力在过 M 的法线方向上且垂直向上,它的大小为

$$T\mathrm{d}S_2 \cdot \mathrm{d}\beta = T\mathrm{d}S_1\mathrm{d}S_2/R_2.$$

于是四个表面张力的合力垂直表面向上,大小为

$$T\left(\frac{1}{R_1} + \frac{1}{R_2}\right)\mathrm{d}S_1\mathrm{d}S_2.$$

图 5

它必须和作用在 $\mathrm{d}S_1\mathrm{d}S_2$ 上的压力差 $(p_1-p_2)\mathrm{d}S_1\mathrm{d}S_2$ 平衡,由此我们有

$$(p_1 - p_2)\mathrm{d}S_1\mathrm{d}S_2 = T\left(\frac{1}{R_1} + \frac{1}{R_2}\right)\mathrm{d}S_1\mathrm{d}S_2,$$

即

$$p_1 - p_2 = T\left(\frac{1}{R_1} + \frac{1}{R_2}\right).$$

虽然 R_1,R_2 是任意两个正交方向上的曲率半径,但是我们通常取曲面在 M 点的两个主曲率半径为 R_1 及 R_2.

部分习题答案

第 二 章

二、1.（1）流线

$$\frac{x}{C_{1x}\cos\omega t+C_{2x}\sin\omega t}-\frac{y}{C_{1y}\cos\omega t+C_{2y}\sin\omega t}=常数;$$

迹线 $\begin{cases} x=-\dfrac{C_{1x}}{\omega}\sin\omega t+\dfrac{C_{2x}}{\omega}\cos\omega t+常数; \\[2mm] y=-\dfrac{C_{1y}}{\omega}\sin\omega t+\dfrac{C_{2y}}{\omega}\cos\omega t+常数; \end{cases}$

（2）$y=Ax$，$z=B$，其中 A,B 为常数；

（3）$x^2+y^2=$ 常数；

（4）$r=c_1\sin\theta$，$z=c_2$，其中 c_1,c_2 为常数；

（5）在球面坐标中 $\theta=$ 常数，$\varphi=$ 常数；

（6）$r=c_1\sin^2\theta$，$\varphi=c_2$；其中 c_1,c_2 为常数；

（7）$\dfrac{y^2}{c_1^2}+\dfrac{x^2}{(c_1/a)^2}=1$，$z=c_2$，其中 c_1,c_2 为常数；

（8）$y^3-3x^2y=$ 常数，$y^3-3x^2y+2=0$；

（9）$\dfrac{r^2-a^2}{r}\sin\theta=$ 常数，$z=$ 常数；

（10）$\dfrac{r^3-a^3}{r^2}\sin\theta=$ 常数，$\varphi=$ 常数；

（11）流线 $\begin{cases} xy+yt-xt-1=0, \\ z=常数, \end{cases}$

迹线 $\begin{cases} x+y+2=0, \\ z=常数; \end{cases}$

（12）流线 $\begin{cases} (ax+t^2)(ay+t^2)=常数, \\ z=常数, \end{cases}$

$$迹线\begin{cases} x = c_1 e^{at} - \dfrac{1}{a}t^2 - \dfrac{1}{a^2}t - \dfrac{1}{a^3}, \\[2mm] y = c_2 e^{-at} - \dfrac{1}{a}t^2 + \dfrac{1}{a^2}t - \dfrac{1}{a^3}, \\[2mm] z = c_3; \end{cases}$$

(13) $u = (a+1)e^t - 1, v = (b+1)e^t - 1.$

4. (1) $\ddot{x} = 0.133, \ddot{y} = 0.133, \ddot{z} = 0;$

(2) $\dot{u} = 1815, \dot{v} = 4506, \dot{w} = 0$

三、1. (1) 有旋；　(2) 无旋；　(3) 有旋；　(4) 有旋.

2. (1) 有旋,定常,一维；　(2) 有旋,定常,二维；

(3) 有旋,非定常,三维；　(4) 无旋,非定常,三维；

(5) 无旋,定常,一维；　(6) 有旋,非定常,二维；

(7) 无旋,非定常,二维.

3. (1) 定常,不可压缩,无旋；　(2) 非定常,不可压缩,无旋.

4. (1) 非定常；(2) 定常.

五、2. (1) $Q = 4\pi$；　(2) $Q = 0.$

3. $1\,\mathrm{atm} \approx 10.13\,\mathrm{N/cm^2} \approx 14.69\,\mathrm{lb/in^2}.$

4. $W_空 \approx 12.02\,\mathrm{N}, W_水 \approx 9801\,\mathrm{N}.$

第 三 章

4. (1) $\dfrac{\partial \rho}{\partial t} + \dfrac{\partial(\rho v_r)}{\partial r} + \dfrac{1}{r}\rho v_r = 0;$

(2) $\dfrac{\partial \rho}{\partial t} + \dfrac{1}{r^2}\dfrac{\partial(\rho v_r r^2)}{\partial r} = 0;$

(3) $\dfrac{\partial \rho}{\partial t} + \dfrac{1}{r}\dfrac{\partial(\rho r v_r)}{\partial r} + \dfrac{\partial(\rho v_z)}{\partial z} = 0;$

(4) $\dfrac{\partial \rho}{\partial t} + \dfrac{1}{r}\dfrac{\partial(\rho v_\theta)}{\partial \theta} = 0;$

(5) $\dfrac{\partial \rho}{\partial t} + \dfrac{1}{r}\dfrac{\partial(\rho v_\theta)}{\partial \theta} + \dfrac{\partial(\rho v_z)}{\partial z} = 0;$

(6) $\dfrac{\partial \rho}{\partial t} + \dfrac{1}{r^2}\dfrac{\partial(\rho r^2 v_r)}{\partial r} + \dfrac{1}{r\sin\theta}\dfrac{\partial(\rho v_\varphi)}{\partial \varphi} = 0.$

5. (2) $\rho_1 v_1 S_1 = \rho_2 v_2 S_2$；　(3) $v_1 S_1 = v_2 S.$

6. $v = -2axy.$

7. $v = e^{-x}\sinh y$；　$\psi = e^{-x}\sinh y + y.$

10. $w = -2z$.

11. (1) $v_1 = 3.18 \text{ m/s}, v_2 = 12.74 \text{ m/s}, v_3 = 1.42 \text{ m/s}$.

    (2) $v_1 = 3.18 \text{ m/s}, v_2 = 21.23 \text{ m/s}, v_3 = 1.18 \text{ m/s}$.

12. $\rho = \rho_1 u_1 / u$.

13. (1) $a_1 + b_2 + c_3 = 0$;

    (2) $(a+c)y + (b+2d)z = 0$;

    (3) 无条件.

21. $p_{xy} = p_{yx} = 0.024 \text{ N/m}^2, p_{xz} = p_{zx} = 0.04 \text{ N/m}^2,$

    $p_{yz} = p_{zy} = 0.056 \text{ N/m}^2$.

22. (1) $4\pi\mu c r_0^2$;　(2) $\pi\mu c r_0^2$.

23. (1) $2\mu b l \dfrac{u_0}{h}$;　(2) $\dfrac{\mu u_0}{h}$;　(3) 0.

25. $\dfrac{9}{2500} \text{ dyn/cm}^2 \cdot \text{s}$　($1 \text{ dyn} = 10^{-5} \text{ N}$).

29. (1) $(x - Ut)^2 + (y - Vt)^2 + (z - Wt)^2 = a^2$.

第 四 章

1. (1) 无旋；　(2) 无旋；　(3) 无旋；　(4) 无旋.

2. (1) 除原点外无旋；　(2) $\Gamma = 2\pi c$.

3. 无旋.

6. (1) $\boldsymbol{\Omega} = \dfrac{cz}{\sqrt{y^2 + z^2}}\boldsymbol{j} - \dfrac{cy}{\sqrt{y^2 + z^2}}\boldsymbol{k}$;

    (2) $\boldsymbol{\Omega} = x(z^2 - y^2)\boldsymbol{i} + y(x^2 - z^2)\boldsymbol{j} + z(y^2 - x^2)\boldsymbol{k}$;

    (3) $\boldsymbol{\Omega} = 2\omega\boldsymbol{k}$.

7. (1) $\boldsymbol{\Omega} = \boldsymbol{i} + \boldsymbol{j} + \boldsymbol{k}$;　涡线：$y - x = $ 常数，$y - z = $ 常数；

    (2) 涡管强度为 $\sqrt{3} \times 10^{-4} \text{m}^2/\text{s}$;

    (3) 涡通量为 $10^{-4} \text{m}^2/\text{s}$.

8. (1) $a = -d, b, c$ 任意，流线：$by^2 + 2axy - cx^2 = $ 常数；

    (2) $a = -d, b = c$，流线：$by^2 + 2axy - bx^2 = $ 常数.

10. $\Omega = \dfrac{\Gamma_0}{4\pi\nu t}\mathrm{e}^{-\frac{r^2}{4\nu t}}$;　$\Gamma = \Gamma_0\left(1 - \mathrm{e}^{-\frac{r^2}{4\nu t}}\right)$;　Γ_0.

11. $\Omega = \dfrac{v}{R} - \dfrac{\partial v}{\partial n}$, R 为流线的曲率半径，$\boldsymbol{n}$ 为流线的法向.

13. $0 \leqslant r \leqslant a$ 时有旋，$r \geqslant a$ 时无旋.

22. 无旋或定常.

23. $|\boldsymbol{\Omega}| = \dfrac{2k}{\sqrt{c-2k^2(x^2+y^2)}}|\boldsymbol{v}|$.

26. $-\rho V_0\Gamma - \dfrac{\rho\Gamma^2}{4\pi h}$；　$-\rho V_0\Gamma$.

27. $\boldsymbol{v} = \dfrac{\Gamma}{2}\dfrac{a^2}{(a^2+z^2)^{3/2}}\boldsymbol{k}$，$\boldsymbol{k}$ 为 z 轴方向的单位向量.

28. $2\pi k$.

32. 当 $V_\infty = \dfrac{\Gamma}{4\pi h}$ 时流线方程为

$$\frac{y}{h} + \lg\frac{x^2+(y-h)^2}{x^2+(y+h)^2} = 常数.$$

第　五　章

3. (1) 98 N；　(2) 1.95 N.

4. $\lambda = \mu = \nu = \dfrac{1}{2}$.

5. 有可能平衡.

6. $[g\sin\theta + a\cos(\alpha-\theta)]x + [g\cos\theta + a\sin(\alpha-\theta)]y = 0$.
   x 轴，y 轴分别平行和垂直于斜面.

7. 平行于斜面的平面.

8. 是一旋转抛物面.

10. 自由面为 $r = \sqrt[3]{\dfrac{3\tau}{4\pi}}$；$p=1$ 的等压面为 $r = \dfrac{\rho\mu}{1+\rho\mu\sqrt[3]{\dfrac{4\pi}{3\tau}}}$ 的球面.

11. $p_0 + \dfrac{1}{2}\rho gR$.

13. $\dfrac{\pi r^2}{2}(2p_0 + \sqrt{2}\rho gr)$.

14. $\dfrac{1}{6}\rho gr^3\sqrt{\pi^2+8}$；　$x=y=\dfrac{2}{\pi}z$.

15. $P = 11.6\times10^3$ kg；合力与水平面夹角为 $39°21'$；总力矩为 0.

19. (1) $x = 3.8$ m；　(2) 稳固.

20. (1) 0.124 m；　(2) 2.73 s.

21. (1) $F_x = 1.305\times10^5$ N，$F_z = 3.5\times10^4$ N；

(2) $F_x = 6.81 \times 10^4 \, \text{N}, F_z = 1.005 \times 10^5 \, \text{N}.$

22. $P = \dfrac{1}{2}\rho g a \sqrt{\pi^2 a^2 + 16h^2}$;　　$y = \dfrac{4}{3}\dfrac{a}{\pi}$,　　$z = \dfrac{a^2}{3h}.$

23. $7.47 \, \text{N} \cdot \text{m}.$

25. $T = T_0 \left(1 - \dfrac{\gamma-1}{\gamma}\dfrac{\rho_0}{p_0} g z\right).$

28. $y = h \exp\left(-\sqrt{\dfrac{\rho g}{\sigma}}\, x\right)$;　　$h = \dfrac{\cot\theta}{\sqrt{\rho g/\sigma}}$, σ 为表面张力.

第 六 章

2. $v = \dfrac{D^2}{\sqrt{D^4 - d^4}}\sqrt{\dfrac{2\rho_1 g h}{\rho}}$,其中 ρ, ρ_1 分别为气体和酒精的密度.

3. $Q = \dfrac{\pi d_1^2 d_2^2}{4\sqrt{d_1^4 - d_2^4}}\sqrt{\dfrac{2\rho_1 g h}{\rho}}$,其中 ρ, ρ_1 分别是汽油和水银的密度.

4. $v = \dfrac{S_2}{\sqrt{S_1^2 - S_2^2}}\sqrt{\dfrac{\rho_1}{\rho}2gh}$,其中 ρ, ρ_1 分别是气和水的密度.

5. $l = \dfrac{S_2^2 - S_1^2}{S_1^2} h.$

6. $H = \dfrac{d_1^4}{d_2^4 - d_1^4}\left(\dfrac{p_0}{\rho g} - \dfrac{d_2^4}{d_1^4} H_2\right).$

7. $Q = B\sqrt{2gh}.$

8. $A(x) = A_0 \sqrt{\dfrac{h}{h+x}}.$

9. $t = 6.06 \times 10^3 \, \text{s}.$

10. (2) $p = \rho \left(\dfrac{V}{b}\right)^2 (L^2 - x^2).$

11. $p_1 - p_1 = 1.545 \dfrac{\rho v_1^2}{2}$;　　$b_1 = 0.314b$;　　$b_2 = 0.186b.$

12. 孔口位于离桶底 $\dfrac{h}{2}$ 处.

17. $P = 2.81 \, \text{N/cm}^2.$

18. 振动周期为 $2\pi \sqrt{\dfrac{l}{g(\sin\alpha + \sin\beta)}}.$

20. $\dfrac{\mathrm{d}r}{\mathrm{d}t}=-\sqrt{\dfrac{2p}{3\rho}\left(\dfrac{c^3}{r^3}-1\right)}$.

21. $p=p_0+\dfrac{\rho}{2}\left[\dfrac{\mathrm{d}^2(r^2)}{\mathrm{d}t^2}+\left(\dfrac{\mathrm{d}r}{\mathrm{d}t}\right)^2\right]$.

22. $F_x=p_aA_1+\rho\dfrac{Q^2}{A_1}$,　$F_y=\left[\dfrac{\rho Q^2(A_1^2+A_2^2)}{2A_1^2A_2}+p_aA_2\right]$.

23. $h_1=h_2/2$.

25. $b(\rho v^2+p)$，其中 p 为喷注端部处的压强.

26. $F(\rho v^2+p^*)$，其中 p^* 为气体出口处压强与外界压强的差.

27. $F=\rho aAl+\rho(V_0-at)^2A$.

28. $R=\rho g(h-l)^3/2(h+l)$.

29. $(p_0-p_v)h+\rho V_0^2 h-\rho h V_0\sqrt{V_0^2+\dfrac{2}{\rho}(p_0-p_v)}$.

30. $\dfrac{\rho}{2}(v_1-v_2)^2$.

第　七　章

1. (1) $\varphi=\dfrac{c}{2}\ln(x^2+y^2)$,　$\psi=c\arctan\dfrac{y}{x}$,

　　$w(z)=c\ln z$,　$\Gamma=0$,　$Q=2\pi c$;

　(2) $\varphi=-c\arctan(x/y)$,　$\psi=-\dfrac{c}{2}\ln(x^2+y^2)$,

　　$w(z)=-\mathrm{i}c\ln z$,　$\Gamma=2\pi c$,　$Q=0$.

2. $\psi=-\dfrac{a}{n+1}r^{n+1}\mathrm{e}^{-k(n+1)\theta}$.

4. $v_r=\dfrac{1}{2}r^{-1/2}\cos\dfrac{\theta}{2}$,　$v_\theta=-\dfrac{1}{2}r^{-1/2}\sin\dfrac{\theta}{2}$;　$\psi=r^{1/2}\sin\dfrac{\theta}{2}$.

5. 没有.

7. (1) $\psi=(y^2-x^2)/2$;　(2) $\psi=3x^2y-y^3$;

　(3) $\psi=-y/(x^2+y^2)$;　(4) $\psi=-2xy/(x^2+y^2)^2$.

8. $\varphi=k\ln r+c_1\theta$，其中 c_1 是常数.

10. $w(z)=Uz-\mathrm{i}Ua\ln z-Ub^2/z$.

11. $\psi=\mathrm{e}^x\sin y$;　$u=\mathrm{e}^x\cos y$,　$v=-\mathrm{e}^x\sin y$.

　$\psi=\cos x\sinh y$;　$u=\cos x\cosh y$;　$v=\sin x\sinh y$.

12. $\Gamma=8\pi$;　$Q=12\pi$.

13. 流线：$(x^2+y^2+1)y=cx(x^2+y^2-1)$；　$Q=\pi m/2$.

15. $y=a$.

18. $z=\pm\sqrt{a^2+2am/V}$；　$Vy-m\arctan[(2ay/(x^2+y^2-a^2)]=0$.

19. $Vy+m\arctan(y/x)=$常数；　$x=-m/V$，　$y=0$.

20. $w(z)=Vz+m\ln z-\dfrac{m}{b-a}[(z-a)\ln(z-a)-(z-b)$

$\times\ln(z-b)-(a-b)]$.

$$\psi=Vy+m\arctan\frac{y}{x}-\frac{m}{b-a}\left[y\ln\frac{\sqrt{(x-a)^2+y^2}}{\sqrt{(x-b)^2+y^2}}\right.$$

$$\left.+(x-a)\arctan\frac{y}{x-a}-(x-b)\arctan\frac{y}{x-b}\right].$$

$$V+\frac{m}{z}-\frac{m}{b-a}\ln\left(\frac{z-a}{z-b}\right)=0.$$

21. $w(z)=-[a(\pi-\beta)/\pi]z^{\pi/(\pi-\beta)}$；　$v_r=-ar^{\beta/(\pi-\beta)}$.

22. $w(z)=m\ln[(z^4+4)/z^4]$；　$\psi=-m\arctan[4\sin4\theta/(r^4+4\cos4\theta)]$.
$|\boldsymbol{v}|=16\,m/5$.

23. $w(z)=\dfrac{\Gamma}{2\pi i}\ln[(z^2-2i)/(z^2+2i)]$；

流线：$(x^2+y^2)^2-8xy+4=c[(x^2+y^2)^2+8xy+4]$.

24. (a) $w(z)=\dfrac{\Gamma}{2\pi i}\ln\left[\dfrac{\cosh(\pi z/2a)+i\sinh(\pi/2)}{\cosh(\pi z/2a)-i\sinh(\pi/2)}\right]$；

(b) $w(z)=\dfrac{\Gamma}{2\pi i}\ln\left[\dfrac{z^4+id^4}{z^4-id^4}\right]$；

(c) $w(z)=-\dfrac{2\sqrt{2}hm}{\pi}\dfrac{\left[z^2\cos\left(\dfrac{\pi}{4}+a\right)-2h^2\sin\left(\dfrac{\pi}{4}+a\right)\right]}{z^4+4h^4}$.

27. $w(z)=\dfrac{1}{2\pi}\ln\left[\dfrac{(z-1)^4}{(z^2+1)z}\right]$；　$|\boldsymbol{v}|\approx0.14$.

29. $w(z)=\dfrac{\Gamma}{2\pi i}\ln(z^n-R^n)$；　$\dfrac{dw}{dz}=\dfrac{\Gamma}{2\pi i}\dfrac{nz^{n-1}}{z^n-R^n}$.

32. (1) $\dfrac{2\pi\rho a^2Q^2}{f(f^2-a^2)}$；　(2) $\dfrac{4\pi\rho a^2m^2f}{(f^2-a^2)^3}$；　(3) $\dfrac{2\pi\rho\Gamma^2a^2}{f(f^2-a^2)}$.

33. (1) $w(z)=\pi aV\coth\dfrac{a\pi}{z}$；

(3) $p=p_0+\dfrac{\rho V^2}{2}-\dfrac{\pi^4a^2V^2\rho}{8y^2\cosh^4(\pi x/2y)}$.

34. $p = p_0 + \dfrac{\rho V^2}{2} \left(1 - \dfrac{y^2}{h^2 - y^2} \right)$.

35. $w(z) = \dfrac{Q}{2\pi} \ln \sinh(\pi z / 2b)$.

36. $w(z) = \dfrac{Q}{b} z$.

39. $w(z) = \dfrac{Q}{\pi} \ln \sinh(\pi z / 2l)$.

41. $w(z) = V \cosh(\pi z / l)$;　$\phi = V \cosh(\pi x / l) \cos(\pi y / l)$;
　　$\psi = V \sinh(\pi x / l) \sin(\pi y / l)$.

42. $w = \dfrac{h}{\pi} V t$, 式中 t 满足: $z = \dfrac{h}{\pi} (\sqrt{t^2 - 1} + \mathrm{arcosh}\, t)$.

43. $w = -\dfrac{VH}{\pi} \ln \dfrac{b^2 - t^2}{1 - t^2}$, 其中 $b = \dfrac{H}{h}$,

　　t 满足: $z = \dfrac{H}{\pi} \left(\ln \dfrac{1+t}{1-t} - \dfrac{1}{b} \ln \dfrac{b+t}{b-t} \right)$.

44. $w(z) = \dfrac{V(\pi - \alpha)}{\pi a\, (1 - a/z)^{\pi/(\pi - \alpha)} - 1}$.

45. $w(z) = V \sqrt{z^2 + l^2}$;

　　流线: $\sqrt{z^2 + l^2} \sin((\theta_1 + \theta_2)/2) = $ 常数;

　　等势线: $\sqrt{z^2 + l^2} \cos((\theta_1 + \theta_2)/2) = $ 常数, 其中

　　$\theta_1 = \arctan[(y+l)/x]$,　$\theta_2 = \arctan[(y-l)/x]$.

47. $w(z) = V_\infty z + \dfrac{1}{2\pi} \displaystyle\int_{-c}^{c} q(\xi) \ln(z - \xi)\, \mathrm{d}\xi$,

　　$\dfrac{\mathrm{d}w(z)}{\mathrm{d}z} = V_\infty + \dfrac{1}{2\pi} \displaystyle\int_{-c}^{c} \dfrac{q(\xi)}{z - \xi}\, \mathrm{d}\xi$, 其中 $q(x) = 2V_\infty \dfrac{\mathrm{d}F}{\mathrm{d}x}$.

　　阻力、升力均为零.

48. (1) 在内筒上: $v_r = V_0 \cos\theta$;　在外筒上: $v_r = 0$.

　　(2) $\varphi = \dfrac{r_0^2 V_0 \cos\theta}{r_0^2 - R_0^2}(r + R_0^2/r)$.

49. (1) $\alpha = 30°$;　(2) $-1.732\rho V_\infty^2$.

50. $\alpha = 54.7°$.

51. $F_x = 0$,　$F_y = \rho U(2\pi a^2 u + \Gamma)$, 其中 Γ 为任意常数.

55. (1) $v_i = -3\Gamma_0/16S$;　(2) $v_i = 3\Gamma_0/8S$.

56. $\alpha_i = \dfrac{16W}{\rho v^2 \pi^3 l^2} \left(1 + \dfrac{\sqrt{\pi^2 l^2 + 64 H^2}}{8H} \right)$.

58. $\dfrac{\mathrm{d}V}{\mathrm{d}t} = \dfrac{\rho_1 - \rho}{\rho_1 + \rho/2} g$.

59. $R_x = -\rho\pi a^2 \dfrac{\mathrm{d}u}{\mathrm{d}t}$, $R_y = 0$; $(m + \rho\pi a^2)\dfrac{\mathrm{d}u}{\mathrm{d}t} = F$, 其中 m 为柱体质量, F 为在真空中受到的 x 方向的外力. 阻力为 0.

60. $p = p_\infty + \dfrac{3}{2}\rho\left(\dfrac{\mathrm{d}R}{\mathrm{d}t}\right)^2 + \rho R\dfrac{\mathrm{d}^2 R}{\mathrm{d}t^2}$.

第 八 章

1. $c = 15.05 \text{ m/s}$;　$T = 9.64 \text{ s}$.

2. $\lambda = 64.05 \text{ m}$;　$T = 6.41 \text{ s}$.

3. $\lambda = 24.98 \text{ m}$;　$c = 6.25 \text{ m/s}$.

4. $K = V = (\rho - \rho')g\lambda a^2/4$, 其中 a 为波的振幅.

8. (1) $c^2 = \dfrac{g(\rho - \rho')}{k(\rho + \rho')}$;

　　(2) $c = c_0\left[1 - \dfrac{1}{6k^2}\dfrac{\rho h^2 h' + \rho' h'^2 h}{\rho h' + \rho' h} + O(k^4 h^2 h'^2)\right]$,

　　　其中 $c_0^2 = \dfrac{g(\rho - \rho')}{\rho/h + \rho'/h'}$;

　　(3) $c = c_0\left[1 - \dfrac{1}{2}\dfrac{\rho'}{\rho}h|k| + O(k^2 h^2)\right]$.

12. $c = \sqrt{gs/b}$.

13. $c = 128 \text{ cm/s}$.

14. $c = 2.78 \text{ m/s}$.

第 九 章

1. (1) $u = -\dfrac{A_0}{2\mu}y^2 + \left(\dfrac{A_0 h}{2\mu} - \dfrac{U_1}{h}\right)y + U_1$;

　　$u_{\max} = \begin{cases} \dfrac{1}{2}\left(U_1 + \dfrac{U_1^2\mu}{A_0 h^2} + \dfrac{A_0 h^2}{4\mu}\right), & A_0 > 0, \\ U_1, & A_0 < 0; \end{cases}$

　　$u_平 = \dfrac{A_0}{12\mu}h^2 + \dfrac{U_1}{2}$,　$Q = \dfrac{A_0}{12\mu}h^3 + \dfrac{U_1}{2}h$;

　　$\tau = -A_0 y + \dfrac{A_0 h}{2} - \dfrac{\mu U_1}{h}$,　$\tau_板 = \dfrac{A_0 h}{2} - \dfrac{\mu U_1}{h}$.

（2）$u = -\dfrac{U_1}{h}y + U_1.$

（3）$u = -\dfrac{A_0}{2\mu}(y^2 - hy)$，其中 $A_0 = -\dfrac{\partial p}{\partial x}$，$x$ 轴与下板重合.

2. $u = \dfrac{g\sin\alpha}{2\nu}(2hy - y^2)$； $u_{\max} = \dfrac{gh^2\sin\alpha}{2\nu}$；

$u_{平} = \dfrac{gh^2\sin\alpha}{3\nu}$； $Q = \dfrac{gh^3\sin\alpha}{3\nu}$；

$\tau_板 = \rho gh\sin a$，其中取 x 轴与斜面重合.

3. $v_z = \dfrac{[p_0 - (p_L - \rho gL\cos\alpha)]R^2}{4\mu L}\left[1 - \left(\dfrac{r}{R}\right)^2\right]$,

$Q = \dfrac{\pi[p_0 - (p_L - \rho gL\cos\alpha)]R^4}{8\mu L}.$

4. $v_z = \dfrac{A_0}{4\mu}\left[(a^2 - r^2) + (a^2 - b^2)\dfrac{\ln(r/a)}{\ln(a/b)}\right]$，其中 $A_0 = -\dfrac{\partial p}{\partial z}$.

$\tau|_{r=a} = -\dfrac{A_0}{2}a + \dfrac{A_0(a^2 - b^2)}{4a\ln(a/b)}$,

$\tau|_{r=b} = -\dfrac{A_0}{2}b + \dfrac{A_0(a^2 - b^2)}{4b\ln(a/b)}.$

5. $v_z = \dfrac{A_0 a^2 b^2}{2\mu(a^2 + b^2)}\left(1 - \dfrac{x^2}{a^2} - \dfrac{y^2}{b^2}\right)$,

$v_{z平} = \dfrac{A_0 a^2 b^2}{4\mu(a^2 + b^2)}$，其中 $A_0 = -\dfrac{\partial p}{\partial z}$.

6. $\omega = \dfrac{a^2\omega_2 - b^2\omega_1}{a^2 - b^2} + \dfrac{a^2 b^2(\omega_1 - \omega_2)}{(a^2 - b^2)r^2}$, $M = \dfrac{4\pi\mu a^2 b^2(\omega_1 - \omega_2)}{a^2 - b^2}.$

7. $u = \dfrac{6U}{2h^2}\left[1 - \dfrac{2h_1 h_2}{h(h_1 + h_2)}\right](y^2 - hy) + \dfrac{U}{h}(h - y)$；

$p - p_0 = \dfrac{6\mu Ux(a - x)(h_1 - h_2)}{a(h_1 + h_2)(h_1 - ax)^2}$；

$Q = \dfrac{h_1 h_2}{h_1 + h_2}$， $F_y = \dfrac{6\mu U}{a^2}\left[\ln\left(\dfrac{h_1}{h_2}\right) - \dfrac{2(h_1 - h_2)}{h_1 + h_2}\right].$

8. $M = -8\pi\mu a^3\omega.$

9. $v_r = \dfrac{3Q}{4r}\dfrac{(\varphi_0^2 - \varphi^2)}{\varphi_0^3}$； $p = \dfrac{3\mu Q(1 - 2\varphi^2)}{4r^2\varphi_0^3}$

10. $u = u_0 e^{-\sqrt{\frac{2n}{4\nu}}y}\cos\left(\sqrt{\dfrac{2n}{4\nu}}y - nt\right).$

11. $\Omega = -\dfrac{\Gamma}{4\pi\nu t}\mathrm{e}^{-\frac{r^2}{4\nu t}}$.

16. $l = 0.03 dRe$，d 为圆管直径，$Re = \dfrac{dU}{\nu}$.

17. $\begin{cases} \dfrac{\partial(ur_0)}{\partial x} + \dfrac{\partial(vr_0)}{\partial y} = 0, \\[2mm] \dfrac{\partial u}{\partial t} + u\dfrac{\partial u}{\partial x} + v\dfrac{\partial u}{\partial y} = -\dfrac{1}{\rho}\dfrac{\partial p}{\partial x} + \nu\dfrac{\partial^2 u}{\partial y^2}. \end{cases}$

18. $\dfrac{\mathrm{d}\delta^{**}}{\mathrm{d}x} + \dfrac{U(x)}{U_\infty} = \dfrac{\tau(x)}{\rho U_\infty^2}$；$\quad U_\infty^2\dfrac{\mathrm{d}\delta^{**}}{\mathrm{d}x} + \dfrac{\partial}{\partial t}(U\delta^*) = \dfrac{\tau_w}{\rho}$.

19. $h^2 = \dfrac{2\pi^2}{4-\pi}\dfrac{\nu z}{U}$；$\quad c_f = 0.656\dfrac{1}{\sqrt{Re}}$，$Re$ 为雷诺数.

索　引

A

B

C

G

H

J

K

L

M

N

R

S

T

W

Z

第二版后记

《流体力学》第一版自1982年出版以来,得到广大读者的厚爱.截至2019年年终,上册已印刷20次,下册印刷18次.1989年台北状元出版社以繁体汉字出版发行.应广大读者的迫切要求,本书推出了第二版,一方面将上、下两册合为一册,并增加了中英俄文的对照索引;另一方面,对第一版进行了勘误,并规范了名词术语和人名.

本人编写了汉英对照索引;对一些印刷错误及不妥之处进行了改正;根据现已正式出版的《力学词汇》和有关文字规范等书,对书中名词术语进行了修改,如粘性改为黏性,不定常改为非定常,音速改为声速等等;对某些英文名词的中文翻译和人名翻译进行了订正;负责本书第二版的最终定稿.

美国杜克大学袁凡教授审核了索引中的英文翻译.

上海大学终身教授戴世强先生提供了他的勘误便笺,审阅了本书稿,提出了宝贵意见,并为本书作了序言.

北京大学严宗毅教授生前曾转交了一份他积累的上、下册勘误表,本次修订时引作参考.

北京大学苏卫东对涡线保持定理提供了一个新的严格的证明,并对第六章一道习题进行了适当修改;北京大学李植提供了索引中的俄文人名.两位老师多次对书稿进行了细心的审阅.

多年来北京大学出版社为该书的出版、发行付出大量的心血.编辑王剑飞主动热情,辛勤工作,使本书得以尽快出版.本书第二版之所以能如期面世,是上述诸位共同努力的结果,在此向他们表示衷心的感谢.

温功碧
2019 年 5 月